KB102303

공조냉동기계기술사
건축기계설비기술사
용어해설 총정리

기술사 신정수 저

일진사

들어가면서 …

preface

독자님께

공조, 냉동 및 건축기계설비 등의 분야는 인간의 건강과 쾌적 그리고 존엄한 생명의 영위를 위해 가장 중요한 분야 중 하나이지만, 지금까지는 우리나라의 독창적인 기술 개발 및 창조적 가치 창출이 많이 부족했다고 평가할 수 있습니다.

따라서 이 분야는 과거보다는 현재와 미래에 훨씬 더 중요한 학문영역이자 기술영역이 될 것이라고 생각합니다. 즉 인간의 기본적 복리를 위해 없어서는 안 될 그 중요성을 해가 다르게 더해가고 있으므로, 이 분야에 종사하는 우리들의 앞으로의 노력이 참으로 중요하고 타 산업분야에 끼치는 영향도 무척 크다고 생각됩니다.

또 지구의 환경 및 기후의 변화가 극심한 작금에 와서는 인간의 기본 생명활동에 1차적으로 관여하는 물질인 공기와 물 등을 다루는 이 분야가 다른 어떤 분야보다도 중요시되고 있습니다. 이렇게 중요한 분야에 이 책이 미력이나마 도움이 되어 더 많은 전문가들에 의해 더 많은 연구활동이 활발히 전개되어 미래 씨앗기술이 개척되기를 바라마지않습니다.

저자도 이 분야에서 지금까지 한결같이 종사해오면서 나름대로 그간의 꾸준히 노력해온 경험과 노하우를 집대성하고, 지식을 보다 많은 선후배님들과 공유할 필요가 있다고 느꼈고, 또 이 분야는 용어의 이해와 표준화가 무엇보다 중요하다고 느꼈기 때문에 이렇게 용어해설집을 펴내게 되었습니다. 또 독자들께서 항상 곁에 두고 참조할만한 좋은 책이 될 수 있도록 심혈을 기울여 저작하였습니다.

이 분야는 공조분야＆냉동분야＆기계분야 및 건축분야 등이 광범위하게 포함되는 분야이므로 단순히 책 몇 권으로 모든 기술이 집대성되기는 어렵겠지만, 이 분야에 종사하는 분들의 여러 좋은 책들이 모여진다면, 이 분야에 대한 우리 대한민국의 기술역량도 그 만큼 커질 수 있다고 생각됩니다.

기사·기술사 수험 준비를 위해 이 책을 구입하시는 분들께도 많은 도움이 될 수 있도록 최신 문제를 분석하여 각 용어들을 최대한 쉽게 이해할 수 있도록 포함시켰습니다. 또 관련 유사한 용어들은 가능한 함께 묶어 서로 연관 지어 이해할 수 있도록 하였고, 많은 사례와 그림, 그래프를 들어 해설을 하였습니다. 최근의 시사적인 전문 기술용어 또한 최대한 많이 포함될 수 있도록 노력하였습니다.

비록 이 책이 모든 필요 기술부분을 한꺼번에 해결해주지는 못할지라도 꾸준히 시사적인 기술내용 및 논문들을 반영하고 버전을 높여간다면 보다 더 완벽한 용어 해설서가 될 수 있을 것이라 생각합니다. 따라서 여러분들의 충고를 열린 마음으로 겸허히 받아들여 지속적으로 보완해나갈 수 있도록 진심으로 약속드립니다.

끝으로 이 책의 완성을 위해 지도와 도움을 아끼지 않으신 **일진사** 직원 여러분, 그리고 남재욱 기술사님, 김선혜 교수님, 김영원 박사님, 김기동 박사님, 박종우 대표님, 김복한 대표님, 강상웅 대표님, 방영호 기술사님, 이근홍 후배님께도 깊은 감사를 드립니다. 그리고 원고가 끝날 때까지 항상 옆에서 많은 도움을 준 아내 서현, 딸 이나, 아들 주홍에게도 다시 한 번 고마움을 전합니다.

저자

이 책의 특징

"이 분야를 정복하기 위해서는 용어의 정복이 참으로 중요합니다!"

1. 공조, 냉동, 건축기계설비 총망라

공조분야, 냉동분야 및 건축기계설비 분야 등 관련 업계 및 기술분야에서 현재 일반적으로 사용되어지는 용어, 학계 및 연구분야 등에서 주요하게 다루어지는 전문용어 등 관련 용어를 총집대성함으로써 용어지식에 대한 갈구를 해결 모색하였습니다.

2. 논리적이고 체계적인 용어해설

보통 깊이가 있는 전문 기술내용들은 논리적이고 체계적인 서술이 아니라면, 독자께서 내용을 이해하는데 상당히 혼란이 가중될 수 있으므로, 논리적이고 체계적이고 상세한 구성이 될 수 있게 최선을 다하였습니다.

3. 이해력 증진

관련 유사한 용어들은 가능한 함께 묶어 서로 연관지어 이해할 수 있도록 하였고, 많은 그림, 그래프 등을 들어가며 해설을 하였으며, 가장 이해가 쉬운 용어해설집이 될 수 있도록 노력하였습니다.

4. '◎' 심화학습

추가적으로 부연설명이 필요하거나 심화된 설명이 필요한 항목에 대해서는 ◎(심화학습)로 박스 처리하여 설명이 충분히 될 수 있도록 하였습니다. 특히 필요한 부분에 대해서는 적용사례와 계산예제 등도 같이 덧붙여 설명하였습니다.

5. 방대한 자료와 깊이 있는 내용

관련 모든 기술내용 및 용어들이 이 한 권의 책 안에 집대성되어 녹아있게 하기 위해 심혈을 기울였습니다. 약 100여 권 이상의 협회지, 논문, 공조냉동관련 서적, 과거 30년 이상의 기사·기술사시험 출제문제, 인터넷자료 등을 총망라하여 참조하였으며, 이론적 깊이를 아주 중요시하여 각 용어별 핵심적 기술 원리를 가능한 덧붙여 설명하였습니다.

6. 계통도, 그림, 그래프, 수식 등 다수 추가

각 용어해설의 이해를 돕기 위해 계통도, 그림, 그래프, 수식 등도 많이 추가하였습니다. 현업에서 혹은 수험 시에 계통도, 그림, 그래프, 수식 등을 잘 그려서 표현하면 더욱 효과적으로 의사 전달이 될 수 있다는 것을 꼭 명심해야 합니다.

7. 핵심 위주의 해설

현업에서 사용되어지는 용어는 아주 다양하다고 할 수 있습니다. 그러나, 이를 효과적으로 집대성하기 위해서는 단순한 나열보다는 먼저 주요 어휘를 발췌하고 이를 중심으로 해설을 하고 나서, 나머지 세부 용어들은 그 내부에 포함되면서 자연스럽게 설명이 되도록 구성하였습니다.

8. 색인의 활용

책의 후미에 '색인(국문/영문)'을 별도로 덧붙였으므로 이를 기준으로, 모르는 용어는 바로바로 접근이 가능하도록 꾸몄습니다.

9. 법규 관련 내용

내용 중 법규 관련 사항은 국가 정책상, 언제라도 변경 가능성이 있으므로 필요시 항상 재확인 바랍니다. (www.law.go.kr)

10. 유용한 정보 검색

기사나 기술사 수험 관련 정보 및 참고 블로그는 아래와 같으니 참조해주세요.

http://www.hrdkorea.or.kr

http://www.q-net.or.kr

http://blog.naver.com/syn2989

C·o·n·t·e·n·t·s

공조냉동기계기술사 / 건축기계설비기술사 용어해설

제 1 장 공조 방식

제 2 장 부하 계산

제 3 장 공조 시스템

제 4 장 열원설비

제 5 장 건물 공조

제 6 장 공조유닛 및 밸브류

제 7 장 반송 시스템(덕트)

제 8 장 송풍기 및 펌프

제 9 장 열전달, 단열 및 결로

제 10 장 소음 저감 및 방진

제 11 장 환기 및 공기의 질

제 12 장 온수난방, 급탕 및 증기난방

제 13 장 배관, 용접 및 급·배수 시스템

제 14 장 수질, 부식 및 스케일

제 15 장 폐열회수 및 신재생에너지

제 16 장 제어 및 관리기법

제 17 장 환경 및 기후

제 18 장 공조 기초

제 19 장 냉동 기초

제 20 장 열과 유체

제 21 장 쾌적지수 및 단위

제 22 장 냉동기

제 23 장 냉동 Cycle 및 냉동 시스템

제 24 장 응용 냉동 시스템 및 식품냉동

제 25 장 냉매, 선도 및 효율

제 26 장 위생설비

찾아보기

제 1 장
공조 방식

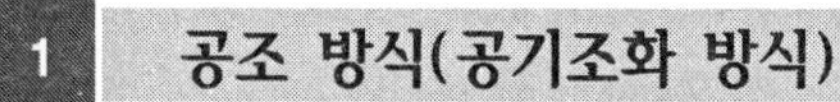

1 공조 방식(공기조화 방식)

(1) 공기조화는 사용 목적에 따라 인간의 쾌적성을 유지하기 위한 쾌적 공기조화(쾌감 공기조화)와 산업현장의 여러 목적에 사용되는 산업용 공기조화로 대별된다.

(2) '공조 방식'이라 함은 냉방, 난방, 환기, 가습, 제습, 필터링(Filtering) 등을 통하여 공기조화의 4요소(온도, 습도, 기류, 청정도)를 적절하게 조절함으로써 실내의 공기를 원하는 상태로 조절할 수 있도록 고안된 공조용 설비의 제방식을 의미하며, 다음과 같은 Tree 구조로 구분하여 전체를 분류하고 이해해 볼 수 있다.

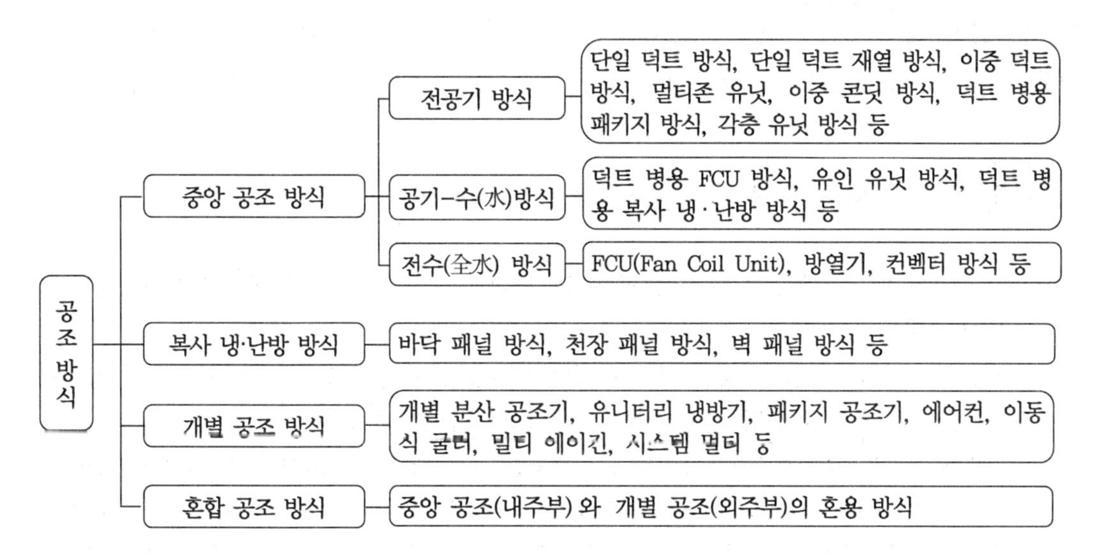

2 중앙 공조 방식

(1) 개별 공조와 상대되는 개념으로 중앙기계실을 만들어 여기에 열원 기기를 배치하여 열매(온수, 냉수, 증기, 냉매 등)를 생산한 다음 각 실(室) 혹은 각 존(Zone)으로 보내어 공조하는 방식으로서, 전체 공조 시스템을 중앙에 집약적이고, 효율적으로 관리할 수 있다는 장점이 있다. 그러나 건물 전체에 걸쳐 덕트 스페이스, 배관 스페이스 등의 공간이 비교적 많이 필요하여 건축비 상승 및 건축 구조설계에 영향을 많이 준다는 단점도 있다.

(2) 보통 건물의 지하층, 중간층 등에 중앙기계실을 설치하여 건물 전체의 공조 설비를 효과적으로 통합관리하고 제어한다는 것이 가장 큰 특징이다.

3 전공기 방식

(1) 순전히 공조기(공기조화기 : Air Handling Unit) 및 덕트 시스템만을 이용하여 실내를 공조하는 방식이다.

(2) 중앙기계실의 열원에서 생산된 열매가 공조기로 인입되어 공조기에서 냉풍 혹은 온풍을 생산하여 덕트 및 디퓨저를 통해 각 실(室) 혹은 존(Zone) 으로 보내지며, 사용처 주변에 물배관을 사용하는 팬코일 유닛 등의 배관설비가 없어 수배관회로가 단순해지고, 물에 의한 피해가 거의 없다. 반면에 덕트 시스템이 광범위하게 사용처까지 설치되어야 하므로 설비 투자비가 많이 소요되고 반송동력이 커진다.

(3) 덕트 시스템 설비는 그 내부에 오염, 결로, 소음 등이 발생하기 쉽기 때문에 항상 청소, 관리, 보수 등에 소홀하지 않도록 하여야 최적의 공기의 질을 유지할 수 있다.

(4) 이 방식은 환기량 확보, 실내 공기의 질 개선 등의 측면에서 유리한 방식이다.

4 단일 덕트 방식(Single Duct System)

(1) 냉방 시는 냉풍, 난방 시는 온풍의 단일 상태로 공조기에서 각 실(室)로 공조된 공기가 전달된다.

(2) 냉풍 및 온풍의 혼합에 의한 에너지 손실이 없고, 단일 덕트 시스템이므로 천장 내 공간 절약 및 투자비 절감 가능하며, 송풍량도 충분한 편이다.

(3) 단일 덕트 방식은 가격이 저렴하고, 송풍량·환기량이 충분하며, 완전한 공기정화가 용이하여 공장, 대공간 건물 등에 많이 적용하나, 부하가 아주 복잡한 건물에는 적합하지 않을 수도 있지만, 현재 사용하고 있는 전공기 방식 중 가장 보편적인 방식에 속한다.

(4) 단일 덕트 방식의 종류

① 단일 덕트 정풍량 방식(CAV : Constant Air Volume) : 실내의 부하에 따라 냉각 코일 혹은 가열코일의 자동조절밸브를 조정하여 유량을 조절함으로써 송풍온도를 변화시키고 송풍량을 일정하게 유지시키는 방식이다.

② 단일 덕트 변풍량 방식(VAV : Variable Air Volume) : 정풍량 방식과는 반대로 실내부하에 따라 실내 공급 송풍량(S.A.)을 주로 변화시키고, 송풍온도를 대개 일정하게 유지하는 방식이다.

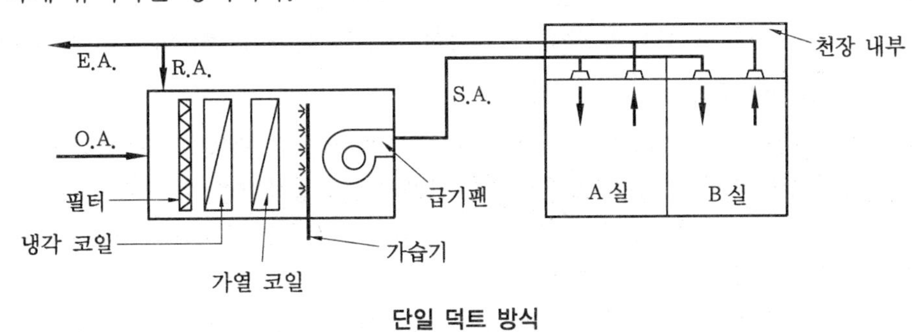

단일 덕트 방식

5 단일 덕트 재열 방식

(1) 냉풍 시 지나친 Cold Draft 방지 및 습도제어를 위한 재열 필요시 재열기(Reheating Unit)를 추가로 설치하는 방식이다.

(2) 말단 혹은 존별 재열기를 설치하는 방식이다(단일 덕트 방식의 단점인 재열 기능을 보완한 방식이다).

(3) 난방 시에는 중앙공조기 내부에서 1차로 가열 후 필요에 따라 덕트 속의 재열기에서 2차로 가열하는 경우도 있으며, 재열기의 추가 설치 외 기타 일반적인 사항은 상기 '단일 덕트 방식'과 동일하다.

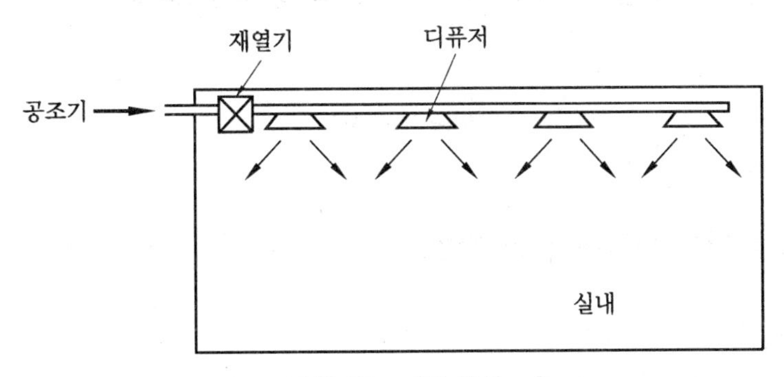

단일 덕트 재열 방식

6 이중 덕트 방식(Double Duct System)

(1) 냉방 시 및 난방 시 냉풍과 온풍을 동시에 취입, 혼합상자(Blender)에서 혼합하여 적절한 온·습도를 맞추어 각 존 혹은 실(室)로 공급한다.

(2) 이중 덕트 방식은 냉풍 및 온풍이 별도의 덕트 라인으로 공급되므로, 부하가 복잡한 건물의 공조에도 잘 적용될 수 있으나, 단일 덕트 대비 덕트 공사비가 많이 소요되고, 덕트 내 정압손실이 커져 송풍량·환기량 부족을 초래할 수 있고, 혼합 열손실이 발생하므로 건물 내 부하의 종류가 복합한 경우에 한하여 적용하는 것이 좋다.

(3) 이중 덕트 방식의 종류

① 이중 덕트 정풍량 방식(CAV : Constant Air Volume) : 단일 덕트 정풍량 방식에서처럼 실내의 부하에 따라 송풍온도를 변화시키고 송풍량을 일정하게 유지시키는 방식이지만, 단일 덕트 정풍량 방식 대비 덕트의 점유면적이 커지므로 고속 덕트에 근접한 방식을 채택하는 경우가 많다.

② 이중 덕트 변풍량 방식(VAV : Variable Air Volume) : 이중 덕트 변풍량 방식은 냉방부하가 아주 적어지면 취출되는 풍량이 감소되어 실온이 저하하는 결점이 생기므로 이를 방지하기 위하여 혼합상자와 VAV 유닛을 조합한 것을 사용하여 최소 풍량에 있어서는 부하의 감소에 따라 온풍 혼합량을 차차 유닛에 증가시켜 실온을 일정하게 유지하도록 하는 시스템이다.

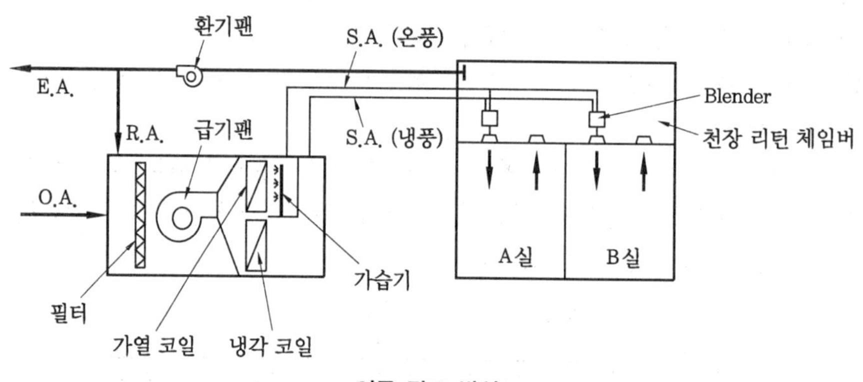

이중 덕트 방식

7 이중 덕트 방식의 감습 방법

(1) 부분 감습형

상기 '이중 덕트 방식'의 그림에서처럼 냉각코일과 가열코일을 완전히 분리하여 공조기로 흡입되는 공기의 일부만 감습하는 방식이다.

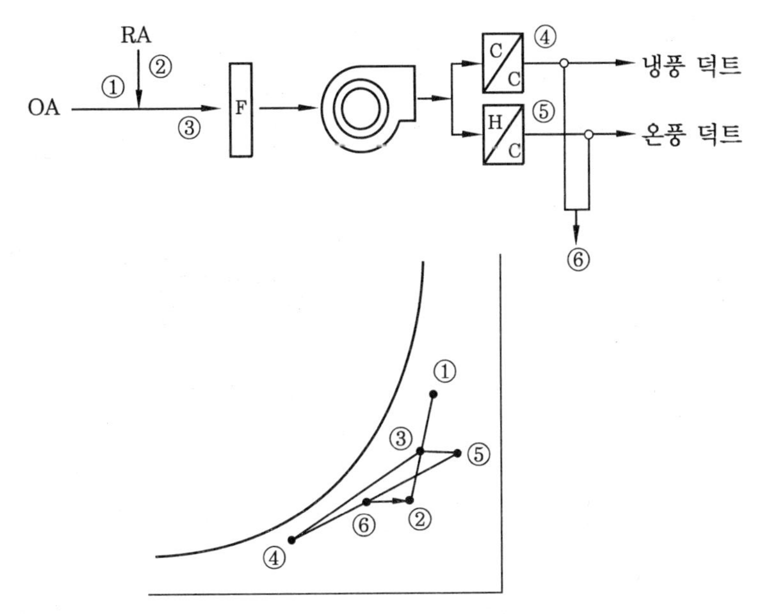

(2) 전체 감습형

상기 '이중 덕트(부분 감습) 방식'의 그림에서 냉각코일의 위치를 송풍기전단으로 이동시키고 정면면적을 크게 하여 공조기로 흡입되는 공기 전체를 감습하는 방식이다.

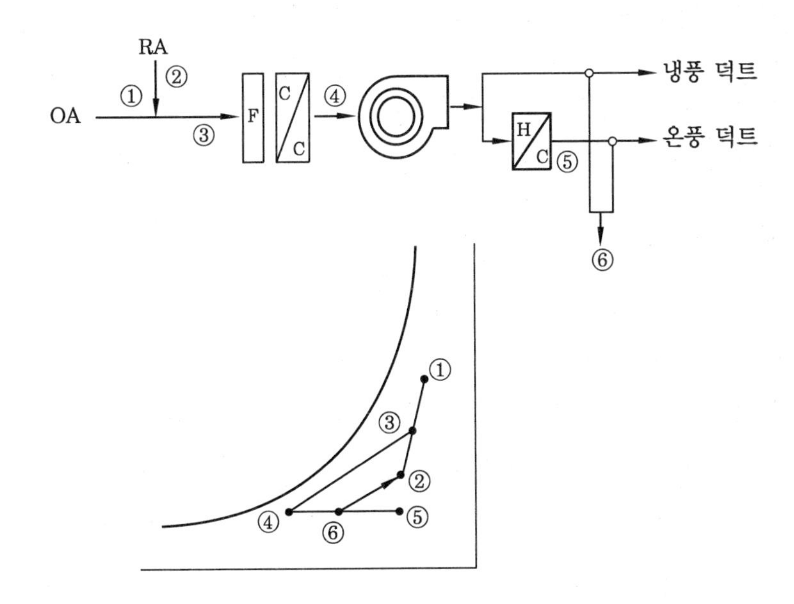

(3) 외기 감습형

상기 '이중 덕트(부분 감습) 방식'의 그림과 형태는 동일하나, 송풍기전단에 예랭 코일(Precooling Coil)을 추가로 설치하여 공조기로 흡입되는 공기 전체를 먼저 예랭 후 재차 감습 및 가열하는 방식이다.

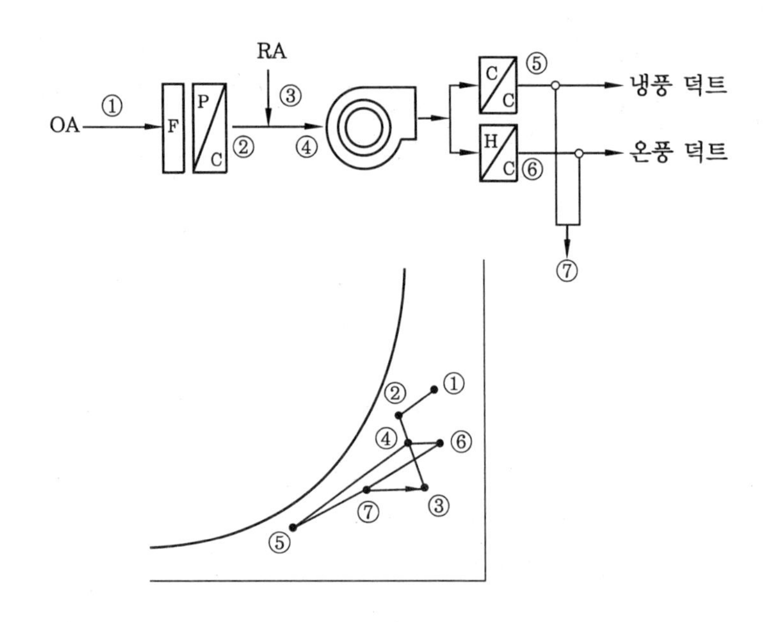

8 멀티존 유닛

(1) 혼합 댐퍼를 이용하여 냉풍 및 온풍을 미리 일정비율로 혼합한 후 각 존 혹은 실(室)에 공급한다.

(2) 비교적 소규모에 적합하며, 정풍량 장치는 없다.

(3) 비교적 작은 규모(약 2000 m^2 이하)의 공조면적을 더욱 작은 존으로 나눌 때 편리한 방법이다.

(4) 출구 댐퍼의 개폐로서 각 계통의 풍량이 심하게 변동하는 것을 방지하기 위해서는 모든 송풍 덕트를 전저항 15 mmAq 이상으로 하는 것이 좋다.

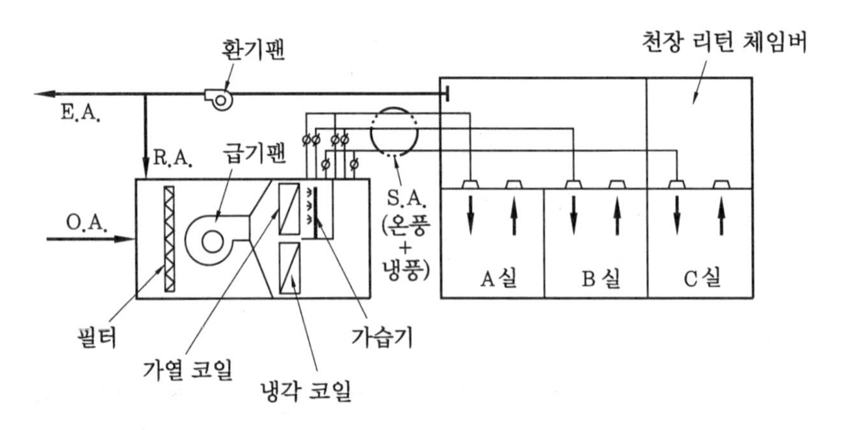

멀티존 유닛

9 이중 콘딧 방식(Dual Conduit System)

(1) 부하의 크기가 많이 변동하는 멀티존 건물을 경제적으로 운용하기에 적합하다.
(2) 1차 공조기 및 2차 공조기가 유기적으로 병행하여 운전된다.
(3) 공조기의 대수제어(병렬로 2대의 공조기 설치)가 가능해져 부하조절이 용이하고 에너지 절감이 가능하다.
(4) 야간 및 주말에는 소형의 1차 공조기만을 운전하여 경제적인 운전이 가능한 시스템이다.

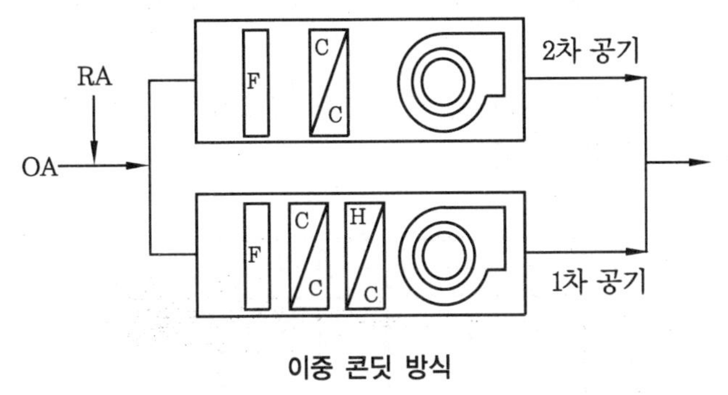

이중 콘딧 방식

10 덕트 병용 패키지 방식

(1) 중앙 공조기의 덕트와 분산형 공조기(패키지)가 실의 용도별로 유기적으로 결합된 형태이다.

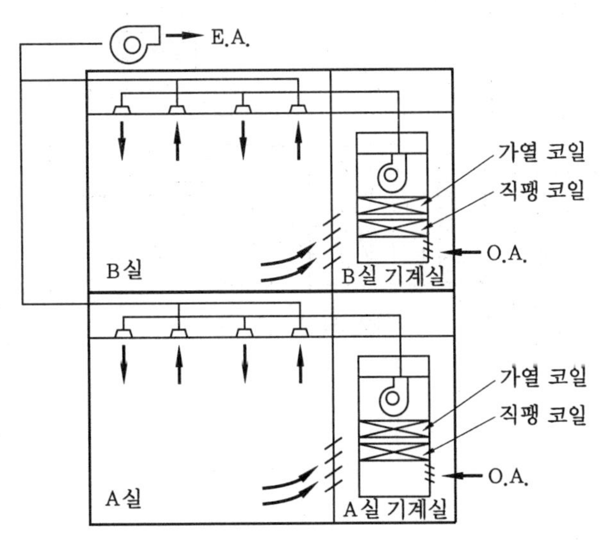

덕트 병용 패키지 방식

(2) 소규모에 적합하며, 공기정화 및 습도조절 등이 충분하지 못하여 공기의 질 저하가 우려되는 방식이다.

(3) 일종의 패키지형 냉동기를 사용하는 방식(보통 직팽코일 사용, 난방열원은 보일러 혹은 전기히터 사용)이며, 덕트와 결합하여 사용하는 방식이다.

11 각층 유닛 방식

(1) 보통은 1차 공기(기계실의 중앙 공조기) 및 2차 공기(각 층)를 혼합하여 공급하는 공조방식이다.

(2) 각 층에는 공조기 유닛이 있으며, 중앙 1차 공조기가 있는 형태[그림 (a)]와 없는 형태[그림 (b)]의 두 가지가 있다.

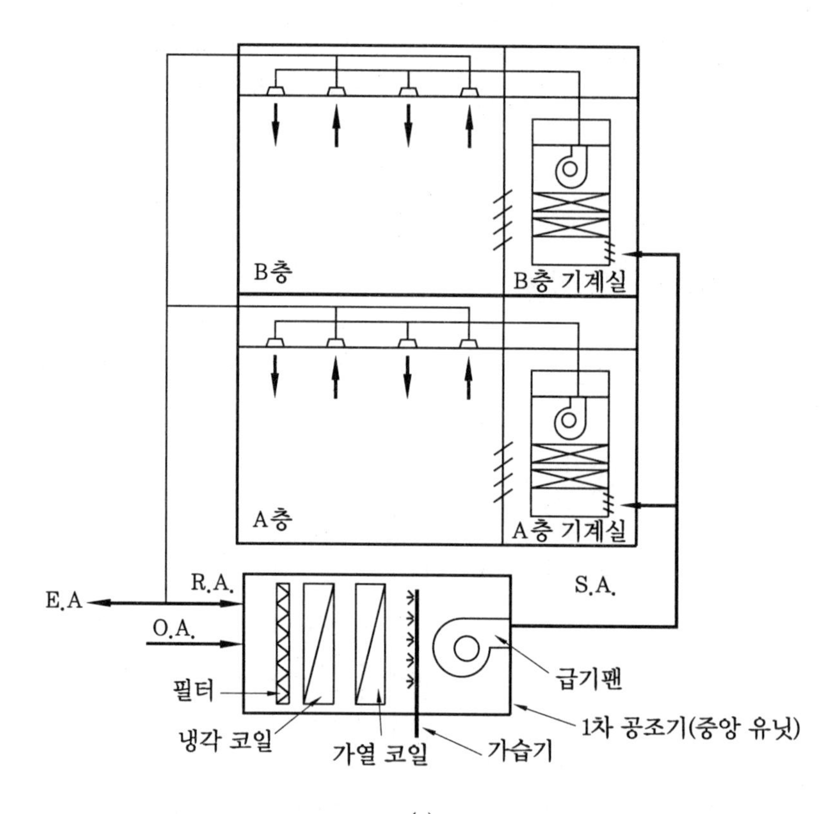

(a)

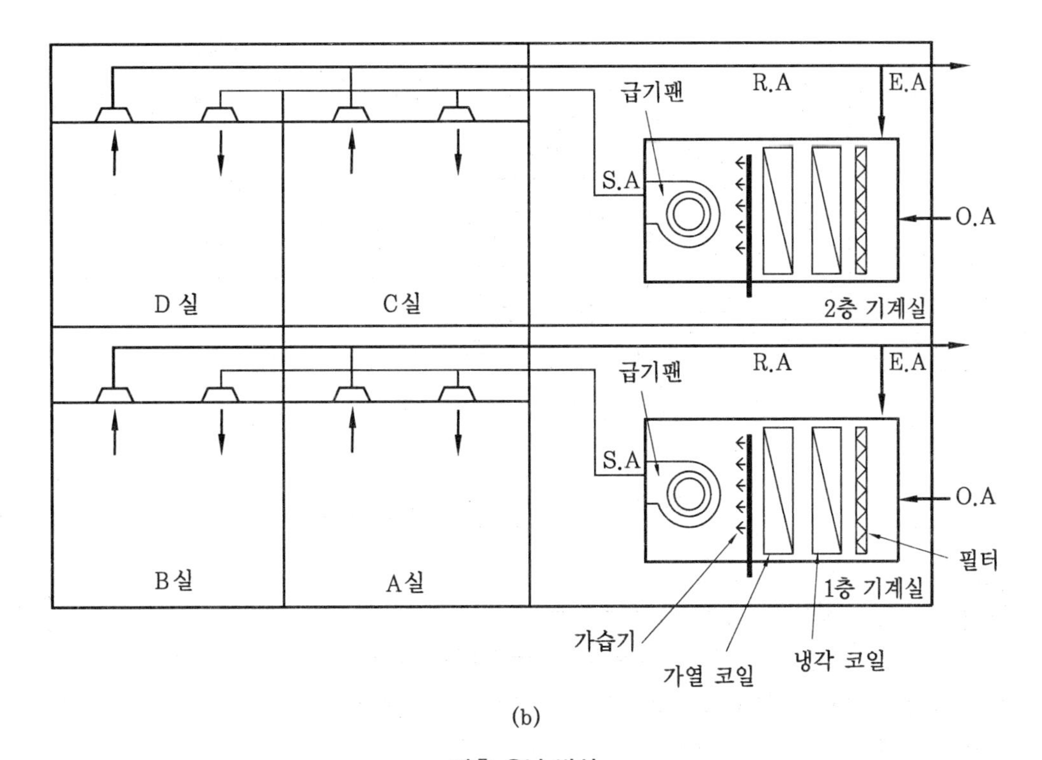

(b)

각층 유닛 방식

(3) 대개 1차, 2차 공조기를 별도로 설치하여 1차 공조기(중앙 유닛)에서 온도 및 습도를 1차로 조절 후 건물의 각 2차 공조기(각층 유닛)로 보낸 후, 재차 각 층의 부하 특성에 맞게 처리하여 분출하는 방식이다.

(4) 1차 공조기에서는 리턴 공기(R.A)를 받지 않고 신선공기만으로 온·습도를 처리하여 2차 공조기로 보내고 2차 공조기에서 리턴 공기(R.A)를 혼합하여 공조하는 경우도 있다.

12 공기-물(水) 방식

(1) 전공기 방식처럼 공조기 및 덕트 시스템도 이용하지만, 외주부 및 창가 측에는 별도의 FCU, 유인 유닛, 방열기 등을 이용하여 동시에 공조하는 방식이다.
(2) 중앙기계실의 열원에서 생산된 열매가 공조기 및 FCU, 유인 유닛, 방열기 등으로 인입되어 각 실(室) 혹은 존(Zone)으로 보내어져 공조한다.
(3) 부하의 변동폭이 큰 외벽이나 창 측의 Cold Draft나 외기 침투를 방지할 수 있고 개별 운전·정지가 용이하여 공기-물 방식은 주로 부하 변동폭이 큰 사무소, 병원, 호텔, 학교, 아파트, 대형 실험실 등의 외주부에 많이 적용된다.

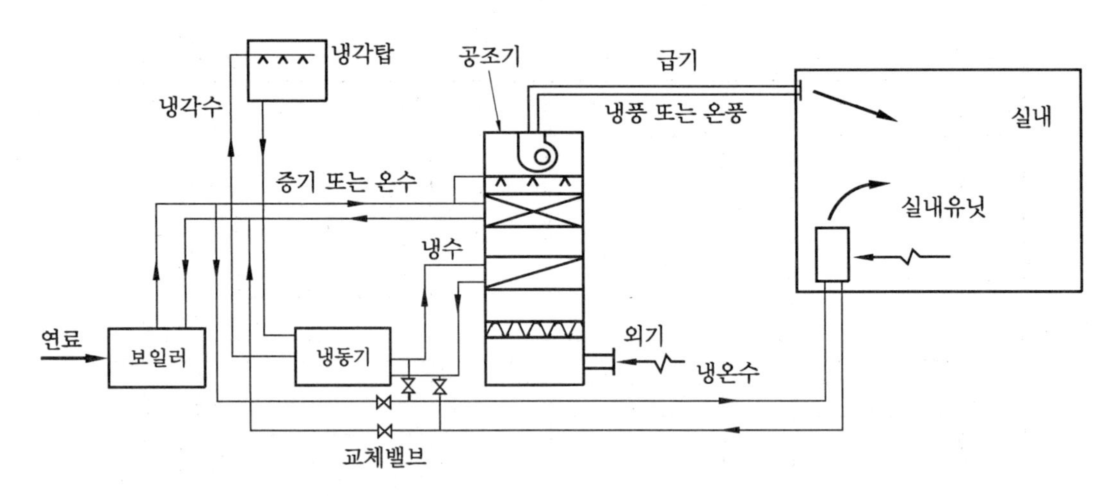

공기-물(水) 방식(덕트 병용 FCU방식)

13 덕트 병용 FCU방식

(1) 외기(Out Air) 도입 및 내주부 공조는 덕트를 이용하고, 외주부 공조는 FCU를 이용하는 방식, 즉 덕트 방식에 팬코일 유닛(Fan Coil Unit)을 병용하는 방식이다.
(2) '공기-수 방식'의 일종으로 덕트 소요량이 적은 방식이다.
(3) FCU의 형태는 설치장소에 따라 상치형, 천장형 등이 있다.
(4) 각 FCU를 수동으로 제어할 수 있으며, 각 실마다의 부하변동을 제어하기 쉽다.
(5) 열량 수송량의 50% 이상을 물에 의존하므로 전공기식에 비해 에너지 절감효과(반송동력 절감)가 크다.
(6) 수배관의 누수 및 동파의 염려가 커진다.
(7) FCU는 Unit Filter의 불완전으로 청정도가 낮아지기 쉬우므로, 필터를 매월 1회정도 세정 혹은 교체 필요하다.

14 덕트 병용 복사 냉난방 방식

(1) 덕트 속의 공기 및 복사 코일 속의 물을 이용하는 일종의 '공기-水 방식'이다.
(2) 복사 냉난방 방식 중 실내 잠열부하 및 환기부하는 덕트의 1차 공기로 제어하고 현열부하만 복사패널, 바닥코일 등의 복사 냉방 방식으로 처리하는 방법이다.
(3) 덕트 병용 FCU 방식처럼 '공기-水 방식'이라는 점으로서의 특징(덕트 소요량 절감, 반송동력 절감, 수배관 동파 우려, 각실 제어 용이 등)은 동일하다.

15 유인 유닛 방식(Induction Unit Type)

(1) 1차 공기(OA)는 중앙 유닛 (1차 공기조화기)에서 냉각·감습되고 고속 덕트 또는 저속 덕트에 의하여 각 실에 마련된 유인 유닛에 보내어 2차 공기(RA) 혼합 후 공급하는 방식이다.

(2) 유인 유닛으로부터 분출되는 기류에 의하여 실내 공기를 유인하고 유닛의 코일을 통과시키는 방식이며, 이때의 유인비는 다음과 같이 계산한다.

$$\text{유인비} = \frac{\text{1차 공기} + \text{2차 공기}}{\text{1차 공기}}$$

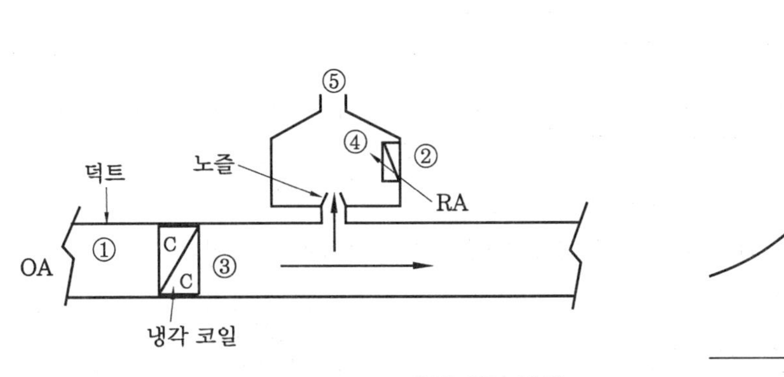

유인 유닛 방식

16 전수(全水) 방식

(1) 실내에 설치된 유닛(FCU, 방열기, 컨벡터 등)에 냉온수를 순환시켜 냉난방하는 방식이다.

(2) 덕트 스페이스가 필요 없으나, 각 실에 수배관이 필요하며 유닛이 실내에 설치되므로 실내 유효면적이 감소되고, 환기 및 공기정화가 부족해질 수 있다.

(3) 공기와 물의 반송능력 비교 : 공기의 비열은 1.005kJ/(kg·℃), 물의 비열은 4.186 kJ/(kg·℃)으로 약 4배의 차이가 나지만, 상온에서의 비용적이 공기가 830 L/kg, 물이 1 L/kg이라서, 부피 기준 물의 반송능력이 공기에 비해 약 3320배가 된다는 것을 알 수 있다(全水 방식의 반송동력 절감).

(4) 전수 방식은 덕트공사가 필요 없고, 간단히 수배관 공사만으로 설치 가능하므로 아주 간단한 공조 방식이다.

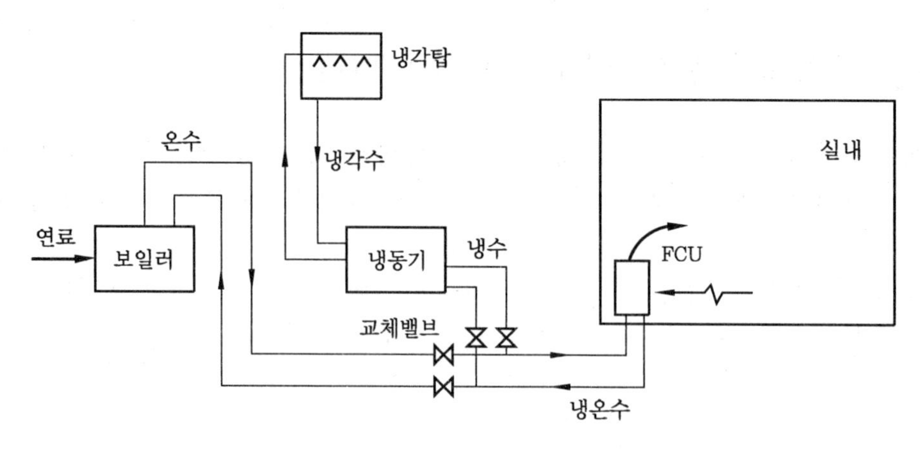

전수(全水)방식

(5) FCU 방식 구분

① 2관식 : 냉 · 온열원 공용으로 공급관 1개 + 리턴관 1개 (각 계통별 냉 · 난방 절환밸브를 사용하여 냉 · 난방 절환)

② 3관식 : 냉 · 온열원 공급관 + 리턴관 1개

③ 4관식 : 냉 · 온열원이 각각 독립적으로 공급관과 리턴관을 가진다.

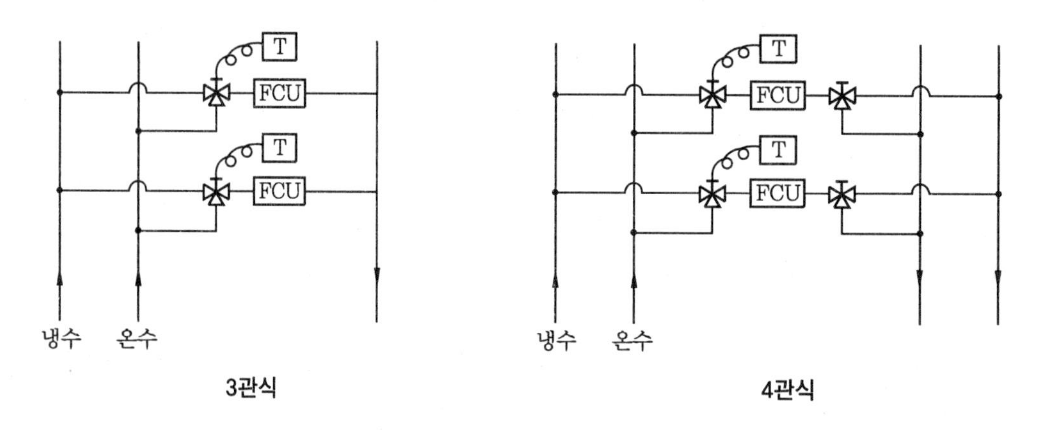

3관식 4관식

17 FCU의 온도 제어 방식

FCU의 온도 제어 방식으로는 다음과 같은 공급수 온도 일정 방식, 외기 보상 제어, 실내 설정 온도 제어 등의 방식이 있다.

(1) 공급수 온도 일정 방식

FCU로의 공급수 온도는 일정한 반면, FCU 풍량 조절 (강, 중, 약 등으로 제어)에 의한 실내 온도 제어 실시

(2) 외기 보상 제어

① 외기 온도를 감지하여 공급되는 온수의 온도를 제어한다(외기 온도가 올라갈수록 난방부하가 작아지므로 공급 온수의 온도를 낮추고, 반대로 외기 온도가 내려가면 공급 온수의 온도를 올린다).

② 외기 온도에 따른 수동 제어보다는 DDC 제어 프로그래밍을 통한 PI 제어, PID 제어 등을 실시함으로써 자동으로 난방용 온수 공급온도를 조절하는 방법이 보다 유리하다.

③ 자동 제어 방법을 택할 경우, 제어프로그램 상 설정 온도를 항상 변화시킬 수 있게 함으로써 필요에 따라 가장 쾌적한 설정 온도로 변경할 수 있게 하는 것이 유리하다.

④ 사례(외기 온도 보상 운전)

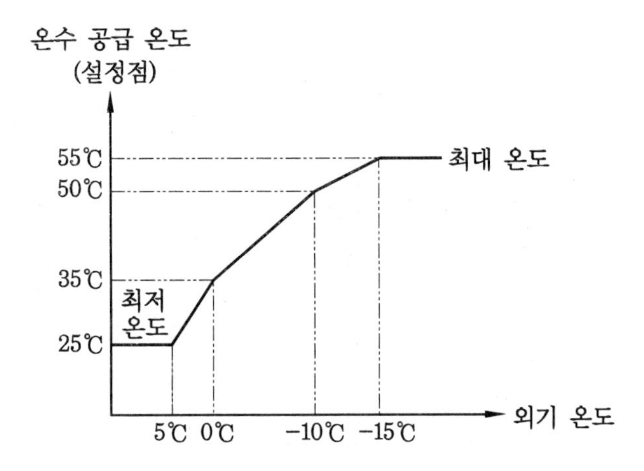

(3) 실내 설정 온도 제어(FCU)

다음 그림과 같이 설정 온도 근처에서 ON/OFF 제어 혹은 비례 제어를 실시한다.

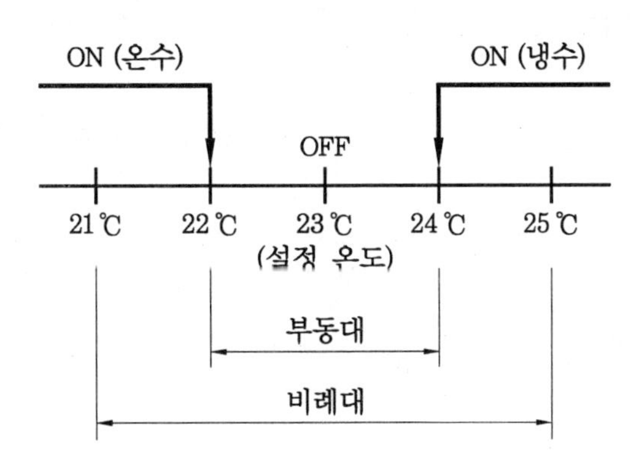

18 팬 컨벡터(Fan Convector) 방식

(1) 컨벡터에 팬을 붙여 대류를 강제적으로 일으키기 때문에 컨벡터보다 소형이지만 팬 소음이 발생하는 단점이 있다.

(2) FCU (팬코일 유닛)와의 주요 차이점은 '팬 컨벡터 방식'은 난방 전용이기 때문에 냉방 시의 응축수를 받는 드레인받이가 없다.

(3) 단면도

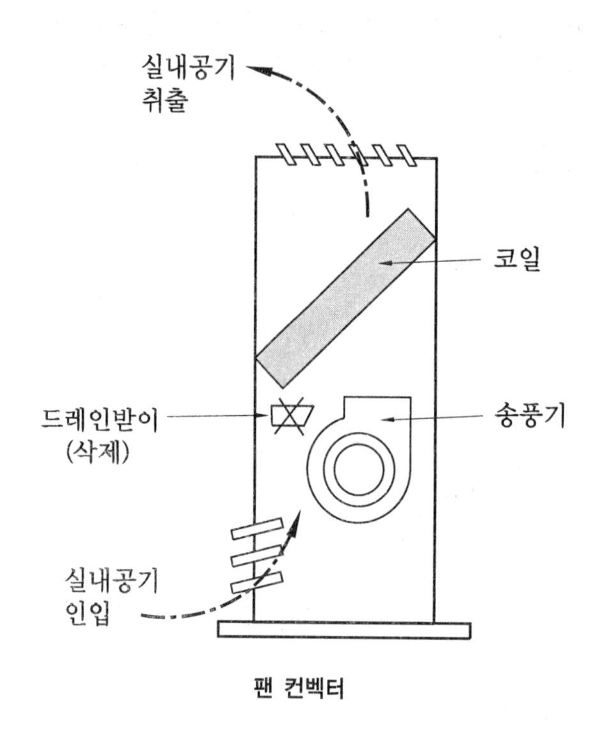

팬 컨벡터

19 복사 냉·난방 방식

(1) 천장, 바닥, 벽 등에 온수, 냉수나 증기 등을 통하는 관을 매설하여 방열면으로 사용하는 방법이다.

(2) 난방은 바닥으로부터, 냉방은 천장으로부터(패널 설치, 파이프 매설 등을 행한다) 하는 경우가 많다.

(3) 대류가 아닌 복사열에 의해 실내를 냉·난방하는 방식으로 실내의 쾌감도가 좋은 편이다.

(4) 환기량이 부족해지기 쉽다.

(5) 잠열 처리가 곤란하여 덕트를 병용하는 경우가 많다.

(6) 종류

① 패널의 종류에 따라 바닥 패널 방식, 천장 패널 방식, 벽 패널 방식
② 열매체에 따라 온수식, 증기식, 전기식, 온풍식, 연소 가스식, 특수 열매식 등
③ 패널의 구조에 따라 파이프 매입식, 특수 패널식, 적외선 패널식, 덕트식 등
④ 패널의 표면온도에 따라 저온방식(온수 사용, 패널 표면이 45℃ 이하)과 고온방식(고온수나 증기 사용, 패널 표면이 100℃ 넘는 경우도 있음)이 있다.

20 복사 난방의 설계 절차

(1) 난방부하 Q [kcal/h]를 계산한다.
(2) 패널 단위 면적당의 부담할 난방부하를 계산한다.

$$q_p = \frac{Q}{A_p}$$

(3) q_p와 t_i(室 온도)에 의해 t_p(패널의 표면온도)를 표를 이용하여 구한다.
이들의 관계식은 다음과 같다.

① $q_p = q_i$(바닥으로부터의 복사열전달) $+ q_c$(바닥으로부터의 대류열전달)
② q_r(바닥으로부터의 복사열전달) 계산

Stefan-Boltzman 법칙을 이용하여

$$q_r = \varepsilon\sigma[(t_p + 273)^4 - (\mathrm{UMRT} + 273)^4]$$

여기서, ε: 복사율 (0 < ε< 1) → 건축자재는 대부분 0.85 ~ 0.95 수준이다.
σ : Stefan Boltzman 정수 (=4.88×10^{-8}kcal/m^2·h·K^4=5.67×10^{-8}W/m^2·K^4)
t_p : 패널의 표면온도(℃)
UMRT : 비가열면의 평균복사온도 (℃)

③ q_c(바닥으로부터의 대류열전달) 계산

$$q_c = 1.87(t_p - t_i)^{1.31}$$

(4) 패널 주변의 단위 면적당 열 손실량(q_L)을 계산한다.

$$q_L = C\cdot\frac{p(t_p - t_o)}{A_p}$$

여기서, q_L : 패널 아래 단위면적당 열 손실량 (kcal/m^2·h, W/m^2)
C : 열손실 계수 (kcal/m·℃·h, W/m·K)
p : 패널의 주변길이 (m)
t_o : 외기온도 (℃, K)
A_p : 패널 가열면 필요면적 (m^2)
t_w : 온수 평균온도 ($= t_c +$ 약 3℃)
t_c : 코일 표면온도 ($= t_p + R\cdot q_p$)
$R \cdot q_p$: 코일 상부 구조물의 열저항값 (m^2·h·℃/kcal, m^2·K/W) 상당온도

(5) 상기에서 구한 q_p, q_L 값을 이용하여 바닥 코일의 피치 등을 결정한다.

① 패널 단위 표면적당 코일의 필요 표면적 (코일 m²/m²) $S=\dfrac{(q_p+q_L)}{K(t_w-t_p)}$

여기서, K : 코일의 열관류율 (kcal/m²·h·℃, W/m²·K)

t_w : 온수 평균온도 (℃, K)

t_p : 패널 표면온도 (℃, K)

② 코일의 피치(P) 계산

$a\times\dfrac{1}{P}=S$ 관계에서 $P=\dfrac{a}{S}$

여기서, a=적용 코일 (25A, 20A 등)의 단위 길이당 외표면적(m²/m)

③ 코일의 배관길이

$L=\dfrac{A_p}{P}$

④ 코일배관의 피치(Pitch)는 위와 같이 계산하면, 대략 25A는 300 mm, 20A는 250 mm, 15A는 150 ~ 200 mm 내외 정도의 수준으로 나온다.

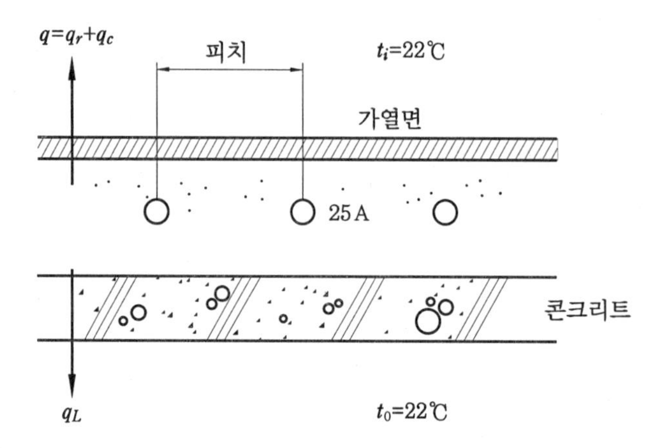

바닥 난방 코일 (패널) 시공도

21 복사 냉·난방 바닥 코일 배관 방식

(1) 복사 냉·난방의 바닥 코일 배관 방법으로는 그리드식과 밴드식이 있다.

(2) 그리드식은 온도차가 비교적 균일한 반면 유량 분배가 균일하지 못할 수 있다는 단점이 있고, 밴드식은 유량이 균일한 반면 각 지점별 온도차가 커진다는 단점이 있다 [(a)~(c) 방식].

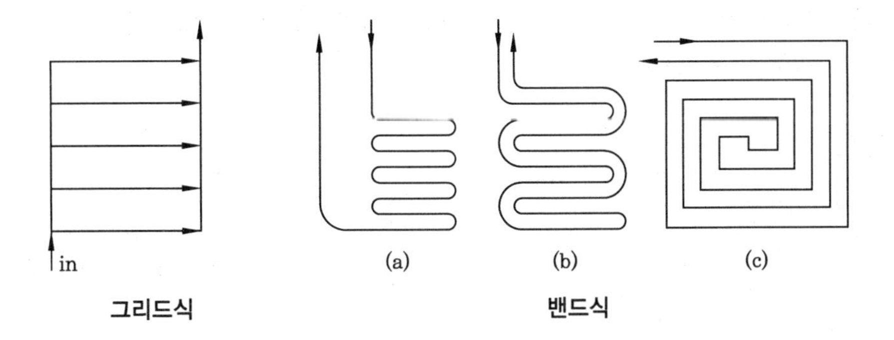

22 개별 공조 방식

(1) 개별 제어의 편리성, 부하 대응성 우수, 투자비 절감 등이 주목적이다.

(2) 주로 소규모 건물이나 별도의 작은 조닝 구역에 한정적으로 사용되어 왔으나 점차 일반 사무소 건물, 고층 빌딩, 일부 대형 건물 등에도 많이 적용되어지고 있다.

(3) 종류

개별 분산 공조기, 유니터리 냉방기, 패키지 공조기, 창문형 에어컨(WRAC : Window Type Room Air Conditioner), 벽걸이형 에어컨(Wall Mounted Air Conditioner), 스탠드형 에어컨(Stand Type Air Conditioner), 패키지형 에어컨(Package Type Air Conditioner), 이동식 쿨러(Moving Cooler), 멀티 에어컨, 시스템 멀티, HR(동시 냉난방 멀티) 등이 대표적이다.

(4) 기타의 종류

Task/Ambient(거주역/비거주역) 공조 시스템, 윗목/아랫목 시스템 등이 있다.

23 시스템 멀티 에어컨

(1) 한 대의 실외기에 다수의 실내기를 연결하여 자유롭게 개별 제어가 가능한 형태이므로 프리조인트 멀티(Free Joint Multi Air Conditioner)이라고도 한다.

(2) 응축기 냉각 방식에 따라 공랭식과 수랭식으로, 기능에 따라 히트펌프형과 냉방 전용으로, 난방 시의 TAC 초과 위험확률에 따라 일반 온도형과 한랭지형 등으로 구분된다.

(3) 주로 전기식 압축기를 이용하는 EHP(Electric Heat Pump) 혹은 가스엔진의 구동력으로 압축기를 운전하는 GHP(Gas Engine Driven Heat Pump) 타입으로 사용되

며, 환기·가습 등이 부족해지기 쉬운 시스템이기 때문에 전열교환기·가습기 등의 장치와의 접목이 유리하다.

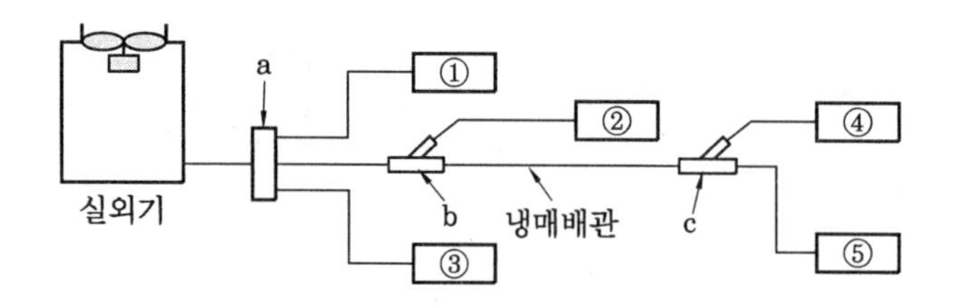

시스템 멀티(빌딩 멀티) 에어컨

24 HR (Heat Recovery : 냉·난방 동시운전 멀티)

(1) 일명 '냉·난방 동시운전 멀티'라고도 하며, 한 대의 실외기에 연결된 다수의 실내기의 냉·난방 선택운전이 자유로워 냉·난방 동시운전이 가능하다.
(2) 실외에 버려지는 응축열을 회수하여 난방하는 데 사용할 수 있다(겨울철에 실외에 버려지는 증발열을 회수하여 냉방을 하는 데 사용하게 하는 시스템도 있다).
(3) 한 대의 실외기에 하나의 냉매 Cycle로 연결된 다수의 실내기에 대해 냉방 혹은 난방을 자유롭게 선택·운전 가능하다는 점 외에, 버려지는 폐열의 회수가 가능하다는 점이 가장 중요한 기술이다.

(4) 냉방 혹은 냉난방 동시운전 시의 원리(3관식의 사례)

실내기 측 및 실외기 측을 서로 연결하는 배관이 3개로 되어 있는 경우이므로 3관식이라고 이름한다.

① 냉방 운전 시
㈎ 압축기에서 나오는 고온고압의 가스는 실외 H/EX (응축기)로 흘러 들어가 방열을 실시한다.
㈏ 실외 H/EX (응축기)에서 방열을 실시한 후 수액기 및 팽창밸브 A, B, C를 거쳐 각 실내기 A, B, C의 각 H/EX (증발기)로 흡입되어 냉방을 실시한다(이때 실외기 측의 난방용 팽창밸브는 완전히 열리게 하여 팽창밸브 역할을 하지 못하게 한다).
㈐ 각 실내기 측 증발기에서 나온 냉매는 냉난방 선택밸브(3방밸브)의 하부로 흘러나와 사방밸브를 거쳐 액분리기를 통과한 후 압축기로 다시 흡입된다.

② 냉·난방 동시운전 시
㈎ 실내기 A가 냉방운전을 하고, 실내기 B, C가 난방운전을 할 경우 실내기 A는 상기 ① 번의 Cycle로 일반적인 냉방운전을 실시한다.

㈏ 그러나 실내기 B, C가 난방운전을 하기 위해서 그림 좌측의 '동시운전 밸브'가 열리면 압축기에서 나오는 고온고압의 냉매가스 중 일부가 실내기로 넘어가서 냉난방 선택밸브(3방밸브)의 상부로 흘러 실내기 B, C가 난방운전을 실시한다. 이후 팽창밸브 B, C를 거쳐 합류한 후 팽창밸브 A를 거쳐 실내기 A로 흘러들어가 냉방을 실시한 후 냉난방 선택밸브(3방밸브)의 하부로 흘러나와 사방밸브를 거쳐 액분리기를 통과한 후 압축기로 다시 흡입된다(이때 실외기 측의 난방용 팽창밸브와 실내기 측 팽창밸브 B, C는 완전히 열리게 하여 팽창밸브 역할을 하지 못하게 한다.)

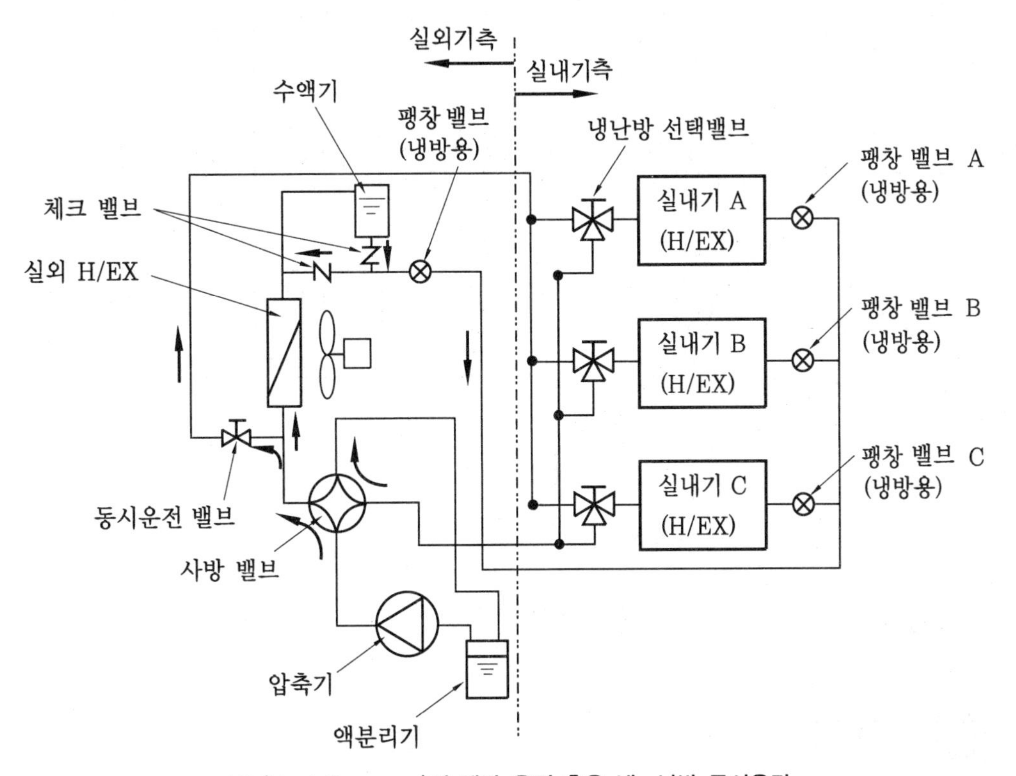

HR(Heat Recovery)의 냉방 운전 혹은 냉·난방 동시운전

(5) 난방운전 시의 원리(3관식의 사례)

① 실내기 A, B, C 중 냉방운전의 선택이 없고 오직 난방운전만 1대~3대 실시될 경우 그림 [HR의 냉방운전 혹은 냉·난방 동시운전]에 대비하여 좌측하부에 있는 사방밸브 주변의 냉매의 흐름이 완전히 반대임을 알 수 있다.

② 즉, 실내기 A, B, C 모두 난방운전으로 선택되는 경우를 예로 들어보면, 사방밸브(4 Way Valve)가 절환하여 압축기에서 나오는 고온고압의 가스냉매가 냉난방 선택밸브(3방밸브)의 하부로 흘러들어가고 각 실내기 A, B, C로 공급되어 실내기가 난방을 실시하게 해준다.

③ 이후 팽창밸브 각각 A, B, C (완전히 열리게 하여 팽창밸브 역할을 하지 못하게 한다.)를 거쳐 실외 측의 난방용 팽창밸브에서 교축되고 이후 실외 H/EX (증발기)로 인입되어 열교환한 후 사방밸브와 액분리기를 거쳐 다시 압축기로 복귀하게 된다.

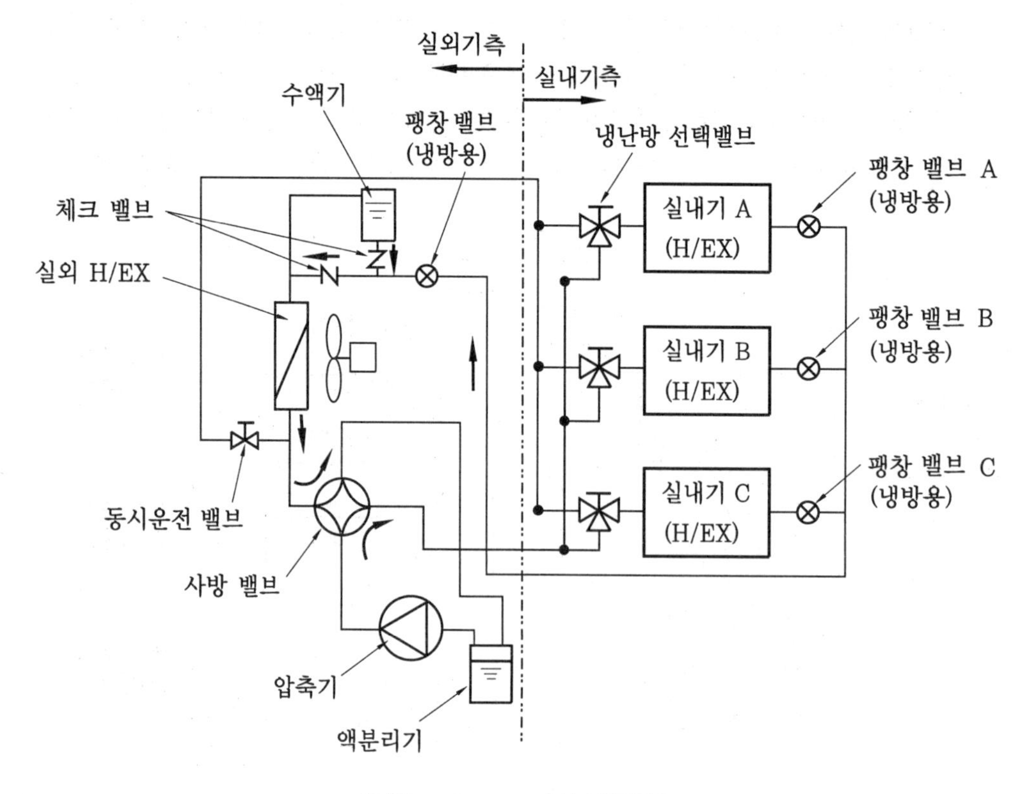

HR (Heat Recovery)의 난방운전

25 혼합 공조 방식

(1) 중앙 공조와 개별 공조의 장점을 동시에 취한다.

(2) 가격 측면과 개별 제어 측면에서 유리한 개별 공조 방식과 환기량이 풍부하고 전문 정밀 공조에 유리하다는 중앙 공조의 장점을 접목하여 시너지 효과를 가져오기 위해 개발된 방식이다.

(3) 일본에서 많이 시도되어 왔고, 최근에는 한국, 미국, 유럽 등 세계적으로 많은 건물에 적용되고 있다.

(4) 적용 방법(사례)

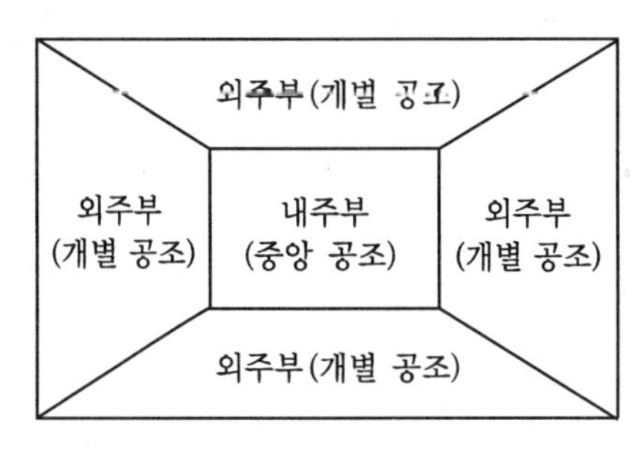

[혼합 공조(사례)]
- 내주부 : 중앙 공조 설치
  (전공기 방식, 공기 - 수 방식 등)
- 외주부 : 개별 공조 설치(EHP, GHP 등)

혼합 공조 사례

26 시스템 분배기

(1) 기존 온수 분배기에서의 취약한 유량 분배와 유수에 의한 소음으로 인한 민원을 해결하고, 에너지 절감을 이룰 수 있게 하는 것이 근본 목적이다.

(2) 유량 조절 성능을 최대한 발휘할 수 있는 저소음의 미세 유량 조절로 설계 유량을 적절하게 공급할 수 있게 하는 방식이다.

(3) 보통 공급관에 운전·정지 밸브를 설치하고 환수 측 온수 분배기에 열동식 조절밸브 혹은 미세유량 조절밸브를 부착한다.

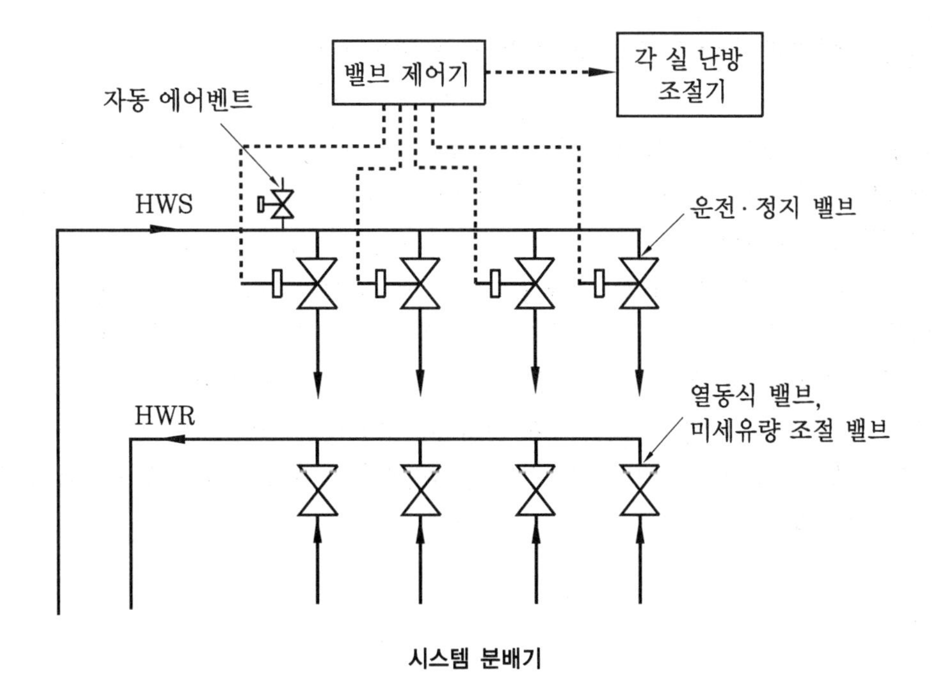

시스템 분배기

(4) 각 실별 별도로 운전·정지가 용이하고, 필요한 설정온도를 차별화 설정 가능하다.

(5) 출구 측에 설치되는 열동식 조절밸브 혹은 미세유량 조절밸브는 각 실별 유량 밸런스를 자동으로 맞춰주어 불필요한 과열 혹은 과랭을 막아준다 (에너지 절감 가능).

27 복사 (패널) 냉방 시스템

(1) 복사 냉·난방 방식의 일종으로, 복사 냉열 (인체와 차가운 복사 냉방 시스템의 열교환 표면과의 복사열 전달)을 이용하는 것이다.

(2) 복사 냉방은 인체와 직접 복사 열교환을 하기 때문에 대류 냉방 방식에 비해 쾌적감이 우수하고, 대류 열교환이 적기 때문에 실내에서의 콜드 드래프트 및 소음으로 인한 불쾌감이 적다.

(3) 또한 에너지 사용 측면에서 대부분의 복사 냉방 시스템은 복사 표면의 냉각 매개체로 물을 사용하고 있다. 단위 중량에 대한 열용량을 비교하여 볼 때, 물이 공기에 비해 4배 이상 높고, 비체적이 상당히 적기 때문에, 유량이 감소되어 냉방에 필요한 냉각매개체의 전달에 사용되는 에너지를 줄일 수 있다는 장점이 있다.

(4) 단점으로는, 복사냉방 단독적으로 충분한 냉방을 하기 어렵다. 대개 다른 보조 냉방 장치 혹은 제습 장치가 추가되어야 효과적인 냉방이 가능하다.

28 칠드 빔 시스템 (Chilled Beam System)

(1) 조명설비(형광등기구, 시스템 조명기구 등)에 기계설비, 전기설비, 소방설비 등을 종합적으로 모듈화 형태로 공장에서 조립하여 현장에서 조립식으로 단위 시공할 수 있게 제작된 시스템이다.

(2) 심지어는 소방 스프링클러의 배관 및 헤드, 화재감지기, 스피커, 디퓨저 등이 조명설비와 함께 모듈화되는 경우도 있으며, 이때 조명설비의 열은 냉방부하가 되지 않게 리턴 덕트로 바로 회수할 수 있고, 재열 등에도 활용 가능하다.

(3) 칠드 빔의 아랫부분의 케이스는 냉·난방 시 구조체 축열이 되어 복사 냉·난방의 효과도 이룰 수 있으며, 천장 내부 공간의 효율적인 사용으로 층고를 낮추어 건축비를 절감할 수도 있다.

(4) 칠드 빔 시스템(Chilled Beam System)의 종류

① 급기형 칠드 빔 시스템(Active Chilled Beam System)

㈎ 급기형 칠드 빔 시스템은 1차 급기 공기(Supply Air)가 실내 공기를 유인하여 조명기구를 통과하여 냉수코일을 냉각시키는 방식이다.

㈏ 1차 공기는 보통 외기가 가진 습도와 현열에 대한 처리를 거친 상태로 실내로 공급되어진다.

㈐ 실내 냉수코일은 실내 발생 부하만을 처리하는 기능을 하고 외기는 처리하지 않게 설계되어지는 것이 보통이다.

② 대류형 칠드 빔 시스템(Passive Chilled Beam System) : 코일만 내장된 방식

㈎ 대류형 칠드 빔 시스템(Passive Chilled Beam System)은 주로 공조기와 조합하여 적용하며 실내 발생 부하를 공조기와 칠드 빔 시스템이 동시에 분담하여 처리하는 방식이 일반적이다.

㈏ 조명기구의 열을 함유한 리턴공기는 공조기로 들어가고, 여기에서 외기 혼합되어 1차적으로 처리된 후 각 덕트를 통하여 각 칠드 빔 유닛의 급기구에 공급되어져 2차적으로 실내 발생 부하를 처리하는 방식을 취하는 것이 일반적이다.

③ 멀티서비스 칠드 빔 시스템(Multi-service Chilled Beam System)

㈎ 멀티서비스 칠드 빔 시스템은 조명기구와 함께 스프링클러 설비 등 다양한 서비스를 함께 제공하는 방식이다.

㈏ 주로는 소방 스프링클러의 배관 및 헤드, 화재감지기, 스피커, 디퓨저, 케이블 덕트 등도 함께 모듈화 하는 경향으로 기술이 발달되고 있다.

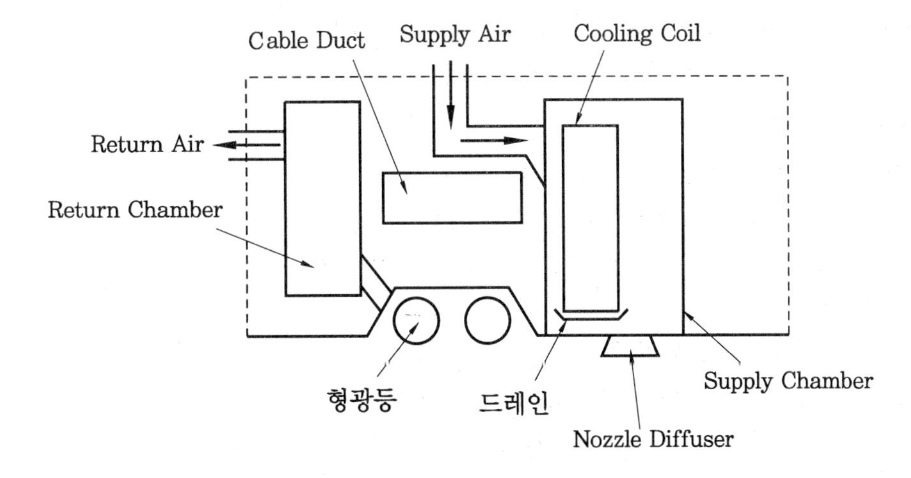

대류형 칠드 빔 시스템(Chilled Beam System)

(5) 칠드 빔 시스템(Chilled Beam System) 적용의 주의점

① 냉방 시 천장면 결로에 주의하여야 한다. 천장면이 노점온도 이하로 내려가지 않도록 온도제어를 해주어야 한다.

② 설계 · 시공기술 부족 : 우리나라에서는 아직 이에 대한 경험이 많이 부족하므로 설계·시공기술 및 경험을 늘려나가야 하는 상황이다.

③ 규격 및 표준화 : 법규 측면에서의 규격 제정 및 표준화가 필요하다.

④ 연결 덕트 시공 등에 주의를 하지 않으면 자칫 풍량(외기 도입)의 부족을 초래하여 필요 환기량을 충족할 수 없을 수도 있다.

⑤ 서비스성 : 여러 소모성 부품들이 함께 모듈화되므로 유지보수 측면에서 서비스성이 편리하여야 한다(소모성 부품에 대한 분해·결합이 손쉬워야 한다).

⑥ 국산화 및 기술개발 필요 : 수입에 의존하면 전국적인 보급에 한계가 있으며 국산화 및 기술개발이 시급히 필요하다.

29 온풍난방(Warm Air Furnace System)

(1) 온풍난방(Warm Air Furnace System)의 특징

① 온풍로로 가열한 공기를 실내에 공급하여 난방하는 방식이다.

② 주로 공기를 매체로 오일버너에 의해 경유나 등유를 직접 이용하여 공기를 가열하여 송풍하는 방식을 많이 쓴다.

③ 온풍난방(온풍기)은 설비비가 저렴하고 시공이 간단하여 소규모 상가용, 학교용 등으로 많이 사용되고 있으나, 온풍로에 공기 중에 먼지가 타서 그을음을 생기게 하고 노도 수명이 짧아지는 단점도 있다.

④ 난방 효과가 빠르고 열효율이 높아 짧은 시간 사용에 적절하다.

(2) 온풍난방의 장점

① 열효율이 좋아 연료비가 적게 든다.

② 증기, 온수난방에 비해 설비비가 저렴하다.

③ 온도, 습도, 환기, 풍량 등의 조정이 비교적 간단하다.

④ 예열시간이 짧으며 누수나 동결이 우려가 적다.

⑤ 기계실의 면적이 적어진다.

⑥ 공사의 시공이 간단하고 장치의 조작이 간편하다.

⑦ 실내온도 조절이 쉽고, 확실한 환기가 될 수 있다.

⑧ 냉·난방 겸용도 가능하다.

(3) 온풍난방의 단점

① 취출 온도가 높아(보통 약 50℃) 실내온도 분포가 나쁘고, 정밀한 온도제어가 어렵다.
② 소음이 크고 쾌감도가 좋지 않다.
③ 동력이 많이 든다(송풍기 동력이 펌프에 비해 큼).
④ 온풍로에 공기 중의 먼지가 타서 그을음을 생기게 하고 또한 노도 수명이 짧아지는 단점도 있다.

(4) 온풍난방의 종류

① 온기로식
㈎ 직접 취출식 : 덕트 없이 각 실(室)에 직접 온풍을 취출하는 방식이다.
㈏ 덕트식 : 기계실에서 만들어진 온풍을 덕트를 통해 공급하는 방식이다.
② 가열 코일식
㈎ 온수 코일이나 증기 코일을 유닛에 설치하여 공기를 가열하여 각 실(室)에 온풍을 공급한다.
㈏ 보일러가 별도로 필요하고, 온기로식 대비 고가이다.

30 바닥 취출 공조(UFAC, Free Access Floor System)

(1) IBS(Intelligent Building System)화에 따른 OA 기기의 배선용 2중 바닥 혹은 뜬 바닥 구조(방진·방음용)를 이용하여 바닥에서 기류를 취출하게 만든 공조 방법
(2) 바닥 취출 공조는 거주역(TASK) 위주의 에너지 절약적 공조가 가능하다는 점과 급기구의 위치변동과 제어로 개별공조가 가능하다는 점이 가장 큰 장점이다.

(3) 바닥 취출 공조의 분류

① 덕트 가압형 : 급기 덕트로 급기
② 덕트 등압형 : 급기덕트 및 급기팬으로 급기

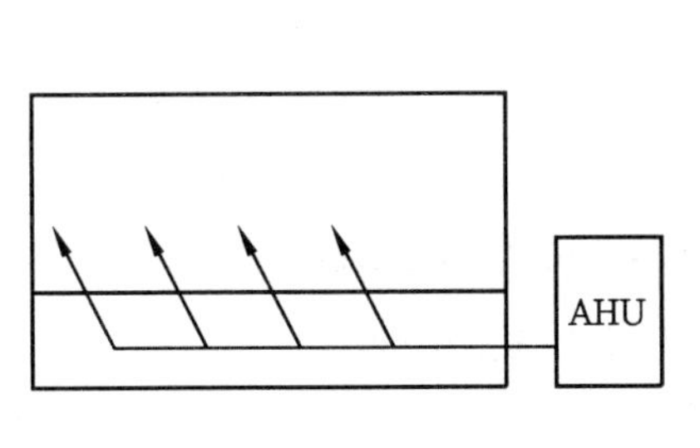

덕트 가압형

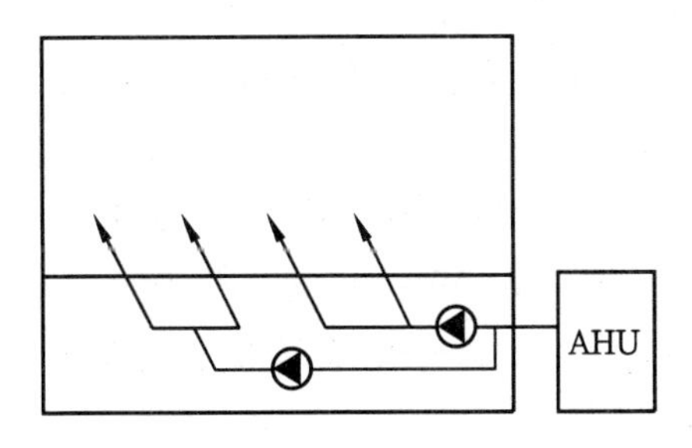

덕트 등압형

③ 덕트리스형

(가) 덕트리스 가압형 : 덕트 없고, 팬 없는 취출구 방식

(나) 덕트리스 등압형 : 덕트 없고, 팬부착 취출구 방식(급기팬으로 급기)

④ 바닥벽 공조 : 바닥벽 부근의 취출구에서 급기하는 방식

⑤ 의자밑 SAM 공조 : 의자 취출구 공조 방식 등

(4) 바닥취출 공조방식의 장점

① 에너지 절약

(가) 거주역(TASK) 위주 공조 가능 (공조대상 공간이 작아 에너지절감 가능)

(나) 기기발열, 조명열 등은 곧바로 천장으로 배기되므로 거주역 부하가 되지 않는다.

(다) 흡입/취출 온도차가 작으므로 냉동기 효율이 좋다.

② 실내 공기질

(가) 비혼합형 공조로 환기효율이 좋다.

(나) 발생오염물질이 곧바로 천장으로 배기되므로 거주공간에 미치는 영향이 적다.

(다) '저속치환공조'로 응용 가능하여 실내의 청정도를 높일 수도 있다 (단, 바닥 분진 주의).

③ 실내 환경 제어성

(가) OA기기 등의 내부 발생 열부하 처리가 쉽다.

(나) 급기구의 위치변동 및 제어로 개인(개별) 공조(Personal Air-conditioning)가 가능하다.

(다) 난방시에도 바닥에서 저속으로 취출하므로 온도와 기류분포가 양호하다 (난방시 공기의 밀도차에 의한 성층화 방지 가능).

(라) 바닥구조체에 의한 복사냉난방의 효과로 실내 쾌적도가 향상된다.

④ 리모델링 등 장래 확장성

(가) Free Access Floor 개념(급기구의 자유로운 위치변경) 도입으로 Lay out 변경에 대한 Flexibility가 좋다.

(나) 이중바닥(Access Floor)의 급기공간이 넓어 급기구를 늘릴 수 있어 장래 부하 증가에 대응할 수 있다.

⑤ 경제성

(가) 덕트 설치비용 절감이 가능하다.

(나) 층고가 낮아지고 공기가 단축되므로 초기투자비가 절감된다.

(다) 냉동기 효율이 좋고 반송동력이 작아 유지비가 절감된다.

⑥ 유지보수

(가) 바닥작업으로 보수관리가 용이하다.

(나) 통합제어(BAS)의 적용으로 제어 및 관리가 유리하다.

(5) 바닥취출 공조방식의 단점

① 바닥에서 거주역으로 바로 토출되므로 Cold Draft가 우려된다.
② 바다면에 퇴적되기 쉬운 분진의 유해성 등 검토가 필요하다.
③ 바닥면의 강도가 약할 수 있으니 적극적인 대처가 요구된다.

(6) 바닥 취출구(吹出口)

① 토출공기의 온도 : 18℃ 정도(드래프트에 주의)
② 바닥 취출구의 종류 : 원형선회형, 원형비선회형, 다공패널형, 급기팬 내장형 등이 있다.

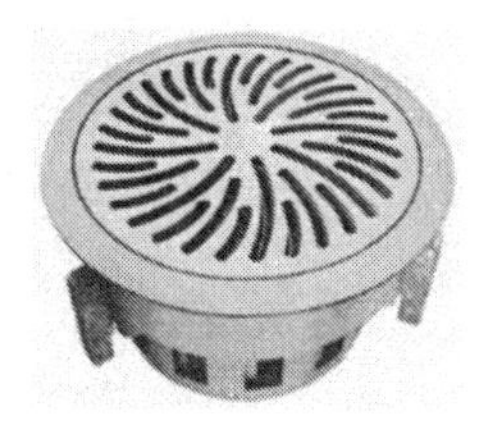
(a) 원형선회형

(b) 원형비선회형

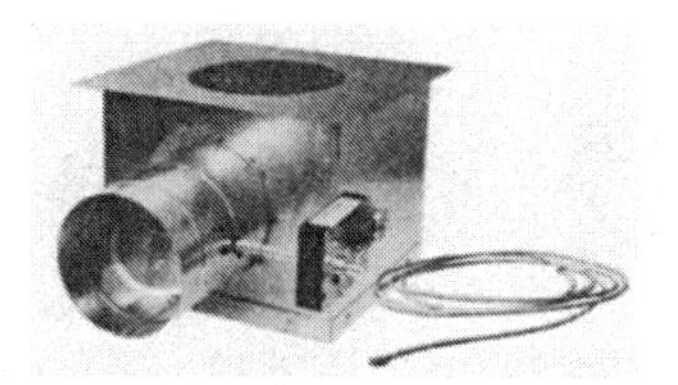
(c) 급기팬 내장형

바닥 취출구

31 저속 치환 공조

(1) 공조 방식 중 냉・난방 에너지를 절감하고 실내 공기의 질을 향상시키기 위한 아주 효과적인 방법 중 하나이다.
(2) 저속 치환 공기조화는 실의 바닥 근처에 저속으로 급기하여, 급기가 데워지면 상승 기류를 형성하게 하여 실내 공기의 질을 개선할 수 있는 방법이다.
(3) Shift Zone(치환 구역)이 재실자 위로 형성되게 하는 것이 유리하다. (압력 = 0)

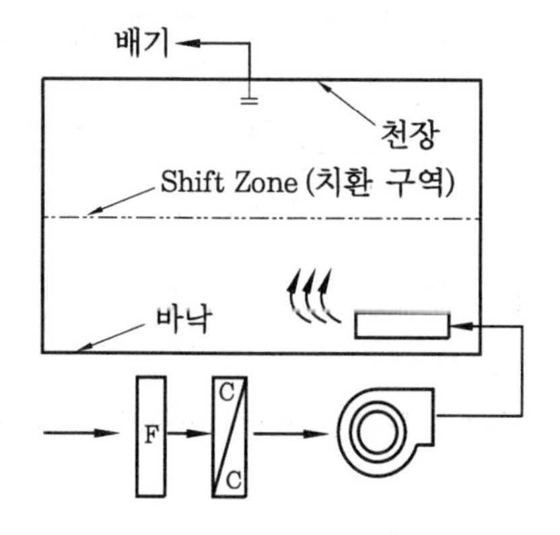

저속 치환 공조

(4) 특징

① 덕트 치수 및 디퓨저 면적이 크고, 풍속이 적다.

② 팬동력이 적고, 취출공기 온도가 적어도 되므로 에너지 효율이 좋고, 지하수 냉방 등을 고려해 볼 수도 있다.

③ 공기의 질을 획기적으로 제고할 수 있는 방법이다.

④ 유럽 등에서 많이 발전되어온 방식이다.

⑤ Spot Cooling 및 Air Pocket 부위의 해결방법으로도 사용되어지고 있다.

⑥ Down Flow 방식(하부 취출방식)으로 적용된 항온항습기나 패키지형 공조기 등에도 적용한다(IT센터, 전산실, 기타의 중부하존 등).

32 거주역 · 비거주역 공조 시스템(Task/Ambient)

(1) 거주역 · 비거주역(Task·Ambient) 공조는 개별운전으로 조절 가능한 공조 방식 전체를 통칭한다.

(2) 이 방식은 공조 대상공간이 거주역에 한정되므로 경제적이고 합리적인 공조가 가능하나, 거주자에 대한 Cold Draft, 불쾌감, 공기의 질 하락 등을 초래할 수 있어 다소 제한적으로 사용하는 것이 좋다.

(3) 종류

① 바닥 취출 공조, 바닥벽 취출 공조, 격벽 취출 공조 방식

② 개별 분산 공조 방식

③ 이동식 공조기 사용

④ 기타의 개별 공조 : Desk 공조 등

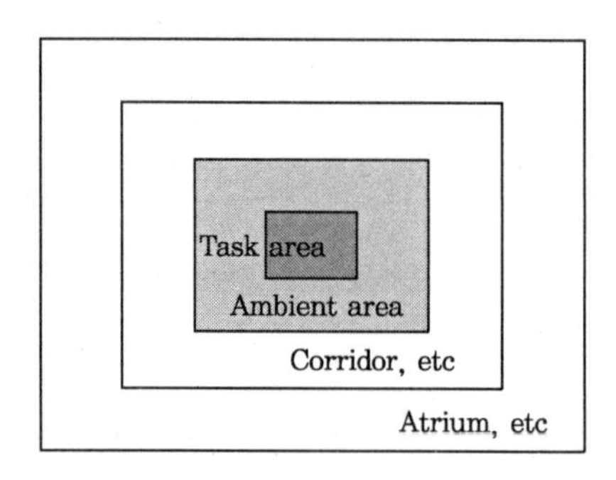

거주역/비거주역(Task/Ambient) 공조 사례

33 윗목 · 아랫목 시스템

(1) 윗목·아랫목 개념은 복사난방에 적용되는 일종의 에너지 절약적 기주역·비거주역 공조이다(단, 바닥균열, 결로 등 주의).
(2) 사용 공간·비사용 공간을 각기 구분하여 난방에 적용한다.
(3) 타 공조 방식 대비 Lay-out 변경이 제한적이다(보통 Task Ambient 공조는 Lay-out 변경이 용이하다).
(4) 바닥의 각 부분별 온도차에 의하여 바닥균열, 결로 등의 우려가 있다.

(5) 차등 난방 시스템

① 기존의 균등 난방 시스템과 달리 윗목 및 아랫목의 공급배관을 이원화하여 별도 제어해 주는 방식이다.
② 필요에 따라서는 윗목, 아랫목을 서로 바꿀 수도 있으며, 심지어는 균등 난방까지도 가능해진다(즉, 윗목·아랫목 각각의 원하는 온도를 언제든 맞출 수 있는 방식이다).

34 방향 공조(향기 공조)

(1) 방향(芳香) 공조는 향기가 인후의 통증이나 두통 등을 완화시키는 효과가 있다는 점을 이용한 공조 방식의 한 유형이다(프랑스에서 최초 개발 보고됨).
(2) 방향(향기)은 사람의 심리, 생리적 효과 등에 좋은 작용을 할 수 있다.

(3) 방향 공조 방식(사례)

① 공조에 삼림 등의 향기를 첨가하여 실내 거주자에게 평온함과 상쾌감을 부여해서 작업능률을 향상시킨다.
② 향료로 레몬, 라벤더, 장미 등의 식물성 향료가 사용이 가능하다.
③ 이들 향료의 선택, 공급 스케줄의 각 제어는 다음 그림과 같이 이루어질 수 있다.

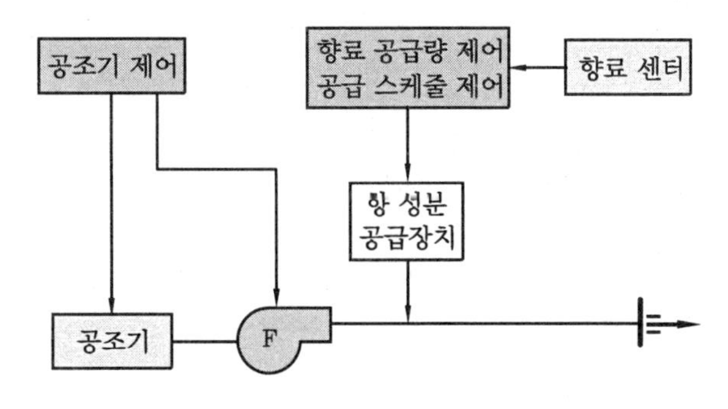

방향 공조(개념도)

35 $1/f$ 흔들림 공조

(1) 주파수와 강도 사이에는 어떤 관계가 있다. 즉, 음의 강도가 주파수에 반비례하면 (해변의 파도, 소슬바람 등) 쾌적하다는 분석이 있다.

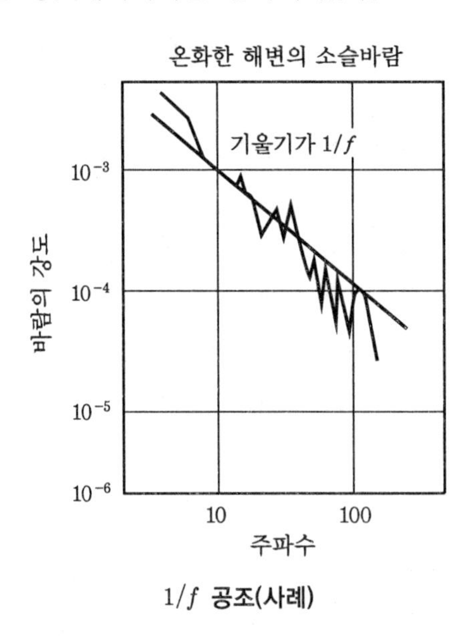

$1/f$ 공조(사례)

(2) 보통의 공조는 일정 풍속으로 제어되지만, $1/f$ 속도(가변속)로 공기속도를 만들어 내면 인간의 쾌적감 유지에 더 유리하다는 이론에 바탕을 둔 것이다.

① $1/f$ 속도(가변속)로 공기속도를 만들어 선풍기, 공기청정기, 에어컨 등이 적용한 사례 많다.

② 공조기의 취출기류 → 기분 좋은 자연풍을 실내에서 인공적으로 재현하도록 풍속과 풍향을 제어한다.

③ 온화한 해변의 소슬바람처럼 바람의 강도를 주파수에 반비례한 관계로 '자연풍 모드'를 만들어낸다.

36 퍼지(Fuzzy) 제어

(1) 실내 공기의 온도가 설정 온도의 근처로 도달하면 수시로 전원이 on-off되도록 되어 있는 On-Off 컨트롤의 공조에 상대되는 개념으로 등장한 공조의 한 방식이다.

(2) On-Off 컨트롤 방식의 공조에서 전원의 On과 Off가 반복되어 에너지가 과다 소비되고, 쾌적한 실내온도를 보장받기 어려운 점을 보완한 방식이다.

(3) 이런 단점을 극복하고자 한 것이 퍼지이론 적용 → "이 정도의 온도 차이가 나면 온도를 높여라(또는 낮춰라)"는 명령이 프로그램상 입력되어 있어서 전원을 on-off 하지 않고 실내에 항상 설정된 온도, 습도 및 풍속 등을 제공받을 수 있다.

(4) 신경망(Neuro-Network)과 퍼지(Fuzzy)의 장점만을 따서 결합시킨 것이다(인간의 신경조직과 비슷하게 기능하도록 한 자동센서가 적절한 온도, 습도와 풍향 등을 스스로 판단해 실내환경을 최적의 상태로 이끈다는 것).

(5) 퍼지 제어 방법

① 여러 센서들을 이용하여 센싱 후 자동 연산 처리하고, 이것의 결과물을 출력해내는 방식이다.

② 보통 공조 시스템상 액정 무선 리모컨, 시간예약 기능, 항균(抗菌) Air Filter, 자연풍 등 다양한 기능이 첨가될 수 있다.

③ 퍼지 자동제어 개념도(사례)

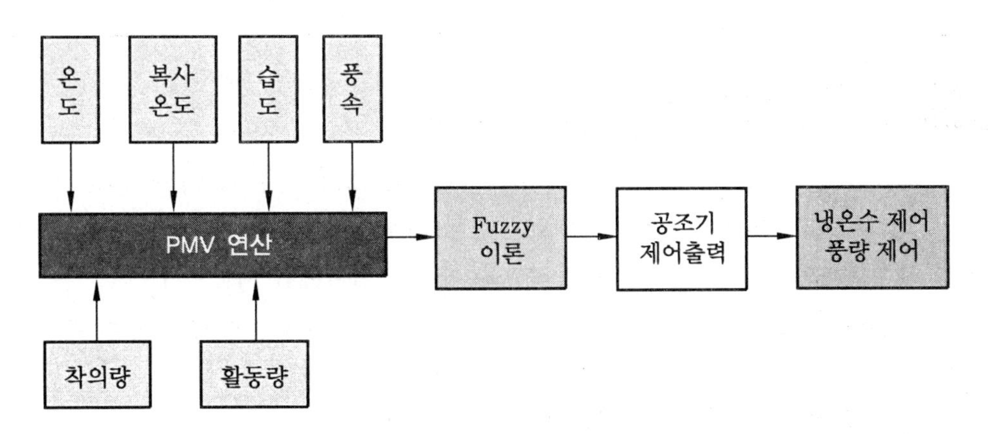

제 ❷ 장

부하 계산

1 공조 계획법(空調計劃法)

(1) 공조 분야의 부하 계산, 설비 설계, 장비 선정 등을 행하는 일련의 과정으로서, 초기 계획 설계에서는 건축, 위생, 소방 등 각 분야별 담당자들과의 협의 및 조율, 사전조사(벤치마킹, 실패사례 분석 등), 각종 시스템에 대한 비교분석 등이 가장 중요하다고 할 수 있다.

(2) 공조 계획의 전체적인 절차는 사전 조사→조닝→부하 계산→각 기기와 방식 결정→계산서, 사양 결정 및 제안서 작성(경제성 분석 포함)→발주자와 협의 등의 순이다.

(3) 공조 계획법에서는 공조의 4요소(온도, 습도, 기류, 청정도)와 인체에 미치는 열적 쾌적 지표를 면밀히 따져서 계획될 수 있도록 고려해야 한다.

2 열취득(Heat Gain)

(1) 열취득(Heat Gain)은 냉방부하(Cooling Load)와 유사한 용어이기는 하나 다소 차이가 있다. 이는 복사에 의하여 발생하는 현열 열취득의 일부는 표면에 흡수되어, 직접 냉방부하로 나타나지 않고 시간지연을 가지고 나타나기 때문이다.

(2) 복사에너지는 먼저 공간에 포함된 벽, 마루, 가구 및 기타 물질에 의하여 흡수된다(축열). 이러한 표면 및 물질의 온도가 실내공기의 온도보다 높아지면, 저장된 열이 복사 및 대류에 의하여 실내에 있는 공기로 전달된다.

(3) 따라서 건물구조 및 내부물질의 열저장 및 열전달 특성에 따라 열적 시간지연 및 열취득과 냉방부하 사이의 관계가 결정된다.

(4) 즉 여름철 실내 취득열량 중 축열에 의한 시간지연 감소분을 제외한 부분이 냉방부하가 된다.

3 조닝 (Zoning)

(1) 조닝은 공조할 대상 건물을 부하 특성별 몇 개의 Zone으로 구분하여, 각 존에 맞는 최적의 장비 선정, 제어 구축, 관리 등을 하여 에너지 절감, 사용자 만족 등을 도모하는 것이다.

(2) 한 건물의 열부하는 방위, 시간대, 용도 등에 따라 변하며 부하특성의 유사 구역을 Zone으로 하여야 효율적 공조 및 에너지 절약, 운전제어의 용이성 등이 가능하다.

(3) 조닝(Zoning) 방법

① 방위별 조닝 : 보통 건물의 방위별 부하특성이 많이 다르므로 이를 기준으로 조닝을 행한다.

② 내주부와 외주부 : 보통 건물의 내주부는 환기, 청정도 위주의 공조가 강조되고, 외주부는 부하변동에 대한 세밀한 제어가 필요하다.

③ 부하특성별 존 : 건물의 평면을 부하특성별로 구분하여 조닝을 하는 방법이다.

④ 층별 존 : 고층 건물은 층별 기후적 외란과 부하특성의 차이가 크므로 이를 기준으로 조닝을 행하는 방법이다.

⑤ 사용 시간별 존 : 사용 시간대가 유사한 구역별로 나누어 조닝을 행한다.

⑥ 설정 온·습도 조건별 존 : 요구되는 설정 온·습도 조건이 유사한 구역끼리 묶어 존을 만든다.

⑦ 열운송 경로별 존 : 열운송 경로상 가깝거나 공사가 용이한 방향으로 조닝을 행하여 반송동력 절감, 공사비 절감 등을 도모할 수 있다.

⑧ 실 요구 청정도별 존 : 실(室)의 요구 청정도, 외기 도입 필요량 등이 유사한 구역별 조닝을 행하는 방법이다.

(4) 외주부와 내주부

① Perimeter Zone (PZ : 옥내 외주 공간, 외주부)

㈎ 건물의 지하층을 제외한 각층 외벽의 중심선에서 수평거리가 5m 이내인 옥내의 공간

㈏ 지붕의 바로 밑층의 옥내 공간

㈐ 외기에 접하는 바닥 바로 위의 공간

PZ 공조 방법

① Cold Draft 방지, 외부 침입열량 방지 등을 위하여 FCU + Duct 방법을 많이 사용한다.

② 날씨별, 시간대별, 계절별 부하 변동이 크므로 VAV 덕트 방식을 많이 채용한다.

② Interior Zone (IZ : 옥내 내주 공간, 내주부)

㈎ 건물의 내부에 위치한 공간으로 방위의 영향을 적게 받는다.

㈏ 연간 냉방부하가 발생할 수도 있다(주로 용도에 따라 세부 Zoning 실시 가능).

㈐ 공조방법으로서는 환기량 확보가 용이한 '전공기 방식'이 많이 추천되어진다.

4 부하 계산법

(1) 열원설비 공조기 등의 크기 산정 등을 위해서는 '최대부하 계산법'이 사용되고, 전력 수전용량 혹은 계약용량 산정 시에는 '기간부하 계산법'이 사용된다.

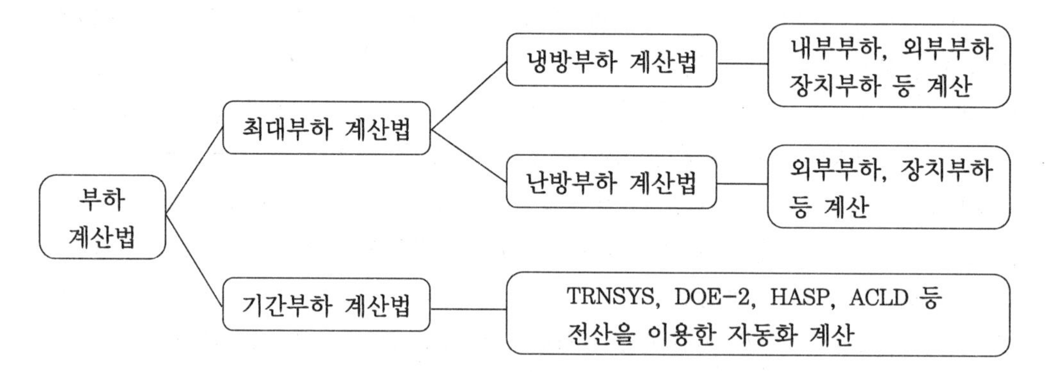

(2) 기간부하 계산에서 프로그램 입력 외계조건 (7가지) : 건구온도, 절대습도, 풍속, 풍향, 법선일사량, 수평일사량, 운량(雲量)을 '표준기상년'을 기준으로 입력한다.

5 표준기상년 (Typical Meteorological Year)

(1) 정적 및 동적 열부하 계산을 위한 외계의 1년간의 기상 데이터

(2) 보통 각 지역별 과거 10년간의 평균 Data를 사용

(3) 연평균 기상데이터를 표준기상년을 기준으로 각종 프로그램에 적용하면, 공조부하 (최대부하 및 기간부하 계산), 외부조도 및 천공휘도 (건물의 자연채광 설계 시) 등의 계산결과의 정확성을 높일 수 있다.

(4) 각 나라별이 아닌 각 지역별 혹은 도시별 표준기상년을 적용하는 것이 정확성 측면에 유리하다.

6 외벽 열취득량

(1) 냉방 시 외기에 접한 벽체 혹은 지붕의 열취득량도 포함한 개념이다.

(2) 계산방법

$q = K \cdot A \cdot \mathrm{ETD}$

여기서, q : 열량 (kcal/h 혹은 W), K : 열관류율 (kcal/m^2·h·℃ 혹은 W/m^2·K), A : 면적(m^2)

ETD (Equivalent Temperature Difference) : 상당 외기 온도차 (ETD = SAT − 실내온도)

SAT (Solar Air Temperature, 상당 외기 온도) : 상당 외기 온도는 복사 열교환이 없으면서도 태양열의 복사와 대류에 의해 실질적으로 발생하는 열교환량과 동일하게 나타나는 외부 공기온도를 말한다(= 실외온도 + 벽체의 일사흡수량에 해당하는 온도).

$$\mathrm{SAT} = t_o + a \times \frac{I}{\alpha_o}$$

여기서, t_o : 외기온도(℃) a : 일사흡수율
I : 외벽면 전일사량(W/m^2) α_o : 외표면 열전달률(W/m^2·K)

◎ CLTD에 의한 방법

계산식 $q = K \cdot A \cdot \mathrm{ETD}$ 에서, ETD (Equivalent Temperature Difference) 를 CLTD (Cooling Load Temperature Difference)로 대체하는 방법으로서, CLTD란 일사에 의해 구조체가 축열된 후 축열의 효과가 시간차를 두고 서서히 나타나는 현상을 고려하는 방법이다.

7 내벽 열취득량

(1) 내벽뿐만 아니라 칸막이, 천장, 바닥을 통한 열취득량도 포함한 개념이다.

(2) 계산방법

$q = K \cdot A \cdot \Delta T$

여기서, q : 열량(kcal/h, W), K : 열관류율(kcal/m^2·h·℃, W/m^2·K)
A : 면적(m^2), ΔT : 벽 양측 공기의 온도차

8 유리를 통한 열취득량

유리를 통한 관류 열전달 + 일사 취득열 (그림 [유리를 통한 열취득량] 참조) 을 말한다.

① 관류(대류) 열전달 : $q = K \cdot A \cdot \Delta T$

② 일사 취득열 : $q = ks \cdot Ag \cdot \mathrm{SSG}$

단, 일사 취득열에 축열 시간지연 고려 시에는

$q = ks \cdot Ag \cdot \mathrm{SSG} \cdot \mathrm{SLFg}$ 혹은

$q = ks \cdot Ag \cdot \mathrm{SSG} + kr \cdot Ag \cdot \mathrm{AMF}$로 계산한다 (그림 [축열의 영향] 참조).

여기서, ks (전차폐계수) : 유리 및 Blind 종류의 함수

Ag : 유리의 면적(m^2)
SSG (Standard Sun Glass : 표준일사 취득열량) : 유리의 방위 및 시각의 함수 (W/m^2)
SLFg (Storage Load Factor : 축열부하계수) : 구조체의 중량, 방위, Blind 유/무, 시각의 함수
kr : 복사 차폐계수
AMF (Absorb Modify Factor : 일사 흡열 수정계수) : 유리의 종류, 방위, 시각의 함수 (W/m^2)

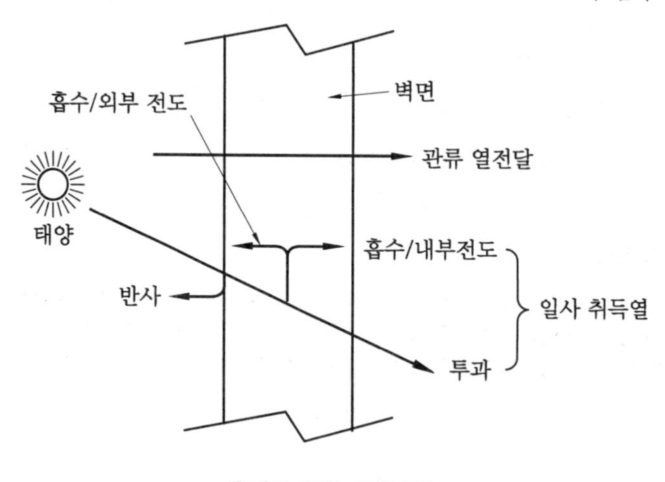

유리를 통한 열취득량

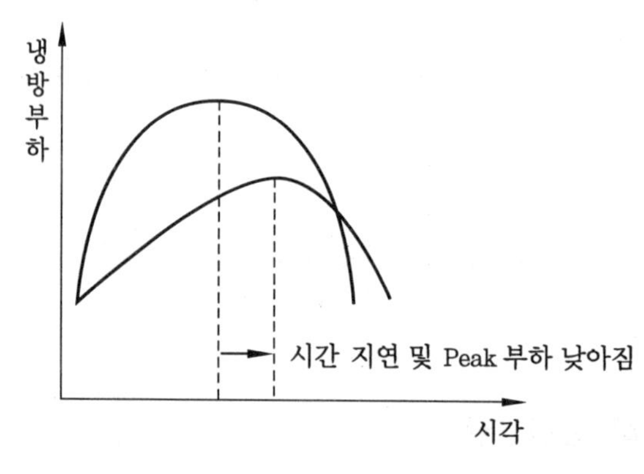

축열의 영향

◎ SCL에 의한 방법

상기 계산식 $q = Ks \cdot Ag \cdot \text{SSG} \cdot \text{SLFg}$ 에서 'SSG · SLFg'를 SCL (Solar Cooling Load) 이라는 단일 개념의 인자로 대체하여 계산하는 방법이다.

9 극간풍(틈새바람)에 의한 취득열량

(1) 다음과 같이 '현열 + 잠열'로 계산한다.

① 현열 : $q = C_p Q \cdot \gamma \cdot (t_o - t_r)$

② 잠열 : $q = rQ \cdot \gamma \cdot (x_o - x_r)$

여기서, q : 열량(kcal/h = 1/860 kW = 1/860 kJ/s)

Q : 풍량(m^3/h = 1/3600 m^3/s)

γ : 공기의 밀도(= 1.2kg/m^3)

C_p : 건공기의 정압비열 (0.24 kcal/kg·℃ ≒ 1.005 kJ/kg·K)

r : 0℃에서의 물의 증발잠열 (597.5 kcal/kg ≒ 2501.6 kJ/kg)

$t_o - t_r$: 실외온도-실내온도(℃, K)

$x_o - x_r$: 실외 절대습도-실내 절대습도(kg/kg')

③ 위에서 Q (극간풍량) 구하는 법

(가) 환기회수법 : $Q = n \cdot V$

여기서, n : 시간당 환기회수, V : 실의 체적(m^3)

(나) 창문의 틈새길이법 $Q = l \cdot QI$ 혹은 $Q = l \cdot a \cdot \Delta P^{\frac{2}{3}}$

여기서, l : 창문의 틈새길이(Crack)

QI : 창문의 종류와 풍속의 함수 (I : Infiltration)

a : 통기특성(틈새폭의 함수)

ΔP (작용압차) = 풍압에 의한 압력차 + 연돌효과에 의한 압력차 즉,

$$\Delta P = C_f \frac{\gamma_0}{2g} \omega^2 + (\gamma_r - \gamma_0) h$$

C_f(풍상) : 풍압계수 (실이 바람의 앞쪽일 경우, C_f = 약 0.8 ~ 1)

C_b(풍하) : 풍압계수 (실이 바람의 뒷쪽일 경우, C_b = 약 −0.4)

γ_0 : 실외측 공기의 비중량, g : 중력가속도, ω : 실외측 공기의 풍속

γ_r : 실내측 공기의 비중량, h : 중성대에서의 높이

건물폭 / 건물높이	C_b	C_f
0.1 ~ 0.2	−0.4	1.0
0.2 ~ 0.4	−0.4	0.9
0.4 이상	0.4	0.8

(다) 창문의 면적법 $Q = A \cdot QI$

여기서, A : 창의 면적

(라) 출입문 사용빈도법 $Q =$ 사람수 $\cdot QI$

10 내부 부하

(1) 냉방 시 실(室) 내부로부터의 열취득량을 말하며, 이는 공조부하에 가산되는 것이다.
(2) 다음과 같이 인체, 조명기구, 기기(동력), 기구 등으로부터의 취득열량을 말한다.

① 인체 열취득량 = 현열 + 잠열

(가) 인체의 현열 : $q_s = n \cdot H_s$

여기서, n : 사람 수, H_s : 1인당 인체 발생 현열량

(나) 인체의 잠열 : $q_L = n \cdot H_L$

여기서, H_L : 1인당 인체 발생 잠열량
※ 평균 재실인원 = 약 0.1 ~ 0.3 인/m^2

② 조명기구 취득열량

(가) 백열등 : $q = W \times f$

(나) 형광등 : $q = W \times 1.2f$

여기서, W : 조명기구 발열량(W), f : 조명 점등률, 1.2 : 안정기(Ballast) 계수

(다) 축열부하 고려 시 : $q' = q \cdot \mathrm{SLF}$

여기서, SLF : 축열 부하계수 (SLF 〈 1)

③ 동력 취득열량

$q = P \cdot f_e \cdot f_o \cdot f_s$

여기서, P : 전동기의 정격 출력(W), f_e : 부하율 (실제출력÷정격출력) ≒ 0.8 ~ 0.9
f_0 : 동력장치 가동률
f_s (사용상태 계수)
전동기는 실외, 기계는 실내 : $f_s = 1$
전동기는 실내, 기계는 실외 : $f_s = \left(\frac{1}{\eta}\right) - 1$
전동기, 기계 모두 실내 : $f_s = \frac{1}{\eta}$

④ 기구 취득열량 (가스레인지, 커피포트 등)

$q = q_e \cdot f_0 \cdot f_r$

여기서, q_e : 기구의 열원용량(방열량 : W), f_0 : 가동률(사용률) ≒0.4
f_r : 실내로의 복사비율 ≒0.5

CLF에 의한 방법

상기 실내부하 계산식에서 공히 축열에 의한 효과를 고려 시 CLF (Cooling Load Factor) 혹은 SLF (Storage Load Factor)를 곱하여 사용할 수 있다.

11 장치부하

(1) 주로 송풍기, 덕트, 재열기, 외기 도입 장치 등으로부터의 취득열량이다.

(2) 다음과 같이 정확한 값으로 표현하거나, 실내 현열부하의 몇 % 정도에 해당되는지의 비율을 가지고 표현한다.

① 송풍기 취득열량 : $q = P$

여기서, P : 송풍기의 정격 출력(W)

② 덕트로 취득열량 : 실내 취득 현열량의 약 2 %

③ 재열부하 : 잠열은 없고, 현열만 존재한다.

$$q = C_p Q \cdot \gamma \cdot (t_2 - t_1)$$

여기서, q : 열량 (kcal/h = 1/860 kW = 1/860 kJ/s)

Q : 풍량 (m^3/h = 1/3600 m^3/s)

γ : 공기의 밀도 (= 1.2 kg/m^3)

C_p : 건공기의 정압비열 (0.24 kcal/kg·℃ ≒ 1.005 kJ/kg·K)

$t_2 - t_1$: 재열기 출구온도 – 재열기 입구온도 (℃, K)

④ 외기 부하 : 위 '극간풍에 의한 취득열량'과 동일 방법으로 계산한다.

외기 도입에 의한 취득열량 = 현열 + 잠열

㈎ 현열 : $q = C_p Q \cdot \gamma \cdot (t_0 - t_r)$

㈏ 잠열 : $q = r Q \cdot \gamma \cdot (x_0 - x_r)$

여기서, q : 열량(kcal/h = 1/860kW = 1/860 kJ/s)

Q : 외기 도입량 (m^3/h = 1/3600m^3/s ; 일반 공조에서는 급기량의 약 30% 정도를 도입하나, 각 건물의 용도나 재실인원, 법규 등에 따라 차이가 난다.)

γ : 공기의 밀도 (= 1.2kg/m^3)

C_p : 건공기의 정압비열 (0.24 kcal/kg·℃ ≒ 1.005 kJ/kg·K)

r : 0℃에서의 물의 증발잠열 (597.5 kcal/kg ≒ 2501.6 kJ/kg)

$t_o - t_r$: 실외온도–실내온도 (℃, K)

$x_o - x_r$: 실외 절대습도 – 실내 절대습도 (kg/kg')

12 냉방 부하 (공조기 부하)

(1) 냉방부하 (공조기부하, 냉각코일부하) = 내부부하 + 외부부하 + 장치부하

① 내부부하 (내부 발생 부하)

㈎ 인체에 의한 열취득량 = 현열 + 잠열

㈏ 조명기구로부터의 취득열량 : 백열등, 형광등(안정기 계수 고려) 등

㈐ 동력(動力 ; Power)으로부터의 취득열량

㈑ 기구(기구)로부터의 취득열량 (가스레인지, 커피포트 등)

② 외부부하 (외부로부터의 침투열량)

㈎ 외벽, 지붕을 통한 열취득량 : 태양열의 복사에 의한 효과와 일반 열관류에 의해 발생하는 열취득의 합으로 계산된다.

㈏ 칸막이, 천장, 바닥을 통한 열취득량 : 실의 내·외부 온도차에 의해 발생

㈐ 유리를 통한 열취득량 = 관류 열전달 + 일사 취득열 (축열에 의한 시간지연 고려 시 더 정확한 계산 가능)

㈑ 극간풍(틈새바람)에 의한 취득열량 = 현열 + 잠열

③ 장치부하 (장치 발생 부하)

㈎ 송풍기로부터의 취득열량

㈏ 덕트로부터의 취득열량 : 실내 취득 현열량의 약 2%

㈐ 재열부하 : 잠열은 없고, 현열만 존재한다.

㈑ 외기부하 : 환기를 위해 외기를 도입할 때 발생하는 부하

(2) 열원기기부하 (냉동기 부하) = 공조기부하 + 펌프/배관부하

여기서, 펌프 / 배관부하란 반송동력의 압력 손실값 및 단열 불완전에 의한 열취득값 등을 말한다.

(3) 펌프 / 배관부하의 약식 계산

냉각코일부하의 약 5~10%로 계산한다.

따라서 열원기기부하 (냉동기 부하) = 공조기부하 × (1.05 ~ 1.1)

13 난방부하 계산법

(1) 장치용량 산정을 위한 난방측면의 최대부하 계산법이다.

(2) 외부 손실부하와 장치부하로 나누어 계산하며, 난방부하에서 잠열부하는 거의 고려하지 않는 것이 일반적이다.

(3) 장치용량이 대개 냉방용량 위주로 설계가 많이 되므로, 냉방부하보다는 중요도가 떨어지나, 히트펌프 타입의 냉·난방기에서는 장비의 냉방능력보다 난방능력이 부족할 경우가 많으므로 난방능력 산정에 보다 더 주의를 요한다.

(4) 난방부하 계산방법

① 외부 부하 (구조물을 통한 손실 열량)

㈎ 외벽, 지붕, 창유리의 열손실 : $q = K \cdot A \cdot k \cdot (t_r - t_0 - \Delta t_{air})$

여기서, q : 열량(kcal/h, W), K : 열관류율 (kcal/m^2·h·℃, W/m^2·K)
A : 면적(m^2), $t_r - t_0$: 실내온도-실외온도 (℃, K), k : 방위계수

남	$k=1$
북, 서, 북서	$k=1.1$
기타의 방위	$k=1.05$

Δt_{air} : 대기복사량 (℃, K ; 지표 및 대기의 적외선 방출량으로 태양복사 입사량과 균형을 이룸)

항 목		Δt_{air}(대기복사량)
지붕	구배 5/10 이하	6
	구배 5/10 이상	4
외벽, 창	9층 초과 건물	3
	4～9층인 건물(주위가 개방된 경우)	2
	기 타	0

㈏ 칸막이, 천장, 내창을 통한 열손실 : $q = K \cdot A \cdot \Delta T$

여기서, ΔT : 내부와 외부의 온도차

㈐ 지면과 접하는 바닥면, 지하벽체의 열손실

㉮ 지상 0.6 m ～ 지하 2.4 m

$$q = k_p \cdot l \cdot (t_r - t_0)$$

여기서, k_p : 지하벽체의 열손실량 (kcal/m·h·℃, W/m·K)
l : 지하벽체의 길이, $(t_r - t_0)$: 실내온도-실외온도(℃, K)

㉯ 지하 2.4 m 이하

$$q = K \cdot A \cdot (t_r - t_g)$$

여기서, q : 열량 (kcal/h = 1/860kW = 1/860kJ/s)
K : 열관류율(kcal/m^2·h·℃, W/m^2·K)
바닥인 경우 : 약 0.244 kcal/m^2·h·℃ ≒ 0.284 W/m^2·K
벽체인 경우 : 0.391 kcal/m^2·h·℃ ≒ 0.455 W/m^2·K
A : 벽체 혹은 바닥의 면적(m^2)
$t_r - t_g$: 실내온도 – 지중온도 (℃, K)

㈑ 극간풍에 의한 열손실 : 냉방과 동일 개념 (단, 잠열부하는 계산하지 않는 경우가 많음)

$$q = C_p Q \cdot \gamma \cdot (t_r - t_o)$$

여기서, q : 열량 (kcal/h = 1/860 kW = 1/860 kJ/s)
Q : 풍량 (m^3/h = 1/3600 m^3/s), γ : 공기의 밀도 (= 1.2 kg/m^3)
C_p : 건공기의 정압비열 (0.24 kcal/kg·℃ ≒ 1.005 kJ/kg·K)
$t_r - t_o$: 실내온도 – 실외온도 (℃, K)

② 장치부하 (장치 열손실량)

㈎ 외기부하에 의한 열손실 : 냉방과 동일(단, 잠열부하는 계산하지 않는 경우가 많음)

$q = C_p Q \cdot \gamma \cdot (t_r - t_o)$

여기서, Q : 외기 도입량(일반공조에서는 급기량의 약 30% 정도를 도입하나 각 건물의 용도나 재실인원, 법규 등에 따라 차이가 남)

㈏ 덕트에서의 열손실 : 보통 실내 현열량의 5 ~ 10 % 정도로 산정

14 비공조실 온도

(1) 비례 계산법

① 다음과 같은 함수식으로 계산한다.

② 이렇게 계산하면 벽체, 바닥층 및 천장 위 등이 외기와 면하여 있는 면이 많을수록 실외온도에 가까워진다.

$$\text{비공조실의 온도} = \frac{t_i(A_1k_1 + A_2k_2\cdots) + t_0(A_ak_a + A_bk_b\cdots)}{(A_1k_1 + A_2k_2\cdots) + t_0(A_ak_a + A_bk_b\cdots)}$$

여기서, t_i : 실내온도 (℃, K), t_0 : 외기온도 (℃, K)

A_1, A_2 : 비공조실과 공조실과의 경계벽, 문 등의 면적 (m^2)

k_1, k_2 : 비공조실과 공조실과의 경계벽, 문 등의 열관류율($kcal/m^2 \cdot h \cdot$ ℃, $W/m^2 \cdot K$)

A_a, A_b : 비공조실의 외벽, 외측 창 등의 면적 (m^2)

k_a, k_b : 비공조실의 외벽, 외측 창 등의 열관류율($kcal/m^2 \cdot h \cdot$ ℃, $W/m^2 \cdot K$)

(2) 간이계산법

① 난방 시 비공조 지역 온도 계산법

㈎ $\frac{1}{2}$ 온도법을 사용한다.

㈏ 비공조실 온도 = 실외온도 + (실외온도 − 실외온도) × $\frac{1}{2}$

② 냉방 시의 비공조 지역 온도 계산법

㈎ $\frac{2}{3}$ 온도법을 사용한다.

㈏ 여름철은 태양의 고도가 높으므로 일사에 의한 외벽의 축열량이 많아져 평균 온도가 실외온도에 더 가까워진다.

㈐ 비공조실 온도 = 실내온도 + (실외온도 − 실내온도) × $\frac{2}{3}$

㈑ 혹은 상기 난방시와 같이 '$\frac{1}{2}$ 온도법'을 사용하는 경우도 있다.

③ 기타의 방법

(가) 북측벽측의 상당외기온도차(ETD)를 이용하는 방법 : 기상 Data를 바탕으로 북측벽측 공기와 실외의 상당외기온도차(ETD)를 인접한 비공조실의 칸막이벽측의 온도차(ΔT)로 부하계산에 적용하는 방법

(나) 기타 건물의 상태에 따라 인접한 비공조실의 온도를 실외온도에 더 가깝게 적용할 수도 있다.

15 설계 온도(Design Temperature)

(1) TAC 온도

① 설계 외기온도의 기준을 제시하는 것으로 쾌적공조에서 외기온도 피크 시를 기준으로 장치용량 산정 시 과도하게 큰 장치용량 선정으로 인한 비경제적인 초기 투자비용 발생에 대한 절감과 에너지 유지비용 절감을 위해 다소의 위험률을 부담하고자 하는 설계 외기온도이다.

② 냉방 또는 난방기간 중 TAC 위험률에 해당하는 기간 동안은 실제 나타나는 외기온도가 설계 외기온도(TAC 온도)보다 높아지는 것(낮아지는 것)을 허용하는 것을 말한다.

③ 냉방 시는 총 냉방기간 중 위험률(%)에 해당하는 냉방기간 동안 냉방이 부족한 것을, 난방 시는 총 난방기간 중 위험률(%)에 해당하는 난방기간 동안 난방이 부족하게 되는 것을 허용하므로 착의량의 변화나 인간의 인내심에 호소하는 것 등으로 대응한다.

(2) 설계온도의 적용

① 설계 외기온도

(가) 쾌적공조 : TAC 온도(주로 위험률 2.5%)를 적용한다.

(나) 공장공조 및 정밀공조 : 피크 부하 시 외기온도, 즉 TAC 위험률 0%를 적용한다.

② 설계 실내온도

(가) 쾌적공조 : 실내환경 평가지표의 온열요소(물리적 요소) 및 개인적 요소(인간측 요소) 등을 고려한 유효온도, 신유효온도 등에 의한다.

(나) 공장공조 : 공정상 설계조건에 주어진 설계실내온도에 의한다.

16 Time Lag & Decrement Factor

(1) 정의

① Time Lag(시간 지연)

(가) 구조체 열용량에 따른 열전달의 지연효과(최대부하 발생 시간차)

(나) 벽체 등 구조체의 축열로 인한 최대부하가 실제보다 시간이 지연되어 나타나는 현상

② Decrement Factor (진폭감쇄율) : 구조체에 의한 1일 열류 사이클의 진폭이 건물의 열용량의 차이에 의해 감쇄되는 비율 (최대부하차)

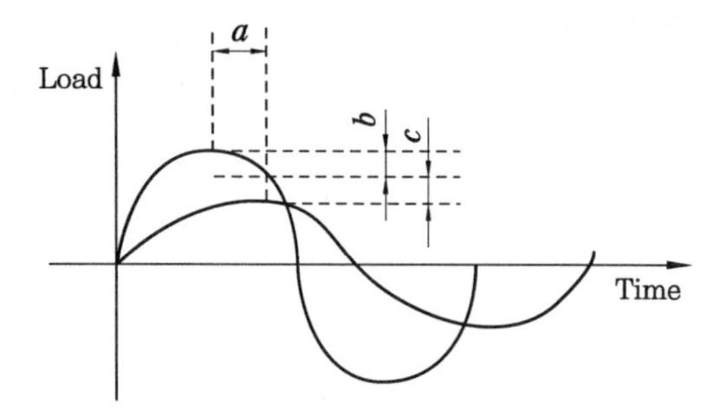

a : Time Lag
b : 열관류율 (K)
c : Decrement Factor (진폭감쇄율)

(2) 특징

① 콘크리트처럼 중량물 : a, b, c는 모두 크다 (단, 열저항은 작다).

② 단열재 등 : a, b, c 모두 작다 (단, 열저항은 크다).

17 DD법 (도일법)

(1) 개념

① 냉방 도일법(CD)과 난방 도일법(HD)이 있다.

② 실내의 설계온도와 실외의 평균기온의 차에 일수를 곱한 값의 합

③ 실내온도와 내부발열이 연간 비교적 일정 시 주로 사용하는 방법(변수로서 실내온도와 외기온도만을 이용함)

④ 연간 필요 부하를 계산하여 에너지 소비량과 비용을 계산하는 데 사용

(2) 계산식

① 난방 도일법 (HD)

(가) 난방일수를 실외온도가 실내 설계온도보다 낮은 날로 잡은 경우

$$\text{HD} = \Sigma d(t_i - t_0) = \frac{N}{24} \times (t_i - t_0)$$

여기서, t_i : 실내 설계온도 (℃), t_0 : 실외 평균기온 (℃), N : 난방 사용시간의 합 (hr)

(나) 난방일수를 실외온도가 실내 설계온도보다 낮은 어느 일정한 온도 (난방 한계온도 ; t_0') 이하로 내려간 날로 잡은 경우

$$\text{HD} = \Sigma d(t_0' - t_0) + (t_i - t_0')Z$$

여기서, t_0' : 난방 한계온도(℃), Z : 1년간 난방일수(days)

② 냉방 도일법 (CD)

(가) 냉방일수를 실외온도가 실내 설계온도보다 높은 날로 잡은 경우

$\text{CD} = \Sigma d(t_0 - t_i) = \frac{N}{24} \times (t_0 - t_i)$

여기서, t_i : 실내 설계온도(℃), t_0 : 실외 평균기온(℃), N : 냉방 사용시간의 합(hr)

(나) 냉방일수를 실외온도가 실내 설계온도보다 높은 어느 일정한 온도(냉방 한계온도 ; t_0) 이상으로 올라간 날로 잡은 경우

$\text{CD} = \Sigma d(t_0 - t_0') + (t_0' - t_i)Z$

여기서, t_0' : 난방 한계 온도(℃), Z : 1년간 난방 일수(days)

18 BPT법 (Balance Point Temperature ; 균형점 온도법)

(1) 균형점 온도(Balance Point Temperature)란 아래 그림에서 B점에 해당하는 온도이며, 내부 발생열과 열취득(일사 및 전도열)을 고려한 부하가 열손실량과 균형을 이루는 외기온도(밸런스 온도)를 말한다.

(2) 그림에서 B점 혹은 B′점은 보통 겨울철에 난방부하가 가장 큰 시점부터 점차 난방부하가 줄어들고 봄철 어느 시점에 냉·난방부하가 전혀 걸리지 않는 시점의 온도를 말하며, 이때의 거의 고정적인 에너지 사용량은 주로 급탕, 조명, 환기 에너지사용량 등에 기인한다.

(3) 내부발열이 큰 대형 사무소 건물과 내부발열이 작은 단독주택에서 균형점 온도와 냉·난방 기간과의 상관관계 : 그림에서 내부 발열이 큰 대형 사무소 건물(b)은 내부발열이 작은 단독주택(a)에 비해 균형점 온도가 좌측으로 더 이동할 것이다(B점 → B′). 이것은 대형 사무소 건물의 내부발열로 인하여 주로 봄이나 가을철에 다소 추운 외기온도에서도 난방을 행하지 않을 수 있다는 의미이다.

즉, 내부발열이 큰 대형 사무소 건물은 내부발열이 작은 단독주택에 비해 내부발열로 인한 부하 때문에 냉방기간은 길어질 것이고 난방기간은 짧아질 것이다.

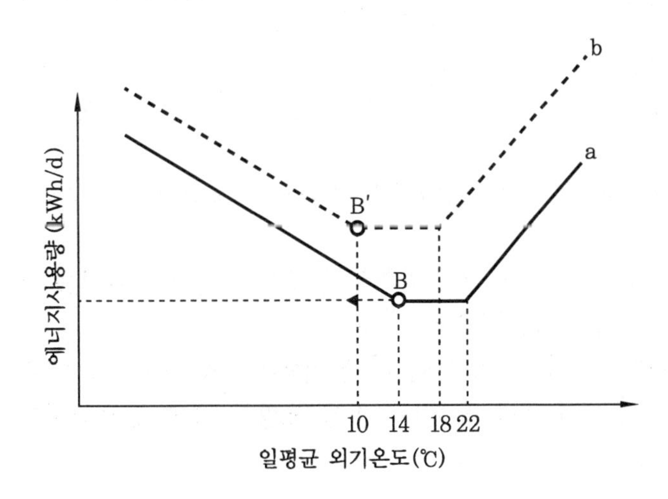

19 확장 도일법

(1) 최근 건물의 단열 시공이 계속 강화되고, 내부 발생열이 증가되고 있기 때문에 실내외 온도차에 의해서만 부하를 계산하는 것은 맞지 않다고도 할 수 있다.
(2) 따라서 보정계수를 이용하여 이를 보완하고 있다.
(3) EHD법(확장 난방 도일법)과 ECD법(확장 냉방 도일법)으로 나누어 계산된다.
  ① EHD법(Enhanced Heating Degree Day ; 확장 난방 도일법)
    ㈎ 외기온도뿐만 아니라 일사, 내부발열량 등을 고려한 방법
    ㈏ 연간 난방을 필요로 하는 날의 합산을 통한 연간 난방부하 계산(약 5개월)
    ㈐ 종래의 도일법에서는 일사, 내부발열량 등에 의한 실내온도 상승을 고려하지 않았으므로 실제 부하보다 난방부하가 크게 계산되어졌으며, 확장 난방 도일법은 이러한 점을 개선할 수 있었다.
  ② ECD법(Enhanced Cooling Degree Day ; 확장 냉방 도일법)
    ㈎ 외기온도뿐만 아니라 일사, 내부발열량 등을 고려한 방법
    ㈏ 연간 냉방을 필요로 하는 날의 합산을 통한 연간 냉방부하 계산(약 4개월)

20 가변 도일법(Variable Base Degree Day Method)

(1) Balance Point Temperature (균형점 온도)의 개념을 도입하여 태양복사열 취득과 내부발생열을 고려한 부하가 영(Zero)이 되는 균형점 온도를 계산한 뒤, Degree Day 산정하여 연간 부하 계산
(2) 건물의 특성마다 도일값이 다르므로 이를 고려한 값이다.
(3) 가변 냉방 도일법 (여름철의 균형점온도 이용)과 가변 난방 도일법(겨울철의 균형점 온도 이용)이 있다.

21 표준 BIN법

(1) 외기온도에 따라 효율이 많이 변화하는 히트펌프 등에서는 도일법을 그대로 사용할 수 없다.
(2) BIN이라고 불리우는 일정한 시간간격의 빈도수에 따라 열부하를 가중 계산하는 방식(보통 2.8℃의 간격을 많이 사용)
(3) 실외온도에 시간수를 곱한 적산 필요 (즉 실외온도의 빈도수에 따른 가중 계산)
(4) 동시에 평형점 온도를 사용하여 내부발생 열량과 태양 일사취득의 영향을 고려하기도 한다.

22 수정 BIN법(Modified BIN Method)

(1) 종래의 BIN법에 평균부하 및 다변부하의 개념을 도입하는 방법으로서, 표준 BIN법에 기상조건과 발생 정도에 알맞게 가중 계산을 행하는 방식이다.
(2) CLF 등을 이용하여 구조체의 축열성능도 동시 고려한다.
(3) 대개 각 BIN을 월별로 분리 산정하여 연간 에너지 소비량을 계산한다.

23 창의 차폐계수(SC)와 일사열 획득계수(SHGC)

(1) 창의 차폐계수(SC : Shading Coefficient)

① 차폐계수는 유리에 직접 투과된 태양열과 유리 내부로 흡수된 태양열이 실내로 전달되는 정도를 나타내며, 차폐계수가 1.0인 3mm 두께의 맑은 유리에 대하여 특정 유리가 어느 정도 태양열을 취득했는지를 나타내는 수치로 표현한다.
② 차폐계수는 0.0에서 1.0 사이의 값을 가지며, 일반적인 5mm 플로트 유리의 차폐계수는 0.97 정도이고, 복층유리의 경우에는 0.81 정도의 차폐계수를 갖는다.
③ 차폐계수가 작으면 태양열 취득이 낮아지며, 결국 좀 더 많은 태양에너지가 차단되어 냉방에너지 절감효과를 나타낼 수 있다.
④ 보통 차폐계수는 태양열 취득률(SHGC)을 0.87로 나누어 산출할 수도 있다.

(2) 일사열 획득계수(SHGC : Solar Heat Gain Coefficient)

① 일사열 획득계수 또한 창호를 통한 일사열 취득의 정도를 나타내는 지표이다.
② 일사열 획득계수=직접 투과된 일사량 계수+유리에 흡수된 후 실내로 유입되는 일사량 계수(단위는 무차원이다.)
③ 일사열 획득계수가 크면 창호를 통한 일사 취득량 증가로 냉방부하는 증가되고, 난방부하는 저감된다.
④ 일사열 획득계수는 기준 물질과의 비교 척도가 아니고, 창호 투과 전에 도달한 일사량 대비 실내로 유입된 최종 태양 획득량을 나타내는 비율값이기 때문에 상대적 일사 차단 성능 또는 일사 획득 성능을 판단하기 위한 매우 정확한 평가 척도로 활용될 수 있다.
⑤ 또한 일사열 획득계수는 입사각의 영향을 반영하고 창호 시스템 전체에 관한 성능 표현에 용이하다.

제 ❸ 장

공조 시스템

1 히트펌프 시스템

(1) 히트펌프란 저열원에서 고열원으로 열을 전달할 수 있게 고안된 장치를 말한다.

(2) 히트펌프 시스템은 원래 높은 성적계수(COP)로 에너지를 효율적으로 이용하는 방법의 일환으로 연구되어 왔다.

(3) Heat Pump는 보통 하계 냉방 시에는 보통의 냉동기와 같지만, 동계 난방 시에는 냉동 사이클을 이용하여 응축기에서 버리는 열을 난방용으로 사용하고 양열원을 겸하므로 보일러실이나 굴뚝 등 공간절약이 가능하다.

(4) 열원의 종류로는 공기(대기), 물, 태양열, 지열 등 다양하며(사용의 편의상 공기와 물이 주로 사용됨), 온도가 적당히 높고 시간적 변화가 적은 열원일수록 좋다.

(5) 시스템의 종류(열원 · 열매)

공기-공기 방식, 공기-물 방식, 물-공기 방식, 물-물 방식, 태양열-물 방식, 지열-물 방식, 이중 응축기 방식 등

(6) 주요 열원 방식별 특징

① ASHP

㈎ 공기-공기 방식 : 간단한 패키지형 공조기, 에어컨 종류 등에 많이 적용한다.

㈏ 공기-물 방식 : 공랭식 칠러방식, 실내측은 공조기 혹은 FCU 방식이 대표적이다.

② WSHP

㈎ 물-공기 방식 : 수랭식(냉각탑 사용), 실내 측은 직팽식 공조기, 패키지형 공조기 등을 많이 적용한다.

㈏ 물-물 방식 : 수랭식(냉각탑 사용), 실내 측은 공조기 혹은 FCU 방식이 대표적이다.

◎ 히트펌프의 분류 및 각 특징 정리

방식	열원 측	가열 (냉각 측)	주요 회로 변환 방식	특 징
ASHP	공기	공기	냉매회로 변환방식	– 장치구조 간단 – 중소형 히트펌프에 많이 사용
			공기회로 변환방식	– 덕트구조 복잡하여 Space 커짐 – 거의 사용 적음
	공기	물	냉매회로 변환방식	– 구조 간단(축열조 이용) – 고효율 운전 가능하여 많이 사용됨
			水회로 변환방식	– 수회로 구조 복잡 – 브라인 교체 등 관리 복잡 – 현재 거의 사용 적음
WSHP	물	공기	냉매회로 변환방식	– 장치구조 간단 – 중소형 히트펌프에 많이 사용
			水회로 변환방식	– 수회로 구조 복잡 – 현재 거의 사용 적음
	물	물	냉매회로 변환방식	– 대형에 적합 – 냉 · 온수 모두 이용하는 열회로 시스템 가능
			水회로 변환방식	– 수회로 구조 복잡 – 브라인 교체 등 관리 복잡
			변환 없는 방식	– 일명 Double Bundle Condenser – 냉 · 온수 동시간 이용 가능(실내기 2대 설치 등)
SSHP	태양열	공기 혹은 물	냉매회로 변환방식	– 태양열 이용한 열원 확보 – 냉·난방 공히 안정된 열원(냉각탑과 연계 운전)
GSHP	지열	공기 혹은 물	냉매회로/ 水회로 변환방식	– 지열, 강수, 해수 등을 이용 – 냉 · 난방 공히 안정된 열원(고효율 운전)
EHP	물 혹은 공기	공기	냉매회로 변환방식	– 수랭식 혹은 공랭식 열교환 – 실내기측은 멀티 실내기 형태 혹은 공조기(AHU) 연결 가능
GHP	물 혹은 공기	공기	냉매회로 변환방식	– 보통 공랭식 열교환 – 실내기측은 멀티 실내기 형태 혹은 공조기(AHU) 연결 가능
HR	물 혹은 공기	공기	냉매회로 변환방식	– 수랭식 혹은 공랭식 열교환 – 실내기측은 주로 멀티 형태로 다중 연결됨 – 동시운전멀티 : 한 대의 실외기로 냉 · 난방을 동시에 행할 수 있음
흡수식 히트펌프	물 혹은 공기	물	水회로 변환방식	– 증기 구동 방식, 가스 구동 방식, 온수 구동 방식 등이 있음
폐수열원 히트펌프	폐수 (물)	공기 혹은 물	냉매회로/ 水회로 변환방식	– 폐수열을 회수하여 히트펌프의 열원으로 재사용하는 방식

[용어]
- ASHP(Air Source Heat Pump) : 실외 공기를 열원으로 하는 히트펌프
- WSHP(Water Source Heat Pump) : 물을 열원으로 하는 히트펌프
- SSHP(Solar Source Heat Pump) : 태양열을 열원으로 하는 히트펌프
- GSHP(Ground Source Heat Pump) : 땅속의 지열을 열원으로 하는 히트펌프
- EHP(Electric Heat Pump) : 전체 운전 동력을 전기에만 의존하는 히트펌프
- GHP(Gas driven Heat Pump) : 가스엔진을 사용하여 냉매압축기를 구동함
- HR (Heat Recovery) : 한 대의 실외기로 냉방과 난방을 동시에 구현 가능

2 공기-공기 히트펌프 (Air to Air Heat Pump)

(1) 대기를 열원으로 하며 냉매 코일에 의해서 직접 대기로부터 흡열(혹은 방열)하여 송출해서 공기를 가열(혹은 냉각)하는 방식이다.

(2) 중소형 히트펌프 (패키지형 공조기, Window Cooler형 공조기 등)에 적합한 방식이다(비교적 장치구조 간단). 단, 점차 히트펌프 시스템 혹은 장치의 대형화 작업이 많이 이루어지고 있다.

(3) 여름철의 냉방과 겨울철 난방의 균형상, 전열기 등의 보조 열원이 필요할 경우가 많다.

(4) 냉매회로 변환방식과 공기회로 변환방식이 있으나, 주로 냉매회로 변환방식이 많이 사용된다.

(5) 작동 방식

① 겨울철 (난방 시)

㈎ 압축기에서 나오는 고온고압의 가스는 실내 측으로 흘러들어가 난방을 실시한다.

㈏ 실내 응축기에서 난방을 실시한 후 팽창밸브를 거쳐 증발기로 흡입되어 대기의 열을 흡수한다.

㈐ 증발기에서 나온 냉매는 사방밸브를 거쳐 다시 압축기로 흡입된다.

② 여름철 (냉방 시)

㈎ 압축기에서 나오는 고온고압의 가스는 실외 측 응축기로 흘러들어가 방열을 실시한다.

㈏ 실외 응축기에서 방열을 실시한 후 팽창밸브를 거쳐 실내 측 증발기로 흡입되어 냉방을 실시한다.

㈐ 실내 측 증발기에서 나온 냉매는 사방밸브를 거쳐 다시 압축기로 흡입된다.

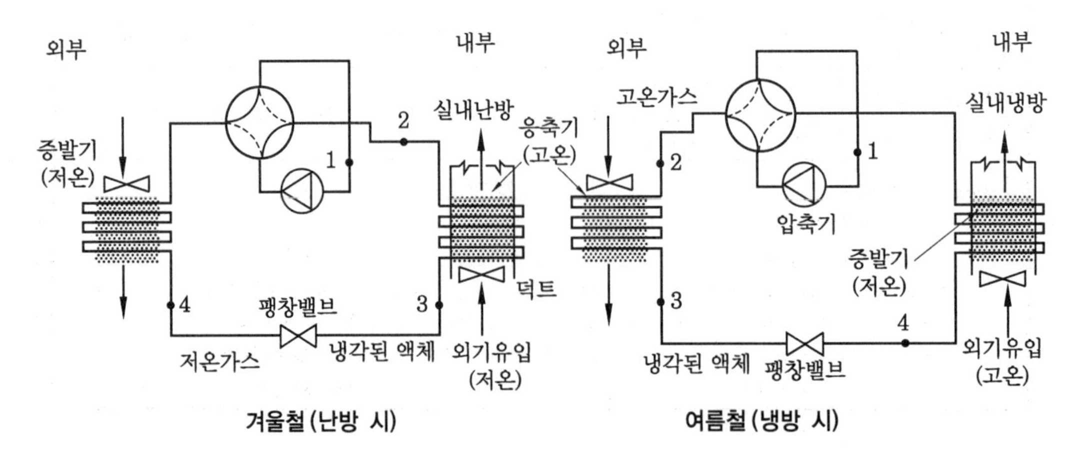

3 공기-물 히트펌프(Air to Water Heat Pump)

(1) 공기열원 히트펌프

공기열원이라는 말은 실외 측의 열교환기에서 냉방 시에는 열을 방출하고, 난방 시에는 열을 흡수하기 위한 열원이 공기라는 뜻이다.

(2) 열 사용처가 물

사용처가 물이라는 말은 2차 냉매로 물이나 브라인 등을 이용한다는 뜻으로 볼 수 있다.

(3) 적용 사례(개방식 수축열조를 이용한 공기-물 히트펌프)

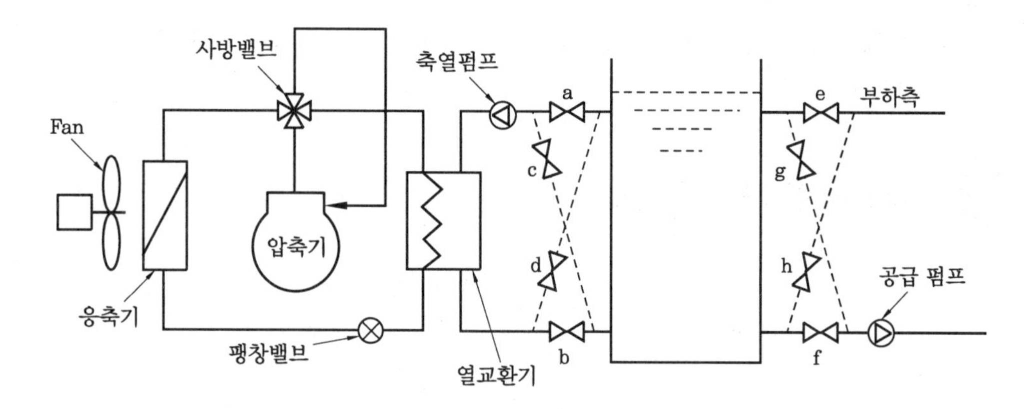

① 난방 시 운전방법

(가) 압축기에서 나오는 고온고압의 냉매 가스는 열교환기를 통하여 간접적으로 개방형 수축열조 내부의 물을 데운다(약 45~55℃ 수준).

(나) 이때 밸브 a 및 b가 닫히고, c 및 d가 열리게 하여 수축열조 하부의 비교적 찬물을 열교환기 측으로 운반하여 데운 후 수축열조 상부로 다시 공급하여 준다.

(다) 이후 냉매는 팽창밸브 및 공랭식 응축기를 거쳐 압축기로 다시 복귀된다.

(라) 한편 수축열조에서 데워진 물은 공급 펌프에 의해 부하 측으로 운반되어 공조기, FCU, 바닥코일 등의 열교환기를 가열시켜 난방을 행하거나 급탕에 이용된다.

(마) 이때 밸브 e 및 f는 닫히고, g 및 h는 열리게 하여 수축열조 상부의 비교적 뜨거운 물을 부하 측으로 공급해 준 후 환수되는 물은 축열조 하부로 다시 넣어준다(이때 수축열조 내부의 물의 성층화를 위하여 특수한 형태의 디퓨저 장치를 통하여 물을 공급 및 환수시키는 것이 유리하다).

② 냉방 시 운전방법

(가) 압축기에서 나오는 고온고압의 냉매 가스는 실외측 공랭식 응축기로 흘러들어가 방열을 실시한다.

㈏ 실외 공랭식 응축기에서 방열을 실시한 후 팽창밸브를 거친 후 열교환기를 통하여 간접적으로 수축열조 내부의 물을 냉각시킨다 (약 5~7℃ 수준).

㈐ 개방형 수축열조의 냉각된 물은 공급 펌프에 의해 부하 측으로 운반되어 공조기, FCU 등의 열교환기를 냉각시켜 냉방을 행한다.

㈑ 이때 밸브 a ~ h는 '난방 시 운전방법'과는 반대로 열리거나 닫힌다 (즉 a, b, e, f는 열리고 c, d, g, h는 닫힌다).

㈒ 이후 열교환기에서 나온 냉매는 사방밸브를 거쳐 다시 압축기로 흡입된다 (재순환).

③ 장점 : 저렴한 심야전력 이용 가능, 냉방 · 난방 · 급탕 동시 이용 가능, 전력의 수요관리로 안전성 증가

④ 단점 : 개방식 축열조 내부의 오염 · 부식 · 스케일 생성 우려, 장치의 복잡성, 유지관리가 힘듦 등

4 수열원 천장형 히트펌프

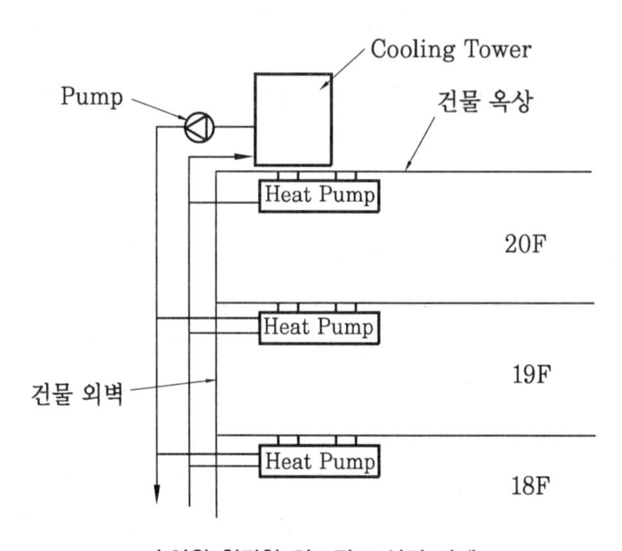

수열원 천장형 히트펌프 설치 사례

(1) 각 층 천장에 여러 대의 소형 히트펌프를 설치하여 실내공기를 열교환기 측과 열교환시켜서 냉방 및 난방을 행하는 시스템이다.

(2) 유닛 내에 응축기, 증발기, 팽창밸브, 압축기, 사방밸브 등의 전체 냉동부속품이 일체화된 방식이다.

(3) 압축기, 열교환기 등의 무게 때문에 보통 소형으로 제작하여 실내 부하량에 따라

필요한 개소에 병렬로 여러 대 설치한다.

(4) 중앙공조에 대별되는 천장 분산형 공조기 형태로 사용이 가능하다.

(5) 공사 범위가 비교적 적고 간단하여 신축건물뿐만 아니라 건물의 리모델링 시에도 편리하게 설치·사용이 가능하다.

5 태양열원 히트펌프

(1) 태양열을 열원으로 함으로써 무공해 청정에너지를 사용할 수는 있으나, 기후가 흐린 날씨를 대비하여 보조열원이 반드시 필요한 히트펌프의 일종이다.

(2) 집열기의 분류 및 특징

태양열원 히트펌프에 적용되는 태양열 집열기는 크게 다음의 3가지로 나누어진다.

① 평판형 집열기 (Flat Plate Collector)

㈎ 집광장치가 없는 평판형의 집열기로 가격이 저렴하여 일반적으로 많이 사용된다.

㈏ 집열매체는 공기 또는 액체로 주로 부동액을 이용한 액체식이 보통이다.

㈐ 열교환기의 구조에 따라 관-판, 관-핀, 히트 파이프식 집열기 등이 있다.

㈑ 지붕의 경사면(약 40~60°) 이용, 구조가 간단하여 가정 등에서 많이 적용한다.

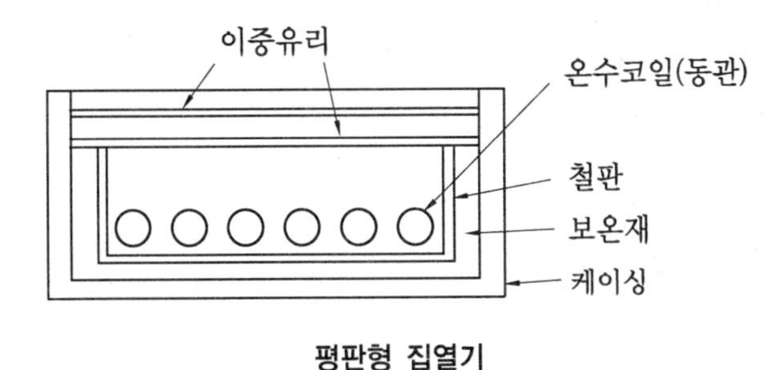

평판형 집열기

② 진공관형 집열기

㈎ 보온병 같이 생긴 진공관식 유리 튜브에 집열판과 온수 파이프를 넣어서 만든 것으로, 단위 모듈의 크기(용량)가 작아서, 용량을 증가시키기 위해서는 단위 모듈을 여러 개 병렬로 연결하여 사용한다.

㈏ 단일 진공관형과 이중 진공관형 집열기가 있다.

③ 집광형 집열기 (Concentrating Solar Collector)

㈎ 반사경, 렌즈 혹은 그밖의 광학기구를 이용하여 집열기 전체면적 (Collector Aperture)에 입사되는 태양광을 그보다 적은 수열부 면적 (absorber surface)에 집광이 되도록 고안된 장치이다.

㈏ 직달일사를 이용하며 고온을 얻을 수 있다 (태양열 추적장치 필요).

(3) 원리

① 여름철 냉방 시에는 태양열(집열기 이용) 및 응축기의 열로 축열조를 데운 후 급탕 등에 사용가능하고, 남는 열은 냉각탑을 이용하여 배출 가능하다.

② 겨울철 난방 시에는 열교환기(증발기)의 열원으로 태양열을 사용 가능하다.

③ 보조열원 : 장마철, 흐린 날, 기타 열악한 기후 조건에서는 태양열원이 약하기 때문에 보일러 등의 보조열원이 시스템상에 필요하다.

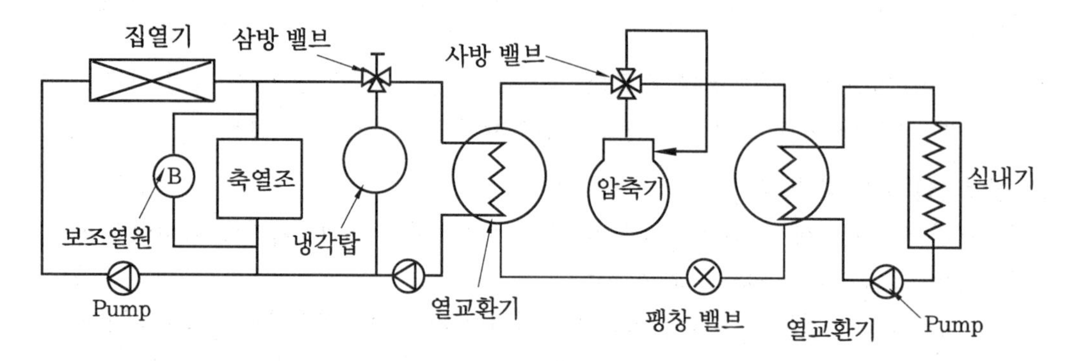

(4) 태양열원 히트펌프의 특징

① 일종의 설비형(능동형) 태양열 시스템이다(↔자연형 태양열 시스템).

② 보조열원이 필요하다(장시간 흐린 날씨 대비).

③ 집열기에 선택흡수막 처리 필요 : 흡수열량 증가를 위한 Selective Coating(장파장에 대한 방사율을 줄여줌)이 필요하다.

6 지열원 히트펌프

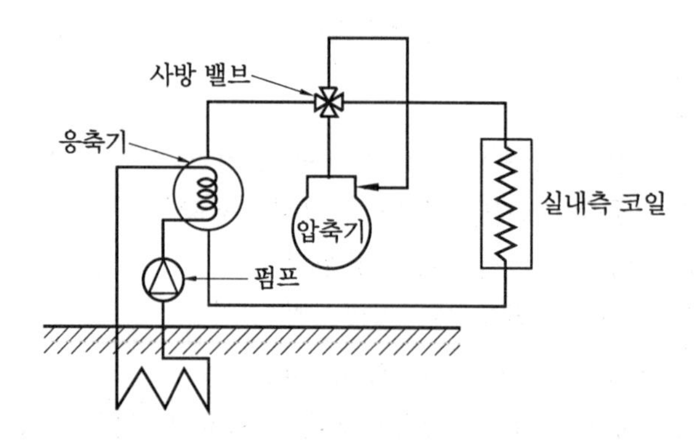

지열원 히트펌프(개념도)

(1) 지중 열원을 사용함으로써 무한한 땅속 에너지를 사용할 수 있고, 태양열 대비 열원온도가 일정하여(연중 약 15℃±5℃) 기후의 영향을 적게 받기 때문에 보조열원이

거의 필요하지 않는 무제상 히트펌프의 일종이다.

(2) 지중 열교환 파이프상의 압력손실 증가로 반송동력 증가 가능성이 있고, 초기 설치의 까다로움 등으로 투자비가 증대된다.

(3) 지열원 히트펌프는 폐회로 방식(수평형, 수직형)과 개방회로 방식이 있다.

(4) 지열(히트펌프) 시스템의 종류

① 폐회로(Closed Loop) 방식(밀폐형 방식)

㈎ 일반적으로 적용되는 폐회로 방식은 파이프가 폐회로로 구성되어 있는데, 파이프 내에는 지열을 회수(열교환)하기 위한 열매가 순환되며, 파이프의 재질은 주로 고밀도 폴리에틸렌 등이 사용된다.

㈏ 폐회로 시스템(폐쇄형)은 루프의 형태에 따라 수직, 수평 루프 시스템으로 구분되는데 수직으로 약 100~200 m, 수평으로는 1.2~1.8 m 정도 깊이로 묻히게 되며, 수평 루프 시스템은 상대적으로 냉난방부하가 적은 곳에 쓰인다.

㈐ 수평 루프 시스템은 관(지열 열교환기)의 설치 형태에 따라 1단매설방식, 2단매설방식, 3단매설방식, 4단매설방식 등으로 나누어진다.

설치 형태	지열 열교환기 호칭지름	설치깊이(m)	USRT당 필요 길이(m)	USRT당 필요 굴토길이(m)
1단매설방식	30 ~ 50 A	1.2 ~ 1.8	110 ~ 150	110 ~ 150
2단매설방식	30 ~ 50 A	1.2 ~ 1.8	130 ~ 185	65 ~ 95
3단매설방식	20 ~ 25 A	1.8기준	140 ~ 220	50 ~ 80
4단매설방식	20 ~ 25 A	1.8기준	150 ~ 250	35 ~ 65

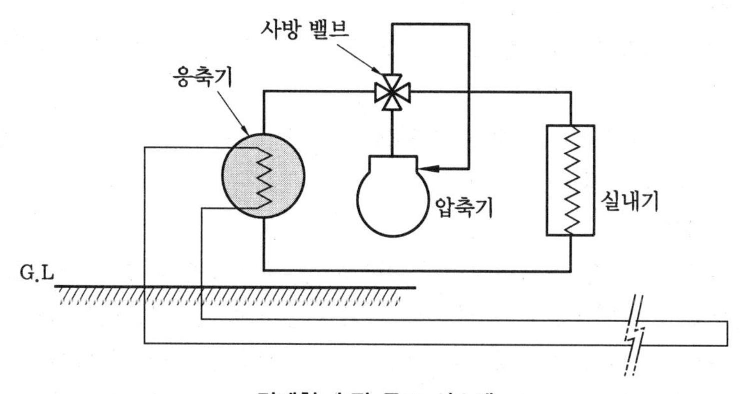

밀폐형 수평 루프 시스템

㈑ 수직 루프 시스템은 관(지열 열교환기)의 설치 형태에 따라 병렬매설방식, 직렬매설방식 등으로 나누어진다.

설치 형태	지열 열교환기 호칭지름	USRT당 필요 길이(m)	USRT당 필요 굴토 길이(m)
병렬매설방식	25 ~ 50 A	70 ~ 140	35 ~ 70
직렬매설방식	25 ~ 50 A	100 ~ 120	50 ~ 60

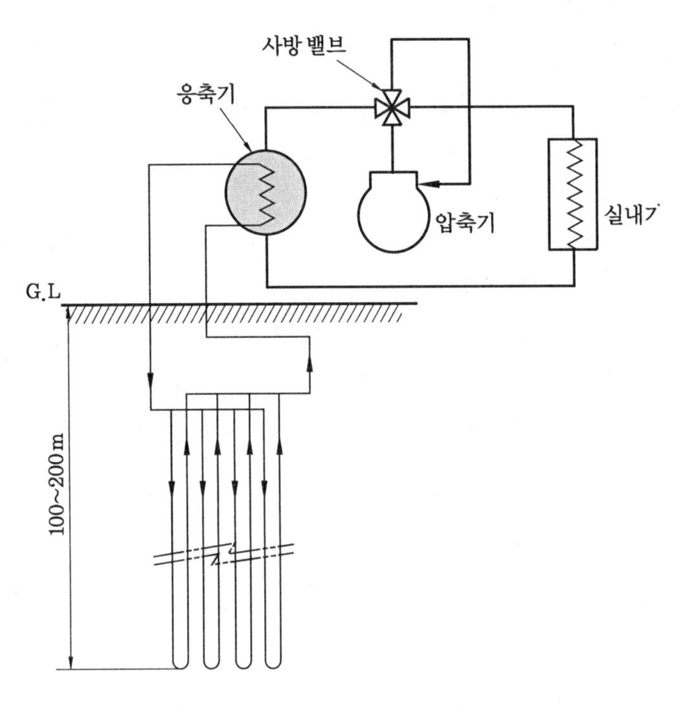

밀폐형 수직 루프 시스템

(마) 연못 폐회로형

㉮ 이 방식은 자연연못, 인공연못, 호수, 저수지, 원수 등을 냉열원과 온열원으로 활용한다.

㉯ 일반적인 폐쇄형 지표수 시스템으로써 나선(spiral) 형상의 열교환기를 연못 등의 하부에 설치하는 방식이다.

(바) 에너지 파일형

㉮ 이 방식은 기존 건설공사에서 사용되는 구조물을 지중열교환기로 활용하는 방식으로 지중열교환기를 설치하기 위해 별도의 굴착이 필요 없는 방식이다.

㉯ 에너지 파일형에는 건물이나 교량 등을 지탱하기 위해 땅속에 설치하는 구조물인 말뚝(파일)을 이용하여 말뚝 내에 지중열교환기를 설치하는 방식이나 건물의 바닥 기초에 지중열교환기를 설치하는 방식이 대표적이다.

㉰ 특히 우리나라의 경우 아파트와 같은 대규모 고층 건축물이 많고 이에 따라 많은 말뚝(파일)이 사용되고 있으므로 말뚝형 지중열교환기의 활용성을 높일

수 있다.

② 개방회로(Open Loop) 방식 : 설비 및 장치에 의해 더워지거나 차가워진 물은 수원에 다시 버려진다.

(가) 개방회로는 수원지, 호수, 강, 우물(단일정형, 양정형, 게오힐형 등) 등에서 공급받은 물을 운반하는 파이프가 개방되어 있는 것으로 풍부한 수원지가 있는 곳에서 주로 적용될 수 있다.

(나) 폐회로 방식이 파이프 내의 열매(물 또는 부동액)와 지열 Source가 간접적으로 열교환 되는 것에 비해 개방회로 방식은 파이프 내로 직접 지열 Source가 회수되므로 열전달 효과가 높고 설치비용이 저렴한 장점이 있다.

(다) 폐회로 방식에 비해 수질, 장치 등에 대한 보수 및 관리가 많이 필요한 단점이 있다.

③ 간접식 방식

(가) 폐회로(Closed Loop) 방식과 개방회로(Open Loop) 방식의 장점을 접목한 형태이다.

(나) 원칙적으로 개방회로(Open Loop) 방식의 시스템을 취하지만, 중간에 열교환기를 두어 수원측의 물이 히트펌프 내부로 직접 들어가지 않게 하고 중간 열교환기에서 열교환을 하여 열만 전달하게 하는 방식이다.

④ 지열 하이브리드 방식

(가) 히트펌프의 열원으로 지열과 기존의 냉각탑 혹은 태양열집열기 등을 유기적으로 결합시켜 상호 보완하는 방식이다.

(나) 몇 가지의 열원을 복합적으로 접목시켜 하나의 열원이 부족할 때 또다른 열원이 보조할 수 있도록 하는 방식이다.

(5) 지열(히트펌프) 시스템의 장점

① 연중 땅 속의 일정한 열원을 확보 가능하다.

② 기후의 영향을 적게 받기 때문에 보조열원이 거의 필요하지 않는 무제상 히트펌프의 구현이 가능하다.

③ COP가 매우 높은 고효율 히트펌프 운전이 가능하다.

④ 냉각탑이나 연소과정이 필요없는 무공해 시스템이다.

⑤ 지중 열교환기는 수명이 매우 길다(건물의 수명과 거의 동일).

⑥ 물-물, 물-공기 등 열원측 및 부하측의 열매체 변경이 용이하다.

(6) 지열(히트펌프) 시스템의 단점

① 지중 천공비용이 많이 들어 초기 투자비가 크다.

② 장기적으로 땅 속 자원의 활용에 제한을 줄 수 있다(재건축, 재개발 등).

③ 천공 중 혹은 하자 발생 시 지하수 오염 등의 가능성이 있다.

④ 지중 열교환 파이프 상의 압력손실 증가로 반송동력 비용 증가 가능성이 있고, 초기 설치의 까다로움 등으로 투자비가 증대될 수 있다.

7 지역난방

(1) 지역난방은 지역별 혹은 지구별 대규모 열원 플랜트를 설치하여 집단적으로 열을 생산·공급하는 시스템으로, 수용가까지 배관을 통해 열매를 공급하므로 배관상 열손실이 커지고, 배관 부설비, 설비투자비 등의 초기투자비가 방대해지는 단점이 있지만, 전체적인 에너지 이용효율의 향상, 집약적 관리의 용이, 방재 용이, 대기오염 최소화 등의 장점이 있어 점차 많이 보급되고 있다.

(2) 배관방식(配管方式)에 따라 단관식, 복관식, 3관식, 4관식, 6관식으로 나누어지고, 배관망(配管網)에 따라 격자형(가장 이상적인 구조), 분기형, 환상형(범용), 방사형(보일러가 한 대 뿐이므로 소규모 공사형) 등으로 나눌 수 있다.

(3) 배관망(配管網) 구조(아래 그림의 Ⓑ : 보일러)

① 격자형 : 가장 이상적인 구조, 어떤 고장 시에도 공급 가능, 공사비가 크다.

② 분기형 : 간단하고, 공사비 저렴

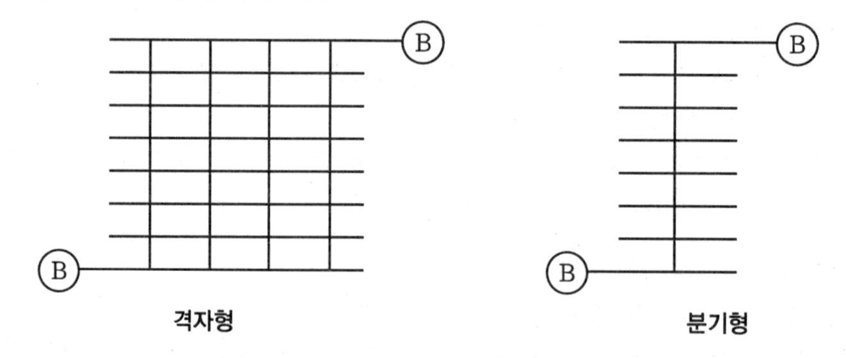

격자형 분기형

③ 환상형(범용) : 가장 보편적으로 많이 사용, 일부 고장 시에도 공급 가능

④ 방사형 : 소규모 공사에 많이 사용, 열손실이 적은 편이다.

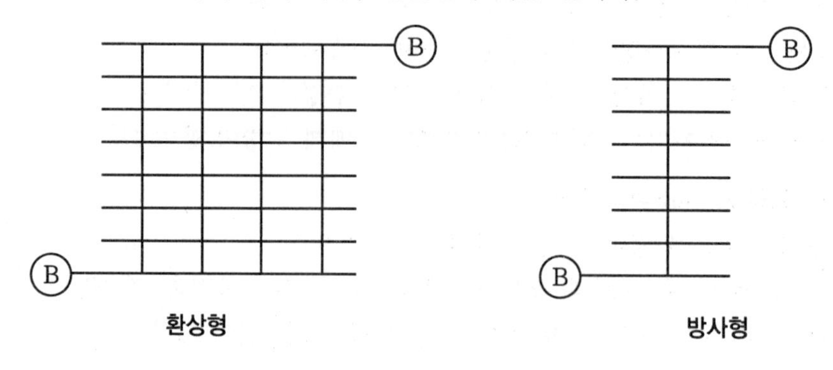

환상형 방사형

8 지역난방 열매(熱媒)

(1) 지역난방은 경제적, 사회적 여러 가지 이점이 있으나 '경제성 조건'을 주로 검토하여 계획한다.

(2) 건물 공조에는 주로 저압증기, 저온수 및 냉수 등이 많이 사용되어진다.

(3) 열매의 분류

① 저압증기(약 0.1 MPa 이하) : 건물 내 통상 0.01~0.035 MPa 정도로 사용
② 중압증기(약 0.1~0.85 MPa) : 건물 내 통상 0.1~0.3 혹은 0.4 MPa 정도로 사용
③ 고압증기(약 0.85 MPa 이상) : 건물 내 통상 0.3 혹은 0.4 MPa 이상으로 사용
④ 저온수 : 100℃ 이하의 온수(잘 사용하지 않음)
⑤ 중온수 : 100~150℃ 정도의 온수
⑥ 고온수 : 150℃ 이상의 온수
⑦ 냉수 : 공급(약 4~7℃), 환수(약 11~15℃), 주로 5~10℃ 차이가 일반적이다.
⑧ 1차 냉매(프레온가스 등) : 1차 냉매를 직접 순환시키는 방식(압력손실 등의 기술적인 문제로 인하여 잘 사용하지 않는 열매임)

◎ (1) 증기와 온수의 차이점

① 증기난방은 열매인 증기를 부하 기기에 공급하여 실내를 난방하는 방식으로 잠열을 이용하는 방식이다.
② (중)온수는 열매인 온수를 부하 기기에 공급하여 실내를 난방하는 방식으로 현열을 이용하는 방식이다.

(2) 냉수와 냉각수의 차이점

① 냉수는 보통 열원시스템의 부하측에 사용하는 2차 냉매를 이르는 용어이며, 영어식 표현으로는 Chilled Water라고 한다.
② 냉각수는 열원시스템(냉동기)의 응축기 냉각용 물을 말하며, 영어식 표현으로는 Condensing water 혹은 Cooling Water라고 한다.

9 구역형 집단에너지(CES)

(1) 소규모(구역형) 집단에너지(CES ; Community Energy System)는 소형 열병합 발전소를 이용해 냉방, 난방, 전기 등을 일괄 공급하는 시스템

(2) 일종의 '소규모 분산 투자'라고 할 수 있다.

(3) 적용처 : 업무 및 상업 복합지역, 아파트단지, 병원 등 에너지 소비 밀집구역

(4) 최근 지역별 총체적 에너지 절감이 많이 요구되고 있으므로 소규모(구역형) 집단에너지 방식(CES)이 점차 많이 보급되고 있다.

10 고온수 가압방식(加壓方式)

(1) 고온수 난방(평균온도 100~200℃, 온도강하 20~50℃)은 위험성이 있기 때문에 직접 이용은 곤란하여 특수건물, 공장, 지역난방 등에 주로 사용된다.
(2) 물의 온도와 압력의 관계 : 물의 끓는점이 100℃이기 때문에, 온수난방에서 물의 온도가 100℃ 이상이라는 의미는 물의 압력이 대기압 이상이라는 뜻이다.
(3) 고온수의 유동상태는 장치 내의 어떤 부분이라도 그 포화압력 이상으로 유지하고 (1.5~2.0 kg/cm^2 이상), 플래시(Flash) 현상이 일어나지 않도록 한다.
(4) 고온수 가압장치는 압력조정범위에서 확실하고 신속하게 작동하며 그 유지관리가 용이하여야 한다.
(5) 고온수 가압장치는 고온수에 대해 부식의 원인이 되는 산소의 보급원이 되지 않아야 되는 것이 요구된다.

(6) 고온수 가압방식의 분류 및 특징

① 정수두압 가압방식
㈎ 고층빌딩 등에 사용할 수 있는 방법으로, 순수하게 수두압을 이용한 가압방식(무동력)
㈏ 초고층 빌딩 내 상층부에는 팽창탱크 설치하고, 지하층에는 고온수기기를 설치하는 방식
㈐ 장치도 : 개방형 팽창탱크 → 보일러 급수 및 가압

② 펌프 가압방식
㈎ 장치 내 압력 저하 시 가압급수펌프를 운전하여 압력을 상승시킨다.
㈏ 순환펌프 외에 별도의 가압펌프를 이용하여 가압하는 방식
㈐ 장치도 : 펌프가압 + 방형 팽창탱크 → 보일러 급수, 가압

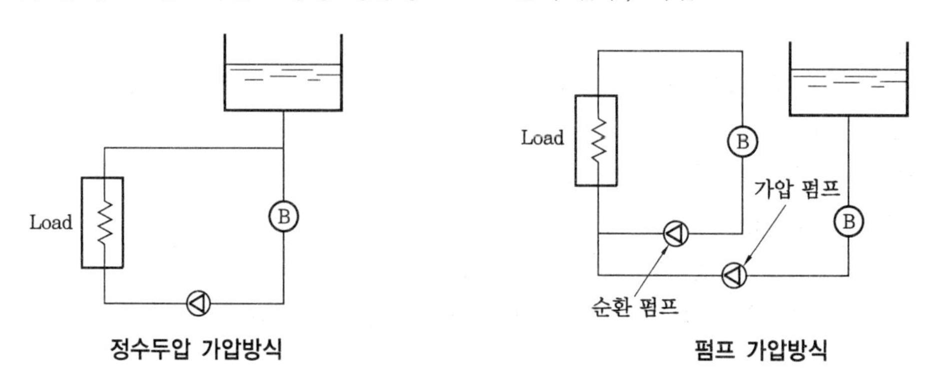

정수두압 가압방식　　　펌프 가압방식

③ 증기압 가압방식

(가) 증기압 가압방식의 종류 : 증기의 가압력이 탱크 내 온수온도를 좌우하는 방식이다.

㉮ 고온수 보일러의 증기실을 이용하는 방법

㉯ 밀폐식 팽창탱크의 증기실을 이용하는 방식

㉰ 밀폐식 팽창탱크의 증기실을 보조가열기로 가열하는 방식(다음 '장치도' 참조)

(나) 장치도 : 증기압 + 밀폐식 팽창탱크 → 보일러 급수, 가압

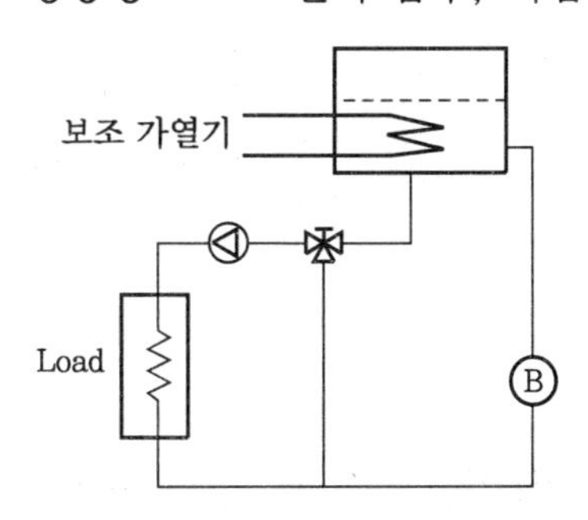

④ 가스 (질소) 가압방식

(가) 변압식 : 질소 봄베통을 감압밸브를 통하여 고압탱크로 연결하여, 필요한 압력 만큼 가압할 수 있게 한 방식

(나) 정압식 : 온수압력이 온수온도에 관계없이 항상 일정하다.

(다) 정압 오버플로 방식 : 가스 스페이스는 일정, 가압압력은 변동 가능

(라) 장치도 : 질소압 + 팽창탱크(고압탱크) → 보일러 급수·가압

㉮ 변압식 : 수온의 변화에 따라 가압압력이 변화한다.

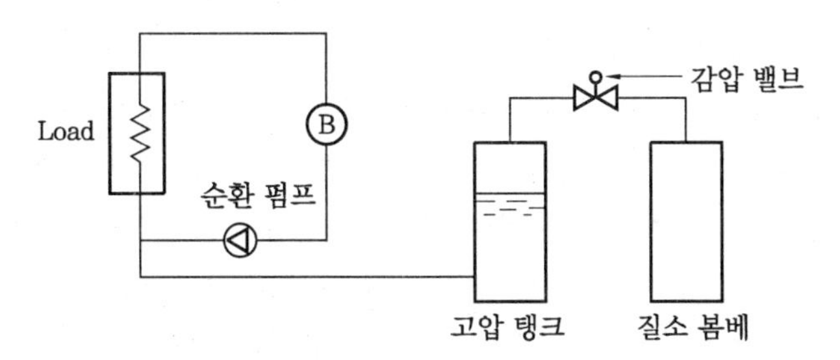

㉯ 정압식(대규모 장치에 적용) : 가스 스페이스의 압력을 항상 일정하게 유지 가능하다.

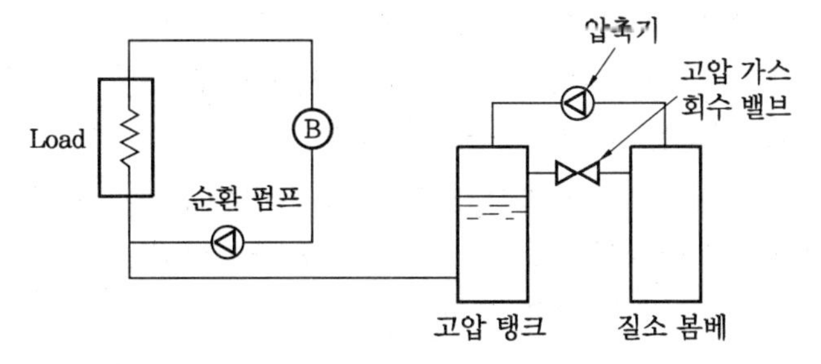

㉰ 정압 오버플로 방식 : 가스 스페이스가 일정하다고 하더라도, 온도에 따라 가압압력이 변할 수 있다.

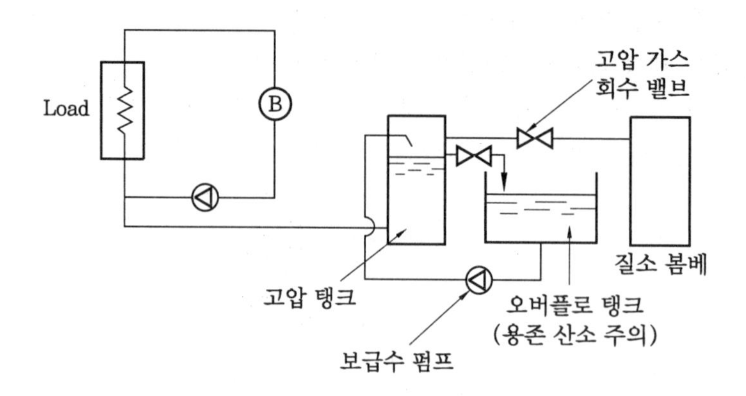

11 열병합 발전(熱併合 發電, Co-generation)

(1) TES (Total Energy System) 혹은 CHP (Combined Heat and Power Generation)이라고도 한다.

(2) 보통 화력발전소나 원자력발전소에서는 전기를 생산할 때 발생하는 열을 버린다. 발전을 위해 들어간 에너지 중에서 전기로 바뀌는 것은 35% 정도밖에 안 되기 때문에 나머지는 모두 쓰지 못하는 폐열이 되어서 밖으로 버려지는 것이다.

(3) 이렇게 버려지는 폐열은 에너지를 허비하는 것일 뿐만 아니라, 바다로 들어가면 어장이나 바다 생태계를 망치기도 한다.

(4) 열병합 발전(Co-generation)은 고온부에서는 동력(전기)을 생산하고, 저온부에서는 난방 혹은 급탕용 온수·증기를 생산할 수 있게 되어 있어 열을 효율적으로 사용할 수 있게 하는 시스템으로 회수열에 의해 배기가스 열회수, 엔진 냉각수 자켓 열회수, 복수터빈의 복수기 냉각수 열회수, 배압 터빈의 배압증기 열회수, 연료전지 방식 등으로 나눌 수 있고, 회수 열매에 의해 온수 회수방식, 증기 회수방식, 온수 및 증기 회수방식, 냉·온수 회수방식 등이 있다.

(5) 열병합 발전 사례 : 중·대규모의 아파트 단지에서 쓰레기 소각장의 열을 이용하여 열병합 발전을 행하고, 여기에서 나오는 열도 난방과 급탕용으로 사용하는 경우가 늘고 있다. 이 경우는 골치 아픈 쓰레기처리, 난방열매 및 전기 생산(사용 혹은 매전) 등을 한꺼번에 해결할 수 있어 장점이 크다.

(6) On-Site Energy System : 열병합 발전과 유사하나 전기나 온수·증기 등을 판매하지 않고 해당 현장이나 건물 내에서 직접 이용(즉, 열병합발전으로 해당 지역사회 자체에 자가발전, 온수·증기 사용 등을 의미)

(7) 사례 (가스터빈을 이용한 냉 · 온수 회수 방식)

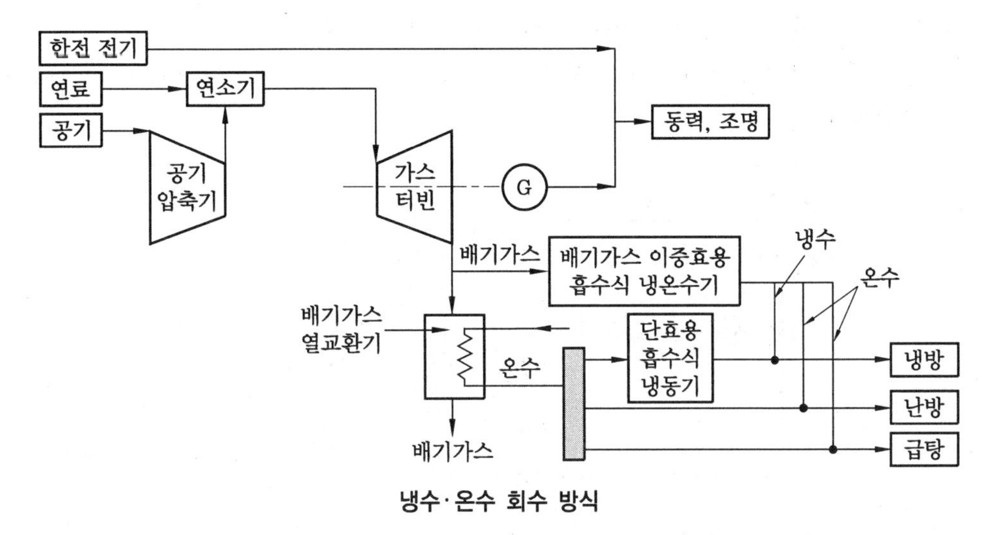

냉수·온수 회수 방식

12 외기 냉수냉방 (Free Cooling, Free Water Cooling)

(1) 중간기의 냉방수단으로 기존에는 외기냉방을 주로 사용하였으나, 심각한 대기오염, 소음, 필터의 빠른 훼손 등으로 '외기 냉수 냉방'이 등장하였다.

(2) 외기 냉수냉방은 일반 외기냉방이 공해, 대기오염 등으로 사용 곤란 시 대체 설치하여 사용 가능하며, 개방식(냉각수 직접순환방식, 냉수 열교환기방식)과 밀폐식(밀폐식 냉각탑 사용)으로 대별된다.

(3) 외기 냉수냉방의 종류

① 개방식 냉수냉방 : 개방식 냉각탑을 사용한다.

㈎ 열교환기를 설치하지 않은 경우(냉각수 직접순환방식)

㉮ 1차 측 냉각수 : C/T → 펌프 → 공조기, FCU(Load) → C/T로 순환

㉯ 2차 측 냉수 : 1차 측 냉각수에 통합된다.

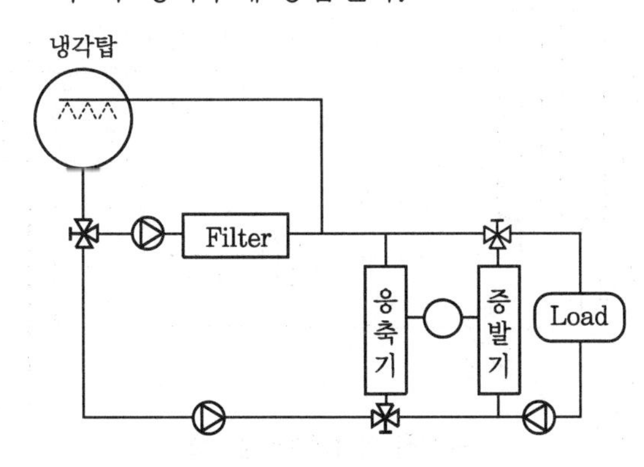

㈏ 열교환기를 설치한 경우(냉수 열교환기방식)

㉮ 1차측 냉각수 : C/T → 펌프 → 열교환기 → C/T 로 순환

㉯ 2차측 냉수 : 열교환기 → 공조기, FCU(Load) → 펌프 → 열교환기 순서로 순환한다.

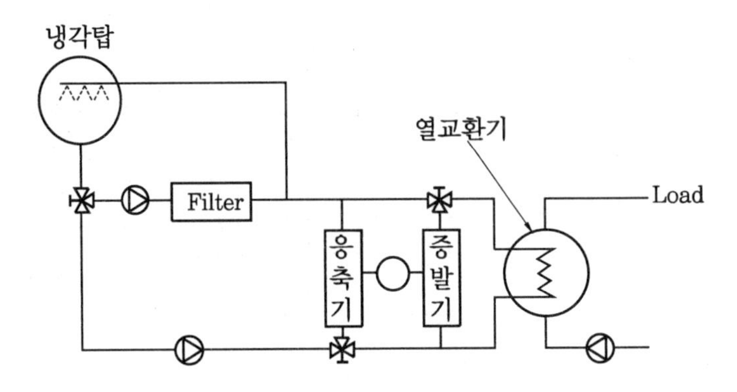

② 밀폐식 냉수냉방 : 밀폐식 냉각탑을 사용한다.

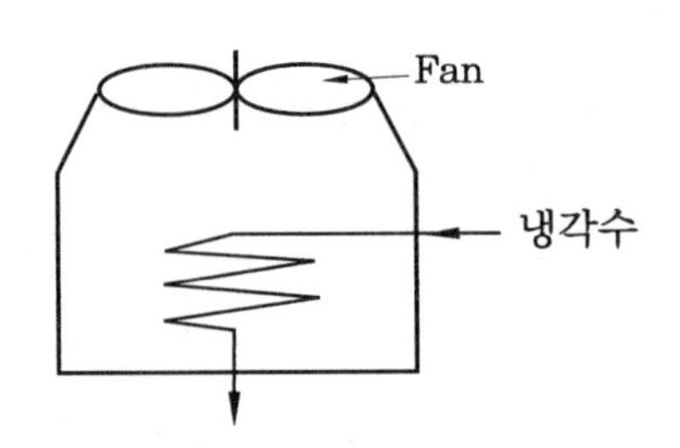

㈎ 상기 개방식과 같은 수회로 계통이다(열교환기방식 혹은 냉각수 직접 순환방식).

㈏ 장점 : 냉수가 외기에 노출되지 않아 부식이 없고 수처리 장치가 필요없다.

㈐ 단점 : 냉각탑이 커지고, 효율저하 우려, 투자비 상승 등의 단점이 있다.

(4) 기술 동향

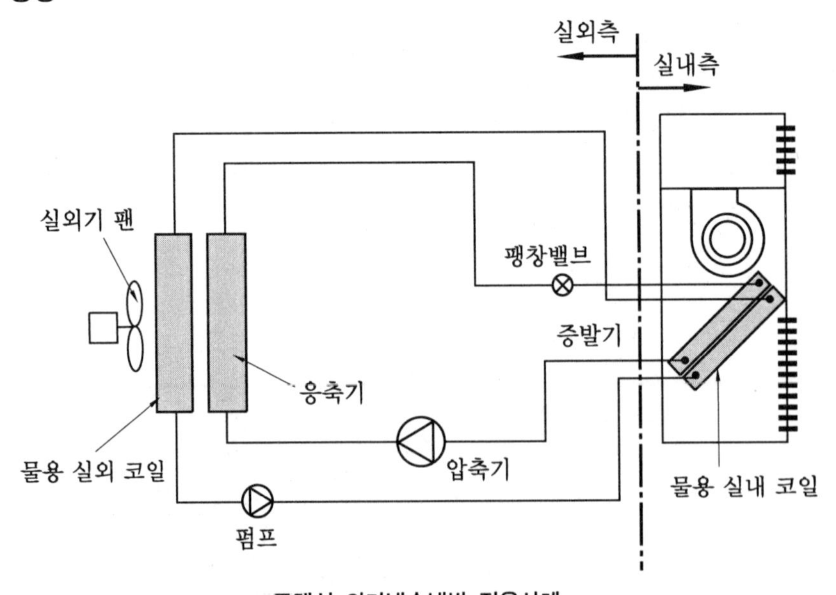

공랭식 외기냉수냉방 적용사례

① 냉각탑의 오염방지를 위해 가급적 밀폐식 혹은 간접식(열교환기 방식)을 사용하는 것이 좋다.
② 외기 냉수냉방 시스템 도입은 조기설치비 측면 다소 상승하지만, 중간기 냉방 등에 사용할 수 있어 충분한 경제성이 있다.
③ 현재 냉각탑을 전혀 사용하지 않고, 콘덴싱 유닛이나 에어컨 실외기를 활용하고 그 내부에 이중 열교환기를 장착하여 하나의 실외기 팬으로 물과 냉매를 동시에 냉각하는 '공랭식 외기냉수냉방'도 일부 개발 및 적용되고 있다(SK 텔레콤 등에 적용).

13 GHP (가스구동 히트펌프)

(1) 하절기에 사용이 적은 액화가스를 이용하여 전력 피크부하를 줄일 수 있고, 동절기에는 엔진의 배열을 이용하여 저온난방 성능을 향상할 수 있다.
(2) 에너지 합리화 측면에서 아주 효과적인 히트펌프 시스템이라 할 수 있다.
(3) GHP는 EHP 대비 구동열원으로 전기 대신 가스를 사용한다는 점(가스엔진의 축동력을 압축기의 회전력으로 사용)과 엔진의 폐열을 회수하여 난방 시 증발압력을 보상한다는 점이 가장 큰 특징이다.
(4) EHP의 제상법으로는 대부분 역Cycle 운전법(냉난방 절환밸브를 가동하여 냉매의 흐름을 반대로 바꾸어 Ice를 제거하는 방법)이 사용되어지나, GHP는 엔진의 폐열을 사용하므로 대개의 경우 제상 사이클로의 진입이 없다(그러나 시판되는 일부 모델은 EHP 형태의 '역Cycle 제상법'을 사용함).
다음은 실외기 1대에 실내기 4대를 연결한 멀티형 GHP의 일례이다.

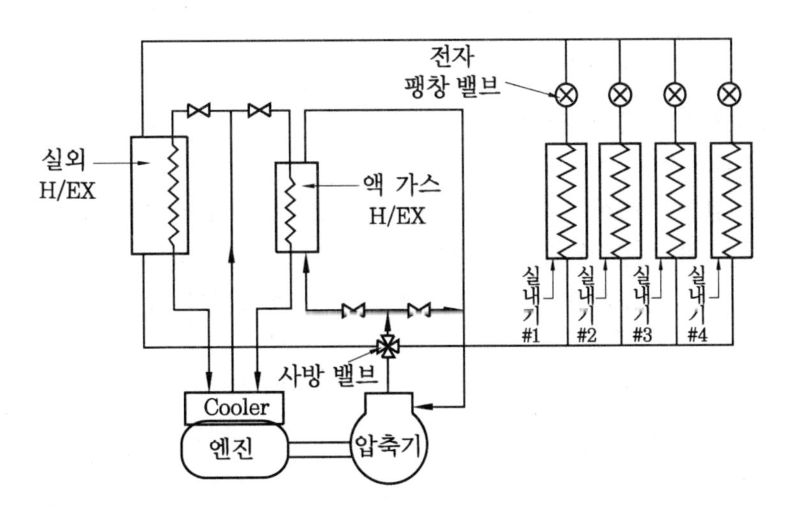

14 빙축열 시스템

(1) 야간의 값싼 심야 전력을 이용하여 전기 에너지를 얼음 형태의 열에너지로 저장하였다가 주간에 냉방용으로 사용하는 방식
(2) 전력부하 불균형 해소와 더불어 값싸게 쾌적한 환경을 얻을 수 있는 방식이다.
(3) 초기 투자비 상승과 축열조 등의 설치공간이 많이 소요되는 점이 단점이다.

(4) 종류

① 빙축열 방식에 따른 분류

㈎ 관외 착빙형

㉮ 원리 : 축열조 내부의 관 내부에 부동액 혹은 냉매를 순환시켜 관 외부에 빙 생성
㉯ 장점 : 표면적 증가 시에는 전열이 매우 효율적이다.
㉰ 단점 : 축열 초기부터 만기까지 부하가 많이 변동되며 면적이 넓어진다.
㉱ 축열조 해빙방식에 따라 내융형과 외융형이 있다.

- 내융형 : 제빙과 해빙이 모두 관 내의 브라인에 의해 이루어진다.
  - 제빙과 해빙이 모두 관 내의 브라인에 의해 이루어지므로, 빙충진율(IPF)이 높다.
  - 시간이 지남에 따라 해빙속도 감소
  - 간접 열교환 방식이므로 부하 측 이용온도차가 작다.

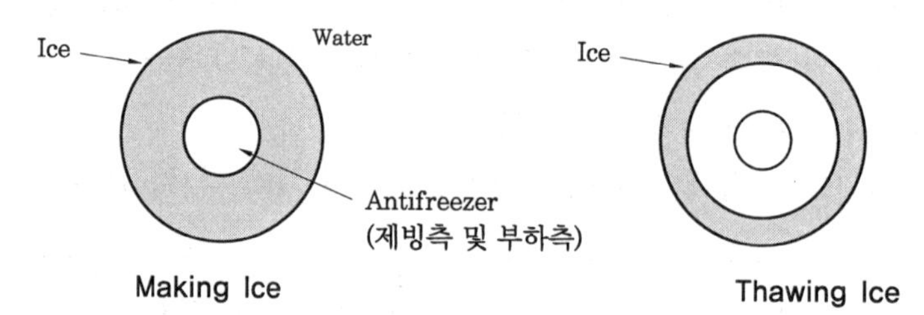

- 외융형 : 제빙은 관 내 브라인에 의해 이루어지고, 해빙은 관외 물에 의해 이루어지는 방식
  - 관외의 물이 순환하면서 해빙하므로 해빙속도가 일정하다.
  - 초기 해빙 시 물의 순환통로를 확보해야 하므로 빙충진율(IPF)이 낮다.
  - 직접 열교환 방식이므로 부하 측 이용온도차가 크다.

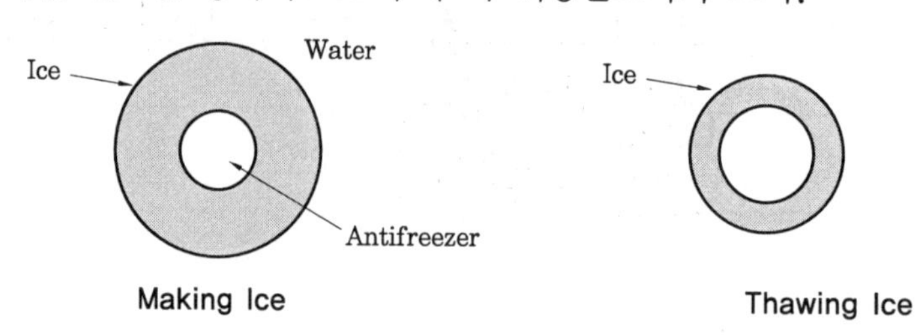

㈏ 관내 착빙형

㉮ 원리 : 축열조 내부의 관 외부에 부동액 혹은 냉매를 순환시켜 관 내부에 빙생성

㉯ 장점 : 해빙 시 열교환 효율이 우수

㉰ 단점 : 막히기 쉬우므로 주의 필요

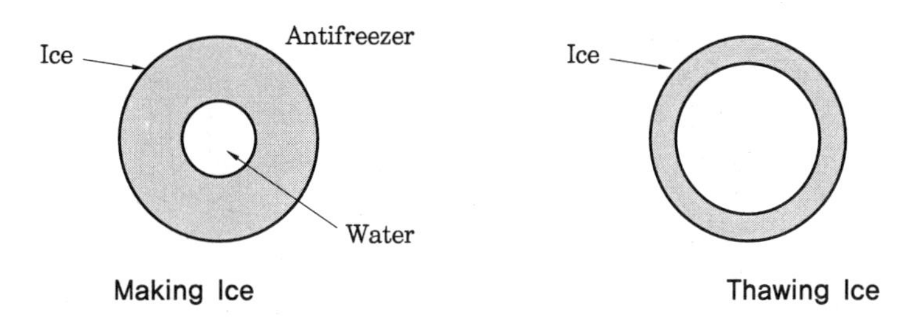

Making Ice　　Thawing Ice

㈐ 완전 동결형

㉮ 원리 : 결빙실 내 완전한 동결이 이루어지게 설계(외부의 부동액은 제빙용이고, 내부의 부동액은 부하 측 부동액이다)

㉯ 장점 : 부하측이 밀폐회로로 펌프동력 감소

㉰ 단점 : 해빙 시 효율 저하, 대형시스템에는 부적합

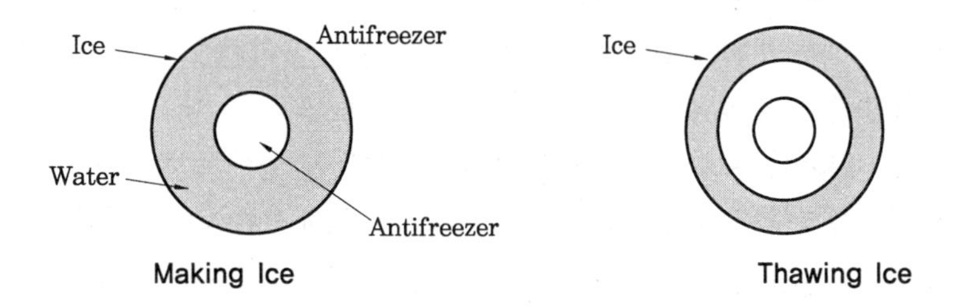

Making Ice　　Thawing Ice

㈑ Capsule형

㉮ 원리 : 조 내에 작은 Capsule을 설치하고, 내부에 물을 채워 얼린다.

㉯ 장점 : 제빙효율(IPF) 우수

㉰ 단점 : 부하 측까지 부동액이 있으며 축열조의 열손실이 크다.

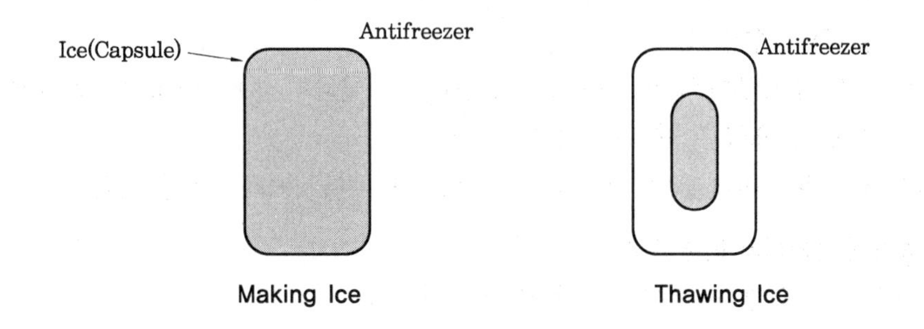

Making Ice　　Thawing Ice

(마) 빙박리형 (Dynamic Type, Harvest Type)

㉮ 원리 : 분사된 물이 코일 주변에 응결된 후 역Cycle로 부동액 혹은 냉매를 순환시켜 얼음을 박리하여 사용한다.

㉯ 장점 : 제빙 시 아주 효율적이다 (분사된 물이 입자 상태로 열교환).

㉰ 단점 : 별도의 저장조 필요, 물분사 위한 스프레이 동력이 필요하다.

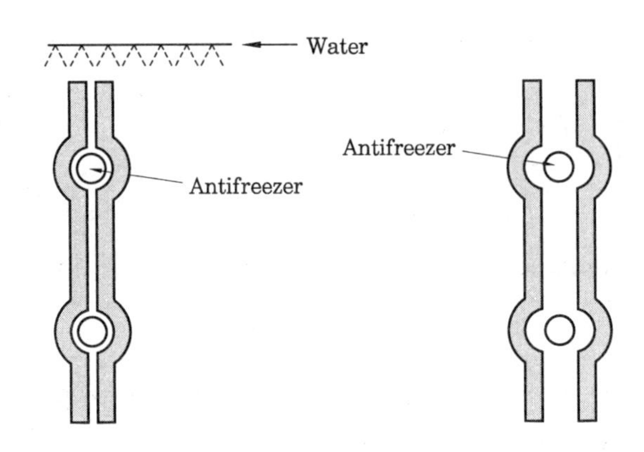

(바) 액체 빙생성형 (Slurry Type) : 빙박리형과 비슷하나, 분사되는 액체가 물이 아닌 브라인수이다 (물 성분만 동결됨).

㉮ 원리 : 에틸렌 글리콜 수용액을 이용하여 직접 얼음 알갱이를 생성하는 방법(직접식)과, 열교환기를 통해 냉매와 에틸렌 글리콜을 간접적으로 접촉시키는 방법(간접식)이 있다.

㉯ 장점 : 열교환 효율이 높다 (아주 작은 알갱이 형태로 열교환).

㉰ 단점 : 제빙부위 오일 제거 곤란, 농도가 진해지면 COP 저하

② 축열률에 따른 분류 (축열률 ; 1일 냉방부하량에 대한 축열조에 축열된 얼음의 냉방부하 담당비율)

(가) 전부하 축열방식

㉮ 주간 냉방부하의 100%를 야간 (23:00 ~ 09:00)에 축열한다.

㉯ 심야전력 요금 (을1)이 적용되어 운전비용상 경제적이다.

㉰ 초기 투자비 (축열조, 냉동기 등)가 커서 경제성이 높지 않다.

(나) 부분부하 축열방식

㉮ 주간 냉방부하의 일부만 담당 (법규상 축열률이 40% 이상을 담당해야 하며, 심야전력 요금은 '을2'가 적용된다.)

㉯ 초기 투자비가 많이 절감되어 효율적인 투자 가능(경제성 높음)

③ 냉동기 운전방식에 따른 분류

(가) 냉동기 우선방식 (부하 → 냉동기 → 축열조 순)

㉮ 고정부하를 냉동기가 담당, 변동부하는 축열조가 담당(소용량형)
㉯ 냉동기 상류방식 채택 : 냉동기가 축열조 기준 상류에 위치
㉰ 경제성은 떨어진다(일일 처리부하가 적을 경우 축열조를 이용하지 못한다).
㉱ 일일 최대부하를 안전하게 처리할 수 있다는 장점이 있다.

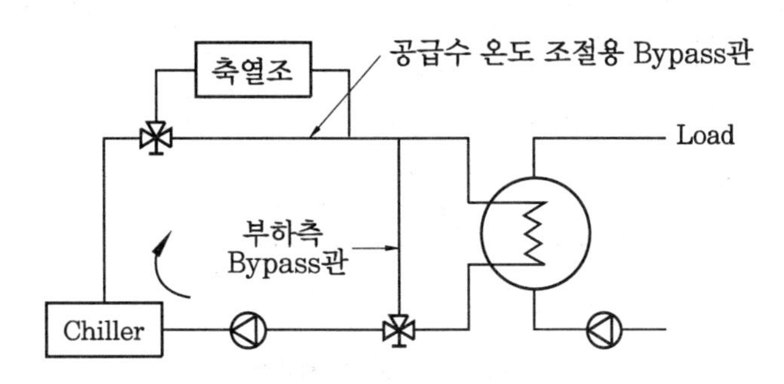

㈏ 축열조 우선방식(부하 → 축열조 → 냉동기 순)
㉮ 고정부하를 축열조가 담당, 변동부하는 냉동기가 담당(대용량형)
㉯ 냉동기 하류방식 채택 : 냉동기가 축열조 기준 하류에 위치
㉰ 축열량을 모두 유용하게 사용할 수 있어 경제적이나, 최대부하 시 적응력이 떨어진다.
㉱ 열원기기 용량이 적고, 부분부하 대처 용이, 열원기기 고장 시 대처 용이
㉲ 단점 : 축열조가 커져 열손실에 유의, 보온재 선택 및 밀실구조 공사에 유의

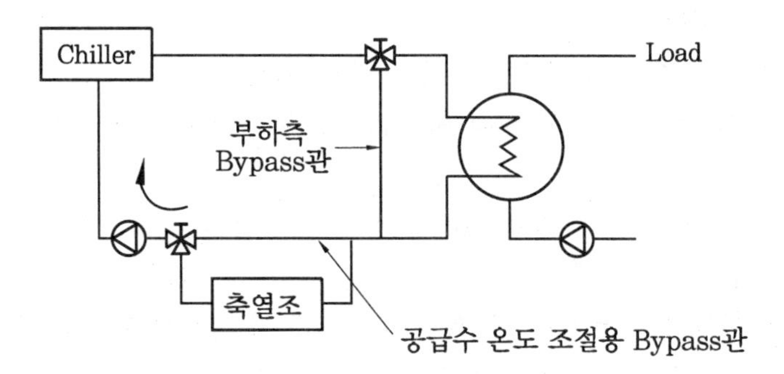

15 수축열 냉방(水蓄熱 冷房)

(1) 수축열 방식으로 냉열을 현열 형태로 축열 후 공조기나 FCU 등에 공급하여 그 냉열을 사용하는 방식이다.

(2) 수축열 방식은 '냉온수 겸용' 혹은 '냉수 전용'으로 사용될 수 있다.

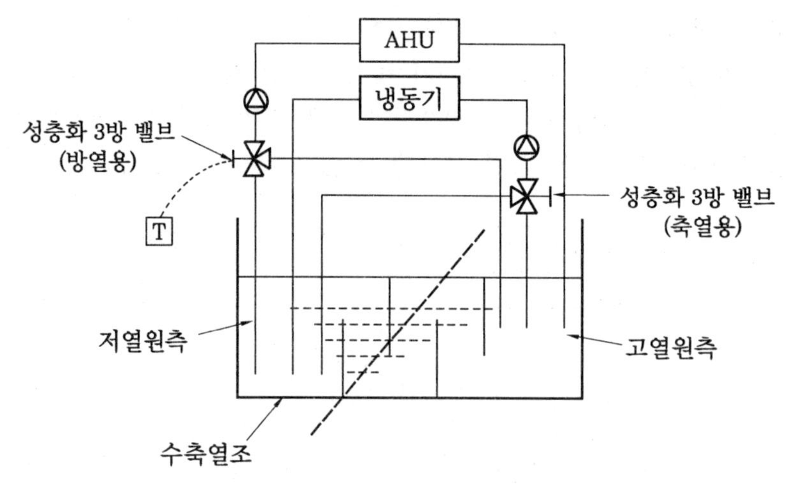

수축열 냉방시스템 (사례)

(3) 원리

① 냉동기는 고열원측의 물을 급수받아 냉각시킨 후 저열원측으로 저장한다.
② 냉동기측 3방 밸브는 저열원 측에 층류화를 유도하여 저열원측의 설계온도를 유지할 수 있게 해준다 (약 5℃ 내외).
③ 공조기는 저열원측의 냉수를 급수 받아 열교환 후 고열원측으로 보낸다.
④ 공조기측 3방 밸브는 고열원측의 설계온도를 유지할 수 있게 해준다 (약 12 ~ 15℃ 이상).

(4) 수축열 냉방 시스템 장점

① 빙축열과 더불어 야간 심야전력 사용이 용이하다.
② 판형 열교환기 등의 특수 장비가 필요 없으므로 시스템이 간단하고 제어 및 조작이 용이하다.
③ 용량증가 : 기존 냉동기에 수축열조만 추가하면 냉방능력이 증가되어 건물 증축 시에 유리하다.
④ 수축열조를 비상 시에는 소방용수로 사용 가능하여 전체 건축비용 절감이 가능하다.
⑤ 냉방, 난방 및 급탕의 겸용 : 온수를 저장하면 겨울철 난방 및 급탕으로도 사용 가능하다(히트펌프, 태양열, 지열 등 활용이 용이).

(5) 수축열 냉방 시스템 단점

① 잠열을 이용하지 못하고 현열에만 의존하므로 설비규모가 커진다.
② 축열조 및 단열 보랭공사로 인한 많은 비용이 소요된다.
③ 축열조 내에 저온의 매체가 저장됨에 따른 열손실이 발생된다.
④ 수처리 필요(수질관리, 브라인의 농도관리 등)

16 빙축열 관련 주요 용어

(1) IPF (Ice Packing Factor ; 제빙효율, 빙축진율, 얼음 충전율)

① 계산식

$$IPF = \frac{빙중량}{수중량} \times 100(\%)$$

혹은,

$$IPF = \frac{빙체적}{축랭재\ 충전체적} \times 100(\%)$$

② IPF가 크면 동일 공급 열매체 기준 '축열열량'이 크다.

(2) 축열효율

① 계산식 : $축열효율 = \frac{방열량}{축열량} \times 100(\%)$

② 축열된 열량 중에서 얼마나 손실 없이 방열이 이루어질 수 있는가를 판단하는 개념이다 (변환손실이 얼마나 적은지를 가늠하는 척도이다).

(3) 축열률

① 1일 냉방부하량에 대한 축열조에 축열된 얼음의 냉방부하 담당비율

② 축열률에 따라 빙축열시스템을 '전부하 축열방식'과 '부분부하 축열방식'으로 나눌 수 있다.

③ 계산 : '축열률'이라 함은 통계적으로 최대냉방부하를 갖는 날을 기준으로 기타 시간에 필요한 냉방열량 중에서 이용이 가능한 냉열량이 차지하는 비율을 말하며 아래와 같은 백분율(%)로 표시한다.

$$축열률 = \frac{이용\ 가능한\ 냉열량}{심야시간\ 이외의\ 시간에\ 필요한\ 냉방열량}$$

여기서, '이용이 가능한 냉열량'이라 함은 축열조에 저장된 냉열량 중에서 열손실 등을 차감하고 실제로 냉방에 이용할 수 있는 열량을 말한다.

(4) 빙축열 축랭설비

① 냉동기를 이용하여 심야시간대에 축열조에 얼음을 얼려 수간 시간대에 축열소의 얼음을 이용하여 냉방하는 설비를 말한다.

② 빙축열 시스템은 물을 냉각하면 온도가 내려가 0℃가 되며 더 냉각하면 얼음으로 상변환될 때 얼음 1kg에 대해서 응고열 79.68kcal를 저장되며, 반대로 얼음이 물로 변할 때는 융해열 79.68kcal/kg가 방출되는 원리를 이용하는 시스템이다 (즉 용이하게 많은 열량을 저장 후 재사용 가능).

③ 설치대상 : 건축물의 설비기준 등에 관한 규칙에 의거하여 '건축법 시행령'에 따른 다음 각 호에 해당하는 건축물에 중앙집중 냉방설비를 설치할 때에는 해당 건축물에 소요되는 주간 최대냉방부하의 60% 이상을 수용할 수 있는 용량의 축랭식 또는 가스를 이용한 냉방방식, 지역냉방방식, 소형열병합을 이용한 냉방방식, 신재생에너지를 이용한 냉방방식, 그 밖의 전기를 사용하지 아니한 냉방방식을 적용해야 한다(단, 지하철역사 등 산업통상자원부장관이 필요하다고 인정하는 건축물은 제외).

㈎ 해당 바닥면적의 합계가 3000 m^2 이상인 업무시설 · 판매시설 또는 연구소

㈏ 해당 바닥면적의 합계가 2000 m^2 이상인 숙박시설 · 기숙사 · 유스호스텔 또는 의료시설

㈐ 해당 바닥면적의 합계가 1000 m^2 이상인 목욕장 · 실내수영장

㈑ 해당 바닥면적의 합계가 10000 m^2 이상인 문화 및 집회시설, 종교시설, 교육연구시설 및 장례식장(동 · 식물원, 연구소 제외)

(5) 축열조

① 냉동기에서 생성된 냉열을 얼음의 형태로 저장하는 탱크를 말한다.

② 축열조는 축랭 및 방랭운전을 반복적으로 수행하는 데 적합한 재질의 축랭재를 사용해야 하며, 내부 청소가 용이하고 부식이 안 되는 재질을 사용하거나 방청 및 방식 처리를 하여야 한다.

③ 축열조의 용량 : 전체 축랭방식 또는 축열율이 40% 이상인 부분 축랭 방식으로 설치한다.

④ 축열조는 보온을 철저히 하여 열손실과 결로를 방지해야 하며, 맨홀 등 점검을 위한 부분은 해체와 조립이 용이하도록 하여야 한다.

17 저냉수 · 저온 공조 방식(저온 급기 방식)

(1) 빙축열 시스템에서 공조기나 FCU로 7℃의 냉수를 공급하는 대신 0℃에 가까운 물을 그대로 이용하면 펌프나 송풍기 등의 반송 동력을 크게 줄일 수 있다.

(2) 낮은 온도의 냉수를 그대로 이용하면 빙축열의 부가가치(에너지 효율)를 높이는데 결정적인 역할을 할 수 있다.

(3) 저냉수 · 저온 공조 방식의 원리

① 빙축열의 저온냉수(0~4℃)를 사용하여, 일반공조 시 15~16℃의 송풍온도보다 4~5℃ 낮은 온도(10~12℃)의 공기 공급으로 송풍량의 45~50% 절약하여 반송 동력을 절감하는 방식이다.

② 공조기 코일 입·출구 공기의 온도차를 일반 공조 시스템의 경우는 약 Δt = 10℃ 정도로 설계하나 저온공조는 약 Δt = 15~20℃ 정도로 설계하여 운전하는 공조 시스템이다.

③ 저온 냉풍 공조방식은 반송기기의 용량 축소, 덕트 축소, 배관경 축소 등으로 초기 투자 비용 절감과 공기 및 수(水) 반송동력 절약에 의한 운전 비용 절감 등의 효과가 있으나, Cold draft 방지를 위한 유인비 큰 취출구, 결로 방지 취출구, 최소 환기량 확보 등을 고려해야 한다.

(4) 개략도 (적용 사례)

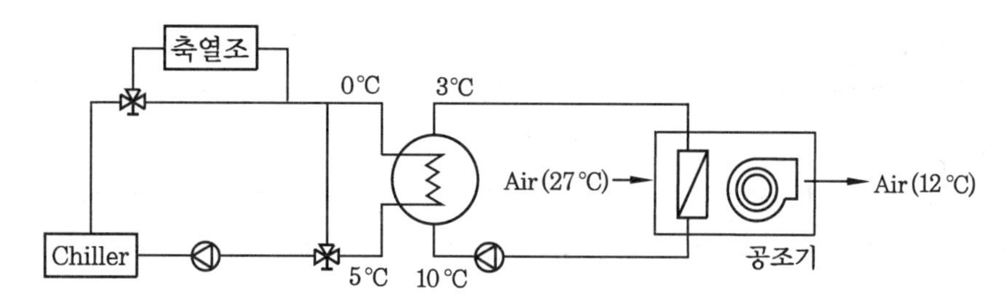

18 난방 방식

(1) 난방 방식의 일반 분류

① 개별난방

㈎ 열 발생원을 사용처에 두고 열의 대류·복사에 의한 난방

㈏ 개별난방은 화로, 벽난로, 난로, 바닥난방 등으로 분류된다.

㈐ 공동주택 등에서는 세대별 가스보일러 혹은 기름보일러를 따로 설치하는 방식으로 개별난방을 한다.

㈑ 개별 취향에 맞는 맞춤난방 측면에서는 좋으나, 전문가에 의해서 체계적으로 관리되지 못하므로 다소 위험 초래 가능성이 있다.

② 중앙난방 : 건물의 일정장소에 Power Plant 설치하여 열매체를 배관을 통해 사용처로 공급

㈎ 직접난방

㉮ 증기난방 : 발열량은 온수에 비하면 훨씬 많아지므로 방열기의 크기도 줄일 수 있고, 동력발생도 가능하여 공장 등 산업용으로 많이 사용한다.

㉯ 온수난방 : 증기난방보다 부드러운 느낌이고, 온화하고 쾌적하며 안정감이 있으므로 주택이나 학교 등에 많이 사용

㉰ 복사난방 : 코일 난방으로 쾌감도도 좋고, 방을 개방하여도 난방효과가 우수하다.

(나) 간접난방
㉮ 온풍난방 : 일정한 장소에서 공기를 가열하여 덕트를 통해 공급
㉯ 가열코일 : AHU 난방 등에서 활용하는 방법

③ 지역난방
(가) 한 장소에서 다량의 고압증기 또는 중·고온수(100℃ 이상)를 도시의 일정지역에 공급(저압증기, 중온수도 가능)
(나) 열교환방식에 따라 직결식, Bleed In방식, 간접난방(열교환기 사용) 등으로 분류 가능하다.

④ 기타의 방식
(가) 태양열 난방 : 태양열을 집열하여 물을 가열함으로써 온수를 만들어 사용하는 방식
(나) 지열 난방 : 땅 속의 지열을 직접 혹은 간접적으로 이용하여 난방하는 방식
(다) 연료전지 난방 : 연료전지에서 전기 생산 시 발생하는 열을 이용하여 난방하는 방식 등

(2) 2차 측 접속방식에 의한 분류(중·고온수 난방에서)

① 고온수 난방에서 2차 측 접속방식에 의해 직결방식·Bleed In방식·열교환기 방식 등의 3가지로 나누어 볼 수 있다.
② 2차 측 접속방식은 공급조건, 사용자의 안정성, 적용성, 공사비 등 여러 가지 측면의 장단점을 고려 후 최종 선정된다.
③ 고온수 배관은 넓은 지역에 공급하며, 고온수는 1차측 열매로 사용되며, 부하측(2차측)과의 접속점에 보통 중간 기계실(Sub Station)을 설치한다.
④ 2차측 접속방식에 따른 분류
(가) 직결방식
㉮ 1차 측 열매가 2차 측으로 바로 넘어가므로 스케일, 부식에 취약하다.
㉯ 열수요처의 수두압이 많이 걸릴 경우 내압성에 문제가 있을 수 있다.
㉰ 보통 120℃ 이하의 열원을 사용한다.
㉱ 내압상 분리 위해 감압밸브, 2방 밸브, 3방 밸브 등을 설치할 수도 있다.
㉲ 시스템이 간단하다.
㉳ 중간에 열교환기가 없어 열교환 손실이 적다.
㉴ 열 수요처가 1차측 열매온도 정도의 온수를 원할 경우에 많이 사용한다.
㉵ 고온수가 누출될 경우에도 큰 피해가 없는 장소이어야 한다.

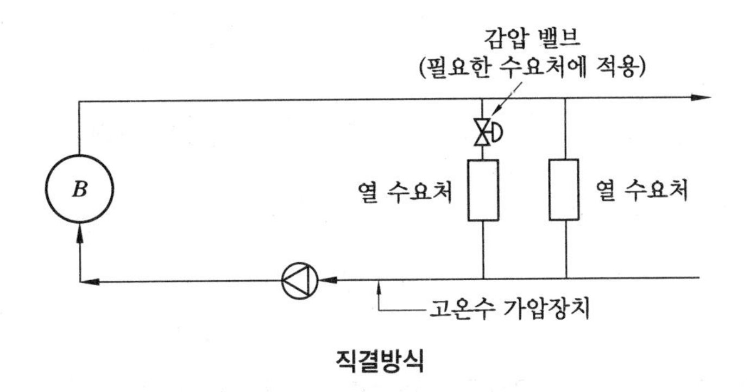

직결방식

㈏ Bleed in 방식

㉮ 2차 측 환수를 Bypass하여 사용하는 방식이다(주로 유량 자동제어 3방 밸브를 설치하여 Bypass 유량을 제어할 수 있게 한다).

㉯ 1차 측 열매가 2차 측으로 바로 넘어가므로 스케일, 부식에 취약하다.

㉰ 1차 측 열매와 환수되어 돌아오는 열매를 적당한 비율로 섞어 열 수요처로 넘어가는 열매의 온도를 항상 일정하게 맞출 수 있다.

㉱ 열 수요처의 수두압이 많이 걸릴 경우 내압성에 문제가 있을 수 있다.

㉲ 내압상 분리 위해 감압밸브, 2방 밸브, 3방 밸브 등을 설치할 수도 있다.

㉳ 시스템이 비교적 간단하다.

㉴ 중간에 열교환기가 없어 열교환 손실이 적다.

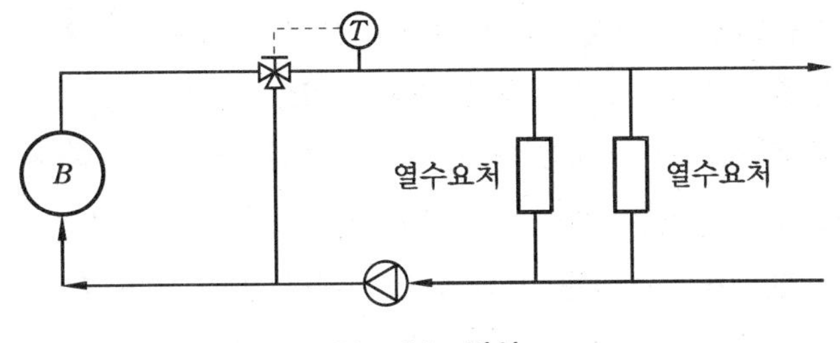

Bleed in 방식

㈐ 열교환기 방식

㉮ 1차 고온수로 2차 측 온수 또는 증기 발생

㉯ 1차 수온이 150℃ 이상 시 유리(1차 측 열매의 온도를 높일수록 관경을 줄일 수 있다)

㉰ 일반적으로 가장 많이 적용되고 있는 형태이다.

㉱ 2차 측 증기 사용 시 1차 환수온도는 발생증기보다 10~20℃ 정도 높은 것이 열교환기에 경제적이다.

㉲ 안정적이며 이상적인 방식이다.

㉳ 2차 측이 스케일, 정수두압 등이 1차 측에 악영향을 미치지 않는다.

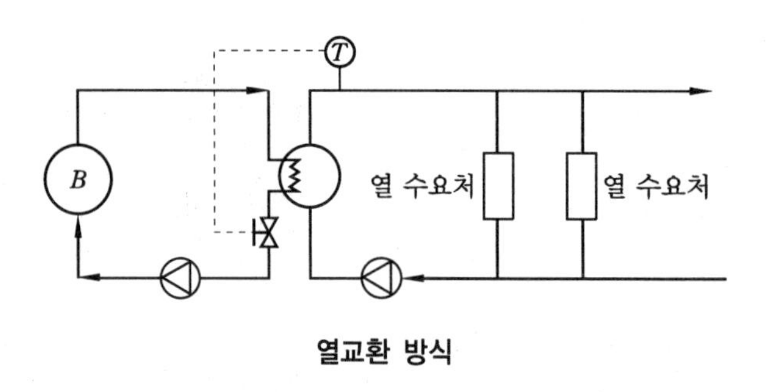

열교환 방식

19 지역난방 온수관 파열로 인한 인명피해 방지대책

(1) **사전 사고 진단 및 예지** : 지역난방 온수배관 파열 사고의 경우, 사고 이전에 싱크홀이 발생하고, 지반 침하가 발생하는 등 하인리히 법칙(Heinrich's Law ; 대형사고가 발생하기 전에 그와 관련된 수많은 경미한 사고와 징후들이 반드시 존재)에 따라, 사전에 이상조짐이 여러 군데 발생하는 경우가 대부분이다. 따라서 지역난방 배관 관로상에 사전에 사고 가능성에 대한 진단 및 예지 시스템을 반드시 갖추어야 한다.

(2) **노후배관에 대한 체계적인 관리 및 교체 시스템 마련** : 지역난방 관로상 파열사고가 발생할 우려가 큰 배관 구간은 대개 설치한지 오래된 노후화된 파이프라인이 많다. 따라서 노후배관에 대한 체계적인 관리 및 교체 주기 이전에 미리 배관상태 진단 및 교체를 진행하는 사전 예방관리 시스템이 반드시 필요하다.

(3) **사고 시 응급대처 매뉴얼, 교육, 훈련 필요** : 배관의 파열 등 응급 상황 발생 시 즉각적인 대처(메인밸브 차단 요령, 응급 대피 요령, 신고 요령, 노유자 피난대책 등)에 대한 매뉴얼과 행동요령에 대한 사전 교육, 훈련 등이 필요하다.

(4) **누수감지선 관리** : 온수배관 파열 사고에서 누수감지선의 역할은 상당히 크다고 할 수 있다. 미세 누설 시에 누설된 지점을 찾아내어 미리 경보를 보낼 수 있다면, 큰 사고를 막아낼 수도 있다. 따라서 지역난방 경로상 누수감지선을 설치 및 관리를 잘 하여 유사시 경보를 받을 수 있도록 하여야 한다. 또한 다수의 누수감지선, 열감지선 등을 복합적으로 적용하면 그 효과는 훨씬 더 커질 수 있다.

(5) **용접 등의 중요 공정에 대한 특별 시공관리 필요** : 지역난방 온수배관 공사는 광범위한 대규모 공사이므로 시공 초기부터 용접, 보온, 누수감지선 설치 등 전반에 걸친 시공관리를 보다 철저히 하여야 한다(보수공사도 포함).

(6) **지역난방 배관 관리 기술 개발** : 국내 실정상, 누수 사고 후에야 온수배관 관련 보수공사가 전국적으로 진행되는 등의 대처가 이루어지는 경우가 많다. 미연에 사고를 방지하기 위한 체계적인 지역난방 온수배관 관리 기술과 선진화된 통합 모니터링 및 관리시스템이 필요하다.

(7) 기타의 대책

① 지역난방 배관 파열 사고 발생 시 일대는 침수지역이 될 것이고, 만약 사고가 겨울철에 발생한다면 주변은 빙판길이 조성될 것이다. 이러한 세세한 부분까지도 소방 및 방재와 연관하여 철저한 사고 대비가 필요하다.

② 지역난방 온수배관 점검 시 형식적 점검이 아닌, 정상적인 인원을 투입하여 정상적인 점검이 이루어질 수 있도록 하여야 한다.

③ 긴급 복구 관련 조직(긴급 복구팀, 복구 지휘부 조직 등)을 운영하여, 혹시라도 발행할 수 있는 배관 파열 사고에 대해 사전 훈련 및 교육이 필요하다.

하인리히 법칙 (Heinrich's law)

하인리히의 법칙은 '1 : 29 : 300 법칙'이라고도 불리는데, 어떤 큰 사고가 발생하기 이전에 같거나 유사한 원인으로 수십 차례 이상의 경미한 사고와 수백 번 이상의 그와 관련된 징후가 나타난다는 것을 의미하는 통계학적 법칙이다.

이 법칙은 하인리히((Heinrich)라는 이름의 미국의 트래블러스 보험사(Travelers Insurance Company)에 다니는 회사원이 발간한 책 속에서 처음 소개된 내용이다.

하인리히는 자신이 다니는 회사가 보험회사라는 업의 특성상, 수많은 사고 통계를 접했으며, 이를 체계적이고 통계학적 이론에 따라 연구하여 '1 : 29 : 300 법칙'을 연구해낸 것인데, 여기서 구체적인 숫자가 중요한 것이 아니라, 아주 중요한 사고 한 번에 경미한 사고는 약 29회라고 평가할 만큼 많이 일어나고, 그 징후는 무려 약 300회라고 평가할 만큼 사전에 많이 나타난다는 의미 자체가 중요하다. 즉, 이러한 사전의 경미한 사고나 사전 징후를 무시했을 때 비로소 큰 사고를 직면하게 된다는 뜻을 가지고 있다.

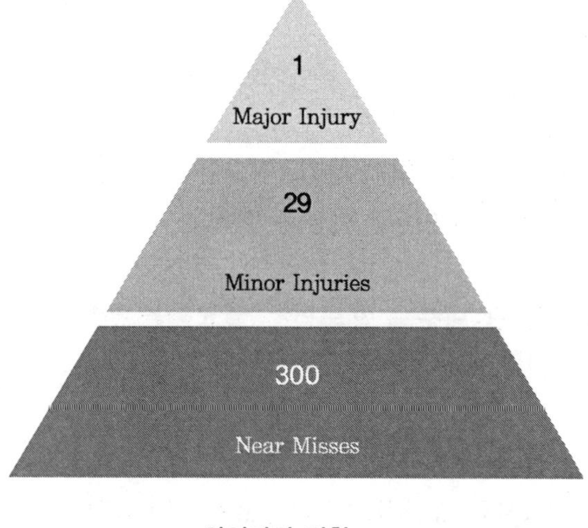

하인리히 법칙

제 ❹ 장

열원설비

1 냉각탑(Cooling Tower)

(1) 냉각탑은 공업용과 공조용으로 대별되며, 냉동기의 응축기열을 냉각시키고, 물을 주위공기와 직접 혹은 간접적으로 접촉, 증발시켜 물을 냉각하는 장치 등을 말한다.

(2) 가장 보편적으로 사용되는 개방식 냉각탑 중 강제 통풍식(기계 통풍식)은 송풍기 사용, 공기의 강제적 유통으로 냉각효과가 크고, 성능안정, 소형 경량화가 가능해 주로 사용되는 형식이며, 대기식 혹은 자연통풍식은 대개 많이 사용하지는 않는다.

(3) 종류

① 개방식 냉각탑

㈎ 대기식 : 냉각탑의 상부에서 분사하여 대기 중 냉각시킨다.

㈏ 자연 통풍식 : 원통기둥의 굴뚝효과 이용

㈐ 기계 통풍식

㉮ 직교류형 : 저소음, 저동력, 높이가 낮음, 설치면적이 넓고 중량이 큼, 토출공기의 재순환 위험, 비산수량이 많음, 가격이 고가, 유지관리 편리 등

㉯ 역류형(대향류형, 향류형) : 상기 '직교류형'과 반대

㉰ 평행류형 : 효율이 낮아 잘 사용하지 않는다.

② 밀폐식 냉각탑

㈎ 냉각수가 밀폐된 관 내부로 흐르면서 열교환을 한다.

㈏ 순환냉각수 오염방지를 위해 코일 내 냉각수를 통하고 코일표면에 물을 살포한다(증발식).

㈐ 보통 설치면적이 상당히 커진다.

㈑ 정밀 산업용, 24시간 공조용 등으로 많이 적용한다.

㈒ 가격이 고가이다.

㈓ 종류

㉮ 건식(Dry Cooler) : 공기와 열교환

㈏ 증발식 : 공기 및 살수에 의해 열교환

③ 간접식 냉각탑(개방식 냉각탑+중간 열교환기 사용)

㈎ 상기 밀폐식은 냉각수 오염방지에는 상당히 유리하나, 개방식 대비 구매가격이 상당히 높으므로, 특수 목적을 제외하고는 선택되기가 상당히 어렵다.

㈏ 따라서 요즘은 냉각탑 가격도 어느 정도 낮으면서(밀폐식과 개방식의 중간 가격) 냉각수 오염방지에도 효과가 있는 '간접식'이 많이 보급되고 있다.

㈐ 상기 개방식과 밀폐식이 직접 열교환 방식(응축기와 냉각탑이 직접 열교환)이라면, 간접식은 응축기와 냉각탑 사이에 중간 열교환기를 설치(서비스 용이)하여 기계측 오염을 미연에 방지해주는 시스템이다.

④ 무동력 냉각탑(Ejector C/T)

㈎ 물을 노즐로 분무하여 수평 방향으로 무화시켜 현열 및 증발 잠열을 방출시킨다.

㈏ 실제 팬동력은 없지만, 노즐 분무동력이 많이 증가되기 때문에 무동력이라고 부르기는 어렵다.

㈐ 성능이 낮기 때문에 현재 많이 보급되지는 않는다.

2 냉각탑의 대수제어(병렬운전)

(1) 병렬로 연결된 냉각탑끼리 유량의 균등 분배를 위해 연통관을 설치한다.

(2) 냉각탑을 병렬로 설치 시 냉각수 분배 불균형으로 순환량이 차이가 나므로, 한쪽은 냉각수 부족현상, 다른 쪽은 넘침현상이 발생하므로 연통관을 설치하여 균형을 잡고, 병렬 분기관에 밸브 등을 설치하여 유량 조절기능을 부여 및 대수제어 운전을 한다.

(3) 기타 각 계통의 배관지름, 배관길이 등의 관로저항을 동일하게 해주면 균등 분배에 효과적이다.

(4) 계통도

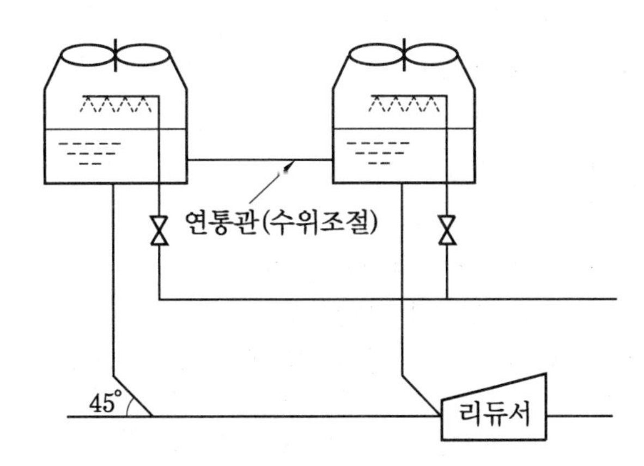

3 냉각톤

(1) 냉각탑의 공칭능력이다(37℃의 순수한 물 13 LPM을 32℃의 물로 만드는데 필요한 냉각능력).

(2) 1냉각톤=약 3900 kcal/h(냉동기 1 RT당 방출해야 할 열량)

q_s=13×60×1×(37−32)=3900kcal/h=1.17 RT

(3) 상당RT 혹은 'CRT' 라고도 부른다.

4 냉각탑의 효율

(1) KS 표준 온도조건

① 입구수온 = 37℃

② 출구수온 = 32℃

③ 입구공기 WB = 27℃

④ 출구공기 WB = 32℃

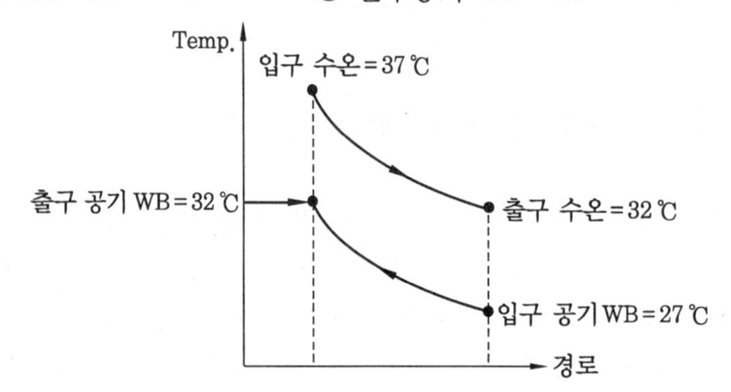

(2) 냉각탑의 효율 계산(상기 KS 표준조건에서)

① Range = 입구수온 − 출구수온

② Approach = 출구수온 − 입구공기 WB

③ 냉각탑 효율 = $\dfrac{(\text{입구수온-출구수온})}{(\text{입구수온-입구공기 WB})} = \dfrac{\text{Range}}{\text{Approach+Range}}$

5 냉각탑 보급 수량

(1) 증발 + 비산(Blow Out 포함) + Blow Down 수량

(2) 이는 순환수량의 약 1~3% 정도에 해당한다.

여기서, Blow Out : 비산수 중에서 냉각탑의 팬 측으로 튀겨나가는 물을 말한다.

Blow down 수량 : 냉각수량 내 포함된 이물질, 부유물, 이온들의 농축을 막기 위해 순환수량 전체 중 일정량을 제거해 주어야 하는 수량

6 하치형 냉각탑(냉각탑 하부설치법)

(1) 보통의 경우는 냉각탑이 냉동기보다 상부 위치에 설치된다.
(2) 만약 냉각탑을 냉동기보다 낮은 위치에 설치 시 반드시 아래 사항을 고려하여 설치하여야 한다.
① 응축기 출구배관은 응축기보다 높은 위치로 입상시킨다.
② 냉각수 펌프 정지 시 사이펀 현상을 방지 : 냉각탑 입구 측에 Syphon Breaker, 벤트관 혹은 차단밸브를 설치해주어야 한다.
③ Cavitation 현상을 방지하기 위해 냉각수 펌프를 냉각탑의 출구 측 가까이에 혹은 동일 레벨로 설치하고, 펌프 토출구에는 체크밸브를 설치하여 누설을 막는다.

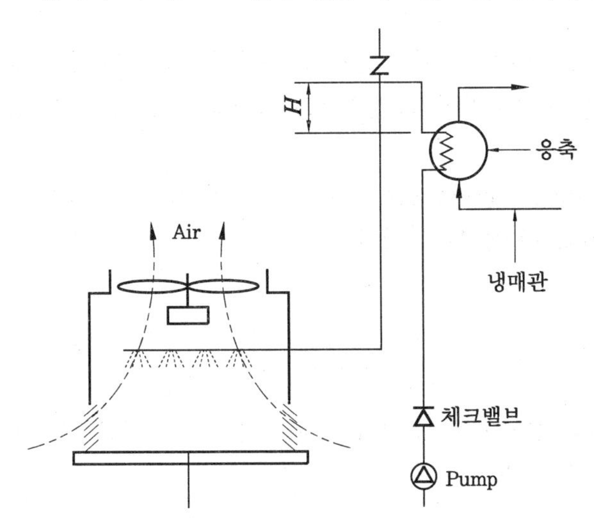

냉각탑을 냉동기보다 낮은 위치에 설치방법

7 냉각탑의 용량제어법

(1) 수량 변화법

Bypass 수회로 등을 이용하여 냉각수량을 조절해준다.

(2) 공기유량 변화법

송풍기의 회전수 제어 등을 통하여 공기의 풍량을 조절해 주는 방법

(3) 송풍 모터 절체방법

소용량의 모터와 대용량의 모터를 같이 구비하여 냉각탑의 부하량에 따라 자동 혹은 수동으로 절체할 수 있게 한 시스템이다.

(4) 대수분할제어

냉각탑의 대수를 2대 이상으로 하거나 혹은 냉각탑의 내부를 분할하여 분할제어를 해준다.

8 히팅 타워(Heating Tower)

(1) 히트펌프의 경우에는 겨울철 저온 외기에서의 난방을 위하여 압축비가 많이 상승하므로 Cooling Tower 대비 약 2배 정도의 증발기 면적이 필요하다(→ 실외 저온 난방운전 시의 에너지효율 및 난방성능 향상을 위함).

(2) 또 반드시 동결온도가 많이 낮은 부동액을 사용하여 동기 난방운전 시에 문제가 없어야 한다.

(3) 한 대의 냉각탑을 이용하여 냉 · 난방을 동시에 행할 수 있어 초기 투자비 측면에서 유리하고, 냉방 사용유지비 측면에서는 특별히 효율적일 수 있다(입·출구 대온도차 유지 가능).

(4) 개방식 히팅 타워(수질관리 필요, 초기 투자비 적음)와 밀폐식 히팅 타워(장비가 커지고, 초기 투자비 증가) 등이 있다.

9 백연현상

(1) 실외온도가 저온다습한 경우 냉각탑 유출공기가 냉각되고 과포화되어 수적발생 → 마치 흰 연기처럼 보인다.

(2) 주변의 영향

① 냉각탑 주변의 결로 발생
② 낙수 등으로 냉각탑 주변 민원 발생
③ 주민들이 백연현상을 산업공해로 오인하여 환경적인 문제를 제기할 수 있다.
④ 동절기에 백연이 더욱 응축되어 도로, 인도 등을 결빙시킬 수 있다.
⑤ 냉각탑 주변에 공항시설이 있는 경우, 항공기 이착륙을 방해할 수 있다.
⑥ 거주민들에게 시각적 방해를 줄 수 있다.
⑦ 동절기 건물, 빌딩 등의 창유리를 결빙시킬 수 있다.
⑧ 도시환경에 대한 시각적 이미지가 실추될 수 있다.
⑨ 백연경감 냉각탑을 설치한다.

(3) 방지법

① 냉각탑 주변에 통풍이 잘될 수 있도록 고려한다.
② 냉각탑 설치위치 : 백연현상이 발생하여도 민원 발생이 적은 장소 선택

③ 다습한 토출공기를 재열하여 습기를 증발시켜 내보낸다.

④ 냉각탑에 '백연 방지장치'를 장착한다.

⑤ 백연경감 냉각탑을 설치한다.

백연경감 (저감) 냉각탑

① 혼합 냉각탑 혹은 Wet · dry 냉각탑이라고도 하며, 건식 및 습식 (증발식) 냉각탑의 결합체이다 (냉각탑을 떠나는 공기의 상대습도를 낮추어 줌).

② 종류

㈎ 직렬 공기유동 방식 : 습식부의 전방 또는 후방에 건식부가 위치하는 방식 (공기유동 저항이 큰 방식)

㈏ 병렬 공기유동 방식 : 습식부와 건식부가 공기 흐름상 병렬로 비치된 방식 (공기유동 저항이 적은 방식)

- 병렬 냉각수 유동 방식 : 공정상·응축기 등의 장치에서 가열되어진 냉각수를 건식부와 습식부로 각각 보냄 (냉각효율이 낮은 편임)
- 직렬 냉각수 유동 방식 : 공정상·응축기 등의 장치에서 가열되어진 냉각수가 먼저 건식부를 통과한 다음 습식부를 통과하는 방식 (냉각효율이 높은 편임)

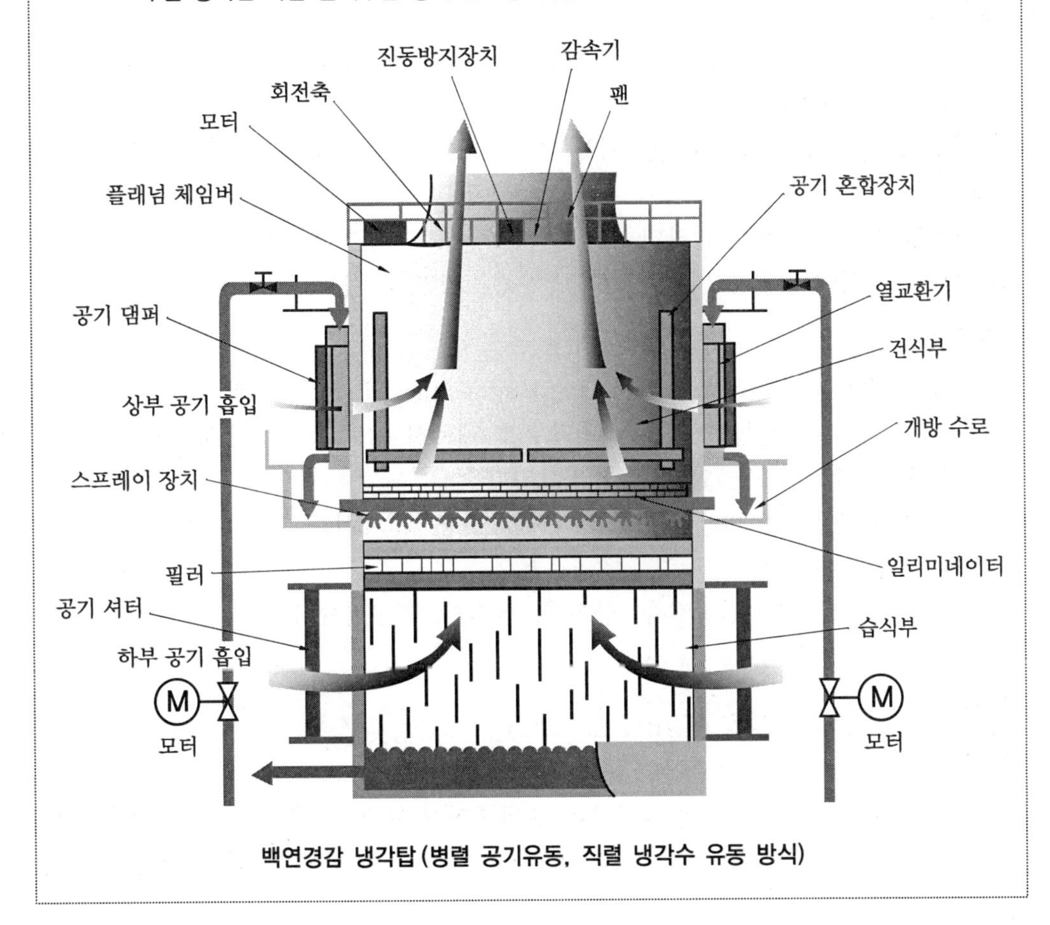

백연경감 냉각탑 (병렬 공기유동, 직렬 냉각수 유동 방식)

10 냉각탑 수계 장애요인

(1) 부식

① 부식반응을 제어하기 위해서는 밀폐계에서는 수중의 용존산소를 제거하는 것이 유효하다.

② 개방계 (Open Pipe Syetem)

㈎ 개방순환 냉각수계에서는 금속표면에 피막 형성이 가능한 '방식제'를 수중에 첨가하는 방법이 사용되고 있다.

㈏ 밀폐계에서는 온도 상승에 따라 부식이 계속 증대되나, 개방계의 경우에는 80℃ 이상에서는 부식이 진행되지 않는다 (즉, 수온이 80℃ 이상의 개방계에서는 수온이 상승하면 용존산소의 감소로 부식속도가 오히려 감소된다).

㈐ 이물질, 공기의 침입 등으로 수질 악화 및 스케일, 부식우려 → 수질관리 철저 필요

(2) 슬라임

① 보급수중의 미생물과 냉각탑에서 수중에 혼입한 미생물은 계 내에서 증식하여 미생물 Floc을 형성한다.

② 미생물 Floc 중에는 미생물을 위해 분비된 점성물질이 있고 이 점성에 의해서 열교환기류에 부착하여 슬라임이 된다.

③ 슬라임 장해의 분류 : 슬라임 부착형 Fouling, 슬라임 퇴적형 Fouling

④ 슬라임 형성에 영향을 미치는 인자 : 수온, 영양원, 유속, pH, 용존산소 등

(3) 스케일

① 보급수 중에는 Calcium Carbonate, Magnecium Silicate 등의 난용성염이 해리용해되어 있고 이것들의 염류는 냉각수계 내에서 농축되고 고온의 열교환기류의 전열면에 석출하여 스케일 장해를 일으킨다.

② 방식제로 사용되는 인산염류도 부적절한 사용환경에서는 Calcium Phosphate로 스케일화될 수 있다.

③ 스케일의 구성 성분 : 탄산칼슘, 산화철, 실리카, 인산칼슘 등

11 냉각탑 블로다운 (Blow Down)

(1) 냉각탑을 운전하면 순환수의 일부분이 증발되면서 냉각효과를 발휘하는 대신, 남아있는 냉각수 중의 이온들은 농축되고 따라서 부식, 스케일 등이 쉽게 생성될 수 있

는 여건이 형성된다.

(2) 그러므로 항상 적절량의 블로다운(Blow Down)을 실시하여 새로운 물을 보충해 줌으로써 농축배수를 일정수준 이하로 관리해 주는 것이 냉각수 수질 유지를 위한 기본 사항이다.

(3) 이때, 보급수량 = 증발수량 + 비산수량(Blow Out 포함) + Blow Down 수량 → 이는 보통 전체 순환량의 약 1~3 %에 해당한다.

(4) 블로다운(Blow Down) 미실시 경우의 영향

① 응축 열교환기의 오염으로 응축압력 상승 가능 → 이로 인한 냉동능력감소, HPC (High Pressure Cut Out Switch) 작동 등의 가능성 있다.

② 이온들은 농축되어 부식, 스케일 등 초래 가능

③ 냉각수가 오염되어 레지오넬라균 번식 등

(5) 블로다운(Blow Down)의 방법

① 냉각탑 운전 중에 Drain Valve를 약간 열어둔다.

② 냉각탑 하부수조의 운전수위를 높여서 계속 조금씩 Over Flow시킨다.

③ 하부수조의 청소를 겸해서 정기적으로 물을 갈아 넣는다.

12 랑게리어 지수(Langelier Index)

(1) 칼슘 경도, 중탄산칼슘, pH, 온도 등에 의한 탄산칼슘의 수중 침전의 정도를 나타내는 지수이다.

(2) 스케일의 부착량 혹은 부착속도를 직접 의미하는 것이 아니고, 물의 탄산칼슘 혹은 중탄산칼슘 함유량만을 나타내는 수치이다.

(3) 계산식

랑게리어 지수(L.I) = pH-pHs

여기서, pH : 실측된 pH

pHs : 포화 시의 pH

- pH − pHs < 0 : 비스케일 경향(부식경향)
- pH − pHs = 0 : 평형상태
- pH − pHs > 0 : 스케일 경향($CaCO_3$ 과포화로 침전물 형성)

13 Legionaires Disease (재향군인병)

(1) 레지오넬라 (Legionella)균에 의해 발병하는 폐렴의 일종으로 '재향군인병 (미국)'이라고도 한다.

(2) 1976년 미국 필라델피아의 호텔에서 모임을 갖던 재향군인회원에 발병 (사망자 발생)되어 처음으로 전세계에 경종을 울린 바 있는 세균성 질환이다.

(3) 무서운 집단 감염성과 높은 사망률에도 불구하고 이에 대한 인식과 대책이 아직도 부족한 편이다 (공조용 냉각탑은 우리의 생활환경과 가깝게 위치해 있으며, 보수작업자 또한 감염위험에 노출되어 있음).

(4) 일반적으로 현재 운전 중인 냉각탑의 60~70 %가 레지오넬라균이 검출된다고 하지만 실제 조사에서는 98 % 이상이 검출된다는 보고가 있다.

(5) 레지오넬라균을 방지하기 위한 설계 시 고려사항

전동식 또는 흡수식냉동기의 응축열 제거용인 냉각탑 수온은 32℃ (출구), 37℃ (입구) 정도로 미생물 서식 및 번식에 유리하므로 이를 방지하기 위해

① 1차적으로 약품주입으로 번식을 없앤다.
② 2차적으로 비산 물방울 제거 (냉각탑에 '비산 방지망'을 설치)
③ 3차적으로 냉각탑 송풍공기의 공조용 급기구 혼입방지를 고려해야 한다.
④ 수온은 Legionella균의 최적 생육조건인 30~40℃를 최대한 회피하여 설계가 가능한지 검토한다.

14 냉각수 순환펌프 양정

(1) 냉각탑의 순환펌프 선정 시, 용량을 선정하기 위해서는 필요 유량과 필요 양정 계산이 필요하다.

$$\text{순환펌프 양정} = \text{실양정}(H_1) + \text{배관저항}(H_2) + \text{기기저항}(H_3)$$

(2) '예제'를 통해 이해를 해보도록 한다.

예제 개방형 냉각탑과 냉동기가 수직높이 100 m의 거리를 두고 설치되어 있다. 살수압손실 5 m, 냉각수 수위와 살수관 간의 높이차 7 m, 배관마찰손실 10 mm/m 일 때 냉각수 순환펌프 양정을 산출하시오 (단, 총 배관길이는 220 m(120 m + 100 m)로 하며, Fitting손실, 응축기튜브 마찰손실, 안전율은 무시함).

해설 먼저 질문의 내용을 그림으로 나타내어 보면

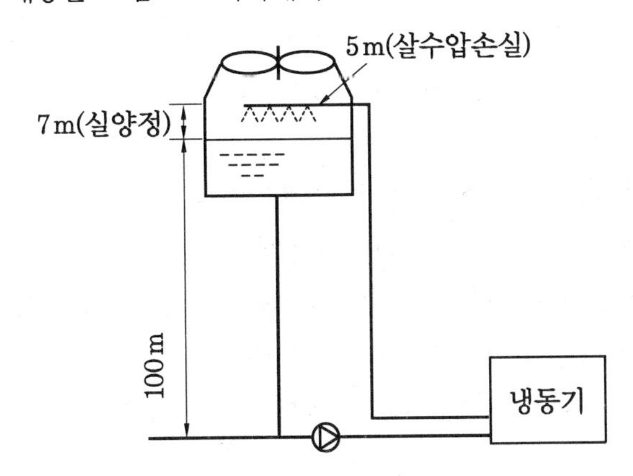

- 실양정(H_1 : 높이수두, 정수두) = 냉각수 수면과 살수 노즐 간의 높이차 = 7 m
- 배관저항 (H_2 : 배관 마찰손실 수두) = 10 mm/m × 10^{-3} × 220 = 2.2 m
- 기기저항은 (H_3 : 냉동기의 응축기 통과 저항 + 살수노즐 저항 등) = 5 m

  순환펌프 양정 = 실양정(H_1) + 배관저항(H_2) + 기기저항 (H_3)

  = 7 m + 2.2 m + 5 m = 14.2 m

15 주철제 보일러 (Cast Iron Sectional Boiler, 조합 보일러)

(1) 보통 증기보일러에는 최고 사용압력의 1.5 ~ 3배의 눈금을 가진 압력계를, 온수보일러에는 최고 사용압력의 1.5배의 눈금을 가진 압력계를 사용해야 한다.

(2) 사용압력

보통 저압증기의 경우 약 0.1 MPa 이하, 온수의 경우 약 0.3 MPa (수두 약 30 m) 이하로 한다.

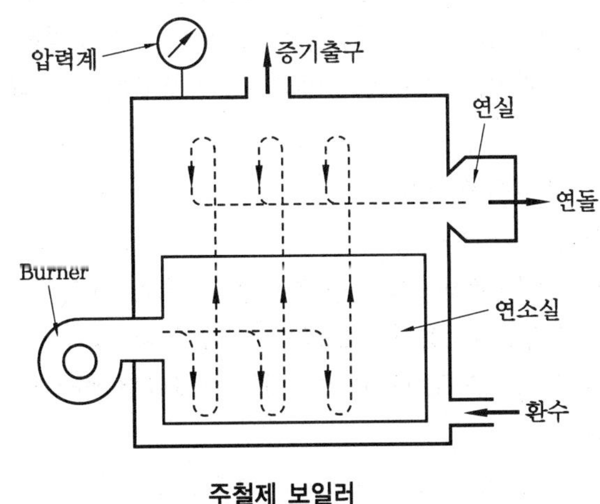

주철제 보일러

(3) 특징

① 내식성이 우수하고 수명이 길고 경제적이다.
② 현장조립이 간단하고 분할반입이 용이하다.
③ 용량의 증감이 용이하고 가격이 싸다.
④ 내압, 충격에 약하고 대용량, 고압에 부적당하다.
⑤ 구조가 복잡하여 청소, 검사, 수리가 어렵다.
⑥ 저압증기용으로 소규모 건축물에 주로 사용된다.
⑦ 열에 의한 부동팽창으로 균열이 발생되기 쉽다.
⑧ 고압에 대한 우려 때문에 주로 저용량으로 사용된다.

16 입형 보일러(Vertical Type Boiler, 수직형 보일러)

(1) 소규모의 패키지형으로서, 일반 가정용 등으로 사용된다(수직으로 세운 드럼 내에 연관을 설치).

(2) 증기의 경우 약 0.05 MPa, 온수의 경우 약 0.3 MPa 이하

(3) 외형 및 유체 흐름

옆 그림 참조

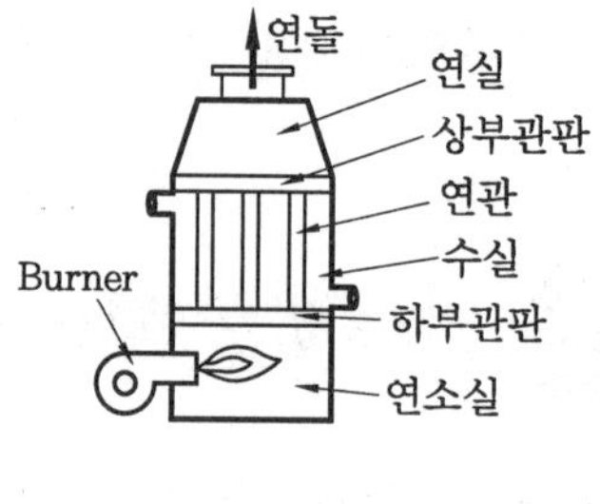

입형 보일러

17 노통연관식 보일러(Flue And Smoke Tube Boiler)

(1) 노통보일러(보일러 몸체 내부에 한 두개의 노통을 설치, 내압강도가 약하고 전열면적이 작음) + 연관보일러(Pipe 내로 연소가스 통과시켜 Pipe 밖의 물을 가열하는 방식)
(2) 보유수량이 많아 부하변동에도 안전하고, 급수조절이 용이하며 급수처리가 비교적 간단하다.
(3) 열손실이 적고 설치면적이 적다.
(4) 수관식보다 제작비가 저렴하다.
(5) 설치가 간단하고 전열면적이 크나 수명이 짧고 고가이다.
(6) 대용량에 적합하지 않고(소용량), 스케일 생성이 빠르다.
(7) 압력은 약 0.5~0.7 MPa으로 학교, 사무실, 중대규모 아파트 등에 사용한다.
(8) 청소가 용이하다.
(9) Fire Tube Boiler, Smoke Tube Packaged Boiler

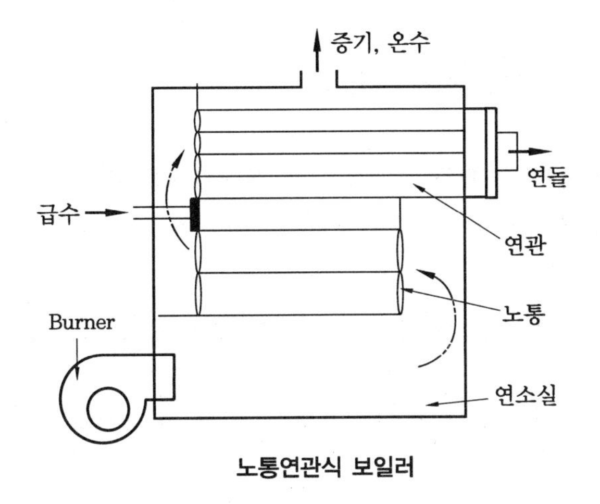

노통연관식 보일러

18 수관식 보일러(Water Tube Boiler)

(1) 드럼 내 수관을 설치하여 복사열을 전달하며 가동시간이 짧고 효율이 좋으나 비싸다.
(2) 전열면적이 크고 온수, 증기 발생이 쉽고 빠르다.
(3) 고도의 물처리가 필요하다(스케일 방지).
(4) 구조가 복잡하여 청소, 검사 등이 어렵다.
(5) 부하변동에 따라 압력변화가 크다.
(6) 압력은 약 1.0 MPa 이상으로 고압, 대용량에 적합하다.
(7) 설치면적이 넓고, 가격(초기 투자비)이 비싸다.

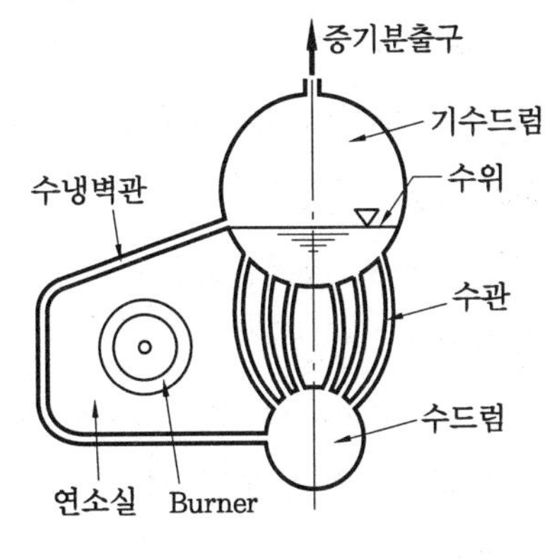

수관식 보일러

19 관류식 보일러(Through Flow Boiler, 증기 발생기)

(1) 상기 수관 보일러와 유사하나 드럼실(수실)이 없는 것이 특징이다.
(2) 관내로 순환하는 물이 예열, 증발, 과열하면서 증기를 발생한다.
(3) 보유수량이 적어 시동시간이 짧다(증발속도가 빠르다).
(4) 급수 수질 처리에 주의(수처리가 복잡)

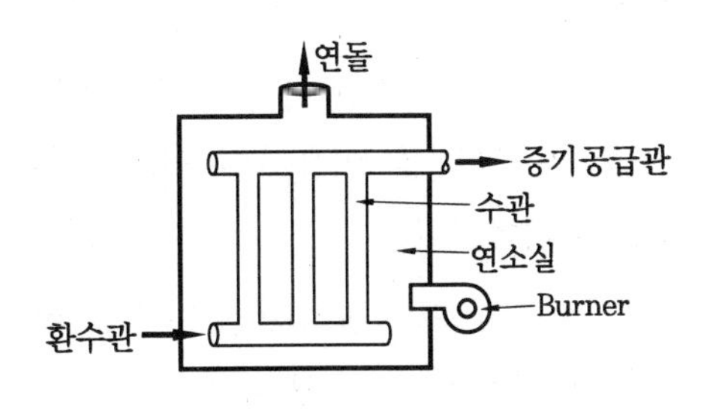

관류식 보일러

(5) 소음이 큰 편이다.
(6) 고압 중·대용량에 적합한 형태이다.
(7) 설치면적이 적다.
(8) 부하변동에 따른 압력 변화가 크므로 자동제어가 필요하다.
(9) 가격이 고가이다(초기투자비 증가).

20 소형관류 보일러(Small-type Multi Once-through Boiler)

관류 보일러 중에서 최고사용압력이 1.0 MPa 이하, 전열면적이 10 m^2 이하의 증기보일러를 말한다.

(1) 안전성

관 헤더 사이에 수관으로 구성되고 전열면적당 보유수량이 적으므로 폭발에 대해 안전하다.

(2) 고효율

보통 이코노마이저(급수가열) 채용으로 보일러 효율은 95% 이상이다.

(3) 설치면적

고성능에서도 콤팩트하므로 설치면적이 적다.

(4) 용량제어

복수대를 설치하여 부하변동에 따라 대수제어를 함으로써 부분부하운전을 고효율로 할 수 있고, 보일러 운전 시 퍼지손실을 줄일 수 있다.

(5) 경제성

공장에서 대량생산으로 가격이 저렴하고 원격제어 등 자동제어의 채택으로 운전관리가 용이하다.

21 진공식 온수 보일러

(1) 진공 온수 보일러는 진공상태(150 ~ 450 mmHg)의 용기에 충전된 열매수를 가열하여 발생된 증기를 이용하여 열교환기 내에서 온수(100℃ 이하)를 발생시키는 일종의 온수 보일러이다.

(2) 즉, 진공식 온수 보일러는 100℃ 이하의 감압증기의 응축열을 이용한 것으로 일종의 Heat Pipe라고 말할 수 있다.

(3) 난방 및 급탕수는 버너에 의해 직접 가열되는 것이 아니라, 진공으로 감압되어 있는 Boiler 관내에 봉입된 열매수를 버너로서 가열하며, 그것에 의해 발생된 감압증기(100℃ 이하의 증기)에 의하여 난방 및 급탕수를 간접 가열하는 구조로 되어 있다.

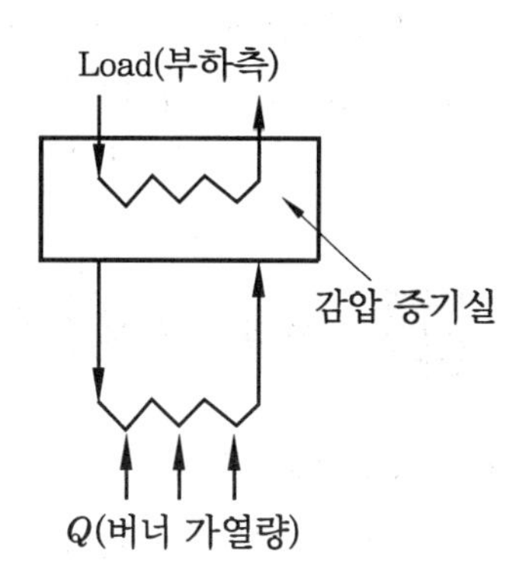

(4) Boiler 관 내에서 발생된 감압증기는 감압증기실에 설치된 열교환기의 표면에 도달하여, 여기서 응축열전달에 의해 열교환기의 파이프 속을 흐르는 난방용과 급탕용의 온수에 열을 주고, 물방울로 응축되어 중력에 의해 다시 열매수로 되돌아온다.

22 열매 보일러 (Thermal Liquid Boiler)

(1) 섭씨 200 ~ 350℃ (약 1~3기압) 정도의 액체 열매유 혹은 기체 열매유(온도 분포 균일)를 강제 순환시켜 열교환시킨다.

(2) 설비 가격 (초기 투자비)은 고가이나, 유지비가 저렴하다.

(3) 낮은 압력으로 고온을 얻을 수 있다 (Size Compact화 가능).

(4) 동파 우려가 적음 (∵ 보일러 용수 불요) : 열매체의 빙점이 영하 15℃ 이하이기 때문에 동파의 우려가 거의 없다.

(5) 열매체가 지용성 (기름류)이라서 보일러 부식이나 배관에 스케일이 낄 문제점이 거의 없다.

(6) 산업용으로 주로 많이 보급되어 있으며, 주택용도 일부 보급되어 있다.

(7) 열매체 보일러의 열매체유는 비열이 0.52 정도로서 물보다 훨씬 적으므로, 에너지 절감 효과가 크다.

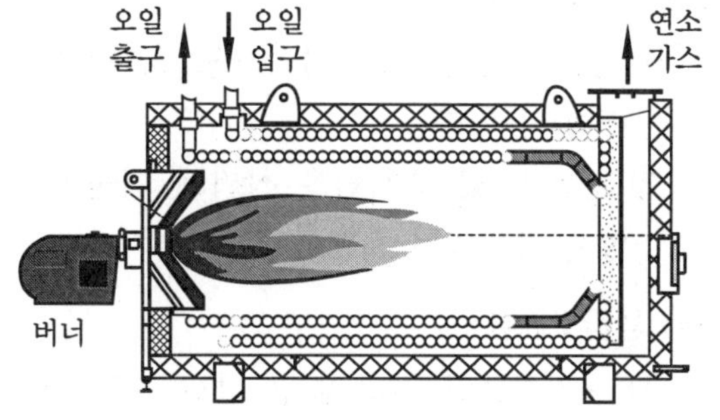

열매 보일러

(8) 대개 폐기열 회수장치(연통으로 도망가는 열을 흡수하는 장치)까지 달려 있으므로, 물을 많이 쓰는 곳은 최대 50%까지 절약이 되기도 한다.

(9) 열매는 액상과 기상을 사용할 수 있다.

① 액상사용은 고온으로 가열시킨 열매유의 현열을 이용하여 가열 또는 냉각하는 방

법으로 일정한 온도 분포 미요구 시 적용한다.

② 기상사용은 열매체유로 증기를 발생시켜 증발잠열을 이용하는 방법으로 일정한 온도 분포 요구 시 사용한다.

23 보일러실 보존법

(1) 건식보존법

증기난방용 보일러 장기보존법

① 밀폐보존식

② 질소봉입 보존식(질소 건조법, 산화 차단법)

㈎ 고압 및 대용량 보존법

㈏ 보일러 동체 내부로 질소가스를 0.6 kg/cm^2 정도로 가압하여 밀폐·건조시켜 보관한다.

③ 방청도료 도장 보존식 : 페인트 도장법 (1년 이상 보존 시)

(2) 습식보존법(온수 난방용 보일러 장기 보존법)

보일러 내에 물을 만수시킨 후 탄산소다, 가성소다, 히드라진, 아황산소다 등 첨가 (동절기 동파 주의)

① 보통 만수 보존법 : 2~3개월

② 소다 만수 보존법 : 6개월 정도

(3) 단기보존법

① 휴지기간이 3주에서 1개월 이내일 때 실시하는 보존법으로 건조법과 습식법 (만수법)이 있다.

② 건조법 및 습식법은 상기에 기술한 방법과 유사하나 보일러를 깨끗이 정비하지 않은 상태에서 시행한다.

(4) 응급보존법

① 휴지기간이 길지 않고 언제든지 사용할 수 있도록 준비해 놓은 상태로서 보일러 내의 pH를 10.5~11.0 정도로 유지시킨다.

② 보일러 수중의 용존산소를 최대한 줄이기 위해 아황산소다 등의 탈산소제를 주입해준다.

③ 4~5일마다 보일러를 배수하여 수위를 조절하여 오랫동안 일정수위가 되지 않도록 한다 (즉, 수준선을 부식시키지 않기 위해 수위를 주기적으로 바꾼다).

24 보일러 블로 다운(Blow Down)

(1) 급수 중의 불순물과 처리제 중의 고형성분은 보일러 내에서 일부가 불용물로 되고, 그 외 대부분은 보일러 수 중에 농축되기 때문에 보일러의 운전시간이 길어짐에 따라 보일러 수의 농도도 높아지고 보일러 밑 부분에 침전되는 슬러지 양도 증가하게 된다.

(2) 보일러수의 농도가 상승하면 캐리오버에 의한 과열기 및 터빈 등의 장해사고가 일어나기 쉽고 슬러지와 함께 내부의 부식, 스케일 생성의 원인도 될 수 있다.

(3) 따라서 이러한 장해를 예방하기 위해서는 될 수 있으면 보일러 외처리에서 불순물을 제거하고 내처리제도 필요 이상으로 주입하지 않아야 하지만, 보일러에 유입된 고형물에 의한 보일러수의 농축과 슬러지의 퇴적을 방지하기 위해서는 보일러수를 반드시 블로다운시켜야 한다.

(4) 블로다운에 의해서 배출되는 성분은 보일러수 중의 불순물과 슬러지뿐만 아니라 내처리제의 성분도 배출되기 때문에, 내처리제의 주입량은 불순물과 반응해서 소비되는 양과 블로다운에 의해 배출되는 양도 계산하여야 한다.

(5) 블로다운 방법

블로다운은 보일러의 어느 부위에서 물을 배출하느냐에 따라서 표면 블로다운과 바닥 블로다운으로 나누어진다.

① 표면 블로다운(Surface Blow Down)

㈎ 보일러수의 표층 부분에서 행하는 블로다운이며, 농축 보일러수의 경질 부유물, 유지 등의 배출을 주목적으로 한다.

㈏ 표면 블로다운은 블로되는 상태에 따라서 연속 블로다운(Continuous Blow Down)과 간헐 블로다운(Intermittent Blow Down)으로 나눌 수 있으며, 연속 블로다운이 보일러수의 농도를 일정하게 유지시키고, 열을 회수하기 쉽다는 점에서 훨씬 유리하다.

② 바닥 블로다운(Bottom Blow Down)

㈎ 바다 블로다운은 간헐 블루의 일종으로 보일러 밑부뷰으로부터 많은 유량을 단시간에 배출시키는 방법이다.

㈏ 보일러 밑부분에 퇴적되어 있는 슬러지의 배출을 주목적으로 하고 있다.

25 보일러 블로량

(1) 블로량은 블로유량(t/h) 또는 블로율(%)로 표시할 수 있다.

(2) 블로율(대급수) = $\frac{\text{블로유량(t/h)}}{\text{급수유량(t/h)}} \times 100$과

블로율(대증기) = $\frac{\text{블로유량(t/h)}}{\text{증기유량(t/h)}} \times 100$으로 표시할 수 있다.

(3) 블로유량을 B[t/h], 블로율을 b[t/h], 급수유량을 F[t/h]로 하면 b와 B의 관계는 다음 식으로 표시할 수 있다.

$$b\,[\%] = \frac{B}{F} \times 100$$

$$B\,[\text{t/h}] = \frac{bF}{100}$$

26 보일러 급수장치

(1) 동력 펌프

① 원심펌프 : 가장 일반적으로 사용하는 펌프

㈎ 벌류트 펌프 : 20 m 이하의 저양정용

㈏ 터빈 펌프 : 20 m 이상의 고양정용

② 워싱턴 펌프 : 발생 증기의 힘을 구동력(직동식)으로 회수하는 왕복동 펌프

③ 응축수 펌프 : 펌프와 응축수 탱크가 일체로 되어있는 펌프

④ 웨스코 펌프 : 임펠러의 외륜에 2중 날개 구성, 고양정용

(2) 무동력 펌프(Injector)

① 증기보일러의 급수장치로서 Bernoulli 정리에 의해 보일러 급수가 이루어진다.

② 주로 예비용(정전 대비용)으로 적용되며 효율이 낮은 편이다.

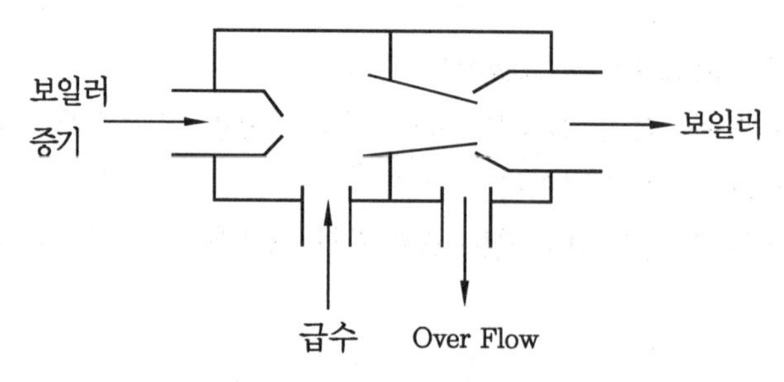

Injector (무동력 펌프)

27 보일러 에너지절약 방안

(1) 설계상

① 고효율 기기 선정(부분부하 효율도 고려)

② 대수 분할 운전 : 큰 보일러 한 대를 설치하는 것보다 여러 대의 보일러로 분할 운전하여 저부하 시의 에너지 소모를 줄인다.

③ 부분부하 운전의 비율이 매우 많을 경우 인버터 제어를 도입하여 연간 에너지 효율(Seer) 향상 가능

(2) 사용상

① 과열을 방지하기 위해 정기적으로 보일러의 세관 실시

② 정기적 수질관리 및 보전관리

③ 최적 기동·정지 제어 등 활용

(3) 배열회수

① 보일러에서 배출되는 배기의 열을 회수하여 여러 용도로 재활용하는 방법이 있으며, 이때 연소가스로 인한 금속의 부식 등을 주의해야 한다.

② 배열을 절탄기(Economizer)에 이용하거나, 절탄기를 통과한 연소가스의 남은 열을 이용하여 연소공기를 예열하는 방법 등이 있다.

(4) 기타

① 드레인(Drain)과 블로다운(Blow Down) 밸브를 불필요하게 열지 않는다.

② 불량한 증기 트랩(Steam Trap)을 적기 정비하여, 증기 배출을 방지한다.

③ 보조증기를 낭비하지 않는다.

④ 증기와 물의 누설을 방지한다.

⑤ 연소공기와 연소가스의 누설을 방지한다.

⑥ 적정 과열 공기를 공급한다.

⑦ 스팀어큐뮬레이터를 활용한다.

⑧ 보일러의 용량을 지나치게 크게 설치하지 말 것

⑨ 적정 공기비를 유지할 것

28 왕복동 냉동기

실린더 내에서의 피스톤의 상하 혹은 좌우 운동에 의해 냉매가스를 압축하는 방식으로 가장 안정된 기술을 바탕으로 하는 증기 압축식 냉동기(증발→압축→응축→팽창

→증발)이다.

(1) 특징

① 소형~200 RT 이하의 소용량의 압축용으로 가장 널리 사용된다.
② 기종이 다양하고 Compact하다.
③ 진동 및 소음이 다소 높은 편이다.

(2) 용량 제어법 (냉동기 운전효율 및 신뢰성 향상과 운전에너지 절감)

① 바이패스법 : 피스톤 행정의 약 1/2되는 지점에 크랭크케이스 쪽으로의 Bypass 통로를 만들어 냉매를 Bypass시킨다 (Hot Gas Bypass제어).
② 회전수 제어법 : 인버터 드라이버, 증감속 기어장치 등 별도 장치 필요
③ Clearance Pocket법 (Clearance 증대법) : 실린더 행정의 약 1/3이 되는 지점에 Clearance Pocket 설치하여 용량제어
④ Unloader System
㈎ 전자밸브가 열리면 (On) 무부하 상태로 되고, 전자밸브가 닫히면 (Off) 부하상태로 된다.
㈏ 소형압축기에서는 회전축의 역회전·정회전에 의해 일부 실린더를 놀리는 법을 사용하기도 한다.
⑤ Timed Valve (밸브가 열리는 시차를 조절하는 방법)
⑥ 흡입밸브를 개폐량을 조절하는 방법
⑦ 냉동기 On-Off 제어 등

29 스크루 냉동기

스크루 냉동기는 정밀 가공된 나사모양의 스크루를 회전시켜가며 압축하는 대표적인 회전식 용적형 압축기를 사용하는 증기 압축식 냉동기로서 다음과 같은 특징을 가지고 있다.

스크루 냉동기

(1) 특징

① 중 · 대용량, 고압축비
② 행정 : 흡입, 압축, 토출이 동시 연속적 진행
③ 원래 무급유 압축기로 개발이 되었으나, 냉동용은 급유기구를 조합하여 사용된다.

(2) 종류

① Twin Rotor Type : 2개의 로터(암나사, 수나사)

② Single Rotor Type : 1개의 스크루로터, 2개의 Gate 로터

(3) 용량 제어법(냉동기 운전효율 및 신뢰성 향상과 운전에너지 절감)

① 바이패스법 : 동력 절감 안 됨, 토출가스의 과열 초래 가능성

② 회전수 제어법 : 인버터 드라이버 등 고가, 동력절감 용이

③ 흡입측 교축 : 동력 절감 적음, 토출가스의 과열 초래 가능성

④ Slide Valve에 의한 방법 : Unload Piston에 의해 Slide Valve가 작동하여 10～100 % 까지 무단계 용량제어 가능(단, 낮은 용량으로 운전 시 성적계수 하락 우려됨)

30 원심식 냉동기(터보 냉동기)

원심식 압축기를 장착한 대용량의 냉수 생산용 증기 압축식 냉동기이며, 미국에서는 주로 'Centrifugal Chiller'라고 부른다.

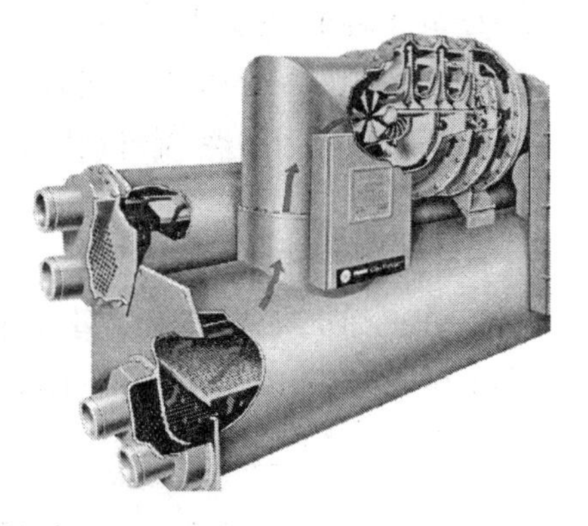

원심식 냉동기(터보 냉동기)

(1) 특징

① 대용량형, 고압축비에는 부적당

② 부분부하 특성이 매우 우수하다.

(2) 용량 제어법(냉동기 운전효율 및 신뢰성 향상과 운전에너지 절감)

① 바이패스 제어법 : 동력 절감 안 됨, 가스의 과열 초래 가능성

② 회전수(속도) 제어법 : 인버터 드라이버 등 고가, 동력절감 용이

③ 압축기 흡입댐퍼 제어법 : 흡입 측 댐퍼를 조절하는 방법

④ 압축기 흡입베인 제어법 : 안내깃의 각도 조절법, 가장 널리 사용된다.

⑤ 냉각수량 조절법 : 일종의 응축압력 조절법에 해당된다.

31 흡수식 냉동기

전동식 압축기가 없이 구동되는 냉동기로서 냉매와 흡수제의 상호 흡착·탈착 원리에 의해 냉동사이클을 이룬다(증발기 → 흡수기 → 재생기 → 응축기 → 증발기).

(1) 장점

① 전동식 압축기가 없어 전력 소요가 적고, 피크부하가 줄어든다.
② 운전경비가 절감되고, 폐열회수가 용이하다.
③ 건물의 열원으로 '흡수식 냉동기 + 보일러' 채택 시 사용 연료의 단일화가 가능하다.
④ 기계의 소음 및 진동이 적다.

(2) 단점

① 초기 설치비가 비싼 편이다.
② 냉각탑 용량, 가스설비, 부속설비 등이 커진다.
③ 열효율이 낮은 편이다.
④ 운전 정지 후에도 용액펌프를 일정시간 운전해야 한다(결정사고 방지). 흡수기 내 30℃ 이상 유지(냉각수 온도는 20℃ 이상으로 유지할 것)

(3) 용량제어법(냉동기 운전효율 및 신뢰성 향상과 운전에너지 절감)

① 가열용량 제어 : 가열원에 대한 제어(구동열원 입구제어 혹은 가열용 증기, 온수 유량제어)
② Bypass 제어 : 재생기로 공급되는 흡수 용액량 제어방식(희용액~농용액 Bypass 제어)
③ 가열량 제어 + 용액량 제어(Bypass 제어)
④ 응축기의 냉각수량 제어(잘 사용하지 않는 제어)
⑤ 대수 제어 등
⑥ 직화식 냉동기의 경우
㈎ 버너 연소량 제어 : 직화식에서 버너의 연소량 제어
㈏ 버너 On-Off 제어 혹은 High-Low-Off 제어

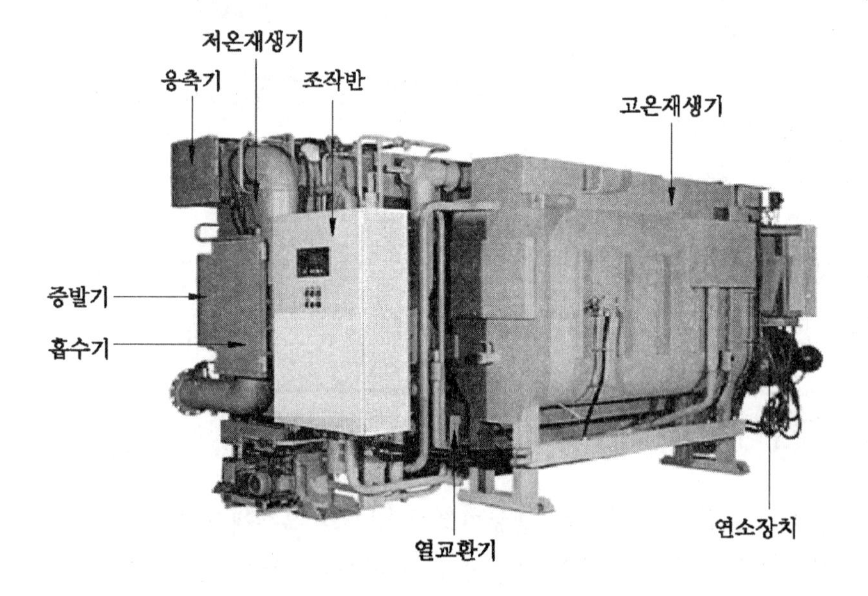

2중효용 흡수식 냉동기의 외형

32 보일러 이론 관련 주요 용어

(1) 보일러 마력 및 보일러 톤

① 보일러 마력 : 1시간에 100℃의 물 15.65 kg을 전부 증기로 발생시키는 증발능력

1보일러 마력 = 보일러 1마력의 상당증발량 × 증발잠열

= 15.65 kg/h × 539 kcal/kg = 8435 kcal/h ≒ 9.81 kW

② 보일러 톤 : 1시간에 100℃의 물 1000 L를 완전히 증발시킬 수 있는 능력

= 539000 kcal/h = 64 B.H.P

(2) 기준 증발량

① 실제 증발량 : 단위시간에 발생하는 증기량

② 상당증발량 (환산증발량, 기준증발량 : Equivalent Evaporator)

(가) 실제 증발량이 흡수한 전열량을 가지고 100℃의 온수에서 같은 온도의 증기로 할 수 있는 증발량

(나) 증기보일러의 상대적인 용량을 나타내기 위하여 보일러의 출력, 즉 유효가열 능력을 100℃의 물을 100℃ 수증기의 증발량으로 환산한 것을 말한다.

③ 기준증발량 계산식

$$\text{기준증발량}\ G_e = \frac{q}{539.1} = \frac{G_a(h_2 - h_1)}{539.1}$$

여기서, G_e : 기준 증발량 (kg/h), G_a : 실제의(actual) 증발량 (kg/h)

h_2 : 발생증기 엔탈피 (kcal/kg), h_1 : 급수 엔탈피 (kcal/kg)

(3) 보일러 용량 (출력)

① 정격출력

Q = 난방부하 (q_1) + 급탕부하 (q_2) + 배관부하 (q_3) + 예열부하 (q_4)

(가) 난방부하 (q_1) = $\alpha \cdot A$

여기서, α : 면적당 열손실계수 (kcal/m^2·h), A : 난방면적 (m^2)

(나) 급탕부하 (q_2) = $G \cdot C \cdot \Delta T$

여기서, G : 물의 유량(kg/h), C : 물의 비열(kcal/kg·℃)

ΔT : 출구온도-입구온도(℃)

(다) 배관부하 (q_3) = $(q_1 + q_2) \cdot x$

여기서, x : 상수(약 0.15 ~ 0.25, 보통 0.2)

(라) 예열부하 (q_4) = $(q_1 + q_2 + q_3) \cdot y$

여기서, y : 상수(약 0.25)

② 상용출력 : 상기 정격출력에서 예열부하(q_4) 제외

상용출력 = 난방부하(q_1) + 급탕부하(q_2) + 배관부하(q_3)

③ 정미출력 : 상기 상용출력에서 배관부하(q_3) 제외
정미출력 = 난방부하(q_1) + 급탕부하(q_2)

④ 과부하출력 : 보일러의 운전 초기나 과부하 발생 시의 출력으로서, 보통 정격출력의 약 1.1～1.2배에 해당한다.

⑤ 방열기용량 : 난방부하 + 배관부하

(4) 보일러 용량제어법

① 대수제어 (소용량 보일러의 다관설치)

㈎ 부하변동이 심한 사업장일수록 더욱 대수제어가 효과적이라고 할 수 있다.

㈏ 실제 증기사용량이 1.0～4.0 t/h의 범위에서 변하는 공장에서 1.0 t/h의 보일러를 4기 설치하거나, 1.0 t/h 2대와 2.0 t/h 1대의 조합, 아니면 2.0 t/h 2대 등으로 설치하여 대수제어를 실시할 수 있다.

㈐ 1.0 t/h 보일러 4기 설치 시 다음과 같이 운전된다.

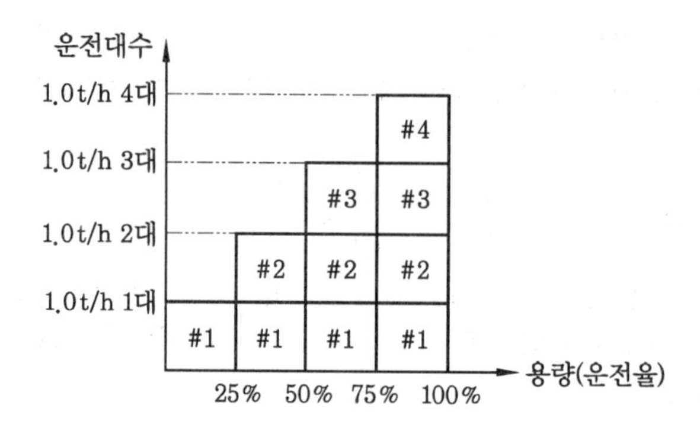

② 분산제어

㈎ 여러 대의 보일러를 분산시켜 설치하는 경우에는 중앙제어실에서 멀리 떨어져 설치되어 있는 모든 보일러의 기동을 제어하고 부하에 적합한 운전을 실시하며 운전상태를 모니터링하는 원격제어장치 시스템이 도입되는 경우도 있다.

㈏ 이 경우에 모든 보일러는 통신용 케이블로 중앙제어실의 컴퓨터에 연결이 되고, 원격제어용 프로그램이 설치된 컴퓨터가 모든 운전을 제어하고 모니터링하는 기능을 담당한다.

㈐ 이렇게 함으로써 보일러를 효율적으로 운전 및 관리할 수 있으며, 무인 자동운전이 가능할 수도 있다.

③ 기타의 용량제어 : On-Off 제어, 연소량 제어, 소풍기의 RPM제어 등

(5) 보일러용 집진장치 (Dust Collector)

대표적으로 사용할 수 있는 보일러의 집진장치 (Dust Collector)로는 다음과 같은 장

치들이 있다.

① 자석식 : 연소기 투입 전 자장형성, 자석의 동극반발력 이용 완전연소 유도
② 물 주입식 : 연소기 투입 전 물을 소량 주입하여 완전연소를 유도한다.
③ 세정식 : 출구 측 세정으로 집진 후 배출한다.
④ 사이클론식 : 원심력에 의해 분진을 아래로 가라앉게 하는 방식
⑤ 멀티 사이클론식 : '사이클론'을 복수로 여러 대 부착하여 사용
⑥ 전기집진식 : 고전압으로 대전시켜 이온화된 분진을 포집한다.

(6) 증기보일러의 발생열량

① 발생열량

$$q = G_s \cdot h_s - G_w \cdot h_w$$

여기서, G_s : 스팀의 유량(kg/h), h_s : 스팀의 엔탈피(kcal/kg)
G_w : 물의 유량 (kg/h), h_w : 물의 엔탈피(kcal/kg)

(7) 보일러 효율

$$\eta = \frac{q}{(G_f \cdot h_f)}$$

여기서, q : 발생열량($q = G_s \cdot h_s - G_w \cdot h_w$), G_f : 연료의 유량 (kg/h)
h_f : 연료의 저위 발열량(kcal/kg)
고위발열량에서 증발열(수분)을 뺀 실제의 발열량을 말한다.

고위발열량과 저위발열량의 정의

① 통상 고위발열량은 수증기의 잠열을 포함한 것이고, 저위발열량은 수증기의 잠열을 포함하지 않는다로 정의된다.
② 천연가스의 경우 완전연소할 경우 최종반응물은 이산화탄소와 물이 생성되며, 연소 시 발생되는 열량은 모두 실제적인 열량으로 변환되어야 하나 부산물로 발생되는 물까지 증발시켜야 하는데 이 때 필요한 것이 증발잠열이다.
③ 이때 증발잠열의 포함여부에 따라 고위와 저위발열량으로 구분된다.
④ 저위발열량은 실제적인 열량으로서 진발열량(Net Calorific Value)이라고도 한다.
⑤ 천연가스의 열량은 통상 고위발열량으로 표시한다.

(8) 보일러용 열교환기

보일러에서 증기-물, 물-물 등의 열교환을 위한 열교환기로는 다음과 같은 형태가 주로 사용된다.

① 원통다관형(Shell & Tube형) : 대용량에서는 가장 많이 사용된다.
② PLATE형(판형) : RIB형 골이 패여 있는 여러 장의 판을 포개어 용접한 형태
③ SPIRIL형 : 화학공업, 고층건물 등

(9) 보급수 캐비테이션 방지책

① 보일러 보급수의 온도가 너무 높으면 펌프의 유효 흡입양정(NPSH)이 낮아져 캐비테이션(Cavitation) 등의 부작용을 초래할 수 있으므로 주의해야 한다.

② 급수조건 : 경도가 낮아야 하며, 경도가 높은 물은 연수화 처리한다.

③ 급수펌프 : 터빈펌프, 워싱턴펌프(증기동력), 인젝터 펌프 등

④ 보일러의 보급수 펌프의 캐비테이션 방지대책

㈎ 보일러의 보급수를 온도를 가능한 낮게 관리한다.

㈏ 흡입관 저항을 줄인다.

㈐ 흡입관 지름을 크게 한다.

㈑ 단흡입 → 양흡입으로 변경한다.

㈒ 펌프의 회전수를 낮춘다.

㈓ 펌프의 설치위치를 낮게 배치한다.

㈔ 흡입수위를 높게 한다.

㈕ 지나치게 저유량으로 운전되지 않게 한다.

(10) 가마울림 (공명)

보일러 연소 중 연소실이나 연도 내의 지속적인 울림현상 → 증기 발생 시 압력변동에 의해 발생

(11) 압궤

전열면 과열과 외압에 의해 안쪽으로 오목하게 찌그러지는 현상

(12) 팽출

수관·횡관·보일러통이 과열로 밖으로 부풀어 오르는 현상

(13) 균열

① 고압부위나 연결부위를 중심으로 균열이 발생하기 쉽다.

② 균열 발생 장소 : 용접부위, 절취부위, 노즐부착부, 볼트체결부 등

(14) 파열

① 이음부 등에 결함이 있어, 증기나 포화액 대량 누출되면 순간적으로 압력 급강하

② 용적팽창 급격히 이루어져 파열로 이어질 수 있다.

③ 뚜껑판이 체결되어 있는 경우 특히 주의

(15) 프라이밍 (Priming : 비수작용)

① 보일러가 과부하로 사용될 때, 압력저하 시, 수위가 너무 높을 때, 물에 불순물이 많이 포함되어 있거나, 드럼 내부에 설치된 부품에 기계적인 결함이 있으면 보일러수가 매우 심하게 비등하여 수면으로부터 증기가 수분(물방울)을 동반하면서 끊임없이 비산하고 기실에 충만하여 수위가 불안정하게 되는 현상을 말한다.

② 수처리제가 관벽에 고형물 형태로 부착되어 스케일을 형성하고 전열불량 등을 초래한다.

③ 기수분리기(차폐판식, 사이클론식) 등을 설치하여 방지해주는 것이 좋다.

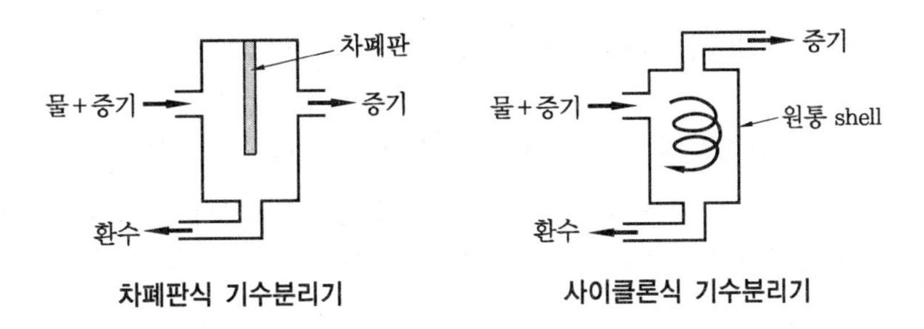

차폐판식 기수분리기　　　사이클론식 기수분리기

(16) 포밍(Foaming : 거품작용)

① 보일러수에 불순물, 유지분 등이 많이 섞인 경우, 또는 알칼리성분이 과한 경우에 비등과 더불어 수면 부근에 거품층이 형성되어 수위가 불안정하게 되는 현상이다.

② 포밍의 발생정도는 보일러 관수의 성질과 상태에 의존하는데, 원인물질은 주로 나트륨(Na), 칼륨(K), 마그네슘(Mg) 등이다.

(17) 캐리오버 현상(Carry over : 기수 공발 현상)

① 증기가 수분을 동반하면서 증발하는 현상이다. 캐리오버 현상은 프라이밍이나 포밍 발생 시 필연적으로 동반 발생된다.

② 이때 증기뿐만 아니라, 보일러의 관수 중에 용해 또는 현탁되어 있는 고형물까지 동반하여 같이 증기 사용처로 넘어갈 수 있다.

③ 이 경우 증기사용 시스템에 고형물이 부착되면 전열효율이 떨어지며, 증기관에 물이 고여 과열기에서 증기과열이 불충분하게 된다.

(18) 보일러의 Cold Start와 Hot Start

① Cold Start : 2~3일 이상 정지 후 가동 시에는, 운전 초기 약 1~2시간 동안 저연소 상태로 가열 후 서서히 온도 올린다(파괴 방지).

② 보일러의 Hot Start : 시동 시부터 정상운전을 바로 시작하는 일반 기동방법이다.

(19) Feed Water Heater(급수 히터)

① 보일러의 급수를 가열(예열)하는 보급수 히터를 말한다.

② 급수 가열 시 주로 증기 또는 배열을 사용하는데, 배열 사용 시에는 특히 이코노마이저(절탄기 : Economizer)라고도 한다.

③ Feed Water Heater의 목적

㈎ 열효율 향상 및 증발능력 향상

㈏ 열응력 감소

㈐ 부분적으로 불순물이 제거된다(Scale 예방).

㈑ 효과적인 에너지 절감의 방법

33 하드포드 접속법 (Hartfort Connection)

(1) 미국의 하드포드 보험사에서 처음 제창한 방식이다.

(2) 환수파이프나 급수파이프를 균형파이프에 의해 증기파이프에 연결하되, 균형파이프에의 접속법은 보일러의 안전저수면보다 높게 한다.

(3) 하드포드 접속법의 목적

① 증기보일러에서 빈불때기(역류 등) 방지 : 증기보일러 운전 시 역류나 환수관 누수 시 물이 고갈된 상태로 가열되어 과열 및 화재로 이어질 수 있는 상황을 미연에 방지해준다.

② 균압 (부하변동에 의한 증기압 과상승 방지)

㈎ 다음 그림과 같이 균형 파이프(Balance Tube)를 설치하여 보일러 토출구 부근의 압력 과상승, 과열 등을 막아준다.

㈏ 증기보일러의 용량 및 부하변동이 심한 장치의 경우 특히 유효하다.

③ 환수주관 중의 불순물, 침전물이 유입되지 않게 한다.

㈎ 환수주관을 보일러 바닥면보다 아래에 배치한다.

㈏ 보일러의 환수주관을 보일러에 연결하기 전에 상부 측으로 루프를 형성하여 불순물이 혼입되는 것을 막아준다.

(4) 접속방법

① 증기압과 환수압을 밸런스 시킨다.

② 환수 파이프를 균형 파이프(Balance Tube)에 연결 시 접속점은 보일러의 안전저수면보다 높게 한다.

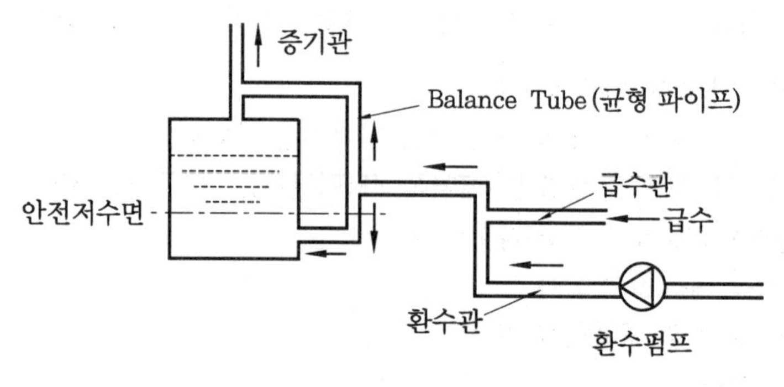

접속방법

34 보일러 공기예열기(Air Preheater)

(1) 공기예열기의 정의

절탄기(Economizer)를 통과한 연소가스의 남은 열을 이용하여 연소공기를 예열하는 장치

(2) 공기예열기의 사용효과

① 보일러에서 열손실이 가장 큰 배기가스 손실을 감소시키므로 보일러 효율이 상승된다.

② 연소공기 온도상승으로 연소효율이 증가되어 과잉공기량이 감소된다.

③ 석탄연소 보일러에서 발열량이 낮은 저질탄을 연소시킬 수 있으며, 석탄 건조용 공기를 가열함으로써 미분기의 분쇄능력이 향상된다.

(3) 공기예열기의 종류

① 공기예열기는 크게 전열식(관류형, 판형 등)과 재생식(회전재생식, 고정재생식)으로 대별된다.

② 관류형(Shell & Tube Type)은 큰 원통 속에 다수의 튜브를 넣어서 관내·외 열교환하는 형태이며, 판형(Plate Type)은 다수의 얇은 판을 포개어 엇갈리게 열교환하는 형태이다.

③ 발전용 보일러의 공기예열기는 전부 재생식이며, 이 형식은 원통형 틀 속에 얇은 강판의 가열소자를 다발로 묶어 장착한다. 공기가 연소가스에 의해서 가열된 가열소자를 통과하므로 공기온도가 올라간다.

④ 재생식 공기예열기는 가열소자(Heating Element)가 회전하는 회전 재생식과 공기통로(Air Hood)가 회전하는 고정 재생식으로 분류된다.

㈎ 회전 재생식 공기예열기(Ljungstrom Air Preheater) : 가열소자가 13 rpm으로 연소가스 통로와 연소공기 통로로 회전한다.

㈏ 고정 재생식 공기예열기(Rothemuhle Air Preheater) : 가열소자가 장착된 원통형 틀은 고정되고 가스통로(Gas Duct) 내부에 있는 공기통로(Air Hood)가 약 0.8 rpm으로 회전하면서 배기가스의 남은 열이 연소공기를 가열한다.

㈐ 사례 : 울산화력 # 4.5.6 호기와 서울화력 # 4 호기는 고정 재생식 공기예열기이며, 나머지 발전소는 대부분 회전재생식 공기예열기를 사용한다.

35 조립식 연돌

(1) 보일러, 디젤엔진, 가스터빈 등 열원기기의 배기가스 배출관으로 공기 단열층의 특성을 이용한 SUS 이중관 혹은 삼중관 구조의 새로운 조립식 배기덕트 시스템이다.

(2) 공동주택에서 내화벽돌을 사용하는 기존 굴뚝보다 건축면적 최소화, 연소가스 배출

시 발생하는 각종 화학성분에 의한 건축물의 오염과 개보수 문제점을 보완한 조립식 공법이다.

(3) 조립 연돌 공법의 특징 : 경제성, 내식성, 내열성, 시공성, 안정성 우수

(4) 재질 및 사양

① 연돌 외관 : Aluminized Steel

② 연돌 내관 : SUS 304

③ SUS 304의 두께

(가) ϕ150～ϕ900 : 약 0.9～1.2 t

(나) ϕ900 이상 : 약 1.2 t

(5) 부속품

① MT(Manifold Tool) : 기기하부 수직연돌과 수평연돌 연결

② FR(Full angle Ring) : 연돌화 유동 방지

③ BJ(Bellows Joint) : 진동흡수

④ 기타 IV(Insulated Valve) 등

⑤ 고려사항 : 연돌효과(Stack Effect), 풍압효과(Wind Effect) 등

(6) 개략도

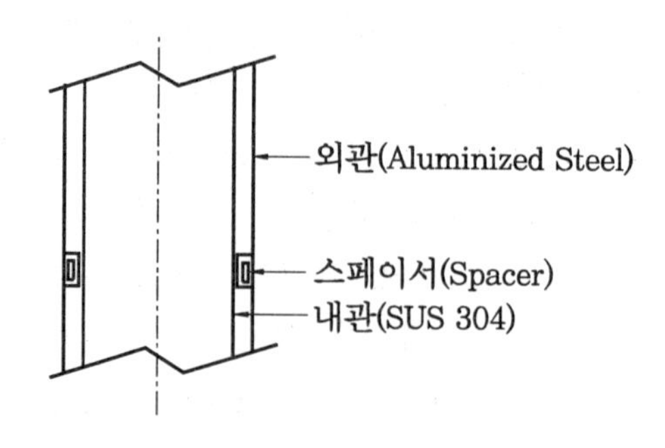

36 석탄 유동층 보일러

(1) 친환경 유동층(Circulationg Fluidized-Bed) 보일러를 적용한 화력발전소, 공장 등의 사업장은 기존 보일러에 비해 질소산화물(NO_x), 황산화물(SO_x) 등의 대기 오염물질 배출량을 크게 줄일 수 있다.

(2) 그동안 환경문제를 고려하여 LNG 가스를 보일러의 연료로 많이 사용하여 왔으나, 석유나 LNG 가스보다 가격이 상대적으로 저렴하면서도 친환경적인 석탄(저질의 석탄도 가능)을 사용하는 방식이 점차 많이 늘어나고 있는 추세이다.

(3) 적용기술

① 유동층 연소기술은 유동층 또는 유동상(流動床, Fluidized Bed)에 기초하는 기술로서 미세입자의 유동매체를 연소로에 넣고, 그 밑부분의 다공판과 같은 정류장치를 거쳐서 유동화 공기 또는 가스를 불어 넣으면, 유속이 작을 때에는 입자가 정지된, 이른바 고정층(Fixed Bed) 그대로이지만, 유속이 어느 정도 이상이 되면, 입자에 가해지는 유동저항과 중력이 같아져서 분리체가 마치 끓는 액체처럼 손쉽게 유동할 수 있는 상태가 된다.

② 이러한 현상을 유동화(Fluidization)라고 하며, 이 상태의 유동층을 연소에 응용하는 기술이 '유동층 연소기술'이다.

(4) 석탄 유동층 보일러의 장점

① 유동층(流動層) 연소기술은 석탄 등을 연소로에 공급하여 유동매체와 함께 유동되도록 하여 고온에서 공기와의 강한 혼합으로 연소시킴으로써 높은 연소효율과 낮은 공해물질(NO_x, SO_x 등) 배출이 가능하다.

② 이 기술은 석탄 등의 연료가 유동층 내에서 유동상태로 있기 때문에 혼합이 잘 되고 유동매체와의 접촉빈도가 커져 다른 방식에 비해 연소속도가 빠르다.

③ 유동매체의 빠른 순환으로 유동층 전체가 거의 등온으로 유지되어 온도에 따라 연료량을 조절하여 운전상태를 변화시키기가 쉽다.

④ 유동층과 관련된 기계적인 구동부가 없어 고장이 적다.

⑤ 유동매체의 냉각 속도가 느려 짧은 시간에 정지 및 가동을 예열없이 할 수 있다.

(5) 유동층 연소기술의 종류

① 압력에 따라

(가) 상압유동층 : 소용량 전용

(나) 가압유동층

㉮ 가압에 따른 연소효율 증가, 공해물질 발생저감, 용량 증대

㉯ 고온고압의 연소 배기가스로 가스터빈을 구동하여 복합발전 가능

② 유동 특성에 따라

(가) 기포유동층

㉮ 유동하 공기의 유속이 2 m/sec 미만인 경우

㉯ 중·소형 산업용 보일러에 많이 적용

(나) 순환유동층

㉮ 유동화 공기의 유속이 아주 커지면 공급된 입자가 모두 공기의 흐름에 동반되어 배출되는데, 이 때 사이클론 방식 등으로 입자를 분리해내어 장치의 바닥으로 재순환시킨다.

㉯ 열효율, 공해물질 배출저감, 관리측면 등에서 매우 우수
㉰ 낮은 고장률과 높은 가동일수 및 연료경제성이 탁월

③ 일반적으로 경제·기술적인 측면에서 상압유동층보다는 가압유동층이, 기포유동층보다는 순환유도층이 우수한 것으로 평가된다.

37 핵융합발전

(1) 일본 후쿠시마 원전 사고로 핵분열(원자력발전 원리)의 위험성이 부각된 가운데 미래 에너지원인 '핵융합 기술'이 새로운 관심거리로 떠오르고 있다.

(2) 핵융합발전 기술은 우주 산업과 연관되어 동시 발전 가능(최첨단 기술이 종합된 기술 집약적 발전 방식)하며, 그 기술의 잠재력 및 파급 효과가 실로 엄청나지만. 그 기술 개발의 완성까지는 아직 갈 길이 멀다.

(3) 국내에서도 거대 핵융합 장치인 'KSTAR'를 가동하기 위한 절차에 이미 착수했으며, 현재 플라스마 발생 및 형태 조정, 안정화 테스트 등의 실험을 계속하고 있는 중이다.

(4) 국내 기업들은 KSTAR의 경험을 토대로 ITER 사업에 활발히 참여하고 있는데, 여기에는 한국을 비롯해 미국, EU 등 7개국이 참여하고 있으며, 열출력 500메가와트(MW) 핵융합발전 장치를 실제로 만들어보겠다는 프로젝트로 총 사업 기간은 2040년까지이다.

(5) 핵융합발전의 원리

① 핵융합발전은 태양의 원리를 본떠 만든 것이다. 먼저 수소 원자핵을 플라스마로 만들고 그다음 플라스마가 사라지지 않도록 중간에 진공상태의 공간을 만들고 자장용기(토카막)로 가둔다.

② 이어서 플라스마에 1억~수억도 이상의 초고온과 초고압을 가하면 핵융합반응이 일어난다. 삼중수소와 중수소가 융합하면서 헬륨과 중성자가 생성되고 이때 상대성 원리에 따라 막대한 에너지가 방출되는 것이다.

③ 수억도의 플라스마는 직접 장치에 닿는 것이 아니고, 토카막(Tokamak ; 핵융합발전용 연료기체를 담아 두는 용기)의 자기장 안에 갇혀 공중에서 붕붕 떠다닌다고 보면 된다.

④ 핵융합발전도 방사성 물질이 나오지만 원전과는 비교가 안 될 정도로 낮은 독성이다.

(6) 여기서 플라스마란, 기체 상태의 물질에 계속 열을 가하면 원자핵과 전자가 분리되면서 양이온과 전자가 거의 같은 양으로 존재하게 되며 전기적으로 중성을 띤다. 이런 상태를 플라스마라고 하며 고체, 액체, 기체에 이은 '제4의 물질'이라고 부른다.

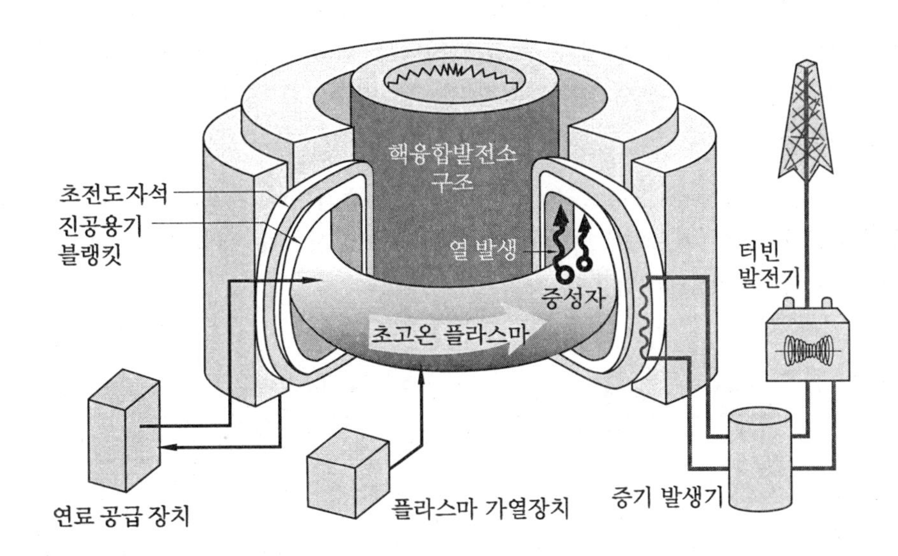

핵융합발전

38 중 · 소형 원자로(SMR)

(1) 중 · 소형 원자로(SMR ; Small Modular Reactor)는 기존에 일반화된 대형 원자력발전소와 달리, 배관의 연결 없이 주요 기기들을 하나의 용기 내부에 배치해 일반적으로 500MW급 이하로 건설한 원자로를 말한다.

(2) IAEA (세계원자력에너지협회)에서는 300MW급 이하를 소형원자로 (Small Modular Reactor), 300MW 초과 ~ 700MW 이하를 중형원자로(Small and Medium Sized Reactors)로 분류한다.

(3) 우리나라의 경우에는 'SMART원자로'라고 부르는 SMR 모델을 1997년부터 개발을 시작해 2012년 7월 세계 최초로 표준설계 인가를 받았다.

(4) 우리나라의 'SMART원자로'는 System-integrated Modular Advanced ReacTor의 약어로서, 원자로 냉각제 배관 파손으로 인한 방사능 유출 가능성이 없어서 일반 원전 대비 안전성이 높고, 발전 용수가 적게 들어 해안이 아닌 내륙에도 건설이 가능하며, 해수담수화 및 지역난방 등에 열 공급도 용이하고, 건설비용이 저렴하고 건설기간이 짧다는 등의 많은 장점이 있다.

39 계간축열

(1) 계간축열이란 아래 그림에서 보듯이, 봄~가을에 남는 열에너지(태양열, 연료전지 발생열, 지열, 하수열 등)를 계간 축열조(지하나 단열이 용이한 장소에 설치한 대규모 열저장용 탱크)에 저장해 두었다가 겨울 등 열수요가 많은 계절에 집중 공급하는 열저장 기술을 말한다.

(2) 아래 그림상의 열부하 그래프와 같이, 여름 및 중간기에 사용하고 남은 열에너지를 계간 축열조에 연속 저장해두고, 이를 주택단지, 공장지대 등의 수요처에 집중 공급할 수 있게 하는 시스템이다.

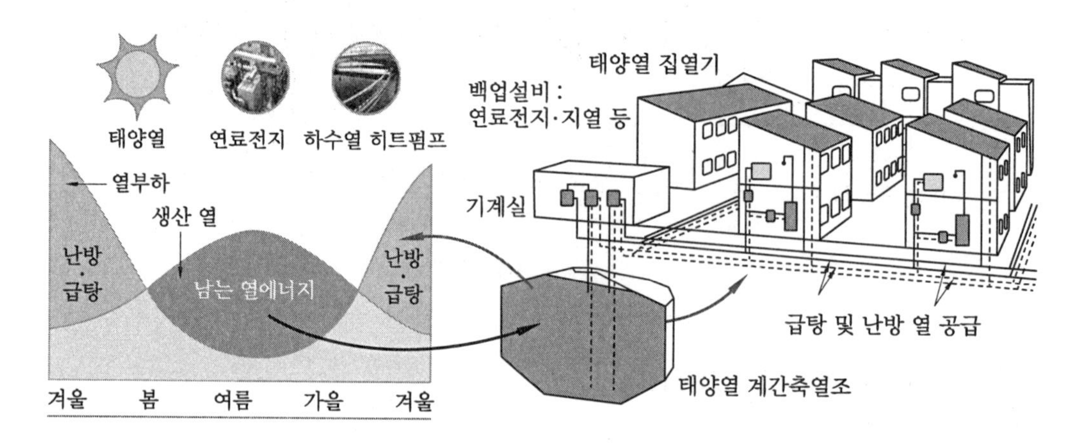

출처 : http://www.greenplatform.re.kr/

열에너지 계간축열

제 5 장

건물 공조

1 초고층 건물 공조

(1) 초고층 건물의 열환경 특징

① '초고층 건축물'이란 층수가 50층 이상이거나 높이가 200미터 이상인 건축물을 말한다.

② 에너지 다소비형 건물이므로 '에너지 절약대책'이 특별히 중요하다.

③ 초고층 건물일수록 SVR(Surface area to Volume Ratio)이 커서 열손실이 크고 건물의 에너지 절약 측면에서 좋지 못하다. 단, 지붕면적은 작아 지붕으로 침투되는 일사량의 비율은 줄어들지만 여전히 '옥상녹화'는 추천되어진다.

④ 고층부에 풍속이 커서 대부분 높은 기밀성이 요구되는 건축구조이며, 자연환기가 어려운 구조이다.

⑤ 연돌효과가 매우 크고, 여름철 일사부하가 상당히 크며, 겨울철 강한 풍속으로 인한 열손실이 큰 부하특성을 가진다.

⑥ 건물 외피 부분의 시간대별 부하특성이 매우 변동이 심하므로 내주존, 외주존을 분리하여 공조장치를 적용하는 방법도 검토 필요하다.

⑦ 기타 초고층 용도로서의 각종 설비의 내압·내진 신뢰성이 강조되며, 화재 시의 방재 등 안전에 대한 고려가 무엇보다 중요하다.

(2) 주의사항

① 급수관 수압·소음문제(수송 동력 절감 및 기기 내압에 특히 주의)

② 내진 : 풍압에 의한 상대변위 고려(약 20 mm), 각 층마다 횡진방진

③ 연돌효과(굴뚝효과) 심화가능성이 크다.

④ 에너지 절약대책 : 초고층 건물은 에너지 다소비형 건물이므로 '에너지 절약대책'이 상당히 중요하다(전열교환기, LED 조명, 이중외피, 개별공조 혹은 혹합공조 등 적용검토, 신생에너지 적용검토 등 필요).

⑤ 소방법상 화재 시 구조를 위한 스프링클러, 연기감지기, 자동소화기 등의 방재대책 필요

⑥ 배관 분리 이음 고려 : 지진 발생 시 가장 유연성이 필요한 부분(중요 부품과 배관 사이와 입상관의 층간 관통부 등)에 진동을 흡수하기 위하여 글로브 조인트 등의 플렉시블 커플링을 설치한다.

⑦ 기타 내진 성능 관련 모든 층에 가요성 배관, offset 배관의 설치 및 이격, 쿠션, 내진 브레이스에 대한 적용을 검토한다.

(3) 공조방식 사례

① 공기-수 공조방식(중앙공조) : 외주부는 콜드 드래프트(Cold Draft) 방지 등을 위해 수(水)방식, 내주부는 환기량 제어, 내부 발생 부하 제거, 습도제어 등을 위해 공기(空氣)방식 채용

② 시스템멀티 및 전열교환기 방식 : 개별제어의 편리성, 부하조절 용이, 에너지 절감, 초기 투자비 절감 측면 등에서 유리

③ 혼합공조방식 : 개별제어가 용이하고 가격측면에서 유리한 개별공조방식과 환기량 및 내부부하 제어에 유리한 중앙공조방식의 장점을 접목한 형태

2 대공간 건물 공조

(1) 대공간이라 함은 체육관이나 극장, 강당 등과 같이 하나의 실로 구성되며, 보통 천장높이가 4~6 m 이상, 체적이 10000 m^3 (바닥면적 약 2000 m^2) 이상인 것을 말한다(대공간에서의 적합한 공조 System 선정과 공기분배 방식은 매우 중요하다).

(2) 대공간 온열환경 고려요소 : 천장높이, 실공간 용적, 실사용 공간 분석, 외벽 면적비 등

(3) 대공간 건물(大空間 建物)의 기류 특성

① 냉방 시에는 어떤 공기분배 방식을 사용하여도 기류가 하향하게 되나 난방 시에는 온풍을 아래까지 도달시키기 어렵다(이는 공기의 밀도차에 의한 층류화의 원리로 가열된 공기는 상승, 냉각 공기는 하강하려는 성질이 있기 때문이다).

② 연돌효과, Cold Draft(냉기류) 등으로 인해 기류제어가 대단히 어렵다.

③ 공간의 상하 간 온도차에 의한 불필요한 에너지 소모가 많다(거주역만 냉·난방 제어하기가 어려움).

④ 구조체의 외피면적 증가로 냉·난방 부하 증가

⑤ 동절기 결로 혹은 Cold bridge 현상 등 우려

⑥ 공조상 복사온도의 개념이 매우 유효하고, MRT(평균복사온도)를 잘 활용하도록 하는 것이 필요하다.

(4) 공조방식

바닥취출 공조방식, 횡형취출 방식, 서커스 공조시스템(냉·난방 시 실내 공기의 흐름을 반대로 바꾸어줌), FPU 방식, 복사냉난방, 출입구 에어커튼 방식 등의 고려가 필요하다.

3 대공간 건물 공기 취출방식

(1) 수평 대향 노즐(횡형 대향 노즐) 취출방식

① 이 방법의 특징은 도달거리가 50~100 m로 크게 할 수 있으므로 대공간을 소수의 노즐로 처리 가능하고, 덕트가 적으므로 설비비 면에서 유리하다.

② 반면에 온풍(난방) 취출 시에는 별도의 온풍 공급 방식을 채택하거나 보조적 난방 장치가 필요하다.

(2) 천장(하향) 취출방식

① 극장의 객석 등에 응용 예가 많다.

② 온풍과 냉풍의 도달거리가 상이하므로 덕트를 2계통으로 나누어 온풍 시에는 N_1개를 사용하고 냉풍 시에는 (N_1+N_2)개를 사용하면 온풍의 토출속도를 빠르게 하여 도달거리를 크게 할 수 있다.

③ 가변선회형 취출방식 : 경사진 블레이드를 통과한 기류가 강력한 선회류(Swirl)를 발생시키고, 기류 확산이 매우 신속하게 이루어지는 형태이다.

④ 노즐 디퓨저 사용방식 : 공기 도달거리 확보에 용이한 형태이다.

(3) 상향 취출방식(샘공조 방식)

① 좌석 하부나 지지대에서 취출하는 방식이다.

② 하부에 노즐장치를 설치

㈎ 1석당 1차 공기 약 25 m^3/h를 토출하고 2차 공기를 50 m^3/h를 흡인

㈏ 쾌적감 측면 토출 온도차를 약 3 ~ 4℃ 정도로 한다.

㈐ 토출 풍속 : 약 1~5 m/s (평균 2.5 m/s)로 한다.

4 호텔 건물 공조

(1) 호텔 열부하는 일반건물 대비 종류가 많고 대단히 복잡하다.

(2) 객실은 방위의 영향, Public부는 내부부하, 인체, 조명, 발열부하의 비율이 높으므로 용도, 시간대별 조닝이 필요하다.

(3) 각 실별(室別) 공조방식

① 열부하 특성이 아주 다양하고 복잡하다.

② 객실 : 전망 때문에 대개 창문이 크고 외기에 접한다(방위별로 조닝이 필요하다).
- ㈎ 주로 'FCU + 덕트' 방식이다.
- ㈏ 창문 아래 FCU 설치하여 Cold Draft 방지
- ㈐ FCU 소음 주의
- ㈑ 침대 근처 FCU 송풍 금지
- ㈒ 개별제어 : 고객 취향에 따라 개별 온도제어가 가능할 것
- ㈓ 주로 야간에 가동되므로 열원계통 분리 필요

③ 현관, 로비, 라운지 : 연돌효과 방지 필요

④ 대연회장, 회의실 : 잠열부하 및 환기량 중요, 전공기 방식이 유리

⑤ 음식부, 화장실 : 부압유지 필요

⑥ 관리실 : 작은방이 많아 개별제어 필요

⑦ 최상층 레스토랑
- ㈎ Cold Draft 방지 대책 필요
- ㈏ 바닥패널 고려, 영업시간 고려 단독 계통이 유리

⑧ 실내공기의 질(質) : 호텔은 고급건물로 카펫 등의 먼지 발생이 많아 실내 공기청정에 유의하고, 특히 환기 및 필터 선정에 각별한 주의가 필요하다.

(4) 열원 시스템

① 중앙공조
- ㈎ 장비 : 흡수식 및 터보 냉동기 등 활용, 각 Zone별 혹은 층별 공조기 사용
- ㈏ 저층부 : 열원장비에서 생산된 냉수를 직접 공조기 코일에 공급(냉수온도 약 7℃)하거나 직팽 코일방식 사용 가능
- ㈐ 고층부는 판형 열교환기를 설치하여 공조기 코일에 냉수 공급(냉수온도 약 8℃)
- ㈑ 냉각탑 : 무동력형(고층이므로 원활한 풍속 확보 가능) 가능성 타진

② 개별공조
- ㈎ 개별조작 및 편리성이 강조된 EHP(빌딩멀티, 시스템멀티, HR방식 등) 채용 검토
- ㈏ 도시가스 등을 이용한 GHP 채용 검토
- ㈐ 전열교환기, 현열교환기 등의 환기방식 선정

③ 혼합공조
- ㈎ 주로 외주부는 개별공조, 내주부는 중앙공조를 채용하여 혼용하는 방식
- ㈏ 층별 및 Zone별 특성을 살려 쾌적지수 향상, 에너지절감 등 도모 가능

5 도서관 공조

(1) 도서관의 내부공간은 자료보관실, 열람실, 대출과 참고도서실, 시청각자료의 보관과 집회실, 휴게실 그리고 관리실 등으로 구분되며 목적과 사용시간, 각 부분 부하특성 등을 잘 고려하여 공조계획을 실시하여야 하며, 항온·항습개념의 시스템 선택 고려가 필요하다.

(2) 분진, 좀, 곰팡이 외에도 아황산가스 등의 나쁜 공기의 질은 도서 및 보관자료의 열화를 가져올 수 있기 때문에 실내공기의 질에 대한 관리가 중요하다.

(3) 도서관 종류에는 국회도서관, 공공·대학·학교·전문·특수 도서관 등이 포함된다.

(4) 설계조건

① ASHRAE 기준

㈎ 기온 : 20~22℃ (고문서 13~18℃)

→ 지나친 저온 시 제본의 아교가 상하거나 자기디스크 Reading 불가 등을 초래할 수 있다.

㈏ 습도 : 40~55% (고문서 35%, 필름 50~63%)

㈐ 기류 : 0.13 m/s 이하가 적당

㈑ 최소 외기 도입량 : 1인당 약 36 CHM 이상

② 기타 UNESCO, ICOM (국제박물관회의), ICCROM (국제보존수복센터)의 기준 등이 있다.

(5) 훈증설비

① 취화메틸과 산화에틸렌 혼합제 등을 사용

② 서고 밀폐 후 훈증제 살포 (독성이 있으므로 훈증 후 바로 배기해야 함)

6 박물관 (미술관) 공조

(1) 박물관 내 각종 자료에 영향을 주는 상대습도, 건구온도, 공기 오염물질 중 실내상대습도가 가장 많은 영향을 주며 수장고, 전시케이스 등은 항온·항습으로 영구 자료 보존하되 공기오염물질에 노출되지 않게 해야 한다.

(2) 우리나라는 4계절의 구분이 뚜렷해 박물관 (미술관) 공조기술과 기법의 연구노력이 요구되며 무엇보다 정확한 Data가 요구된다.

(3) 상대습도 (항습)

① 적정습도 : 40~64 % ± 2.5 % RH (서적 보관소 : 35%)

② 금속은 낮게, 흡습재료는 적정습도, 상대습도 급변화 방지 등

(4) 건구온도 (항온) 및 기류

① 건구온도 16~24℃ ± 5℃, 기류 0.1~0.12 m/s

② 건구온도 변화는 상대습도를 변화시키므로 변동범위 제한, 속도 급변화 방지

(5) 전시실 (展示室)

① 일반공조 대비 습도제어, 청정도가 강조된다.

② 밀폐되어 있는 철근콘크리트 등 건축마감재의 수지분, 수분포함으로 곰팡이, 세균 번식의 가능성이 있으므로 공기조화설비 및 환기대책 필요

(6) 수장고 (수납고)

① 단열성능이 좋고, 조명도 인원이 있을 때만 점등하여 연간 부하가 극히 적은 편이다.

② 실내조건은 항온·항습 필요, 연중 습도 변화폭은 5~10 % 이내가 좋다.

③ 부하특성

㈎ 단열성능 우수

㈏ 열부하 및 풍량이 적고, 취출구 설치가 곤란하다.

㈐ 잠열부하가 크며, 실내압을 양압으로 유지하여야 한다 (수장고는 피폭우려 때문에 주로 지하 1층에 많이 위치).

(7) 전시 케이스

① 항온·항습 필요, 가장 난이도가 높다.

② 항온, 항습, 기류분포, 조명점 등에 주의를 요하며, 전시케이스 자체의 열성능이 나쁜 점을 고려하여 센서류 설치위치 등을 다수화하여 최적제어로 전시품 열화 방지가 필요하다.

③ 전시실과 케이스 내 온도차로 열부하 변동폭이 크므로, 엄밀한 항온 · 항습이 요구되며, 대개 깊이는 90~120 cm로 짧고 너비는 넓어 내부기류 분포를 고려해야 한다.

④ 취출구 및 흡입구 배치는 냉풍은 상부 취출, 온풍은 하부 취출, 최소풍량, 최소풍속으로 유리면에 접한 공조와 단독 24시간 공조계획으로 운전한다.

7 병원 공조

(1) 환자와 의료진의 건강상 실내공기 오염 확산 방지를 위해 각실 청정도 및 양압 혹은 부압 유지 필요

(2) 실용도, 기능, 온습도 조건, 사용 시간대, 부하특성 등에 의해 공조방식을 결정한다.

(3) 병원설비 고도화, 복잡화로 증설 대비한 설비용량 확보, 원내 감염 방지, 비상 시 안정성, 신뢰성 등 모두 갖출 것

(4) 공조방식

① 병실부 및 외래진료부 : 외주부(FCU + 단일덕트), 내주부(단일덕트)

② 방사선 치료부, 핵의학과, 화장실 : 전공기 단일덕트, (-)부압

③ 중환자실, 수술실, 응급실, 무균실 : 전공기 단일덕트(정풍량) 혹은 전외기식(100% 외기도입), (+)정압

④ 응급실 : 전공기 단일덕트, 24시간 운전계통

⑤ 분만실, 신생아실 : 전공기 정풍량, 전외기식, 온습도 유지위한 재가열코일, 재가습, HEPA필터 채용, 실내 정압(+) 유지 등

(5) 열원방식

① 긴급 시 및 부분부하 시를 대비하여 열원기기 복수로 설치하면 효과적(→응급실 등은 24시간 공조가 필요하므로, 복수 열원기기가 꼭 필요)

② 온열원 : 증기보일러(의료기기, 급탕가열, 주방기기, 가습 등 고려)

③ 냉열원 : 흡수식 냉동기, 터보냉동기 또는 빙축열 시스템

8 백화점 공조

(1) 백화점은 일반건물에 비해 냉방부하가 크고, 공조시간이 길어 에너지의 소비가 많으므로 설비방식 계획 시 건축환경, 에너지절약에 중점 계획이 필요하다.

(2) 내부에 많은 인원을 수용해야 하므로 잠열부하 및 환기부하가 상당히 많다. 따라서 가습부하가 거의 없고, 실외온도 15℃ 이하에서는 외기냉방을 고려해야 한다.

(3) 각 층별, 상품코너별 공조부하 특성이 많이 다르므로 공조방식으로는 '각층 유닛' 등이 적당하다.

(4) 백화점 공조계획 시 고려사항

① 실내부하 패턴의 최적 자동제어, 에너지절약의 안정성, 장래의 용도변경, 매장의 확장 등 영업측면 고려

② 중앙기계실(구조적 안정성), 공조실(한층 약 2개소), 천장공간(최소 1 m 이상), 수직 Shaft(코어 인접, 판매 동선과 분리), 출입구(Air Curtain), 지하 주차장(급·배기팬실 분산), 옥탑(소음, 진동, 미관 고려) 등에 주의

③ 출입구, 에스컬레이터, 계단실 : 연돌효과 방지 필요

④ 내주부 · 외주부 : Zoning 필요(외벽면에 유리면적이 큼), 외주부 결로 주의

⑤ 식당, 매장 : 냄새 전파 방지를 위해 부압 유지가 필요하고, 악취 제거를 위해 전외기방식, 단독 덕트계통, 활성탄 필터의 채용 등의 고려가 필요하다.

⑥ 천장공간 : 조명, 소방 등으로 1 m 이상 (1~2 m) 확보 필요

⑦ 방재, 방화시설 : 배연덕트, 화재감지기 등 방재·방화 시설 강화 필요, 화재 시 배연덕트 전환장치 필요

⑧ 필터 : 순환공기에 섬유질, 머리카락 등의 먼지가 많으므로 청소 및 유지보수가 용이한 필터를 채용해야 한다.

9 항온 · 항습실 공조

(1) 항온·항습실은 건축계획으로 외기온도의 영향을 거의 받지 않도록 하되, 실내덕트 배치 시 공기 정체 부분이 없도록 취출구, 흡입구 배치에 주의를 요한다.

(2) 연구, 시험시설, 제약공장, 반도체 공장 등 보건공조가 아닌 프로세스 계통에 주로 사용되며 공조기 구성, 제어방식 등은 실내 유지 온습도의 정밀도에 따라 달라진다.

(3) 온도, 습도, 기압 등 규격 (JIS)

① 온도

㈎ 온도 : 20℃, 23℃, 25℃

㈏ 공차 : ±0.5℃, ±1℃, ±2℃, ±5℃, ±15℃

㈐ 보통 15급 (±15℃)은 표준상태의 온도 20℃에서만 적용한다.

② 습도

㈎ 습도 : 50%, 65%

㈏ 공차 : ±2%, ±5%, ±10%, ±20%

㈐ 습도 20급 (±20%)은 표준상태의 상대습도 65%에 대해서만 적용한다.

③ 기압 : 86 kPa ~ 106 kPa

(4) 구성

급기팬, 환기팬, 재열, 예열, 예랭, 냉각제습 코일, 에어필터, 가습기 장치 (전기식 팬형 혹은 증기가습 분무장치 등)로 항온·항습기가 구성된다.

(5) 정밀제어

제어시스템(PID 동작제어), 조작기와 Interlock 등

(6) 항온 · 항습실의 환기횟수 공식

$$N = \frac{30}{\Delta t}$$

여기서, Δt는 실내 허용 온도차

(예 15회는 ±2℃, 120회는 ±0.25℃ 제어이다.)

10 클린룸(Clean Room)

(1) 클린룸이란 공기 중의 부유 미립자가 규정된 청정도 이하로 관리되고, 또한 그 공간에 공급되는 재료, 약품, 물 등에 대해서도 요구되는 청정도가 유지되며, 필요에 따라서 온도·습도·압력 등의 환경조건에 대해서도 관리가 행하여지는 공간을 말한다.

(2) 실내 기류 형상과 속도·유해가스·진동·실내 조도 등도 관리항목으로 요구되고 있다.

(3) 바이오 클린룸은 상기 설명된 클린룸에서 실내공기 중의 생물 및 미생물 미립자를 제어하는 공간을 말한다.

(4) 분류

① ICR(Industrial Clean Room : 산업용 클린룸) : 공장, 산업현장 등에서 분진을 방지하여 정밀도 향상, 불량 방지 등을 위한다.

② BCR(Bio Clean Room : 바이오 클린룸) : 생물학적 입자(생체입자)와 비생체 입자를 동시에 제어한다.

③ BHZ(Bio Hazard) : 직접 또는 환경을 통해서 사람, 동물 및 식물 등이 위험한 박테리아나 병원 미생물 등에 오염되거나 또는 감염되는 것을 방지하는 기술이다.

11 산업용 클린룸(ICR : Industrial Clean Room)

(1) 전자공업, 정밀 기계공업 등 첨단산업의 발달로 인하여 그 생산제품에는 정밀화, 미소화, 고품질화 및 고신뢰성이 요구되고 있다.

(2) 전자공장, Film 공장 또는 정밀 기계공장 등에서는 실내 부유 미립자가 제조 중인 제품에 부착되면 제품의 불량을 초래하고, 사용 목적에 적합한 제품의 생산에 저해요소가 되어 제품의 신뢰성과 수율(생산원가)에 막대한 영향을 미치므로 공장 전체 또는 중요한 작업이 이루어지는 부분에 대해서는 필요에 대응하는 청정한 환경이 유지되도록 하여야 한다.

(3) 목적

공장 등에서 분진을 방지하여 정밀도 향상, 불량 방지 등을 한다.

(4) 청정의 대상

부유먼지의 미립자

(5) 적용

반도체공장, 정밀측정실, 필름공업 등

(6) 종류

① 수직 층류형 Clean Room (Vertical Laminar Flow) : 기류가 천장면에서 바닥으로 흐르도록 하는 방식으로 청정도 Class 100 이하의 고청정 공간을 얻을 수 있다.

② 수평 층류형 Clean Room (Horizontal Laminar Flow) : 기류가 한쪽 벽면에서 마주보는 벽면으로 흐르도록 하는 방식으로 이 방식의 특징은 상류측의 작업의 영향으로 하류측에서는 청정도가 저하되는 것이다.

③ 난류방식 Clean Room (Turbulent Flow, 비단일방향 기류) : 기본적으로 일반 공조의 취출구에 HEPA Filter를 취부한 방식으로 청정한 취출공기에 의해 실내오염원을 희석하여 청정도를 상승시키는 희석법이다.

④ 슈퍼 클린룸 (Super Clean Room) : 현재 Super Clean Room 레벨은 명확하지 않으나, 종래의 클린룸 클래스를 확장 적용하여 0.3 μm/Class10, 또는 0.1 μm/Class10 등과 같이 구별한다(집진효율 99.9997% 이상).

⑤ SMIF & FIMS System (Standard Mechanical InterFace & Front－Opening Interface Mechanical Standard System) : 전체 클린룸 설비 가운데 노광 및 에칭 등 초청정 환경이 요구되는 일부 공간만을 Class 1 이하의 초청정 상태로 유지함으로써 전체 클린룸 설비의 사용효율을 극대화하는 차세대 클린룸 설비로 각각의 핵심 반도체 장비에 부착되는 초소형 클린룸 장치(수직 하강 층류 이용)이다.

12 바이오 클린룸 (BCR : Bio Clean Room)

(1) 제약공장, 식품공장, 병원의 수술실 등에서는 제품의 오염방지, 변질방지 및 환자의 감염방지를 위해 무균에 가까운 상태가 요구된다.

(2) 일반 박테리아는 고성능 Filter에 잡혀 제거되지만, 바이러스는 박테리아에 비해 대단히 작기 때문에 그 자체만으로는 제거가 곤란하다.

(3) 그러나, 대부분의 박테리아나 바이러스는 공기 중의 부유 미립자에 부착해서 존재하므로 공기 중의 미립자를 제거함으로써 세균류의 제거도 동시에 가능하다(기타 오존살균, 자외선 살균, 플라스마 살균 등을 병용 가능하다).

(4) 목적

어떤 목적을 위해 특정 규격을 만족하도록 생물학적 입자 (생체입자)와 비생체입자를 제어(청정도)할 수 있는 동시에 실내온도, 습도 및 압력을 필요에 따라 제어한다.

(5) 청정의 대상

세균, 곰팡이, 박테리아, 바이러스 등의 생물입자

(6) 적용분야

의약품 제조공장, 병원, 시험동물 사육시설, 식품 제조공장, 병원, 무균실, GLP (Good Laboratory Practice) 등

(7) 종류

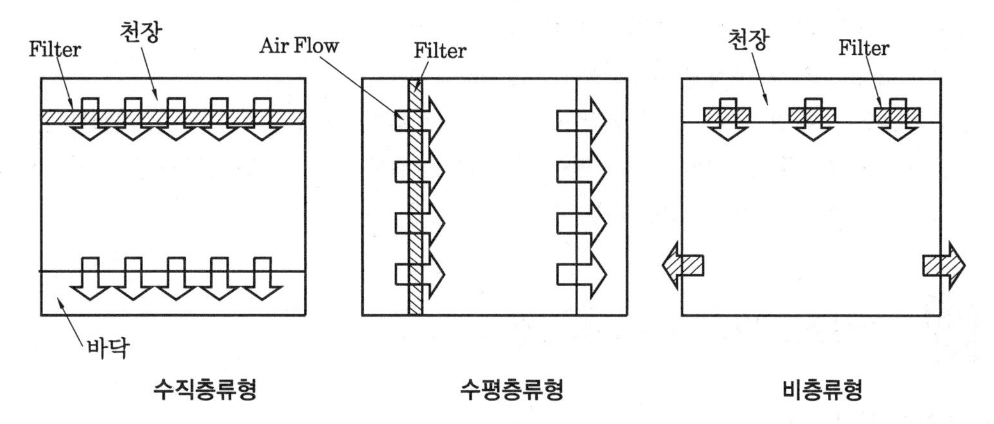

① 재래식 : 비층류형 (Conventional Flow)
② 층류식 : 수평 층류형 (Cross Flow Type), 수직 층류형 (Down Air Flow)
③ 병용식 : 경제적인 비층류형과 고청정을 얻을 수 있는 층류형을 혼용한 형태

13 바이오 해저드 (BHZ : Bio Hazard)

(1) 위험한 병원 미생물이나 미지의 유전자를 취급하는 분야에서 발생하는 위험성을 생물학적 위험(Biohazard)이라 한다.

(2) 생물학적인 박테리아와 위험물 보호의 두개 단어의 조합이다.

(3) 직접 또는 환경을 통해서 사람, 동물 및 식물이 막대한, 위험한 박테리아 또는 잠재적으로 위험한 박테리아에 오염되거나 또는 감염되는 것을 방지하는 기술이다.

(4) 실험실 내 감염을 방지하고, 또 외부로 전파되는 것을 방지하며, 안정성 확보를 위해 취급이나 실험수단을 제한하고 실험설비 등의 안전기준을 정하고 이 위험성으로부터 격리하는 것이 생물학적 위험 대책이다.

(5) 목적

취급하는 병원체의 확산을 방지한다(내부로부터 외부를 보호하는 방이다).

(6) 청정의 대상

정규적 병원균, 박테리아, 바이러스, 암 바이러스, 재조합 유전자 등

(7) 적용

박테리아 시험실, DNA 연구개발실 등(부압 유지)

(8) BHZ (Bio Hazard)의 등급 구분

① P1 Level : 대학교 실험실 정도의 수준

② P2 Level : 약간 장갑도 끼고 작업한다.

③ P3 Level : 전체 복장을 하고 Air Shower도 한다.

④ P4 Level : 부압 유지 등의 기본적인 공조시스템은 상기와 동일하나, 안전도를 가장 높인다 (가장 위험한 생체물질을 격리하기 위한 것으로 인터로크문 추가, 샤워실 추가, 배기용 필터 소독 가능 구조 혹은 2중 배기시스템 적용).

14 클린룸 (Clean Room) 청정도

(1) CLASS 표시규격

① 미 연방규격 (U.S Federal Standard 209E)

(가) 영국단위 : 1 ft^3 중 0.5 μm 이상의 미립자수를 CLASS로 표현한다.

(나) 미터단위 : 1m^3 중 0.5 μm 이상의 미립자수를 10^X으로 표현하고, 이때의 청정도를 'CLASS M X'라고 표시한다(즉, 1 m^3 중 0.5 μm 이상의 미립자 수가 100개이면 100은 10^2이므로 'CLASS M 2'로 표현함).

② ISO, KS, JIS 규격 : 1 m^3 중 0.1 μm 이상의 미립자 수를 10^X으로 표현하고, 이때의 청정도를 'CLASS X'라고 표시한다 (즉, 1 m^3 중 0.1 μm 이상의 미립자 수가 100개이면 100은 10^2이므로 'CLASS 2'로 표현함).

③ 대상이 아닌 입자 크기에 대한 상한 농도는 다음 식으로 구한다.

$$N_e = N \times \left(\frac{\text{기준 입자 크기}}{D} \right)^{2.1}$$

여기서, N_e : 임의의 입자 크기 이상의 상한 농도
N : 기준 입자 크기의 농도 혹은 CLASS 등급
D : 임의의 입자 크기 (μm)

(2) CLASS 10~100

HEPA (주대상 분진 ; 0.3~0.5 μm), 포집률이 99.7 % 이상일 것

(3) CLASS 10 이하

ULPA (주대상 분진 ; 0.1~0.3 μm), 포집률이 99.9997 % 이상일 것

◎ **HEPA**: High Efficiency Particulate Air Filter
ULPA: Ultra Low Penetration Air Filter
클린룸의 4대 원칙 : 유입 및 침투 방지, 발생 방지, 집적 방지, 신속 배제

15 Clean Room 에너지 절감대책

(1) 냉방부하

외기 냉방, 외기냉수 냉방, 배기량 조절(제조장치 비사용 시의 배기량(환기량) 저감 등)

(2) 반송(운송)동력

송풍량 절감 : 부하에 알맞게 풍량을 선정하고 부분부하 시 회전수 제어를 적용한다.

(3) 압력손실 관리

압력손실이 적은 필터 채용, 고효율 모터 사용, 덕트 상의 저항, 마찰손실 줄임 등

(4) 제조장치로부터 발생하는 폐열을 회수하여 재열·난방 등에 활용

(5) 부분적으로 '국소 고청정시스템' 등 채용

(6) 기타

질소가스 증발잠열 이용, 지하수를 이용한 외기 예랭 및 가습, 히트 파이프를 이용한 배열회수, 지하수(냉각수)의 옥상 살포, 고효율 히트펌프 시스템 적용, 태양열·지열 등의 신재생에너지 활용 등

16 FFU(팬필터 유닛)의 편류

(1) 미소입자의 경우는 기체분자와의 충돌에 의한 브라운 운동의 효과가 현저하다(0.2 μm 이하).

(2) 클린룸 시스템의 정확한 기류분석은 클린룸 형상, 각종 장비의 형상 및 작동조건을 파악해야 하며 정량적인 분석은 매우 어렵다.

(3) 편류의 정의

① 실내에서 수직하향 기류 유동을 교란하여 난류화하는 요인이 존재하게 되면 수직 층류가 쉽게 파괴되어 제한적인 오염영역에 입자들의 상대적인 잔존시간이 길게

되고, 확산에 의해서 그 오염영역이 확장되는데, 이러한 수직하향에서 벗어난 기류를 편류라고 한다.

② 클린룸의 FFU 등에서 토출된 기류가 수직방향으로부터 벌어진 각도(편향각)로 벗어나 흐르는 기류를 의미한다(ISO 기준치 : 14° 이내).

17 지하공간 공조

(1) 지하생활공간 공기질 관리법

1996년 12월 30일 지하역사, 지하통로 등 지하생활공간, 공기질을 체계적, 효율적 관리를 위한 제도장치가 마련되었다.

(2) 그 후 2004년부터 '다중이용시설 등의 공기의 질 관리법'으로 법명을 개정하고, 적용대상도 확대 적용 중이다.

(3) 이 법은 해로운 건축자재의 사용을 제한하고, 시공자로 하여금 실내공기의 질을 측정 및 공고해야 하는 의무, 교육의 의무 등을 규정하고 있다.

(4) 지하공간 공조설계 시 고려사항

① 공기의 질 시험 및 유지기준·권장기준 확인
② 환기 및 공기정화 설비(기계) 설치
③ 높은 잠열부하 처리방법 검토
④ 기타 재난방지 방안, 지중온도 활용 방안 등 검토
⑤ 전공기 방식(단일 덕트방식 등)이 유리 : 청정, 충분한 산소 공급, 습도제어, 외기냉방
⑥ 필터 : 수명이 짧으므로 보수관리가 용이한 것으로 선택, 자동세정형 필터/권취형 필터 등이 유리

18 지하주차장 공조(환기)방식

(1) 자연 환기

① 수직덕트 방식 : 수직덕트(Air Shaft)를 설치하여 대류효과 기대

② 피스톤 효과 이용 : 차량 출입 시 입구램프와 출구램프 간의 피스톤 효과를 이용하는 방식

(2) 기계 환기

비교 항목	급·배기 덕트 방식	노즐 방식	무덕트 방식(유인팬 방식)
급배기 방식	급기팬·덕트 배기팬·덕트	급기팬 : 터보팬, 노즐 배기팬·덕트(高速)	급기팬 : 터보팬(유인용) 배기팬
덕트 방식	저속 덕트	고속 덕트	덕트 없음
스페이스	대	중	소
기타 특징	• 실내공기 부분적 정체 • 개별제어 곤란 • 자연환기와 조합 곤란 • 층고 증대 • 설비비 및 동력비 증대	• 소음 및 환기 효과가 크다. • 먼지 비산 우려 • 자연환기와 조화가 된다.	• 설치비 및 운전비용이 저렴 • 최근 가장 많이 적용함 • 공기 정체 현상 없다. • 개별제어와 전체 제어가 가능하다. • 부분적 고장이 나더라도 전체적 영향이 없다. • 소음이 적다.

19 냉동창고(冷凍倉庫)

(1) 냉동창고는 주로 농산물, 수산물 등에 대한 중·장기 저장에 사용되며, 보관물의 특성상 그 품온 및 보존성이 우수할 수 있도록 설계 및 시공해야 한다.

(2) 설계법(設計法)

① Q(총 필요 냉동부하) = 외부 침입 열부하 + 냉장품 냉각 위한 부하 + 송풍기 발생열 + 기타 열손실(작업인원 + 환기 + 전등)

② Q(총 필요 냉동부하) = (외부 침입 열부하 + 냉장품 냉각 위한 부하 + 송풍기 발생열) × 135%

(3) 위치 선정

① 저온(-20℃ 이하) 냉동창고와 일반 냉동창고가 면하여 설치 시에는 일반 냉동창고가 특히 나빠지기 쉬우므로(습기의 침투, 투습, 결로 등 발생) 가능한 인접하여 설치되지 않게 한다.

② 냉장고 혹은 냉동창고는 설치위치에 따라 부하량, 보관 중인 식품의 신선도, 품질저하의 가능성 등이 많이 차이가 나므로 냉동창고의 위치 선정에도 주의를 기울여야 한다.

(4) 종류 (중앙집중식, 개별식)

① 중앙집중식 : 대용량의 냉동기로 여러 냉장실을 동시에 냉각하며, 통합제어가 용이하고 설치비가 절감되어, 대형 냉동창고 현장에 적합하다.

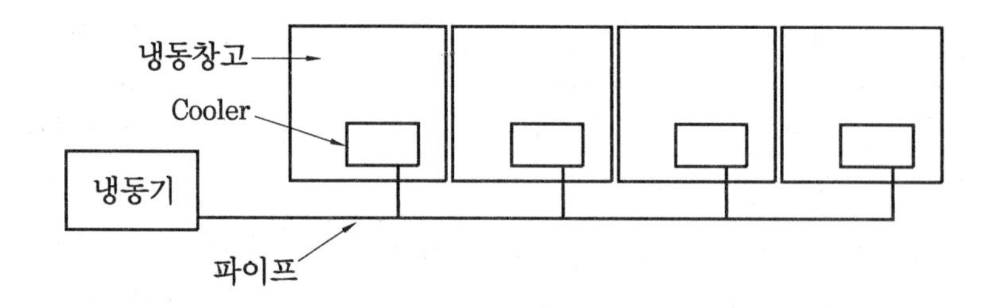

중앙집중식 시스템

② 개별식 : 각 냉장실 혹은 냉각기마다 별도로 (단독으로) 냉동기를 설치하며, 소규모에 적합하고, 사용의 편리성, 프라이버시 우수, 저소음 등의 장점이 있다.

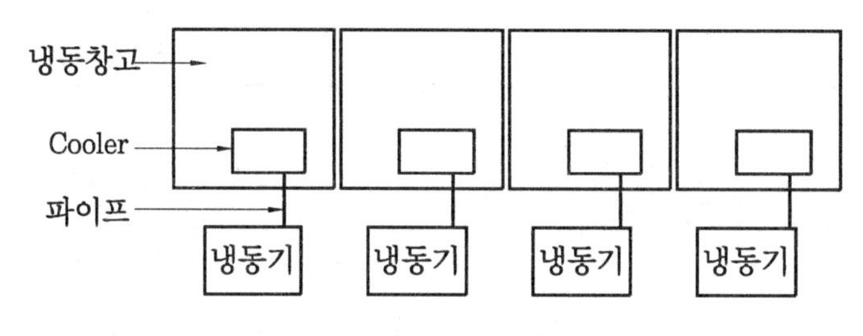

개별식 시스템

(5) 냉동창고의 에너지 절감법

① 증발기의 제상에 응축기의 응축열을 사용한다.
② 냉각수 라인은 보온을 하지 않고 열방출에 유리하도록 한다.
③ 가능한 개별식을 많이 적용하여 에너지 절감을 유도한다.
④ 냉동기나 펌프 등의 전동 부품에 대한 대수 제어, 용량 제어, 인버터 제어 등을 행한다.
⑤ 수산물 등에 대한 저온 냉동 시에는 2단압축 혹은 이원냉동방식 등을 채용한다.
⑥ 냉수 라인 등에는 단열을 철저히 행하여 배관상의 열손실을 방지한다.
⑦ 기타 냉매압 관리, 자동 모니터링, 분산 자동제어 등을 검토한다.

20 폐광지역 지하 냉동창고

(1) 지하의 특성

① 지하수 온도 및 지하 공간의 온도가 연중 거의 일정함(4~16℃) → 지하 20 m에서는 약 15℃의 지하수를 얻을 수 있다.

② 일사부하 및 극간풍이 거의 없다.
③ 지상 냉동창고의 벽체 재질인 발포 우레탄폼, 샌드위치 패널 등 대신 지하 암반 자체가 벽체의 역할을 할 수 있으므로 화재 시 지상식 대비 유리한 점이 많다.
④ 지하 암반 자체가 축랭의 역할을 하므로, 정전이 되어도 냉기를 오래 보존 가능하다.
⑤ 외기의 영향을 거의 받지 않고, 충분한 온도 및 습도의 보존이 가능하여 식품 보존 능력이 뛰어나다.
⑥ 냉동 시스템의 응축온도를 낮고 일정하게 할 수 있어 기기의 용량을 줄일 수 있고, 에너지 효율이 높다.
⑦ 고내 침입 열량이 적어 냉동부하를 줄일 수 있다.
⑧ 지하수 이용 시 냉각탑 생략도 검토 가능하다.
⑨ 최근 굴착기술이 발달되어 공사비가 지상식 대비, 오히려 저렴한 편으로 평가된다.

(2) 폐광지역 냉동창고의 주의사항

① 지하수에 의한 침수 및 동선 확보에 주의해야 한다.
② 벽체 등 구조물의 방습 및 방식에 주의해야 한다.
③ 악취가 나지 않게 통풍에도 신경써야 한다.
④ 화재 혹은 기타 재해 시 피난통로, 제연 등의 방재대책 마련도 중요하다.

(3) 동향

① 미국, 노르웨이, 스웨덴, 핀란드 등의 나라에서는 지하 폐광을 냉동창고로 적극 활용하고 있으며, 별도로 인공으로 지하 냉동창고용 공간을 굴착하는 경우도 많이 있다.
② 지하공간의 활용, 연간 소요 에너지 절감, 친환경적 냉동창고 등의 측면에서 앞으로 적극 확대도입 검토가 필요하다.

21 지하철 공조

(1) 열차 발생열 계산 방법

① 소비전력에 의한 계산방법
② 위치에너지 및 속도에너지$\left(=\frac{\text{질량}\times\text{속도}^2}{2}\right)$에 의한 방법
③ '주행저항 공식'을 이용하는 방법 등

(2) 터널환기 방식

① 단선구간 : 자연환기 (피스톤 효과를 이용하는 환기방식)

② 복선구간

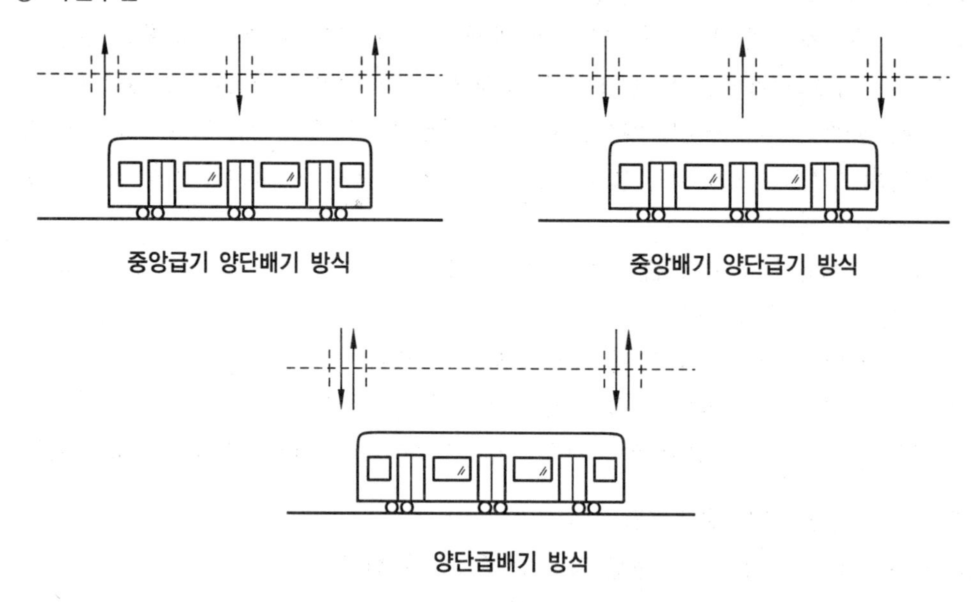

중앙급기 양단배기 방식　　중앙배기 양단급기 방식

양단급배기 방식

㈎ 중앙급기 양단배기 방식 : 중앙부로 급기하고 양 끝단부로 배기한다(중앙부 급기풍량이 양끝단부 배기풍량의 합과 같이 맞추어 압력 밸런스를 이룸).

㈏ 중앙배기 양단급기 방식 : 중앙부로 배기하고 양 끝단부로 급기한다(중앙부 배기풍량이 양끝단부 급기풍량의 합과 같도록 맞추어 압력 밸런스를 이룸).

㈐ 양단급배기 방식 : 양 끝단부 각각에서 급·배기가 동시에 이루어진다.

③ 안전관련 : 화재 감시, 유독가스 배출, 역회전 가능 송풍기 등 고려

(3) 지하철 역사 환기방식

① 지하철 역사 환기방식은 외부공기와 지하철 역사 내부 공기를 환기하여 쾌적한 실내환경 조성과 화재 시 제연을 하기 위한 시스템이다.

② 환기방식은 자연환기방식, 기계환기방식, 자연환기방식과 기계환기방식 혼합형으로 대별된다.

③ 역사의 환기를 구역별로 보면, 냉방구역(대합실, 승강장 및 직원근무실 등)과 냉방 제외구역으로 구분할 수 있으며 각 구역별 특성에 맞게 환기를 해야 한다.

(4) 기타의 조건

① ASHRAE 기준에 의하면 일반적으로 지하철 승강장에서 불쾌적도를 기준으로 하여 최대 기류속도를 5 m/s로 제한하는 것이 바람직하다고 제시한다.

② 공기정화장치 : 지하공간에 환기를 목적으로 유입되는 공기 중 먼지 제거를 위한 공기정화장치로는 Auto Air Filter, Auto Roll Filter, 복합공기여과기, 자동세정형 Filter, 2단 하전식 전기집진기, 자동세정형 전기집진기 등이 사용되고 있다.

22 지하철 열차풍

(1) 열차풍이란 열차의 이동에 의한 피스톤 작용에 의하여 주위공기가 같이 이동하는 현상을 말한다.

(2) 열차의 출발, 가속, 감속, 정지 시에 주로 발생하며, 지하철 환경유지에 가장 큰 외란이다.

(3) 열차풍의 영향

① 단점 : 불쾌감, 부하증가, 유막파괴, 냉방효과 감소 등

② 장점 : 자연환기 가능

(4) 방지대책

① 스크린도어 방식

㈎ 승객의 안전 확보, 기류의 안정성 확보, 에너지 절약(냉방부하 경감) 가능

㈏ 종류

- 반밀폐형 : 스크린 및 가동도어 상단부에 갤러리 혹은 개구부 설치 (지상역사)
- 밀폐형 : 스크린 및 가동도어 상단부가 차단됨 (공조장비의 용량 감소로 에너지절감)

② 유막 급기(에어 커튼) 방식

㈎ 천장 및 상부 급기 하부 배기 방식 : 배기효과가 크나 공조 덕트 연결부 설치 곤란

㈏ 천장 급기 상하부 배기 방식 : 천장 상부 축열방지, 배기효율 높인 방식, 공조 덕트 설치 곤란

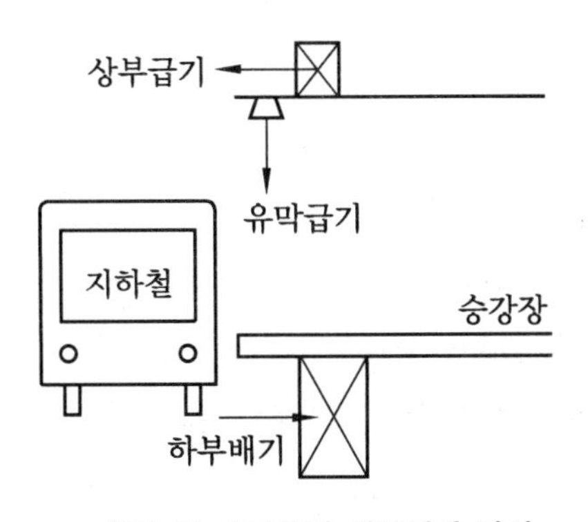

천장 및 상부급기 하부배기 방식

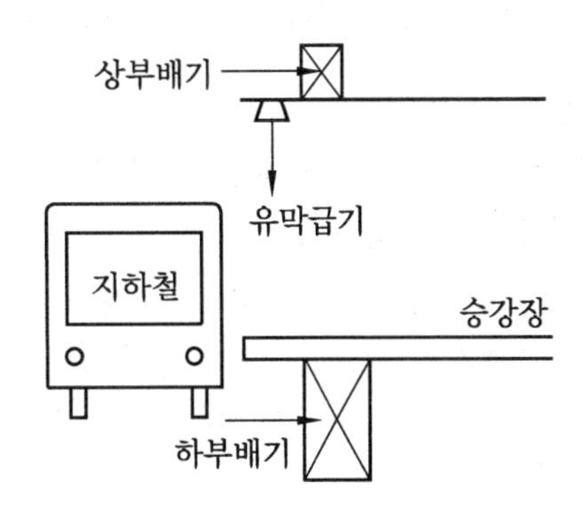

천장급기 상하부배기 방식

③ 열차풍을 외부로 배출하는 방법 (배열효과) 등

④ 공조덕트 및 FCU 겸용 방식

㈎ 승강장에 FCU를 보완 설치하는 방식

㈏ 덕트 축소, 유지보수 다소 곤란 등

23 아이스 링크(Ice Link) 공조

(1) 분류(냉각관 매설방식에 따라)

① 영구형 : 냉각관을 콘크리트로 매설

② 개방형(모래 충진형) : 노출 후 모래 충진

③ 철판형 : 철판마감으로 처리

(2) 제빙방식에 따른 분류

① 직접제빙 : 냉매 직접 순환방식(직팽식)

㈎ 효율 우수(냉동기의 증발기에서 생산된 냉매를 링크냉각관에 직접 보내서 빙상경기장의 물을 결빙시킴)

㈏ 별도의 펌프, 2차 배관 등의 추가 설비가 필요 없다.

② 간접제빙 : 2차 냉매(Brine 등) 순환방식

㈎ 2차 냉매를 이용하는 배관방식은 1차 냉매배관 대비 압력이 낮고, 냉매누설 시의 피해를 줄일 수 있어, 비교적 안정성이 뛰어나다.

㈏ 냉동기의 증발기에서의 브라인 측으로 열전달 후 재차 브라인(염화칼슘 혹은 에틸렌 글리콜 등)이 빙상경기장의 물을 결빙시킨다.

㈐ 냉동기 연결배관과 링크냉각관의 전반적인 내부 압력이 낮아서 비교적 안전한 냉각방식이다(플라스틱관도 사용 가능).

㈑ 플라스틱관은 가격이 저렴하고, 내약품성, 유연성 등이 뛰어나기 때문에 초기 설치 시 및 개보수 시 사용하기에 편리하다(단, 플라스틱관은 열전도율이 낮고, 강도가 다소 약한 단점이 있음).

(3) 설계 시 주의사항

① 보통 TAC 1% 정도로 엄격히 설계한다.

② 링크에 제습기를 설치하여 안개 현상 방지

③ 링크와 면하는 로비나 홀에는 공조 시 가습하지 말 것

④ 건축과의 협의를 통해 건물 각 부분의 단열여부 확인

⑤ 천장면을 저방사형으로 적용(결로방지에도 효과적)해야 한다.

24 학교 냉난방 방식

(1) 중앙공조

① 정풍량 단일덕트 방식 : 학교건물은 인원이 많고 공간구조가 복잡하지 않으므로 전공기 방식의 공조 중 '정풍량 단일덕트 방식'이 적합하다.

② FCU 방식 : 물(水)을 이용한 방식으로, 창측에 FCU를 설치하여 냉풍방지, 대류확산, 외기차단 등의 역할을 할 수 있다.

③ 공기－물(水) 방식 : 외주부는 콜드 드래프트(Cold Draft) 방지 등을 위해 물(水) 방식, 내주부는 환기량 제어, 내부 발생 부하 제거, 습도 제어 등을 위해 공기(空氣) 방식 채용

(2) 개별공조

① 시스템 멀티에어컨(EHP)

㈎ 냉난방을 동시에 할 수 있고, 개별제어가 용이하고, 부분부하 효율이 높아 최근에 많이 보급되고 있다.

㈏ 정부의 '교단 선진화' 시책의 일환으로 많이 보급된 공조방식이다.

② 패키지 에어컨 및 온풍기 이용 : 냉방은 전기로 패키지 에어컨을 가동하여 실시하고, 난방은 도시가스나 등유 등을 이용하여 온풍기를 가동시켜 실시한다.

③ GHP : 도시가스 등으로 엔진을 가동시켜 엔진의 축동력으로 압축기를 구동시키고 냉매를 순환시키는 방식이다.

25 인텔리전트 빌딩(IB) 공조

(1) BA, OA, TC의 첨단기술이 건축환경이라는 매체 안에서 유기적으로 통합되어 쾌적화, 효율화, 환경을 창조하고, 생산성을 극대화시키며 향후 '정보화 사회'에 부응할 수 있는 완전한 형태의 건축을 의미한다.

(2) 4대 요소

① OA(Office Automation) : 사무자동화, 정보처리, 문서처리 등

② TC(Tele Communication) : 원격통신, 전자메일, 화상회의 등

③ BAS(Building Automation System) 혹은 BA(Building Automation)

㈎ 공조, 보안, 방재, 관리 등 빌딩의 자동화 시스템을 말한다.

㈏ 크게 빌딩 관리 시스템(BMS : Building Management System), 에너지 절약 시스템(BEMS), 시큐리티(Security) 시스템 등의 세 가지 요소로 대별하기도 한다.

④ 건축(Amenity) : 쾌적과 즐거움을 주는 곳으로서의 건물

> **CA(Communication Automation)** : TC(Tele Communication)와 OA(Office Automation)가 통합화된 개념

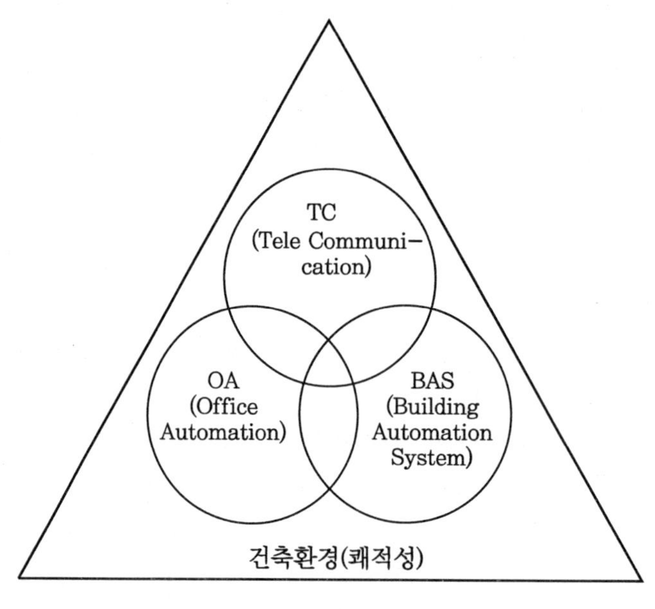

IB의 개념도

(3) IB 공조 설계상 특징

① IB 공조는 OA 기기 증가로 예측이 어렵고, 대부분 OA 기기 발열에 의한 냉방부하로 일반사무실 부하와 달라 유의해야 한다.

② 온열기류 유의점 (내부발열 10 kcal/m^2·hr 이상 시 연중냉방 필요 검토)

③ 기기 용량 산정 시 단계적 증설 가능성도 고려할 것

④ 제어시스템 : 운전관리제어, 이산화탄소 농도 제어, 대수제어, 냉각수 수질제어, 공기반송 시스템 제어 및 조명제어 등을 고려할 것

⑤ 절전제어 (Computer Software에 의한 제어) : 최적 기동제어, 전력제어, 절전 운전제어, 역률제어 및 외기 취입 제어 (예열 예랭 제어, 외기 엔탈피 제어, 야간 외기 취입 제어) 등을 고려할 것

⑥ 온 · 습도 사용범위 주의

㈎ 보통 5℃ 이하에서는 자기 디스크 Reading 불가, 제본의 아교가 상하는 현상 등을 초래할 수 있다.

㈏ 저습 시 종이의 지질 약화 및 정전기 우려

> **정전기 방지 대책** : 전기적 접지, 공기 이온화 장치, 전도성 물질 도장 등

㈐ 고습 시 곰팡이, 결로, 녹 발생 등 우려

26 인텔리전트 빌딩(IB)의 등급

(1) 소프트웨어적 분류법 혹은 포괄적 분류법

① 등급 1 : 빌딩의 기능이 전체적인 계획에 의해 도입되지 않고 부분별로 도입되어 독자적인 형태의 기능을 수행하는 수준

② 등급 2 : 빌딩의 기능이 등급 1 수준으로 도입되어 부분적인 통합에 의해 업무를 수행하며 향후 확장 및 변경을 고려하여 건축이나 각 기능에 반영되어 입주자 서비스에 대응할 수 있는 수준

③ 등급 3 : 정보화사회 거점으로서 고도 정보통신 기능을 갖추고 총체적 계획에 의해 도입 및 대부분의 기능이 통합되어 타 빌딩과의 정보교환이 가능하며 지역정보 서비스에 대응할 수 있으며 미래 기술의 도입 및 확장에도 완벽하게 대응할 수 있는 수준

④ 등급 4 : 국제적 텔레포트로서 위성통신을 이용 광역 데이터통신을 실현한 국내 및 국제 정보통신 기능을 완벽하게 수행할 수 있는 미래의 최첨단 정보 빌딩을 의미한다.

(2) 건축적 분류법

① IB화 수준 0 : 종래 빌딩의 수준으로 법정수준의 방재관련 제어시스템은 있을 수 있으나 에너지 관리 등을 위한 컴퓨터 제어 시스템은 없으며, 방범 등 빌딩관리도 재래식으로 하는 자동화되지 아니한 건물이며 건축 계획 시 초기투자비에 대한 관심이 높은 특징이 있다고 할 수 있다.

② IB화 수준 1 : 다소 진보하여 초보적인 수준으로 HVAC, 엘리베이터, 방재, 방범 시스템에 에너지 절감 등을 위한 최적 기동 컴퓨터제어 시스템 등이 도입되었으나 종합적인 시스템 구성이 미비된 수준으로 아트리움 등 일부 AMENITY 공간이 설치되고 모듈, 천장고 등 건축계획 요소별 쾌적성에 대한 배려가 된 건물이다.

③ IB화 수준 2 : 수준 1에 입주자 공용회의실, 공용 복사실, 공용 컴퓨터실 등을 추가하고 통신망을 구축하여 본격적인 IB화를 시도한 건물로 부분적으로 시스템 통합이 이루어지며 건축계획 요소별로 쾌적성, 기능성, 유연성 등에 대한 깊은 배려가 있는 건물이다. 경제성 검토에서 조기 부자비뿐만 아니라 라이프 사이클 코스트 등 종합적인 검토가 되는 수준

④ IB화 수준 3 : 현재 기술로서는 최대한도로 IB화된 수준으로 수준 2에 음성데이터, 비디오의 고속통신 서비스 및 첨단 통신망, OA 관련 각종 공용 서비스가 제공되는 건물로 완벽한 시스템통합과 최상급의 건축 마감을 하게 되어 현행 법규상 제

약조건으로 제한되는 사항이 발생할 수도 있으며 초기투자비의 과다보다는 투자에 대한 효과에 관심을 두게 되는 수준

⑤ IB화 수준 4 : 수준 3에 첨단 및 정보처리 서비스, 초고속 광대역 통신서비스 등이 추가되어 현재보다 미래를 위한 수준으로 현재로서는 다소 지나친 수준이다.

27 도로 터널 환기방식

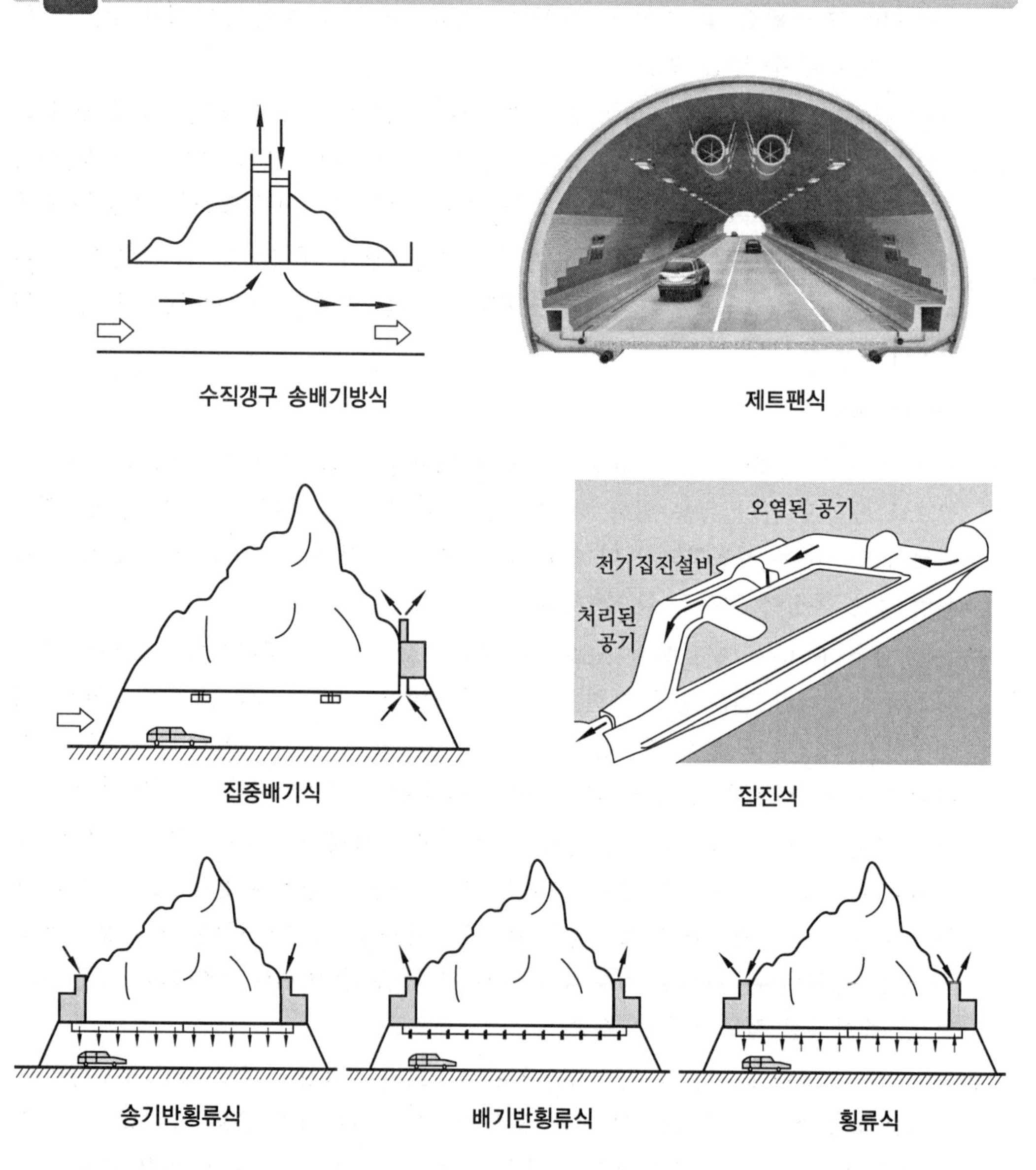

수직갱구 송배기방식 / 제트팬식 / 집중배기식 / 집진식 / 송기반횡류식 / 배기반횡류식 / 횡류식

(1) 자연환기

① 차량에 의한 피스톤 효과(Piston Effect)를 이용하는 방식으로서, 움직이는 물체를 따라 기류가 같이 움직이는 현상을 이용하는 방식이다.

② 이 방식은 추가적인 동력 송풍장치 등을 설치하지 않고, 순수한 자연적인 바람에 의존하는 방식이다.

(2) 기계환기

① 양방향 터널 환기

(가) 연기의 층류화를 교란하지 않아야 한다.

(나) 길이방향의 유속은 낮아야 한다.

(다) 천장 상부의 개구부를 통한 배출이 효과적이다(수질 갱구 송배기식).

② 일방향 터널 환기

(가) 종류식(縱流式)

㉮ 차도를 연하여 공기를 강제로 수송시켜 환기하는 방식

㉯ 종류 : 제트팬식, 집중배기식, 집진식 등

㉰ 교통방향으로 임계속도 이상의 기류를 형성하여 연기의 역류 방지

㉱ 연기층 교란을 방지하기 위해 화재지점으로부터 가장 먼 곳의 팬부터 작동

(나) 횡류식(橫流式) 혹은 반횡류식 시스템

㉮ 차도를 횡류하여 갱구로 급·배기하는 방식이다.

㉯ 종류 : 송기반횡류식, 배기반횡류식, 횡류식

㉰ 환기구역으로부터 배출속도 최대화, 외부공기 유입 최소화

㉱ 화재지점 상류의 급기 최대화, 하류의 배기 최대화로 교통방향의 기류 형성

28 아트리움 공조

(1) 아트리움 공간 내 열환경의 특징

① 주야간 및 계절에 따른 실내외 온도차가 심하다.

② 유리가 차지하는 면적이 크기 때문에 외풍 및 외기의 침입 등이 많아진다.

③ 대공간이므로 거주역에서의 온도조절 및 기류조절이 매우 어렵다.

④ 외관이 중요한 장소이므로 공조설비(취출구, 흡입구, FCU 등)가 건축물의 미관을 해치지 말아야 한다.

⑤ 기타 굴뚝효과(연돌효과) 증가, 결로 및 Cold Draft 현상 발생, 내부온도의 성층화(Stratification) 등

(2) 냉 · 난방 전략

항 목	냉방 전략	난방 전략
공조 방식	거주지역 부분의 공조(바닥취출, 저속치환공조, 샘공조 등), 복사냉방, Spot Cooling 등	거주지역 부분의 공조(마닥취출, 저속치혼공조, 샘공조 등), 복사난방, 히트펌프 도입 등
공기의 취출	횡형취출, 바닥취출, 가변선회형 취출, 노즐디퓨저, VAV 등	횡형취출, 바닥취출, 고소형 가변 선회 취출, 노즐디퓨저 등
천장 상부 공기	상부공기는 외기냉방(설정온도가 높아도 됨) 혹은 배열 실시	상부공기를 급기의 플레넘으로 활용 가능
일사 처리	일사 차폐장치	자연 태양열 적극 이용
폐열회수	전열교환기, 현열교환기, HR 등 설치, 국소환기, 배열효과 도입, Chilled Beam 시스템 도입 등	전열교환기, 현열교환기, HR 등 설치, 국소환기 등
연돌효과 방지	방풍실, 2중문, 회전문 등	방풍실, 2중문, 회전문 등
Cold Draft 방지	창측에 FCU 설치	창측에 FCU, 컨벡터 등 설치

29 집중 공조부하 존(Heavy Duty Zone)

(1) '중부하 존' 혹은 '초중부하 존'이라고도 부른다.

(2) 협의(통신 중장비 공용센터)

Heavy Duty Zone이란 다양한 기능의 통신장비들을 한 곳으로 통합시켜 공용할 수 있도록 갖춘 정보센터, 의사결정실, 대형컴퓨터실 등을 지칭하는 말이다.

(3) 광의(집중 공조부하 존)

① 집무 스페이스(집무 존)에 사용할 여러 장치들을 고밀도로 수용하는 스페이스(Heavy Duty Zone)를 말한다.

② 전산실, 컴퓨터실, 교환실, 통신장비 공용센터 등을 특정 층 혹은 특정 Zone으로 만들어 집중적 관리를 하고, 열이나 조명, 소음 등의 부하가 일반 사무공간으로 퍼지지 않게 해야 하는 곳을 지칭한다.

③ 과도한 소음이나 열을 발생시키는 OA 기기는 사무실 내의 특정부분에 집중시켜 Heavy Duty Zone을 만들고, 공조 및 조명 등을 증가시키고 흡음에 대해 고려함으로써 오피스 환경의 전반적인 악화를 방지하는 일체의 방법을 말한다.

④ 병원 등에서는 수술실, 응급실 등의 전외기 공조 및 항온㉠항습이 필요한 곳을 지칭한다.

(4) Heavy Duty Area의 고려사항

① 건축 측면 : 컴퓨터 및 통신기기 관련 각 실의 보안문제와 하중문제, 이중 바닥구조, 천장높이, 각층에 설치 고려 등

② 공조설비 측면

㈎ 다른 부분과 합하여 냉각수 배관 또는 냉수 배관 등의 예비배관을 갖거나, 예비 배관 공간을 확보

㈏ 보안문제와 신뢰성을 위하여 입주자 전용 배관 및 전용 냉각탑이 요구되는 경우에도 충분히 대응할 수 있어야 한다.

㈐ 계획 시에 적절한 여유공간을 확보하여 부하증가에 대응할 수 있도록 고려해야 하며 부하를 처리하기 위한 냉각수 예비배관 및 소형 패키지용 냉매 배관공간을 확보하여 놓는 것이 비교적 효과적인 방법이다.

㈑ 연중 24시간 연속 운전하는 경우가 많으므로 예비열원을 두어 Back-up 운전을 준비하거나, 교번운전을 실시하여 장비의 수명이 연장될 수 있게 해준다.

㈒ 누수감지기, Alarm, 원격경보 등을 활용하여 만약의 사고의 경우를 대비할 수 있어야 한다.

30 클린룸 부속장치

(1) 에어샤워(Air Shower)

① Clean Room을 오염시키는 많은 오염원 중에서 가장 큰 비중을 차지하는 원인은 사람의 출입이다. Air Shower는 Clean Room에 입실하는 사람의 의복 표면이나 반입물품의 표면에 붙어있는 먼지 및 미립자를 청정화된 고속의 공기로 불어 부착입자를 제거하는 장치이다.

② 에어샤워(Air Shower)의 특징

㈎ 보통 분해, 조립형으로 현장 반입 및 설치가 용이하도록 되어 있다.

㈏ 전용 Fan에 의한 강력한 공기를 취출시켜 의복 및 물품의 표면에 부착된 오염원을 제거한다.

㈐ Shower 시간은 Timer에 의하여(5~30초 등) 조정이 가능하다.

㈑ 보통 입실 후 Fan이 자동으로 가동되며 Clean Room 측 Door는 Locking장치가 부착되어 있어 Showering이 끝나야 입실이 가능하다.

(2) 패스박스(Pass Box)

① Clean Room 및 Bio Clean Room에 있어서 청정도를 유지하고 먼지 및 진균 등의 유입을 방지하기 위해서는 인원의 출입과 이동을 최소한으로 억제하는 것이 중

요하다.

② Pass Box는 청정구역과 비청정구역의 경계에 설치하여 사람이 출입하지 않고 물품이 출입을 가능케 하여 오염공기의 유입이나 청정공기의 유출을 막는 장치이다.

③ 패스박스(Pass Box)의 특징

(가) 공기 교차를 방지하기 위해 Door Interlock 장치(한쪽의 문을 열면 반대 측의 문이 열리지 않는 장치)가 되어 있다.

(나) 필요에 따라 U.V Lamp 및 Inter Phone을 설치할 수 있다.

(다) 필요에 따라 Air Curtain 형식으로 제작할 수 있다.

(3) 클린부스 (Clean Booth)

① 국소적으로 청정 공간을 만드는 장치로, 초고성능 필터를 여러 유닛 조합시킨 분출면을 천장에 부착하고, 주위 공간을 비닐막으로 구획하여 가반형으로 조립한 것을 말한다.

② 작업상 먼지 하나 없어야 하는 공간이 필요할 때 꼭 필요한 장비가 클린부스이다.

③ 주 사용처 : 제약회사, 연구실, 실험실, 반도체 장비, 클린룸, 인쇄작업, 잉크젯 장비 등

④ 클린부스 (Clean Booth)의 특징

(가) 보통 단시간에 구획을 설정하여 설치하기가 용이하다.

(나) 유연성, 청정도, 업무 환경 변화에 따른 구조의 변경이 용이하다.

(다) 이동성 레이아웃 변경에 따른 위치 이동이 용이하다.

(라) 단위 모듈별 유지보수, 컨트롤, 교체 등이 용이하다.

(4) 차압 조정 댐퍼(Relief Damper)

① 인접실의 공기 차압을 제어해서 실내 정압을 일정하게 유지하고 실간 차압 조정에 의한 기류 방향 제어를 통해 실외 오염 공기의 역류를 방지하는 역할을 한다.

② 실내의 정압을 일정하게 유지하고 실내외 또는 인접실과의 공기 차압을 제어하는 장비로 청정 구역, 준청정 구역, 비청정 구역 간의 일정한 차압을 유지시켜 줌으로써 클린룸의 오염을 방지시키는 기기이다.

③ 진공식 차압 조정 댐퍼(VUUM Relief Damper) : 자체 내장되어 있는 Blower와 고성능 먼지 집진 필터(High Efficiency Particulate Arrestance Filter)를 통해 공기 중의 미세 오염물질을 포집/정화하여 실내로 급기하는 유닛이다.

④ 차압 조정 댐퍼(Relief Damper)의 주요 기능 : 실(室)간 자동 차압 조정, 미세한 범위의 차압 조정, 오염공기 역류 방지 등

제 ❻ 장

공조유닛 및 밸브류

1 전열교환기(HRV, ERV)

(1) HRV(Heat Recovery(Reclaim) Ventilator) 혹은 ERV(Energy Recovery (Reclaim) Ventilator)라고도 불린다.

(2) 전열교환기는 배기되는 공기와 도입 외기 사이에 열교환을 통하여 배기가 지닌 열량을 회수하거나 도입 외기가 지닌 열량을 제거하여 도입 외기부하를 줄이는 장치로서 일종의 '공기 대 공기' 열교환기이다.

(3) 종류

① 회전식 전열교환기

㈎ 흡착제(제올라이트, 실리카 겔 등)를 침착시킨 로터(허니콤상 로터)의 저속회전에 의해 현열 및 잠열 교환이 이루어진다.

㈏ 흡습제(염화리튬 침투판) 사용한다.

㈐ 구동방식에 따라 벨트구동과 체인구동 방식이 있다.

② 고정식 전열교환기

㈎ 펄프 재질 등의 특수가공지로 만들어진 필터에서 대향류 혹은 직교류 형태로 현열교환 및 물질교환이 이루어진다.

㈏ 잠열효율이 떨어져 주로 소용량으로 사용한다.

㈐ 박판소재의 흡습제로 염화리튬을 사용하는 경우도 있다.

㈑ 교대 배열 방법으로 열교환 효율을 높인다.

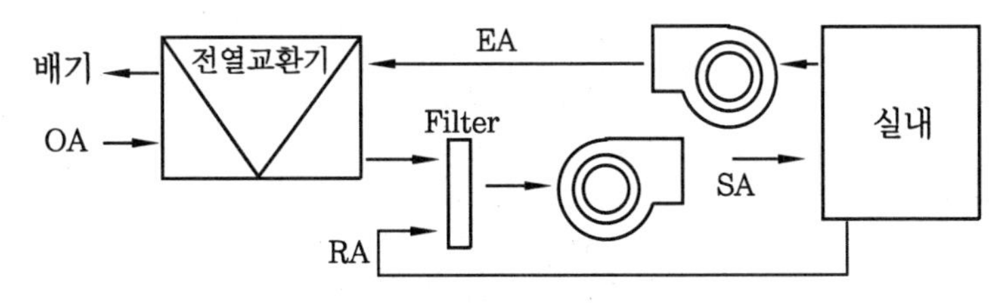

전열교환기 개통도

2 전열교환기 효율

(1) 겨울철 사용 시 개요도

(실내)배기 $h_{e_1} \rightarrow h_{e_2}$: 열손실

(실외)외기 $h_{o_1} \rightarrow h_{o_2}$: Heating (열취득)

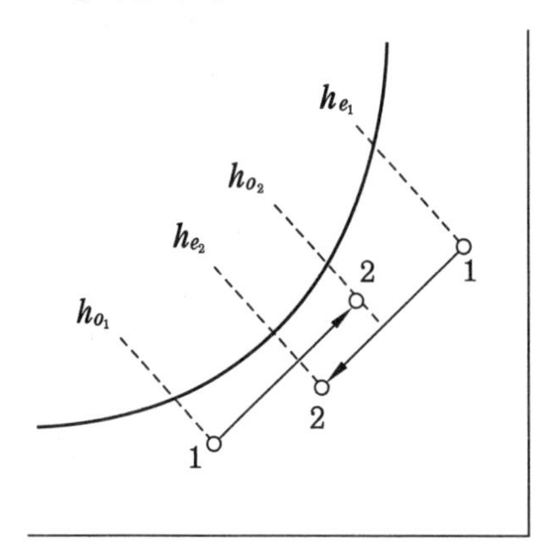

(2) 여름철 사용 시 개요도

(실외)외기 $h_{o_1} \rightarrow h_{o_2}$: Cooling (열손실)

(실내)배기 $h_{e_1} \rightarrow h_{e_2}$: 열취득

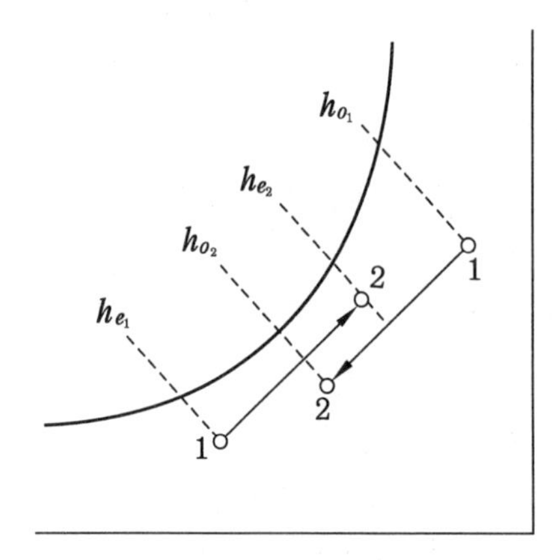

(3) 겨울철(난방)

$$\eta_h = \frac{\Delta h_o}{\Delta h_e} = \frac{(h_{o_2} - h_{o_1})}{(h_{e_1} - h_{o_1})}$$

(4) 여름철(냉방)

$$\eta_c = \frac{\Delta h_o}{\Delta h_e} = \frac{(h_{o_1} - h_{o_2})}{(h_{o_1} - h_{e_1})}$$

3 에어 커튼 (Air Curtain)

(1) 문이 열려 있어도 보이지 않는 공기막을 형성하여 실내공기가 바깥으로 빠져나가는 것을 막아 필요 이상 낭비되는 에너지비용을 절감할 수 있다.
(2) 바깥의 오염된 공기가 안으로 들어오는 것을 막음으로써 쾌적한 실내환경을 유지할 수 있다.
(3) 개방되어 있거나 사람의 출입이 빈번한 출입구의 상단에 장치하여 안과 밖을 통과하는 공기의 속도보다 더 강한 풍속의 공기를 쏘아 출입구에 보이지 않는 막을 형성한다.

(4) 에어 커튼의 종류

① 흡출형
(가) 에어커튼 장치에 분출구만 있고, 흡입구는 따로 없다.
(나) 분출풍속 : 옥외에 설치하는 경우에는 10~15 m/s, 옥내에 설치 시에는 5~10 m/s 정도가 적당하다.

② 분출·흡입형
(가) 분출구와 흡입구가 모두 설치되어 있는 형태이다.
(나) 상기 흡출형보다 확실한 성능을 발휘할 수 있다.
(다) 분출 풍속 설계 : 상기 흡출형과 동일하다.

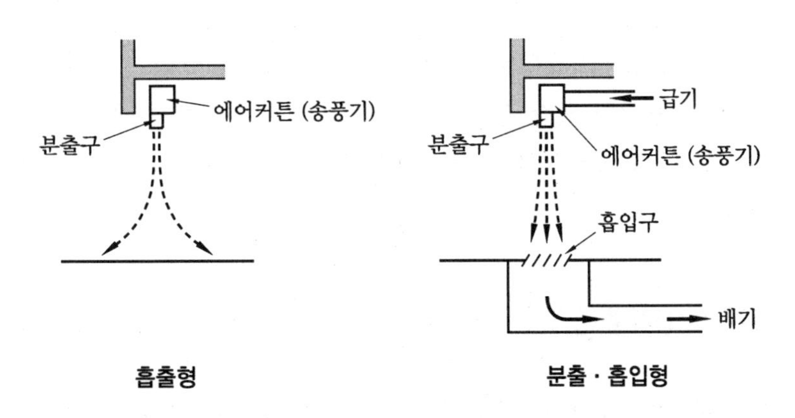

흡출형　　　분출·흡입형

4 팬 파워 유닛 (FPU : Fan Powered Unit)

(1) 병렬식 FPU

① VAV에서 외주부 공조에 사용되는 Terminal Unit
② 공조부하가 아주 작아질 때 1차 공기만으로 실내온도 조절이 안되어 천장 플레넘

공기를 인입할 때 사용한다(1차 공기 + 천장 플레넘 공기).

③ 다음 그림과 같이 공조용 팬의 하류에서 혼합시킨다.

(2) 직렬식 FPU

① CAV에서 저온급기(빙축열 등)에 사용되는 Terminal Unit

② 다음 그림과 같이 공조용 팬의 상류에서 혼합되게 한다(1차 공기 + 천장 플레넘 공기).

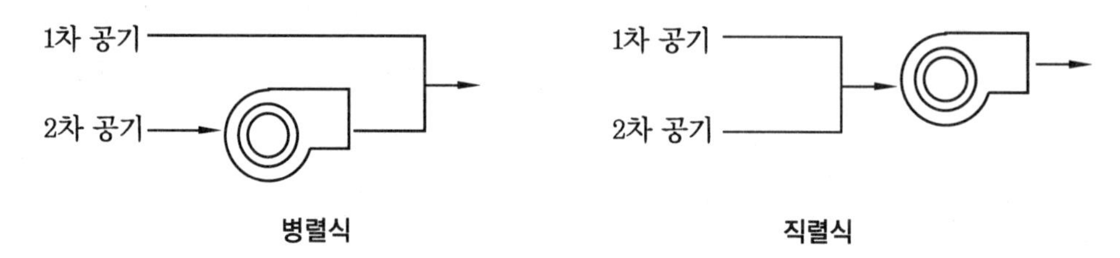

병렬식 직렬식

(3) 응용

건물에서 전열 및 복사열 등 외부의 영향을 직접 받는 외주부에 많이 적용하여 냉·난방 시 에어 커튼 유사 역할을 해준다(외기 침입방지, Cold Draft 방지, 열차단 효과 등의 역할).

① V.A.V. Unit(내주부) + Fan Powered V.A.V Unit(외주부)

(가) V.A.V Unit(내주부) : 냉방부하 담당 전용으로 사용

(나) Fan Powered V.A.V Unit(외주부) : 하계 시 주로 냉방으로 운용, 동계 시 주로 난방으로 운전된다.

② Fan Powered V.A.V Unit(내주부) + Fan Powered V.A.V Unit(외주부)

(가) 저온 급기된 공기를 천장 플레넘 공기와 혼합하여 실내로 공급한다.

(나) 급기풍량을 항상 일정하게 하여 실내기류를 안정시키고, Cold Draft 등을 방지해준다.

5 개별(천장) 분산형 공조기(Ceiling type Seperated Air Handling Unit)

(1) 토지가격, 임대가격, 국제화, 업무공간 증대로 중앙공조방식에서 개별 분산공조방식으로 많이 변경 추세이고, IB(Intelligent Building) 개념 도입으로 층고 4 m 이상 되고, 상부 천장 내부 1 m 이상 확보되어 Dead Space를 이용한 천장 내부에 공조기 설치가 가능하다.

(2) 정보활동과 사고작업이 활발하게 되어 사무실은 OA화가 진행될 뿐 아니라 Flextime의 채용과 기업활동의 국제화, 24시간 영업에 따라 주야를 불문한 기업활동으로 공간적, 시간적 환경변화에 따라 공조는 건물 전체의 집중제어에서 임대 면적마다의 분산

제어로 변경 요청되며 최근 제어기술 등의 진보로 각 장소별 온도, 풍량, 풍속, 운전시간에 대해 개별제어하는 것이 유리할 수 있다.

(3) 특징

① Compact한 구성 : 천장 내부 공간이 적어도 된다(층고 축소 가능).
② 개별제어가 쉬움 : 여러 대수로 나누어 설치하므로 각 Zone별 개별제어가 용이하다.
③ 건축물 유효면적 증대 : 별도의 공조실이 필요 없어 공간 절약 가능
④ 청정도, 외기도입, 습도 조절 등 성능면에서 떨어질 수 있다.
⑤ 선별적 및 제한적 사용 필요(소규모 건물 등에 유리)

6 패키지형 공조기(Packaged air conditioner)

(1) 정의

공조기에 냉동기를 동시에 장착하여 유닛화한 것으로 공조기의 냉온수 코일 대신에 직팽코일(Direct Expantion Coil)을 채용한 것이다.

(2) 종류

① 일체형 : 압축기, 응축기, 팽창밸브, 증발기, 송풍기, 에어필터, 제어장치 등이 한 케이싱 안에 수납된 형태이다.
② 세퍼레이트형 : 실외 열교환기와 압축기를 옥외에 설치한 형태(Condensing Unit 형식)이다.
③ 기타 : 공랭식과 수랭식, 냉방 전용과 냉난방 겸용(Heat Punp), 싱글타입과 멀티타입 등이 있다.

(3) 장점

① 개별제어가 용이하다.
② 증설이나 Lay-out 변경에 쉽게 대응할 수 있다.
③ 설치가 용이하고 시설비가 저렴하다.
④ 덕트가 없거나 줄어들어 층고가 낮아진다.
⑤ 내량 생산이 가능해져 품질확보가 용이해진다.

(4) 단점

① 중소규모 건물에 적당(대규모 건물에는 대수가 많아져 복잡해짐)하다.
② 실내에 소음이 발생한다.
③ 환기가 어렵고, 공기의 질이 떨어질 수 있다.

7 이중 응축기(Double Bundle Condenser)

(1) 이중 응축기(Double Bundle Condenser)는 주로 주간에 난방 후 남는 열을 저장 후 야간 난방을 위해 사용하거나, 냉방 시 버려지는 응축기의 폐열량을 동시에 회수하기 위해 사용된다.

(2) 하기 운전방식

냉방 시 버려지는 응축기의 폐열량을 동시에 회수하여 재열 등의 열원으로 사용하고, 남는 응축열량은 냉각탑을 통해 대기에 버린다.

(3) 중간기 운전방식

① 난방부하 발생 개시
② 냉방 시 혹은 난방 시 냉각탑으로 버려지는 열량을 축열조에 회수 후 재활용 가능
③ 통상 여름철 및 겨울철보다 압축비가 낮아 운전동력은 감소된다.

(4) 동기 운전방식

① 주간에 난방운전 시 남은 45℃ 정도의 온수로 야간 난방운전 가능
② 난방 시 버려지는 냉열량을 축열조에 모아 재활용 가능
③ 저렴한 심야전력을 이용하여 심야에 온수 생산 후 축열조에 저장해 두었다가 주간에 사용 가능

(5) 장치 구성도(一例)

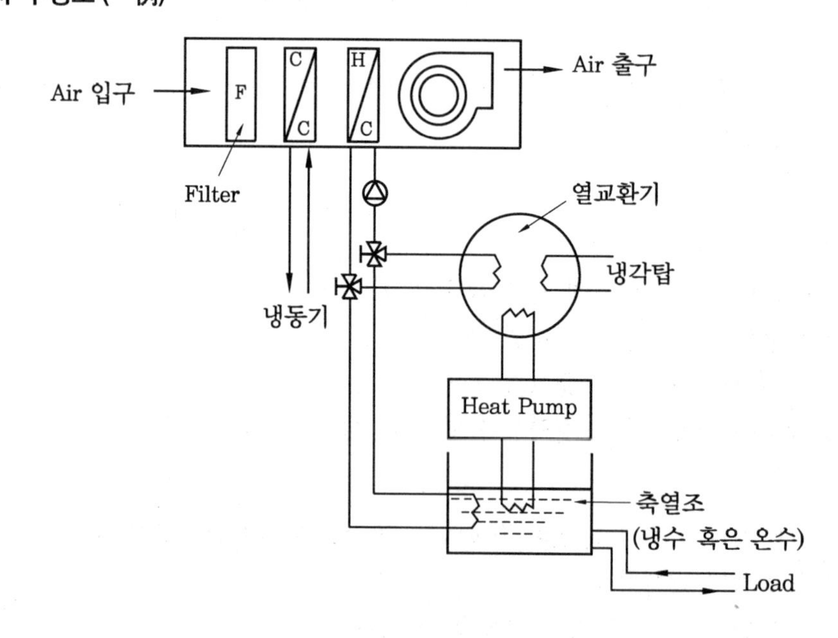

8 공조기(AHU : Air Handling Unit)

(1) 공기냉각기, 공기가열기, 공기여과기, 가습기, 송풍기 등 공기조화기의 구성 기기 모두를 일체의 케이싱에 조립한 것이다.

(2) 주로 공기냉각기는 냉수코일, 공기가열기는 증기 또는 온수코일이 사용된다(냉수와 온수를 겸한 냉온수코일도 있음).

(3) 공조기의 종류

① 설치방법에 따라 : 현장조립형(Built up Unit), 공장제작형

② 구조에 따라

㈎ 단일덕트용, 이중덕트용

㈏ 멀티존형 및 에어와셔형

③ 조립방법에 따라 : 수직형, 수평형, 조합형 및 현수형

④ 용도에 따라 : 일반 사무용, 전산실용, 클린룸용 및 외기처리용(외조기) 등

9 리턴에어 바이패스(Return Air Bypass) 공조기

(1) 공조기에서 외기부하(습도 및 온도) 처리를 용이하게 하기 위해서는 Return Air Bypass형 공조기를 많이 채용한다.

(2) Return Air Bypass형 공조기에서는 실내 취출공기량이 잘 확보되어 취출기류의 도달거리 확보와 공기의 원활한 순환에 도움을 준다.

(3) 장치도(裝置圖)

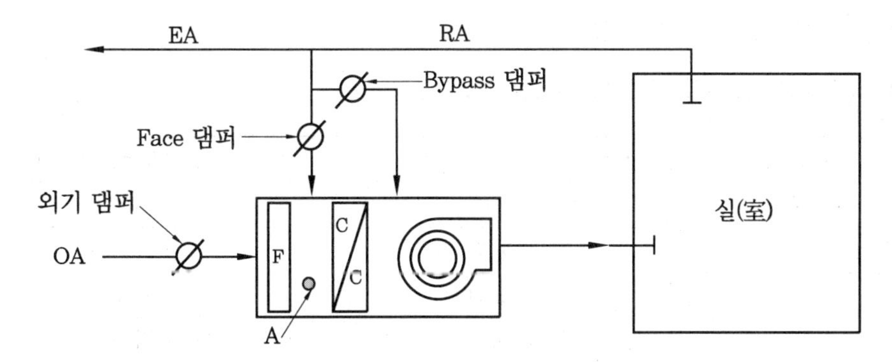

(4) 작동방법

① 실(室) 내부부하 대비 외기가 가진 현열부하 혹은 잠열부하가 크고 이를 효율적으로 처리하기 위하여는 Bypass 댐퍼를 점차 열고, Face 댐퍼는 점차 닫은 후,

외기를 최대한 받아들이는 방식으로 공조기 운행을 행한다(이때 외기댐퍼는 가능한 최대한으로 여는 것이 유리하다).

② 공조기가 처리해야 하는 외기부하(현열부하 및 잠열부하)가 줄어들거나, 실내부하가 커서 실내온·습도를 빨리 처리해야 하는(낮추어야 하는) 경우에는 상기와 반대로 Bypass 댐퍼를 점차 닫고, Face 댐퍼는 점차 열어 코일 통과 풍량을 증가시켜 일반 공조기 운전방식으로 복귀시킨다(이때에는 외기댐퍼는 필요한 만큼만 여는 것이 유리하다. CO_2센서를 이용한 자동 댐퍼 조절방식이 유리).

(5) Return Air Bypass형 공조기의 목적

① 순환량이 증가하여 기류분포가 보다 양호해지고, 급기온도가 일정해진다.
② 유속 감소에 의한 코일의 외기 처리 효율 증가
③ 외기와 환기의 혼합공기(A지점)의 온도가 냉방 시에는 높게, 난방 시에는 낮게 형성되어 외기 처리 효율을 증대시킬 수 있다.
④ 'A지점'의 공기가 완전혼합으로 코일 아랫면 동파 방지에 유리하다.
⑤ Face 댐퍼를 어느 정도 닫으면 제습부하 처리가 용이하다.
⑥ 외기냉방이 쉽다.
⑦ 비산수 발생량이 적다.

10 유인 유닛(IDU)과 팬코일 유닛(FCU)

(1) IDU 및 FCU는 '유닛 병용식' 공조방식으로 주로 사용된다. 단, FCU는 전수방식(全水方式)으로도 사용된다.

(2) '유닛 병용식'이란 덕트방식에 팬코일 유닛(fan coil unit) 또는 유인 유닛(induction unit)을 병용하는 방식으로 공기-수 방식이다.

(3) IDU(유인 유닛)와 FCU(팬코일 유닛)의 비교

비교 항목	IDU (유인 유닛)	FCU (팬코일 유닛)
소 음	불리	유리
Cost (가격)	불리	유리(저렴)
수 명	유리(길다)	불리
특 징	• 전용 덕트를 필요로 한다. • 노즐을 사용하여 2차 공기(실내코일) 유인	• 팬, 모터 서비스 필요 • 필터 세정, 교체 필요 • Unit filter의 불완전으로 청정도가 낮다.

(4) 유인 유닛과 팬코일 유닛 장비 일례

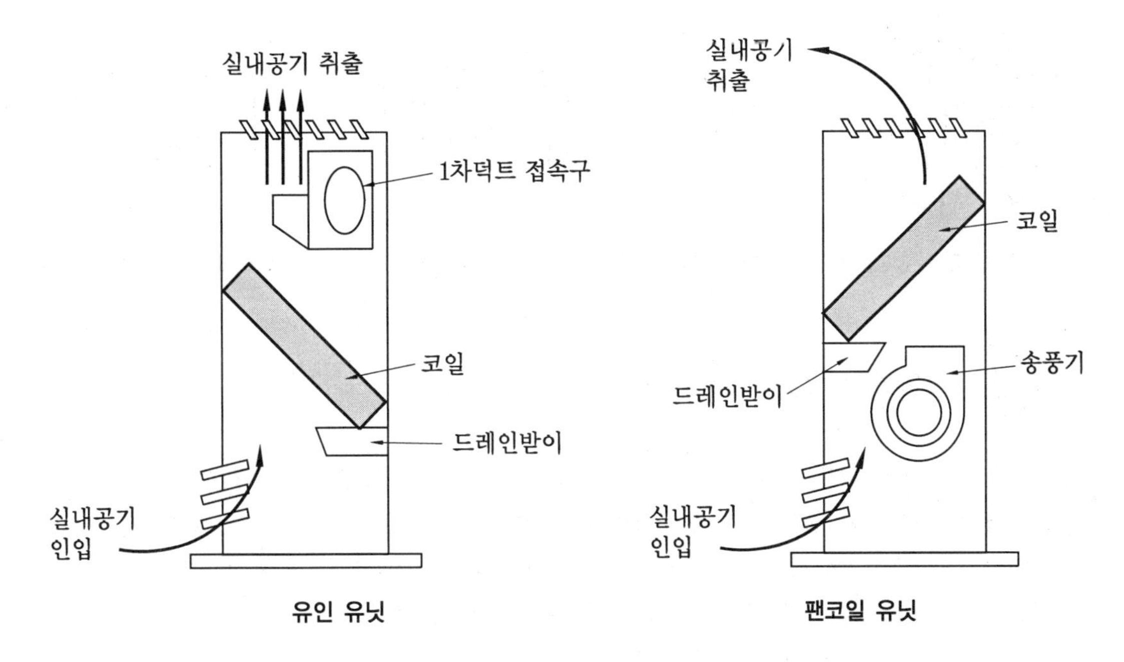

> **◎ 로보이형 팬코일 유닛**
>
> ① '로보이'라는 말은 원래 높이(키)가 낮은 형태를 의미하며, '로보이형 팬코일 유닛'이라는 의미 역시 키가 작은 팬코일 유닛을 말한다(보통은 약 400 mm 전후의 높이로 제작됨).
>
> ② 낮은 창호 아래에 하부 창틀 형태로 부착되는 경우가 많다.

11 방열기

(1) 직접 실내에 설치하여 증기, 온수를 통해 방산열로 실내온도를 높이며, 더워진 실내 공기는 대류작용으로 실내에 순환하여 난방목적을 달성한다.

(2) 방열기의 종류

① 주형 방열기(Column Radiator) : 보통 최대 설치 쪽수는 30쪽 이하로 한다.

② 벽걸이형 방열기 : 주철제로서 15쪽까지 조립하여 사용한다(수평형(H), 수지형(V)).

③ 길드 방열기 : 1 m 정도의 주철제로 된 파이프 방열기(금속핀이 끼워진 상태)

④ 대류방열기(컨벡터) : 대류 촉진, 핀 튜브 캐비닛 속 설치, 외관이 미려하다.

⑤ 관방열기 : 여러 개의 관을 병렬로 연결한 형태로 복사 방열한다.

⑥ Base Board 히터 : 낮은 바닥에 설치되는 일종의 저위치형 대류방열기

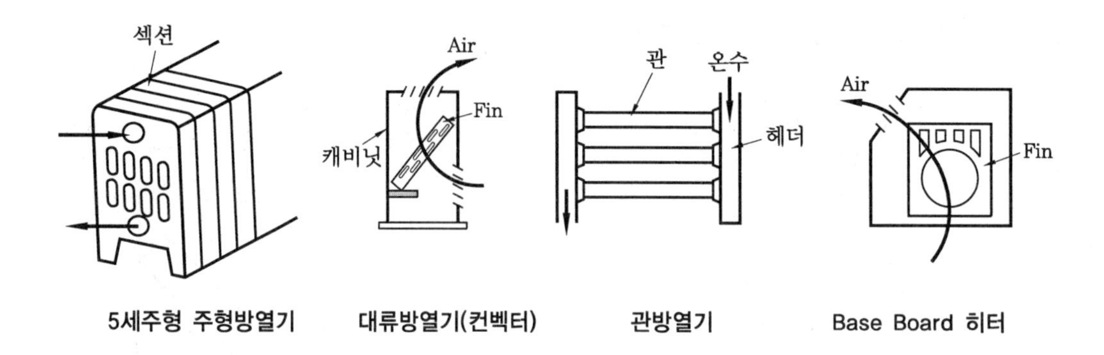

5세주형 주형방열기 대류방열기(컨벡터) 관방열기 Base Board 히터

12 방열기 설치법

(1) 열손실이 가장 많은 곳에 설치하되 실내장치로서의 미관도 함께 고려하여야 한다.
(2) 틈새 바람이 많은 창문 아래 설치하여 대류작용을 이용 실내온도가 균일하게 한다.
(3) 벽면과는 5～6 cm 정도 띄우고, 바닥면에서 보통 15 cm 정도 위에 설치한다.
(4) 방열기 1개는 10 m^2 이하(20～30절 이하)가 되게 한다.
(5) 방열기의 지관은 매입을 하지 않는다.
(6) 라디에이터의 출구쪽에 공기빼기 밸브를 설치하고, 증기난방의 경우 방열기의 출구 파이프쪽에 트랩을 설치한다.

13 가습장치

(1) 수분무식(Spray식)
① 특징
㈎ 공장 등 대량으로 가습 시 많이 사용한다.
㈏ 저온가습 가능, 동력비 절감, 가습량 제어가 나쁘고 결로가 우려된다(상대습도가 100% 이상 될 수 있다).
② 종류
㈎ 원심식(원심 분무식, 원심 부하 가습기)
㉮ 고속회전으로 물이 흡상되어 송풍기에 의해 무화된다.
㉯ 실내 설치형과 덕트 설치형이 있다.
㈏ 초음파식
㉮ 수중에서 진동자를 사용하여 초음파(104 Hz 이상)를 복사하면, 계면이 교란시킬 수 있으므로 분무가 발생한다(무화현상).

㈏ 수중의 불순물이 결정화되어 백분(白粉)으로 공중으로 날아올라 실내를 오염 가능하므로 주의를 요한다.

㈐ 분무식 : 노즐로 물을 미세하게 분무하는 방식

(2) 증기식(증기 발생식)

① 특징

㈎ 가습에 의한 온도변화가 적어 항온·항습실, 클린룸 등 정밀하고 효율적인 가습을 요하는 곳에 많이 사용한다.

㈏ 에너지 소비가 크고, 온도변화가 적으며, 가습량 제어가 용이하고 물 소비량이 적어 효율적이다.

㈐ 위생적으로 살균된 수증기와 따뜻한 수증기가 호흡계에 부담을 적게 주기 때문에 환자가 많은 병원용 가습으로도 효과적이다.

② 종류

㈎ 전열식 : 전기적 가열로 인하여 증기를 발생하게 한다.

㈏ 전극식 : 전기에너지를 전극으로 공급하여 증기가 발생한다.

㈐ 적외선식 : 적외선으로 가열하여 증기가 발생한다.

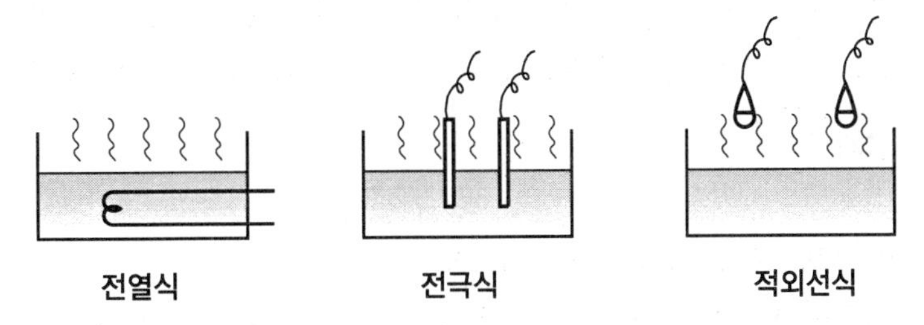

(3) 증기식(증기 공급식)

① 특징 : 상동(→ 증기 발생식)

② 종류

㈎ 과열증기식 : 증기를 얻기 쉬운 곳에 사용(과열공기 실내로 공급한다.)

㈏ 분무식 : 증기를 분무하여 가습한다.

(4) 증발식(기화식)

① 특징

㈎ 백색가루가 날리지 않아 미술관, 박물관 등 고급 가습에 많이 사용한다.

㈏ 주로 소용량의 높은 습도 요구 시 사용, 동력비가 적고 결로 염려도 없다. 제어성이 나쁘다.

② 종류

㈎ 회전식 : 고속 회전으로 물을 비산시키면서 증발시킨다.

㈏ 모세관식 : 섬유류 등으로 물을 흡상시키면서 공기를 통과시킨다.

㈐ 적하식 : 물을 아래로 뿌리면서 공기를 통과시킨다.

㈑ Air Washer에 의한 가습 : Air Washer로 물을 뿌리면서 공기를 접촉시킨다.

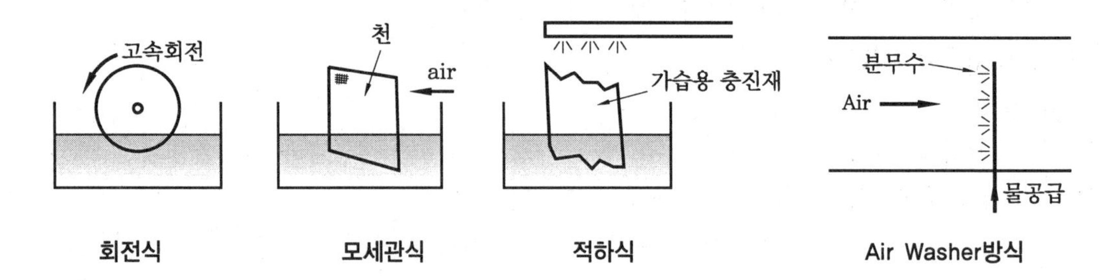

14 위생적 가습장치

(1) 일반적으로 가습방식을 위생측면에서 분류하면 초음파식, 가열식, 복합식 등 세가지로 많이 분류된다.

(2) 초음파식은 물을 넣은 용기의 밑부분에서 초음파를 발생시켜 물을 작은 입자로 쪼개서 내뿜는 방식으로 전기료가 적게 들고 분무량이 많은 반면, 가습기 안의 물에서 미생물이 번식하여 그대로 분무될 수 있다는(중금속 포함) 단점이 있다.

(3) 가열식 가습장치

① 원리

㈎ 가습장치 안의 물을 끓여 수증기로 뿜어주는 방식이다.

㈏ 따라서 가습장치에서 외부로 뿜어져 나오는 증기는 뜨거운 증기이다.

② 가열식 가습장치의 장점

㈎ 물을 끓여 분무하기 때문에 위생적으로 우수하다.

㈏ 따뜻한 수증기로 실내온도 유지에 도움이 된다.

㈐ 따뜻한 수증기가 나오기 때문에 호흡기에 부담이 적다.

③ 가열식 가습장치의 단점

㈎ 전기료가 많이 나오면서, 분무량은 적은 편이다.

㈏ 가습장치를 작동하고 나서 가습 효과가 느리며, 특유의 소음이 있다.

㈐ 유지관리 시 부주의하면 화상을 입을 수 있으므로 주의를 요한다.

(4) 복합식 가습장치

① 초음파식과 가열식의 방법을 복합적으로 적용하여 서로의 장점을 살린 방식이다.

② 먼저 가열관에서 물 온도를 섭씨 60～85℃로 올려 살균시킨 뒤 초음파를 이용해서 뿜어주는 방식이다.

③ 보통 '따뜻한 수증기'와 '차가운 수증기'를 선택할 수 있다.

④ 전기료는 많이 들지 않으면서 초음파 방식보다 많은 분무량을 낼 수 있고, 살균 능력이 뛰어나다.

15 제습방법

(1) 많은 산업분야에서는 제품의 제조공정에서 실내의 상대습도를 조절하거나 매우 낮게 유지해야 할 경우가 생긴다.

(2) 공기를 감습하려면 원칙적으로 공기를 일단 노점온도 이하로 냉각하여 응축수분을 제거한 후 재가열하는 방법과 화학흡습제를 사용하는 방법 등이 있다.

(3) 제습 방법

① 냉각 감습장치

㈎ 냉각코일을 사용하는 방법으로서, 냉수 혹은 냉매를 이용하여 습공기를 노점온도 이하로 냉각하여 제습하는 방법이다.

㈏ 방법

㉮ 어떤 온도에서 습공기가 포화상태가 되어 이슬이 맺히기 시작하면, 냉각하면 냉각할수록 포함한 수분량은 적어져서 저노점의 공기가 된다.

㉯ 제습한계는 냉각코일의 표면온도와 코일의 구조에 의해서 결정되고 Bypass factor 또는 접촉열수에 의해 결정된다.

㈐ 단점 : 저노점으로 형성되므로, 제습이 어려울 수 있다(직팽코일, 브라인 활용 등의 방법이 필요하다).

② 압축식 제습법

㈎ 습공기가 함유하는 수분의 양은 온도만의 변화에 의해 결정되는데, 대기압 760 mmHg인 상태에서 압축하면 온도가 변한다.

㈏ 같은 온도에서 함유할 수 있는 수분의 양은 습공기 전압에 비례하는 특성을 이용한 것이다.

㈐ 노점온도가 상온 이상으로 상승되어, 상온 열교환으로 제습 가능하다.

㈑ 단점 : 공기압축기를 사용해야 하므로, 동력비가 많이 소요된다(고효율의 공기압축기 채용 필요).

③ 흡수식 제습법 : 액체식, 고체식

㈎ 염화리튬수용액과 트리에틸렌 글리콜액 등은 대기에 노출(분무)시켜 두면 공기중의 수분을 흡수(수증기 분압차 이용)해서 서서히 희박하게 되는 성질이 있다.

㈏ 특징

㉮ 고형 흡습제는 용기 내의 제습에 소규모로 쓰인다.

㉯ 액상 흡습제일 경우 공기와 접촉면적 증대가 용이하므로, 대규모 제습장치에 적합하다. 그리고 용액 온도와 농도를 임의로 선정할 수 있으므로 재열 없이 목적하는 온습도를 얻을 수 있다.

㉰ 액체 흡습제가 쓰이는 곳은 주로 냉각제습에서 코일 결상문제가 일어나는 노점 4℃ 이하의 경우이다.

㉱ 이 밖에 흡습제는 보통 살균성을 갖고 있으므로 소독효과가 있다는 것도 하나의 특징이라 할 수 있다.

㈐ 단점

㉮ 냉각제습에서는 출구습도와 온도가 일정한 관계에 있어 보통 원하는 온습도를 재열 없이는 얻을 수 없지만, 그래도 극단적인 재열은 요하는 경우를 제외하고 흡수식 제습법보다 냉각제습법 쪽이 간단하고 경제적이다.

㉯ 액체 흡습제 사용의 제습 장치는 결정의 추출이나 분해가 있다(극도의 저습도에는 고체 흡착제 쪽이 좋다).

㉰ 흡습제 선정이 적절하지 못하면 부식, 독성 등이 우려된다.

④ 흡착식 제습법 : 고체식

㈎ 건조제를 이용하여 습공기 중의 수분을 제거하는 방법으로 제습 시 냉각이나 압축이 불필요한 장점이 있다.

㈏ 종류 : 활성탄, 실리카겔, 제올라이트, 활성알루미나 등

㈐ 흡착·탈착 과정 : 공기 중에 수분을 빨아들이는 흡착과정과 탈착과정으로 이루어진다.

㈑ 단점 : 흡착제들은 재생온도나 사용시간에 의해서 열화되며 또 원료공기의 청정도에도 영향이 있다. 취입공기 중에 먼지나 유분, 유화수소 등이 포함되어 있으면 열화현상이 빨리 온다.

16 공랭식 냉방기 시험방법

(1) 항온·항습 체임버 내부에 코드 테스터(풍량 및 출구 공기의 온·습도 측정 장치)를 설치하고 코드 테스터 내부에서 냉방기의 풍량과 냉방기 출구측의 온·습도를 측정한다.

(2) 코드 테스터 내부에서 풍량 측정 방법

① 코드 테스터 내부에 크고 작은 노즐을 몇 개 설치하여 냉방기의 용량에 맞게 노즐 몇 개를 Open한다.

② 노즐 입·출구의 차압을 측정하여 Open한 노즐의 풍량을 측정한다.

$Q = K\sqrt{\Delta P}$

여기서, Q : 풍량, K : 유량 상수, ΔP : 노즐 입구 및 출구의 차압

(3) 항온·항습 체임버 내부의 Air Sampler에서 냉방기 입구측의 온·습도를 측정한다.
(4) 상기 (1)~(3)에서 측정한 냉방기 입·출구 측의 온·습도의 차이와 풍량을 이용하여 현열과 잠열을 자동으로 계산한다.

(5) 계산방법

① 현열 : $q = 0.24Q\gamma(t_1 - t_2) + \alpha$

② 잠열 : $q = 597.5Q\gamma(x_1 - x_2)$

여기서, q : 열량$\left(\text{kcal/h} = \frac{1}{860}\text{ kW} = \frac{1}{860}\text{ kJ/s}\right)$

Q : 풍량 $\left(\text{m}^3/\text{h} = \frac{1}{3600}\text{ m}^3/\text{s}\right)$

γ : 공기의 밀도(=1.2 kg/m^3)

0.24 : 공기의 비열 (0.24 kcal/kg·℃ ≒ 1.005 kJ/kg·K)

597.5 : 0℃에서의 물의 증발잠열 (597.5 kcal/kg ≒ 2501.6 kJ/kg) → 물론 온도에 따라 달라지는 값이다.

$t_1 - t_2$: 냉방기 입구 공기의 건구온도-출구 공기의 건구온도(℃, K)

$x_1 - x_2$: 냉방기 입구 공기의 절대습도-출구 공기의 절대습도(kg/kg')

α: 코드 테스터 벽면의 열손실값

17 게이트 밸브(Gate Valve, 슬루스 밸브)

(1) 게이트 밸브는 슬루스 밸브(Sluice Valve)라고도 하며, 시트에 부착되어 있는 원형의 디스크에 의해 흐름을 조절하는 것으로, 밸브 내의 직선 유체 통로는 배관 내경보다 약간 크다(원판 모양의 밸브 디스크를 위아래로 여닫음).
(2) 밸브 조작 시 밸브대가 위아래로 움직이므로 밸브의 개폐상태를 육안으로 쉽게 확인 가능하다(단, 안나사 형태로 제작하면 밸브대의 상하 움직임을 없앨 수도 있다).

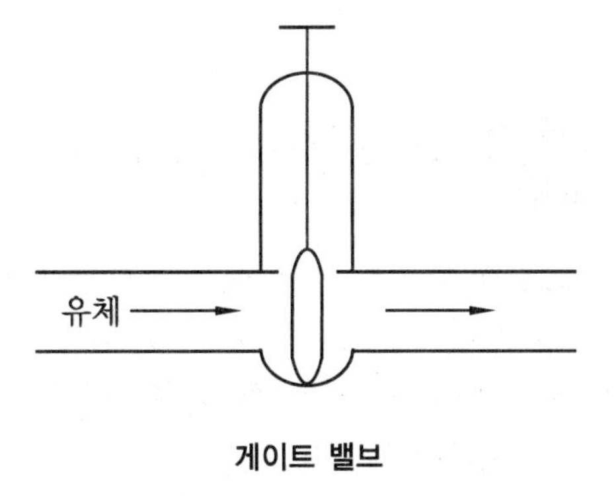

게이트 밸브

(3) 게이트 밸브의 사용목적은 유체의 흐름을 완전 개폐하는데 사용하는 것으로, 흐름의 억제 및 조절용으로 사용하기에는 다소 부적당하다(침식 우려).
(4) 사용용도에 따른 분류 : 밸브디스크가 단체형 디스크(Solid Wedge Disk) 및 분할형 디스크(Split Wedge Disk)로 나누어지는 쐐기형(Wedge Type)과 평행 슬라이드 밸브(Parallel Slide Valve)와 복좌밸브(Double Disk Gate Valve)로 나누어지는 평행형(Parallel Type)으로 분류할 수 있다.

(5) 마찰손실이 가장 적으므로 급수용, 소방용 등으로 많이 사용된다.

18 볼 밸브(Ball Valve)

(1) Ball 모양의 밸브를 회전시켜 여닫는다.
(2) 볼 밸브는 밸브 시트 및 볼 재질의 개발에 따라 급속히 발달된 것으로 두 개의 원형 실(Seal) 또는 시트 사이에 있는 여러 종류의 배출구(Port) 크기의 정밀한 볼을 내장한 밸브이다.
(3) 볼 밸브는 핸들을 90도 회전시키면 볼이 회전하여 완전 개폐가 가능하다.
(4) 교축과 제어 또는 밸런싱을 위한 볼 밸브는 판형 볼 및 핸들 정지점을 갖는 축소형 배출구(Reducing Port)로 되어 있다.

(5) 종류

볼 밸브는 밸브 몸체가 일체형인 것과 2체형, 3체형으로 구분된다.

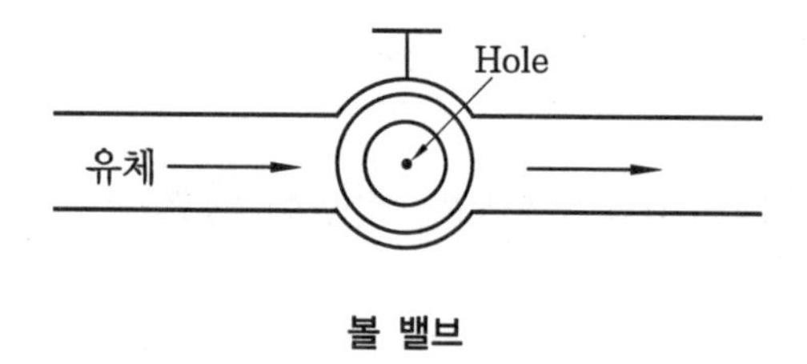

볼 밸브

19 글로브 밸브(Globe Valve)

(1) 글로브 밸브는 유체 통로 주위를 감싸고 있는 환상 링(Annular Ring) 또는 시트로부터 원판 디스크(Circular Disk)를 강제적으로 이동시켜서 유량을 조절한다.
(2) 이때 밸브의 이동방향은 밸브의 통로를 통과하는 유체의 흐름방향과 평행하며, 밸브가 설치되어 있는 배관축과는 수직으로 작동한다.
(3) 이 밸브는 주로 소구경배관에 많이 사용되지만 직경 약 300 mm까지 사용할 수 있으며, 유량조절이 필요한 곳에 교축하기 위해 사용된다.
(4) 소형이며 가볍고 염가이나 유체에 대한 저항이 크다.

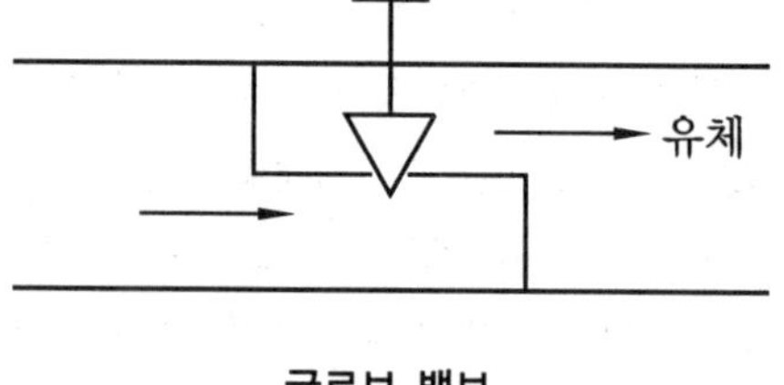

글로브 밸브

20 앵글밸브(Angle Valve)

(1) 내부구조나 원리는 글로브 밸브(Globe Valve)와 거의 동일하다.

(2) 밸브를 수직으로 여닫게 함으로써, 유체의 흐름을 직각으로 절환시킬 필요가 있을 경우 적용한다.

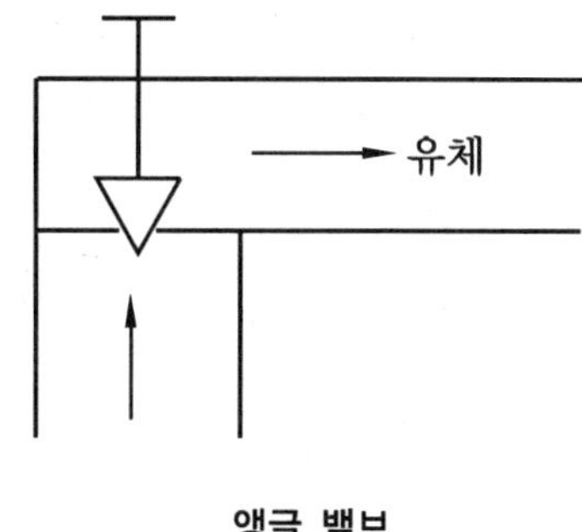

앵글 밸브

21 플러그 콕(Plug Cock, Plug Valve)

(1) 플러그 밸브는 90도 회전에 의해 완전 개폐를 한다.

(2) 밸브의 용량은 오리피스 면적과 밸브가 설치된 배관 면적비에 좌우되며, 오리피스는 배관 치수보다 훨씬 작다.

(3) 밸브 오리피스를 완전히 왼쪽으로 돌리면(즉, 100% 열림위치), 밸브 오리피스와 접속 배관면적이 같아지므로 유량조절장치로서의 유용성은 줄어들게 된다.

(4) 이 밸브는 다음과 같은 이유 때문에 On/Off 제어용으로 많이 사용된다.

① 가격이 싸다.

② 조절했을 때 그 위치를 확실하게 유지한다.

③ 조절위치를 명백히 확인할 수 있다.

④ 유량을 한 번 맞춰놓으면 오랫동안 그대로 사용할 수 있다(밸브의 손잡이가 삭제된 형태).

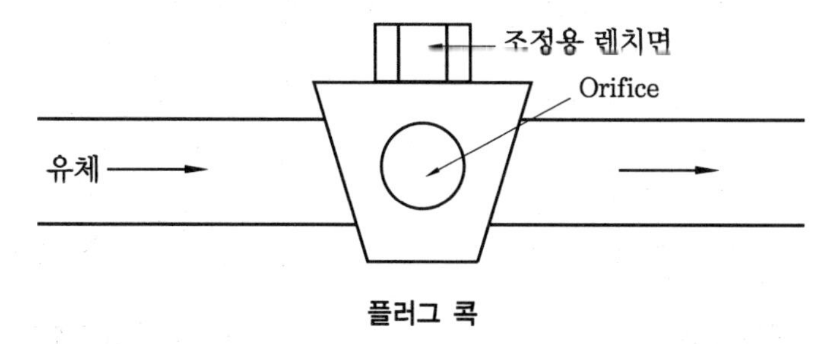

플러그 콕

22 버터플라이 밸브 (Butterfly Valve)

(1) 버터플라이 밸브는 밸브 몸통 내의 중심축에 원판 형태의 디스크를 설치하여 밸브대(Valve Stem)를 회전시키는데 따라 디스크가 개폐하는 구조로 되어 있다.

(2) 디스크가 유체 내에서 단순히 회전할 뿐이므로 유량조정의 특성은 좋으나 유체의 누설의 방지가 어려워 다른 밸브에 비하여 사용범위가 한정되어 있다.

(3) 완전 열림에서 완전밀폐로의 전환은 단지 밸브디스크를 90도 회전시키면 된다.

(4) 버터플라이 밸브의 구조는 수동 작동을 위한 레버(Hand Quadrant)가 부착되어 있거나, 또는 액추에이터에 의한 자동 작동을 위한 연장축을 가지고 있는 경우도 있다. 특히 자동 작동의 경우, 액추에이터의 크기를 선정할 때에는 토크를 조절하기 위한 특별한 주의가 필요하다.

(5) 기타 구조가 단순하고 콤팩트한 디자인, 낮은 압력강하 및 빠른 작동성 등의 장점이 있다.

(6) 빠른 작동성은 자동제어에 적절하고, 낮은 압력강하는 대유량에 적합하다.

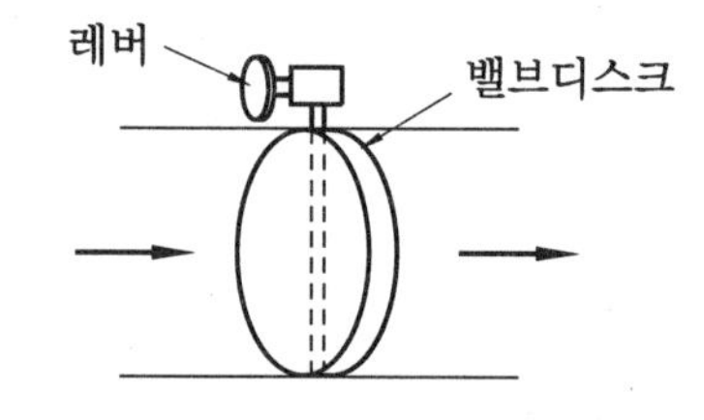

버터플라이 밸브

23 핀치 밸브 (Pinch Valve)

(1) 핀치 밸브의 몸통은 재킷 핀치 (Jacket Pinch)와 많은 산업체에서 슬러리 제어에 사용하는 손더스형 몸통 (Saunders-type Bodies) 등 두 가지 형태가 사용된다.

(2) 유량조절 방법

① 재킷핀치 (Jacket Pinch)형 : 핀치 밸브의 재킷에 신축이음관을 압착시켜 밀어 넣음으로써 축소가 가능하다.

② 손더스형 몸통 : 액추에이터(Actuator)를 이용해 수동적으로 또는 자동적으로 다이어프램을 누름으로써 위어(Weir) 형태로 배출시키는 것이다.

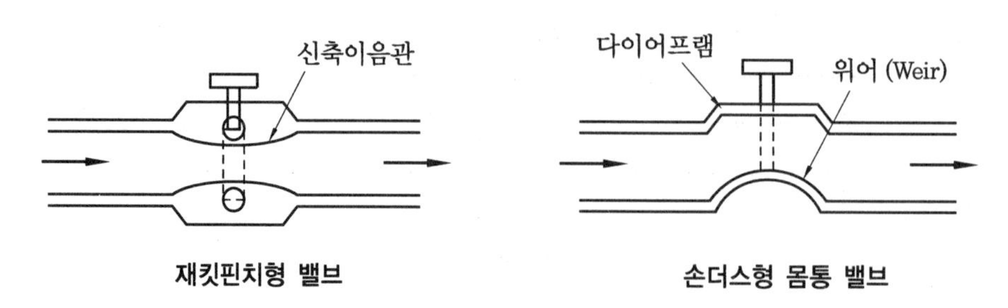

재킷핀치형 밸브　　손더스형 몸통 밸브

24 특수 목적용 밸브

(1) Check Valve (역지밸브)

한 방향으로만 흐르게 하는 밸브(역류방지형)

① 스윙형 : 수평, 수직배관에 둘 다 사용한다.

② 리프트형 : 수평배관에만 사용된다

(2) 냉매용 사방 밸브 (4 Way Valve)

① 냉·난방 절환 밸브 (Reversing Valve라고도 한다)

② 열펌프 (Heat Pump) 장치에서 증발기와 응축기의 기능(순환)을 바꾸어 주는 밸브

(3) 온도조절밸브

① 온도를 감지하여 개도를 조절하거나 개폐한다.

② 감온통을 이용하여 정작동 혹은 역작동으로 개도를 조절할 수 있게 한다.

③ 냉동장치의 온도식 팽창밸브로 많이 활용된다.

(4) 압력조절밸브

① 온도를 감지하여 개도를 조절하거나 개폐한다.

② 압력 검출부의 압력을 다이어프램에 전달하여 밸브의 개도를 조절한다.

(5) 방열기 밸브

① 방열기 밸브 : 증기용, 온수용 유량제어 혹은 On/Off를 위한 밸브

② 방열기 트랩 (열동 트랩) : 방열기 출구에 사용하여 증기와 응축수를 분리하여 응축수만을 환수 필요시 사용한다.

③ 이중 서비스 밸브

㈎ 방열기 밸브와 열동 트랩(벨로스 트랩)을 조합한 밸브

㈏ 하향공급식 배관에서 수직관 내 응축수의 동결을 방지하기 위해서 설치하는 방열기 밸브

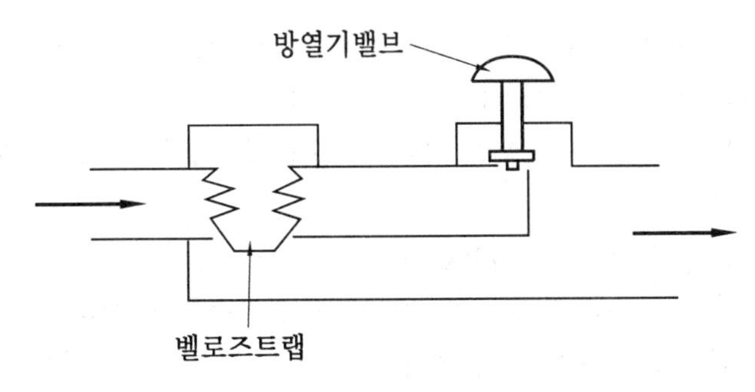

이중 서비스 밸브

(6) 모터 밸브

① 밸브의 개폐장치를 모터의 힘으로 작동한다.

② 검출부의 온도, 압력, 습도 등에 따라 모터가 회전하고 래크와 피니언 등의 구조로 밸브가 상하운동을 하게 하여 밸브를 열고 닫는다.

(7) 볼 탭 (Ball Tap)

① 탱크의 수위조절용 등의 목적으로 사용한다.

② 레버의 끝부분에 구형 부자가 있고, 부자의 변위에 따라 밸브가 열리고 닫혀 급수를 개폐하는 형태이다.

(8) 보일러용 4방향 밸브

보일러 회로의 가열 영역에서 순환수의 분리 및 혼합에 사용하는 4방향 밸브

(9) 플로트 밸브 (Float Valve)

① 보일러의 급수탱크, 저탕조 등에서 액면을 일정한 수위로 유지하기 위하여 사용하는 밸브

② 플로트의 상하운동으로 레버를 개폐하여 물의 공급을 제어하는 밸브이며, 볼 탭도 플로트 밸브의 일종이라고 할 수 있다.

③ 냉동기의 냉매 팽창장치로 사용되는 고압측 플로트 밸브 혹은 저압측 플로트 밸브도 여기에 속한다.

(10) 솔레노이드 (Solenoid)

① 솔레노이드 밸브는 솔레노이드 코일에 전기신호를 가하여 밸브를 개폐하는 전기기계식 제어요소이다.

② 솔레노이드 밸브는 6～50 mm 정도의 배관에 흐르는 냉매, 온수, 냉수 및 수증기 등의 유량을 제어하는데 많이 사용된다.

③ 솔레노이드 액추에이터는 2위치 제어장치로서 이것을 구동하는 데는 직류뿐만 아니라 교류 (50 Hz 및 60 Hz) 전압을 사용할 수도 있다.

(11) 단좌 및 복좌 2방향 밸브 (Two-Way Valves)

① 2방향 자동밸브에서 유체는 유입구 (Inlet Opening)로 들어가서 100%의 유량 또는 소정의 유량으로 배출구(Outlet Port)로 나간다.

② 이때의 유량변화는 밸브 시트뿐만 아니라 디스크와 밸브대의 위치에 따라 좌우된다.

㈎ 단좌 밸브

㉮ 차압이 낮은 곳에 주로 사용한다.

㉯ 하나의 시트와 하나의 플러그-디스크가 흐름을 차단한다.

㉰ 플러그-디스크의 형태는 설계자에 따라 또는 시스템 적용에 필요한 조건에 따라 변화시킬 수 있다.

㈏ 복좌 밸브

㉮ 차압이 높은 곳에 주로 사용(밸브 시트 상하의 압력이 상쇄됨)

㉯ 두 개의 시트, 플러그 및 디스크를 가지며 2방향 밸브를 특수하게 적용한 것이다.

㉰ 일반적으로 단좌 밸브에서 완전히 닫혔을 때의 밸브 전후의 압력이 너무 클 때 사용한다(단좌 밸브로 흐름을 차단할 수 없는 경우에 사용).

㉱ 완전차단이 필요한 곳에는 사용할 수 없다.

25 액추에이터 (Actuator)

액추에이터란 전기 또는 공압신호와 같은 조절기기의 출력을 회전 또는 직선운동으로 바꾸어 주는 장치이다. 즉, 액추에이터는 최종 제어 요소(자동밸브, 댐퍼 등)가 작동하도록 제어 변수를 바꾸어 주는 장치이다.

(1) 전기식 액추에이터 (Electric Actuator)

전기식 액추에이터는 보통 캠(cam) 또는 래크와 피니언(rack and pinion)기어로 결합되어 밸브대에 연결된 기어장치 및 출력축과 연결된 복권전동기로 구성된다.

(2) 전기유압식 액추에이터 (Electrohydraulic Actuator)

전기 유압식 액추에이터는 전기 및 유압 액추에이터의 특성을 결합한 형태이다.

(3) 공압식 액추에이터 (Pneumatic Actuator)

압축공기를 이용하여 피스톤·실린더를 구동하여 밸브 혹은 댐퍼 등을 구동하도록 되어 있다.

26 차압밸브

차압밸브란 배관 시스템 내 압력의 과상승 방지 혹은 시스템 유량을 범위 내에서 일정하게 유지하기 위한 밸브이다(물용, 냉매용, 증기용 등이 있다).

(1) 종류별 특성 비교

구 분	정작동(N/C)	역작동(N/O)
용 도	펌프의 안전장치용 Relief Valve	유량 조절용
설치위치	공급관과 환수관 사이의 Bypass관에 설치	공급관 또는 환수관
작동방식	차압 상승 시 Open	사용범위 내 일정한 압력 유지

(2) 유량별 압력특성 그래프

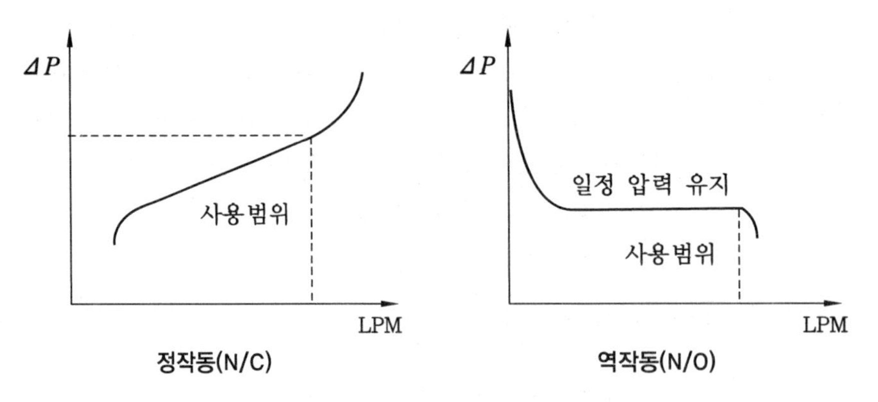

27 정작동(Normal Close)과 역작동(Normal Open)

(1) 정작동(Normal Close)이라는 용어는 원래 자동제어의 전기적 신호에서 평상시에는 On(전기적으로 연결)되어 있다가 전기적인 신호가 들어오면 Off(전기적으로 단락)가 된다는 것에서 유래되었다. 물론 역작동(Normal Open)이라는 용어는 그 반대로 해석하면 된다(즉, 역작동은 평상시에는 Off되어 있다가 전기적인 신호가 들어오면 On됨).

(2) 설비, 밸브류 등에서도 상기와 동일 개념으로 해석되면 된다. 정작동(Normal Close)은 보통의 상황(평상시)에서는 밸브가 닫혀 있다가, 필요시에는 밸브가 열리는 경우이고, 역작동(Normal Open)에서는 그 반대로 해석하면 된다(즉, 역작동 밸브는 보통의 상황에서는 밸브가 열려 있다가 필요시 닫히는 경우이다).

28 자동 3방 밸브

(1) 자동 3방 밸브는 자동제어에 사용되는 밸브의 일종으로 그 사용목적에 따라 분류형과 합류형으로 나누어진다.

(2) 특장점

구 분	분 류 형	합 류 형
장 점	• 부하기기에 걸리는 압력을 줄일 수 있다. • 조작기의 힘을 줄일 수 있어 '정밀한 제어'에 유리하다.	유체의 흐름이 아주 안정적이다.
단 점	유체의 흐름이 다소 불안정하다.	• 부하기기에 걸리는 압력이 크다. • '정밀한 제어'에 다소 불리하다.

(3) Cycle 및 형상도

구 분	분류형(Diverting Type)	합류형(Mixing Type)
Cycle도	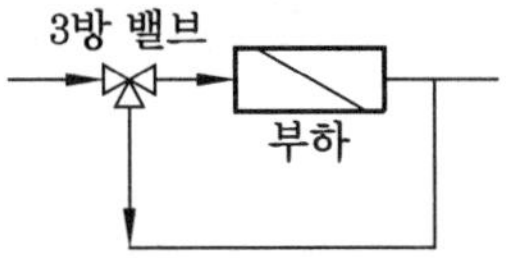 3방 밸브 / 부하	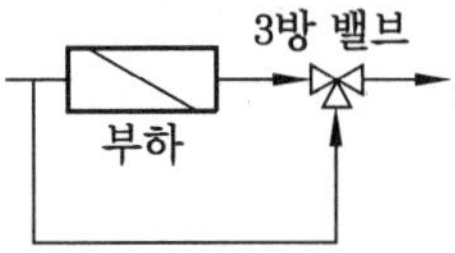 3방 밸브 / 부하
밸브 형상도	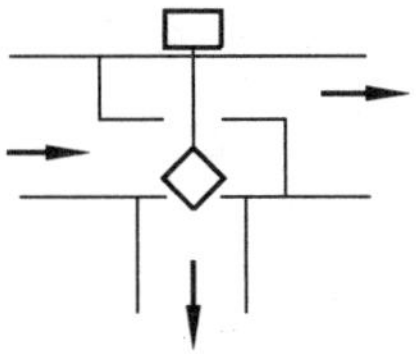	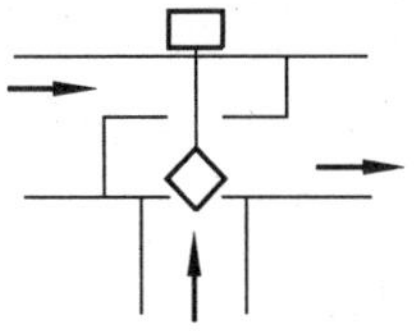

29 레인저빌리티(Rangeability)

(1) 유체의 종류, 온도, 압력, 압력차 등 유량과 관계되는 조건들이 일정한 경우, 조절밸브의 조절 가능한 범위 내에서의 최대유량과 최소유량의 비율을 말한다.

(2) 레인저빌리티(Rangeability)의 값은 보통의 조절밸브에서는 30 : 1~50 : 1이며, 나비형 밸브의 경우는 보통 15 : 1 정도이다.

(3) 특성

① 효과적으로 조절가능한 범위 내에서

$$\text{레인저빌리티(Rangeability)} = \frac{\text{최대유량}}{\text{최소유량}}$$

② 이 값이 클수록 정밀한 유량조절이 가능해진다.

③ 특히 컨트롤 밸브에서는 레인저빌리티의 범위 내에서는 안정적으로 유량이 제어될 수 있어야 한다.

④ 밸브 선정 시 유량계수와 함께 중요하게 고려해야 하는 값이다.

30 물용 밸브 유량계수(Capacity Index)

(1) 밸브의 치수를 결정하는 지표로 사용된다.

(2) 유량계수의 종류

① K_v

(가) 밸브의 상태 : 100% Open된 개도

(나) 압력 : 밸브의 전후단에 1 kgf/cm^{2}의 차압 발생 시

(다) 온도 : 상기 조건에서의 5～30℃ 물의 유량 기준이다.

(라) 단위 : CMH

(마) 계산식

$$K_v = Q \cdot \sqrt{\frac{s}{\Delta P}}$$

여기서, Q : 유량, s : 유체의 비중, ΔP : 밸브 전후의 압력차

② C_v

(가) 밸브의 상태 : 100% Open된 개도

(나) 압력 : 밸브의 전후단에 1 PSI(0.07 kgf/cm^2)의 차압 발생 시

(다) 온도 : 상기 조건에서의 60°F(15.6℃) 물의 유량 기준이다.

(라) 단위 : USgal/min (1 USgal/min = 3.785 LPM)

(마) 관계식

$$C_v = 1.167 K_v$$

31 유도전동기

(1) 유도전동기(誘導電動機, Induction Motor)는 고정자(Stator)와 회전자(Rotor)로 구성되어 있으며, 고정자 권선(捲線, Winding)이 삼상인 것과 단상인 것이 있다.

(2) 삼상은 고정자 권선에 교류가 흐를 때 발생하는 회전자기장(Rotating Magnetic Field)에 의해서 회전자에 토크가 발생하여 전동기가 회전하게 된다.

(3) 그러나 단상 고정자 권선에서는 교류가 흐르면 교번자기장(Alternating Magnetic Field)만이 발생되어 회전자에 기동 토크가 발생하지 않아서 별도의 기동장치가 필요하게 된다.

(4) 유도전동기는 일반적으로 가장 많이 사용되는 전동기이며, 구조가 간단하고 튼튼하며 염가이고 취급이 용이하다.
(5) 원래 정속도(Constant Speed) 전동기이지만 가변속으로도 사용되고 있다.

32 유도전동기 기동방식

(1) 전전압(全電壓) 직입기동

① 전동기에 최초부터 전전압을 인가하여 기동
② 전동기 본래의 큰 가속 토크가 얻어져 기동시간이 짧고, 가격이 저렴하다.
③ 기동 전류가 크고 이상전압 강하의 원인이 될 수 있다.
④ 기동 시 부하에 가해지는 쇼크가 크다.
⑤ 전원 용량이 허용되는 범위 내에서는 가장 일반적인 기동 방법으로 가능한 이 방식이 가장 유리하다.

(2) Y-△ 기동

① △ 결선으로 운전하는 전동기를 기동 시만 Y로 결선을 하여 기동전류를 직입 기동시의 1/3로 줄인다.
② 최대 기동전류에 의한 전압강하를 경감시킬 수 있다.
③ 감압기동 가운데서는 가장 싸고 손쉽게 채용할 수 있다.
④ 최소기동 가속 토크가 작으므로 부하를 연결한 채로 기동할 수 없다. 기동한 후 운전으로 전환될 때 전전압이 인가되어 전기적, 기계적 쇼크가 있다.
⑤ 5.5 kW 이상의 전동기로 무부하 또는 경부하로 기동이 가능한 것. 감압 기동에서는 가장 일반적이며, 공작기, 크래셔 등에 사용한다.

(3) 콘돌파 기동

① 단권변압기를 사용해서 전동기에 인가 전압을 낮추어서 기동
② 탭의 선택에 따라 최대 기동전류, 최소 기동토크가 조정이 가능하며 전동기의 회전수가 커짐에 따라 가속 토크의 증가가 심하다.
③ 가격이 가장 비싸고, 가속토크가 Y-△ 기동과 같이 작다.
④ 최대 기동전류 최소 기동토크의 조정이 안 된다.
⑤ 최대 기동전류를 특별히 억제할 수 있는 것, 대용량 전동기 펌프, 팬, 송풍기, 원심분리기 등에 사용

(4) 리액터 기동

① 전동기의 1차 측에 리액터를 넣어 기동 시의 전동기의 전압을 리액터의 전압 강

하분 만큼 낮추어서 기동

② 탭 절환에 따라 최대 기동 전류 및 최소 기동 토크가 조정 가능하며, 전동기의 회전수가 높아짐에 따라 가속 토크의 증가가 심하다.

③ 콘돌파 기동보다 조금 싸고 느린 기동이 가능하다.

④ 토크의 증가가 매우 커서 원활한 가속 가능

⑤ 팬, 송풍기, 펌프, 방직관계 등의 부하에 적합

(5) 1차 저항 기동

① 리액터 기동의 리액터 대신 저항기를 넣은 것

② 리액터 기동과 거의 같고, 리액터 기동보다 가속토크의 증대가 크다.

③ 최소 기동 토크의 감소가 크다(적용 전동기의 용량은 7.5 kW 이하).

④ 토크의 증가가 매우 커서 원활한 가속 가능

⑤ 소용량 전동기(7.5 kW 이하)에 한해서 리액터 기동용 부하와 동일 적용

(6) 인버터 기동 방식

① 컨버터에 의하여 상용 교류전원을 직류전원으로 바꾼 후, 인버터부에서 다시 기동에 적합한 전압과 주파수의 교류로 변환시켜 유도전동기를 기동시킨다.

② 기동전류는 입력전압(V)에 비례하므로 입력전압을 감소시킴으로써 기동전류를 제한할 수 있다.

③ 운전 중에도 회전수 제어를 지속적으로 행할 수 있는 방식이다.

④ 축동력의 비는 회전수비의 세제곱과 같다.

$$\frac{W_2}{W_1} = \left(\frac{N_2}{N_1}\right)^3$$

⑤ 회전수 제어에 의하여 동력을 현격히 절감할 수 있는 방식이다.

제 7 장 반송 시스템(덕트)

1 덕트 설계 순서

공조기 등에서 조화된 공기를 반송하는 덕트 설비에 대한 설계는 다음의 순서로 진행된다.

① 송풍량(CMH) 결정

$$Q = \frac{qs}{(C_p \cdot \gamma \cdot \Delta t)}$$

여기서, qs : 현열부하 (kcal/h = 1/860 kW = 1/860 kJ/s)
Q : 풍량 ($m^3/h = 1/3600\ m^3/s$)
γ : 공기의 밀도 (= 1.2 kg/m^3)
C_p : 공기의 비열 (0.24 kcal/kg·℃ ≒ 1.005 kg·K)
Δt : 취출온도차 (실내온도-공조기의 설계 취출온도)

② 취출구 및 흡입구 위치 결정(형식, 크기 및 수량)
③ 덕트의 본관, 지관 경로 결정
④ 덕트의 치수 결정
⑤ 송풍기 선정
⑥ 설계도 작성
⑦ 설계 및 시공 사양 결정

2 덕트치수 설계법

(1) 등속법

① 전구간 풍속이 일정하도록 설계한다.
② 구간별 압력손실이 서로 다르다(기외정압 계산 시 모두 계산 필요).
③ 용도
(가) 먼지나 산업용 분진 이송용

(나) 공장환기 및 배연 덕트용 등

④ 설계 순서

(가) 풍량을 결정하고 풍속은 임의 값을 선정하여 메인 덕트 치수를 풍량과 풍속에 의해 구한다.

(나) 주경로의 압력손실은 송풍기 선정용 정압으로 하고 다른 경로는 같은 정도의 압력손실이 되도록 풍속을 수정해서 구하며, 계산은 다소 복잡하다.

(2) 등압법 (등마찰 저항법, 등마찰 손실법)

① 이 방법은 덕트의 단위길이당 마찰저항이 일정한 상태가 되도록 덕트 마찰손실선도에서 지름을 구하는 방법으로 쾌적용 공조의 경우에 흔히 적용된다.

② 저속 덕트의 단위길이당 마찰손실(압력손실)은 실의 소음제한이 엄격한 주택이나 음악감상실과 같은 곳은 0.06~0.07 mmAq/m (최대풍속 = 7 m/s 이하), 일반건축은 0.1 mmAq/m (최대풍속 = 8 m/s 이하), 공장이나 기타의 소음제한이 적은 곳은 0.15 mmAq/m (최대풍속 = 10 m/s 이하)로 한다.

③ 등마찰저항법으로 많은 풍량을 송풍하면 소음발생이나 덕트의 강도상에도 문제가 있어서 풍량이 10000 m^3/h 이상이 되면 등속법으로 하기도 한다.

④ 이 방법의 단점은 주간덕트에서 분기된 분기덕트가 극히 짧은 경우에는 분기덕트의 마찰저항이 적으므로 분기덕트 쪽으로 필요 이상의 공기가 흐르게 된다. 따라서 이 현상을 막기 위하여 '개량 등마찰 저항법'으로 덕트치수를 정하기도 한다.

(3) 개선등압법 (Improved Equal Friction Loss Method)

① 등압법을 개량한 것으로, 먼저 등압법으로 덕트 치수를 정한다.

② 풍량분포를 댐퍼 없이도 균일하게 하도록 분기부의 덕트 치수를 적게 해서 압력손실을 크게 하고 균형을 유지하는 방법이다.

③ 이 방법에 의하여 덕트 내 풍속이 너무 크게 되어 소음발생의 원인으로 되기 쉬우므로 주의를 요한다.

(4) 정압 재취득법 (Static Pressure Regain Method)

① 정압을 일정하게 해주기 위해 앞구간의 취출 후에는 풍속을 감소시켜 정압을 올려준다.

② 직선덕트 내에서 속도가 감소하면 베르누이의 정리로부터 일부의 속도에너지는 압력에너지로 변환하여 2차쪽의 압력은 증가한다.

(5) 전압법

① 각 취출구까지의 전압력 손실이 같아지도록 설계한다.

② 덕트 내에서의 풍속변화를 동반하는 정압의 상승·하강을 고려하기 위해 사용하

는 방식이다.

③ 토출 덕트의 하류측에서 정압 재취득에 의해 정압이 상승하고, 상류측에서 하류측으로의 토출풍량이 설계치보다 커지는 경우가 있다. 이와같은 불편함을 없애기 위해 각 토출구에서 전압이 동일해지도록 덕트를 설계하는 방법이 전압법이다.

④ 전압법은 가장 합리적인 덕트설계법이지만, 동압까지 고려해야 하는 번거로움 때문에 정압법으로 설계한 덕트의 check 정도에 이용되고 있다.

3 저속 덕트(Low Velocity Duct System)

덕트 내부를 통과하는 공기의 속도가 15 m/s 이하일 경우 '저속 덕트'라 이름하며, 주로 쾌적 공조용으로 많이 사용된다.

(1) 저속 덕트의 스펙

① 풍속 : 15 m/s 이하, 적정풍속은 10~12 m/s 혹은 8~15 m/s 정도

② 정압손실 : 약 0.07~0.2 mmAq/m

③ 전압 : 50~75 mmAq 정도

④ 용도·형상 : 대부분의 공조용 덕트·각형

(2) 저속 덕트의 특징

① 덕트 스페이스의 제한이 크지 않은 공장, 다실 건축물, 극장, 영화관 등 단일 대용적의 건물일수록 유리하다.

② 덕트 스페이스가 커져서 초기 덕트 설치비가 증가되나, 구동 전동기의 출력 감소(동력비 절감) 가능

4 고속 덕트(High Velocity Duct System)

덕트 내부를 통과하는 공기의 속도가 15 m/s를 초과할 경우 '고속 덕트'라 이름한다.

(1) 고속 덕트의 스펙

① 15 m/s 초과, 적정풍속은 20~25 m/s(소음 제한 기준) 정도

② 정압손실 : 약 1 mmAq/m

③ 전압 : 150~200 mmAq 정도

④ 용도 · 형상 : 산업용(분체, 분진 이송용 등) · 원형 덕트

(2) 고속 덕트의 특징

① 주로 저속 덕트의 2배 이상의 풍속이며 덕트 스페이스는 축소되나 송풍장치 구

동 전동기의 출력증대에 따른 동력비가 많이 든다.

② 소음이 크므로 주로 소음상자를 취출구에 설치하며 고층건물, 선박 등에 많이 쓰인다.

③ 소음의 문제로 인하여 대개 최고속도를 25 m/s 이하로 제한한다.

5 덕 트

(1) 공조 분야에서 공기를 운송하는 통로 역할을 하며, 단면의 형상에 따라 다음과 같이 분류한다.

① 각형 덕트 (장방형 덕트) : 단면이 직사각형인 덕트

② 원형 덕트 : 단면이 원형인 덕트

③ 스파이럴 덕트 (Spiril Duct) : 함석을 나선 모양으로 말아서 만든 덕트

④ 플렉시블 덕트 (Flexible Duct) : 면, 섬유 등에 철심을 넣어 만든 덕트

(2) 공조 분야에서 물, 냉매, 증기 등을 운반하는 반송 통로가 배관 (Pipe)이라고 한다면, 공기를 운반하는 반송 통로는 덕트이다.

6 주덕트 배치법

① 간선 덕트 방식 : 천장취출, 벽취출 방식 등→'그림 (a)' 참조

② 환상 덕트 방식 : VAV유닛의 외주부 방식 등→'그림 (b)' 참조

③ 개별 덕트 방식 : 소규모 건물 등→'그림 (c)' 참조

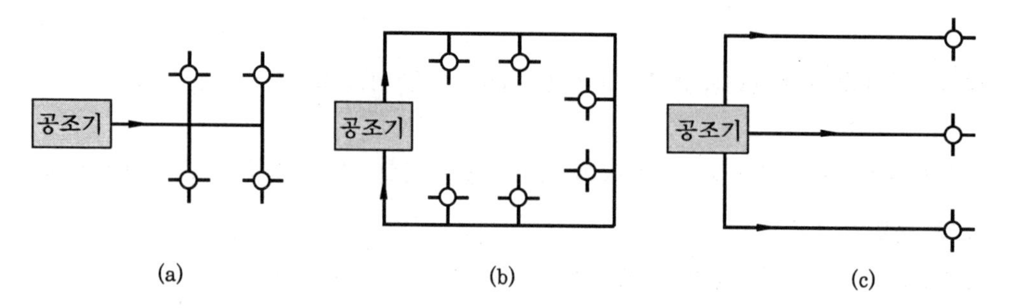

(a) (b) (c)

7 덕트 이음매

덕트 제작 혹은 시공상 단위 덕트끼리 서로 잇는 경우 다음과 같은 여러 표준 방법을 사용하며, 제작 혹은 시공 시 누설이 없도록 주의를 기울여야 한다.

① 가로방향 : Drive Slip(그림 (a)), Standing Seam(그림 (b))
② 세로방향(직각방향) : Snap Seam(그림 (c)), Pittsburgh Seam(그림 (d))
③ 원형 : Grooved Seam (그림 (e))

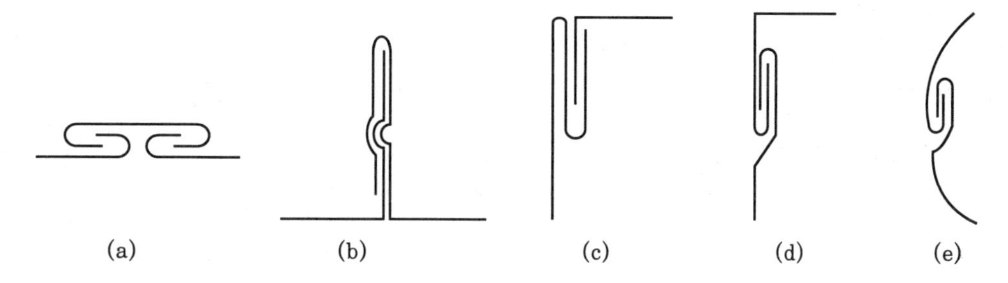

8 캔버스 연결(Canvas Connection)

(1) 장치와 덕트 사이에 진동 및 소음의 전달을 막기 위해 천, 가죽 등으로 제작한 이음매
(2) 캔버스 연결(캔버스 이음)은 진동원(송풍기, 기타 전동기기류 등)의 진동이 덕트 등의 구조물을 타고 건물 전체로 전달되지 않도록 절연(차단)시켜주는 역할을 한다.

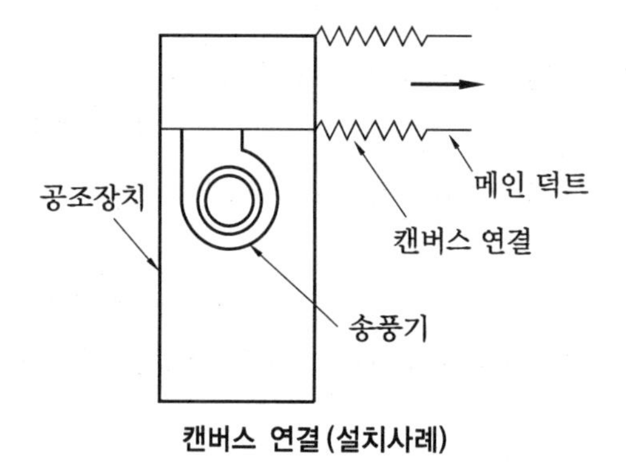

캔버스 연결(설치사례)

9 글라스 울 덕트(Glass Wool Duct)

(1) 한번 설치(시공)로 덕트 구조물과 단열재 작업을 동시 시공하는 것과 같다.
(2) 경량, 시공성 우수, 단열 불필요한 우수한 덕트 재료이다.

(3) 특성

① 난연, 흡음, 단열, 작업성 우수, 경량화로 인건비 절약
② 풍속은 각형 13 m/s 이하, 원형 15 m/s 이하에 주로 사용
③ 강도상 문제가 있을 수 있으므로 정압 50 mmAq 이상은 사용 제한

(4) 가공 방법

1 Piece, L형 2 Piece, U형 2 Piece, 4 Piece type 등

10 덕트 풍속 측정법

덕트에서 풍속을 측정하는 방법은 주로 피토관으로 측정(동압을 풍속으로 환산)하거나, 풍속계, 풍속센서 등으로 측정한다.

(1) 원형 덕트에서의 풍속 측정

① 이송위치는 최소 12점이며, 20점을 넘지 않도록 한다.

② 덕트의 직경에 따라

㈎ 230 mm 미만 : 12점

㈏ 230 ~300 mm : 16점

㈐ 300 mm 초과 : 20점

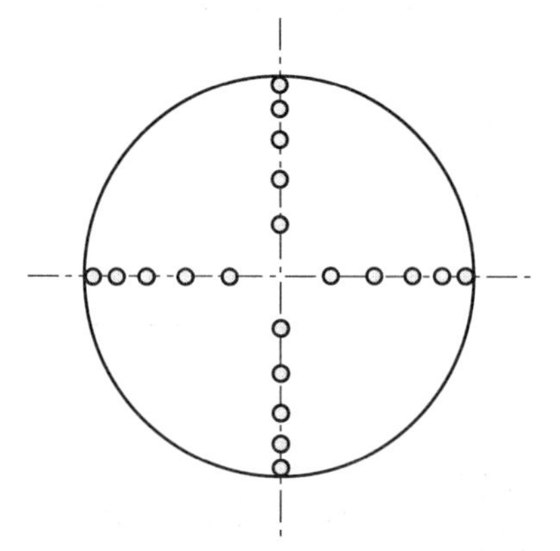

동일 면적 분할법 (300 mm 초과의 경우)

(2) 장방형 덕트에서의 풍속측정

① 이송위치는 최소 16점~최대 64점을 넘지 않도록 한다.

② 측정 점수가 64점 이하인 경우에는 피토 튜브 측정 위치의 중심거리는 150 mm 이하이어야 한다.

③ 덕트 벽면에 가장 가까운 측정점의 위치는 측정점간 중심거리의 1/2이어야 한다.

④ 각 측정점에서 측정한 동압을 풍속으로 환산하여 기록한다.

11 FMS (풍량측정기, 풍량감지기)

(1) 환기팬용 모터의 회전속도(RPM)를 정확히 제어하기 위한 목적으로 풍량(급기 및 환기)을 측정하기 위해 FMS (Air Flow Measuring Station ; 풍량측정기, 풍량감지기)를 설치할 수 있다.

(2) 외기 도입덕트상에 FMS를 설치하면, VAV 시스템에서 실내 열부하가 감소하여 급기팬 필요풍량이 감소되더라도 외기댐퍼와 환기댐퍼를 조절해 실내인원에 대한 최소 환기량 혹은 법적 환기량을 처리할 수 있게 할 수 있다.

(3) FMS의 장점

① 실내의 적정한 공조 조건 유지가 용이해진다(풍량제어, 외기량 제어, 실내가압 등).

② 공조 설비 운전비용의 절감 가능 : FMS (Air FLow Measuring Station)는 덕트 내를 통과하는 공기의 상태를 신속 정확하게 확인할 수 있으므로 에너지 절감에 도움이 된다.

③ T.A.B (Testing Adjusting and Balancing) 등을 실시할 때에 별도의 감지장치

가 필요하지 않으며 지속적으로 사용가능함으로써 설비의 운영효율이 올라가고 유지비를 절감할 수 있다.

④ 공기의 흐름상태를 지속적으로 측정 및 조정함으로써 적정한 설계조건을 계속 유지 가능하여 운전비용 절감과 운전상의 문제점을 사전에 확인 및 조정 가능하다.

(4) 적용방법

적정한 시스템 운용을 위해서 주로 아래와 같이 적용가능하다.

① Return Air Duct에 설치하여 : Return Air System Flow를 Adjusting하고 Balancing 하기 위해서 적용한다.

② Supply Air Duct에 설치하여

㈎ Branch Ducts의 Constant Static Control로 Air Noise levels를 감소시킨다.

㈏ Supply Duct Air Flow의 Contant Volume Control을 실시한다.

③ Supply와 Return Air Duct 양쪽 모두를 설치하여

㈎ Floor 또는 Space Pressurization Control을 위한 Supply 및 Return Air Flow의 동기성을 부여한다.

㈏ Branch Ducts 와 Return 또는 Supply Fans간의 Duct Leakage를 측정할 수 있다.

㈐ Supply 및 Return Air Flows를 감시함으로써 효과적인 시스템 운용이 가능해진다.

④ Supply, Return 및 Outside Air Duct에 설치하여

㈎ 실내의 적정 양압을 유지하기 위해 Supply 및 Return Fan의 풍량을 측정하여 Supply 및 Retun Fan 간의 Balance를 맞추고 환기 기준에 필요한 최소 외기량을 일정한 양으로 제어하기 위해 사용된다.

㈏ 풍량 측정 장치(FMS)를 덕트 정압 Sensor와 함께 적용하면 보다 더 효과적으로 VAV System 운용에서 파생되는 문제점을 해결 가능하다.

12 취출구

(1) 조화된 공기를 실내에 공급하는 개구부를 취출구(토출구)라고 하고 설치위치, 형식에 따라 실내로의 기류 방향과 형상, 온도분포, 환기기능 등이 변한다.

(2) 취출구(吹出口)

① 복류형

㈎ 아네모스탯(Anemostat)

㉮ 확산형, 유인 성능이 좋아 아주 널리 사용된다.

㉯ 외곽 형상에 따라 원형과 각형이 있다.

(나) 팬형 (Pan Type) : 상하로 움직이는 둥근 Pan 이용 풍향, 풍속 조절이 가능하다.

(다) 웨이형 (Way Type) : 한 방향 ~ 네 방향까지 특정 방향으로 고정되어 취출된다.

② 면형 : 다공판형 (多孔板形 : Multi Vent Type)-다수의 원형 홈을 만들어 제작

③ 선형(라인형)

(가) Line Diffuser : Breeze Line, Calm Line, T-Line 등

(나) Light-troffer : 형광등의 등기구에 숨겨져 토출된다.

④ 축류형

(가) 노즐형 (Nozzle Type) : 취출구 형상이 노즐 형태로 되어 있어 취출공기를 멀리 보낼 수 있다.

(나) 팬커 루버 (Punka Louver) : 취출공기를 멀리 보낼 수 있게 취출구 단면적의 크기 조절이 가능하다. 또한 국소냉방(Spot Cooling)에도 유용하게 적용 가능하다.

⑤ 격자 (날개)형 : 베인형의 격자 형태

(가) 그릴(Grille : 풍량 조절용 셔터(Shutter)가 없다.

㉮ H형 : 수평 루버형

㉯ V형 : 수직 루버형

㉰ H-V형 : 수평 및 수직 루버형

(나) 레지스터(Register) : 풍량 조절용 셔터(Shutter)가 있음

㉮ H-S형 : 수평 루버 + 셔터(Shutter)

㉯ V-S형 : 수직 루버 + 셔터(Shutter)

㉰ H-V-S형 ; 수평 및 수직 루버 + 셔터(Shutter)

⑥ VAN 시스템용 디퓨저

(가) 주로 VAV(유닛) 시스템의 말단부 취출구에서 높은 유인비를 얻을 목적으로 채용되어지는 디퓨저이다.

(나) 형상면에서는 아네모스탯(Anemoatat)과 유사하지만, 콘의 형태가 길고 낮게 형성되어 유인비가 커질 수 있게 특별히 제작된다.

(다) 취출구의 풍량이 많이 변하여도 유인비가 큰 일정한 패턴의 취출풍량을 얻을 수 있다.

⑦ VAV 디퓨저

(가) 보통 VAV 유닛 시스템은 급기덕트상에 하나의 유닛마다 여러 개 (보통 3개~7개)의 취출구를 연결하여 사용하며, 실내 측에 별도로 설치된 실내온도센서의 신호를 받아 풍량을 제어하는 시스템이지만, VAV 디퓨저는 디퓨저에 일체화된 온도센서에 의해 각각의 디퓨저마다 별도의 풍량이 제어될 수 있다.

(나) VAV 디퓨저는 개별 작은 공간마다의 간편형 변풍량 제어가 용이하다.

(다) VAV 유닛 시스템 대비 장비가격, 시공비 등이 절감되며, 간단형 VAV 시스템

이라고 할 수 있다.

㈑ 사용 공간 상부에서 직접 급기풍량이 변하므로 이상소음 발생에 특별히 주의를 하여야 한다.

13 가변선회형 디퓨저

(1) 기류의 토출방향을 조절할 수 있는 가변형 취출구는 취출특성에 따라 축류형과 선회류형이 있고, 도달거리에 따라 일반형과 고소형이 있다.

(2) 축류형은 유인비와 확산 반경이 작아서, 도달점에서 실내온도와 취출온도의 편차가 약 3~4℃ 정도로 심해지는 관계로 불쾌감을 유발하기도 하여 많이 사용되지 않는다.

(3) 일반형 가변선회 취출구

① 천장고가 약 4~12 m 높이에 사용되는 취출구

② 경사진 블레이드를 통과한 기류는 강력한 선회류(Swirl)를 발생시키고, 기류확산이 매우 신속하게 이루어진다.

③ 유인비가 높아 2차 실내 기류의 유동을 촉진하여 정체공간을 해소한다.

④ 실온에 가까운 공기가 재실자에 유입되는 특징이 있다.

(4) 고소형 가변선회 취출구

① 천장고가 약 10~25 m 높이에 사용되는 취출구

② 일반적인 특성은 '일반형 가변선회 취출구'와 동일하나, 난방 시 확산각이 일반형에 비해 감소되는 차이가 있다.

가변선회 취출구(전면)

가변선회 취출구(후면)

14 흡입구

(1) 실내공기를 조화(Air Conditioning)할 목적으로 공기조화기 쪽으로 보내기 위해 흡입하는 개구부를 흡입구라고 한다.

(2) 덕트에 사용되는 대부분의 취출구들은 흡입구로도 사용 가능하다(단, 취출구를 흡입구로 사용하기 위해서는 보통 불필요한 풍향 및 풍량 조절장치를 떼어내고 흡입구로 적용한다).

(3) 기타 흡입구 전용으로 사용할 수 있는 장치들은 다음과 같다.

① Slit형 : 긴 홈 모양으로 철판 등을 펀칭하여 만든다.

② Punching Metal형 : 금속판에 작은 홈들을 펀칭하여 만든다.

③ 화장실 배기용 : 화장실의 배기 전용으로 제작

④ Mush Room형 : 바닥 취출을 위한 형태(버섯 모양)

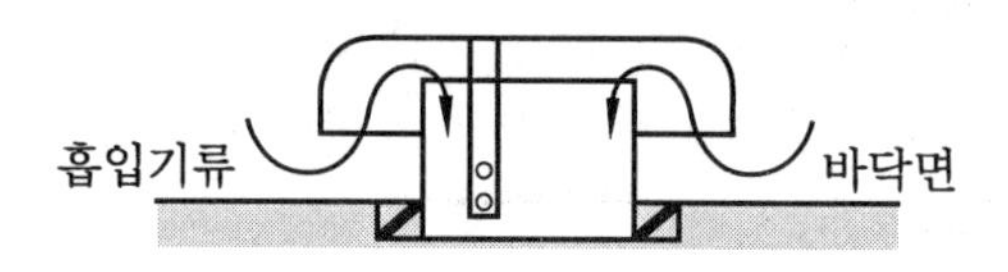

Mush Room형 흡입구

15 토출기류 4역

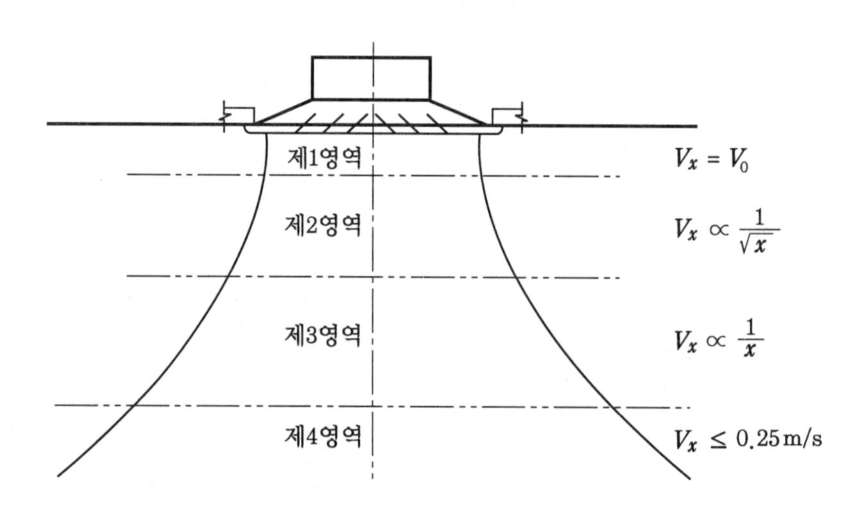

(1) 1영역은 초기 풍속을 말하며, 2영역, 3영역은 2차공기의 유인작용을 하고, 4영역은 확산작용을 하여 도달거리를 공급한다.

(2) 임의의 x 지점에서의 기류의 중심속도를 V_x라고 하고, 디퓨저 초기 분출 시의 속도를 V_0라고 하면 다음과 같다.

① 1역($V_x = V_0$) : 보통 취출구 지름의 2~6배까지를 1역으로 본다.

② 2역($V_x \propto \frac{1}{\sqrt{x}}$) → 천이영역(유인작용) ; Aspect ratio가 큰 디퓨저일수록 이 구간이 길다.

③ 3역($V_x \propto \frac{1}{x}$) → 한계영역(유인작용) : 주위 공기와 가장 활발하게 혼합되는 영역으로, 일반적으로 가장 긴 영역이다.

④ 4역($V_x \leq 0.25$ m/s) ⇨ 확산영역 : 취출기류속도 급격히 감소, 유인작용 없다.

16 확산반경

(1) 최대 확산반경

천장 취출구에서 기류가 취출되는 경우 드리프트가 일어나지 않는 상태로 하향 취출했을 때 거주영역에서 평균 풍속이 0.1 m/s~0.125 m/s로 되는 최대 단면적의 반경을 최대 확산반경이라고 한다.

(2) 최소 확산반경

천장 취출구에서 기류가 취출되는 경우 드리프트가 일어나지 않는 상태로 하향 취출했을 때 거주 영역에서 평균 풍속이 0.125 m/s~0.25 m/s로 되는 최대 단면적의 반경을 최소 확산반경이라고 한다.

(3) 확산반경 설계 요령

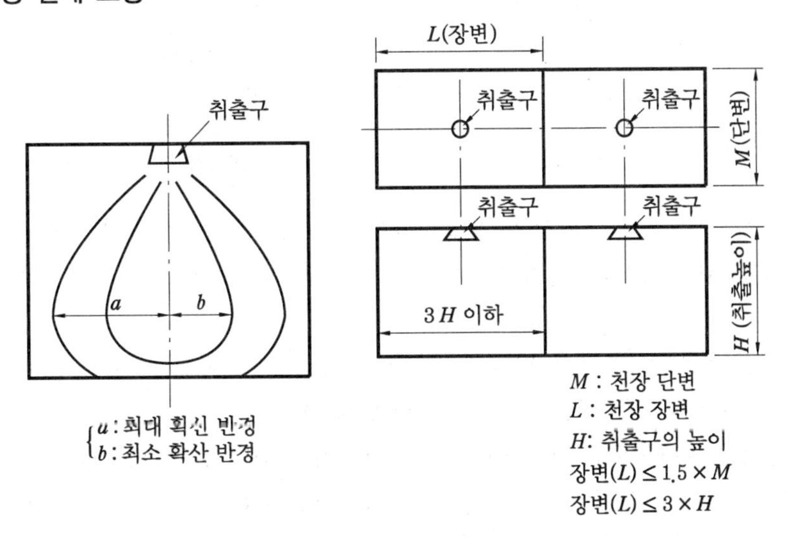

① 최소 확산반경 내에 보나 벽 등의 장애물이 있거나, 인접한 취출구의 최소 확산반경이 겹치면 드리프트(Drift ; 편류현상) 현상이 발생한다.

② 취출구의 배치는 최소 확산반경이 겹치지 않도록 하고, 거주 영역에 최대 확산반경이 미치지 않는 영역이 없도록 천장을 장방형으로 적절히 나누어 배치한다.
③ 이때 보통 분할된 천장의 장변은 단변의 1.5배 이하로 하고, 또 거주영역에서는 취출 높이의 3배 이하로 한다.

17 댐퍼

공기조화에서 덕트 내 풍량의 조절 및 개폐 목적으로 사용하는 부속품을 댐퍼라고 한다.

(1) 날개의 회전방향에 의한 분류

① 평행익형 댐퍼 (Parallel Blade Damper)
　㈎ 서로 이웃하는 날개가 같은 방향으로 회전하는 댐퍼를 말한다.
　㈏ 날개가 조금만 열려도 많은 유량이 흐르게 되므로 제어성이 나쁘고 선형 비례제어의 특성을 얻으려면 시스템 전체의 압력손실 대비 Full Open 댐퍼에서의 압력손실이 약 30% 정도 이상이어야 한다.
② 대향익형 댐퍼 (Opposed Blade Damper)

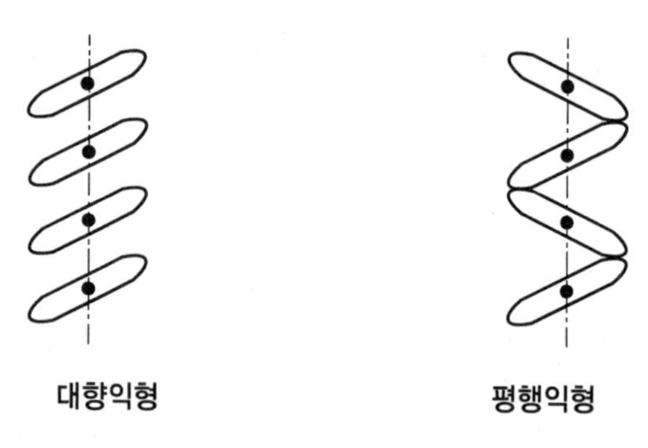

③ 혼합형 댐퍼 : 정풍량 댐퍼처럼 평행형과 대향형 날개가 섞여 있는 댐퍼를 말한다.
④ 슬라이드형 댐퍼 : 미닫이문처럼 날개가 가이드를 따라 개폐되는 경우의 댐퍼를 말한다.
　㈎ 서로 이웃하는 날개가 반대방향으로 회전하는 댐퍼이며 대부분의 링크 구동 댐퍼와 전량의 기어구동형 댐퍼가 이에 해당한다.
　㈏ 평행익형 댐퍼보다는 제어성이 좋다. 시스템 전체의 압력손실 대비 Full Open 댐퍼에서의 압력손실이 약 10% 정도 이상이어도 비례제어 특성이 약간씩 나타난다.
⑤ Curtain Damper (커튼 댐퍼) : 주로 방화 댐퍼에 사용되며 날개가 접힐 수 있는 구조로 되어 있으며 접혀있을 때는 Locking되어 있다가 퓨즈나 기타의 신호에 의하여 Unlocking하여 스프링 또는 중력에 의하여 유로를 폐쇄하는 댐퍼를 말한다.

⑥ Butterfly Damper : 가장 구조 간단, 회전축을 가진 날개 1매 장착, 와류 발생 때문에 풍량조절 보다는 개폐용(소형덕트)으로 주로 사용된다.

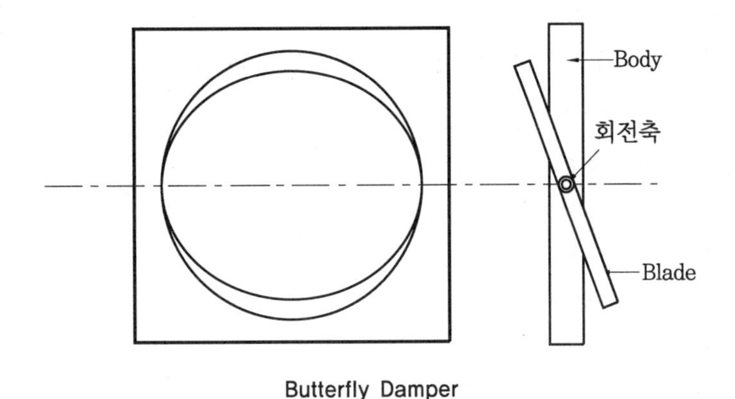

Butterfly Damper

18 특수 댐퍼

(1) 풍량 제어댐퍼(Volume Control Damper)

① 주로 풍량의 조절이나 폐쇄용으로 사용되며 가장 널리 사용되는 댐퍼이다.

② 사용되는 재질은 냉각압연강판, 아연도 강판 또는 알루미늄이 일반적이다.

(2) 밸런싱 댐퍼(Balancing Damper)

① 일반댐퍼와 동일하나 덕트의 여러 분지관에 설치되어 압력을 강하시킴으로써 지표경로(Index Circuit)상의 최말단 취출·흡입구와 기타 분지관에 있는 취출·흡입구에서의 정압이 유사하도록 압력을 조정하여 각 취출·흡입구에서 흡토출 풍량이 일정하도록 하는데 사용된다.

② 이때 댐퍼의 날개는 조정된 상태에서 고정되며 특별한 경우가 발생하지 않는 한 그대로 사용되게 되므로 TAB을 할 때 이외에는 조절하지 않는다.

(3) 저누설 댐퍼(Air tight Damper, Low Leakage Damper)

① Volume Control Damper의 일종으로 완전폐쇄 시 댐퍼를 통한 유체의 흐름이 적도록 설계되어 에너지 손실 감소, 코일 등의 동파방지 등의 목적으로 사용된다.

② 공조기의 OA Damper에 주로 많이 사용되는 추세이다.

(4) 정풍량 댐퍼(일정 풍량 댐퍼, 비례제어 댐퍼, Linear Volume Control Damper)

① 에너지 절약 및 공정상의 이유로 어떤 시스템에서는 결정되어진 유량의 공기 또는 Gas만 흘러야 할 필요가 있다.

② 센서에 의한 방법이 아닌 경우의 비례제어 댐퍼는 댐퍼가 조절될 때마다 댐퍼입

구의 정압조건이 달라지므로 정확한 비례제어 특성을 기대하기는 어렵다.

③ 댐퍼모터와 유량감지 Sensor 이용 : Controller에서 필요한 풍량을 Setting하고 Sensor에서 유량을 감지하여 Feedback시켜 원하는 풍량이 흐르는지 확인하는 형태로 일정한 풍량을 보내는 댐퍼이며 풍량제어방식은 CAV 시스템과 유사하다(Pressure Independent형 제어가 주로 사용됨).

(5) 역풍방지 댐퍼 (Back Draft Damper, Shutter, Check Damper)

① 하나의 Casing 안에서 여러 개의 Fan이 병렬로 운전되고 있고 하나의 토출체임버로 토출하고 있는 때, 이 중에는 Stand-by Fan과 같이 정지되어 있는 Fan이 있을 수 있는데 이 경우 Fan의 내부를 통하여 기류가 역류하게 된다. 기류의 역류가 발생하게 되면 공기가 Short Circuit으로 재순환되므로 에너지적으로 손실이 발생함은 물론 Fan Rotor가 거꾸로 회전하고 있으므로 재기동할 때 기동토크가 커져 축 또는 전기적인 문제가 발생할 수 있다. 이와 같은 역류현상을 방지하기 위하여 기류의 중간에 설치하는 댐퍼를 '역풍방지 댐퍼'라고 말한다.

② 역풍방지 댐퍼는 역압이 발생할 때 역류를 방지하는 것이 우선적인 목적이다.

(6) 릴리프 댐퍼 (Pressure Relief Damper)

양압이 걸린 실내처럼 일정 압력 이상의 압력이 걸리면 유체가 도피할 수 있도록 하는 기능을 가진 댐퍼를 릴리프 댐퍼(Pressure Relief Damper)라고 한다. → 냉동창고의 내부 안전용으로도 많이 사용된다.

(7) 개폐 댐퍼 (Shut－off Damper)

배기 Fan의 토출구에 부착되어 있는 댐퍼는 단순히 개방과 폐쇄의 기능만을 유지하는데 Fan이 운전되면 열리고 정지하면 닫히는데, 이러한 댐퍼를 Shut-off Damper(개폐 댐퍼)라고 한다.

(8) 방화 댐퍼 (Fire Damper)

① 화재가 발생하게 되면 방화벽을 통과하는 덕트 등을 통하여 유독가스 및 화염이 순식간에 이동하며 한 쪽 구역에서 발생한 화재의 영향이 다른 구역으로 영향을 미치게 된다. 이 중 화염에 의한 피해를 방지할 목적으로 불길을 차단하기 위하여 설치되는 댐퍼를 '방화 댐퍼'라고 한다.

② 방화 댐퍼는 퓨즈 또는 전기신호에 의하여 스프링, 전기 및 중력의 힘에 의하여 작동된다. 닫히는 형태는 일반 댐퍼 (Volume Control Damper)와 같이 날개가 회전하는 형태 및 슬라이딩 셔터(Curtain)처럼 닫히는 형태 등이 일반적이다.

③ 방화 댐퍼(Fire Damper) 구분

㈎ Static Rated Fire Damper : 화재가 발생하면 이를 감지하여 Fan이 정지하고 댐퍼는 닫히는 형태의 방화시스템을 Static Fire (Smoke) Control이라고 하며

이때 사용되는 방화 댐퍼를 Static Rated Fire Damper라고 한다.

(나) Dynamic Rated Fire Damper : 자동제어를 가미하여 화재지역의 급기댐퍼와 화재 발생 이외 지역의 배기 댐퍼는 폐쇄하고, 화재지역의 배기댐퍼와 화재발생 이외 지역의 급기 댐퍼는 열어 사람이 대피하는 동안에 질식 등을 방지할 수 있도록 제어하는 방화시스템을 Dynamic Fire (Smoke) Control이라고 한다. 여기에 사용되는 방화댐퍼는 Dynamic Rated Fire Damper라고 불리운다.

(9) 방연 댐퍼 (Smoke Damper)

① 화재 발생 시에는 화염에 의한 인명피해보다 유독 가스나 연기에 질식되어 발생하는 인명 피해가 더 많으며 가스의 이동속도는 화염보다 더 빠르므로 가스의 이동을 차단하고 이를 배연하는 시스템이 반드시 필요하다.

② 방연 댐퍼는 화염에 충분히 견딜 수 있는 강도와 가스의 유동을 차단하기 위한 밀폐성이 보장되어야 한다.

③ Dynamic Fire(Smoke) Control System에서는 일정 시간동안 제어를 할 수 있는 자동제어 계통의 화염에 대한 내성도 필요하다.

④ UL의 기준에 의하면 Leakage는 보통 4단계로 나뉘며 이 중 Class 2 이상의 성능을 가지는 댐퍼를 사용하여야 하는 것으로 추천되고 있다.

⑤ 배연(제연) 댐퍼도 방연댐퍼의 일종이며 화재의 제어 후 배연할 목적으로 사용된다.

(10) 방화방연 댐퍼 (SFV댐퍼, Fire & Smoke Damper)

① 화재나 연기를 감지하여 작동한다 (철판 두께 1.6 T 이상, 납의 용융점은 72℃, 100 ℃ 등).

② 방화방연 댐퍼는 방화댐퍼와 방연댐퍼를 혼합한 형태의 댐퍼를 말하며 최근에는 이 방화방연댐퍼를 주로 많이 사용하는 추세이다.

(11) 동파방지 댐퍼

겨울철 냉난방 코일의 동파 방지 방법으로 사용된다.

① 실제로 동파를 방지할 수 있는 기능은 가지고 있지 않으나 하나의 프레임에 저누설 댐퍼 (Air Tight Damper)의 날개를 이중으로 배열하여 누설률을 더 줄이고 날개 사이에 중간층을 둠으로써 외부공기의 냉기전달 속도를 둔화시키는 댐퍼를 편의상 이렇게 부른다.

② 코일의 동파방지를 위하여 보통은 동파방지 히터를 공조기에 내장하거나 온수 또는 스팀을 계속 순환시키는 방법도 이용되고 있다.

(12) IAQ 댐퍼

① 댐퍼 자체의 기능이나 형상을 나타내는 표현은 아니다.

② 실내공기의 오염 정도 (주로 이산화탄소의 농도)를 측정하여 오염이 되면 외기를

더 도입하도록 외기댐퍼의 개도를 늘리고 일정농도 이하의 오염하에서는 외기도입을 줄임으로써 에너지 절약을 유도하는 컨트롤을 갖춘 댐퍼를 일컫는다 (CO_2 제어).

19 VAV 시스템

(1) CAV (정풍량 방식)가 급기의 온도·습도를 조절하여 공조할 실(室)의 온도·습도 제어하는데 비해, VAV (변풍량 방식) 시스템은 송풍량을 조절하여 온도 및 습도를 조절한다.

(2) VAV는 정풍량특성 (정압이 일정한도 이내 변할 때 풍량이 같고, 풍량조절장치에 의해 Step별로 풍량 증감시킴)이 좋고, 공기량을 부하변동에 따라 통과시키므로 온도조절, 정압 조정이 가능하고 제어성이 양호하다.

(3) 종류

① 교축형 VAV (Throttle Type)

㈎ 가장 널리 보편화된 형태 (By-pass type, 유인형 등의 방법보다는 교축형이 일반적이다)로써 댐퍼 Actuator를 조절하여 실내 부하조건에 일치하는 풍량을 제어하는 방식이다.

㈏ 동력 절감이 확실하고, 소음·정압 손실이 높음, 저부하 운전 시 환기량 부족이 우려될 수 있다.

㈐ 동작은 실내의 변동부하 추정동작인 Step 제어(전기식), 덕트 내 정압변동 감지동작으로 구분되며 댐퍼식, 벤투리식 등이 있다.

㈑ 구분

㉮ 압력 종속형 (Pressure Dependent Type) : 실내온도에 따른 교축작용으로 풍량제어를 하며, 덕트 내 압력변동을 흡수할 수는 없다.

㉯ 압력 독립형 (Pressure Independent Type) : 실내온도에 따른 교축(1차 구동), 덕트 내 압력변동을 스프링, 벨로스 등이 흡수한다(2차 구동, 정풍량 특성).

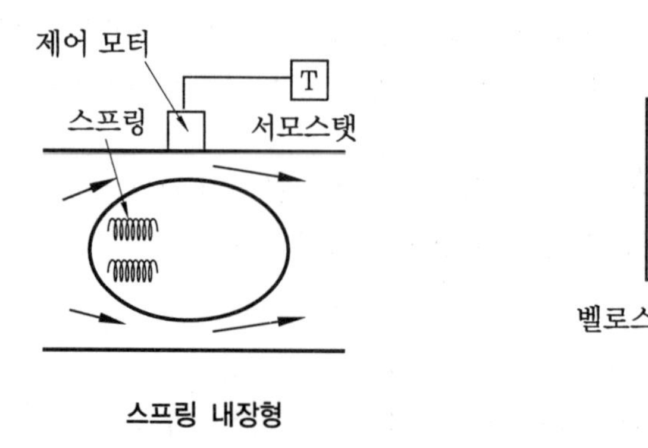

스프링 내장형　　　　　벨로스형

- 스프링 내장형 : 스프링에 의해 압력변동을 흡수
- 벨로스형 (Bellows Type) : 공기의 온도에 따라 수축·팽창하여 공기량을 조절하는 방법

② 바이패스형 VAV (Bypass Type)

㈎ 실내 부하 조건이 요구하는 필요한 풍량만 실내로 급기하고 나머지 풍량은 천장내로 바이패스하여 리턴으로 순환시키는 방법이다. 따라서 엄밀한 의미에서는 VAV라 할 수 없다.

㈏ 저부하 운전 시 동력 절감이 안되나, 정압 손실이 거의 없고, 저부하 운전 시 환기량 부족 문제도 없다.

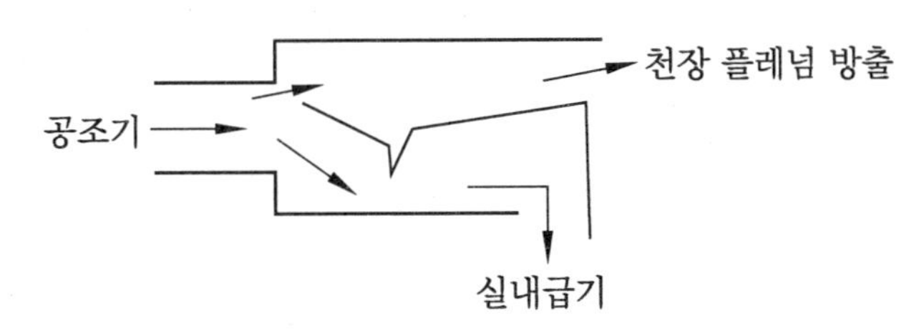

③ 유인형 VAV (Induction Type)

㈎ 실내 부하가 감소하여 1차 공기의 풍량이 실내 설정온도점 이하부터는 천장 내의 2차 공기를 유인하여 실내로 급기하는 방식이다.

㈏ 덕트 치수는 작아지고, 환기량은 거의 일정하다. 덕트 길이의 한계 존재

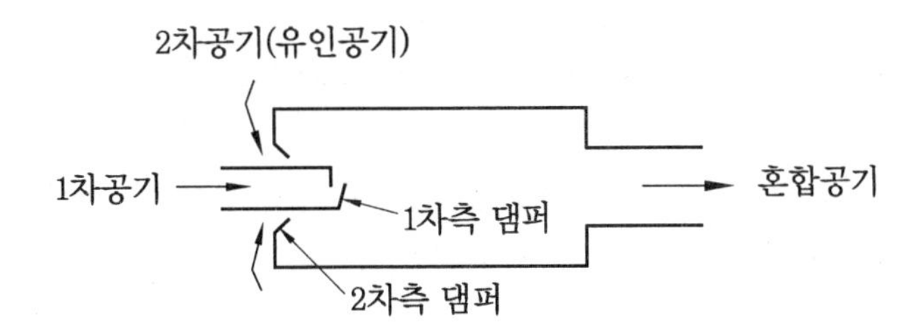

④ 댐퍼형 VAV

㈎ 버터 플라이형 댐퍼를 주로 사용

㈏ 댐퍼 하단부 '압력 Drop'에 의한 소음에 주의

㈐ Pressure independent Type으로 사용 시에는 '속도 감지기'를 내장하여 댐퍼를 조작하게 함(압력 변동 흡수).

⑤ 팬부착형 VAV (Fan Powered VAV Type)

㈎ 주로 교축형 VAV에 Fan 및 Heater가 내장되어 있는 형태이다.

㈏ VAV는 냉방 및 환기 전용으로 작동되고 실내 부하가 감소하여 1차 공기의 풍량이 설계치의 최소 풍량일 때 실내 온도가 계속(Dead Band 이하로) 내려가면

Fan이 동작되고 Reheat Coil의 밸브가 열려 천장 내의 2차 공기를 가열하여 실내로 급기(난방)하는 방식이다.

20 정풍량 특성

(1) 풍량을 가변할 수 있는 VAV 혹은 CAV 유닛에서 풍속센서 등을 설치하여 정압의 일정한도 내에서는 풍량을 동일하게 자동으로 조절해주는 특성을 말한다.
(2) 혹은 풍속센서 대신 기계식장치(스프링, 벨로스 등)를 이용하여 덕트 내 정압변동을 흡수하여 정풍량을 유지시키는 방법도 있다.
(3) 다음 그림에서 정압이 일정한도($a \sim b$) 내에서 변할 때 풍량은 같다.

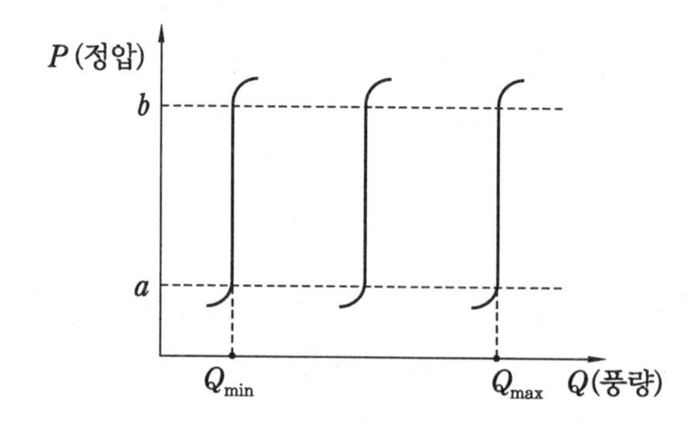

21 실링 리턴 방식 (Ceiling Plenum Return)

(1) 리턴 덕트를 연결하지 않고 리턴 측에는 공 디퓨저로 천장 플레넘 공조를 행한다.
(2) 설치방법은 공급 덕트만 설치하고, 리턴 덕트는 없이 리턴 공기를 입상 덕트 등으로 이동할 수 있는 구조로 되어 있다.
(3) 우선 천장에 있는 형광등의 조명 열량을 제거하기 위한 것으로, 노출형은 아니고 매입형 조명에 대하여 조명열을 실내 부하로 처리하지 않고 천장 위로 흡입하여 공조기로 되돌리고 조명열에 의한 냉방부하를 절감하는 것이다.
(4) 공조기의 리턴 덕트가 없어 기외정압이 적게 걸리므로, 송풍모터의 소비전력을 줄일 수 있어 경제적이다.
(5) 덕트 내 기외정압이 적게 걸리므로 저정압 모터를 채용하여 소음을 대폭적으로 줄일 수 있다.
(6) 덕트용 함석 등 재료비 및 설치 인건비 감소
(7) 덕트 설비를 절반 수준으로 줄일 수 있으므로 층고를 낮출 수 있다.

22 가이드 베인(Guide Vane)

(1) 가이드 베인은 덕트의 굴곡부에 설치하여 덕트의 저항을 줄이고, 기류를 안정화시키기 위한 장치이다.

(2) 덕트 벤딩부분의 기류를 안정시키기 위해서 구형 덕트의 엘보에서는 중심반경 R이 엘보의 평면상에서 본 폭의 1.5배 정도로 주로 설계된다.

가이드 베인
(정류베인)

(3) 또 다른 이름으로 터닝 베인(Turning Vane)이라고도 한다.

(4) 정류 및 소음저감 성능의 향상을 위해 한겹의 플레이트형보다는 겹날개형의 더블 베인이 많이 제작·사용된다.

(5) 선진국에서는 거의 필수적으로 사용하는 경우가 많다.

23 종횡비(Aspect Ratio)

(1) 사각덕트에서 가로 및 세로의 비율(가로 : 세로로 표기함)을 말한다.

(2) 아래 그림에서 종횡비 = a : b

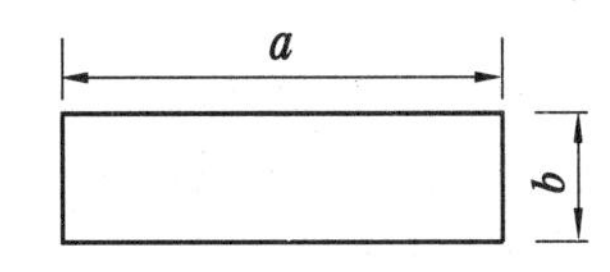

(3) 표준 종횡비(Aspect Ratio) = 4 : 1 이하

(4) 종횡비의 한계치 = 8 : 1 이하일 것

(5) 덕트의 에스펙트비가 커지면 공사비와 운전비가 증가하므로, 적정 에스펙트비를 적용 필요하다.

(6) 에스펙트비가 증가하면 유인비가 커져서 냉방 시에는 특별한 문제가 없을 수 있으나, 난방 시에는 도달거리가 짧아져 단락류(Short Circuit)가 발생할 수 있으므로 주의를 요한다.

(7) 에스펙트비가 적어질수록 정압손실은 줄어들지만 천장 내부 공간 증가(건축비에 대한 부담)

(8) 에스펙트비가 지나치게 증가하여 소음, 송풍기 소요동력이 가중되는 상황이 건축설비, 산업설비 등에서 가장 피해야 할 상황이다.

24 덕트 변환법

(1) 원형 덕트의 크기를 각형 덕트의 크기로 변환하는 방법

(2) 관계식

$$D = 1.3 \times \left\{ \frac{(a \times b)^5}{(a+b)^2} \right\}^{\frac{1}{8}}$$

여기서, D : 원형 덕트의 지름

a : 사각 덕트의 장변의 길이, b : 사각 덕트의 단변의 길이

(3) 천장 내부 공간의 높이가 낮을 시에는 상기와 같이 a(사각 덕트의 장변의 길이)를 늘리고, b(사각 덕트의 단변의 길이)를 줄여주어도 동일한 풍량값을 얻을 수 있다.

(4) 실용면에서 현장에서는 주로 상기 계산식을 편리하게 선도(Graph)나 Table화하여 쉽게 구할 수 있게 하여 사용하기도 한다.

25 유인비

(1) 정의(定議)

1차 공기량과 2차 공기량의 비율을 말한다.

(2) 유인비를 크게 하면 취출되는 공기의 도달거리가 짧아진다.

① 취출 공기의 혼합 및 확산이 양호하게 이루어진다.

② 여름철 Cold Draft를 방지할 수 있다.

(3) 유인비를 크게 할 수 있는 방법

① 고속덕트를 적용한다 (고속덕트 + 유인비가 큰 디퓨저).

② 에스펙트비(Aspect Ratio)를 크게 한다

(4) 유인비를 작게 하면 취출되는 공기의 도달거리가 길어진다.

① 취출 공기를 거주역 근처로 멀리 보낼 수 있다.

② 겨울철 난방 시 아주 유익한 방법으로 활용할 수 있다.

(5) 계산식

$$\text{유인비} = \frac{\text{1차 공기량} + \text{2차 공기량}}{\text{1차 공기량}}$$

26 공기운송계수(ATF : Air Transport Factor)

(1) 냉동기의 COP(성적계수)와 유사 개념으로 부하계산에 주로 사용한다.
(2) 실내에서 발생하는 열량 중 현열부하를 송풍기(送風機)의 전력으로 나눈 수치

$$ATF = \frac{현열부하}{송풍기의\ 소비전력}$$

(3) ATF가 클수록 실내부하를 일정하게 하면 송풍기 전력을 적게 할 수 있다.
(4) 미국에서는 4 이상을 권장하고 있다.
(5) 공조기 덕트상의 반송동력 절감을 위한 기준값으로 유효하게 사용 가능

ATF(공기운송계수)를 크게 하는 방법

과잉 환기량 억제, 자동제어에 의한 방법, 인버터 방식 채용, 고효율 전동기 채용, 국소배기, 자연환기 혹은 하이브리드 환기 적용, 반송기기의 소형화 등

27 스머징

(1) 도면에서의 스머징

① 도면 작도에서 절단된 단면 주위를 연필 혹은 색연필로 엷게 칠하여 단면을 표시하는 표현방법이다.
② 원칙적으로 KS G 2607(색연필)에 규정된 흑색 색연필을 사용한다.
③ 도면에서 단면을 표현하는 다른 한 가지 방법은 해칭(Hatching)이 있다. → 45도 각도의 가는 실선으로 표시
④ 기타 : 외형만 스머징 가능, 내부에 글자 표현 가능, 재질을 나타내는 특수 스머징으로도 표현 가능

(2) 디퓨저에서의 스머징

① 취출구(급기 디퓨저)를 통과한 공기가 코안다 효과에 의해 천장면에 부착성이 증가될 경우나, 유인비가 큰 취출구의 경우 취출구 근처(주변)의 천장면에 먼지가 달라붙어 시커멓게 오염되는 현상
② 방지책 : 코안다 효과 방지, 유인비가 작은 디퓨저 사용, 디퓨저의 돌출, 디퓨저의 외면만 높임, 앤티스머지링 추가, 일반 디퓨저를 그릴 혹은 레지스터로 대체

28 수력 직경

(1) 마찰계수는 Moody 선도에서 찾아 결정하며, 층류(Laminar Flow)인 경우에는 다음과 같이 계산된다.

$$f = \frac{64}{Re}$$

여기서, Re : Reynold Number

(2) 원래 Moody 선도의 Friction Factor는 원형단면의 배관에만 적용되는 선도이다.

(3) 배관 혹은 유로단면이 원형이 아닌 경우에는 실험에 의해 동일한 선도를 다시 작성해야 한다. 하지만 그러한 선도를 모두 만들기가 어려우므로 유로 단면이 원형이 아닌 경우에는 수력 직경 (Hydraulic Diameter)으로 환산하여 마찰손실 수두를 개략적으로 계산할 수 있다.

(4) 수력 직경

$$Dh = \frac{4 \times Ac}{Lp}$$

여기서, Dh : 수력 직경 (Hydraulic Diameter) : m
Ac : 유로 단면적 (Liquid Area) : m^2
Lp : 젖은 둘레 길이 (Wetted Perimeter) : m

(5) 단면의 형상이 원형에 가까우면 가까울수록, 수력 직경을 이용해 계산한 마찰손실 수두가 실제 값에 근접한다.

(6) 수력 반경

$$Rh\text{(Hydraulic Radius)} = \frac{Dh}{4} = \frac{Ac}{Lp}$$

→ 유량이 크려면 이 값이 커져야 한다(반원형 단면, 사다리꼴 등이 비교적 효율적 단면임).

29 에어 덕트(AD : Air Duct)와 파이프 덕트(PD : Pipe Duct)

(1) 에어 덕트는 중앙 공조기, 패키지형 공조기 등에서 급·배기 및 환기 덕트가 통과하는 통로로 사용되며, 파이프 덕트는 공조용 배관, 급·배수 배관, 오수 배관 등이 지나가는 통로이다.

(2) 에어 덕트, 파이프 덕트 공간은 보통 건축의 유효면적에서는 제외되며, 서비스성, 외관, 설비관리 등의 측면이 고려되는 공간이다.

(3) 건축물의 구조상 보가 지나가는 공간은 피하는 것이 좋다(또 파이프 및 덕트 등이 되도록이면 굴곡되지 않게 하는 것이 좋다).

(4) 설계 · 시공 시 고려사항

설계 시	시공 시
최단거리로 설치, 굴곡부위 최소화	AD, PD를 먼저 시공 후 주벽 시공하여 샤프트 면적이 절약될 수 있게 함
서로 간섭 금지	주벽은 분해 가능구조로 하여 서비스성 개선, 점검구 마련, 파이프 보온 철저 등
수리 · 점검 용이하게 할 것(서비스성)	유닛화 단위시공이 효율적임
누수 발생 시 거주역에 영향 없게 할 것	문자, 화살표 등 표기하여 서비스성 개선

(5) 평면도상 표시

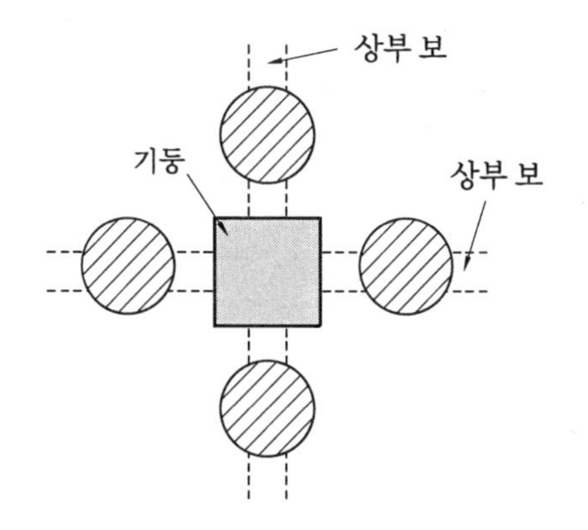

AD, PD 설치 지양 구간 (상부 보에 간섭 발생)

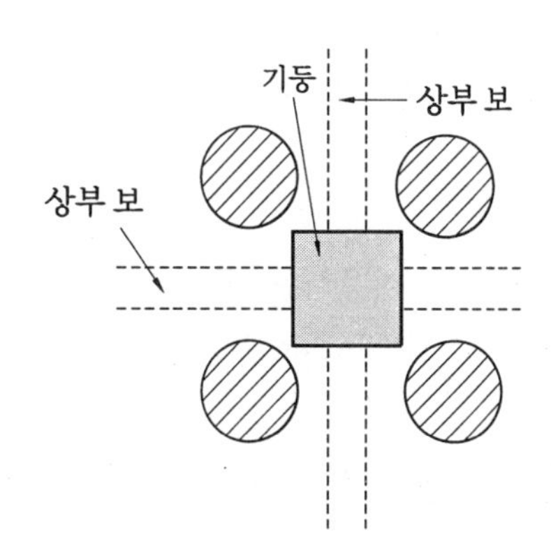

AD, PD 설치 권장 구간

30 SMACNA(덕트업자 협회)

(1) 원래는 미국의 덕트업자 협회(SMACNA : Sheet Metal & Air Conditioning Constractors National Association)를 말한다.

(2) 덕트의 주요 연결부를 공장에서 전문적으로 제작하고, 현장에서는 간단히 조립만 하면 되게 하여 표준화 및 인건비 · 시공비 절감을 할 수 있는 공법

(3) 이 협회에서 채용하고 있는 덕트는 저속 덕트용이며, 종래 공법에 비하여 이음부 및 이음매의 형상이 기계가공에 적합한 것으로 작업능률이 좋다.

(4) 변길이 2100 mm 이하의 덕트에서는 형강을 사용하는 일이 별로 없으므로 자중이 적어지며 지지 방법도 간단하게 된다.

31 단락류(Short Circuit)

(1) 직출형 공조기 혹은 냉방기에서 : 취출기류가 거주역 방향으로 멀리 도달하지 못하고, 바로 흡입구로 다시 빨려들어가서 실내기 주변에서만 기류가 회전하는 현상
(2) 공조 천장 흡·취출구에서 : 취출구와 흡입구의 배치나 방향이 좋지 못할 때 혹은 취출기류의 속도가 지나치게 낮을 때 주로 발생한다(취출구에서 취출된 공기가 거주역에 도달하지 못하고 바로 흡입구로 다시 빨려 들어가는 현상).
(3) 난방 시에는 장비 과열의 원인이 되기도 하고, 냉방 시에는 장비 과냉각의 원인이 되기도 한다.

32 배열효과

(1) 조명기구 부근 혹은 일사를 받는 창의 위쪽 부근에 배기의 흡입구를 설치하여 더워진 공기를 바로 실외로 배출하거나 재열에 사용함으로써 냉방부하를 경감할 수 있는 효과이다.
(2) 에너지를 절감할 수 있는 국소환기의 일종이다.
(3) 배열효과를 이용하는 장비 : 실링 리턴 방식(Ceiling Plenum Return)의 공조장치, 칠드빔 시스템(Chilled Beam System) 등

33 배연효과

(1) 흡연이 심한 회의실이나 연회장 등의 상부에 배기의 흡입구를 설치하여 연기를 실외로 직접 뽑아낼 수 있게 하는 효과
(2) 에너지(환기환부)를 절감할 수 있는 일종의 국소환기이다.
(3) 배연효과가 필요한 장소 : 흡연이 심한 회의실 혹은 연회장, 흡연실, 주방의 후드, 전문 식당, 기타 가스를 많이 쓰는 장소 등

34 취·흡출구 모듈(Module) 배치

(1) 실내의 칸막이 등의 장래의 변경 가능성을 고려하여, 공조용 취출구 및 흡입구를 모듈 단위로 분할 설치하는 방법
(2) 실내 인테리어 변경 시에 대응한 공조 기류분포 분야의 대책에 해당된다.
(3) 취·흡출구 모듈(Module) 배치가 필요한 장소 : 임대용 빌딩, 대형 사업장, 사무소 건물, 기타 인테리어(방, 칸막이 등) 변경이 예상되는 장소 등

35 환기팬 시스템과 배기팬 시스템

(1) 환기팬 시스템

① 다음 그림처럼 장치가 구성되며 팬(환기팬)이 연중 가동된다.
② 환기용 댐퍼 입·출구 압력이 +/−가 되어 댐퍼에 무리를 줄 수 있다.
③ 환기덕트가 길어도 된다.

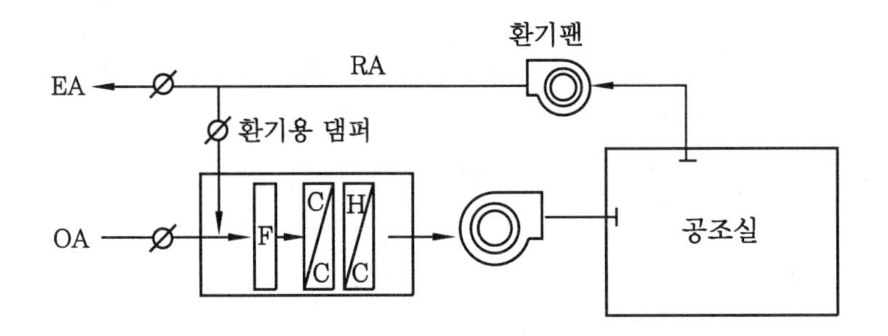

(2) 배기팬 시스템

① 다음 그림처럼 장치가 구성되며 팬(배기팬)이 외기냉방 시에만 가동된다(전환기형 시스템에서).
② 환기용 댐퍼 입·출구 압력이 모두 음압(−)이 되어 댐퍼에 무리가 없다.
③ 외기 도입량의 변경이 용이하다.
④ 환기덕트의 길이가 길어지면 풍량 저하 우려가 있다.

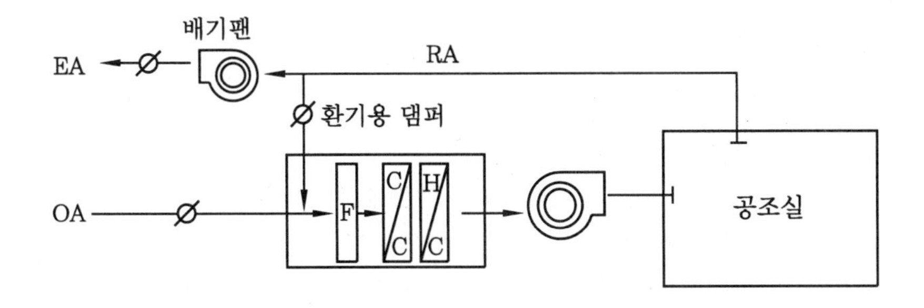

제 8 장

송풍기 및 펌프

1 송풍기

(1) 송풍기는 공기의 유동을 일으키는 기계장치로서, 유동을 일으키는 날개차(Impeller), 날개차로 들어가고 나오는 유동을 안내하는 케이싱(Casing) 등으로 이루어진다.

(2) 흡입구 형상에 의한 분류

① 편흡입 : 팬의 어느 한쪽 면에서만 공기를 흡입하여 압축하는 형상
② 양흡입 : 팬의 양측으로 공기를 흡입하여 압축하는 형상

(3) 압력에 의한 분류

① Fan : 압력이 0.01 MPa 미만일 경우(cf. 선풍기는 압력이 거의 0에 가까움)
② Blower(송풍기) : 압력이 0.01 MPa 이상 ~ 0.1 MPa 미만일 경우
③ Air Compressor : 압력이 0.1 MPa 이상일 경우

(4) 날개(Blade)에 의한 분류

① 전곡형(다익형, Sirocco Fan)
㈎ 최초로 전곡형 다익팬을 판매한 회사 이름을 따서 Sirocco Fan이라 불린다.
㈏ 바람 방향으로 오목하게 날개(Blade)의 각도가 휘어 효율이 좋아 저속형 덕트에서는 가장 많이 사용하는 형태이다(동일 용량 대비 회전수 및 모터 용량이 적다).
㈐ 풍량이 증가하면 축동력이 급격히 증가하여 Overload가 발생된다(풍량과 동력의 변화가 큼).
㈑ 회전수가 적고 크기에 비해 풍량이 많으며, 운전이 정숙한 편이다.
㈒ 일반적으로 정압이 최고인 점에서 정압효율이 최대가 된다.
㈓ 압력곡선에 오목부가 있어 서징위험이 있다.
㈔ 물질 이동용으로는 부적합하다(부하 증가 시 대응 곤란).
㈕ 용도 : 저속 Duct 공조용, 광산터널 등의 주급배기용, 건조로·열풍로의 송풍용,

공동주택 등의 지하주차장 환기팬(급배기) 등

㈎ 보통 날개폭은 외경의 1/2 정도로 하며, 크기(외경)는 150mm 단위로 한다.

② 후곡형(Turbo형)

㈎ 보통 효율이 가장 좋은 형태이고, 압력 상승이 크다.

㈏ 바람 반대방향으로 오목하게 날개(Blade)의 각도가 휘어지고, 소요동력의 급상승이 없고 풍량에 비해 저소음형이다.

㈐ 용도 : 고속 Duct 공조용, Boiler 각종 노의 연도 통기 유인용, 광산. 터널 등의 주 급기용

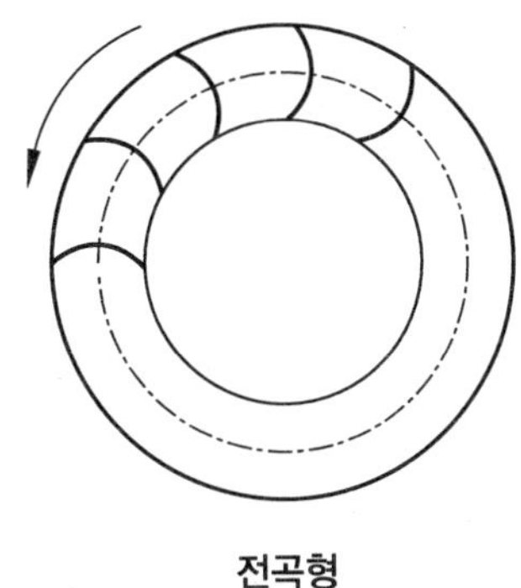

전곡형

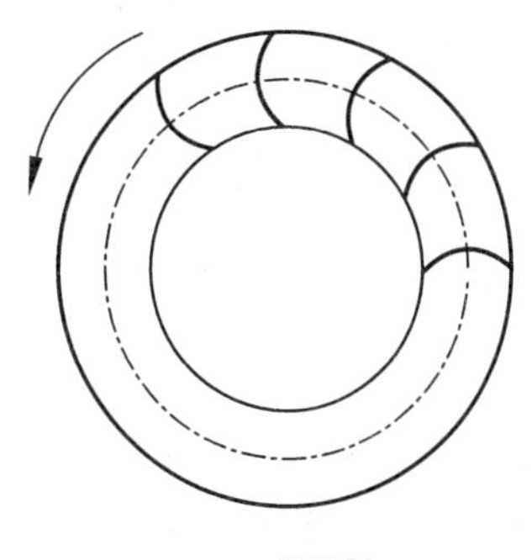

후곡형

③ 익형(Air Foil형, Limit Load Fan)

㈎ Limit Load Fan(L.L.F)

㉮ 전곡형이 부하의 증가에 따라 급격히 특성이 변하는 현상(Over Load현상)을 개선한 형태이다.

㉯ 날개가 S자 형상을 이루어 오버로드를 방지할 수 있다.

㈏ Air Foil형

㉮ 날개의 모양은 후곡형과 유사한 형태이나, 박판을 접어서 비행기 날개처럼 유선형(Airfoil형)의 날개를 형성한 형태이다.

㉯ 유선형의 날개를 가지고, 후곡형(Backward)이며 Non-overload 특성이 있으며, 기본 특성은 터보형과 같고 높은 압력까지 사용할 수 있다.

㉰ 고속회전이 가능하며, 특별히 소음이 적다.

㉱ 정압효율이 86% 정도로 원심송풍기 중 가장 높다.

㈐ 용도

㉮ 고속Duct 공조용, 고정압용

㉯ 공장용 환기 급배기용

㉰ 광산, 터널 등의 주 급기용

㈑ 공조용으로는 보통 80 mmaq 이상의 고정압에 적용 시에는 에어포일팬(익형

팬)을 많이 선호하고, 80 mmaq 이하에는 시로코팬(다익형팬)을 많이 사용한다.

④ 방사형 (Plate Fan, Self Cleaning형, Radial형, 자기 청소형)

㈎ 효율이나 소음면에서는 다른 송풍기에 비해 좋지 못하다.

㈏ 용도 : 분진의 누적이 심한 공장용 송풍기 등

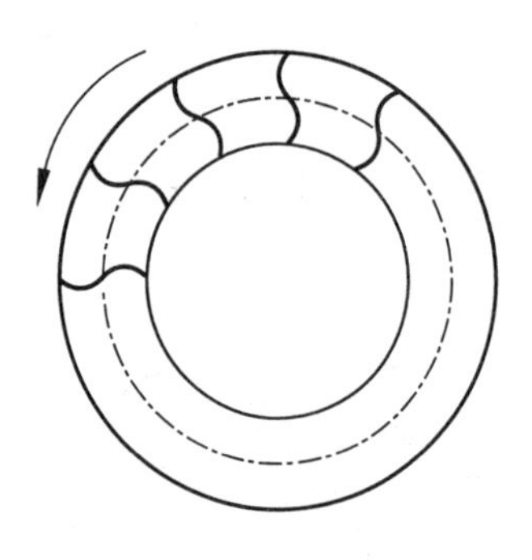
Limit Load Fan

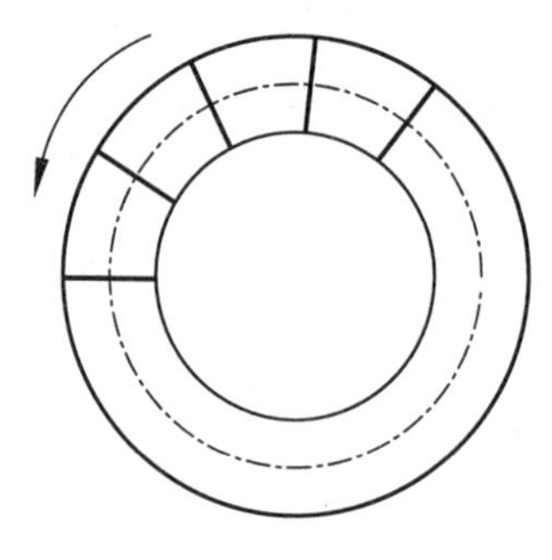
방사형

⑤ 축류형 (Axial Fan) : 공기를 임펠러의 축방향과 같은 방향으로 이송시키는 송풍기로써, 임펠러의 깃(blade)은 익형(L.L.F)으로 되어 있다.

㈎ 프로펠러 송풍기

㉮ 프로펠러 송풍기는 튜브가 없는 송풍기로서 축류송풍기 중 가장 간단한 구조이다.

㉯ 낮은 압력하에서 많은 공기량을 이송할 때 많이 사용

㉰ 용도 : 실내환기용 및 냉각탑, 콘덴싱 유닛용 팬 등

㈏ 튜브형 축류송풍기

㉮ 튜브형 축류송풍기는 임펠러가 튜브 안에 설치되어 있는 축류송풍기이다.

㉯ 용도 : 국소통풍이나 터널의 환기, 선박 · 지하실 등의 주 급배기용 등

㈐ 베인형 축류송풍기

㉮ 베인형 축류송풍기는 튜브형 축류송풍기에 베인 (안내깃, Guide vane)을 장착한 송풍기로서 베인을 제외하면 튜브형 축류송풍기와 동일하다.

㉯ 베인은 임펠러 후류의 선회유동을 방지하여 줌으로써 튜브형 축류송풍기보다 효율이 높으며 더 높은 압력을 발생시킨다.

㉰ 용도 : 튜브형 축류송풍기와 동일 (국소통풍이나 터널의 환기 등)

⑥ 관류형팬 (管流 - Tubular Fan) : 날개가 후곡형으로 되어 원심력에 의해 빠져나간 공기가 다시 축방향으로 유도되어 나간다(옥상용 환기팬으로 많이 사용).

⑦ 횡류팬 (橫流-, 貫流- ; Cross Flow Fan)

㈎ 날개가 전곡형으로 되어 효율이 좋다(에어컨 실내기, 팬코일 유닛, 에어커튼 등으로 많이 사용됨).

(나) 기체가 원통형 날개열을 횡단하여 흐르는 길이가 길고 지름이 작은 팬이다.

(5) 벨트 구동방식에 의한 분류

① 전동기 직결식 : 모터에 팬을 직결시켜 운전한다.

② 구동벨트 방식 : 벨트를 통해 모터의 구동력을 팬에 전달시켜 운전한다.

2 송풍기 특성 곡선

(1) 유량이 너무 적으면 Surging이 발생하기 쉽고, 유량이 너무 많으면 축동력이 과다해져 Overload를 초래하기 쉽다(Overload가 발생하면 과전류 유발, 송풍기의 정지 혹은 고장 등을 초래 가능).

(2) 송풍기 종류별 특성 곡선

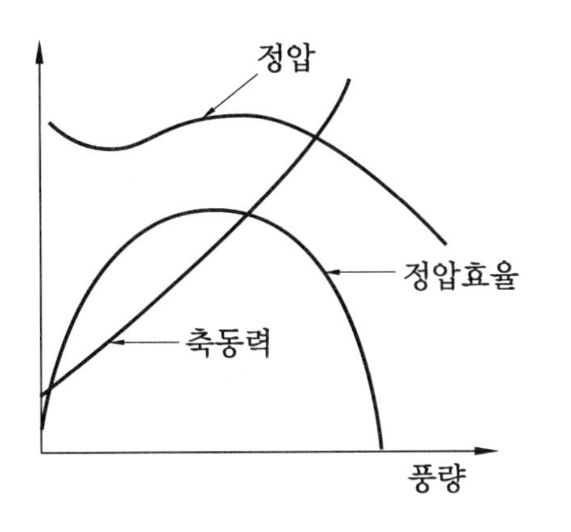

전곡형

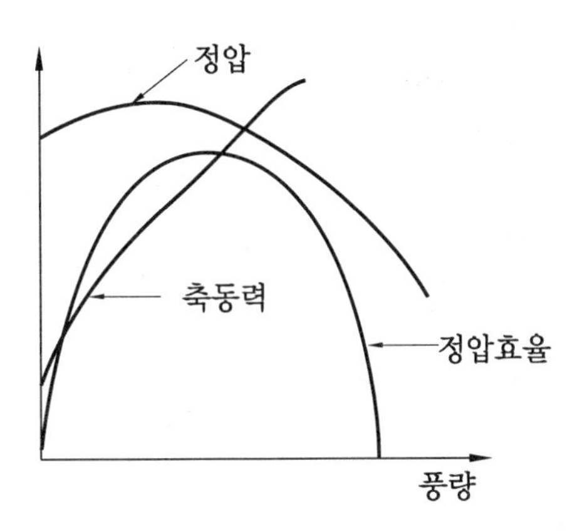

후곡형, Air Foil형, 방사형

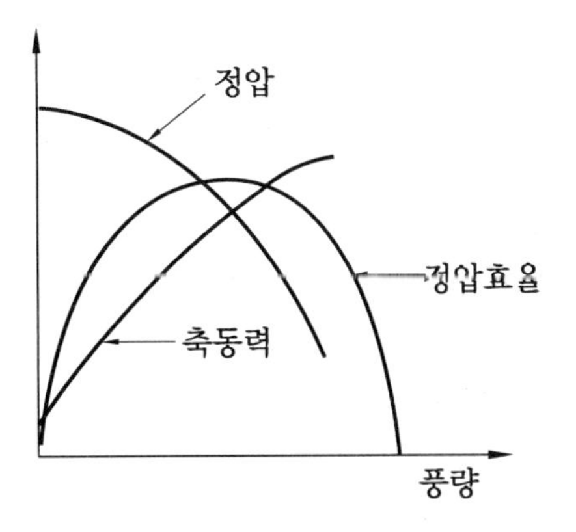

Limit Load Fan

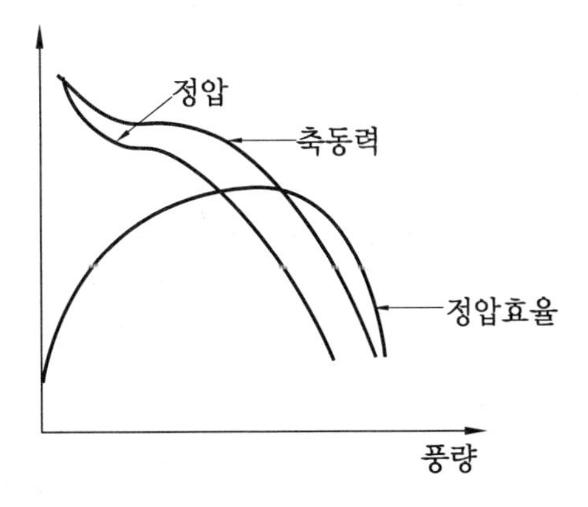

축류형

3 풍량 제어법

(1) 토출댐퍼 (스크롤댐퍼) 제어 (a)

토출측의 댐퍼를 조절하여 풍량제어, 토출압력 상승

(2) 흡입댐퍼 제어 (b)

흡입측의 댐퍼를 조절하여 풍량제어, 토출압력 하락

(3) 흡입베인 제어 (b)

① 토출압력 하락, 송풍기 흡입측에 가동 흡입베인을 부착하여 Vane의 각도를 조절(교축)하는 방법이다.

② 흡입댐퍼 제어와 유사한 방법이나, 동력은 더 절감된다.

(4) 가변피치 제어 (c)

Blade 각도 변환 (축류송풍기에 주로 사용), 장치 다소 복잡

(5) 회전수 제어(d)

① 모터의 회전수 제어로 풍량제어 (가장 성능 우수)

② 극수변환, Pulley 직경 변환, SSR 제어, 가변속 직류모터, 교류 정류자 모터, VVVF (Variable Voltage Variable Frequency) 등

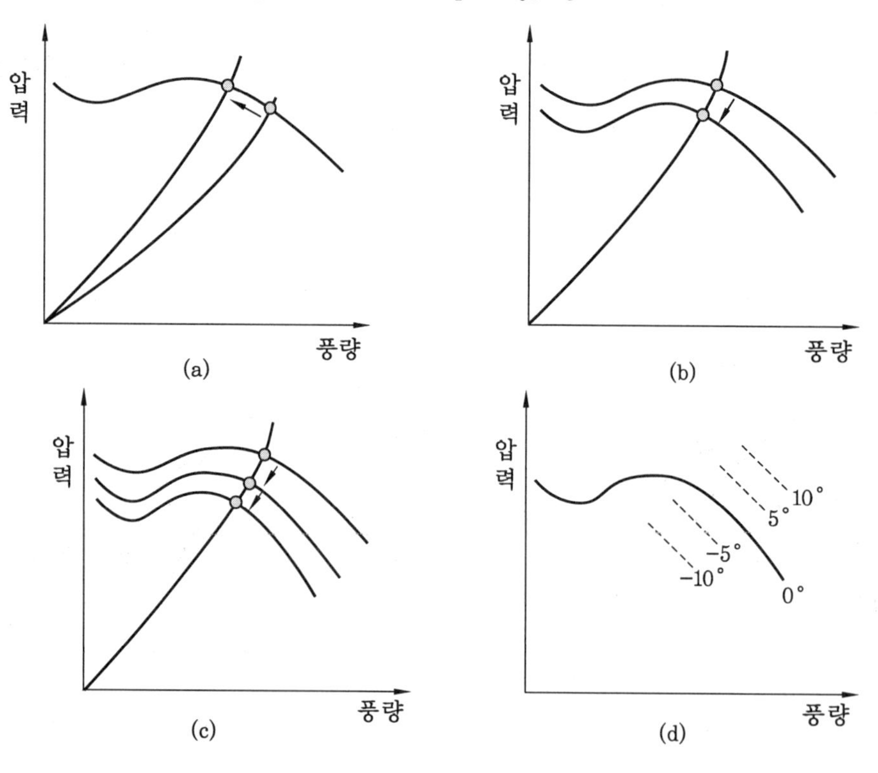

(6) 바이패스 제어 (Bypass Control)

바이패스 댐퍼를 열면, 토출압력이 줄어들어 토출 측 알짜 풍량(사용처로 보내지는 풍량)을 줄이는 제어를 할 수 있으나, 동력절감에는 도움이 되지 않는다.

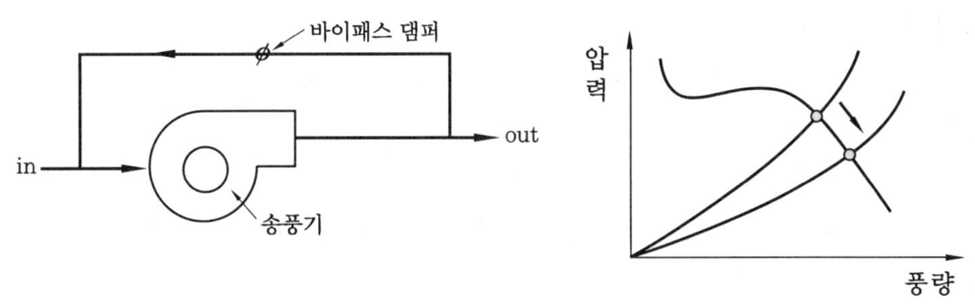

바이패스 제어 (Bypass Control)

(7) 각 풍량 제어방식별 소요동력 비교

풍량 제어시의 소요동력 측면으로 보면, 다음 그림과 같이 토출댐퍼 제어 및 스크롤 댐퍼 제어가 가장 불리하고, 회전수 제어가 가장 유리하다.

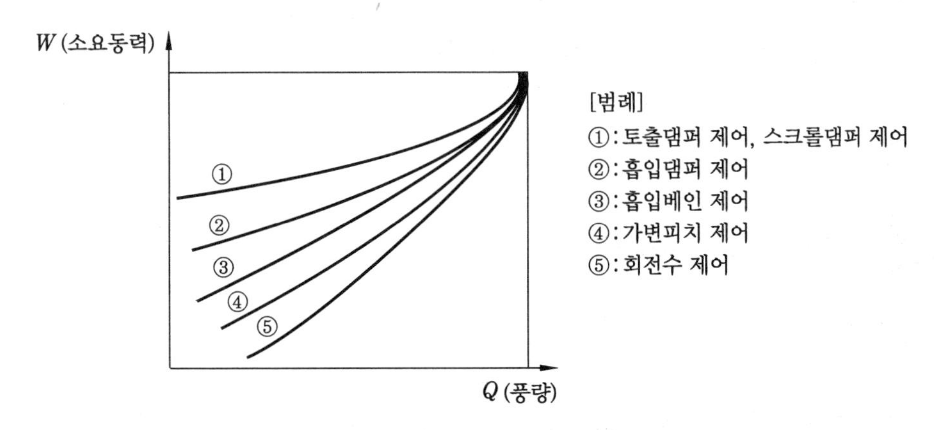

송풍기의 풍량 제어방식별 소요동력 곡선

4 서징(Surging) 현상

(1) 서징은 송풍기 및 펌프에 공히 발생할 수 있으며, 송풍기 서징은 기계를 최소 유량 이하의 저유량 영역에서 사용 시 운전상태가 불안정해져서(소음·진동 수반) 주로 발생하며, 펌프에서의 서징은 펌프의 1차 측에 공기가 침투하거나, 비등 발생시 주로 나타난다 (Cavitation 동반 가능).

(2) 큰 압력변동, 소음, 진동의 계속적 발생으로 장치나 배관이 파손되기 쉽다.

(3) 배관의 저항특성과 유체의 압송특성이 맞지 않을 때 주로 발생한다.

(4) Surging이란 자려운동(일정한 방향으로만 외력이 가해지고, 진동적인 여진력(勵振力)이 작용을 하지 않더라도 발생하는 진동, 대형사고 유발가능)으로 인한 진동현상(외부의 가진이 전혀 없어도, 또는 가진 원인이 불분명한 상태에서 발생)을 말한다.

(5) 발생 원인

① 특성이 양정측 산고곡선의 상승부(왼쪽)에서 운전 시
② 한계치 이하의 유량으로 운전 시
③ 한계치 이상의 토출 측 댐퍼 교축 시
④ 펌프 1차 측의 배관 중 수조나 공기실이 있을 때(펌프)
⑤ 수조나 공기실의 1차 측 밸브가 있고 그것으로 유량 조절 시(펌프)
⑥ 임펠러를 가지는 펌프를 사용 시
⑦ 서징은 펌프에서는 잘 일어나지 않는다(→그 이유는 물이 비압축성 유체이기 때문이다).

(6) 현상

① 유량이 짧은 주기로 변화하여 마치 밀려왔다 물러가는 파도소리와 같은 소리를 낸다(서징(Surging)이라는 이름은 여기에서 유래됨).
② 심한 소음·진동, 베어링 마모, 불안정 운전
③ 블레이드의 파손 등

5 서징(Surging) 대책

(1) 송풍기의 경우

① 송풍기 특성곡선의 우측(우하향) 영역에서 운전되게 할 것
② 우하향 특성곡선의 팬(Limit Load Fan 등) 채용
③ 풍량조절 필요시 가능하면 토출댐퍼대신 흡입댐퍼 채용
④ 송풍기의 풍량중 일부 풍량은 대기로 방출시킴(Bypass법)
⑤ 동익, 정익의 각도 변화
⑥ 조임댐퍼를 송풍기에 근접해서 설치
⑦ 회전차나 안내깃의 형상치수 변경 등 팬의 운전특성을 변화시킨다.

(2) 펌프의 경우

① 회전차, 안내깃의 각도를 가능한 적게 변경시킨다.
② 방출밸브와 무단변속기로 회전수(양수량)를 변경한다.
③ 관로의 단면적, 유속, 저항 변경(개선)
④ 관로나 공기탱크의 잔류공기 제어

⑤ 서징을 발생하지 않는 특성을 갖는 펌프를 사용한다.
⑥ 성능곡선이 우하향인 펌프를 사용한다.
⑦ 서징 존 범위 외에서 운전해야 한다.
⑧ 유량조절 밸브는 펌프 출구에 설치한다.
⑨ 필요시 바이패스 밸브를 사용한다.
⑩ 관경을 바꾸어 유속을 변화시킨다.
⑪ 배수량을 늘리거나 임펠러 회전수를 바꾸는 방식 등을 선정해야 한다(펌프의 운전 작동점을 변경).

(3) 송풍기의 Surging 주파수(Hz)

서징 발생 시의 토출압력이나 유량이 변화하는 주파수를 말하며, 다음 식으로 근사치를 구할 수 있다.

$$f = \frac{a}{2\pi}\sqrt{\frac{S}{LV}}$$

여기서, a : 음속(m/s) S : Fan의 송출구 면적(m^2)
L : 연결 접속관의 길이(m) V : 접속덕트의 용적(m^3)

6 송풍기 직·병렬운전(동일 용량)

(1) 송풍기의 직렬운전 방법(용량이 동일한 경우)

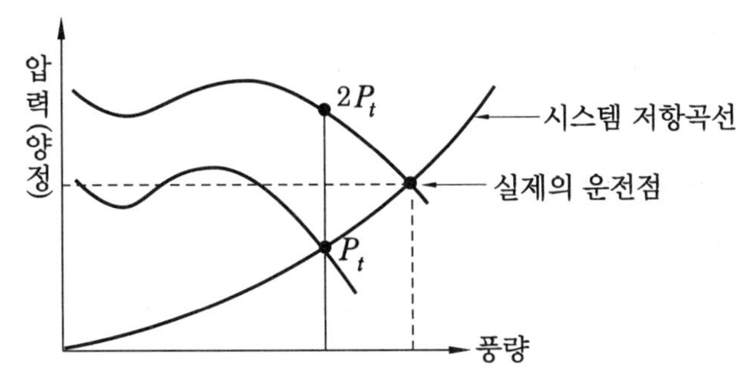

동일 용량의 직렬운전

① 압력을 승압할 목적으로 동일 특성의 송풍기 2대를 직렬로 연결하여 운전하는 경우에 해당하며, 2대 직렬운전 후의 특성은 어떤 풍량점에서의 압력을 2배로 하여 얻어진다.
② 특성곡선은 이와 같이 2배로 얻어지지만 단독운전의 송풍기에 1대 추가하여 직렬로 운전해도 실제의 압력은 2배로 되지 않는다. 그것은 관로저항이 2배로 되어 변하지 않고, 풍량은 증가되기 때문이다.

③ 2대 운전하고 있는 장치의 1대를 정지한 경우의 작동점은 압력은 절반 이상이 된다.

④ 압력이 높은 송풍기를 직렬로 연결한 경우, 1대째의 승압에 비해 2대째의 송풍기가 기계적 문제를 야기할 수 있음을 주의해야 한다.

(2) 송풍기의 병렬운전 방법 (용량이 동일한 경우)

① 동일 특성의 송풍기를 2대 이상 병렬로 연결하여 운전하는 경우에 해당하며, 이 경우 특성곡선은 풍량을 2배하여 얻어지지만, 실제 두 대 운전 후의 작동점은 2배의 풍량으로는 되지는 않는다(압력도 다소 증가).

② 또한 병렬운동을 행하고 있는 송풍기 중 1대를 정지하여 단독운전을 해도 풍량은 절반 이상이 된다.

③ 이 또한 관로저항의 증가, 시스템 압력의 증가 등에 기인한다.

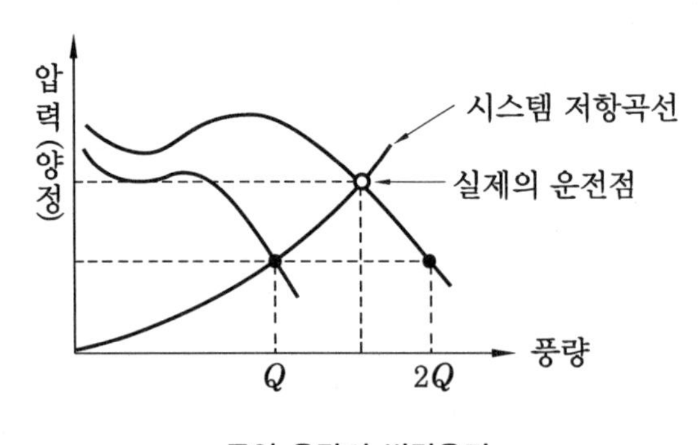

동일 용량의 병렬운전

7 송풍기 직 · 병렬운전 (다른 용량)

(1) 송풍기의 직렬운전 방법 (용량이 다른 경우)

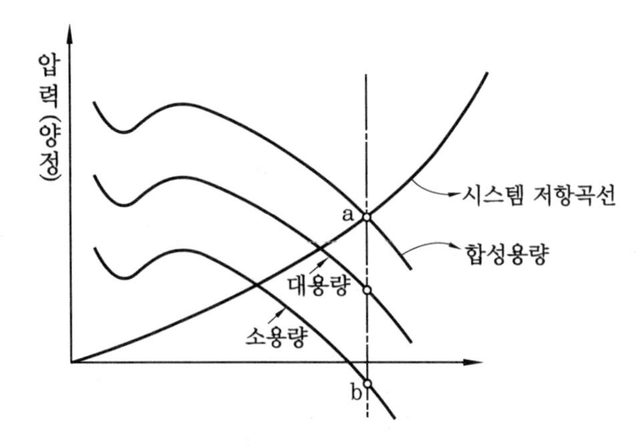

용량이 다른 직렬운전 (펌프는 좌하향 구간이 없음)

① 그림에서 보듯이, 합성운전점이 a일 경우 소용량 송풍기의 양정이 b가 되어 음의 양정이 되면 안 된다.

② 이 경우 소용량 송풍기는 오히려 시스템의 저항으로 작용한다.

(2) 송풍기의 병렬운전 방법(용량이 다른 경우)

① 합성운전점 a의 양정이 소용량 펌프의 최고양정 b보다 낮은 경우에는 두 대의 펌프로 공히 양수 가능하게 된다.

② 특성이 크게 다른 송풍기를 병렬운전하는 것은 운전이 불가능한 경우도 있으므로 피하는 편이 좋다.

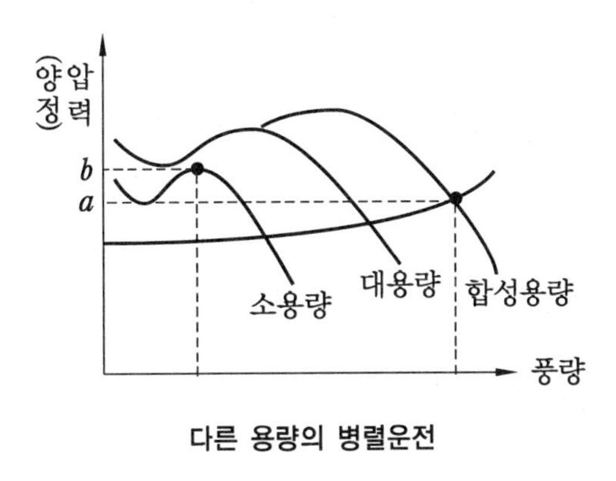

다른 용량의 병렬운전

8 송풍기 압력선도

(1) 송풍기의 입·출구에서 압력(정압 및 동압)의 변화를 나타낸 선도이다.

(2) 송풍기 전압 및 송풍기 정압 계산

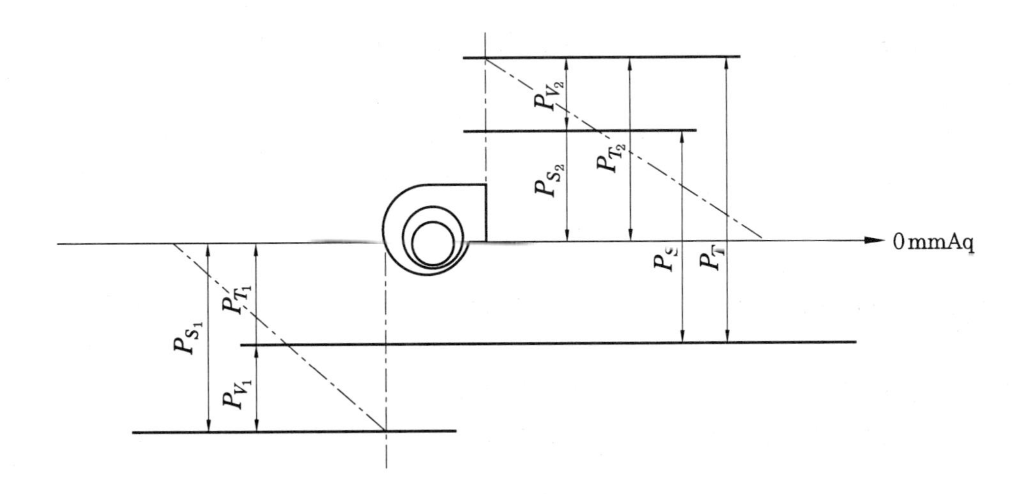

① 송풍기 전압 = $P_T = P_{T_2} - P_{T_1} = (P_{S_2} + P_{V_2}) - (P_{S_1} - P_{V_1})$

② 송풍기 정압 = $P_S = P_T - P_{V_2} = P_{S_2} - P_{S_1} - P_{V_1}$

9 송풍기 선정절차

(1) 공조용, 산업용 및 기타 기체를 수송하는 송풍기의 선정은 송풍기 형식 결정, 송풍기 No(#) 결정, 송풍기 외형결정, 전동기선정 및 Pulley 직경 결정, 가대형식 결정 등의 순서로 진행된다.

(2) 송풍기 선정절차

① 송풍기 형식 결정 : 공기조화용 덕트에 의해 송풍량과 정압이 계산되면 송풍기형식을 선정표에서 선정한다(비교회전수 N_S를 이용한 표).

② 송풍기 No(#) 결정 이론

(가) 원심송풍기 No(#) = $\dfrac{\text{회전날개지름(mm)}}{150\text{(mm)}}$

(나) 축류송풍기 No(#) = $\dfrac{\text{회전날개지름(mm)}}{100\text{(mm)}}$

③ 송풍기 외형 결정

(가) 회전방향 : 시계 방향, 반시계 방향

(나) 기류방향 : 상, 하, 수평, 수직 선정

④ 전동기 선정 및 Pulley 직경 결정

(가) 전동기출력 $P\,[\text{kW}] = \left(\dfrac{Q \cdot \Delta P}{102 \times 3600 \times \eta t}\right) \times \alpha$

여기서, Q : 풍량(m^3/h), ΔP : 압력손실(mmAq), ηt : 송풍기효율, α : 여유율

(나) 송풍기와 전동기 Pulley 직경비율 : 8 : 1 이하 (미끄럼방지)

⑤ 가대 형식

(가) 공통 가대 : 송풍기, 베어링 유닛, 전동기 등을 함께 받치는 가대

(나) 단독 가대 : 송풍기, 베어링 유닛, 전동기 등을 각기 받치는 단독 가대

10 원심펌프(Centrifugal Pump)

(1) 회전펌프 혹은 와권펌프라고도 하며, 물이 축과 직각방향으로 된 임펠러로부터 흘러 나와 스파이럴 케이싱에 모아져 토출구로 이끌리는 타입

(2) 설비의 각종 용도로 가장 많이 사용되는 형태이다.

(3) 분류 및 특징

① 흡입구 형상에 의한 분류

㈎ **편흡입** : 펌프의 어느 한쪽 면에서만 물을 흡입하여 압력을 가한 후 내보내는 형상

㈏ 양흡입 : 펌프의 양측으로 물를 흡입하여 압력을 가한 후 내보내는 형상

② 안내깃 · 단수에 의한 분류

㈎ 벌류트 펌프 (Volute Pump) : 임펠러와 스파이럴 케이싱 사이에 안내깃 (가이드 베인) 없음, 보통 20 m 이하의 저양정

㈏ 터빈 펌프 (Turbine Pump) : 임펠러와 스파이럴 케이싱 사이에 안내깃 (가이드 베인) 있음, 20 m 이상의 고양정 주의

> ① 일반적으로 양정이 낮은 곳에는 벌류트 펌프를 사용하며 양정이 높은 곳에는 터빈 펌프를 사용한다.
> ② 안내날개(Guide Vane) : 회전차 출구의 흐름을 감속하여 속도에너지를 압력 에너지로 변환시키는 역할을 한다.

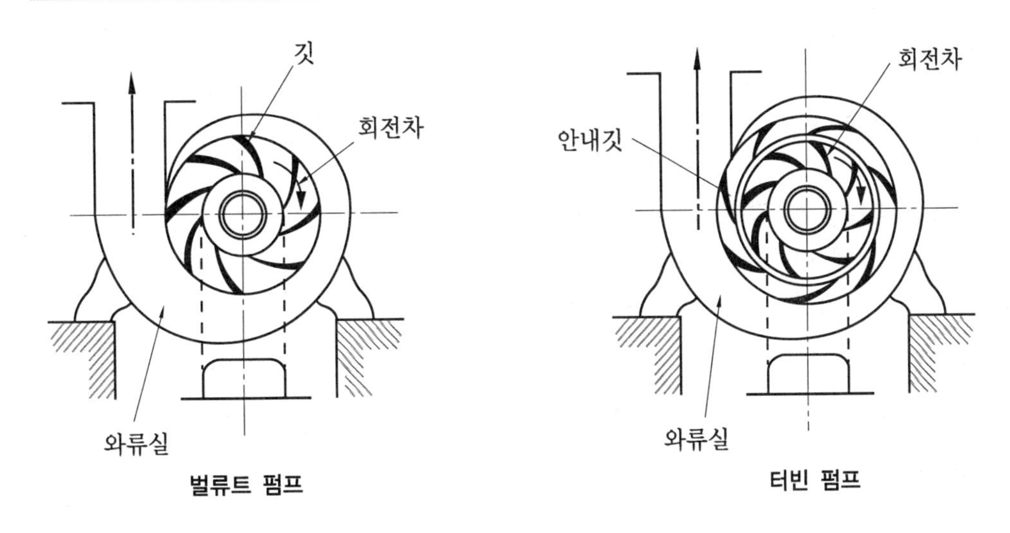

벌류트 펌프 터빈 펌프

③ 단수 (Stage)에 따른 분류

㈎ 단단 펌프 (Single Stage Pump) : 하나의 축에 회전차(임펠러)가 하나만 있는 펌프 (보통 50 m 이하의 양정용)

㈏ 다단 펌프 (Multi Stage Pump) : 하나의 축에 여러 개의 임펠러를 부착하여 순차적으로 압력을 증가시키는 펌프 (50 m 이상의 고양정용에도 사용 가능함)

④ 유체의 흐름방향에 의한 분류

㈎ 축류 펌프 : 유체가 축방향으로 흐르게 한다.

㈏ 반경류 펌프 : 유체가 반경방향으로 흐르게 한다.

㈐ 사류(혼류) 펌프 : 유체가 일정 경사방향으로 흐르게 한다.

11 왕복 펌프

(1) 수량조절이 어렵고, 주로 양수량이 적고 양정만이 클 때 적합하다.
(2) 송수압 변동이 심하고, 고속회전 시 용적효율이 저하된다.

(3) 분류 및 특징

① 피스톤 펌프(Piston pump) : 저압 급수용
② 버킷 펌프(Bucket pump) : 피스톤에 밸브가 설치된 것을 말한다.
③ 플런저 펌프(Plunger pump) : 플런저를 왕복동시켜 실린더 내부의 물을 높은 압력으로 송출한다. 고압 펌프로 수압이 높고(고압) 유량이 적은 곳에 주로 사용한다. 플런저는 피스톤이 봉 모양으로 된 것이 특징이다.
④ 증기 직동 펌프 : 발생 증기의 힘을 구동력(직동식)으로 회수하는 왕복동식 펌프, 증기측 실린더와 물측 실린더가 각각 1개씩인 것을 단식 펌프(Simplex pump, Weir pump 등)라 하고, 증기측 및 물측 실린더가 각각 2개씩인 것을 복식 펌프(Duplex pump, Worthington pump 등)라 한다. 보일러 내의 급수 등에 활용한다.

12 특수 펌프

(1) 웨스코 펌프(마찰 펌프, Westco Pump)

임펠러 외륜에 이중 날개(Vane)를 절삭하여 유체가 Casing 내의 홈(Channel)에 따라 회전하여 고에너지를 가지고 토출구로 토출되는 펌프이다.

(2) 응축수 펌프

고압 보일러 급수용 펌프, 펌프와 응축수 탱크가 일체로 되어 있는 펌프이다.

(3) Injector(인젝터 펌프)

고압 보일러 급수용 펌프, 예비용(정전 대비용)으로 일부 적용한다.

(4) 심정 펌프

① 보어홀 펌프
(가) 7 m 이상 깊은 우물에 사용한다(전동기(모터)는 지상에 위치함).
(나) 긴 회전축으로 물속의 날개차를 회전시킨다.
(다) 설치나 수리가 어려운 결점이 있다.

② 수중모터 펌프
(가) 우물, 호수 등에 일반적으로 많이 사용한다.
(나) 펌프 밑에 전동기를 직결·일체화하여 세로로 긴 용기 속에 넣은 형태이다.
(다) 완전한 방수성 및 절연성을 가진 소형 단상전동기가 주로 사용된다.

③ 기포 펌프(에어 리프트 펌프) : 깊은 우물용(10 m 이상)으로 가동부위가 없다(구조가 간단).

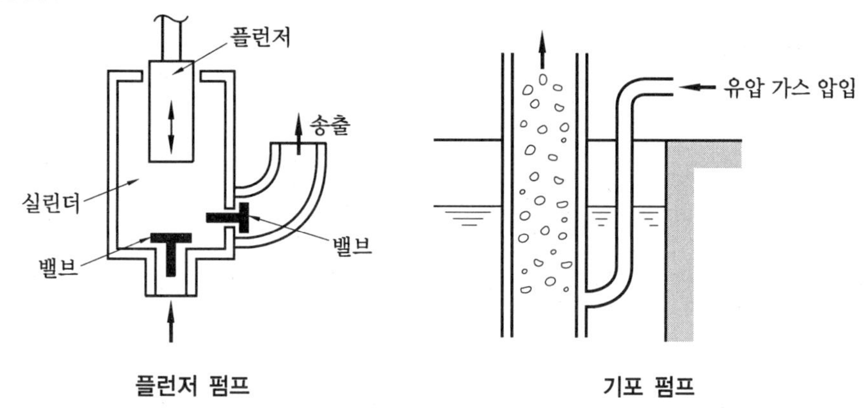

플런저 펌프　　　　기포 펌프

④ 제트 펌프

㈎ 깊은 우물(25 m)이나 소화용 등에 많이 사용된다.

㈏ 노즐을 이용하여 고속으로 1차 유체를 분출시키고, 주변 2차 유체를 유인하여 디퓨저에서 감속 및 증압이 이루어지면서 확산·송출된다.

㈐ 효율은 낮은 편이지만, 구동부가 없어 부식성 유체나 고장이 쉬운 곳에 사용하기 편리하다.

(5) 넌클로그 펌프(특수 회전 펌프)

① 오물펌프(오수펌프)라고도 불린다.

② 1~3개 혹은 그 이상의 날개 사이의 공간이 특히 넓어 오물의 반송에도 거의 막히는 일이 적다(날개의 수가 적을수록 고형물이 많은 유체에 사용 가능).

③ 비교적 고형물이 많은 배수, 수세식변소, 제지 펄프액, 섬유고형물 함유 액체 등에도 사용 가능하다.

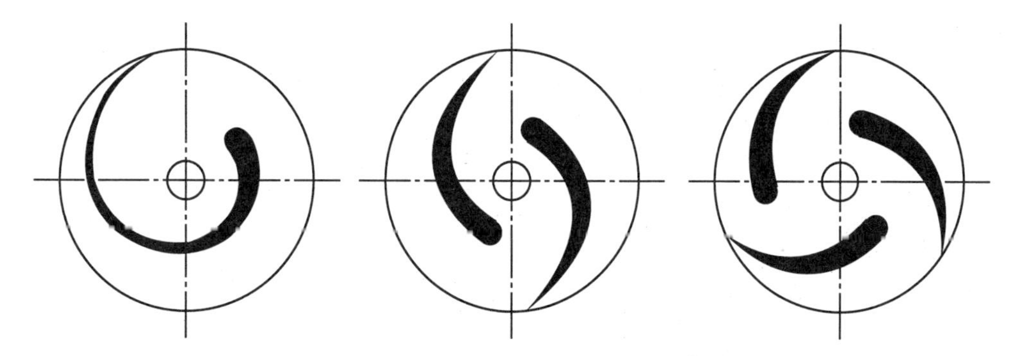

넌클로그 펌프 (One Vane/Two Vanes/Three Vanes)

(6) 기어 펌프

① 기름 반송용 오일펌프로 많이 사용된다.

② 두 개의 기어 사이에 고인 유체를 기어의 회전에 따라 배출하는 형태이다.
③ 기어의 물림구조에 따라 내측 기어펌프와 외측 기어펌프가 있다.

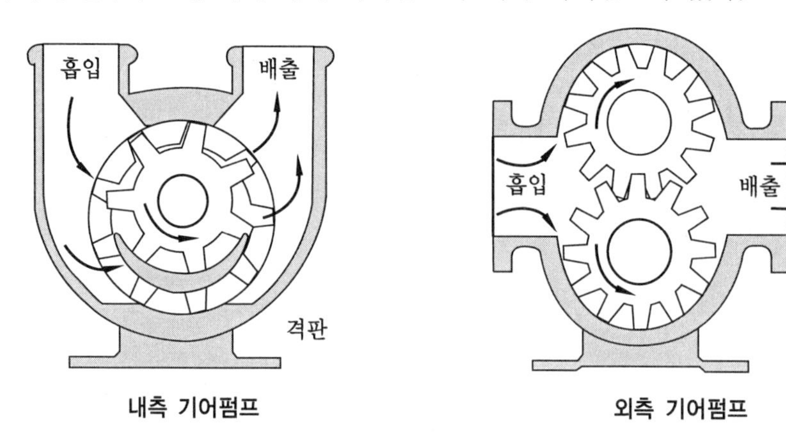

13 펌프의 과부하운전

(1) 펌프는 유량이 지나치게 커지거나, 시스템의 기계적인 원인 혹은 전기적인 원인에 의해서 과부하운전이 될 수 있으며, 이는 펌프의 Load상 설계범위를 벗어나 운전함을 의미한다.

(2) **펌프 과부하운전의 원인과 대책**

구 분	원 인	대 책
수력적 원인	흡입양정이 현저히 감소할 때	Cavitation이 발생하지 않는 범위 내에서 흡입양정을 증가시킴
	토출양정이 현저히 감소할 때	설계 허용범위 이내에서 토출양정을 증가시킴
	유량 증가로 인한 과부하	유량을 다소 감소시킴
	전양정 감소로 축동력 증가	축동력이 허용범위 이내로 제한되도록 전양정을 증가시킴
	Cavitation 발생에 의한 과부하 (보통 진동이나 굉음을 동반함)	수온의 상승 방지, 흡입양정 관리, 흡입부 저항 감소 등
전기적 원인	펌프의 전동기 인입 전압이 지나치게 높거나 낮을 때	원동기의 운전전류가 허용범위 이내로 운전되도록 전압의 허용범위 제한
	주파수 증가에 의한 회전수 증가	인버터에서는 최대·최소 회전수를 제한함
	전압의 심한 변동	AVR이나 UPS를 설치하여 전압을 안정화시킴
기계적 원인	베어링 마모 및 이물질 침투	베어링 교체, 이물질 제거
	원동기와의 직결 불량	원동기와 펌프의 연결구조 개선
	회전체의 평형 불량	축심에 대한 Balancing 실시
	회전체의 변형이나 파손, 각부의 헐거움 등으로 인한 Locking 현상	구조적 문제 해결

14 유효흡입양정(NPSH : Net Positive Suction Head)

(1) Cavitation이 일어나지 않는 흡입양정을 수주(水柱)로 표시한 것을 말하며, 펌프의 설치상태 및 유체온도 등에 따라 다르다.

(2) 펌프 설비의 실제 NPSH는 펌프 필요 NPSH보다 커야 Cavitation이 일어나지 않는다.

(3) 이용가능 유효 흡입양정

$$\text{NPSH}_{av} \geq 1.3\ \text{NPSH}_{re}$$

여기서, NPSH_{re} : 필요(요구) 유효흡입양정(회전차 입구 부근까지 유입되어지는 액체는 회전차에서 가압되기 전에 일시적으로 급격한 압력강하가 발생하는데, 이러한 압력강하에 해당하는 수두를 NPSH_{re}라고 한다. → 펌프마다의 고유한 값이며, 보통 펌프회사에서 제공된다.)

NPSH_{av} : 이용가능한 유효흡입양정

(4) 계산식

$$H_{av} = \left(\frac{P_a}{\gamma}\right) - \left\{\left(\frac{P_{vp}}{\gamma}\right) \pm H_a + H_{fs}\right\}$$

여기서, H_{av} : 이용가능 유효흡입양정(Available NPSH, m)

P_a : 흡수면 절대압력(Pa)

P_{vp} : 유체온도 상당포화증기 압력(Pa)

γ : 유체비중량(밀도×중력가속도)

H_a : 흡입양정(m, 흡상(+), 압입(−))

H_{fs} : 흡입손실수두(m)

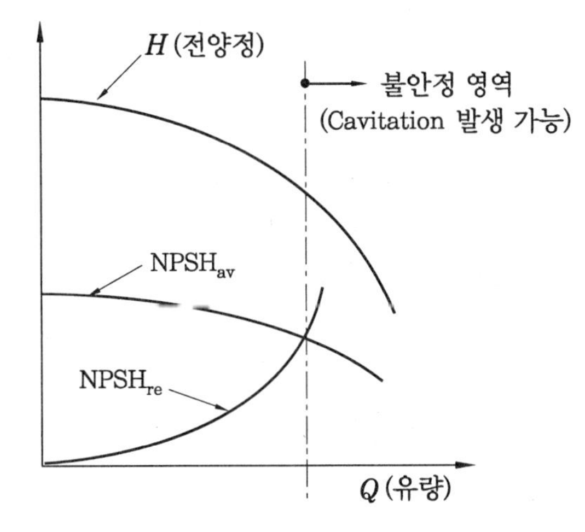

NPSH 곡선

15 캐비테이션 (공동현상 : Cavitation)

(1) 펌프의 이론적 흡입양정은 10.332 m, 관마찰 등을 고려한 실질적인 양정은 6~7m 정도이다.

(2) 캐비테이션은 펌프의 흡입양정이 6~7 m 초과 시, 물이 비교적 고온 시, 해발고도가 높을 시 잘 발생한다.

(3) 펌프는 액체를 빨아올리는데 대기의 압력을 이용하여 펌프 내에서 진공을 만들고 (저압부를 만듦) 빨아올린 액체를 높은 곳에 밀어 올리는 기계이다.

(4) 만일 펌프 내부 어느 곳에든지 그 액체가 기화되는 압력까지 압력이 저하되는 부분이 발생되면 그 액체는 기화되어 기포를 발생하고 액체 속에 공동 (공동 : 기체의 거품)이 생기게 되는데 이를 캐비테이션이라 하며 임펠러 (Impeller) 입구의 가장 가까운 날개표면에서 압력은 크게 떨어진다.

(5) 이 공동현상은 압력의 강하로 물속에 포함된 공기나 다른 기체가 물에서부터 유리되어 생기는 것으로 이것이 소음, 진동, 부식의 원인이 되어 재료에 치명적인 손상을 입힌다.

(6) 발생 메커니즘 (Mechanism)

① 1단계 : 흡입측이 양정 과다, 수온 상승 등 여러 요인으로 인하여 압력강하가 심할 경우 증발 및 기포가 발생한다.
② 2단계 : 이 기포는 결국 펌프의 출구 쪽으로 넘어간다.
③ 3단계 : 출구 측에서 압력의 급상승으로 기포가 갑자기 사라진다.
④ 4단계 : 이 순간 급격한 진동, 소음, 관부식 등 발생한다.

(7) 캐비테이션의 발생조건 (원인)

① 흡입양정이 클 경우
② 액체의 온도가 높을 경우 혹은 포화증기압 이하로 된 경우
③ 날개차의 원주속도가 클 경우(임펠러가 고속)
④ 날개차의 모양이 적당하지 않을 경우 등이다.
⑤ 휘발성 유체인 경우
⑥ 대기압이 낮은 경우 (해발이 높은 고지역)
⑦ 소용량 흡입펌프 사용 시 (양흡입형으로 변경 필요)

16 캐비테이션(Cavitation) 방지법

(1) 흡수 실양정을 될 수 있는 한 작게 한다.

(2) 흡수관의 손실수두를 작게 한다(즉, 흡수관의 관경을 펌프 구경보다 큰 것을 사용하며, 관 내면의 액체에 대한 마찰저항이 보다 작은 파이프를 사용하는 것이 좋다).

(3) 흡수관 배관은 가능한 간단히 한다. 휨을 적게 하고 엘보(Elbow)대신에 밴드(Bend)를 사용하며, 밸브로서는 슬루스 밸브(Sluice valve)를 사용한다.

(4) 스트레이너(Strainer)는 통수면적으로 크게 한다.

(5) 계획 이상의 토출량을 내지 않도록 한다. 양수량을 감소하며, 규정 이상으로 회전수를 높이지 않도록 주의하여야 한다.

(6) 양정에 필요 이상의 여유를 계산하지 않는다.

(7) 흡입배관측 유속은 가능한 한 1 m/s 이하로 하며, 흡입수위를 정(+)압 상태로 하되 불가피한 경우 직선 단독거리를 유지하여 펌프유효흡입수두보다 1.3배 이상 유지한다(즉, $NPSH_{av} \geq 1.3 \times NPSH_{re}$가 되도록 한다).

(8) 펌프의 설치위치를 가능한 한 낮게 하고, 흡입손실수두를 최소로 하기 위하여 흡입관을 가능한 한 짧게 하고, 관내 유속을 작게 하여 $NPSH_{av}$를 충분히 크게 한다.

(9) 횡축 또는 사축인 펌프에서 회전차 입구의 직경이 큰 경우에는 캐비테이션의 발생위치와 NPSH 계산위치상의 기준면과의 차이를 보정하여야 하므로 $NPSH_{av}$에서 흡입배관 직경의 1/2을 공제한 값으로 계산한다.

(10) 흡입수조의 형상과 치수는 흐름에 과도한 편류 또는 와류가 생기지 않도록 계획하여야 한다.

(11) 편 흡입 펌프로 NPSHre가 만족되지 않는 경우에는 양흡입 펌프로 하는 경우도 있다.

(12) 대용량 펌프 또는 흡상이 불가능한 펌프는 흡수면보다 펌프를 낮게 설치하거나 압축펌프로 선택하여 회전차의 위치를 낮게 하고, Booster펌프를 이용하여 흡입조건을 개선한다.

(13) 펌프의 흡입측 밸브에서는 절대로 유량조절을 해서는 안 된다.

(14) 펌프의 전양정에 과대한 여유를 주면 사용 상태에서는 시방양정보다 낮은 과대토출량의 범위에서 운전되게 되어 캐비테이션 성능이 나쁜 점에서 운전되게 되므로, 전양정의 결정에 있어서는 실제에 적합하도록 계획한다.

(15) 계획토출량보다 현저하게 벗어나는 범위에서의 운전은 피해야 한다. 양정 변화가 큰

경우에는 저양정 영역에서의 $NPSH_{re}$가 크게 되므로 캐비테이션에 주의하여야 한다.

(16) 외적 조건으로 보아 도저히 캐비테이션을 피할 수 없을 때에는 임펠러의 재질을 캐비테이션 괴식에 대하여 강한 재질을 택한다.

(17) 이미 캐비테이션이 생긴 펌프에 대해서는 소량의 공기를 흡입측에 넣어서 소음과 진동을 적게 할 수도 있다.

17 펌프의 특성 곡선

(1) 펌프의 특성 곡선이란 배출량을 가로축으로 하여 양정, 축마력과 효율을 세로축으로 하여 그린 곡선으로서, 펌프의 특성을 한눈에 알아 볼 수 있도록 한 것이다.

(2) 펌프는 최고 효율에서 작동할 때 가장 경제적이고, 펌프의 수명을 길게 할 수 있다.

(3) 펌프의 특성 곡선

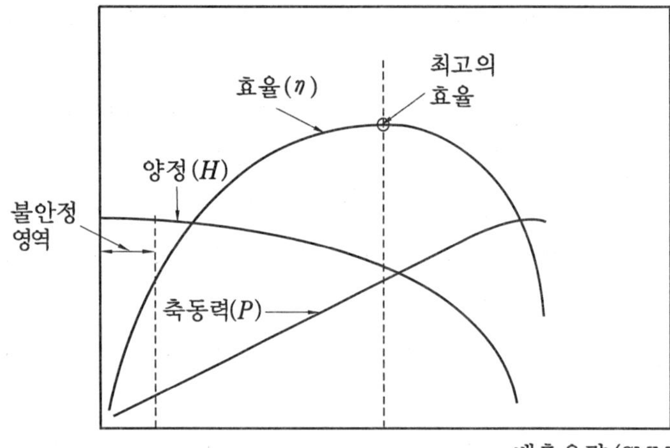

[운전범위]

1. 토출량 大 → 전양정 감소
2. 토출량 小 → 전전양성 증가
3. 토출량 0(Zero) → 유효일 0 (열로 낭비, 과열현상 발생)
4. 최고효율점 (설계점 운전이 합리적임)

(4) 토출량 대(大)와 토출량 소(小)일 경우의 영향과 대책

① 토출량 대(大) → 전양정 감소

㈎ 영향 : 배관 내 유량 증가, 과부하 초래, 축동력 증가, 원동기의 과열 초래, 전원 측으로부터 과도한 전류(혹은 전압)가 인입된다.

㈏ 대책 : 유량의 적절한 제어(감소시킴), 배관상 유량제어 밸브를 설치하고 적절히 조절함(유량을 줄임), 인버터의 경우 회전수 제어(회전수 감소), 과도 전압 및 전류에 대한 제어, 펌프의 재선정(비교회전수가 큰 펌프로 선정)

② 토출량 소(小) → 전양정 증가

㈎ 영향 : 배관 내 유량 감소, 축동력 감소, 원동기의 과열 초래, 서징 등의 불안정

영역 돌입 가능, 전원 측으로부터 허용치 이하의 전류(혹은 전압)가 인입된다.

(나) 대책 : 유량의 적절한 제어(증가시킴), 배관상 유량제어 밸브를 설치하고 적절히 조절함(유량을 늘림), 인버터의 경우 회전수 제어(회전수 증가), 허용 전압 및 전류에 대한 제어, 펌프의 재선정(비교회전수가 적은 펌프로 선정)

18 펌프의 비속도 (Specific Speed)

(1) 송풍기에서도 동일 개념이 적용된다.

(2) 펌프의 특성에 대한 연구나 설계를 할 때에는 펌프의 형식, 구조, 성능 (전양정, 배출량 및 회전속도)을 일정한 표준으로 고쳐서 비교 검토해야 한다. 보통 그 표준으로는 비속도(비교회전수)가 사용된다.

(3) 회전차의 형태에 따라 펌프의 크기에 무관하게 일정한 특성을 가진다 (상사법칙 적용 가능).

(4) 비속도라 함은 한 펌프와 기하학적으로 상사인 다른 하나의 펌프가 전양정 $H=1\,\text{m}$, 배출량 $Q=1\,\text{m}^3/\text{min}$으로 운전될 때의 회전속도 N_s를 말하며 다음 식으로 나타낸다.

(5) 관계식 (비교회전수 : N_s)

$$N_s = N \frac{\sqrt{Q}}{H^{\frac{3}{4}}}$$

여기서, Q : 수량 (CMM), H : 양정 (m)

(6) 상기식에서 배출량 Q는 양쪽 흡입일 때에는 $\frac{Q}{2}$로 하고, 전양정 H는 다단 펌프일 때에는 1단에 대한 양정을 적용한다. 따라서 비속도 N_s는 펌프의 크기와는 관계가 없으며, 날개차의 모양에 따라 변하는 값이다.

(7) 기타의 특징

① 펌프가 대유량 및 저양정이면 비속도는 크고 소유량·고양정이면 비속도는 작아진다.

② 터빈 펌프<벌류트 펌프<사류 펌프 축류 펌프 순으로 비교회전수는 증가하지만 양정은 감소된다.

③ 비교회전도가 작은 펌프(터빈펌프)는 양수량이 변해도 양정의 변화가 작다.

④ 비교회전도가 작은 펌프는 유량변화가 큰 용도에 적합하다.

⑤ 비교회전도가 큰 펌프는 양정변화가 큰 용도에 적합하다.

⑥ 비교회전도가 지나치게 크거나 작게 되면 효율변화의 비율이 크다(효율이 급격하게 나빠진다).

19 밸런싱 밸브(Balancing Valve)

(1) 정유량식 밸런싱 밸브(Limiting Flow Valve)

① 배관 내의 유체가 두 방향으로 분리되어 흐르거나 또는 주관에서 여러 개로 나뉠 경우 각각의 분리된 부분에 흘러야 할 일정한 유량이 흐를 수 있도록 유량을 조정하는 작업을 수행한다.

② 오리피스의 단면적이 자동적으로 변경되어 유량을 조절하는 방법이다.

③ 압력이 높을 시 통과단면적을 축소시키고, 압력이 낮을 시 통과단면적을 확대시켜 일정유량을 공급한다.

④ 기타 스프링의 탄성력과 복원력을 이용(차압이 커지면 압력판에 의해 오리피스의 통과면적이 축소되고 차압이 낮아지면 스프링의 복원력에 의해 통과면적이 커짐)하는 방법도 있다.

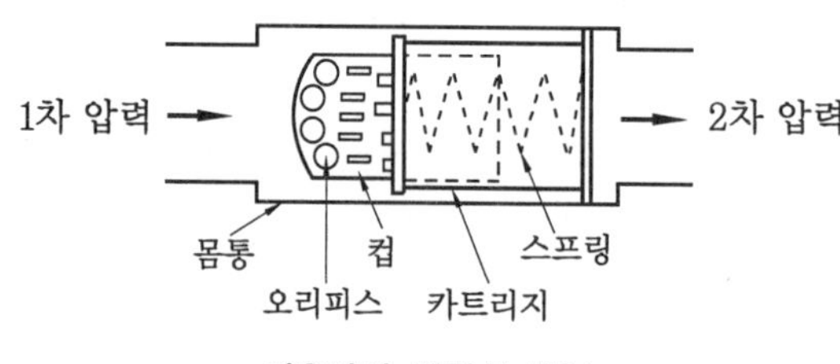

정유량식 밸런싱 밸브

◎ 직독식 정유량 밸브

① 정유량 밸브에 유량계를 설치하여 현장에서 눈으로 직접 유량을 읽은 다음, 적절히 필요한 유량으로 맞출 수 있는 형태의 정유량 밸브이다.

② 현장에서 유량의 점검 및 직접 눈으로 확인할 수 있다는 점에서 다루기가 편하고, 정확도 또한 우수한 편이다.

(2) 가변 유량식 밸런싱 밸브

① 수동식 : 유량을 측정하는 장치를 별도로 장착하여 현재의 유량이 설정된 유량과 차이가 있을 경우 밸브를 열거나 닫히게 수동으로 조절한 후, 더 이상 변경되지 않도록 봉인까지 할 수 있게 되어 있다(보통 밸브개도 표시 눈금이 있음).

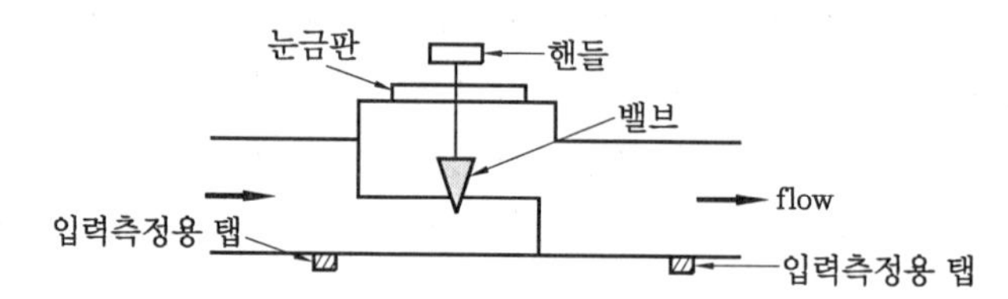

가변 유량식 밸런싱 밸브(수동식)

② 자동식 : 배관 내 유량 감시 센서를 장착하여 DDC 제어 등의 자동 프로그래밍 기법을 이용하여 현재 유량과 목표 유량을 비교하여 자동으로 밸브를 열거나 닫아서 항상 일정한 유량이 흐를 수 있게 한다.

20 펌프 선정방법

용도에 적합한 펌프를 선정하기 위해 이송 유체 조건(온도, 유량, 유속, 거리, 압력, 비중, 점도 등)을 펌프의 종류별 형식, 운전조건, 성능 등과 비교하여 가장 적합한 기종을 선정해야 한다.

(1) 성능 계산

유량 $Q_2 = \left(\frac{N_2}{N_1}\right) \cdot Q_1$

양정 $H_2 = \left(\frac{N_2}{N_1}\right)^2 \cdot H_1$

동력 $P_2 = \left(\frac{N_2}{N_1}\right)^3 \cdot P_1$

펌프구경(흡입구) $D = \sqrt{\frac{4Q}{\pi V}}$

표준 양수량 : 송출구에서 1.5 ~ 3 m/s

(2) 설치 시 고려사항(점검항목)

① 수평, 방진, Strainer, 곡관부 배제(1 m 이내)

② Foot Valve는 바닥에서 관경의 1.5 ~ 2배 정도 이격

③ 흡입 횡주관 펌프 1/100 ~ 2/100 상향구배

④ 필요시 편심 리듀서(Eccentric Reducer) 사용(배관경 변경 시 아래 그림과 같이 리듀서를 올바른 방법으로 시공할 것)

㈎ 물배관 : 굴곡부가 하부로 향하게 설치하여 공기나 거품 등이 상부에 체류하지 않게 할 것

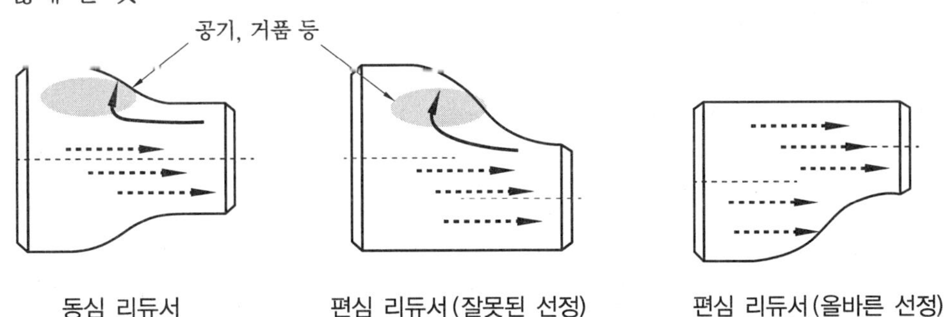

동심 리듀서 편심 리듀서(잘못된 선정) 편심 리듀서(올바른 선정)

㈏ 증기배관 : 굴곡부가 상부로 향하게 설치하여 응축수가 하부에 체류하지 않게 할 것

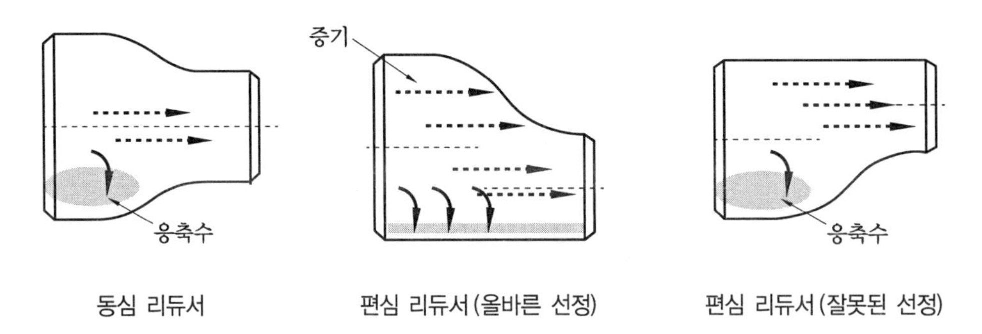

동심 리듀서　　편심 리듀서(올바른 선정)　　편심 리듀서(잘못된 선정)

⑤ 병렬펌프 시 흡입관 별도 배관으로 설치할 것
⑥ 양정 20m 이상 시 충격흡수식 체크밸브를 사용할 것

21 펌프의 일상 점검항목

펌프의 일상 점검 시 다음과 같은 항목이 주요하게 관리되어야 한다.
① 외관 : 마모, 외관 파손, 기울어짐 등이 없을 것
② 진동 : 공진, 이상진동 등이 없을 것
③ 소리 : 이상소음이 없을 것
④ 베어링 온도 : 과열되지 않고 마모, 파손 등이 없을 것
⑤ 흡입 및 토출압력 : 유량 대비 정상압력 범위 내일 것
⑥ 윤활유 : 윤활유의 양과 색상이 정상일 것
⑦ 축봉부의 누설 : 마모로 인한 누설이 없을 것
⑧ 절연저항 : 일상점검 시 항상 규정치 저항 이상일 것

22 순환펌프 시스템

(1) 1차 펌프(Primary pump) 시스템

① 1차 펌프(Primary pump)란 칠러 등의 열원기기에서 냉·온수 분배 헤드까지를 순환하는 1차측 펌프를 의미한다.
② 통상 정유량 펌프를 사용하여 전체 시스템에 대한 운전을 행한다.
③ 에너지 소모, 부하 대응력 등의 문제 때문에 소규모 단일 건물의 공사에 많이 사용

(2) 1·2차 펌프 시스템 (Primary-Secondary pump System)

① Secondary pump란 냉·온수 분배 헤드로부터 부하(공조기 등)를 순환하는 순환 펌프를 의미한다.

② 통상 변유량 펌프를 사용함 (에너지 절약 차원에서 사용함)

③ 가장 일반적으로 사용되어지는 방식이다.

④ 동력동에 가까운 건물의 압력증가 우려

(3) 1·2·3차 펌프 시스템 (Primary-Secondary-Tertiary pump System)

① 주로 시스템 전체에 대한 펌프의 압력부하를 줄이기 위해 이용되며, 건물 내부의 부하는 별도로 3차 펌프가 담당

② 복잡하여 시스템 효율은 다소 떨어지나, 성능 향상에 도움

(4) 존펌프 방식 (분배펌프 방식)

① 1·2·3차 펌프 시스템 대비 동력동으로부터 2차 분배 루프가 시작되는 지점에 2차 펌프가 생략된다.

② 건물별 냉·온수 배관이 시작되는 지점에 2차 펌프 배치

③ 각 건물별 압력관리에 용이

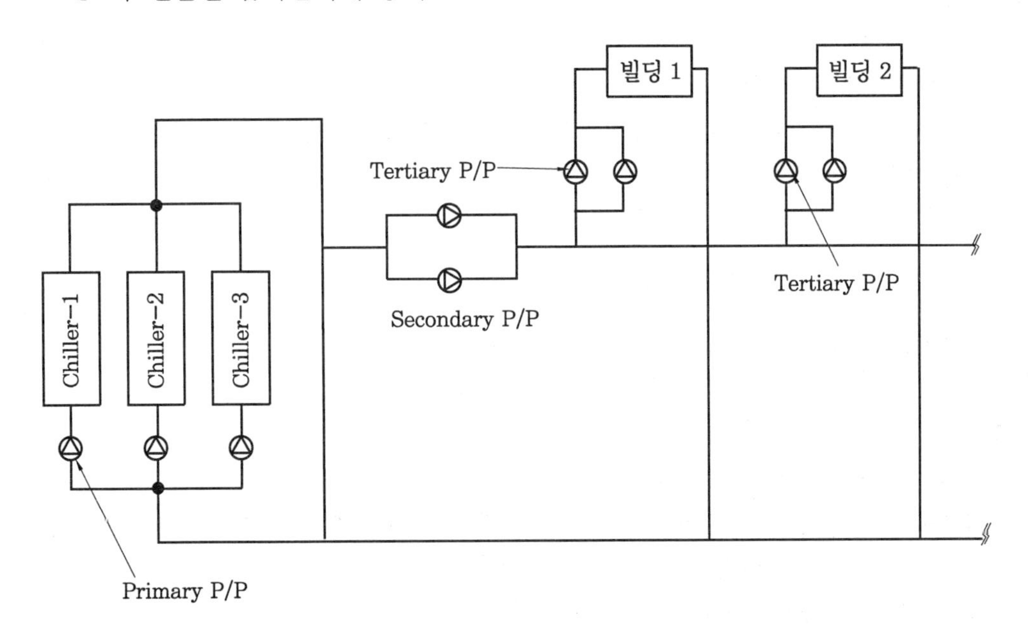

순환펌프 시스템

제 9 장

열전달, 단열 및 결로

1 열이동 방법

(1) 열전도

① 고온 → 저온 (고체, 액체 그리고 기체에서도 일어날 수 있으나, 주로 고체에서 많이 발생하는 현상이다.)

② 열전도도의 순서는 '고체 > 액체 > 기체'의 순이다.

③ 고체의 경우 전도체가 부도체 보다 열전도도가 훨씬 크다 (자유전자의 흐름이 열전도에 관여하기 때문이다).

④ 열전도란 정지한 물체 (유체) 간의 온도차에 의한 열의 이동현상을 말한다.

⑤ 고체 내부에서 열진동의 전달에 의해 열이 이동하는 현상 : 푸리에 (Fourier) 열전도방정식

$$q = -\lambda A \frac{dt}{dx}$$

여기서, λ: 열전도율(kcal/m·h·℃, W/m·K), A : 면적(m^2)
t : 온도(℃, K), x : 거리(m)

(2) 열의 대류

① 유체의 밀도차에 의한 순환으로 인하여 열이 이동되는 현상

② 액체나 기체의 운동에 의한 열의 이동현상으로서 유체에 있어서 온도차가 생기면 밀도차가 생기고, 그러면 유체의 흐름이 발생한다. 즉, 열의 이동이 생긴다.

③ 공조계통에서 가장 중요한 열전달의 방식 중 하나이다.

④ 자연대류 : Nusselt Number $(Nu) = \frac{\alpha \cdot L}{\lambda} = f(Gr, Pr)$

⑤ 강제대류 : Nusselt Number $(Nu) = \frac{\alpha \cdot L}{\lambda} = f(Re, Pr)$

$$Gr = \frac{g \cdot \beta \cdot d^3 \cdot \Delta t}{v^2}, \qquad Pr = \frac{\mu \cdot C_p}{\lambda}, \qquad Re = \frac{V \cdot d}{v}$$

여기서, β : 체적팽창계수 (℃$^{-1}$)

Gr(Grashof Number) : 자연대류의 상태를 나타냄

Re(Reynolds Number) : 강제대류의 상태를 나타냄 (층류와 난류를 구분, 관성력/점성력)

v : 동점성계수 V : 유체의 속도 d : 관의 내경

μ : 점성계수 C_p : 정압비열 L : 열전달 길이

α : 열전달률(kcal/m^2·h·℃, W/m^2·K) ρ : 밀도(kg/m^3)

λ : 열전도율(kcal/m·h·℃, W/m·K)

Pr(Prandtl Number) : 동점성계수를 열확산계수$\left(= \frac{\lambda}{\rho \cdot C_p}\right)$로 나눈 값

(3) 열의 복사 (열방사)

① 열전자 (광자) 이동현상이다.

② 열에너지가 중간물질에 관계없이 적외선이나 가시광선을 포함한 전자파인 열선의 형태를 갖고 전달되는 전열형식이다.

③ 다른 물체에 도달하여 흡수되면 열로 변하게 되는 현상이다.

④ Stefan-Boltzman 법칙

$$q = \varepsilon\sigma(T_2^{\,4} - T_1^{\,4})A\Phi$$

여기서, ε : 복사율 ($0 < \varepsilon < 1$; 건축자재의 ε는 대부분 0.85~0.95 수준임)

σ : Stefan Boltzman정수(5.67×10^{-8} W/m^{2}K^4= 4.88×10^{-8} kcal/m^2·h·K^4)

T_s : 열원의 절대온도 (K)

T_{sur} : 주변 물체의 절대온도 (K)

A : 복사 면적(m^2)

Φ : 형상계수 (물체의 형상과 놓여있는 위치 및 각도별 복사 열전달에 영향을 미치는 순수 기하학적 인자)

⑤ 관련식

$$\tau + \varepsilon + \gamma = 1$$

여기서, τ : 반사율, ε : 흡수율, γ : 투과율

(4) 열전달

① 유체와 고체 사이의 열이동 현상으로 뉴턴(Newton)의 냉각법칙에 의한 열전달 열량은 다음식과 같다.

$$q = \alpha A(t_1 - t_2)$$

여기서, α : 열전달률(kcal/m^2·h·℃, W/m^2·K)

A : 면적(m^2)

t_1 : 고온측 온도(℃)

t_2 : 저온측 온도(℃)

(5) 열통과 (열관류)

고체벽을 사이에 두고 고온측 유체에서 저온측 유체로 열이 이동되는 현상으로 다음 식으로 구한다 (열전달과 열전도의 조합으로 이루어진다).

$$q = KA(t_o - t_i)$$

여기서, q : 열량(kcal/h, W), K : 열관류율(kcal/m²·h·℃, W/m²·K)
t_o : 고온 측 유체의 온도(℃), t_i : 저온 측 유체의 온도(℃)
A : 열통과 면적(m²)

2 대류 열전달 (Convection)

(1) 액체, 기체 등 유체의 열교환 방법 중 유체 간의 밀도차에 의해서 열교환을 하는 방식이다.

(2) 계산 공식

$$q = h_c \cdot A \cdot \Delta T$$

여기서, h_c : 대류 열전달계수, A : 유체 접촉면적, ΔT : 유체 간의 온도차

(3) 특징

① 유체에서만 일어나는 열전달 현상
② 유체 분자 간 밀도차에 의해 혼합되는 현상(열교환 현상)
③ 대류에는 강제대류와 자연대류 방식이 있다.

(4) 공조분야 강제 대류방식과 자연 대류방식 비교

비교 항목	강제 대류방식	자연 대류방식
장치 종류(말단 유닛)	FCU, Unit Cooler, 공조기 등	Convector, 방열기 등
주요 기술 원리	• 팬에 의한 강제 대류 • 냉방 및 난방 겸용 가능 • 열전달 해석 시 무차원수 Re와 Pr 이용 • 코안다 효과 활용 가능	• 공기의 밀도차 이용 • 주로 난방용(난방시가 냉방 시 대비 평균온도차가 크기 때문임) • 열전달 해석 시 무차원수 Gr와 Pr 이용
검토 사항	• 적절한 용량 선정 • 팬 소음 영향 줄일 것 • Cold Draft 방지 • 내부 공기의 방안 전체적 순환 유도 • 원활한 드레인 설치 • 동결 방지 고려 • 워터 해머 방지	• 적절한 용량 선정 • Cold Draft 방지 • 내부 공기의 방안 전체적 순환 유도 • 동결 방지 고려 • 워터 해머 및 스팀 해머 방지 • 증기난방 시 증기트랩 설치, 보온 등에 특히 주의 필요

3 대류해석 무차원 수

(1) 자연대류

공기의 온도차에 의한 부력으로 공기순환이 이루어진다.

$$\text{Nusselt Number }(Nu) = \frac{\alpha \cdot L}{\lambda} = f(Gr, Pr)$$

(2) 강제대류

기계적인 힘(팬, 송풍기 등의 장치)에 의존하여 공기를 순환하는 방식이다.

$$\text{Nusselt Number }(Nu) = \frac{\alpha \cdot L}{\lambda} = f(Re, Pr)$$

$$Gr = \frac{g \cdot \beta \cdot d^3 \cdot \Delta t}{v^2}, \quad Pr = \mu \cdot \frac{C_p}{\lambda}, \quad Re = \frac{V \cdot d}{v}$$

여기서, β : 체적팽창계수 (℃$^{-1}$)

Nu : 누설트 수(Nusselt Number : 열전달률/열전도율)

Gr : 그라스호프 수(Grashof Number : 자연대류의 상태, 부력/점성력)

Pr : 프란틀 수(Prandtl Number : 동점성 계수/열확산 계수)

Re : 레이놀즈 수(Reynolds Number : 강제대류의 상태를 나타냄, 층류와 난류를 구분 = 관성력/점성력)

v : 동점성계수

V : 유체의 속도

d : 관의 내경

μ : 점성계수

C_p : 정압비열

α : 열전달률(kcal/m^2·h·℃, m^2·K)

L : 열전달 길이

λ : 열전도율(kcal/m·h·℃, m·K)

p : 유체의 밀도

(3) Dittus-Boelter식

매끈한 원형관 내의 완전 발달된 난류흐름에 대한 국소 Nusselt수의 식

$$Nu - 0.023\, Re^{0.8}\, Pr^n$$

여기서, n은 가열의 경우에는 0.4, 냉각의 경우에는 0.3

Pr : 0.7 이상, 160 이하

Re : 10,000 이상

$\frac{\text{원형관의 길이}}{\text{원형관의 직경}}\left(=\frac{L}{D}\right)$: 10 이상

식의 오차범위 : 약 25%

4 공기의 온도 성층화(Stratification)

(1) 찬 공기와 더운 공기의 밀도차에 의해 실의 위쪽은 지나치게 과열되고 실의 아래쪽은 지나치게 차가운 공기층으로 Air Circulation이 잘 이루어지지 않는 현상 (여름철 냉방보다 겨울철 난방시에 특히 심함)

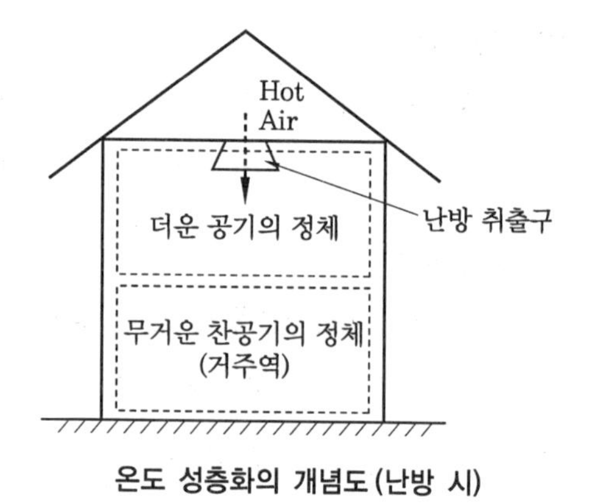

온도 성층화의 개념도(난방 시)

(2) 해결책

① 바닥 취출공조의 적극적 활용
② 노즐 디퓨저, 횡평 대향 취출구 등을 이용하여 공기 도달거리 확보
③ 복사난방 등의 공조방법 이용
④ 온도조절기를 호흡선 위치에 설치
⑤ 방열기, FCU 방식을 잘 활용하여 유로를 바닥측 혹은 거주역으로 맞추어준다.
⑥ 유인비가 특별히 적은 디퓨저를 사용하여 난방 시 도달거리가 길어질 수 있도록 고려한다.
⑦ 층고가 특별히 높은 건물에는 '가변선회형 디퓨저' 사용
⑧ Clean Room처럼 상부취출/하부흡입 방식의 층류화 공조설계를 한다.
⑨ 공조 취출구는 상부에 설치하더라도 흡입구를 하부 벽 근처, 바닥 등에 구성하여 흡입구에서의 실내공기 흡입력을 강화한다.

(3) 온도성층화 발생장소

① 층고가 높은 건물 : 학교 교실, 교회건물, 호텔 로비 등
② 대공간 건축물 : 공항, 대형은행, 박물관, 체육관, 영화관 등
③ 기타 : 공공건물·고층빌딩·주상복합건물 등의 1층 로비 등

(4) 유사 응용

① 저속치환공조 : 공조장치의 흡·취출구 배치에서 바닥 부근에서 취출하고 천장면에서 흡입하는 방식임(바닥에서 공조 후 데워진 공기는 실(室)의 상부로 흐르면서 공조장치의 흡입부로 흡입되거나 외부로 배출됨).
② 수축열조 : 공기 아닌 물의 온도 성층화를 오히려 적극적으로 이용하는 것이 수축열조이다(수축열 냉·난방에서 수축열조의 상부에는 더운 온수를 저장하고, 하부에는 냉수를 저장하는 방식이다).

5 벽체 단열재

(1) 결로방지 기준

$\alpha_i(t_i - t_s) = K(t_i - t_o)$ ———— ⓐ

상기 ⓐ식에서 다음 식 유도

$$t_s = t_i - \frac{K(t_i - t_o)}{\alpha_i}$$

상기에서 '벽체의 실내측 표면온도(t_s) < 노점온도' 이면 결로 발생 판정

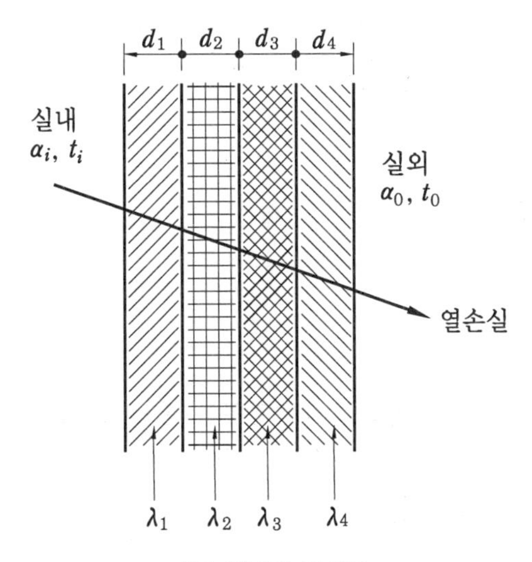

다중 벽체의 구성도

(2) 열관류율(K) 계산

$$K = \frac{1}{R} = \frac{1}{\frac{1}{\alpha_i} + \frac{d_1}{\lambda_1} + \frac{d_2}{\lambda_2} + \frac{d_3}{\lambda_3} + \frac{d_4}{\lambda_4} + \dots + \frac{1}{\alpha_o}} \quad \text{———— ⓑ}$$

여기서, α_o : 외부 면적당 열전달계수 (kcal/m²·h·℃, W/m²·K)

α_i : 내부 면적당 열전달계수 (kcal/m²·h·℃, W/m²·K)

$(t_i - t_s)$: 내부온도 - 표면온도 (℃)

K : 열관류율 (kcal/m²·h·℃, W/m²·K)

$(t_i - t_o)$: 내부온도-외부온도 (℃)

R : 열저항 (m²·h·℃/kcal, m²·K/W)

λ_1 : 구조체 1번의 열전도율 (kcal/m·h·℃, W/m·K)

λ_n : 구조체 n번의 열전도율 (kcal/m·h·℃, W/m·K)

d_1 : 구조체 1번의 두께 (m)

d_n : 구조체 n번의 두께 (m)

(3) 결로 방지를 위한 단열재를 두께 계산

① 상기 ⓑ 식에서 d_4가 단열재의 두께이다.

② 상기 ⓐ 식의 t_s값에 '노점온도'를 대입하여 구한 K값을 ⓑ 식에 대입하여 단열재의 두께(d_4)를 구한다.

> **다중 벽체에서 각 부재의 경계면에서의 온도차(Δt) 구하는 방법**
>
> $$\frac{\Delta t}{\Delta T} = \frac{r}{R}$$
>
> 여기서, Δt : 해당 부재의 양측면의 온도차(℃, K)
> ΔT : 실내·외 공기의 총온도차(℃, K)
> r : 해당 부재의 열관류 저항($m^2 \cdot h \cdot$℃/kcal, $m^2 \cdot K/W$)
> R : 총 열관류저항($m^2 \cdot h \cdot$℃/kcal, $m^2 \cdot K/W$)

6 통형 단열재

(1) 열전달량 (kcal/h, W)

$$q = K_o A (t_o - t_i)$$

여기서, K_o : 원통에서의 열관류율, A : 원통형 관의 상당면적, t_o : 외부 공기 온도
t_i : 내부 유체의 온도, R : 열저항 계수, L : 원통의 길이

(2) 열관류량 계산(kcal/h · ℃, W/K)

$$K_o A = \frac{A}{R} = \frac{1}{\dfrac{1}{\alpha_i A_i} + \dfrac{\ln\dfrac{r_2}{r_1}}{2\pi k_1 L} + \dfrac{\ln\dfrac{r_3}{r_2}}{2\pi k_2 L} + \dfrac{1}{\alpha_o A_o}}$$

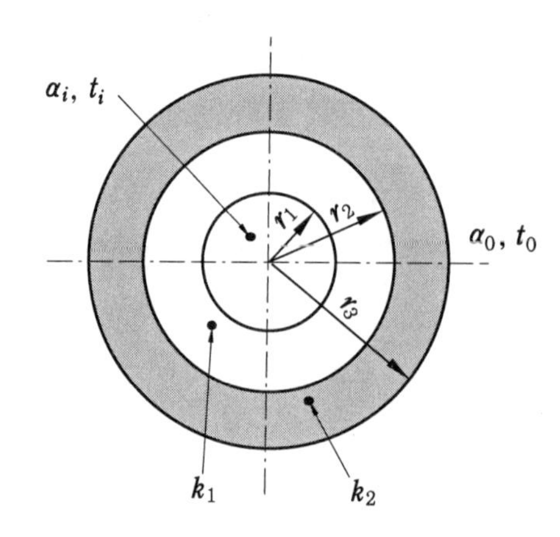

여기서, α_i : 원통 내부 면적당 열전달계수 (kcal/m^2·h·℃, W/m^2·K)

α_o : 원통 외부 면적당 열전달계수 (kcal/m^2·h·℃, W/m^2·K)

t_i : 원통 내부의 온도 (℃)

t_o : 원통 외부의 온도 (℃)

R : 열저항 (m^2·h·℃/kcal, m^2·K/W)

k_1 : 구조체 1번의 열전도율 (kcal/m·h·℃, W/m·K)

k_n : 구조체 n번의 열전도율 (kcal/m·h·℃, W/m·K)

r_1 : 원통의 내경(m)

r_2 : 원통의 외경(m)

r_3 : 원통의 단열재를 포함한 외경(m)

7 푸리에 (Fourier) 법칙

(1) 프랑스의 수리물리학자 Joseph Fourier에 의해 제안된 법칙이다.

(2) 서로 다른 온도의 두 물질이 열적으로 접촉하면 물질의 이동을 수반하지 않고, 고온의 물질로부터 저온의 물질로 열이 전달되는 현상을 '전도'라고 하는데, Fourier 법칙에 의해 잘 설명된다.

(3) 같은 온도라도 금속이 나무보다 더 차갑게 느껴지는 이유는 금속과 나무의 열전도도 차이 때문이다(금속은 나무보다 열전도도가 커서 손에서 열을 더욱 빨리 빼앗아 간다).

(4) 열전도도의 순서는 '은>구리>알루미늄>철>나무' 등의 순이다.

(5) 전도에 의한 열흐름의 기본관계는 등온 표면을 통과하는 열흐름 속도와 그 표면에서의 온도 구배 간의 비례이다.

(6) 한 물체 내 어떤 위치에서 그리고 어느 시간에 적용될 수 있도록 일반화된 것이다.

(7) 관계식

'Fourier법칙'의 정의 : 열유속과 온도 구배 간의 비례관계를 이용한 일반화된 공식이다.

$$q = -\lambda A \frac{dt}{dx}$$

여기서, λ : 열전도율(kcal/m·h·℃, W/m·K)

A : 면적(m^2)

t : 온도(℃, K)

x : 거리(m)

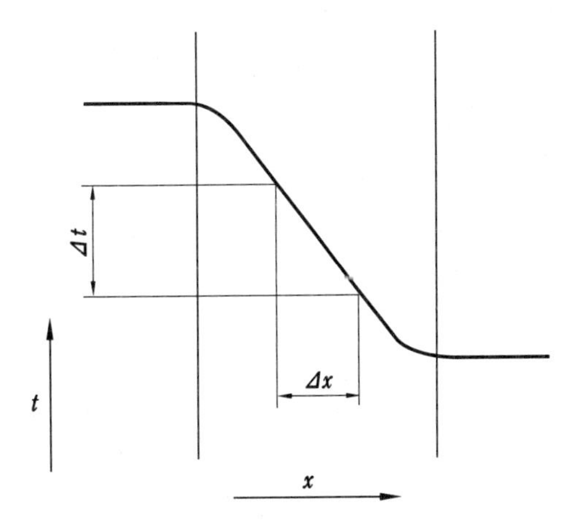

8 열교(Thermal Bridge, Heat Bridge)

(1) 열손실적인 측면에서 'Cold Bridge'라고 부르기도 한다.

(2) 단열 불연속 부위, 취약 부위 등에 열이 통과되어 결로, 열손실 등을 초래하는 현상이다.

(3) 발생 부위

① 단열 불연속 부위 : 내단열 등으로 단열이 불연속한 부위로 열통과가 쉽게 이루어진다.

② 연결철물 : 건축구조상 실의 내·외를 연결하는 철물 등에 의해 열통과가 이루어지는 현상

③ 각 접합 부위 : 접합 부위는 미세 틈새, 재질 불연속 등으로 취약해지기 쉽다.

④ 창틀 : 창틀 부위는 틈새, 접합재 재질 불연속 등으로 열통과가 쉽게 이루어진다.

(4) 해결책

① 단열이 불연속되지 않게 외단열 혹은 중단열 위주로 시공한다.

② 단열이 취약한 부위는 별도로 외단열을 실시하여 보강 필요

③ 기타 건물의 연결철물의 구조체 통과, 틈새, 균열 등을 없애준다.

9 열교의 평가

(1) 열교 부위 단열성능은 열관류율(W/m^2·K)로 평가할 수 없다(단열 위치, 온도 구배, 수증기 분압 등 때문임).

(2) 선형 열관류율 방법

① 정상상태에서 선형 열교 부위만을 통한 단위 길이당, 단위 실내외 온도차당 전열량(W/m·K)

② 선형 열교(Linear Thermal Bridge)란 공간상의 3개 축 중 하나의 축을 따라 동일한 단면이 연속되는 열교 현상

③ 구하는 방법

$$\psi = \frac{\Phi}{\theta_i - \theta_o} - \sum U_i l_i$$

여기서, Ψ : 선형 열관류율(W/m·K)

Φ : 평가 대상 부위 전체를 통한 단위길이당 전열량(W/m)

θ_i : 실내측 설정온도(℃)

θ_o : 실외측 설정온도(℃)

U_i : 열교와 이웃하는 일반 부위의 열관류율 (W/m^2·K)
l_i : U_i의 열관류율값을 가지는 일반 부위 길이 (m)

(3) 온도저하율 방법

① 항온항습실에서 온도저하율 시험 및 산출을 통한 결로방지 성능을 정량적으로 검증하는 방법이다.

② 계산식

$$P_x = \frac{\theta_H - \theta_x}{\theta_H - \theta_c}$$

여기서, P_x : 구하는 위치의 온도저하율
θ_H : 항온항습실의 공기온도 (℃)
θ_c : 저온실 공기온도 (℃)
θ_x : 구하는 위치의 표면온도 (℃)

(4) 온도 차이 비율(TDR ; Temperature Difference Ratio) 방법

① 0~1 사이 값으로 낮을수록 결로 방지 성능이 우수하다.

② "공동주택 결로방지를 위한 설계기준"에 고시된다.

③ 적용 : 500세대 이상 공동주택 건설 시 적용한다.

④ 기준 : 실내온도 25℃, 습도 50%, 외기온도 -15℃ 조건에서 결로가 발생하지 않은 TDR을 0.28로 기준을 정한다.

⑤ TDR 구하는 방법

$$TDR = \frac{t_i - t_s}{t_i - t_o}$$

여기서, t_i : 실내온도, t_o : 외기온도, t_s : 실내표면온도

10 커튼월 열교 방지기술

(1) 열교 방지형 멀리언(Mullion)

① 단일 멀리언(Mullion)을 사용할 경우 단열층이 분절되어 결로가 발생하므로 바의 디자인을 조정하거나 EPDM Gasket 또는 코킹 등을 처리하여 공기의 대류를 막는 방법이 필요하다.

② EPDM(Ethylene Propylene Diene Monomer (M-class) rubber)는 고무의 일종으로 내열성, 내화학성, 내한성이 뛰어난 재료이다.

(2) 단열 스페이서(간봉)

① 열전도성이 있는 알루미늄 간봉은 결로를 발생시키는 등 단열 성능에 취약하기

때문에 최근에는 플라스틱, 우레탄 등의 열전도성이 낮은 재질을 이용하여 간봉을 만들고 있다.

② 이러한 단열 스페이서를 이용하여 선형 열관류율을 낮추고, 전체적인 단열 성능을 향상시키는 것이 목적이다..

③ 슈퍼 스페이서, TGI WARM-EDGE SPACER, 윔라이트 단열 간봉 등이 있다.

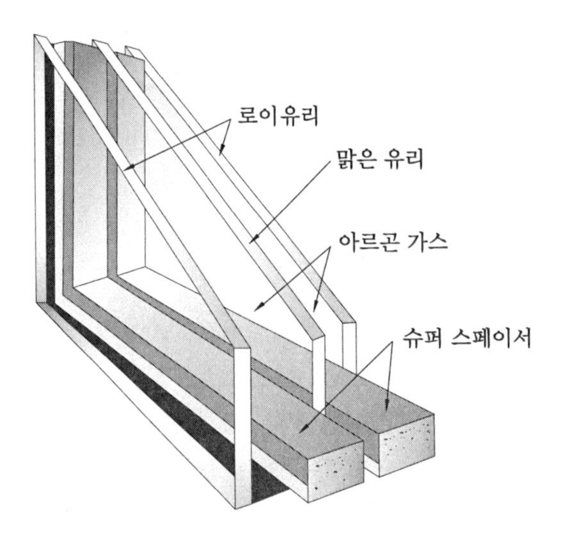

슈퍼 스페이서 적용 사례

11 얼룩무늬 현상(Pattern Staining)

(1) 천장, 상부벽 등에 열교가 발생하여 온도차에 의하여 열의 이동이 발생하고, 대류 현상으로 인하여 공기의 흐름이 발생하여 먼지 등으로 표면이 더렵혀지는 현상을 말한다(연결철물, 접합부 등의 불연속부위 주변에 1℃ 이상의 온도차가 생기면 얼룩무늬 현상의 발생 가능성 있음).

(2) 실례

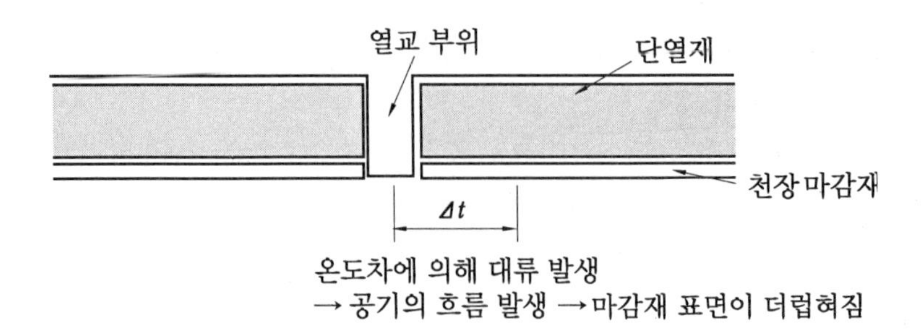

12 열관류율 법적기준

건축물의 설비기준 등에 관한 규칙 제 21 조 '건축물의 열손실 방지'에 의하여 건축물을 건축하는 경우에는 각 지역별 열관류율 혹은 단열재 두께를 지켜 건축함으로써, 에너지 이용 합리화 관련 조치를 하여야 한다.

(1) 지역 구분

① 중부지역 : 서울특별시, 인천광역시, 경기도, 강원도(강릉시, 동해시, 속초시, 삼척시, 고성군, 양양군 제외), 충청북도(영동군 제외), 충청남도(천안시), 경상북도(청송군)

② 남부지역 : 부산광역시, 대구광역시, 광주광역시, 대전광역시, 울산광역시, 강원도(강릉시, 동해시, 속초시, 삼척시, 고성군, 양양군), 충청북도(영동군), 충청남도(천안시 제외), 전라북도, 전라남도, 경상북도(청송군 제외), 경상남도

(2) 각 지역별 열관류율 삭제 기준

법규 (건축물의 설비기준 등에 관한 규칙) 참조

◎ 법규 내용 중 건축법상 "거실"

건축물 안에서 거주, 집무, 작업, 집회, 오락, 그 밖에 이와 유사한 목적을 위하여 사용되는 방 (공용으로 쓰이는 엘리베이터, 복도, 화장실 등은 포함되지 않음)

13 단열재 두께

(1) 최적의 두께 선정

초기에 단열 두께를 크게 할수록 초기투자비는 많이 들지만 운전비가 절감(투자비 회수)되므로 초기투자비와 그에 따른 가동비를 사용연수에 따라 LCC 분석과 같은 방법으로 수행해서 최적 두께를 결정한다.

(2) 최적의 단열재료 선정

어떠한 단열재료를 사용했느냐에 따라서 그 비용과 단열효과가 크게 차이가 나므로, 각 단열재료마다 위의 최적 두께 선정 작업을 하여 경제성을 검토한다.

(3) LCC 분석법(경제적 보온두께 계산)

① 다음 그림과 같이 보온두께가 늘어날수록 열손실에 상당하는 연료비(a)는 감소하지만, 초기 투자비(b : 보온 시공비)는 증가한다.

② 이때 총합비용(c비용 = a비용 + b비용)은 d 지점에서 최소의 비용을 나타낸다. 여기

서 d 지점의 두께를 경제적 보온두께라고 할 수 있다.

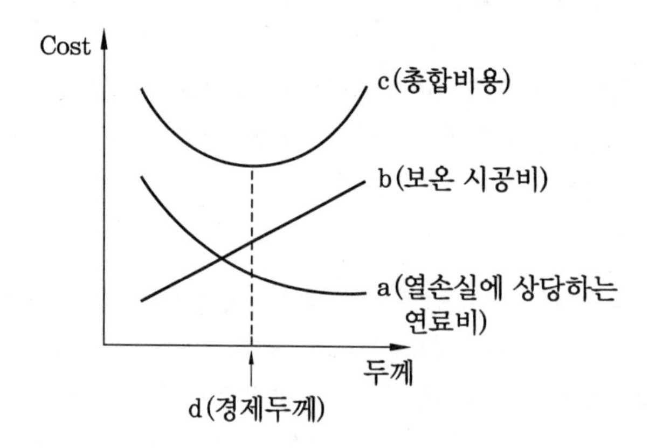

(4) KS 단열기준은 보랭보다는 보온 기준으로 선정된다.

14 공기조화기 방동대책

(1) 보온, 동결방지를 위한 조사내용

① 풍향, 풍속, 적설량 등 기상조건 파악 필요

② 기타 배관 노출지점 파악, 설해 방지조치 등 필요

(2) 공조기 방동 대책

① 동파 방지용 히터(전기히터, 온수히터, 증기히터 등)를 장착한다.

② 공조기 정지 시 열교환기 내부의 물을 배수한다.

③ 동파 방지 댐퍼를 설치한다.

④ 소량의 온수 혹은 스팀을 공조기 정지 시에도 계속 순환시킨다.

⑤ 외기가 도입되는 부분에 예열히터를 설치한다.

(3) 공조기 수배관 설비의 방동(防凍) 대책

① 단열재로 보온 시공

㈎ 보온 두께는 관내 유체의 온도 및 정지시간과 주위온도 등에 따라 다르다.

㈏ 일반적으로 소구경보다 대구경의 보온 두께가 더 두꺼워진다.

② 지하 매설로 방동처리 : 지하의 비교적 연중 일정한 온도 이용

③ 급수관 등에 전기 발열선 설치 : 전기 밴드히터 등으로 가열

④ 소량의 물이 항상 흐르게 하거나, 부동액 혼입하여 방동처리

⑤ 자동 퇴수밸브(동결방지 밸브) 설치 고려

(4) 발열선 기준

① 발열선은 연속병렬 저항체로서 온도변화에 따라 자동으로 발열량이 조절되는 기능을 갖는 자율온도 제어형 정온전선(Self Temperature Regulating Heating Cable)이어야 한다.

② 발열선은 UL, FM, EX 표시 시스템인증제품 또는 동등 이상의 시스템인증제품으로 다음 사항에 적합하여야 한다.

㈎ 발열량 : 사용전압 220V, 60Hz, 파이프 표면온도 10℃일 때 16W/m 이상

㈏ 최고 연속 사용온도 : 65℃

㈐ 최대 순간 사용온도 : 85℃

15 보온재(단열재)

열 보존의 측면에서 '방열재(防熱材)'라고 부르기도 한다.

(1) 제조 형태별 분류

① 보드형 : 탱크, 덕트 등 넓은 부분을 보온 시 사용

② 커버형 : 특정한 모양의 형태를 가진 물체를 보온 시 사용

③ Roll형 : 두루마리식으로 제작하여 공급. 현장에서 쉽게 재단하여 사용

(2) 재질별 분류

① 유기질

㈎ FOAM-PE : 보온재의 강도는 우수하나, 흡수성·흡습성 등은 낮다.

㈏ FOAM-PU : 열전도율이 매우 낮고, 흡음 효과는 높다. 현장발포도 가능하다.

㈐ EPS(Expandable Polystyrene, Styrofoam ; 스티로폼) : 약 98%가 공기로 이루어져 보온성이 뛰어나고 습기에 강하다. 환경오염 문제 야기 가능성이 있고, 화재에 취약한 편이다.

㈑ 고무발포 보온재 : 보통 밀폐형 독립 기포구조(closed cell)를 가지며, 보온성능 및 방수력이 뛰어나다.

㈒ 기타 : FELT(소음 절연성 매우 우수) 등

② 무기질

㈎ 유리섬유(Glass Wool) : 흡수성·흡습성이 적고, 압축강도가 낮음, 가격대비 성능 우수

㈏ 세라믹 파이버 : 초고온 시 사용하는 재질

㈐ 기타 : 암면(Rock Wool) 등

16 보온재(단열재) 구비조건

보온재(단열재)의 주요 구비조건으로는 다음과 같은 기준들이 요구된다.

① 사용온도 범위 : 장시간 사용에 대한 내구성이 있을 것
② 열전도율이 적을 것 : 단열효과가 클 것
③ 물리 · 화학적 성질 : 사용장소에 따라 물리적 · 화학적 강도를 갖고 있을 것
④ 내용년수 : 장시간 사용해도 변질, 변형이 없고 내구성이 있을 것
⑤ 단위 중량당 가격 : 가볍고(밀도가 적고), 값이 저렴하고 또 공사비가 적게 들 것
⑥ 구입의 난이성 : 일반시장에서 쉽게 구입할 수 있을 것
⑦ 공사현장의 상황에 대한 적응성 : 시공성이 좋을 것
⑧ 불연성 : 소방법상 필요시 불연재일 것
⑨ 투습성 : 투습계수가 적을 것(냉동 · 냉장창고용에서 특히 중요)
⑩ 내구성 : 충격에 강하고, 변질이 없어 수명이 길 것(냉동 · 냉장창고의 바닥용 단열재는 보관물 및 운반차량의 강도를 견디어야 하므로 특히 강도가 요구된다.)

17 방습재

(1) 종류

① 냉시공법 재료 : 염화비닐 테이프, PE(폴리에틸렌) 테이프, 알루미늄박, 아스팔트 펠트, 기타 고분자 물질
② 열시공법 재료 : 아스팔트 가열·용융·도포 등

(2) 선정 시 주의사항

① 사양, 물성 등이 용도에 맞는지 확인
② 규격재료, 규격품 사용 여부
③ 수분, 이물질 등의 침투가 없을 것
④ 방습재 표면이 찢어지거나, 하자가 없을 것
⑤ 시방서에 명시된 방습재의 품질기준을 만족할 것

18 단열시공

단열의 종류는 내단열 (불연속 부위 많음), 외단열 (불연속 부위가 가장 적음 : 구미식), 중단열 (내단열과 외단열의 중간 수준 : 한국식) 등이 있다.

(1) 내단열

① 시공상 불연속 부위가 많이 존재한다.
② 내부결로 방지를 위하여 방습층을 설치해야 한다.
③ 간헐난방(필요시에만 난방)에 유리하다.
④ 구조체를 차가운 상태로 유지 : 내부결로 위험성이 높다.
⑤ 공사비가 저렴하고, 시공이 용이하다.

(2) 외단열

① 불연속 부위가 아예 없게 시공이 가능하다.
② 연속난방(지속 난방)에 유리하다.
③ 단열재를 항상 건조상태로 유지가 필요하다.
④ 결로방지 (내부결로, 표면결로)에 유리하다.
⑤ 공사비가 비싸며, 시공도 까다롭다.
⑥ 단열재의 강도가 어느 정도 필요하다.
⑦ 구미 선진국에서 많이 사용하는 방법이다.

(3) 중단열

① 불연속 부위가 내단열 대비 적다.
② 단열재의 강도 문제상 단열재의 외부에 구조벽을 한번 더 시공 (구조벽 중간에 단열재 시공)한다.
③ 한국에서 가장 많이 사용하는 방법이다.

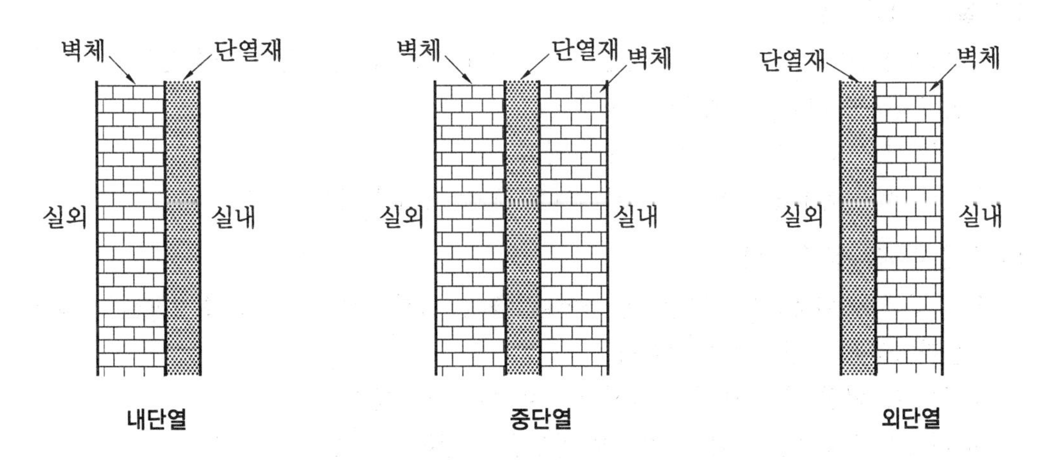

19 단열재 및 방습층 시공부

건축물에서 법적으로 단열재 및 방습층을 시공해야 하는 부위는 보통 다음과 같다.

① 최상층 거실의 반자, 지붕(단열재 두께를 가장 두껍게 시공)

② 거실의 외벽

③ 최하층 거실의 바닥

④ 공동주택 측벽(공동주택 세대 간 경계벽은 해당 없음)

20 단열 · 결로 성능 평가

(1) 벽체의 열관류율 계산에 의한 방법

① 단열재의 결로방지 기준

$$\alpha_i(t_i - t_s) = K(t_i - t_o)$$

$\dfrac{K}{\alpha_i} = \dfrac{t_i - t_s}{t_i - t_o}$ ⇨ 온도차이비율(TDR)이라고 부른다.

여기서, t_i, t_o : 실내 · 외 온도(℃)

K : 벽체의 열관류율(kcal/m^2·h·℃, W/m^2·K)

α_i : 실내측 벽의 표면 열전달률(kcal/m^2·h·℃, W/m^2·K)

t_s : 실내측 벽의 표면온도(℃)

TDR : 온도차이비율($0 \le TDR \le 1$)

→ 여기서, $t_s = t_i - \dfrac{K(t_i - t_o)}{\alpha_i}$

② 설계기준 : 상기에서 't_s > 노점온도'이 되도록 설계하여 결로 발생 방지

(2) 실험에 의한 방법

① 일정한 온·습도를 유지 가능한 두 체임버 사이에 단열벽체 시험편을 끼워 넣고 단위시간 동안의 통과열량을 측정한다.

② 비교적 소요시간 및 비용이 많이 든다.

③ 실험의 정확성을 위하여 철저한 기기보정이 필요하다.

(3) 전열해석에 의한 방법

① 컴퓨터를 이용하여 모델링된 벽체에 대해 '유한차분법' 등의 수치해석 기법으로 통과열량을 계산하는 방법이다.

② 실험에 의한 방법 대비 소요시간과 비용이 적게 든다.

③ 해석의 정확성을 위해서 필요시 실험을 병행하여야 한다.

21 결로 (結露, Condensation)

(1) 수증기를 포함한 공기의 온도가 서서히 떨어지면 수증기를 포함하기가 불가능해져 물방울이 되는 현상을 '결로'라고 하고, 그 온도를 노점온도라고 한다.
(2) 결로는 실내환경 저해, 마감재를 손상시키므로 설계 시 적절한 단열재료를 사용, 실내 수증기 발생 억제, 급격한 온도 상승 방지, 벽체표면 기류 정체 방지 등의 실시가 필요하다.
(3) 결로는 겨울철에는 실내 측 벽면에, 여름철에는 실외 측 벽면에 주로 발생한다.

(4) 결로의 발생 원인

① 실내 · 외 온도차가 클수록 쉽게 발생한다.
② 고온측 공간의 습도가 높을수록 잘 발생한다.
③ 열관류율이 높을수록, 열전도율이 높을수록 잘 발생한다.
④ 실내 환기가 부족할수록 잘 발생한다.

(5) 결로의 유형

결로의 유형은 크게 벽체의 외부 표면에 발생하는 표면 결로와 내부 결로(벽체의 내부에 발생하는 결로)로 나누어진다.

① 표면 결로
(가) 건축물의 벽체 등의 표면에 주로 발생하는 결로(주로 실내·외 온도차에 기인하는 결로 형태임)
(나) 표면 결로 방지책
㉮ 코너부 열교 특히 주의할 것
㉯ 내단열 및 외단열(필요시)을 철저히 시공할 것(다음 그림 참조)
㉰ 기류 정체 없게 할 것(실내온도를 일정하게 유지)
㉱ 과다한 수증기 발생을 억제
㉲ 주방 등 수증기 발생처는 국소배기 필요
㉳ 밀폐된 초고층건물은 환기 철저 등

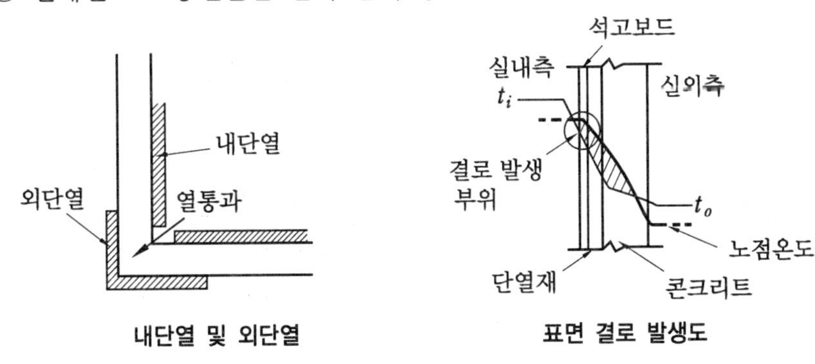

내단열 및 외단열 표면 결로 발생도

② 내부 결로 : 벽체의 표면이 아닌 내부에 발생하는 결로를 내부 결로라고 한다.

㈎ 내부결로의 원인

㉮ 구조체 내부의 어느 점에서의 수증기 분압(습압)이 포화수증기 분압보다 높을 때 발생한다(이 경우의 습압구배는 노점온도의 구배와 동일 경향임).

㉯ 열관류율이 작은 방한벽(防寒壁)일수록 이 경향이 크다.

㉰ 발생하기 쉬운 장소로는 단열재의 저온측 또는 외벽이다.

㈏ 내부 결로의 방지책

㉮ 이중벽(방습층 혹은 단열층 형성)을 설치하여 방지 가능하다.

㉯ 내부 결로를 방지하기 위해서는 습기가 구조체에 침투하지 않도록 방습층을 수증기 분압이 높은 실내측에 설치하는 것이 유리하다(단열재는 실외측에 설치하는 것이 유리).

㉰ 단, 방습층 및 단열층의 위치와 표면결로와는 무관 → 이 경우 벽체의 내·외부(양측) 모두에 방습층을 형성하지는 말 것(내부 결로 우려)

㉱ 실내의 온도를 높인다.

㉲ 수증기 발생 억제

㉳ 환기 회수 증대 등

22 방습층의 위치

(1) 단열재로부터 따뜻한 쪽에 방습층 설치 : 정상적 설치(결로 발생치 않음) [그림 (a) 참조]

(2) 단열재로부터 차가운 쪽에 방습층 설치 : 결로 발생 [그림 (b) 참조]

(3) 지붕 : 지붕 역시 단열재로부터 따뜻한 쪽에 방습층을 설치하는 것이 좋다(단, 지붕속 환기 병용하면 더 효과적임).

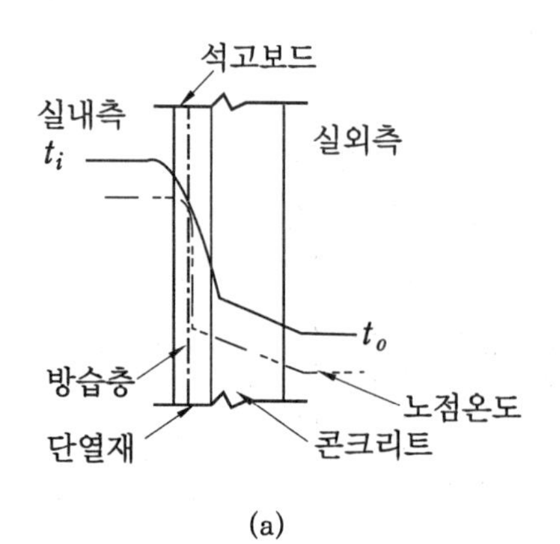

(a)

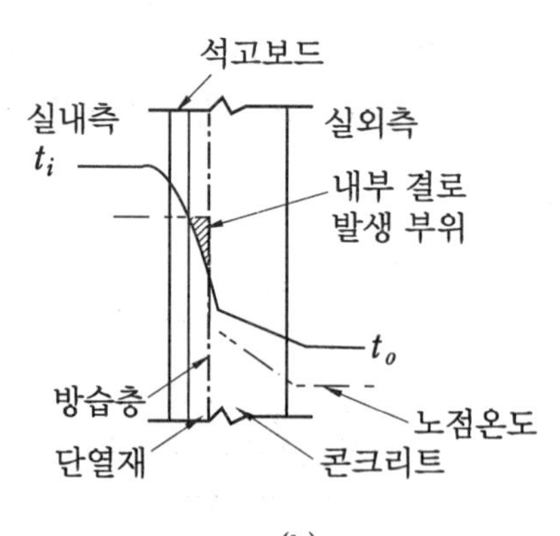

(b)

23 결로 발생이 용이한 건축환경

(1) 벽체의 열관류율이 작고 틈 사이가 작은 건물

(2) 철근 콘크리트조의 건물(열전도율 및 흡수율이 크다)

(3) 단열공사가 잘 되어 있지 않은 주택의 바깥벽, 북향벽, 동벽 또는 최상층의 천장 등(외부와 접한 부분 또는 일사량이 적은 곳)

(4) 현관 주위의 칸막이벽 등의 내벽

(5) 구조상 일부 벽이 얇아진다든지 재료가 다른 열관류저항이 작은 부분(열교 개구부), 문틀 부위, 벽체 두께가 상이한 부분, 단열재 불연속 시공부, 중공 벽체의 연결 철물, 접합부(벽체와 바닥판), 단열재 지지부재 등

(6) 고온 다습한 여름철과 겨울철 난방 시

(7) 야간 저온 시 실외온도 급강하로 실내에서 결로 발생이 쉽다.

(8) 수영장, 풀장 등의 물 사용처

상기 모든 경우가 포함되지만, 수영장은 특히 전체적 희석환기 철저, 내부환기량 증가, 제습장치 설치, 가습장치 사용금지 등이 필요하다.

① 공조기 환기설비는 1종 환기로 10~15회/h, 증발수 제거 위해 별도의 배기팬 설치 시에는 4~5회/h 정도의 환기량이 필요하다.

② 자연채광을 위한 상부 개구부는 바닥면적의 1/5 이상으로 할 것

③ 복층유리 및 단열 스페이서 사용(알루미늄 스페이서는 결로 우려)

24 결로방지 온도

(1) 구조체표면온도(t_s) > 노점온도(t_d) 로 되어야 결로가 발생하지 않는다.

(2) 결로 방지 가능한 구조체 표면온도 계산

$K(t_i - t_o) = \alpha_i (t_i - t_s)$에서,

$$t_s = t_i - \left(\frac{K}{\alpha_i}\right)(t_i - t_o) = t_i - \left(\frac{R_i}{R_t}\right)(t_i - t_o)$$

여기서, t_i, t_o : 실내·외 온도(℃)

K : 벽체의 열관류율(kcal/m^2·hr·℃, W/m^2·K)

α_i : 실내 표면 열전달률(kcal/m^2·hr·℃, W/m^2·K)

R_t : 벽체의 열관류저항(m^2·hr·℃/kcal, m^2·K/W)

R_i : 실내 표면 열전달 저항(m^2·hr·℃/kcal, m^2·K/W)

25 창문의 실내측 결로 방지책

겨울철 건물의 외벽측 창문의 결로 방지대책으로는 다음과 같은 방법들이 있다.

(1) 고단열 복층유리, 진공 복층유리, 2중창 등을 설치하여 실내측 유리면의 온도가 노점온도 이상으로 되게 한다.

(2) 창 아래 방열기를 설치하여 창측에 기류 형성

(3) 창 바로 위에 디퓨저를 설치하여 창측에 기류 형성

(4) 습기의 발생원(화장실, 주방, 싱크대 등)과 되도록 멀리 이격

(5) 창문틀 주변에 단열 불연속부위가 없도록 철저히 기밀시공한다.

(6) 부득이 결로 발생 시 창 아래 드레인 장치를 설치한다.

26 투명단열재(TIM : Transparent Insulation Meterials)

(1) 친환경 건축재료로 유리 대체품으로 개발된 재료이다.

(2) 겨울철 열유출의 47%(상업용 건물) ~ 50%(주택)가 유리창을 통하여 유출되므로 '투명 단열재' 적용이 에너지 절약에도 크게 기여할 것이다.

(3) 스마트 글레이징(Smart Glazing) : 선진 창틀재료, 투명단열재 등의 기술의 총칭

(4) 기술평가

① 두께 10mm 정도의 '판상 실리카 에어로겔 투명단열재' : 난방 부하를 약 11~40% 절감 가능하다.

② 강도와 가격 측면에서의 문제점 해결 방안 : 강도 보강 위해 양쪽에 판유리를 끼운 '투명 단열재'도 사용 가능하다.

27 고단열 창

(1) 로이 유리(Low Emissivity 유리, 저방사 유리) : 일반 유리가 적외선(냉방부하가 됨)을 일부만 반사시키는데 반해 로이 유리는 대부분을 반사시킨다(은, 산화주석 등의 다중 코팅방법 사용).

(2) 슈퍼 윈도(Super Window) : 이중유리창 사이에 '저방사 필름' 사용

(3) 전기착색 유리(Electrochromic Glazing) : 빛과 열에 반응하는 코팅(전장을 가하여 변색되게 함)으로 적외선을 반사시킨다.

(4) 창틀의 기밀 및 단열성이 강화된 창

(5) 전기창(Electric Glazing) : 보통 로이 유리 위, 아래에 전극을 형성하여 가열시킨다.

(6) **공기집열식창(Air-flow Window)**

① 보통 다음 그림과 같이 외창(이중창), 내창(단유리), 베네치안 블라인드 등으로 구성된다.

② 실내로부터 배기되는 공기가 창의 아래로 흡입되고, 수직 상승하면서 일사에 의해 데워져 있는 베네치안 블라인드를 통과하면서 서로 열교환이 이루어진다(여름철에는 외부로 방출하고, 겨울철에는 재열·예열 등에 사용 가능).

③ 창의 열관류율을 개선시키고, 직달 일사량을 줄여준다.

(7) **기타** : 2중~5중 유리, 진공유리, 고밀도 가스 주입유리, 투명단열재 등

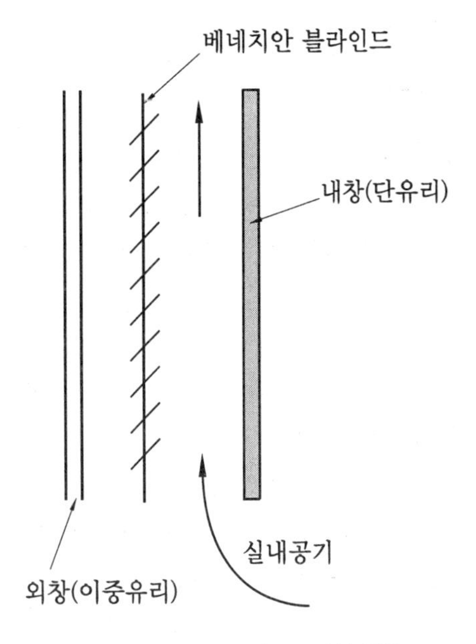

Air-flow Window(공기집열식창)

◎ 로이유리 적용방법

① 여름철 냉방 위주의 건물, 사무실 및 상업용 건물 등 냉방 부하가 큰 건물, 커튼월 외벽, 남측면 창호 : 로이유리의 특성상 코팅면에서 열의 반사가 일어나므로 아래의 그림 (a)와 같이 제②면에 로이 코팅면이 위치하게 하여 적외선을 반사시키는 것이 냉방부하 경감에 가장 효율적인 방법이다.

② 겨울철 난방 위주의 건물, 주거용 건물, 공동주택 등 난방부하가 큰 건물, 패시브하우스, 북측면 창호 : 겨울철 또는 난방 부하가 큰 건물의 경우(우리나라 기후는 대륙성 기후로 보통 4계절 중 3계절이 난방이 필요한 기후)에는 창문을 통한 외부로의 난방열의 전도 손실이 가장 큰 문제가 되기 때문에, 그림 (b)와 같이 로이 코팅면이 ③면에 위치하게 하여 실내의 열을 외부로 빠져 나가지 못하게 하고, 내부로 다시 반사시켜 준다.

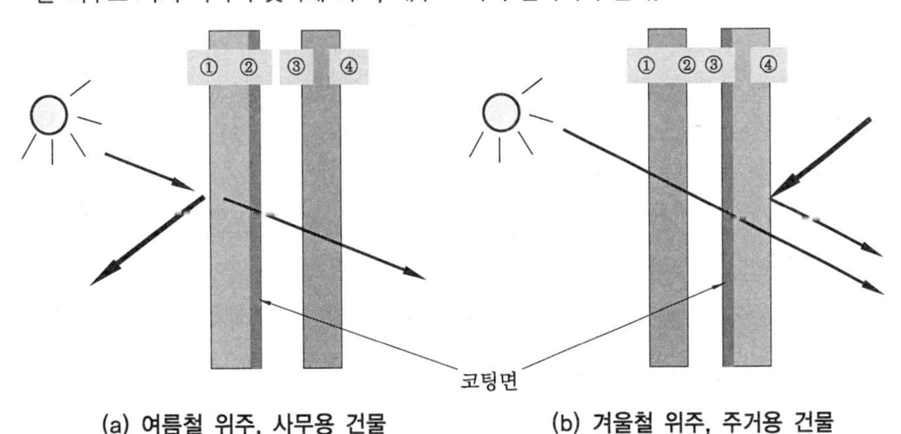

(a) 여름철 위주, 사무용 건물 (b) 겨울철 위주, 주거용 건물

28 투과율 가변유리

(1) 정의

① 투과율 가변유리란 창문으로 들어오는 태양광의 투과율을 자유롭게 조절할 수 있는 유리로 보통 때는 진한 청색이었다가 전기를 통하는 등의 신호를 주면 1초도 못돼 투명하게 변한다.

② 보통 유리의 가시광선 투과도는 스위치를 돌려 전압을 높게 가할수록 유리가 투명해지는 방식 등으로 무단계 가변이 가능하다.

(2) 투과율 가변유리의 원리

① 투과도를 변화시키는 요인은 유리와 유리 사이에 들어있는 필름으로 두 장의 필름 사이에 미세한 액체방울이 있고, 이 방울 속에 푸른색 광편광입자가 들어 있다.

② 광편광입자들은 평소에는 자기들 멋대로 브라운운동을 하기 때문에 빛이 흡수, 산란되어 짙은 청색을 나타낸다.

③ 양쪽 필름에 전기를 가하면 광편광입자가 형성된 전기장과 평행하게 배열돼 투명한 상태로 전환된다.

(3) 투과율 가변유리의 종류

① 일렉트로크로믹 유리

(가) 전기가 투입되지 않는 상황에서 투명하고 전기가 투입되면 불투명해지는 유리 (반대로도 가능)

(나) 산화 텅스텐 박막 코팅이 주로 사용되어진다.

② 서모크로믹 유리

(가) 온도에 따라 일사투과율이 달라지는 유리

(나) 산화팔라듐 박막 코팅이 주로 사용되어진다.

③ 포토크로믹 유리

(가) 실내 등 광량(光量)이 적은 곳에서는 거의 무색투명하며 투과율(透過率)이 높고, 옥외에서는 빛에 감응하여 착색하며 흡수율이 높아지는 가변투과율 유리

(나) 원료에 감광성의 할로겐화은을 첨가하여 유리 속에 Ag, Cl 등의 이온 형태로 녹인 다음, 약간 낮은 온도로 다시 열처리함으로써 10mm 정도의 미세한 AgCl 결정을 석출(析出), 콜로이드 입자로 분산시키는 방법을 이용한다.

(다) AgCl 결정 중에서는 빛(특히, 단파장의 빛)에 의해 다음 반응이 일어난다.

$$\underset{\text{투명}}{AgCl} \underset{\text{어둠}}{\overset{\text{빛}}{\rightleftharpoons}} \underset{\text{착색}}{Ag^0 + Cl^0}$$

㈑ 빛의 조사에 의해 할로겐화은의 미세한 결정 중에 은콜로이드가 생겨 빛을 흡수하기 때문에 착색하고, 어두운 곳에 두면 역반응이 일어나 다시 투명한 할로겐화은 미립자가 되면서 유리도 투명해진다.

④ 가스크로믹 유리

㈎ 2장의 유리 사이 공간에 가스를 충진하여 스위칭한다.

㈏ 물을 전기 분해해 발생한 수소를 도입하면 디밍 미러 박막에서 수소는 거울 상태에서 투명 상태로 스위칭하며, 산소를 도입하면 탈수소화로 투명 상태에서 거울 상태로 돌아온다.

㈐ 2장의 유리사이에 아주 얇은(약 0.1 mm) 틈새를 형성하고 이 간격에 가스를 도입하여 가스크로믹 방식의 스위칭하는 방식. 단유리에도 사용할 수 있는 유리 등으로 계속 연구가 진행 중에 있다.

(4) 투과도 가변유리의 응용(적용처)

① 에너지 절약형 건축물의 창

② 고급자동차의 선루프나 백미러

③ 선글라스(할로겐화은의 미립자를 함유)

④ 기타 기차나 항공기의 창 등에 응용 가능함

29 온도 차이 비율

(1) "온도 차이 비율(TDR : Temperature Difference Ratio)"이란 '실내와 외기의 온도 차이에 대한 실내와 적용 대상 부위의 실내표면의 온도 차이'를 표현하는 상대적인 비율을 말하는 것으로, "실내외 온습도 기준" 하에서의 결로 방지 성능을 평가하기 위한 단위가 없는 지표로써 아래의 계산식에 따라 그 범위는 0에서 1 사이의 값으로 산정된다("공동주택 결로 방지를 위한 설계기준").

$$\mathrm{TDR} = \frac{t_i - t_s}{t_i - t_o}$$

여기서, t_i : 실내온도
t_o : 외기온도
t_s : 적용 대상 부위의 실내표면온도

(2) "실내외 온습도 기준"이란 공동주택 설계 시 결로 방지 성능을 판단하기 위해 사용하는 표준적인 실내외 환경조건으로, 온도 25℃, 상대습도 50%의 실내조건과 외기온도(지역 Ⅰ은 −20℃, 지역 Ⅱ는 −15℃, 지역 Ⅲ은 −10℃) 조건을 기준으로 한다.

(3) 지역을 고려한 주요 부위별 결로 방지 성능기준

대상 부위			TDR 값 주1), 주2)		
			지역 Ⅰ	지역 Ⅱ	지역 Ⅲ
출입문	현관문 대피 공간 방화문	문짝	0.30	0.33	0.38
		문틀	0.22	0.24	0.27
벽체접합부			0.25	0.26	0.28
외기에 직접 접하는 창		유리 중앙 부위	0.16 (0.16)	0.18 (0.18)	0.20 (0.24)
		유리 모서리 부위	0.22 (0.26)	0.24 (0.29)	0.27 (0.32)
		창틀 및 창짝	0.25 (0.30)	0.28 (0.33)	0.32 (0.38)

주1) : 각 대상부위 모두 만족하여야 함

주2) : 괄호 안은 알루미늄(Al)창의 적용 기준임

(4) 지역 Ⅰ, 지역 Ⅱ, 지역 Ⅲ 구분

지역	지역 구분 주)
지역 Ⅰ	강화, 동두천, 이천, 양평, 춘천, 홍천, 원주, 영월, 인제, 평창, 철원, 태백
지역 Ⅱ	서울특별시, 인천광역시(강화 제외), 대전광역시, 세종특별자치시, 경기도(동두천, 이천, 양평 제외), 강원도(춘천, 홍천, 원주, 영월, 인제, 평창, 철원, 태백, 속초, 강릉 제외), 충청북도(영동 제외), 충청남도(서산, 보령 제외), 전라북도(임실, 장수), 경상북도(문경, 안동, 의성, 영주), 경상남도(거창)
지역 Ⅲ	부산광역시, 대구광역시, 광주광역시, 울산광역시, 강원도(속초, 강릉), 충청북도(영동), 충청남도(서산, 보령), 전라북도(임실, 장수 제외), 전라남도, 경상북도(문경, 안동, 의성, 영주 제외), 경상남도(거창 제외), 제주특별자치도

주) : 지역 Ⅰ, 지역 Ⅱ, 지역 Ⅲ은 최한월인 1월의 월평균 일 최저외기온도를 기준으로 하여, 전국을 −20℃, −15℃, −10℃로 구분함.

☞. 내용 중 법규 관련 사항은 국가 정책상, 언제라도 변경 가능성이 있으므로 필요시 항상 재확인 바랍니다.

www.law.go.kr

30 진공창

(1) '진공창'은 유리 사이를 진공 상태로 유지해 전도와 대류, 복사에 의한 열손실을 최소화한 제품으로서, 유리와 유리 사이에 고진공 상태로 유지 및 유리질 밀봉재료, 스페이서 등으로 밀봉 효과와 강도를 높인다는 특징이 있다.

(2) 진공창의 효과

① 단열 성능

㈎ 양쪽의 유리 사이를 완전히 진공에 가까운 상태로 유지함으로써 창을 통한 열의 통과를 원천적으로 차단할 수 있는 기술이다.

㈏ 타 재질의 창유리 대비 단열성능이 가장 뛰어난 창유리에 속한다.

㈐ 겨울철에는 에너지의 손실을 방지하고, 여름철에는 에너지의 취득을 방지함으로써 건물의 냉·난방 에너지 절약에 있어서 가장 획기적인 기술 중 하나이다.

② 방음 성능 : 진공창은 두 겹의 유리 사이를 완전히 진공으로 만들어 소리의 매질이 되는 공기층을 없앴기 때문에 방음 성능이 아주 우수하다.

(3) 제조방법

① 두 장의 유리를 스페이서 및 유리질 밀봉재료로 견고히 붙인 후 진공펌프를 이용하여 최대한 고진공 상태로 만들어 준다.

② 제조 공정상 진공 상태의 주위 환경 속에서 두 장의 유리를 접합 및 제조하여 진공유리를 완성하는 방식도 개발되어 있다.

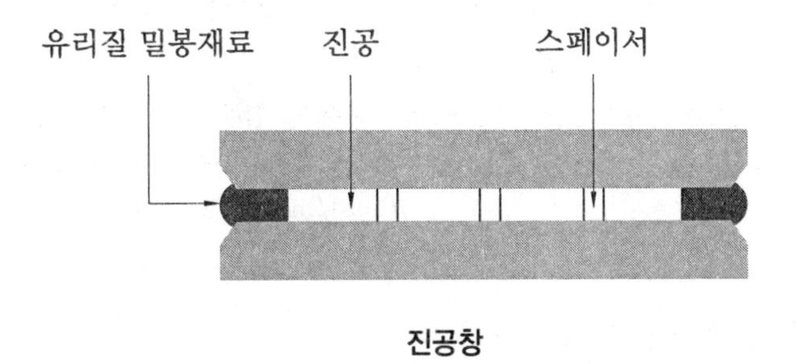

진공창

(4) 진공창의 단점

① 가격이 비싸다.

② 제조 공정이 까다롭고 어려운 편이다.

③ 유리면 사이에 반드시 스페이서가 들어가야 한다(미관상 문제가 없도록 잘 처리하여야 한다).

31 천공복사

(1) 태양으로부터의 복사열은 두 경로로 지상에 도달하는데 직접 태양에서 일사로서 도달하는 것을 태양복사라고 하고, 천공의 티끌(먼지)이나 오존 등에 부딪친 태양광선이 반사하여 지상에 도달하는 것이나, 태양광선이 지표에 도달하는 도중 대기 속에 포함되어 있는 수증기나 연기, 진애 등의 미세 입자에 의해 산란되어 간접적으로 도달하는 복사를 천공복사라 한다.

(2) 천공복사에 의해 직접 일사가 없는 북측 혹은 차양, 그 외 건물의 음지인 부분의 창에도 복사열이 들어온다.

(3) 복사수지

① 태양에너지가 지구의 대기권 밖에 도달할 때 가지는 일정한 에너지는 약 1,367 W/m^2(태양상수 : 1.95 $cal/cm^2 \cdot min$)이다.

② 그러나, 대기권을 통과하면서 약 절반 정도는 구름, 대기중의 입자 등에 의해 손실 및 반사되고, 약 48%만 지표에 도달한다(가시광선 : 45%, 적외선 : 45%, 자외선 : 10%).

③ 지표에 도달하는 48%의 태양광은 아래와 같은 수준이다.

㈎ 직사광(22%) : 태양으로부터 직접 도달하는 광선(태양복사)

㈏ 운광(15%) : 구름을 통과하거나 구름에 반사되는 광선(천공복사)

㈐ 천공(산란)광(11%) : 천공에서 산란되어 도달하는 광선(천공복사)

(4) 유리창에서 복사에 의한 취득열량(kcal/h) 계산(태양복사 + 천공복사)

$$q = k_s \cdot A_g \cdot SSG$$

여기서, k_s(전차폐계수) : 유리 및 Blind 종류의 함수, A_g : 유리의 면적(m^2)

SSG(Standard Sun Glass) : 유리의 표준일사 취득열량(방위 및 시각의 함수) ($kcal/m^2 \cdot h$, W/m^2)

32 플랭크(Planck)의 법칙

(1) 흑체로부터 방사되는 에너지(방사열)는 전체 파장영역에서 주어진 온도에서의 최대치이다.

(2) 원리

① 온도가 절대 0도 이상인 모든 물체는 복사 에너지를 방사한다.

② 복사는 전도 및 대류와는 달리 열전달 매질이 필요 없다. 즉 진공에서도 복사는

진행된다.

③ 파장 $\lambda = 0.1\,\mu m$에서 $100\,\mu m$ 사이의 복사를 일반적으로 '열복사'라고 한다.

④ 흑체는 입사하는 모든 방향 모든 파장의 복사를 흡수한다. 흑체보다 더 많은 에너지를 방사하는 물질은 없다.

⑤ 즉, 온도 T인 흑체는 그 온도에서 방사할 수 있는 최대의 에너지를 방사한다고 할 수 있다.

⑥ 모든 파장에서 온도가 증가하면 방사도는 증가한다.

⑦ 온도가 증가함에 따라 Peak는 단파장 쪽으로 이동한다.

33 키르히호프(Kirchhoff)의 법칙

(1) 같은 파장인 적외선에 대한 물질의 흡수능력과 방사능력의 비는 물질의 성질과 무관하고, 온도에만 의존하여 일정한 값을 갖는다는 법칙이다.

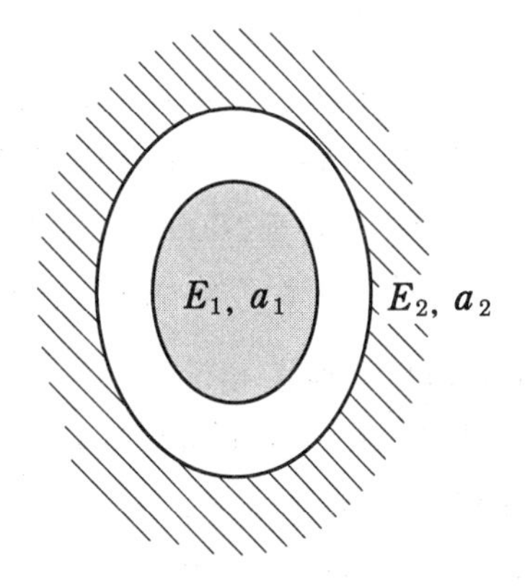

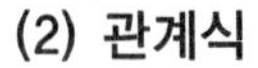

(2) 관계식

① 물체가 방사하는 에너지(E)와 흡수율(a)과의 비는 일정하다. 즉, 동일 파장 및 동일 온도에서

$$\frac{E_1}{a_1} = \frac{E_2}{a_2}$$

② 이는 좋은 흡수체는 좋은 방사체가 될 수 있음을 말해준다.

> **전기분야에서의 '키르히호프의 법칙'**
>
> ① 제1법칙(전류의 법칙) : 회로 내의 어느 점을 취해도 들어오고 나가는 전류의 총계는 0이 된다.
>
> ② 제2법칙(전압의 법칙) : 임의의 닫힌 회로(폐회로)에서 회로 내의 모든 전위차의 합은 0이다.

34 전산유체역학(CFD)

(1) 전산유체역학(Computational Fluid Dynamics : CFD)은 말 그대로 다양한 유체역학 문제(대표적으로 유동장 해석)들을 전산(컴퓨터)을 이용해서 접근하는 방법이다.

(2) 프로그래밍의 문제를 해결하기 위한 여러 상용 프로그램들이 이미 나와 있고 또한 상용화되어 있다.

(3) 해석기법 : 유한차분법, 유한요소법, 경계적분법 등이 주로 사용된다.

(4) 편미분방정식의 형태로 표시할 수 있는 유체의 유동현상을 컴퓨터가 이해할 수 있도록 대수방정식으로 변환하여 컴퓨터를 사용하여 근사해를 구하고, 그 결과를 분석하는 분야이다.

(5) CFD의 시뮬레이션 방법

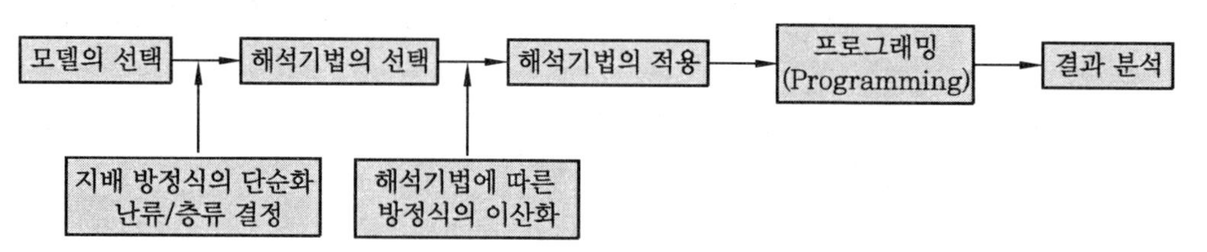

(6) CFD의 특징

① 보통 유체 분야는 열(熱) 분야와 함께 다루어진다. 그래서 열유체라는 표현을 많이 사용한다.
② 이러한 열유동 분야의 가장 대표적인 Tool로써 Flunet라는 범용해석 Tool이 있다.
③ 적용범위는 광범위하지만, 대표적인 예로 Fluent 같은 경우는 항공우주, 자동차, 엔진, 인체 Blood 유동 등에 사용되고 있다.
④ 자연계에 존재하는 모든 현상을 전산 프로그래밍화만 가능하다면 해석할 수가 있다.

(7) CFD의 적용 분야

층류 및 난류의 유동해석, 열전도방정식, 대류 유동해석, 대류 열전달 해석, 사출성형의 수지흐름 해석, PCB 열분석, 엔진의 열분석, 자동차 및 우주항공 분야, 의학분야(인체 Blood 유동 등)

(8) CFD의 단점

① 그러나 이러한 해석 Tool 역시 사람이 인위적인 가정하에 프로그래밍된 것이기 때문에 자연현상을 그대로 표현하기에는 한계가 있다고 할 수 있다.
② 그래서 실질적으로는 많은 실험자료와 함께 비교 활용된다.
③ CFD에 지나치게 의존하여 업무 혹은 연구가 진행되면, 실제의 현상과 괴리되어 문제를 야기할 수도 있다(시뮬레이션과 실험의 접목이 가장 좋은 방법이다).

35 창호의 기밀성 시험(도어팬 테스트)

(1) 압력차 측정기

다음 그림과 같이 장치하여 압력상자 내부와 기밀상자 내부의 압력차를 측정할 수 있는 장치이어야 한다(도어팬 테스터).

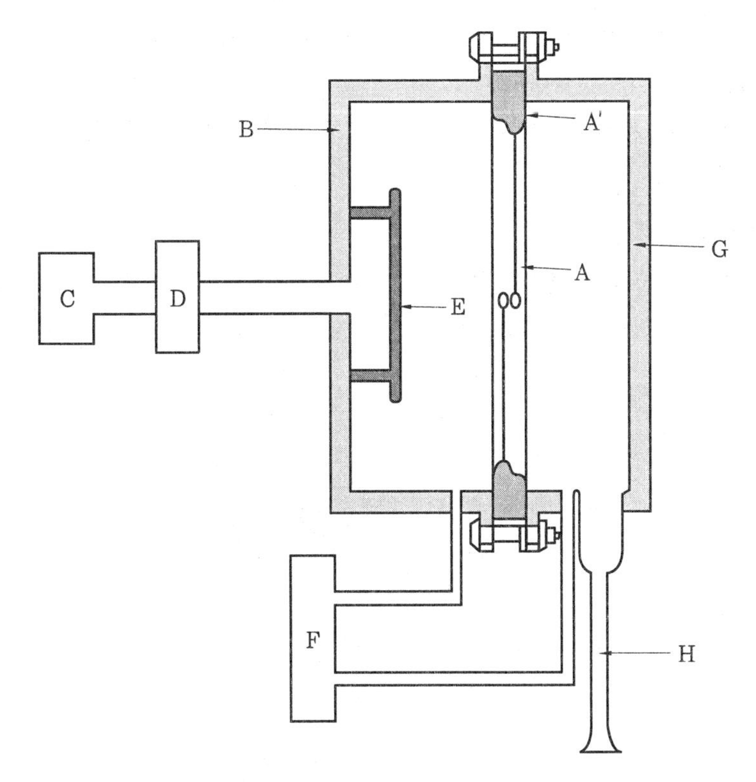

(A : 시험체, A' : 시험체 부착틀, B : 압력상자, C : 송풍기, D : 압력조절기, E : 차단판, F : 압력차 측정기, G : 기밀상자, H : 유속 측정장치)

KS F 2292의 압력차 측정기

(2) 시험체

시험체는 사용 상태에 준한 방법으로 바르게 조립된 창호로 시험체 부착틀에 부착된 것으로 한다. 다만, 시험체를 직접 압력상자에 부착할 수 있는 경우에는 시험체 부착틀을 사용하지 않아도 좋다.

(3) 시험체 부착틀

시험체 부착틀은 시험체와 압력상자 개구부 사이에 끼워넣어 시험체를 보통의 사용 상태에서 바르게 부착할 수 있고, 시험 압력에 충분히 견딜 수 있도록 견고하여야 하며, 또한 압력상자와의 사이에 틈이 없도록 부착할 수 있어야 한다.

(4) 표준 측정방법(기밀성 시험)

① 예비가압 : 측정하기 전에 250Pa의 압력차를 1분간 가한다.

② 개폐 확인 : 창호의 가동 부분을 기밀재의 움직임을 확인할 수 있을 정도로 움직이고, 정상인 것을 확인한 후 자물쇠를 채운다. 또한 장치에 따라서는 예비가압을 실시하기 전에 하여도 좋다.

③ 가압 : 아래 그림의 가압선에 따라 가압하며, 시험에 사용하는 압력차는 10Pa, 30Pa, 50Pa 및 100Pa로 한다.

④ 측정 : 개개의 압력차마다 유량이 정상으로 되었을 때 공기 유속을 측정하여 통기량을 산출한다.

(5) 창호의 기밀성 등급 산정

기밀성 등급은 다음 그래프(기밀성 등급선)로 표시한다. 측정 및 환산한 통기량이 각 압력차에 따른 아래 등급선을 밑돌 때 그 등급선의 등급을 읽는다.

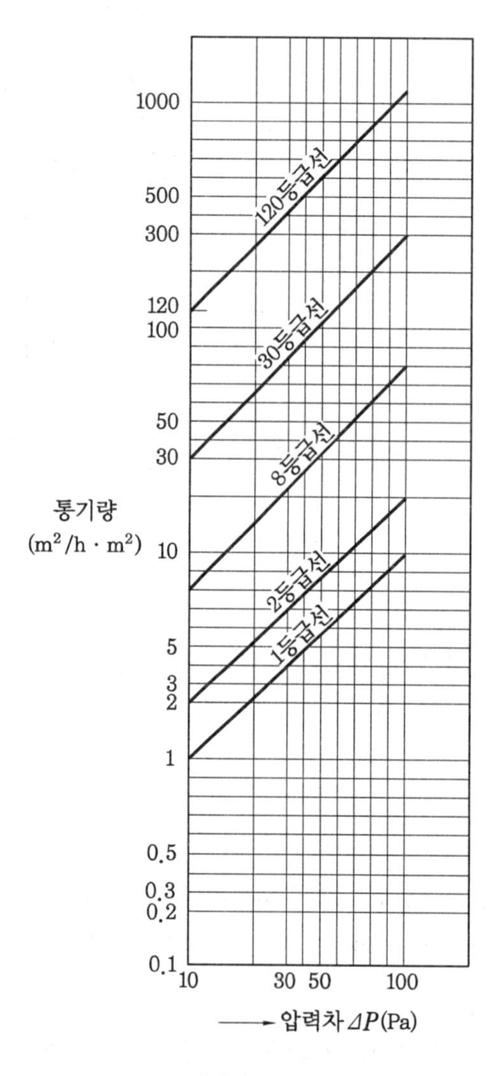

기밀성 등급선

제 ⑩ 장

소음 저감 및 방진

소음 (Noise)

(1) Bel : 알렉산더 그레엄 벨의 이름에서 유래. 전기적, 음향적 혹은 다른 전력비의 상용로그 값

(2) dB : Bel의 값이 너무 작아 사용편의상 10배한 것

(3) 원래 dB는 전화회선에서 송신측과 수신측 사이의 전력손실을 표시하기 위해 고안된 것이다.

(4) 사람의 청각이나 시각은 물리량(빛과 소리의 세기)이 어떤 규정레벨의 2배가 되면 약 3 dB (10log2) 증가, 10배가 되면 10 dB (10log10) 증가, 100배가 되면 20 dB ($10\log 10^2$)가 증가한 것으로 나타난다.

(5) 위에서 알 수 있는 것은 입력되는 물리량이 10배일 때 10 dB이지만, 100배가 되면 20 dB로 dB값은 단지 2배가 증가할 뿐이라는 것이다. 이것은 입력되는 물리량이 기하학적으로 늘어날 때, 사람이 느끼는 감각은 대수적으로 늘어난다는 것을 말하는 것이다. 따라서 대수의 값은 인간에게 있어, 소리의 세기를 표현하는데 대단히 편리한 값으로 사용되고 있다.

(6) 소음의 정량적 표현방법

① SIL (Sound Intensity Level)

$$\text{SIL} = 10\log\frac{I}{I_0}$$

여기서, I : Sound intensity (W/m^2)

I_0 : Reference sound intensity (10^{-12} W/m^2)

(귀의 감각으로 1000 Hz 부근의 최소가청치)

② SPL (Sound Pressure Level)

$$\text{SPL} = 20\log\frac{P}{P_0}$$

여기서, P : Sound pressure (Pa)
P_0 : Reference sound pressure (2×10^{-5} Pa)
(귀의 감각으로 1000 Hz 부근의 최소가청치)
→ $I\propto P^2$ (압력의 제곱이 강도 및 에너지에 비례)

③ PWL (Power Level)

$$\mathrm{PWL} = 10\log\frac{W}{W_0}$$

여기서, W : Sound power (W)
W_0 : Reference sound power (10^{-12} W)
(귀의 감각으로 1000 Hz 부근의 최소가청치)

2 음의 감소지수 (Sound Reduction Index)

(1) 임의의 계를 통과하면서 감소하는 음향에너지의 척도이다.
(2) 음압 P_i 인 음파가 어떠한 계에 입사하여 음압 P_t 로 투과되었을 때, 음의 감소지수 R은 다음의 식과 같이 정의된다.

$$\text{음의 감소지수}(R) = 10\log\left(\frac{P_i}{P_t}\right)^2$$

(3) 적용상 주의사항
① 소음기의 성능지수로서 음의 감소지수를 사용할 수 있다.
② 계에 종속적이므로 일반적인 성능평가 방법으로는 부적합하다.

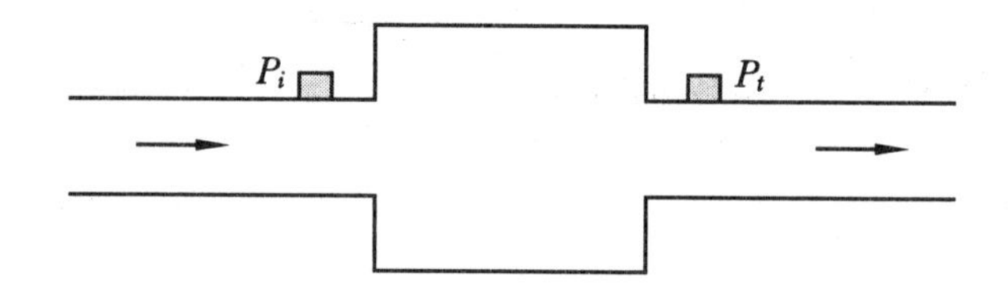

3 잔향시간 (Reverberation Time : RT)

(1) 음원에서 음을 끊었을 때 음이 바로 그치지 않고 서서히 감소하는 현상
(2) 음향레벨이 정상레벨에서 -60 dB되는 지점까지의 시간

(3) 계산공식

$$\text{잔향시간 (RT)} = 0.16\frac{V}{A}\ (\text{초})$$

여기서, V : 실의 용적(m^3), A : 실내 표면의 총흡음력($=\Sigma(\alpha\times s)$)
α : 표면 마감재의 흡음률, s : 표면 마감재의 면적

(4) 적용상 주의사항

① 흡음재의 설치위치가 바뀌어도 RT는 동일하다.

② 무향실 : 높은 흡수면에 음파가 대부분 흡수되어 잔향이 없는 실

③ 잔향실 : 경질 반사표면에 음파가 대부분 고르게 반사되어 실 전체에 음이 분포하는 확산장

4 NC곡선 (Noise criterion curve)

(1) 공기조화를 하는 실내의 소음도를 평가하는 양으로서 1957년 Beranek이 제안한 이래 미국을 위시한 세계 각국에서 널리 사용되고 있다.

(2) 실내 소음의 평가 곡선군으로, 소음을 옥타브로 분석하여 어떤 장소에서도 그 곡선을 상회하지 않는 최저 수치의 곡선을 선택하여 NC값으로 하면 방의 용도에 따라 추천치와 비교할 수 있다.

(3) 평가방법

평가 방법은 옥타브대역별 소음 레벨을 측정하여 NC곡선과 만나는 최대 NC값이 그 실내의 NC값이 된다.

(4) 응용

① 주파수별 소음 대책량이 구해지기 때문에 폭넓게 이용되고 있다.

② 회화방해(청력허용도) 기준의 실내의 소음평가에 사용, 즉 SIL을 확대한 곡선

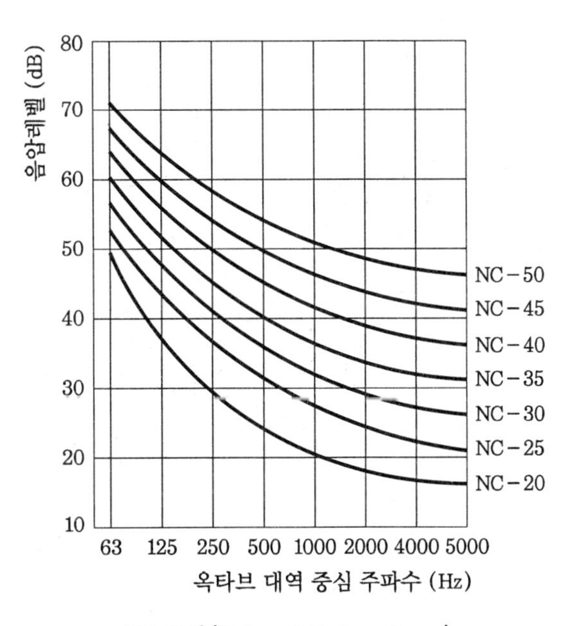

NC 곡선 (Noise Criterion Curve)

(5) NC값 (추천치)

실　명	NC 값
음악실, 녹음실	20 ~ 25
주택, 극장	25 ~ 35
아파트, 호텔객실	30 ~ 40
병원, 병실	30 ~ 40
교실, 도서관, 회의실	30 ~ 40
데파트, 레스토랑	35 ~ 45

5 NRN (소음평가지수 ; Noise Rating Number) 혹은 NR

(1) 실내소음 평가의 하나의 척도로서 NC 곡선과 같은 방법으로 NR(Noise Rating) 곡선에서 NR값을 구한 후 소음의 원인, 특성 및 조건에 따른 보정을 하여 얻는 값을 말한다.

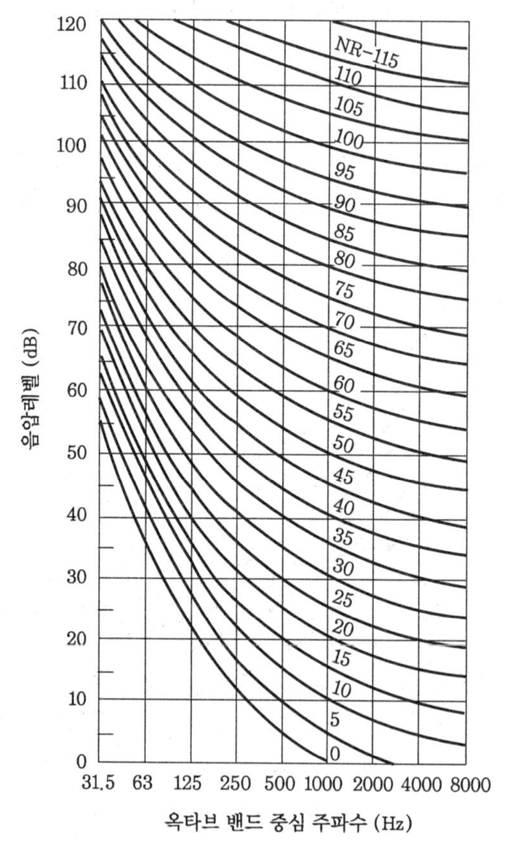

NR 곡선 (Noise Rating Number)

(2) 소음을 청력장애, 회화장애, 시끄러움의 3개의 관점에서 평가하는 것이다.
(3) 옥타브밴드로 분석한 음압레벨을 NR-Chart에 표기하여 가장 높은 NR 곡선에 접하는 것을 판독한 NR값에 보정치를 가감한 것

(4) NR 보정치

소음 구분		NR 보정값 ; dB(A)
피크음	충격성(해머음 등)	+5
스펙트럼 성질	순음성분(개 짖는 소리 등)	+5
문제가 되는 소음레벨의 지속시간(%)	56 ~ 100	0
	18 ~ 56	−5
	6 ~ 18	−10
	1.8 ~ 6	−15
	0.6 ~ 1.8	−20
	0.2 ~ 0.6	−25
	0.2 이하	−30

6 SIL(대화 간섭 레벨, Speech Interference Level)

(1) 소음에 의해 대화가 방해되는 정도를 표기하기 위하여 사용
(2) 대화를 나누는 데 있어서 주변소음의 영향을 고려할 필요가 있으며, SIL은 이러한 평가를 위한 것이다.

(3) 평가방법

① 우선 대화 간섭레벨(PSIL : Preferred Speech Interference Level)로써 판단한다.
② 공식

$$\text{우선 대화 간섭 레벨(PSIL)} = \frac{(LP\ 500 + LP\ 1000 + LP2000)}{3}\ \text{(dB)}$$

③ 상기 공식에서 $(LP\,500 + LP\,1000 + LP\,2000)$은 각각 500 Hz, 1000 Hz, 2000 Hz의 중심 주파수를 갖는 옥타브 대역에서의 음압레벨을 의미

(4) 해당 주파수 대역의 주변 소음(Background Noise)이 클수록 PSIL값이 커지므로 대화에 많은 간섭을 받게 된다.

7 PNL(감각 소음레벨, Perceived Noise Level)

(1) 감각 소음레벨(Perceived Noise Level)이라고도 부른다.
(2) 소음의 시끄러운 정도를 나타내는 하나의 방법으로 다음의 과정으로 계산한다(단위

는 dB를 PNdB로 표기).

(3) 소음을 0.5초 이내의 간격으로 1/1 또는 1/3 옥타브 대역 분석을 하여 각 대역별 음압레벨을 구한다.

(4) 옥타브 대역 분석 데이터를 감각소음곡선(Perceived Noisiness Contours)을 이용하여 노이(Noy)값으로 바꾼다.

(5) 다음 식에 의해 총 노이값을 구한다.

$$N_t = 0.3\,\Sigma\,N_i + 0.7\,N_{max}\quad (1/1\ \text{옥타브})$$

$$N_t = 0.15\,\Sigma\,N_i + 0.85\,N_{max}\quad (1/3\ \text{옥타브})$$

여기서, N_i : 각 대역별 노이값, N_{max} : 각 대역별 노이값 중 최대값

(6) 다음 식에 의해 PNL을 구한다.

$$\text{PNL} = 33.3\log N_t + 40\ (\text{PNdB})$$

(7) 보통은 그래프를 이용하여 계산

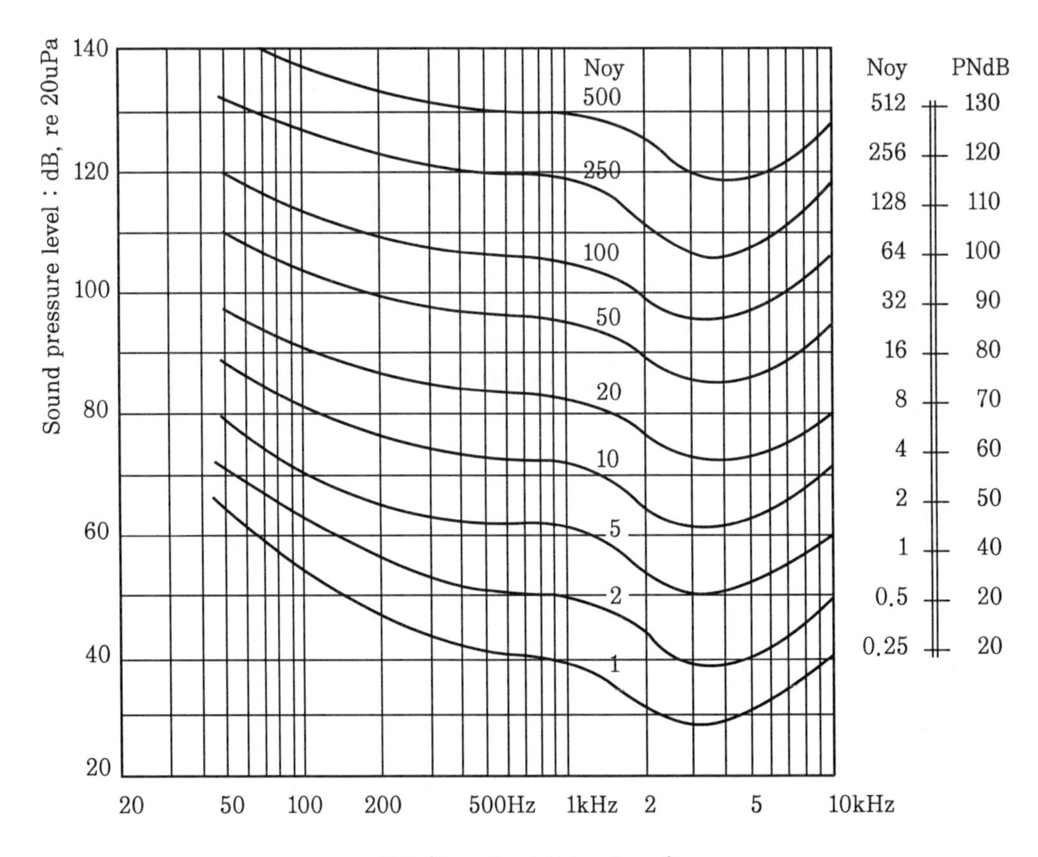

PNL (Perceived Noise Level)

8 교통소음지수

(1) 약어로 TNI (Traffic Noise Index)라고 부른다.

(2) 영국의 BRS (Building Research Station)에서 제안된 자동차 교통소음 평가치. 도로교통소음에 대한 ISO의 제안이기도 하다 (채택됨).

(3) 측정방법

도로교통소음을 1시간마다 100초씩 24시간 측정하고, 소음레벨 dB(A)의 L_{10}, L_{90}을 구하고 각각의 24시간의 평균치를 구한다.

(4) 계산

$$TNI = 4(L_{10} - L_{90}) + L_{90} - 30$$

여기서, L_{10} : 측정시간 중에서 적산하여 10%의 시간이 이 값을 넘는 레벨

L_{90} : 측정시간 중에서 적산하여 90%가 이 값을 넘는 레벨

(5) 평가

① 상기 계산식의 $4(L_{10} - L_{90})$항 : 소음변동의 크기에 대한 효과

② L_{90} : 배경소음

③ −30 : 밸런싱 계수

④ TNI 값이 74 이상 : 주민의 50% 이상이 불만을 토로

9 흡음 성능

(1) 실내 표면에서 소리에너지가 반사하는 것을 감소시키는 것 (흡음률이 클 것)

$$\text{흡음률} = 1 - \frac{\text{음의 반사에너지}}{\text{음의 입사에너지}}$$

$$= \left(\frac{\text{음의 흡수에너지} + \text{음의 투과에너지}}{\text{음의 입사에너지}}\right)$$

(2) 반사율과 투과율이 낮을 것

$$\text{반사율} = \frac{\text{음의 반사에너지}}{\text{음의 입사에너지}}, \qquad \text{투과율} = \frac{\text{음의 투과에너지}}{\text{음의 입사에너지}}$$

(3) 흡음률

실내에서의 흡음률 (α) 값에 따라 통상 다음과 같은 용어를 사용하기도 한다.

① $\alpha = 0.01$: 반사가 많음 (Very Live Room)

② $\alpha = 0.1$: 적절한 반사 (Medium Live Room)

③ $\alpha = 0.5$: 흡음이 많음 (Dead Room)

④ α = 0.99 : 무향공간 (Virtually Anechoic)
⑤ 일반적으로 흡음률이 0.3 이상이면 흡음재료로 본다.

(4) 흡음재 선정 요령

① 요구되는 흡음요구량을 이론적으로 판단한다.
② 현장설치 요건을 점검 : 내화성, 내구성, 강도, 밀도, 색상
③ 경제성을 비교 검토한다.
④ 납기를 고려한다.

(5) 흡음성능 표시

① 소음감쇠계수 (NRC : Noise Reduction Coefficient)

$$\mathrm{NRC} = \frac{1}{4} \times (\alpha 250 + \alpha 500 + \alpha 1000 + \alpha 2000)$$

여기서, $\alpha 250 + \alpha 500 + \alpha 1000 + \alpha 2000$: 250~2000 Hz 대역에서의 흡음율의 합

② 소음감쇠량

㈎ $10 \log\left(\frac{A_2}{A_1}\right)$

여기서, A_1 : 대책 전 흡음력, A_2 : 대책 후 흡음력

㈏ $10 \log\left(\frac{R_2}{R_1}\right)$

여기서, R_1 : 대책 전 잔향시간, R_2 : 대책 후 잔향시간

10 흡음재

(1) 다공질형 흡음재

구멍이 많은 흡음재로서 흡음이 관계되는 주요인자들은 밀도, 두께, 기공률, 구조계수 및 흐름저항 등으로서 벽과의 마찰 또는 점성저항 및 작은 섬유들의 진동에 의하여 소리에너지의 일부가 기계적 에너지인 열로 소비됨으로써 소음도가 감쇠된다.

(2) 판(막)진동형 흡음재

① 판진동하기가 쉬운 얇은 것일수록 흡음률이 크게 되고, 흡음률의 최대치는 200~300 Hz 내외에서 일어나며, 재료의 중량이 크거나, 배후 공기층이 클수록 저음역이 좋아지고, 배후공기층에 다공질형 흡음재를 조합하면 흡음률이 커지게 되며, 판진동에 영향이 없는 한 표면을 칠하는 것은 무방하다.
② 밀착하여 시공하는 것보다는 진동하기 쉽게 못, 철물 등으로 고정하는 것이 흡음에 유리하다.

(3) 공명형 흡음재

① 구멍 뚫린 공명기에 소리가 입사될 때, 공명주파수 부근에서 구멍부분의 공기가 심하게 진동하여 마찰열로 소리에너지가 감쇠되는 현상을 이용한 것이다.

② 단일 공동 공명기, 목재 슬리트 공명기, 천공판 공명기 등이 이에 속한다.

11 차음 성능

(1) 흡음률이 적을수록 차음 성능이 우수하다.

(2) 중량이 무겁고(콘크리트, 벽돌, 돌) 통기성이 적을 것

(3) 외벽, 이중벽 쌓기 등이 효과적인 차음방법이다.

(4) 반사율은 높고, 투과율이 낮고 균일할 것(→틈새, 크랙 등으로 인한 투과율의 불균일은 차음 성능에 치명적임)

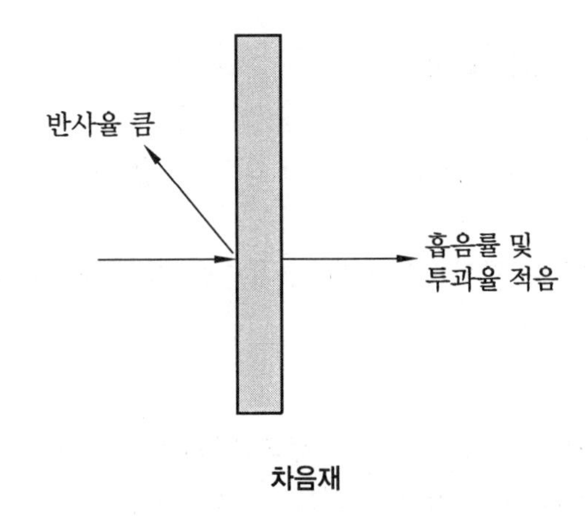

차음재

12 방음 대책

(1) 방음 대책으로는 흡음과 차음이 있는데, 흡음은 소리에너지가 반사하는 것을 감소시키는 방법(주로 다공성·판진동형·공명형 흡음재료 사용)이고, 차음은 흡음률이 적어 음을 차단시켜 주는 방법(주로 통기성이 적고, 중량이 무거운 재료 사용)이다.

(2) 건축물 및 덕트 시스템의 방음 대책

① 공조기를 설치할 때는 음향 절연 저항이 큰 재료를 이용

② 재료는 밀실하고 무거운 것을 사용할 것

③ 공조기실, 송풍기실, 기계실 등에는 원칙적으로 차음벽 혹은 이중벽체 시공을 고려할 것

④ 공기 누출이 없도록 할 것
⑤ 안벽은 바름벽(모르타르, 회반죽, 흙칠 바름 등)으로 할 것
⑥ 벽체는 가급적 흡음률이 적은 재료를 사용할 것
⑦ 주 소음원 쪽에 건물의 배면이 향하도록 한다.
⑧ 수목을 식재하고 건축물 간에 각도를 주는 배치 형태를 유지한다.
⑨ 덕트에는 소음엘보, 소음상자, 내장 소음재 등을 사용
⑩ 주덕트는 거실 천장 내에 설치해서는 안 된다(부득이한 경우 철판두께를 한 치수 높이고, 보온재 위에 모르타르를 발라 중량을 크게 하면 차음 효과를 크게 할 수 있다).
⑪ 공조기 출구에는 플리넘 체임버(급기 체임버)를 설치한다.
⑫ 덕트가 바닥이나 벽체를 관통할 때는 슬리브와의 간격을 암면 등으로 완전히 절연시킨다.

13 소음기(Sound Absorber)

(1) 소음기란 덕트 내의 유체(공기)의 흐름에 의해 유발되는 소음을 방지하기 위한 흡음장치이다.

(2) 덕트 내에 특정 모양의 체임버를 만들어 유속을 부분적으로 둔화시키는 것이 특징이다.

(3) 소음기의 종류

① Splitter형 혹은 Cell형 : 덕트 내부의 접촉 단면적을 크게 하여 흡음
② 공명형(머플러형:Muffler Type) : 소음기 내부 Pipe에 다수의 구멍을 형성해 놓음, 특정 주파수에 대한 방음이 필요한 경우에 효과적인 방법이다(특히 저주파 영역의 소음 감쇠에 효과가 좋음).

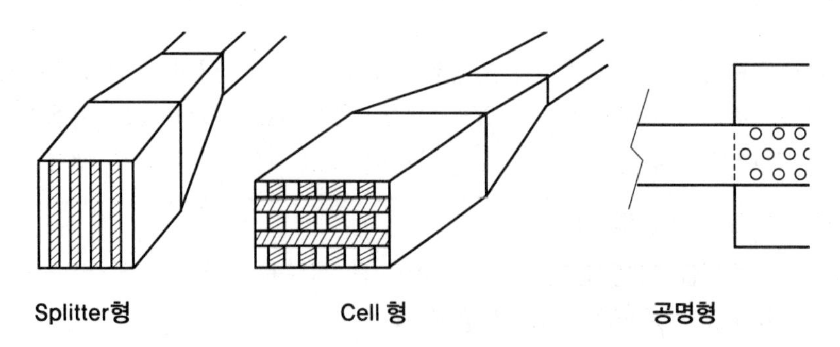

③ 공동형(소음상자) : 소음기 내부에 공동 형성, 내부에 흡음재를 부착하여 음의 흡수 및 확산작용을 이용하여 소음을 감쇠한다.

④ 흡음 체임버 : 송풍기 출구측 혹은 분기점에 주로 설치하며, 입·출구 덕트끼리의 방향이 서로 어긋나게 형성되어 있다.

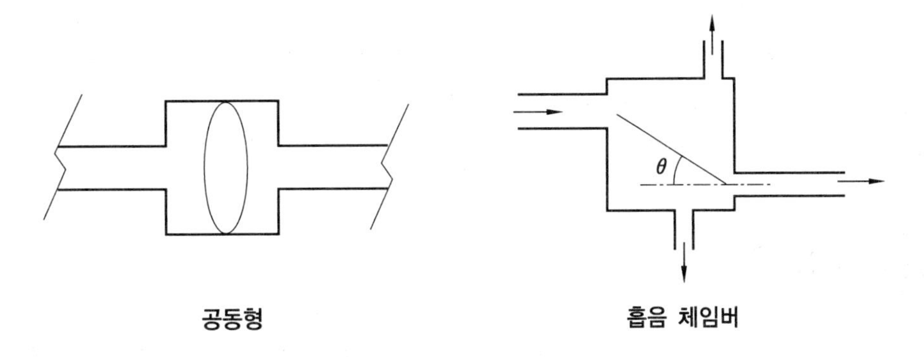

공동형 흡음 체임버

14 흡음 덕트 (Lined Duct)

(1) 덕트를 통과하는 소음을 줄이기 위하여 흡음재를 설치한 덕트이다.
(2) 흡음 덕트의 성능은 덕트의 단면적, 흡음재의 흡음률 및 두께, 설치면적 등에 의해 결정되나, 유속이 빠를 때는 유속의 영향도 받는다.
(3) 전 주파수 대역에서 흡음 성능을 나타내나 흡음재의 흡음률은 저주파보다 고주파에서 높으므로 고주파음에 대하여 특히 효과적이다.
(4) 공명형 소음기에 비하여 유동저항이 적고 광대역 주파수 특성을 나타내는 특성이 있다.
(5) 덕트의 단면적을 변화시키면서 흡음재를 부착하면 반사효과와 공명에 의한 흡음률의 상승으로 인하여 소음 성능을 크게 높일 수 있다.

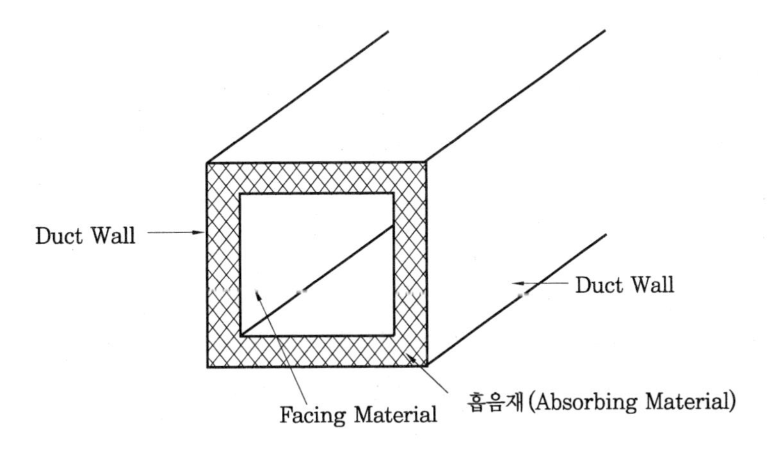

흡음 덕트 (Lined Duct)

(6) 통과 유속이 높을 경우에는 흡음재를 지탱하기 위한 천공판 등에 의한 표면처리가 필요하며 이로 인한 흡음률의 변화 및 기류에 의한 자생소음과 소음특성의 변화에 관해서 고려하여야 한다.
(7) 또한 주파수가 높은 음은 벽면의 영향을 받지 않고 통과하는 'Beam 효과'가 있기 때문에 방사단, 출구에서 음원이 보이지 않도록 하는 것이 바람직하다.
(8) 흡음 성능은 음파가 접선방향으로 지날 때보다 수직으로 입사할 때가 훨씬 높아진다.

15 흡음 엘보

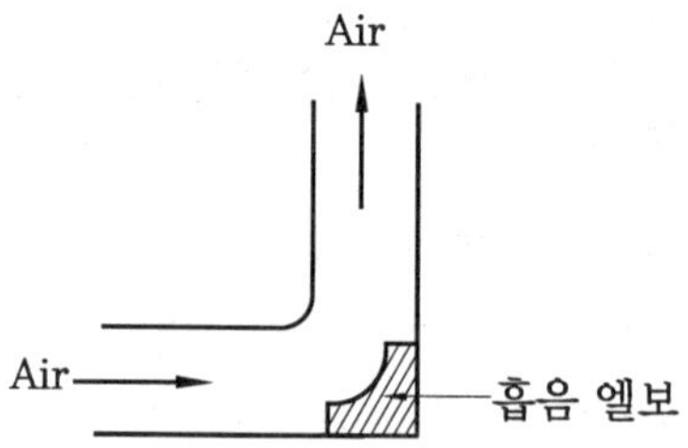

(1) 흡음재를 덕트 등 공기 유로 내부의 굴곡부에 부착하여 접촉에 의해 흡음 효과(吸音 效果)를 내게 한다(소음저감 및 난류 억제).
(2) 흡음재의 비산 및 박리에 주의해야 한다.
(3) 비교적 넓은 주파수 범위에서 효과가 있다.
(4) 소음 엘보(Sound Elbow)라고도 한다.
(5) 측면만이 유효하므로 측면만을 내장한다.
(6) 내장두께는 보통 덕트 폭의 10% 이상이 되도록 한다.
(7) 일반적으로 저음 역대 보다는 중·고음 역대에서 감음도가 좋다.
(8) 응용 : 가이드 베인을 설치하여 감음도를 향상하는 경우도 있다.

16 소음 진동의 전달

(1) 공기 전달(Air-Borne Noise)

① 벽체를 투과하여 전달되는 소음을 말한다.
② 공기를 통해 직접 전파되는 소음으로 이중벽, 이중문, 차음재, 흡음재 등으로 저감 가능

(2) 고체 전달(Structure-Borne Noise)

① 고체 구조물을 타고 전파되는 소음을 말한다.
② 장비 연결배관, 건축 구조물, 기타 진동원과의 연결 구조물을 타고 전달되는 소음으로 뜬바닥 구조, 방진재 등으로 저감 가능

(3) 덕트 전달(Duct-Borne Noise)

① 기계실의 기기, 덕트설비 등으로부터 덕트 내 Air Flow를 타고 실내로 취출되는 소음을 말한다.

② 덕트 관로상에 소음기, 소음 체임버 등을 설치하여 덕트 내 전달 소음을 감소할 수 있다.

(4) 공진

① 진동계가 그 고유진동수와 같은 진동수를 가진 외력(外力)을 주기적으로 받아 진폭이 뚜렷하게 증가하는 현상

② 기계실의 기기, 송풍기, 펌프 등의 진원에 의해 공진 발생으로 소음 및 진동이 실내로 전파될 수 있다.

(5) 소음 및 진동 방지 대책

① 건축 계획 시 고려사항 : 기계실 이격, 기계실의 방진, 흡음 및 차음, 저속 덕트 채용, 덕트의 정압관리, 취출구의 풍속관리 등

② 설비 계획 시 고려사항 : 저소음형 기기 선정 및 소음기 설치, Pad·방진가대 설치, 플렉시블이음, 수격작용 및 스팀해머 현상 방지, 증기트랩 설치, 신축이음, 송풍기의 Surging 현상 방지 등

17 합성 소음

(1) 대표 합성 소음 방식

① 개별 음원을 합성하여 다수의 음원을 대표하는 합성 소음을 만드는 방식이다.

② 전체 기계의 합성 소음

$$SPL_0 = 10\log(10^{\frac{L_1}{10}} + 10^{\frac{L_2}{10}} + 10^{\frac{L_3}{10}} + 10^{\frac{L4}{10}} \cdots\cdots)$$

여기서, SPL_0 : 합성소음

L_1, L_2, L_3, L_4 : 개별 음원의 소음

(2) 거리감쇠 적용 방식

① 수음점에서의 합성소음을 계산하기 위해 거리감쇠를 적용하는 수식이다.

② 수음점에서의 합성소음

$$SPL = SPL_0 - 20\log\left(\frac{r}{r_0}\right)$$

여기서, SPL : 알고 싶은 수음점에서의 합성 소음

SPL_0 : 이미 알고 있는 어떤 수음점의 합성 소음

r : 음원(SPL) ~ 수음간 거리(m)

r_0 : 음원(SPL_0) ~ 수음간 거리(m)

예제 디퓨저 4개를 설치(각 디퓨저의 소음은 40 dB)하여 소음 측정의 경우 합성 소음 레벨은 얼마인가?

해설 보통 '대표 합성소음 방식'에 의거 다음과 같이 계산할 수 있다.

$$\text{합성 소음 레벨}(L) = 10\log\left(10^{\frac{40}{10}} + 10^{\frac{40}{10}} + 10^{\frac{40}{10}} + 10^{\frac{40}{10}}\right) = 46\ \text{dB}$$

18 급배수설비의 소음측정

(1) 급수전에서 발생하는 소음에 관하여 구미에서는 실험실 측정방법인 'ISO 3822/1'을 제정하여 판매되는 급수전 등에 발생소음의 등급기준까지 제시하여 사용하고 있다.

(2) 일본에서는 1983년 'ISO 3822/1'을 참조하여 급수기구 발생소음의 실험실 측정방법인 'JIS A 1424'를 제정하여 각 급수기구 제품의 소음비교 및 현장설치 시 급·배수설비 소음의 예측에 활용하고 있다.

(3) 한편, 건축물의 현장에서의 급·배수설비 소음 측정방법으로서는 일본천축학회에서 제안하고 있는 '건축물의 현장에서 실내소음의 측정방법', '한국산업표준(KS)' 등을 들 수 있다.

(4) 급배수음 측정방법(KS 기준)

① 측정대상실의 선정 : 급배수설비 소음의 측정은 각종 수전, 수세식 변기 등의 사용에 의해 발생하는 인접실의 소음이 가장 크게 되는 층(수압이 가장 큰 층인 경우가 많다)에서 음원실을 선정하고, 소음이 문제시되는 인접실(자기 세대 포함)을 수음실로 하여 실시한다.

② 급수음에 대해서는 KS F 2870(공동주택 욕실 급수음의 현장 측정방법)을 기준으로 하고, 배수음에 대해서는 KS F 2871(공동주택 욕실 배수음의 현장 측정방법)을 기준으로 한다.

③ 측정조건(급수음)

㈎ 측정하는 실의 상태는 통상의 사용 가능한 상태에서 측정하는 것을 원칙으로 한다.

㈏ 각종 수전의 사용 시 발생하는 소음의 측정은 핸들을 완전히 개방하여 측정하는 것으로 한다.

㈐ 수세식 변기의 급수음의 측정은 물탱크의 물을 완전히 배수한 상태에서 다시 급수전을 최대로 개방한 후부터 물탱크에 물이 찰 때까지 측정한다.

㈑ 욕조 급수음의 측정은 욕조 내의 배수구를 막은 후 급수전을 최대로 개방한 상태로부터 물이 욕조의 최대 높이에 도달할 때까지 측정, 샤워기 측정 시에도 동일하나, 샤워기 높이는 거치대의 최고 높이로 한다.

(마) 세면대 급수음 측정은 배수구를 막은 후 급수전을 최대 개방상태로 하여 물이 급수전 최대 높이에 도달할 때까지 측정한다.

④ 측정조건(배수음)

(가) 측정하는 실의 상태는 통상의 사용 가능한 상태에서 측정하는 것을 원칙으로 한다.

(나) 수세식 변기의 배수음의 측정은 물탱크의 물을 가득 채운 후 완전히 배수될 때까지 측정한다.

(다) 욕조 배수음의 측정은 욕조 내의 배수구를 막은 후 욕조의 물의 최대 높이에 도달하게 하여, 배수구 마개를 개방하여 배수가 완전히 이루어질 때까지 측정한다.

(라) 세면대 배수음 측정은 배수구를 막은 후 물이 세면대 최대 높이에 도달하게 하고 배수구 마개를 개방하여 배수가 완전히 이루어질 때까지 측정한다.

⑤ 측정방법

(가) 침실 : 측정점은 수음실 내 벽면 등으로부터 0.5 m 이상 떨어지고, 마이크로폰 사이는 0.7 m 이상 떨어지고, 3～5점을 고르게 분포시켜 선정한다. 마이크로폰의 높이는 1.2～1.5 m로 범위로 한다.

(나) 거실 및 기타 공간 : 욕실 문으로부터 거실이나 복도 등 기타 공간 쪽으로 1 m 이격된 지점에서, 출입문의 중앙지점을 포함하여 총 2개 지점 이상에서 실시, 마이크로폰의 높이는 1.2～1.5 m로 범위로 한다.

(다) 욕실 : 중앙점에서 측정, 마이크로폰의 높이는 1.2～1.5 m로 범위로 한다.

⑥ 측정량

(가) A가중 음압레벨 혹은 등가 A가중 음압레벨 측정 : A가중 음압의 제곱을 기준 음압의 제곱으로 나눈 값의 상용로그의 10배로 표현한다. 즉, 다음과 같은 식으로 계산된다.

$$LP_A = 10\log\left(\frac{P_A}{P_0}\right)^2$$

여기서, LP_A : A가중 음압레벨 (dB)

P_A : 대상으로 하는 음의 순시 A가중 음압 (Pa)

P_0 : 기준 음압 (20 μPa)

(나) 등가 A가중 음압레벨은 시간에 따라 변동하는 음의 A가중 음압레벨을 평균한 값이다(급수음은 대부분 정상 소음에 가까우므로 A가중 음압레벨로 측정한다).

(다) 옥타브밴드 음압레벨 또는 옥타브밴드 등가 음압레벨(발생 소음에 대해 주파수 분석이 필요하거나, NC 곡선 등을 이용해야 할 경우) : 측정의 중심주파수를 63, 125, 250, 500, 1000, 2000, 4000 Hz의 7개 대역으로 하여 측정한다.

(라) 최대 소음레벨 : 소음계의 A특성을 이용하여 대상음이 지속되고 있는 동안의 최대 음압레벨을 측정한다.

㈒ 배경소음의 영향에 대한 보정 : 배경소음이 3 dB 이상일 경우에는 반드시 다음 식으로 보정한다.

$$L_B = 10\log\left(10^{\frac{L_a}{10}} - 10^{\frac{L_b}{10}}\right)$$

여기서, L_B : 보정된 소음레벨(dB)

L_a : 배경소음의 영향을 포함한 소음레벨(dB)

L_b : 배경 소음레벨(dB)

⑦ 표시방법

㈎ A가중 음압레벨 또는 등가 A가중 음압레벨의 표시

$$L = \log\left[\frac{1}{n} \times \left(10^{\frac{L_1}{10}} + 10^{\frac{L_2}{10}} + 10^{\frac{L_3}{10}} + 10^{\frac{L_4}{10}} \cdots\cdots\right)\right]$$

여기서, L : 대표 음압레벨

L_1, L_2, L_3, L_4 : 개별 측정점의 음압레벨

㈏ 옥타브밴드 음압레벨 표시 : 상기와 같은 방법으로 주파수 대역별 측정하여 그림으로 나타낸다.

㈐ 측정값은 소수점 이하 1자리까지 구하여 표시한다.

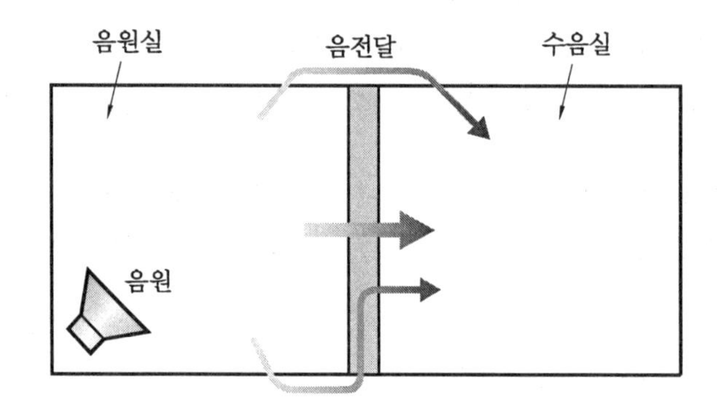

19 건축기계설비의 소음

(1) 건물과 설비 대형화로 열원기기, 반송장치 등 장비용량이 커져 소음 발생이 높으며 건축 대책도 함께 요구된다.

(2) 소음발생원

① 열원장치 : 보일러, 냉동기, 냉각탑 등

② 열원 수송장치 : 펌프, 수배관, 증기배관 등

③ 공기 반송장치 : 송풍기, 덕트, 흡입·취출구 등

④ 말단 유닛 : 공조기, FCU, 방열기 등

(3) 방음대책

① 열원장치

㈎ 보일러 : 저소음형 버너 및 송풍기 채택, 소음기 설치 등

㈏ 냉동기, 냉각탑 : Pad, 방진가대 설치 등

② 열원수송장치

㈎ 펌프 : 콘크리트가대, 플렉시블, 방진행어, Cavitation 방지 등

㈏ 수배관 : 적정유속, Air 처리, 신축이음, 앵커, 수격방지기 등

㈐ 증기배관 : 스팀해머 방지, 주관 30 m 마다 증기트랩 설치 등

③ 공기반송장치 및 말단유닛

㈎ 송풍기 : 방진고무, 스프링, 사운드 트랩, 흡음 체임버, 차음, 저소음 송풍기, 서징 방지 등

㈏ 덕트 : 차음 엘보, 와류 방지, 흡음 체임버, 방진행어, 소음기 등

㈐ 흡입구·취출구 : 흡음 취출구, VAV 기구 등

④ 건축 대책

㈎ 기계실 : 기계실 이격, 기계실 내벽의 중량벽 구조, 흡음재(Glass Wool+석고보드) 설치

㈏ 거실 인접 시 이중벽 구조, 바닥 Floating Slab 구조 처리 등

⑤ 전기적 대책

㈎ 회전수 제어, 용량가변 제어, 저소음형 모터 채용

㈏ 전동기기류에 전기적 과부하가 걸리지 않게 전압 및 전류의 안정화

20 고층아파트 배수소음

(1) 아파트 건물의 배수설비 주요 소음원은 화장실 배수소음(샤워기, 세면기, 양변기 등)이다.

(2) 소음전달 경로(틈새)를 밀실코킹 처리, 건축은 화장실, 천장을 흡음재질로 시공하고, 양변기구조의 자체소음 감소 방안 등을 고려해야 한다.

(3) 배수 초기음은 주로 저주파음, 후기 발생 소음은 주로 고주파 영역(낙수소음 등)이다.

(4) 고층아파트 배수소음의 원인 및 대책

① 양변기(로 탱크 급수소음, 배수관 소음) : 슬리브 코킹, 흡음재, 입상 연결부 Sextia 시공 등

② 세면기(단관통기로 배수 시 사이펀 작용, 봉수유입 소음 등) : 각개통기, P 트랩과 입상관 이격 등

③ 수격현상 방지 : 유속 감소, 수격방지기 설치 등

④ 배관상의 흐름

㈎ 이중엘보 적용

㈏ 굴곡부 줄여 충격파 감소

㈐ 배수배관을 스핀 이중관 혹은 스핀 삼중관으로 설치

㈑ 배관 외부에 흡음재 시공 (동시에 결로방지도 가능)

㈒ 차음효과가 있는 배관재료 : 주철관 적용 등

21 배관의 진동

(1) 배관의 진동은 크게 수력적인 원인과 기계적인 원인으로 구분할 수 있다.

(2) 이들 원인들은 설계와 제작시점에서 대책이 세워지며, 펌프 등 원동기가 설계점 부근에서 운전 시에는 발생빈도가 낮지만, 설계점에서 멀어질수록 진동 발생의 가능성이 높아진다.

(3) 수력적인 원인

항 목	원 인	대 책
캐비테이션	• $NPSH_{av}$의 과소 • 회전속도 과대 • 펌프흡입구 편류 • 과대 토출량에서의 사용 • 흡입스트레이너의 막힘	• 유효압력을 크게 한다. • 계획단계에서 좌측의 원인 해소 • 유량을 조절·제어한다. • 관로상 막힌 찌꺼기를 제거한다.
서 징	• 토출량이 극히 적은 경우 • 펌프의 양정곡선이 우상향의 기울기를 가질 때 • 배관 중에 공기조, 혹은 공기가 모이는 곳이 있을 때 • 토출량 조정 밸브가 공기조 뒤에 있을 때	• 펌프 성능의 개량 (계획단계) • 배관내 공기가 모이는 곳을 없앤다. • 펌프 직후의 밸브로 토출량은 조절한다. • 유량을 변경하여 서징 영역을 피한다.
수충격	• 과도현상의 일종으로 밸브의 급폐쇄 등의 경우 발생 • 펌프의 기동·정지 및 정전 등에 의한 동력 차단 시 등	• 계획단계에서 미리 검토하여 해결 • 기동·정지의 Sequence 제어

(4) 기계적인 원인

항목	원 인	대 책
회전체의 불평형	• 회전체의 평형 불량 • 로타의 열적 굽힘 발생 • 이물질 부착 • 회전체의 마모 및 부식 • 과대 토출량에서의 사용 • 회전체의 변형이나 파손 • 각부의 헐거움	• 회전체의 평형 수정(Balancing) • 고온 유체를 사용하는 기기는 회전체 별도 설계 • 마모 및 부식의 수리 • 이물질 제거 및 부착 방지 • 조임 및 부품 교환
센터링 불량	• 센터링 혹은 면센터링 불량 • 열적 Alignment의 변화 • 원동기 기초 침하	• 센터링 수정 • 열센터링에 대해서도 수정한다.
커플링의 불량	• 커플링의 정도 불량 • 체결 볼트의 조임 불량 • 기어 커플링의 기어와의 접촉 불량	• 커플링 교환 • 볼트 및 고무 슬리브 교체 • 기어의 이빨 접촉 수정
회전축의 위험속도(공진)	• 위험속도로 운전 • 축의 회전수와 구조체의 고유 진동수가 일치하거나 배속의 진동수	• 계획설계 시 미리 검토 • 상용운전 속도는 위험속도로부터 25% 정도 낮게 하는 것이 바람직함
Oil whip 혹은 Oil wheel	• 미끄럼 베어링을 사용하는 고속회전기계에서 많이 발생하며, 축수의 유막에 의한 자려운동	• 계획설계 시 미리 검토 • 축수의 중앙에 홈을 파서 축수의 면압을 증가
기초의 불량	• 설치 레벨 불량 • 기초볼트 체결 불량 • 기초의 강성 부족	• 라이너를 이용하여 바로잡는다. • 기초를 보강하거나, 체결을 강하게 한다.

22 내진설계(耐震設計)

(1) 지진 시의 설비기계들의 안전성을 고려한 설계방법

(2) 설비물의 탈락 및 추락에 의한 주위 피해 방지와 2차 피해 방지가 내진의 주목적이다.

(3) 고려사항

① 기기 선정 : 내진 설계된 설비 선정
② 기초, 앵커볼트, 내진 Stopper 고려 철저
③ 배관 및 배관 이음 시 신축성 고려
④ 중량이 큰 기기는 가능한 하층부에 설치
⑤ 지진 시 진동 특성이 서로 다른 기기는 플렉시블 이음으로 연결
⑥ 2차 재해 유발 기기인 보일러 등은 안전장치 및 소화장치가 필수적이다.
⑦ 지진 발생 시 인명 및 재산 피해 최소화 대책 수립 등

(4) 기본지침

① 중소지진 : 지진의 진동 가속도 80~250 Gal (= cm/s^2)대비 설계할 것
② 대지진 : 지진의 진동 가속도 250~400 Gal (= cm/s^2) 대비 설계할 것

23 구조안전의 확인

각종 건축물의 구조적 안전에 대하여 확인하거나 구조 계산을 할 경우에는 다음과 같은 법적 근거를 기준으로 행한다.

(1) 건축법 제48조 제2항에 따라 다음 각 호의 어느 하나에 해당하는 건축물을 건축하거나 대수선하는 경우에는 정해진 구조기준 및 구조계산에 따라 그 구조의 안전을 확인하여야 한다(건축법 시행령 제32조).
① 층수가 2층 이상("목구조 건축물"은 3층 이상)인 건축물
② 연면적이 200 m^2 이상("목구조 건축물"은 500 m^2 이상)인 건축물
③ 높이가 13 m 이상인 건축물
④ 처마높이가 9 m 이상인 건축물
⑤ 기둥과 기둥 사이의 거리가 10 m 이상인 건축물
⑥ 건축물의 용도 및 규모를 고려한 중요도가 높은 건축물로서 법으로 정하는 건축물
⑦ 국가적 문화유산으로 보존할 가치가 있는 건축물로서 법에서 정하는 것
⑧ 특수구조 건축물(보·차양 등이 3미터 이상 돌출된 건축물, 특수한 설계·시공·공법 등이 필요한 건축물)
⑨ 단독주택 및 공동주택

(2) 적용의 완화를 요청할 때에는 구조 안전의 확인 서류를 허가권자에게 제출하여야 한다.

☞. 내용 중 법규 관련 사항은 국가 정책상, 언제라도 변경 가능성이 있으므로 필요시 항상 재확인 바랍니다.
www.law.go.kr

24 비구조 요소

(1) 건축물 내진설계기준(KDS)에 따라, 비구조 요소는 아래와 같이 나누어진다.
  ① 건축 비구조 요소 : 내부 비구조 벽체 및 칸막이벽, 캔틸레버 부재, 외측 비구조 벽체 부재 및 접합부, 마감재 등의 요소
  ② 기계 비구조 요소 : 건축물의 공조설비, 환기설비, 급배수설비 등의 기계설비적 요소
  ③ 전기 비구조 요소 : 건축물의 전기설비, 조명설비 등의 전기설비적 요소

(2) 기계 및 전기 비구조 요소와 그 지지부는 정해진 규정에 따라 설계하여야 한다.

(3) 체인이나 다른 형태로 구조물에 매달려 있으면서 덕트나 파이프에 연결되지 않은 조명기구, 사인보드, 천장 선풍기는 다음의 모든 조건을 만족하는 경우 지진하중과 상대변위에 대한 검토를 수행하지 않아도 된다.
  ① 자중의 1.4배에 해당하는 연직하중과 자중의 1.4배에 해당하는 횡하중의 조합을 견딜 수 있도록 설계된 경우, 이때 횡하중의 방향은 가장 불리한 방향으로 한다.
  ② 타 비구조 요소에 미치는 영향을 미리 고려한 경우
  ③ 비구조 요소가 수평면내에서 360도의 모든 방향으로 움직일 수 있도록 구조체와 연결된 경우

(4) 기계나 전기 비구조 요소의 내진설계가 필요한 경우 구성요소, 내용물, 지지부와 연결부의 동적 효과를 고려하여야 한다. 이때 각 구성 요소와 지지구조 및 다른 구성 요소들 사이의 동적 상호작용도 고려되어야 한다.

(5) 비구조 요소 정착부에 작용하는 하중은 지진하중과 상대변위로부터 구할 수 있으며, 콘크리트에 묻히는 정착부의 내력은 콘크리트용 앵커 설계기준에 따르며, 규정하지 않은 사항은 공인된 설계기준에 따를 수 있다.

(6) 동력 고정앵커 : 콘크리트 혹은 강재의 정착부를 동력을 이용하여 고정하는 앵커는 지진하중에 대해 인증되지 않는 한 계속적으로 인장을 받는 부위나 가새부재에 사용할 수 없다. 조적조에 묻히는 정착부에 동력을 이용하여 고정하는 앵커는 지진하중에 대해 인증되지 않는 한 사용할 수 없다. 단, 다음의 경우는 예외로 한다.
  ① 콘크리트에 묻히는 정착부에 동력을 이용하여 고정하는 앵커는 각 앵커당 사용하중이 400N을 초과하지 않는 경우 흡음타일 혹은 비부착식 매달린 천장과 배관시스템에 적용할 수 있다.
  ② 강재의 정착부를 동력을 이용하여 고정하는 앵커는 각 앵커당 사용하중이 1100N을 초과하지 않는 경우 적용할 수 있다.

(7) 마찰클립 : 마찰클립은 지진하중을 지지하기 위해 사용될 수 있으나 추가로 연직하중 지지를 위해 사용할 수 없다.

25 내진(耐震) 용어

(1) 내진, 제진, 면진

① 내진

㈎ 내진이란 제진과 면진의 개념을 포함하나, 특히 구조물의 강성을 증가시켜 지진력에 저항하는 방법을 의미한다.

㈏ 지진 발생 시 지진하중에 저항할 수 있는 구조물의 단면을 확보하는 방법이다.

㈐ 내진의 특징

㉮ 부재의 단면 증대

㉯ 비경제적 설계

㉰ 건축물의 중량 증가

② 제진

㈎ 제진이란 구조물의 내부나 외부에서 구조물의 진동에 대응한 제어력을 가하여 구조물의 진동을 저감시키거나, 구조물의 강성이나 감쇠 등을 변화시켜 구조물을 제어하는 것이다.

㈏ 지진 발생 시 구조물로 전달되는 지진력을 상쇄하여 간단한 보수만으로 구조물을 재사용할 수 있게 하는 시스템이다.

㈐ 제진의 특징

㉮ 내진성능 향상 및 구조물의 사용성 확보

㉯ 중규모 이상의 지진 발생 시 손상 레벨을 제어할 수 있는 설계

㉰ 건축물의 비구조재나 내부 설치물의 안전한 보호에는 한계가 있다.

③ 면진

㈎ 면진이란 건물과 지반 사이에 전단변형 장치를 설치하여 지반과 건물을 분리(base isolation)시키는 방법으로, 지진 발생 시 건축물의 고유주기를 인위적으로 길게 하여 지진과 구조물과의 공진을 막아 지진력이 구조물에 상대적으로 약하게 전달되도록 하는 것이다.

㈏ 면진의 특징

㉮ 안전성 향상

㉯ 설계자유도 증가

㉰ 안심거주성의 향상

㉱ 재산의 보전

㉲ 기능성 유지

(2) 세장비, 슬로싱 현상

① 세장비

㈎ 좌굴을 알아보기 위한 파라미터로서, 세장비가 크면 좌굴이 잘 일어난다는 의미이다.

㈏ 공식

$$세장비\ \lambda = \frac{L}{R} = \frac{L}{\sqrt{\frac{I}{A}}}$$

여기서, L : 구조체 기둥의 길이 (m)
R : 회전반경 (m)
I : 단면 2차 모멘트 (m^4 ; $I = \sum y^2 dA$)
A : 단면의 면적 (m^2)
y : 미소 면적의 중심부 이격거리

② 슬로싱 현상

㈎ 슬로싱(Sloshing) 현상은 물, 기름, 밸러스트수 등의 유체와 그 유체를 담고 있는 용기 사이에서 발생하는 상대적 운동을 의미한다.

㈏ 유체 형태의 화물의 운송 시 운반용기 내부에서 발생하는 슬로싱(Sloshing) 현상은 운반용기에 큰 충격력을 발생시킬 수 있어 용기를 파손시킬 수 있고 세밀한 주의를 필요로 한다.

㈐ 유체화물 운반선의 경우 슬로싱 현상에 의해 구조적 손상을 일으키는 사례가 크게 증가하고 있다. 이에 따라 선박 설계 시 유체와 구조물 상호작용을 고려한 화물창의 정확한 강도 평가기술이 요구된다.

㈑ Anti-sloshing bulkhead (다수의 칸막이벽을 설치하는 공법)와 45° 경사를 갖는 Topside tank 구조 (곡물을 위에서 쏟아 부으면 바닥과 약 30~45°의 각도를 형성하여 볼록한 산 모양을 이루는 것에 착안하여 화물이 한쪽으로 쏠리어 배를 전복시킬 위험을 미연에 방지하기 위해 화물의 좌우 유동성을 막아주는 구조)로 Sloshing 현상을 일부 완화시킬 수 있다.

제 11 장

환기 및 공기의 질

1 실내공기의 질(IAQ : Indoor Air Quality)

IAQ란 실내의 부유분진 뿐만 아니라 실내온도, 습도, 냄새, 유해가스 및 기류 분포에 이르기까지 사람들이 실내의 공기에서 느끼는 모든 것을 말한다.

(1) 실내 공기오염(Indoor Air Pollution)의 원인

① 산업화와 자동차 증가로 인한 대기오염
② 생활양식 변화로 인한 건축자재의 재료의 다양화
③ 에너지 절약으로 인한 건물의 밀폐화
④ 토지의 유한성과 건설기술 발달로 인한 실내공간 이용의 증가

(2) 실내 공기오염(Indoor Air Pollution)의 원인물질

① 건물 시공 시에 사용되는 마감재, 접착제, 세정제, 도료 등에서 배출되는 휘발성 유기 화합물(VOC)
② 유류, 석탄, 가스 등을 이용한 난방기구에서 나오는 연소성 물질
③ 담배연기, 먼지, 세정제, 살충제 등
④ 인체에서 배출되는 이산화탄소, 인체의 피부각질
⑤ 생물학적 오염원 : 애완동물 등에서 배출되는 비듬과 털, 침, 세균, 바이러스, 집먼지, 진드기, 바퀴벌레, 꽃가루 등

(3) 실내공기 오염의 영향

① 새집증후군으로 인한 눈, 코, 목의 불쾌감, 기침, 쉰 목소리, 두통, 피곤함 등
② 기타 기관지 천식, 과민성 폐렴, 아토피성 피부염 등

(4) 실내공기 오염에 대한 대책

① 원인물질의 관리 : 가장 손쉬우면서도 확실한 방법이다.
② 환기 : 원인물질을 관리한다고 하지만 한계가 있고 생활하면서 오염물질은 끊임없

이 배출되기 때문에 환기는 가장 중요한 대처방법이다.

③ 공기 청정기의 사용 : 공기청정기는 집안에서 이동 가능한 것부터 건물 전체의 환기 시스템을 조정하는 대규모 장치까지 그 규모가 다양하다.

2 다중 이용시설 등의 실내공기질 관리법

(1) 다중 이용시설(불특정 다수인이 이용하는 시설)에 인체에 특히 해로운 오염물질을 방출하는 건축자재의 사용을 제한하고, 시공자로 하여금 실내공기질을 측정 및 공고하도록 의무화하는 등을 규정한 법안

(2) 2003년 5월 법률이 공포되었으며, 1년 후인 2004년 5월부터 정식으로 발효되었다(시행일).

(3) 주요 내용

① 법명을 다중이용시설 등의 실내공기질 관리법으로 개정 및 적용대상 확대 : 과거 법명이 '지하생활공간 공기질 관리법'이었고, 지하생활공간만을 대상으로 하였는데 반하여, 각종 터미널, 도서관, 의료기관 등의 지상 실내공간을 적용대상에 추가한다.

② 실내공기질 공정시험방법 고시 : 환경부장관이 '실내공기질 공정시험방법'을 고시한다.

③ 실내 공기질 기준을 유지기준과 권고기준으로 이원화한다.

㈎ 유지기준 : 반드시 지켜야 하는 기준

㈏ 권고기준 : 일정 기준에 따르도록 권고하는 사항

④ 다중 이용시설의 소유자(혹은 관리담당자) 등에게 실내 공기질 관리 교육의 의무 부여

⑤ 신축 공동주택의 주민 입주 전 공기질 측정 : 시공자는 주민 입주개시 전까지 공동주택의 실내공기질을 측정하여 그 측정결과를 해당 시장, 군수, 구청장에게 제출하고, 입주민들이 잘 볼 수 있는 장소에 공고하도록 한다.

⑥ 오염물질 방출 건축자재 고시 및 사용 제한 : 환경부장관은 관계 중앙행정 기관장과 협의하여 건축자재 방출 오염물질이 많이 나오는 건축자재를 고시할 수 있으며, 다중이용시설을 설치하는 자는 고시된 건축자재를 사용하여서는 아니 된다.

⑦ 다중이용시설 소유자 등에 실내공기질 측정 의무 부여

⑧ 보고 및 검사업무 지방자치 이양

☞. *내용 중 법규 관련 사항은 국가 정책상, 언제라도 변경 가능성이 있으므로 필요시 항상 재확인 바랍니다.*

www.law.go.kr

3 환기설비기준

환기설비의 설치기준과 관련하여 [건축물의 설비기준 등에 관한 규칙 제11조]를 기준으로 건축물 설계 시 다음과 같은 사항을 반영하여야 한다.

(1) 신축 또는 리모델링하는 다음 각 호의 어느 하나에 해당하는 주택 또는 건축물(이하 '신축공동주택 등'이라 한다)은 시간당 0.5회 이상의 환기가 이루어질 수 있도록 자연환기설비 또는 기계환기설비를 설치하여야 한다.
  ① 30세대 이상의 공동주택(기숙사를 제외한다)
  ② 주택을 주택 외의 시설과 동일건축물로 건축하는 경우로서 주택이 30세대 이상인 건축물

(2) 신축공동주택 등에 자연환기설비를 설치하는 경우에는 자연환기설비가 제1항의 규정에 의한 환기횟수를 충족하는지에 대하여 건축법의 규정에 의한 지방건축위원회의 심의를 받아야 한다. 다만, 신축공동주택 등에 「산업표준화법」에 따른 한국산업규격의 자연환기설비 환기성능시험방법(KS F 2921)에 따라 성능시험을 거친 자연환기설비를 별표에 따른 자연환기설비 설치 길이 이상으로 설치하는 경우는 제외한다.

(3) 신축공동주택 등에 자연환기설비 또는 기계환기설비를 설치하는 경우에는 별표1의4 또는 별표1의5의 기준에 적합하여야 한다.

(4) 특별시장・광역시장・특별자치시장・특별자치도지사 또는 시장・군수・구청장(자치구의 구청장을 말하며, 이하 "허가권자"라 한다)은 30세대 미만인 공동주택과 주택을 주택 외의 시설과 동일 건축물로 건축하는 경우로서 주택이 30세대 미만인 건축물 및 단독주택에 대해 시간당 0.5회 이상의 환기가 이루어질 수 있도록 자연환기설비 또는 기계환기설비의 설치를 권장할 수 있다.

(5) 다중이용시설을 신축하는 경우에 설치하여야 하는 기계환기설비의 구조 및 설치는 다음 각 호의 기준에 적합하여야 한다.
  ① 다중이용시설의 기계환기설비 용량기준은 시설이용 인원 당 환기량을 원칙으로 산정할 것
  ② 기계환기설비는 다중이용시설로 공급되는 공기의 분포를 최대한 균등하게 하여 실내 기류의 편차가 최소화될 수 있도록 할 것
  ③ 공기공급체계·공기배출체계 또는 공기흡입구·배기구 등에 설치되는 송풍기는 외부의 기류로 인하여 송풍능력이 떨어지는 구조가 아닐 것
  ④ 바깥공기를 공급하는 공기공급 체계 또는 바깥공기가 도입되는 공기흡입구는 다음 각 목의 요건을 모두 갖춘 공기여과기 또는 집진기(集塵機) 등을 갖출 것
  가. 입자형・가스형 오염물질을 제거 또는 여과하는 성능이 일정 수준 이상일 것

나. 여과장치 등의 청소 및 교환 등 유지관리가 쉬운 구조일 것

다. 공기여과기의 경우 한국산업표준(KS B 6141)에 따른 입자 포집률이 계수법으로 측정하여 60퍼센트 이상일 것

⑤ 공기배출체계 및 배기구는 배출되는 공기가 공기공급체계 및 공기흡입구로 직접 들어가지 아니하는 위치에 설치할 것

⑥ 기계환기설비를 구성하는 설비·기기·장치 및 제품 등의 효율과 성능 등을 판정하는데 있어 이 규칙에서 정하지 아니한 사항에 대하여는 해당 항목에 대한 '산업표준화법'에 의한 한국산업규격에 적합할 것

☞. *내용 중 법규 관련 사항은 국가 정책상, 언제라도 변경 가능성이 있으므로 필요시 항상 재확인 바랍니다.*
www.law.go.kr

4 신축공동주택 등의 기계환기설비

[건축물의 설비기준 등에 관한 규칙 제11조]를 기준으로 하여,

신축공동주택 등의 환기횟수를 확보하기 위하여 설치되는 기계환기설비의 설계·시공 및 성능평가방법은 다음 각 호의 기준에 적합하여야 한다.

(1) 기계환기설비의 환기기준은 시간당 실내공기 교환횟수(환기설비에 의한 최종 공기흡입구에서 세대의 실내로 공급되는 공기량의 합인 총 체적 풍량을 실내 총체적으로 나눈 환기횟수를 말한다)로 표시하여야 한다.

(2) 하나의 기계환기설비로 세대 내 2 이상의 실에 바깥공기를 공급할 경우의 필요 환기량은 각 실에 필요한 환기량의 합계 이상이 되도록 하여야 한다.

(3) 세대의 환기량 조절을 위하여 환기설비의 정격풍량을 최소·적정·최대의 3단계 또는 그 이상으로 조절할 수 있는 체계를 갖추어야 하고, 적정 단계의 필요 환기량은 신축공동주택 등의 세대를 시간당 0.5회로 환기할 수 있는 풍량을 확보하여야 한다.

(4) 공기공급체계 또는 공기배출체계는 부분적 손실 등 모든 압력 손실의 합계를 고려하여 계산한 공기공급능력 또는 공기배출능력이 상기의 환기기준을 확보할 수 있도록 하여야 한다.

(5) 기계환기설비는 신축공동주택 등의 모든 세대가 상기의 규정에 의한 환기횟수를 만족시킬 수 있도록 24시간 가동할 수 있어야 한다.

(6) 기계환기설비의 각 부분의 재료는 충분한 내구성 및 강도를 유지하여 작동되는 동안 구조 및 성능에 변형이 없도록 하여야 한다.

(7) 기계환기설비는 다음 각 목의 어느 하나에 해당되는 체계를 갖추어야 한다.

① 바깥공기를 공급하는 송풍기와 실내공기를 배출하는 송풍기가 결합된 환기체계

② 바깥공기를 공급하는 송풍기와 실내공기가 배출되는 배기구가 결합된 환기체계
③ 바깥공기가 도입되는 공기흡입구와 실내공기를 배출하는 송풍기가 결합된 환기체계

(8) 바깥공기를 공급하는 공기공급체계 또는 바깥공기가 도입되는 공기흡입구는 입자형·가스형 오염물질을 제거 또는 여과하는 일정 수준 이상의 공기여과기 또는 집진기 등을 갖추어야 한다. 이 경우 공기여과기는 한국산업규격(KS B 6141)에서 규정하고 있는 입자포집률(공기청정장치에서 그것을 통과하는 공기중의 입자를 포집(捕執)하는 효율을 말한다)이 60% 이상인 환기효율을 확보하여야 하고, 수명연장을 위하여 여과기의 전단부에 사전여과장치를 설치하여야 하며, 여과장치 등의 청소 또는 교환이 쉬운 구조이어야 한다.

(9) 기계환기설비를 구성하는 설비·기기·장비 및 제품 등의 효율 및 성능 등을 판정함에 있어 이 규칙에서 정하지 아니한 사항에 대하여는 해당 항목에 대한 한국상업규격에 적합하여야 한다.

(10) 기계환기설비는 환기의 효율을 극대화할 수 있는 위치에 설치하여야 하고, 바깥공기의 변동에 의한 영향을 최소화할 수 있도록 공기흡입구 또는 배기구 등에 완충장치 또는 석쇠형 철망 등을 설치하여야 한다.

(11) 기계환기설비는 주방 가스대 위의 공기배출장치, 화장실의 공기배출 송풍기 등 급속 환기 설비와 함께 설치할 수 있다.

(12) 공기흡입구 및 배기구와 공기공급체계 및 공기배출체계는 기계환기설비를 지속적으로 작동시키는 경우에도 대상 공간의 사용에 지장을 주지 아니하는 위치에 설치되어야 한다.

(13) 기계환기설비에서 발생하는 소음의 측정은 한국산업규격(KS B 6361)에 따르는 것을 원칙으로 한다. 측정위치는 대표길이 1미터(수직 또는 수평 하단)에서 측정하여 소음이 40dB 이하가 되어야 하며, 암소음(측정 대상인 소음 외에 주변에 존재하는 소음을 말한다)은 보정하여야 한다. 다만, 환기설비 본체(소음원)가 거주공간 외부에 설치될 경우에는 대표길이 1미터(수직 또는 수평 하단)에서 측정하여 50dB 이하가 되거나, 거주공간 내부의 중앙부 바닥으로부터 1.0~1.2미터 높이에서 측정하여 40dB 이하가 되어야 한다.

(14) 외부에 면하는 공기흡입구와 배기구는 교차오염을 방지할 수 있도록 1.5미터 이상의 이격거리를 확보하거나, 공기흡입구와 배기구의 방향이 서로 90도 이상 되는 위치에 설치되어야 하고 화재 등 유사 시 안전에 대비할 수 있는 구조와 성능이 확보되어야 한다.

(15) 기계환기설비의 에너지 절약을 위하여 폐열회수형 환기장치를 설치하는 경우에는 한국산업규격(KS B 6879)에 따라 시험한 폐열회수형 환기장치의 유효환기량이 표시용량의 90퍼센트 이상이어야 하고, 폐열회수용 환기장치의 안과 밖은 물 맺힘이 발

생하는 것을 최소화할 수 있는 구조와 성능을 확보하도록 하여야 한다.

(16) 기계환기설비는 송풍기, 폐열회수형 환기장치, 공기여과기, 공기가 통하는 관, 공기흡입구 및 배기구, 그 밖의 기기 등 주요 부분의 정기적인 점검 및 정비 등 유지관리가 쉬운 체계로 구성되어야 하고, 제품의 사양 및 시방서에 유지관리 관련 내용을 명시하여야 하며, 유지관리 관련 내용이 수록된 사용자 설명서를 제시하여야 한다.

(17) 실외의 기상조건에 따라 환기용 송풍기 등 기계환기설비를 작동하지 아니하더라도 자연환기와 기계환기가 동시 운용될 수 있는 혼합형 환기설비가 설계도서 등을 근거로 필요 환기량을 확보할 수 있는 것으로 객관적으로 입증되는 경우에는 기계환기설비를 갖춘 것으로 인정할 수 있다.

(18) 중앙관리방식의 공기조화설비(실내의 온도·습도 및 청정도 등을 적정하게 유지하는 역할을 하는 설비를 말한다)가 설치된 경우에는 다음 각 목의 기준에도 적합하여야 한다.

① 공기조화설비는 24시간 지속적인 환기가 가능한 것일 것. 다만, 주요 환기설비와 분리된 별도의 환기계통을 병행 설치하여 실내에 존재하는 국소 오염원에서 발생하는 오염물질을 신속히 배출할 수 있는 체계로 구성하는 경우에는 그러하지 아니하다.

② 중앙관리방식의 공기조화설비의 제어 및 작동상황을 통제할 수 있는 관리식 또는 기능이 있을 것

☞. 내용 중 법규 관련 사항은 국가 정책상, 언제라도 변경 가능성이 있으므로 필요시 항상 재확인 바랍니다.
www.law.go.kr

5 신축공동주택 등의 자연환기설비

[건축물의 설비기준 등에 관한 규칙 제11조]를 기준으로 하여,

신축공동주택 등에 설치되는 자연환기설비의 설계·시공 및 성능평가방법은 다음 각 호의 기준에 적합하여야 한다.

(1) 세대에 설치되는 자연환기설비는 세대 내의 모든 실에 바깥공기를 최대한 균일하게 공급할 수 있도록 설치되어야 한다.

(2) 세대의 환기량 조절을 위하여 자연환기설비는 환기량을 조절할 수 있는 체계를 갖추어야 하고, 최대 개방 상태에서의 환기량을 기준으로 아래 별표1에 따른 설치길이 이상으로 설치되어야 한다.

(3) 자연환기설비는 순간적인 외부 바람 및 실내외 압력차의 증가로 인하여 발생할 수 있는 과도한 바깥공기의 유입 등 바깥공기의 변동에 의한 영향을 최소화할 수 있는

구조와 형태를 갖추어야 한다.

(4) 자연환기설비의 각 부분의 재료는 충분한 내구성 및 강도를 유지하여 작동되는 동안 구조 및 성능에 변형이 없어야 하며, 표면결로 및 바깥공기의 직접적인 유입으로 인하여 발생할 수 있는 불쾌감(콜드드래프트 등)을 방지할 수 있는 재료와 구조를 갖추어야 한다.

(5) 자연환기설비는 도입되는 바깥공기에 포함되어 있는 입자형 · 가스형 오염물질을 제거 또는 여과할 수 있는 일정 수준 이상의 공기여과기를 갖추어야 한다. 이 경우 공기여과기는 한국산업규격(KS B 6141)에서 규정하고 있는 입자 포집률[공기청정장치에서 그것을 통과하는 공기 중의 입자를 포집(捕執)하는 효율을 말한다]을 질량법으로 측정하여 70퍼센트 이상 확보하여야 하며 공기여과기의 청소 또는 교환이 쉬운 구조이어야 한다.

(6) 자연환기설비를 구성하는 설비·기기·장치 및 제품 등의 효율과 성능 등을 판정함에 있어 이 규칙에서 정하지 아니한 사항에 대하여는 해당 항목에 대한 한국산업규격에 적합하여야 한다.

(7) 자연환기설비를 지속적으로 작동시키는 경우에도 대상 공간의 사용에 지장을 주지 아니하는 위치에 설치되어야 한다.

(8) 한국산업규격(KS B 2921)의 시험조건하에서 자연환기설비로 인하여 발생하는 소음은 대표길이 1미터(수직 또는 수평 하단)에서 측정하여 40 dB 이하가 되어야 한다.

(9) 자연환기설비는 가능한 외부의 오염물질이 유입되지 않는 위치에 설치되어야 하고, 화재 등 유사 시 안전에 대비할 수 있는 구조와 성능이 확보되어야 한다.

(10) 실내로 도입되는 바깥공기를 예열할 수 있는 기능을 갖는 자연환기설비는 최대한 에너지 절약적인 구조와 형태를 가져야 한다.

(11) 자연환기설비는 주요 부분의 정기적인 점검 및 정비 등 유지관리가 쉬운 체계로 구성하여야 하고, 제품의 사양 및 시방서에 유지관리 관련 내용을 명시하여야 하며, 유지관리 관련 내용이 수록된 사용자 설명서를 제시하여야 한다.

(12) 자연환기설비는 설치되는 실의 바닥부터 수직으로 1.2미터 이상의 높이에 설치하여야 하며, 2개 이상의 자연환기설비를 상하로 설치하는 경우 1미터 이상의 수직간격을 확보하여야 한다.

[별표 1]

1. 설치 대상 세대의 체적 계산

필요한 환기횟수를 만족시킬 수 있는 환기량을 산정하기 위하여, 자연환기설비를 설치하고자 하는 공동주택 단위세대의 전체 및 실별 체적을 계산한다.

2. 단위세대 전체와 실별 설치길이 계산식 설치기준

자연환기설비의 단위세대 전체 및 실별 설치길이는 한국산업표준의 자연환기설비 환기성능 시험방법(KS F 2921)에서 규정하고 있는 자연환기설비의 환기량 측정장치에 의한 평가 결과를 이용하여 다음 식에 따라 계산된 설치길이 L값 이상으로 설치하여야 하며, 세대 및 실 특성별 가중치가 고려되어야 한다.

$$L = \frac{V \times N}{Q_{ref}} \times F$$

여기서, L : 세대 전체 또는 실별 설치길이(유효 개구부길이 기준, m)
V : 세대 전체 또는 실 체적(m^3)
N : 필요 환기횟수(0.5회/h)
Q_{ref} : 자연환기설비의 환기량 측정장치에 의해 평가된 기준 압력차 (2Pa)에서의 환기량(m^3/h · m)
F : 세대 및 실 특성별 가중치**

[비고] * 일반적으로 창틀에 접합되는 부분(endcap)과 실제로 공기 유입이 이루어지는 개구부 부분으로 구성되는 자연환기설비에서, 유효 개구부길이(설치길이)는 창틀과 결합되는 부분을 제외한 실제 개구부 부분을 기준으로 계산한다.

** 주동형태 및 단위세대의 설계조건을 고려한 세대 및 실 특성별 가중치는 다음과 같다.

구분	조건	가중치
세대 조건	1면이 외부에 면하는 경우	1.5
	2면이 외부에 평행하게 면하는 경우	1
	2면이 외부에 평행하지 않게 면하는 경우	1.2
	3면 이상이 외부에 면하는 경우	1
실 조건	대상 실이 외부에 직접 면하는 경우	1
	대상 실이 외부에 직접 면하지 않는 경우	1.5

단, 세대조건과 실 조건이 겹치는 경우에는 가중치가 높은 쪽을 적용하는 것을 원칙으로 한다.

*** 일방향으로 길게 설치하는 형태가 아닌 원형, 사각형 등에는 상기의 계산식을 적용할 수 없으며, 지방건축위원회의 심의를 거쳐야 한다.

☞. 내용 중 법규 관련 사항은 국가 정책상, 언제라도 변경 가능성이 있으므로 필요시 항상 재확인 바랍니다.
www.law.go.kr

6 다중이용시설의 필요 환기량

[건축물의 설비기준 등에 관한 규칙 제11조]의 해당 별표를 기준으로 하여,

(1) 기계환기설비를 설치하여야 하는 다중이용시설

① 지하시설

㈎ 모든 지하역사(출입통로·대합실·승강장 및 환승통로와 이에 딸린 시설을 포함한다.)

㈏ 연면적 2천제곱미터 이상인 지하도상가(지상건물에 딸린 지하층의 시설 및 연속되어 있는 둘 이상의 지하도상가의 연면적 합계가 2천제곱미터 이상인 경우를 포함한다.)

② 문화 및 집회시설

㈎ 연면적 2천제곱미터 이상인 「건축법 시행령」 별표1 제5호 라목에 따른 전시장(실내 전시장으로 한정한다.)

㈏ 연면적 2천제곱미터 이상인 「건전가정의례의 정착 및 지원에 관한 법률」에 따른 혼인예식장

㈐ 연면적 1천제곱미터 이상인 「공연법」 제2조 제4호에 따른 공연장(실내 공연장으로 한정한다.)

㈑ 관람석 용도로 쓰이는 바닥면적이 1천제곱미터 이상인 「체육시설의 설치·이용에 관한 법률」 제2조 제1호에 따른 체육시설

㈒ 연면적 300제곱미터 이상인 「영화 및 비디오물의 진흥에 관한 법률」 제2조 제10호에 따른 영화상영관

③ 판매시설

㈎ 「유통산업발전법」 제2조 제3호에 따른 대규모 점포

㈏ 연면적 300제곱미터 이상인 「게임산업 진흥에 관한 법률」 제2조 제7호에 따른 인터넷컴퓨터게임시설 제공업의 영업시설

④ 운수시설

㈎ 「항만법」 제2조 제5호에 따른 항만시설 중 연면적 5천제곱미터 이상인 대합실

㈏ 「여객자동차 운수사업법」 제2조 제5호에 따른 여객자동차 터미널 중 연면적 2천제곱미터 이상인 대합실

㈐ 「철도산업발전기본법」 제3조 제2호에 따른 철도시설 중 연면적 2천제곱미터 이상인 대합실

㈑ 「항공법」 제2조 제8호에 따른 공항시설 중 연면적 1천5백제곱미터 이상인 여객터미널

⑤ 의료시설 : 연면적이 2천제곱미터 이상이거나 병상 수가 100개 이상인 「의료법」 제3조에 따른 의료기관

⑥ 교육연구시설

㈎ 연면적 3천제곱미터 이상인 「도서관법」 제2조 제1호에 따른 도서관

㈏ 연면적 1천제곱미터 이상인 「학원의 설립·운영 및 과외교습에 관한 법률」 제2조 제1호에 따른 학원

⑦ 노유자시설

㈎ 연면적 430제곱미터 이상인 「영유아보육법」 제10조 제1호부터 제4호까지 및 제7호에 따른 국공립어린이집, 사회복지법인어린이집, 법인·단체 등 어린이집, 직장어린이집 및 민간어린이집

㈏ 연면적 1천제곱미터 이상인 「노인복지법」 제34조 제1항 제1호에 따른 노인요양시설(국공립노인요양시설로 한정한다.)

⑧ 업무시설 : 연면적 3천제곱미터 이상인 「건축법 시행령」 별표 1 제14호 가목에 따른 공공업무시설(국가 또는 지방자치단체의 청사로 한정한다.) 및 같은 호 나목에 따른 일반업무시설

⑨ 자동차 관련 시설 : 연면적 2천제곱미터 이상인 「주차장법」 제2조 제1호에 따른 주차장(같은 법 제2조 제2호에 따른 기계식 주차장은 제외한다.)

⑩ 장례식장 : 연면적 1천제곱미터 이상인 「장사 등에 관한 법률」 제29조에 따른 장례식장(지하에 설치되는 경우로 한정한다.)

⑪ 그 밖의 시설

㈎ 연면적 1천제곱미터 이상인 「공중위생관리법」 제2조 제3호에 따른 목욕장업의 영업시설

㈏ 연면적 5백제곱미터 이상인 「모자보건법」 제2조 제11호에 따른 산후조리원

㈐ 연면적 430제곱미터 이상인 「어린이놀이시설 안전관리법」 제2조 제2호에 따른 어린이놀이시설 중 실내 어린이놀이시설

(2) 필요 환기량

다중이용시설 구분		필요 환기량(m^3/인 · h)	비 고
지하시설	지하역사	25 이상	
	지하도상가	36 이상	매장 (상점) 기준
문화 및 집회시설		29 이상	
판매시설		29 이상	
운수시설		29 이상	
의료시설		36 이상	
교육연구시설		36 이상	
노유자시설		36 이상	
업무시설		29 이상	
자동차 관련 시설		27 이상	
장례식장		36 이상	
그 밖의 시설		25 이상	

[비고] 1. 연면적 및 바닥면적을 산정할 때에는 실내공간에 설치된 시설이 차지하는 연면적 및 바닥면적을 기준으로 산정한다.
2. 필요 환기량은 예상 이용인원이 가장 높은 시간대를 기준으로 산정한다.
3. 의료시설 중 수술실 등 특수 용도로 사용되는 실의 경우에는 소관 중앙행정기관의 장이 달리 정할 수 있다.
4. 자동차 관련 시설 중 실내주차장(기계식 주차장을 제외한다)은 단위면적당 환기량($m^3/m^2 \cdot h$)으로 산정한다.

☞. *내용 중 법규 관련 사항은 국가 정책상, 언제라도 변경 가능성이 있으므로 필요시 항상 재확인 바랍니다.*
www.law.go.kr

7 학교보건법 (시행규칙)상 공조기준

[환기 · 채광 · 조명 · 온습도의 조절기준 관련]

(1) 환기

① 환기의 조절기준 : 환기용 창 등을 수시로 개방하거나 기계식 환기설비를 수시로 가동하여 1인당 환기량이 시간당 21.6 m^3 이상이 되도록 할 것

② 환기설비의 구조 및 설치기준 (환기설비의 구조 및 설치기준을 두는 경우에 한한다.)

㈎ 환기설비는 교사 안에서의 공기의 질의 유지기준을 충족할 수 있도록 충분한 외부공기를 유입하고 내부공기를 배출할 수 있는 용량으로 설치할 것

㈏ 교사의 환기설비에 대한 용량의 기준은 환기의 조절기준에 적합한 용량으로 할 것

㈐ 교사 안으로 들어오는 공기의 분포를 균등하게 하여 실내공기의 순환이 골고루 이루어지도록 할 것

㈑ 중앙관리방식의 환기설비를 계획할 경우 환기덕트는 공기를 오염시키지 아니하는 재료로 만들 것

(2) 채광(자연조명)

① 직사광선을 포함하지 아니하는 천공광에 의한 옥외 수평조도와 실내조도와의 비가 평균 5퍼센트 이상으로 하되, 최소 2퍼센트 미만이 되지 아니하도록 할 것

② 최대조도와 최소조도의 비율이 10대 1을 넘지 아니하도록 할 것

③ 교실 바깥의 반사물로부터 눈부심이 발생되지 아니하도록 할 것

(3) 조도(인공조명)

① 교실의 조명도는 책상면을 기준으로 300 lux 이상이 되도록 할 것

② 최대조도와 최소조도의 비율이 3대 1을 넘지 아니하도록 할 것

③ 인공조명에 의한 눈부심이 발생되지 아니하도록 할 것

(4) 실내온도 및 습도

① 실내온도는 섭씨 18℃ 이상, 28℃ 이하로 하되, 난방온도는 섭씨 18℃ 이상 20℃ 이하, 냉방온도는 섭씨 26℃ 이상 28℃ 이하로 할 것

② 비교습도는 30% 이상 80% 이하로 할 것

☞. *내용 중 법규 관련 사항은 국가 정책상, 언제라도 변경 가능성이 있으므로 필요시 항상 재확인 바랍니다.*
www.law.go.kr

8 녹색건축인증에 관한 규칙

(1) 개요

① 이 규칙은 녹색건축인증(G-SEED) 대상, 건축물의 종류, 인증 기준 및 인증 절차, 인증 유효기간, 수수료, 인증 기관 및 운영 기관의 지정 기준, 지정 절차 및 업무범위 등에 관한 사항과 그 시행에 필요한 사항을 규정함을 목적으로 한다.

② 해당 부처의 장관은 녹색건축센터로 지정된 기관 중에서 운영기관을 지정하여 관보에 고시하여야 한다.

(2) 인증의 의무 취득

공공기관에서 법(녹색건축물 조성 지원법 시행령)에 따른 연면적 3,000제곱미터 이상의 공공건축물을 신축·재축하거나 별도의 건축물을 증축하는 경우에는 법(녹색건축인증기준 제7조)에서 정하는 등급 이상의 녹색건축인증을 취득하여야 한다.

(3) 인증의 전문 분야 및 세부 분야

전문 분야	해당 세부 분야
토지이용 및 교통	단지계획, 교통계획, 교통공학, 건축계획, 도시계획
에너지 및 환경오염	에너지, 전기공학, 건축환경, 건축설비, 대기환경, 폐기물처리, 기계공학
재료 및 자원	건축시공 및 재료, 재료공학, 자원공학, 건축구조
물순환관리	수질환경, 상하수도공학, 수공학, 건축환경, 건축설비
유지관리	건축계획, 건설관리, 건축시공 및 재료, 건축설비
생태환경	건축계획, 생태건축, 조경, 생물학
실내환경	온열환경, 소음·진동, 빛환경, 실내공기환경, 건축계획, 건축설비, 건축환경

(4) 인증 기준

① 인증 등급은 신축 및 기존 건축물에 대하여 최우수(그린1등급), 우수(그린2등급), 우량(그린3등급) 또는 일반(그린4등급)으로 한다.

② 7개 전문 분야의 인증기준 및 인증등급별 산출기준에 따라 취득한 종합점수 결과를 토대로 부여한다.

(5) 인증의 신청

① 예비인증 신청 : 다음 각 호의 어느 하나에 해당하는 자가 「건축법」에 따른 허가·신고 대상 건축물 또는 「주택법」에 따른 사업계획승인 대상 건축물에 대하여 허가·신고 또는 사업계획승인을 득한 후 설계에 반영된 내용을 대상으로 예비인증을 신청할 수 있다.

1. 건축주
2. 건축물 소유자
3. 사업주체 또는 시공자(건축주나 건축물 소유자가 인증 신청을 동의하는 경우에 한정한다.)

② (본)인증 신청 : 신축건축물에 대한 녹색건축의 인증은 신청자가 「건축법」에 따른 사용승인 또는 「주택법」에 따른 사용검사를 받은 후에 신청할 수 있다. 다만, 인증 등급 결과에 따라 개별 법령으로 정하는 제도적·재정적 지원을 받고자 하는 경우와 사용승인 또는 사용검사를 위한 신청서 등 관련 서류를 허가권자 또는 사

용검사권자에게 제출한 것이 확인된 경우에는 사용승인 또는 사용검사를 받기 전에 신청할 수 있다.

③ 공동주택의 경우 건축주 등이 예비인증을 받은 사실을 광고 등의 목적으로 사용하려면 인증(본인증)을 받을 경우 그 내용이 달라질 수 있음을 알려야 한다.

④ 예비인증을 받아 제도적·재정적 지원을 받은 건축주 등은 예비인증 등급 이상의 본인증을 받아야 한다.

(6) 세부 인증항목(사례) : 에너지 및 환경오염 분야(신축 비주거용 건축물)

전문 분야	인증 항목	구분	배점	일반 건축물	업무용 건축물	학교 시설	판매 시설	숙박 시설
에너지 및 환경오염	2.1 에너지 성능	필수항목	12	○	○	○	○	○
	2.2 시험·조정·평가(TAB) 및 커미셔닝 실시	평가항목	2	○	○	○	○	○
	2.3 에너지 모니터링 및 관리지원 장치	평가항목	2	○	○	○	○	○
	2.4 조명에너지 절약	평가항목	4	–	○	○	○	○
	2.5 신·재생에너지 이용	평가항목	3	○	○	○	○	○
	2.6 저탄소 에너지원 기술의 적용	평가항목	1	○	○	○	○	○
	2.7 오존층 보호를 위한 특정물질의 사용 금지	평가항목	3	○	○	○	○	○
	2.8 냉방에너지 절감을 위한 일사조절 계획 수립	평가항목	2	–	○	○	–	–

㈜ 인증심사 세부 기준 : "녹색건축 인증기준 운영세칙" 참조

☞. *내용 중 법규 관련 사항은 국가 정책상, 언제라도 변경 가능성이 있으므로 필요시 항상 재확인 바랍니다.*
www.law.go.kr

9 건축물 에너지인증(효율등급 및 제로에너지)

(1) 개요

① 대상건물 : 공동주택(기숙사 제외), 업무시설, 그 밖에 국토교통부와 산업통상자원부의 공동부령으로 정하는 건축물 등은 건축물의 에너지효율등급 인증 및 제로에너지건축물 인증을 받아야 한다.

② 보통 예비인증은 건축물 완공 전 신청서류가 완비된 시점에 진행되고, 본인증은 건축물 준공승인 전 신청서류가 완비된 시점에 행해진다.

(2) 인증 신청

① 다음 각 호의 어느 하나에 해당하는 자는 사용승인, 사용검사를 받은 후에 건축물 에너지인증을 신청할 수 있다. 다만, 개별 법령(조례를 포함)에 따라 제도적·재정적 지원을 받거나 의무적으로 건축물 에너지 인증을 받아야 하는 경우에는 사용승인 또는 사용검사를 받기 전에 건축물 에너지 인증을 신청할 수 있다.

1. 건축주
2. 건축물 소유자
3. 사업주체 또는 시공자(건축주나 건축물 소유자가 인증 신청에 동의하는 경우에만 해당한다.)

② 건축물 에너지효율등급 인증을 받으려면 인증 관리 시스템을 통하여 건축물 에너지효율등급 인증 신청서를 제출하고, 다음 각 호의 서류를 인증기관의 장에게 제출하여야 한다.

1. 최종 설계도면
2. 건축물 부위별 성능내역서
3. 건물 전개도
4. 장비용량 계산서
5. 조명밀도 계산서
6. 관련 자재·기기·설비 등의 성능을 증명할 수 있는 서류
7. 설계변경 확인서 및 설명서
8. 예비인증서 사본(해당 인증기관 및 다른 인증기관에서 예비인증을 받은 경우만 해당한다.)
9. 제1호부터 제8호까지에서 규정한 서류 외에 건축물 에너지효율등급 평가를 위하여 운영기관의 장이 필요하다고 인정하여 공고하는 서류

③ 제로에너지건축물 인증을 신청하는 경우에는 별지 신청서 및 다음 각 목의 서류를 제출하여야 한다.

가. 1++등급 이상의 건축물 에너지효율등급 인증서 사본
나. 건축물에너지관리시스템(법 제6조의2 제2항에 따른 건축물에너지관리시스템을 말한다. 이하 같다.) 또는 전자식 원격검침계량기 설치도서
다. 제로에너지건축물 예비인증서 사본(예비인증을 받은 경우만 해당한다.)
라. 가목부터 다목까지의 서류 외에 제로에너지건축물 인증 평가를 위하여 제로에너지건축물 인증제 운영기관의 장이 필요하다고 정하여 공고하는 서류

④ 인증기관의 장은 신청서와 신청서류가 접수된 날부터 50일(단독주택 및 공동주택에 대해서는 40일, 제로에너지건축물 인증의 경우 : 30일) 이내에 인증을 처리하여야 한다.

⑤ 인증기관의 장은 부득이한 사유로 인증을 처리할 수 없는 경우에는 건축주 등에게 그 사유를 통보하고 20일의 범위에서 인증 평가 기간을 한 차례만 연장할 수 있다.

⑥ 인증기관의 장은 건축주 등이 제출한 서류의 내용이 미흡하거나 사실과 다른 경우에는 서류가 접수된 날부터 20일 이내에 건축주 등에게 보완을 요청할 수 있다. 이 경우 건축주 등이 제출서류를 보완하는 기간은 처리 기간에 산입하지 아니한다.

(3) 인증 평가

① 인증기관의 장은 인증 신청을 받으면 인증 기준에 따라 서류심사와 현장실사(現場實査)를 하고, 인증 신청 건축물에 대한 인증 평가 보고서를 작성하여야 한다.

② 인증기관의 장은 인증 평가 보고서 결과에 따라 인증 여부 및 인증 등급을 결정한다.

③ 인증기관의 장은 사용승인 또는 사용검사를 받은 날부터 3년이 지난 건축물에 대해서 건축물 에너지효율등급 인증을 하려는 경우에는 건축주 등에게 건축물 에너지효율 개선 방안을 제공하여야 한다.

(4) 인증 기준

① 건축물 에너지효율등급 인증 : 냉방, 난방, 급탕(給湯), 조명 및 환기 등에 대한 1차 에너지 소요량을 기준으로 평가하여야 한다.

㈎ 에너지 소요량 = 해당 건축물에 설치된 난방, 냉방, 급탕, 조명, 환기시스템에서 소요되는 에너지량

㈏ 단위면적당 에너지 소요량 $= \dfrac{\text{난방에너지 소요량}}{\text{난방에너지가 요구되는 공간의 바닥면적}} + \dfrac{\text{냉방에너지 소요량}}{\text{냉방에너지가 요구되는 공간의 바닥면적}} + \dfrac{\text{급탕에너지 소요량}}{\text{급탕에너지가 요구되는 공간의 바닥면적}} + \dfrac{\text{조명에너지 소요량}}{\text{조명에너지가 요구되는 공간의 바닥면적}} + \dfrac{\text{환기에너지 소요량}}{\text{환기에너지가 요구되는 공간의 바닥면적}}$

㈐ 단위면적당 1차 에너지 소요량 = 단위면적당 에너지 소요량×1차 에너지 환산계수

㈑ 건축물 에너지효율인증 등급은 1+++등급부터 7등급까지의 10개 등급으로 한다.

등급	주거용 건축물	주거용 이외의 건축물
	연간 단위면적당 1차 에너지 소요량 (kWh/m^2·년)	연간 단위면적당 1차 에너지 소요량 (kWh/m^2·년)
1^{+++}	60 미만	80 미만
1^{++}	60 이상 90 미만	80 이상 140 미만
1^{+}	90 이상 120 미만	140 이상 200 미만
1	120 이상 150 미만	200 이상 260 미만
2	150 이상 190 미만	260 이상 320 미만
3	190 이상 230 미만	320 이상 380 미만
4	230 이상 270 미만	380 이상 450 미만
5	270 이상 320 미만	450 이상 520 미만
6	320 이상 370 미만	520 이상 610 미만
7	370 이상 420 미만	610 이상 700 미만

EBL (최대 허용 에너지량 ; Energy Budget Level)

위 표와 같이 kWh/m^2·년 등으로 표현된 연간·단위면적당의 1차 에너지 소모량을 EBL (최대 허용 에너지량 ; Energy Budget Level)이라고 한다.

② 제로에너지건축물 인증 기준

㈎ 건축물 에너지효율등급 : 인증등급 1++ 이상

㈏ $\text{에너지자립률}(\%) = \dfrac{\text{단위면적당 1차 에너지 생산량}}{\text{단위면적당 1차 에너지 소비량}} \times 100$

※ 「녹색건축물 조성 지원법」 제15조 및 시행령 제11조에 따른 용적률 완화 시 대지 내 에너지자립률을 기준으로 적용한다.

㈜ 1. 단위면적당 1차 에너지 생산량 (kWh/m^2·년)
= 대지 내 단위면적당 1차 에너지 순 생산량* +
대지 외 단위면적당 1차 에너지 순 생산량* × 보정계수**

$$* \text{ 단위면적당 1차 에너지 순 생산량} = \frac{\Sigma[(\text{신재생에너지 생산량} - \text{신재생에너지 생산에 필요한 에너지소비량}) \times \text{해당 1차 에너지 환산계수}]}{\text{평가면적}}$$

** 보정계수

대지 내 에너지자립률	~10% 미만	10% 이상~ 15% 미만	15% 이상~ 20% 미만	20% 이싱 ~
대지 외 생산량 가중치	0.7	0.8	0.9	1.0

※ 대지 내 에너지자립률 산정 시 단위면적당 1차 에너지 생산량은 대지 내 단위면적당 1차 에너지 순 생산량만을 고려한다.

㈜ 2. 단위면적당 1차 에너지 소비량(kWh/m^2·년)

$$= \frac{\Sigma(\text{에너지 소비량} \times \text{해당 1차 에너지 환산계수})}{\text{평가면적}}$$

※ 냉방설비가 없는 주거용 건축물(단독주택 및 기숙사를 제외한 공동주택)의 경우 냉방평가 항목을 제외

㈐ 건축물에너지관리시스템 또는 원격검침전자식 계량기 설치 확인

「건축물의 에너지절약 설계기준」의 [별지 제1호 서식] 2.에너지성능지표 중 전기설비부문 8. 건축물에너지관리 시스템(BEMS) 또는 건축물에 상시 공급되는 모든 에너지원별 원격검침전자식 계량기 설치 여부

③ 제로에너지건축물(ZEB) 인증 등급

ZEB 등급	에너지 자립률
1등급	에너지자립률 100% 이상
2등급	에너지자립률 80 이상 ~ 100% 미만
3등급	에너지자립률 60 이상 ~ 80% 미만
4등급	에너지자립률 40 이상 ~ 60% 미만
5등급	에너지자립률 20 이상 ~ 40% 미만

(5) 인증서 발급 및 인증의 유효기간

① 인증기관의 장은 건축물 에너지 인증을 할 때에는 별지 서식의 건축물 에너지 인증서를 발급하여야 한다.

② 건축물 에너지 인증의 유효기간은 제1항에 따라 건축물 에너지 인증서를 발급한 날부터 5년으로 한다.

③ 인증기관의 장은 인증서를 발급하였을 때에는 인증 대상, 인증 날짜, 인증 등급을 포함한 인증 결과를 운영기관의 장에게 제출하여야 한다.

(6) 재평가 요청

① 인증 평가 결과나 인증 취소 결정에 이의가 있는 건축주 등은 인증기관의 장에게 재평가를 요청할 수 있다.

② 재평가 결과 통보, 인증서 재발급 등 재평가에 따른 세부 절차에 관한 사항은 장관이 정하여 고시한다.

10 에너지절약계획서

(1) 건축물을 건축하고자 하는 건축주는 「건축법」에 따라 건축허가를 신청하거나, 용도 변경의 허가신청 또는 신고를 하거나, 건축물대장 기재내용의 변경을 신청하는 경우에는 대통령령으로 정하는 바에 따라 에너지절약계획서를 제출하여야 한다.

(2) 허가신청 등을 받은 행정기관의 장은 에너지절약계획서의 적절성 등을 검토하기 위하여 필요한 경우에는 국토교통부령으로 정하는 에너지 관련 전문기관에 자문할 수 있으며, 그 자문 결과에 따라 건축주에게 에너지절약계획서를 보완하도록 요구할 수 있다.

(3) 연면적의 합계가 500제곱미터 이상인 건축물은 에너지절약계획서를 제출하여야 한다. 다만, 다음 각 호의 어느 하나에 해당하는 건축물을 건축하려는 건축주는 에너지절약계획서를 제출하지 아니한다.

1. 「건축법 시행령」 별표 1 제1호에 따른 단독주택
2. 「건축법 시행령」 별표 1 제5호에 따른 문화 및 집회시설 중 동·식물원
3. 「건축법 시행령」 별표 1 제17호부터 제26호까지의 건축물 중 냉방 또는 난방 설비를 설치하지 아니하는 건축물
4. 그 밖에 장관이 에너지절약계획서를 첨부할 필요가 없다고 정하여 고시하는 건축물

(4) 에너지절약계획서 내용

다음 각 호의 서류를 첨부한 별지 서식의 에너지절약계획서

1. 장관이 고시하는 건축물의 에너지절약 설계기준에 따른 에너지절약 설계검토서
2. 설계도면, 설계설명서 및 계산서 등 건축물의 에너지절약계획서의 내용을 증명할 수 있는 서류(건축, 기계설비, 전기설비 및 신·재생에너지 설비 부문과 관련된 것으로 한정한다.)

(5) 에너지 관련 전문기관

① 한국에너지공단

② 한국시설안전공단

③ 그 밖에 장관이 에너지절약계획서의 검토 업무를 수행할 인력, 조직, 예산 및 시설 등을 갖추었다고 인정하여 고시하는 기관 또는 단체

☞. *내용 중 법규 관련 사항은 국가 정책상, 언제라도 변경 가능성이 있으므로 필요시 항상 재확인 바랍니다.*

www.law.go.kr

11 다중이용시설의 오염물질 유지기준 및 권고기준

[다중이용시설 등의 실내공기질관리법 시행규칙]

(1) 실내공간 오염물질(제2조 관련)

① 미세먼지 (PM10)
② 이산화탄소 (CO_2)
③ 포름알데히드 (HCHO)
④ 총부유세균
⑤ 일산화탄소 (CO)
⑥ 이산화질소 (NO_2)
⑦ 라돈 (Rn)
⑧ 휘발성 유기화합물 (VOC)
⑨ 석면
⑩ 오존
⑪ 초미세먼지 (PM-2.5)
⑫ 곰팡이 (Mold)
⑬ 벤젠 (Benzene)
⑭ 톨루엔 (Toluene)
⑮ 에틸벤젠 (Ethylbenzene)
⑯ 자일렌 (Xylene)
⑰ 스티렌 (Styrene)

(2) 실내공기질 유지기준

<table>
<tr><th>다중이용시설 / 오염물질 항목</th><th>PM10 ($\mu g/m^3$)</th><th>PM2.5 ($\mu g/m^3$)</th><th>CO_2 (ppm)</th><th>HCHO ($\mu g/m^3$)</th><th>총부유세균 (CFU/m^3)</th><th>CO (ppm)</th></tr>
<tr><td>지하역사, 지하도상가, 철도역사의 대합실, 여객자동차터미널의 대합실, 항만시설 중 대합실, 공항시설 중 여객터미널, 도서관·박물관 및 미술관, 대규모 점포, 장례식장, 영화상영관, 학원, 전시시설, 인터넷컴퓨터게임시설제공업의 영업시설, 목욕장업의 영업시설</td><td>100 이하</td><td>50 이하</td><td rowspan="3">1000 이하</td><td>100 이하</td><td>–</td><td rowspan="2">10 이하</td></tr>
<tr><td>의료기관, 산후조리원, 노인요양시설, 어린이집, 실내 어린이놀이시설</td><td>75 이하</td><td>35 이하</td><td>80 이하</td><td>800 이하</td></tr>
<tr><td>실내주차장</td><td>200 이하</td><td>–</td><td>100 이하</td><td>–</td><td>25 이하</td></tr>
<tr><td>실내 체육시설, 실내 공연장, 업무시설, 둘 이상의 용도에 사용되는 건축물</td><td>200 이하</td><td>–</td><td>–</td><td>–</td><td>–</td><td>–</td></tr>
</table>

(3) 실내공기질 권고기준

다중이용시설 \ 오염물질 항목	NO_2 (ppm)	Rn (Bq/m^3)	VOC ($\mu g/m^3$)	곰팡이 (CFU/m^3)
지하역사, 지하도상가, 철도역사의 대합실, 여객자동차터미널의 대합실, 항만시설 중 대합실, 공항시설 중 여객터미널, 도서관·박물관 및 미술관, 대규모점포, 장례식장, 영화상영관, 학원, 전시시설, 인터넷컴퓨터게임시설제공업의 영업시설, 목욕장업의 영업시설	0.1 이하	148 이하	500 이하	–
의료기관, 산후조리원, 노인요양시설, 어린이집, 실내 어린이놀이시설	0.05 이하		400 이하	500 이하
실내주차장	0.30 이하		1,000 이하	–
비고 : 휘발성 유기화합물(VOC)은 총휘발성 유기화합물(TVOC)을 말하며, 총휘발성 유기화합물의 정의는 「환경분야 시험·검사 등에 관한 법률」에 따른 환경오염공정시험기준에서 정한다.				

☞. *내용 중 법규 관련 사항은 국가 정책상, 언제라도 변경 가능성이 있으므로 필요시 항상 재확인 바랍니다.*
www.law.go.kr

12 신축 공동주택의 공기질 권고기준

(1) 신축 공동주택의 시공자가 실내공기질을 측정하는 경우에는 「환경분야 시험·검사 등에 관한 법률」에 따른 환경오염공정시험기준에 따라 100세대의 경우 3개의 측정장소에서 실내공기질 측정을 실시하여야 한다.

(2) 100세대를 초과하는 경우 3개의 측정장소에 초과하는 100세대마다 1개의 측정장소를 추가하여 실내공기질 측정을 실시하여야 한다(최대 12세대까지 시료 채취).

(3) 신축 공동주택의 실내공기질 측정항목

① 포름알데히드
② 벤젠
③ 톨루엔
④ 에틸벤젠
⑤ 자일렌
⑥ 스틸렌
⑦ 라돈

(4) 실내공기질 측정 결과는 별지 서식으로 작성하여 주민입주 3일 전까지 시장, 군수, 구청장(자치구의 구청장을 말한다)에게 제출하고, 주민입주 3일 전부터 60일간 다음

각 호의 장소에 주민들이 잘 볼 수 있도록 공고하여야 한다.

1. 공동주택 관리사무소 입구 게시판
2. 각 공동주택 출입문 게시판

(5) 공동주택의 실내공기질 권고기준

① 포름알데히드 210 $\mu g/m^3$ 이하
② 벤젠 30 $\mu g/m^3$ 이하
③ 톨루엔 1000 $\mu g/m^3$ 이하
④ 에틸벤젠 360 $\mu g/m^3$ 이하
⑤ 자일렌 700 $\mu g/m^3$ 이하
⑥ 스틸렌 300 $\mu g/m^3$ 이하
⑦ 라돈 148Bq/m^3 이하

☞. *내용 중 법규 관련 사항은 국가 정책상, 언제라도 변경 가능성이 있으므로 필요시 항상 재확인 바랍니다.*
www.law.go.kr

13 실내 환기량

(1) 실내 발열량 H 가 있는 경우

현열 : $H = 0.24\, Q \cdot \gamma \cdot (t_r - t_o)$ 에서

$$Q = \frac{H}{0.24 \cdot \gamma \cdot (t_r - t_o)}$$

여기서, H : 열량 ((kcal/h = $\frac{1}{860}$ kW = $\frac{1}{860}$ kJ/s)

Q : 풍량 (m^3/h = $\frac{1}{3600}$ m^3/s), γ : 공기의 밀도 (=1.2kg/m^3)

0.24 : 공기의 비열 (0.24kcal/kg·℃≒1.005 kJ/kg·K)

$t_r - t_o$: 실외온도-실내온도 (℃, K)

(2) M [kg/h] 인 가스의 발생이 있는 경우

$M = Q \times \Delta C$ 에서

$$Q = \frac{M}{\Delta C}$$

여기서, M : 가스 발생량 (kg/h), Q : 필요 환기량 (CMH)

ΔC : 실내·외 가스 농도차 (= 실내 설계기준 농도-실외 농도 : kg/m^3)

(3) W [kg/h] 인 수증기 발생이 있는 경우

잠열 : $q = 597.5\, Q \cdot \gamma \cdot (x_r - x_o)$ 에서

$$W = Q \cdot \gamma \cdot (x_r - x_o)$$

$$Q = \frac{W}{\gamma \cdot (x_r - x_o)}$$

여기서, q : 열량 (kcal/h=$\frac{1}{860}$kW), Q : 풍량 (CMH), γ : 공기의 밀도 (=1.2 kg/m^3)
$x_r - x_o$: 실외 절대습도 – 실내 절대습도 (kg/kg')

예제 실내허용농도 1000 ppm, 신선 외기농도 300 ppm, 1인당 CO_2 발생량 : 17 L/hr 일 때 필요환기량은?

해설 실내의 오염농도 제거에 의한 공식에 대입

$$Q = \frac{M}{C_i - C_o} = \frac{0.017}{0.001 - 0.0003} = \frac{0.017}{0.0007} \fallingdotseq 24.3 \text{ m}^3/\text{hr}$$

→ 그러므로 1인당 약 24m^3/hr 의 환기량이 필요하다.

14 항공기 환기장치

(1) 항공기가 공기가 희박한 높은 고도로 비행하기 위해서는 승객에게 충분한 공기를 계속해서 공급하여 정상적인 호흡이 가능하도록 객실 여압 장치(Cabin Pressurization System)를 갖추어야 한다.

(2) 객실 공간도 커져서 구역별로 적절한 온도 조절 장치(Zone Temperature Control System)가 필요하다.

(3) 그 중 기본적인 객실 여압 장치는 외부 공기(air)를 강제로 실내에 공급해주어야 하는데, 비행기에서 추력을 내주는 엔진이 연소하기 위하여 압축한 공기의 일부를 이용하는 장치가 가장 보편적으로 사용되고 있다(이 압축공기의 일부를 환기 및 냉방장치에 모두 사용할 수 있음).

15 환기방식

(1) 실내발열, 유해가스, 분진제거를 위한 적절한 환기방식 선정이 필요하다.

(2) 오염물질 발생장소는 에너지, 실내공기 오염 등을 고려하여 전역환기(희석환기)보다 국소배기에 의한 환기가 권장될 수 있다.

(3) 자연환기와 기계환기 혹은 전체환기와 국소환기 등으로 나누어 볼 수 있다.

(4) 자연환기 (제4종 환기, Wind effect)

① 바람, 연돌효과(Stack effect, 온도차) 등 자연현상을 이용하는 방법

② 보통 적당한 자연 급기구를 가지고, 환기통 등을 이용하여 배기를 유도하는 방식이다.

③ 급기량, 배기량 등을 제어하기 어렵다.

(5) 기계환기

① 제1종 환기 : 급·배기 송풍기를 이용하여 강제급기 + 강제배기

② 제2종 환기

㈎ 강제급기 + 자연배기

㈏ 압입식이므로 통상 정압(양의 압력)을 유지한다.

㈐ 소규모 변전실(냉각)이나 병원(수술실, 신생아실 등), 무균실, 클린룸 등에 많이 적용되고 있다.

③ 제3종 환기

㈎ 자연급기 + 강제배기

㈏ 통상 부압(음의 압력)을 유지한다.

㈐ 화장실, 주방, 기타 오염물 배출 장소 등에 많이 적용된다.

(6) 전체환기와 국소환기

① 전체환기 (희석환기)

㈎ 오염물질이 실 전체에 산재해 있을 경우

㈏ 실 전체를 환기해야 할 경우

② 국소환기

㈎ 주방, 화장실, 기타 오염물 배출 장소 등에 후드를 설치하여 국소적으로 환기하는 경우

㈏ 에너지 절약적 차원에서 환기를 실시하는 경우

(7) 환기량산출법

CO_2, 발열량, 수증기량, 유해가스, 끽연량, 진애 (먼지) 제거, 환기회수법 등 (CO_2법이 가장 대표적임)

16 하이브리드 환기방식(혼합환기방식)

(1) 자연환기 및 기계환기를 적절히 조화시켜 에너지 절감

(2) 사무용 건물에서 주거용 건물로 점점 적용사례가 늘어나는 추세이다.

(3) 하이브리드 방식의 종류

① 자연환기 + 기계환기(독립방식) : 전환에 초점

② 자연환기 + 보조팬(연동방식) : 자연환기 부족 시 저압의 보조팬을 사용하여 환기량 증가

③ 연돌효과 + 기계환기(연동방식) : 자연환기의 구동력을 최대한 그리고 항상 활용할 수 있게 고안된 시스템이다.

17 공동주택의 실내공기질 공정시험방법

(1) 측정대상 주동 및 주호의 선정

측벽세대를 제외한 동일 라인에서 고층부, 중층부, 저층부로 구분(100세대 증가 시마다 한 개 지점씩 추가)

(2) 측정점 선정

거실의 중앙부위에서 실시하며, 원칙적으로 벽으로부터 최소 1m 이상 떨어진 위치의 바닥면으로부터 1.2～1.5m 높이에서 측정

(3) 측정방법

① 환기 : 창, 문, 내장가구의 문 등을 모두 개방하고 30분 이상 사전 환기 시행

② 밀폐 상태의 확보 : 사전환기 후, 외부공기에 면한 창 및 문 등의 모든 개구부를 닫고, 5시간 이상 밀폐상태를 유지시킨다. 이 경우 설치된 내장가구의 문과 실내간 이동문은 개방한다.

③ 샘플링 : 밀폐 후 정해진 유량으로 약 30분간 2회 시료 공기를 오염물질별 포집방법에 따라 샘플링하며, 휘발성 유기화합물 및 포름알데히드 농도의 하루 중 변동이 최대로 예상되는 오후 1시에서 5시 사이에 하는 것이 원칙이다.

④ 상시 소풍량 환기시스템이 적용된 경우, 시스템 가동상태에서 측정 수행

⑤ 기타

㈎ 시료채취 시의 실내온도는 20℃ 이상을 유지하도록 한다.

㈏ 기류조건 : 환기시스템이 가동하는 경우, 급기나 배기구로부터 영향을 받는 지점에서 측정한다.

(4) 오염물질별 주요측정 및 분석방법

① 미세분진 : 저용량(Low Volume) 공기포집기, 소용량(Mini Volume) 공기포집기, 베타선법, 광산란법, 광투과법 등

② 석면 : 위상차 현미경법, 주사전자 현미경법, 투과전자 현미경법 등

③ 일산화탄소, 이산화탄소 : 비분산 적외선 분석법 등

④ 이산화질소 : 화학발광법, 살츠만법 등

⑤ 오존 : 자외선광도법, 화학발광법 등

⑥ HCHO : 2.4-DNPH 유도체화 HPLC 분석법, 현장 측정방법 등

⑦ 라돈 : 연속 모니터 측정법, 활성탄 흡착법, 알파 비적 검출법 등
⑧ 부유세균 : 충돌법, 세정법, 여과법 등

(5) 소형 체임버법

① 소형의 체임버를 이용한 건축자재의 오염물질 방출량 측정법
② 건축자재에서 발생하는 오염물질의 방출량에 대한 측정법은 데시케이트법, 체임버법 등이 있으나 소형 체임버법을 이용한 건축자재의 오염물질 방출량 측정법이 세계적으로 보편화하는 추세이다.

18 아파트 주방환기

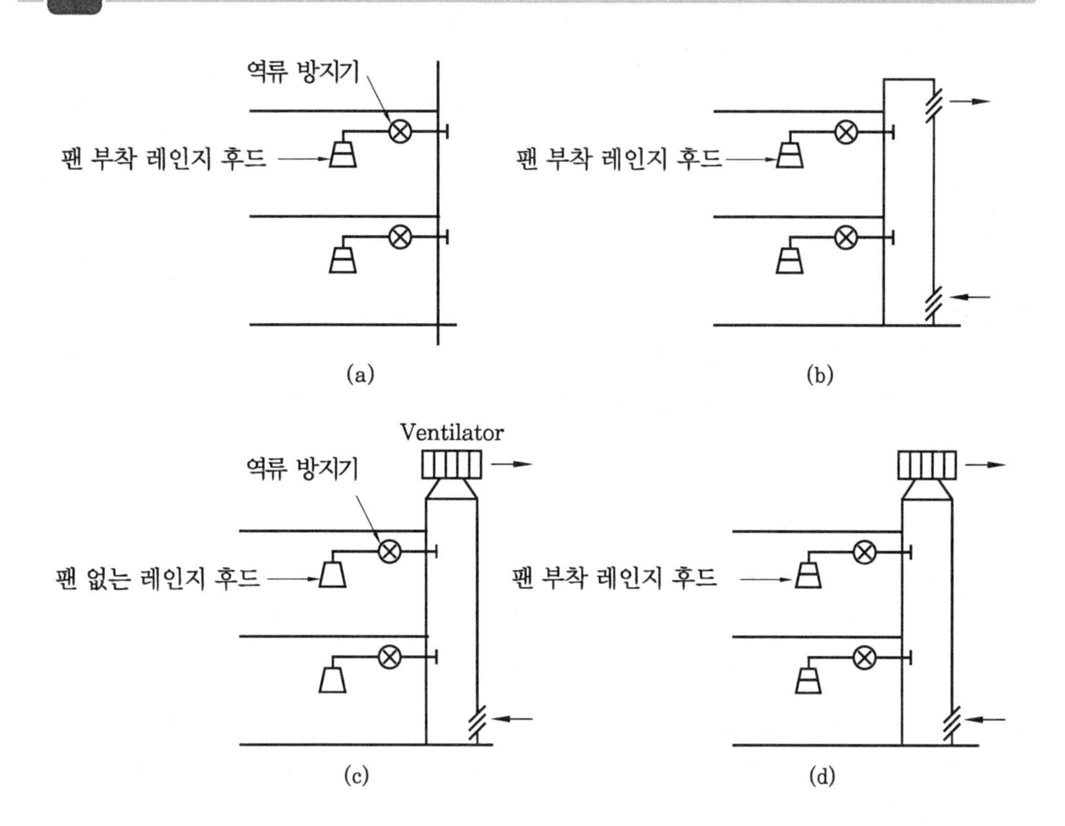

(1) 세대별 환기

팬이 부착된 레인지 후드를 설치하여 세대별 별도로 환기하는 방식 (그림 (a) 참조)
→ 고층건물 등에서 역풍 시 환기 불량이 우려된다.

(2) 압입 방식

팬이 부착된 레인지 후드를 이용하여 배기굴뚝으로 밀어넣는 방식 (그림 (b) 참조)
→ 연도 내 역류에 의한 환기불량 우려

(3) 흡출 방식

Ventilator를 이용하여 배기굴뚝으로 흡출해내는 방식(그림 (c) 참조) → 개별제어가 안되어서 불편하다.

(4) 압입흡출 방식

압입방식과 흡출방식을 통합한 방식(그림 (d) 참조) → 역류, 역풍도 방지 가능하고, 개별제어도 용이하여 가장 좋은 방법이라고 할 수 있다.

(5) 특수 주방배기 시스템

① 분리형 주방배기 시스템 : 실내측으로 전달되는 배기팬의 소음 감소를 위하여 배기팬을 후드와 분리시켜 베란다나 실외측에 배치하는 시스템이다.

② 코안다형 주방배기 시스템 : 보조 배기팬을 추가로 몇 개 더 설치하여 뜨거워진 공기와 냄새가 1차적으로 후드로 빠져나간 후, 잔류량을 2차적으로 추가된 보조 배기팬으로 배기시키는 시스템(보통 배기덕트는 설치하지 않고, 천장 플레넘을 이용함)

19 에어필터(Air Filter)

(1) 충돌점착식(Viscous Impingement Type)

① 비교적 관성이 큰 입자에 대한 여과, 비교적 거친 여과장치, 기름이나 Grease에 충돌하여 여과, 기름이 혼입될 수 있으므로 식품관계 공조용으로는 사용하지 않는다.

② 수동 청소형

㈎ 충돌 점착식의 일반적 형태이다.

㈏ 여과재 교환형과 유닛 교환형이 있다.

③ 자동 충돌 점착식(자동 청소형)

㈎ 여과재를 이동하는 체인(Chain)에 부착하여 회전시켜가며 여과한다.

㈏ 하부에 있는 기름통에서 청소하는 비교적 대규모 장치

(2) 건성여과식(Dry Filtration Type)

① 여과재의 종류 : 셀룰로오스(Cellulose), 유리섬유(Glass Wool), 특수처리지, 목면(木綿), 모(毛) 펠트(Felt) 등

② 유닛 교환형

㈎ 수동으로 청소, 교환, 폐기하는 형태이다.

㈏ 주로 여러 개의 유닛필터를 프레임에 V자 형태로 조립하여 사용

③ 자동권취형(Auto Roll Filter) : 자동 회전하여 먼지 회수

㈎ 자동권취형(Auto Roll) Air Filter는 일상의 순회점검 및 매월 정기적인 여재의 교체가 필요 없는 제품(자동적으로 롤러가 회전하면서 여과함)

㈏ 용도 및 장소에 따라 내·외장형 및 외부여재 교환형과 2차 Filter를 조합한 형태로 구분되며 설치 면적에 의해 종형과 횡형으로 구분되어져 목적에 맞게 선택의 폭이 다양하다.

④ 초고성능 필터(Ulpa Filter)

㈎ 일반적으로 'Absolute Filter', 'Ulpa Filter'라고 부른다.

㈏ 이 Filter에도 굴곡이 있어서 겉보기 면적의 15~20배 여과면적을 갖고 있다.

㈐ Hepa Filter는 일반적으로 가스상 오염물질을 제거할 수 없지만, 초고성능 Filter는 담배연기 같은 입자에 흡착 혹은 흡수되어 있는 가스를 소량 제거할 수 있다.

㈑ 대상분진(입경 0.1μm~0.3μm의 입자)을 약 99.9997% 이상 제거한다.

㈒ Class 10 이하를 실현시킬 수 있고 TEST는 주로 D.O.P TEST(계수법)로 측정한다.

⑤ 고성능 필터(Hepa Filter ; High Efficiency Particulate Air Filter)

㈎ 정격 풍량에서 미립자 직경이 0.3μm의 DOP 입자에 대해 약 99.97% 이상의 입자 포집률을 가지고, 또한 압력 손실이 245 Pa (25 mmH_2O) 이하의 성능을 가진 에어 필터이다.

㈏ 분진입자의 크기가 비교적 미세한 분진의 제거용으로써 사용되며 주로 병원 수술실, 반도체 Line의 Clean Room 시설, 제약회사 등에 널리 제작하여 사용한다.

㈐ Filter의 Test는 Dop Test(계수법)로 측정한다.

⑥ 중성능 필터(Medium Filter)

㈎ Medium Filter는 고성능 Filter의 전처리용으로 사용되며, 건물 혹은 빌딩 Ahu에는 Final Filter로 널리 사용된다.

㈏ 효율은 비색법으로 나타내며 65%, 85%, 95%가 많이 쓰이며, 여재의 종류는 Bio-Synthetic Fiber, Glass Fiber 등이 널리 사용된다.

⑦ Panel Filter(Cartridge Type) : Aluminum Frame에 부직포를 주 재질로 하고 있으나 Frame 및 여재의 선택에 따라 다양하게 제작이 가능하고 가장 널리 사용되는 제품 중 하나이다.

⑧ Pre Filter(초급/전처리용)

㈎ 비교적 입자가 큰 분진의 제거 용도로 사용되며 중성능 필터의 전단에 설치하여 Filter의 사용기간을 연장시키는 역할을 한다.

㈏ Pre Filter의 선택여부가 중성능 Filter의 수명을 좌우하므로 실질적으로 매우 중요한 역할을 한다(중량법에 의해 효율 측정).

> ◎ 식별 가능 분진 입경=10μm 이상 (머리카락은 약 100μm)

(3) 전기집진식 필터

① 하전된 입자를 절연성 섬유 또는 플레이트에 집진하는 일반형 전기 집진기 (Charged Media Electric Air Cleaner)와 강한 자장을 만들고 있는 하전부와 대전한 입자의 반발력과 흡인력을 이용하는 집진부로 된 2단형 전기 집진기 (Ionizing Type Electronic Air Cleaner)가 있다.

② 2단형 전기집진기는 압력 손실이 낮고 담배 연기 등의 제거 효과가 있다.

㈎ 1단 : 이온화부 (방전부, 전리부) → 직류전압 10 ~ 13 kV로 하전된다.

㈏ 2단 : 집진부 (직류전압 약 5 ~ 6 kV로 하전된 전극판)

③ 효율은 비색법으로 85 ~ 90 % 수준이다.

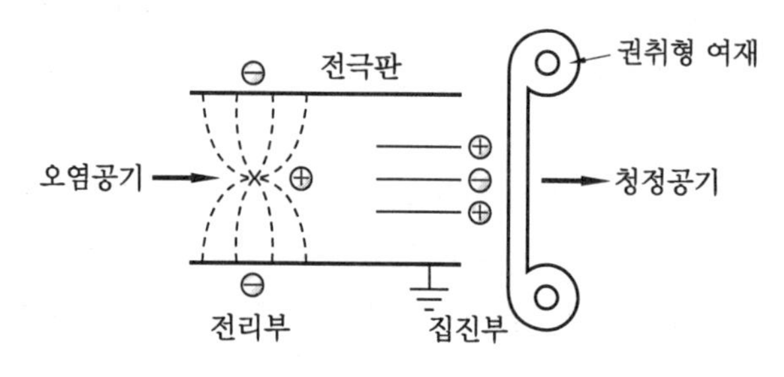

전기 집진식 필터

(4) 활성탄 흡착식 (Carbon Filter, 활성탄 필터)

① 유해가스, 냄새 등을 제거하는 것이 목적이다.

② 냄새 농도의 제거 정도로 효율을 나타낸다.

③ 필터에 먼지, 분진 등이 많이 끼면 제거효율이 떨어지므로 전방에 프리필터를 설치하는 것이 좋다.

(5) 유럽연합인증 (EN779, EN1822) 기준

① 아래 Table과 같이 EN779 및 EN1822(유럽연합인증) 기준에서는 에어필터를 Primary Filter, Secondary Filter, Semi HEPA Filter, HEPA Filter, ULPA Filter와 같이 크게 다섯 가지로 나눈다.

② 유럽연합인증에서 H13급 HEPA 필터는 통합효율(Integral efficiency)이 99.95% 이상인 필터(분진 사이즈 : 0.3μm)를 말한다. 이때 분진의 통과율은 0.05% 이하이며, 이는 고성능 필터의 기준이 되므로 True Filter라고도 불리어진다.

③ 여기서, Integral efficiency(통합효율)이란, 필터의 전체 페이스에 걸쳐 측정한 국소효율의 산술평균값을 말한다.

④ H13급 HEPA 필터는 국소효율(Local efficiency) 기준으로는, 99.75% 이상인 필터(분진 사이즈 ; 0.3μm)를 말하며, 이때 분진의 통과율은 0.25% 이하이다.

European Normalisation standards recognise the following filter classes

Usage	Class	Performance	Performance test	Particulate size approaching 100% retention	Test Standard
Primary filters	G1	65%	Average value	> 5 μm	BS EN779
	G2	65~80%	Average value	> 5 μm	BS EN779
	G3	80~90%	Average value	> 5 μm	BS EN779
	G4	90%~	Average value	> 5 μm	BS EN779
Secondary filters	M5	40~60%	Average value	> 5 μm	BS EN779
	M6	60~80%	Average value	> 2 μm	BS EN779
	M7	80~90%	Average value	> 2 μm	BS EN779
	F8	90~95%	Average value	> 1 μm	BS EN779
	F9	95%~	Average value	> 1 μm	BS EN779
Semi HEPA	E10	85%	Minimum value	> 1 μm	BS EN1822
	E11	95%	Minimum value	> 0.5 μm	BS EN1822
	E12	99.5%	Minimum value	> 0.5 μm	BS EN1822
HEPA	H13	99.95%	Minimum value	> 0.3 μm	BS EN1822
	H14	99.995%	Minimum value	> 0.3 μm	BS EN1822
ULPA	U15	99.9995%	Minimum value	> 0.3 μm	BS EN1822
	U16	99.99995%	Minimum value	> 0.3 μm	BS EN1822
	U17	99.999995%	Minimum value	> 0.3 μm	BS EN1822

20 에어필터(Air Filter)의 성능 시험방법

(1) 중량법 : Prefilter 등

① AFI 또는 ASHRAE 규격을 적용하여 시험한다.

② AFI 와 ASHRAE 의 특징은 시험장비가 AFI는 수직으로 되어 있고, ASHRAE는 수평으로 되어 있으며 분진 공급 장치가 서로 다르다.

③ 적용대상 분진의 입경은 1μm 이상으로 되어 있고 일반 공조용의 외기 및 실내공기 중의 부유분진 포집용에 적용한다.

④ 시험방법

(가) Filter 상류측으로부터 시험용 Filter를 하류측에 절대 Filter를 설치하여 분진을 공급한 다음 시험용 Filter 와 절대 Filter의 중량 차이로 측정하는 것이다.

(나) 효율 : $\nu(\%)=\frac{w_1}{w_2}\times 100$ 으로 표기된다.

여기서, w_1 : Filter가 포집한 분진량(g), w_2 : 공급된 분진량(g)

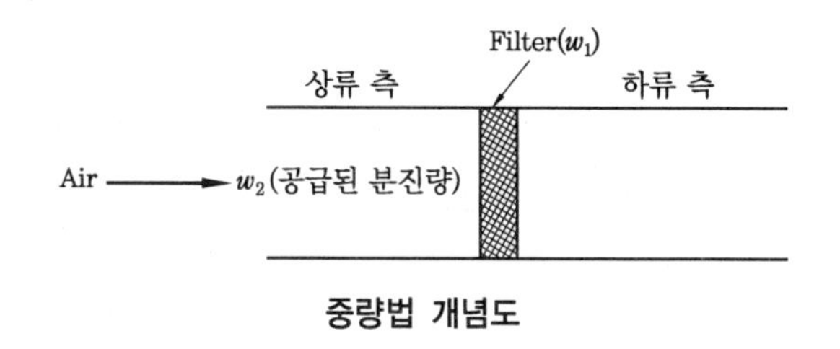

중량법 개념도

(2) 비색법(변색도법) : 중성능필터 등

① 적용대상 분진의 입경은 1μm 이하로 중고성능용 Filter 또는 정전식 Air Filter와 같이 중량법의 포집효율이 95% 이상일 때 적용한다.

② NBS (National Bureau of Standard, 비색법)와 ASHRAE 규격을 적용하며, 양 규격 모두 시험장비는 횡형으로 되어 있다.

③ 시험방법

㈎ 시험용 Filter를 상류, 하류측의 중간에 놓고 분진을 통과시킨 다음 빛(光)을 투과시켜서 변색된 상당치를 측정하는 것이다.

㈏ 효율 $\nu(\%)=\left(\dfrac{c_1-c_2}{c_1}\right)\times 100$

여기서, c_1 : 상류측 분진 농도 상당치, c_2 : 하류측 분진 농도 상당치

(3) 계수법 (DOP) 시험방법 : 고성능 필터 등

① MIL, Std-282에서 규정한 바 있고 중량법, 비색법에서는 포집률이 100%가 되면 미립자에 대한 높은 포집률의 계산은 불가능하다.

② DOP (Di-octyl-phtalate) 에어로졸을 제너레이터 용기에 넣고 열을 가하게 된다.

③ 에어로졸은 증기화되고 이 증기 (DOP 증기)는 가열된 기류 속으로 주입되고 혼합실로 보내지게 된다.

④ 혼합실에서 DOP 증기를 동반한 이 가열공기는 실내온도 정도의 찬기류와 혼합되고 이것은 증기를 아주 작은 응축액으로 액화시킨다.

⑤ 여기서 이 물방울의 크기는 혼합온도에 의해 조절되며 DOP법에 있어 미립자의 크기는 0.3μm을 만들도록 통제한다.

⑥ 이들 미립자는 시험필터 상류쪽 기류 속에 주입되고 시험 중인 필터의 입구, 출구측 농도는 빛 확산 장치(광산란)에 의해 측정된다.

⑦ 사실상 DOP 방법은 미립자수에 의거하여 시험 Filter 입·출구 쪽 미립자 농도를 비교하는 것으로 계수법이라 부른다.

⑧ 효율 $\nu\,[\%]=\left(\dfrac{c_1-c_2}{c_1}\right)\times 100$ 으로 표기된다.

여기서, c_1 : 상류측 분진 농도 상당치, c_2 : 하류측 분진 농도 상당치

(4) 압력손실법

① 시험용 Air Filter의 정격 풍량으로 풍량을 조정하고, 시험 Filter 상류의 압력(P_1)과 시험 Filter 하류의 압력(P_2)을 측정하여 표시한다.

② 압력손실 (mmAq) $= P_1 - P_2$

③ 압력손실법은 필터의 포집성능보다는 송풍기의 동력(소비전력)의 계산이나, 필터 교체주기를 판별하는 데 흔히 많이 적용되어지고 있는 방식이다. 즉, 압력손실(mmAq)이 일정한 기준치 이상이 되면 필터 내부에 분진이 많이 침착되어 더 이상 사용하기 어렵다고 판단할 수 있으므로 교체를 권고하는 기준이 될 수 있다.

(5) Leak Test

시험 Air Filter에 면속 0.4 ~ 0.5 m/s 로 풍량을 조정하고 상류에 분진(DOP, 대기진, PSL, DEHS, 실리카 등)을 투입하면서 Filter의 하류에서 Particle Counter 기계를 이용 Probe를 일정 속도로 이동하면서 여재(Media)의 손상이나 Filter Frame과 여재(Media)의 접착상태를 확인 Test하는 방법이다. Scan Test법이라고도 한다.

21 공기청정기 성능시험방법

(1) 공기청정기는 고체입자상의 분진(dust), 냄새 및 유해가스 등을 포함하는 가스상 또는 미생물의 오염입자들을 제거하는 기기이다.

(2) 일반적인 공기청정기 시험순서는 보통 오존 발생량 시험 → 집진시험(포집효율 시험) → 탈취시험 등의 순으로 진행된다.

(3) 오존발생량 시험법

① 시험기기의 위치는 측면 1m, 바닥 1m 이격 후 24시간 작동하여 측정한다.

㈎ UL 규격 : 50 ppb 를 초과하지 않아야 한다.

㈏ 한국 규격(권고기준) : 60 ppb 를 초과하지 않아야 한다(단, 실내주차장은 80 ppb 이하).

② 정전, 플라스마, UV 광촉매, 클러스터 등의 반응 시의 인체에 유해한 오존 발생에 대한 시험법이다.

(4) 입자상물질 포집효율(집진효율) 성능시험법

① 한국산업규격(KS)과 한국 공기청정 협회 규격에서 규정하는 비색법, 계수법 등이 있다(계수법이 더 많이 사용됨).

② 측정법

포집효율 $\nu\,[\%] = \left(\dfrac{c_1 - c_2}{c_1}\right) \times 100$ 으로 표기된다.

여기서, c_1 : 상류측 분진 농도 상당치, c_2 : 하류측 분진 농도 상당치

(5) 탈취효율 성능 시험법

탈취효율의 시험용 가스는 암모니아, 아세트알데히드, 초산 등이 사용된다.

① 오염 가스 제거율

$$\eta_i = \left(1 - \frac{C_{i.30}}{C_{i.0}}\right) \times 100$$

여기서, η_i : 제거율(%), $C_{i.30}$: 운전 30분 후 i 가스 농도(ppm)
$C_{i.0}$: 운전 전 초기 i 가스 농도(ppm)

② 탈취효율

$$\eta_T = \frac{\eta_1 + 2\eta_2 + \eta_3}{4}$$

여기서, η_T : 탈취효율(%), η_1 : 암모니아 제거율(%)
η_2 : 아세트알데히드 제거율(%), η_3 : 초산 제거율(%)

22 환기효율

(1) 농도비에 의한 정의

① 주로 실내의 오염의 정도를 나타내는 용어이다.
② 배기구에서의 오염농도에 대한 실내 오염농도의 비율을 말한다.
③ 실내의 기류상태나 오염원의 위치에 따라 다른 단점이 있다.

(2) 농도감소율에 따른 정의

① 환기횟수를 표시하는데 적합한 용어이다.
② 완전 혼합 시의 농도감소율에 대한 실내 오염농도의 감소율의 비율
③ 농도 감소 초기에는 감소율이 시간에 따라 변화한다(비정상 상태에서의 농도 측정 필요).
④ 일정시간 경과 후에는 농도감소율이 위치에 관계없이 거의 일정해진다.

(3) 공기연령에 의한 정의

① 명목시간상수에 대한 공기연령의 비율
② 이 방법 역시 비정상 상태에서의 농도측정이 필요하다.
③ 계산절차가 다소 복잡하다.
④ 오염원의 위치에 무관하게 실내의 기류상태에 의해 환기효율을 결정할 수 있다.
⑤ ASAE 및 AIVC 등 국내·외에 걸쳐 사용되고 있다.
⑥ 주로 실내로 급기되는 신선외기의 실내 분배능력(급기효율)을 나타내며, 실내 발생 오염물질의 제거능력을 표기하는 용어로서는 적합하지 못하다.

23 공기연령(age of air)에 의한 환기효율

(1) 공기연령

① 유입된 공기가 실내의 어떤 한 지점에 도달할 때까지 소요된 시간 [그림 1]

② 각 공기입자의 평균 연령값을 국소평균연령(LMA : Local Mean Age)이라 한다.

③ 각 국소평균연령을 실(室) 전체 평균한 값을 실평균 연령 (RMA : Room Mean Age)이라 한다.

④ 실내로 급기되는 신선외기의 실내 분배능력을 정량화하는데 사용

(2) 잔여체류시간

① 실내의 어떤 한 지점에서 배기구로 빠져나갈 때까지 소요된 시간 [그림 1]

② 각 공기입자의 평균 잔여체류시간을 국소평균 잔여체류시간 (LMR : Local Mean Residual Life Time)이라 한다.

③ 각 국소평균 잔여체류시간을 실(室) 전체 평균한 값을 실평균 잔여체류시간(RMR : Room Mean Residual Life Time)이라 한다.

④ 오염물질을 배기하는 능력을 정량화하는 데 사용

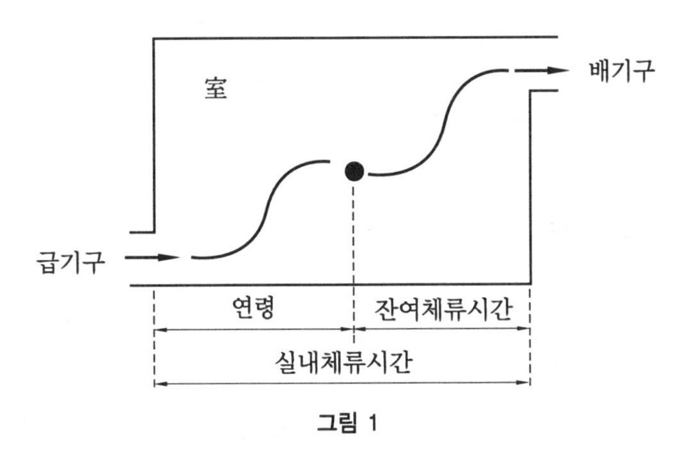

그림 1

(3) 환기횟수

① 1시간 동안의 그 실의 용적만큼의 공기가 교환되는 것을 환기회수 1회라고 정의한다.

② 일반적인 생활공간의 환기회수는 약 1회 정도이며, 환기연령은 1시간이 된다(화장실이나 주방은 환기회수가 10회 정도가 바람직함).

(4) 공칭(명목)시간상수 (Nominal Time Contant)

① 공칭 시간상수는 시간당 환기횟수에 반비례한다 (환기횟수의 역수로서 시간의 차원을 가진다).

② 명목시간상수 계산식

$$\tau = \frac{V}{Q}$$

여기서, τ : 명목 시간상수, V : 실의 체적, Q : 풍량(환기량)

(5) 국소 급기효율과 국소 배기효율

① 국소 급기효율(국소 급기지수) : 명목시간상수에 대한 국소평균 연령의 비율(100% 이상 가능)

$$\text{국소 급기효율} = \frac{\tau}{LMA} = \frac{V}{Q \cdot LMA}$$

② 국소 배기효율(국소 배기지수) : 명목시간상수에 대한 국소평균 잔여체류시간의 비율(100% 이상 가능)

$$\text{국소 배기효율} = \frac{\tau}{LMR} = \frac{V}{Q \cdot LMR}$$

(6) 환기효율(공기연령에 의한 급기효율 및 배기효율에 의한 정의)

① 실평균 급기효율 : 상기 국소급기효율을 실 전체 공간에 대하여 평균한 값

② 실평균 배기효율 : 상기 국소배기효율을 실 전체 공간에 대하여 평균한 값

③ 실평균 급기효율은 실평균 배기효율과 동일하므로 합쳐서 실평균 환기효율 혹은 환기효율이라고 부른다.

즉, 환기효율 = 실평균 급기효율 = 실평균 배기효율

24 환기효율 측정법

(1) 실평균 연령이나 실평균 잔여체류시간을 산정하기 위해서는 추적가스를 이용하여 농도변화를 측정하는 과정이 필요하게 된다.

(2) 농도변화를 측정하는 주된 방법으로는 펄스법, 체강법, 체승법 등이 사용된다.

(3) 펄스법(Pulse Method)

① 추적가스(트레이서 가스)를 짧은 시간에 급기공기에 주입하여 실내의 임의의 위치에서의 농도변화를 측정하는 방법

◎ 트레이서 가스

① 이산화탄소, 에틸렌, 육불화 유황 등의 가스를 사용한다.

② 실내 공간에 방출하여 농도나 변화 상태를 측정하는 실험법에 사용한다.

③ 가스의 상태 분석에는 주로 '멀티 가스 모니터'를 이용한다.

② 초기 주입 시 농도가 상승하며, 이후 최대치에 이르고, 다시 감소하여 초기상태로 되돌아온다.

③ 비용이 적게 들지만 평균연령 계산 시 오차 발생이 클 수 있다.

(4) 체강법 (Step down Method)

① 초기에 추적가스 주입 후 실내농도가 균일한 상태에서 더 이상의 추적가스 주입 없이 실내 어느 위치에서의 농도변화를 측정한다.

② 이후 신선 급기의 연속 공급을 통하여 농도를 감쇠시킨 후 정상 상태에 도달하는 시간과 농도를 기준으로 연령과 체류시간을 산정한다.

③ 침기에 의한 영향을 받지 않으므로 매우 안정적이다.

④ 시험초기 실내공기를 완전히 혼합시킨 상태에서 시험을 해야 한다.

(5) 체승법 (Step up Method)

① 추적가스를 일정한 비율로 연속적으로 급기공기에 주입하면서, 실내 임의의 위치에서의 농도변화 측정

② 이후 정상 상태에 도달하는 시간과 농도를 기준으로 연령과 잔여체류시간을 산정한다.

③ 다량의 추적가스가 필요하다.

25 미세분진 (PM10)

(1) 영어 원어로 'Particulate Matter less than 10μm'라고 표현한다.

(2) 따라서 '입자의 크기가 10μm 이하인 미세먼지'를 의미한다.

(3) 가정용으로 사용되는 청소기의 경우 성능이 나쁜 것은 배출되는 공기 중 이러한 PM10이 상당량 포함되어 있어 가족 구성원의 건강을 오히려 해칠 수 있으므로 구입 시 주의를 요한다는 보고가 있다.

(4) 국가 대기환경기준으로는 연평균 70$\mu g/m^3$ 이하, 24시간 평균 150$\mu g/m^3$ 이하를 기준으로 하고 있다 (미국의 NAAQS 기준은 연평균 50$\mu g/m^3$ 이하, 24시간 평균 150$\mu g/m^3$ 이하이다).

(5) TSP (Total Suspended Particles) : 총부유분진이라고 하며, 입경에 관계없이 부유하는 모든 먼지를 말하는 용어이다 (10μm 이상에서는 인체에 미치는 영향이 적다고 하여 90년대 후반부터 TSP에서 PM10으로 환경기준을 변경하였다).

26 초미세분진(PM2.5)

(1) 입자의 크기가 2.5μm 이하인 미세먼지를 의미한다.

(2) 건강에 미치는 영향도 PM10보다 커질 수 있다.

(3) 선진국에서는 90년대 초부터 이 규제를 이미 도입하고 있다.

(4) 미국 EPA의 대기환경기준(NAAQS)으로는 연평균 15μg/m^3 이하, 24시간 평균 65 μg/m^3 이하이다.

27 오존(Good Ozone과 Bad Ozone)

(1) Good Ozone

① 오존은 성층권의 오존층에 밀집되어 있고, 태양광 중의 자외선을 거의 95~99% 차단(흡수)하여 피부암, 안질환, 돌연변이 등을 방지해 준다.

② 오존발생기 : 살균작용(풀장의 살균 등), 정화작용 등의 효과가 있다.

③ 오존 치료 요법 : 인체에 산소를 공급하는 치료 기구에 활용

④ 기타 산림지역, 숲 등의 자연상태에서 자연적으로 발생하는 오존(산림지역에서 발생한 산소가 강한 자외선을 받아 높은 농도의 오존 발생)은 해가 적고, 오히려 인체의 건강에 도움을 주는 것으로 알려져 있다.

(2) Bad Ozone

① 자동차 매연에 의해 발생한 오존 : 오존보다 각종 매연 그 자체가 오히려 더 큰 문제이다(오존은 살균, 청정 작용 후 바로 산소로 환원됨).

② 밀폐된 공간에서 오존을 장시간 접촉하거나 직접 호기하면 눈, 호흡기, 폐질환 등을 유발할 수 있다고 알려져 있다.

28 공기 항균 기술

(1) 자외선 항균(Ultraviolet antimicrobial) 기술

① 자외선(UV)은 눈에 보이지 않는 파장이며, 매우 큰 에너지를 함유하고 가시광선의 파장과 거의 유사한 상태이나 살균력이 높은 매우 짧은 파장을 이용하여 미생물을 살균하는 방식이다.

② 자외선을 이용한 살균 방법은 미생물의 주요 성분인 단백질, 핵산 등에 자외선을 조사하여 미생물의 생명활동을 하지 못하게 하거나 파괴하는 방식이다.

(2) 필터 항균 기술

① 공기중에 입자상으로 부유하는 바이오 에어로졸 등을 필터를 이용해 분리한 후 제거하는 기술이다.

② 미생물의 경우에는 필터에서 번식이 가능하여 세균 등의 발생원으로 작용할 수 있기 때문에 필터에 대한 항균 처리가 필수이다. 이 방식은 주로 필터 표면에 다양한 항균 물질을 코팅하는 방법으로 이루어진다.

③ 필터의 양면에 플라스마를 발생시킬 수 있는 시스템을 설치하여 필터에 여과된 미생물을 살균하는 방식도 있다.

④ 은나노 입자를 필터에 통과시켜 필터에 여과된 미생물을 살균하는 기술 등의 방법도 적용되어지고 있다.

(3) 광촉매 산화 항균(PCO, Photocatalytic oxidation antimicrobial)

① 이 기술은 빛(자외선, 가시광선 등)이 입사되면 화학반응이 촉진되는 물질인 광촉매를 이용하여 산화반응을 촉진시키는 기술이다.

② 예로서 3.2 eV에서 띠 간격 에너지를 갖는 광촉매 반도체인 산화티타늄(TiO_2)을 들 수 있다. TiO_2에 의한 효과는 빛이 385nm 이하인 파장에서는 에너지 초과로 전자가 활성화되면서 기류 내 존재하는 유기물과 흡착 반응을 일으켜 유해물질을 제거하는 현상을 보인다.

③ 산화티타늄의 유해물질을 산화 분해하는 기능을 이용하여 환경을 정화(환경오염을 제거하고 항균, 탈취하는 등의 효과)하는 데 이용하거나, 초친수성 성질 및 기능(표면이 젖어도 물방울을 크게 만들지 않고 엷은 막을 만들어 낼 수 있는 특성)을 응용하여 셀프 클리닝 효과가 있는 유리, 타일, 고효율 열교환기 제품 등 다양한 제품에 적용할 수 있다.

(4) 공기 오존화 항균(air ozonation antimicrobial)

① 이 기술은 기류와 터뷸레이터(turbulator) 등에 오존을 주입하거나 혼합하여 미생물을 포함한 모든 유기화합물질의 양을 제어하는 기술이다.

② 오존은 염소보다 약 3600배 이상의 살균 속도와 7배에 달하는 살균력을 가지고 있다고 알려져 있다.

③ 모든 균들과 일반 살균제로 죽지 않는 바이러스 조차도 세포막을 파괴시키는 완벽한 방식으로 사멸시킨다.

④ 오존은 불소와 OH radical (OH 라디컬 : 수산기) 다음으로 높은 전위차 (2.07V)를 가지기 때문에 백금과 은을 제외한 모든 중금속들과 최근 새집증후군, 빌딩증후군 등으로 문제가 크게 되고 있는 각종 미생물 및 유기화합물을 산소로 환원되는 과정에서 제거할 수 있다.

⑤ 일반적으로 공기의 오존화 방식은 성능에 관계없이 오존의 잔류 문제로 또 다른 오염에 대하여 논란되어 왔으나, 오존은 산소 이외의 유해한 2차 부산물이 전혀 남지 않으므로 잔류 물질에 의한 유해성 논란의 거의 없다.

⑥ 오존 자체의 인체 유해성에 대한 희비가 있지만 진균에 대한 살균효과가 매우 커서 앞으로도 더 널리 응용될 것으로 예상된다.

(5) 화학 살생제 항균 (chemical biocide antimicrobial)

① 화학 살생제 (chemical biocide) 이용 기술은 일상에 적용범위가 매우 넓고 부작용이 적은 항균 물질을 개발하고, 그 효과에 시너지를 증대시키기 위해 여러 가지 다른 물질과 혼합시켜 사용하는 기술로서, 제품 용도에 따라 폭넓게 활용될 수 있다는 장점을 지니고 있다.

② 보통 필터에 활용할 경우에는 코팅제로 적용하거나 또는 필터 재질에 섞어서 적용하는 방식으로 사용된다.

③ 실내에서 주로 사용하는 카펫, 섬유류, 종이, 이불, 싱크대, 세면대, 변기, 세탁기, 가습기, 세면도구류 등 여러 생활 소재 제품 등에 광범위하게 적용될 수 있다.

(6) 고온 멸균

① 이 방식은 액체나 고체 상태의 미생물, 바이오에어로졸 등을 고온으로 가열하여 멸균시키는 방법으로서 매우 오래 전부터 사용되어온 방식이다.

② 이 방법은 고온 조건을 만들기 위해 에너지가 소비되는 단점이 있지만, 주위 환경에 미치는 부작용이 거의 없는 장점이 있다.

③ 제약 및 의료시설에서 무균 공간을 유지하거나, 바이오 하자드 시설이나 안전 캐비닛의 배기처리용으로도 활용할 수 있다.

④ 일반적으로 물리적 살균방법인 열살균(고온 멸균법)은 먼지의 유무나 미생물의 종에 무관하게 여재 전체를 살균할 수 있는 장점이 있다.

⑤ 열살균 중 습열멸균법은 증기를 사용하므로 결로에 의한 여재의 손상이나 주위의 부식이 우려된다. 건열멸균법의 경우는 여재에 열풍을 통과시키는 방법이므로 열이용 효율이 나빠질 수 있고, 여재를 통과한 공기가 실내로 유입될 수 있으므로 실내 온도를 상승시키는 문제가 있다.

(7) 나노입자 항균 기술

① 기제상 오염물질과 바이오에어로졸을 동시에 저감하기 위하여 ACF 필터에 금속 나노입자를 무전해도금하여 이용할 수 있다.

② 금속 나노입자 이용 기술에는 오래 전부터 항균력이 뛰어나다고 알려져 있으며 다른 물질에 비해 경제적인 은 및 구리 나노입자를 많이 이용하는 편이다.

③ 구리 나노입자와 은 나노입자에 대한 민감도(susceptibility)와 유의미한 항균을 위한 나노입자의 필요 농도 등이 중요한 인자로 작용한다.

(8) 초음파 항균 기술

① 초음파가 물을 미립화시키는 원리를 이용하여 물을 함유한 미생물의 세포, 구성 유기물, 단백질, 핵산 등을 미립화시켜 사멸하는 방법이다.

② 초음속 노즐 방식 : 공기를 초음파 발생장치의 노즐을 통과하게 하여 출구에서 충격 파장이 발생하도록 하는 방법이다. 이때 발생된 충격파장에 의해 공기 중 바이오에어로졸이 미립화되며, 이를 위해 팬과 펌프의 파워를 증대시키는 기술이 요구된다.

③ 음속 방식 : 일정한 충격파를 발생시키는 장치로서 덕트 내부 공간에 장착하여 통과하는 기류에 존재하는 바이오에어로졸을 미립화시켜 살균할 수 있는 방법이다. 또한 덕트의 내부 및 외부에 음파를 환충하는 유닛 개발 기술이 요구된다.

29 공동구 환기설비 기준

(1) 공동구 내 설치되는 배관 및 배선 시설물의 기능을 극대화하고, 유지관리가 용이하도록 온도, 습도의 적정유지, 유해가스의 희석 및 악취제거 등의 목적으로 환기설비를 설치하여야 한다.

(2) 전력이송용 공동구, 통신용 공동구인 경우도 각 케이블에서 발생되는 열을 냉각하기 위해 환기되어야 하며, 여름철에도 공동구 내의 온도는 외부온도 이상 상승되지 못하도록 하여야 한다.

(3) 환기를 위한 공동구 내 공기유속은 최소 2.5 m/s 이상을 공동구 전구역에서 유지시켜야 하며, 외부 신선공기는 공동구의 입구부, 출구부 및 지상환기구에서 유입되게 하여야 하고, 비상시를 위하여 공동구 내 환기는 정, 역방향으로 공기흐름을 조정할 수 있어야 한다. 환기용으로 설치되는 환기팬은 화재시를 대비하여 250℃에서 60분 이상 가동될 수 있도록 하여야 한다.

(4) 환기팬을 정방향에서 역방향으로 회전방향을 전환하는 경우는 역회전 시 발생되는

팬의 효율 저하를 충분히 고려하여 환기팬 용량을 선정하여야 하며, 정역전환 시의 최단시간 내 정격용량에 도달되도록 하여야 한다.

(5) 지상 환기구는 250m 이내의 간격으로 설치하고, 환기 시뮬레이션을 수행하여 설치 간격을 결정할 수 있으며, 지상 환기소로 유입되는 공기의 소음은 생활소음규제기준 이하가 되도록 하고 주변의 오염물질이 유입되지 않도록 공기의 유속은 5m/s 이하가 되도록 한다. 지상 환기구를 이용하여 공동구 내로 장비반입 및 관리자가 입출 가능하도록 한다.

(6) 공동구와 공동구가 분리되거나 합류되는 경우는 공동구 내의 정확한 공기유동 현상을 파악하기 위하여 컴퓨터 시뮬레이션 혹은 모형실험을 할 수 있으며, 이 결과에 적합한 적정용량의 환기설비를 설치하여야 한다.

(7) 기타 세부 사항은 국토교통부의 "공동구 설계기준"을 참조한다.

제 12 장

온수난방, 급탕 및 증기난방

1 온수난방용 기기

(1) 온수난방용 보일러

① 온수난방용 보일러는 증기난방의 보일러와 거의 같으며 일반적으로 주철제 보일러, 강판제 보일러 등이 많이 사용된다.

② 고온수 난방에서는 반드시 고압보일러가 사용되어야 한다.

(2) 온수난방 방열기

① 온수난방용 방열기도 각종 형식의 것이 다양하게 이용될 수 있다.

② 표준방열량 : 평균온수온도 80℃, 실내온도 18.5℃일 때 450 kcal/m^2·h이며, 방열량은 EDR [m^2]로 나타낸다.

(3) 온수순환펌프

① 온수의 순환을 강제적으로 행하는 경우에는 온수순환펌프를 사용한다.

② 펌프는 내식성, 내열성이 있는 구조가 요구된다.

③ 일반적으로 와류형의 케이싱 내에서 임펠러를 회전시켜 물에 회전을 주는 와권펌프 (Centrifugal Pump)가 사용된다.

④ 소규모 건축에서는 배관 도중에 설치하는 라인 펌프 (Line Pump)가 많이 사용되고 있다.

㈎ 라인 펌프는 주로 터보형 펌프이며, 수직관 수평관 어니에나 설치할 수가 있다.

㈏ 이것은 전동기와 펌프가 일체로 된 소형 펌프로서 흡입양정이 적으므로 이를 설치할 경우에는 특별한 설치기초 (base)를 필요로 하지 않는다는 특성도 갖고 있지만, 최소한의 지지대를 갖추는 것이 바람직하다.

(4) 리턴 콕 (Return cock)

① 온수의 유량을 조절하기 위하여 사용하는 것으로 주로 온수방열기의 환수밸브로

사용된다.

② 유량조절은 리턴 콕의 캡을 열고 핸들을 부착하여 콕의 개폐도에 의하여 조절하게 되어 있다.

(5) 공기빼기 밸브(Air valve) : 방열기의 유입구 반대측 상부에 설치

① 온수난방장치에서는 배관 내에서 발생한 공기의 대부분을 보통 개방식 팽창탱크로 인도되도록 하고 있으나, 이것이 불가능한 경우, 즉 배관 내에 공기가 모이는 곳에는 모두 자동 또는 수동식의 공기밸브를 설치한다.

② 밀폐식 팽창탱크에서는 탱크에서 공기배출을 하지 않으므로 공기배출은 모두 이 공기빼기 밸브에서 행해진다.

③ 자동 공기밸브는 100℃ 이상의 온수에 대해서는 부적당하며, 또한 스케일 등에 의한 누설이 많다.

④ 방열기에는 P-cock이라 불리는 소형의 수동식 공기밸브를 그 최고부에 설치한다.

(6) 방열기 밸브(Radiator valve)

온수유량을 수동으로 조절하는 밸브이며, 증기용 밸브와 그 구조·형식이 같다.

(7) 안전장치

① 팽창관(팽창수조(탱크)에 이르는 관) : 온수의 체적팽창을 팽창수조로 도출시키기 위한 것이다. 팽창관의 도중에는 밸브를 설치하지 않지만, 만일 설치해야 할 경우에는 3방밸브(three way valve)를 설치하거나 혹은 보일러 출구와 밸브 사이에서 팽창관을 입상한다.

② 안전관(도출관) : 온수가 과열해서 증기가 발생되었을 경우에 도출을 위한 것으로, 팽창수조 수면으로 도출시킨다.

2 온수난방 설계순서

(1) 온수난방의 설계는 크게 부하계산 → 순환방식 결정 → 방열면적 및 유량계산 → 순환수두 계산 → 관경결정 → 보일러, 순환펌프 등의 부속기기 결정 등의 순으로 진행된다.

(2) 즉 다음과 같은 절차에 따른다.

① 각 실의 손실열량을 계산한다(부하계산).

② 순환방식을 강제식 또는 중력식 중에서 결정한다.

③ 방열기의 입구 및 출구의 온수온도를 결정하고, 방열량 및 온수순환량을 구한다.

④ 각 실의 손실열량을 방열량으로 나누어 각 실마다 소요방열면적을 구하고 방열기를 실내에 적당히 배치하여 각각 방열면적을 할당한다.

⑤ 방열기, 컨벡터, 베이스보드 등의 사용형식을 결정한다.
⑥ 방열기와 보일러를 연결하는 합리적인 배관을 계획한다.
⑦ 순환수두를 구한다.
⑧ 보일러에서 최원단의 방열기까지 경로에 따라 측정한 왕복길이를 구하고 배관저항을 구한다.
⑨ 관경을 정하는 부분의 온수순환량을 구한 다음 압력강하를 사용하여 온수에 대한 배관재의 저항표에서 관경을 결정한다. 또 주경로 이외의 분지관도 배관 저항(압력강하)을 사용하여 관경을 정한다.
⑩ 밸런스를 위하여 오리피스(orifice)를 삽입하거나 또는 방열기 출구에 리턴 콕을 설치하여 저항을 가감한다.
⑪ 개방식 팽창수조는 옥상, 지붕 밑, 또는 계단상부에 설치하여 동결하지 않도록 보온한다.
⑫ 보일러의 용량을 결정하고 보일러 및 이에 부속하는 연소기, 순환펌프 기타 부속기기를 결정한다.

3 온수난방 순환수량

(1) 온수의 순환수량은 반송 열량에 비례하고 온수출입구 온도차(t)에 반비례한다. 즉, 유량계산은 다음과 같다.

$$Q = \frac{q}{C \cdot r \cdot \Delta t} [\mathrm{m^3/s}]$$

$$G = \frac{q}{C \cdot \Delta t} [\mathrm{kg/s}]$$

여기서, q : 반송 열량(W), Q, G : 순환 수량($\mathrm{m^3/s}$, kg/s), r : 물의 밀도($\mathrm{kg/m^3}$)
Δt : 온수 출입구 온도차(K), C : 물의 비열(J/kg·K)

4 방열기 온도차(온수난방)

(1) 온수난방 시 보통 아래 정도의 방열기 입출구 온도차가 발생한다.
① 저온수 중력식 : 60 ~ 90℃ 공급(≒80℃), 강하온도 15~20℃
② 저온수 강제순환식 : 75 ~ 85℃ 공급(≒80℃), 강하온도 7 ~ 15℃
③ FCU : 40 ~ 60℃ (≒ 50℃) 공급, 강하온도 5 ~ 10℃
④ 중 · 고온수 : 100 ~ 200℃ 공급, 강하온도 20 ~ 50℃

(2) 방열기 필요 방열면적 및 제손실

필요 방열면적은 열손실량에 표준방열량을 나눈 값을 의미하며 보정계수 및 안전율을 감안한 값이다.

5 표준방열량

(1) 표준으로서 증기온도를 102℃ (온수온도를 80℃), 실내온도를 18.5℃로 하였을 때

(2) 증기 난방인 경우 : 0.7558 kW/m² (650 kcal/m²·h)

(3) 온수 난방인 경우 : 0.523 kW/m² (450kcal/m²·h)

(4) 표준방열량은 다음과 같이 EDR (Equivalent Direct Radiation)을 계산할 때 주로 사용된다.

$$\text{EDR} = \frac{\text{전체방열량(난방부하)}}{\text{표준 방열량}}$$

6 상당발열면적 (EDR)

(1) 방열량을 표준방열량에 의한 방열면적으로 환산한 값

즉, $\text{EDR} = \dfrac{\text{전체방열량(열손실량, 전발열량)}}{\text{표준방열량}}$

(2) 필요 방열면적

$$\text{필요 방열면적} = \frac{\text{열손실량}}{\text{표준발열량}} \times \text{보정계수}(C) \times 1.1(\text{안전율})$$

$$\text{보정계수 } C = \frac{\text{실제온도차}}{\text{표준온도차}} \times n$$

$$= \frac{t_s - t_r}{102 - 18.5} \times n \ : \text{증기방열기}$$

$$= \frac{t_w - t_r}{80 - 18.5} \times n : \text{온수방열기}$$

여기서, n : 주철제, 강판제 = 1.3, 컨벡터 = 1.4

t_s : 실제 평균 열매(스팀)온도 (℃)

t_w : 실제 평균 열매(온수)온도 (℃)

t_r : 실제 평균 실내온도 (℃)

7 방열기 쪽수

(1) 증기난방인 경우 : $N_s = \dfrac{q}{650 \cdot a} \times \alpha$

(2) 온수난방인 경우 : $N_s = \dfrac{q}{450 \cdot a} \times \alpha$

여기서, N_s: 방열기의 쪽수, q : 발생열량, a : 방열기의 Section 표면적
α : 열손실 보정계수 (약 α=1.2)

(3) 방열기의 섹션 수는 1개소 15 ~ 20 절 정도가 적당하고, 방열기를 벽체 속에 내장하는 경우 방열량의 10 ~ 20 %가 감소한다.

8 배관손실 설계기준 (온수난방)

(1) 마찰 직관부 저항, 상당장 저항(직관부의 1~1.5배) 고려
(2) 단위 길이당 등압 마찰손실(mmAq) 적용 : 등압법
(3) 단위마찰손실
① 소규모 : 5 ~ 20 mmAq/m
② 대규모 : 10 ~ 30 mmAq/m
(4) 유속은 최대 1.5 m/s 정도

9 온수 순환방식

(1) 중력순환식 온수난방 (Gravity circulation system)

$$H = h(\gamma_2 - \gamma_1) \ \ [\text{mmAq}]$$

여기서, H : 자연순환수두 (mmAq)
h : 보일러의 기준선과 방열기 중심선 사이의 높이 (m)
γ_2 : 보일러 입구 환온수의 비중량 (kgf/m^3)
γ_1 : 보일러 출구 공급온수의 비중량 (kgf/m^3)

(2) 강제순환식 온수난방 (Forced circulation system)

① 순환펌프를 사용하여 강제로 온수를 순환시키는 방법
② 강제순환수두(펌프 이용의 경우)

$$\text{강제순환수두} \ \ H = h_1 + h_2 + h_3 + h_4$$

여기서, h_1 : 낙차 수두, h_2 : 배관의 마찰수두, h_3 : 기구 필요 수두
h_4 : 여유 수두

(3) 리버스 리턴 방식 (Reverse Return ; 역환수 방식)

각 층의 온도차를 줄이기 위하여 층마다의 순환배관 길이의 합이 같도록 환수관을 역회전시켜 배관한 것 (즉, 유량의 균등분배를 기함)

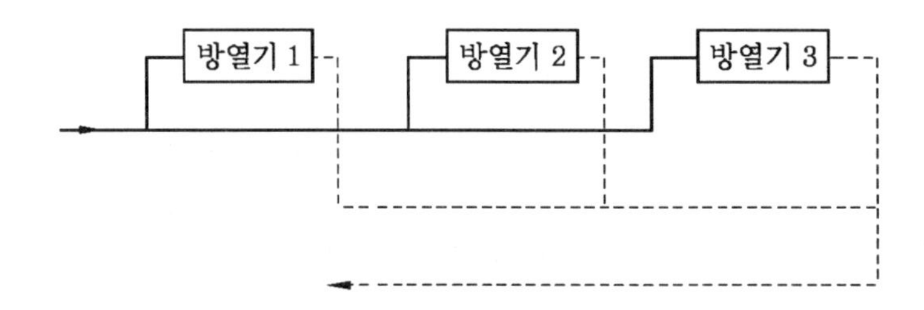

(4) 배관 방식

단관식, 복관식

(5) 공급 방식

상향식 온수난방 (이상적), 하향식 온수난방 (중력순환식의 경우 유리), 혼합식 온수난방

(6) 온수온도에 따라

① 보통 온도식 : 저온수식에 해당한다.
 (가) 온수온도가 100℃ 이하 (80 ~ 100℃)로 사용
 (나) 소규모 건물, 주철제 보일러 주로 적용
② 중온수식 : 100 ~ 150℃의 온수 사용 (밀폐식 팽창탱크), 강판제 보일러 적용
③ 고온수식 : 150℃ 이상의 온수 사용 (밀폐식 팽창탱크), 강판제 보일러 적용

10 급탕 순환방식

(1) 급탕

증기, 온수 또는 전기 등의 열매를 이용하여 물을 가열하여 요구하는 온도의 온수를 만들어 공급하는 것

(2) 순환펌프 사용 여부에 따라

① 중력순환식 급탕
 (가) 순환펌프를 사용하지 않고, 온수의 온도차에 의해 밀도차가 발생하고, 이 밀도차에 의해 자연적으로 순환됨
 (나) 순환속도가 매우 느리다 (소규모).
② 강제순환식 급탕 : 펌프를 사용하여 강제적으로 순환하는 방식 (중규모 이상)

(3) 배관방식에 따라

① 단관식 급딩 : 보일러에서 탕전까지 15 m 이내, 처음에는 찬물이 나온다 (소규모 탕비기로 사용하는 방식).

② 복관식 급탕 : 급탕관과 환탕관을 모두 설치하므로 수전을 열면 즉시 온수가 나오지만, 단관식 대비 시설비가 비싸다.

(4) 공급방식에 따라

① 상향식 급탕

(가) 가장 좋은 방법이다.

(나) 급탕 수평주관은 선상향 (앞올림)구배로 하고, 복귀관은 선하향 (앞내림)구배로 한다 (열손실 감소).

② 하향식 급탕

(가) 급탕관 및 복귀관 모두 선하향구배로 한다 (열손실 증가).

(나) 용존기체 쉽게 분리 후 공급

③ 상하향식 급탕 : 상향식과 하향식이 복합된 형태

(5) 리버스 리턴방식 (역환수 방식)

하향식의 경우 각 층의 온도차를 줄이기 위하여 층마다의 순환배관 길이의 합이 같도록 환탕관을 역회전시켜 배관한 것 (즉, 유량의 균등분배를 기함)

11 급탕 배관계통 설계

(1) 순환수량

$$G = \frac{q}{C \cdot \Delta t}$$

여기서, G : 순환수량 (kg/s), q : 손실열량 (W) = (급탕부하 + 배관부하 + 예열부하)
Δt : 입출구온도차 (K) = 출구온도 − 입구온도, C : 물의비열 (J/kg·K)

(2) 관경

① 계산공식 : 관경 $= \sqrt{\dfrac{4Q}{\pi V}}$

② 최소 20A 이상

③ 급수관보다 한 치수 증가

(3) 펌프동력 (kW)

① 수동력 (Hydraulic horse power) : 펌프에 의해 액체에 실제로 공급되는 동력

$$L_w = \frac{\gamma \cdot Q \cdot H}{102}$$

② 축동력(Shaft horse power) : 원동기에 의해 펌프를 운전하는데 필요한 동력

$$L = \frac{\gamma \cdot Q \cdot H}{102 \cdot \eta}$$

③ 펌프의 출력 $= \dfrac{\gamma \cdot Q \cdot H \cdot k}{102 \cdot \eta}$

여기서, γ : 비중량 (kgf/m^3), Q : 수량 (m^3/s), H : 양정 (m)
η : 펌프의 효율 (전효율), k : 전달계수 (1.1 ~ 1.15)

(4) 펌프의 효율 (전효율) = $\dfrac{\text{수동력}}{\text{축동력}}$ = 약 60 ~ 90%

① 체적효율(Volumetric efficiency ; η_v)

$$\eta_v = \frac{Q}{Q_r} = \frac{Q}{Q + Q_1} \fallingdotseq 0.9 \sim 0.95$$

여기서, Q : 펌프 송출유량, Q_r : 회전차속을 지나는 유량, Q_1 : 누설유량

② 기계효율(Mechanical efficiency ; η_m)

$$\eta_m = \frac{L - \Delta L}{L} \fallingdotseq 0.9 \sim 0.97$$

여기서, L : 축동력, ΔL : 마찰 손실동력

③ 수력효율(Hydraulic efficiency ; η_h)

$$\eta_h = \frac{H}{H_{th}} \fallingdotseq 0.8 \sim 0.96$$

여기서, H : 펌프의 실제양정(펌프의 깃수 유한, 불균일 흐름 등으로 인해 이론양정보다 적음)
H_{th} : 펌프의 이론양정

④ 펌프의 전효율(Total efficiency ; η)

$$\eta = \eta_v \times \eta_m \times \eta_h = \text{체적효율} \times \text{기계효율} \times \text{수력효율}$$

(5) 펌프의 소비입력(전동기의 손실 포함)

펌프의 소비입력을 구하기 위해서, 상기 '펌프의 출력' 식에서 전동기효율(η_m)을 추가하여

펌프의 소비입력 $= \dfrac{\gamma \cdot Q \cdot H \cdot k}{102 \cdot \eta \cdot \eta_m}$

12 급탕량 계산방법

(1) 1일 최대 급탕량 (Q_d)

$$Q_d = N \cdot q_d$$

여기서, N : 인원수, q_d : 1인 1일 급탕량

(2) 1시간당 최대 급탕량 (Q_h)

① 인원수에 의한 방법

$$Q_h = Q_d \cdot q_h$$

여기서, Q_d: 1일 최대 급탕량

q_h : Q_d에 대한 1시간당 최대치의 비율 (사무실 : 1/5, 주택 및 아파트 : 1/7)

② 기구수에 의한 방법

$$Q_h = Q_t \cdot \eta$$

여기서, Q_t : 시간당 기구 전체의 급탕량, η : 기구 동시 사용률

(3) 저탕용량 계산 (L)

$$V = Q_d \times \nu$$

여기서, Q_d : 1일 최대 급탕량

ν : Q_d에 대한 저탕 비율 (사무실, 주택 및 아파트 : 1/5)

(4) 가열기 능력 계산 (kcal/h)

$$H = Q_d \cdot \gamma \cdot (t_h - t_c)$$

여기서, Q_d : 1일 최대 급탕량, t_h : 급탕온도, t_c : 급수온도

γ : Q_d 및 수온차에 대한 가열능력 비율 (사무실 : 1/6, 주택 및 아파트 : 1/7)

13 배관의 신축이음

(1) 신축이음 평균 설치간격

① 동관 : 수직 10 m, 수평 20 m

② 강관 : 수직 20 m, 수평 30 m

(2) 종류

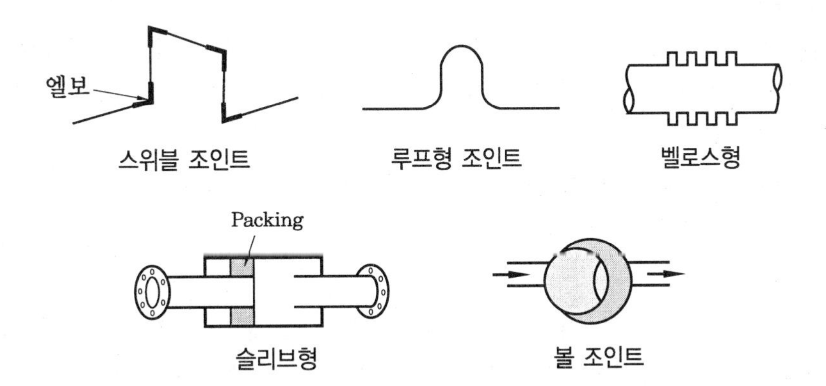

① 스위블 조인트 : 방열기 주변 배관에 2개 이상의 엘보를 사용하여 시공하며, 주로 저압용으로 사용된다.

② 슬리브형 : 보수가 용이한 곳(벽, 바닥용의 관통배관)

③ 신축 곡관형(루프형) : 고압에 잘 견딘다, 옥외배관에 적당하다.

④ 기타 : 벨로스형, 볼 조인트(고온고압형 : 볼 조인트와 오프셋 배관을 이용해서 관의 신축을 흡수하는 방법), 콜드 스프링 (배관의 자유팽창량의 1/2의 배관길이를 미리 절단 후 설치하는 방법) 등이 있다.

⑤ 누수 우려 순서 : 스위블 > 슬리브 > 벨로스 > 루프

14 급탕설비 시스템

(1) 개별식 급탕법 (국소식 급탕법)

① 순간식 탕비기 (즉시 탕비기)

㈎ 세면기, 욕조, 싱크 등 각각 독립된 장소에 설치

㈏ 배관 내 잔류수 유출 후 온수가 나온다.

㈐ 70℃ 이상의 온수는 얻기 곤란하다.

② 저탕식 탕비기 (온수의 생성, 저장)

㈎ 중앙식 급탕기의 축소판이다.

㈏ 가열된 온수를 저탕조 내에 저축. 열손실은 비교적 많으나 많은 온수를 일시에 필요로 하는 곳

㈐ 서모스탯(자동온도조절기) : 바이메탈 또는 벨로스에 의하여 제어대상의 온도를 검출하여 조절

(2) 중앙식 급탕법 (가열방법에 의한 분류)

① 직접가열식

㈎ 급탕경로 : 온수보일러 → 저탕조 → 급탕주관 → 각 기관 → 사용장소

㈏ 열효율면에서는 경제적이나, 보일러 내면에 스케일이 생겨 열효율 저하, 보일러 수명단축

㈐ 건물의 높이에 따라 보일러는 높은 압력을 필요로 한다.

㈑ 주택 또는 소규모 건물

② 간접가열식

㈎ 저탕조 내에 가열코일을 내장·설치하고 이 코일에 증기 또는 온수를 통해서 저탕조의 물을 간접적으로 가열한다 (구조는 다소 복잡하나, 안전성이 우수).

㈏ 난방용 보일러의 증기나 온수를 사용 시 급탕용 보일러가 불필요하다.

㈐ 보일러 내면에 스케일이 거의 끼지 않는다.

(3) 기수 혼합식 탕비기

① 열효율 100 %에 해당
② 개방형 수조에 증기를 직접 취입하는 방법
③ 소음이 커서 증기 취입구에 스팀 사일런서(소음제거장치)를 써야 한다 (보통 약 0.1 ~ 0.4 MPa).
④ 공장, 병원 등의 큰 욕조, 수세장 청소용 등

사일런서 (Silencer) : 증기를 직접 수중에 분출 시 소음을 경감하는 장치

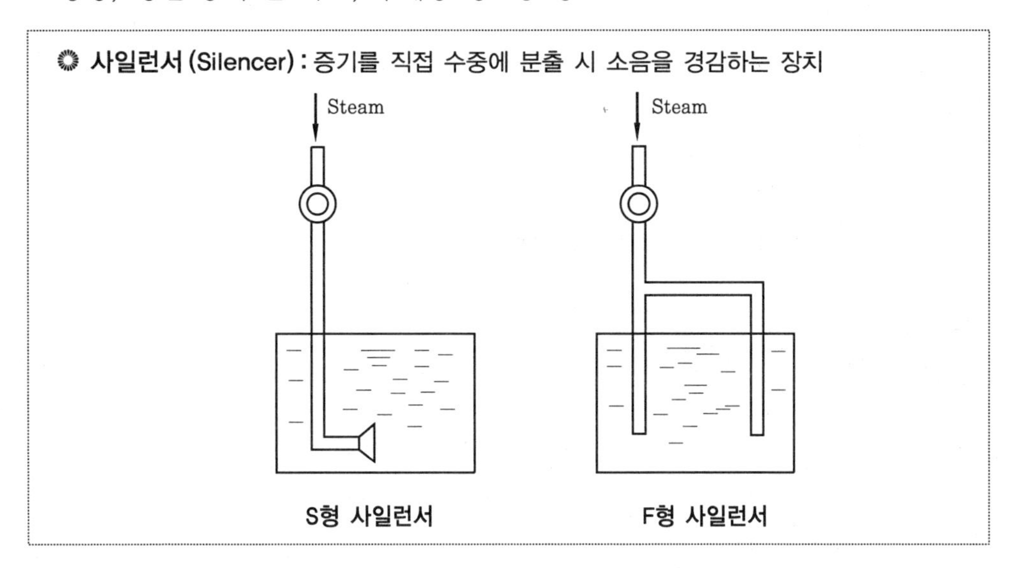

15 온수 배관계 순환압력관리

(1) 순환압력이 대기압 이하 시 : 특히 접속부 공기가 혼입되어 순환불량, 부식 등을 초래한다.
(2) 순환온수의 상당압력 이하 시 : 비등 Flash현상 등을 초래한다.
(3) 배관의 일반 내압 이상 시 : 관 파열, 내구성 등 주의를 요한다.

(4) 사용상 문제점

수압이 너무 낮을 경우	수압이 너무 높을 경우
• 물과 온수가 잘 나오지 않아 각 기구사용이 불편하다. • 샤워를 사용할 수 없다. • 가스 온수기가 착화되지 않는다. • 세척 밸브식 변기에서 오물이 잘 내려가지 않는다.	• 물이 너무 강하게 토수되어서 사용이 불편하다. • 필요 이상의 냉수 혹은 온수가 토출되어 물 소비가 심해진다. • 워터해머 혹은 스팀해머에 의해 배관상 소음이 유발된다. • 기구가 파손되는 경우가 있다.

16 팽창탱크

(1) 온수난방 배관계에서 온수의 온도변화로 비등(팽창)하여 플래시 가스가 발생하여 내압상승 및 소음이 발생할 수 있다.
(2) 또 수축 시에는 배관 내에 공기침입이 초래되는 등 배관 계통의 고장 혹은 전열 저해의 원인이 될 수 있다.
(3) 팽창탱크를 설치하여 물의 온도변화에 따른 체적팽창 및 수축을 흡수하고, 배관 내부압력을 일정하게 유지할 수 있다.
(4) 이와 같은 물의 체적 팽창에 따른 위험을 도피시키기 위한 장치가 반드시 필요하게 되는데, 이를 팽창탱크 혹은 팽창수조라고 한다.
(5) 종류 : 개방식 팽창탱크, 밀폐식 팽창탱크 등

17 개방식 팽창탱크

(1) 보통 소규모 건물의 온수난방에 국한하여 일부 사용된다.
(2) 저온수 난방 배관이나 공기조화의 밀폐식 냉온수 내관계통에서 사용되는 것으로서, 이 수조는 일반적으로 보일러의 보급수 탱크로서의 목적도 겸하고 있다.
(3) 이 수조는 탱크 수면이 대기 중에 개방되며, 가장 높은 곳에 설치된 난방장치보다 적어도 1 m 이상 높은 곳에 설치되어야 한다(설치위치의 제한).
(4) 일반적으로 저온수 난방 및 소규모 급탕 설비에 많이 적용된다.
(5) 구조가 간단하고 저렴한 형태이다.
(6) 산소의 용해로 배관 부식이 우려된다.
(7) 설치가 용이하다.
(8) Over Flow 시 배관 열손실 발생 가능성이 있다.
(9) 주철제 보일러에서는 개방식을 많이 사용한다.

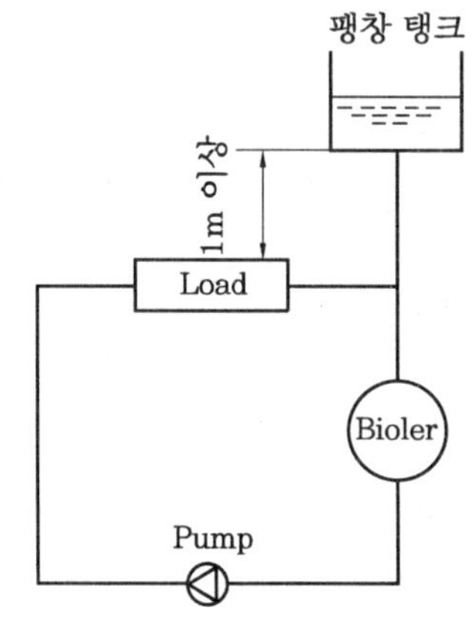

개방식 팽창탱크

18 밀폐식 팽창탱크

(1) 밀폐식은 가압용 가스로서 불활성기체(고압질소가스)를 사용하여 이를 밀봉한 뒤, 온수가 팽창했을 때 이 기체의 탄력성에 의해 압력 변동을 흡수하는 것이다.

(2) 이 탱크는 100℃ 이상의 고온수 설비라든가 혹은 가장 높은 곳에 설치된 난방장치보다 낮은 위치에 팽창수조를 설치하는 경우 등에 쓰이는 것으로, 이 탱크는 소정의 압력까지 가압해야 할 필요성 때문에 마련되는 것이다(팽창탱크 위치가 방열기 위치에 무관).

(3) 밀폐식은 개방식에 비하면 용적은 커지지만(물론 대규모 장치에서는 가능한 용적이 적어지도록 설계해야 한다), 보일러실에 직접 설치할 수 있어 편리하다.

(4) 이 탱크는 고온수일 때는 압력용기의 일종이 되므로 압력용기 법규의 규제대상이 될 수 있다.

(5) 강판제 보일러에 주로 사용된다.

(6) 고온수 및 지역난방에 널리 적용된다.

(7) 개방형 대비 복잡하고 가격이 비싸다.

(8) 관내 공기 유입이 되지 않아 배관부식 등의 우려가 적다.

(9) Over Flow가 생길 수 없다.

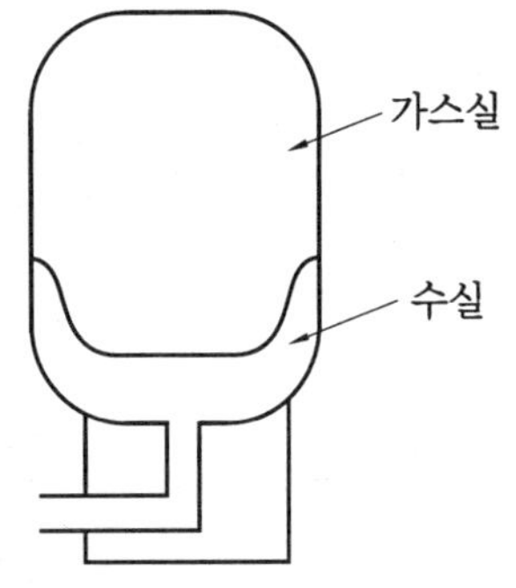

밀폐식 팽창탱크

19 브래더(Bradder) 팽창탱크

(1) 밀폐식 팽창탱크의 일종으로 '브래더'라고 하는 부틸계의 고무격막을 사용하여 반영구적으로 사용할 수 있다.

(2) 고무격막 브래더(공기주머니)는 공기의 차단을 위해 팽창탱크 내에 설치되어 배관수의 온도에 따라 팽창·수축되는 온수를 흡수·방출하는 기능을 한다.

(3) 고무의 두께가 균일해야 하고 공기투과율이 없어야 하는 등 공정상의 품질관리가 중요하다.

20 팽창탱크 용량

(1) 팽창량 $\Delta V = V \cdot \left(\dfrac{1}{\rho_2} - \dfrac{1}{\rho_1}\right)$

(2) 개방형 팽장탱크 용량 $V_t = (2 \sim 3) \times \Delta V$

(3) 밀폐형 팽창탱크 용량 $V_t = \dfrac{\Delta V}{P_a \cdot \left(\dfrac{1}{P_0} - \dfrac{1}{P_m}\right)}$

여기서, ΔV : 팽창량(L), V : 관내전수량(L), ρ_1 : 가열 전 밀도, ρ_2 : 가열 후 밀도
P_a : 초기봉입 절대압력 혹은 대기압, P_0 : 가열 전 절대압력
P_m : 최고사용 절대압력

◎ 밀폐형 팽창탱크의 용량 계산식 유도

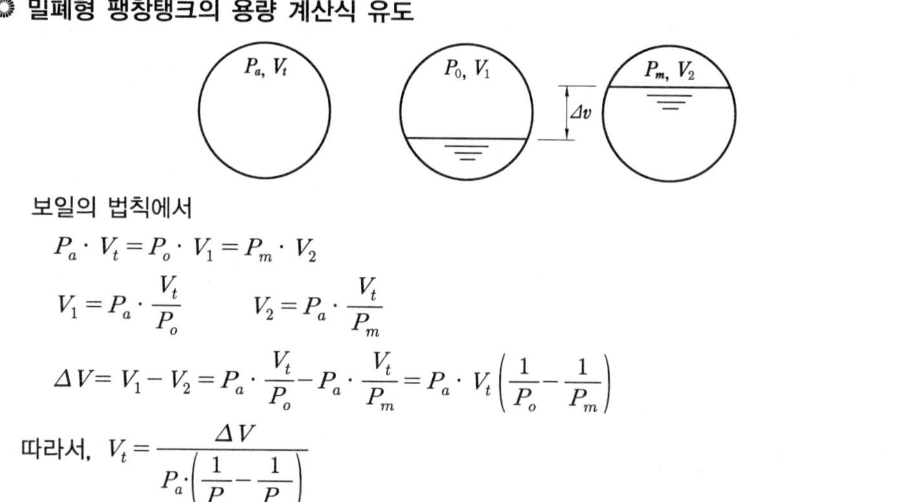

보일의 법칙에서

$$P_a \cdot V_t = P_o \cdot V_1 = P_m \cdot V_2$$

$$V_1 = P_a \cdot \frac{V_t}{P_o} \qquad V_2 = P_a \cdot \frac{V_t}{P_m}$$

$$\Delta V = V_1 - V_2 = P_a \cdot \frac{V_t}{P_o} - P_a \cdot \frac{V_t}{P_m} = P_a \cdot V_t\left(\frac{1}{P_o} - \frac{1}{P_m}\right)$$

따라서, $V_t = \dfrac{\Delta V}{P_a \cdot \left(\dfrac{1}{P_o} - \dfrac{1}{P_m}\right)}$

(4) 유효용량계수(AF : Acceptance Factor)를 이용한 밀폐형 팽창탱크 용량

$$A.F = 1 - \frac{P_o + P_a}{P_m + P_a} \qquad V_t = \frac{\Delta V}{A.F}$$

21 증기난방과 온수난방

(1) 시스템 구성도

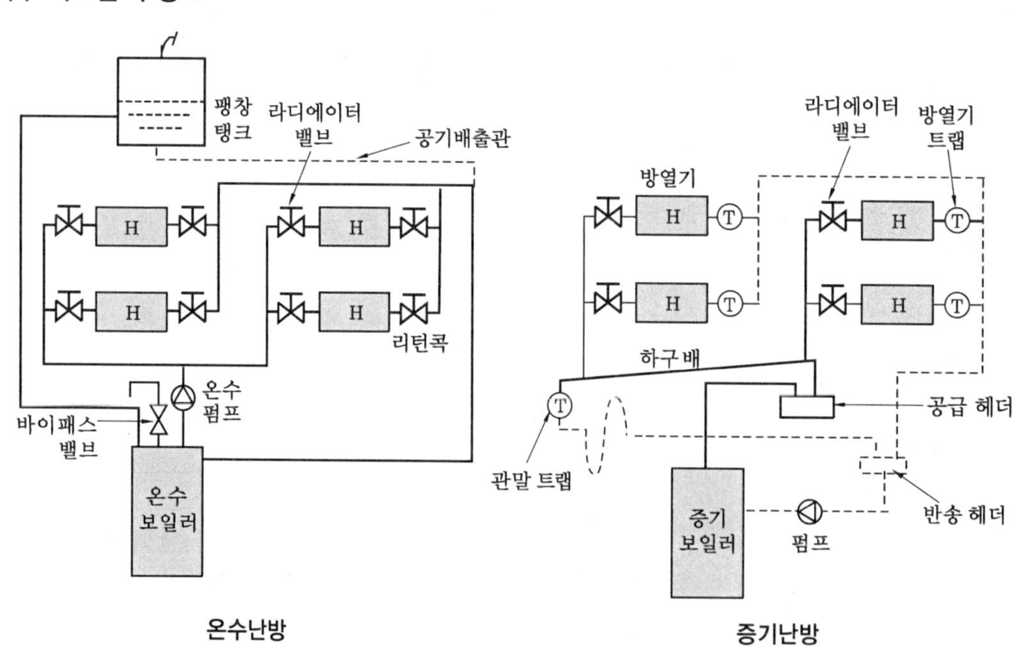

(2) 온수난방

① 온수난방은 보일러에서 공급되는 열매의 상태와 보일러로 들어오는 열매의 상태가 같은 온수이다(40~95℃ 정도의 온수).

② 난방으로서는 온수난방 쪽이 부드러운 느낌이고, 온화하며 쾌적하고 안정이 있으므로 특히 주택이나 학교 등의 난방에서는 온수난방 쪽을 주로 많이 설치한다.

③ 필요 부하에 따른 공급 열매의 온도 변화가 쉽다(온수펌프로 방열기에서 되돌아오는 온도가 낮은 온수와 보일러에서의 온도가 높은 온수를 혼합하는 방법을 주로 사용한다).

④ 증기난방보다는 따뜻한 상태를 오래지속할 수가 있으므로 건물의 차가운 쪽이 훨씬 적어진다.

⑤ 증기 난방보다 장치의 수명이 훨씬 길다.

(3) 증기난방

① 보일러에서 공급되는 쪽은 응축수로 열매의 형태가 변화한다.

② 저압난방에 사용하는 증기의 압력은 보통 약 0.035 MPa 이하로 증기의 온도는 108℃ 이하 정도가 된다.

③ 발열량은 온수에 비하면 훨씬 많아지므로 방열기의 크기도 적은 것으로 충분하다.

④ 온도가 높으면 난방으로서는 쾌적하지 않은 느낌을 받을 수 있다(가능한 체온에 가까운 난방 쪽이 쾌적도가 높다).

⑤ 증기난방의 경우 방열기의 표면온도가 100℃가 되면 피부에 닿았을 때 화상을 입는 경우도 있다.

⑥ 난방 중 배관 안에는 증기와 응축수가 있지만 난방이 끝나면 증기와 응축수는 보일러 안으로 회수되어 버리고, 배관 중에는 원칙적으로 물이 없으므로 한랭지 등에서는 배관 중의 물이 동결되어 관이 파열하는 일이 원칙적으로는 일어나지 않는다.

⑦ 증기의 발생은 빠르지만, 도중의 배관이 전부 차가워져 있으면 방열기에 도달하기까지 증기가 점점 응축되어 스팀 해머 현상이 발생하여 배관에 심한 진동이 오면서 꽝꽝 요란한 소리를 내는 경우도 있다.

⑧ 먼 곳에 있는 방열기까지 도달하기에는 상당한 시간을 필요로 하게 된다.

22 증기난방 설계순서

(1) 필요 설계조건 설정 및 부하계산

① 설계 필요조건 : 기후조건, 실내온도, TAC 초과 위험률 등을 확인한다.

② 부하계산 : 정확한 근거 확보를 위하여 수계산보다는 컴퓨터를 이용한 정확한 계

산이 바람직하다.

(2) 방열기의 설치 위치 용량

① 각 방열기의 용량 및 대수 결정

② 각 실 방열기의 설치 lay out 작성

(3) 상당 방열면적(m^2) 산출

$$EDR = \frac{\text{전체방열량(난방부하)}}{\text{표준방열량}}$$

여기서, 표준방열량은 증기 난방인 경우 : 0.7558 kW/m^2(650 kcal/m^2h)

(4) 각 배관 결정

배관경, 배관경로, 연결방법 등 결정

(5) 열원기기(보일러)

용량 산출 및 종류, 설치위치 결정

(6) 부속기기

응축수 펌프 등 부속기기의 용량, 종류, 설치위치 결정

23 냉각 레그

(1) 냉각 레그 (Cooling leg, 냉각테)는 트랩전 1.5 m 이상 비보온화를 의미한다.

(2) 증기보일러의 말단에 증기트랩의 동작온도차를 확보하기 위하여 '트랩전' 으로부터 약 1.5 m 정도를 보온하지 않는다.

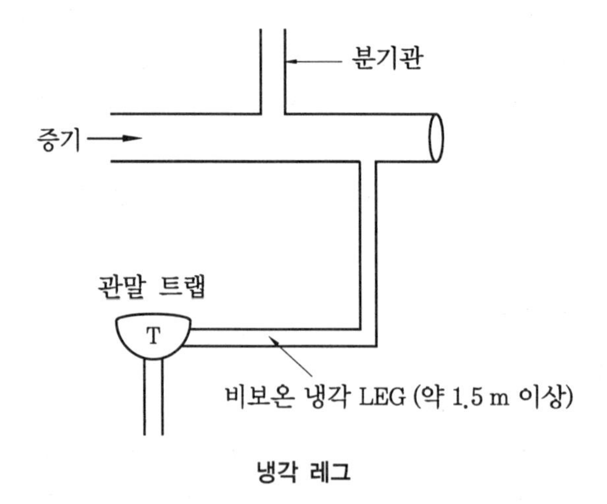

냉각 레그

24 리프트 피팅(Lift Fitting)

(1) 리프트 피팅 이음(Lift Fitting, Lift Joint)이란 진공환수식 증기보일러에서 방열기가 환수주관보다 아래에 있는 경우 응축수를 원활히 회수하기 위해 다음 그림처럼 방열기보다 올려 설치하는 방법이다.
(2) 저압 흡상 시 1.5m 이내일 것(1.5 m 이상의 단일 입관은 설치 금지)
(3) 단, 고압흡상 시 증기관과 환수관의 압력차 0.1 MPa당 5 m 정도 흡상 가능
(4) 수직관은 주관보다 한 치수 작은 관을 사용하여 유속 증가시킨다.

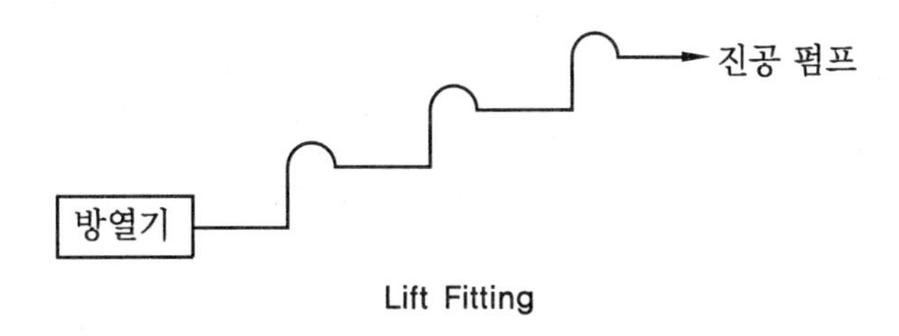

Lift Fitting

25 증기배관 구배

(1) 증기관과 응축수 환수관을 수평으로 설치 시 공기가 잔류되지 않고 증기와 응축수가 원활하게 흐르기 위하여 구배를 둔다.
(2) 역구배의 증기관에서는 응축수가 증기의 흐름에 역으로 흐르기 때문에 응축수를 보다 더 원활하게 배출하기 위해 구배를 크게 하거나, 배관경을 크게 하여 증기의 속도를 줄이도록 한다.
① 순구배일 경우 : 1/250 이상
② 역구배일 경우 : 1/50 ~ 1/100 이상

26 증기난방 순환방식

(1) 응축수 환수방법에 따라
① 중력환수식 : 공급증기와 응축수의 밀도차에 의하여 자연적으로 순환하는 방식이다(중력 작용으로 환수).
② 기계환수식 : 펌프를 사용하여 응축수를 환수시키는 방식(응축수 탱크, 펌프 있음)
③ 진공환수식 : 진공펌프를 이용하여 환수하는 방식

(2) 증기공급압력에 따라

① 저압식 : 0.1 MPa 미만 (통상은 0.035 MPa 이하를 말한다.)

② 중압식 : 0.1 ~ 0.85 MPa (통상은 0.1 ~ 0.3 혹은 0.4 MPa 정도를 말한다.)

③ 고압식 : 0.85 MPa 이상 (통상은 0.3 혹은 0.4 MPa 이상 정도를 말한다.)

(3) 공급배관방식에 따라

① 상향공급 방식 : 보일러에서 나온 공급관을 건물의 최저부에 배관하고 여기서 상향으로 입관을 분지시켜 각 방열기에 연결하는 방식이다.

② 하향공급 방식

㈎ 보일러에서 공급관을 최상층까지 입상시켜 최상층의 천장에 배관하고 여기에서 하향으로 배관하여 각 방열기를 연결하는 방식이다.

㈏ 열손실은 증가하지만, 용존기체가 쉽게 분리된다.

③ 상하 혼용공급 방식 : 상기 두 가지 방식을 혼용하여 사용하는 방식이다.

(4) 배관수에 따라

① 단관식 : 공급관과 환수관을 하나의 관으로 하는 방식(잘 사용 않음)

② 복관식 : 공급관과 환수관이 별개로 이루어진 방식으로 안정적 온수 조절이 가능 (일반적으로 이 방식을 사용)

(5) 환수배관 위치에 따라

① 습식 환수방식

㈎ 보일러의 수면(수준선)보다 환수주관이 낮은 위치에 있는 방식

㈏ 환수주관상 응축수를 충만시켜 흐르게 하는 방식

㈐ 한랭지에서의 동경의 우려가 있다.

② 건식 환수방식

㈎ 보일러의 수면(수준선)보다 환수주관이 높은 위치에 있는 방식

㈏ 습식 환수방식 대비 배관의 직경이 커진다.

㈐ 스팀 트랩을 반드시 설치하여야 하는 부담이 있다.

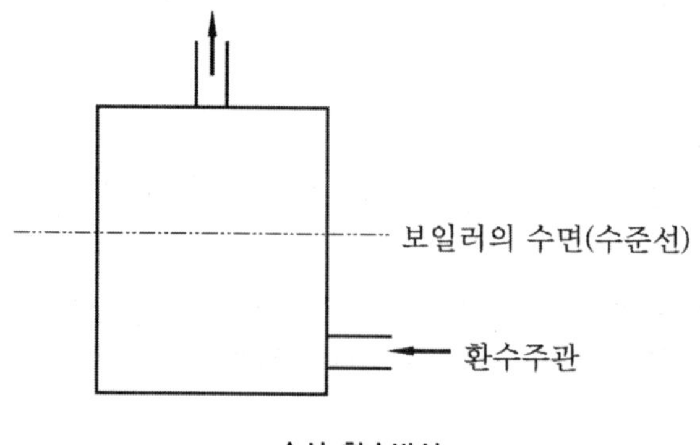

습식 환수방식

27 플래시 탱크(Flash Tank, 증발 탱크)

(1) 증기난방에서 고압환수관과 저압환수관 사이에 설치하는 탱크이다.
(2) 고압증기의 응축수가 충분히 응축되지 않고 저압환수관에 흘러들어 응축수가 재증발하여 환수능력을 크게 악화시킬 수 있다.
(3) 이를 방지하기 위해 플래시 탱크(증발 탱크)를 설치하고 재증발한 GAS를 모아 저압증기관으로 보내어 재이용한다(응축수는 환수관으로 다시 보냄).

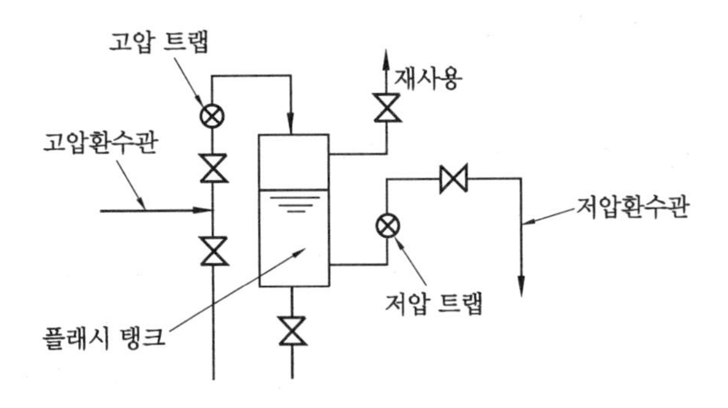

28 증기 트랩(Steam Trap)

(1) 플래시 탱크(증발 탱크), 방열기 출구, 관말 등에서 증기와 응축수를 분리해내는 장치
(2) 방열기 트랩의 경우 열교환에 의하여 생긴 응축수와 증기에 혼입되어 있는 공기를 자동적으로 배출하여 열교환기의 가열작용을 유지하는 것이 목적이다(방열기의 환수측 또는 증기배관의 최말단 등에 부착).

(3) 기계식 트랩 : 증기와 응축수의 비중차 이용

① 버킷 트랩(Bucket Trap)

㈎ 밀도차에 의한 부력을 이용하여 증기와 응축수를 분리한다.
㈏ 버킷의 부침(浮沈)에 의하여 배수밸브를 자동적으로 개폐하는 형식
㈐ 응축수는 증기압력에 의하여 배출된다.
㈑ 이 트랩은 대체로 감도가 둔한 결점을 갖고 있다.
㈒ 상향 버킷형과 하향 버킷형으로 세분되며 주로 고압증기의 관말트랩이나 증기탕비기 등으로 많이 사용된다.
㈓ 상향 버킷형은 구조가 간단하고, 넓은 압력범위에 사용될 수 있다.
㈔ 하향 버킷형은 버킷 상부에 공기구멍이 있어, 공기배출이 용이하다.

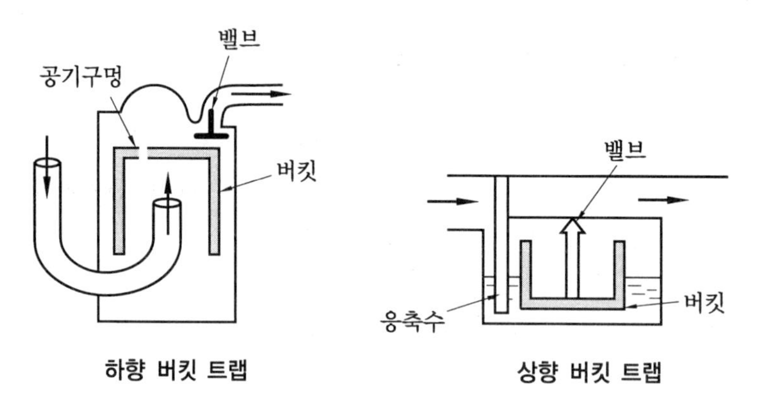

하향 버킷 트랩　　　　상향 버킷 트랩

② 볼탑 트랩 (Ball-top Trap, Float Trap)

㈎ 응축 수위를 Ball-top이 뜨는 원리를 이용하여 증기와 응축수를 분리한다.

㈏ 저압 증기용 기기의 부속트랩으로 주로 사용된다.

㈐ 트랩 내의 응축수 수위의 변동에 따라 부자(float)를 상하로 움직이게 하는 방식

㈑ 부자 (float)를 움직임에 따라 배수밸브를 자동적으로 개폐하는 형식

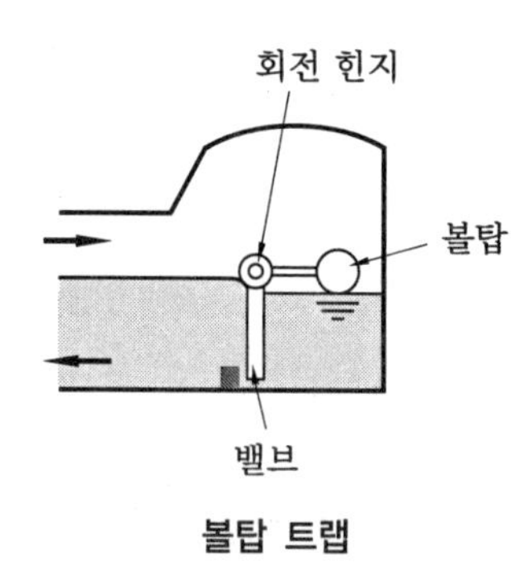

볼탑 트랩

(4) **열동식 트랩 (Thermostatic Trap, 온도식)** : 증기와 응축수의 온도차 이용

① 벨로스식 트랩 (Bellows Type) : 방열기 등에 이용

㈎ 휘발성 액체가 봉입된 금속제의 벨로스를 내장한 트랩

㈏ 소형이고 공기배출이 용이하여 많이 사용되고 있다.

㈐ 트랩 내의 온도변화에 의하여 벨로스를 신축시켜 배수밸브를 자동적으로 개폐하는 형식이다.

② 바이메탈식 트랩 (Bimetal type Trap)

㈎ 요즘 많이 이용 (Tracing Line 등)

㈏ 과열증기에 사용 불가하고, 개폐밸브의 온도차가 크다.

㈐ 사용 중에 바이메탈의 특성이 변화될 수 있다.

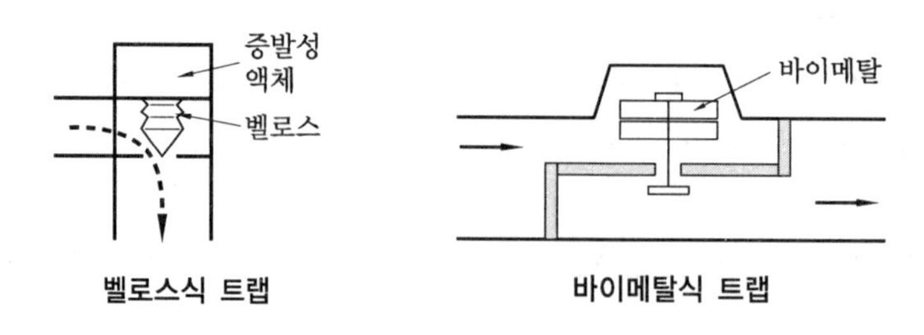

벨로스식 트랩　　　　바이메탈식 트랩

③ 열역학적 트랩(Thermodynamic Trap, 충격형 트랩)

㈎ 증기와 응축수의 유체 운동에너지차 이용

㈏ 트랩의 입구측과 출구측의 중간에 설치한 변압실의 압력변화 및 증기와 응축수의 밀도차를 이용하여 배수밸브를 자동개폐하는 형식이다.

㈐ 디스크형(Disc type)과 오리피스형(Orifice type)이 있다.

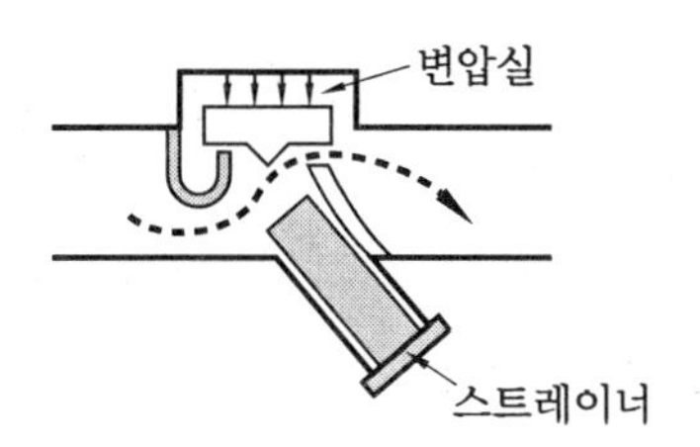

열역학적 트랩(디스크형)

29 스팀 해머링

(1) 스팀 배관에서 발생되는 워터 해머링(Water Hammering) 현상이라고 할 수 있다.

(2) 워터 해머링 현상은 스팀 배관 내에 물과 스팀이 혼재되어 흐르면서 발생하는 일종의 파동현상이다.

(3) 스팀 배관의 길이가 길면 매우 불규칙한 운동을 하는데 그 이유는 스팀이 충격파에 의해 내부에서 물과 불규칙한 혼합현상과 함께 스팀의 체적감소현상이 매우 유동적으로 발생하게 됨으로써 때로는 공명현상으로 때로는 파동중첩현상으로 큰 에너지가 충돌하여 스팀관의 취약한 부분이 파손되어 큰 사고가 발생되기도 한다.

(4) 드물게는 보일러의 고온수가 스팀헤더까지 넘쳐 유입되어서 발생되는 수도 있다.

(5) 기본적으로 스팀 배관은 메인헤더나 보일러실 헤더에서부터 사용기계의 관말까지 점차적으로 온도와 압력이 떨어지기 때문에 철저한 보온을 하지 않았다면 헤더에서 멀어질수록 공급 스팀의 건도가 떨어지게 되고 관내에 결로현상이 발생되기 시작한다.

(6) 한 번 과습 증기로 변한 스팀은 급격한 체적감소와 온도 저하현상을 보이면서 기대하는 것보다 에너지 공급능력이 크게 떨어지게 된다.

(7) 방지법 : 트랩(Trap) 설치, 하향구배, 응축수 신속 배출, 복수 트랩 설치, 보온 철저, 신축관(Expander) 설치 등

30 증기난방의 감압밸브(Pressure Reducing Valve)

감압밸브는 증기를 고압으로 사용하는 것이 좋지 않을 때 2차측의 공급 압력을 적당히 감압시켜 사용할 경우에 쓰인다.

(1) 감압밸브 종류

보통 다음의 3가지 형식을 이용하여 2차측 압력이 크면 밸브가 닫히고, 2차측 압력이 작아지면 다시 밸브가 열려 연속적으로 일정한 감압비를 유지할 수 있다.

① 파일럿 다이어프램식 : 감압범위 크다, 정밀제어 가능

② 파일럿 피스톤식 : 감압범위 적다, 비정밀

③ 직동식 : 스프링 제어, 감압범위 크다, 중간정밀도 제어

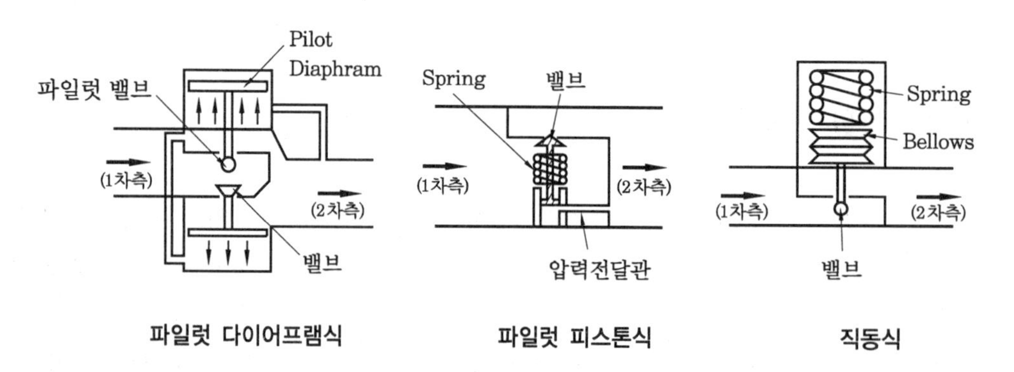

파일럿 다이어프램식　　파일럿 피스톤식　　직동식

(2) 감압밸브 설치 방법

입구 → 1차 압력계 → 바이패스관(분류) → GV → Strainer → 감압밸브 → GV → 바이패스관(합류) → 안전밸브 → 2차 압력계 → 출구

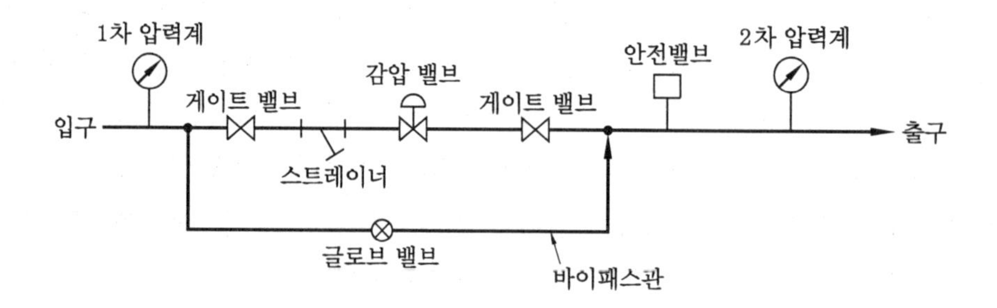

(3) 감압밸브 설치 위치

① 열원(보일러 등) 근처 설치 시 : 관경, 설비 규모 등이 감소되어 초기설치비 절감 가능

② 사용처(방열기 등) 근처 설치 시 : 제어성 우수, 열손실 줄어듦, 트랩작용이 원활하다.

(4) 유량 특성도

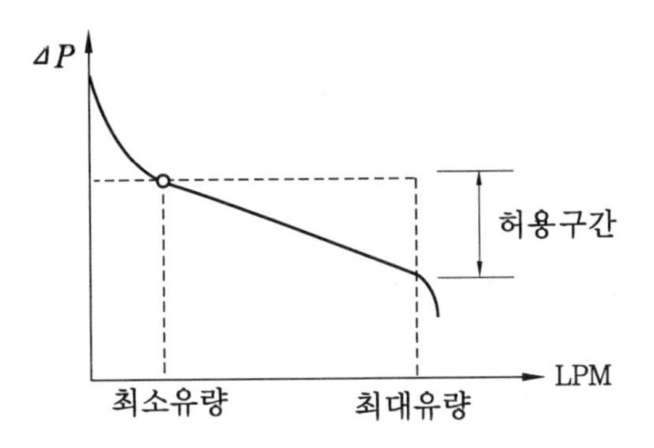

31 증기 어큐뮬레이터 (Steam Accumulator, 축열기)

(1) 주로 증기 보일러에서 남는 스팀량을 저장해두었다가 필요시 재사용하기 위한 저장 탱크를 말한다.

(2) 물을 넣어서 어떤 큰 원통형 용기의 수중에 남은 증기를 불어 넣어서 열수(熱水)의 꼴로 열을 저장하여 증기가 여분으로 필요할 때 밸브를 열고 이것에서 꺼내어 사용하는 방식이다.

(3) 변압식 증기 어큐뮬레이터

① 물속에 포화수 상태로 응축액화 해두었다가(저장) 필요시 사용한다.
② 사용 필요시에는 감압하여 증기를 발생시켜 사용하는 방식이다.
③ 보일러 출구 증기계통에 배치한다.

(4) 정압식 증기 어큐뮬레이터

① 현열증기로 급수를 가열 및 저장해두었다가 필요시 저장해둔 열수를 보일러에 공급하여 증기 발생량이 많아지게 한다.
② 급수온도를 높여주면 증기 발생량이 증가한다.
③ 보일러 입구의 급수계통에 배치한다.

32 턴 다운비 (Turn Down Ratio : TDR)

(1) 턴 다운비의 정의

① 보일러 등의 열원기기에서 연소범위 (5 : 1, 10 : 1 등) 또는 연소실 부하, 부하 조정비라고도 한다.

② 연료의 최대 분사량(혹은 정격 분사량)을 최소 분사량으로 나누어 계산할 수 있다.

③ 예를 들어 5 : 1이라고 하면, 버너의 부하조정 전체 범위를 100 %라고 하면 최소 20 %까지 저감 조정할 수 있다는 의미이다. 또 턴 다운비가 최소 이하가 되면 부하 컨트롤이 불가능하게 될 수 있다.

(2) 턴 다운비의 응용

① Turn Down Ratio가 높은 것일수록 좁은 범위로 미세하게 컨트롤할 수 있다.

② 그러나 Turn Down Ratio가 넓다고 해서 꼭 좋은 것이라고는 할 수 없다. 부하가 낮게 운전될수록(저부하 시) 연소효율이 좋지 않아질 수도 있다. 따라서 실제 보일러의 운전조건을 따져보고 고효율 영역에서 운전될 수 있도록 하는 것이 무엇보다 중요하다.

③ 보통 대용량의 열사용기기일수록 Turn Down Ratio가 넓고, 소용량의 열사용기기에서는 열 이용측면에서 Turn Down Ratio가 그리 중요하지 않을 수 있다. 즉 소형 기기에서는 용량제어 측면이 그렇게 중요시되지 않는다.

33 온돌 및 난방설비 설치기준

[건축물의 설비기준 등에 관한 규칙 제4조 제1항 관련]

(1) 온수온돌

① 온수온돌이란 보일러 또는 그 밖의 열원으로부터 생성된 온수를 바닥에 설치된 배관을 통하여 흐르게 하여 난방을 하는 방식을 말한다.

② 온수온돌은 바탕층, 단열층, 채움층, 배관층(방열관을 포함한다) 및 마감층 등으로 구성된다.

상부 마감층
배관층(방열관)
채움층
단열층
바탕층

㈎ 바탕층이란 온돌이 설치되는 건축물의 최하층 또는 중간층의 바닥을 말한다.

㈏ 단열층이란 온수온돌의 배관층에서 방출되는 열이 바탕층 아래로 손실되는 것을 방지하기 위하여 배관층과 바탕층 사이에 단열재를 설치하는 층을 말한다.

㈐ 채움층이란 온돌구조의 높이 조정, 차음성능 향상, 보조적인 단열기능 등을 위

하여 배관층과 단열층 사이에 완충재 등을 설치하는 층을 말한다.

(라) 배관층이란 단연층 또는 채움층 위에 방열관을 설치하는 층을 말한다.

(마) 방열관이란 열을 발산하는 온수를 순환시키기 위하여 배관층에 설치하는 온수 배관을 말한다.

(바) 마감층이란 배관층 위에 시멘트, 모르타르, 미장 등을 설치하거나 마루재, 장판 등 최종 마감재를 설치하는 층을 말한다.

③ 온수온돌의 설치기준

(가) 단열층은 녹색건축물 조성 지원법의 기준에 적합하여야 하며, 바닥난방을 위한 열이 바탕층 아래 및 측벽으로 손실되는 것을 막을 수 있도록 단열재를 방열관과 바탕층 사이에 설치하여야 한다. 다만, 바탕층의 축열을 직접 이용하는 심야전기이용 온돌(「한국전력공사법」에 따른 한국전력공사의 심야전력이용기기 승인을 받은 것만 해당하며, 이하 "심야전기이용 온돌"이라 한다.)의 경우에는 단열재를 바탕층 아래에 설치할 수 있다.

(나) 배관층과 바탕층 사이의 열저항은 층간 바닥인 경우에는 해당 바닥에 요구되는 열관류저항(열관류율의 역수를 말한다)의 60% 이상이어야 하고, 최하층 바닥인 경우에는 해당 바닥에 요구되는 열관류저항의 70% 이상이어야 한다. 다만, 심야전기이용 온돌의 경우에는 그러하지 아니하다.

(다) 단열재는 내열성 및 내구성이 있어야 하며 단열층 위의 적재하중 및 고정하중에 버틸 수 있는 강도를 가지거나 그러한 구조로 설치되어야 한다.

(라) 바탕층이 지면에 접하는 경우에는 바탕층 아래와 주변 벽면에 높이 10 cm 이상의 방수처리를 하여야 하며, 단열재의 윗부분에 방습처리를 하여야 한다.

(마) 방열관은 잘 부식되지 아니하고 열에 견딜 수 있어야 하며, 바닥의 표면온도가 균일하도록 설치하여야 한다.

(바) 배관층은 방열관에서 방출된 열이 마감층 부위로 최대한 균일하게 전달될 수 있는 높이와 구조를 갖추어야 한다.

(사) 마감층은 수평이 되도록 설치하여야 하며, 바닥의 균열을 방지하기 위하여 충분하게 양생하거나 건조시켜 마감재의 뒤틀림이나 변형이 없도록 하여야 한다.

(아) 한국산업규격에 따른 조립식 온수온돌판을 사용하여 온수온돌을 시공하는 경우에는 상기의 규정을 적용하지 아니한다.

(자) 장관은 상기에서 규정한 것 외에 온수온돌의 설치에 관하여 필요한 사항을 정하여 고시할 수 있다.

(2) 구들온돌

① 구들온돌이란 연탄 또는 그 밖의 가연물질이 연소할 때 발생하는 연기와 연소열

에 의하여 가열된 공기를 바닥 하부로 통과시켜 난방을 하는 방식을 말한다.

② 구들온돌은 아궁이, 환기구, 공기흡입구, 고래, 굴뚝 및 굴뚝목 등으로 구성된다.

㈎ 아궁이란 연탄이나 목재 등 가연물질의 연소를 통하여 열을 발생시키는 부위를 말한다.

㈏ 환기구란 아궁이가 설치되는 공간에서 연탄 등 가연물질의 연소를 통하여 발생하는 가스를 원활하게 배출하기 위한 통로를 말한다.

㈐ 공기흡입구란 아궁이가 설치되는 공간에서 연탄 등 가연물질의 연소에 필요한 공기를 외부에서 공급받기 위한 통로를 말한다.

㈑ 고래란 아궁이에서 발생한 연소가스 및 가열된 공기가 굴뚝으로 배출되기 전에 구들 아래에서 최대한 균일하게 흐르도록 하기 위하여 설치된 통로를 말한다.

㈒ 굴뚝이란 고래를 통하여 구들 아래를 통과한 연소가스 및 가열된 공기를 외부로 원활하게 배출하기 위한 장치를 말한다.

㈓ 굴뚝목이란 고래에서 굴뚝으로 연결되는 입구 및 그 주변부를 말한다.

③ 구들온돌의 설치기준

㈎ 연탄아궁이가 있는 곳은 연탄가스를 원활하게 배출할 수 있도록 그 바닥면적의 10분의 1 이상에 해당하는 면적의 환기용 구멍 또는 환기설비를 설치하여야 하며, 외기에 접하는 벽체의 아랫부분에는 연탄의 연소를 촉진하기 위하여 지름 10 cm 이상 20 cm 이하의 공기흡입구를 설치하여야 한다.

㈏ 고래바닥은 연탄가스를 원활하게 배출할 수 있도록 높이/수평거리가 1/5 이상이되도록 하여야 한다.

㈐ 부뚜막식 연탄아궁이에 고래로 연기를 유도하기 위하여 유도관을 설치하는 경우에는 20도 이상 45도 이하의 경사를 두어야 한다.

㈑ 굴뚝의 단면적은 150 cm²이상으로 하여야 하며, 굴뚝목의 단면적은 굴뚝의 단면적보다 크게 하여야 한다.

㈒ 연탄식 구들온돌이 아닌 전통 방법에 의한 구들을 설치할 경우에는 ㈎부터 ㈑까지의 규정을 적용하지 아니한다.

㈓ 장관은 ㈎부터 ㈒까지에서 규정한 것 외에 구들온돌의 설치에 관하여 필요한 사항을 정하여 고시할 수 있다.

☞. 내용 중 법규 관련 사항은 국가 정책상, 언제라도 변경 가능성이 있으므로 필요시 항상 재확인 바랍니다.
www.law.go.kr

34 MVR & TVR

(1) 산업 현장에서 공정상 발생하는 저압증기를 재가압하여 한 번 더 재이용할 수 있는 시스템으로, 많이 사용되는 대표적인 장치 시스템은 아래와 같이 MVR, TVR 등이 있다.

(2) MVR (Mechanical Vapor Recompression) 이용 시스템

① 저압 증기를 전기 등 기계적 구동 압축기를 이용하여 압축하는 방식으로 필요한 온도와 압력의 증기로 재생산하는 시스템이다.

② 시스템 구성이 매우 간단하고, 장비운전에 상대적 소량의 전기에너지만 필요로 한다.

③ 간단하고 신뢰성 있으며, 유지 보수도 용이하다.

(3) TVR (Thermal Vapor Recompression) 이용 시스템

① 저압증기를 스팀 이젝터(Steam Ejector)를 이용하여 필요한 온도와 압력의 증기 생산을 가능하게 하는 시스템이다.

② 매우 고속의 스팀 속도를 이용하여 압축하는 방식으로 구동부(Moving Parts)가 없다.

③ 구조가 작고 단순하며 비용이 적게 든다.

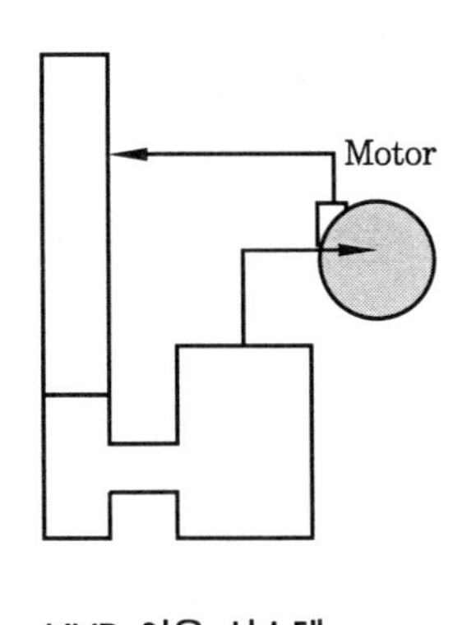

MVR 이용 시스템

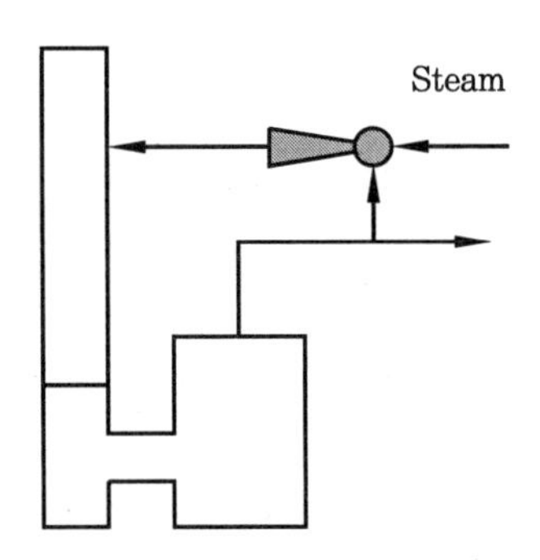

TVR 이용 시스템

제 13 장

배관, 용접 및 급·배수 시스템

1 주철관

(1) 특징

부식성이 작고 강도 및 내구성이 뛰어나다. 단, 충격에 약하여 압력을 많이 받는 고압배관재로는 사용할 수 없다.

(2) 용도

상수도용 급수관(75mm 이상), 가스공급관, 통신용 케이블 매설관, 오수배수관 등

(3) 접합법

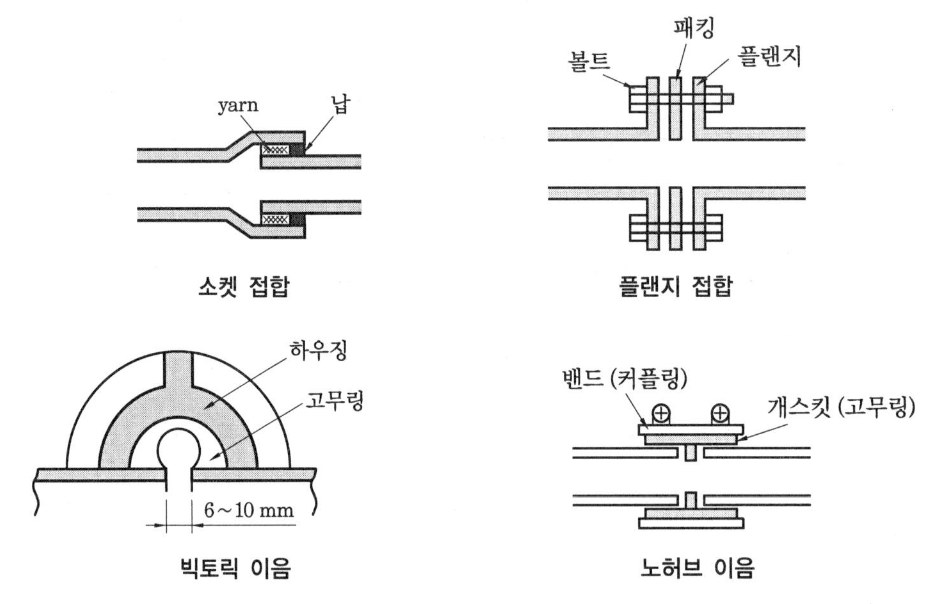

소켓 접합 / 플랜지 접합 / 빅토릭 이음 / 노허브 이음

① 소켓 접합 : Socket 끼우고, 마(Yarn)를 감고, 납을 부어 밀봉

② 플랜지 접합 : 패킹 삽입 후 Flange 조임

③ 메커니컬 조인트 : 소켓 접합 + 플랜지 접합

④ 빅토릭 이음(Victoric Joint) : U자형 고무링을 끼우고 금속칼라(하우징)를 죔, 파이프 내 수압이 고무링을 밀어내면서 수밀 유지 가능, 시공이 간단하고 관의 굽힘과 신축을 어느 정도 흡수 가능하다.
⑤ 노허브 이음(NO-HUB Joint) : 허브(받이부분)가 없는 일반 관에 대해 스테인리스 커플링과 고무링을 드라이버로 조여 이음, 시공이 아주 간편하다.
⑥ 타이톤 이음(Tyton Joint) : 소켓이음의 납과 Yarn 대신 '고무링'만을 사용한다.

2 아연도 강관

(1) 가장 보편적으로 사용되고, 안정된 기술이며 벤딩, 절단, 절삭 등 가공이 아주 용이하다.
(2) 관의 접합과 시공이 비교적 용이하고 가격도 싼 편이다.
(3) 웬만한 충격에도 변형이 잘 되지 않고, 강도가 크다.
(4) 지중전류에 의해 전식을 일으킬 수 있다.
(5) 장시간 사용 시 부식에 의한 탁수현상 등 심리적으로 불결감을 유발할 수 있다.
(6) 내식성이 작아 부식이 잘 되며 수명이 짧은 것이 단점이다.
(7) 중량이 무거워(타 금속 대비 약 2 ~ 3배) 운송이 힘들다.
(8) 용접이음으로 인한 내부 아연피막의 손상으로 이음부의 누수원인이 될 수 있다.
(9) 접합법 : 나사접합, 플랜지접합, 용접이음 등

3 동 관

(1) 두께에 따른 분류

① K-type(heavy wall) : 가장 두껍다.
② L-type(medium wall) : 두껍다.
③ M-type(light wall) : 보통의 두께
④ N-type : 가장 얇은 두께(KS에는 없다.)

(2) 용도에 따른 분류

① 이음매 없는 인탈산 동관 : 인(P)을 탈산제로 사용, 수소(H)에 강하고 용접이 용이하다.
② 동합금강 : 여러 가지 다용도로 사용된다.

(3) 동관의 장점

① 내식성이 우수하고 마찰손실이 적다.

② 가볍고 용접이 용이하여 시공이 편리하다.
③ 전기 전도율이 양호하다.
④ 신율이 좋아 충격이나 동파에 강하다.
⑤ 위생적이고 녹이 적게 발생된다.
⑥ 산에 강하다.

(4) 동관의 단점

① 이종금속 연결부위에는 접촉부식에 특히 주의를 요한다(부싱이나 어댑터 사용이 권장되어진다).
② 녹에 의한 청수 발생 우려
③ 변소나 암모니아가 발생하는 곳은 부적당하다(침식 우려).

(5) 접합법

용접식, 나팔관식(Flare type), 플랜지식 등

4 연관(납관)

(1) 부식성이 적고 굴곡이 용이하며, 신축에 잘 견디고 산에 강하다.
(2) 알칼리(목재, 회반죽)에 닿으면 침식되므로 콘크리트에 매설할 때는 방식피복을 해야 한다.

(3) 용도

① 수도인입관, 양수기의 접속관, 화장실기구 배수관
② 환경문제에 대한 우려 등의 이유로 특수 목적 외 많이 사용하지는 않는다.

(4) 접합법

납땜접합, 용접접합 등이다.

5 스테인리스 강관

(1) 특징

내식성 재질의 대표적인 배관재, 가장 위생적인 고급 재질

(2) 용도

급수, 급탕, 난방용 배관 등이다.

(3) 스테인리스강관의 접합법

① TIG 용접 이음

㈎ 살두께가 얇아 고도의 기술과 품질 관리를 필요로 한다.

㈏ 용접 시 자동용접기를 사용하거나, 공장가공에 많이 의존한다.

② 메커니컬 커플링

㈎ 현장에서의 스테인리스관의 접합에 가장 많이 이용되고 있는 방법

㈏ 각종 방식의 다양한 이음쇠가 개발되어 사용되고 있다.

㈐ 일본의 스테인리스협회 : 「일반배관용 스테인리스강관의 관이음쇠 성능 기준」

㈑ 구리 피팅(fitting) : 구리와 스테인리스강이 갈바닉 셀을 형성하여 피팅 부위에서 갈바닉 부식이 발생(스테인리스 강관이 부식됨) → 틈새부식으로 이어져 부식 속도가 가속화 됨 → 누수 사고의 가능성도 높음

㈒ 스테인리스 조인트(나사방식) : 관과 이음부가 같은 재료이므로 갈바닉 부식이 발생하지 않고 따라서 틈새부식의 발생도 감소한다.

㈓ 원터치방식 쐐기형 배관 이음기술 : 시공기간 단축, 비용절감, 손쉬운 유지보수 가능 등

6 스테인리스 강관의 방식법(防蝕法)

(1) 스테인리스강관의 내식성은 관표면의 부동태 피막의 형성에 의한 것이며, 이 부동태 피막이 파괴되면 공식과 극간(틈새) 부식, 응력 부식 등의 부식이 발생한다.

(2) 스테인리스강관의 방식방법

① 이물질 부착의 방지 : 동관의 항에서도 기술했지만, 관 내표면에 이물질이 부착하지 않도록 한다. 보관 시와 시공 시에 먼지와 철분 등의 이물질이 침입, 부착하지 않도록 한다.

② 잔류응력의 제어 : 스테인리스강관은 구부림 가공이 가능하며, 공장 등에서의 부재 가공은 90° 엘보를 사용치 않고 구부림 가공에 의한 예가 많다. 이 경우 곡률반경을 적게 하면 잔류응력이 크게 되고, 응력부식 분할의 요인으로 되기 때문에 최소 곡률반경은 관경의 4배 이상으로 한다.

③ 플랜지 접속의 개스킷, 이음쇠의 선정 : 틈새부식 방지를 위해 개스킷, 이음쇠의 선정은 중요하다. 개스킷의 재질은 흡습제의 것과 염소를 포함한 것은 피하고 테플론제(테플론피복)를 사용한다. 또한, 메커니컬형 이음은 틈새가 있는 구조의 것은 피하도록 한다.

④ 재질 : 내식성이 우수한 재질(등급), pH 조정, 부식억제제 사용 등

7 콘크리트관

(1) 흄관 (원심력 철근콘크리트관)

① 외부압력에 견디도록 만들어져 철도 하수관 등에 많이 적용된다.

② 철제의 형틀 안에 원통형으로 조립된 철망을 넣고 회전시키면서, 반죽한 콘크리트를 투입시키면 원심력에 의해 아주 고르게 다져지면서, 치밀한 콘크리트가 된다.

③ 제조 후 증기로 양생시켜 고르게 경화시킨다.

④ 흄관은 용도에 따라 보통관과 압력관이 있다.

㈎ 보통관 : 관체에 토압이 작용하거나, 차량하중 등의 외압만 작용하는 경우에 사용(하수도관 및 배수관 등 내압이 작용하지 않는 곳에 사용)

㈏ 압력관 : 외압은 물론 관내압이 작용하는 경우 (상수도관, 취수관, 공업용수관 등)

(2) 철근콘크리트관

거푸집에 조립철근과 콘크리트를 넣은 후 전동기로 다져 만든 관이다.

(3) 무근 콘크리트관

① 철근을 넣지 않고 시멘트, 모래, 자갈만으로 만든 관으로, 보통 지름 100 ~ 600 mm까지 만든다.

② 외압이 작용하지 않는 곳에 사용 (관개수로용, 하수도용 등)

(4) 접합

시멘트 모르타르 접합법, 심플렉스 조인트, 칼라이음 (Collar Joint) 등

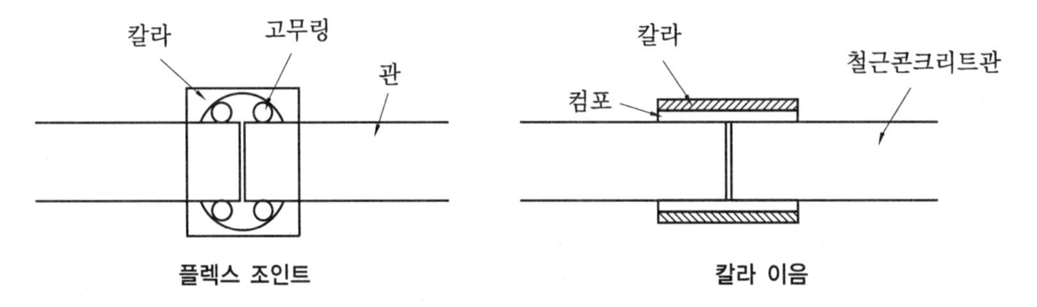

플렉스 조인트　　　　칼라 이음

8 경질비닐관 (PVC관)

(1) 특징

가격이 싸고 내식성이 풍부하며 관내 마찰손실이 적으나 충격과 열에 약하다.

(2) 용도

급·배수관, 통기관용 등

(3) PVC 관 이음

슬리브 이음, TS 이음, 플랜지 이음, 열간공법(약 110 ~ 130℃에서 가공)

> ◎ TS이음(Taper Sized Fittings, TS Joint) : 일정한 테이퍼로 주어진 구멍을 가진 이음(접착제로 발라 밀어 넣어 접착), 종류는 일반 관이음과 동일

(4) 최근 같은 플라스틱 재질 계열의 관으로 PB Pipe, XL Pipe 등이 많이 활성화되고 있다.

9 설비용 주요 배관의 장·단점

배관자재 종류	장 점	단 점
동관	• 인체에 해가 없고, 내식성이 크다.	• 강도 보강 필요(동합금강 등) • 청수 발생
플라스틱관	• 가격이 저렴하고, 내유/내산성이 크다.	• 강도 및 내열성이 약하다.
아연도 강관	• 가격이 저렴하고, 강도가 크다.	• 장시간 사용 시 아연의 용출로 부식 발생 가능
스테인리스 강관	• 내식성 및 강도가 크고, 청수·적수 등의 발생이 없다.	• 가격이 고가이다. • 가공 및 용접이 어려운 편이다.
주철관	• 내마모성 우수 • 내식성, 내구성 우수	• 충격에 비교적 약한 편이다.
연관(Lead Pipe)	• 가공 용이 • 내식성, 내구성 우수 • 상온에서 가공이 용이하여 위생기구의 굴곡부 등에 많이 응용한다.	• 콘크리트에 직접 매설시 석회석에 의해 침식 우려(방식 피막 처리 필요)

10 엑셀 파이프(PE-X Pipe, X-L Pipe)

(1) 난방 재료로서의 PE-X 파이프는 고밀도 폴리에틸렌을 특수반응 성형장치에 의해 분자구조를 선상고분자 구조에서 3차원의 망상 가교분자물로 변화시킨 가교화 고밀도 폴리에틸렌관(엑셀 파이프)을 말한다.

(2) X-L Pipe는 고온에서도 내열성, 내구성, 유연성, 내압성이 뛰어난 제품으로 온수난방용 파이프가 갖추어야 할 대부분의 요구사항을 구비한 우수한 배관 재료이다.

(3) X-L Pipe의 용도

온수배관, 온돌용 배관, 음용수 및 냉·온수용 급수 파이프, 공업용 파이프, 농·축산 온수용 파이프, 관개용수용 파이프 등

(4) PE-X 파이프(X-L Pipe)의 특징

① 반영구적인 수명 : 산·알칼리에 의한 녹, 부식은 물론 스케일에 강하다.
② 우수한 난방효과 : 관 내면이 미끄러워 온수 순환이 양호하다.
③ 뛰어난 내열성 및 내한성 : 특수가교 처리한 내열성 파이프로서 고온(약 120도)에서 저온(약 -10도)까지의 온도범위에서 사용가능하다.
④ 스팀 배관에는 사용을 금해야 하므로 주의를 요한다.
⑤ 간편한 시공 : 100 m 단위 또는 시공자의 주문에 의한 규격 다양, 숙련공이 필요 없고 조임공구 하나로 간단하게 시공한다.
⑥ 저렴한 시설비용 : 가격이 매우 저렴하고, 수송비, 시공비, 보수 유지 관리비가 적게 들어 경제적이고 실용적이다.

(5) PE-X 파이프(X-L Pipe)의 단점

① 동관, 강관 등에 비해 열전도율이 떨어진다.
② 배관 구배나 배관 간격을 정확하게 유지하기 어렵다.
③ 강도가 다소 약한 편이다(미세한 누설의 발생 가능성이 있다).
④ 일부의 파손 및 Crack 발생 시 재생이 어렵다.

(6) 시공방법

① X-L 파이프용 Saddle은 어떤 종류를 사용해도 무방하지만, KS 규격품을 사용하여야 하며, 콘크리트 바닥 등에 못질을 하여 고정한다.
② Saddle의 간격은 파이프 구경에 따라 다르나, 보통 1 m 간격으로 시공하는 것이 이상적이다.
③ 굽힘부는 특히 파이프 고정에 유의하여야 하며, 4 ~ 6개소를 고정할 때 파이프와 콘크리트 바닥과의 조화를 이루어야 열전도율 및 열관류율이 더 높아진다.

(7) X-L 파이프 시공 사례

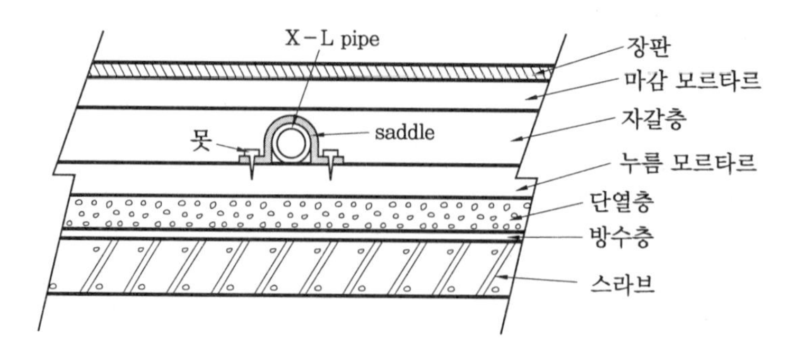

11 폴리뷰틸렌 파이프(PB Pipe)

(1) 폴리뷰틸렌 파이프(PB Pipe)의 재질인 폴리뷰틸렌(PB)은 PE(폴리에틸렌) 및 PP(폴리프로필렌)와 동일한 폴리오리핀계의 수지이지만 분자량이 상당히 큰 첨단 소재의 일종이다.
(2) PB관은 PB 수지를 폴리에틸렌관이나 염화비닐관처럼 압출성형하여 제조한다(연결구는 별도 2차 가공이나, 사출성형하여 제작함).
(3) 분자량이 크고, 특수한 고강도 분자구조로 되어 있기 때문에 다른 수지보다 내열, 내크리프성, 내크랙성이 뛰어나다.
(4) 내한성(−20 ~ 100 ℃)이 뛰어나기 때문에 옥내·외 배관 자재뿐만 아니라, 중앙집중식 배관자재로도 많이 사용된다(보온보랭 효과 탁월).

(5) 폴리뷰틸렌 파이프(PB Pipe)의 특징

① 비교적 고온 시에도 뛰어난 강도를 유지한다(고온에서도 내구성 및 수명이 길어 고온상태에서도 오래 사용할 수 있다).
② 위생적이다(유해물질의 용출이나, 적녹 혹은 청녹에 의한 수질오염이 없어 위생적이다).
③ 내면이 매끄러워 유체 흐름에 저항을 적게 준다(금속관과 비교해 마찰저항 계수가 적고 스케일 발생이 적어 유체흐름이 장기간 양호하다).
④ 시공성이 우수하다(경량이며, 절단 및 시공 등의 작업이 간단하고, Roll관을 사용하므로 소켓, 엘보 등의 연결구의 사용이 아주 적어 시공성이 좋다).
⑤ 신뢰성이 우수하다(Push-Lock 연결구를 사용함에 따라 용이하고 신뢰성이 높은 연결이 가능하다).
⑥ 보온, 보랭 효과가 탁월하다.
⑦ PB관은 유연성이 아주 뛰어나기 때문에 시공이 용이하고, 연결 부속 사용개수가 적어지므로 이중관공법 등에 많이 활용된다(이중관 공법으로 사용 시에는 보온작업 불요, 공기단축 및 인건비 절감).
⑧ 이중관 공법으로 사용 시에는 철근과 철근 사이에 매립시키기 때문에 별도의 배관공간이 필요 없고, 보수가 용이하며, 수충격(水衝擊)에 유리하다(구속이 안 되어 있으며, PB관 자체가 충격흡수력이 뛰어난 것이 원인).

(6) 폴리뷰틸렌 파이프의 단점

① 내열성에 한계가 있다(스팀배관 등으로는 사용 불가).
② 내한성에 한계가 있다(한랭지에 적용 시 동파에 주의하여야 한다).
③ Push-Lock 연결구 체결 부분 : 자칫 품질상·시공상의 문제로 누수의 우려가 있다.

④ 강도가 다소 약한 편이다(충격강도, 인장강도 등이 금속배관에 비해 다소 약한 편이다).

12 배관응력(인장응력) 계산

(1) 원주방향의 인장능력 계산공식 유도

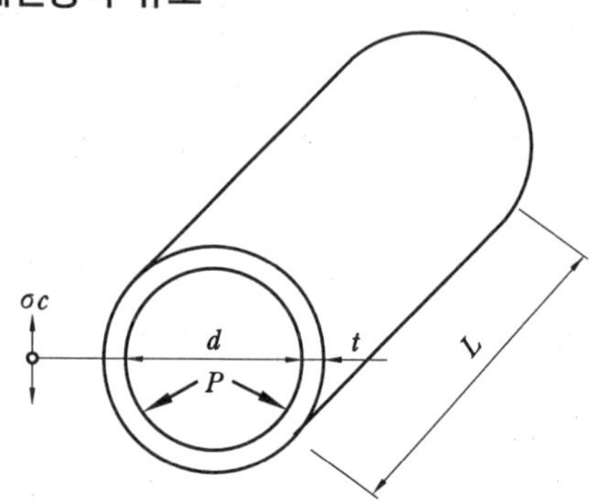

위 그림에서 원통의 중심축을 기준으로 힘의 균형의 원리 측면에서 볼 때, 관의 외부로 작용하는 압력에 의한 힘 = 관의 양쪽 두께에 작용하는 응력에 의한 내구력, 즉

$$P \times d \times L = \sigma_c \times 2t \times L$$

원주방향의 인장력 $\sigma_c = \dfrac{P \times d}{2t}$

(2) 축방향의 인장응력 계산공식 유도

위 그림에서 축방향의 인장응력 항등식, 즉

$$\frac{P \times \pi \times d^2}{4} = \sigma_s \times t \times \pi \times d$$

축방향의 인장응력 $\sigma_s = \dfrac{P \times d}{4t}$

(3) 결론

따라서, 원주방향의 인장응력(σ_c)이 축방향의 인장응력(σ_s)보다 크므로 원주방향의 인장응력(σ_c)을 기준으로 설계한다.

예제 내경 800 mm, 동판 두께 16 mm의 용접 구조용 탄소강판(SM41B)재 수액기에서 수압 30 kgf/cm^{2}의 압력을 가할 때 동판에 유기되는 인장응력은 허용인장 응력의 몇 %인가?

해설 $\sigma = P \times \dfrac{d}{2t} = 30 \times \dfrac{800}{2 \times 16} = 750\ \text{kgf/cm}^2 = 7.5\ \text{kgf/mm}^2$

여기서, 용접구조용 탄소강의 최저 인장강도가 41 kgf/mm^{2}이므로, 동관의 인장응력은

$\dfrac{7.5}{41} = 0.1829 =$ 약 18 %

13 배관의 신축량

(1) 배관의 신축량(mm) 계산

$$\text{신축량 } \Delta l = \alpha \cdot l \cdot \Delta t$$

여기서, α : 선팽창계수(m/m·K), l : 배관의 길이, Δt : 배관의 온도 변화량

(2) 주요 재질별 1m당 신축량(0℃→100℃로 온도 변화 시)

강관=1.17, 동관=1.71, 스테인리스=1.73, 알루미늄=2.48

14 배관재 등급(SCH : 스케줄 번호)

(1) 압력배관용 탄소강관의 허용강도에 대한 사용압력의 비로 SCH번호가 10에서 160으로 올라갈수록 배관두께가 두꺼워진다.

(2) 계산식

$$\text{Sch No} = \left(\frac{P}{S}\right) \times 10$$

여기서, P : 최고 사용압력(Pa), S : 배관재 허용응력(Pa)

(3) 종류

기본 10종(10, 20, 30, 40, 60, 80, 100, 120, 140, 160) 외

15 라이저 유닛(Riser Unit)

(1) 정의 : 고층건물의 Pipe Shaft를 통한 입상배관 공사를 개개별로 따로 하지 않고, 신공법으로써 '단위화 시공'을 한다.

(2) PS(Pipe Shaft)를 통한 수직입상 배관공사를 개별배관 시공법에서 단위화 시공법으로 개선

(3) 단위화 시공 : 약 10~15 Line 이상의 배관을 한 단위(Unit)로 묶어 Tower Crane을 이용하여 설치한다(대형 신축건물 Top Crane 공법에 Riser Unit 공법 적합).

(4) 장점 : 작업인원 및 공기단축, 상하 유닛 간 배관연결 용이, 정밀도 및 신뢰성 향상, 작업인원에 대한 안전도 증가, 시공 품질향상 등

16 이중 보온관(Pre-insulated Pipe)

(1) 현장 배관 작업 후 보온작업, 외부 보호 Jacketing 작업 등 복잡한 기존 보온방식과는 달리 모든 배관자재를 공장에서 완벽하게 보온하여 제품화함으로써 현장배관 작업 시 공정의 단순화, 공기단축, 비용절감을 기할 수 있는 보온방식이다.

(2) 파이프 및 각종 Fitting류가 공장에서 보온화되어 제품이 생산되므로 시공 시 기존 보온방법과는 달리 공사기간과 경비가 절감되고 완벽한 보온공사가 가능

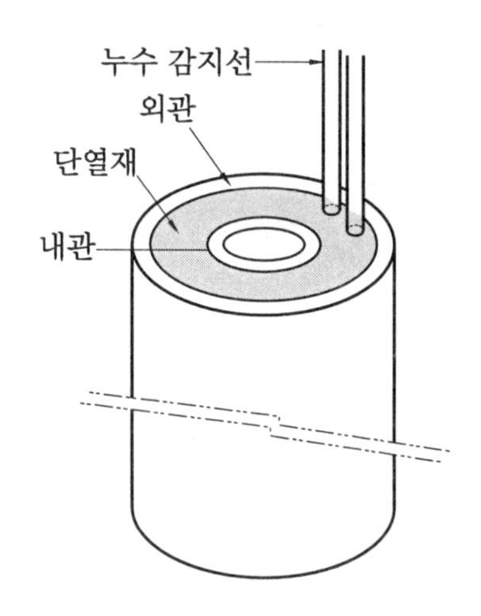

(3) 그림(구조)

내관, 외관, 보온재, 누수감지선 등으로 구성

(4) 용도

지역 냉난방 System, 중앙집중식 냉난방, 상하수도 동파방지, 온도에 민감한 화학물질, 기름 등의 이송, 초저온 배관, 고온 Steam 배관, 온천수 이송, 기타 고품질을 요하는 배관 등

17 열수송관의 직매(直埋) 배관방식

(1) 열수송관의 직접매설방식이란 공장보온 배관방식(Pre-insulated Pipe)에서 열응력의 처리문제에 따라 구분된 방식이다.

(2) 공장보온배관은 내관을 강관으로 하고 외관(Casing)을 고밀도 폴리에틸렌으로 하여 그 사이에 직접 폴리우레탄폼 단열재를 발포하여 제조한 지역난방용 단열관 등으로 구미 각국 및 국내에 가장 널리 사용되고 있다.

(3) 공장보온배관의 장점은 배관자재를 공장에서 보온시킨 상태로 제품화함으로써 공정의 단순화, 비용절감을 꾀할 수 있으며 단열성능 및 외관의 내부식성이 강하여 지하 직접 매설(덕트/공동구 무)이 가능하다는 것이다.

(4) 보상방법(Compensated Method, Pre-stressed)

① 열팽창을 허용하는 방식

② 직매배관 사이에 열팽창 흡수장치(Expansion Joint, Ball Joint 등)를 설치하여야 한다.

(5) 무보상방법 (Non-compensated Method)

① 열팽창에 의한 응력이 강관의 허용탄성한계 이내라면 보상을 하지 않아도 된다.
② 그 대신 적정 온도로 배관을 예열 후 매설한다.
③ 즉, 배관을 75 ~ 80℃ 정도로 미리 예열(Preheating)하여, 팽창시킨 후 지하 매설하는 방식이다.

18 용접 부위 비파괴검사

(1) 육안검사

① 단순히 검사자의 경험에 의지하여 검사하는 방법
② 개별로 눈으로 직접 확인하는 방법

(2) 방사선 투과검사

① 방사선을 직접 투과시켜 흡수율과 투과율을 측정하여 검사
② 검사결과는 필름의 형태로 영구히 보관 가능
③ 검사비용이 많이 들고, 방사선위험 때문에 안전관리의 문제가 있다.

(3) 초음파 탐상검사 (고도의 검사)

① 초음파를 내보내어 검사하는 방법
② 불연속 부위의 이상음파를 이용하여 확인하는 방법 (CRT 스크린에 표시/분석)
③ 면상의 결함에 대한 검출능력이 탁월하다.

(4) 자기 탐상검사 (미세한 검사 기능)

① 자석을 이용하여 검사하는 방법
② 자장속에서 누설되는 이상자속을 확인하는 방법
③ 자화가 가능한 강자성체 검사에만 국한된다.

(5) 액체 침투검사

① 액체의 모세관현상을 이용하여 확인하는 방법
② 시험체 표면에 침투액을 적용시켜 침투제가 표면에 열려있는 균열 등의 불연속부위에 침투할 수 있는 충분한 시간이 경과한 후, 표면에 남아있는 과잉의 침투제를 제거하고 그 위에 현상제를 도포하여 불연속부에 들어있는 침투제를 빨아올림으로써 불연속의 위치, 크기 및 지시모양을 검출하는 검사방법이다.

(6) 형광 침투검사

① 암실에서 자외선을 투사하여 검사하는 방법

② 자외선 투사 시 틈새 부위로 불빛이 침투되는 현상 이용
③ 암실이라는 장소적 제약

19 용접 이음과 나사 이음

(1) 대규모 공사(관 직경 65 mm 이상)에는 누수 우려가 원천적으로 방지되는 용접이음을 사용하고, 소규모 공사에서는 설치가 용이한 나사이음을 많이 사용한다.

(2) 비교 Table

비교 항목	용접 이음	나사 이음
배관경	관의 직경이 약 65mm 이상의 공사에 유리	관의 직경이 약 50 mm 이하의 공사에 유리
이음 공사의 난이도	높음(반드시 숙련공 필요)	낮음(미숙련공도 시공이 가능)
누수 우려	적음	많음
모재의 손상	모재가 열화되어 손상 가능	모재의 손상 없음
안전성	위험 존재(화재, 화상 등)	안전한 편임
신축이음	Swivel Joint 등의 신축이음으로 팽창을 흡수할 수 없다(다른 신축이음 필요).	Swivel Joint 등의 신축이음으로 팽창을 흡수할 수 있다.
용도	해체가능성이 적은 곳, 플랜지 설치공간이 없는 곳	해체가능성 많은 곳, 부식 등이 많은 곳

20 솔더링(Soldering)과 브레이징(Brazing)

(1) 동관의 대표적 용접방법으로 철용접과 달리 용접재만 용융되어 모재 사이를 충전하고, 모재와 일체가 되므로 적정 강도가 유지되는 방법으로 용융 용접재가 모재 틈으로 모세관현상으로 침투 접합된다.

(2) 솔더링

① 450℃ 이하의 용융 용접재 사용
② 모세관현상(용접재는 용융되어 고르게 퍼진다.)
③ 이음부분의 암수부분이 빠듯하게 겹쳐야 하므로, 접촉면을 닦고 플럭스를 칠한 다음, 조립하여 가열 용융접합한다.
④ 잔량의 플럭스는 가열부분이 냉각되기 전에 닦아내야 한다.

⑤ 가열방식에 따른 분류 : 토치 솔더링, 로 솔더링, 유도가열 솔더링, 저항 솔더링, 침액 솔더링, 적외선 솔더링, 인두 솔더링, 초음파 솔더링 등

⑥ 솔더링에 사용하는 용접봉을 '솔더메탈'이라고 한다 (Sn50, Sb5, Ag5.5 등).

(3) 브레이징

① 450℃ 이상의 용융 용접재 사용

② 모세관현상 (용접재는 용융되어 고르게 퍼진다)

③ 가열방식에 따른 분류 : 토치 브레이징, 로 브레이징, 유도가열 브레이징, 저항 브레이징, 침액 브레이징, 적외선 브레이징, 적외선 솔더링, 확산 솔더링 등

④ 상기 가열장비의 가격은 솔더링과 유사하다.

⑤ 브레이징에 사용하는 용접봉을 '브레이징 필러메탈'이라고 한다 (BCuP 그룹, BAg 그룹 등).

(4) Flux (플럭스)

① 금속을 솔더(땜납)와 잘 접속시키기 위하여 화학적으로 활성화시키는 물질이다.

② 액체, 분말, Paste 등이 있으며 Paste가 가장 많이 사용되어진다.

21 수배관 회로방식

밀폐회로, 개방회로 중 어느 것을 선정하느냐는 공사의 규모, 부하상태, 사용방법, 경제성(설비비, 경상비) 등을 종합적으로 판단해 결정한다.

(1) 개방 수회로

수축열 방식, 개방식 냉각탑 등에 많이 사용되나 공기(산소) 때문에 부식되기 쉽고, 순환수 오염 가능성이 많다.

(2) 밀폐 수회로

냉·온수 순환 시스템 (냉방, 난방, 급탕 등)의 수배관 시스템과 같이 간접적인 열교환을 위한 시스템에 많이 적용된다 (배관 내 오염을 줄일 수 있고, 펌프의 동력도 많이 감소시킬 수 있다).

(3) 수회로 유량(펌프) 제어방식

① 정유량 수회로 방식

㈎ 단식펌프 방식 : 가장 기본형(단순형), 최대 저항기준으로 펌프설계해야 하므로 동력비가 증가된다.

㈏ 복식펌프 방식 : 대수제어 가능

② 변유량 수회로 방식

㈎ 단식펌프 방식 : 바이패스 제어, 회전수 제어 등

㈏ 복식펌프 방식 : 대수, 바이패스, 회전수 제어가 가능하다.

22 수배관 압력계획

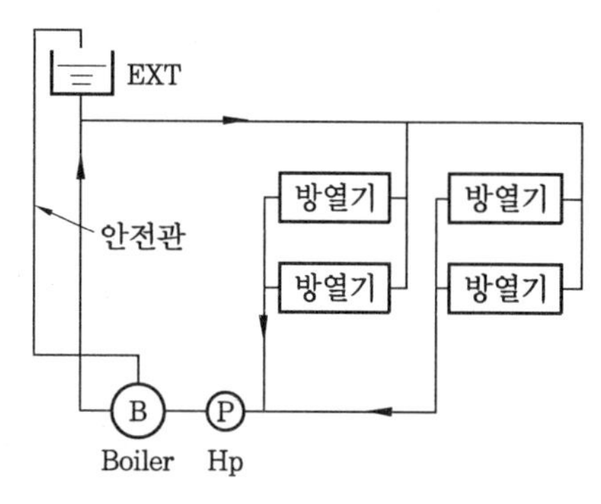

(a) Hp가 안전관, EXT보다 상류

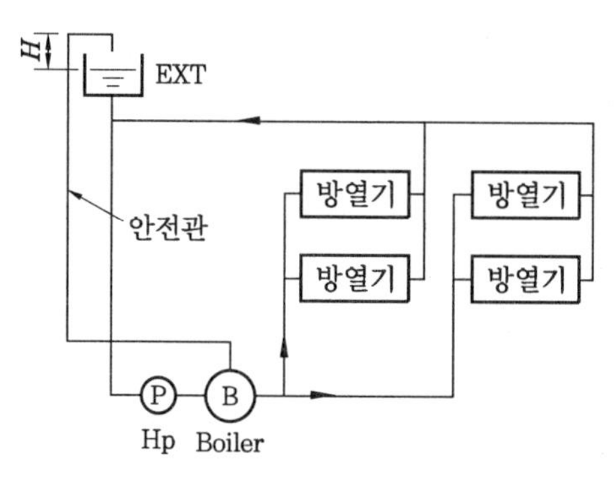

(b) EXT가 Hp보다 상류, 안전관이 하류

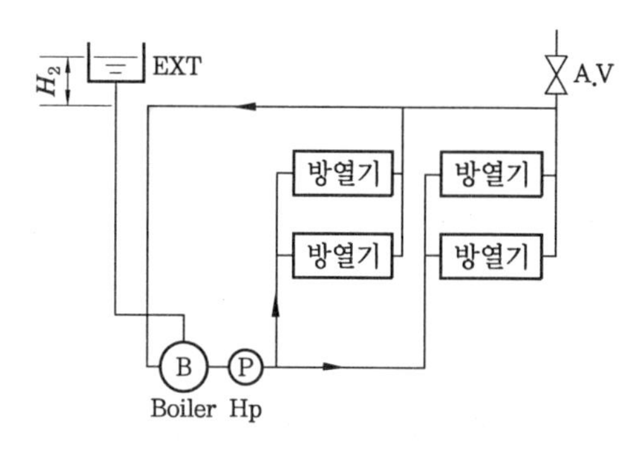

(c) EXT가 Hp보다 상류

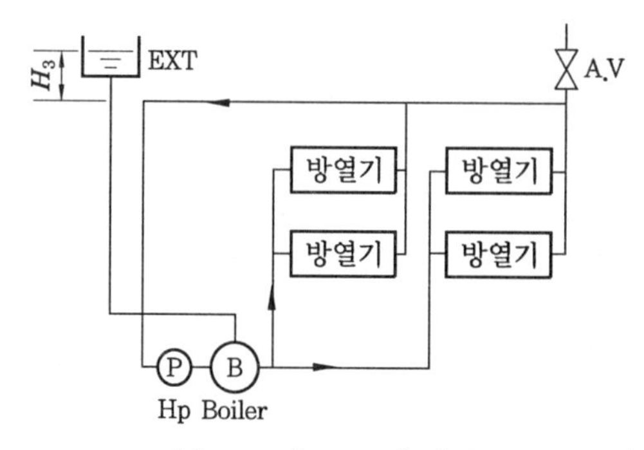

(d) EXT가 Hp보다 상류

(1) 압력저 방식

① 순환 방식 : Hp(펌프) → 개방형 팽창탱크 → 방열기 → (순환) [그림 (a), (d) 참조]

② 공기의 흡입 · 정체 · 순환수비등, 국부적 플래시 현상, 수격작용, 펌프의 Cavitation 등의 우려가 있다.

③ 통상 잘 채용하지 않는 방식이며, 압력이 낮아 최고부에서 공기를 흡입하는 경향이 있는 방식이다.

④ 시스템의 유량저하에 따른 성능 저하 가능성도 있다.

⑤ H_3 : 펌프/보일러 ~ A.V 까지의 압력손실 수두에 에어벤트에 필요한 정압을 가산한 높이 이상으로 할 것

(2) 압력고 방식

① 순환방식 : 개방형 팽창탱크 → Hp(펌프) → 방열기 → (순환) [그림 (b), (c) 참조]

② 이 방법을 사용 시 기기의 내압문제, 펌프의 과열문제 등에 대한 검토하에 선행되어야 한다.

③ 시스템의 유량저하, 캐비테이션 등에 대한 우려가 없고, 성능저하 가능성도 적어 주로 많이 사용하는 방식이다.

④ H_2 : 펌프 정지 시 배관의 최고 부위에서 공기를 뽑을 수 있도록 보통 약 2 m 정도 높인다.

23 수도직결식 급수 시스템

수도직결식이란 수도 본관에서 건물 내의 필요 개소에 직접 급수하는 방식이다.

(1) 기구별 최저 필요압력

① 보통밸브 : 약 30 kPa

② 세정밸브, 자동밸브, 샤워 : 약 70 kPa

③ 급수관 최고압력 : 약 500 kPa

④ 살수전 최저압력 : 약 200 kPa

(2) 수도직결방식의 장점

① 수질오염이 거의 없다.

② 펌프, 저수조, 고가수조 등의 설비가 없으므로 유지관리가 용이하며, 초기 투자비가 적다.

③ 건축의 유효공간을 최대로 활용할 수 있다.

④ 동력이 필요 없으므로 정전 시 단수되지 않는다.

(3) 수도직결방식의 단점

① 급수 높이에 제한을 받는다 (고층건물은 불가).

② 수압은 수도 본관에 좌우되므로 급수압이 불안정하다.

③ 순간 최대수요에 알맞은 급수 관경이 필요하다.

④ 단수 시에 급수할 수 없다.

(4) 적용

일반주택, 소규모 2 ~ 3층 건물, 지하상가 등

(5) 필요압력 계산식 (수도직결식)

$P \geq P_1 + P_2 + P_3$ [MPa]

여기서, P : 수도본관 최저 필요압력 (MPa), P_1 : 최상단 수전 수두압력 (MPa)
P_2 : 배관손실 수두압력 (MPa), P_3 : 기구의 소요압력 (MPa)

24 고가수조식 급수 시스템

고가탱크식 (고가수조방식)은 저수조에서 양수펌프로 고가수조까지 양수시켜 자연압에 의해 급수하는 방식으로, 건물이 초고층일 경우에는 중간수조를 설치하기도 한다.

(1) 고가수조방식의 장점

① 정전 시 고가수조 내에 저장된 물을 사용할 수 있다.
② 양수펌프의 자동운전이 용이하다.
③ 적정수압을 일정하게 유지할 수 있다.
④ 취급이 용이하고 고장이 적다.

(2) 고가수조방식의 단점

① 건물 등의 높은 곳에 중량물을 설치하므로 구조적, 미관상의 문제를 수반하고 설비비가 높다.
② 수질오염이 심해질 수 있다.
③ 건축면적이 크게 소요되며 건축공사비가 증가한다.

(3) 적용

① 일반 건축물
② 대규모 급수설비
③ 단수가 잦은 지역

(4) 고가(옥상)탱크식의 설치기준

① 넘침관 (일수관 : 오버플로 파이프) : 양수관 굵기의 2배 이상의 크기로 하고 철망 등을 씌워 벌레 등의 유입을 방지
② 옥상탱크의 크기 : V = 1시간당 사용수량 × 1~3시간 (m^3)
③ 피크 아워 : 일반건물의 경우 아침 출근 시의 1시간
④ 피크 로드 : 피크 아워의 사용 수량 (1일 사용 수량의 약 10 ~ 15 %)
⑤ 양수펌프의 양수량 : 옥상탱크의 용량을 30분에 양수할 수 있는 용량이어야 한다.
⑥ 펌프의 흡입높이 : 실제 6 ~ 7 m 정도

(5) 계산식 (고가수조방식)

$$H \geq H_1 + H_2 + h$$

또는

$$H - h \geq H_1 + H_2$$

여기서, H : 지상에서 옥상탱크를 설치한 곳까지 필요 높이 (m)
H_1 : 최고층의 급수전 또는 기구에서의 소요압력에 해당하는 높이 (m)
H_2 : 고가탱크에서 최고층 급수전 또는 기구에 이르는 사이 마찰손실수두 (m)
h : 지상에서 최고층 급수전 또는 기구까지 높이 (m)
$H-h$: 순수양정

25 압력탱크식 급수 시스템

압력 탱크식이란 밀폐된 압력탱크를 설치하여 가압펌프로 물을 채우고 수조의 압력으로 상향 공급하는 방식으로, 국부적 고압 필요시 많이 사용한다.

(1) 압력수조 방식의 장점

① 구조상 유리하여 소규모일 경우 적합하다.
② 고가수조의 미설치로 미관상 양호하며 건축비가 절감된다.

(2) 압력수조 방식의 단점

① 압력수조 내에 적정 압력을 유지시켜야 하므로 조작이 복잡하고 항상 보수관리가 필요하다.
② 급수 압력관리가 필요하다.
③ 기계실 면적이 많이 소요된다.
④ 유지관리비가 비싸다.

(3) 적용

공업용, 지하상가, 기타 높은 압력이 필요한 경우 등

(4) 필요압력 계산식 (압력탱크방식)

$$P_{min} = P_1 + P_2 + P_3 \text{ [MPa]}$$

$$P_{max} = P_{min} + (0.07 \sim 0.14) \text{[MPa]}$$

$$H = (\text{흡입양정} + 100P_{max}) \times 1.2 \text{m}$$

여기서, P_{min} : 필요 최저압 (MPa), P_{max} : 필요 최고압 (MPa)
P_1 : 압력탱크의 최고층 수전 높이 해당 수압 (MPa)
P_2 : 관내 마찰손실압 (MPa), P_3 : 기구별 최저 필요압 (MPa)
H : 펌프양정(m)

26 부스터 펌프식 급수 시스템(Tankless Booster Pump System)

부스터 펌프방식은 저수조에 설치한 부스터 펌프에 의해 각 수전 또는 위생기구까지 가압하여 급수하는 방식이다.

(1) 부스터 펌프방식(펌프직송방식)의 장점

① 기계 장치류가 복잡하지만 자동운전이 용이하다.
② 수질오염이 적고 유지 관리가 용이하다.
③ 고가수조 미설치로 구조, 스페이스, 미관상 양호하며, 건축공사비가 절감된다.
④ 에너지절감 차원에서 최근 많이 사용한다.

(2) 부스터 펌프방식(펌프직송방식)의 단점

① 초기투자비(시설비)가 많이 소요된다.
② 보통 다수의 펌프를 병렬 운전하여야 하므로 자동제어가 필요하고, 제어가 복잡하다.
③ 대수 제어방식보다 회전수 제어에 의한 방식이 유리하나 전자파현상에 주의가 필요하다.

(3) 적용

① 중력식(고가수조방식)이 용이하지 않는 고층건물
② 평균적인 사용량이 많이 다른 경우
③ 저층으로 부지가 큰 경우

(4) 급수부하 검지방법

① 압력 검지방법
㈎ 인버터 제어 시(토출압 일정제어, 말단압 일정제어)
㈏ 우리나라의 경우는 토출압 제어
② 유량 검지방법 : 대수 제어 시
③ 수위 검지방법 : ON/OFF 제어 시

(5) 펌프 제어방식

① 정속방식 : 대수 제어, on/off 제어
② 변속방식 : 인버터 제어(VVVF : 회전수 제어) 이용
③ 주로 '주펌프(변속방식) + 보조펌프(정속방식)'로 조합하여 많이 사용한다.

(6) 회전수 제어 원리

① VVVF에 의한 회전수 제어 : 동기회전수 $N = \frac{120F}{P}$

여기서, N : 회전수(rpm), F : 주파수(Hz), P : 전동기극수

② 회전수와 회전차 변화에 따른 유량, 양정, 동력변화

(가) $Q' = \left(\frac{N'}{N}\right) \cdot \left(\frac{D'}{D}\right)^3 \cdot Q$

(나) $H' = \left(\frac{N'}{N}\right)^2 \cdot \left(\frac{D'}{D}\right)^2 \cdot H$

(다) $P' = \left(\frac{N'}{N}\right)^3 \cdot \left(\frac{D'}{D}\right)^5 \cdot P$

여기서, N, N' : 변화 전, 후의 회전수 (rpm)
D, D' : 변화 전, 후의 회전차 외경 (m)
Q, Q' : 변화 전, 후의 유량 (lpm)
H, H' : 변화 전, 후의 양정(m)
P, P' : 변화 전, 후의 동력(kW, HP)

(7) 변속 제어방식

① 변속식의 경우, 장비 및 제어 부분의 초기투자비를 절감하기 위해 2대의 펌프 중 1대만 변속운전으로 하여 병렬운전을 행하는 것이 유리하다. 예를 들어 '변속식 1대 + 정속 1대'의 방식으로 운전하는 경우 다음 그래프와 같이 표현 가능하다 (단, 변속펌프의 회전수 혹은 주파수(Hz)는 4단 조절이 가능하다고 가정한다).

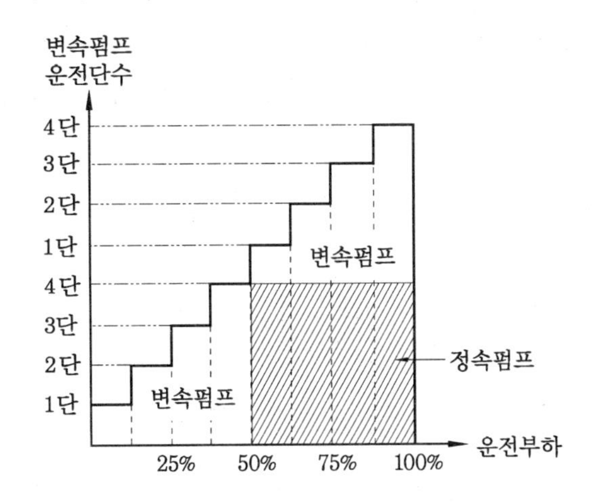

◎ 용량제어방식

① 상기 그래프에서 변속펌프의 용량 (주파수)을 1단 ~ 4단까지 높여가며 운전부하를 상승시킬 수 있고, 더 높은 운전부하 (난방부하) 필요시 정속펌프를 한 대 켜놓은 상태로 다시 변속펌프를 1단 ~ 4단까지 높여가며 운전부하를 상승시킨다.

② 결과적으로 난방부하 전체 용량을 총 8단 (1/8 ~ 8/8) 으로 제어 가능한 셈이다.

② 비교적 적은 규모의 사업장이나 소요 유량이 적은 경우에는 소용량 가변속펌프 1대만 채용하는 경우도 있다.

27 고층건물의 급수배관 시스템

(1) 수압, 진동, 누수, 소음, 기기 손상문제 등으로 급수계통을 몇 개의 존으로 나누어 급수하는 경우가 많으며 급수압을 0.1~0.5 MPa로 억제 필요하다.

(2) 중간탱크나 감압밸브를 이용하여 급수압력을 조절해주어 저층의 압력 불균형, 액해머를 방지해 주어야 한다.

(3) 급수 조닝 방식에 의한 분류 (적절한 수압을 유지하기 위해)

① 층별식 (병렬 양수방식) : 각 존마다 고가수조, 펌프 설치하여 물 양수

② 중계식 (단계 양수방식) : 각 존마다 고가수조와 양수펌프를 설치하여 차례로 윗 존에 중계한다.

③ 압력조정 펌프식 : 고층건물에서 주로 사용하는 방식으로 건물의 존을 구분하여 존수만큼 최하층에 펌프 설치하여 사용수량의 부하변동에 따라 자동적으로 공급

(4) 급수관 구분방식에 의한 분류(중간수조에 의한 방법)

① 세퍼레이트 방식 : 급수라인(급수펌프와 급수탱크)을 병렬로 설치

② Booster 방식 : 급수라인(급수펌프와 급수탱크)을 직렬로 설치

③ Spill-back 방식 : 상부탱크까지 급수 후 일부는 중간탱크로 재분배한다.

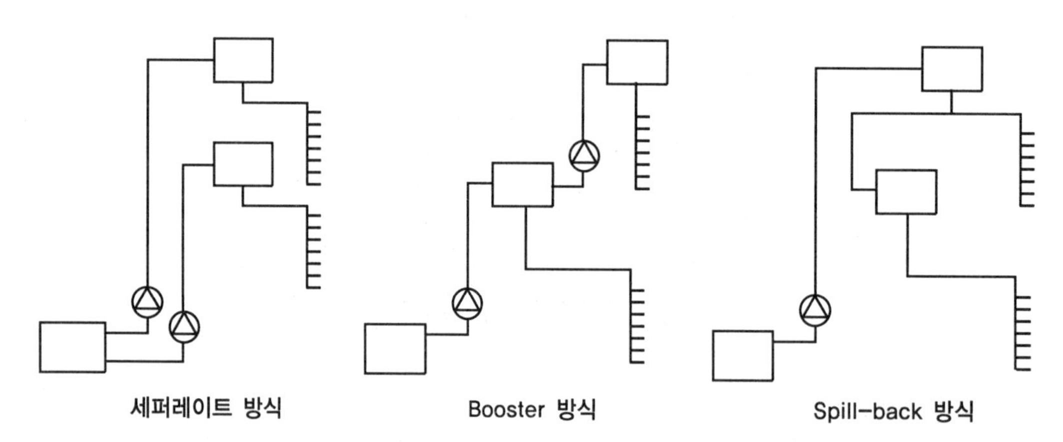

④ 감압밸브식 : 최상층 고가수조로부터 하향급수하며 감압밸브로 존 구분

㈎ 주관 감압 방식 : 주관을 몇 등분하여 감압하는 방식

㈏ 그룹 감압 방식 : 감압이 필요한 Zone 에 그룹별로 감압하는 방식

㈐ 각층 감압 방식 : 각 층별 감압하는 방식

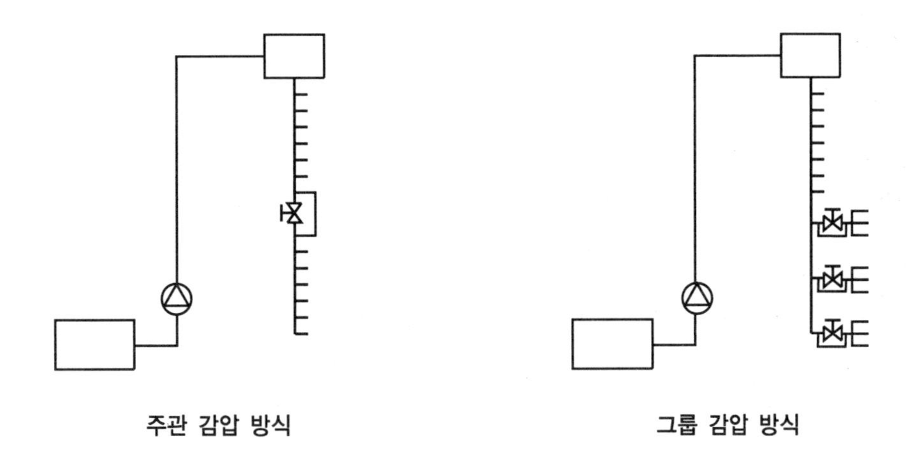

주관 감압 방식　　　　　그룹 감압 방식

28 급수배관의 감압밸브 (PRV : Pressure Reducing Valve)

(1) 고가수조식 급수시스템에서 고층건물일수록 층별 수압의 언밸런스가 심해져 하층부의 압력이 과대해지기 쉽다.

(2) 이 경우 중간층에 감압밸브를 1개 혹은 그 이상 직렬로 설치하여 하층부의 수압의 과대해짐을 방지해줄 수 있다.

(3) 감압밸브 시공 시 주의사항

① 본체에 표시된 화살표 방향으로 설치할 것

② Bypass관의 사이즈는 1차측 관경보다 한 치수 적을 것

③ 초기 시운전 시에 Bypass관을 열고 찌꺼기, 이물질 등을 제거할 것(Flushing 작업)

④ 반드시 유지보수 공간을 확보할 것

⑤ 감압밸브의 2차측 압력 : 대개 3 ~ 3.5 kg/cm^2 정도가 가장 적당

29 고가수조 급수설비 시공법

(1) 펌프의 견고한 고정

견고한 장소에 신축이음 등을 적용하여 진동 전달이 없게 고정한다.

(2) 탱크류의 고정

청소 및 소독이 용이한 장소에 설치 (서비스 및 관리의 용이성)

(3) 기타 부속기기의 고정

감압밸브, 밸브류 등을 서비스가 쉬운 장소에 설치

(4) 스위치 부착

플로트 스위치 혹은 전극봉 스위치 등 부착

(5) 배관시공

배관경 선정 및 계통분리를 잘 실시하여 설치한다.

(6) 시험 및 검사 실시

① 수압시험 : 10.5 kg/cm^{2}로 가압하여 누설체크 시험

② 만수시험 : 탱크에 물을 가득 채우고 24시간 누설체크 시험

③ 통수시험 : 각 기구 설치 후 최종적으로 수량 확보, 소음 여부 등 확인

30 급수오염 방지법

(1) 급수설비 오염원인으로는 Cross Connection (급수설비와 중수도, 공업용수 등을 잘못 연결), Tank 등의 내면물질 용해, 기타 오염물질 유입, 위생기구의 Back Flow, 배관오염 등을 들 수 있다.

(2) 역류(Back Flow)의 방지

① 수전의 말단으로부터의 역류방지책 : 수면과 토출구 말단 사이에 Air Gap (토수구 공간)을 둔다.

② 부압이 수전에 도달하기 전 배관 도중에서 완전 소멸하는 방법 : 진공방지기 (Vacuum Breaker) 혹은 역지밸브, Back Siphon Breaker (대변기) 등을 설치한다.

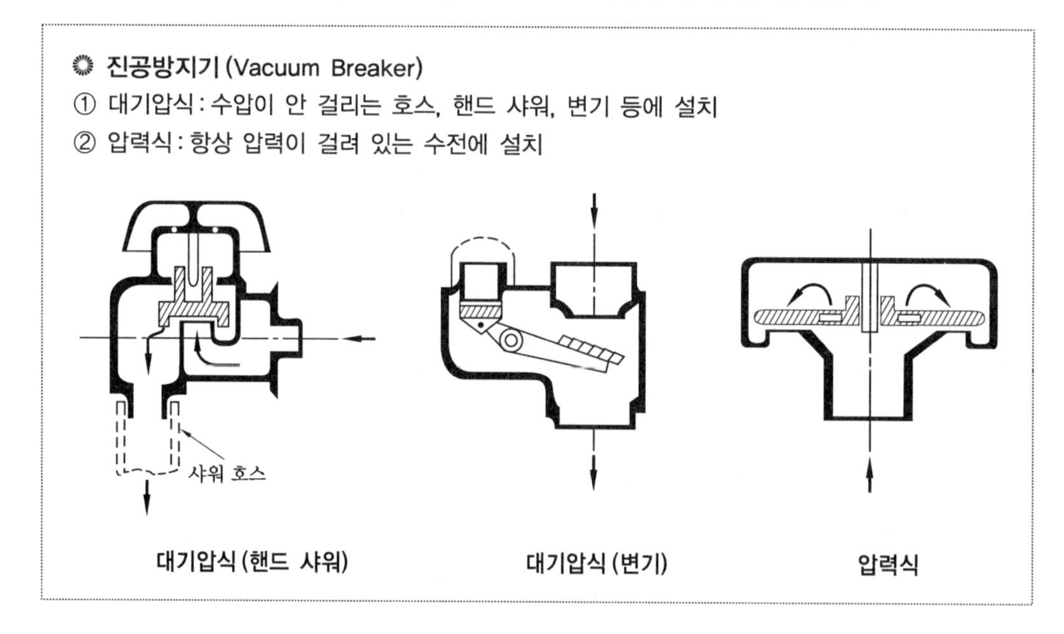

대기압식 (핸드 샤워)　　대기압식 (변기)　　압력식

(3) 크로스 커넥션(Cross Connection, 교차연결) 금지

① 배수관과 급수관의 잘못된 연결로 인하여 배수의 급수측으로의 역류에 의해 오염 가능(공사 시 Line Marking 필요)

② 광의(廣義)로 급수를 오염시키는 모든 잘못된 연결을 말한다.

③ 배관 오염 순으로 설치 높이 고려

(4) 저수조 오염

① 유해물질(벌레, 먼지, 이물질 등) 침입 방지망(OF철망) 설치 혹은 밀폐

② 전용수 용도로 사용 및 적정량 저수

③ 기타 내부 마감 등

(5) 투광 방지

투광(탱크 내 조류 번식 가능)되는 수조 개선(FRP 탱크는 가급적 피한다.)

(6) 수조 내 정체수 방지(물이 정체된 경우 미생물 번식 가능)

입출구 배관의 인접 금지

(7) 배관

부식 및 스케일 방지

31 수격현상(Water Hammering)

(1) 관내 유속변화와 압력변화의 급격현상을 워터 해머라 하고, 밸브 급폐쇄, 펌프 급정지, 체크밸브 급폐 시 유속의 14배 이상의 충격파가 발생되어 관파손, 주변에 소음 및 진동을 발생시킬 수 있다.

(2) Flush 밸브나 One touch 수전류 경우 기구 주위 Air chamber를 설치하여 수격현상을 방지하는 것이 좋고, 펌프의 경우에는 스모렌스키 체크밸브나 수격방지기(벨로스형, 에어백형 등)를 설치하여 수격현상을 방지하는 것이 좋다.

(3) 배관 내 워터 해머(Water hammer) 현상이 일어나는 원인

① 유속의 급정지 시에 충격압에 의해 발생

㈎ 밸브의 급개폐

㈏ 펌프의 급정지

㈐ 수전의 급개폐

㈑ 체크밸브의 급속한 역류차단

② 관경이 적을 때

③ 수압 과대, 유속이 클 때
④ 밸브의 급조작 시(급속한 유량제어 시)
⑤ 플러시 밸브, 콕 사용 시
⑥ 20 m 이상 고양정
⑦ 감압밸브 미사용 시

(4) 수격작용에 의한 충격압력

$$P_r = \gamma \cdot a \cdot V$$

여기서, P_r : 상승압력 (Pascal), γ : 유체밀도 (물 1000 kg/m^3)
a : 압력파 전파속도 (물 1200 ~ 1500 m/s 평균)
V : 유속 (m/s, 관내유속은 1 ~ 2 m/s 로 제한)

32 수격현상 (Water Hammering) 방지책

(1) 밸브류의 급폐쇄, 급시동, 급정지 등 방지
(2) 관지름을 크게 하여 유속을 저하시킨다.
(3) 플라이 휠(Fly-wheel)을 부착하여 유속의 급변 방지 : 관성(Fly wheel) 이용
(4) 펌프 토출구에 바이패스 밸브(도피밸브)를 달아 적절히 조절한다.
(5) 기구류 가까이에 공기실 (에어 체임버 : Water Hammer Cusion, Surge Tank) 설치
(6) 체크밸브를 사용하여 역류 방지 : 역류 시 수격작용을 완화하는 스모렌스키 체크밸브를 설치한다.
(7) 급수배관의 횡주관에 굴곡부가 생기지 않도록 직선배관으로 한다.
(8) '수격방지기(벨로스형, 에어백형 등)'를 설치하여 수격현상 방지
(9) 전자밸브보다는 전동밸브를 설치한다.
(10) 펌프 송출측을 수평배관을 통해 입상한다(상향공급방식).

33 수격방지기

(1) 수격방지기란 수격현상을 방지하기 위해 배관상 혹은 배관의 말단 등에 설치해주는 장치이다.
(2) 다음 그림과 같이 여러 종류의 수격방지기가 사용되고 있다.

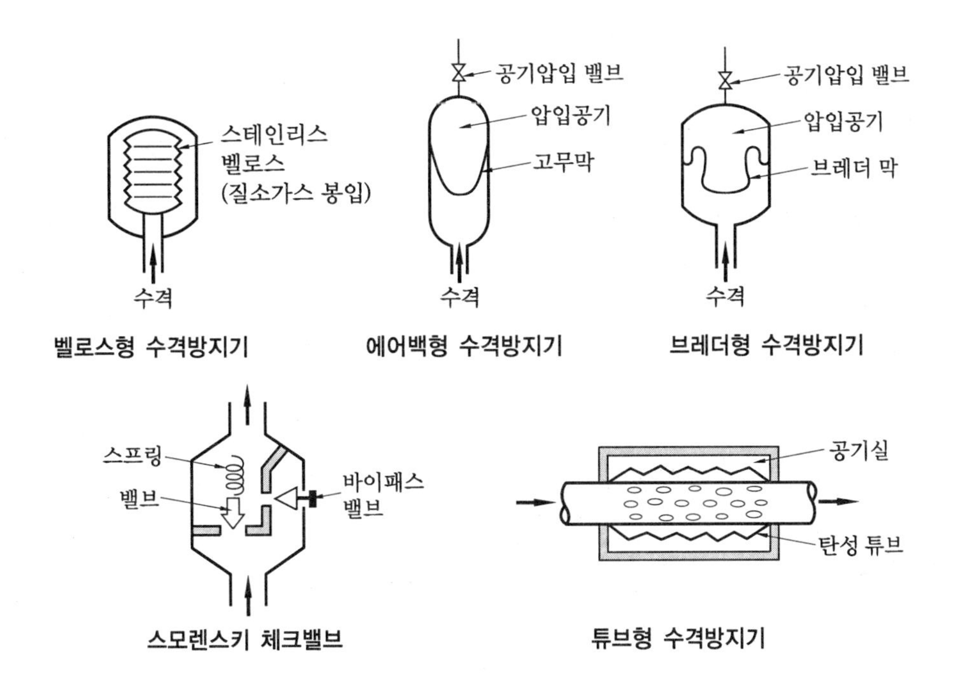

벨로스형 수격방지기 에어백형 수격방지기 브레더형 수격방지기

스모렌스키 체크밸브 튜브형 수격방지기

(3) 수격방지기의 설치위치

① 펌프에 설치 시에는 토출관 상단에 설치한다.
② 스프링클러에 설치 시에는 배관 관말부에 설치한다.
③ 위생기구에 설치 시에는 말단 기구 앞에 설치한다.

34 기구 급 · 배수 부하단위 (FU)

(1) FU는 기구부하 단위로서 Fixture Unit Valve Load Factor의 약자이다.
(2) 기구부하단위는 기구급수 부하단위와 기구배수 부하단위로 구분되며, 급배수량 산정, 배관경 계산을 간단히 하기 위한 단위이다.
(3) NPC (National Plumbing Code)에 기록된 1FU의 정의(기구배수 부하단위) : 표준 세면기(관경 32 mm)의 순간 최대 배수량($1ft^3$/min=28.3L/min)을 기준 유량으로 1기구배수 부하단위(1FU)라고 한다.
(4) HASS (Heating Air Conditioning and Sanitaty Standard)에 기록된 1FU의 정의(기구급수 부하단위) : 수압 1 kg/cm^2로 세면기에서 흘려씻기를 할 때의 유량 (14 L/min)을 기준유량으로 1기구 급수 부하단위 (1FU)라고 한다.

(5) 기구급수 부하단위에 의한 급수량 및 관경 산정

① 주택의 1인 1일당 평균 급수량을 약 250 L로 보고 있다.

② Roy B. Hunter에 의해 개발되어 현재 미국 등에서 많이 사용하는 방식이다.
③ 급수기구의 종류에 따라 적절한 FU값을 모두 선정한 다음 합산한다.
④ 순간최대급수량을 다음 그래프에서 찾는다.
⑤ '유량-마찰손실 선도'를 이용하면 순간최대급수량과 유속 등을 기준으로 급수관경을 계산할 수 있다.

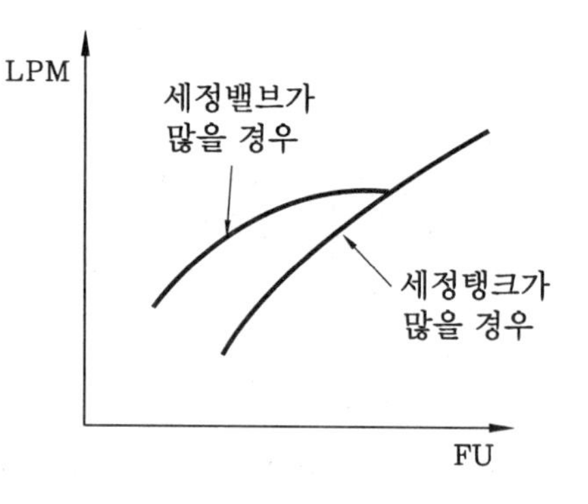

35 급수량 및 급수 배관경 설계

(1) 하루(1일)당 급수량(Q_d) 산정

$$Q_d = N \cdot q_d$$

여기서, N : 인원수, q_d : 1인 1일 평균 급수량

(2) 1시간당 평균 예상 급수량(Q_h) 산정

$$Q_h = \frac{Q_d}{T}$$

여기서, Q_d : 1일당 급수량, T : 건물 평균 사용시간

(3) 시간 최대 예상 급수량(Q_m) 산정

$$Q_m = (1.5 \sim 2.0)Q_h$$

여기서, Q_h : 1시간당 평균 예상 급수량

(4) 순간 최대 예상 급수량(Q_p) 산정

$$Q_p = (3 \sim 4) \times \frac{Q_h}{60}$$

여기서, Q_h : 1시간당 평균 예상 급수량 (LPM)

(5) 급수관경 결정

① 균등표

㈎ 소규모 건물 적용

㈏ 실제보다 다소 크게 나옴

㈐ 균등표 보는 방법

㉮ 가로축의 관지름의 수량에 해당되는 균등표상의 수치에 일치하는 세로축상의 해당 관지름을 읽는다.

㈏ 이때 기구의 '동시사용률'도 고려해서 계산할 경우에는 가로축의 관지름의 수량에 해당되는 균등표상의 수치 × 동시사용률 = 세로축상의 해당 관지름 (해당되는 수치가 없으면 바로 위 수치 적용)

(사례) 경질염화비닐관의 균등표

관경	13	16	20	25	30	40
13	1					
16	1.7	1				
20	3.1	1.8	1			
25	5.6	3.2	1.8	1		
30	9.8	5.7	3.2	1.8	1	
40	19.2	11.1	6.2	3.4	2.0	1
50	36.4	21.1	11.7	6.5	3.7	1.9

② 마찰손실 수두 선도 (유량선도)

㈎ 아래와 같이 '마찰손실 수두 선도'를 이용하여 필요한 관경을 구한다.

㈏ 필요유량, 마찰손실수두, 유속 중 2가지를 알면 선도상에서 필요 관경을 구할 수 있다.

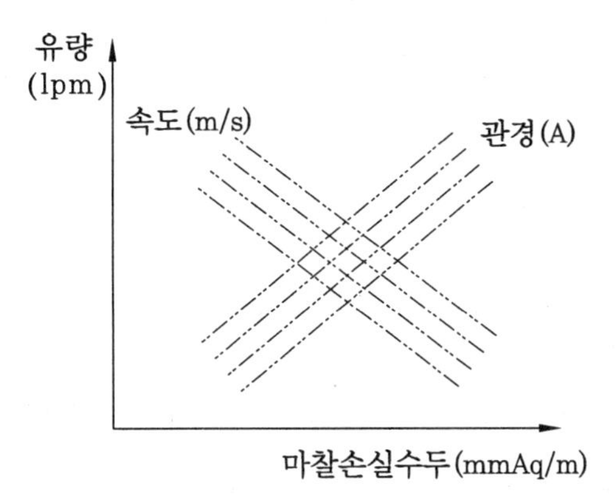

③ 기구의 동시사용률 (%)

기구수 (FU)	1	2	4	8	16	32	50	70	100	101 ~ 200	201 ~ 500
일반기구	100	100	70	55	45	40	38	35	33	30 ~ 20	20
대변기 (세정밸브)	100	50	50	40	27	19	15	12	10		

㈜ FU=100일 때 동시사용률=33% (일반기구), 10% (대변기)

36 수수조 및 펌프 설계

(1) 일반적으로 건물에 공급할 물을 1차적으로 받아 저수하는 탱크를 수수조 혹은 저수조라고 한다.

(2) 수수조의 용량 (V_R)

$$V_R = \frac{Q_d}{2}$$

여기서, Q_d : 일일 평균 급수량

(3) 옥상탱크의 크기

시간평균급수량으로 1 ~ 3시간분으로 한다.

$$V_E = (1 \sim 3)Q_h$$

여기서, V_E : 옥상탱크의 크기, Q_h : 시간 평균 급수량

(4) 펌프유량 (Q_o)

옥상탱크를 30분 이내에 채울 수 있는 유량이어야 한다.

$$Q_o = \frac{V_E}{30}$$

(5) 펌프양정 (H)

펌프의 양정은 실제 전양정의 120%로 한다.

$$H = H_a \times 1.2$$

예제 300세대 공동주택 급수계획에서 수도 인입관에서 평균 300 L/min 수량이 연중 24시간 확보 가능한 경우 수수조의 용량을 수식을 나열하면서 구하시오. (단, 1세대당 4인 거주, 1인 1일 평균 사용수량은 250 L, 1일 평균 사용시간은 10시간이다.)

해설 1일 평균 급수량 $Q_d = N \cdot q_d$ = (300세대×4인)×250 L = 300000 L

따라서, 수수조의 용량 (V_R) : $V_R = \frac{Q_d}{2}$ = 150000 L

37 배수량 및 배수 배관계통 설계

(1) 기구배수 부하단위에 의한 관경(fuD) 결정

① 각 기구의 최대배수 유량을 표준기구(세면기)의 최대배수 유량으로 나누고, 다시 동시사용률을 감안하여'기구배수 부하단위'를 결정한다.

② 각 배수관의 종류별 fuD의 합계를 이용하여 표에서 관경을 결정한다.

(2) 정상유량법에 의한 관경 결정

① 기구 평균 배수유량 $\left(q_d = 0.6 \times \frac{\text{1회당 기구 배수유량}}{t}\right)$, 기구 배수량($L$: 기구의 1회당 전배수량), 기구 평균 배수간격(배수 개시부터 다음 번 배수 개시까지의 평균시간)으로부터 정상유량 산출(여기서 t는 기구배수시험에서 20% 배출 후 나머지 80%가 배출되는데 소요되는 시간을 말한다.)

② 기구 평균 배수유량(q_d)과 상류측의 총 정상유량$\left(= \Sigma \frac{\text{기구배수량}}{\text{기구평균배수간격}}\right)$으로부터 그래프를 이용하여 부하유량($Q_L$; 실제로 흐른다고 예상되는 유량)과 관경(D)을 결정한다 [그림 (a) 참조].

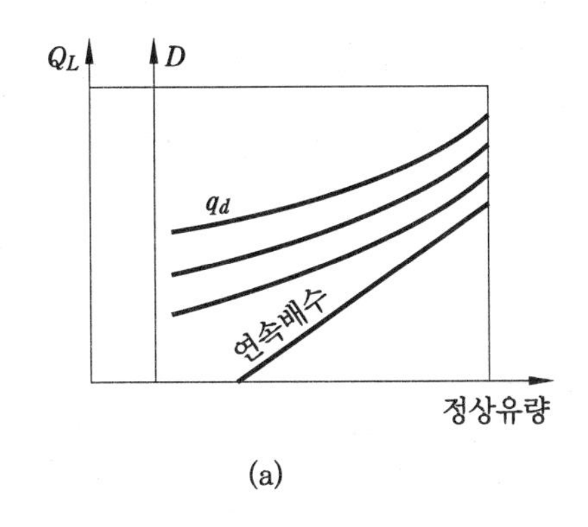

(a)

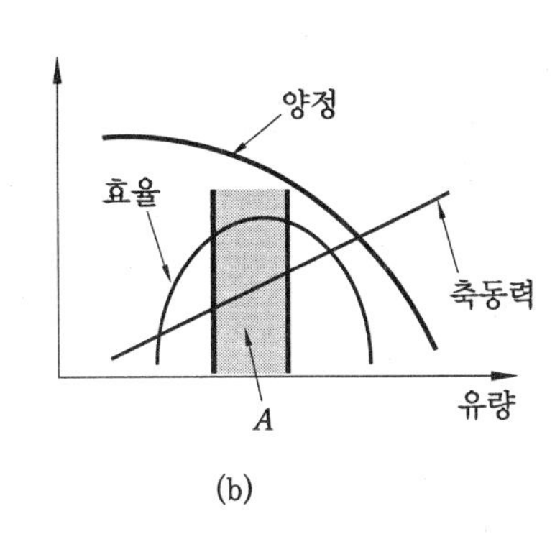

(b)

(3) 배수관 계통의 주의사항

① 배수관 평균유속은 보통 1.2 m/s 정도로 한다.

② 최소유속 = 0.6 m/s, 최대유속 = 1.5 m/s

③ 수직배수관은 특히 신정통기방식 채택 시 공기힘에 의한 하류압력 상승 배제를 위해 여유 있는 배수관경 선정이 필요하다.

④ 수평배수주관의 조수현상(물의 튀어오름) 발생을 고려하여 수직배수관보다 한 단계 큰 관경 선정이 필요하다.

⑤ 배수관 기울기 : 주로 약 $\frac{1}{50}$ ~ $\frac{1}{100}$

㈎ 32~75A : $\frac{1}{50}$

㈏ 100~125A : $\frac{1}{75}$ ~ $\frac{1}{100}$

㈐ 150~200A : $\frac{1}{100}$ ~ $\frac{1}{500}$

(4) 배수펌프의 선정

① 배수펌프 사용 시 필요 유량 및 양정을 확인 후, 위 그림 (b)에서와 같이 효율이 좋은 특성(A구간)의 펌프를 선정한다.

② 배수펌프의 용량 여유율은 약 20 % 정도로 한다.

38 루프 드레인 및 우수 관경 설계

(1) 건물의 옥상이나 지붕에 내리는 빗물은 보통 루프 드레인 혹은 처마홈통을 거쳐 우수 입상관으로 흘러내리고 우수 수평주관을 흘러 우수받이를 거친 후 하수도나 하천으로 방류된다.

(2) 우수 수직관은 건물 내부 또는 건물 외벽면을 따라서 배관하고, 콘크리트 등에 매설배관해서는 안 된다. 공공 하수도가 합류식인 경우에도 건물 내의 우수관은 일반 배수계통과는 별개로 배관하고 옥외의 배수 트랩피트(맨홀)에서 합류시키는 것이 유리하다.

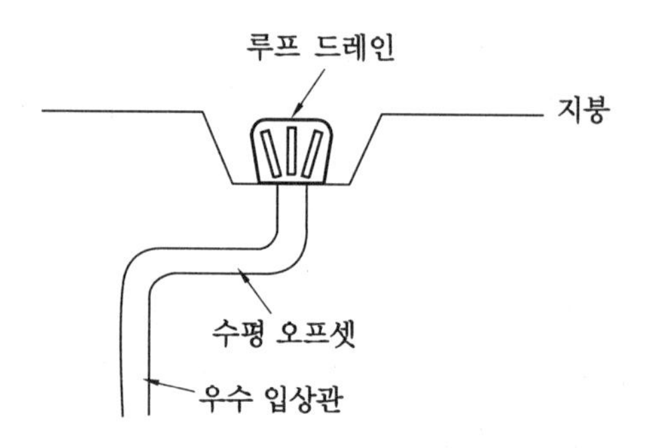

(3) 루프 드레인의 유효 통수면적은 접속하는 우수 입상관 단면적의 1.5배 이상으로 한는 것이 보통이고, 평형의 경우에는 약 2배 이상으로 한다.

(4) 수평 오프셋은 건물의 구조상의 열변형이나 배관의 신축 등으로 루프 드레인이 들어올려져 방수층이 깨어지는 것을 방지하기 위해 다음과 같이 수평 오프셋(off-set)을 설치하거나, 신축이음을 해주는 것이 좋다.

(5) 루프 드레인 및 우수 관경을 설계하기 위해서, 지붕 전체 혹은 구역별로 2개 ~ 몇 개의 존(Zone)으로 나누어 다음 표와 같이 루프 드레인과 배관의 크기 및 수량을 선정한다.

(6) 즉, 다음과 같은 통계적 Table 값을 읽는다.

통계적 Table값

규 격 (mm)	허용최대 수평지붕면적(m^2)							
	루프 드레인				입상관	수평관(부지배수관)		
	배 관 구 배							
	1/200	1/100	1/50	1/25		1/100	1/50	1/25
50A					67			
65A					121			
80A	16	22	32	45	204	76	108	153
100A	33	47	67	95	427	175	246	349
125A	58	82	116	164	804	310	438	621
150A	89	126	178	257	1,254	497	701	994
200A	185	260	370	520	2,694	1,068	1,514	2,137
250A	334	474	669	929		1,923	2,713	3,846
300A						3,094	4,366	6,187
375A						5,528	7,804	11,055

㈜ ① 수평지붕면적 : 지붕의 수평 투영면적을 말함(단, 외벽면 상당치 포함)
② 계산식
수평지붕면적 = 수평 투영 + (외벽면×1/2)
③ 위 표는 최대강우량 약 100 mm/h를 기준으로 만든 Table의 예이며, 특정 지역의 통계적 최대강우량을 기준으로 할 때는 다음과 같이 계산한다.
즉, 보정수치 = 100 mm/h 기준의 지붕면적 × 100mm/h / 당해 지역의 시간 최대 강우량

(7) 단, 루프 드레인의 크기 및 수량은 다음과 같은 인자에 비례한다. 즉 다음의 경우 루프 드레인의 배관경을 줄일 수 있다.
① 우수배관의 구배가 클수록
② 수평 횡주관보다는 입상관
③ 수평지붕면적이 작음수록
④ 시간당 최대 강우량이 적을수록
이 경우, 보통 각 지역별 과거 10년 동안의 최대강우량을 기준으로 한다.
⑤ Siphonic Roof Drainage System 적용
㈎ 기존의 중력식 배수 시스템의 경우 배관 내 일정 부부난 물이 차서 흘러가지만 사이포닉식의 경우 배관 내 공기유입을 줄여 배관 내 사이포닉 현상에 의해

배수되므로 유속이 빠르고 관경이 매우 작아진다.

(나) 홈통의 모양에 의해 배관 내 공기유입이 줄어 배관 내 사이포닉 현상이 일어나도록 한다.

(다) 이 경우 관경 결정에 사용할 수 있는 소프트웨어 프로그램이 개발되어 있다 (Geberit Pluvia Software Program 등).

(라) 횡주관의 경사도(Slope)가 필요 없다.

(마) 물이 배관 내에 차서 흐르므로 소음이 적다.

(바) 물의 빠른 유속에 의한 자정작용으로 청소가 거의 불필요하다.

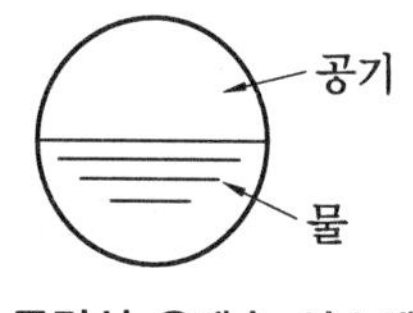

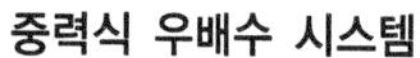

중력식 우배수 시스템

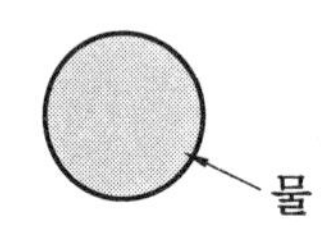

Siphonic 우배수 시스템

(사) 사이포닉(Siphonic) 우배수 시스템의 장점

㉮ 배수관에 물이 일정 부분 이상 고였을 때 한꺼번에 빠른 속도로 흘러내리게 하는 방식이므로 배수효율이 매우 높은 편이다.

㉯ 일반적인 방식대비 배수관 관경을 최대 1/4까지 가늘게 할 수 있다.

㉰ 빠른 속도에 의해 관내의 이물질을 쓸고 내려가는 자정작용이 뛰어나다.

㉱ 배수관에 전기 열처리시스템을 장착하여 겨울에도 얼어붙지 않게 고려하는 경우도 있다.

㉲ 주사용처 : 여객터미널, 지붕면적이 넓은 경기장, 공항 등

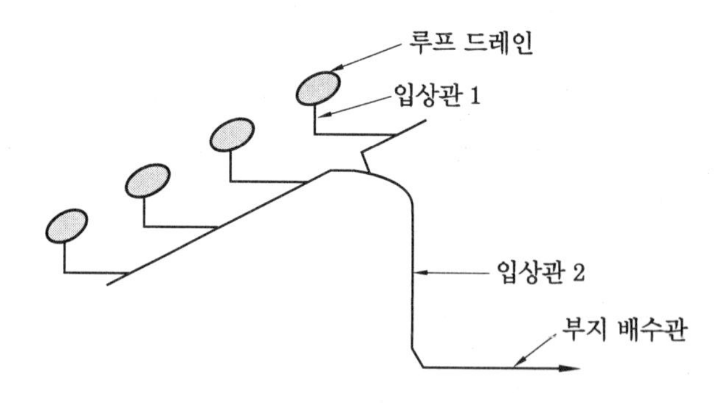

Siphonic 우배수 시스템의 적용 사례

39 배수조 및 배수펌프 설계

(1) 배수조 및 펌프 용량

배수 상태	배수조의 용량	배수펌프의 용량
시간 최대 유입량의 산정이 가능한 경우	최대 유입량의 15 ~ 60분	시간 최대 유입량의 1.2배
유입량이 소량인 경우	배수량의 5 ~ 10분	최소용량은 펌프의 구경에 따름
일정량이 연속적으로 유입하는 경우	배수량의 10 ~ 20분	시간 평균 유입량의 1.2 ~ 1.5배

(2) 기타 (양정-유량 특성곡선 이용)

① 배수펌프 선정 시 효율이 좋은 운전점에서 운전될 수 있도록 적절한 용량의 펌프를 선정한다(용량이 너무 크거나 작으면 좋지 못함).

② 양정 및 유량을 특성곡선상 설계 시, 배관상 마찰손실에 의한 보정치를 잘 고려하여 설계하여야 한다.

③ 소화펌프와 공용으로 사용 시 : 화재 발생 시를 대비하여 소화펌프의 용량과 동등 이상으로 설계할 필요가 있다.

40 배수의 종류

(1) 사용 장소에 따른 분류

① 옥내배수 : 건물 내의 배수로, 건물의 외벽에서 1 m 까지의 배수

② 옥외배수 : '부지배수'라고 하며, 건물의 외벽면에서 1 m 이상 떨어진 배수

(2) 물에 포함된 내용에 따른 분류

① 오수

(가) 수세식변기(대변기 및 소변기 등)에서의 배수, 즉 종이와 고형물을 포함한 배수를 말한다.

(나) 오수처리시설이 되어 있는 하수도가 있는 경우는 그 상태로 하수도에 방류하지만 그렇지 못한 경우에는 사설 오수처리시설에서 처리하여 하수도에 방류한다.

② 잡배수

(가) 주방, 욕실, 세면장, 세척장 등에서의 배수로 배출되는, 비교적 오수에 비하여

오염 정도가 적고, 오수처리시설이 없는 하수도에 방류하여도 지장이 없는 것을 말한다.

㈏ 공공 하수관이 완벽하게 시설되어 있지 않는 지역에서는 하천에 부득이 배수되는 경우도 있지만 환경오염을 발생시킬 염려가 있으므로 주의하여야 한다.

③ 우수, 용수

㈎ 빗물과 지하에서 솟아오른 물 등의 오염되어 있지 않은 물은 정화처리를 할 필요가 없으므로 직접 냇물, 강 또는 바다로 흘려보내고 있다.

㈏ 수질의 오염문제는 없지만 집중호우 등에 의한 수해를 당하지 않도록 충분한 크기의 관로를 설치할 필요가 있다.

④ 특수배수 (또는 폐수)

㈎ 공장, 병원, 연구소 등에서의 배수 중 기름, 산, 알칼리, 방사선물질, 그 이외의 유해물질을 포함하고 있는 배수를 특수배수라 한다.

㈏ 이들을 적절한 처리시설에서 처리하여 하수도에 흘려보내야 한다.

㈐ 좋은 시설의 하수도가 있어도, 하수도의 오수처리시설은 어디까지나 생활용수를 대상으로 하고 있으므로 공장에서의 유해물질을 다량 포함한 산업배수에 대한 처리능력은 기대할 수 없다.

㈑ 이 특수배수는 그 수질에 대해 광범위하므로 적절한 처리를 하여 공해가 없도록 한 후에 잡배수로 취급되어야 한다.

⑤ 중수도 (배수 재처리 용수) 배수

㈎ 사용된 물을 재생하여 다시 이용하기 위한 배수를 중수도 배수라고 한다.

㈏ 사용 목적상 일반 잡배수와 구별하여 취급한다.

(3) 기계 (펌프) 사용에 따른 분류

① 중력식 배수

㈎ 물은 대기에 개방된 상태에서는 높은 곳에서 낮은 곳으로 흐르게 된다. 이것은 중력작용에 의한 것이며, 이 방식에 의한 배수계통을 중력식 배수라 한다.

㈏ 배수계통의 대부분은 이 방식에 의한 것이며, 반드시 높은 곳에서 낮은 곳으로 향하게 배열하며, 중간에 느슨해짐이 생기지 않도록 주의한다.

② 기계식 배수

㈎ 지하층의 배수, 오수처리장치에서 오수와 연결된 하수관보다 낮은 위치에서의 배수는 펌프 등의 기계장치에 의해 퍼올려야만 한다.

㈏ 이와 같이 기계를 사용하여 배수를 퍼올리는 방식을 기계식 배수라 한다.

㈐ 공용하수도에 있어서도 하수도보다 낮은 지역의 배수는 기계식 배수로 해야 하는 경우도 있다.

41 병원배수

(1) 병원배수는 생활배수, 자연배수와 같은 일반적인 배수 이외에 시험 동물 축사배수, 오염 병균수, 폐약품 배수, 방사선 오염수 등의 특수배수가 많아 아주 처리하기 복잡한 양상이다.

(2) 특히 폐약품류 배수, 방사선 오염수 등의 특수배수는 위탁처리하는 것이 원칙이다.

(3) 병원배수의 종류별 배출특성 및 처리방법

구 분	배출원	배출 특성	처리방법
생활배수	화장실, 세면장 등	일반건물과 동일	오수처리시설, 정화조 등
우수	일반건물과 동일	일반건물과 동일	공공수역 직접 방류
동물축사 배수	동물 실험실 등	물에 용해 안 되는 고형물	오수 처리시설
오염 병균수	병동 등	세균 등 함유	멸균, 소독 등 (단독 처리 필요)
폐약품 배수	수술실, 약국 등	부식 및 플라스틱 용해 가능	위탁처리(전용 정화조, 소각 등)
방사선 오염수	방사선 치료실, 촬영실 등	처리가 까다롭고, 시간이 오래 걸림	위탁처리(전용 정화조, 소각 등)

42 배수 트랩

(1) 배수구상 폐가스, 악취, 벌레 등의 침입을 저지하기 위해 배수트랩을 설치한다.

(2) 봉수깊이는 50 ~ 100 mm 정도가 적당하다.

(3) 트랩의 자정작용 : 트랩 자체의 기능(자기 사이펀 기능)으로 고형물, 머리카락 등을 배출할 수 있다.

(4) 종류

① 사이펀식 트랩(파이프형)

㈎ 유인작용으로 배수·고형물 등을 통과시키고 폐가스, 악취, 벌레 등의 침입을 저지한다.

㈏ S-트랩 : 세면기, 대변기, 소변기 등에 적용, 사이펀 작용 발생이 쉽다.

㈐ P-트랩 : 위생기구에서 가장 많이 사용

㈑ U-트랩(가옥트랩 ; 메인트랩) : 배수 횡주관 도중에 설치하여 하수 가스 역류 방지용 등에 사용한다.

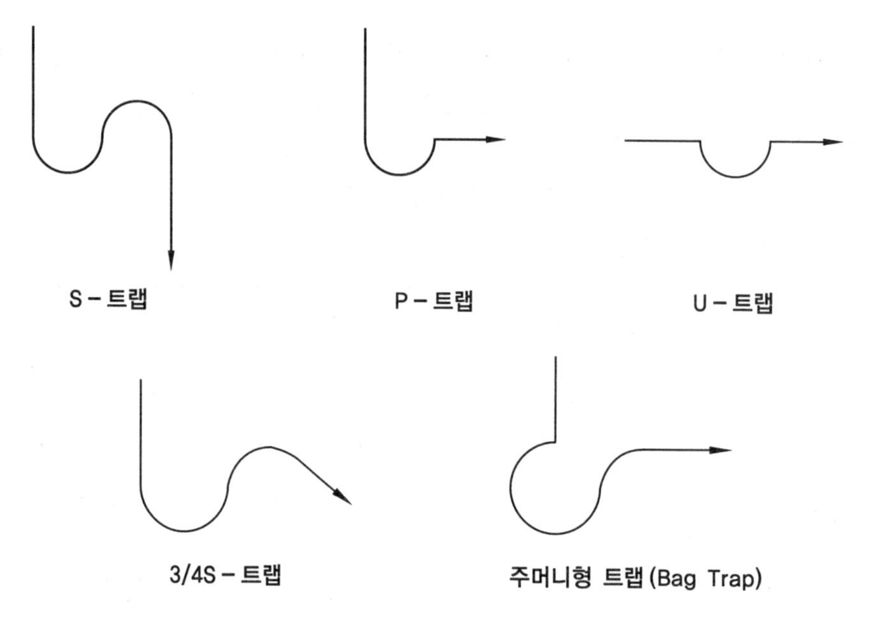

② 비사이펀식 트랩(용적형)

㈎ 유인작용이 아닌 방법으로 저지한다.

㈏ 드럼 트랩

㉮ 주방 싱크 및 시험실의 배수용

㉯ 봉수가 가장 안전하고 청소가 용이하다.

㈐ 벨 트랩

㉮ 주방 싱크, 욕실바닥 배수 등

㉯ 미국에서는 금지(청소 후 벨을 원래의 위치에 놓지 않으면 트랩 기능이 없어지기 때문이다.)

㈑ 보틀 트랩 : 싱크나 세면기 배수(유럽에서 많이 사용)

③ 저집기(조집기 : Intercepter)형 트랩 : 배수 계통에 오일류, 모래, 기타 이물질 등이 혼입되어 오연이나 폭발위험 등이 발생할 수 있어 이를 제거하기 위해 설치되는 것이 저집기이다.

㈎ 그리스 트랩 : 호텔 주방, 음식점 주방(기름 많이 사용)

㈏ 가솔린 트랩 : 차고, 주유소, 세차장(차와 관련된 곳)

㈐ 샌드 트랩 : 벽돌, 콘크리트 공장

㈑ 헤어 트랩 : 이발소, 미용실

㈒ 플라스터 트랩 : 치과 기공실, 외과 깁스실

㈓ 라운드리 트랩 : 세탁소

㈔ 차고 트랩 : 차고 내의 바닥 배수용 트랩

㈕ 오일 트랩(oil interceptor) : 자동차의 수리 공장, 급유소, 세차장, 차고 등으로부터 배출되는 오일 제거

43 공조기 배수트랩

(1) 공조기의 송풍기 하부 드레인측 배수라인 연결 설치 시 다음과 같이 최소 봉수깊이를 산정 후 그 이상으로 설치한다.

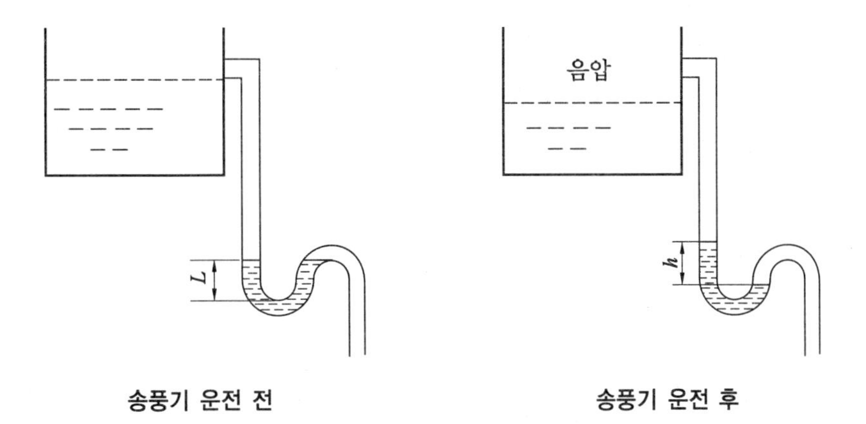

송풍기 운전 전　　　　송풍기 운전 후

〈계산식〉 봉수깊이 $L \geq \frac{h}{2} \times 1.25$ (여유율 25 % 고려)

(2) 공조기의 급기팬 측에서의 결로수 혹은 응축수가 고이지 않게 하기 위해 다음과 같이 설치상 주의를 기한다.

① 풍속을 낮추어 드레인 팬의 물이 튀겨나오지 않게 한다.

② 공조기 내부 코일의 친수성을 증가시켜 코일표면의 응축수가 기류측으로 튀어나오지 않게 한다.

③ 시스템을 Return Air Bypass형으로 하여 풍속을 낮추어 준다.

④ 공조기 내부의 기내 정압이 지나치게 증가하면, 응축수의 배수가 잘 안되므로 기내정압을 적절히 관리해주거나, 배수관경을 여유 있는 정도로 크게 한다.

⑤ 냉수코일의 전열면적을 늘리거나, 냉수코일 및 드레인 팬을 2단으로 나눈다.

⑥ 그래도 완전히 해소가 어렵다면, 적당한 위치에 일리미네이터를 설치한다.

44 배수트랩의 구비 조건

(1) 구조 간단

(2) 자정작용 및 평활

(3) 봉수가 파괴되지 않을 것

(4) 내구성 및 내식성

(5) 청소가 용이한 구조

(6) 청소구 구비

(7) 배수의 Short Circuiting 현상이 없을 것

① 배수의 Short Circuiting 현상이란 여러 개의 드레인 포인트가 한 개의 트랩에 연결되면 압력계에는 나타나지 않지만 높은 압력 유닛으로부터 오는 흐름이 낮은 압력 유닛으로부터 오는 공기와 응축수의 흐름을 방해하여 공기와 응축수 배출이 어렵게 되는 현상

② Short Circuiting 현상을 방지하고 시스템의 효율을 높이기 위해 각각의 유닛마다 트랩을 별도로 설치하는 것이 바람직하다.

45 봉수파괴

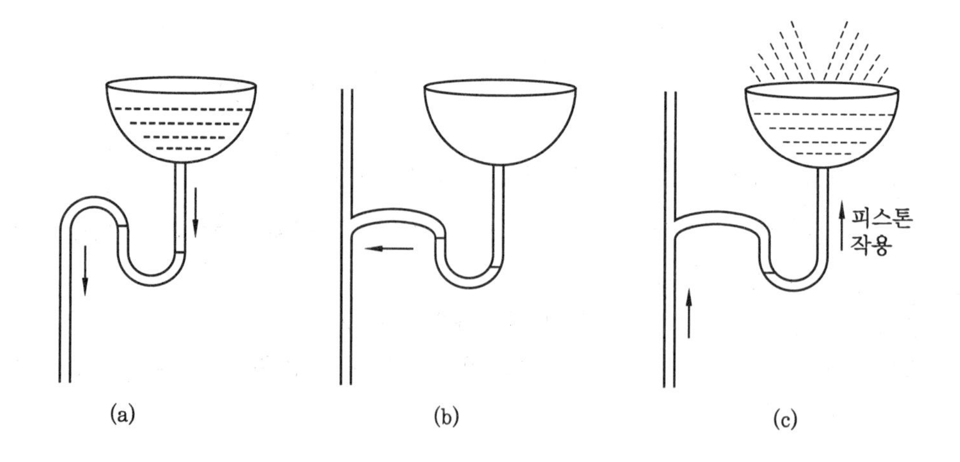

종류별 원인 및 대책

봉수 파괴의 종류	원 인	주요 대책
자기사이펀식 작용 [그림 (a) 참조]	빠른 유속에 의해 봉수가 빠져나감	통기관 설치
흡출(흡인)작용(고층부) [그림 (b) 참조]	주관의 압력이 순간적으로 낮아져(대기압 이하) 봉수를 빨아들임	통기관 설치
분출(역압)작용(저층부) [그림 (c) 참조]	주관의 압력이 순간적으로 너무 높아져 봉수를 밀어내는 효과를 발생	통기관 설치
모세관작용	봉수의 물이 머리카락, 털실, 기타 긴 이물질 등에 의해 타고 올라감	청소(머리카락, 이물질)
증발현상	봉수의 물이 자체적으로 증발하는 현상	기름막 형성
관성작용	자기 운동량에 의한 관성작용에 의해 빠져나감	격자 석쇠 설치

46 간접배수

(1) 식료품, 먹는물, 소독물 등을 저장 또는 취급하는 기기에서의 배수관은 일반의 배수관에 직접 연결해서는 안 된다.

(2) 일단 대기 중에서 연결을 끊고, 적절한 배수구 공간을 잡아 수수용기로 받아서 일반 배수관에 접속해야 한다.

(3) 간접배수의 적용처

① 서비스용 기구 : 냉장관계, 주방관계, 수음기, 세탁관계 등

② 의료, 연구용 기구 : 증류수장치, 멸균수장치, 멸균기, 멸균장치, 소독기, 세정기, 세정장치 등의 의료, 연구용 기기 등

③ 수영용 풀 : 풀 자체의 배수, 오버플로구(overflow hole)에서의 배수, 주변 보도의 바닥배수 및 여과장치에서의 역세수 등

④ 분수 : 분수지 자체의 배수 및 오버플로 병렬 여과장치에서 역세수 등

⑤ 증기계통, 온수계통의 배수 : 보일러 열교환기 및 급탕용 탱크에서의 배수, 증기관의 배수는 간접배수로 하고 또한 원칙적으로 40℃ 이하로 냉각한 후 배수한다.

(4) 간접배수의 설계기준

① 다음 그림에서와 같이 1차 배수관과 물받이(용기)와의 이격거리는 1차 배수관의 2배 이상으로 한다.

$h \geq 2 \times d_1$

② 2차측 배수관의 직경은 1차측 배수관의 직경보다 크게 한다.

$d_2 \geq d_1$

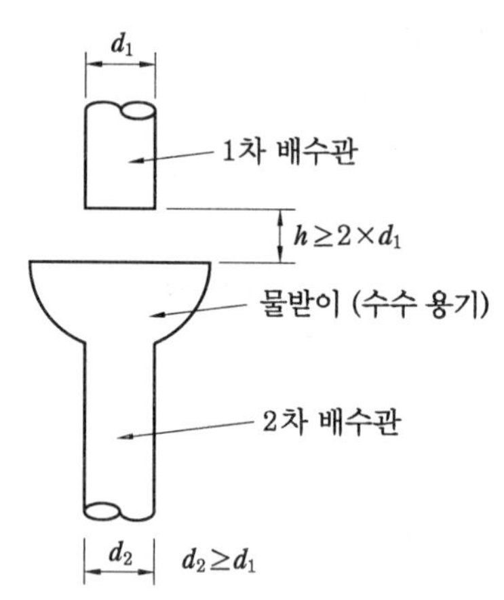

47 조집기(Intercepter, 포집기)

(1) 저집기, 포집기 혹은 '저집기형 트랩'이라고도 한다.

(2) 배수 중에 포함되어 있는 유해, 위험, 모아서 버려야 할 물질 또는 재이용할 수 있는 물질을 유효하게 저지, 분리 수집할 수 있는 형상과 구조로 되어 있다(주로 트랩 기능을 겸용하는 구조임).

(3) 재료는 불침투성의 내식성의 것으로 주철제, 철근 콘크리트제, 스테인리스 강판제, F.R.P제 등으로 한다.

(4) 뚜껑이 달려 있는 것은 뚜껑을 열었을 때 배수관의 하류측에서 하수가스가 실내에 침투하지 않는 구조로 하며 트랩 형성을 하지 못한 것은 그 하류측에 트랩을 설치한다.

(5) 봉수깊이는 50 mm 이상으로 한다.

(6) 밀폐 뚜껑이 달려 있는 것은 적절한 통기가 유지되는 구조로 한다.

(7) 조집기의 종류별 특징

① 그리스 조집기

(가) 일반적으로 가장 많이 설치하는 포집기의 일종이다.

(나) 식당, 주방에 주로 설치하여 배수에 의한 막힘을 방지한다.

㈐ 포집기 내부에는 음식물 찌꺼기를 받는 바구니, 그리스가 뜰 수 있도록 칸막이 판 2장 이상 등을 설치한다.

㈑ 종류

㉮ 현장 제작형 : 콘크리트제 등

㉯ 공장 제작형 : 스테인리스강재, FRP제 등

㈒ 음식물 찌꺼기는 매일 청소하는 것이 원칙이며, 그리스 막 등의 청소는 7일~10일 정도 이내 한 번씩 청소해주어야 한다(청소를 소홀히 하면 악취, 유해가스 발생).

② 가솔린(오일) 조집기

㈎ 오일을 잘 분리할 수 있는 구조로 유입관 밑으로부터 600 mm 이상의 깊이를 유지하고 휘발면적을 될 수 있는 한 크게 한 것으로 하고 통기관의 취출구멍이 있는 것으로 한다.

㈏ 또한 토사가 유입할 우려가 있는 경우에는 토사받이를 설치한다.

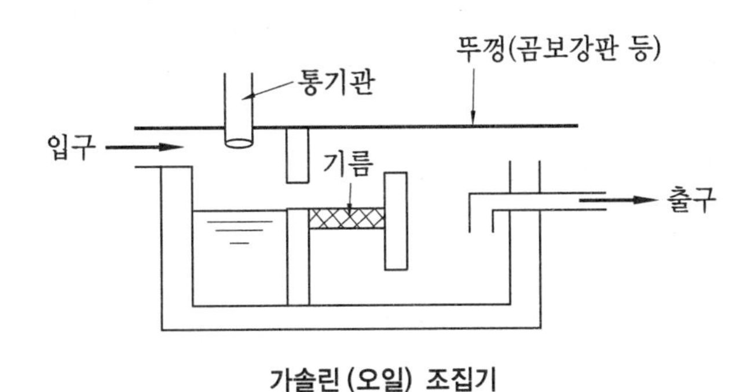

가솔린(오일) 조집기

③ 세탁 찌꺼기 조집기 : 찌꺼기, 걸레조각, 단추 등을 유효하게 분리할 수 있는 구조로 하고 또한 배수관 내에 큰 이물이 유입하는 것을 방지하기 위하여 용이하게 분리할 수 있는 버킷을 설치한다.

④ 플라스터(석고) 조집기

㈎ 석고, 귀금속 등 불용성 물질을 유효하게 분리할 수 있는 구조로 한다.

㈏ 치과, 외과 등의 병원에 많이 사용한다.

⑤ 머리카락 조집기 : 머리카락, 미안용 점토, 헝겊조각 등을 유효하게 분리할 수 있는 구조로 하고 청소 및 분리가 용이한 스트레이너를 갖추는 구조로 한다.

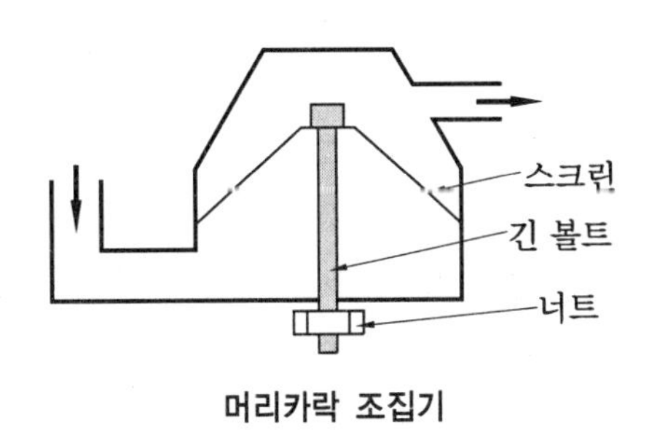

머리카락 조집기

⑥ 모래(sand) 조집기

㈎ 업종에 따라 배수 중에 진흙과 모래 등을 다량 포함할 때가 있다.

㈏ 모래조집기를 설치하여 깊게 가라앉혀 포집할 필요가 있다.

㈐ 모래조집기 아랫부분의 모래, 진흙을 모아두는 곳이 필요하고, 봉수깊이는 모두 150 mm 이상을 필요로 한다.

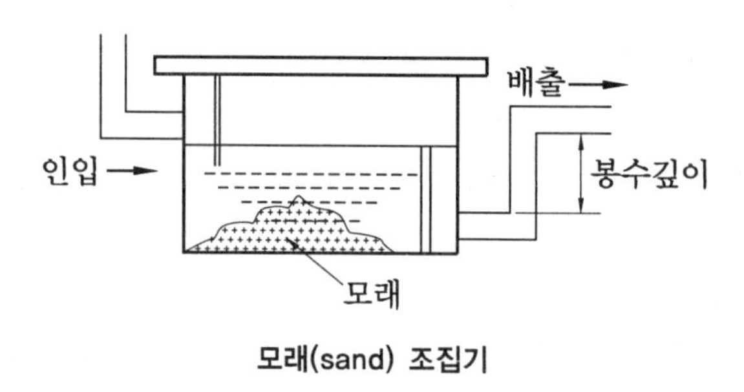

모래(sand) 조집기

48 바닥배수구 (FD : Floor Drain)

(1) 건물 바닥의 배수를 원활히 하기 위해 설치한 배수구(청소, 샤워 등 기타의 용도로 사용)

(2) 자연유하로서 가장 단순한 계통의 배수이며, 트랩의 설치 높이가 타 기구보다 낮은 점이 특징이고, 구배가 중요하다.

(3) 설치위치

① 바닥 배수구는 용이하게 점검, 수리할 수 있는 위치에 설치

② 바닥배수 구배가 모아지는 곳이나 활동장소에서 활동이 적은 장소로 유수되도록 설치

③ 트랩의 봉수가 증발하기 쉬운 위치에 설치하였을 경우에는 봉수심을 깊게 하거나 봉수용 보급수가 필요하다 (단, Cross Connection 주의).

④ 물 사용량이 적어 봉수 파괴가 염려되는 곳 (화장실, 진료실 등)은 FD를 생략하는 것이 오히려 유리할 수도 있다.

(4) 설치 시 주의사항

① CON'C 거푸집 설치 시 정확한 위치에 고정하고 Tape으로 밀봉한다.

② 황동 또는 Stainless 거름망 등을 테이프 등으로 밀봉하여 건축 모르타르 등 침입 방지

③ 트랩주위 타일 시공에 유의(구배 및 타일이 탈락되지 않도록)

④ 바닥배수 트랩과 트랩 하부의 배관 연결 시 정밀 시공 및 행어 설치 철저

⑤ 물 사용 이전에 트랩 거름망을 분해하여 청소

(5) 설치 개략도

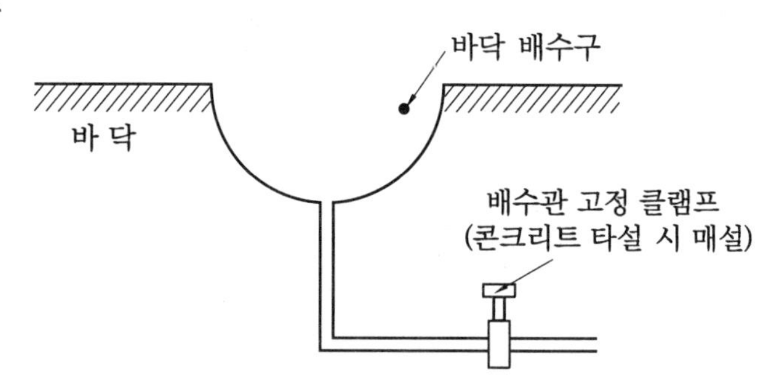

49 청소구 (C.O : Clean Out)

(1) 청소구 혹은 소제구라고 부른다.

(2) 배수 중의 모발, 고형물, 치적물 등을 제거하기 위해 설치한다(청소의 용이성).

(3) 배수 배관의 관이 막혔을 때 이것을 점검, 수리하기 위해 굴곡부나 분기점 등에 반드시 청소구를 설치하여야 한다 (서비스성).

(4) 청소구의 설치 위치 (필요 장소)

① 배수 횡지관 및 배수 횡주관의 기점

② 배수 수직관 (입상관)의 최하단부

③ 수평지관의 (횡주관) 최상단부

④ 배수 수평 주관과 배수 수평 분기관의 분기점

⑤ 길이가 긴 수평 배수관 중간 : 관경이 100A 이하일 때는 15 m마다 (이내), 100A 이상일 때는 30 m마다 (이내) 설치

⑥ 배수관이 45도 이상의 각도로 방향을 전환하는 곳

⑦ 청소구는 배수 흐름에 반대 직각방향으로 설치

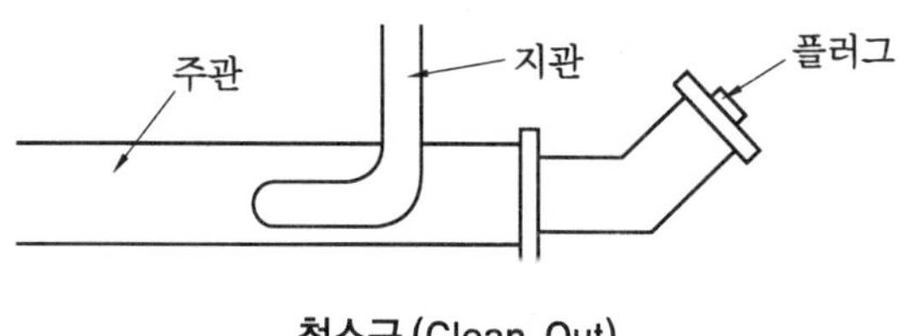

청소구 (Clean Out)

⑧ 청소구의 크기는 배수 관경이 100A 이하일 경우는 배수 관경과 동일하며, 100A 이상일 때에는 100A 보다 크게 한다.

⑨ 땅속 매설관을 설치할 경우 청소할 수 있는 배수피트를 시설하며, 단 배수관경이 200A 이하일 때에는 청소구로 대치한다.

⑩ 상기 이외의 필요하다고 판단되는 개소

50 통기설비 (통기관)

(1) 통기관을 배수배관에 연결하여 대기 중으로 개방하여 배수관 내 공기를 유통시킨다.

(2) 통기관은 통기방식에 따라 각개통기, 루프통기, 신정통기, 도피통기, 결합통기, 특수통기 등으로 나누어진다.

(3) 통기관 설치 목적

① 트랩 봉수가 파괴되지 않게 보호한다.

② 배수의 흐름을 원활히 한다.

③ 균의 번식을 방지한다 (환기 및 청결 유지).

(4) 통기관의 종류

① 각개 통기관 (Individule Vent Pipe)

㈎ 가장 좋은 방법, 위생기구 1개마다 통기관 1개 설치 (1:1), 관경 32A

㈏ 고층건물에 많이 사용하나, 초기 비용이 많이 듬

② 루프 통기관 (환상 통기관, 회로 통기관 : Loop Vent Pipe)

㈎ 배수 횡주관에 일련으로 접속

㈏ 위생기구 2 ~ 8개 이하의 트랩 봉수 보호

㈐ 총길이 7.5 m 이하, 관경 40A 이상

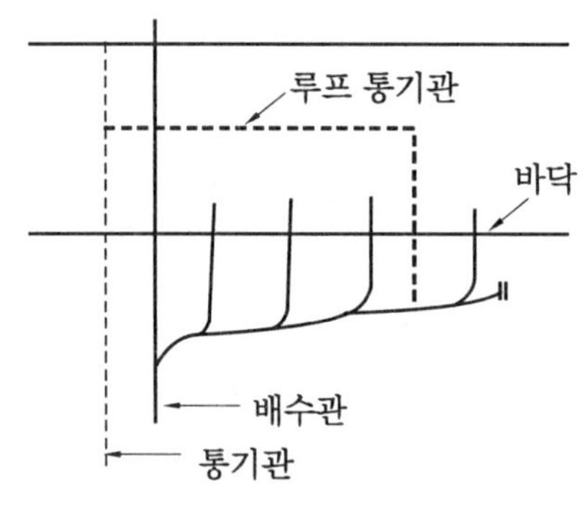

루프 통기관

◎ 루프 통기관 설치방법

루프 통기관은 최상류 기구로부터의 기구 배수관이 배수 수평지관에 연결된 점의 바로 하류측에서 통기관 측으로 입관시킨다. 만약 상류측에서 통기관 측으로 입관시킨다면 최상류 배수관을 통한 배수 시에 부분적인 통기관의 막힘현상이 우려된다.

③ 도피 통기관(Relief Vent Pipe)

㈎ 최상층 제외층의 8개 이상의 기구(혹은 3개 이상의 양변기)의 봉수보호

㈏ 총길이 7.5 m 초과 시

㈐ 배수 수직관과 가장 가까운 통기관의 접속점 사이에 설치

㈑ 루프통기관의 기능을 보완하기 위해 많이 설치한다.

④ 습식 통기관(습윤 통기관 ; Wet Vent Pipe) : 최상류 기구에 설치하여 배수관, 통기관 역할을 하나의 배관으로 함(최상류 기구에 설치)

⑤ 신정 통기관(Stack Vent Pipe) : 배수수직관 최상단에 설치하여 대기 중에 개방한다.

⑥ 결합 통기관(Yoke Vent Pipe)

㈎ 고층건물에서 압력 변화 완화를 위해 통기수직관과 배수 입관(배수 수직관)을 연결한다.

㈏ 약 5개층~10개층마다 층에서 1 m 이상 올려 통기 수직관 연결 설치, 관경 50A 이상

㈐ 압력변화 완화를 위한 일종의 도피 통기관

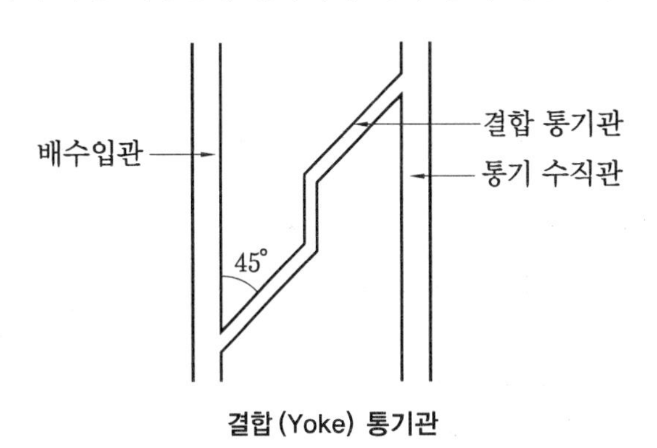

결합(Yoke) 통기관

51 특수 통기관

(1) 소벤트 방식 통기관

① 배수 수직관에 각층마다 기포주입 장치를 설치하여 배수에 공기를 주입

② 스위스에서 개발, 배수수직관과 각층 배수 수평지관이 접속하는 부분에 공기혼합이음(Aerator fitting)을 설치하고, 배수수직관이 수평주관과 접속되는 부분에 공기분리이음(Deaerator fitting)을 설치한다.

③ 또한 공기혼합이음을 사용하지 않는 층에서는 S자형의 오프셋을 설치하여 배수의 흐름을 저하시킨다.

(2) 섹스티아 방식 통기관(Sextia System)

① 섹스티아 이음쇠를 통하여 선회류를 두어 통기 및 배수역할도 하도록 한다.

② 프랑스에서 개발, 각층 배수 수평지관과 배수 수직관을 연결하는 지점에 설치하는 이음으로 접속 곡관부에 중심통기를 고려한 특수 편향기능의 장치를 설치한다.

③ 본체와 커버 플레이트로 구성되며, 배수수직관과 수평지관의 접속부분에는 섹스티아 밴드(이음쇠)를 설치한다.

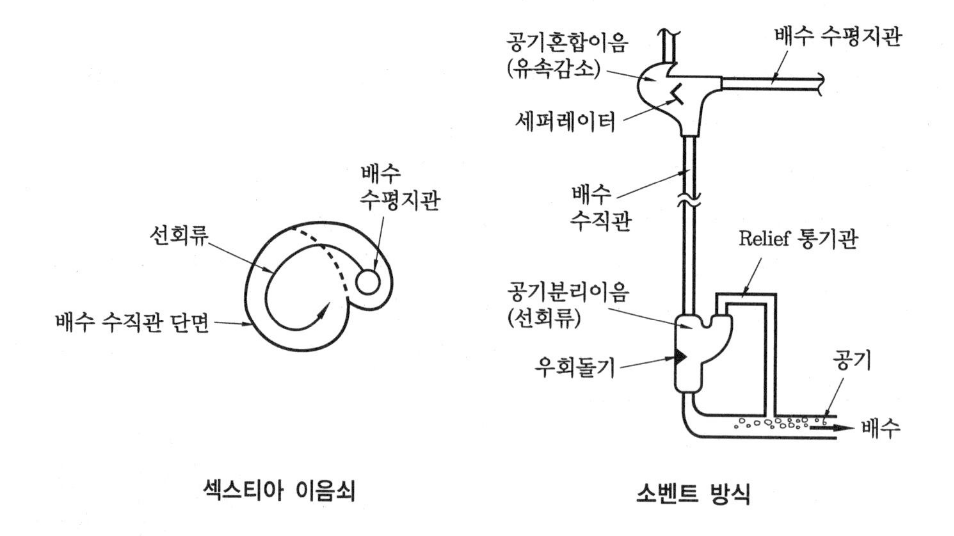

섹스티아 이음쇠 소벤트 방식

52 종국유속과 종국길이

(1) 종국유속

① 수직관에서 유속이 증가되어 아래쪽의 주관 및 횡지관에 영향을 주지 않게 설계 필요하다.

② 배수수직관으로 들어온 배수는 가속도를 받아 수직관 내를 낙하하는 동안에 속도가 증가하나 계속 증가하지 않고, 관내압 및 공기와의 마찰저항(항력)과 평형되는 유속(이것을 종국유속이라 한다)으로 된다. 따라서, 수직관이 아무리 높아도 그 아랫부분에서 높이에 비례한 낙하충격압을 받지는 않는다(고층건물이라고 해서 종국유속이 특별히 증가하지는 않는다).

③ 관계식 : 유량과 관경의 함수

$$V_t = 0.635\left(\frac{Q}{D}\right)^{\frac{2}{5}} \text{[m/s]}$$

여기서, Q : 입관 내 유량 (LPS), D :수직관 관경 (m)

④ 100 mm 주철관 내 10 L/s 경우 유속은 4 m/s 정도

⑤ 관경이 너무 작게 선정될 시 만수, 봉수 파괴, 종국 유속 증가 우려

(2) 종국 길이

① 배수가 배수 수직관에 들어온 다음 종국유속에 이르기까지 흐르는 길이 (수직 낙하길이)를 종국장(종국길이)이라 한다.

② 종국길이는 대략 1층분이고 2층까지는 미치지 못한다.

③ 초고층 건축에서도 배수수직관을 구부려 오프셋(offset)을 만들어 낙하속도를 완

화시키는 조치가 대개는 필요 없는 경우가 많다.

④ 관계식

(가) 종국길이(L_t)는 대개 2 ~ 3 m 정도로,

$$L_t = 0.14441 \times {V_t}^2 [\text{m}]$$

(나) 종국장이 각 층의 지관과의 거리보다 작아야 좋다(배수의 안정적 흐름 및 소음 감소).

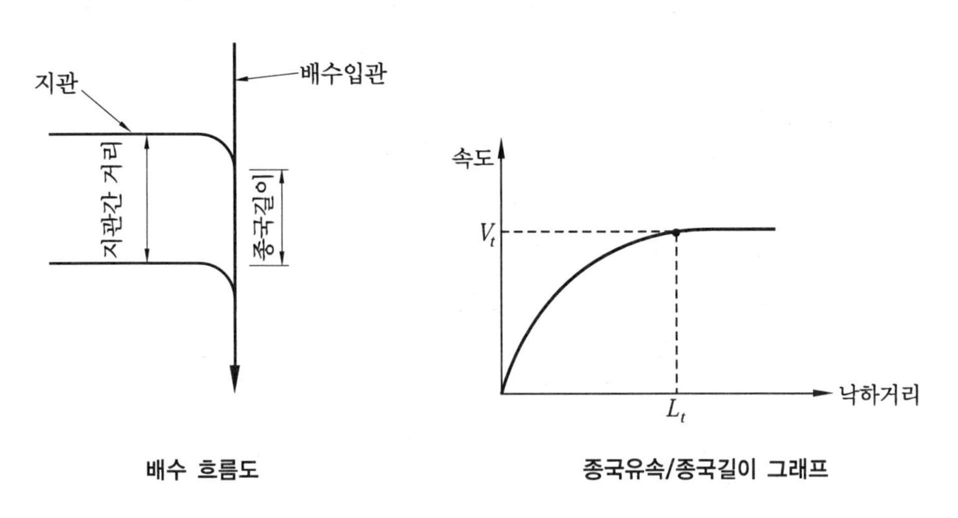

배수 흐름도　　　　종국유속/종국길이 그래프

53 도수 (跳水) 현상

(1) 배수 수직관 최하단부에서의 배수의 유속은 보통 3 ~ 6 m/s이나 (종국유속), 배수 수평주관에서는 0.6 ~ 1.5 m/s로 느리게 설계된다.
(2) 따라서 배수 수직관에서 가속된 빠른 유속이 배수 수평주관에서 순간적으로 감속되어 배수의 흐름이 흐트러지고, 큰 물결이 일어나는 현상

(3) 주의사항

① 배수 수직관 최하단부에서 약 1 ~ 1.5 m 이내에서는 부분적으로 배수가 관을 막는 현상이 발생 가능하다 (도수, 파상류, 정상류).
② 이 부분에서는 다른 배수관과 통기관 등의 접속을 피해야 한다.

54 배수관 및 통기관 시험방법

(1) 일반적으로 배관공사 완료 시에는 만수시험 혹은 기압시험을 실시하고, 위생기구까지 설치 완료 시에는 연기시험 혹은 박하시험을 실시하여 누설, 봉수파괴 등을 확인하여야 하며, 최종적으로는 통수시험을 실상황에 맞게 실시하여야 한다(유수 소음도 점검).

(2) 배관공사의 일부 또는 전부 완료 시

① 만수시험(수압시험)

㈎ 말단 부위를 모두 밀봉하고, 최고 부분에 물을 넣어 누수 유무 확인

㈏ 3 mAq 이상의 압력에 30분 이상 견디어야 한다.

② 기압시험

㈎ 만수시험 불가능 시 공기압축기로 가압하여 시험한다.

㈏ 3.5 mAq 이상의 압력에 15분 이상 견디어야 한다.

(3) 위생기구 설치 완료 시

① 연기시험

㈎ 트랩에 물을 채운 후 연기주입하고, 수직관 꼭대기에서 연기가 나오는 것을 확인 후 모든 통기구 밀폐 후 가압·누설 확인

㈏ 25 mmAq 이상의 압력에 15분 이상 유지

② 박하시험

㈎ 연기대신 '박하유 용액'으로 시험

㈏ 박하유 특유의 냄새로 누설부위 확인 가능

㈐ 25 mmAq 이상의 압력에 15분 이상 유지

(4) 최종시험(통수시험)

① 정상 사용 상태에서 봉수의 파괴, 누설, 소음 등을 종합적으로 확인한다(통상 최대 부하유량을 시험).

② 실제 사용하는 조건에서는 최종적인 시험이므로 누설, 봉수파괴, 유수의 소음, 기타 사용상 불편한 점 등을 종합적으로 판단해야 한다.

55 발포 존

(1) 위층에서 세제를 포함한 배수를 방출할 때 → 세제가 물, 공기 등과 반응하면 많은 거품을 발생한다.

(2) 물은 거품보다 무겁기 때문에 먼저 흘러내리고 거품은 배수 수평주관 혹은 45도 이상의 오프셋부의 수평부에 충만하여 오랫동안 없어지지 않는다.

(3) 수평관 내에 거품이 충만하면 배수와 함께 수직관을 유하해온 공기가 빠질 곳이 없어지므로 통기 수직관이 설치되어 있는 경우에는 통기 수직관으로 공기가 빠지게 되고 동시에 거품도 빨려 올라간다.

(4) 통기 수직관 내에 어느 정도 높이까지 거품이 충만하면 배수 수직관 아래의 압력 상승으로 트랩의 봉수가 파괴되어 거품이 실내로 유입된다.

(5) 발생 과정

세재+물 → 물+공기 → 기품증기 → 물만배수 → 거품충만 → 공기배출 → 분출

(6) 발포 존 해결책

① 1층과 2층의 배수관은 별도로 분리한다. 혹은 층별 몇 개의 Zone 이상으로 분리하여 배수(예를 들어 1~2층, 3~5층, 5층 이상 등 다수의 존으로 분리하여 배수)
② 통기 수직관에 연결을 철저히 시공하여 국부적으로 압이 차오르지 않게 하거나 이러한 현상을 완화시킨다(도피 통기관 설치).
③ 배관 접속 시 발포 존을 피해서 접속
④ 굴곡을 적게 한다.
⑤ 세재 사용량 절약

56 무부속 이중관 공법

(1) 무부속 이중관 공법은 아파트 세대 내부 급수급탕, 난방공급 및 환수배관의 누수하자를 원천적으로 예방 가능하다.
(2) 하자보수 시에도 기존 구조물 및 고급 마감자재에 손상을 주지 않으며 배관 노후 시 교체가 용이하고 설비수명을 연장함은 물론 내구성을 향상시킴으로써 주거환경을 쾌적하게 유지하게 된다.

(3) 배관방식(무부속 이중관 공법)의 특징

① 누수 하자 예방 : 기존방식과 비교하여 연결부위가 없으므로 누수 하자 원인을 원천적으로 제거하며, 슬래브에 매립함으로써 장기간 노출에 의한 파손을 사전에 예방할 수 있다.
② 배관의 보수점검 및 교체가 용이 : 누수 부위 확인이 용이하고 배관을 교체할 경우 마감자재 및 구조물의 손상없이 단기간 내에 작업을 완료함으로써 입주자에게 불편을 주지 않는다.
③ 유량변화 및 워터 해머 현상 감소 : 물의 공급은 Header 방식으로 분배함으로써 기존의 배관 분기방식보다는 마찰저항이 적어 유량을 원활하게 공급하며 또한 이중배관 특성에 따라 배관의 수격 현상이 감소하게 된다.
④ 손쉬운 작업성으로 누구나 할 수 있고 작업시간의 단축으로 생산성이 향상된다.
⑤ 골조 공사 후 집중 투입되는 기존의 설비공정이 골고루 분산되어 공사의 품질이 향상된다.

(4) 이중관 공법의 시공방법

① 배관자재 선정 및 시공방법 결정
㈎ 이중관 공법의 적용 시 건축물의 구조안전성을 검토하여 건축구조 안전에 영

향을 미치지 않는 배관재료 및 시공방법을 결정한다.

(나) 이중관 공법에 적합한 PB관(내관) 및 HI LEX CD관(외관) 선정 후 구조안전진단을 실시하여 시방서 및 시공방법을 결정한다.

② Marking : 건축 슬래브 거푸집공사 완료 후 분배기 및 각종 위생기구, Joint Box의 위치를 Marking한다.

③ 외부배관 : 슬래브 철근 배근 작업 완료 후 외부 보호관 설치 및 내부관을 삽입하고, 관 말단부를 관말캡 또는 Tape로 보양한다.

④ 훼손여부 확인 : 콘크리트 타설 시 설비 관계자도 참석하여 이중관 배열용 JIG 및 내외부 관의 훼손 여부를 확인한다.

⑤ Joint Box 설치 : 콘크리트 타설 후 벽체 배관 및 Joint Box를 설치하고 보양한다.

⑥ 건축벽체 배관 작업

(가) 건축벽체 철근 작업 후 벽체에 설치되는 배관작업을 한다.

(나) 이중관의 말단부에 수전 엘보 시공 및 Bracket 연결작업을 실시한다.

(다) 욕실 벽체 배관은 Joint Box를 통한 부속배관 방식으로 배관 및 보온작업까지 완료한 후 벽체 매립한다.

⑦ 마무리 공정 : 이후 건축공정에 따라 분배기 설치, 각종 기구류 설치 및 수압시험을 실시한다.

57 중수도 설비

(1) 경제 발전에 의한 인구의 도시 집중 및 생활수준의 향상으로 인한 생활용수의 부족 현상과 일부 산업지역에서의 공업용수 부족 현상이 나타나고 있다.

(2) 이는 우리나라의 강우 특성이 계절별로 편중되어 있고 지형적 특성상, 유출량이 많은 데에 기인하는 것으로 용수의 안정적 공급을 위한 치수 관리는 물론 수자원의 유효 이용이 절실히 요구되고 있다.

(3) 이와 같은 배경으로 수자원 개발의 일환으로 배수의 재이용이 등장하게 되었고, 법적으로도 일정 기준 이상의 건물에서는 배수 재이용(중수도)을 의무화하도록 하게 되었다.

(4) 배수 이용의 목적은 급수뿐만 아니라 배수측면에서도 절수하는 데 있다.

(5) 수자원의 절약을 위해 한 번 사용한 상수를 처리하여 상수도보다 질이 낮은 저질수로써 사용가능한 생활용수로 사용하는 데 의의가 있다.

(6) 배수를 재이용하기 위하여 처리한 물을 상수와 하수의 중간이라 하여 중수라고 흔히 부르지만 정확한 어휘는 재생수이다.

(7) 중수 용도별 등급

살수 용수(고급) > 조경 용수 > 수세식 변소 용수(저질수)

(8) 중수도 설비의 종류

① 개방 순환 방식 : 처리수를 하천 등의 자연수계에 환원한 후, 재차 수자원으로 이용하는 방식이다.

㈎ 자연 하류방식 : 하천 상류에 방류한 처리수가 하천수와 혼합되어 하류부에서 취수하는 방식이다.

㈏ 유량 조정방식 : 처리수의 반복 이용을 목적으로, 갈수 시에 처리수를 상류까지 양수 환원한 후에, 농업용수나 생활용수로써 재이용하는 방식이다.

② 폐쇄 순환 방식 : 처리수를 자연계에 환원하지 않고, 폐쇄계 중에 인위적으로 처리수를 수자원화하여 직접 이용하는 방식이며 생활 배수계의 재이용 방식에 적용되고 있다(이 방식은 개별 순환, 지구 순환, 광역 순환의 3방식으로 분류된다).

㈎ 개별 순환 방식 : 개별 건물이나 공장 등에서 배수를 자체 처리하여 수세 변소 용수, 냉각용수, 세척용수 등의 잡용수계 용수로 순환 이용하는 것을 말한다.

㈏ 지구 순환 방식

㉮ 대규모 집합 주택단지나 시가지 재개발 지구 등에서 관련공사, 사업자 및 건축물의 소유자가 그 지구에 발생하는 배수를 처리하여 건축물이나 시설 등에 잡용수로서 재이용하는 방식이다.

㉯ 이 방식의 수원으로는 구역 내에서 발생한 하수처리수 등 외에 추가하여 하천수, 우수 조정지의 우수 등이 고려되고 있다.

③ 광역 순환 방식

㈎ 도시 단위의 넓은 지역에 재이용수를 대규모로 공급하는 방식이다.

㈏ 이 방식의 수원으로는 하수 처리장의 처리수, 하천수, 우수조정지의 우수, 공장배수 등이 대상이 된다.

58 중수 처리공정

(1) 생물학적 처리법

① 스크린 파쇄기 → (장기폭기, 회전원판, 접촉산화식) → 소독 → 재이용

② 생물법은 비교적 저가(低價)에 속한다.

(2) 물리화학적 처리법

① 스크린 파쇄기 → (침전, 급속여과, 활성탄) → 소독 → 재이용

② 사용예가 비교적 적은 편이다.

(3) (한외)여과막법

① 원수 → VIB스크린(진동형, 드럼형) → 유량 조정조 → 여과막(UF법, RO법) → 활성탄여과기 → 소독 → 처리소독 → 재사용
② 건물 내 공간문제로 여과막법이 증가 추세이다.
③ 양이 적고, 막이 고가이다.
④ 회수율 70 ~ 80 %이고 반투막이며 미생물 및 콜로이드 제거 가능하다.
⑤ 침전조가 필요 없고 수명이 길다.

59 우수 이용 시스템

(1) 빗물을 지하 등의 저장층에 모아 두고 화장실, 복도, 공용부 등의 상수도를 필요로 하지 않는 부분에 사용하는 방법이다.
(2) 보통 간단한 시스템으로 초기투자비를 적게 계획, 우수 저수조 크기는 가능한 크게 한다(사용량이 1 ~ 2개월분이 적당).

(3) 장치 구조

① 우수이용 장치 : 집우설비, 우수 인입관 설비, 우수 저수조 등으로 구성
② 우수조 구조
㈎ 사수 방지구조로 방향성 계획, 청소 용이한 우수조 계획, 염소 주입장치 등
㈏ 넘침관은 자연방류로 하수관 연결, 장마 및 태풍에 대비하여 통기관 및 배관은 크게 한다.
㈐ 우수와 음료수 계통은 분리한다.

(4) 우수 이용 문제점

① 산성우 대책 수립(콘크리트 중화, 초기우수 0.5 mm 배제 등)
② 흙, 먼지, 낙엽, 새 분뇨 등의 혼입방지 대책 수립
③ 집중호우 및 정전 시 대책 수립

(5) 빗물처리공정 사례

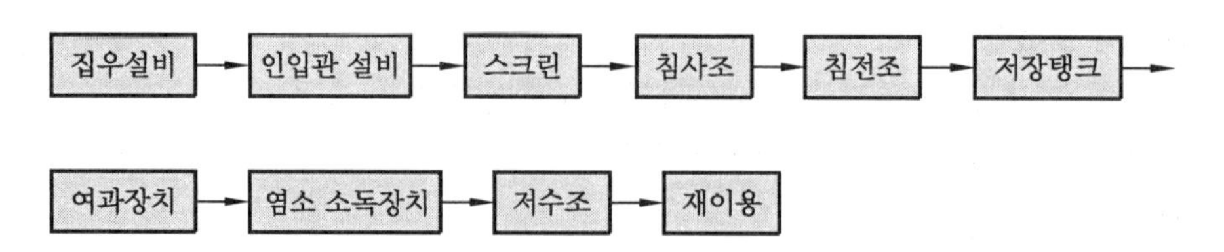

㈜ 상기 공정 중 빗물 재사용의 목적에 따라 몇 개의 공정이 생략될 수 있다.

제 14 장

수질, 부식 및 스케일

1 수원

각 사용처에서 물을 취수하는 근원지를 말한다 (하천수, 호수수, 지하수, 중수 등).

(1) 지표수 (상수)

지표면을 유하 혹은 체류하는 물을 말하며, 취수 → 송수 → 정수 → 배수 → 급수 순으로 처리된다.

(2) 정수 (井水, 지하수)

질이 좋은 것은 상수로도 공급되나, 일반적으로는 채수 → 침전 → 폭기 → 여과 → 살균 → 급수 순으로 처리되어 잡용수, 공업용수 등으로 사용된다.

① 천정 : 깊이 7 m 이내 우물

② 심정 : 깊이 7 ~ 30 m 이내 우물

③ 관정(착정) : 깊이 30 m 이상의 우물

(3) 중수 (재생수)

한 번 사용한 물을 정수하여 재사용하는 물

2 물의 경도

(1) 물의 경도

물속에 녹아있는 2가 양이온 금속 (Mg^{2+}, Ca^{2+}, Fe^{2+}, Mn^{2+} 등)의 양을 이것에 대응하는 탄산칼슘의 100만분율 (ppm) 로 환산한 수치 → 이 중에서 Mg^{2+}, Ca^{2+}가 대표적이다.

① 극연수 (0 ~ 10 ppm) : 증류수, 멸균수 연관, 놋쇠관, 황동관을 침식, 안팎을 모두 도금

② 연수 (90 ppm 이하) : 세탁, 염색, 보일러 등
③ 적수 (90~110 ppm) : 음료수 등
④ 경수 (110 ppm 이상) : 세탁, 염색, 보일러에 부적합

(2) 경도는 300 ppm (mg/L)를 넘지 아니할 것 (음용수 기준)

3 정수 처리방식

(1) 정수 처리절차

원수 → 침사지 → 침전지 → 폭기 → 여과기 → 소독 → 급수

(2) 침전법

① 중력침전법 : 중력에 의해 자연적으로 침전시키는 방법
② 약품침전법 (응집제 투여법) : 황산알루미늄(황산반토), 명반류 등을 사용하여 슬러지 형태로 배출한다.

(3) 폭기법

① Fe, Mn, CO_2 등을 제거하는 방법
② 살수나 Blower 등으로 물속에 공기를 투여하여 수산화철을 만들어 제거

(4) 여과법(모래여과)

① 완속여과법 (침전지에서 월류한 물)
㈎ 4~5m/d로 모래층 (700 ~ 900 mm) 과 자갈층 (400 ~ 600 mm) 으로 통과시켜 여과하는 방법
㈏ 표면여과 : 여재표면에 축적되는 부유물의 막이 여과막의 역할을 한다.
② 급속여과법 (침전수)
㈎ 100 ~ 150 m/d의 속도로 모래층 (600 ~ 700 mm) 과 자갈층 (300 ~ 500 mm)으로 통과시켜 여과하는 방법
㈏ 초기 단계 : 미립자가 여재층 내부에 침투하여 포착된다.
㈐ 이후 단계 : 여재표면에 축적되는 부유물의 막이 여과막의 역할을 한다 (완속여과와 동일 : 표면여과의 원리).
③ 압력여과법 : 밀폐용기를 필요로 하므로 소규모의 상수도나 빌딩 등에 사용된다.

(5) 소독법(멸균법)

① 염소 : 일반적으로 많이 사용되는 방법이다 (바이러스에 대한 멸균 곤란).
② 오존 : 가격이 비싸고, 오존량 증가로 인한 인체의 위해를 주의해야 한다.

③ 자외선 : 파장 260 ~ 340 nm 정도의 강력한 자외선으로 멸균처리 한다(소독에 소요되는 비용이 비싸다).

4 초순수(Ultra Pure Water)

(1) 일반적으로 물의 전기 비저항(Resistivity)이 약 0.2MΩ/cm(상온 25℃ 기준) 이상의 것을 '순수'라고 하고, 10 ~ 15 MΩ/cm(상온 25℃ 기준) 이상이 되면 '초순수'라고 말한다.

(2) 그러나 요즘은 관련 산업기술의 요구에 따라, 전기 비저항(Resistivity)이 약 17 ~ 18 MΩ/cm(상온 25℃ 기준) 이상이 되어야 '초순수'라고 말할 수 있을 정도이다.

(3) 제조장치

① 전처리 UNIT : Clarifier, Press Filter, Fe Remover, Activated Carbon Filter, Safety Filter 등을 사용한다.

② Ro Unit(역삼투압 장치 : Revese Osmosis Unit) : 사용목적과 수질, 수량에 따라 선택한다.

③ Final Polishing Unit(FPU)

㈎ UV(자외선 살균장치) : 세균의 살균과 번식을 방지하기 위하여 설치

㈏ CP(비재생용 순수장치 : Chemically Pure Grade) : 초순수장치에서 최종적으로 완전제거를 목적으로 설치한다(보통 Resin을 Cartridge 등에 충진하여 일정기간 사용 후 교체).

㈐ UF(한외여과장치 : Ultrafiltration) : Use Point에 공급하는 초순수 중의 미립자를 최종적으로 제거하기 위한 목적으로 설치, 반투막을 이용하여 고분자와 저분자 물질을 분리하는 막분리법

(4) 저장

① 정교한 System에 의해 처리된 초순수는 주위환경 및 조건에 의해 민감한 변화를 가져올 수 있으므로 이의 저장에 있어서 많은 주의가 요구된다.

② Storage Tank로 CO_2 유입, 저장시간 및 면적에 따른 오염 가능성, 공기 중이 미생물 침투현상 등을 제거시켜야 하며 이러한 조건들을 충족시키기 위해서는 특수 제작된 Storage Tank의 사용이 바람직하다.

(5) 응용분야

① 기초(순수) 과학 : 원자의 결합 측정 연구, 각종 생물학 및 물리·화학 시험 등

② 유전공학분야 : 유전공학, 동물실험 등

③ 의료용 : 의료용 기계, 제약공장 등
④ 산업분야 : 반도체 (Semiconductor), 화학 (Chemical), 정밀공업, 기타 High Tchnology 산업, 화장품공장 등
⑤ 기타 :'SMIF 고청정 시스템'에서의 Air Washer에 사용 등

5 의료용수 (Official water)

(1) 상수

시수라고도 하며, 강물과 같은 지표수의 일종이며, 정수하여 음용수로 사용하기에 적합한 물이다.

(2) 정제수 (Purified water)

① 상수를 증류 (distillation), 이온교환 (ion-exchange treatment), 초여과 또는 이들의 조합에 의하여 정제한 물을 말한다.
② 무색투명한 액체로 무미, 무취이다. pH는 7정도이지만, 공기 중에 방치하면 CO_2를 흡수하여 pH 5.7이 된다 (평형수).

(3) 멸균정제수 (Sterile purified water)

① 정제수를 멸균한 것으로 무색, 투명, 무미, 무취이다.
② 고압증기멸균법 : Autoclave에 넣어 115℃에서 30분간 멸균한다.
③ Endotoxin 시험을 받지 않았으므로 주사액 제조에는 사용 못하나, 점안제의 용제로 적합하며, 시약조제 등에 쓰인다.

(4) 주사용수 (water for injection)

① 상수 또는 정제수를 멸균하거나 정제수를 초여과하여 만들며, 주사제를 만들 때 쓰는 것이며, 이것을 적당한 용기에 넣어 무균시험 및 엔도톡신에 적합한 것
② 주사제 조제, 분말주사약의 용해제

6 배관의 부식

(1) 부식이란 어떤 금속이 주위환경과 반응하여 화합물로 변화 (산화반응)되면서 금속 자체가 소모되어가는 현상을 말한다 (유체와 금속의 불균일 상태로 인한 국부전지 형성). 철의 경우 다음과 같이 부식과정이 이루어진다.

- 양극부 : $4Fe \rightarrow 4Fe^{2+} + 8e^-$
- 음극부 : $2O_2 + 4H_2O + 8e^- \rightarrow 8(OH)^-$

$4Fe^{2+} + 8(OH)^{-} \rightarrow 4Fe(OH)_2$: 수산화철 생성

$4Fe(OH)_2 + O_2 \rightarrow 2Fe_2O_3 \cdot H_2O + 2H_2O$: 녹 ($Fe_2O_3 \cdot H_2O$) 발생

(2) 관 재질, 유체온도, 화학적 성질, 금속 이온화, 이종금속 접촉, 전식, 온수온도, 용존 산소 등에 의해 주로 일어난다.

(3) 습식과 건식

① 습식부식 : 금속표면이 접하는 환경 중에 습기의 작용에 의한 부식현상

② 건식부식 : 습기가 없는 환경 중에서 200℃ 이상 가열된 상태에서 발생하는 부식

(4) 전면부식과 국부부식

① 전면부식 : 동일한 환경 중에서 어떤 금속의 표면이 균일하게 부식이 발생하는 현상, 방지책으로 재료의 부식여유 두께를 계산하여 설계, 도장공법 등

② 국부부식 : 금속의 재료 자체의 조직, 잔류응력의 여부, 접하고 있는 주위 환경 중의 부식물질의 농도, 온도와 유체의 성분, 유속 및 용존산소의 농도 등에 의하여 금속 표면에 국부적 부식이 발생하는 현상

㈎ 접촉부식(이종금속의 접촉) : 재료가 각각 전극, 전위차에 의하여 전지를 형성하고 그 양극이 되는 금속이 국부적으로 부식하는 일종의 전식 현상이다.

㈏ 전식 : 외부전원에서 누설된 전류에 의해서 전위차가 발생, 전지를 형성하여 부식되는 현상

㈐ 틈새부식 : 재료 사이의 틈새에서 전해질의 수용액이 침투하여 전위차를 구성하고 틈새에서 급격히 부식이 일어난다.

㈑ 입계부식 : 금속의 결정입자 경계에서 잔류응력에 의해 부식이 발생

㈒ 선택부식 : 재료의 합금성분 중 일부성분은 용해하고 부식이 힘든 성분은 남아서 강도가 약한 다공상의 재질을 형성하는 부식이다.

(5) 저온부식

① NOX나 HCl(염화수소), SOX 가스는 순수 상태인 경우는 부식에 거의 영향을 미치지 않는다.

② 그러나 저온에서는 대기 중의 수증기가 쉽게 응축되므로 이로 인해 Wet 상태가 되면 국부적으로 강산이 되어 여러 재료에 심각한 부식을 초래하게 된다.

③ 보일러에서는 연소가스 중 무수 황산, 즉 황산 증기가 응축되는 온도가 산노점(酸 露点 ; Dew Point)이며 평균온도가 노점 이하로 내려가면 부식이 급격히 증가한다.

7 배관 부식의 원인

(1) 내적 원인

① 금속의 조직 영향 : 금속을 형성하는 결정상태 면에 따라 다르다.
② 가공의 영향 : 냉간가공은 금속의 결정구조를 변형시킨다.
③ 열처리 영향 : 잔류응력을 제거하여 안정시켜 내식성을 향상시킨다.

(2) 외적 원인

① 온도
㈎ 일반적으로 부식속도는 수온이 상승함에 따라 증대한다.
㈏ 그러나 수온이 80℃ 이상의 개방계에서는 수온이 상승하면 용존산소의 감소로 부식속도가 오히려 급격히 감소된다.
② 수질 : 경수, pH, 용존산소(물속에 함유된 산소가 분리되어 부식) 등
③ 이온화 경향차에 의한 부식

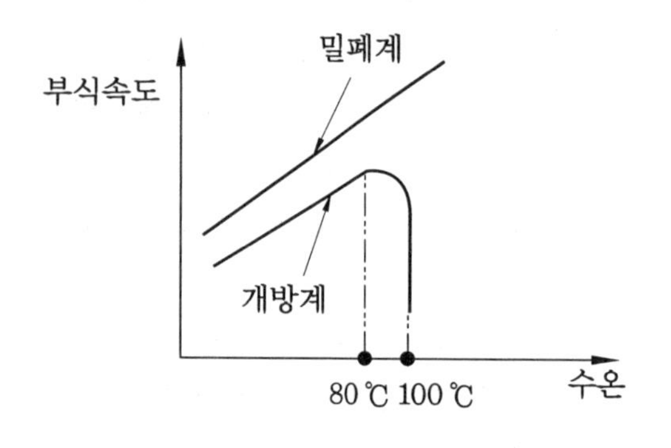

수온－부식속도의 관계

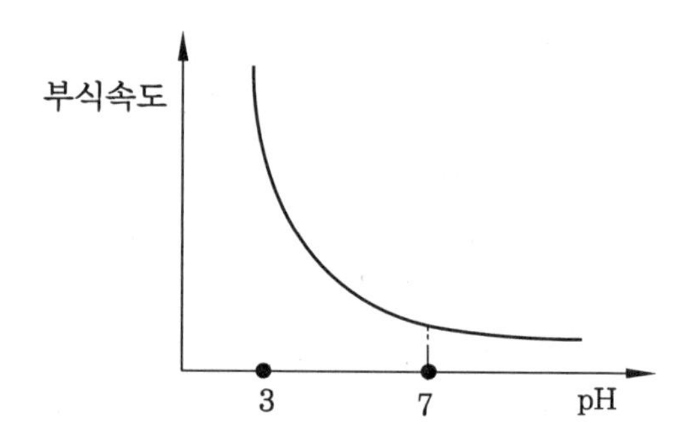

pH－부식속도 관계(강관)

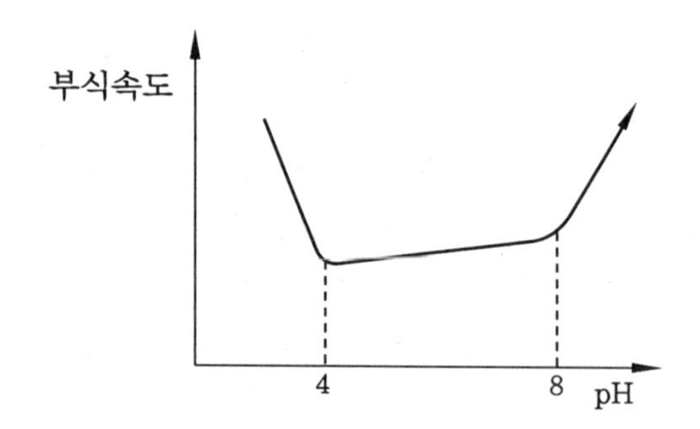

양쪽성 금속(알루미늄, 아연, 주석, 납 등)

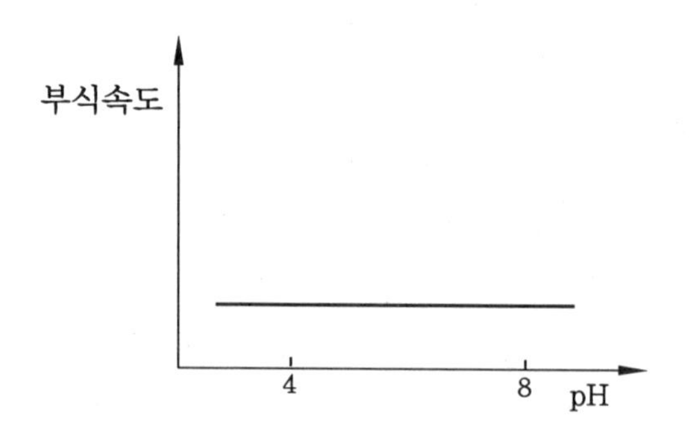

귀금속(금, 백금 등)

④ 유속에 의한 부식

(가) 유속 상승에 의한 부식 증가 : 유속이 증대하면 금속표면에 용존산소의 공급량이 증대하기 때문에 부식량이 증대한다.

(나) 그러나 방식제 사용 시에는 방식제의 공급량이 많아져야 하므로 유속이 어느 정도 있는 것이 좋다.

(3) 기타 원인

① 용해성분 영향 : 가수분해하여 산성이 되는 염기류에 의한 부식

② 아연에 의한 철부식 : 50~95℃의 온수 중에서 아연은 급격히 용해한다.

③ 동이온에 의한 부식 : 동이온이 용출하여 이온화 현상에 의하여 부식

④ 이종금속 접촉 부식 : 용존가스, 염소이온이 함유된 온수의 활성화로 국부전지를 형성하여 부식

⑤ 밸브의 부식 : 밸브의 Stem과 Disc의 접촉 부분에서 부식

⑥ 응력에 의한 부식 : 내부응력에 의하여 갈라짐 현상으로 발생

⑦ 온도차에 의한 부식 : 국부적 온도차에 의하여 고온측이 부식

8 배관 부식의 대책

(1) 재질의 선정

배관의 재질을 가능한 한 내식성 재질로 선정, 동일 배관재 선정, 라이닝재 선정

(2) pH 조절

산성 특히 강산성을 피한다(일반 수질 : pH 5.8 ~ pH 8.6 범위 사용).

(3) 연결 배관재의 선정

가급적 동일계의 배관재 선정

(4) 라이닝재의 사용

열팽창에 의한 재료의 박리에 주의

(5) 온수의 온도조절

50℃ 이상에서 부식이 촉진된다(개방계에서는 80℃ 부근에서 최대로 부식이 이루어짐).

(6) 유속의 제어

1.5 m/s 이하로 제어

(7) 용존산소제어

약제 투입으로 용존산소 제어, 에어벤트 설치

(8) 희생양극제

지하 매설의 경우 Mg 등 희생양극제 배관 설치

(9) 방식제 투입

규산인산계, 크롬산염, 아질산염, 2가금속염 등의 방식제(부식 억제제) 이용

(10) 급수의 수처리

물리적 방법과 화학적 방법 등

(11) 설계 개선 사항

① 약품투입장치의 자동화
② 탈기설비 개선 및 수질관리 개선
③ 급수 본관 여과장치 설치
④ 동관용접 방법 개선
⑤ 저탕조, 배관 등에 부식방지용 희생양극 설치

9 금속의 이온화 경향

(1) 이온화 경향

금속이 전자를 잃고 (+)이온이 되어 녹아 들어가는 성질의 정도

(2) 이온화 서열

이온화 경향이 큰 원소로부터 차차 작은 원소의 순으로 나열한 것

K > Ca > Na > Mg > Al > Zn > Fe > Ni > Sn > Pb > (H) > Cu > Hg > Ag > Pt > Au

이온화 경향이 크다	⇦	⇨	이온화 경향이 작다
전자를 잃기 쉽다	⇦	⇨	전자를 잃기 어렵다
양이온이 되기 쉽다	⇦	⇨	음이온이 되기 쉽다
산화(부식)가 쉽다	⇦	⇨	산화(부식)가 어렵다

(3) 금속의 이온화 경향은 배관의 부식방지를 위해 '희생양극' 선정 시 꼭 고려되어져야 할 인자이다.

10 동관의 부식

(1) 금속학적으로 동이 대기와 접촉하면 대기 중의 수분과 반응, 표면에 일산화동(Cu_2O)

과 염기성탄산동($CuCO_3$, $Cu(OH)_2$)이 주성분인 치밀하고 얇은 산화피막을 형성한다. 이 피막은 동의 부식 등 각종 변화가 발생하지 않도록 보호피막의 역할을 한다.

(2) 이러한 산화 피막이 손상되었을 경우

동관의 내식성은 표면에 형성되는 피막에 크게 의존하는데 그 피막이 어떤 작용으로 파괴되는 경우나 피막이 형성되기 어려운 경우에 부식에 의한 손상이 문제가 된다.

(3) 동관 부식의 종류

① 공식

㈎ 혹 모양으로 쌓여 올려진 녹청색의 부식 생성물의 밑에서 진행된다.

㈏ 지하수를 사용하는 급수, 급탕 배관 혹은 중앙집중식 급탕 배관에서 많이 발생한다.

㈐ 동관의 자연전위가 상승해서 어떤 임계전위를 넘으면 공식이 발생한다.

㈑ 자연전위가 상승하는 것은 수질에 관계가 있는데 특히 산화제, 특정 음이온, pH 등이 주가 된다.

㈒ pH 7 이상이거나 유리탄산이 20 mg/L 이상인 수질, 잔류염소 농도 증가, 가용성 실리카 증가 등이 원인이 될 수 있다.

② 궤식

㈎ 흐름이 급변하는 엘보, 티 등의 하류측에서 국부적으로 또는 광범위하게 발생하는데 환탕에서의 사례가 많다.

㈏ 관내의 피막이 유체의 전단응력 또는 기포의 충돌에 의해서 계속적으로 파괴되어 노출된 부분의 관표면이 급속하게 용출하기 때문에 발생하는 현상

㈐ pH가 낮고 급탕온도가 높으며 용존가스나 기포가 많을수록 발생하기 쉽다.

③ 개미집 모양 부식

㈎ 단면을 관찰할 때 부식공이 3차원의 복잡한 형태를 취하고 있다는 것

㈏ 부식공이 눈으로 발견하기 어려울 정도로 작은 경우가 많다.

㈐ 개미산, 초산 등의 카본산이 주된 부식 매체로 보고된다.

㈑ 건축재료 등으로부터 발생한 유기산이 동관과 피복재의 틈새로 침입한 물에 용해되어 부식을 일으키는 것으로 추정

④ 응력 부식 균열

㈎ 균열의 기점이 된 면은 검게 변색하고 녹청색의 부식생성물을 수반

㈏ 건축 배관에서는 관의 외면이 균열의 기점으로 되는 일이 많다.

㈐ 응력부식 균열은 응력, 수분, 부식매체의 3가지 요인이 공존하는 경우에 발생

㈑ 건축배관에서는 보온재로부터 용출된 암모니아나 황화물이 부식매체로 되는 경우가 많다.

⑤ 청수(동이온의 용출)

㈎ 청수란 욕조, 세면기, 타일바닥 등에 파란색의 부착물이 보이거나 수건, 기저귀 등이 파랗게 물드는 현상

㈏ 보통 수도꼭지로부터 파란물이 직접 나오는 것은 아니다.

㈐ 동관으로부터 용출한 미량의 동이온이 비누나 때에 포함되어 있는 지방산 등과 반응해서 청색의 불용성 동비누를 생성하면 나타날 수 있는 현상

⑥ 보온재 외면 부식

㈎ 녹청색, 백색, 흑색 등의 부식 생성물을 수반하는 부식이 관의 외면에서 광범위하게 보이는 경우

㈏ 빗물, 배수 등의 침입이나 결로에 의해 보온재가 젖어서 염소이온, 암모니아, 황화물 등의 부식매체가 용출되어 부식을 일으키는 현상이다.

㈐ 내면 부식 또는 시공 불량에 의한 누수에 의해서 이차적으로 외면 부식이 일어나는 경우도 있다.

⑦ 피로 균열

㈎ 급탕 배관에서는 이음매 부근이나 굴곡이 있는 부분 등 열응력이 집중되기 쉬운곳이나 시공 시에 발생된 우묵한 부분 또는 상처 부위에 발생하는 일이 많다.

㈏ 피로한계를 넘는 응력이 반복적으로 가해짐으로써 균열이 발생하는 현상

㈐ 급탕 배관의 경우에는 물의 온도변화에 따른 배관의 신축작용에 의해 발생하는 열응력이, 냉동공조 기기의 배관에서는 압축기의 진동에 의한 응력이 주원인

⑧ 배수관 부식

㈎ 잡배수관에서 수평 배관의 하벽측에서 띠 모양의 부식이 발생하는 것

㈏ 수평 배관의 구배가 불충분하거나 모발 등의 섬유상의 이물질이 존재하면 그 부분에 부식성의 배수가 고여서 부식을 일으킨다.

11 스케일(Scale)

(1) 물에는 광물질 및 금속의 이온 등이 녹아 있다. 이 이온 등의 화학적 결합물($CaCO_3$ 등)이 침전하여 배관이나 장비의 벽에 부착하는데 이를 Scale이라고 한다.

(2) Scale의 대부분은 $CaCO_3$이며, Scale 생성 방지를 위해 물속의 Ca^{++} 이온을 제거해야 하며 주로 사용되는 방법은 경수연화법, 물리적 방지법 등이다.

(3) 스케일(Scale) 종류 : $CaCO_3$(탄산염계), $CaSO_4$(황산염계), $CaSiO_4$(규산염계)

(4) 스케일 생성식

$2(HCO_3^-) + Ca^{++} \rightarrow CaCO_3 \downarrow + CO_2 + H_2O$ (요건 : 온도, Ca 이온, CO_3 이온)

(5) Scale 생성 원인

① 온도

(가) 온도가 높으면 Scale 촉진

(나) 급수관보다 급탕관에 Scale이 많다.

② Ca 이온 농도

(가) Ca 이온 농도가 높으면 Scale 생성 촉진

(나) 경수가 Scale 생성이 많다.

③ CO_3 이온 농도가 높으면 Scale 생성 촉진

(6) Scale에 의한 피해

① 열전달률 감소 : 에너지 소비 증가, 열효율 저하

② Boiler 노 내 온도 상승

(가) 과열로 인한 사고

(나) 가열면 온도 증가 → 고온 부식 초래

③ 냉각 System의 냉각 효율 저하

④ 배관의 단면적 축소로 인한 마찰손실 증가 → 반송 동력 증가

⑤ 각종 밸브류 및 자동제어기기 작동 불량

(가) Scale 등의 이물질이 원인이 되어 각종 밸브류나 자동제어기기의 작동불량 초래 가능

(나) 고장의 원인 제공

12 스케일(Scale) 방지대책

(1) 화학적 Scale 방지책

① 인산염 이용법 : 인산염은 $CaCO_3$ 침전물 생성을 억제하며 원리는 Ca^{++} 이온을 중화시킨다.

② 경수 연화장치

(가) 내처리법

㉮ 일시경도(탄산경도) 제거

- 소량의 물 : 끓임

  $2(HCO_3^-) + Ca^{++} \rightarrow CO_2 + H_2O + CaCO_3 \downarrow$ (침전제거)

- 대량의 물 : 석회수를 공급하여 처리

  $Ca(OH)_2 + CO_2 \rightarrow H_2O + CaCO_3 \downarrow$ (침전제거)

  $Ca(HCO_3)_2 + Ca(OH)_2 \rightarrow 2H_2O + 2CaCO_3 \downarrow$ (침전제거)

㉯ 영구경도(비탄산경도) 제거 : 물속에 탄산나트륨 공급 → 황산칼슘 반응 → 황산나트륨(무해한 용액) 생성

$$Na_2CO_3 + CaSO_4 \rightarrow Na_2SO_4 + CaCO_3 \downarrow \text{(침전제거)}$$

(나) 외처리법 (이온(염기) 교환방법)

㉮ 제올라이트 내부로 물을 통과시킨다.

㉯ 일시경도 및 영구경도 동시 제거 가능 (일시경도 + 영구경도 = 총경도)

③ 순수장치

(가) 모든 전해질을 제거하는 장치

(나) 부식도 감소

(2) 물리적 Scale 방지책

물리적인 에너지를 공급하여 Scale이 벽면에 부착하지 못하고 흘러나오게 하는 방법

① 전류 이용법 : 전기적 작용에 AC (교류) 응용

② 라디오파 이용법 : 배관 계통에 코일을 두고 라디오파 형성하여 이온결합에 영향을 준다.

③ 자장 이용법

(가) 영구자석을 관외벽에 부착하여 자장 생성

(나) 자장 속에 전하를 띤 이온에 영향을 주어 스케일 방지한다.

④ 전기장 이용법 : 전기장의 크기와 방향이 가지는 벡터량에 음이온과 양이온이 서로 반대방향으로 힘을 받게 되어 스케일 방지한다.

⑤ 초음파 이용법 (초음파 스케일 방지기)

(가) 초음파를 액체 중에 방사하면 액체의 수축과 팽창이 교대로 발생하여, 미세한 진동이 물속으로 전파되어 나간다.

(나) 액체 분자 간의 응집력이 약해서 일종의 공동현상이 발생한다.

(다) 공동이 폭발하면서 충격에너지가 발생하여 관벽의 스케일이 분리되고, 분리된 입자는 더 작은 입자로 쪼개어진다.

(라) 발진기(고주파의 전기신호 발생), 변환기(초음파 진동 발생) 등으로 구성된다.

13 라이닝 공법

(1) 배관 내면에 부착된 녹과 스케일을 고속기류와 연마재 등으로 제거하는 표면처리 후 방청피막을 형성시킨다.

(2) 라이닝 공법의 종류

① 샌드 클리닝 라이닝

(가) 고속의 공기와 연마재(모래) 압송 방식

(나) 에폭시로 내부 도장함(공압분사식 라이닝 두께 : 보통 0.2 mm 이상)

㉮ 에폭시수지도료를 고속의 기류로 관내유동하면서 배관 내면에 도포

㉯ 배관의 한쪽 끝에 라이닝건을 설치하고 말단 부위에 회수호수 접속

㉰ 관말단에서 도료를 회수하면서 작업종료

(다) 일본에서 많이 사용하는 방식이다.

② 제트 클리닝 방식

(가) 각종 오물, 진흙, 이물질 등을 노즐구멍을 통해 초고압수를 분사/제거한다.

(나) 이후 열풍건조기를 이용하여 건조시키고, 에폭시 도장을 행한다.

(다) 주로 미국에서 많이 사용되는 방식이다.

③ W.J 펌프 이용 공법

(가) W.J 초고압 펌프를 이용하여 특수 노즐로 분사시켜 물의 충격에너지와 원심력에 의해 세척하는 방법이다.

(나) 열풍건조기나 에폭시 도장은 상기 '제트 크리닝 방식'과 동일하다.

(다) 미국에서 많이 사용하는 방식의 일종이다.

(3) 기타 고려사항

① 관 갱생공법과 신관 교체공사를 비교하여 선정 필요(경제성 및 효과 측면 비교)

② 최대부식속도 (mm/year)

(가) 급수관 : 0.03 ~ 0.12

(나) 급탕관 : 0.07 ~ 0.18

(다) 냉·온수관 : 0.02 ~ 0.08

14 Pourbaix diagram

(1) pH-전위 도표(포베이 선도)는 금속의 전기화학적 부식에 관해서 중요한 정보를 알아낼 수 있는 매우 유용한 도표이다. 몇 개의 중요 금속에 대해 pH-전위 도표가 부식 관련 책자 및 자료에 소개되고 있으며, 이 도표에서 X축은 pH를, Y축은 리닥스 전위(redox potential)를 나타내고 있다.

다음 그림은 철(Fe)에 대한 도표이며, 용액 1liter당 10^{-6}mole의 금속이온 농도와 25℃의 온도에 대해서 그려져 있다. 점선은 각각 수소 및 산소와 평형상태에 있는 용액의 리닥스(redox) 전위를 나타낸 것으로, 방식(부식을 방지할 수 있는 방법)은 다음과 같다.

① 음극보호 (陰極保護 ; cathodic protection) : 이 방법은 전극 전위를 비활성 영역으로 낮추어 부식을 방지하는 방법이다. 갈바닉전지 혹은 전해전지에서 시료를 음극이 되게 하는 방법이 여기에 해당한다. 또한, FeO_4^{-2} 영역으로부터 부동태 영역

으로 전위를 낮추는 방법도 음극보호의 한 예이다.

② 양극보호(陽極保護 ; anodic protection) : 전극 전위를 부동태 영역으로 올리는 방법이 여기에 해당한다. 갈바닉전지 또는 전해전지에서 시료를 양극이 되게 함으로써도 가능하다. 전위를 올리는 또 하나의 방법으로서 양극억제제(陽極抑制制 ; anodic inhibitor)를 첨가하여 금속 시료에 부동태 피막을 생성시키는 방법도 가능하다.

③ pH 증가 : 철(Fe)의 시료를 부식 영역으로부터 벗어나게 하기 위해서 용액의 pH 또는 알칼리도(alkalinity)를 증가시켜 부동태 피막을 만드는 방법이다.

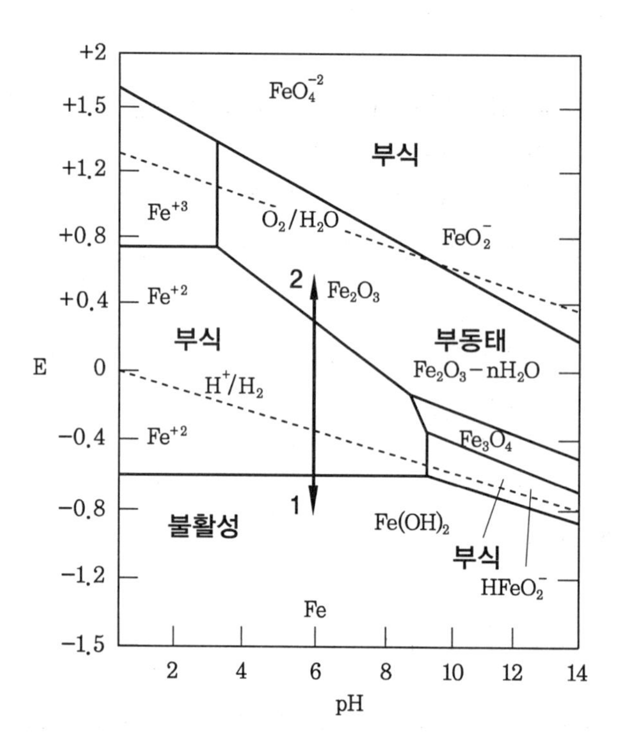

Fe에 대한 pH−전위 도표, Fe 농도=10^{-6} gram−atms per liter, 온도 25℃

제 15 장

폐열회수 및 신재생에너지

1 에너지 절약적 공조 설계

(1) Passive적 방법 (에너지 요구량을 줄일 수 있는 기술)

① 단열 등 철저히 시공하여 열손실을 최소화한다.
② 단열창, 2중창, Air Curtain 설치 등을 고려한다.
③ 환기의 방법으로는 자연환기 혹은 국소환기를 적극 고려하고, 환기량 계산 시 너무 과잉 설계하지 않는다.
④ 건물의 각 용도별 Zoning을 잘 실시하면 에너지의 낭비를 막아줄 수 있다.
⑤ 극간풍 차단을 철저히 해준다.
⑥ 건축 구조적 측면에서 자연친화적 및 에너지절약적 설계를 고려한다.
⑦ 자연채광 등 자연에너지의 활용을 강화한다.

(2) Active적 방법 (에너지 소요량을 줄일 수 있는 기술)

① 고효율 기기 사용
② 장비 선정 시 'TAC 초과 위험확률'을 잘 고려하여 설계한다.
③ 각 '폐열회수 장치'를 적극 고려한다.
④ 전동설비에 대한 인버터 제어를 실시한다.
⑤ 고효율 조명, 디밍 제어 등을 적극 고려한다.
⑥ IT기술, ICT기술을 접목한 최적 제어를 실시하여 에너지를 절감한다.
⑦ 지열히트펌프, 태양열 난방/급탕 설비, 풍력설비 등의 신재생에너지 활용을 적극 고려한다.

2 폐열회수 방법

(1) 직접 이용 방법

① 혼합공기 이용법 : 천장 내 유인 유닛(천장 FCU, 천장 IDU) : 조명열을 2차 공기로 유인하여 난방 혹은 재열에 사용하는 방법

② 배기열 냉각탑 이용방법 : 냉각탑에 냉방 시의 실내 배열을 이용(여름철의 냉방 배열을 냉각탑 흡입공기측으로 유도 활용)

(2) 간접 이용 방법

① Run Around 열교환기 방식 : 배기측 및 외기측에 코일을 설치하여 부동액을 순환시켜 배기의 열을 회수하는 방식, 즉 배기의 열을 회수하여 도입 외기측으로 전달한다.

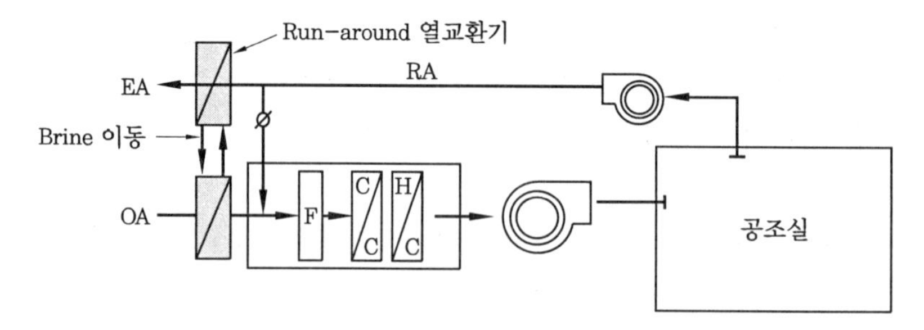

Run Around 열교환기 방식

② 열교환 이용법

㈎ 전열교환기, 현열교환기 : 외기와 배기의 열교환(공기 : 공기 열교환)

㈏ Heat Pipe : 히트 파이프의 열전달 효율을 이용한 배열 회수

③ 수랭 조명기구 : 조명열을 회수하여 히트펌프의 열원, 외기의 예열 등에 사용한다(Chilled beam system이라고도 함).

④ 증발냉각 : Air Washer를 이용하여 열교환된 냉수를 FCU 등에 공급한다.

(3) 승온 이용 방법

① 2중 응축기(응축부 Double bundle) : 병렬로 설치된 응축기 및 축열조를 이용하여 재열 혹은 난방을 실시한다.

② 응축기 재열 : 항온항습기의 응축기 열을 재열 등에 사용

③ 소형 열펌프 : 소형 열펌프를 여러 개 병렬로 설치하여 냉방 흡수열을 난방에 활용 가능

④ Cascade 방식 : 열펌프 2대를 직렬로 조합하여 저온측 히트펌프의 응축기를 고온측 히트펌프의 증발기로 열전단시켜, 저온 외기 상황에서도 난방 혹은 급탕용 온수(50~60℃)를 취득 가능

(4) TES(Total Energy System) : 종합 효율을 도모(이용)하는 방식

① 증기보일러(또는 지역난방 이용) + 흡수식 냉동기(냉방)

② 응축수 회수탱크에서 재증발 증기 이용 등

③ 열병합 발전 : 가스 터빈 + 배열 보일러 등

3 외기 엔탈피 제어

(1) 외기냉방을 행하기 위해 엔탈피 컨트롤(Entalpy Control)을 시행하는 방법이다.

(2) 주로 동계 혹은 중간기에 내부 Zone 혹은 남측 Zone에 생기는 냉방부하를 외기를 도입하여 처리하는 방법으로 에너지 절약적 차원에서 많이 응용되고 있다.

(3) 전수(全水) 공조방식에서는 '외기 냉수랭방'을 동일한 목적으로 사용 가능하다.

(4) 방법

① 외기의 현열 이용방식 : 실내온도와 외기온도를 비교하여 외기량을 조절한다.

② 외기의 전열 이용방식 : 실내 엔탈피와 외기 엔탈피를 비교하여 외기량을 조절한다.

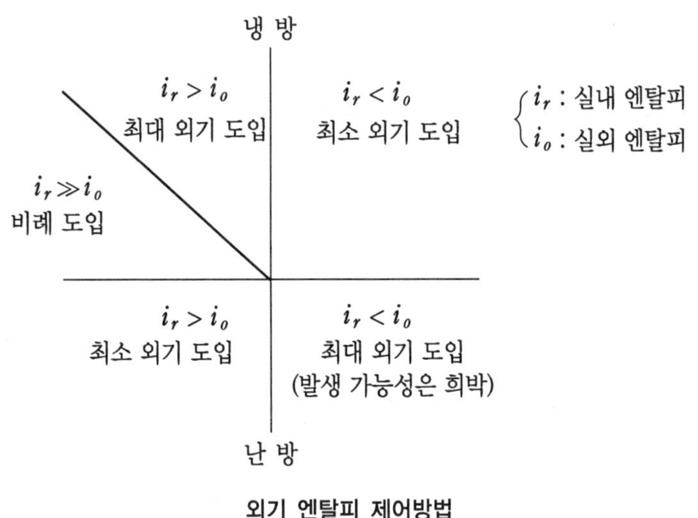

외기 엔탈피 제어방법

4 건축물의 겨울철 천장 결로

(1) 규모가 큰 건물일수록 겨울철 천장에 결로가 발생하는 경우가 많다.

(2) 그 이유로는 원활한 환기의 기술적 난이, 그로 인한 기류의 정체, 구조체 야간냉각 등을 들 수 있다.

(3) 건축물의 겨울철 천장 결로에 대한 원인 및 대책

항 목	원 인	대 책
환기 부족	창측에서 멀어질수록 내부의 환기가 부족해지기 쉽다.	공조기 흡입구 배치와 충분한 환기량 확보
기류 정체	대류가 원활하지 못함	실내기류를 원활히 하고, 최소풍속 이상으로 유지한다.
인원 및 사무실 집중	냉난방 부하 증가(잠열 및 현열 부하 증가)	별도의 조닝으로 내부 존의 부하를 충분히 처리
구조체 야간 냉각	건물 구조체가 야간 냉각 후 축열이 이루어져 한동안 냉각되어 있음	예열, 야간 Set-back 운전 등 실시
일사 침투 부족(고습)	일사가 내부까지 침투하지 못해 고습한 상태를 오래 유지	일사가 내부 깊숙이 침투될 수 있도록 아트리움, 주광조명(채광) 고려 등 건물 구조적으로 고려한다.

5 집단에너지 사업

(1) 열병합 발전소, 열전용 보일러, 자원회수시설 등 1개소 이상의 집중된 에너지 생산시설에서 생산된 에너지(열 또는 열과 전기)를 주거, 상업지역 또는 산업단지 내의 다수 사용자에게 일괄적으로 공급하는 사업(에너지 효율 약 20% 이상 개선 가능)을 '집단 에너지 사업'이라고 한다.

(2) 다수의 사용자는 개별적으로 에너지 생산시설을 설치하지 않는다.

(3) 집단에너지 사업의 종류

집단에너지사업은 크게 '지역난·냉방사업', '구역형 집단에너지사업(CES)'으로 구분된다.

구 분	사업 내용
지역난·냉방 사업	집중된 에너지 생산시설에서 일정지역 내에 있는 주택, 상가 등 각종 건물을 대상으로 난방용, 급탕용, 냉방용 열 또는 열과 전기를 공급하는 사업
산업단지 집단에너지 사업, 소규모(구역형)집단에너지(CES)	집중된 열 생산시설에서 밀집단지 입주자를 대상으로 열 또는 전기를 공급하는 사업

㈜ CES (Community Energy System) : 구역형 집단에너지를 말하는 것으로 난방 위주의 기존의 지역난방사업과 달리 소형 열병합 발전소를 이용해 소규모 밀집지역을 대상으로 냉방, 난방, 전기 등을 일괄 공급하는 시스템을 말한다.

6 신에너지 및 재생에너지 개발 · 이용 · 보급 촉진법

(1) 과거 '대체에너지개발 및 이용 · 보급촉진법'을 명칭 변경한 것이다(환경 친화적이고 지속가능한 의미를 내포할 수 있도록 '신 · 재생에너지'로 용어를 변경함).

(2) 정부는 신재생에너지(대체에너지) 설비에 대한 소비자의 신뢰확보와 보급확대를 목적으로 국내 생산 또는 수입되는 태양열, 태양광, 소형풍력 등의 분야에 대한 설비 인증을 2003년 10월부터 최초 시행하고, 이를 위해 신재생에너지설비 인증에 관한 규정을 제정하였다.

(3) 신 · 재생에너지의 정의

신에너지 및 재생에너지(신재생에너지)라 함은 기존의 화석연료를 변환시켜 이용하거나 햇빛 · 물 · 지열 · 강수 · 생물유기체 등을 포함하는 재생가능한 에너지를 변환시켜 이용하는 에너지를 말한다.

(4) 신 · 재생에너지의 종류

① 석유, 석탄, 원자력, 천연가스가 아닌 에너지로서 11개 분야를 지정

② 신에너지 : 3종(수소, 연료전지, 석탄액화·가스화 및 중질잔사유(重質殘渣油) 가스화 에너지)

③ 재생에너지 : 9종(태양열, 태양광, 풍력, 수력, 지열, 해양, 바이오 에너지, 폐기물 에너지, 수열 에너지)

(5) 신 · 재생에너지의 인정 범위

에너지원의 종류	기준 및 범위	
1. 석탄을 액화 · 가스화한 에너지	가. 기준	석탄을 액화 및 가스화하여 얻어지는 에너지로서 다른 화합물과 혼합되지 않은 에너지
	나. 범위	1) 증기 공급용 에너지 2) 발전용 에너지
2. 중질잔사유(重質殘渣油)를 가스화한 에너지	가. 기준	1) 중질잔사유(원유를 정제하고 남은 최종 잔재물로서 감압증류 과정에서 나오는 감압잔사유, 아스팔트와 열분해 공정에서 나오는 코크, 타르 및 피치 등을 말한다)를 가스화한 공정에서 얻어지는 연료 2) 1)의 연료를 연소 또는 변환하여 얻어지는 에너지
	나. 범위	합성가스

3. 바이오 에너지	가. 기준	1) 생물유기체를 변환시켜 얻어지는 기체, 액체 또는 고체의 연료 2) 1)의 연료를 연소 또는 변환시켜 얻어지는 에너지 ※ 1) 또는 2)의 에너지가 신·재생에너지가 아닌 석유제품 등과 혼합된 경우에는 생물유기체로부터 생산된 부분만을 바이오에너지로 본다.
	나. 범위	1) 생물유기체를 변환시킨 바이오가스, 바이오에탄올, 바이오액화유 및 합성가스 2) 쓰레기매립장의 유기성 폐기물을 변환시킨 매립지가스 3) 동물·식물의 유지(油脂)를 변환시킨 바이오디젤 및 바이오중유 4) 생물유기체를 변환시킨 땔감, 목재 칩, 펠릿 및 숯 등의 고체연료
4. 폐기물 에너지	기준	1) 폐기물을 변환시켜 얻어지는 기체, 액체 또는 고체의 연료 2) 1)의 연료를 연소 또는 변환시켜 얻어지는 에너지 3) 폐기물의 소각열을 변환시킨 에너지 ※ 1)부터 3)까지의 에너지가 신·재생에너지가 아닌 석유제품 등과 혼합되는 경우에는 폐기물로부터 생산된 부분만을 폐기물 에너지로 보고, 1)부터 3)까지의 에너지 중 비재생 폐기물(석유, 석탄 등 화석연료에 기원한 화학섬유, 인조가죽, 비닐 등으로서 생물 기원이 아닌 폐기물을 말한다)로부터 생산된 것은 제외한다.
5. 수열 에너지	가. 기준	물의 열을 히트펌프(heat pump)를 사용하여 변환시켜 얻어지는 에너지
	나. 범위	해수(海水)의 표층 및 하천수의 열을 변환시켜 얻어지는 에너지

(6) 신·재생 에너지의 공급 의무

① 신·재생에너지의 공급 의무 비율(%)

해당 연도	2020 ~ 2021	2022 ~ 2023	2024 ~ 2025	2026 ~ 2027	2028 ~ 2029	2030 이후
공급 의무 비율(%)	30	32	34	36	38	40

② 신·재생 에너지의 공급 의무 비율(%) 산정기준 : "신재생에너지설비의 지원 등에 관한 규정 별표2" 참조

7 신·재생에너지 이용 방법

(1) 수소

① 가정(전기, 열), 산업(반도체, 전자, 철강 등), 수송(자동차, 배, 비행기) 등에 광범위하게 사용되어질 수 있다.

② 수소의 제조, 저장기술 등의 인프라 구축과 안전성 확보 등이 필요하다.

(2) 연료전지

① 수소와 산소가 결합하여 전기, 물 및 열을 생성 가능하다.

② 일종의 열병합발전(Co-generation)이라고 할 수 있다.

(3) 석탄액화 · 가스화 및 중질잔사유(重質殘渣油) 가스화 에너지

① 석탄(중질잔사유) 가스화 : 대표적인 가스화 복합발전기술(IGCC : Integrated Gasification Combined Cycle)은 석탄, 중질잔사유 등의 저급원료를 고온·고압의 가스화기에서 수증기와 함께 한정된 산소로 불완전연소 및 가스화시켜 일산화탄소와 수소가 주성분인 합성가스를 만들어 정제공정을 거친 후 가스터빈 및 증기터빈 등을 구동하여 발전하는 신기술이다.

② 석탄액화 : 고체 연료인 석탄을 휘발유 및 디젤유 등의 액체연료로 전환시키는 기술로 고온 고압의 상태에서 용매를 사용하여 전환시키는 직접액화 방식과 석탄가스화 후 촉매상에서 액체연료로 전환시키는 간접액화 기술이 있다.

(4) 태양열

① 건물 냉·난방·급탕, 농수산(건조, 온실난방), 담수화, 산업공정열, 우주용, 광촉매폐수처리, 광화학, 신물질 제조 등의 분야에 광범위하게 사용한다.

② 태양열을 이용하여 물을 끓여 증기를 만들고, 증기를 이용하여 터빈을 돌려 발전하는 방식으로도 많이 활용되어지고 있다.

(5) 태양광

① 태양광 발전은 태양광을 직접 전기에너지로 변환시키는 기술이다.

② 햇빛을 받으면 광전효과에 의해 전기를 발생하는 태양전지를 이용한 발전방식이다.

③ 태양광 발전시스템은 태양전지(solar cell)로 구성된 모듈(module)과 축전지 및 전력변환장치 등으로 구성된다.

④ 풍력과 더불어 화석연료에 의한 발전 방식을 대체할 수 있는 대표적인 신재생 발전 방식으로 개발되어지고 있다.

(6) 풍력

① 풍력은 바람에너지를 변환시켜 전기를 생산하는 발전 기술이다.

② 풍력이 가진 에너지를 흡수, 변환하는 운동량 변환장치, 동력 전달장치, 동력 변환장치, 제어장치 등으로 구성한다.

③ 축방식 : 수직축 방식은 바람의 방향과 관계가 없어 사막이나 평원에 많이 설치하여 이용이 가능하지만 소재가 비싸고 수평축 풍차에 비해 효율이 떨어지는 단점이 있다. 수평축 방식은 간단한 구조로 이루어져 있어 설치하기 편리하나 바람의 방향에 영향을 받는다.

④ 기어방식

㈎ 기어(Gear)형 : 제작비용이 저렴한 편이고, 유지보수 측면에서도 용이하다(동력 전달 체계 ; 회전자→증속기→유도 발전기→한전 계통).

(나) 기어리스(Gearless)형 : 회전자와 발전기가 직접 연결되어 발전효율이 높으며, 간단하면서도 저소음 구조이다(동력 전달 체계 ; 회전자→다극형 동기 발전기→인버터→한전 계통).

⑤ 벳츠의 법칙(벳츠의 한계) : 풍력발전의 이론상 최대 효율은 약 59.3%이다. 그러나, 실용상 약 20~40%만 사용 가능하다(날개의 형상, 마찰손실, 발전기 효율 등의 문제로 인한 손실 고려).

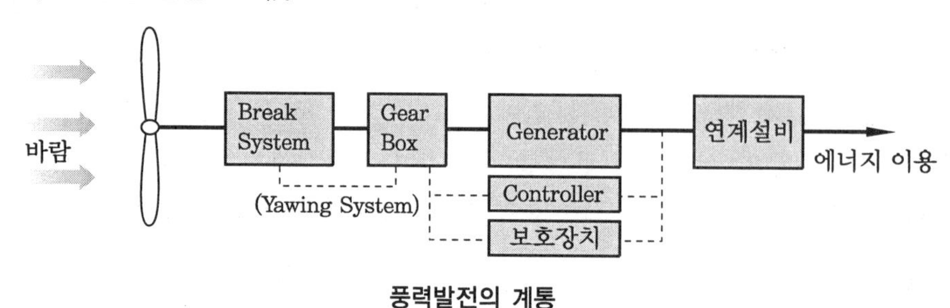

풍력발전의 계통

(7) 수력

① 수력발전은 물의 유동 및 위치에너지를 이용하여 발전하는 기술이다.

② 2005년 이전에는 시설용량 10 MW 이하를 소수력으로 규정하였으나, 그 이후 '신에너지 및 재생에너지 개발이용보급촉진법'에서 소수력을 포함한 수력 전체를 신재생에너지로 정의한다.

③ 신·재생에너지 연구개발 및 보급 대상은 주로 소수력 발전기를 대상으로 한다.

④ 소수력발전의 분류

분류			비고
설비용량	Micro hydropower Mini hydropower Small hydropower	100 kW 미만 100~1000 kW 1000~10000 kW	국내의 경우 소수력발전은 저낙차, 터널식 및 댐식으로 이용(예 방우리, 금강 등)
낙차	저낙차(Low head) 중낙차(Medium head) 고낙차(High head)	2~20 m 20~150 m 150 m 이상	
발전방식	수로식(run-of-river type) 댐식(Storage type) 터널식(Tunnel type) 혹은 댐수로식	하천 경사가 급한 중·상류 지역 하천 경사가 작고 유량이 큰 지점 하천의 형태가 오메가(Ω)인 지점	

⑤ 양수 발전 : 위쪽과 아래쪽에 각각 저수지를 만들고 밤 시간의 남은 전력을 이용하여 아래쪽 저수지의 물을 위쪽으로 끌어올려 모아 놓았다가 전력 사용이 많은 낮 시간이나 전력공급이 부족할 때 이 물을 다시 아래쪽 저수지로 떨어뜨려 발전

하는 방식이다 (우리나라의 청평, 무주, 삼랑진, 산청, 청송 양수발전소가 여기에 해당 됨).

(8) 지열

① 지열에너지는 물, 지하수 및 지하의 열 등의 온도차를 이용하여 냉·난방에 활용하는 기술이다.

② 태양열의 약 47%가 지표면을 통해 지하에 저장되며, 이렇게 태양열을 흡수한 땅속의 온도는 지형에 따라 다르지만 지표면 가까운 땅속의 온도는 개략 10~20℃ 정도 유지해 열펌프를 이용하는 냉·난방 시스템에 이용된다.

③ 우리나라 일부지역의 심부 (지중 1~2 km) 지중온도는 80℃ 정도로서 직접 냉·난방에 이용 가능하다.

④ 지열시스템의 종류는 대표적으로 지열을 회수하는 파이프 (열교환기) 회로구성에 따라 폐회로 (Clossed Loop)와 개방회로 (Open Loop)로 구분된다.

(9) 해양

① 해양에너지는 해양의 조수·파도·해류·온도차 등을 변환시켜 전기 또는 열을 생산하는 기술로써 전기를 생산하는 방식은 조력·파력·조류·온도차 발전 등이 있다.

② 조력발전 : 조석간만의 차를 동력원으로 해수면의 상승하강운동을 이용하여 전기를 생산하는 기술이다.

③ 파력발전 : 연안 또는 심해의 파랑에너지를 이용하여 전기를 생산하는 기술이다.

④ 조류발전 : 해수의 유동에 의한 운동에너지를 이용하여 전기를 생산하는 발전기술이다.

⑤ 온도차발전 : 해양 표면층의 온수 (예 : 25~30℃)와 심해 500~1000 m 정도의 냉수 (예 : 5~7℃)와의 온도차를 이용하여 열에너지를 기계적 에너지로 변환시켜 발전하는 기술이다.

⑥ 해류발전(OCE, Ocean Current Energy) : 해류를 이용하여 대규모의 프로펠러식 터빈을 돌려 전기를 일으키는 방식

⑦ 염도차 혹은 염분차 발전(SGE, Salinity Gradient Energy)

㈎ 삼투압 방식 : 바닷물과 강물 사이에 반투과성 분리막을 두면 삼투압에 의해 물의 농도가 높은 바닷물 쪽으로 이동함, 바닷물의 압력이 늘어나고 수위가 높아지면 그 윗부분의 물을 낙하시켜 터빈을 돌림으로써 전기를 얻게 된다.

㈏ 이온교환막 방식 : 이온교환막을 통해 바닷물 속 나트륨 이온과 염소 이온을 분리하는 방식, 양이온과 음이온을 분리해 한 곳에 모으고 이온 사이에 미는 힘을 이용해서 전기를 만들어내는 방식이다.

⑧ 해양 생물자원의 에너지화 발전 : 해양 생물자원으로 발전용 연료를 만들어 발전하는 방식이다.

⑨ 해수열원 히트펌프 : 해수의 온도차에너지 형태로 활용하는 방식이며, 히트펌프를 구동하여 냉·난방 및 급탕 등에 적용한다.

(10) 바이오 에너지

① 바이오 에너지 이용기술이란 바이오매스(Biomass, 유기성 생물체를 총칭)를 직접 또는 생·화학적, 물리적 변환과정을 통해 액체, 가스, 고체연료나 전기·열에너지 형태로 이용하는 화학, 생물, 연소공학 등의 기술을 일컫는다.

② Biomass : 태양에너지를 받은 식물과 미생물의 광합성에 의해 생성되는 식물체·균체와 이를 먹고 살아가는 동물체를 포함하는 생물 유기체이다.

③ 바이오 에너지 사용절차

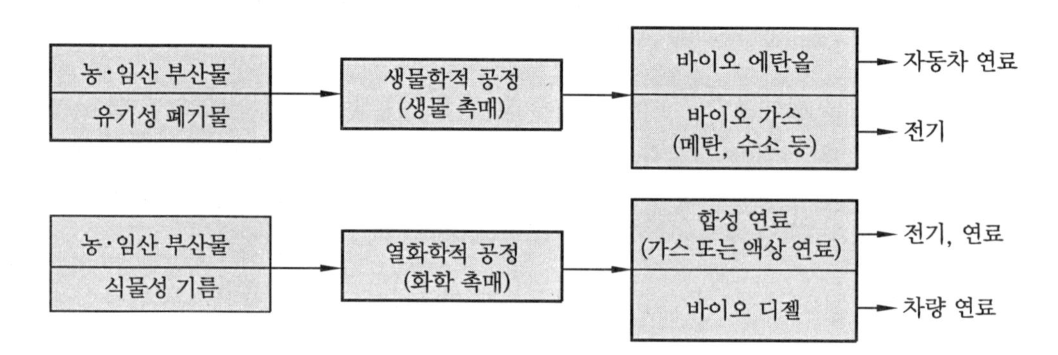

(11) 폐기물

① 폐기물에너지는 폐기물을 변환시켜 연료 및 에너지를 생산하는 기술이다.

② 사업장 또는 가정에서 발생되는 가연성 폐기물 중 에너지 함량이 높은 폐기물을 열분해에 의한 오일화, 성형고체 연료의 제조기술, 가스화에 의한 가연성 가스 제조기술 및 소각에 의한 열회수 기술 등의 가공·처리 방법을 통해 고체 연료, 액체 연료, 가스 연료, 폐열 등을 생산하고, 이를 산업 생산 활동에 필요한 에너지로 이용될 수 있도록 재생에너지를 생산하는 기술이다.

③ 폐기물 신재생에너지의 종류

㈎ 성형고체연료(RDF : Refuse Derived Fuel) : 종이, 나무, 플라스틱 등의 가연성 폐기물을 파쇄, 분리, 건조, 성형 등의 공정을 거쳐 제조된 고체연료이다.

㈏ 폐유 정제유 : 자동차 폐윤활유 등의 폐유를 이온정제법, 열분해 정제법, 감압 증류법 등의 공정으로 정제하여 생산된 재생유이다.

㈐ 플라스틱 열분해 연료유 : 플라스틱, 합성수지, 고무, 타이어 등의 고분자 폐

기물을 열분해하여 생산되는 청정 연료유이다.

㈐ 폐기물 소각열 : 가연성 폐기물 소각열 회수에 의한 스팀 생산 및 발전, 시멘트킬른 및 철광석소성로 등의 열원으로의 이용 등의 예가 있다.

(12) 수열 에너지

① 물의 열을 히트펌프(heat pump)를 사용하여 변환시켜 얻어지는 에너지

② 해수(海水)의 표층 및 하천수의 열을 변환시켜 얻어지는 에너지

8 연료전지

(1) 화력발전소나 원자력발전소 대비 작은 규모로 집안이나 작은 장소에 설치할 수 있고, 거기에서 나오는 전기는 물론 열까지도 쓸 수 있는 장치가 바로 연료전지이다.

(2) 연료전지의 종류 (전해질 종류와 동작온도에 의한 분류)

구 분	알칼리 (AFC)	인산형 (PAFC)	용융탄산염형 (MCFC)	고체산화물형 (SOFC)	고분자전해질형 (PEMFC)	직접메탄올 (DMFC)
전해질	알칼리	인산염	탄산염 (Li_2CO_3 + K_2CO_3)	질코니아 (ZrO_2+Y_2O_3) 등의 고체	이온교환막 (Nafion 등)	이온교환막 (Nafion 등)
연료	H_2	H_2	H_2	H_2	H_2	CH_3OH
동작온도	약 120℃ 이하	약 250℃ 이하	약 700℃ 이하	약 1200℃ 이하	약 100℃ 이하	약 100℃ 이하
효율	약 85%	약 70%	약 80%	약 85%	약 75%	약 40%
용 도	우주발사체 전원	중형건물 (200kW)	중·대용량 전력용 (100kW~MW)	소·중·대용량 발전 (1kW~MW)	정지용,이동용, 수송용 (1~10kW)	소형 이동 (1kW 이하)
특징	순수소 및 순산소를 이용	CO 내구성 큼, 열병합 대응 가능	발전효율 높음, 내부개질 가능, 열병합 대응 가능	발전효율 높음, 내부개질 가능, 복합발전 가능	저온작동, 고출력밀도	저온작동, 고출력밀도

㈜ AFC : Alkaline Fuel Cell

PAFC : Phosphoric Acid Fuel Cell

MCFC : Molten Carbonate Fuel Cell

SOFC : Solid Oxide Fuel Cell

PEMFC : Polymer Electrolyte Membrane Fuel Cell

DMFG : Direct Methanol Fuel Cell

Nafion : Du Pont에서 개발한 perfluorinated sulfonic acid 계통의 막

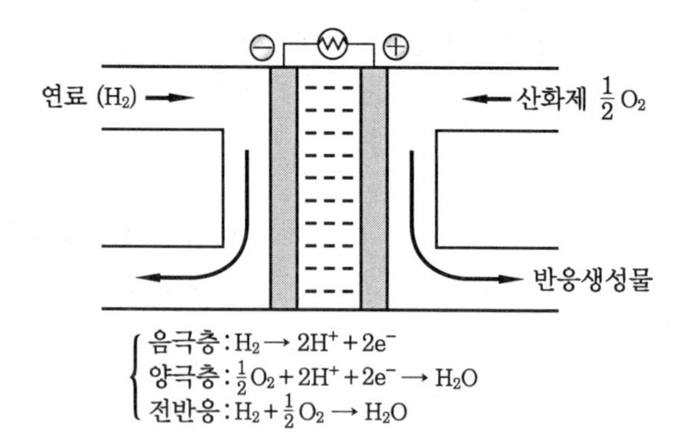

(3) 연료전지의 원리 : 물의 전기분해과정과 반대과정

① 연료전지는 다른 전지와 마찬가지로 양극(+)과 음극(−)으로 이루어져 있는데, 음극으로는 수소가 공급되고, 양극으로는 산소가 공급된다.

② 음극에서 수소는 전자와 양성자로 분리되는데, 전자는 회로를 흐르면서 전류를 만들어낸다.

③ 전자들은 양극에서 산소와 만나 물을 생성하기 때문에 연료전지의 부산물은 물이다(즉 연료전지에서는 물이 수소와 산소로 전기분해되는 것과 정반대의 반응이 일어나는 것이다).

(4) 연료전지의 기술 평가

① 연료전지는 전기생산과 난방을 동시에 하는 장치로 쉽게 설치할 수 있고, 무공해 및 친환경적 기술이므로 앞으로 급속히 보급될 것으로 전망된다.

② 일부 에너지 연구자들은 인류가 앞으로 화석연료를 사용하는 경제 구조로부터 수소를 사용하는 구조로 나아갈 것으로 전망하는데, 이때는 연료전지가 그 핵심역할을 할 것으로 보인다.

③ 수소는 폭발성이 강한 물질이므로, 향후 수소의 유통과정 및 취급 전반에 걸친 안전성을 확보하는 것이 중요하다.

④ 수소의 제조상의 CO_2 등의 배출문제, 연료전지의 원료가 되는 수소를 생산하기 위한 원료가 되는 석유·천연가스 등의 자원의 유한성 등을 해결해 나가야 한다.

(5) 연료전지 시스템의 효율

① 발전효율(Generation Efficiency) : 연료전지로 공급된 연료의 열량에 대한 순발전량의 비율(%)

$$\text{발전효율} = \frac{\text{연료전지의 발전량(kWh)} - \text{연료전지의 수전량(kWh)}}{\text{연료전지로 공급된 연료의 열량(kWh)}} \times 100(\%)$$

② 열효율(Thermal Efficiency) : 연료전지로 공급된 연료의 열량에 대한 회수된 열량의 비율(%)

$$열효율 = \frac{연료전지의\ 열회수량(kWh)}{연료전지로\ 공급된\ 연료의\ 열량(kWh)} \times 100(\%)$$

③ 종합효율(Overall Efficiency)

$$종합효율(\%) = 발전효율(\%) + 열효율(\%)$$

◎ 천연가스로 수소 제조

천연가스를 이용하여 수소를 생산하는 방법으로는 다음의 수증기 개질법(Steam Reforming)이 가장 일반적으로 사용된다(스팀을 700～1100℃로 메탄과 혼합하여 니켈 촉매반응기에서 압력 약 3～25 bar로 다음과 같이 반응시킴).

〈반응식〉

1차(강한 흡열반응) : $CH_4 + H_2O = CO + 3H_2$, $\Delta H = +49.7$ kcal/mol

2차(온화한 발열반응) : $CO + H_2O = CO_2 + H_2$, $\Delta H = -10$ kcal/mol

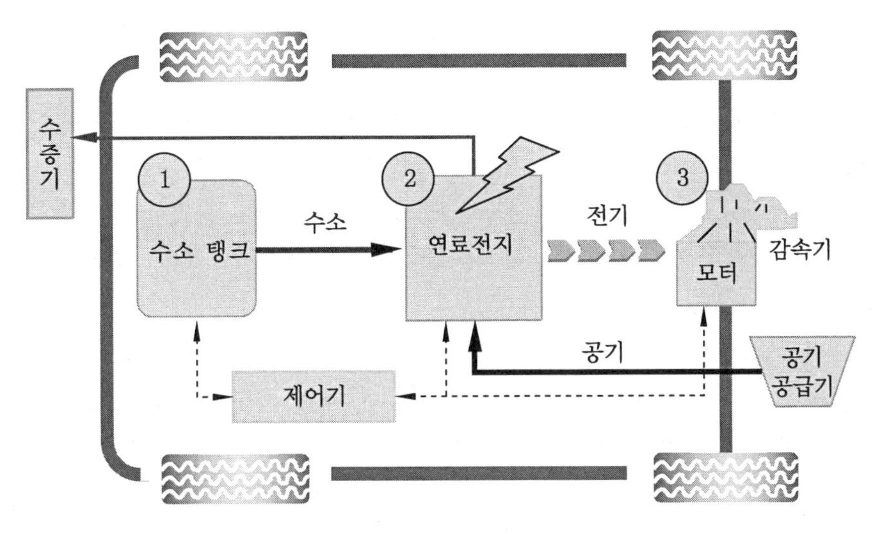

연료전지 자동차 동력 계통도

9 제로 에너지 하우스와 제로 카본 하우스

(1) 제로 에너지 하우스(Zero Energy House 혹은 Self-Sufficient Building)

① 신재생에너지 및 고효율 단열 기술을 이용해 건물 유지에 에너지가 전혀 들어가지 않도록 설계된 건물을 보급하여 점차적으로 마을 단위의 그린 빌리지(Green Village), 도시 단위의 그린 시티(Green City) 혹은 에코 시티(Echo City)를 건설하는 데 목적이 있다.

② 석유, 가스 등의 화석연료를 거의 쓰지 않기 때문에 온실가스 배출이 거의 없고, 주로 신·재생에너지(태양열, 지열, 바이오 에너지, 풍력 등)만을 이용하여 냉방, 난방,

급탕, 조명 등을 행한다.

③ 적용 기술

㈎ 건물 기본부하의 경감 : 에너지 절약기술 (고기밀, 고단열 구조 채용)

㈏ 자연에너지의 이용 : 태양열 난방 및 급탕, 태양광 발전, 자연채광 (투명단열재 도입 적극 검토), 지열, 풍력, 소수력 등 이용

㈐ 미활용 에너지의 이용 : 배열회수 (폐열회수형 환기유닛 채용), 폐온수 등 폐열의 회수, 바이오에너지 활용 (분뇨 메탄가스, 발효알코올 등)

㈑ 보조열원설비, 상용전원 등 백업 시스템

㈒ 기타 이중외피구조, 하이브리드 환기 기술, 옥상녹화, 중수재활용 등도 많이 채택되고 있다.

㈓ 현실적인 한마디로 표현하면 현존하는 모든 에너지 절감기술을 총합하여 '제로 에너지'에 도전하는 것이 제로 에너지 하우스 (Zero Energy House)이다.

④ 기술 개념

㈎ 제로 에너지하우스는 단열, 기밀창호 등의 건축적 요소보다는 '에너지의 자급자족'이라는 설비적 관점에 주안점을 두고 있다.

㈏ 즉, 제로 에너지 하우스는 신재생에너지 설비를 이용해 에너지를 충당하는 '액티브 하우스(Active House)' 개념에 가깝다.

㈐ 그러나 제로 에너지 하우스 (Zero Energy House)를 실현하기 위해서는 단열, 기밀 창호구조 등의 건축적 요소도 현실적으로 합쳐져야 하는 것이 일반적이다.

(2) 제로 카본 하우스 (Zero Cabon House)

① '탄소 제로'를 실현하기 이해서는 다음과 같은 두 가지 기술이 접목되어야 한다.

㈎ 단열, 기밀창호 등의 건축적 기술 → 패시스 하우스 (PH : Passive House)의 기술

㈏ '에너지의 자급자족'이라는 설비적 기술 → 제로 에너지 하우스 (Zero Energy House)의 기술

② 위 두 가지 기술을 접목하여 '탄소 제로'를 실현한 것이 제로 카본 하우스(Zero Carbon House)라고 할 수 있다.

③ 따라서 '탄소 제로'라는 것은 결과적으로 상기 두 가지 기술을 접목하여 화석연료를 전혀 쓰지 않기 때문에 온실가스 배출이 전혀 없다는 뜻으로 결과적으로는 '패시브 하우스 + 제로 에너지 하우스'의 접목된 기술이다.

④ 그러나 결과적으로 적용되는 기술이 거의 동일하다는 측면에서 제로 에너지 하우스 (Zero Energy House)와 동일 용어로 사용되기도 한다.

(3) 기술의 평가

① 이러한 초에너지 절약형 건물들은 현존하는 모든 에너지 절감기술을 총합하여야 가능하므로, 현실적으로는 패시브 하우스, 저 에너지 하우스, 제로 에너지 하우

스, 제로 카본 하우스, 그린 빌딩, 파워 빌딩, 3리터 하우스, 제로 하우스 등이 모두 유사한 용어로 사용되어질 수밖에 없다.

② 국내 그린홈에 대해 정의를 내려보면, 한국형 그린홈 = 패시브 하우스 + 제로 에너지 하우스 = 제로 카본 하우스 = 제로 하우스

③ 단열과 기밀창호 등의 건축적 요소만으로는, 신재생에너지 기술만으론 제로 에너지 하우스든 제로 카본 하우스든 그 필요충분조건을 만족시킬 수는 없다. 이는 초에너지 절약형 기술의 개발이 여러 기술의 접목을 필요로 하며, 앞으로도 무척 많이 발전되어져 나가야 함을 의미하기도 한다.

10 온도차 에너지

일종의 미활용 에너지 (Unused Energy : 생활 중 사용하지 않고 버려지는 아까운 에너지)로 공장용수, 해수, 하천수 등을 말한다.

(1) 온도차 에너지 이용법

① 직접 이용 : 냉각탑의 냉각수로 직접 활용하는 경우

② 간접 이용 : 냉각탑의 냉각수와 열교환하여 냉각수의 온도를 낮추어 준다.

③ 냉매 열교환 방식 : 응축관 매설 방식

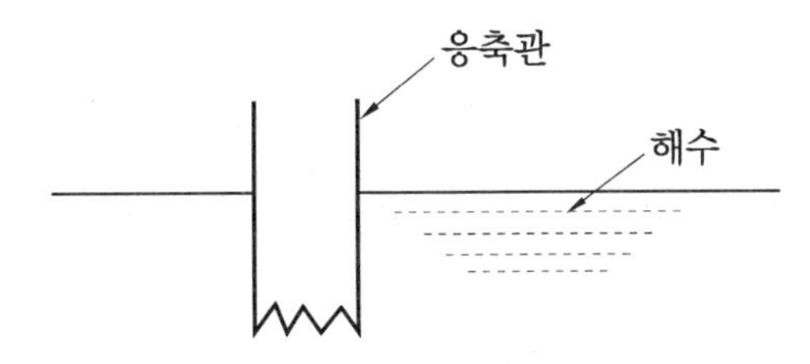

(2) 기술 평가

① 미활용 에너지 중 고온에 해당되는 소각열, 공장배열 등은 주로 난방, 급탕 등에 응용 가능하며, 경우에 따라서는 흡수식 냉동기의 열원으로도 사용되어질 수 있다. → 60℃ 미만의 급탕, 난방을 위해 고온의 화석연료를 직접 사용한다는 것은 불합리하게 생각해야 한다.

② 온도차 에너지는 미활용 에너지 중 주로 저온에 해당되므로, 난방보다는 냉방에 활용될 가능성이 더 많다(냉각수, 냉수 등으로 활용).

③ 미활용 에너지의 문제점 : 이물질 혼입, 열밀도가 낮고 불안정, 계절별 온도의 변동 많음, 수질 및 부식의 문제, 열원배관의 광역적 네트워크 구축의 어려움 등

④ UN 기후변화협약 및 교토의정서의 지구온난화물질 규제관련 CO_2 감량을 위해 온도차 에너지 및 고온의 미활용 에너지를 적극 회수할 필요가 있다.

11 세계 에너지 기구(IEA : International Energy Agency)

(1) 1974년 9월 벨기에 브뤼셀에서 주요 석유 소비국가 사이의 협의를 거쳐, 1976년 1월에 정식으로 발족하였다.

(2) 1차 석유 파동 이후 산유국 모임인 OPEC(석유수출국기구)의 석유 공급 삭감에 대항하기 위해 만들어진 에너지 계획의 실천기관이며, OECD의 산하기관이다(우리나라는 2001년에 가입하여 활동 중이다).

(3) IEA 활동의 기대효과

① 세계 에너지 시장 안정을 위한 공조 : 석유시장 뿐만 아니라 가스, 전력, 석탄 등 모든 에너지에 대하여 모니터링하고 있으며, 공동 대응해 나간다.

② 에너지 시장변화에 대한 탄력적 대응 : 회원국들 간의 정보에 대한 접근 및 공유가 쉬워져, 에너지 시장의 가격변화, 공급량 변화, 기타 문제 등에 신속 대응이 가능해진다.

③ 기술협력을 통한 에너지효율 및 환경개선 : 에너지 절약기술, 청정에너지 기술, 신·재생 에너지기술 등 다양한 기술개발이 추진되고 있다.

④ 기타의 기대효과 : 석유공급 안보의 강화, 정책 조율을 통한 국익 증대, 국제 에너지 외교의 위상 제고, 신기술 개발 참여 등이다.

12 이코노마이저 사이클(Economizer Cycle)

(1) Air Side Economizer Cycle (Control)

① 중간기나 동절기에 냉방이 필요한 경우 차가운 외기(공기)를 직접 도입하여 이용하는 외기냉방 시스템을 뜻한다.

예 외기온도와 리턴공기온도를 비교하여 냉방 시 외기온도가 2.8℃(5°F) 이상 차이가 나면 외기댐퍼를 최대로 열어 외기냉방을 하며 외기온이 높아지면 외기댐퍼를 전폐한다.

② '외기 엔탈피 제어'를 의미하기도 한다.

(2) Water side Economizer Cycle (Control)

① 외기 냉수 냉방을 말한다. 즉, 쿨링타워 등의 냉각수를 펌프로 공조기나 FCU에 순환시켜 냉방하는 방식을 의미한다.

② 중간기나 겨울철에 냉방을 위해 냉동기를 가동하지 않으므로 운전비용이 적게 드는 시스템(에너지 절약적 냉방 시스템)이다.

13 원자력 에너지

(1) 우라늄을 충진한 5 m 정도의 핵연료봉 ASSY에 중성자를 통과시켜 핵반응을 일으키고 외부에 있는 물을 끓여 발전 등을 한다.

(2) 950℃ 이상의 물을 끓여 수소를 분리하여 연료전지에 이용 가능

(3) 원자력 에너지의 장점

① 연료가격이 저렴하다.
② 화석연료를 태울 때 나오는 이산화탄소, 아황산가스 등의 오염물질이 발생하지 않는다.
③ 자원의 효용가치가 크고 무궁무진한 에너지이다.
④ 우주 산업과 연관되어 동시 발전 가능 (최첨단 기술이 종합된 기술 집약적 발전방식)
⑤ 핵융합로가 실용화되면 한층 더 효용가치가 커질 것으로 예상된다.

(4) 원자력 에너지의 단점

① 발전과정에서 불가피하게 나오는 방사선 및 방사성폐기물의 안전한 처리기술이 필요하다.
② 초기투자비 (건설비용, 각종 안전장치 설치비용 등)가 많이 든다.
③ 방사성폐기물에 의한 환경오염이 있을 수 있다.
④ 냉각수로 해수를 사용할 경우 해수온도가 상승하여 생태환경에 악영향을 끼칠 수 있다.
⑤ 기타 핵무기 제조기술로의 전환 우려, 지진이나 쓰나미 등의 자연재해 시 대형참사 우려, 발전소의 수명 만료 시 해체 기술 난이 등

(5) 기술 평가

① SMART 원자로 (해수 담수 원자로) : 소규모 전력 생산하는 설비로 인도네시아 등에 수출하는 원자로
② 한국 표준형 원자로 : 현재 국내에서 가동 중인 대표적 원자로로서, 한국이 표준형 및 수출주도형으로 개발한 원자로이다.
③ 한국도 원자력 선진국가이다.(G6) → 우리나라가 가장 잘 할 수 있는 이러한 기술을 보다 적극적으로 개척할 필요가 있다.

14 지열의 응용 (이용방법)

(1) 땅 속 깊은 곳에서는 방사성 동이원소들의 붕괴로 끊임없이 열이 생성되고 있고, 땅속 마그마는 종종 지각이 얇은 곳에서 화산이나 뜨거운 노천온천의 형태로 열을

분출한다. 또한 얕은 땅속은 계절에 따른 온도변화가 거의 없이 섭씨 10℃ 내외의 일정한 온도를 유지한다.

(2) 이러한 땅 속의 무궁한 에너지는 난방과 냉방, 전기 생산 등 여러 가지 형태로 이용될 수 있다.

(3) 지열의 응용 사례

① 땅속의 뜨거운 물 이용 발전(제1세대 발전 : 주로 화산지대)

㈎ 지열을 이용해서 전기를 생산하기에 적합한 곳은 뜨거운 증기나 뜨거운 물이 나오는 곳이다.

㈏ 증기가 솟아 나오는 곳에서는 이 증기로 직접 터빈을 돌려서 발전을 한다.

㈐ 뜨거운 물이 나오는 곳은 보조가열기를 사용하여 승온 및 증기를 만들어 터빈을 가동하는 방법 혹은 끓는점이 낮은 액체를 증기로 만들어 터빈을 가동하는 방법 등이 있다(미국, 동남아, 북동유럽, 아프리카, 일본 등이 주도국임).

㈑ 지질조사 : 지열 징후나 지질구조에서 지열저류층의 면적·두께·온도를 유추하고, 거기에 공극률(空隙率)이나 회수율의 적당한 값을 곱해서 자원량을 산출하고 있다. 발전량을 예측하려면 다시 기계효율·발전효율을 곱한다.

㈒ 이와 같은 산출법에 이용되는 각 인자의 값은 어느 것이나 확실한 것은 아니므로 결과는 대략 그런 값을 부여하는 데 불과하며 정확성이 결여될 가능성도 많다.

② 땅속의 암반 이용 발전

㈎ 땅 속에 뜨거운 물이 없고 뜨거운 암석층만 있어도 발전이 가능하다.

㈏ 암석층에 구멍을 뚫고 물을 흘려보내서 가열시킨 다음 끌어올려서 그 열로 끓는점이 낮은 액체를 증기로 만들어 발전기를 돌리고, 이때 식혀진 물은 다시 땅속으로 보내 가열시켰다가 끌어올리기를 반복하면 된다.

㈐ 뜨거운 암석층은 거의 식지 않는다는 점을 이용하여 연속적인 발전이 가능하다.

㈑ 이 방법 역시 무엇보다 지질조사(암반층 탐사, 지열탐사 등)가 잘 선행되어야 성공할 수 있다는 점이 중요하다.

㈒ 제2세대 발전(EGS : Enhanced Geothermal System) : 원하는 온도의 심도까지 시추하여 폐회로인 인공 파쇄대를 형성하여 열을 획득하는 시스템(독일, 스위스, 호주, 미국 등이 주도국임)

㈓ 제3세대 발전(SWGS : Single Well Geothermal System) : 제2세대 발전 방식 대비 천공비 및 공기를 많이 줄일 수 있고, 인공 파쇄대 없이 1공으로 주입 및 생산이 이루어지는 시스템이다(독일, 스위스 등이 주도국임).

◎ **국내의 지열발전 :** 국내에는 경상북도 포항, 전라남도 광주 등 진행(제2세대 발전 방식)

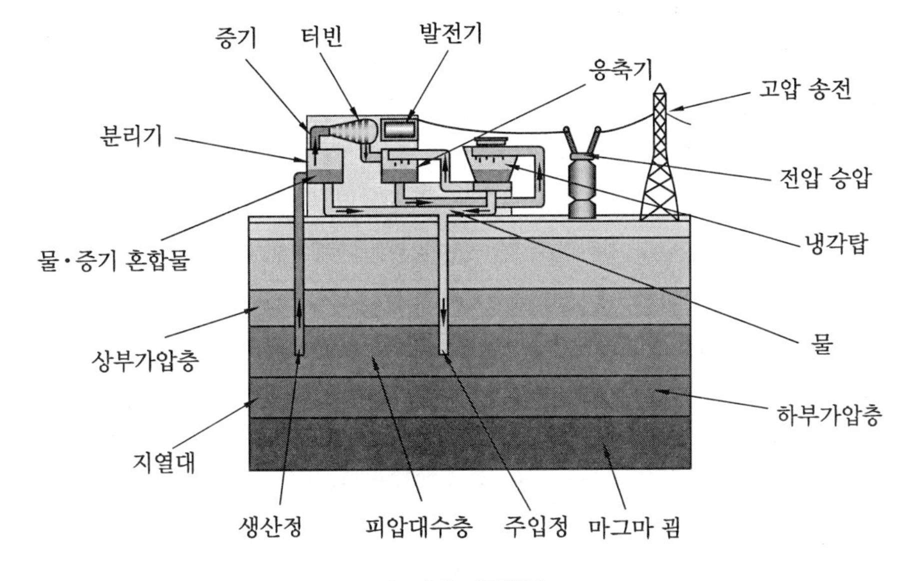

제2세대 지열발전

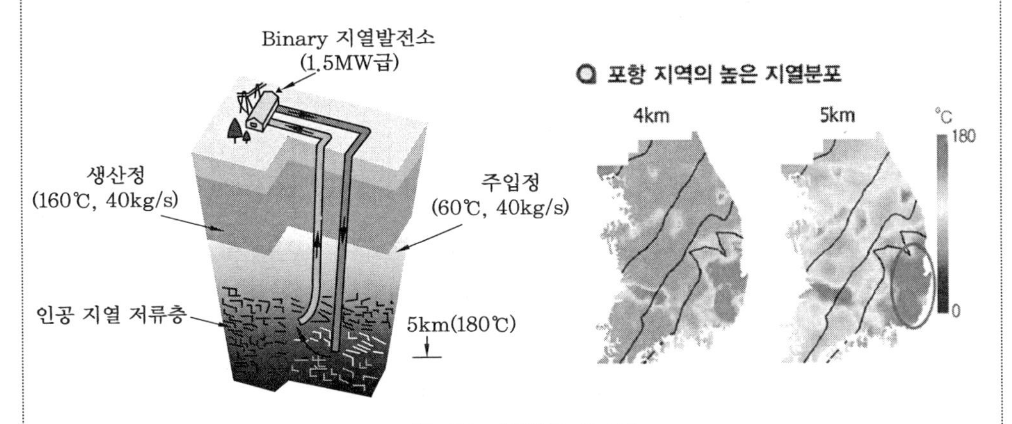

포항지역 지열발전 시스템

◎ **바이너리(Binary) 지열발전**

① 일반적으로 바이너리 발전이란 '바이너리 사이클'을 이용한 발전 시스템을 일컫는다.

② 열원이 되는 1차 매체(끓는점이 높음)에서 열을 2차 매체(끓는점이 낮음)로 이동시켜 2차 매체의 증기 사이클을 통해 터빈을 구동하여 발전하는 시스템을 통틀어 일컫는 말이다.

③ 바이너리란 '두 개'란 의미로 두 개의 열매체를 사용한 발전 사이클이기 때문에 불리는 발전 시스템으로 지열발전에 국한된 발전 시스템은 아니다.

③ 급탕 · 난방용 열 공급

㈎ 땅속 암석층에 의해서 뜨거워진 물은 전기 생산뿐만 아니라 급탕용 혹은 난방용 열을 공급하는 데 직접 이용될 수 있다.

㈏ 건물 급탕설비의 급탕탱크용 가열원으로 활용 가능하다.

㈐ 열교환기를 통하거나 (간접방식), 직접적으로 난방용 방열기를 가동할 수 있다.

㈑ 암반층의 뜨거운 물을 건물의 바닥코일로 돌려 바닥 복사난방에 활용할 수 있다.

④ 직접 냉 · 난방

㈎ 다음 그림에서 보듯이, 땅 속에 긴 공기 흡입관을 묻고 이 관을 통과한 공기를 건물에 공급해서 난방과 냉방을 하는 지열 이용방식도 가능하다.

㈏ 이 경우 겨울에는 공기가 관을 통과하면서 지열을 받아 데워져서 난방 혹은 난방 예열용으로 활용 가능하다.

㈐ 여름에는 뜨거운 바깥 공기가 시원한 땅속 관을 통과하면서 식혀진 후 공급됨으로써 냉방 혹은 냉방 예냉용으로 활용 가능하다.

㈑ 위와 같이 행함으로써 난방과 냉방을 위한 에너지가 절약되고, 쾌적하고 신선한 외기의 도입도 가능해진다.

㈒ 이러한 시스템을 흔히 'Cool Tube System'이라고 부른다.

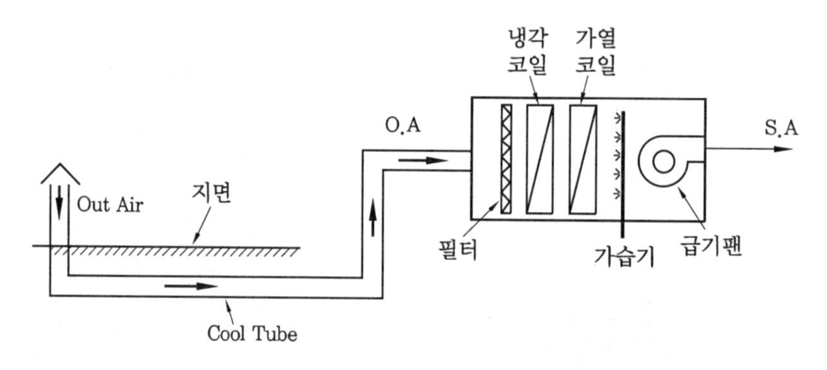

Cool Tube System

⑤ 지열 이용 히트펌프 방식에서 열원으로 활용

㈎ 물 · Brine과 대지의 열교환을 통하여 히트펌프를 가동한다.

㈏ 땅속 관내 압력강하량이 증가하여 펌프동력 증가 가능성이 있다.

㈐ 지중 매설공사가 어렵다.

㈑ 가격이 고가(高價)이다 (초기 투자비 측면).

㈒ 배관 등 설비의 부식이 우려 된다.

㈓ 효율적이면서도 무제상 (無除霜)이 가능하여 이상적인 히트펌프 시스템을 구축할 수 있다.

㈓ 흡수식 냉온수기 대비 장점 : 에너지 효율이 매우 높음 (약 3배 이상), 운전 유지비 절감, 친환경 무공해 시스템, 대형 냉각탑 불필요, 연료의 연소과정이 없으므로 수명이 길다.

⑥ 기타의 지열 이용 방법

㈎ 도로 융설

㉮ 한랭 적설지에서는 지열을 이용한 도로융설의 용도로 사용할 수 있다.

㉯ 지열이용 도로융설은 노반에 파이프를 매설하고 도로면과 지하 간에 통수시켜 도로를 가열하여 눈을 녹이는 방식이다.

㈏ 농업분야 : 지열의 농업에의 이용은 세계 각지에서 그 예를 볼 수 있는데, 가장 활발한 곳이 헝가리로서, 거의 전 지역에 산재하고 있는 심층 열수를 최대한 이용하여 대규모의 시설원예를 시행하고 있다.

㈐ 2차산업 분야 : 지열을 농림수산물의 건조가공, 제염, 화학약품의 추출 등에도 이용 가능하나 그 규모는 아직 매우 작은 편이다.

15 생물자원 (바이오매스 : Biomass)

(1) 생물자원은 흔히 바이오매스라고 부르는데, 19세기까지도 인류는 대부분의 에너지를 생물자원으로부터 얻었다.

(2) 생물자원은 나무, 곡물, 풀, 농작물 찌꺼기, 축산분뇨, 음식 쓰레기 등 생물로부터 나온 유기물을 말하는데, 이것들은 모두 직접 또는 가공을 거쳐서 에너지원으로 이용될 수 있다.

(3) 지구온난화 관련

생물자원은 공기 중의 이산화탄소가 생물이 성장하는 가운데 그 속에 축적되어서 만들어진 것이다. 그러므로 에너지로 사용되는 동안 이산화탄소를 방출한다 해도 성장기부터 흡수한 이산화탄소를 고려하면 이산화탄소 방출이 없다고도 할 수 있다.

(4) 생물자원의 응용사례

생물자원 중에서 나무 부스러기나 짚은 대부분 직접 태워서 이용하지만, 곡물이나 식물은 액체나 기체로 가공해서 만든다.

① 최근 유채 기름, 콩기름, 폐기된 식물성 기름 등을 디젤유와 비슷한 형태로 가공해서 디젤 자동차의 연료나 난방용 연료로 이용하는 방법이 많이 개발되어 보급되고 있다.

② 생물자원을 미생물을 이용해서 분해하거나 발효시키면 메탄이 절반 이상 함유된 가스가 얻어진다. 이것을 정제하면 LNG와 같은 성분을 갖게 되어, 열이나 전기를

생산하는 연료로 이용할 수 있다.

③ 현재 대규모 축사로부터 나온 가축 분뇨가 강과 토양을 크게 오염시키고, 음식 찌꺼기는 악취로 인해 도시와 쓰레기 매립지 주변의 주거환경을 해치고 있는데, 이것들을 분해하면 에너지와 질 좋은 퇴비를 얻는 일석이조의 효과를 거둘 수 있다.

16 고온 초전도체

(1) 1911년 최초로 초전도체를 발견한 사람은 네덜란드의 물리학자 오네스(Onnes)였다.

(2) 그는 액체 헬륨의 기화온도인 4.2K 근처에서 수은의 저항이 급격히 사라지는 것을 발견하였다. 이렇게 저항이 사라지는 물질을 사람들은 초전도체라 부르게 되었다.

(3) 초전도 현상의 또 다른 역사적 발견은 1933년 독일의 마이스너(Meissner)와 오센펠트(Oschenfeld)에 의해 이루어졌다. 그들은 초전도체가 단순히 저항이 없어지는 것뿐만 아니라 초전도체 내부의 자기장을 밖으로 내보내는 현상(자기 반발 효과)이 있음을 알아냈다(마이스너 효과(Meissner effect)).

(4) 그러나 초전도 현상이 매우 낮은 온도에서만 일어나므로 값비싼 액체 헬륨을 써서 냉각시켜야 하며, 따라서 그 냉각비용이 엄청나서 고도의 정밀기계 이외에는 이용되지 못하였다(특히 기체 헬륨은 가벼워서 대기중에 날라감으로 구하기도 어려움).

(5) 고온 초전도체의 발견

① 1911년 초전도 현상이 처음 발견된 후 거의 모든 사람들이 비교적 값싼 냉매인 액체질소로 냉각 가능한 온도, 즉 영하 200도 정도 이상에서 초전도 현상을 보이는 물질을 찾아내는 것이 숙원이었다.

② 이러한 연구 노력의 결실로, 1987년 대만계 미국 과학자 폴 추 박사에 의해 77 K 이상에서 초전도 현상을 보이는 물질이 개발되었다.

③ 현재 고온 초전도체로 주목받고 있는 것은 희토류 산화물인 란타늄계(임계온도 30 K)와 이트륨계(임계온도 90 K), 비스무스 산화물계 및 수은계(임계온도 134 K) 등이 있다.

④ 장래에는 냉각할 필요가 없는 상온 초전도 재료의 개발도 기대되고 있어 혁신적인 경제성의 향상과 이용확대가 예상된다.

(6) 초전도체의 응용

① 자기공명 장치(Magnetic Resonance Imaging : MRI)

② 초전도 자기 에너지 저장소(Superconduction Magnetic Energy Storage : SMES)

③ 대중교통 분야
④ 전기 · 전자 분야

17 LNG (액화천연가스) 냉열 (冷熱) 이용 기술

(1) LNG가 수입기지에서 재기화(再氣化)될 때 흡수하는 열을 냉열이라 부른다.

(2) LNG는 −162℃라는 매우 낮은 온도에서 증발하여 상온의 천연가스로 되돌아올 때 주위에서 열을 흡수하여 냉각된다. 이것이 바로 냉열에너지이다.

(3) LNG가 보유하고 있는 냉열의 절대량은 증발잠열이 약 120 kcal/kg, 이것에 −162℃에서 0℃까지의 현열을 더하면 약 220 kcal/kg이 된다.

(4) 일반적으로 상온에서 저온을 발생하는데 필요한 에너지는 목적한 온도가 낮으면 낮을수록 커진다. 따라서 LNG 냉열을 이용하는 경우, LNG 의 비등점인 −162℃에 되도록 가까운 온도에서 이용하는 방법이 이점이 크며, 에너지절약효과가 높다.

(5) 다른 한편으로 LNG 냉열을 유효하게 이용하면 LNG 수입기지에서의 재가스화 비용이 저감을 도모한다는 이점이 있다.

(6) LNG의 냉열 이용에는 LNG 수입기지 주변에서의 LNG의 직접이용 및 이와 열교환한 냉매(액체질소나 액체탄산가스 등)에 의하여 원격지에서 냉열을 이용하는 간접이용 등이 있다.

(7) 온도영역별 LNG (액화천연가스) 냉열 (冷熱) 이용 기술

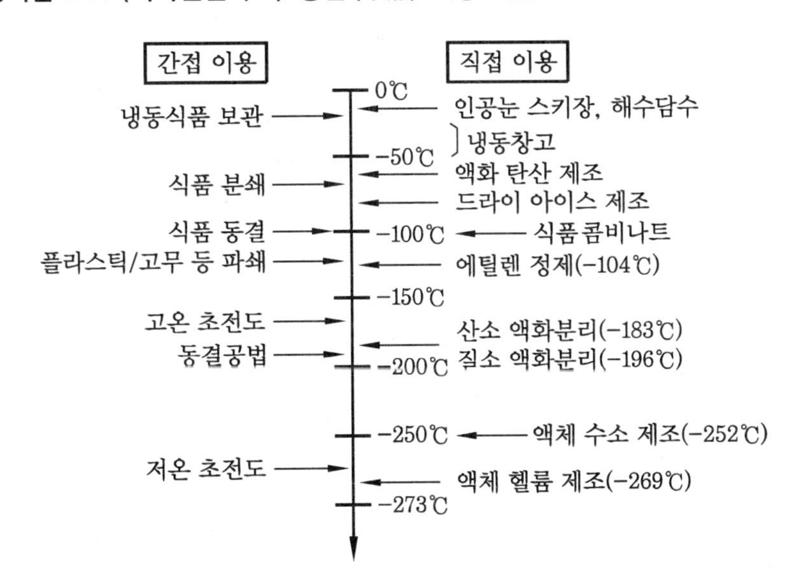

(8) 산업별 LNG (액화천연가스) 냉열(冷熱) 이용 기술

① 직접이용에서 실용화되고 있는 것

㈎ 공기액화분리 (액화산소 및 액화질소의 제조)

㉮ 공기액화분리에 의한 액화산소 및 액화질소의 제조는 LNG의 냉열을 가장 유효하게 이용할 수 있는 것으로 일찍부터 실용화되었다.

㉯ LNG의 온도는 최저부에서 −162℃ 정도로 질소 (−196℃) 및 산소 (−183℃)와는 차이가 있으므로, LNG로부터 냉열을 받는 질소가스를 가압하여 열교환시킨다.

㉰ 또 다른 방법으로, 저온압축방식을 사용하여 공기압축기의 흡입측 순환질소를 LNG로 냉각시켜 압축기 소비동력을 감소시키는 방법이다.

㉱ LNG의 냉열 이용법에서는 종래 공정에 비해 전력 원단위가 절반 이하로 되며, 에너지절약효과가 커서 제조비용을 대폭으로 절감할 수 있다.

㈏ 액화탄산 및 드라이아이스의 제조

㉮ 공기액화분리에 의한 액화탄소 · 드라이아이스 등의 제조도 이루어지고 있다.

㉯ LNG 냉열 이용에 의해 냉동기가 불필요하게 되는 방법 혹은 용이하게 약 −50℃ 이하의 저온이 얻어지는 것에서 탄산가스의 액화압력이 낮아져 압축동력을 삭감할 수 있게 하는 방법으로, 전력을 절반 이하로 절감하는 것이 가능하다.

㉰ 주로 원료탄산가스를 쉽게 입수할 수 있는 조건의 지역에서 사업화가 진행되고 있다.

㈐ 냉동창고

㉮ 다랑어의 신선도를 손상없이 보존하는 데는 −50℃ 이하의 초저온 냉동창고가 필요한데, LNG의 냉열을 이용함으로써 이 정도의 초저온을 쉽게 얻을 수 있다.

㉯ LNG 냉열이용의 냉동창고는 종래의 기계식 냉동창고에 비해 건설비가 싸고, 소비전력도 1/3 정도로 절감할 수 있다. 또한 기계부분이 적기 때문에 운전 및 보수가 용이하고 소음 및 진동도 없으며, 냉각효과의 걱정이 없는 등의 장점이 있다.

㈑ 냉동식품 콤비나트 (Combinat)

㉮ 콤비나트 : 원래 기술적 연관이 있는 여러 생산부문이 근접 입지하여 형성된 기업의 지역적 결합체를 말하는 것으로, 여기서는 냉동식품의 제조 ~ 저온유통시스템까지의 전과정을 유기적으로 결합 (結合)한다는 의미이다.

㉯ 즉, LNG 냉열을 이용하여 저장뿐만 아니라 냉동식품의 제조, 소재식품의 저온가공, 저온유통 시스템을 일체로 한 '냉동식품 콤비나트'시스템 구성 가능

㈎ 냉열발전

㉮ 실용화되어 있는 냉열기관에는 지접팽창방식, 중간매체 랭킨사이클방식 및 이들의 조합방식이 있다.

㉯ 용량은 여러 가지 있는데, LNG 처리량이 150 t/hr 정도(100만 kW급의 발전소에서의 소비량에 상당)의 규모의 것도 적지 않다.

㉰ 직접팽창방식 : LNG를 압축, 기화, 승온하여 발생한 고압의 천연가스를 터빈에서 팽창시킴으로써 동력이 얻어진다.

㉱ 중간매체 랭킨사이클방식 : 랭킨사이클(Rankine Cycle)의 냉각에 LNG 냉열을 사용하는 방식이다.

㈏ 고순도 메탄 C-13의 제조 : LNG에 1.1%의 비율로 존재하는 안정동위원소 C-13 메탄을 저온증류에 의해 분리해내는 기술이다.

② 간접이용에서 실용화되고 있는 것

㈎ 액체질소 · 액체탄산가스 등에 의한 냉동식품의 제조 · 유통 : 신선한 어패류를 급속동결하여 소비지로 운반하는 "이동동결" 및 백반 · 비빔밥 · 구운 주먹밥 등의 "냉동밥"이 새로운 냉동식품으로서 각광을 받고 있다.

㈏ 액체질소에 의한 플라스틱 · 금속스크랩 · 폐타이어 등의 저온분쇄 : 상온에서는 탄력이 풍부한 고무공도 액체질소로 동결시켜 지면에 떨어뜨리면 가루가 된다. 이러한 성질을 이용하여 폐기물의 처리에 활용되고 있다.

㈐ 액체질소에 의한 콘크리트의 냉각(샌드프리쿨공법) : 콘크리트의 재료인 모래를 액체질소로 초저온으로 냉각하여 콘크리트의 반죽온도를 낮게 억제함으로써 콘크리트 타설 시의 온도상승에 의한 균열방지 · 내구성 향상·공기의 단축을 도모하는 것이다.

18 태양열 및 태양광 적용분야

(1) 집광식 태양열 발전

① 태양추적장치, 집광렌즈, 반사경 등의 장치가 필요하다.

② 1000℃ 이상의 증기를 이용하여 터빈을 운전한다.

(2) 태양광 발전

① 소규모로는 전자계산기, 손목시계와 같은 일용품과 인공위성 등에 적용되고 있으며, 이를 대규모의 발전용으로 이용할 수 있다.

② 실리콘 등으로 제작되어진 태양전지(Solar Cell)를 이용하여 태양광을 직접 전기

로 변환시킨다.

③ 기타 P-N반도체 모듈, 인버터, 축전지 등 필요

(3) 태양열 증류

고온의 태양열을 이용하여 탈수 및 건조 가능

(4) 태양열 조리기기(Cooker 등)

집광렌즈를 이용하여 조리, 요리 등 가능

(5) 주광 조명

① 낮에도 어두운 지하시설 등에 자연광 도입

② 수직 기둥 속 렌즈를 이용하여 반사원리를 이용하여 태양광 도입

(6) 태양열 난방 및 급탕

① 태양열을 축열조를 이용하여 저장 후 난방, 급탕 등에 활용한다.

② 태양열원 히트펌프(SSHP)의 열원으로 사용하여 난방 및 급탕이 가능하다.

(7) 태양열 냉방시스템

① 증기압축식 냉방 : 태양열을 증기터빈 가동에 사용 → 증기터빈의 구동력을 다시 냉동시스템의 압축기 축동력으로 전달한다.

② 흡수식 냉방 : 태양열을 저온 재생기 가열에 보조적으로 사용하는 시스템

③ 흡착식 : 흡착제의 탈착(재생)과정에 사용

④ 제습 냉방(Desiccant Cooling System) : 제습기 휠의 재생열원 등에도 사용된다.

(8) 자연형 태양열 이용 시스템

직접 획득형, 간접 획득형, 온실 부착형, 분리 획득형, 이중외피형 등

19 태양열 급탕

'태양열 급탕'이란 태양열을 축열조에 축열 후 급탕열원으로 활용하는 방식으로, 태양열 급탕이 다른 태양열 이용 시스템 대비 유리점은 다음과 같다.

① 태양열 발전, 태양광 발전 등과 같이 많은 에너지를 필요로 하지 않는다.

② 비교적 저온(약 40 ~ 80℃ 정도)이어서 열손실이 적다.

③ 연중 계속적인 축열의 활용이 가능하다.

④ 소규모 제작이 용이하고, 보조가열원의 용량이 작아도 된다.

⑤ 급탕부하는 부하의 변동폭이 적다.

⑥ 급탕부하는 냉난방부하에 비해 작으므로 불규칙한 태양열로도 공급이 가능하다.

⑦ 가격이 비교적 저렴한 평판형 집열기로도 사용 가능하다.

⑧ 급탕은 구름이 많거나 흐린 날에 비교적 태양열이 약하여 급탕온도가 낮아도 어느 정도 사용하는데 큰 문제는 없다.

20 태양굴뚝 (Solar Chimney, Solar Tower)

(1) 발전용 태양굴뚝

① 태양열로 인공바람을 만들어 전기를 생산하는 방식이다.

② 원리

㈎ 마치 가마솥 뚜껑 형태로, 탑의 아래쪽에 축구장 정도 넓이의 온실을 만들어 공기를 가열시킨다.

㈏ 중앙에 1000 m 정도의 탑을 세우고 발전기를 설치한다.

㈐ 하부의 온실에서 데워진 공기가 길목 (중앙의 탑)을 빠져나가면서 발전용 팬을 회전시켜 발전 가능 (초속 약 15 m/s 정도의 강풍임)

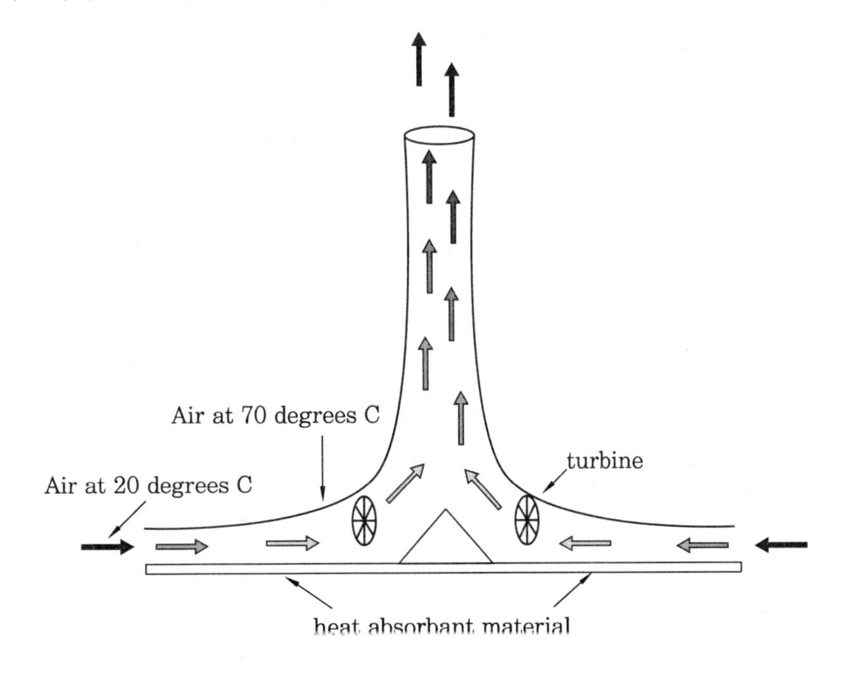

(2) 건물의 자연환기 유도용 태양굴뚝

① 다양한 건축물에서 자연환기를 유도하기 위해서 '솔라침니'를 도입할 수 있다.

② 태양열에 의해 굴뚝 내부의 공기가 가열되게 되면 가열된 공기가 상승하여 건물 내 자연환기가 자연스럽게 유도되어질 수 있다.

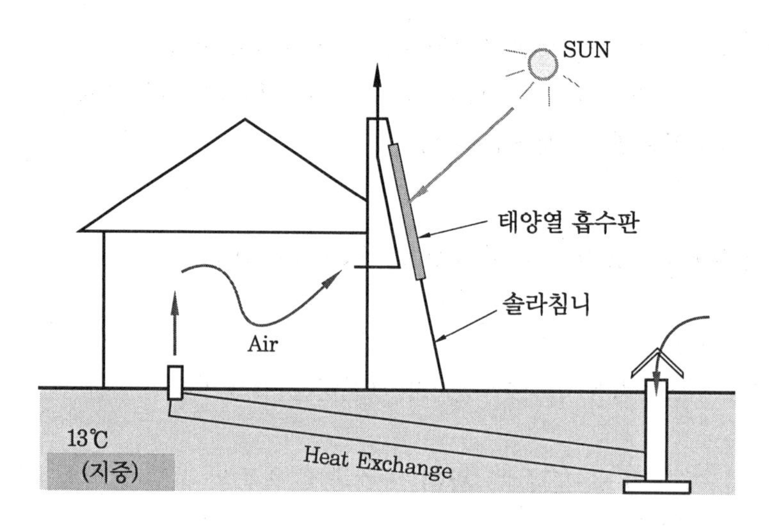

건물의 자연환기 유도용 태양굴뚝

21 태양열 냉방 시스템

(1) 증기 압축식 냉방

태양열 흡수 → 증기터빈 가동 → 냉방용 압축기에 축동력으로 공급

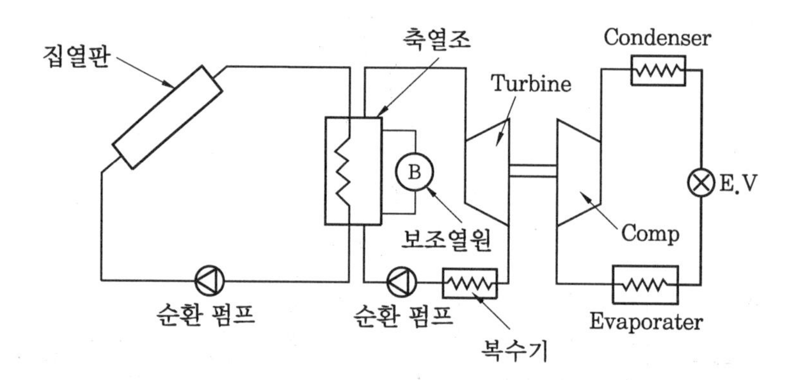

(2) 흡착식 냉방

① 태양열 사용방법 : 태양열을 흡착제 재생(탈착)에 사용

② '제습냉방' 대비 내부가 고진공, 강한 흡착력에 의해 냉수(7℃) 제작 가능

(3) 흡수식 냉방

'이중효용 흡수식 냉동기'에서 저온발생기의 가열원으로 적용 가능하다(혹은 '저온수 흡수 냉동기' 사용).

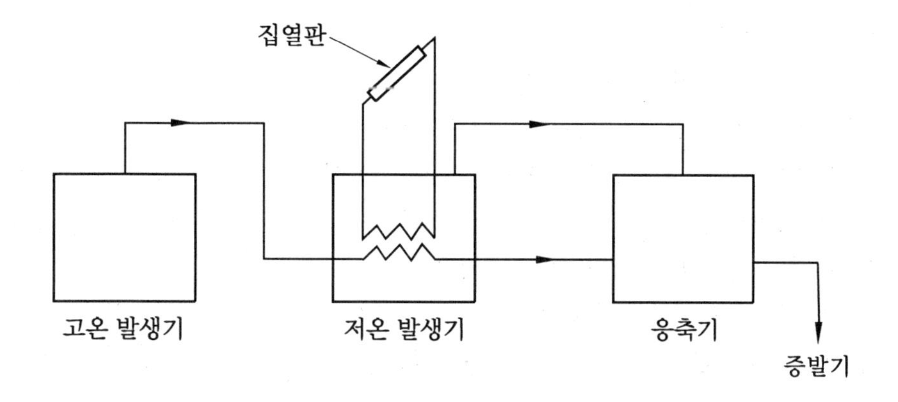

(4) **제습냉방** (Desiccant Cooling System)

① 태양열 사용방법 : 제습기 휠의 재생열원으로'태양열'사용

② 구조도

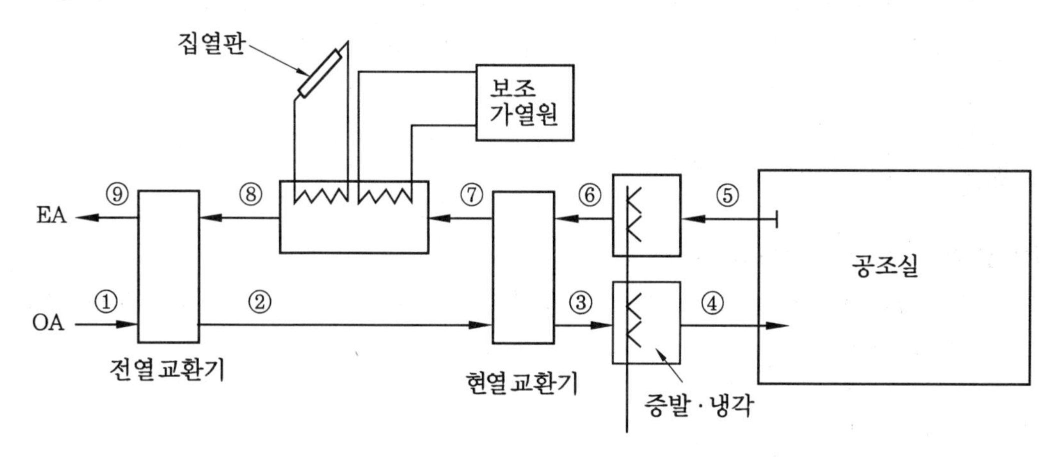

③ 습공기 선도상 표기

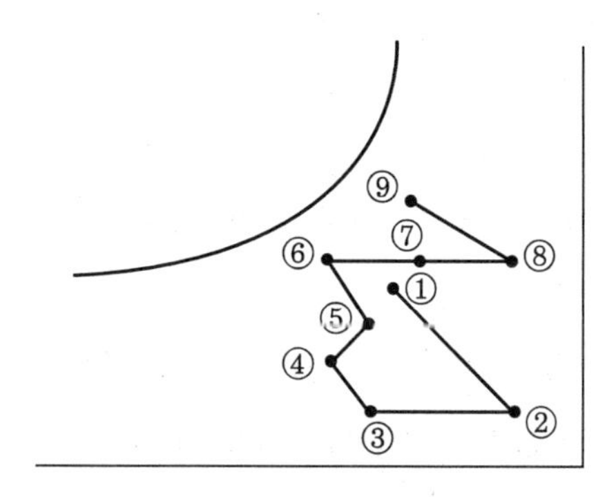

④ 데시칸트 공조 시스템 (Desiccant Air Conditioning System)의 특징

㈎ 물에 의한 증발냉각과 전 · 현열교환기에 의존하여 냉방을 이루는 친환경적 냉

방방식에 속한다.

(나) 흡착제의 탈착에 태양열의 활용도 가능하다. 즉, 제습기 휠의 재생열원으로 '태양열' 등의 자연에너지를 활용 가능하다.

(다) 압축기를 전혀 사용하지 않으므로, 시스템에서 발생되는 소음이 매우 적다.

(라) 향후 냉방분야에서의 지구온난화를 막을 수 있는 대안이 될 수 있으므로 기술개발 및 투자가 많이 필요한 분야이다.

(마) 일반 프레온가스를 이용하는 냉방장치 대비 가격이 상승되어 경제성이 나빠질 수 있고, 수질관리 등을 철저히 하지 않으면 공기의 질이 떨어질 수 있다.

(5) 기타의 태양열 이용 냉방방식

① 태양열 히트펌프(SSHP) : 태양열을 가열원으로 하여 냉방·난방 및 급탕 운전이 가능하다.

② 태양전지로 발전 후 그 전력으로 냉방기 혹은 히트펌프 구동이 가능하다.

③ 태양열로 물을 데운 후 '저온수 흡수식 냉동기' 구동이 가능하다.

22 제습제(Desiccant)

(1) 활성탄(Activated Carbon)

① 대표적인 흡착제의 하나이며 탄소 성분이 풍부한 천연자원(역청탄, 코코넛 껍질 등)으로 만들어진다.

② 높은 소수성 표면특성 때문에 기체, 액체상의 유기물이나 비극성 물질들을 흡착하는데 적당하다.

③ 수분에 대한 흡착력이 매우 크고, 흡수 성능이 우수하나 기계적 강도가 약하여 압축공기에는 그 사용이 극히 제한적이다.

(2) 알루미나(Alumina)

무기 다공성 고체로 Alumina에 물을 흡착시켜 기체에서 수분을 제거하는 건조 공정에 이용되며 노점 온도는 대략 −40℃ 이하에 적용된다.

(3) 실리카 겔(Silica Gel)

Alumina와 같은 무기 다공성 고체로 기체 건조 공정에 이용된다.

(4) 제올라이트(Zeolite), 몰레큘러 시브(Molecular Sieve)

① 아주 규칙적이고 미세한 가공 구조를 갖는 Zeolite와 Molecular Sieve는 특히 낮은 노점(이슬점)을 요구하는 물질을 흡착하는데 이용된다.

② 그 노점 온도 대략 −75℃ 이하에 적용된다.

노점온도

① 대기압 노점온도 : 대기압 하에서의 응축온도
② 압력하 노점온도 : 실제 시스템 압력 하에서의 응축 온도이다. 모든 에어 시스템이 가압 상태에서 작동하기 때문에 대기압 노점 기준으로 드라이어를 선정할 때는 대기압 노점을 압력노점으로 환산해 주어야 한다.

23 자연형 태양열주택

(1) 무동력으로 태양열을 난방 등의 목적으로 이용하는 방법이다.

(2) **직접획득형** (Direct Gain)
① 일부는 직접사용
② 일부는 벽체 및 바닥에 저장 (축열) 후 사용
③ 여름철을 대비하여 차양 설치 필요

(3) **온실 부착형** (Attached Sun Space)
① 남쪽 창측에 온실을 부착하여, 온실에 일단 태양열을 축적 후 필요한 인접 공간에 공급하는 형태 (분리 획득형으로 분류하는 경우도 있음)
② 온실의 역할을 겸하므로, 주거공간의 온도 조절이 용이

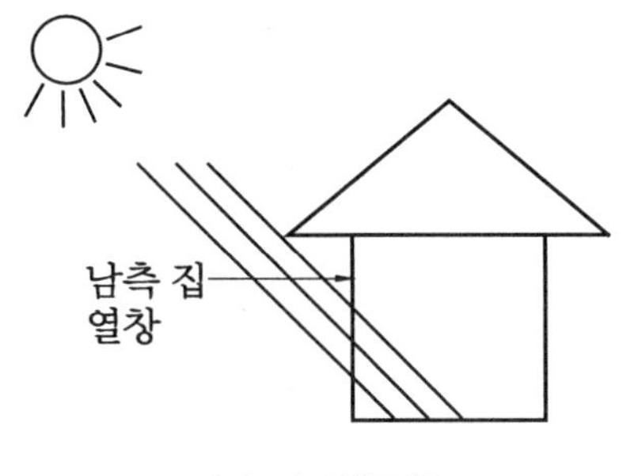

일반 직접획득형

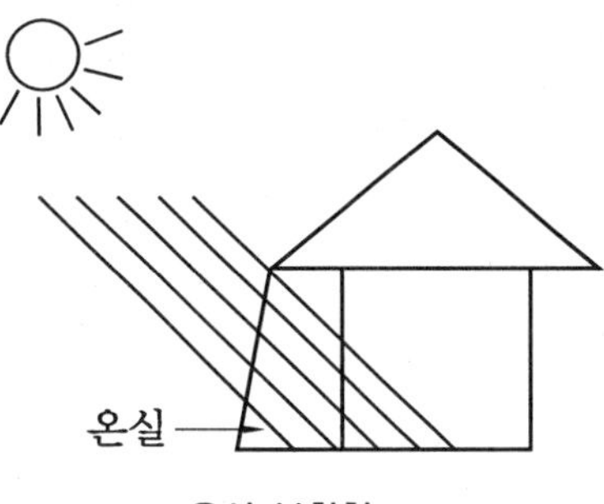

온실 부착형

(4) **간접 획득형** (Indirect Gain, Trombe Wall, Drum Wall)
① 콘크리트, 벽돌, 석재 등으로 만든 축열벽형을 'Trombe Wall'이라 하고, 수직형 스틸 Tube (물을 채움)로 만든 물벽형을 'Drum Wall'이라고 한다.
② 축열벽 등에 일단 저장 후 '복사열' 공급
③ 축열벽 전면에 개폐용 창문 및 차양 설치
④ 축열벽 상·하부에 통기구 설치하여 자연대류를

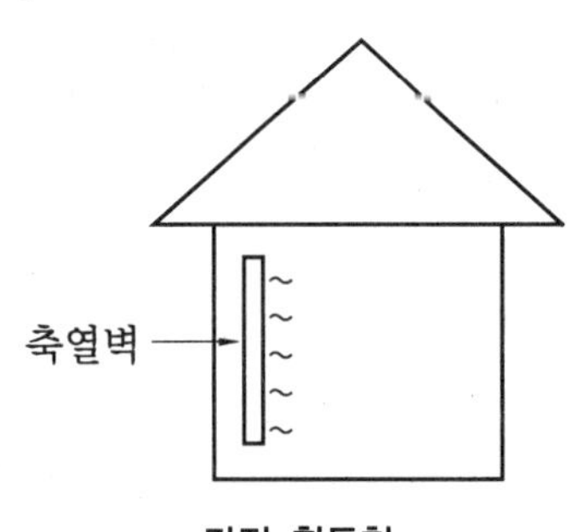

간접 획득형

통한 난방도 가능

⑤ 물벽, 지붕연못 등도 '간접획득형'에 해당함

⑥ 대개 유리측면은 검은색, 방(거주역)측면은 흰색으로 한다.

⑦ 태양의존율 : '간접획득형'의 태양의존율은 보고에 따르면 약 27% 정도에 달하는 것으로 알려져 있으며, 설비형 태양열 설비(태양열 의존율이 50~60% 정도)의 절반 수준이다. 단, 설비형은 투자비가 과다하게 들어가는 단점이 있다.

태양의존율(또는 태양열 절감률)
열부하 중 태양열에 의해서 공급하는 비율을 말한다.

(5) 축열지붕형(Roof Pond)

① 지붕연못형이라고도 하며 축열체인 액체가 지붕에 설치되는 유형

② 난방기간에는 주간에 단열패널을 열어 축열체가 태양열을 받도록 하며, 야간에는 저장된 에너지가 건물의 실내로 복사되도록 한다.

③ 냉방기간에는 주간에 실내의 열이 지붕 축열체에 흡수되고 강한 여름 태양빛으로부터 단열되도록 단열 패널을 닫고 야간에는 축열체가 공기중으로 열을 복사 방출하도록 단열패널을 열어 둔다.

(6) 분리 획득형(Isolated Gain)

① 축열부와 실내공간을 단열벽으로 분리시키고, 대류현상을 이용하여 난방을 실시한다.

② 자연대류형(Thermosyphon)의 일종이며, 공기가 데워지고 차가워짐에 따라서 자연적으로 일어나는 공기의 대류에 의한 유동현상을 이용한 것이다.

③ 태양이 집열판 표면을 가열함에 따라 공기가 데워져서 상승하고 동시에 축열체 밑으로부터 차가운 공기가 상승하여 자연대류가 일어난다.

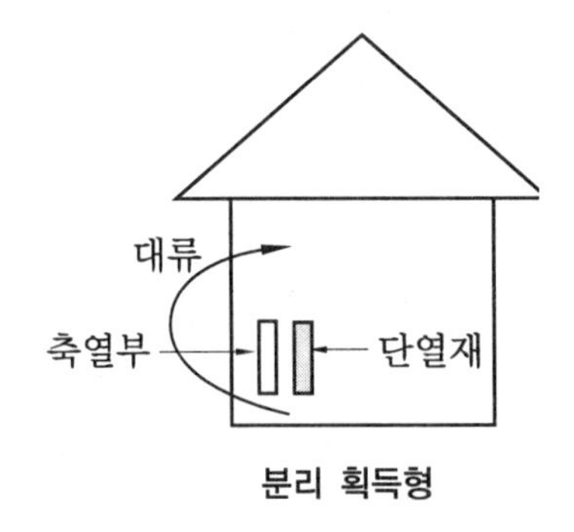

분리 획득형

(7) 이중 외피구조형(Double Envelope)

① 이중 외피구조형은 건물을 이중 외피로 하여 그 사이로 공기가 순환되도록 하는 형식을 말한다.

② 겨울철 주간에 부착온실(남측면에 보통 설치)에서 데워진 공기는 2중 외피 사이를 순환하게 되며, 바닥 밑의 축열재를 가열하게 된다.

③ 겨울철 야간에는 가열된 공기가 북측 벽과 지붕을 가열하여 열손실을 막는다.

④ 여름철에 태양열에 의해 데워진 공기를 상부로 환기시켜 냉방부하를 경감시킨다.

24 태양광 발전(태양전지)

(1) 소규모로는 전자계산기, 손목시계와 같은 일용품과 인공위성 등에 적용되고 있으며, 이를 대규모의 발전용으로 이용할 수 있다.

(2) 전기 축적능력이 없고, 태양전지에 광입사 시 전기발생

(3) 원리 : 태양일사 → [태양전지의 (-)전극 → 반사방지막 → (-)n형 반도체 → (+)P형 반도체 → 태양전지의 (+)전극] → [전지의 (+)부하 → (전류) → 전지의 (-)부하] → [태양전지의 (-)전극으로 전류 전달] → (순환)

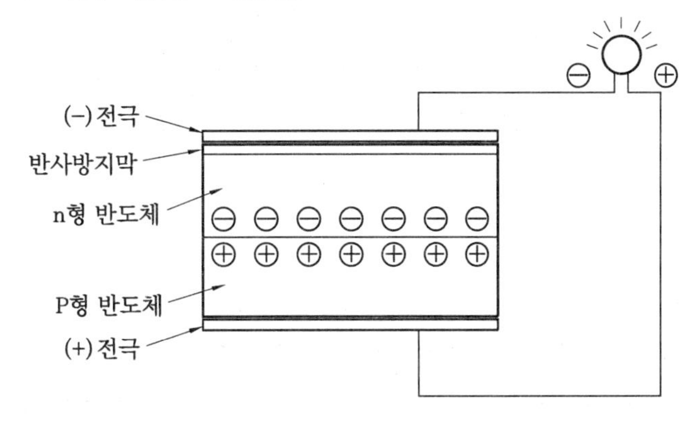

(4) 실리콘계 태양전지

① 결정계(단결정, 다결정)

(가) 변환효율이 높다(12 ~ 20 % 정도).

(나) 실적에 의한 신뢰성이 보장된다.

(다) 현재 태양광 발전시스템에 일반적으로 사용되는 방식

(라) 변환효율은 단결정이 다소 유리하고, 가격은 다결정이 유리하다.

② 아모포스(비결정계)

(가) 구부러지는(외곡되는) 것

(나) 변환효율 : 6 ~ 10 % 정도

(다) 생산단가가 가장 낮은 편이며, 소형시계, 계산기 등에도 많이 적용된다.

③ 박막형 태양전지(2세대 태양전지 : 단가를 낮추는 기술에 조점)

(가) 실리콘을 얇게 만들어 태양전지 생산단가를 절약할 수 있도록 한 기술이며, 최근 많은 연구가 진행되고 있다.

(나) 결정계 대비 효율이 낮은 단점이 있으나, 탠덤 배치구조 등으로 많은 극복노력이 전개되고 있다.

(5) 화합물 태양전지

① II－VI족

㈎ CdTe : 대표적 박막 화합물 태양전지(두께 약 2μm), 우수한 광 흡수율(직접 천이형), 밴드갭 에너지는 1.45eV, 단일 물질로 pn반도체 동종 성질을 나타냄, 후면 전극은 금, 은, 니켈 등 사용, 고온환경의 박막태양전지로 많이 응용된다.

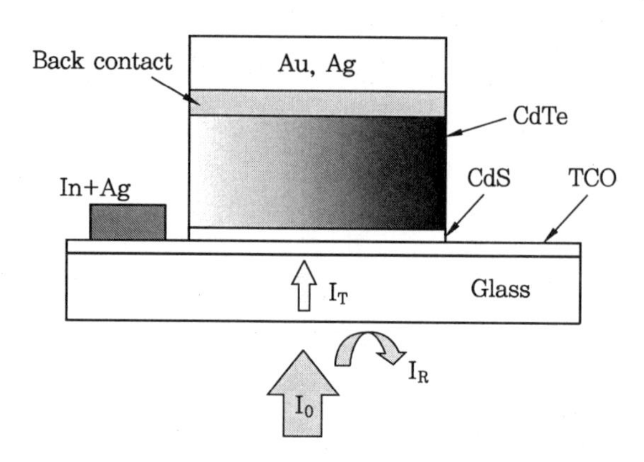

㈏ CIGS : CuInGaSSe와 같이 In의 일부를 Ga로, Se의 일부를 S으로 대체한 한 오원화합물을 일컬음(CIS 혹은 CIGS로도 표기), 우수한 광 흡수율(직접 천이형), 밴드갭 에너지는 2.42eV, ZnO 위에 Al/Ni 재질의 금속전극 사용, 우수한 내방사선 특성(장기간 사용해도 효율의 변화 적음), 변환효율 약 19% 이상으로 평가되고 있음.

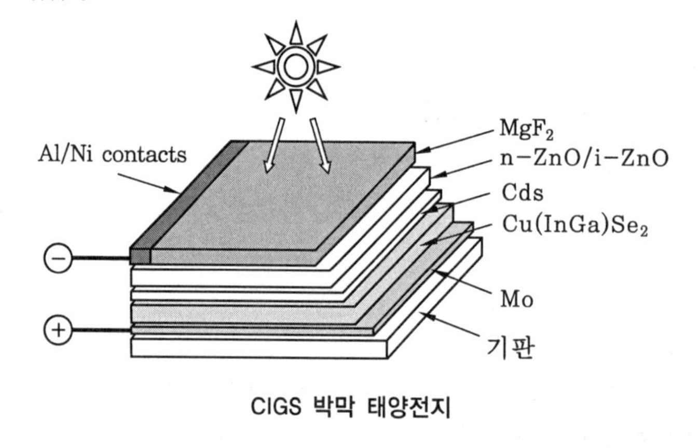

CIGS 박막 태양전지

② III－V족

㈎ GaAs(갈륨비소) : 에너지 밴드갭이 1.4eV(전자볼트)로서 단일 전지로는 최대 효율, 우수한 광 흡수율(직접 천이형), 주로 우주용 및 군사용으로 사용, 높은 에너지 밴드갭을 가지는 물질부터 낮은 에너지 밴드갭을 가지는 물질까지 차례로 적층하여(Tandem 직렬 적층형) 고효율 구현 가능.

㈏ InP : 밴드갭 에너지는 1.35eV, GaAs(갈륨비소)에 버금가는 특성, 단결정 판

의 가격이 실리콘 대비 비싸고 표면 재결합 속도가 크기 때문에 아직 고효율 생산에 어려움(이론적 효율은 우수)

③ Ⅰ-Ⅲ-Ⅵ족

㈎ CuInSe2 : 밴드갭 에너지는 1.04eV, 우수한 광흡수율(직접 천이형), 두께 약 1~2μm의 박막으로도 고효율 태양전지 제작 가능.

㈏ Cu(In,Ga)Se2 : 상기 CuInSe2와 특성 유사, 같은 족의 물질 상호간에 치환이 가능하여 밴드갭 에너지를 증가시켜 광이용 효율을 증가 가능.

(6) 차세대 태양전지(3세대 태양전지 : 단가를 낮추면서도 효율을 올리는 기술)

① 염료 감응형 태양전지(Dye Sensitized Solar Cell)

㈎ 산화티타늄(TiO_2) 표면에 특수한 염료(루테늄 염료, 유기 염료 등) 흡착→광전기화학적 반응→전기 생산

㈏ 변환효율은 실리콘계(단결정)와 유사하나, 단가는 상당히 낮은 편이다.

㈐ 흐려도 발전 가능하고, 빛의 조사각도가 10도만 되어도 발전 가능한 특징이 있다.

㈑ 투명기판, 투명전극 등의 재료를 활용한 투명·반투명성을 지니고 있으며, 사용 염료에 따라 다양한 색상이 가능하여 창문이나 건물의 외벽에 부착 시 우수한 미적인 특성을 나타낼 수 있다.

② 유기물 박막 태양전지(OPV : Organic Photovoltaics)

㈎ 플라스틱 필름 형태의 얇은 태양전지

㈏ 아직 효율이 낮은 것이 단점이지만, 가볍고 성형성이 좋다.

25 일사량과 일조량

(1) 일사량

① 일사량은 일정기간의 일조강도(에너지)를 적산한 것을 의미한다($kWh/m^2 \cdot day$, $kWh/m^2 \cdot year$, $MJ/m^2 \cdot year$ 등).

② 일사량은 대기가 없다고 가정했을 때의 약 70%에 해당된다.

③ 일사량은 하루 중 남중 시에 최대가 되고, 일년 중에는 하지경이 최대가 된다.

④ 보통 해안지역이 산악지역보다 일사량이 많다.

⑤ 국내에서 일사량을 계측중인 장소는 22개로서 20년간 평균치로 기상청이 보유하고 있다.

(2) 일조량

① 일조량도 일사량과 유사한 의미로 사용되어지고 있다.

② 일조강도(일사강도, 복사강도)는 단위면적당 일률 개념으로 표현하며, W/m^2의 단위를 사용한다.

③ 태양상수 : 일조강도의 평균값으로서 1,367W/m^2이다.

④ 일조량의 구분

㈎ 직달 일조량 : 지표면에 직접 도달하는 일사강도를 적산한 것.

㈏ 산란 일조량 : 햇빛이 대기중을 지날 때 공기분자, 구름, 연무, 안개 등에 의해 산란된 일조 강도량이다.

㈐ 총일조량(경사면 일조량) : 경사면이 받는 직달 일사량과 산란 일조량의 적산값을 합한 것.

㈑ 전일조량(수평면 일조량) : 지표면에 직접 도달한 직달 일조량과 산란 일조량의 적산값을 합한 것

(3) 일조율

$$일조율 = \frac{일조시간}{가조시간} \times 100\%$$

여기서, 일조시간 : 구름, 먼지, 안개 등의 방해 없이 지표면에 태양이 비친 시간

가조시간 (可照時間, possible duration of sunshine) : 태양에서 오는 직사광선, 즉 일조(日照)를 기대할 수 있는 시간 또는 해뜨는 시각부터 해지는 시각까지의 시간을 말한다.

(4) 태양복사에너지 결정요소

① 천문학적 요소 : 태양과 지구의 거리, 태양의 천장각, 관측지점의 고도, 알베도(일사가 대기나 지표에 반사되는 비율, 약 30%)

② 대기 요소 : 구름, 먼지, 안개, 수증기, 에어로졸 등

(5) 태양의 남중 고도각

① 하지 시 : 90°− (위도−23.5°) ② 동지 시 : 90°− (위도 +23.5°)

③ 춘·추분 시 : 90°− 위도

태양의 적위 : 태양이 지구의 적도면과 이루는 각을 말하며, 춘분과 추분일 때 0°, 하지일 때 +23.5°, 동지일 때 −23.5° 이다.

(6) 음영각

① 음영각 : 수평면상 하루 동안(일출~일몰)의 그림자가 이동한 각도.

② 수직음영각 : 태양의 고도각이며, 지면의 그림자 끝 지점과 장애물의 상부를 이은 선의 지면과의 이루는 각도.

③ 연중 입사각이 가장 작은 동지의 오전 9시부터 오후 3시까지 태양광 어레이에 그늘이 생기지 않도록 할 것.

(7) 대지 이용률

① 어레이 경사각이 작을수록 대지이용률 증가

② 경사면을 이용할 경우 대지이용률 증가
③ 어레이간 이격거리가 증가할수록 대지이용률 감소

26 설비형 태양광 자연채광 시스템

(1) 광덕트(채광덕트) 방식

① 채광덕트는 외부의 주광을 덕트를 통해 실내로 유입하는 장치이고 태양광을 직접 도입하기보다는 천공산란광, 즉 낮기간 중 외부조도를 유리면과 같이 반사율이 매우 높은 덕트내면으로 도입시켜 덕트 내의 반사를 반복시키면서 실내에 채광을 도입하는 방법이다.
② 채광덕트의 구성은 채광부, 전송부, 발광부로 구성되어 있고 설치방법에 따라 수평 채광덕트와 수직 채광덕트로 구분한다.
③ 빛이 조사되는 출구는 보통 조명기구와 같이 패널 및 루버로 되어 있으며 도입된 낮기간의 빛이 이곳으로부터 실내에 도입된다.
④ 야간에는 반사경의 각도를 조정시켜 인공조명을 점등하여 보통 조명기구의 역할을 하게 한다.

(2) 천장 채광조명 방식

① 지하 통로 연결부분에 천장의 개구부를 활용하여 천창구조식으로 설계하여 자연채광이 가능하도록 함으로써 자연채광조명과 인공조명을 병용한다.
② 특히 정전 시에도 자연채광에 의하여 최소한의 피난에 필요한 조명을 확보할 수 있도록 하고 있다.

(3) 태양광 추미 덕트 조광장치

① 태양광 추미식 반사장치와 같이 반사경을 작동시키면서 태양광을 일정한 장소를 향하게 하여 렌즈로 집광시켜 평행광선으로 만들어 좁은 덕트 내를 통하여 실내에 빛을 도입시키는 방법이다.
② 자연채광의 이용은 물론 조명 전력량의 절감을 가져다 줄 수 있는 시스템이다.

(4) 광파이버 집광장치

① 이 장치는 태양광을 컬렉터라 불리는 렌즈로서 집광하여 묶어놓은 광파이버 한쪽에 빛을 통과시켜 다른 한쪽에 빛을 보내 조명하고자 하는 부분에 빛을 비추도록 하는 장치이다.
② 실용화 시 복수의 컬렉터를 태양의 방향으로 향하게 하여 태양을 따라가도록 한다.

(5) 프리즘 윈도

① 비교적 위도가 높은 지방에서 많이 사용되며 자연채광을 적극적으로 실(室) 안쪽

깊숙한 곳까지 도입시키기 위해서 개발된 장치이다.

② 프리즘 패널을 창의 외부에 설치하여 태양으로부터의 직사광이 프리즘 안에서 굴절되어 실(室)을 밝히게 하는 것이다.

(6) 광파이프 방식

① Pipe 안에 물이나 기름대신 빛을 흐르게 한다는 개념이다.

② 이것은 기존에 거울을 튜브의 벽면에 설치하여 빛을 이동시키고자 하는 것이었다(하지만 이 시도는 평균적으로 95%에 불과한 거울의 반사율 때문에 실용화되지는 못했다).

③ OLF(Optical Lighting Film)의 반사율은 평균적으로 99%에 달하는 것으로 볼 수 있다(OLF는 투명한 플라스틱으로 만들어진 얇고, 유연한 필름으로서, 미세 프리즘 공정에 의해 한 면에는 매우 정교한 프리즘을 형성하고 있고, 다른 면은 매끈한 형태로 되어 있다. 이러한 프리즘 구조가 독특한 광학특성을 만들어 낸다).

④ 점광원으로부터 나온 빛을 눈부심이 없는 밝고 균일한 광역조명으로 이용할 수 있도록 빛을 이동시킨다.

27 일사계

(1) 일사량을 측정하는 데는 일사계(日射計)가 쓰인다.

(2) 태양을 비롯한 전천(全天)으로부터 수평면에 도달하는 일사량을 측정하는 전천일사계와 직접 태양으로부터만 도달하는 일사량을 측정하는 직달일사계(直達日射計)의 두 종류가 있다.

(3) 전천일사계

① 가장 널리 사용되는 것은 전천일사계이며, 보통 1시간이나 1일 동안의 적산값(積算値 : kWh/m^2)을 측정한다.

② 흔히 쓰이고 있는 전천일사계는 열전쌍(熱電雙)을 이용한 에플리일사계와 바이메탈을 이용한 로비치일사계가 있다.

③ 원리는 일정한 넓이에서 일사를 받아 이것을 완전히 흡수시켜 그 올라가는 온도를 측정하여 단위 시간에 단위 면적에 있어서의 열량을 계산하는 일종의 열량계이다.

(4) 직달일사계

① 직달일사계는 길쭉한 원통 내부의 한 끝에 붙은 수감부 쪽으로 태양광선이 직접 들어오도록 조절하여 태양복사를 측정한다.

② 측정값은 보통 단위면적(m^2)에서 받는 에너지량으로 표시한다(kWh/m^2).

28 태양전지의 특성

(1) $I-V$ 특성 곡선

'표준시험조건'에서 시험한 태양전지 모듈의 '$I-V$ 특성 곡선'은 아래와 같다.

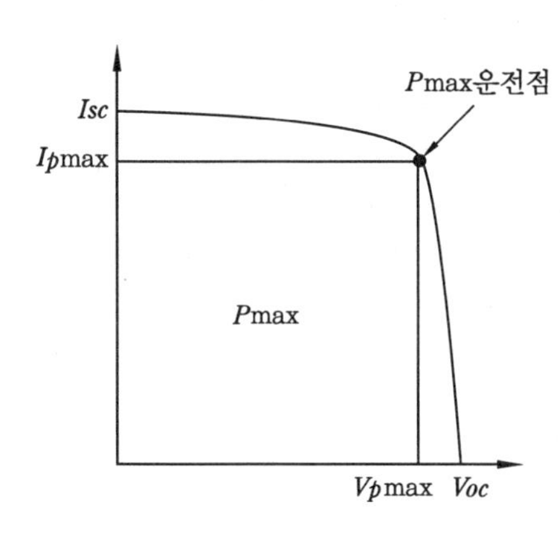

* *Pmax* : 최대출력
  Ipmax : 최대출력 동작전류(=Impp)
  Vpmax : 최대출력 동작전압(=Vmpp)
  Isc : 단락전류
  Voc : 개방전압

(2) 표준온도(25℃)가 아닌 경우의 최대출력 (P'_{max})

$$P'_{max} = P_{max} \times (1 + \gamma \cdot \theta)$$

여기서, γ : P_{max} 온도계수, θ : STC 조건 온도편차 (셀의 온도 −25℃)

1. 표준시험조건 (STC : Standard Test Conditions)

① 태양광 발전소자 접합온도 = 25±2℃

② AM 1.5

여기서, AM (Air Mass) 1.5 : '대기질량' 이라고 부르며, 직달 태양광이 지구 대기를 48.2° 경사로 통과할 때의 일사강도를 말한다 (일사강도 = 1 kW/m²).

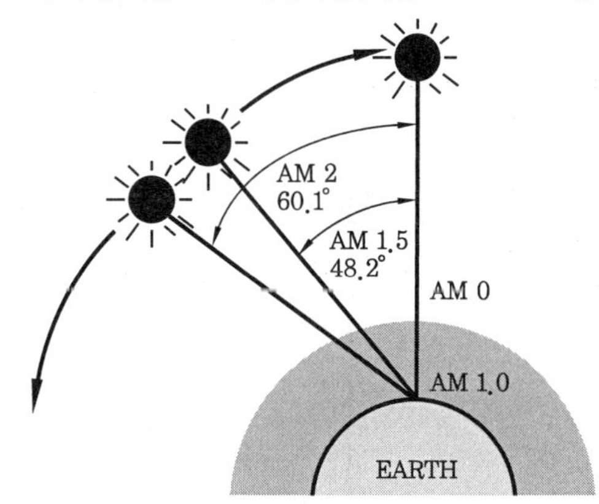

③ 광 조사 강도 = 1 kW/m²

④ 최대출력 결정 시험에서 시료는 9매를 기준으로 한다.

⑤ 모듈의 시리즈 인증 : 기본 모델 정격출력의 10% 이내의 모델에 대해서 적용한다.

⑥ 충진율(Fill Factor) : 개방전압과 단락전류의 곱에 대한 최대출력의 비율을 말하며 $I-V$ 특성 곡선의 질을 나타내는 지표이다(내부의 직·병렬저항과 다이오드 성능지수에 따라 달라진다).

2. 표준운전조건(SOC : Standard Operating Conditions) : 일조 강도 1000 W/m², 대기 질량 1.5, 어레이 대표 온도가 공칭 태양전지 동작온도(nominal operating cell temperature, NOCT)인 동작 조건을 말한다.

3. 공칭 태양광 발전전지 동작온도(NOCT : Nominal Operating photovoltaic Cell Temperature) : 아래 조건에서의 모듈을 개방회로로 하였을 때 모듈을 이루는 태양전지의 동작 온도, 즉 모듈이 표준 기준 환경(Standard Reference Environment, SRE)에 있는 조건에서 전기적으로 회로 개방 상태이고 햇빛이 연직으로 입사되는 개방형 선반식 가대(open rack)에 설치되어 있는 모듈 내부 태양전지의 평균 평형온도(접합부의 온도)를 말한다. (단위 : ℃)

① 표면의 일조강도 = 800 W/m²

② 공기의 온도(T_{air}) : 20℃

③ 풍속(V) : 1 m/s

④ 모듈 지지상태 : 후면 개방(open back side)

4. 셀 온도 보정 산식

$$T_{cell} = T_{air} + \frac{\mathrm{NOCT} - 20}{800} \times S$$

여기서, S : 기준 일사강도 = 1,000 W/m²

5. 모듈의 출력계산

① 표준온도(25℃)에서의 최대출력($P_{\max}$)

$$P_{\max} = V_{\mathrm{mpp}} \times I_{\mathrm{mpp}}$$

② 표준온도(25℃)가 아닌 경우의 최대출력($P'_{\max}$)

$$P'_{\max} = P_{\max} \times (1 + \gamma \cdot \theta)$$

여기서, γ : 최대출력($P_{\max}$) 온도계수, θ : STC 조건 온도편차(T_{cell}−25℃)

※ **AM(Air Mass)** : 아래와 같은 태양광 입사각을 참조할 때, AM(=1/SINθ)으로 표현하여 입사각에 따른 일사에너지의 강도를 표현하는 방법이다(예를 들어, 아래 그림에서 AM = 1/SIN41.8 = 1.5가 되는 것이다).

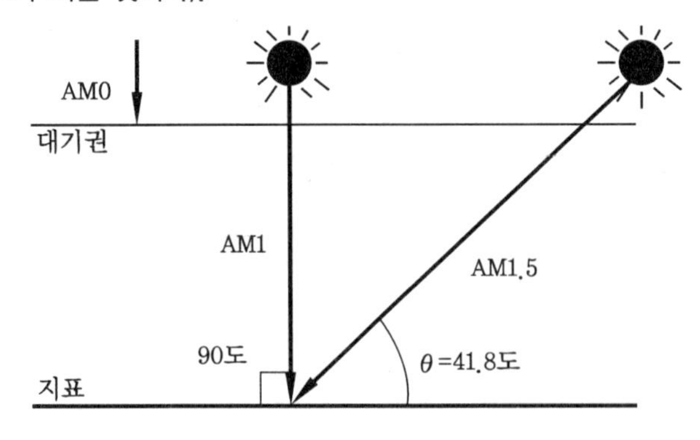

29 태양전지 어레이(Array)

(1) 태양전지 Module을 필요매수, 직렬 접속한 것을, 그 위에 병렬 접속으로 조합하여 필요한 발전전력을 얻어내도록 하는 것을 태양전지 Array라고 부른다.

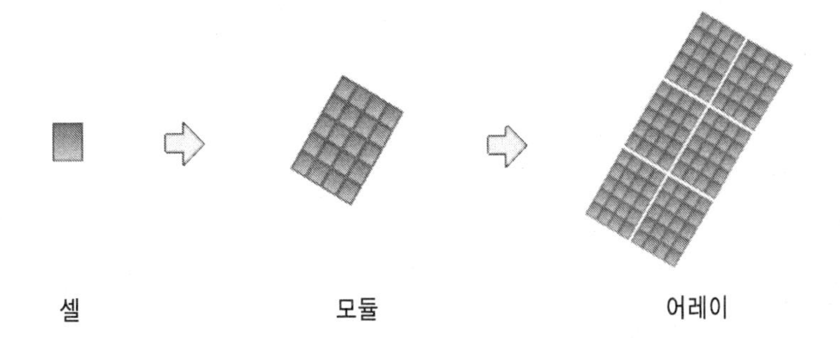

셀 모듈 어레이

(2) 모듈의 최적 직렬 수 계산

① 최대 직렬 수 $= \dfrac{\text{PCS 입력전압 변동범위의 최고값(최고입력값)}}{\text{모듈 온도가 최저인 상태의 개방전압} \times (1-\text{전압강하율})}$

② 최저 직렬 수 $= \dfrac{\text{PCS 입력전압 변동범위의 최저값}}{\text{모듈 온도가 최고인 상태의 최대출력동작전압} \times (1-\text{전압강하율})}$

단, a. 모듈 온도가 최저인 상태의 개방전압(Voc')

=표준 상태(25℃)에서의 $Voc \times$(1+개방전압 온도계수×표면 온도차)

b. 모듈 온도가 최고인 상태의 최대출력동작전압($Vmpp'$)

=표준 상태(25℃)에서의 $Vmpp \times (1+\dfrac{Vmpp}{Voc} \times$개방전압 온도계수×표면 온도차$)$

③ 최저 직렬 수 < 최적 직렬 수 < 최대 직렬 수

☞. 통상 '최대 직렬 수'를 기준으로 직렬 매수를 결정한다.

30 태양전지 연계 시스템

(1) 상용전력계통과 접속된 것을 계통연계형 시스템이라 부르고, 연결되지 않은 것을 독립형 시스템이라고 한다.

(2) 연계형으로 시스템 출력이 부하에 부족한 경우는 상용 전력계통에서부터 전기를 사며, 여가전력이 발생하면 전력회사로 전기를 팔기 때문에 역조류 시스템이다.

(3) 연계 역조류 시스템이 가장 일반적인 시스템이라고 할 수 있다.

(4) 정전 시에 연계를 자립으로 대체하여 특정 부하에 공급하는 축전 지정용 시스템을 방재형 시스템이라고 부른다.

31 인동 간격

(1) 인동(隣棟)이라는 말은 인접한 위치에 있는 건물과의 거리를 의미한다.

(2) 아파트는 5층, 6층 정도 이상으로 짓기 때문에 이 거리가 짧게 되면 일조권을 박탈당하는 사태가 빚어질 수 있고, 도심지 주택의 경우 옆집이나 앞집을 들여다 볼 수 있는 사생활 침해 문제가 발생하게 된다.

(3) 인동거리에 대한 규정(건축법 제53조와 건축법 시행령 제86조)

① 공동주택의 경우 동일한 대지 안에서 2동 이상의 건축물이 서로 마주보고 있는 경우(1동의 건축물의 각 부분이 서로 마주보고 있는 경우를 포함한다.)의 건축물 각 부분 사이의 거리는 다음 각목의 거리 이상으로서 건축 조례가 정하는 거리 이상을 띄어 건축할 것.

㈎ 채광을 위한 창문 등이 있는 벽면으로부터 직각 방향으로 건축물 각 부분의 높이의 0.5배 이상(도시형 생활주택의 경우에는 0.25배 이상)의 범위에서 건축 조례로 정하는 거리 이상.

㈏ 마주보는 건축물 중 남쪽 방향이 낮고, 주된 개구부가 남쪽 방향으로 향하게 하는 경우에는 높은 건축물의 0.4배 이상(도시형 생활주택의 경우에는 0.2배 이상), 낮은 건축물의 0.5배 이상(도시형 생활주택의 경우에는 0.25배 이상)

㈐ 건축물과 부대시설 혹은 복리시설이 마주 보는 경우 : 부대시설 혹은 복리시설의 1배 이상

㈑ 채광창(창넓이 0.5제곱미터 이상의 창을 말한다.)이 없는 벽면과 측벽이 마주보는 경우에는 8미터 이상

㈒ 측벽과 측벽이 마주보는 경우[마주보는 측벽 중 1개의 측벽에 한하여 채광을 위한 창문 등이 설치되어 있지 아니한 바닥면적 3제곱미터 이하의 발코니(출입을 위한 개구부를 포함한다.)를 설치하는 경우를 포함한다.]에는 4미터 이상

② 다만, 당해 대지 안의 모든 세대가 동지일을 기준으로 9시에서 15시 사이에 2시간 이상을 계속하여 일조를 확보할 수 있는 거리 이상으로 할 수 있다.

(4) 인동 간격 계산

$$\text{인동 간격비} = \frac{\text{전면부에 위치한 대향동과의 이격거리}}{\text{대향동의 높이}}$$

여기서, • 이격거리 측정 기준 : 동 사이의 최단거리

• 대향동의 높이 : 옥상 난간(경사 지붕인 경우에는 경사 지붕의 최고 높이)을 기준으로 높이를 산정하며, 난간 또는 지붕의 높이가 다를 경우에는 평균값을 적용한다.

• 대지 내에 전면부에 위치한 대향동이 없는 경우의 인동 간격비는 (인접 대지 경계선과의 이격거리×2)÷(해당 동의 높이)로 산출한다.

32 온수집열 태양열 난방

(1) 태양열 난방은 장시간 흐린 날씨, 장마철 등의 태양열의 강도상 불균일에 따라 보조열원이 대부분 필요하다.

(2) 온수집열 태양열 난방은 태양열 축열조와 보조열원(보일러)의 사용 위치에 따라 직접 난방, 분리 난방, 예열 난방, 혼합 난방 등으로 구분된다.

(3) 온수집열 태양열 난방의 분류

① 직접 난방 : 항상 일정한 온도의 열매를 확보할 수 있게 보일러를 보조가열기 개념으로 사용한다.

② 분리 난방 : 맑은 날은 100% 태양열을 사용하고, 흐린 날은 100% 보일러에 의존하여 난방운전을 실시한다.

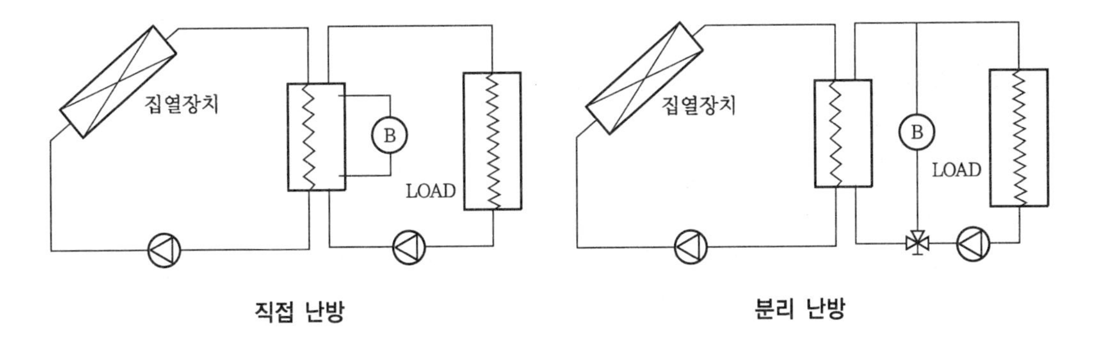

직접 난방 분리 난방

③ 예열 난방 : 태양열측 열교환기와 보일러를 직렬로 연결하여 태양열을 항시 사용할 수 있게 한다.

④ 혼합 난방 : 태양열측 열교환기와 보일러를 직·병렬로(혼합 방식) 동시에 연결하여 열원에 대한 선택의 폭을 넓게 해준다(분리식 + 예열방식).

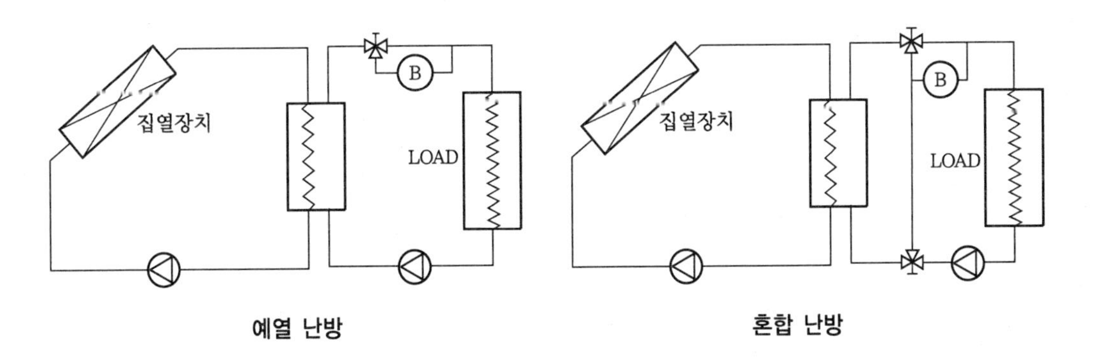

예열 난방 혼합 난방

33 태양열 급탕기 (給湯機)

태양열을 이용하는 급탕방식은 초기투자비는 높지만 장기적으로는 경제적이다 (신재생에너지 이용방식의 일종).

(1) 특징

① 무한성, 무공해성, 저밀도성, 간헐성 (날씨) 등의 특징을 가지고 있다.

② 구성 : 집열부, 축열부, 보조열원부, 공급부, 제어부 등

③ 보조열원부 : 태양열 부족 시 사용 가능한 비상용 열원이다.

(2) 무동력 급탕기 (자연형)

① 저유식(Batch식) : 집열부와 축열부가 일체식으로 구성된 형태

② 자연대류식 : 집열부보다 윗쪽에 저탕조 (축열부) 설치

③ 상변화식 : 상변화가 잘 되는 물질 (PCM : Phase Change Materials)을 열매체로 사용한다.

(3) 동력 급탕기 (펌프를 이용한 강제 순환방식)

① 밀폐식 : 부동액(50%) + 물(50%) 등으로 얼지 않게 한다.

② 개폐식 : 집열기 하부의 '온도 감지장치'에 의하여 동결온도에 도달하면 자동 배수시킨다.

③ 배수식 : 순환펌프 정지 시 배수를 별도의 저장조에 저장한다.

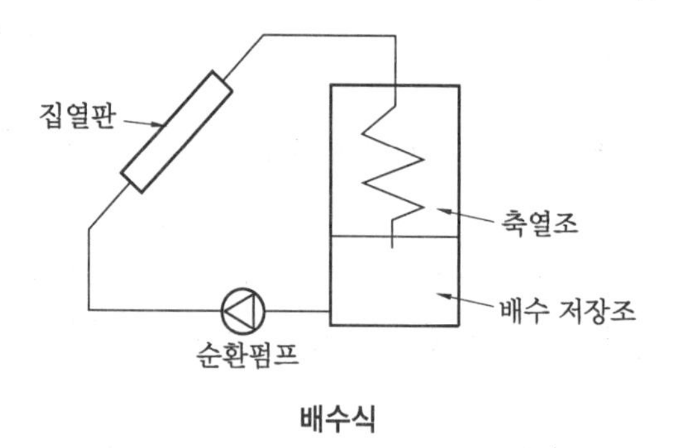

배수식

(4) 내동결 금속 사용

집열판을 스테인리스 심용접판으로 만들어 동결량을 탄성 변형량으로 흡수한다.

34 BIPV(건물 일체형 태양광발전 시스템, Building Integrated Photovoltaics)

(1) BIPV는 '건물 일체형 태양광발전 시스템'이라고 하며, PV 모듈을 건물 외부 마감재로 대체하여 건축물 외피와 태양열 설비를 통합한 방식이다.

(2) 따라서 통합에 따른 설치비가 절감되고 태양열 설비를 위한 별도의 부지 확보가 불필요하다.

(3) 커튼월, 지붕, 차양, 타일, 창호, 창유리 등 다양하게 사용 가능하다.

(4) 기술적 해결과제

① 안전성, 방수, 방화, 내구성, 법규 등 관련 규격 및 법규의 보완이 필요하다.

② 건축가 및 수요자의 디자인 측면과 건축 성능상의 요구사항을 충족시킬만한 우수한 품질의 다양한 재료 개발이 우선시 되어야 한다.

(5) 설계 및 설치 시 주의사항

① PV 모듈에 음영이 생기지 않게 할 것

② PV 모듈 후면 환기 실시 : 온도 상승 방지

③ 서비스성 개선 구조로 할 것

④ 청결이 유지될 수 있는 구조로 할 것

⑤ 전기적 결선 (Wiring)이 용이한 구조로 할 것

⑥ 배선 보호 : 일사 (자외선), 습기 등으로 부터의 보호가 필요하다.

⑦ 건축과의 조화를 이룰 것

⑧ 형상과 색상이 기능성 및 건물과 조화를 이룰 것

⑨ 건축물과의 통합 수준을 향상시킬 것 등

(6) BIPV의 다양한 적용사례

35 유기 랭킨 사이클 (ORC : Organic Rankine Cycle)

(1) 산업체의 미활용 폐열을 회수하여 전기를 생산하고자 하는 기술의 일종으로 개발되

었으며, 화석연료나 윤활제 등을 사용하지 않아 청정에너지를 생산할 수 있고, 밀폐형 시스템으로 구동되며, 친환경, 불연소성 및 불가연성의 안전한 작동유체를 이용할 수 있는 시스템이다.

(2) 각종 폐열을 활용하여 가동된다는 점을 제외하면 전기에너지를 얻기 위한 기존의 증기터빈 기술과 유사하며, ORC 사이클의 작동유체(working fluid)로는 주로 유기물질을 사용한다.

(3) 동작 원리

① 아래 그림과 같이 외부의 열에너지로부터 작동유체를 기화하는 증발기(작동유체가 기화됨)가 사용되며, 이 작동유체는 팽창기 혹은 터빈을 가동하여 발전기에서 전기에너지를 얻게 된다. 터빈에서 팽창된 작동유체는 응축기(작동유체를 액화시키는 장치)에서 액화되어 펌프에 의해 다시 재생기(작동유체가 가진 에너지를 재회수하는 장치)를 거쳐 증발기로 들어가는 순환시스템으로 이루어진다.

② 작동유체로 물이 아닌 유기물을 사용하는 것은 낮은 온도의 열원으로부터 에너지를획득하기 위한 것으로, 물의 경우에는 끓는점이 대기압하에서 100℃이지만 압력이 증가하면 상당히 높아지게 마련이다. 따라서 높은 온도를 갖는 열원이 있어야만 운전이 가능한 것이다. 따라서, 작동유체로 물이 아닌 유기물을 사용하면 물질에 따라서 높은 압력에서도 기화하는 온도가 100℃ 이하의 낮은 온도를 갖게 한다. 이렇게 하여 산업체의 낮은 온도를 갖는 폐열로부터 전기를 생산할 수 있게 된다.

③ ORC 사이클의 작동유체로 개발된 구체적 유기물 작동유체로는 R245fa, R134a, R152a, R600, R1234yf, R1234ze 등이 대표적이다.

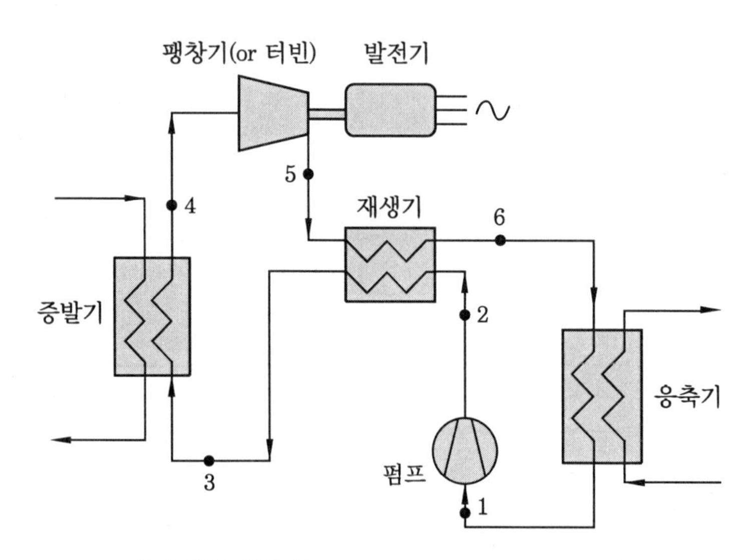

유기 랭킨 사이클 (ORC : Organic Rankine Cycle)

제 16 장

제어 및 관리기법

1 자동제어(自動制御)

(1) 실내온도, 습도, 환기 등을 자동조절하며 검출부, 조절부, 조작부로 구성
(2) 최근 전자기술의 발달과 소프트웨어의 발달로 자동제어에 컴퓨터와 인터넷이 본격적으로 도입되고 있다.

(3) 제어 방식(조절 방식)에 따라

① 시퀀스(Sequence) 제어

㈎ 미리 정해진 순서에 따라 제어의 각 단계를 차례로 진행해가는 제어

㈏ 초기에는 릴레이 등을 사용한 유접점 시퀀스 제어를 주로 사용하였으나, 반도체 기술의 발전에 힘입어 논리소자를 사용하는 무접점 시퀀스 제어도 현재 많이 이용되고 있다.

㈐ 사용 예(조작스위치와 접점)

㉮ a 접점 : ON 조작을 하면 닫히고, OFF 조작을 하면 열리는 접점으로 메이크(make) 접점 또는 NO(Normal Opon) 접점이라고 한다.

㉯ b 접점 : On 조작을 하면 열리고, OFF 조작을 하면 닫히는 접점으로 브레이크(break) 접점 또는 NC(Normal Close) 접점이라고 한다.

㉰ c 접점 : a 접점과 b 접점을 공유하고 있으며 ON 조작을 하면 a 접점이 닫히고(b 접점은 열리고) OFF 조작을 하면 a접점이 열리는(b 접점은 닫히는) 접점으로 절환(change-over)접점 또는 트랜스퍼(tranfer) 접점이라고 한다.

② 피드백(Feed back) 제어 : 제어의 목표값과 실측값을 계속적으로 비교하여 일치시켜나간다.

㈎ 피드백 제어는 어떤 시스템의 출력신호의 일부가 입력으로 다시 들어가서 시스템의 동적인 행동을 변화시키는 과정이다.

㈏ 출력을 감소시키는 경향이 있는 Negative Feedback, 증가시키는 Positive Feedback이 있다.

㈐ 양되먹임 (Positive Feedback)

㉮ 입력신호에 출력신호가 첨가될 때 이것을 양되먹임 (Positive Feedback)이라 하며, 출력신호를 증가시키는 역할을 한다.

㉯ 운동장에 설치된 확성기는 마이크에 입력되는 음성신호를 증폭기에서 크게 증폭하여 스피커로 내보낸다. 가끔 '삐이익-'하고 듣기 싫은 소리를 내는 경우가 있는데, 이것이 바로 양의 피드백의 예이다. 이것은 스피커에서 나온 소리가 다시 마이크로 들어가서 증폭기를 통해 더욱 크게 증폭되어 스피커로 출력되는 양의 피드백 회로가 형성될 때 생기는 소리다.

㉰ 양의 피드백은 양의 비선형성으로 나타난다. 즉, 반응이 급격히 빨라지는 것이다. 생체에는 격한 운동을 하거나, 잠을 잘 때 항상성, 즉 Homeostasis를 유지하기 위해 다양한 피드백이 짜여져 있다. 자율신경계가 그 대표적인 보기이다. 그러나 그 중에는 쇼크 증상과 같이 좋지 않은 효과를 유발하는 양의 피드백도 존재한다.

㉱ 전기회로에 있어서의 발진기도 그 한 예가 된다.

㈑ 음되먹임 (Negative Feedback)

㉮ 입력신호를 약화시키는 것을 음되먹음 (Negative Feedback)이라 하며, 그 양에 따라 안정된 장치를 만들 때 쓰인다.

㉯ 음의 피드백 (음되먹임 피드백)은 일정 출력을 유지하는 제어장치에 이용된다.

㉰ 음의 피드백은 출력이 전체 시스템을 억제하는 방향으로 작용한다.

㈒ 여기서 중요한 것은 되먹임에 의해서 수정할 수 있는 능력을 계(係) 자체가 가지고 있어야 한다는 것이다. 수정신호가 나와도 수정할 수 있는 능력이 없으면 계는 동작하지 않게 된다.

③ 피드포워드 (Feedforward) 제어

㈎ Feedforward Control이란 공정(Process)의 외란(Disturbance)을 측정하여 그것을 앞으로의 공정에 어떤 영향을 가져올 것인가의 예측을 통해 제어의 출력을 계산하는 제어기법을 말한다.

㈏ 피드포워드 제어를 통하여 응답성이 향상되어 보다 더 고속의 공정이 가능해진다. 즉, 외란요소를 미리 감안하여 출력을 발하기 때문에 Feedback만으로 안정화되는 시간이 길어지는 것을 단축할 수 있다.

㈐ 반드시 Feedback Loop와 결합되어 있어야 하고, System의 모델이 정확히 계산가능해야 한다.

㈑ 제어변수와 조작변수간에 공진현상이 나타나지 않도록 Feedforward가 되어야 하며 Feedback이 연결되어 있기 때문에 조작기 출력속도보다 교란이 빠르게 변화되면 조작기가 따라갈 수 없기 때문에 시스템이 안정화될 수 없다.

(마) Feedforward의 동작속도를 지나치게 빠르게 하면, 출력값이 불안정하거나 시스템에 따라서는 공진현상이 올 수도 있으므로 주의가 필요하다.

(바) Feedforward 제어는 제어기 스스로 시스템의 특성을 자동학습 하도록 하여 조절토록 하는 Self-Tuned Parameter Adjustment 기능이 없으므로 시스템을 정확히 해석하기가 어려운 경우에는 사용하지 않는 것이 좋다.

(사) 사례 : 예를 들어 흘러들어오는 물을 스팀으로 데워서 내보내는 탱크에서 단순히 덥혀진 물의 온도를 맞추기 위해 스팀밸브를 제어하는 Feedback Control Loop에서 갑자기 유입되는 물의 유량이 늘거나 유입되는 물의 온도가 낮아질 때 설정온도에 도달할 때까지 안정화시간이 늦어지게 되는데 물의 유량이나 물의 온도 혹은 이들의 곱을 또 다른 입력변수로 해서 Feedforward 제어계를 구성하면 제어상태가 좋아지게 된다.

④ 피드백 피드포워드 제어 : 상기 '피드백 제어 + 피드포워드 제어'를 지칭한다.

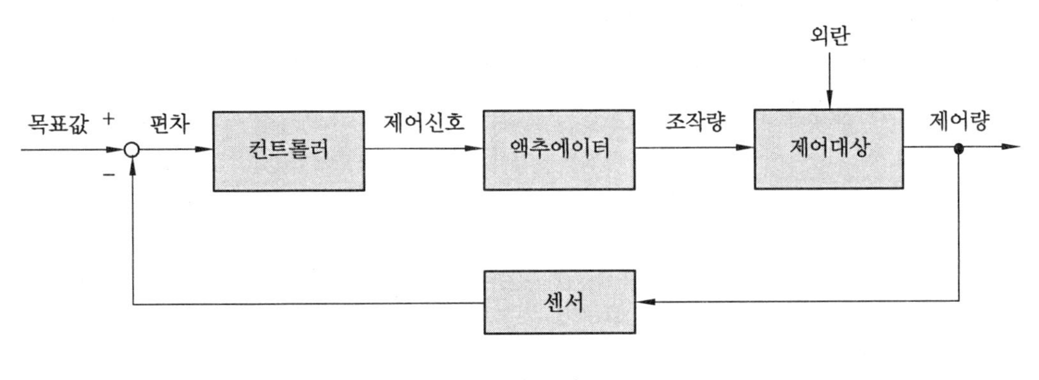

피드백 제어

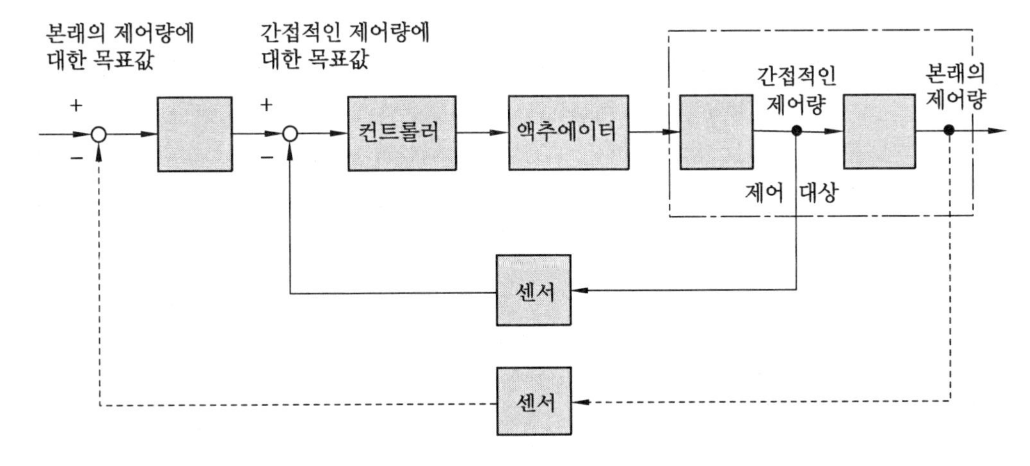

피드포워드 제어

(4) 신호전달력에 따라

① 자력식 : 검출부에서 얻은 힘을 바로 정정 동작에 사용(TEV 팽창밸브, 바이메탈식 트랩 등)

② 타력식

(가) 전기식 : 전기 신호 이용(기계식 온도조절기, 기체봉입식 온도조절기 등)

(나) 유압식 : 유압 사용, Oil에 의해 Control부 오염 가능(유압기계류 등)

(다) 전자식 : 전자 증폭기구 사용(Pulse DDC 제어, 마이컴 제어 등)

(라) 공기식 : 공기압 사용(공압기계류 등)

(마) 전자 공기식 : 검출부는 전자식, 조절부는 공기식(생산 공정설비 등)

(5) 제어 동작성에 따라

① 불연속동작 : On-Off 제어, Solenoid 밸브 방식 등

② 연속동작

(가) PID 제어 : 비례제어(Proportional)+적분제어(Integral)+미분제어(Differential)

(나) PI 제어 : 비례제어(Proportional) + 적분제어(Integral) → 정밀하게 목표값에 접근(오차값을 모아 미분)

(다) PD 제어 : 비례제어(Proportional) + 미분제어(Differential) → 응답속도를 빨리('전회편차 - 당회편차'를 관리)

> ① **P 제어** : 목표값 근처에서 정지하므로, 미세하게 목표값에 다가갈 수 없다. → Offset(잔류편차) 발생 가능성이 크다.
>
> ② **단순 ON/OFF 제어** : 단순 0% 혹은 100%로 작동하므로 목표값에서 Sine 커브로 왕래할 수 있다.

(라) PID 제어의 함수식 표시

$$\text{조작량} = \underbrace{K_p \times \text{편차}}_{\text{(비례항)}} + \underbrace{K_i \times \text{편차의 누적값}}_{\text{(적분항)}} + \underbrace{K_d \times \text{현재편차와 전회 편차와의 차}}_{\text{(미분항)}}$$

여기서, 편차 : 목표값 - 현재값

(6) 디지털화에 따라 Analog 방식은 개별식, DDC 방식은 분산형(Distributed)이라고 할 수 있다.

① Analog 제어

(가) 제어기능 : Hardware적 제어

(나) 감시 : 상시 감시

(다) 제어 : 연속적 제어

② DDC(Digital Direct Control)

(가) 자동제어방식은 Analog →DDC, DGP(Data Gathering Panel) 등으로 발전되

고 있다 (고도화, 고기능화).

(나) 제어 기능 : Software

(다) 감시 : 선택 감시

(라) 제어 : 불연속 (속도로 불연속성을 극복)

(마) 검출기 : 계측과 제어용 공용

(바) 보수 : 주로 제작사에서 실시

(사) 고장 시 : 동일 조절기 연결 제어로 작동 불가

(7) '정치제어'와 '추치제어'

① 목표치가 시간에 관계없이 일정한 것을 정치제어, 시간에 따라 변하는 것을 추치제어라고 한다.

② 추치제어에서 목표치의 시간변화를 알고 있는 것을 공정제어 (Process control), 모르는 것을 추정제어 (Cascade control)라 한다.

③ 공기조화제어는 대부분 Process control (공정제어)를 많이 활용한다.

(8) VAV 방식 자동제어 계통도

외기 → T (온도검출기) → 환기RA혼합

→ 냉각코일 (T : 출구공기온도 검출기, V_1 : 전동 2방밸브)

→ 가열코일 (T : 송풍공기온도 검출기, V_2 : 전동 2방밸브)

→ 가습기 (V_3 : 전동 2방밸브, HC : 습도조절기)

→ 송풍기 (출구온습도 검출기) → VAV 유닛

→ 실내 (T : 실내온도 검출기, TC : 온도 조절기, H : 실내습도 검출기, HC : 실내 습도 조절기)

2 에너지 절약적 자동제어

(1) 절전 Cycle 제어 (Duty Cycle Control) : 자동 On/Off 개념의 제어

(2) 전력 수요제어 (Demand Control) : 현재의 전력량과 장래의 예측 전력량을 비교 후 계약 전력량 초과가 예상될 때, 운전 중인 장비 중 가장 중요성이 적은 장비부터 Off한다.

(3) 최적 기동·정지 제어 : 쾌적범위 대에 도달 소요시간을 미리 계산하여 계산된 시간에 기동/정지하게 하는 방법

(4) Time Schedule 제어 : 미리 Time Scheduling하여 제어하는 방식

(5) 분산 전력 수요제어 : DDC 간 자유로운 통신을 통한 제어(상기 4개 항목 등을 연동한 다소 복잡한 제어)

(6) HR (폐열회수형 히트펌프) : 중간기 혹은 연간 폐열회수를 이용하여 에너지를 절약하는 방식

(7) VAV : 가변 풍량 방식으로 부하를 조절하는 방식

(8) 대수제어 : 펌프, 송풍기, 냉각탑 등에서 사용대수를 조절하여 부하를 조절하는 방식

(9) 인버터제어 : 전동기의 운전방식에 인버터 제어방식을 도입하여 회전수 제어를 통한 최적의 소비전력 절감을 추구하는 방식

3 정보기술 (IT, ICT)의 공조 접목 사례

(1) 쾌적 공조

① DDC 등을 활용하여 실(室)의 PMV 값을 자동으로 연산하여 공조기, FCU 등을 제어하는 방법

② 실내 부하변동에 따른 VAV 유닛의 풍량제어 시 압축기, 송풍기 등의 용량제어와 연동시켜 에너지를 절감하는 방법

(2) 자동화 제어

① 공조, 위생, 소방, 전력 등을 '스케줄 관리 프로그램'을 통하여 자동으로 시간대별 제어하는 방법

② 현재 설비의 상태 등을 자동인식을 통하여 감지하고 제어하는 방법

(3) 원격제어

① 집중관리(BAS) → IBS에 통합화 → Bacnet, Lonworks 등을 통해 인터넷 제어 가능

② 핸드폰으로 가전제품을 원거리에서 제어할 수 있게 하는 방법

(4) 에너지 절감

① Duty control : 설정온도에 도달하면 자동으로 On/Off 하는 제어

② Demand control (전력량 수요제어) : 계약전력량의 범위 내에서 우선순위별 제어하는 방법

(5) 공간의 유효 활용

① 소형 공조기의 분산 설치 (개별운전) → 중앙집중관리 시스템으로 제어

② 열원기기, 말단 방열기, 펌프 등이 서로 멀리 떨어져 있어도 원격통신 등을 통하여 신속히 정보교환 → 유기적 제어 가능

(6) 자동 프로그램의 발달

① 부하계산을 자동연산 프로그램을 통하여 쉽게 산출해내고, 열원기기, 콘덴싱 유닛, 공조기 등을 컴퓨터가 자동으로 선정해준다.

② 환경 : LCA 분석 (자동 프로그램 연산)을 통해 '환경부하' 최소화

(7) BEMS (Building Energy Management System)에 의한 커미셔닝 : BEMS 시스템은 빌딩자동화 시스템에 축적된 데이터를 활용해 시간대별 날짜별 장소별 최적의 전기, 가스, 수도, 냉방, 난방, 조명, 전열, 동력 등의 운전을 행한다.

(8) BAS(Building Automation System, 건물자동화 시스템) : DDC (Digital Direct Control) 적용으로 빌딩 내 설비에 대한 자동화, 분산화 및 에너지절감 프로그램 적용

(9) BMS (Building Management System, 건물관리시스템) : 80년대의 PC 제어+ MMS (Maintanance Management System, 보수유지관리 프로그램) 기능 추가

(10) FMS (Facility Management System, 통합건물 시설관리시스템) : 90년대 빌딩관리에 필요한 데이터를 온라인으로 접속하고 MMS를 흡수하여 Total Building Managemant System을 구축하여 독자적으로 운영하는 시스템

(11) 유비쿼터스 (Ubiquitous) : 시간과 장소에 상관없이 자유롭게 네트워크에 접속할 수 있는 정보통신 환경 ("Any Where Any Time")

(12) 기타

① 빌딩군 관리 시스템 (Building Group Control & Management System) : 다수의 빌딩군을 서로 묶어 통합 제어하는 방식 (통신프로토콜 간의 호환성 유지 필요)

② 수명주기 관리 시스템 (Life Cycle Management ; LCM) : 컴퓨터를 통한 설비의 수명 관리 시스템

③ 스마트 그리드 제어 : 스마트 그리드(smart grid) 제어는 전기, 연료 등의 에너지의 생산, 운반, 소비 과정에 정보통신기술을 접목하여 공급자와 소비자 (기계설비)가 서로 상호작용함으로써 효율성을 높인 '지능형 전력망 시스템'이다.

④ 에너지 저장장치(ESS)

㈎ ESS(Energy Storage System)는 에너지(전력) 저장장치를 말한다.

㈏ 정의 : 발전소에서 과잉 생산된 전력을 저장해 두었다가 일시적으로 전력이 부족할 때 송전해 주는 저장장치

㈐ 구성 요소 : 배터리, 관련 주변장치 등

㈑ 배터리 방식 : 리튬이온 방식, 황산화나트륨 방식 등

㈒ 의미 : 안정적인 전력 확보와 각종 설비에 안정적인 신재생에너지를 공급하기 위해 필수적인 미래 유망 사업

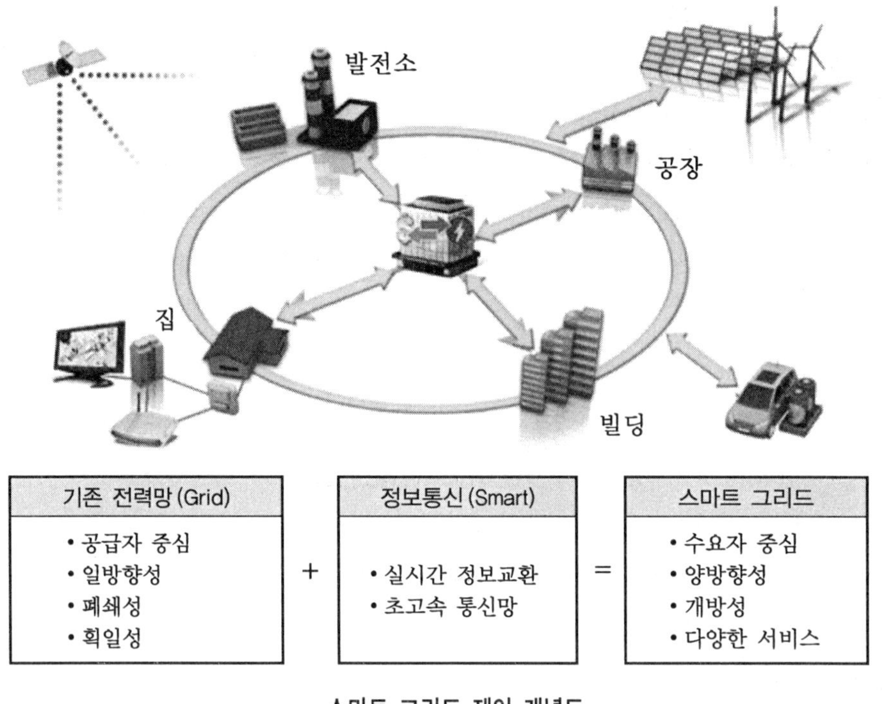

스마트 그리드 제어 개념도

4 빌딩 에너지관리 시스템 (BEMS)

(1) BEMS는 IB (Intelligent Building)의 4대 요소 (OA, TC, BAS, 건축) 중 BAS의 일환으로 일종의 빌딩의 에너지 관리 및 운용의 최적화 개념이다.

(2) 전체 건물의 전기, 에너지, 공조설비 등의 운전상황과 효과를 BEMS (Building Energy Management System)가 감시하고 제어를 최적화하고 피드백한다.

(3) 구현방법

① BEMS 시스템은 빌딩자동화 시스템에 축적된 데이터를 활용해 전기, 가스, 수도, 냉방, 난방, 조명, 전열, 동력 등 분야로 나눠 시간대별, 날짜별, 장소별 사용내역을 면밀히 모니터링 및 분석하고 기상청으로부터 약 3시간마다 날씨자료를 실시간으로 제공받아 최적의 냉난방, 조명 여건 등을 예측한다.

② 사전 시뮬레이션을 통해 가장 적은 에너지로 최대의 효과를 볼 수 있는 조건을 정하면 관련 데이터가 자동으로 제어 시스템에 전달되어 실행됨으로써 에너지 비용을 크게 줄일 수 있는 시스템이다.

③ 세부 제어의 종류로는 열원기기 용량 제어, 엔탈피 제어, CO_2 제어, 조명 제어, 부스터 펌프 토출압력 제어, 전동기 인버터 제어 등을 들 수 있다.

④ 제어 프로그램 적용기법 : 스케줄 제어, 목표 설정치 제어, 외기온도 보상제어, Duty Control, 최적 기동/정지 제어 등이다.

(4) BEMS의 기본 기능

구분	항목	주요 내용
데이터 수집	관제점 선정	건물 전체, 주요 설비, 주요 공간별 비용 효과적인 데이터 수집방법
		상호 운용성을 갖는 통신프로토콜 사용
	관제점 정보관리	수집되는 데이터의 속성 파악을 위한 정보 구성 및 관제점 정보 목록(관제점 일람표) 작성방법
	태그 생성 및 관리	시스템 간 데이터 호환 및 효과적인 데이터 활용을 위한 데이터의 이름(태그) 생성 및 관리 방법
데이터 분석	데이터 분류 및 구성	데이터 분류(기준 정보, 운영 정보, 통계분석 정보)
		에너지소비량, 에너지성능 등 통계분석 정보의 신뢰성 확보
	데이터 관리	데이터 수집(15분 이하) 및 보관 주기(3~5년)
		건물 운영자에게 정보제공에 필요한 데이터베이스 기능
데이터 활용	에너지효율 개선 조치	수집된 데이터 분석을 통해 운전 설정값 및 스케줄 변경, 설비 유지보수, 설비운전 최적화 등 지속적인 효율개선 조치 시행
	에너지절감량 산출	BEMS 도입 전후의 객관적인 에너지절감성과 파악을 위한 에너지 절감량 산출 및 결과 보고 방법 ※ 베이스라인(BEMS에 따른 에너지절감효과를 배제한 기준 에너지 사용량) 모델 수립

5 제로 에너지 밴드(Zero Energy Band with load reset)

(1) 건물의 최소 에너지 운전을 위하여 냉방 및 난방을 동시(재열, 이중덕트, 자동운전모드 등)에 행하지 않고, 설정온도에 도달 시 Reset(냉·난방 열원 혹은 말단유닛 정지)하는 시스템이다.

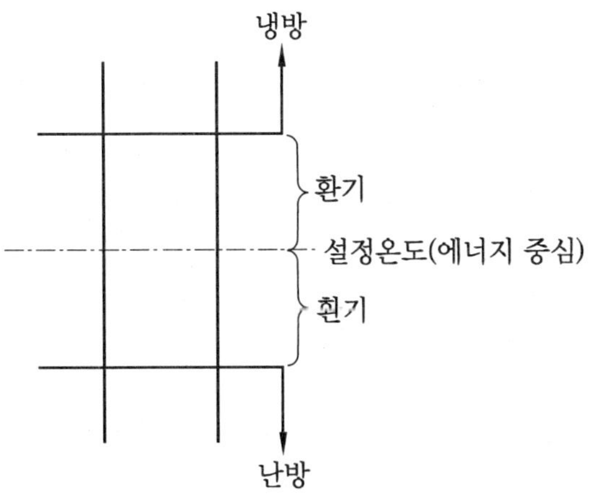

(2) 주로 외기냉방과 연계하여 운전한다.

(3) 건물의 에너지 절약방법의 한 종류이다(재열 등으로 인한 에너지 낭비를 최소로 줄일 수 있는 방법임).

6 대수분할 운전

① 기기를 여러 대 설치하여 부하상태에 따라 운전대수를 조절하여(부하가 클 경우에는 운전대수를 늘리고, 적을 때는 운전대수를 줄임) 전체 시스템의 용량을 조절하는 방법

② 보일러, 냉동기, 냉각탑 등의 장비를 현장에 설치 시 큰 장비 한대를 설치하는 것보다 작은 장비 몇 대를 설치하여, 부하에 따라 운전대수를 증감함으로써 에너지 절약 측면에서 최적운전을 할 수 있는 시스템

7 전부하 운전특성과 부분부하 운전특성

(1) 전부하 운전특성

① 전부하는 부분부하의 상대 개념으로 어떤 시스템이 가지고 있는 최대 운전상태(Full Loading)로 운전할 때의 특성을 말한다.

② 장비가 Full Loading 시 나타나는 여러 가지 특성(성능, 소비전력, 운전전류 등)을 말한다.

(2) 부분부하 운전특성

① 부분부하는 전부하의 반대되는 개념으로서 시스템이 발휘할 수 있는 최대의 운전상태에 못미치는 상태(Partial Loading)로 운전할 때의 특성이다.

② 기기가 최대용량에 미달되는 상태에서 운전을 실시할 때(최소용량 포함) 나타나는 여러 가지 특성(성능, 소비전력, 운전전류 등)을 말한다.

8 군집제어

(1) 일정한 Building군을 하나의 집단으로 묶어 BMS 시스템으로 통합제어하는 방식이다.

(2) Bacnet, Lonworks 등의 통합제어 Protocol을 이용하여 건물 내·외 전체 시스템(공조, 방범, 방재, 자동화 설비 등)을 동시에 관리할 수 있는 시스템

9 크로스 토킹(Cross Talking)

(1) 공조분야에서의 'Cross Talking'이란 인접 실(室)간 공조용 덕트를 통해 서로 말소리가 전달되어 프라이버시를 침해당하거나, 시끄러운 소음이 전파되는 현상을 말한다.

(2) 호텔의 객실 등 정숙을 요하는 공간에서는 입상덕트를 설치하거나 덕트 계통분리 등을 통하여 옆방과 덕트가 바로 연결되지 않게 하는 것이 좋다.

(3) 이는 덕트를 통한 객실 간의 소음 전파를 줄이고, Privacy를 확보하기 위함이다.

10 빌딩병(SBS : Sick Building Syndrome)

(1) 낮은 환기량, 높은 오염물질 발생으로 성(省)에너지화된 건물 내 거주자들이 현기증, 구역질, 두통, 평행감각 상실, 통증, 건조, 호흡계통 제증상 등이 발생되는 것으로 기밀성이 높은 건물, 환기량 부족 건물에서 통상 거주자의 20 ~ 30 % 이상 증상 시 빌딩병을 시사한다.

(2) 일본 등에서 빌딩병 발생이 적은 이유는 '빌딩 관리법'에 의해 환기량을 잘 보장하고 있기 때문이다.

11 커넥션 에너지 시스템(CES : Connection Energy System)

(1) 열병합 발전에서 생산된 열을 고온 수요처로부터 저온 수요처 순으로 차례로 열을 사용하는 시스템을 말한다(주로 고온의 열은 전기의 생산에 사용하고, 중온의 열은 흡수식 냉동기 등을 운전하고, 저온의 열은 난방 및 급탕 등에 사용한다).

(2) 열을 효율적으로 사용할 수 있어 에너지 절감이 가능한 시스템이다.

12 개별 분산 펌프 시스템

(1) 냉온수는 통상 펌프에 의해 유량을 조절하지만, 배관 시스템상의 저항에 의한 반송 에너지의 손실을 삭감하기 위해, 분산 배치된 펌프의 출력을 이용

(2) 통상 각 사용처별로 분산하여 배치된 인버터로 펌프의 출력을 제어하여 부하변동에 신속히 대응

(3) 펌프의 운전방식으로는 '펌프의 댓수제어 + 인버터의 용량제어'를 많이 사용한다.

13 홈 오토메이션(HA : Home Automation system)

(1) 일반 기능

① 통신 기능(Communication) : 자동응답, 단축다이얼 등

② 방법방재 기능(Security) : 자동 경보, 자동 통보, 원격 감시 등

③ 원격제어 기능(Telephone – control) : 외부에서 전화, 핸드폰 등으로 가전기기 조정 등

④ 방문객 영상확인 기능(Video phone) : 방문객 영상 확인 후 출입문 개방

(2) 첨단 기능

① 발전적 적용 가능한 Home Automation : Home Networking, Home Entertainment, Home Security 등

② 기능 다변화 HBS(Home Bus System : 가정용 구내 정보 통신망 LAN)의 도입 표준화, 가전제품 HA화 및 공용화

③ 유비쿼터스(Ubiquitous) : 시간과 장소에 상관없이 자유롭게 네트워크에 접속할 수 있는 정보통신 환경("Any Where Any Time")

14 BACnet(Building Automation and Control network)

(1) 백넷(BACnet)의 정의

① BACnet은 Building Automation and Control network의 약자로서 빌딩 관리자와 시스템 사용자 그리고 제조업체들로 구성된 단체에서 인정하는 비독점 표준 프로토콜이다.

② HVAC을 포함하여 조명제어, 화재 감지, 출입 통제 등이 다양한 빌딩자동화 응용분야에서 사용되고 있다.

③ BACnet은 ANSI/ASHRAE 표준 135-1995를 말하는 것으로 국제 표준의 통신 프로토콜이다.

(2) BACnet의 특징

① 빌딩자동화 시스템 공급업체들 간의 상호 호환성 문제를 해결 가능하다.

② 객체 지향 : 객체(Object)를 이용해 상호 자료를 교환함으로써 서로 다른 공급업체에서 만든 제품 상호 간에 원활한 통신이 가능하게 된다.

③ 그리고 이렇게 정의된 객체(Object)에 접근하여 동작하는 응용 서비스(Service) 중 일반적으로 사용되는 것들을 표준화하고 있다.

④ 여러 종류의 LAN technology 사용, 표준화된 여러 객체(Object)의 정의, 객체(Object)를 통한 자료의 표현과 공유, 그리고 표준화된 응용 서비스(Service) 등이 BACnet의 주요 특징이다.

⑤ 작은 규모의 빌딩에서부터 수천 개 이상의 장비들이 설치되는 대형 복합빌딩 및 이러한 빌딩의 집합으로 이루어지는 빌딩군에 이르기까지 다양한 규모의 빌딩에 적용될 수 있는 통신망 기술이다.

⑥ 기타 다양한 LAN들의 연동 기능, IP를 통한 인터넷과의 연동 기능 등의 특징도 있다.

(3) BACnet의 장점

① 빌딩의 자동제어를 위하여 특별히 고안된 통신망 프로토콜이다.
② 현재의 기술에만 의존하지 않으며, 미래의 새로운 기술을 수용하기 좋은 방식으로 개발되었다.
③ 소형에서 중대형의 다양한 빌딩 규모에 적용될 수 있다.
④ 객체(Object) 모델을 확장함으로써 새로운 기능을 쉽게 도입할 수 있다.
⑤ 누구든지 로열티 없이 BACnet 기술을 사용할 수 있다(기술의 사용이 무료).

(4) 기술평가

① BACnet이 미국, 유럽(ISO) 및 한국 표준(KS X 6909)으로 이미 선정되었으며, 이제는 공급업체들의 시스템이 BACnet 프로토콜을 제대로 사용하였는지를 테스트 할 수 있는 기관이 필요하게 되었다.
② 이러한 테스트를 위한 기관이 미국의 BMA (BACnet Manufacturers Association), BTL(BACnet Testing Laboratory) 등이다.
③ BACnet은 국내 지능형빌딩 네트워크 시장에서 Lonworks, KNX와 더불어 3대 국제개방형 표준 네트워크라고 할 수 있다.
④ 특히 중동지역을 중심으로 하는 대규모 지능형 빌딩을 건설하고 있는 국내의 대형건설사들은 앞다투어 BACnet 통신망 등을 채택하고 있다.
⑤ BACnet은 유비쿼터스 개념이 적극 도입되면서 단순하게 기존의 공조, 전력, 출입통제, 소방, 주차설비 등에서의 개별적인 자동화를 넘어서 전체 시스템 차원에서의 유기적이고 효율적인 정보의 통합과 제어의 효율성을 추구하는 방향으로 발전하고 있다.

15 넌체인지오버(Nonchange-over)와 체인지오버(Change-over)

(1) 유인유닛 공조방식에서 기밀구조의 건물, 전산실, 음식점, 상가, 초고층빌딩 등 겨울철에도 냉방부하량이 있고 연중 냉방부하가 큰 건물에서는 2차수(水)를 항상 냉수로 보내고, 1차 공기를 냉풍 혹은 온풍으로 바꾸어가며 4계절 공조를 하는 경우가 많다. 즉, 부분부하 조절은 1차 공기로 주로 행한다.

(2) 우리나라의 주거공간, 일반 사무실과 같이 여름에는 냉방부하가, 겨울철에는 난방부하가 집중적으로 걸리는 경우에는 1차 공기는 항상 냉풍으로 취출하고, 2차수(水)를 냉수 혹은 온수로 바꾸어가며 공조를 하는 경우가 많다.

(3) Nonchange – over

겨울에도 냉방부하가 많이 걸리는 건물에 적용

구 분	여 름	겨 울
1차 공기	냉 풍	온 풍
2차수	냉 수	냉 수

(4) Change – over

여름에는 냉방부하가, 겨울에는 난방부하가 주로 걸리는 건축물에 적용

구 분	여 름	겨 울
1차 공기	냉 풍	냉 풍
2차수	냉 수	온 수

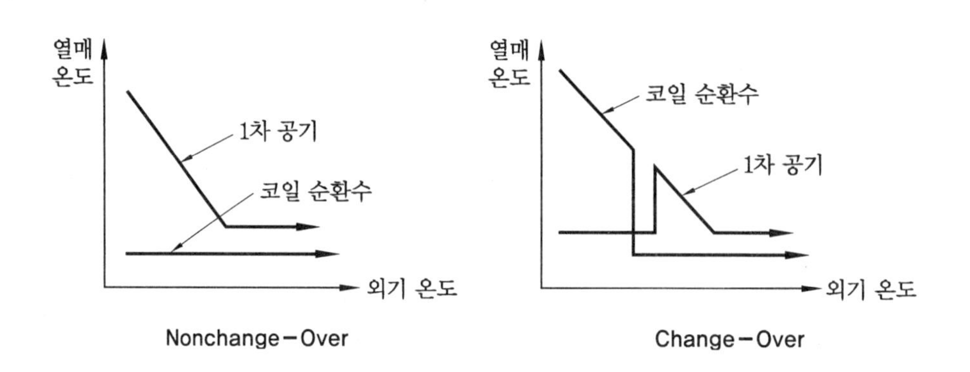

Nonchange – Over　　　　Change – Over

16 A/T비

(1) A/T비의 정의

① 유인유닛의 1차 공기량과 유인유닛에 의해 공조되는 공간의 외벽을 통해 전열되는 1℃당의 전열부하의 비를 말한다.

② A/T비가 비슷한 그룹을 모아 하나의 존으로 형성한다.

(2) 1차 공기는 실내온도가 설정온도에 도달했을 때 재열 스케줄(Reheating Schedule)에 따라 가열이 시작된다.

(3) 유인유닛(물 – 공기 방식)의 조닝기법으로 사용되는 방법이다.

17 공실 제어방법

(1) 예열(Warming UP)

① 겨울철 업무 개시 전 미리 실내온도 승온

② 축열부하를 줄임으로써 열원설비의 용량을 축소시킬 수 있다.

③ VAV 방식은 수동 조정 후 시행

(2) 예랭(Cool Down, Pre-Cooling)

① 여름철 업무 개시 전 미리 냉방을 하여 실내온도를 감온(최대부하를 줄임)

② 축열부하를 줄임으로써 열원설비의 용량을 축소시킬 수 있다.

③ VAV 방식은 수동 조정 후 시행

④ 외기냉방과 야간기동 등의 방법을 병행 가능

(3) Night Purge(Night Cooling)

① 여름철 야간에 외기냉방으로 냉방을 실시한다(축열 제거).

② 주로 100% 외기도입 방식이다(리턴에어 불필요).

(4) 야간기동(Night Set Back Control)

① 난방 시(겨울철) 아침에 축열부하를 줄이기 위해 일정 한계치 온도(경제적 온도 설정 = 약 15℃)를 Setting하여 연속운전하여 주간부하 경감한다.

② 외기냉방이 아니다(외기도입이 불필요) : 대개 100% 실내공기 순환 방법

③ 기타의 목적

㈎ 결로를 방지하여 콘크리트의 부식 및 변질을 방지한다.

㈏ 건축물의 균열 등을 방지하고, 수명 연장

㈐ 설비용량(초기 투자비)을 줄일 수 있다.

㈑ 관엽식물을 동사하지 않게 할 수 있다.

(5) 최적 기동제어

불필요한 예열·예랭을 줄이기 위해(예열/예랭 생략하고) 최적 Start를 실시하는 제어방식이다.

18 유비쿼터스(Ubiquitous) & 스마트 시티

(1) 사용자가 네트워크나 컴퓨터를 의식하지 않고 장소와 시간에 상관없이 자유롭게 네트워크에 접속할 수 있는 정보통신 환경을 유비쿼터스(Ubiquitous)라고 한다.

(2) 유비쿼터스(Ubiquitous)는 물이나 공기처럼 시공을 초월해 '언제 어디서나 존재한다'는 뜻의 라틴어로서, 인간이 원하는 모든 정보인식, 정보처리, 정보전달 등을 자동으로 처리하는 첨단 정보통신 분야로 정의 가능하다.

(3) 유비쿼터스(Ubiquitous)는 컴퓨터에 어떠한 기능을 추가하는 것이 아니라 자동차, 냉장고, 안경, 시계, 스테레오 장비 등과 같이 어떤 기기나 사물에 컴퓨터 칩(RFID 칩)을 집어넣어 커뮤니케이션이 가능하도록 해주는 정보기술(ICT) 및 그 환경 인프라가 핵심이다.

(4) 이러한 유비쿼터스 기술을 도시 전반 영역으로 확장하여 구현한 것을 '유비쿼터스 도시(혹은 유시티; u-City)'라고 부르며, 유사 용어로서 스마트 시티(Smart City)라는 용어가 있는데, 그 서로 간의 비교는 아래 테이블의 내용과 같다. 즉, 유비쿼터스 도시보다 더 발달된 형태가 '스마트 시티'이다.

(5) 스마트 시티(Smart City)는 제4차 산업혁명의 도시 기반 플랫폼으로 그 중요성을 주목받고 있으며, 지속적인 경제 발전과 삶의 질 향상을 이룰 수 있는 미래형 도시라고 할 수 있다.

(6) 스마트 시티는 도시계획, 설계, 구축, 운영 등에 ICT를 적용하여 도시 기능의 효율성을 극대화하고 있으며, 에너지, 교통, 재난재해 등 도시의 공공데이터 개방을 통해 경제적 가치를 창출하는 방향으로 진행되고 있다.

구분	유비쿼터스 도시	스마트 시티
정의	• 도시 경쟁력과 삶의 질 향상을 위해 유시티 기술을 활용하여 건설된 유시티 시설 등을 통하여 언제 어디서나 유시티 서비스를 제공하는 도시(법적 정의) • 시공을 초월하여 언제 어디서나 네트워크에 접속해 정보를 교환하여 대응할 수 있는 유비쿼터스 개념이 적용된 도시	• 기후변화, 환경오염, 산업화·도시화에 따른 비효율 등에 대응하기 위해 자연 친화적 기술과 ICT 기술을 융·복합한 도시로 미래 지속 가능한 도시 • 도시 기능의 효율성을 극대화하여 시민들에게 편리함과 경제적, 시간적 혜택 등을 제공하는 '스마트' 개념이 적용된 도시
적용 대상	• 행정, 교통, 복지, 환경, 방재 등 주요 기능을 신도시에 도입 • 실제 적용은 방범, 방재, 교통 위주로 도입	• 행정, 교통, 에너지, 물관리, 복지, 환경, 방재, 방범 등 광범위한 기능을 신도시·기존 도시에 도입 • 실제 적용도 각 분야에서 매우 광범위하게 적용
국내외 활용	• 전 세계적으로 보편적으로 활용되는 개념은 아니며, 우리나라와 일본 정도만 사용 • 우리나라에서 2000년대 초 특히 주목받은 유비쿼터스 개념을 활용	• 전 세계적으로 보편적으로 활용되는 개념, 선진국·개도국에서 모두 사용
추진 주체	중앙정부, 지자체 주도로 사업 진행	중앙정부, 지자체 외에도 민간 기업 등이 대폭 참여

RFID 칩

① Radio Frequency Identification 의 약자로서 IC 칩과 무선을 통해 식품, 물체, 동물 등의 정보를 실시간 관리할 수 있는 인식기술이다.

② 현대 RFID 기술은 출입통제 시스템, 전자요금지불 시스템, 유비쿼터스, 스마트 시티 등에 광범위하게 활용되고 있다.

19 IOT(사물 인터넷 ; Internet Of Things)

(1) 기존에 M2M(Machine to Machine)이 이동통신 장비를 거쳐서 사람과 사람 혹은 사람과 사물간 커뮤니케이션을 가능케 했다면, IOT는 이를 인터넷의 범위로 확장하여 사람과 사물간 커뮤니케이션은 물론이거니와 현실과 가상세계에 존재하는 모든 정보와 상호작용 하는 개념이다.

(2) IOT라 함은 인간과 사물, 서비스의 세 가지 환경요소에 대해 인간의 별도 개입 과정이 없이 인터넷망을 통한 상호적인 협력을 통해 센싱, 네트워킹, 정보처리 등 지능적 관계를 형성하는 연결망을 의미하는 것이다.

(3) 인터넷이 사물과 결합하여 때와 장소를 가리지 않는 상호간 즉각적 커뮤니케이션을 이루어 내는 순간, 우리가 과거에 공상과학 영화속에서나 상상했을 법한 꿈만같은 일들이 현실로 구현되어질 수 있다.

(4) IOT 기술은 갖가지 기술의 총체적 집합으로서, 기존의 이동통신망을 이용한 서비스에서 한 단계 더 진화된 서비스라고 할 수 있다.

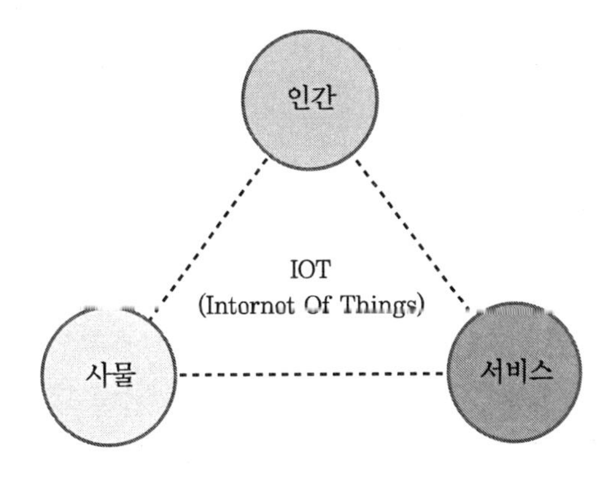

20 인버터(VVVF : Variable Voltage Variable Frequency)

(1) 일명 인버터라고도 하며 주파수를 조절하여 용량(운전 속도)를 조절한다.

(2) 교류↔직류로 변환 시 전압과 주파수를 조절하여 전동기의 속도를 조절할 수 있도록 해주는 장치이다(전압을 같이 조절하는 이유는 토크가 떨어지지 않게 하기 위함).

(3) 그래서 VVVF(Variable Voltage Variable Frequency)라고도 부르고 VSD (Variable Speed Drive)라고도 한다.

(4) 인버터의 정의

① 인버터란 원래 직류전류를 교류로 바꾸어주는 역변환 장치를 말하며, 반도체를 이용한 정지형 장치를 말한다.

② 관련된 용어로 '컨버터'는 정류기를 이용하여 교류를 직류로 바꾸는 장치이다.

③ 현재 용량가변형 전동기 혹은 압축기 분야에 사용되는 인버터란 용어의 의미는 '교류→직류로 변환→교류(원래의 교류와 다른 주파수의 교류)로 재변환'하는 장치이다.

④ 따라서, 전동기(압축기) 용량가변 분야의 인버터의 의미는 '컨버터형 인버터'라고 할 수 있다. 즉, 교류의 주파수를 변환하여 회전수를 가변하는 반도체를 이용한 장치라고 할 수 있다.

(5) 에너지 효율 측면

① 송풍기, 펌프, 압축기에서 풍량의 비는 회전수의 비와 같다.

$$\frac{V_2}{V_1} = \frac{N_2}{N_1}$$

② 축동력의 비는 회전수비의 세제곱과 같다.

$$\frac{W_2}{W_1} = \left(\frac{N_2}{N_1}\right)^3$$

③ 따라서, 부하가 절반으로 되어 풍량을 1/2로 하면, 동력은 1/8로 절감할 수 있다(단, 축동력의 5 ~ 10 % 정도의 직·교류 변환 에너지손실 발생).

(6) 특징

① 전동기 운전을 위해 고가의 '인버터 운전 드라이버'가 필요하다

② 초기투자비가 필요하지만 Energy saving면에서 강조된다.

③ 미세한 부하조절이 가능하다.

(7) 기술 응용

① 최근 급증하고 있는 태양전지에서 쉽게 얻을 수 있는 직류를 인버터를 이용하여 상용전력과 동등한 주파수의 교류전류로 변환 가능

② 상품화되어 시판되는 인버터의 사례

DC 24V ~ DC 48V → AC 220V로 변환 가능한 인버터의 사례

(8) 인버터 회로

① 차핑(Chopping) : 인버터 각 ARM에 있는 스위치의 ON, OFF 시간을 조절하여 펄스폭을 변경하여 출력 평균 전압을 제어한다. 펄스폭이 커지면 평균 전압이 커지고, 펄스폭을 작게 하면 평균 전압이 작아진다(Variable Voltage 기능).

② 스위칭(Switching) : 인버터의 각 ARM에 있는 스위치의 ON, OFF 주기를 조절하여 출력 주파수를 제어(변환)한다(Variable Frequency).

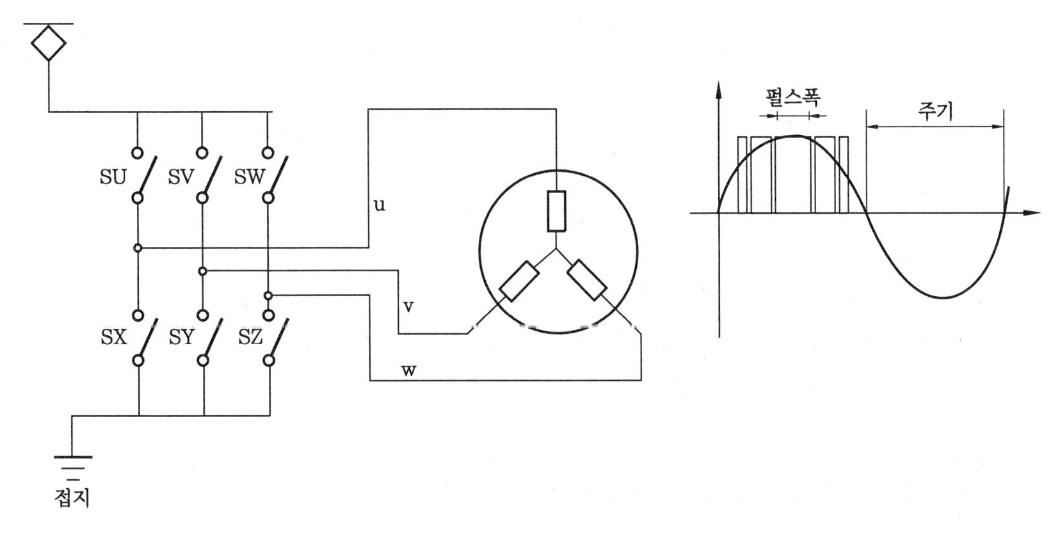

인버터 구성 회로

21 LCC (Life Cycle Cost)

LCC (Life Cycle Cost, 생애주기 비용 등)는 계획, 설계, 시공, 유지관리, 폐각처분 등의 총비용을 말하는 것으로 경제성 검토 지표로 사용해 총비용을 최소화할 수 있는 수단이다.

(1) LCC 구성

① 초기투자비 (Initial Cost) : 제품가, 운반, 설치, 시운전

② 유지비 (Running Cost) : 운전 보수관리비

유지비 = 운전비 + 보수관리비 + 보험료

③ 폐각비 : 철거 및 잔존가격

(2) 회수기간 (回收期間)

초기 투자비의 회수 위한 경과년

$$회수기간 = \frac{초기투자비}{연간절약액}$$

(3) LCC 인자

사용년수, 이자율, 물가상승률 및 에너지비 상승률 등

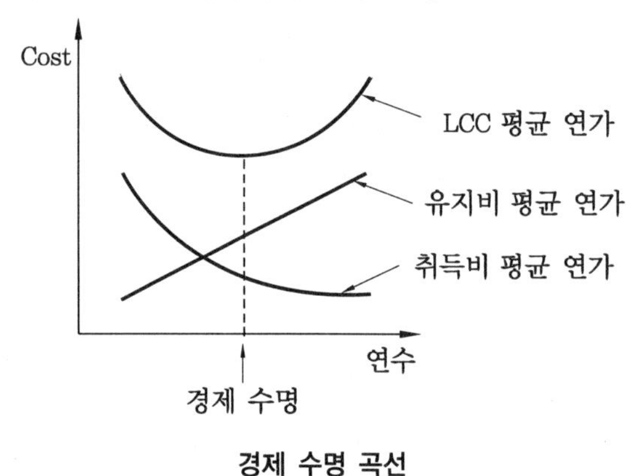

경제 수명 곡선

(4) Life Cycle Cost $= C + F_r \cdot R + F_m \cdot M$

여기서, C : 초기 투자비, R : 운진비(보험료 포함), M : 폐각비

F_r, F_m : 종합 현재가격 환산계수

22 LCA(Life Cycle Assessment)

(1) 건물 (설비, 기계 포함)의 생애주기 동안 친환경적 건축재료, 에너지절약, 자원절

약, 재활용, 공해저감 등에 관한 총체적인 환경부하(온실가스 배출량, 환경오염 등) 평가

(2) LCA는 ISO 4000 시리즈 인증평가의 기준이 되기도 한다.

(3) LCA는 목적설정, 목록분석, 영향분석, 해석의 네 단계로 나누어진다.

(4) LCA의 구성

① 목적 및 범위의 설정(Goal and Scope Definition) : LCA 실시 이유, 결과의 응용, 경계(LCA 분석범위), 환경영향평가 항목의 설정과 그 평가방법

② 목록분석(Inventory Analysis) : LCA의 핵심적인 단계로 대상물의 전과정(Life Cycle)에 걸쳐서 투입(Input)되는 자원과 에너지 및 생산 또는 배출(Output)되는 제품 부산물의 데이터를 수집하고, 환경부하 항목에 관한 입출력 목록을 구축하는 단계

③ 영향평가(Impact Assessment) : 목록분석에서 얻어진 데이터를 근거로 각 환경부하항목에 대한 목록결과를 각 환경영향 범주로 분류하여 환경영향을 분석평가하는 단계. 평가범위로는 지구환경문제를 중심으로 다음과 같은 내용을 포함

㈎ 자원·에너지 소비량, 산성비해양오염, 야생생물의 감소

㈏ 지구온난화, 대기 · 수질오염, 삼림파괴, 인간의 건강위해

㈐ 오존층의 고갈, 위해 폐기물, 사막화, 토지이용

④ 결과해석(Interpretation)

㈎ 목록분석과 영향평가의 결과를 단독으로 또는 종합하여 평가, 해석하는 단계.

㈏ 해석결과는 LCA를 실시한 목적과 범위에 대한 결론.

㈐ 환경개선을 도모할 경우 조치는 이 결과를 기초로 한다.

⑤ 보고(Reporting) : 상기의 순서에 따라 얻어진 LCA 조사결과는 보고서의 형식으로 정리되어 보고대상자에게 제시된다.

⑥ 검토(Critical review) : ISO 규정에 따르고 있는지, 과학적 근거가 있는지, 또한 적용한 방법과 데이터가 목적에 대해 적절하며 합리적인지를 보증하는 것으로, 그 범위 내에서 LCA 결과의 정당성을 간접적으로 보증하는 것이라 할 수 있다.

(5) LCA 평가방법

① 개별 적산방법 : 각 공정별 세부적으로 분석하는 방법(조합,합산), 비경제적, 복잡하고 어렵다.

② 산업연관 분석법 : '산업연관표'를 사용하여 동종 산업 부문간 금액기준으로 거시적으로 평가하는 방법 ; 객관성, 재현성, 시간단축

③ 조합방법 : 일단 '개별 적산방법'으로 구분한 대상에 '산업연관표'를 적용한다.

23 탄소 라벨링(Carbon Labeling)

(1) 탄소 라벨링(Carbon Labeling), 탄소 발자국(Carbon Footprint), 탄소 성적표지 등 여러 용어로 불리고 있다.
(2) 원재료의 생산으로부터 제품 제조, 운송, 사용 및 폐기까지의 제품의 생애주기(전과정)에 걸친 지구온난화 가스의 발생량을 환산 표현하여 제품에 표기 및 관리하는 방법이다.
(3) 탄소 라벨링은 소비자에게 기후변화에 대한 영향이 적은 제품을 선택할 수 있도록 정보를 제공하여 소비자의 선택에 따라 제품 제조자의 자발적 노력 유발을 통해 온실가스 절감률을 달성할 수 있도록 하는 것이 목표이다.
(4) 우리나라에서는 탄소 라벨링을 탄소 성적표지(CooL마크)라고도 부른다.

24 탄소 포인트 제도

(1) 탄소 포인트제는 국민 개개인이 전기절약, 수도절약 등을 통하여 온실가스 감축활동에 직접 참여하도록 유도하는 제도이다.
(2) 가정, 상업시설 등이 자발적으로 감축한 온실가스 감축분에 대한 인센티브를 지자체로부터 제공받는 범국민적 기후변화 대응 활동(Climate Change Action Program)이다.

(3) 탄소 포인트 제도의 운영주체

① 탄소 포인트 제도의 제도총괄 및 정책지원 : 환경부
② 탄소 포인트 제도의 운영(운영센터 관리, 기술 및 정보 제공) : 한국환경공단
③ 참여자 모집, 교육, 홍보, 예산확보, 인센티브 지급 : 각 지자체
④ 제도 참여, 감축활동 및 감축실적 등록 : 가정 및 상업 시설의 실사용자

(4) 탄소 포인트 활용방법

① 참여자에게 제공하는 인센티브는 지자체별로 인센티브의 종류, 규모, 지급회수 및 지급시기 등 구체적인 방법을 정한다.
② 탄소 포인트는 현금, 탄소 캐시백, 교통카드, 상품권, 종량제 쓰레기봉투, 공공시설 이용 바우처, 기념품 등 지자체가 정한 범위 내에서 선택할 수 있다.

25 CM(Construction Management, Construction Manager)

(1) CM이란 건설사업관리(Construction Management) 혹은 건설사업관리자(Construction Manager)를 의미한다.

(2) 발주자가 CM(Construction Management)을 대리인으로 선정하여 '타당성조사→설계→계획→발주→시공→사용'의 전단계를 관리하게 한다.
(3) CM은 적정품질을 유지하며 공기, 공사비 최소화, Cordinate, Communicate하는 절차를 관할한다.
(4) 특징 : 공기단축, VE 기법, 전문가관리, 원활한 의사소통, 발주자의 객관적 의사 결정, 관리 기술수준 향상, 업무융통성, CM 비용증대 등

(5) CM의 분류

① CM for Fee(Agency CM ; 용역형 CM) : 직접 일에 참여하지 않고, 조언자로서의 역할만 하는 CM
② CM at Risk(위험 부담형 CM) : Construction Manager가 시공자로서의 역할도 하면서 이윤과 연계한다.

(6) 적용 사례

① 국내 CM 도입현황은 경부고속철도, 영종도 신공항 등을 시작으로 현재 많은 건설현장에 적용 중이다.
② 관련 법규, 종합건설업 제도 등 도입·보완이 필요하다.

26 CM의 역할

(1) 건설사업관리(CM) 공통업무

건설사업관리 업무수행 계획서·절차서 작성, 작업분류체계 및 사업번호체계 관리, 건설공사 참여자 간의 업무협의 주관

(2) 설계 이전 단계의 업무

건설사업의 기획, 타당성 조사·분석, 발주청이 건설사업의 특성과 현장여건 등을 종합적으로 고려하여 필요로 하는 업무

(3) 기본 설계 단계의 업무

설계자 선정 업무 지원, 기본 설계의 경제성 등 검토(기본설계 VE), 공사비 분석 및 개략 공사비 적정성 검토, 기본 설계 용역 진행사항 및 기성관리, 기본 설계의 조정 및 연계성 검토(기본 설계 Interface), 기본 설계 단계의 품질관리

(4) 실시 설계 단계의 업무

공사발주계획 수립, 실시 설계의 경제성 등 검토(실시 설계 VE), 공사비 분석 및 공사원가의 적정성 검토, 실시 설계 용역 진행상황 및 기성 관리, 실시 설계 조정 및 연

계성 검토(실시 설계 Interface), 실시 설계 단계의 품질관리, 지급 자재 조달 및 관리 계획 수립, 시공자 선정업무 지원

(5) 시공 단계의 업무

통합관리계획서 검토, 성과분석 및 대책수립 업무, 책임감리업무, 클레임 분석 및 분쟁 대응업무 지원, 최종 건설사업관리 보고서 등

(6) 시공 이후 단계의 업무

건설사업 준공 이후 시설물 운영 및 유지보수·유지관리 등, 발주청이 건설사업의 특성과 현장여건 등을 종합적으로 고려하여 필요로 하는 업무 등

27 리모델링(Remodeling)

(1) 리모델링은 한마디로 건축분야의 재활용 프로젝트를 뜻한다.

(2) 신축에 대비되는 개념으로서 기존의 건축물을 새롭게 디자인하는 개보수의 모든 작업을 일컫는다.

(3) 제2의 건축이라고도 불린다. 일본에서는 리노베이션, 리폼이라는 용어가 일반적인 반면 미국에서는 리모델링이 통용되고 있다.

(4) 지은 지 오래되어 낡고 불편한 건축물에 얼마간 재투자로서 부동산 가치를 높이는 경제적 효과 외에 신축 건물 못지않은 안전하고 쾌적한 기능을 회복할 수 있다는 것이 큰 장점이다(에너지 절감).

(5) 리모델링의 방법론

① 리모델링은 잘못 시도했다가는 큰 낭패를 볼 수도 있으므로 반드시 전문가(구조 전문, 디자이너 등)의 치밀한 상담 및 조언을 받아 접근하는 것이 바람직하다.

② 오래된 건물을 리모델링할 경우에는 먼저 전문가의 도움을 받아 하중을 지지하는 기둥과 벽에 대한 조사가 필요하다.

③ 오래된 건물을 말끔히 새 단장하여 현대적 감각이 넘치는 글라스 월 등 각종 신소재를 사용하여 꾸미는 경우가 많다.

(6) 리모델링의 절차

계획단계 → 사전조사 → 리모델링 업체 선정 및 안전진단 → 상담 → 확정 → 건축 신고 및 허가(관공서) → 시공 → 사후 관리

(7) 지구온난화 방지 국제협약 또한 리모델링 시장을 부추기는 결정적인 요인으로 작용, 리모델링은 성장잠재력이 높은 각광받는 사업 분야로 부상되고 있다.

28 빌딩 커미셔닝(Building Commissioning)

(1) 건축물의 신축이나 개보수를 함에 있어서 효율적인 에너지 및 성능 관리를 위하여 건물주나 설계자의 의도대로 설계, 시공, 유지관리가 되도록 하는 새로운 개념의 건축 공정을 '빌딩 커미셔닝'이라 한다.

(2) 건물이 설계 단계부터 준공에 이르기까지 발주자가 요구하는 설계 시방서와 같은 성능을 유지하고, 또한 운영 요원의 확보를 포함하여 입주 후 건물주의 유지 관리상 요구를 충족할 수 있도록 모든 건물 시스템이 작동하는 것을 검증하고 문서화하는 체계적인 공정을 의미한다.

(3) 목적

① 빌딩 커미셔닝은 특히 효율적인 건물 에너지 관리를 위한 가장 중요한 요소로서 건축물의 계획, 설계, 시공, 시공 후 설비의 시운전 및 유지 관리를 포함한 전 공정을 효율적으로 검증하고 문서화하여 에너지의 낭비 및 운영상의 문제점을 최소화 한다.

② 건물 시스템의 건전하고 합리적인 운영을 가능케 하여 거주자의 쾌적성 확보, 안전성 및 목적한 에너지 절약을 달성할 수 있다.

(4) 빌딩 커미셔닝의 업무 영역

설계 의도에 맞게 시공 여부, 건물의 성능 및 에너지효율의 최적화, 전체 시스템 및 기능 간 상호 연동성 강화, 하자의 발견 및 개선책 수립과 보수, 시운전을 실시하여 문제점 도출 및 해결, 시설 관리자 교육, 검증 및 문서화 등

(5) 빌딩 커미셔닝(building commissioning) 관련 기법

① Total Building Commissioning : 빌딩 커미셔닝(building commissioning)은 원래 공조(HVAC) 분야에서 처음 도입되기 시작하였으나, 그 이후 건물의 거의 모든 시스템에 단계적으로 적용되고 있는 중이어서 'Total Building Commissioning'이라고 불리기도 한다.

② 리커미셔닝 : 기존 건물의 각종 시스템이 신축시의 의도에 맞게 운용되고 있는지를 확인하고 문제점을 파악한 후, 건물주의 요구조건을 만족하기 위하여 필요한 대안이나 조치사항을 보고한다.

29 내구연한

(1) 각종 설비(장비)에 대해 내구연한을 논할 때는 주로 물리적 내구연한을 위주로 말하고 있으며, 이는 설비의 유지보수와 밀접한 관계를 가지고 있다.

(2) 내구연한의 분류 및 특징

① 물리적 내구연한

㈎ 마모, 부식, 파손에 의한 사용불능의 고장빈도가 자주 발생하여 기능장애가 허용한도를 넘는 상태의 시기를 물리적 내구연한이라 한다.

㈏ 물리적 내구연한은 설비의 사용수명이라고도 할 수 있으며 일반적으로는 15 ~ 20년을 잡고 있다 (단, 15 ~ 20년이란 사용수명도 유지관리에 따라 실제로는 크게 달라질 수 있는 값이다).

② 사회적 내구연한

㈎ 사회적 동향을 반영한 내구연수를 말하는 것으로 이는 진부화, 구형화, 신기종 등의 새로운 방식과의 비교로 상대적 가치 저하에 의한 내구연수이다.

㈏ 법규 및 규정변경에 의한 갱신의무, 형식취소 등에 의한 갱신 등도 포함된다.

③ 경제적 내구연한 : 수리 수선을 하면서 사용하는 것이 신형제품 사용에 비하여 경제적으로 더 비용이 많이 소요되는 시점을 말한다.

④ 법적 내구연한 : 고정자산의 감가상각비를 산출하기 위하여 정해진 세법상의 내구연한을 말한다.

30 TAB (시험, 조정, 균형)

(1) TAB은 Testing (시험), Adjusting (조정), Balancing (균형)의 약어로 건물 내의 모든 공기조화 시스템에 설계에서 의도하는 바대로 (설계 목적에 부합되도록) 기능을 발휘하도록 점검, 조정하는 것이다.

(2) 성능, 효율, 사용성 등을 현장에 맞게 최적화시킨다.

(3) 에너지 낭비의 억제를 통하여 경제성을 도모할 수 있다.

(4) 설계 부문, 시공 부문, 제어 부문, 업무상 부문 등 전부분에 걸쳐 적용된다.

(5) 최종적으로 설비계통을 평가하는 분야이다 (단, 설계가 약 80% 이상 정도 완료된 후 시작한다).

(6) TAB 시행 전 체크사항

① 자료수집 및 검토 : 도면, 시방서, 승인서 등의 자료 수집 및 검토

② 시스템 검토 : 공조설비, 배관계, 열원설비 등 검토

③ 작업계획

㈎ 계측기 (마노미터, 온도계, 압력계 등), 기록지 등 준비

㈏ 사전 예상되는 문제점 검토

(7) 시험, 조정, 균형의 의미

① 시험(Testing) : 각 장비의 정량적인 성능 판정
② 조정(Adjusting) : 터미널 기구에서의 풍량 및 수량 등을 적절하게 조정하는 작업
③ 균형(Balancing) : 설계치에 따라 분배 시스템(주관, 분기관, 터미널) 내에 비율적인 유량이 흐르도록 배분

31 외피 연간부하(공조부하, PAL : Perimeter Annual Load factor)

(1) 외주부의 열적 단열성능을 평가할 수 있는 지표로서 외주부의 연간 총 발생부하를 그 외주부의 바닥면적으로 나누어 계산한다.

(2) 계산식

$$\text{PAL} = \frac{\text{외주부의 연간 총 발생부하(Mcal/year)}}{\text{외주부의 바닥면적의 합계}(\text{m}^2)}$$

(3) 계산 결과 규정 수치 상회 시 외피설계 재검토가 필요하다.

(4) 단위 : $\text{Mcal/year} \cdot \text{m}^2$, J/m^2, kJ/m^2, MJ/m^2, GJ/m^2 등

32 에너지 소비계수(CEC : Coefficient of Energy Consumption)

(1) 어떤 건물이 에너지를 얼마나 합리적으로 사용하는가의 지표이다.

(2) 에너지 합리화법상 에너지의 효율적 이용에 대한 판단기준이다.

(3) 계산식(무차원)

$$\text{CEC} = \frac{\text{연간 총 에너지 소모량}}{\text{연간 가상 공조부하}}$$

(4) 법적 기준치(일본 고시 기준)

사무실 1.6 이하, 점포 1.8 이하일 것

33 VE(Value Engineering)

(1) 전통적으로 VE는 생산과정이 정형화되지 않은 건설조달분야에서 활발히 시행되어 왔다.

(2) 이것은 현장상황에 따라 생산비의 가변성이 큰 건설산업의 특징상, 건설과정에 창

의력을 발휘하여 새로운 대안을 마련할 때 비용절감의 가능성이 크기 때문이다.

(3) 최소의 생애주기비용(Life Cycle Cost)으로 필요한 기능을 달성하기 위해 시스템의 기능분석 및 기능설계에 쏟는 조직적인 노력을 의미한다.

(4) 좁은 의미에서의 VE는 소정의 품질을 확보하면서, 최소의 비용으로 필요한 기능을 확보하는 것을 목적으로 하는 체계적인 노력을 지칭하는 의미로 사용된다.

(5) 계산식

$$VE = \frac{F}{C}$$

여기서, F : 발주자 요구기능(Function)
C : 소요 비용(Cost)

(6) VE 추진원칙

① 고정관념의 제거
② 사용자 중심의 사고
③ 기능 중심의 사고
④ 조직적인 노력

(7) VE의 종류

① 전문가 토론회(Charette) : 가치공학자(Value Engineer)의 주관 하에 주로 발주자의 가치를 설계팀이 이해하고 이를 설계에 잘 반영할 수 있도록 하는 것을 주목적으로 한다.

② 40시간 VE : 기본설계(Sketch Design)가 완료된 시점에 전문가로 구성된 제2의 설계팀(VE팀)이 설계내용을 검토하기 위한 회의로서 가장 널리 사용되는 VE 유형이다.

③ VE 감사(VE audit) : 모회사나 중앙정부를 대신하여 자회사에 대한 투자의 수익성 및 타당성을 평가한다.

④ 시공 VE(The Contractor's VE Change Proposal : VECP) : 시공자가 시공 과정에서 건설비를 절감할 수 있는 대안을 마련하여 설계안의 변경을 제안하는 형태의 VE이다.

⑤ 오리엔테이션 모임(Orientation Meeting) : 발주청 대표와 설계팀 그리고 제3의 평가자가 만나 프로젝트의 쟁점 사항을 서로 이해하고, 관련 정보를 주고받는다.

⑥ 약식 검토(Shortened Study) : 프로젝트의 규모가 작아서 40시간 VE 비용을 들이는 것이 효과적이지 않을 경우 인원과 기간을 단축하여 시행하는 VE이다.

⑦ 동시 검토(Concurrent Study) : 동시 검토는 VE 전문가가 VE팀 조정자로서 팀을 이끌되, 원 설계팀 구성원들이 VE팀원으로 참여하여 VE를 수행하는 작업이다. 이 유형은 원 설계팀과 VE팀 간의 갈등을 최소화하는 등 40시간 VE의 문제점에 대한 비판을 완화시킬 수 있는 장점이 있다.

(8) 응용

① 제품이나 서비스의 향상과 코스트의 인하를 실현하려는 경영관리 수단으로 사용되어 VA(가치분석) 혹은 PE(구매공학)로 불리기도 한다.

② VE의 사상을 기업의 간접부분에 적용하여 간접업무의 효율화를 도모하기도 한다. 이 경우 VE를 OVA(Overhead Value Analysis)라고 부른다.

③ VE에서 LCC는 원안과 대안을 경제적 측면에서 비교할 수 있는 중요한 Tool이다.

34 PERT/CPM 기법

(1) PERT 및 CPM 기법 개발 히스토리(History)

① 건설공사에서 모든 작업이 시행될 순서에 따라 상호간의 의존 관계를 설정하고, 시행될 일정을 결정하는 공사계획 기법으로 1950년대에 최초로 개발된 기법들이다.

② CPM(Critical Path Method) 기법은 공사계획에서 일정을 단축하기 위하여 개발된 기법으로, 공사의 일정관리를 위하여 건설업 분야에서 널리 활용되고 있으며, 근래에는 공사 계약관리의 기준으로 이용되고 있다.

③ 세계 최대 규모의 화학회사인 미국의 Dupont사는 1956년부터 신규 설비가 증가하고 설비규모가 너무 커짐에 따라 투자의 효율적 통제를 주목적으로 할 새로운 Program Engineering 기법의 연구개발에 착수하였는데, 이때 CPM 기법이 예상했던 것 이상의 큰 성과가 있는 기법이라는 것이 실증된 바 있다.

④ PERT(Project Evaluation & Review Technique) 기법은 1956년 미 해군의 Polaris 잠수함 건조계획 중 Polaris Missile 연구개발 계획의 진도를 평가하고 감시하기 위하여 고안된 기법으로 연구계획 분야에서 진도를 감시하는 기준으로 활용되어 왔다.

(2) PERT · CPM 기법의 용도

① 이들 두 기법은 기본적으로는 유사하면서도 몇 가지 중요한 특징을 달리하고 있으나, 그 동안 기법의 적용에 있어 많은 변화를 통하여 오늘날 이 두 기법의 구별은 어렵게 되었다.

② 최근에는 민간 기업에서도 회사 내 사업을 추진하는데 PERT 기법 혹은 CPM 기법을 많이 사용하고 있다. 건설업뿐만 아니라 심지어는 제조공업, 화학공업 및 첨단산업분야의 공정관리에까지 널리 활용되고 있는 기법이다.

(3) PERT · CPM 기법의 특성

① PERT 기법에서는 연구개발 업무가 전혀 새로운 것이 대부분이므로 확률적인 추정치를 기초로 하여 Event 중심의 확률적 시스템을 전개함으로써 최단기간에 목표를 달성하고자 의도하는 기법(주로 미경험의 비반복성 설계사업의 평가 검토 및 관리를 목적)

② CPM 기법은 공장건설 등에 관한 과거의 실적자료나 경험 등을 기초로 하여 Activity 중심의 확정적 시스템으로 전개하여 목표기일의 단축과 비용의 최소화를 의도한 기법이다(시간추정이 확정적이고 모든 계획을 활동, 즉 작업 중심으로 수립).

③ 그렇지만 PERT 기법의 확률적인 모델이나 CPM 기법의 확정적인 모델은 어느 것이나 양쪽 기법(PERT와 CPM)에 모두 적용시킬 수 있는 것이다. 뿐만 아니라 비용을 고려한 PERT－COST가 개발됨으로써, 당초 다른 목적으로 개발된 PERT 기법과 CPM 기법은 서로 접근경향을 띠게 되었으며, 근래에는 이들 양자를 총괄하여 'PERT·CPM기법'이라고 한다.

(4) PERT · CPM 기법 도입의 장점

① Project를 구성하는 제반작업들의 선·후 관계를 따져 Network로 표시하고, 주공정(Critical Path)을 발견함으로써 시스템적인 종합관리가 가능하다.

② 필요한 정도에 따라 Project를 세분화하여 관리가 가능하다.

③ 장래 예측이 가능하여, 전향적(Forward Looking) 관리 방식이다.

④ 전체공사를 시공하는 데 필요한 공기를 상당히 정확하게 추정할 수 있다.

⑤ 공사기간 내 시공을 위하여 촉진시공이 필요한 작업에 대한 관리가 가능하다.

⑥ 시공일을 앞당겨야 할 경우 공기단축을 위한 지침을 세울 수 있게 한다.

⑦ 하도급시공자의 작업일정과 자재의 현장투입일정에 대한 기준을 제공한다.

⑧ 공사에 필요한 인력과 공사 장비에 대한 일정을 세우는 기준을 제공한다.

⑨ 대체공법을 신속하게 평가할 수 있게 한다.

⑩ 진도보고와 기록에 편리한 기준자료가 된다.

⑪ 공사변경이나 지체가 공기에 주는 영향을 평가하는데 기준을 제공한다.

⑫ 항상 유기적이며 과학적으로 생각하기 때문에, 누락되는 일이 드물고 사전에 잘못을 발견하기가 쉽다.

35 책임 감리제도

(1) 전문성 필요에 의한 공사품질 향상, 내구성 향상 등을 위해 제반공사의 시공, 검수, 시험 등의 단계에서 설계도서, 시방서, 관계법규 규정 준수 여부를 확인 감독하는 제도이다.

(2) 구분(건설기술관리법 시행령)

전면책임감리(공사 전체), 부분책임감리(공사 일부)

① 전면책임감리 : 총공사비가 200억 원 이상, 지정 22개 공종 및 발주청이 필요하다고 인정하는 공사 및 발주청이 국토교통부령으로 정하는 감리 적정성 검토사항에 따라

전면책임감리가 필요하다고 인정하는 공사

② 부분책임감리 : 위의 전면책인간리 해당 현장이 아니면서 교량, 터널, 배수문 등 주요 구조물 건설공사 중 발주청의 부분책임감리가 필요하다고 인정하는 공사

(3) 권한

공사 중지 명령권, 재시공 명령권, 기성 및 준공 검사권 등

☞. *내용 중 법규 관련 사항은 국가 정책상, 언제라도 변경 가능성이 있으므로 필요시 항상 재확인 바랍니다.*
www.law.go.kr

36 PQ 제도(입찰참가 자격 사전심사제도)

PQ(Pre-qualification) 제도란 공사 입찰 시 참가자의 기술능력관리 및 경영상태 등을 종합적으로 평가하여 공사특성에 따라 입찰 참가자격을 사전 심사하는 것으로 적용 대상은 추정가격 300억 이상 대형공사 혹은 '기획재정부령'이 정하는 공사에 적용한다(국가를 당사자로 하는 계약에 관한 법률 시행령 참조).

(1) 입찰 순서

프로젝트 → 공고 → Long list → PQ심사 → Short list → 초청 → 입찰, 낙찰, 계약

(2) 필요성

건설수주 패턴변화(턴키, Package화), 공사대형화, 고급화, 건설업 개방에 따른 국제경쟁력 강화 필요, 부실공사 방지, 경영·공사·기술·신용도 개선, 재해율 감소 등

37 기계설비 유지관리 기준

(1) 아래와 같은 대통령령으로 정하는 일정 규모 이상의 건축물 등에 설치된 기계설비의 소유자 또는 관리자(관리 주체)는 기계설비의 유지관리 기준을 준수하여야 한다.

① 「건축법」 제2조 제2항에 따라 구분된 용도별 건축물(이하 "용도별 건축물"이라 한다.) 중 연면적 1만 제곱미터 이상의 건축물(같은 항 제18호에 따른 창고시설은 제외한다.)

② 「건축법」 제2조 제2항 제2호에 따른 공동주택(이하 "공동주택"이라 한다.) 중 다음 각 목의 어느 하나에 해당하는 공동주택

가. 500세대 이상의 공동주택

나. 300세대 이상으로서 중앙집중식 난방방식(지역난방방식을 포함한다.)의 공동주택

③ 다음 각 목의 건축물 등 중 해당 건축물 등의 규모를 고려하여 국토교통부장관이 정하여 고시하는 건축물 등

가. 「시설물의 안전 및 유지관리에 관한 특별법」 제2조 제1호에 따른 시설물

나. 「학교시설사업 촉진법」 제2조 제1호에 따른 학교시설

다. 「실내공기질 관리법」 제3조 제1항 제1호에 따른 지하역사(이하 "지하역사"라 한다.) 및 같은 항 제2호에 따른 지하도상가(이하 "지하도상가"라 한다.)

라. 중앙행정기관의 장, 지방자치단체의 장 및 그 밖에 국토교통부장관이 정하는 자가 소유하거나 관리하는 건축물 등

(2) 기계설비유지관리자의 선임 등

① 기계설비유지관리자를 선임한 관리주체는 정당한 사유 없이 대통령령으로 정하는 일정 횟수 이상(2회 이상) 법 제20조 제1항에 따른 유지관리교육을 받지 아니한 기계설비유지관리자를 해임하여야 한다.

② 법 제19조 제7항에 따른 기계설비유지관리자의 자격 및 등급(같은 조 제11항에 따른 기계설비유지관리자의 등급 조정에 관한 사항을 포함한다.)은 별표5의2와 같다.

③ 국토교통부장관은 법 제19조 제12항에 따라 다음 각 호의 업무를 기계설비와 관련된 업무를 수행하는 협회 중 국토교통부장관이 해당 업무에 대한 전문성이 있다고 인정하여 고시하는 협회에 위탁한다.

1. 법 제19조 제8항에 따른 기계설비유지관리자의 근무처 · 경력 · 학력 및 자격 등(이하 "근무처 및 경력 등"이라 한다.)의 관리에 필요한 신고 및 변경신고의 접수
2. 법 제19조 제9항에 따른 근무처 및 경력 등에 관한 기록의 유지 · 관리 및 기계설비유지관리자의 근무처 및 경력 등에 관한 증명서의 발급
3. 법 제19조 제10항에 따른 관련 자료 제출의 요청(위탁된 사무를 처리하기 위하여 필요한 경우만 해당한다.)
4. 법 제19조 제11항에 따른 기계설비유지관리자의 등급 조정을 위한 근무처 및 경력 등과 유지관리교육 결과의 확인

④ 제3항에 따라 업무를 위탁받은 협회는 위탁업무의 처리 결과를 매 반기 말일을 기준으로 다음 달 말일까지 국토교통부장관에게 보고해야 한다.

(3) 유지관리 교육

① 법 제20조 제1항에 따른 기계설비 유지관리에 관한 교육(이하 "유지관리교육"이라 한다.)의 교육과정 및 교육과목 등은 별표6과 같다.

② 국토교통부장관은 법 제20조 제2항에 따라 유지관리교육에 관한 업무를 기계설비와 관련된 업무를 수행하는 협회 중 국토교통부장관이 정하여 고시하는 협회에 위탁한다.

③ 제1항 및 제2항에서 규정한 사항 외에 유지관리교육의 운영 및 위탁에 필요한 사항은 국도교통부령으로 정한다.

☞. *내용 중 법규 관련 사항은 국가 정책상, 언제라도 변경 가능성이 있으므로 필요시 항상 재확인 바랍니다.*
www.law.go.kr

38 BIM(Building Information Modeling)

(1) BIM 설계

① 설계 단계 시 적용할 수 있는 BIM 기술은 기획 단계, 기본 단계, 실시 단계별로 구분하여 적용하며, 각 단계에 따른 BIM의 적용사항들은 새로운 내용일 수도 있으나 기획~기본~실시의 연속적인 단계로 적용한다면 전 단계의 내용을 후 단계에서 확대·확장하는 개념으로 볼 수 있다.

② 드론 기반 지형·지반 모델링 자동화 기술

㈎ 융복합 드론(카메라 레이저 스캔, 비파괴 조사장비, 센서 등과 결합)이 다양한 경로로 습득한 정보(사진촬영, 스캐닝)로부터 지형의 3차원 디지털 모델을 자동 도출하여 BIM에 접목 가능하다.

㈏ 공사 부지의 지반조사 정보를 BIM에 연계하기 위한 측량, 시추 결과를 바탕으로 지반강도, 지질상태 등을 보간 예측 가능하다.

㈐ AI를 활용한 형상·속성정보를 통합 BIM 모델링에 접목 가능하다.

③ BIM 적용 표준

㈎ 다른 사용자 간 디지털 정보를 원활하게 인지·교환할 수 있도록 BIM 설계 객체의 분류 및 속성정보에 대한 표준을 구축해야 한다.

㈏ 시간의 경과, 소프트웨어의 종류(버전) 등에 관계없이 동일한 데이터를 저장하고 불러올 수 있는 공통의 파일 형식을 마련해야 한다.

㈐ 축적된 BIM 데이터를 바탕으로 새로운 정보와 지식을 창출할 수 있는 빅데이터 활용 표준을 구축할 수 있다.

④ BIM 설계 자동화 기술

㈎ 라이브러리를 활용해 속성정보를 포함한 3D 모델의 구축이 필요하다.

㈏ 완료된 프로젝트에서 BIM 라이브러리를 자동 생성해야 한다.

⑤ BIM(Building Information Modeling)의 설계 프로세스

㈎ 1단계-개념 모델링 : 개념 모델을 디자인하여 3D 형상을 결정하고, 건축요소를 추출하여 변환하는 단계이다.

㈏ 2단계-건축 모델링 : 형상정보에 속성정보를 지정하는 단계이다.
㈐ 3단계-구조 모델링 : 구조형상 정보를 참조하여 구조해석과 도면작업을 수행하는 단계이다.
㈑ 4단계-환경 분석과 MEP 모델링 : Zoning을 생성하여 에너지 분석도구를 통해 실별, 냉난방 부하를 시뮬레이션하여 시설의 용도와 지역위치에 따른 냉난방 부하 결과를 실별로 구분하여 보여줄 수 있다.
㈒ 5단계-간섭체크 및 시뮬레이션 : 분야별로 각각 작성된 BIM Model을 통합하여 BIM 데이터를 완성하는 단계이며, 요소간섭을 검토하여 Model의 오류를 수정해야 한다.
㈓ 6단계-시각화 : 시각화에 필요한 데이터를 처리하여 시각화하는 단계이다.

(2) BIM 시공

① BIM이라는 공통의 플랫폼을 기반으로 한 '통합 프로젝트 발주방식(IPD : Integrated Project Delivery)' 또는 Pre Construction 개념에서 시공이 설계와의 협업 혹은 융합 방식의 발주 방식이 널리 확산되고 있다.

② BIM 기반 공정 및 품질 관리
㈎ BIM 기반 공사관리를 통해 주요 공종의 시공 간섭을 확인하고, 드론·로봇 등 취득 정보와 연계해 공정진행 상황을 정확히 체크 가능하다.
㈏ 가상시공을 적극 활용하여 조건·환경 변화에 따라 공사관리 최적화가 가능하다.
㈐ BIM과 AI를 활용해 사업목적·제약조건 등에 따라 맞춤형 공사관리 방법을 도출한다.

③ 건설기계 자동화 기술 : 건설기계에 탑재한 각종 센서·제어기·GPS 등을 통해 기계의 위치·자세·작업범위 정보를 BIM에 제공 가능하다.

④ 건설기계 통합운영 및 관제 기술
㈎ BIM과 AI를 활용하여 최적 공사계획 수립 및 건설기계 통합 운영이 가능하다.
㈏ 센서 및 IoT를 통해 현장의 실시간 공사정보를 관제에 반영 가능하다.

⑤ 시공 정밀 제어 및 자동화 기술
㈎ BIM, 로봇, 드론 등을 활용하여 조립 시공(양중·제어·접합 등 일련 과정)의 자동화가 가능하다.
㈏ 공장의 사전 제작·현장 조립(Modular or Prefabrication) 등 공법의 확대 적용이 가능하다.

⑥ 현장 안전사고 예방 기술
㈎ BIM과 ICT를 기반으로 가시설, 지반 등의 취약 공종과 근로자 위험요인에 대한 정보를 센서, 스마트 착용장비 등으로 취득하고 실시간 모니터링이 가능하다.

㈏ 축적된 작업패턴, 사례(빅데이터) 분석을 통해 얻은 지식과 실시간 정보를 연계하여 위험요인을 사전에 도출하는 예방형 안전관리가 가능하다.

(3) BIM 유지관리

① BIM, IoT 센서 기반 시설물 모니터링 기술

㈎ 특정 상황이 발생하였을 때에만 수집된 정보를 전송함으로써 무선 IoT 센서의 전력 소모를 줄이는 상황 감지형 정보 수집이 가능하다.

㈏ 이를 위해 대규모 구조물의 신속·정밀한 정보 수집을 위한 대용량 통신 N/W가 요구된다.

② BIM, 드론·로보틱스 기반 시설물 상태 진단 기술

㈎ BIM 정보에 기반한 다기능 드론(접촉+비접촉 정보수집)을 통해 시설물을 진단 가능하다.

㈏ 드론·로봇 결합체가 시설물을 자율적으로 탐색하고 진단이 가능하다.

③ BIM과 빅데이터 통합 및 표준화 기술

㈎ 시설관리자 판단에 의한 비정형 데이터를 정형 데이터로 표준화가 가능하다.

㈏ 산재되어 있는 건설관련 데이터들을 통합하여 빅데이터 구축이 필요하다.

④ BIM과 AI 기반 유지관리 최적 의사결정 기술

㈎ BIM을 기반으로 구축된 빅데이터 시스템을 바탕으로 AI가 유지관리 최적 의사결정 지원이 가능하다.

㈏ 시설물의 3D 모델(디지털 트윈)을 구축해 유지관리 기본 틀로 활용 가능하다.

(4) 스마트 건설에서의 활용

① 스마트 건설이란 전통적인 건설(토목, 건축) 기술에 BIM, IoT, Big Data, Drone, Robot 등 4차 산업 신기술을 융합한 기술을 말한다.

② 스마트 건설 기술 중 설계 단계 시 적용 가능한 기술로는 BIM이 가장 적합하다.

③ 스마트 건설 기술에는 많은 4차 산업의 신기술들이 있지만 대부분의 기술들은 시공 및 유지관리 단계에서 효과적으로 적용할 수 있는 기술들이다.

④ 단계별 활용 분야

㈎ 설계분야에서의 활용 : BIM 기반 설계 자동화, Big Data 활용 시설물 계획, VR 기반 내안 검토

㈏ 시공분야에서의 활용 : 3D 프린터를 활용한 급속시공, IoT 기반 현장 안전관리, 장비 로봇화 & 로봇 시공

㈐ 유지관리분야에서의 활용 : AI 기반 시설물 운영, 센서 활용 예방적 유지관리

⑤ 스마트 건설 기술은 건설 산업에 새로운 지식을 도입하여 다른 산업에 비해 저조한 생산성을 갖고 있는 건설분야의 생산성을 향상시키고자 하는 것이다.

⑥ 스마트 건설에서 설계분야의 생산성 향상은 단순히 BIM 적용만으로는 이루어지는 것은 아니다. BIM을 적용할 수 있는 건설 환경, 제도, 규약, 기술 및 인력 등 많은 부분의 변화가 있어야만 가능하다.

39 기계설비 안전확인서

국토교통부의 "기계설비 기술기준"을 참조하여, 기계설비 안전확인서의 검사 항목 및 체크 사항은 아래와 같다.

(1) 검사 항목

① 보일러실의 일산화탄소 감지기, 경보기는 적합한가
② 보일러의 안전장치는 적합한가
③ 냉동기는 친환경냉매를 사용하기에 적합한가
④ 냉동기의 안전장치는 적합한가
⑤ 탱크류 안전밸브 설치는 적합한가
⑥ 환기장치의 외기도입구 및 배기구는 안전에 적합한가
⑦ 실외기는 안전에 적합한가
⑧ 냉각탑의 냉각수에 레지오넬라균 번식방지 조치는 적합한가
⑨ 저수조 청소 완료(필증)는 적합한가
⑩ 저수조 물넘침에 대비하여 배수시설과 알람시설은 적합한가
⑪ 음용수는 수질기준에 적합한가(시험성적서)
⑫ 급수, 급탕 등의 역류방지 장치는 적합한가
⑬ 급탕가열장치의 온도 및 압력에 대한 안전장치는 적합한가
⑭ 교차배관으로 인한 오염발생 방지조치는 적합한가
⑮ 각 위생기구에 공급되는 급수압은 적합한가
⑯ 물배관 및 계량기의 동파방지 조치는 적합한가
⑰ 동파방지 발열선의 과열 시 전원차단 및 경보시설은 적합한가

(2) 체크 사항

① 해당 여부
② 검사결과(적합 혹은 부적합 여부)
③ 비고(기타 사항)

☞. 내용 중 법규 관련 사항은 국가 정책상, 언제라도 변경 가능성이 있으므로 필요시 항상 재확인 바랍니다.
www.law.go.kr

40 기계설비 사용 적합 확인서

국토교통부의 "기계설비 기술기준"을 참조하여, 기계설비 사용 적합 확인서의 검사항목 및 내용은 아래와 같다.

(1) 기계설비 유지관리 공간 계획

① 기계실 ② 피트
③ 샤프트 ④ 점검구

(2) 기계설비 기술기준

① 열원 및 냉·난방설비
② 공기조화설비
③ 환기설비
④ 위생기구설비
⑤ 급수·급탕설비
⑥ 오·배수통기 및 우수배수설비
⑦ 오수정화 및 물재이용설비
⑧ 배관설비
⑨ 덕트설비
⑩ 보온설비
⑪ 자동제어설비
⑫ 방음·방진·내진설비

(3) 기계설비 안전 및 성능 확인

① 기계설비 성능 확인 ② 기계설비 안전 확인

(4) 체크 사항

① 해당 여부 ② 검사결과(적합 혹은 부적합 여부)
③ 비고(기타 사항)

(5) 첨부시항

① 기계설비 사용 전 확인표 ② 기계설비 성능확인서
③ 기계설비 안전확인서

☞. 내용 중 법규 관련 사항은 국가 정책상, 언제라도 변경 가능성이 있으므로 필요시 항상 재확인 바랍니다.
www.law.go.kr

41 장수명 주택

"장수명 주택 건설 · 인증기준"에서,

(1) 장수명 주택

내구성, 가변성, 수리 용이성에 대하여 장수명 주택 성능등급 인증기관의 장이 장수명 주택의 성능을 확인하여 인증한 주택을 말한다.

(2) 인필(Infill)

내장 · 전용설비 등 개인의 의사에 의하여 결정되는 부분이며, 물리적 · 사회적으로 변화가 심하며 상대적으로 수명이 짧은 부분을 말한다.

(3) 장수명 주택의 적용대상

「주택법」 제15조(대통령령으로 정하는 호수 이상의 주택건설사업을 시행하려는 자 또는 대통령령으로 정하는 면적 이상의 대지조성사업을 시행하려는 자는 사업계획승인권자에게 사업계획승인을 받아야 한다)에 따라 사업계획승인을 받아 건설하는 1,000세대 이상의 공동주택에 적용한다.

☞. 내용 중 법규 관련 사항은 국가 정책상, 언제라도 변경 가능성이 있으므로 필요시 항상 재확인 바랍니다.
www.law.go.kr

42 건설신기술제도

(1) 목적

건설신기술제도는 기술개발자(개인 또는 법인)의 개발 의욕을 고취시킴으로써 국내 건설기술의 발전을 도모하고 국가경쟁력을 제고하기 위하여 마련된 제도이다.

(2) 근거

① 건설기술 진흥법, 시행령, 시행규칙
② 평가규정(신기술의 평가기준 및 평가절차 등에 관한 규정)
③ 신기술 현장적용기준
④ 건설신기술 기술사용료 적용기준

(3) 대상

국내에서 최초로 개발한 건설기술 또는 외국에서 도입하여 개량한 것으로 국내에서 신규성 · 진보성 및 현장적용성이 있다고 판단되는 건설기술에 대하여 이를 개발한 자

의 요청이 있는 경우 당해 기술의 보급이 필요하다고 인정되는 기술

(4) 건설기술의 정의

"건설기술"이라 함은 다음 사항에 관한 기술을 말한다. 다만, 안전에 관하여는 산업안전보건법에 의한 근로자의 안전에 관한 사항을 제외한다.

① 건설공사에 관한 계획 · 조사(측량을 포함)

② 설계(건축사법 제2조 제3호의 규정에 의한 설계를 제외) · 설계감리 · 시공 · 안전점검 및 안전성 검토

③ 시설물의 검사 · 안전점검 · 정밀안전진단 · 유지 · 보수 · 철거 · 관리 및 운용

④ 건설공사에 필요한 물자의 구매 및 조달

⑤ 건설공사에 관한 시험 · 평가 · 자문 및 지도

⑥ 건설공사의 감리

⑦ 건설장비의 시운전

⑧ 건설사업관리

⑨ 기타 건설공사에 관한 사항으로 대통령령이 정하는 사항

㈎ 건설기술에 관한 타당성의 검토

㈏ 전체 계산조직을 이용한 건설기술에 관한 정보의 처리

㈐ 건설공사의 견적

(5) 신기술 업무 처리기관 : 국토교통부, 국토교통과학기술진흥원

(6) 자료등록 및 관리

① 신기술지정 · 고시 후 전문기관에 신기술 자료 등록 및 관리

② 등록된 자료는 인터넷으로 공개

☞. *내용 중 법규 관련 사항은 국가 정책상, 언제라도 변경 가능성이 있으므로 필요시 항상 재확인 바랍니다.*

www.law.go.kr

제 17 장

환경 및 기후

1 $LCCO_2$

(1) $LCCO_2$ 는 'Life Cycle CO_2'의 약어이다.

(2) $LCCO_2$ 는 ISO 14040의 LCA (Life Cycle Assessment)에서 기원된 말이다.

(3) 제품의 전과정, 즉 제품을 만들기 위한 원료를 채취하는 단계부터, 원료를 가공하고, 제품을 만들고, 사용하고 폐기하는 전체 과정에서 발생한 CO_2의 총량을 의미한다.

(4) 최근 건축, 건설, 제도 등의 분야에서 그 환경성을 평가하기 위해 전과정 (생애주기) 동안 배출된 CO_2량을 지수로써 활용하고 있다.

2 오존층 파괴지수 (ODP : Ozone Depletion Potential)

(1) 어떤 물질이 오존 파괴에 미치는 영향을 R-11 (CFC11)과 비교 (중량 기준)하여 어느 정도인지를 나타내는 척도이다.

(2) GWP와는 별도의 개념이므로, ODP가 낮다고 해서 GWP도 반드시 낮은 것은 아니다.

(3) 공식

$$ODP = \frac{\text{어떤 물질 1kg이 파괴하는 오존량}}{\text{CFC}-11\ \text{1kg이 파괴하는 오존량}}$$

3 지구온난화지수 (GWP : Global Warming Potential)

(1) 어떤 물질이 지구온난화에 미치는 영향을 CO_2와 비교 (중량 기준)하여 어느 정도인지를 나타내는 척도이다.

(2) R134A, R410A, R407C 등의 HFC 계열의 대체냉매는 ODP가 Zero이지만, 지구온난화지수(GWP)가 상당히 높아서 교토의정서의 6대 금지물질 중 하나이다.

(3) 공식

$$GWP = \frac{\text{어떤 물질 1kg이 기여하는 지구온난화 정도}}{CO_2\ \text{1kg이 기여하는 지구온난화 정도}}$$

주요냉매의 ODP 및 GWP

냉매	ODP	GWP	냉매의 계열
R12	1	8500	CFC
R22	0.055	1700	HCFC
R134A	0	1300	HFC
R410A	0	1730	HFC
R407C	0	1530	HFC

4 HGWP (Halo-carbon Global Warming Potential)

(1) GWP와 개념은 동일하나, 비교의 기준 물질을 CO_2 → CFC-11로 바꾸어 놓은 지표이다.

(2) 공식

$$HGWP = \frac{\text{어떤 물질 1kg이 기여하는 지구온난화 정도}}{CFC-11\ \text{1kg이 기여하는 지구온난화 정도}}$$

5 TEWI & LCCP

(1) TEWI (Total Equivalent Warming Impact)는 우리말로 '총 등가 온난화 영향도' 혹은 '전 등가 온난화 지수(계수)'라고 불리우며, GWP와 더불어 지구온난화 영향도를 평가하는 지표 중 하나이다.

(2) 냉동기, 보일러, 공조장치 등의 설비가 직접적으로 배출한 CO_2량에 간접적 CO_2 배출량(냉동기, 보일러 등의 연료 생산과정에서 배출한 CO_2량 등)을 합하여 계산한 총체적 CO_2 배출량을 의미한다. 최근 보고에 따르면 간접적 CO_2 배출량이 직접적 CO_2 배출량에 비해 훨씬 큰 것으로 알려져 있다.

(3) TEWI는 지구온난화계수인 GWP와 COP의 역수의 합으로써 표시되기도 하는데, 냉매 측면에서는 지구온난화를 방지함에 있어서 작은 GWP와 큰 COP와를 가지는 냉매를 선정하는 것이 유리하다고 하겠다.

(4) TEWI 방법으로 이산화탄소 배출량을 평가하는 방법을 LCCP (수명 사이클 기후 성능 ; Life Cycle Climate Performance)라고 부르는데, 이는 건축물 설비, 에너지 이용 설비, 열매체 물질 등의 기후 영향을 살펴보기 위하여 국제냉동학회(IIR) 등에서 적극 권장하는 방법이기도 하다.

6 분진과 분진 측정법

(1) 분진

① 협의 : 공기 중에 부유하거나 강하하는 미세한 고체상의 입자상 물질

② 광의 : 공기 중에 부유하는 미립자와 에어로졸 전체

③ 입자의 크기는 0.01μm ~ 100μm 이상으로 다양하다.

④ 에어로졸의 종류

㈎ 퓸 : 액체금속이 증발 · 기화 후 다시 산화 및 응축에 의해 형성된 미립자

㈏ 미스트 : 액체가 증발 후 재응축된 상태 (주로 분무나 비말화에 의함)

㈐ 가스 : 연소로 인한 탄화물 상태의 미립자 (가시적 성질)

(2) 분진 측정방법

① LV법 (Low Volume Air-sampler 사용법)

㈎ 시료공기를 Air-sampler를 통해 여과지에 흡인 및 통과시킨 후

㈏ 여과지의 질량을 측정하여 분진 질량 측정 (이때 약 6시간 ~ 8시간 정도의 운전이 필요함)

② 디지털 분진계 사용법

㈎ 부유분진으로 인한 산란광의 강도 변화 (분진의 농도에 비례) 발생

㈏ 이를 광전자 증폭관으로 광전류로 변환하여 디지털 분진계에 표시

③ 수정 발진식 분진계 사용법

㈎ 수정 전극판에 분진을 정전 및 포집한 후

㈏ 이때 발생하는 진동수의 변화를 수치로 Display한다(약 2분 소요됨).

7 엘리뇨현상

(1) 정의

① 차가운 페루 해류 속에 갑자기 이상 난류가 침입하여 해수온도가 이상 급변하는 현상

② 스페인어로 '아기 예수' 또는 '남자아이'라는 뜻을 가진 말이다.

③ 동태평양 적도 해역이 월평균 해수온도가 평년보다 약 6개월 이상 0.5℃ 이상 높아지는 현상이다.

(2) 영향

① 오징어의 떼죽음

② 정어리 등의 어종이 사라지고, 해조(海鳥)들이 굶어죽을 수 있다(높아진 수온으로 인한 영양염류와 용존산소의 감소에 기인함).

③ 육상에 큰 홍수를 야기하기도 한다.

8 푄현상

(1) 정의

높새바람이라고도 하며, 산을 넘어 불어 내리는 돌풍적 건조한 바람

(2) 영향

① 산의 바람받이 쪽에서는 기압상승으로 인하여 수증기가 응결되어 비가 내린다.

② 산의 바람의지(반대쪽) 쪽에서는 기압이 하강하고, 온도상승 및 건조해진다.

9 싸라기눈과 우박

(1) 구름 속에서 만들어진 얼음의 결정이 내리는 것을 눈이라고 하고, 구름 속에서 눈의 결정끼리 충돌하여 수 mm로 성장한 것이 싸라기눈이라고 한다.

(2) 이 중 특히 5 mm 이상 성장한 것을 우박이라고 하며, 우박 중에는 야구공 정도의 크기로 성장한 우박도 있다.

10 라니냐

(1) 정의

① 엘리뇨의 반대적인 현상이며, 라니냐는 스페인어로 '여자아이'를 뜻하는 말이다.

② 무역풍이 강해지는 경우 해수온도가 서늘하게 식는 현상이며, '반엘리뇨'라고 부르기도 한다.

③ 무역풍이 평소보다 강해져 동태평양 부근의 차가운 바닷물이 솟구쳐 발생한다.

④ 동태평양 적도해역의 월평균 해수면 온도가 5개월 이상 지속적으로 평년보다 0.5도 이상 낮아지는 현상이다.

(2) 영향

① 원래 찬 동태평양의 바닷물이 더욱 더 차가워져 서진하게 된다.

② 인도네시아, 필리핀 등의 동남아시아에는 격심한 장마가, 페루 등의 남아메리카에서는 가뭄이, 북아메리카에는 강추위가 찾아올 수 있다.

11 기후와 기상

(1) 기후

① 기후란 지구상 어느 장소에서의 대기의 종합상태이다.

② 기후는 지구상의 장소에 따라 달라지며, 같은 장소에서는 보통 일정하다고 말할 수 있는 정도의 대기상태를 말한다.

③ 그러나 기후도 영속적으로 일정한 것은 아니고, 수십 년 이상 시간의 흐름 속에 항상 변화되는 것이다.

④ 기후 변동 요인

㈎ 태양에너지 자체의 변동

㈏ 태양거리 혹은 행성거리 변화에 의한 만유인력의 변화

㈐ 기타 위성의 영향 등

㈑ 인위적 변동 요인 : 대기오염, 지구온난화, 해양오염, 항공운항에 따른 운량의 변화 등

(2) 기상

① 실시간으로 변화하는 비, 구름, 바람, 태풍, 눈, 무지개, 번개, 오로라 등 지구의 대기권(주로는 대류권)에서 일어나는 여러 가지 대기현상을 말한다.

② 기후보다 훨씬 단시간에 일어나는 현상이며, 실시간 변화하는 대기의 상태 혹은 현상을 말한다.

12 식품 위해 요소 중점 관리기준(HACCP : Hazard Analysis Critical Control Points)

(1) 보통 약자로 'has-sip'이라고 발음하며, 식품위해요소(Risks to Food Safety)를 예측 및 분석하는 방법이다.

(2) HACCP은 위해분석(HA)과 중요관리점(CCP)으로 구성되어 있는데, HA는 위해가능성이 있는 요소를 찾아 분석평가하는 것이며, CCP는 해당 위해요소를 방지제거하고 안전성을 확보하기 위하여 중점적으로 다루어야 할 관리점을 말한다.

(3) 종합적으로, HACCP란 식품의 원재료 생산에서부터 제조, 가공, 보존, 유통 단계를 거쳐 최종 소비자가 섭취하기 전까지의 각 단계에서 발생할 우려가 있는 위해요소를 규명하고, 이를 중점적으로 관리하기 위한 중요 관리점을 결정하여 자주적이며 체계적이고 효율적인 관리로 식품의 안전성(safety)을 확보하기 위한 과학적인 위생관리체계라 할 수 있다.

(4) 식품 구역의 환경 여건을 관리하는 단계나 절차와 GMP (Good Manufacturing Practice ; 적정제조기준) 및 SSOP (Sanitation Standard Operating Procedures; 위생관리절차) 등을 전체적으로 포함하는 식품 안전성 보장을 위한 예방적 시스템이다.

(5) 우리나라는 1995년 12월 29일 식품위생법에 HACCP 제도를 도입하여 식품의 안전성 확보, 식품업체의 자율적이고 과학적 위생관리 방식의 정착과 국제기준 및 규격과의 조화를 도모하고자 식품위생법 제32조 위해 요소 중점 관리기준에 대한 조항을 신설하였다.

13 HACCP의 7원칙

(1) 위해 분석의 실시단계

① 위해 요소의 파악 (identification)

② 위험률 평가 (Risk evaluation)

(2) 중요 관리점 설정

파악된 위해 요소별로 의사결정수를 통과시켜 결정한다.

(3) 각 중요관리점별 허용한계치 설정

① 허용한계치를 벗어나면 해당 공정이 관리 상태를 이탈한 것이다.

② 허용한계치는 신중하게 설정해야 한다.

(4) 감시활동 절차 설정

감시활동이란 중요 관리점이 관리 상태를 유지하는지 여부를 평가하고, 향후 검증활동에 사용할 수 있는 기록을 작성하기 위한 일련의 계획적인 관측 또는 계측 활동

(5) 개선조치 방법 설정

감시활동 결과가 설정된 허용한계치를 이탈하였음을 나타낼 경우에 취해야 하는 개선조치 방법의 설정

(6) 검증방법의 설정

다음 사항을 평가하기 위한 감시활동 이외의 모든 활동의 설정

① HACCP plan의 유효성
② HACCP 관리체제가 plan에 따라 운영되는지 여부

(7) 기록관리 (Record Keeping)

개별 업체의 HACCP plan에 따른 적합성을 문서화

14 식품 위해 요소

(1) 식품에 대한 일반적인 위해의 구분은 생물학적 위해, 화학적 위해, 물리적 위해 등으로 대별될 수 있다.

(2) 생물학적 위해

① 생물학적 위해란 생물, 미생물들로 사람의 건강에 영향을 미칠 수 있는 것을 말한다.
② 보통 bacteria는 식품에 넓게 분포하고 있으며 대다수는 무해하나 일부 병원성을 가진 종에 있어서 문제시된다.
③ 또한 식육 및 가금육의 생산에서 가장 일반적인 생물학적 위해 요인은 미생물학적 요인이라 할 수 있다.

(3) 화학적 위해

① 화학적 위해는 오염된 식품이 광범위한 질병 발현을 일으키기 때문에 큰 주목을 받고 있다.
② 화학적 위해는 비록 일반적으로 영향을 미치는 원인은 더 적으나 치명적 질병을 일으킬 수 있다.
③ 화학적 위해는 일반적으로 다음의 3가지 오염원에서 기인한다.
㈎ 비의도적(우발적)으로 첨가된 화학물질
㉮ 농업용 화학물질 : 농약, 제초제, 동물약품, 비료 등
㉯ 공장용 화학물질 : 세정제, 소독제, 오일 및 윤활유, 페인트, 살충제 등
㉰ 환경적 오염물질 : 납, 카드뮴, 수은, 비소, PCBs 등
㈏ 천연적으로 발생하는 화학적 위해 : 아플라톡신과 같은 식물, 동물 또는 미생물의 대사산물 등
㈐ 의도적으로 첨가된 화학물질 : 보존료, 산미료, 식품첨가물, 아황산염 제재, 가공보조제 등

(4) 물리적 위해

① 물리적 위해에는 외부로부터의 모든 물질이나 이물에 해당하는 여러 가지 것들이 포함된다.

② 물리적 위해 요소는 제품을 소비하는 사람에게 질병이나 상해를 발생시킬 수 있는 식품 중에서 정상적으로는 존재할 수 없는 모든 물리적 이물로 정의될 수 있다.

③ 최종 제품 중에서 물리적 위해 요소는 오염된 원재료, 잘못 설계되었거나 유지관리된 설비 및 장비, 가공공정 중의 잘못된 조작 및 부적절한 종업원 훈련 및 관행과 같은 여러 가지 원인에 의해 발생될 수 있다.

15 HACCP의 냉동공조 설비

(1) 공조 설비(환기 포함)

① 공기 관리는 위생적인 실(室)을 확보하기 위한 것으로 이를 위해서는 청정도의 확보, 온·습도의 유지, 환기 등을 하기 위한 설비 등을 정확히 구비하여야 한다.

② 필요한 청정도 유지를 위한 필터, 환기량 확보를 위한 환기장치 등의 구비가 필요하다.

③ 주변 공기에 의한 교차 오염 방지 : 수직 층류형 혹은 수평 층류형의 공기흐름이 유리(수평 층류형의 경우에는 공기 흐름이 청정도가 높은 구역에서 낮은 구역으로 흐르도록 급·배기 조절 필요)

④ 실내압 유지 : 보통 '양압 유지'가 원칙이다(청정도가 가장 높은 구역을 가장 높은 양압으로 하고 점차 청정도가 낮은 구역으로 공기흐름이 향하게 할 것).

⑤ 온도, 습도, 청정도, 실내압의 계측이 가능한 장치를 필요시 설치

⑥ 실내에서 악취, 가열증기, 유해가스, 매연 등이 발생한다면 이를 환기시키는데 충분한 시설 구비가 필요

⑦ 신선공기의 급기구는 냉각탑 등 미생물발생 요인이 되는 기기와 분리하여 배치

⑧ 무균 작업 구역의 급기는 제균 필터나 살균 장치 등을 붙인 덕트를 통해 청정공기를 도입

⑨ 국소배기시 실내 압력 밸런스 : 국소배기를 할 경우에는 실내 음압이 걸리고, 압력 밸런스가 깨어져 외부로부터 오염된 공기가 인입될 가능성이 많으므로 설계압력에 해당하는 압력을 항시 맞출 수 있도록 자동제어 해 줄 것

⑩ 야간에 자외선램프 등에 의한 살균 고려

⑪ 기타 분진 및 미생물의 관리 원칙

㈎ 침투방지 : 작업장의 양압화, 건물의 기밀구조, 필터 설치, 출입구 에어로크 설치 등

㈏ 발생방지 : 분진이 발생하는 작업실의 한정화, 발진이 적은 내장재 사용 등

㈐ 집적방지 : 정전기 방지, 창틀·방화셔터 등의 아랫부분은 45°로 경사, 기타 배관·전선·덕트 등은 노출금지, 모퉁이 부분은 곡면구조로 하여 청소가 용이할 것 등

㈑ 신속배출 : 환기량, 필터링, 적절한 기류분포 등 확보
㈒ 기타 : 바닥의 건조화, 외부 미생물의 침입방지(동선계획), 정기적인 청소 및 소독이 필요

(2) 온도 관리

① 미생물의 증식을 억제하기 위하여 실내온을 너무 낮추면 냉방비 과다 혹은 작업환경의 악화(Cold Draft 등) 등이 있을 수 있으므로 주의 필요
② 설정 온도 : 작업 공정상 필요 온도에 따를 것(원료 및 제품의 온도, 품질유지, 작업환경 등)
③ 세정시에 발생하는 열과 증기 : 단시간에 배출 가능한 환기량 확보 필요
④ 가열공정의 차단벽 설치(복사 열전달 방지), 출입구의 에어로크 설치, 급·배기 공정 밸런스 조절 등에 의해 다른 공정으로의 영향 최소화
⑤ 외부 혹은 설정온도가 다른 구역 간에 작업자 이동, 대차 이동이 빈번하여 잦은 문의 개방으로 온도 관리가 어려울 수 있으므로 주의 필요

(3) 습도 관리

높은 습도는 환경미생물 증식의 좋은 조건이므로 아래에 주의한다.
① 여러 작업 중에 발생할 수 있는 증기를 확실히 배출하는 환기설비가 필요하다.
② 증기의 배출이 불충분하면 천장, 벽면에 결로가 발생되어 미생물이 급격히 증식하여 물방울 낙하 등으로 제품의 오염이 우려된다.
③ 제어실 혹은 벽면에 습도계를 부착하고, 항상 적정한 습도 관리가 필요(필요시 항온항습 기능의 냉방설비 도입 필요)하다.

(4) 덕트 설비

① 덕트의 재질 : 공조덕트 재질 자체가 내부식성일 것(스테인리스, 알루미늄 등)
② 덕트 보온재 등에 의한 2차오염의 발생 방지(무해, 친환경 보온재가 유리)
③ 덕트 연결 부위 혹은 플랜지 부위 : 에어 누설의 최소화, 기밀상태 유지
④ 고속덕트보다 저속덕트(15 m/s 이하)가 유리(보온재 박리나 분진 유출 등 방지)

(5) 결로 방지

① 미생물의 증식 억제를 위한 작업장 내 저온화, 제조 공정에서의 증기발생, 세정을 위한 온수 혹은 스팀 사용 등으로 결로 우려 상존
② 결로는 실내의 온도조건, 외부공기의 조건, 건축물 구성부의 재질, 환기상태, 실내의 증기발생량 등의 수많은 요인에 의해 발생 가능
③ 설계단계에서부터 내부결로, 표면결로를 잘 평가하여 적절한 단열설계, 방습조치 필요

④ 실내공기 정체 방지 : 실내공기가 체류하지 않는 기류계획 실행 필요 (특히 천장 안쪽은 방화구획 등에 의한 공기의 정체가 일어나지 않도록 환기계획 철저)

⑤ 고온·다습한 작업조건의 작업장에서는 국소배기장치를 설치하여 작업구역의 열과 습기의 확산을 방지하고, 공기 흡·취출구 등에서의 결로에 의한 응축수 낙하 방지 필요

⑥ 내습성 재료 등 : 곰팡이와 균의 발생 원인이 되는 결로를 방지할 수 있도록 내습성 재질이나 단열재 등을 사용하고, 정체 공기가 없도록 공간 설계

16 우수의약품 제조관리 기준(GMP : Good Manufacturing Practice)

(1) 의약품의 안정성과 유효성을 품질면에서 보증하는 기본조건으로서의 우수 의약품 제조관리 기준이다.

(2) 품질이 고도화된 우수의약품을 제조하기 위한 여러 요건을 구체화한 것으로 원료의 입고에서부터 출고에 이르기까지 품질관리의 전반에 이르러 지켜야 할 규범이다.

(3) KGMP (The Good Manufacturing Practice for Pharmaceutical Products in Korea) : 의약품의 제조업 및 소분업이 준수해야 할 우리나라의 기준이다.

(4) GMP의 목적

현대화 자동화된 제조시설과 엄격한 공정관리로 의약품 제조공정상 발생할 수 있는 인위적인 착오를 없애고 오염을 최소화함으로써 안정성이 높은 고품질의 의약품을 제조하는 데 목적이 있다.

(5) GMP의 History

① GMP 제도는 미국이 1963년 제정하여, 1964년 처음으로 실시했다.

② 1968년 세계보건기구(WHO)가 그 제정을 결의하여 이듬해 각국에 권고하였다.

③ 독일이 1978년, 일본이 1980년부터 실시하였다.

④ 한국은 1977년에 제정, 점차 GMP의 확대 적용 및 의무화가 진행되어지고 있다.

⑤ 2007년부터 의료기기에 대한 GMP 지정 전면 시행을 시작으로, 의약품에 대해서는 2008년 신약에의 적용부터 시작해 단계적으로 GMP 제도를 실시중이다.

17 내재 에너지(Embedded energy)

(1) 친환경 건축물 혹은 그린빌딩(GB)에서 주로 사용하는 용어로 건축 부·자재를 가공

하는데 발생하는 CO_2량을 말한다(좁은 의미).

(2) 건축 부·자재의 총체적 에너지로 초기투자 시 및 재순환 시도 포함하는 개념(넓은 의미)

(3) 비교 사례

알루미늄은 초기 투자 시에는 철보다 높은 내재 에너지가 드나, 재가공(재순환) 시에는 내재 에너지가 낮다.

(4) 관련 동향

① 건축부자재별 이의 생산에 필요한 에너지(내재 에너지, Embedded energy)를 산출, 제공하여 건축생산에 활용하고 있다.

② 건물로 인한 CO_2 발생량을 줄이기 위해 꼭 필요한 개념이다.

③ 건물관련 CO_2 발생량은 전체의 약 40% 내외로 추산됨 → 환경부하 절감, 오염 방지를 위해 내재 에너지 관련 인식 전환이 필요하다.

(5) 건축부자재의 내재 에너지

① 목재 : 목재 1 Board foot (1 ft^2×두께 1 inch)의 내재 에너지를 1로 보고, 다른 건축자재의 내재 에너지의 평균지수로 표현한다.

② 판유리 : ft^2당 약 1.9

③ 박판유리 : ft^2당 약 18.8

④ 벽돌 : 한 장당 약 14.4

⑤ 점토타일 : 한 장당 약 22

⑥ 알루미늄 : 파운드당 약 28.25

18 휘발성 유기화합물질(VOCs)

(1) Volatile Organic Compounds 의 약어이다.

(2) 대기 중에서 질소산화물과 공존하면 햇빛의 작용으로 광화학반응을 일으켜 오존 및 팬(PAN : 퍼옥시아세틸 나이트레이트) 등 광화학 산화성 물질을 생성시켜 광화학 스모그를 유발하는 물질을 통틀어 일컫는 말이다.

(3) VOCs의 영향

① 대기오염물질이며 발암성을 가진 독성 화학물질이다.

② 광화학산화물의 전구물질이기도 하다.

③ 지구온난화와 성층권 오존층 파괴의 원인물질이다.

④ 악취를 일으키기도 한다.

(4) 법규 규제와 정의

① 국내의 대기환경보전법시행령 제39조 제1항에서는 석유화학제품 유기용제 또는 기타 물질로 정의한다.

② 환경부고시에 따라 벤젠, 아세틸렌, 휘발유 등 31개 물질 및 제품이 규제대상이다.

③ 끓는점이 낮은 액체연료, 파라핀, 올레핀, 방향족화합물 등 생활주변에서 흔히 사용하는 탄화수소류가 거의 해당된다.

④ 천연 VOC : 목재 (소나무, 낙엽송 등) 등에서 천연적으로 발생하는 휘발성 유기화합물질로 인체에 해가 없다.

(5) VOCs 배출원

① VOC의 배출오염원은 인위적인 (Anthropogenic) 배출원과 자연적인 (Biogenic) 배출원으로 분류된다. 자연적인 배출원 또한 VOC 배출에 상당량 기여하는 것으로 알려져 있으나 자료부족으로 보통 인위적인 배출원만이 관리대상으로 고려되고 있다.

② 인위적인 VOC의 배출원은 종류와 크기가 매우 다양하며 SOx, NOx 등의 일반적인 오염물질과 달리 누출 등의 불특정배출과 같이 배출구가 산재되어 있는 특징이 있어 시설관리의 어려움이 있다.

③ 지금까지 알려진 인위적인 VOC의 주요 배출원으로는 배출 비중의 차이는 있으나 자동차 배기가스와 유류용제의 제조·사용처 등으로 알려져 있다.

19 휘발성 유기화합물질(VOCs) 제거방법

(1) 고온산화(열소각)법(Thermal Oxidation)

① VOC를 함유한 공기를 포집해서 예열하고 잘 혼합한 후 고온으로 태운다.

② 분해효율에 영향을 미치는 요인 : 온도, 체류시간, 혼합 정도, 열을 회수하는 방법, 열교환방법, 재생방법 등

(2) 촉매산화법 (Catalytic Thermal Oxidation)

① 촉매가 연소에 필요한 활성화 에너지를 낮춘다.

② 비교적 저온에서 연소가 가능

③ 사용되는 촉매 : 백금과 파라듐, 그리고 Cr_2O_3/Al_2O_3, Co_3O_4 등의 금속산화물

④ 촉매의 평균수명은 2 ~ 5년 정도이다.

⑤ 장점 : 낮은 온도에서 처리되어 경제적, 유지 관리가 용이, 현장부지 여건에 따라 수평형 또는 수직형으로 설치 가능

⑥ 단점 : 촉매교체비가 고가, 촉매독을 야기할 수 있는 물질의 유입 시 별도의 전처

리가 필요 등

(3) 흡착법

① 고체 흡착제와 접촉해서 약한 분자 간의 인력에 의해 분리되는 공정

② 흡착제의 종류와 특징

㈎ 활성탄 : VOC를 제거하기 위해 현재 가장 널리 사용되고 있는 흡착제

㈏ 활성탄 제조원료 : 탄소함유 물질 등

③ 활성탄 종류 : 분말탄, 입상탄, 섬유상 활성탄 등

④ 탄소 흡착제에는 휘발성이 높은 VOC(분자량이 40 이하)는 흡착이 잘 안되며 비휘발성 물질(분자량이 130 이상이거나 비점이 150℃보다 큰 경우)은 탈착이 잘 안되기 때문에 효율적이지 못하다.

(4) 기타의 방법

① 흡수법 : VOC 함유 기체와 액상 흡수제 (물, 가성소다 용액, 암모니아 등)가 향류 또는 병류 형태로 접촉하여 물질전달을 함(VOC 함유 기체와 액상 흡수제 간의 VOC농도 구배 이용)

② 냉각 응축법 : 냉매 (냉수, 브라인, HFC 등)와 VOC 함유 기체를 직접 혹은 간접적으로 열교환시켜 비응축가스로부터 VOC를 응축시켜 분리시킨다.

③ 생물학적 처리법 : 미생물을 이용하여 VOC를 무기질, CO_2, H_2O 등으로 변환한다 (생물막법이 많이 사용되어짐).

④ 증기 재생법 : 오염물질을 흡착제에 흡착하여 260℃ 정도의 수증기로 탈착시킨 후 고온의 증발기를 통과시켜 VOC가 H_2, CO_2 등으로 전환하게 한다.

⑤ 막분리법 : 진공펌프를 이용하여 막모듈 내의 압력을 낮게 유지시키면, VOC만 막을 통과하고, 공기는 통과하지 못한다.

⑥ 코로나 방전법 : 코로나 방전에 의해 이탈된 전자가 촉매로 작용하여, VOC를 산화시킨다.

20 유엔기후변화협약 (UNFCCC)

(1) 정식 명칭은 '기후변화에 관한 유엔기본협약(United Nations Framework Convention on Climate Change)'이다.

(2) 지구온난화 문제는 1979년 G.우델과 G.맥도널드 등의 과학자들이 지구온난화를 경고한 뒤 논의를 계속했다.

(3) 국제기구에서 사전 몇 차례 협의 후 1992년 6월 브라질 리우에서 정식으로 '기후변화협약'을 체결했다 (리우데자네이루 환경회의, 리우회의 ; Rio Summit).

(4) 지구온난화에 대한 범지구적 대책 마련과 각국의 능력, 사회, 경제 여건에 따른 온실가스 배출 감축 의무를 부여하였으며, 우리나라의 온실가스 배출량은 세계 약 11위이다.

(5) 우리나라는 1993년 12월에 47번째로 가입하였다.

(6) 협약의 내용

① 이산화탄소를 비롯한 온실가스의 방출을 제한하여 지구온난화를 방지

② 기후변화협약 체결국은 염화불화탄소(CFC)를 제외한 모든 온실가스의 배출량과 제거량을 조사하여 이를 협상위원회에 보고해야 하며 기후변화 방지를 위한 국가계획도 작성해야 한다.

(7) COP3 (Conference of the Parties 3 ; 1997년 12월 교토의정서, 기후변화협약 제3차 당사국 총회)

① 브라질 리우 유엔환경회의에서 채택된 기후변화협약을 이행하기 위한 국가 간 이행 협약이며, 1997년 12월에는 일본 교토에서 개최되었다(교토의정서 채택).

② 제3차 당사국 총회로서 이산화탄소(CO_2), 메탄(CH_4) 아산화질소(N_2O), HFCs, SF_6, PFCs 등 6종을 온실가스로 지정하였으며, 감축계획과 국가별 목표 수치가 제시되었다(38개 선진국간의 감축 의무에 대한 합의).

- **PFC (Per Fluoro Carbon ; 과불화탄소) :** 'Per'는 모두(all)의 의미로서 perfluorocarbon은 탄소의 모든 결합이 'F'와 이루어져 있음을 의미하며, 지구온난화 지수는 약 7,000 정도(이산화탄소의 7,000배)이다.
- **SF_6 (육불화황) :** 지구온난화 지수가 평균 22,000 정도이며, 전기를 통과시키지 않는 특성이 있기 때문에 반도체 생산공정, 전기 및 전자산업 등에 다량 사용되어진다.

③ 1990년 대비 평균 5.2% 감축 약속이다.

④ 단, 한국과 멕시코 등은 개도국으로 분류되어 감축 의무가 면제되었다.

(8) COP18 (Conference of the Parties 18 ; 2012년 11월 제18차 당사국 총회)

① 카타르 도하 '카타르 국립 컨벤션센터(QNCC)'에서 개최됨

② 제2차 교토의정서(2013~2020) 채택 : 배출권 거래제(ET), 공동이행(JI), 청정개발 체제(CDM) 등의 거래가 계속 가능해졌다.

③ 대한민국 인천에 녹색기후기금(GCF : Green Climate Fund) 사무국 유치가 확정된 시기이다.

(9) COP21(Conference of the Parties 21 ; 2015년 11월 제21차 당사국 총회, 파리협정)

① 파리협정은 제21차 기후변화협약 당사국 총회(COP21)로서, 2015년 11월 프랑스 파리에서 개최되었다.

② 파리협정서는 무엇보다 선진국만의 의무가 있었던 교토의정서 등 이전의 협약과는 달리 195개 선진국과 개발도상국 모두 참여해 체결했다는 것이 가장 큰 특징이라고 할 수 있다.

③ 파리협정 주요 합의 내용

㈎ 이번 세기말(2100년)까지 지구 평균온도의 상승폭을 산업화 이전 대비 1.5℃ 이하로 제한하기 위해 노력한다.

㈏ 5년마다 탄소 감축 약속 검토(법적 구속력) : 각국은 2018년부터 5년마다 탄소 감축 약속을 잘 지키는지 검토를 받아야 한다(첫 의무 검토 ; 2023년).

(10) 키갈리개정서

① 2016년 10월 몬트리올의정서(1987년 9월 채택)의 키갈리개정서 채택(2019.1.1. 발효)

② 신규 규제대상 물질(HFCs) 추가 및 감축 일정을 마련한 회의이다.

③ 의의 : 몬트리올의정서 제28차 당사국회의(르완다 수도 키갈리)에서 HFC의 소비량을 단계적으로 줄이는 것으로 197개국이 의정서 개정에 합의하였다.

④ 당초 몬트리올의정서는 오존층을 파괴하는 물질에 대응하기 위해 염화불화탄소(CFC, 프레온 가스) 및 기타 불소화 가스로부터 지구 대기에 대한 최초의 위협을 상당히 해결하는 데 성공했다. 그러나 오존층을 파괴뿐만 아니라 지구온난화 방지를 위해 추가적인 조치가 요구되었고, 이 논의의 대상은 주로 대체냉매라고 부르고 있으면서도 지구온난화지수가 상당히 높은 냉매인 HFC의 활용을 단계적으로 낮추자는 데 초점이 맞추어져 왔다. 이에 2016년 10월 르완다키갈리개정안(Kigali Amendment)이 도입된 것이다.

⑤ HFC는 오존층에 직접적인 영향을 미치지 않지만, 강력한 온실가스 중 하나이다. 이러한 HFC 사용을 전세계적으로 단계적으로 낮추어 나가야 세기말 최대의 지구온난화를 피할 수 있는 것이다.

21 생태건축

(1) 생태건축은 크게는 친환경적 건축에 포함되는 개념이며, 독일 학자 에른스트 헤켈이 주창한 비오톱(Biotope : 생태서식지)과 유사 개념으로 볼 수 있다.

(2) 경제성장과 과학기술에 대한 신뢰가 붕괴되면서 생태학이 시작되었다.

(3) 뉴턴식 사고방식을 전환시킨 현대 물리학과 생물학은 생태학의 근원적 사고 체계를 이루었으며, 이러한 생태학을 근거로 '생태건축'이 발전하게 되었다.

(4) 1970년대 이후 에너지 고갈과 환경오염의 결과 그것을 해결하려는 시도가 이루어져 왔다.

(5) 자연에 주어져 있는 생체공학의 원리를 의식적으로 모방하여 건축에 이용하는 것으로서 사연의 형태 혹은 유기체의 조직을 건축에 도입시켜 자연과 인간을 결합시키려는 사고로 이해될 수 있다.

(6) 재생 에너지의 사용과 친환경적인 재료의 사용, 자연을 건축에 직접 도입함으로써 건축이 갖는 인위성을 최소한으로 갖도록 고려한다.

(7) 지구온난화, 오존층 파괴, 자원고갈 등의 지구환경 보존, 실내 공기의 질, 생태보존, 에너지절약, 폐기물 발생 억제, 자원의 재활용, 인위적 건축요소 억제 등을 위한 일체의 건축행위를 말한다.

(8) 설계기법

① 구조적 측면

㈎ 친환경 재료의 사용

㈏ 장기 수명 추구(건축의 수명이 최소 100년 이상 되게 할 것)

㈐ 재활용 자재의 적극적인 사용

㈑ 태양열에너지, 지열 등 자연에너지 적극 활용 유도

㈒ 아트리움 등 열적 완충공간을 적극 활용한다.

㈓ 고단열, 고기밀, 고축열 등 추구

㈔ 예술과 문화를 반영한 최고의 건물 추구

㈕ 자연의 생태를 건축물에 최대한 도입(식재, 건물 내 생태연못 등)

② 유지관리적 측면

㈎ 유지관리 비용을 최소화할 수 있게 설계

㈏ 에너지 측면 고효율 설계

㈐ 대기, 수질, 토양 오염을 줄인다.

㈑ LCA 평가 실시

㈒ 녹화 : 벽면 녹화, 옥상 녹화 등(에너지 절감)

㈓ DDC 제어 등으로 에너지, 쾌적감 등 최적제어 실시

(9) 생태건축의 동향

① 우리나라의 경우 경제발전으로 인한 환경 의식이 높아졌음에도 불구하고 생태건축에 대한 본질적인 접근을 하지 못한 채, 단편적인 적용만을 하고 있는 실성이다.

② 세계 선진국들이 21세기 밀레니엄시대를 환경의 시대로 파악하고 이에 대한 적극적인 대책을 세우고 있다.

③ 생태건축은 인류의 생존을 위해 앞으로 필연적으로 지향되어야 할 건축이라고 할 수 있다.

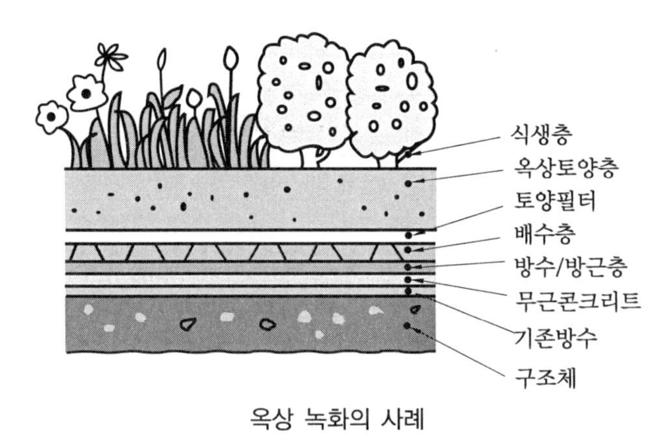

옥상 녹화의 사례

22 지속가능한 건축(개발)

(1) 좁은 의미로서는 친환경 건축(개발)을 지속가능한 건축(개발)으로 본다.

(2) 현재와 미래의 자연환경을 해치지 않고 생활수준의 저하없이 모든 시민이 필요를 충족시키면서 그들의 복지를 향상시킬 수 있는 개발

(3) 후대에게 짐을 남기지 않고 생태, 문화, 정치, 제도, 사회 및 경제를 포함한 모든 분야에서 도시 삶의 질을 향상시키는 것

(4) 요즘 대규모 건축물, 초고층 건축물, 대규모 신도시 개발 등이 많아졌기 때문에 지속가능한 도시개발 가능 여부는 과거 대비 훨씬 사회적, 환경적, 경제적 영향이 크다.

23 국제 친환경건축물 평가제도

(1) LEED(Leadership in Energy and Environmental Design)

① 정의

㈎ 미국그린빌딩위원회(USGBC : The United States Green Building Council, 1993년 산업과 학계와 정부로부터 많은 협력자들에 의해 설립된 비정부기구이며, 회원제로 운영되는 비영리단체)가 만든 자연친화적 빌딩·건축물에 부여하는 친환경 인증제도

㈏ 한국의 '친환경 인증제도'와 유사 개념이며 친환경건물의 디자인, 건축운영의 척도로 사용되는 친환경 건물 인증 시스템이다.

㈐ 건물의 생애주기(Life Cycle) 동안의 전체적인 환경성능을 평가한다.

② Green Building Rating System

배 점	취득 점수	등급 구분
총 110점 • 일반 배점 : 100점 • 보너스 점수 : 10점	총 취득 점수 80점 이상	LEED 인증 백금 등급
	총 취득 점수 60 ~ 79점	LEED 인증 금 등급
	총 취득 점수 50 ~ 59점	LEED 인증 은 등급
	총 취득 점수 40 ~ 49점	LEED 인증

㈜ 한 해 최고 점수를 얻은 건물은 'Green Building of the Year'상을 받는다.

③ Green Building 인증 위한 기술적 조치 내용

(가) 지속가능한 토지 : 26점

(나) 수자원 효율(물의 효율적 사용) : 10점

(다) 에너지 및 대기 : 35점

(라) 자재 및 자원 : 14점

(마) IAQ(실내환경) : 15점

(바) 창의적 디자인(설계) : +6점

(사) 지역적 특성 우선 : +4점

④ LEED 개발 배경 : 건축주들은 프로젝트 성공에 궁극적인 조정자가 될 것이다. 즉, 환경적 책임감에 대한 사회적 요구를 충족시킬 수 있고 공신력 있는 기구에 의해 발전됨으로써 건축시장에서 더 좋은 건축물로 팔리게 된다는 것이다.

⑤ LEED의 평가 구조

(가) LEED-EB : 기존 건축물

(나) LEED-CI : 상업적 내부공간

(다) LEED-H : 집

(라) LEED-CS : Core and Shell 프로젝트

(마) LEED-ND : 인근 발달

⑥ LEED-NC

(가) 상업 건축물을 위한 LEED-NC(Software)는 USBGC가 1994년부터 1998년까지 4년 동안 진행 개발

(나) 1998년 첫버전인 LEED 1.0을 시작으로, 2000년 LEED 2.0을 만들면서 기준의 변화를 가져왔다.

(다) LEED-NC 2.0의 문제점 : 많은 시간과 노동을 필요, 예를 들어 공사장 반경 500마일 이내에서 생산된 현지 자재를 사용한다는 증거를 제출(자재목록, 생산지, 최종조립장소, 자재비용) 필요 등

(라) LEED-NC 2.0 이후 2.1(서류요건의 완화)과 2.2(인터넷 이용)를 출시하여 사용하고 있다.

(2) 영국의 BREEAM (the Building Research Establishment Environmental Assessment Method : 건축 연구 제정 환경 평가 방식)

① BRE (the Building Research Establishment Ltd)와 민간기업이 공동으로 제창한 친환경 인증제도

② 건물의 환경 질을 측정, 표현함으로써 건축관련분야 종사자들에게 시장성과 평가도구로 활용

③ 환경에 미치는 건물의 광범위한 영향을 포함하고 있으며, 환경개선효과 기술 초기에는 신축사무소 건물을 대상으로 하였으나 현재 평가영역을 계속 확대하고 있으며 캐나다를 포함한 여러 유럽과 동양국가에서도 사용되고 있다.

④ BREEAM의 평가방식

㈎ 관리 – 종합적인 관리 방침, 대지위임 관리 그리고 생산적 문제

㈏ 에너지 사용 – 경영상의 에너지와 이산화탄소

㈐ 건강과 웰빙 – 실내와 외부의 건강과 웰빙에 영향을 주는 문제

㈑ 오염 – 공기와 물의 오염문제

㈒ 운반 – CO_2와 관련된 운반과 장소 관련 요소

㈓ 대지사용 – 미개발지역과 상공업지역

㈔ 생태학 – 생태학적 가치 보존과 사이트 향상

㈕ 재료 – 수면주기 효과를 포함한 건축 재료들의 환경적 함축

㈖ 물 – 소비와 물의 효능

⑤ 건축물은 Acceptable, Pass, Good, Very Good, Excellent, Outstanding과 같은 등급으로 나뉘어지며 인증서가 발부된다.

(3) 일본의 CASBEE (Comprehensive Assessment System for Building Environmental Efficiency)

① 산·학·관 공동프로젝트로서 발족한 것이다.

② CASBEE (카스비)의 목적

㈎ 건축물 라이프 사이클에 지속 가능한 사회 실현

㈏ 정책 및 시장 쌍방의 수요를 모두 지원

③ CASBEE (카스비)의 특징

㈎ CASBEE는 프로세스상의 흐름에 평가제도를 반영

㈏ CASBEE에서 가장 중요한 개념은 건물의 지속효율성을 표현하려는 노력인 환경적 효율건물, 즉 BEE이다.

㈐ BEE의 개념

㉮ Building Environmental Efficiency Value of products or service : 건물의 지속 효율성 = 상품이나 서비스의 환경적 개념의 효율

㉯ BEE는 간단히 건물에 지속효율성을 적용하는 개념을 현대화시킨 것이다.
㉯ 다양한 과징, 계획, 디자인, 완성, 직업과 리노베이션으로 평가 받고 있는 건물의 평가 도구

㈑ BEE의 평가방식
㉮ BEE 평가는 숫자로 되어 있으며 근본적으로 0.5에서 3의 서식범위로 부여한다.
㉯ 즉, S 부류(3.0이나 그보다 높은 BEE)부터 A 부류(1.5에서 3.0의 BBE), B+(1.0에서 1.5의 BBE), B－(0.5에서 1.0의 BEE) 그리고 C 부류(0.5 이하의 BBE)로 이루어져 있다.

◎ 일본의 '환경공생주택'(주거용 환경평가 기준)

① 환경부하 절감 및 쾌적한 생활환경 창출을 위해 태양에너지 등의 자연에너지 사용, 우수의 활용, 인공연못 조성 등의 수준을 평가한다.
② 환경성능을 자동으로 산출할 수 있게 프로그램화하여 LCE(Life Cycle Energy)라고 부른다.

(4) 호주의 Green Star

① 건물 시장에서 사용되는 개발 직전 단계의 새로운 건물평가 시스템으로 회사 건물에 최초로 상품화되어 규제한다.
② 건물 생태주기의 다양한 과정에 등급을 정하고 차별화된 건물의 등급을 포인트로 매긴다.
③ Green Star 디자인 기술 분류
㈎ 관리(12 포인트)
㈏ 실내 환경적 상태(27 포인트)
㈐ 에너지(24 포인트)
㈑ 운반(11 포인트)
㈒ 용수(12 포인트)
㈓ 재료(20 포인트)
㈔ 대지 사용과 생태학(8 포인트)
㈕ 방사(13 포인트)
㈖ 신기술(5 포인트)
④ 최대 132 포인트까지 받을 수 있으며, 다량의 '별'을 부여한다.
⑤ 6개의 별이 가장 높은 수치이며 국제적으로 인식되고 보상받을 수 있다. 5개의 별은 호주의 지도자의 지위를 받으며, 4개의 별은 최고의 환경적 솔선의 모습으로 보여주는 것으로 인지된다.

(5) 캐나다의 BEPAC

① 캐나다에서는 영국의 BREEAM을 기본으로 한 건물의 환경수준을 평가하는 BEPAC (Building Environmental Performance Assessment Criteria)를 시행하고 있다.

② 이 평가기준은 신축 및 기존 사무소건물의 환경성능을 평가하는 것으로 다음의 분류체제로 구성되어 건축설계와 관리운영 측면에서 평가가 이루어진다.

㈎ 오존층 보호
㈏ 에너지소비에 의한 환경에의 영향
㈐ 실내환경의 질
㈑ 자원절약
㈒ 대지 및 교통

③ BEPAC의 활용수단

㈎ 환경에 미치는 영향을 평가하는 수단
㈏ 건축물을 유지 관리하는 수단
㈐ 건축물의 보수 및 개수 등을 위한 계획수단
㈑ 건축물의 환경설계를 위한 수단
㈒ 건축주가 입주자들에게 건축물의 환경의 질을 설명할 수 있는 수단
㈓ 환경의 질이 높은 건축물로의 유도를 위한 수단

(6) GBTOOL

① 종합적이고 정교한 건물 평가시스템으로써 국제적인 Green Building Challenge (GBC : 캐나다를 중심으로 세계적으로 많은 나라에서 참여하고 있는 민간 컨소시엄)로 2년마다 한번씩 개발되었고, 1998년(프랑스)를 시작으로 유럽 주요 도시에서 2년에 한 번씩 주최된다.

② GBTOOL은 BREEAM으로 대표되는 1세대 환경성능 평가방식이 직접적인 환경의 이슈만을 다룬 데 반하여 보다 넓은 일련의 고려사항, 즉 적응성(Adaptability), 제어성(Controllability) 등과 같이 직접적 혹은 간접적으로 자원 소비 또는 환경 부하에 영향을 주는 기타 중요한 성능 이슈를 포괄할 수 있도록 확대되었다.

③ GBTOOL은 사무소건물, 학교건물 및 공동주택 등 3가지 건물유형을 대상으로 하며, Computer Progaram으로 개발되어 쉽게 사용할 수 있도록 보급되고 있다.

24 훈증 설비

(1) 도서관, 박물관 등에서 서적, 미술품, 유물 등을 유해한 해충 등으로부터 보호하기 위한 설비로 주로 사용된다.

(2) 좀, 해충, 균해 등의 유해한 벌레를 구제하기 위한 설비이다.

(3) 훈증 방법

① 상압 훈증

㈎ 일반적으로 대기압 상태에서 행해지므로 '대기압 훈증'이라고도 한다.

㈏ 위험성이 적고, 대규모 건물에 사용이 편리하다.

② 감압 훈증

㈎ 훈증고 훈증이라고도 하며, 약 −100 mmHg 정도로 감압 후 훈증한다.

㈏ 큰 유물, 큰 서적 등에는 부적합하다 (훈증고 크기 등의 문제).

(4) 훈증 순서

일반적으로 다음과 같은 순서로 훈증이 행해진다.

현장 (대상물) 조사 → 밀폐작업 → 가스 투약 → 배기 → 검증보고서 (주로 검사기관에 의뢰)

25 오존층 파괴현상

(1) 자외선에 의해 프레온계 냉매로부터 염소가 분해된 후, 오존과 결합 및 분해를 반복하는 Recycling에 의해 오존층 파괴가 연속적으로 이루어지며, 그 영향은 피부암, 안질환, 돌연변이, 식량감소 등이 대표적이다.

(2) CFC의 오존층 파괴 메커니즘

① CFC 12의 경우

㈎ 자외선에 의해 염소 분해 : $CCl_2F_2 \rightarrow CClF_2 + Cl$ (불안정)

㈏ 오존과 결합 : $Cl+O_3 \rightarrow CLO + O_2$ (오존층 파괴)

㈐ 염소의 재분리 : $ClO + O_3 \rightarrow Cl + 2O_2$ (ClO가 불안정하기 때문임)

㈑ Cl의 Recycling : 다시 O_3와 결합 (오존층 파괴)

② CFC 11의 경우

㈎ 자외선에 의해 염소 분해 : $CCl_3F \rightarrow CCl_2F + Cl$ (불안정)

㈏ 오존과 결합 : $Cl + O_3 \rightarrow ClO + O_2$ (오존층 파괴)

㈐ 염소의 재분리 : $ClO + O_3 \rightarrow Cl + 2O_2$ (ClO가 불안정하기 때문임)

㈑ Cl의 Recycling : 다시 O_3와 결합 (오존층 파괴)

(3) 오존층 피괴의 영향

① 인체 : 피부암, 안질환, 돌연변이 등 야기

② 해양생물 : 식물성 플랑크톤, 해조류 등 광합성 불가능

③ 육상생물 : 식량감소, 개화감소, 식물의 잎과 길이 축소 등

④ 산업 : 플라스틱 제품의 노쇠 촉진
⑤ 환경 : 대기 냉각, 기후 변동 등 예상

(4) 대책

① 오존층 파괴물질에 대한 국제적 환경규제 강화
② 대체물질 개발, 대체 신사이클 개발(흡수식, 흡착식, 증발식 등), 자연냉매의 적극적 활용 등

(5) 자외선

① UV-A : 오존층에 관계없이 지표면에 도달하나 생물에 영향은 적은 편임.
② UV-C : 생물에 유해하나 대기 중에 흡수되어 지표면에 도달하지 못한다.
③ UV-B
㈎ 성층권의 오존층에 흡수된다.
㈏ 프레온가스(Cl, Br 포함한 가스) 등에 의해 오존층이 파괴되면 지표면에 도달하여 생물에 위해를 가한다.

26 기온 역전층

(1) 기온이 고도에 따라 낮아지지 않고 오히려 높아지는 경우를 의미한다.
(2) 절대 안정층이라고도 하며, 공기의 수직운동을 막아 대기오염이 심해진다.

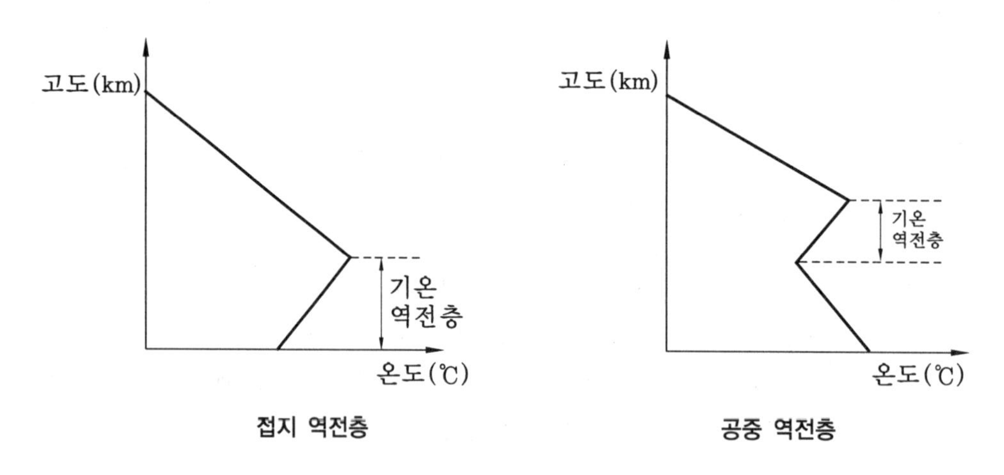

접지 역전층　　　공중 역전층

(3) 대류가 원활하지 않아 생기는 대기층으로 기온 역전층 위에는 층운형 구름이나 안개가 주로 나타난다.

(4) 원인

온난전선, 복사냉각 등

(5) 현상

① 대기오염의 피해가 가중된다.
② 매연, 연기 등이 침체되어 스모그현상 등이 발생한다.

(6) 종류(역전층의 발생위치에 따라)

① 접지 역전층 : 지표면에 나타나는 역전층
② 공중 역전층 : 공중(상공)에 나타나는 역전층

27 생태연못

(1) 습지란 일반적으로 개방수면의 서식처와 호수, 강, 강어귀, 담초지(freshwater marshes)와 같이 절기상 혹은 영구적으로 침수된 지역을 말한다.

(2) 생태연못은 습지의 한 유형으로, 도시화와 산업화 등으로 훼손되거나 사라진 자연적인 습지를 대신하여 다양한 종들이 서식할 수 있도록 조성한 공간이다.

(3) 생태연못 조성의 필요성

① 소실된 서식처의 복원
② 도시 내 생물 다양성 증진
③ 환경교육의 장 제공

(4) 생태연못의 구성요소

물, 토양, 미생물, 식생, 동물(곤충류, 어류, 양서류, 조류, 포유류 등)

(5) 사례

① 서울공고 내 생태연못
㈎ 물 공급방식 : 상수 이용
㈏ 방수처리방식 : 소일벤토나이트 방수
㈐ 호안처리 : 통나무 처리 및 자연석 처리

② 경동빌딩 옥상습지 : 건축물의 옥상이라는 제한된 인공적인 지반에 조성한 사례로서 생물다양성 증진을 목적으로 국내에서는 처음으로 조성된 곳

③ 삼성에버랜드 사옥 우수활용 습지(경기도 용인) : 우수관리 시스템에서의 우수흐름 : 강우 → 집수 → 정화(전처리) → 저류(저류연못) → 침투(침투연못) → 2차 저류(저류연못으로 피드백 및 관수용으로 재활용) → 배수

④ 기타

㈎ 길동생태공원 : 습지와 관련된 생물들의 생태적인 안정과 생활을 돕기 위한 서식환경 조성(수서곤충, 습지생물, 습지식물 등)

㈏ 시화호 갈대습지공원 : 갈대와 수생식물을 볼 수 있는 대규모 인공 습지 등

㈐ 여의도 공원 생태 연못 : 다람쥐 등의 야생동물 방사, 주변 생태공원과 잘 어우러지게 구성.

㈑ 여의도 샛강 여의못 생태 연못 : 참붕어, 자라, 잉어 등 수생어종과 두루미, 황조롱이 등 조류 서식처, 수생식물과 수생곤충의 자연적 변이과정 등을 관찰 가능.

28 RoHS (특정유해물질사용제한지침)

(1) RoHS는 'Restriction of the use of Hazardous Substances in Electrical and Electronic Equipment'의 약자로 납, 카드뮴, 수은, 6가크롬, 브롬계 난연재(PBB, PBDE)가 함유된 전기나 전자제품을 유럽시장에서 판매 금지하는 EU의 강력한 환경 규제 조치의 하나이다.

(2) 국내 기업의 친환경 제품을 처음으로 국제사회 시험대에 올려진 것이 유럽연합(EU)의 '특정유해물질사용제한지침(RoHS)'이다.

(3) RoHS는 친환경 산업시대의 개막을 알리는 신호탄인 동시에 세계 전기·전자산업계에 새로운 변화를 불러온 촉매제이다.

(4) 규제 대상 물질과 허용농도

① 규제 대상 : 카드뮴, 납, 수은, 6가크롬, PBB, PBDE(이 중에서 PBB와 PBDE는 국내 자동차 분야의 규제 대상에서 제외됨)

> **Deca-BDE**
>
> Decabrominated Diphenyl Ether의 약자로 PBDE 내 난연제 물질의 종류이다(HIPS, PP 등 전자제품용 사출재료에 많이 사용).

② 허용농도 : 카드뮴 0.01%, 기타 0.1%

(5) 규제일자

2006.7.01부터 발효

(6) 대상 제품

에어컨, 세탁기, 냉장고, TV, PC 외

(7) 규제 방법

① 제품 · 포장 BOX 내 라벨링 의무화 (Mark 부착) → 함유물질 및 함유량 표시 (대상물질의 함유율이 기준치 이상인 경우 사용)

② 기기 본체 및 포장 박스 : Mark (함유 Mark 또는 Green Mark)만 표시

③ 인쇄물 (카탈로그, 취급설명서 등)

㈎ 대상물질의 함유율이 기준치 이상인 경우 : 함유 Mark와 화학물질 기호 병기해서 표시

㈏ Unit (Cabinet, 실장기판 등)별 대분류로 함유 상황 기재

㈐ 대상물질의 함유율이 기준치 이하인 경우 : Green Mark만 표시

㈑ 함유표시에 관한 정보가 기재된 Web Site의 URL (Uniform Resource Locator) 기재

(8) 국가별 동향

① J-Moss (일본 RoHS) 규제를 EU와 거의 동일하게 적용

> **J - Moss**
>
> The marking for presence of specific chemical substances for electrical and electronic equipment (전기전자 기기의 특정 화학물질 함유 표시)

② 미국의 각 주별 금지 제안 : 하와이, 일리노이, 메릴랜드 메인 등 각 주단위로 환경물질 전폐 법안이 있다.

③ 국내 : 한국 내에서 유통·판매되는 제품에 대해서는 국내법 (전기 · 전자제품 및 자동차의 자원순환에 관한 법률)의 적용을 받는다 (규제 대상 물질과 허용농도 측면에서 유럽의 RoHS와 동일 수준임).

제 18 장

공조 기초

 이상기체 (완전가스)

(1) 이상기체 방정식을 만족하는 기체를 말한다.

(2) 분자 사이의 상호작용이 전혀 없고, 그 상태를 나타내는 온도, 압력, 부피 사이에 '보일-샤를의 법칙'이 완전히 성립될 수 있다고 가정된 기체를 말한다.

(3) 상태 방정식 (Boyle-Charles 법칙의 또다른 표현)

$$PV = nRT$$

여기서, P : 압력 (N/m^2), V : 체적 (m^3), T : 절대온도 (273.15 + ℃)

n : 몰수 $\left(\frac{\text{입자수}}{6.02} \times 10^{23}\right)$, R : 일반 기체상수 (8.31 J/mol·K)

(4) '이상기체'의 가정

기체의 운동에 관한 여러 가지를 설명하기 위하여 기체의 운동에 대하여 다음과 같은 가정을 한다.

① 충돌에 의한 에너지의 변화가 없는 완전탄성체이다.
② 기체 분자 사이에 분자력(인력 및 반발력)이 없다.
③ 기체 분자가 차지하는 크기(부피, 용적)가 없다.
④ 기체 분자는 불규칙한 직선운동을 한다.
⑤ 기체 분자들의 평균 운동 에너지는 절대 온도(켈빈 온도)에 비례한다.
⑥ 줄-톰슨계수가 '0'이다.

(5) 이상기체와 실제기체의 차이

① 이상기체는 질량과 에너지를 갖고 있으나 자체의 부피를 갖지 않고 분자 간 상호작용이 존재하지 않는 가상적인 기체이다. 그러나 실제기체는 부피를 가지며 분자 간 상호작용이 있으므로 이상기체와 상당한 차이를 보인다.
② 실제기체 중에서 분자량이 작은 기체일수록 이상기체와 가까운 상태를 보인다.

③ 이상기체는 뉴턴의 운동법칙에 따라 완전 탄성충돌을 하므로 에너지 손실이 없고 분자 간 인력도 없으므로 온도와 압력을 변화시켜도 고체나 액체 상태로 변하지 않고 기체로 남으며 절대 0도에서 부피가 완전히 0이 된다. 그러나 실제 기체는 충돌 시 에너지 손실이 일어날 수 있고 온도와 압력에 따라 상태 변화를 일으키며 부피가 0이 되는 일은 없다.

④ 이상기체의 성질을 갖는 기체는 존재하지 않지만 실제기체가 상당히 높은 온도와 낮은 압력 상태에 있다면 분자 간의 거리가 멀고 기체분자의 속도가 빨라서 분자 간 상호작용을 극복할 수 있다. 이러한 조건에서 실제기체가 이상기체에 근접한다고 볼 수 있다.

2 비기체상수

(1) 임의기체상수, 가스정수 혹은 특수기체상수라고도 한다.
(2) 일반기체상수 (R)를 분자량 (몰질량)으로 나눈 값으로 표현한다.
(3) 임의기체상수를 이용한 상태방정식

$$PV = nRT = \frac{m}{M} \times RT = mR'T \text{ 혹은 } Pv = R'T$$

여기서, m : 기체의 질량 (kg), R': 임의 기체상수$\left(= \frac{R}{M}\right)$, M : 분자량
V: 기체의 체적(m^3), v: 기체의 비체적(m^3/kg)

3 보일의 법칙 (Boyle's law)

(1) 일정한 온도에서 일정량의 기체 부피(V)는 압력(P)에 반비례한다.
(2) 보일이 발견한 법칙으로 기체의 부피와 압력에 관한 서술이다.
(3) 이 법칙은 후에 이상 기체 상태 방정식을 유도할 때 샤를의 법칙과 함께 중요하게 쓰인다.
(4) 이를 식으로 나타내면,

$$PV = K$$

4 샤를의 법칙 (Charle's law)

(1) 일정한 압력에서 기체의 부피는 절대 온도에 비례한다.

(2) 샤를이 발견한 법칙으로 기체의 부피와 온도에 관한 서술이다.

(3) 이를 식으로 나타내면 $V=KT$ 로 정리된다.

$$\frac{V}{T}=K$$

5 보일-샤를의 법칙 (Boyle Charle's law)

(1) 기체의 부피와 압력에 관한 서술인 보일의 법칙과 기체의 부피와 온도에 관한 서술인 샤를의 법칙을 합성한 법칙이다.

(2) 기체의 부피는 압력에 반비례하고, 켈빈온도에 비례한다.

$$V \propto \frac{T}{P}$$

(3) 여기에 비례상수를 집어넣어 주면 $V=K\times\frac{T}{P}$가 된다.

$$\frac{PV}{T}=K$$

6 이상기체의 상태변화

(1) 정압변화 (Isobaric Change) : $PV=RT$ 공식에서 P(압력)가 일정하므로,

$$\frac{T_1}{V_1}=\frac{T_2}{V_2} \rightarrow \frac{T}{V} = \text{Constant}$$

(2) 정적변화 (Isochoric Change) : $PV=RT$ 공식에서 V(체적)가 일정하므로,

$$\frac{P_1}{T_1}=\frac{P_2}{T_2} \rightarrow \frac{P}{T} = \text{Constant}$$

(3) 등온변화 (Isothermal Change) : $PV=RT$ 공식에서 T(온도)가 일정하므로,

$$P_1V_1 = P_2V_2 \rightarrow PV = \text{Constant}$$

(4) 단열변화 (Adiabatic Change) : 계의 경계선에서 열의 이동이 없으므로,

$$\frac{T_2}{T_1}=\frac{P_2V_2}{P_1V_1}=\left(\frac{P_2}{P_1}\right)^{\frac{K-1}{K}} \rightarrow PV^K= \text{Constant}$$

◎ PV^K = Constant [K=정압비열(C_P)과 정적비열(C_V)의 비(= $\frac{C_P}{C_V}$)]

따라서, $P_1 V_1{}^K = P_2 V_2{}^K$

즉, $\left(\frac{V_2}{V_1}\right)^K = \frac{P_1}{P_2}$, $\frac{V_2}{V_1} = \left(\frac{P_1}{P_2}\right)^{1/K} = \left(\frac{P_2}{P_1}\right)^{-1/K}$

따라서, 보일샤를의 법칙 $\left(\frac{P_1 V_1}{T_1} = \frac{P_2 V_2}{T_2}\right)$을 다음과 같이 바꿀 수 있다.

$$\frac{T_2}{T_1} = \frac{P_2 V_2}{P_1 V_1} = \left(\frac{P_2}{P_1}\right)^{\frac{K-1}{K}}$$

7 계(System)

(1) 관찰 대상이 되는 일정량의 물질이나 공간의 어떤 구역을 '계'라고 한다.

(2) 다음과 같이 밀폐계, 개방계, 절연계로 나누어 볼 수 있다.

① 밀폐계 : 계의 경계를 통해 물질의 이동이 없는 계

② 개방계 : 계의 경계를 통해 물질의 이동이 있는 계

③ 절연계(고립계) : 계의 경계를 통해 물질이나 에너지의 전달이 없는 계

8 강도성 상태량과 종량성 상태량

상태량은 질량과의 관계 측면에서 다음과 같이 강도성 및 종량성 상태량으로 크게 대별해 볼 수 있다.

① 강도성 상태량 : 계의 질량에 관계없는 상태량(온도, 압력)

② 종량성 상태량 : 계의 질량에 정비례하는 상태량(체적, 에너지, 질량)

9 돌턴(Dolton)의 법칙

(1) 두 가지 이상의 서로 다른 이상 기체를 하나의 용기 속에 혼합시킬 경우, 기체 상호간에 화학 반응이 일어나지 않는다면 혼합 기체의 압력은 각각의 기체 압력의 합과 같다.

(2) 이것을 'Dolton의 분압법칙'이라고도 한다.

10 온도

(1) 섭씨온도 (Celsius Temperature : ℃)

표준 대기압 하에서 순수한 물의 빙점을 0, 비점을 100으로 하여 100등분한다.

(2) 화씨온도 (Fahreneit Temperature : ℉)

표준 대기압 하에서 순수한 물의 빙점을 32, 비점을 212로 하여 180등분한다.

→ 관계식 : ℉ = 1.8 ×℃ + 32

(3) 절대온도 (Absolute Temperature : K, 열역학적 온도)

① 열역학적으로 분자 운동이 정지한 상태의 온도를 0으로 하여 측정한 온도로 섭씨 −273.15℃가 절대 0도가 된다.

② 자연계에 존재하는 가장 낮은 온도

③ 열역학 제3법칙을 유도하는 과정에 발생한 개념으로 물질의 성질에 의존하지 않는 보편적인 온도이다.

④ 열역학 제3법칙 : 어떠한 이상적인 방법으로도 어떤 계를 절대 0도에 이르게 할 수 없다.

⑤ 중요 기체의 상변화 온도 (표준대기압 기준)

㈎ 액화천연가스 : −162℃

㈏ 액체산소 : −183℃

㈐ 액체질소 : −196℃

(4) 응용 (액화산소 제조법)

온도를 낮추면 먼저 액화되는 물질은 끓는점이 높은 산소이고 나중에 질소가 액화되며, 액화된 상태에서 온도를 상승시키면 끓는점이 낮은 질소가 먼저 기화하고 나중에 산소가 기화한다. 단, 산소가 액화될 때 약간의 질소도 액화되기 때문에 정류 (Rectification) 혹은 Distillation (증류하여 불순물을 거르는 것)을 거쳐서 순수한 산소를 생성한다.

11 온도 측정법

건구온도와 습구온도의 측정법은 다음과 같다.

(1) 건구 온도 (Dry bulb Temperature)

보통의 온도계로 측정한 온도 (즉, 감온부가 건조한 상태인 보통의 온도계로 측정한 공기의 온도)

(2) 습구 온도(Wet bulb Temperature)

봉상 온도계의 수은구 부분의 하난을 명주 또는 모슬린 등으로 싸서 그 한 끝부분을 물에 잠기게 하여 증발이 일어날 때 측정한 온도

12 습도(Humidity)

(1) 공기 중의 수증기량을 나타내는 척도

(2) 공기는 습증기(수증기)를 흡수하며, 그 양은 공기의 압력과 온도에 달려있다.

(3) 공기의 온도가 높을수록 더 많은 습증기를 흡수하고, 공기의 압력이 높을수록 더 적은 양의 습증기를 흡수한다.

(4) 종류

① 절대습도(Absolute Humidity) : 온도와 관계없이 1 kg의 건조공기 중에 포함되어 있는 수증기의 질량(kg/kg DA, kg/kg')

② 상대습도(Relative Humidity, 비교습도)

(가) 공기 중의 수증기량을 그 공기 온도에서의 포화수증기량에 대한 비율로 나타낸 값(%)

(나) 어떤 온도에서 공기 중의 수증기압과 포화수증기압의 비율 혹은 공기중 수증기량과 포화수증기량의 비율(%)

③ 습구(Wet Bulb) 온도

(가) 건구온도계의 감온부를 물로 적신 거즈로 싸고 읽은 온도(복사열 배제)

(나) 공기로부터의 현열이동과 물의 증발열이 열적으로 '동적 평형상태'를 이룰 때의 온도

13 현열과 잠열

(1) 물질의 상태변화에 관여하지 않고 온도변화에만 관여하는 열을 현열이라 하고, 반대로 물질의 상태 변화에 따라 흡수 혹은 방열하는 열을 잠열이라고 한다.

(2) 현열(Sensible heat, 감열)

① 물질의 상태변화 없이 온도변화에만 필요한 열

② 상태는 변하지 않고 온도가 변하면서 출입하는 열(온수난방, 수축열 등에 많이 이용됨)

(3) 잠열(Latent heat)

① 고체의 승화·융해, 액체의 기화 등 물질의 상태 변화에 따라 흡수하는 열량을 말

함 (반대일 경우에는 방출하는 열량)

② 온도는 변하지 않고 상태가 변하면서 출입하는 열 (증기난방, 방축열 등에 많이 이용됨)

③ 사례 (표준 대기압 기준)

㈎ 100℃ 물 → 100℃ 증기 : 기화 잠열 539 kcal/kg (≒ 2256 kJ/kg)

㈏ 0℃ 수증기 → 0℃ 물로 응축(응결) : 응축 잠열 597.5 kcal/kg (≒ 2501.6 kJ/kg)

㈐ 0℃ 얼음 → 0℃ 물 : 융해잠열 79.68 kcal/kg (≒ 334 kJ/kg)

㈑ '드라이 아이스'의 승화잠열 (−78℃) : 137kcal/kg (≒ 573.5 kJ/kg)

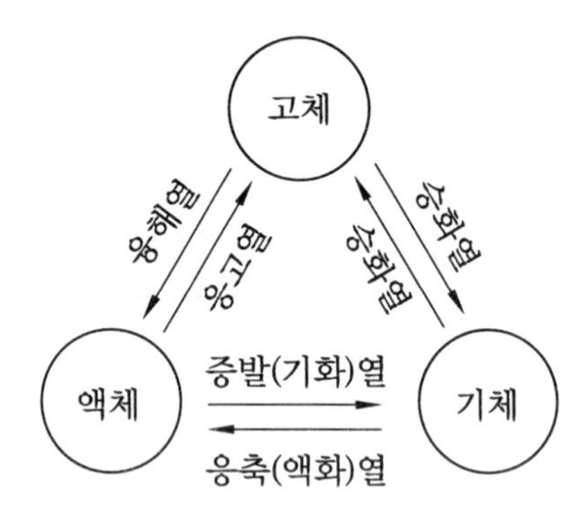

14 물의 상평형 곡선 ($P-T$ 선도)

(1) 물의 $P-T$ 선도

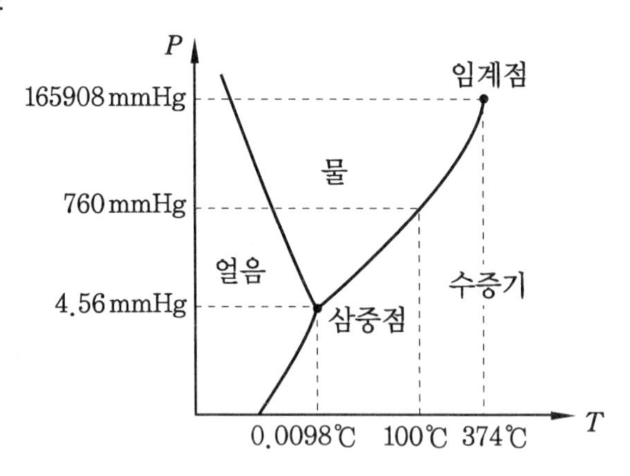

(2) 물의 $P-T$ 선도에 대한 해설

① 물의 $P-T$ 선도는 몇 개의 상 (고체, 액체, 기체) 사이의 평형상태를 나타낸 도표이다.

② 상 평형상태에 대한 도표를 그리기 위해서 주로 온도와 압력을 이용하며, 순물질

에서는 위와 같이 주로 평면에 그린다(단, 여러 성분이 섞여있는 계에서는 독립적으로 변하는 상태량이 많아 입체적으로 그리기도 한다).

③ 3중점

㈎ 상기 고상(얼음), 액상(물), 기상(수증기)의 3개의 상의 중심에 있는 점에서는 3개의 상이 공존하므로, 이 점을 삼중점이라 한다.

㈏ 이 점에서는 온도와 압력이 모두 일정하며, 그 중 어느 하나를 변화시키면 공존하는 3개의 상 중에서 적어도 한 상이 없어진다.

㈐ 물의 삼중점은 4.56 mmHg (0.006 atm), 0.0098℃이다.

④ 임계점

㈎ 상기 $P-T$ 선도의 우측 상단의 끝점을 임계점이라 한다.

㈏ 수증기는 이러한 임계점(374℃에서 165908 mmHg, 즉 218.3 atm) 이하의 온도와 압력에서는 액화시킬 수 있고, 온도가 374℃를 넘거나, 압력이 165908 mmHg 이상이 되면, 액화시켜 물을 만들 수 없다. 이러한 Point를 임계점(임계온도, 임계압력)이라고 한다.

15 제베크 효과(Seebeck Effect)

(1) 열전대를 처음 발견한 사람의 이름을 따서 'Seebeck Effect'라고 부른다.

(2) 1821년 독일의 Seebeck(제베크)는 구리(Cu)선과 비스무스(Bi)선, 또는 비스무스선과 안티몬(Sb)선의 양쪽 끝을 서로 용접하고 접합부를 가열하면 전위차가 발생하고 전류가 흐르는 현상을 발견하였다(→ Thermal electricity의 현상이라고도 한다).

(3) 이 현상은 온도차에 의해 전압, 즉 열기전력(thermoelectromotive force)이 발생하여 폐회로 내에서 전류가 흐르기 때문에 일어나는 것으로서 열전발전의 원리이기도 하다.

(4) 정의

① 두 개의 이종금속이 폐회로를 구성할 때 양접점의 온도차가 다르면 기전력이 발생하는 현상을 Seebeck Effect라고 한다.

② Peltier 효과(다른 종류의 도체 또는 반도체 접점에 전류를 흘리면 그 접점에 줄열외의 다른 종류의 열의 발생 또는 흡수가 일어나며, 전류의 방향을 바꾸면 열의 발생과 흡수도 바뀔 수 있는 현상)와는 반대 개념이다.

③ Thomson effect(균질한 금속에 온도 기울기가 있을 때 그것에 전류가 흐르면 열이 흡수되거나 방출되는 현상으로, 전류를 고온부에서 저온부로 흐르게 하면 철

(−)에서는 열을 흡수하고, 구리(+)에서는 열을 방출하는 것과 같은 현상)의 개념과도 구분이 필요하다.

(5) 용도(응용)

① 열전온도계(열전쌍 : Thermocouple) : 온도 측정 센서 분야에서 광범위하게 이용하고 있다.

② 열전반도체 : 다양한 종류의 열전반도체가 개발됨에 따라 이들을 응용하여 폐열을 이용한 발전설비(열전 변환장치)의 실용화에 관한 연구 및 개발이 많이 진행되고 있다.

16 톰슨효과(Thomson effect)

(1) 1851년 영국의 물리학자 켈빈(본명은 W.톰슨)이 발견한 현상이다.

(2) 1개의 금속도선의 각 부에 온도차가 있을 때, 이것에 전류가 흐르면, 부분적으로 전자(電子)의 운동에너지가 다르기 때문에 온도가 변화하는 곳에서 저항에 의한 줄열 이외의 열(Thomson Heat)이 발생하거나 흡수가 일어나는 현상(→열의 발생과 흡수는 전류의 방향에 따라 결정된다)을 톰슨효과라고 한다.

(3) 하나의 전도체 금속을 통해 전류가 흐를 때 그것은 Thermal Gradient를 갖고, 열은 열이 흐르는 방향으로 전류가 흐르는 어떤 한 점으로 방출된다.

(4) 특징

① 대체로 이 효과에 의해 발생하는 열은 전류의 세기와 온도차에 비례하며

② 단위시간을 취할 경우, 양자의 비는 도선의 재질에 따라 정해진 값을 취한다. 이 값을 톰슨계수 또는 전기의 비열이라 한다.

③ 관계식

$$\text{톰슨계수 } a = \frac{Q}{I \cdot \Delta T}$$

여기서, Q : 단위시간당 발열량, I : 전류, ΔT : 도체 양쪽의 온도차

(5) 실례

① 예를 들면 구리나 은은 전류를 고온부에서 저온부로 흘리면 열이 발생하고, 철이나 백금에서는 열의 흡수가 일어난다.

② 또 전류를 반대로 흘리면, 열의 발생흡수는 반대가 된다.

③ 단, 납에서는 이 효과가 거의 나타나지 않는다($a \fallingdotseq 0$). 따라서 열기전력 측정 시 기준물질로 사용된다.

④ 양단에 온도차가 있는 전선에 전기를 흘리게 되면 온도가 변화하는 곳에서 전자의 운

동에너지가 달라져 전기저항에 의한 열(전선 전체에 걸쳐 균일하게 발생하는 열) 이외에 더 큰 열이 발생하거나, 열을 뺏기어 차가워지는 현상(톰슨효과)이 발생한다.

17 줄-톰슨효과(Joule-Thomson effect)

(1) 유체는 교축과정에서 온도가 내려갈 수도, 올라갈 수도 혹은 변하지 않을 수도 있다.

(2) 교축과정 동안의 유체의 온도변화를 측정하는데 사용되는 Joule-Thomson 계수는 다음의 식으로 표현된다.

$$\mu = \frac{\Delta T}{\Delta P}$$

여기서, $\mu > 0$: 교축과정(압력 하강) 중 온도가 내려간다.
$\mu = 0$: 역전온도 혹은 이상기체
$\mu < 0$: 교축과정(압력 하강) 중 온도가 올라간다.

(3) 이 현상을 'Throttling 현상'이라고도 한다.

(4) Joule-Thomson 계수의 특징

① Joule-Thomson 계수는 다음 그림 (a) $T-P$ 선도에서 등엔탈피선의 기울기로 나타난다.

② 교축과정은 압력강하를 나타내므로 다음 그림 (a) $T-P$ 선도에서 오른쪽으로부터 왼쪽으로 진행된다.

③ 이때 그림 (a)의 역전온도선에서는 기울기가 0이 됨을 알 수 있다(역전온도 : 공기 = 487℃, 수소 = -72℃).

④ 수소는 역전온도가 낮아 상온에서 팽창시키면 오히려 온도가 상승한다.

⑤ 만약 교축과정이 역전온도선의 왼쪽에서 시작된다면 교축은 주로 기체온도의 감소를 가져온다(이 점은 가스를 액화시키는 냉동장치의 해석에 유용하게 사용된다).

(5) 냉각과정 설명

① 이상기체에서는 단열팽창(체적이 커지고, 압력이 떨어짐)이 온도가 일정한 상태에서 이루어진다.

② 수증기 등 일반기체는 단열 팽창 시 온도의 감소를 동반한다. 다음 그림 (b)에서 3→4 과정으로 변화 시(단열팽창) 온도 및 압력이 동시에 떨어진다(비체적은 증가).

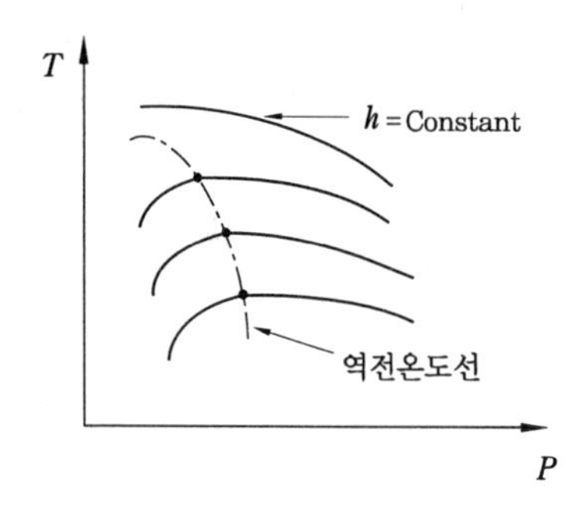

(a) 교축 과정에 의한 $T-P$ 선도

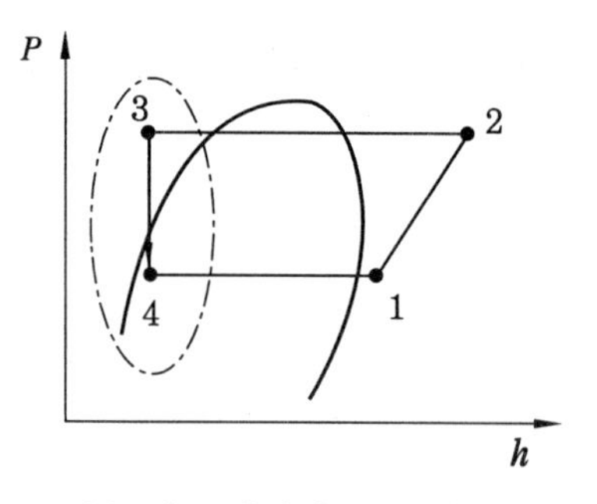

(b) 냉동 장치의 교축 과정

(6) Joule – Thomson 계수 사용 시 주의점

줄 – 톰슨 계수를 구하기 위해서는 온도(T) 및 압력(P)을 나타내는 포인트 두 개가 주어져야 하며, 그 기울기(혹은 미분값)가 줄–톰슨 계수를 의미한다(만약 포인트가 한 개만 주어졌다면 줄–톰슨 계수를 구할 수 없음).

18 건공기와 습공기

(1) 공기의 성분은 N_2, O_2, Ar, CO_2, H_2, Ne, He, Kr, Xe 등과 같은 여러 가지의 gas가 혼합되어 있다.

(2) 여기서 수증기 이외의 성분은 지구상에서 거의 일정한 양을 유지하나, 수증기는 기후에 따라 변화가 심하다.

(3) 이와 같이 수증기를 함유한 공기를 습공기(Moist Air, Humid Air)라고 하며, 수증기를 함유하지 않은 공기를 건공기(Dry Air)라고 한다.

19 포화공기

(1) 습공기 중의 절대습도 x가 차차로 증가하면 최후에는 수증기로 포화되는데 이 상태의 공기를 포화공기라 한다.

(2) 습공기 중에 수증기가 점차 증가하여 더이상 수증기를 포함시킬 수 없을 때의 공기를 포화공기(Saturated Air)라고 한다.

(3) 포화공기에 계속해서 수증기를 가하면 그 여분의 수증기는 미세한 물방울(안개)로 존재하는데 이를 Fogged Air라고 한다.

20 노점온도(Dew Point Temperature)

(1) 습공기가 냉각될 때 어느 온도에서 공기 중의 수증기가 물방울로 변화되며 이때의 온도를 노점온도(Dew Point Temperature)라고 한다.

(2) 노점온도는 공기 중에 포함되어 있는 수증기가 포화해서 이슬이 맺히기 시작할 때의 온도로 절대습도, 수증기 분압 등에 의해 결정된다.

(3) 포화공기의 온도 이하로 냉각된 고체의 표면이 있으면 공중의 수증기는 거기서 응결해서 이슬이 된다(→냉동 및 제습의 원리).

(4) 포화공기의 온도를 약간 더 떨어뜨리면 이슬이 생긴다.

21 상대습도(Relative Humidity, R.H.)

(1) 수증기의 분압(비중량)과 그 온도에 있어서의 포화공기의 수증기 분압(비중량)의 비를 말한다(습한 정도를 나타냄).

(2) 기호는 Ψ이고, 단위는 %이다.

(3) 계산식

$$\Psi = \frac{P_w}{P_s} \times 100\% = \frac{\gamma_w}{\gamma_s} \times 100\%$$

여기서, P_w : 어떤 공기의 수증기 분압 P_s : 포화공기의 수증기 분압
γ_w : 어떤 공기의 수증기 비중량 γ_s : 포화공기의 수증기 비중량

22 절대습도(AH : Absolute Humidity, Specific Humidity)

(1) 습공기 중에 함유되어 있는 수증기의 중량을 나타내는 것을 절대습도라고 한다. → 건공기 1kg 중에 포함된 수증기 X[kg]을 절대습도 X[kg/kg']로 표시한다.

(2) 여기서, 습공기의 중량은 $1+X$[kg]임을 알 수 있다.

(3) 동일한 포화수증기 분압을 갖는 상태에서는 상대습도가 커져도 절대습도는 증가하지 않는다.

(4) 계산식

$$X = \frac{\gamma_w}{\gamma_a} = 0.622 \cdot \frac{P_w}{P - P_w}$$

여기서, γ_w : 건공기 중 수증기 비중량　　　γ_a : 건공기의 비중량
P_w : 수증기 분압　　　P : 대기압

(5) 단위 : kg/kg' 혹은 kg/kgDA

23 포화도(Degree of Saturation, 비교습도)

(1) 습공기의 절대습도를 동일 온도에서의 포화습공기의 절대습도로 나누어 백분율로 나타낸 값

(2) 계산식

$$\Phi_s = \frac{X}{X_s} \times 100\%$$

여기서, Φ_s : 포화도(%), X : 어떤 공기의 절대습도(kg/kg')
X_s : 동일 온도에서의 포화공기의 절대습도(kg/kg')

24 단열포화온도(AST : Adiabatic Saturated Temp.)

(1) 완전히 단열된 공간의 에어워셔 사용 시와 같이 물로 하여금 공기를 포화시킬 때 출구공기의 온도를 단열포화온도라 한다.

(2) 완전히 단열된 용기 내에 물이 포화 습공기와 같은 온도로 공존할 때의 온도

(3) 습구온도(WB)의 열역학적 표현(풍속 = 5m/s 이상)이다.

25 습공기의 엔탈피

(1) 건공기의 엔탈피

$$h_a = C_p \cdot t = 0.24 \cdot t \text{ [kcal/kg]}$$

여기서, h_a : 엔탈피(kcal/kg = 4.1868 kJ/kg)
C_p : 건공기의 정압비열(≒ 0.24 kcal/kg℃ ≒ 1.005 kJ/kg·K)
t : 건구온도(℃, K)

(2) 수증기의 엔탈피

t [℃]인 수증기의 엔탈피는 0℃의 포화액의 증발잠열에 이 증기가 t [℃]까지 상승하는데 필요한 열량의 합이다.

따라서, t[℃]수증기 1kg의 엔탈피 h_v는

$$h_v = r + C_{vp} \cdot t$$

여기서, r : 0에서 포화수의 증발잠열 (= 597.5 kcal/kg ≒ 2501.6 kJ/kg)
C_{vp} : 수증기의 정압비열 (= 0.44 kcal/kg℃ ≒ 1.84 kJ/kg·K)

(3) 습공기의 엔탈피

① 습공기의 엔탈피 = 건공기의 엔탈피+수증기의 엔탈피

② 절대습도 X[kg/kg']인 습공기의 엔탈피 h_w[kcal/kg]은

$$h_w = h_a + X \times h_v$$
$$= C_p \times t + X(r + C_{vp} \times t)$$
$$= 0.24t + X(597.5 + 0.44t)$$

여기서, C_p : 건공기의 정압비열 (≒ 0.24 kcal/kg·℃ ≒ 1.005 kJ/kg·K)
X : 절대습도 (kg/kg')
597.5 : 0℃에서의 물의 증발잠열 (597.5 kcal/kg ≒ 2501.6 kJ/kg)
0.44 : 수증기의 정압비열 (= 0.44 kcal/kg·℃ ≒ 1.84 kJ/kg·K)
t : 습공기의 온도(℃, K)

예제 습공기선도 (Psychrometric Chart) 상에서 24 DB, 50 % RH인 습공기의 전열 (엔탈피)을 구하시오. (단, 절대습도 = 0.0092)

해설 습공기의 엔탈피 $h_w = h_a + X \times h_v$에서,
h_w = 0.24 × (24−0) + X (597.5 + 0.44 × 24)
≒ 0.24 × 24 + 0.0092 (597.5 + 0.44 × 24)
≒ 5.8 + 5.6 ≒ 11.4 kcal/kg

26 열수분비

(1) 습공기의 상태변화량 중 수분의 변화량과 엔탈피 변화량의 비를 말한다.

(2) 열수분비 (U) 계산식

$$U = \frac{\Delta h}{\Delta x}$$

여기서, Δh : 엔탈피 변화량 (kcal/kg = 4.1868 kJ/kg), Δx : 수분 변화량 (kg/kg')

(3) 가습 시의 응용

① 물분무 시

$U = t$[kcal/kg]

② 증기 분무 시

$$U = \frac{\Delta h}{\Delta x} = \frac{\Delta x(597.5 + 0.441t)}{\Delta x} = 597.5 + 0.441\,t\ \text{[kcal/kg]}$$

27 습공기 선도(Psychrometric chart)

습공기 선도에는 $h-x$ 선도(몰리에르 선도 : x를 종축, h를 사교축), $t-x$ 선도(캐리어 선도 : t를 횡축, x를 종축), $t-h$ 선도(t를 횡축, h를 종축)의 세 가지 응용좌표축이 있다.

(1) $h-x$ 선도(몰리에르 선도)

① 이 선도는 절대습도 x를 종축으로 하고 엔탈피 h를 여기에 사교하는 좌표축으로 선택해서 $h-x$의 사교좌표로 되어 있다.

② 실제로 작성된 선도에서는 그림의 하부에 건구온도(t)를 나타내고 있는 것이 많으며 건구온도선이 그 축에 대해서 수직으로 되어 있지 않고 상부로 감에 따라 차츰 열려 있는 것으로부터도 건구온도 t가 좌표축이 아닌 것을 알 수 있다.

(2) $t-x$ 선도(캐리어 선도)

① 이 선도는 절대습도 x를 종축에, 건구온도 t를 횡축에 취한 직교좌표로 습구온도 t'와 같은 습공기의 엔탈피 h는 건구온도가 달라져도 근사적으로 같은 값을 나타낸다.

② 단열 포화온도 항에서도 동일한 습구온도의 공기라도 포화공기의 엔탈피와 불포화공기의 엔탈피 사이에는 절대습도의 차에 의한 온도 t'인 물의 엔탈피분만큼 불포화공기의 엔탈피는 작은 값을 지닌다.

③ 열수분비 u대신에 SHF란 눈금이 있는데, 이것을 '감열비 눈금'이라고 부른다.

④ 건구온도선이 전부 평행으로 되어 있고 습구온도선을 이용하여 엔탈피의 값을 읽도록 되어 있다.

(3) $t-h$ 선도(습공기 엔탈피 선도)

① 건구온도 t[℃]를 횡축에, 포화공기의 엔탈피를 종축에 취한 것을 습공기의 $t-h$ 선도라고 한다.

② 냉각탑 등의 열전달(물질전달), 냉각식 감습장치 등의 해석에 많이 사용된다.

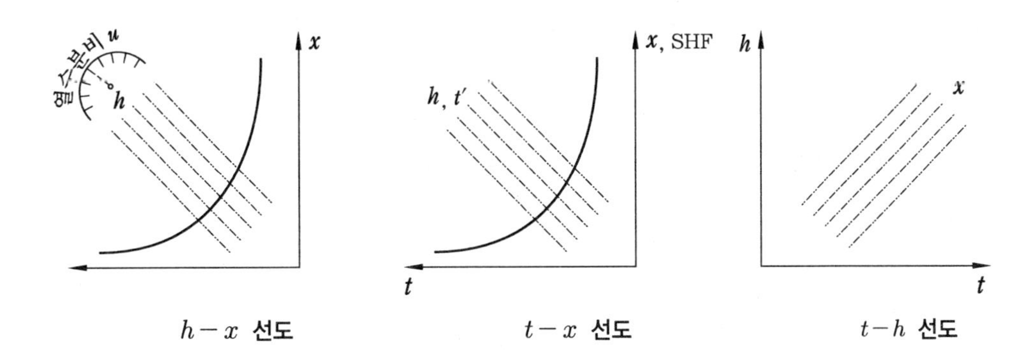

28 현열비(SHF : Sensible Heat Factor)

(1) 현열비는 엔탈피 변화에 대한 현열량의 변화 비율이다.

(2) 현열비는 실내로 송풍되는 공기의 상태를 정하는 지표로서 실내 현열부하를 실내 전열부하(= 현열부하 + 잠열부하)로 나눈 개념이다.

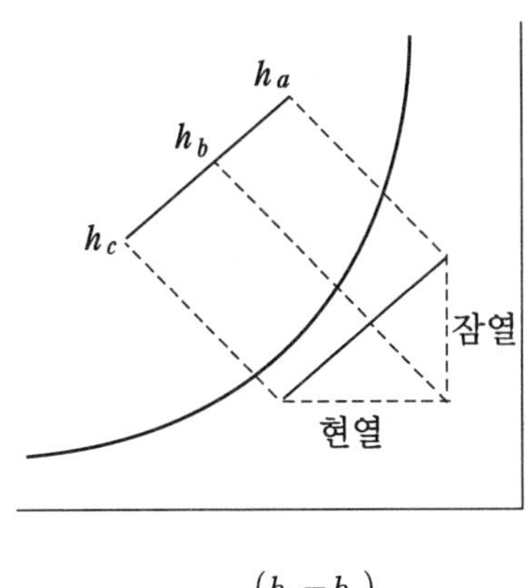

$$SHF = \frac{(h_b - h_c)}{(h_a - h_c)}$$

29 유효현열비(ESHF : Effective Sensible Heat Factor)

(1) 코일표면에 접촉하지 않고 bypass되어 들어오는 공기량도 실내측 부하에 포함되므로, 실내부하에 bypass량까지 고려한 현열비를 유효현열비(ESHF)라고 한다.

(2) 선도 설명

① GSHF(TSHF ; 총현열비) : 외기부하(OA)와 실내부하(RA)를 포함한 전체 현열비

$$\rightarrow \text{GSHF} = \frac{\text{총현열}}{\text{총현열} + \text{총잠열}}$$

② SHF (실 (室)현열비) : 실내부하만 고려한 현열비

$$\rightarrow \text{SHF} = \frac{\text{실 현열}}{\text{실 현열} + \text{실 잠열}}$$

③ ESHF (유효 현열비) : 실내부하(RA)에 bypass 부하를 고려한 현열비

$$\rightarrow \text{ESHF} = \frac{\text{유효실현열}}{\text{유효실현열} + \text{유효실잠열}}$$

④ ADP (Apparatus Dew Point : 장치 노점온도) : 상기의 '코일의 ADP' 혹은 '실내 공기의 ADP'를 말한다 (각 SHF선이 포화습공기선과 만나는 교점).

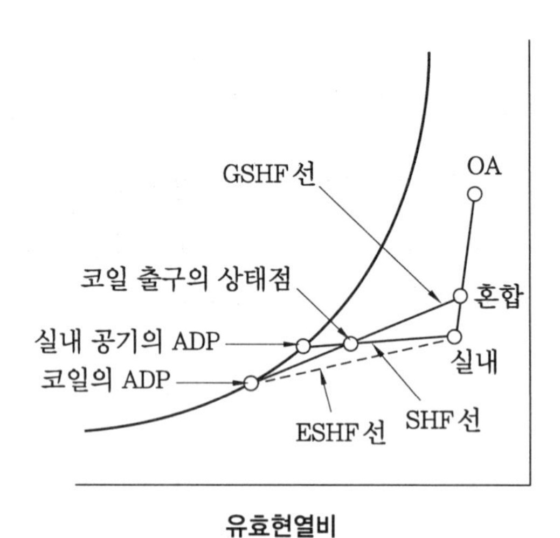

유효현열비

30 습공기선도상 Process

(1) 기본 프로세스 (8종)

가열(현열가열), 가습, 현열냉각, 감습, 가열가습, 냉각가습, 냉각감습, 가열감습

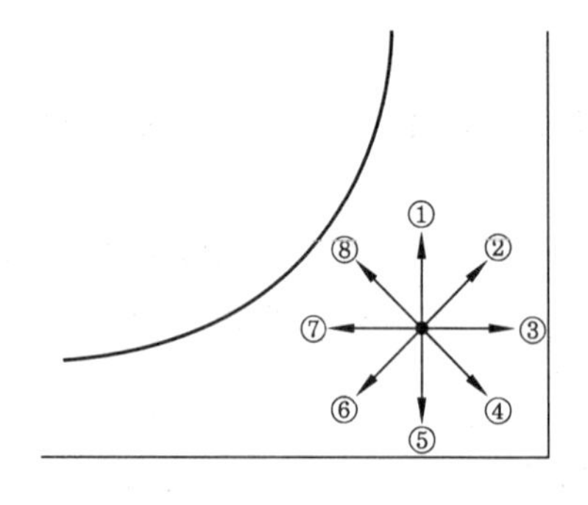

① 가습
② 가열가습
③ 현열가열
④ 가열감습
⑤ 감습
⑥ 냉각감습
⑦ 현열냉각
⑧ 냉각가습

(2) 혼합 + 냉각 + 재열

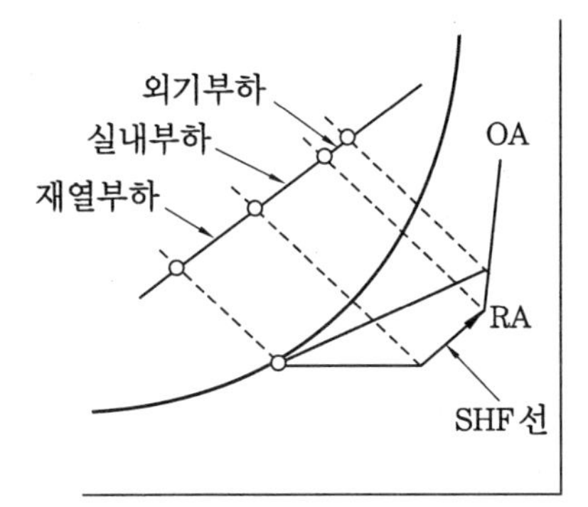

냉방부하 = 외기부하 + 실내부하 + 재열부하

(3) 혼합 + 가열 + 가습

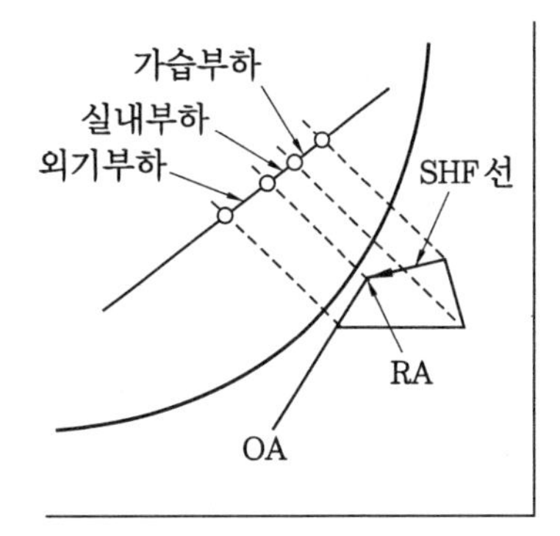

난방부하 = 외기부하 + 실내부하

(4) 예랭 + 혼합 + 냉각

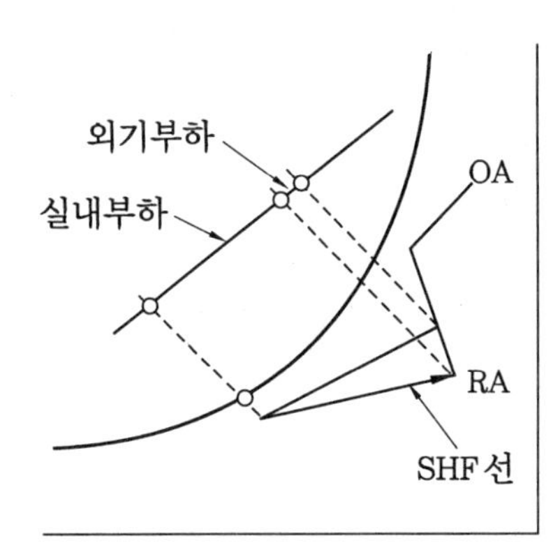

냉방부하 = 외기부하 + 실내부하

(5) 예열 + 혼합 + 가습 + 가열

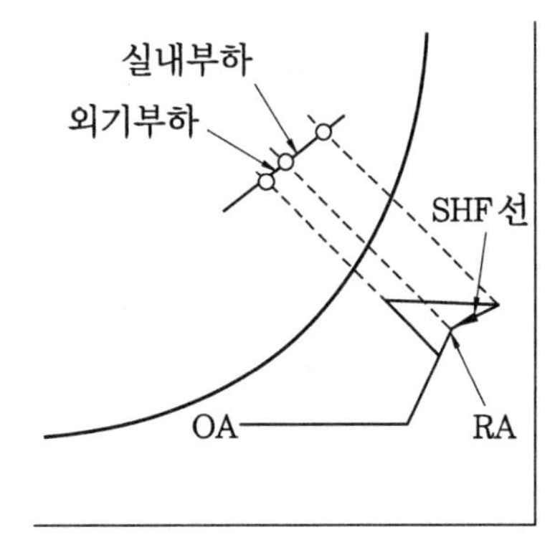

난방부하 = 외기부하 + 실내부하

(6) 혼합 + 냉각 및 바이패스 + 송풍기

① 장치도

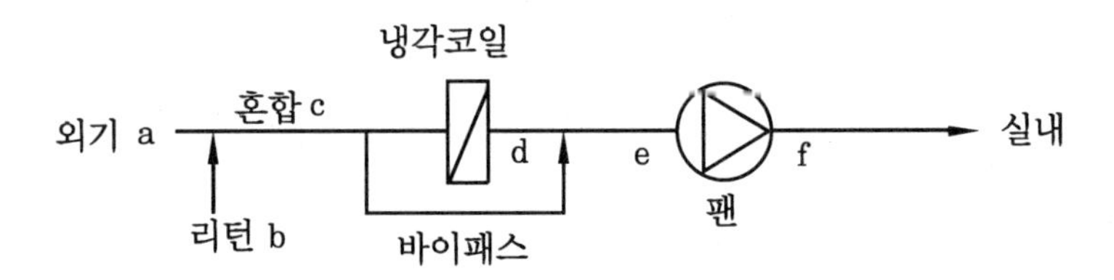

② 습공기 선도

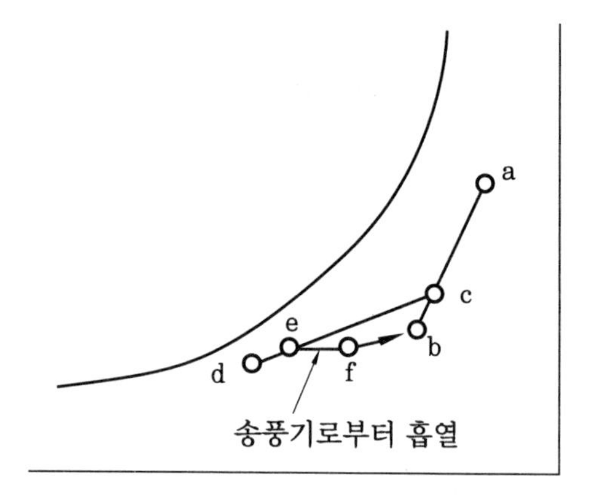

(7) 냉각제습 과정

① 장치도

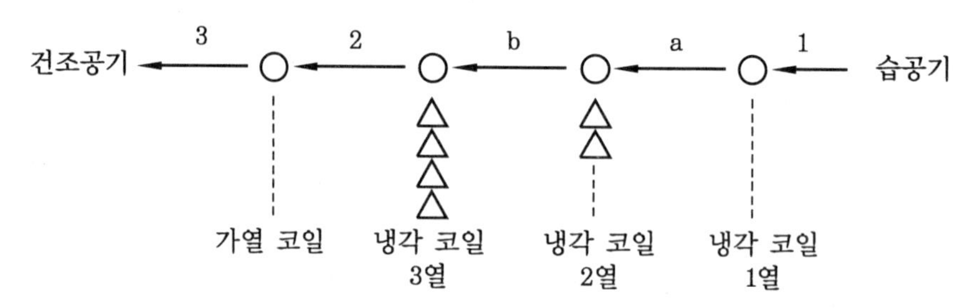

② 습공기 선도

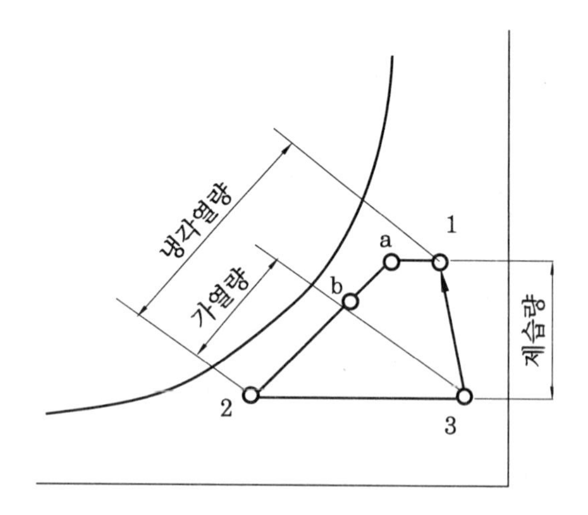

㈎ 제습(감습)량 $X = X_1 - X_3$

㈏ 냉각열량 $q_c = h_1 - h_2$

㈐ 가열량 $q_h = h_3 - h_2$

31 가습 방법

(1) 순환수에 의한 가습

① 물을 가열하거나 냉각하지 않고, Pump로 물을 노즐을 통하여 공기 중에 분무하는 방법

② 분무되는 물이 수증기 상태로 되기 위해서 주위 공기로부터 증발잠열을 흡수하고, 이를 다시 공기에 되돌려 주는 단열변화로 간주한다.

③ 예를 들어, 15의 순환수를 분무하면 $U=15$인 ⓐ→ⓑ 로 이동

$$U=C\cdot t=1\times15=15\ [\text{kcal/kg}]$$

(2) 온수에 의한 가습

① 순환수를 가열하여 분무하는 방법이다.

② 예를 들어 60℃ 온수로 분무가습 한다면 습공기 선도상에서 가습방향은 열수분비 $U=60$ 에 평행하게 ⓐ→ⓒ 로 이동

$$U=C\cdot t=1\times60=60\ [\text{kcal/kg}]$$

(3) 증기 가습

① 증기를 분무하여 가습하는 방법으로,

$$U=\frac{h}{X}=\frac{X(597.5+0.441ts)}{X}$$

② 예를 들어 100℃ 포화증기이면,

$$U=597.5+0.441\times100=641.6\ [\text{kcal/kg}]$$

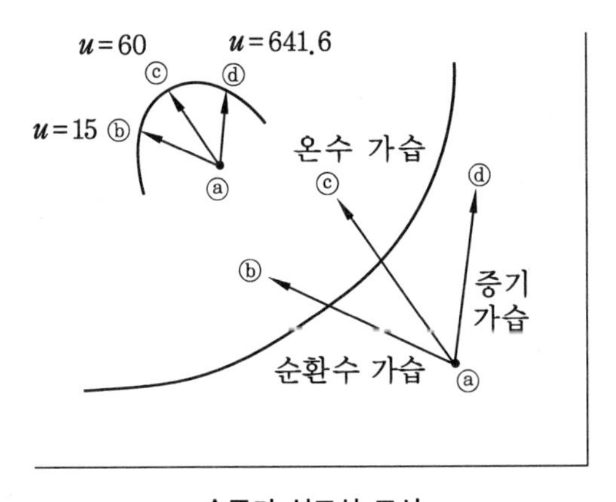

습공기 선도상 표시

32 건코일과 습코일

(1) 건코일(Dry Coil)

① 잠열부하가 없는 경우 현열부하만을 처리하기 위한 코일
② 온수, 증기, 전기히터, 노점 이상의 냉각코일 등이 있다.
③ 'Dry Coil + 제습기'로 전열부하(현열부하 + 잠열부하) 처리 가능
④ 증발기에서 나오는 응축수 처리가 곤란할 경우, 'Drainless 에어컨' 방식으로도 응용되고 있다.

(2) 습코일(Wet Coil)

① 현열부하와 잠열부하를 동시에 처리할 경우 사용
② 노점온도 이하의 냉각코일 : 냉수코일, 직팽코일 등

(3) 습공기 선도상 표현

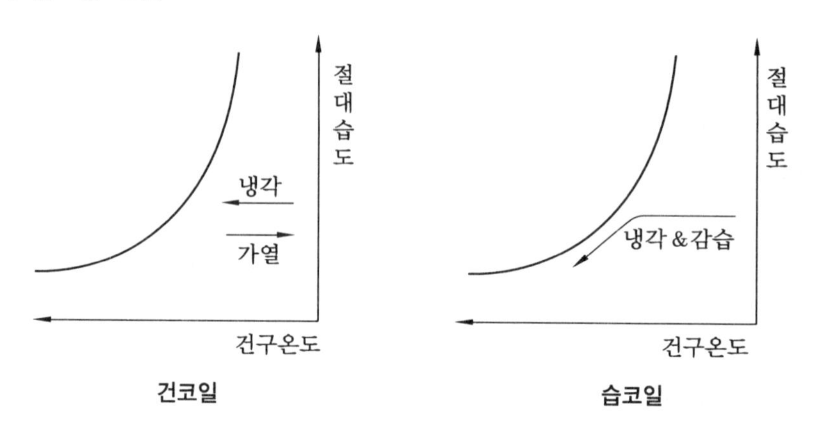

건코일 습코일

33 CF(Contact Factor)와 BF(Bypass Factor)

(1) 냉각코일이 습코일이며, Coil Row수가 무한히 많고, 코일통과 풍속이 무한히 느리다면 통과공기는 포화공기 온도(t_s)에 도달 가능하다.

(2) 그러나 실제로는 그렇지 못하므로, 냉·난방 과정에서 코일을 충분히 접촉하지 못하고 Bypass되어 들어오는 공기의 양이 존재한다.

(3) 전체의 공기량 중 Bypass되어 들어오는 공기의 양의 비율을 바이패스 팩터(BF)라 한다.

(4) 전체의 공기량 중 정상적으로 열교환기와 접촉되는 공기의 양의 비율을 콘택트 팩터(CF)라 한다.

(5) 따라서 다음의 관계식이 성립된다.

$$CF + BF = 1$$

(6) 냉방 시

일반적인 냉방과정을 습공기 선도상에 도시하면 다음과 같다.

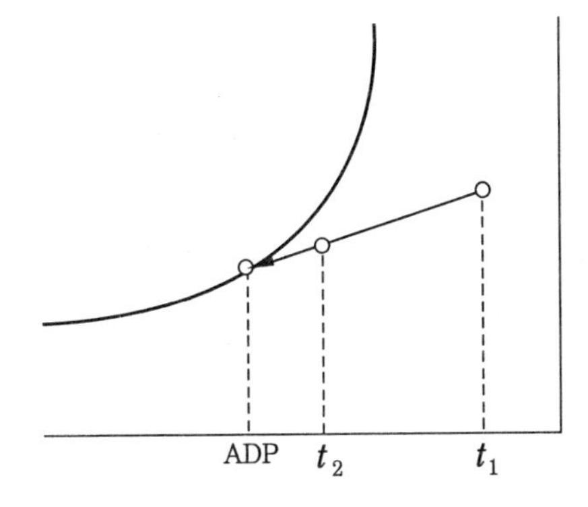

$$CF = \frac{t_1 - t_2}{t_1 - ADP}$$

$$BF = \frac{t_2 - ADP}{t_1 - ADP}$$

여기서, t_1 : 코일 입구공기의 온도
t_2 : 코일 출구공기의 온도
ADP : 장치노점온도

(7) 난방 시

일반적인 난방과정을 습공기 선도상에 도시하면 다음과 같다.

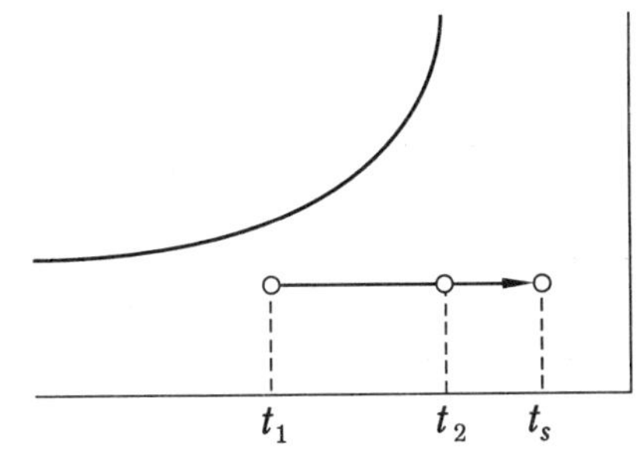

$$CF = \frac{t_2 - t_1}{t_s - t_1}$$

$$BF = \frac{t_s - t_2}{t_s - t_1}$$

여기서, t_1 : 히터 입구공기의 온도
t_2 : 히터 출구공기의 온도
t_s : 히터의 표면온도

(8) BF (Bypass Factor)를 줄이는 방법

① 열교환기의 열수, 전열면적, 핀수 (FPI) 등을 크게 한다.
② 풍량을 줄여 공기의 열교환기와의 접촉시간을 증대시킨다.
③ 열교환기를 세관화하여 효율을 높인다.
④ 장치 노점온도 (ADP)를 높인다.

34 덕트 내 압력 - 전압(全壓), 정압(靜壓), 동압(動壓)

(1) 동압(P_d = Dynamic Pressure = Velocity Pressure)

① 유체의 흐름방향으로 작용하는 압력

② 동압은 속도에너지를 압력에너지로 환산한 값

(2) 정압(P_s = Static Pressure)

① 유체의 흐름과 직각방향으로 작용하는 압력

② 정압 Ps는 기체의 흐름에 평행인 물체의 표면에 기체가 수직으로 미치는 압력이므로 그 표면에 수직 Hole을 통해 측정한다.

(3) 전압(P_t = Total Pressure)

① 전압은 정압과 동압의 절대압의 합이다.

② 계산식

$$P_t = P_s + P_d$$

(4) 단위 및 측정법

다음 그림처럼 마노미터를 설치하여 측정한다.

① 단위 : mmAq(Aqua), mmWG, mmH_2O, mAq

② 측정법

전압(a) = 정압(c) + 동압(b)

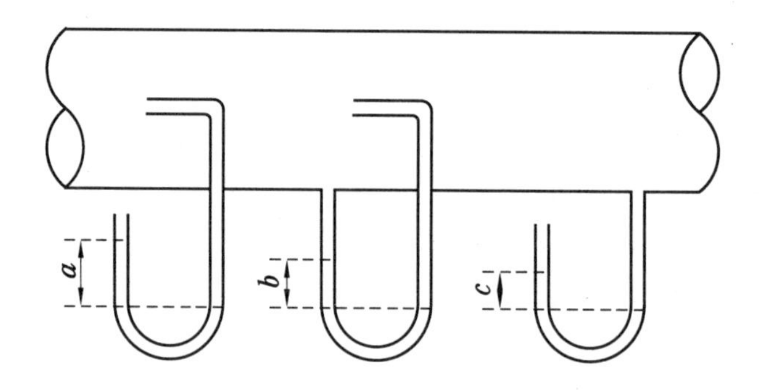

(5) 동압 계산식

$$\text{동압 } P_d = \frac{\gamma V^2}{2g}$$

여기서, V : Velocity [m/s]

γ : Specific weight [kgf/m^3]

g : 중력가속도 [m/s^2]

(6) 덕트 내 압력 변화

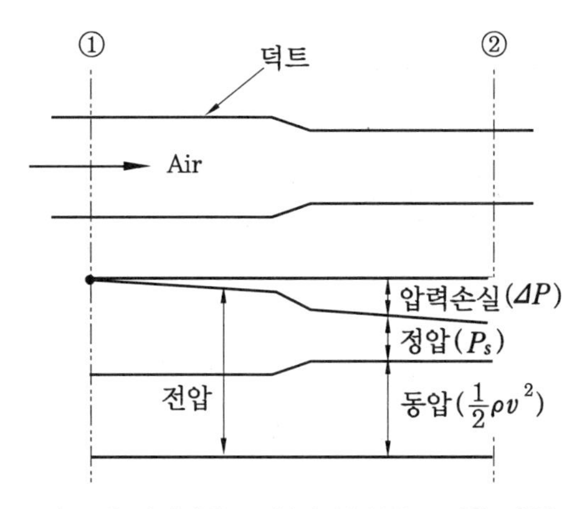

덕트 내 압력변화 도시(압력손실을 고려할 경우)

위 그림에서,

$$Ps_1 + \frac{1}{2}\rho v_1^{\,2} = Ps_2 + \frac{1}{2}\rho v_2^{\,2} + \Delta P$$

의 관계식이 성립된다.

35 굴뚝효과(Stack Effect ; 연돌효과)

(1) 연돌효과(煙突效果)라고도 하며, 건물 안팎의 온·습도차에 의해 밀도차가 발생하고 따라서 건물의 위아래로 공기의 큰 순환이 발생하는 현상을 말한다.

(2) 최근 빌딩의 대형화 및 고층화로 연돌효과에 의한 작용압은 건물 압력변화에 영향을 미치고, 냉·난방부하의 증가에 중요한 요소가 되고 있다.

(3) 외부의 풍압과 공기부력도 연돌효과에 영향을 주는 인자이다.

(4) 이 작용압에 의해 틈새나 개구부로부터 외기의 도입을 일으키게 된다.

(5) 건물의 위·아래쪽의 압력이 서로 반대가 되므로 중간의 어떤 높이에서 이 작용압력이 0이 되는 지점이 있는데, 이곳을 중성대라 하며 건물의 구조 틈새, 개구부, 외부풍압 등에 따라 다르지만 대개 건물 높이의 1/2 지점에 위치한다.

(6) 연돌효과의 문제점

① 극간풍(외기 및 틈새바람)부하의 증가로 에너지 소비량의 증가
② 지하주차장, 하층부식당 등에서의 오염공기의 실내유입
③ 창문개방 등 자연환기의 어려움
④ 엘리베이터 운행 시 불안정

⑤ 휘파람소리 등 소음 발생
⑥ 실내설정압력 유지 곤란(급배기량 밸런스의 어려움)
⑦ 화재 시 수직방향 연소확대 현상의 증대

36 굴뚝효과의 대책(개선 방안)

(1) 고기밀 구조의 건물구조로 한다.

(2) 실내외 온도차를 작게 한다(대류난방보다는 복사난방을 채용하는 등).

(3) 외부와 연결된 출입문(1층 현관문, 지하주차장 출입문 등)은 회전문, 이중문 및 방풍실, 에어커튼 등 설치, 방풍실 가압

(4) 오염실은 별도 배기하여 상층부로의 오염확산을 방지

(5) 적절한 기계환기방식을 적용(환기유닛 등 개별환기장치도 검토)

(6) 공기조화장치 등 급배기팬에 의한 건물 내 압력제어

(7) 엘리베이터 조닝(특히 지하층용과 지상층용은 별도로 이격분리)

(8) 구조층 등으로 건물의 수직구획

(9) 계단으로 통한 출입문은 자동닫힘구조로 할 것

(10) 층간구획, 출입문 기밀화, 이중문 사이에 강제대류 컨벡터 혹은 FCU 설치 등

(11) 실내 가압하여 외부압보다 높게 한다.

37 계절별 연돌효과(Stack Effect)

(1) 굴뚝효과(Stack Effect)는 건물 안팎의 공기의 밀도차(온·습도, 기류 등에 기인)에 의해 발생하므로 고층건물, 층간 기밀이 미흡한 건물, 대공간 건물, 계단실 등에서 심해진다.

(2) 겨울철 연돌현상에 대비하여 여름철 역연돌현상은 그 세기가 상당히 약하다(이는 실내·외 공기의 온도차에 의한 밀도차가 여름철이 겨울철 대비 훨씬 적기 때문임).

(3) 겨울철

① 외부 지표에서 높은 압력 형성 → 침입공기 발생
② 건물 상부 압력 상승 → 공기 누출

(4) 여름철(역연돌효과)

① 건물 상부 : 침입공기 발생
② 건물 하부 : 누출공기 발생

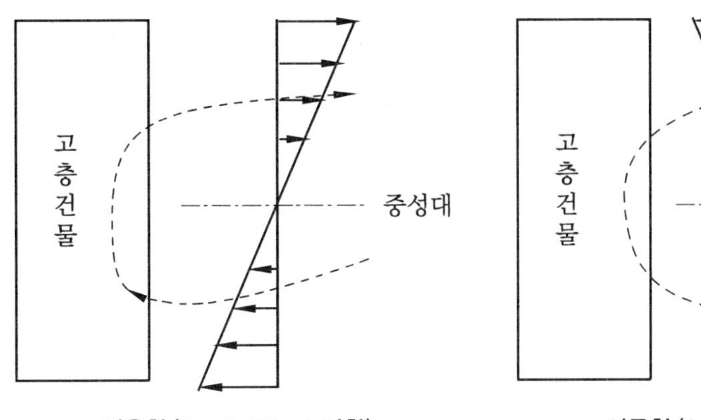

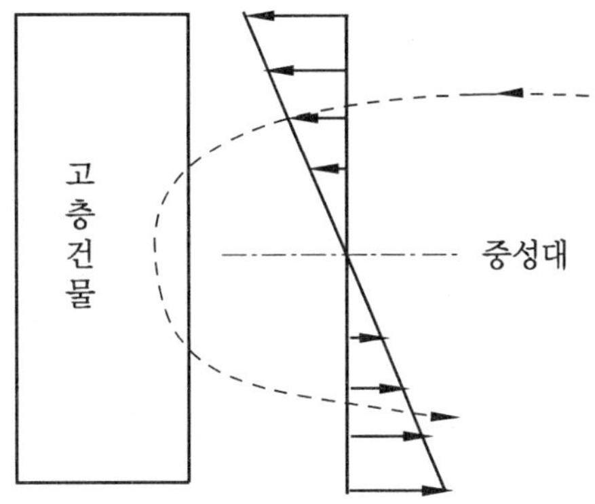

겨울철(Stack Effect 강함) 여름철(Stack Effect 약함)

(5) 중성대의 변동

① 건물로 강풍이 불어와 건물 외측의 풍압이 상승하면 중성대는 하강한다.
② 실내를 가압하거나, 어떤 실내압이 존재하는 경우 중성대는 상승한다.
③ 건물의 상부 개구부의 합계가 하부 개구부의 합계보다 크면 중성대는 올라가고, 하부 개구부의 합계가 상부 개구부의 합계보다 크면 중성대는 내려온다.

38 코안다 효과(Coanda Effect)

(1) 벽면이나 천장면에 접근하여 분출된 기류는 그 면에 빨려 들어가 부착하여 흐르는 경향을 가짐을 말한다(압력이 낮은 쪽으로 유도되는 원리를 이용).

(2) 이 경우에는 한쪽만 확산되므로 자유분출(난류 형성)에 비해 속도 감쇠가 작고 도달거리가 커진다.

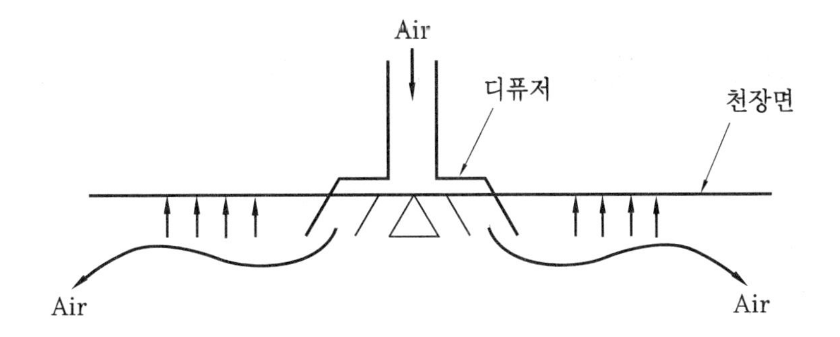

(3) 적용 예

① 주방 레인지 후드 : 음식을 조리할 때 생기는 냄새와 오염가스, 잉여열 등을 바깥으로 내보내는 기능을 원활히 하기 위해 주거공간 내부 벽을 따라 공기를 외부로 배출시키는 코안다 효과를 이용하는 경우도 있다 (코안다형 주방용 후드라고 함).

② Bypass형 VAV Unit에서의 ON/OFF 제어 : 다음 그림에서 댐퍼 A를 열면 급기측으로 공기가 유도되고, 댐퍼 B를 열면 Bypass쪽으로 공기가 유도된다(압력이 낮은 쪽으로 유도되는 원리).

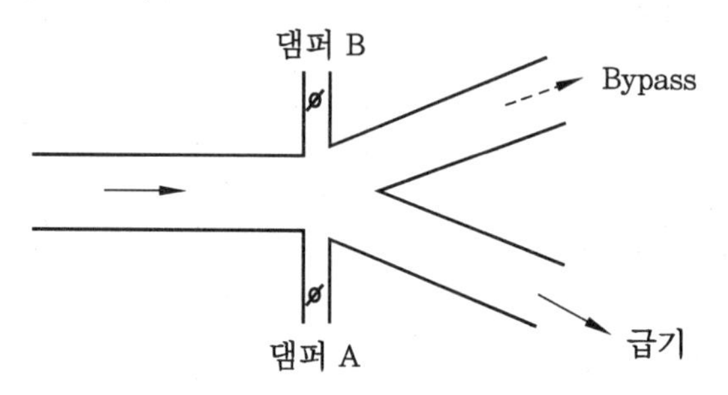

(4) 단점

천장, 벽면 등에 먼지가 많이 부착될 수 있다.

(5) 물리학적 측면의 정의

① 흐르는 유체에 휘어진 물체를 놓으면 유체도 따라 휘면서 흐르는 현상을 말한다.

② 코안다 효과를 간단히 말하면 유체가 흐르면서 앞으로 흐르게 될 방향이 어떻게 될 것인지를 아는 것이다(만약 곡관을 흐른다면 유체는 곡관을 따라서 휘면서 흐르게 된다).

③ 유체는 자기의 에너지가 가장 덜 소비되는 쪽으로 흐르는데 이를 코안다 효과라고 한다(즉, 유체는 자기가 앞으로 흐르게 되는 경로를 정확하게 파악하고 그에 따라서 흐르게 되는 것이다. 이러한 정보를 전달하는 속도가 마하 1이라는 속도이다).

④ 이보다 유체가 더 빨리 흐르는 경우에는 (마하 1이 넘는 경우, 즉 초음속인 경우) 이를 알지 못한다(정보가 전달되기 전에 유체가 흘러 버리니까 처음 흐르는 그대로 흐르게 되는 것이다).

39 SHF선이 포화공기선과 교차하지 않는 현상

(1) 원인

① 잠열부하가 클 때 (장마철 등)

② 지하공간에서 벽체 습량이 클 때

③ 인체 잠열부하가 클 때 등

(2) 결과

① SHF선이 급경사를 이루어 냉각코일이 토출공기 온도조건을 충족하기 어렵다.

② 실내 요구 습도를 맞추다보면 과냉각이 이루어져 Cold draft, 결로 등의 결과를 초래할 수 있고, 이를 해결하려면 적절한 재열장치가 필요하다.

(3) 해결책

① 혼합법 : 전량 외기 도입 공조 시 → 실내공기를 혼합해 준다.[그림 (a) 참조]

② 화학약품 감습 후 냉각법 : 실리카 겔, 리튬브로마이드 등 [그림 (b) 참조]

③ 냉각 후 재열방법(Reheating, Terminal Reheating) : [그림 (c) 참조]

(가) 냉각 및 재열의 2중 에너지 손실을 초래한다.

(나) 최근에는 에너지절약을 위해 현열비가 작은 경우에도 재열을 하지 않고 실내 상대습도가 조금 높아지는 것을 허용하는 경우가 많이 있다.

(다) 재열부하는 냉방부하(장치부하)에 포함시킨다.

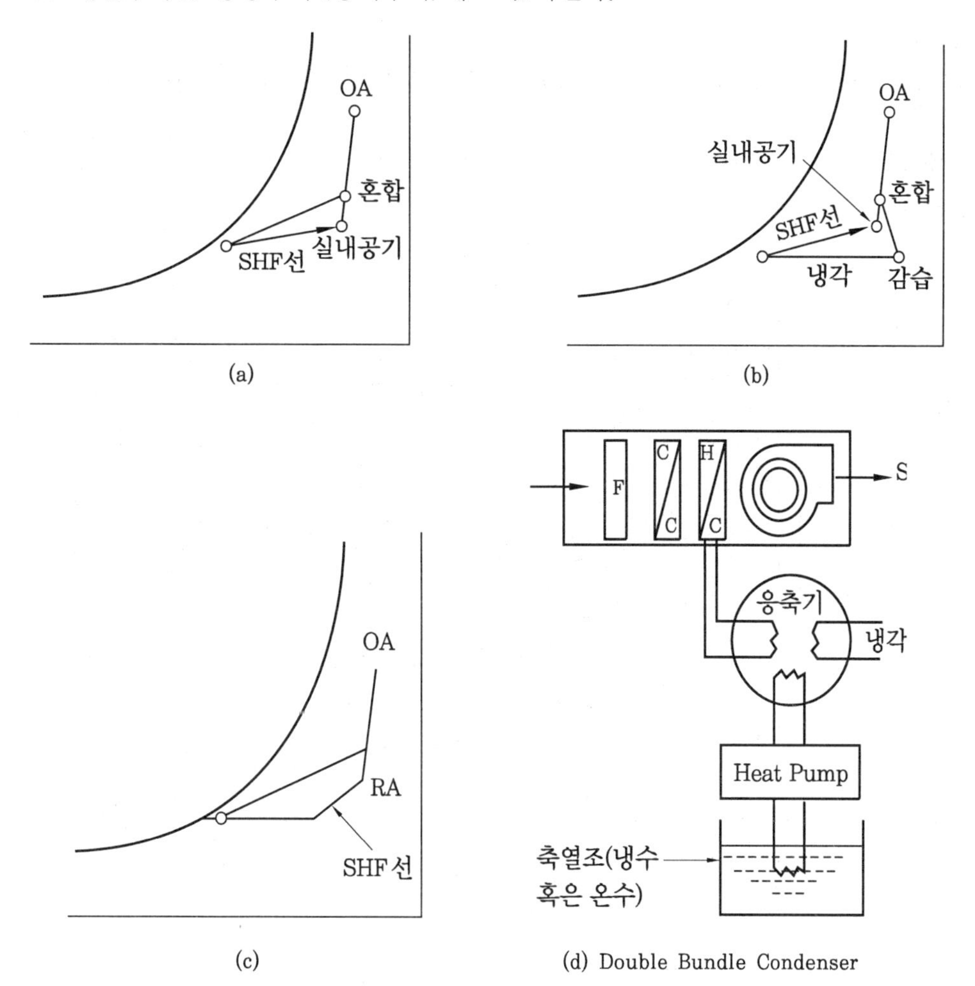

(a) (b)

(c) (d) Double Bundle Condenser

(4) 에너지 절약적인 해결책

① 냉각 후 이중응축기(Double Bundle Condenser)에 의한 재열[그림 (c), (d) 참조]

② 냉각 후 냉동기의 Hot Gas에 의한 재열[그림 (c) 참조]

40 재열부하

(1) 공조장치가 최소부하로 운전 시 혹은 감습 위해 과랭 시 지나치게 취출온도가 낮아지지 않게 송풍계통의 도중이나, 공조기 내에 가열기를 설치하여 자동제어로 Control 해준다. 이때의 가열기부하를 '재열부하'라 한다.

(2) 재열부하는 취출온도를 일정하게 해줄 수 있는 장점이 있지만, 결국은 에너지 낭비적인 요소이기 때문에 지나치게 사용하면 에너지효율 측면에서 불리해진다.

(3) 가열기 부하로 폐열, 이중응축기 등을 이용해 에너지 절감을 유도할 필요가 있다.

41 무디 선도(Moody Diagram)와 레이놀즈수(Reynolds Number)

(1) Moody Diagram(무디 선도)는 유체가 흐르는 관의 '마찰계수'를 구하는 선도이다.

(2) 함수식 : $f = F\left(Re, \dfrac{e}{d}\right)$

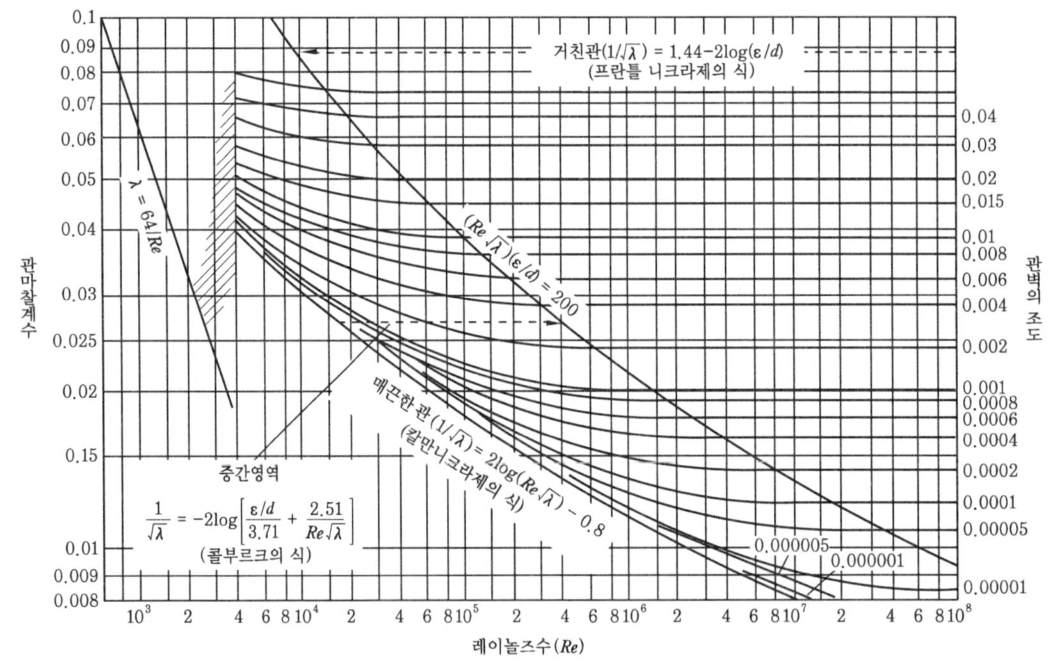

㈜ Re < 2300 에서의 마찰계수(f)는 Re만의 함수, 즉 $f = \dfrac{64}{Re}$

(4) 레이놀즈수(Reynolds Number)

① 레이놀즈 넘버는 층류와 난류를 판별하는 척도이다.

② 관성력을 점성력으로 나눈 값이며, 단위는 무차원이다.

③ 계산식

$$Re\text{(Reynolds Number)} = \frac{\text{관성력}}{\text{점성력}}$$

즉,

$$Re = \frac{VL}{v}$$

여기서, V : 속도(m/s), L : 길이(m), v : 동점성계수(m^2/s)

④ 임계 레이놀즈수

(가) 임계 레이놀즈수 이하인 경우는 층류라 하고, 그 이상인 경우는 난류라고 한다.

(나) 평판형의 경우

㉮ 정사각형 : 약 2200 ~ 4300

㉯ 직사각형 : 약 2500 ~ 7000

(다) 원통형의 경우 : 약 2300

(5) 층류 · 난류 · 임계영역의 구분

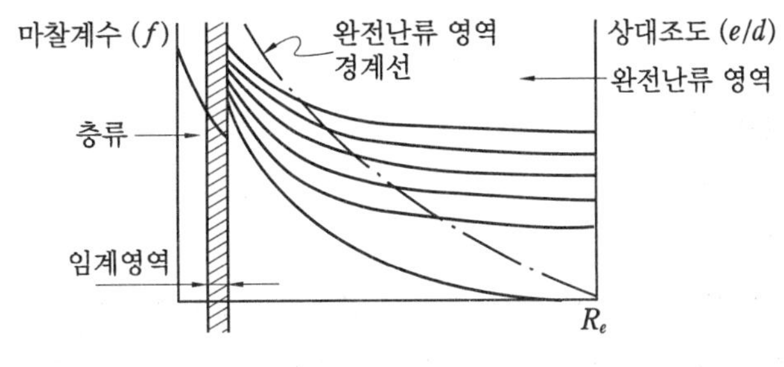

층류 · 난류 · 임계영역

42 투습량 및 투습잠열

투습 저항과 투습 비저항에 의해 투습계수를 계산하고, 계산한 투습계수에 의해 다시 투습량 및 투습잠열을 계산 가능하다.

(1) 투습 저항(N)

투습을 방해하는 정도(면적 기준)를 나타낸다($m^2 \cdot h \cdot mmHg/g$, $m^2 \cdot s \cdot Pa/ng$).

(2) 투습 비저항(n)

투습을 방해하는 정도(길이 기준)를 나타낸다($m \cdot h \cdot mmHg/g$, $m \cdot s \cdot Pa/ng$).

(3) 투습계수 (k_w)

투습의 정도를 나타낸다 ($g/m^2 \cdot h \cdot mmHg$, $ng/m^2 \cdot s \cdot Pa$).

$$k_w = \frac{1}{N_i + \Sigma l \cdot n + N_o}$$

여기서, N_i : 구조체 내측 투습저항
$\Sigma l \cdot n$: (각 벽체의 두께 × 투습비저항)의 합산
N_o : 구조체 외측 투습저항

(4) 투습량 (g/h, ng/s)

$$W = k_w \cdot A \cdot \Delta P_w$$

여기서, k_w : 투습계수 ($g/m^2 \cdot h \cdot mmHg$, $ng/m^2 \cdot s \cdot Pa$)
A : 구조체의 투습면적 (m^2)
ΔP_w : 구조체 내·외 분압차 (mmHg, Pa)

(5) 투습에 의한 잠열 (kcal/h)

$$q_L = 0.597 \cdot W = 0.597 k_w \cdot A \cdot \Delta P_w$$

혹은,

$$q_L = 700 k_w \cdot A \cdot \Delta x$$

여기서, W : 투습량 (g/h, ng/s), Δx : 구조체 내·외 절대습도의 차이

43 습도 측정기

(1) 간이 건습구 온도계

① 원리는 건조한 상태의 온도를 측정하는 온도계(건구)와 물에 젖은 거즈로 싼 젖은 상태의 온도를 측정하는 온도계(습구)를 조합하여 두 개의 온도 측정값을 비교한다.

② 일정한 온도와 압력 하에서 기체가 갖는 습도에 따라 기화하는 물의 양이 비례하고, 이때 기화열로 인해 습구의 온도가 건구의 온도보다 낮게 나타나므로 습도가 낮을수록 온도편차가 커진다.

③ 간이 건습구 온도계의 경우 풍속에 따라 건구와 습구 사이의 열전달에 영향을 미치므로 풍속이 1m/s 이하에서 사용이 권장된다.

④ 간이 건습구 온도계는 ±5 % R.H. 이상의 낮은 정확도를 가지며, 물이나 거즈가 오염되면 오차가 커지기 때문에 관리하기가 불편하다는 단점이 있다.

(2) 아스만 통풍건습계 (Assmann ventilated psychrometer)

① 측정오차에 대한 풍속의 영향을 최소화하기 위해 강제 통풍장치를 이용하여 설계된 건습구습도를 측정하는 방식이다.

② 평행으로 늘어선 건구용 및 습구용의 두 온도계와 온도계의 지지부를 겸한 통풍관, 머리부의 통풍팬 등으로 구성된다.

③ 팬에 의해 흡입된 공기는 두 개의 원통 아랫부분으로 들어가서 각각의 온도계의 주위를 지나 통풍통 상부로 빠져나가게 되어 있다.

④ 한쪽 온도계의 감온부는 거즈 등으로 싸서 물로 적시게 되어 있고, 일반적으로 이것을 습구, 그 온도를 습구온도, 다른 쪽 온도계의 감온부를 건구, 그 온도를 건구온도라고 하며, 기온은 건구가 나타내는 온도로 표현한다.

⑤ 기기의 외부는 니켈 도금이 되어 있고, 열이 전달되지 않도록 설계되어 있다.

⑥ ±1%R.H. 이내의 정확도로 측정 가능하며 통풍모터를 적어도 12분 이상 돌려 건구온도계와 습구온도계의 주변에 2.4m/s 이상의 풍속을 유지해야 한다.

⑦ 측정하기 전 습구에 감겨있는 거즈를 물에 흠뻑 적신 다음 측정환경에 충분한 시간 동안 방치하여 안정한 온도를 표시하도록 한다.

⑧ 위와 같이 준비하여 가동한 후 수 분(8~10분) 이상 경과하여 습구온도가 최솟값을 지시할 때 온도눈금을 읽는다.

(3) 노점 습도계

① 측정하려는 공기 중의 수증기 분압이 포화상태에 이르렀을 때, 온도와 압력이 변하지 않는 열역학적 평형상태에서는 측정하려는 공기 주변에 이슬 또는 서리가 맺히면 이때의 상대습도는 100%R.H.이며, 이때의 온도를 원래 측정하려는 공기의 노점(dew point temperature)이라고 할 수 있다.

② 그 종류는 매우 다양하며 대표적인 종류는 아래와 같다.

㈎ 자동노점계 방식 : 습도를 직접적으로 측정하는 몇 안 되는 방법 중 하나이며 5%R.H. 이상되는 기체의 수증기를 측정하는 가장 정확한 방법이다.

㈏ 수정노점습도계(quartz oscillator dew-point hygrometer) 방식 : 수정진동자에 흡습성이 있는 폴리아미드 수지 박막을 증착시켜 수정진동자의 질량 변화에 대해 고유진동수의 변화가 생기는 원리를 이용하는 방식이다.

㈐ Alnor 노점계 방식 : 측정하려는 가스를 밀폐되고 외부와 단열된 용기에 수동 펌프로 빨아들인 후 적절한 압력을 압축시키고, 어느 정도 적정한 압력이라고 판단되면 팽창실로 순간적으로 팽창시키고 안개가 나타나는 임계압력과 온도와의 상관관계로 노점을 계산하는 방식이다.

(4) 고분자 박막형 습도계(thin film digital hygrometer)

① 감습부의 전기저항이 흡습, 탈습에 의해 변화하는 것을 이용한 습도계로서 감습부의 함유 수분이 피측정 기체의 습도와 균형을 유지할 때의 전기저항을 측정하고 감습부의 저항특성에 의해서 상대습도를 구하는 측정 방식이다.

② 습기를 포함한 물은 순수가 아닌 이상 어느 정도의 전기저항을 갖게 된다. 특히 공기 중에 존재하는 습기는 공기 중의 많은 무기물을 함유하고 있어서 도체의 역할을 하게 되는데, 이 습기가 흡습성이 강한 소자면에 흡수되면 전극 사이의 전기저항을 변화시키는 것을 응용하여 습도를 측정하는 방식이다.

③ 여기에 사용하는 감습 소자는 얇은 유리 박막에 염화리튬을 바르고 전극을 붙인 것이다. 이렇게 만든 소자는 습도가 증가하게 되면 전기저항이 급격히 감소하는 성질이 있으며 온도가 높을수록 전기저항이 적어서 정확도가 ±2 % R.H. 정도이며 기체의 압력이나 풍속의 영향이 없다.

④ 고습도 영역의 측정이 가능하고 다른 기체의 영향을 쉽게 받지 않고 장기적으로 안정성을 유지할 수 있으나 저습도 영역에서는 측정이 어렵다.

⑤ 일반적으로 10 % R.H. 이하의 저습도의 측정에는 적합하지 않다.

(5) 모발 습도계 (hair hygrometer)

① 습도 변화에 따른 모발의 흡습·탈습에 의한 팽창·수축을 이용한 습도제어기 방식으로, 습도를 자동으로 측정하여 기록할 수 있는 장치이다.

② 보통은 바이메탈을 이용하여 온도도 동시에 기록한다.

③ 모발의 장력은 온도에 대한 의존도가 커서 0℃ 이하에서는 모발이 손상될 수 있으며 20 % R.H. 이하의 값은 신뢰할 수가 없다는 단점이 있다.

④ 천연모발을 사용하는 경우에는 전처리를 할 때 조직을 파괴하지 않고 에틸에테르, 벤젠, 묽은 칼륨, 탄산나트륨을 사용하여 탈지(grease removing)하는 것이 중요하고 감습(dehumidification) 특성을 향상시키기 위하여 압연처리와 화학처리를 한다.

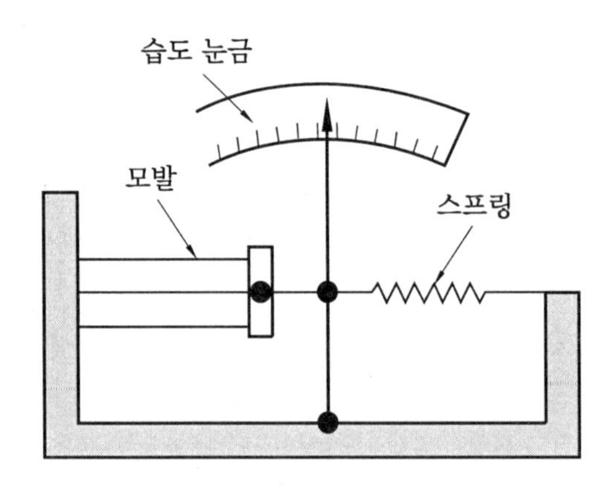

모발 습도계 (hair hygrometer)

제 19 장

냉동 기초

1 열량(cal, kcal)

순수한 물 1 g (1 kg) 을 760 mmHg 압력 하에서 14.5℃에서 15.5℃까지 올리는데 필요한 열량을 1 cal (1kcal) 라 한다.

2 비열(Specific heat)

(1) 단위

kcal/kg·℃ 혹은 cal/g·℃, J/kg·K 등

(2) 정의

어떤 물질 1kg (g)을 1 높이는 데 필요한 열량

(3) 종류

① 정적비열(C_v) : 기체의 경우 체적을 일정하게 유지하고 가열할 경우의 비열

② 정압비열(C_p) : 기체의 경우 압력을 일정하게 유지하고 가열할 경우의 비열

③ 액체나 고체에서는 정적비열(C_v)과 정압비열(C_p)의 차이가 거의 없으므로, 보통 '비열'이라고 한다.

(4) 대표 물질의 비열

① 공기

㈎ 공기의 정적비열 (C_v) = 0.17 kcal/kg·℃ ≒ 0.712 kJ/kg·K

㈏ 공기의 정압비열 (C_p) = 0.24 kcal/kg·℃ ≒ 1.005 kJ/kg·K

㈐ 공기의 단위체적당 정압비열 (C_p) ≒ 0.29 kcal/m^3·℃ ≒ 1.206 kJ/m^3·K

② 물의 비열 = 1 kcal/kg·℃ = 4.1868 kJ/kg·K

③ 얼음의 비열 = 0.5 kcal/kg·℃ = 2.0934 kJ/kg·K

(5) 평균비열

① 물질의 비열(C)은 온도의 함수이므로, 온도가 t_1에서 t_2까지 변할 경우 그 임의의 경로를 따라서 적분을 행한 다음, 온도차로 나누어 비열의 평균값(C_m)을 구할 수 있다.

② 평균비열(C_m) 계산 공식

$$C_m = \frac{1}{t_2 - t_1}\int_1^2 C dt$$

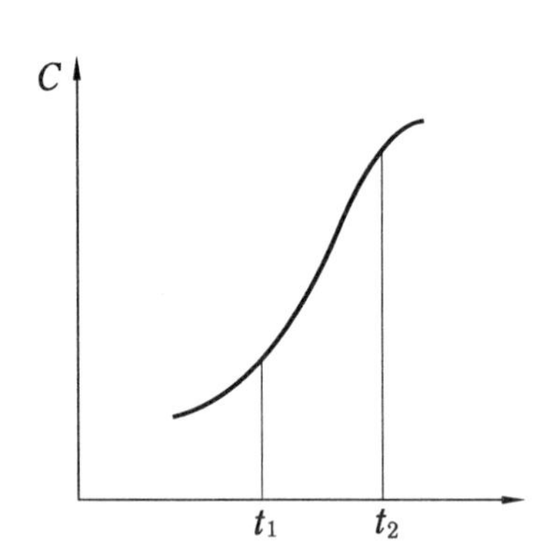

3 비중 (比重, specific gravity)

어떤 물질의 질량과 이것과 같은 부피를 가진 표준물질의 질량과의 비를 말한다.

(1) 표준물질

① 고체 및 액체의 경우 : 보통 1atm, 4℃의 물을 취한다.

② 기체의 경우에는 0℃, 1atm 하에서의 공기를 취한다(공기밀도).

(2) 비중은 온도 및 압력(기체의 경우)에 따라 달라진다.

4 열용량

(1) 어떤 물질의 온도를 1℃ 올리는데 필요한 열량을 말하고, 열용량이 작은 물체는 조금만 열을 가해도 쉽게 온도 변화한다.

(2) 같은 질량의 물체라도 열용량이 클수록 온도 변화가 작고 가열시간이 많이 소요된다.

(3) 단위 : J/K, kcal/℃ 등

(4) 관계식 : 열용량 = 비열 × 질량

5 비체적

(1) 유체, 냉매 등의 물질 1 kg이 차지하는 체적 (m^3)
(2) 단위 : m^3/kg, cm^3/g 등

6 임계온도

물질의 임계온도는 물질에 적용된 압력에 관계없이 물질이 액화되는 최대온도를 말한다(냉매 응축온도는 임계온도 이하이어야 함).

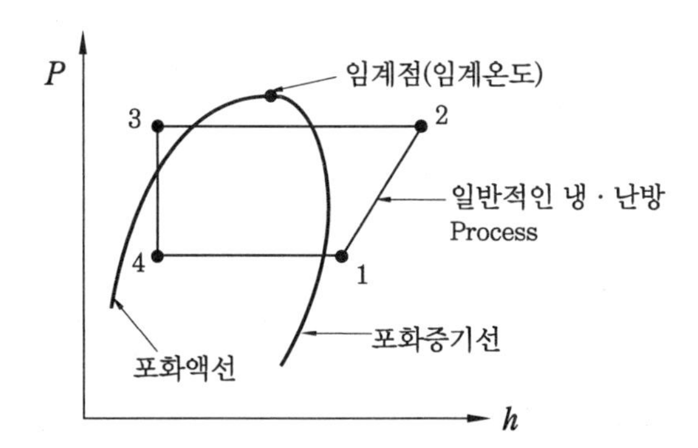

7 비중량

(1) 어떤 물체의 단위 체적당의 중량(무게)을 말한다.
(2) 중량(무게)을 단위 체적(부피)으로 나누어 계산한다.

$$비중량 = \frac{중량}{부피}$$

(3) 단위 : kgf/m^3, N/m^3 등

8 밀도

(1) 단위 체적당의 질량을 말한다.
(2) 질량을 체적(부피)으로 나누어 계산한다.

$$밀도 = \frac{질량}{부피} = \frac{비중량}{중력가속도}$$

(3) 단위 : kg/m^3, $kgf \cdot s^2/m^4$ 등

9 프레온계 냉매

(1) 프레온계 냉매는 가장 원시적인 CFC (오존층 파괴)를 비롯하여 HBFC와 HCFC (대기권에서 분해), HFC (ODP가 거의 0이기 때문에 대체냉매로 각광, 그러나 GWP가 높아 교토의정서의 규제 대상 물질), IFC (대기권에서 분해, 독성 우려), 불화알킨류 (대기권에서 분해) 등이 있다.

(2) CFC (Chloro Fluoro Carbon)

① CFC는 냉동, 냉장, 공조기의 Freon계 냉매와 질식소화제 Halogen 약제 등에 주로 사용된다.

② 성층권 밖의 오존층 파괴, 태양 자외선 통과 및 온실효과 (Green house attack) 등을 초래한다.

③ 몬트리올의정서(1987.9)에 따라 1996년 이후 전면적으로 금지되고 있다.

④ R11(CCl_3F), R12(CCl_2F_2), R502 등은 대표적인 CFC 계열의 냉매이다.

(3) HBFC (Hydro Bromo Fluoro Carbon)

수소를 첨가하여 할로겐 분자의 안정성을 낮추어 대기권에서 분해 가능하다 (즉, 성층권에 도달하기 전에 미리 분해되게 됨).

(4) HCFC (Hydro Chloro Fluoro Carbon)

① 수소를 첨가하여 할로겐 분자의 안정성을 낮추어 대기권에서 분해 가능

② 오존층을 파괴하는 Br는 없으나, 염소를 함유하고 있으므로 제한되고 있음

③ 교토의정서 등의 영향으로 사용금지 규제 및 무역장벽화가 계속 빨라지고 있는 실정이다.

④ R22($CHClF_2$) 등이 대표적인 HCFC 계열의 냉매이다.

(5) HFC (Hydro Fluoro Carbon), FC (Fluoro Carbon)

① 오존층을 파괴하는 염소나 Br이 근원적으로 없다.

② 지구온난화 지수가 여전히 높아 HFC계열 역시 빠르게 없어질 전망이다 (지구온난화 관련 '교토 의정서'상의 규제 물질 중 하나임).

③ R134A, R407C, R410A, R404A 등이 대표적인 HFC 계열의 냉매이다.

(6) IFC (Iodo Fluoro Carbon)

① FC에 요오드를 첨가

② 대기권에서 적외선에 의해 분해 가능하여 인체에 독성 우려

(7) 불화알킨류

① 3중 결합인 알킨화합물을 이용하여 대기권에서 아주 쉽게 분해된다.

② 알킨화합물이 Br을 함유하더라도 ODP는 거의 미미하다.

10 지구온난화

(1) 2005년 2월부터 교토의정서(지구온난화 방지 관련 협약)가 정식으로 발효되어 지구온난화를 방지하기 위한 다자간의 의무 실행지침이 시행 중이다.

(2) 이는 1차 년도인 2008년 ~ 2012년까지(5년간) 1990년 대비 5.2%까지 온실가스를 감축할 것을 규정하고 있다(36개 선진 참가국 전체 의무 실행).

(3) 그 밖의 국가들 중 2차 의무 감축 대상국은 2013~2017까지 온실가스의 배출을 감축하도록 되어 있다.

(4) 지구온난화의 원인

① 수소불화탄소(HFC), 메탄(CH_4), 이산화탄소(CO_2), 아산화질소(N_2O), 과불화탄소(PFC), 육불화유황(SF_6) 등은 우주 공간으로 방출되는 적외선을 흡수하여 저층의 대기 중에 다시 방출한다.

② 상기와 같은 사유로 지구의 연간 평균온도가 조금씩 상승하는 온실효과를 일으키고 있음

(5) 지구온난화의 영향

① 인체 : 질병 발생률 증가

② 수자원 : 지표수 유량 감소, 농업용수 및 생활용수난 증가

③ 해수면의 상승 : 빙하가 녹아 해수면 상승하여 저지대 침수 우려

④ 생태계 : 상태계의 빠른 멸종(지구상 항온 동물의 생존보장이 안됨), 도태, 재분포 발생, 생물군의 다양성 감소

⑤ 기후 : CO_2의 농도 증가로 인하여 기온상승 등 기후변화 초래

⑥ 산림의 황폐화와 지구의 점차적 사막화 진행

⑦ 기타 많은 어종(魚種)이 사라지거나 도태, 식량 부족 등

(6) 지구온난화 대책

① 온실가스 저감을 위한 국제적 공조 및 다각적 노력 필요

② 신재생에너지 및 자연에너지 보급 확대

③ 지구온난화는 국제사회의 공동 노력으로 해결해나가야 할 문제이다.

11 동상(凍上 : Heave up, Frost Heave)

(1) 토양 속의 수분이 얼음으로 변하면서 체적팽창을 일으켜 지표면이 상승하는 현상을 동상현상(frost heaving)이라 한다.

(2) 얼음에 묻어 있는 차가운 액체 상태의 물이 땅속 더 깊은 곳에 있는 따뜻한 수분을 빨아올리는 펌프와 같은 역할을 한다. 이는 열역학적으로 따뜻한 물이 차가운 물보다 더 많은 자유에너지를 가지고 있어서 나타나는 열분자 압력 때문이다.

(3) 그렇게 빨려 올라온 수분도 차가운 공기에 의해서 식으면 결국 얼어붙게 된다.

(4) 지표면 바로 밑에서 생기기 시작한 얼음은 땅속 더 깊은 곳에 있는 수분을 끌어올려서 점점 더 커지고, 그렇게 만들어진 얼음의 부피는 더욱 더 늘어나서 위로 솟아오르게 된다.

(5) 땅속의 온도가 섭씨 1℃ 올라갈 때마다 열분자압력은 대략 11 kgf/cm^2 정도가 된다.

(6) 동상(凍上)으로 나타나는 현상

① 흙을 푸석푸석하게 만들고, 자갈을 밀어 올릴 수도 있다.
② 철로, 수도관, 송유관 등이 구부러지거나 파열되기도 한다.
③ 도로표면에 금이 가거나 울퉁불퉁하게 만든다.
④ 극지에 건설된 건축물이 기울어진다.

(7) 동상(凍上)을 방지하는 방법

① 건축물의 기초는 동결심도(지표면에서 부동선(不凍線)까지의 깊이) 이하로 해야 한다.
② 기초 주변의 동착력이 적도록 동상성이 거의 없는 모래, 자갈 등으로 치환하면 방지할 수 있다(환기).
③ 기초 주변의 배수가 원활하도록 하여 동해를 입지 않도록 해야 한다.
④ 바닥에 코일을 깔거나, 히트 파이프 등을 매설한다.
⑤ 바닥 아래 단열재를 시공하거나, 바닥 슬래브를 높여서 지면과의 사이에 공간을 만든다.

(8) 사례

냉동·냉장 창고 등의 하부는 타 시설 대비 특히 온도가 낮은 경우(-30℃ 이하)가 많으므로 동상현상으로 바닥이 파열되거나 건물이 뒤틀리는 경우가 있다. 바닥에 코일을 깔거나 지하 환기공과 마사토층 등을 만들어 방지 가능하다(지하의 고온과 표층 사이의 히트 파이프 응용 가능).

12 지하수 활용 방안

(1) '중수'로 활용

청소용수, 소화용수 등으로 활용 가능하다.

(2) 냉각탑의 보급수로 활용 혹은 냉각수와 열교환용으로 사용 가능하다

지하의 수온은 연중 거의 일정하고, 무궁무진하므로 아주 효과가 크다(순환수량의 약 30%까지 절감 가능하다).

(3) 직접 냉방에 활용

직접 열교환기에 순환시켜 냉매로 활용 가능하다.

(4) 산업용수로 활용

① 각종 산업 및 건설현장의 용수로 활용 가능하다.

② 정수 처리 후 특정한 용도로 사용 가능하다.

(5) 농업용수

① 농업용수 확보를 위해 지표수개발과 지하수개발이 있을 수 있으나, 지표수개발은 지나치게 많은 시간과 재원이 필요할 수 있다.

② 단시간에 막대한 양의 농업용수를 확보할 수 있는 방법이다.

(6) 식수

① 현재 상수도 보급이 안 되고 있는 일부 농·어촌에서 사용한다.

② 식수로 본격적으로 활용하기 위해서는 오염처리방법 등에 좀더 연구가 필요하다.

13 상변화 물질(PCM : Phase Change Materials)

(1) PCM은 Phase Change Materials의 약자이며 상변화 물질을 말한다.

(2) 잠열을 이용하므로, 일반적으로 고효율 운전이 가능하고, 비교적 콤팩트한 설계가 가능하다.

(3) PCM 이용 사례

① 태양열 상변화형 온수급탕기

㈎ 상변화 물질을 열전달 매체로 하고 열교환기를 사용하여 온수를 가열하는 방식이다.

㈏ 상변화 물질은 배관 내에서 부식, 스케일 등을 일으키지 않는 물질이어야 한다.

㈐ 원리 : 집열기가 태양열에 의해 가열되어 액체상태의 상변화 물질은 증기상태로

변환되고 이것은 비중차에 의해 상승하며 집열기 상부에 설치된 축열탱크 내의 열교환기를 통과하면서 상변화 물질의 잠열로 물을 데우는 열교환이 일어나며 이 증기 상태의 상변화 물질은 응축되기 시작하고 응축된 상변화 물질은 중력에 의해 집열기 하부로 다시 돌아가 순환을 계속한다.

② Cold Chain System

(가) 저온의 얼음, 드라이아이스, 기한제 등을 이용하여 식품의 유통 전단계의 신선도를 유지하는 시스템

(나) 냉동차량, 쇼케이스, 소포장용 냉동 Box 등에 적용

14 오일 해머링(Oil Hammering)

(1) 압축기가 정지하고 있는 동안 Crank Case 내 압력이 높아지고, 온도가 저하하면 Oil은 그 압력과 온도에 상당하는 양의 냉매를 용해하고 있다가, 압축기가 재기동 시 크랭크케이스 내 압력이 급격히 떨어지면, Oil과 냉매가 급격히 분리되며, 이때 유면이 약동하고 심하게 거품이 일어나면서(오일포밍 현상) 오일이 압축기 실린더측으로 넘어 들어간다.

(2) 이러한 Oil Foaming, 주변공기의 온도저하 등의 이유로 Oil이 Cylinder 내로 다량 흡입되어 비압축성인 Oil을 압축함으로써 Cylinder Head부에서 충격음이 발생되고 이러한 현상이 심하면 장치 내로 다량의 Oil이 넘어가 Oil 부족으로 압축기가 소손된다.

15 크랭크케이스 히터(Crank Case Heater)

(1) 처음 또는 장기간 운전을 정지할 때 겨울철 등 주위온도가 낮은 조건에서 갑자기 운전 시에는 Oil Foaming에 의해 기계의 무리를 초래할 수 있다.

(2) 이를 방지하기 위하여, 압축기 하부를 예열시킴으로써 Oil 중에 용해된 냉매를 자연스럽게 분리하여 기동 시 무리가 없도록 하는 가열히터이다.

16 오일 백(Oil Back)

(1) 증발기에서 압축기로 회수되는 Oil이 Crank Case 내로 유입(Oil Return)되지 못하고 압축기의 압축부로 되돌아오는 현상(Oil Hammering 초래)

(2) 혹은 압축기 토출가스 중의 오일이 냉매 사이클을 따라 정상적으로 이동하지 못하고 다시 압축기 상부의 실린더 측으로 되돌아오는 현상

17 동도금 현상(Copper Plating)

(1) 프레온을 사용하는 냉동 Cycle에 수분이 침입하여 냉매와 반응하여 산이 생성되어 침입한 공기 중의 산소와 화합하여 동관 내부의 구리성분을 분말화하고 반응 금속표면에 다시 도금되는 현상이다(성능저하 및 고장 초래).

(2) CFC 대체냉매인 R410A나 R407C 등의 냉매계통에 사용되는 압축기용 오일인 POE는 광유(Mineral oil) 대비 흡습성이 약 12배 정도이므로 시공상 물이나 습기가 침투되지 않게 각별히 주의를 요한다.

18 액백(Liquid Back)

(1) 증발기에 유입된 액냉매 중 일부가 증발하지 못하고 액체 상태로 압축기로 흡입되는 현상

(2) 액백은 압축기의 손상을 가져올 수 있으므로, 시스템 설계 시 가능한 방법을 고안(Accumulator 설치, 흡입배관상 Loop 형성, 증발기 과열도 증가, 냉매 봉입량 감소, 저온 보상제어 등)하여 미리 방지계획을 철저히 세워야 한다.

(3) 액체냉매는 비압축성 유체이므로 압축이 불가능한 유체이다. 따라서 압축기가 이를 흡입하게 되면(액백현상) 압축기에 심각한 무리가 따를 뿐만 아니라, 시스템 전체의 파손으로 진행될 수 있다.

(4) 저온냉동 시스템, 히트펌프 시스템 등 기술적으로 액압축이 우려되는 시스템에서는 과열도를 충분히 확보하여 자칫 발생할 수 있는 치명적인 액압축을 반드시 막아주어야 한다(압축기의 Sump 가열 등도 액압축 방지에 많은 도움이 된다).

19 부력(Buoyancy)

(1) 간단한 표현으로, 물체가 물이나 다른 어떤 유체에 뜨려는 힘을 말한다.

(2) 크기는 유체 속에 있는 물체의 부피와 같은 부피를 가진 유체의 무게와 같으며, 아르키메데스의 원리라고도 한다.

(3) 부력의 작용점은 물체가 밀어낸 부분에 유체가 있다고 가정했을 때의 무게중심과

일치한다. 이 작용점을 부력중심(또는 부심)이라 하며, 부체(떠 있는 물체)가 기울어져 있을 경우의 복원력을 결정하는 중요한 요소이다.

(4) 물(유체)에서 뜨려고 하는 성질을 양성부력(Positive Buoyancy), 가라앉으려는 성질을 음성부력(Negative Buoyancy), 비중이 서로 비슷하여 뜨지도 가라앉지도 않는 상태를 중성부력(Neutral Buoyancy)이라고 한다.

예제 동일한 물체가 바닷물에 빨리 가라앉는가? 물에 빨리 가라앉는가?

해설 바닷물의 비중(약 1.02)이 물의 비중보다 크기 때문에 부력이 더 크게 작용한다. 따라서 바닷물에 더 천천히 가라앉는다. 즉, 물에 더 빨리 가라앉는다.

20 주광률

(1) 정의

실내에서의 주광조명도와 옥외에서의 전천공광(全天空光) 조명도의 비율을 말한다.

(2) 주광률 계산

$$\text{주광률}\ (D) = \frac{E}{E_s} \times 100\,\%$$

여기서, E : 실내의 한 지점에서의 주광조도

E_s : 전천공조도(실측 시 옥상 등의 건물 외부에서 측정함)

21 태양상수

(1) 대기층 밖에서 받는 태양의 복사 플럭스(복사밀도)

(2) 태양과 지구의 거리가 평균거리이고, 태양광도가 3.86×10^{26} W일 때 태양상수가 1367 W/m^{2}이다.

(3) 복사플럭스 공식

$$\text{복사플럭스}\ (F) = \text{에너지원의 에너지량}\ (L) \times \frac{1}{4\pi r^2}$$

여기서, r : 에너지원과 흑체 사이의 거리

(4) 실제의 태양상수값과 지구표면의 태양상수값에 차이가 나는 이유

지구의 반사율, 대기의 흡수 및 산란, 기구의 형상(지구는 평면이 아닌 구(球)이므로)

22 균시차

(1) 정의

① 균시차를 알기 위해서는 진태양시와 평균태양시의 개념을 먼저 알아야 한다.

② 진태양 시(실제로 관측되는 태양 시) : 실제로 태양이 남중했을 때(태양이 정남에 왔을 때)부터 다음 남중시까지를 하루로 하고, 그것을 24시간으로 균일하게 등분한 시간을 말하는 것이다. 진태양시는 약 ±16분 정도의 범위 내에서 연중 계속 조금씩 변환한다.

③ 평균태양 시 : 현재 사용하고 있는 시간의 지표로 진태양시를 1년에 걸쳐 평균한 값이다.

④ 균시차 : 위의 진태양시와 평균태양시의 차를 말하는 것이다(연중 약 ±16분 정도의 범위임).

(2) 진태양시와 평균태양시가 다른 원인

① 원인 1 : 지구는 태양 주위를 타원궤도로 회전(공전)하므로, 근일점(지구와 태양의 거리가 가장 가까운 지점에 왔을 때)에서는 각속도가 크고, 원일점(지구와 태양의 거리가 가장 먼 지점에 왔을 때)에서는 각속도가 작다. 따라서 지구에서 본 태양의 시운동은 황도상의 근일점 부근에서는 빠르고, 원일점 부근에서는 느리다.

② 원인 2 : 적도와 황도가 약 23.5° 기울어져 있기 때문에 태양이 황도상을 등속도로 움직인다고 하더라도 시간은 고르게 증가하지 않는다고 보아야 한다.

(3) 균시차에 대한 평가

① 1년 중 균시차가 0이 되는 경우(진태양시와 평균태양시가 같은 경우)는 네 번 있다.

② 균시차의 극대값

㈎ 5월 15일경 : 3분 7초

㈏ 11월 3일경 : 16분 24초

③ 균시차의 극소값

㈎ 2월 11일경 : -14분 19초

㈏ 7월 27일경 : -6분 4초

④ 우리가 사용하고 있는 평균태양시는 이렇게 일정하지 않는 시태양시의 길이를 연간 측정하여 평균한 값이라고 할 수 있다.

(4) 균시차 그래프

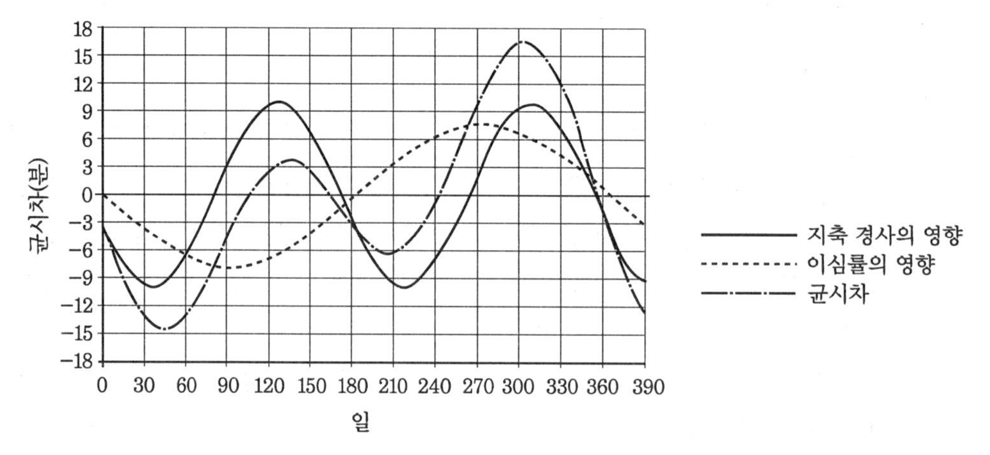

㈜ 1. 지축경사 : 적도와 황도가 약 23.5° 기울어진 현상
2. 이심률 : 황도(공전궤도) 이심률

23 펌프다운(Pump down)

(1) 펌프다운의 목적

① 냉동 시스템의 저압측을 수리하기 위해 저압측의 냉매를 고압측의 응축기나 수액기 측으로 옮기는 작업

② 콘덴싱 유닛이나 분리형 에어컨의 경우에는 이미 설치된 제품을 다른 장소 등으로 이전 설치하는 경우에 냉매를 공기 중에 방출하지 않고 유용하게 실외기, 수액기 등에 모을 수 있게 하는 방법이다.

③ 또, 이들의 제조과정에서 장비에 냉매를 주입 후 검사시험을 실시한 후, 냉매를 버리지 않고 다시 실외기, 수액기 등에 모아 출고할 수 있게 하는 방법으로도 사용된다.

(2) 펌프다운의 방법

① 저압부로 냉매가 넘어오지 않게 고압 용기부 끝단에 위치한 밸브를 잠근 후, 일정시간 압축기를 운전하여 냉매를 고압부로 모두 모으고, 이후 저압측 밸브도 잠그어 냉매를 특정한 부분(고압부)에 모을 수 있다.

② Solenoid Valve와 압력센서를 이용하여 자동적으로 냉매를 특정 용기 부분에 모으는 방법도 있다.

24 펌프아웃(Pump out)

(1) 펌프다운과 반대의 개념으로, 고압측을 수리하기 위해 냉매를 저압측의 증발기, 저압수액기 등으로 옮기는 작업

(2) 이 경우 냉매를 반대로 회전하여야 하므로, 4-Way Valve 혹은 다수(보통 3개)의 2Way Valve를 사용하여 냉매의 회전을 역회전시켜 주어야 한다는 것이 중요하다.

(3) 펌프아웃 유닛(Pump out Unit)

냉매를 냉동기 외부의 별도의 저류탱크로 모으는 기계장치로 중·대형 이상 냉동기의 펌프아웃을 위해 사용된다(펌프아웃 유닛은 보통 냉동기의 고압측 밸브에 연결하여 사용한다).

25 에어퍼지(Air Purge)

(1) 에어퍼지의 목적

① 냉매회로에 공기나 불응축 가스가 혼입되어 있을 경우, 응축기 내부에서의 기체분압을 상승시켜 냉동능력을 하락시키거나, 시스템을 고압화시키고, 고장의 원인이 될 수 있다. 따라서 공기나 불응축성 가스를 방출하는 에어퍼지 작업을 주기적으로 수행할 필요가 있다.

② 소형 에어컨에서 실내·외기를 어떤 장소에 설치 시, 진공펌프를 사용하지 않고 실내기와 배관측의 냉매를 추방해내는 방법도 에어퍼지라고 한다. 이때 실외기에 미리 충진해 놓은 냉매의 일부 혹은 별도 용기의 냉매를 사용하여 에어퍼지를 실시한다.

(2) 에어퍼지의 방법

① 일단 냉동기 내부 응축기의 응축온도에 대응하는 포화압력보다 고압이 상승할 경우 에어퍼지가 필요하다고 진단할 수 있다.

② 고압이 포화압력 이상으로 상승 시 응축기나 수액기 상부에서 공기나 불응축성 가스를 방출할 수 있게 한다(밸브와 센서를 부착하여 수동 혹은 자동으로 방출할 수 있는 시스템을 꾸밀 수 있다).

26 응축기 능력과 증발기 능력

냉동장치 혹은 히트펌프에서 응축기에서의 열전달량(방열량)을 '응축기 능력', 증발기에서의 열전달량(흡열량)을 '증발기 능력'이라고 한다.

예제 같은 조건일 때 응축기 능력(열량)과 증발기 능력(열량) 중 어느 것이 더 큰가?

해설 ① $P-h$ 선도에서 냉동사이클은 압축, 응축, 팽창, 증발과정에서, 에너지 수지 측면으로 보면, '응축기 능력 = 압축기 축동력 + 증발기 능력'이므로 응축기 능력이 증발기 능력보다 크다.

② 선도상 해석

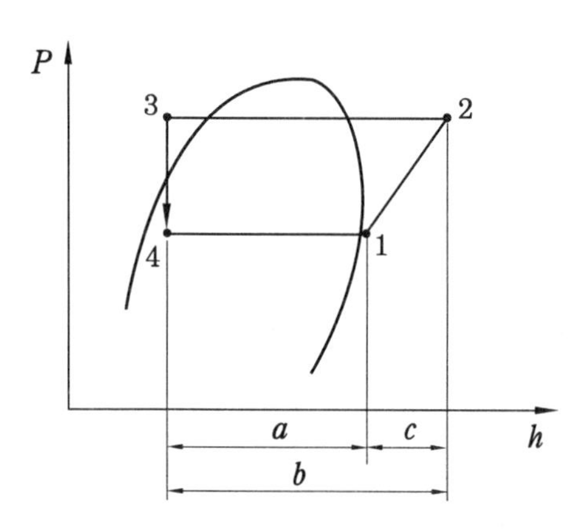

a : 증발기 능력
b : 응축기 능력

응축기 능력 (b) = 증발기 능력 (a) + 압축기 축동력 (c)
따라서, 응축기 능력 (b) 〉 증발기 능력(a)

27 냉방기 실내측 부하 감소의 영향

(1) 증발기의 증발온도 변화

냉동사이클에서 부하란 보통 증발기 부하를 말하는데, 부하가 감소하면 증발기에서 흡수하는 열량이 적어져서 증발압력(온도)이 내려간다. 실내측 증발기의 동결현상 주의 필요

(2) 압축기 토출온도의 변화

증발압력(온도)과 응축압력(온도)이 하강함에 따라 압축기 토출온도도 함께 하강한다.

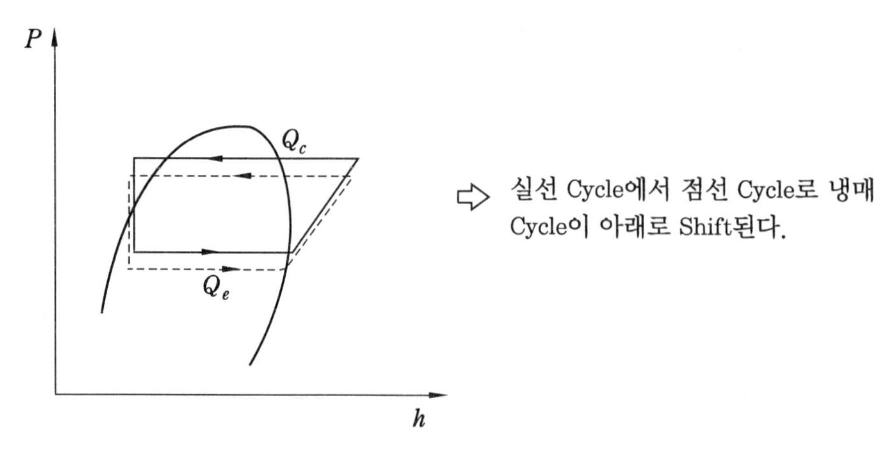

(3) 응축기의 응축온도 변화

증발압력(온도)이 내려가면, 압축비가 일정하다고 볼 때, 응축압력(응축온도)도 같이 하강하게 된다.

(4) 평가

① 결론적으로 실내부하가 감소하면 증발기의 흡열이 감소하여 냉동 Cycle 전체가 아래쪽(위 그림의 저압측)으로 이동하게 된다.

② 이 경우 냉동 Cycle의 신뢰성을 위하여 증발기측의 동결현상이나 압축기 입구측의 과열도 확보에 주의하여야 한다.

28 열교환기의 파울링계수

(1) 열교환기가 먼지, 유체 용해성분, 오일, 물때, 녹 등으로 인하여 오염되는 현상을 파울링(Fouling)이라고 말한다.

(2) 열교환기는 이러한 오염으로 인하여 그 전열성능이 점차 방해를 받게 된다.

(3) 파울링계수(Fouling Factor, 오염계수)

① 냉동기 등에서 열교환기의 오염으로 인한 냉동능력의 하강치를 고려하기 위한 계수

② 실제 냉동기 설계 시 이 Fouling 계수만큼 여유를 갖게 선정한다.

(4) 파울링계수(오염도계수)의 계산

① 운전 전후의 전열계수의 변화를 이용한 계산

$$\gamma\,(\text{오염도계수}) = \frac{1}{\alpha_2} - \frac{1}{\alpha_1}$$

여기서, γ : 오염도계수($m^2 \cdot K/W$), α_2 : 일정시간 운전 후의 전열계수($W/m^2 \cdot K$)
α_1 : 운전초기의 설계 전열계수($W/m^2 \cdot K$)

② 부착물의 두께와 열전도율을 이용한 계산

$$\gamma\,(\text{오염도계수}) = \frac{d_1}{\lambda_1} + \frac{d_2}{\lambda_2}$$

여기서, d_1 : 공정측 오염물질 두께(m), d_2 : 냉각수측 오염물질 두께(m)
λ_1 : 공정측 오염물질의 열전도율($W/m \cdot K$)
λ_2 : 냉각수측 오염물질의 열전도율($W/m \cdot K$)

29 압축비(압력비)

(1) 고압(압축)압력과 저압(증발)압력의 비를 압축비라 한다. 이때의 압력은 모두 절대

압력(MPa abs)을 사용한다.

(2) 더 정확하게는 압축기 흡입측과 출구측의 '절대압력의 비율'을 말한다.
여기서, 절대압력 = 게이지압력 + 대기압 (≒ 1.0332 kgf/cm^2 ≒ 0.10132 MPa)

(3) 압축비에는 단위가 없다 (무차원).

(4) 계산식

$$\text{압력비 (압축비)} = \frac{P_2}{P_1} = \frac{\text{압축기 토출구 절대압력}}{\text{압축기 흡입구 절대압력}}$$

여기서, P_2 : 고압압력 (MPa abs), P_1 : 저압압력 (MPa abs)

(5) 압축기의 압축비 측면 고려사항

① 압축기의 필요 압축비는 압축기의 형태와 방식에 따라 차이가 있으나, 일반적으로 프레온계 냉매를 사용하는 경우에는 약 5 이하가 적당하다 (냉매 Cycle 설계의 기준).

② 압축기를 냉동시스템에 적용 시 일반적으로 일정한 압축비를 유지시켜 주어야 하며, 이 압축비를 많이 벗어날 시 효율의 급격한 하락 혹은 오일의 탄화, 압축기 밸브의 파손 등을 초래할 수 있다.

③ 저온 냉동창고, 저온 시험설비 등에서는 압축비가 필요 압축비 이상으로 초과될 수 있는데, 이 경우 2단압축, 이원냉동, 냉매 변경 등을 고려하여야 한다.

30 응축압력 상승 현상

냉동기 혹은 냉방기의 응축압력은 부하조건, 외기온도, 응축기의 오염도, 유량 등 여러 조건에 따라 상승 혹은 하강하게 되며 이는 냉동능력 및 장치의 효율에 큰 영향을 미친다 (특히 응축압력의 설계치 이상의 상승은 냉동시스템에 심각한 악영향을 미치기도 함). 이러한 응축압력의 상승원인 및 대책으로는 다음과 같다.

(1) 응축기의 오염

응축기의 오염으로 인하여 열전달 불량을 초래하고, 이는 다시 열방출 능력을 부족하게 만들어 응축압력이 상승할 수 있다.

[대책] 초기 설계 시 파울링계수를 충분히 고려한다. 수처리 철저, 공랭식에서는 응축기 측으로 이물질 침투 및 부식 방지 등

(2) 실외 기온 상승

실외 기온의 상승으로 공랭식 응축기 혹은 냉각탑 주변 공기의 온도 및 습도가 상승하면 냉각불량을 초래하여 응축압력이 상승하게 된다.

[대책] 부하 산정 시 TAC 초과 위험률을 줄인다. 열교환기의 전열면적 혹은 통과풍량을 증가시킨다.

(3) 유량의 증가

팽창밸브의 개도가 지나치게 증가하게 되면 냉매유량이 증가하게 되어 응축압력의 상승을 초래한다.

[대책] 팽창밸브 개도를 정밀하게 조절하여 유량의 급격한 증가를 막는다.

(4) 불응축성 가스 혼입

공기나 기타의 불응축성 가스가 밀폐냉매회로 내부에 혼입되게 되면 응축기 내부에서 기체분압이 상승하게 되어 액체냉매의 응축에 악영향을 주며 응축압력을 상승시키게 된다.

[대책] 에어퍼지 실시, 냉매의 재진공 및 재차징 등

(5) 기타의 원인

냉매 과충진으로 인한 밀폐회로 내부압력 상승, 공랭식 응축기나 냉각탑의 팬 회전수 감소 혹은 통풍 불량, 냉각탑의 Short Circuit 등

31 증발기 냉각불량 현상

냉동기 혹은 냉방기의 증발기는 냉매유량, 증발온도, 오염도 등에 따라 그 냉각효율이 많이 좌우하게 되며, 증발기 냉각불량의 주요 원인 및 대책으로는 다음과 같다.

(1) 냉수량 부족

증발기측으로 흐르는 냉수량이 부족해지면, 증발기측의 냉각이 불충분해지고 냉동능력이 하락된다.

[대책] 냉수량이 부족되지 않게 충분한 유량 확보

(2) 증발기 결빙현상

증발기의 동결로 인한 열전달 방해로 냉각불량 초래

[대책] 증발기 내부의 온도가 결빙온도에 도달하지 못하게 센서 등으로 관리

(3) 플래시 가스 증가

냉매유량 감소로 인한 성능하락

[대책] 응축기 출구의 과랭각도 증가, 액관측 냉매의 재증발 방지 등

(4) 압축기의 압축불량

냉매유량 감소로 인한 성능 하락

[대책] 압축기 수리 등

(5) 증발기 오염

증발기측의 열전달 불량

[대책] 증발기 설계 시 파울링계수를 충분히 고려한다. 수처리 철저 등

(6) 팽창밸브의 과열도 부족

과열도가 부족하면 증발능력 감소로 인한 성능 하락

[대책] 과열도 제어를 정밀하게(최적 과열도 제어) 이루어지도록 한다.

(7) 팽창밸브의 과열도 과다

과열도가 과다해지면 증발기 내부의 유효 내용적 감소로 성능하락

[대책] 과열도 제어를 정밀하게(최적 과열도 제어) 이루어지도록 한다.

(8) 기타의 원인

냉매관 막힘으로 인한 냉매유량 부족, 냉매라인(직팽식) 혹은 냉수라인(칠러)의 지나친 장배관·낙차 설치로 인한 압력손실 증가 등

32 인터로크(Inter-lock)

(1) 두 대 이상의 기기를 서로 연동시켜 한 기기가 정지(운전)하면 다른 기기도 연동하여 정지(운전)하게 하는 시스템 장치(주로 안전장치로 많이 응용됨)

(2) Inter-lock 적용 사례

① 패키지형 공조기에서 '무풍(無風) 감지 센서'의 작동에 의한 전기히터의 자동 정지 기능

② 공조기 Fan 정지 시 가습히터 및 댐퍼가 닫힌다.

③ 압축비가 일정범위 이상에서는 자동적으로 압축기의 용량 상승 혹은 댓수 증가를 금지시킨다.

④ 냉동 시스템에서 고압이 일정 수치 이상에서는 응축기팬이 무조건 최고 RPM으로 운전하게 한다.

⑤ 히트펌프 시스템에서 제상이 완료되기 이전에는 정상적인 난방모드로 운전하는 것을 금지한다.

33 오일 포밍(Oil foaming)

(1) 압축기를 사용하는 냉동장치에서 냉동기 오일은 윤활, 밀봉, 냉각 등 아주 중요한 역할을 담당한다.

(2) 오일 부족 시 압축기에 치명적인 문제를 야기하므로 오일이 부족하지 않게 냉동시스템 관리를 잘 해주어야 한다.

(3) 오일 포밍(Oil foaming)의 현상

① 프레온 냉동장치에서 발생

② 냉동기 정지 시 압축기 크랭크케이스 내의 오일온도가 강하하고 압력이 상승함에 따라 유면상부에 체류하고 있는 냉매증기가 오일에 용해된다(온도 저하와 압력 상승에 따라 용해도 증가).

③ 냉매가 오일에 용해된 상태에서 압축기를 기동하게 되면 크랭크케이스실 내의 압력이 급격히 저하되어 용해되어 있는 냉매가 분리 발생되면서 유면이 약동하고 거품이 발생하는 현상이 오일 포밍현상이다.

④ 오일 포밍 시 유(油)가 실린더 헤드로 넘어가 오일 해머링(Oil Hammering)이 발생한다.

(4) 오일 포밍(Oil foaming)의 대책

① 크랭크케이스 내 유(油) 중에 오일히터(Oil heater)를 설치하여 냉동기 기동 전 충분한 시간 동안 유(油)를 가열한다.

② 오일 포밍이 발생하더라도 오일 해머링이 일어나지 않는 구조의 압축기를 채용한다.

③ 흡입냉매 증기가 크랭크케이스 내를 통과하지 않는 구조의 흡입방식으로 하고 압축기 정지 시 흡입스톱밸브와 토출스톱밸브를 차단하여 크랭크케이스 내로의 냉매 유입을 차단한다.

④ 유분리기를 설치하여 오일포밍에 의해서 토출되는 오일을 압축기 흡입측 혹은 크랭크케이스로 되돌린다.

34 기준냉동 사이클(Cycle)

(1) 냉동기는 증발온도, 응축온도, 소요동력 등이 시스템마다 모두 다르기 때문에 냉동기의 성능 비교 시 일정한 조건을 정할 필요가 있다(응축온도 = 30℃, 증발온도 = −15℃, 과랭각도 = 5℃).

(2) 단점

고온형이든 (초)저온형이든 획일적이므로 실제의 값과는 차이가 많이 발생한다.

(3) 사이클도

증발온도 = −15℃, 응축온도 = 30℃, 과랭각도 = 5℃ 기준으로 다음과 같이 작도한다.

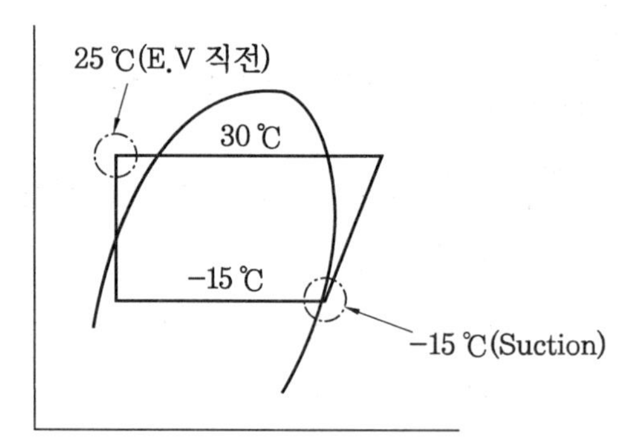

35 냉동설비 능력 표기법

(1) 냉동효과, 냉동력, 냉동량 (kcal/kg, kJ/kg)

$$q = h_o - h_i$$

여기서, h_o : 증발기 출구의 엔탈피, h_i : 증발기 입구의 엔탈피

(2) 체적냉동효과 (kcal/m³, kJ/m³)

$$q_v = \frac{(h_o - h_i)}{v}$$

여기서, v : 압축기 흡입측의 냉매의 비체적

(3) 냉동능력 (kcal/h, W) : 시간 개념이 포함된다.

$$Q = G(h_o - h_i)$$

여기서, G : 냉매유량 (kg/h, kg/s)

(4) 냉동톤 (Ton of Refrigeration : RT)

① 국제 냉동톤 (JRT, RT, CGS 냉동톤, CGSRT) = 3320 kcal/h ≒ 3.86 kW

㈎ 0℃의 순수한 물 1 Ton (1000 kg)을 1일 (24시간) 만에 0℃의 얼음으로 만드는데 제거해야 하는 열량

㈏ 얼음의 융해열이 79.7 kcal/kg이므로, 1국제 냉동톤 (JRT, RT)= 79.68 kcal/kg × 1000 kg/24hr = 3320 kcal/h ≒ 3.86 kW

② USRT (미국 냉동톤, 영국 냉동톤) = 3024 kcal/h ≒ 3.52 kW

㈎ 32°F의 순수한 물 1 Ton (2000 lb)을 1일 (24시간)만에 32°F의 얼음으로 만드는데 제거해야 하는 열량

㈏ 얼음의 융해열이 144 Btu/ lb 이므로,

1USRT = 144 Btu/lb × 2000 lb/24 hr = 12000 Btu/h = 3024 kcal/h ≒ 3.52 kW

(5) 제빙톤

25℃의 물 1 Ton (1000 kg)을 1일 (24시간) 만에 −9℃의 얼음으로 만들 때 제거 (외부 손실 20% 감안)해야 할 열량 (1제빙톤 = 1.65RT ≒ 6.39 kW)

36 법정냉동능력 (R, RT : 호칭 냉동톤)

(1) 기준 냉동 Cycle (표준 냉동사이클)에서의 능력을 말한다.

(2) '고압가스 안전관리법(시행령)'에 저촉 여부를 결정하기 위한 계산방법으로 가장 많이 활용되어진다.

(3) 계산법

① 물리적 계산법

$$R=\frac{\text{피스톤 압출량}(V)\times\text{냉동효과}}{\text{비체적}(-15℃\text{의 건조포화증기})\times 3320}\times\text{체적효율}$$

여기서, 체적효율은 압축기 1개 기통 체적이 5000 cm³ 이하 → 0.75, 5000 cm³ 초과 → 0.8을 각각 적용한다.

② 고압가스 안전관리법에서의 계산법

$$R=\frac{V}{C}$$

여기서, R : 법정냉동능력 (법정냉동톤, RT), V : 피스톤 압출 (토출)량 (m³/h)
C : 기체상수 (고압가스 안전관리법에 냉매 종류별로 정해져 있음)

일반적으로 1개의 기통체적 5000 cm³ 이하의 실린더에서는 기체상수 값이 R-22 : 8.5, R407C : 9.8, R410A : 5.7, NH_3 : 8.4이다.

37 인공눈 제설기 (製雪機 : Snow Maker)

(1) 제설 방법에 따른 분류

① 팬 (Fan) 타입

㈎ 기온이 영화로 내려가 있는 상태에서 여러 개의 노즐을 통해 물을 가늘게 쏘아주고 이 물줄기를 회전날개를 이용해 아주 작은 알갱이로 만들어 공기 중에 흩뿌려 주는 방법

㈏ 회전날개의 회전속도는 보통 약 1500 rpm 정도이고, 회전날개를 통과하여 나오는 물입자의 지름은 보통 5㎛ 미만 정도이다.

㈐ 물방울이 이렇게 작아지면 전체 부피에 비해 표면적이 엄청나게 증가하므로 쉽게 열을 빼앗기고 눈처럼 될 수 있다.

㈑ 제설기에서 뿜어져 나오는 물방울이 15 ~18 m 가량 날아가는 동안 차가운 바깥공기 (약 영하 ℃ 이하)에 의해 열을 빼앗기고, 땅에 떨어질 때 쯤 눈처럼 되어버린다.

㈒ 팬 (Fan) 타입의 제설기는 대형 송풍기 모양을 하고 있으며, 생성되는 눈의 양이 바깥공기의 온도에 많이 의존한다.

㈓ 비교적 저온에서 사용하는 것이 좋으며, 대량생산에 유리한 형태이다.

② 건 (Gun) 타입

㈎ 팬 (Fan) 타입에 비하여 고온제설이 가능한 타입이다.

㈏ 물과 공기가 한 개의 노즐 안에서 혼합 후 분사되는 방식이다. 노즐 근처에서 환전히 혼합되므로 물방울이 부서지기 쉬운 구조이며, 팬 (Fan) 타입 대비 입자가 작다.

㈐ 고압으로 압축된 기체가 순간적으로 낮은 압력 상태에 나오면 팽창하면서 주변의 열을 빼앗아 가면서 미세 물방울을 냉각하는 원리이다.

㈑ 고압의 압축 공기와 차가운 물을 섞어 공중에 분사해 주면 팽창된 공기가 공중에 뿌려진 물방울의 열을 빼앗아 물방울이 얼면서 눈이 만들어진다.

㈒ 대부분의 스키장은 분지형태로 되어 있어 따뜻한 공기와 습기가 슬로프의 정상으로 올라오기 때문에 (기온차가 약 2℃ 정도 발생) 눈을 만들기에는 슬로프의 정상이 더 어렵다. 이러한 경우 장비의 크기가 작아서 이동성이 좋고 비교적 고온제설이 가능한 건 (Gun) 타입을 많이 사용한다.

(2) 인공눈의 특징

① 인공눈은 실제 작은 얼음알갱이에 가까우며, 실제의 눈보다 입지가 작고 단단하다 (밀도가 약 두배 정도 크다).

② 인공눈은 흡음효과가 적고 오히려 음을 반사한다.

③ 인공눈이 밀도가 커서 녹는 속도가 느리다는 것은 스키장을 보다 오래 사용할 수 있게 해주므로 장점이라고 할 수 있다.

④ 화학첨가제를 넣어 더 폭신폭신하면서도 잘 녹지않게 해주는 방법도 있다.

⑤ 인공눈은 잘 뭉쳐지지 않는다(눈사람 만들기, 눈싸움 등을 하기 어렵다).

(3) 양질의 눈 제조 조건

① 바깥공기의 온도가 낮을수록 많은 양질의 눈 생성 가능

② 바깥공기가 건조할수록 더 많은 양질의 눈 생성 가능

③ 제설기로부터 멀리 날려 보낼수록 공기와의 접촉시간을 늘려 양질의 눈 생성 가능

④ 공기에 대한 압축을 많이 하여 내보낼수록 양질의 눈 생성 가능

⑤ 물방울을 잘게 부수어 내보낼수록 양질의 눈 생성 가능

38 냉매회수기

냉매를 사용하는 공기조화기 등을 가동하는 건물 및 시설의 소유자 또는 관리자는 '대기환경 보전법'에 의거 냉매를 적절히 관리하고 회수·처리하여야 하는데, 장치로부터 프레온 냉매회수기를 이용하여 냉매를 회수하는 방법은 아래와 같다.

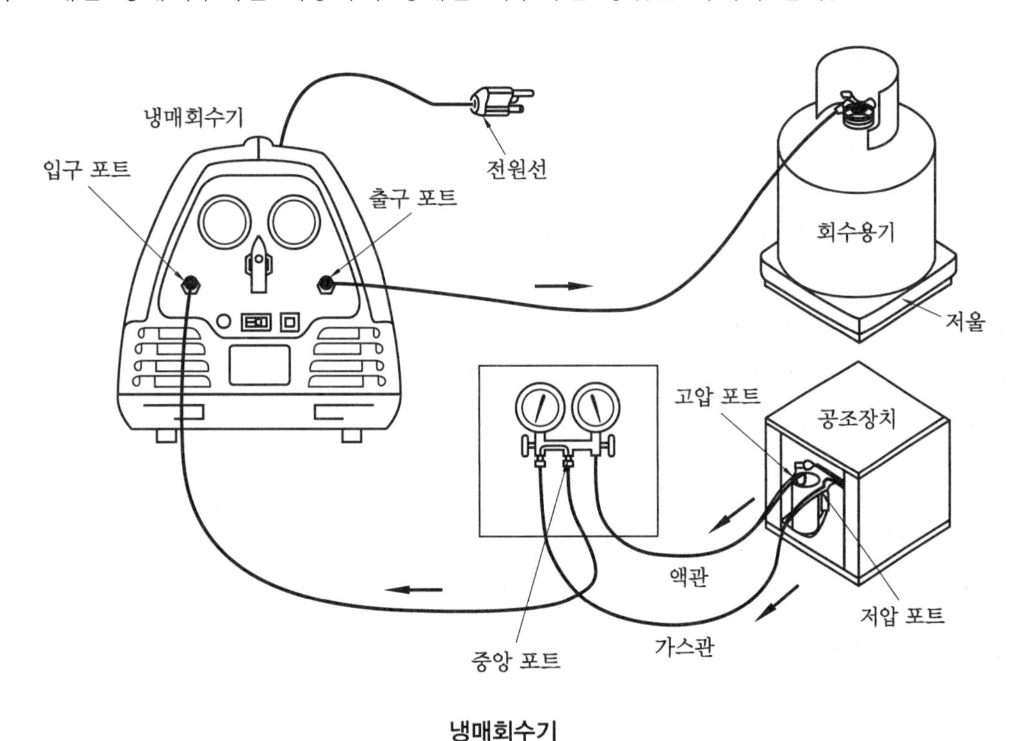

냉매회수기

(1) 냉매를 회수할 공조장치의 저압포트와 매니폴더 게이지의 가스관을 연결한다.
(2) 냉매를 회수할 공조장치의 고압포트와 매니폴더 게이지의 액관을 연결한다.
(3) 매니폴더 게이지의 중앙포트를 냉매회수기의 입구 포트에 연결한다.
(4) 냉매회수기의 출구 포트를 회수용기의 액밸브에 연결한다.
(5) 매니폴더 게이지 및 각 장비의 포트를 열고, 냉매회수기의 전원선을 연결하여 운전을 행한다.
(6) 저울을 확인하여 완전 충전 여부를 확인한다.
(7) 매니폴더 게이지 눈금이 "0"이 될 때까지 운전하여 냉매를 완전히 회수한다.
(8) 매니폴더 게이지 및 각 장비의 포트를 닫고, 냉매회수기의 운전을 종료한다.

제 20 장

열과 유체

1 히트펌프의 성적계수(COP)

(1) COP는 성적계수로서 Coefficient of Performance의 약자이다.

(2) 소비에너지와 냉동능력의 비를 뜻하고 단위는 무차원이다.

(3) 계산식

$$COP = \frac{냉동능력}{소비에너지}$$

(4) 히트펌프의 Carnot Cycle의 경우, 동일 온도조건에서 비교 시, 난방 COP가 냉방 COP보다 1이 크다. 즉, $COP_h = 1 + COP_c$

(5) $P-V$ 선도 및 $T-S$ 선도 상 해석(Reverse Carnot Cycle)

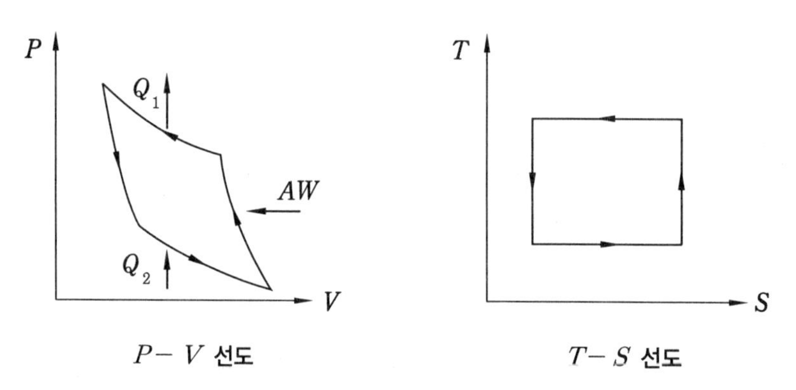

$P-V$ 선도　　　　$T-S$ 선도

$$냉방효율(COP_c) = \frac{Q_2}{AW} = \frac{Q_2}{Q_1 - Q_2} = \frac{T_2}{T_1 - T_2}$$

$$난방효율(COP_h) = \frac{Q_1}{AW} = \frac{Q_1}{Q_1 - Q_2} = \frac{T_1}{T_1 - T_2} = 1 + COP_c$$

여기서, Q_1 : 고열원에 버린 열, Q_2 : 저열원에서 얻은 열, AW : 계에 한 일

예제 여름철에 승용차를 운행할 때 에어컨을 작동시킨다. 이 에어컨의 실제 성적계수는 이론 최대 성적계수 값의 $\frac{1}{3}$며, 자동차 엔진으로 구동되는 구조로 되어 있다. 외부 기온은 35℃이며, 차량 내부온도는 20℃로 유지된다고 가정하자. 이 때 1000 kJ의 열을 제거하려면 얼마의 비용이 드는가? [현재 연료 값은 1 L당 1450원이다. 엔진의 열효율은 35 %이며, 휘발유의 에너지 함유량(content)은 44000 kJ/kg이다(즉, 가솔린 1kg을 연소시키면 44000 kJ의 열이 발생한다.) 또한 휘발유의 밀도는 0.75 kg/L이다.]

해설 ① 에어컨의 이론적 최대 성적계수 → 역Carnot Cycle을 의미

$$COP = \frac{T_2}{(T_1 - T_2)} = \frac{(273+20)}{(35-20)} = 19.5$$

② 에어컨의 실제 성적계수 $= \frac{19.5}{3} = 6.5$

③ 1000 kJ의 열을 제거하기 위한 압축일은 $\frac{1000}{6.5} = 153.8$ kJ

④ 153.8 kJ의 출력을 내기 위한 자동차의 엔진입력 = 153.8 kJ/0.35 = 439.4 kJ

⑤ 439.4 kJ의 에너지를 공급하기 위한 휘발유의 중량 = 439.4 kJ/44000 = 0.01 kg

⑥ 0.01 kg의 휘발유 Cost $= \frac{0.01}{0.75} \times 1450 = 19$원

2 히트펌프의 에너지효율(EER)

(1) 일반적으로 히트펌프, 냉동기 등의 냉동장치 분야에서 사용하는 것으로 '에너지소비효율'이라고 부른다.

(2) 정격 냉동능력을 정격 냉동소비전력으로 나눈 값이다.

(3) 계산 공식(단위는 여러 가지로 사용)

$$EER = \frac{C}{H}$$

여기서, EER : 에너지소비효율(= kcal/h·W, Btu/h·W, W/W)
C : 정격 냉동능력(= kcal/h, Btu/h, W)
H : 정격 냉동소비전력(= W)

예제 10 EER [kcal/h·W] 은 몇 COP인가?

참고 COP는 무차원 에너지 효율(W/W)을 의미하며, 주로 성적계수(Coefficient of Performance)라고 부른다. 즉, COP는 EER의 한 특수한 형태(무차원)라고 할 수 있다.

해설 10 EER = 10 kcal/(h·W) = $\frac{10}{0.86}$ W/W = 11.6 W/W = 11.6 COP

단, 미국, 중동국가 등의 나라에서는 EER의 단위로 Btu/(h·W)를 사용하는 경우가 있으므로 이 경우에는 10 EER = 10Btu/(h·W) = $\frac{10}{3.412}$ W/W = 2.93 W/W = 2.93 COP 라고 할 수 있다.

3 IPLV와 SEER (기간 에너지효율)

(1) IPLV와 SEER는 냉·난방 기간에너지 효율을 나타내는 지표이며, 연간 공조부하를 연간 소비전력으로 나누어 계산한다.

(2) EER이나 COP가 정격치(표준 온·습도 조건, 정격부하 운전)를 이용하는데 반해 부분부하 운전, 몇 개의 연간 대표 온도조건 등을 기준으로 하기 때문에 보다 더 실제상황에 가깝다.

(3) IPLV (Integrated Part Load Value)

① 미국에서 1986년 개발되어 칠러 등의 효율평가법으로 주로 많이 사용되어 왔다. 1992년과 1998년 두 차례에 걸친 수정 (부분부하 효율의 가중치 등)이 이루어졌다.

② 적용 : 한국과 같이 연간 비교적 짧은 시간 냉·난방 운전 시 적합한 방법이다.

③ 다음과 같이 부분부하별 EER(효율)을 측정한 후 가중치를 두어 적산한다.

LOAD (운전율, 부분부하율)	100 % 운전	75 % 운전	50 % 운전	25 % 운전
EER (효율 : 시험값)	A	B	C	D
Weighting (가중치)	1 %	42 %	45 %	12 %

④ 가중치 적산방법 : IPLV = 0.01A + 0.42B + 0.45C + 0.12D

(4) SEER (Seasonal Energy Efficiency Ratio)

① 미국에서 개발되어 유니터리 제품에 주로 많이 적용되는 방법이다.

② 적용 : 일본처럼 온·습도가 높아 연중 운전기간이 긴 경우 적합한 방법이다.

③ 실내외 온·습도 조건별, 부하별 EER(효율)을 측정하여 발생빈도수를 가중하여 적산하는 방법이다.

④ 국내기준(KS C 9306)

㈎ 고정용량형, 2단가변형, 가변용량형 등의 세 가지로 분류하여 시험항목을 차별화 적용한다.

㈏ 용량가변형은 냉·난방 모드에서의 최소/중간/정격/저온 능력시험 및 난방 모드에서의 제상/제상 무착상/최대운전 시의 능력시험을 진행한다.

㈐ SEER은 CSPF(냉방 시)와 HSPF(난방 시)의 두 가지 종류가 있는 데 주로 CSPF 위주로 많이 평가되어진다.

4 열역학 제법칙

(1) 열역학 0법칙

① 열평형 및 온도에 대한 규정이다.

② '두 물체가 열평형상태(열이동이 없음)에 있으면 온도는 같다'

③ 온도가 서로 다른 두 물체를 접촉시키면 고온의 물체가 열량을 방출하고, 저온의 물체는 열량을 흡입해서 두 물체의 온도차는 없어진다. 이 때 두 물체는 열평형이 되었다고 하며 이런 열평형이 된 상태를 동일 온도로 규정하는 것을 '열역학 제 0 법칙'이라고 한다.

(2) 열역학 1법칙

① 에너지 보존의 법칙 : $Q = \Delta U + W$

② 밀폐계가 어떤 과정 동안에 받은 열량에서 그 계가 한 참일을 빼면 계의 저장(내부)에너지의 증가량과 같다.

③ 개방계를 설명하기 위한 개념 : 엔탈피 (열함량) $H = U + P \cdot V$

여기서, U : 내부에너지, $P \cdot V$: 압력×부피

④ 열과 일은 모두 하나의 에너지 형태로서 서로 교환하는 것이 가능하다. 이 법칙을 다른 말로 표현하면 에너지 보존의 법칙이라고도 한다.

(3) 열역학 2법칙

① 엔트로피(에너지의 질) 증가원리 $\Delta S = \Delta Q / T$

② 온도는 '퍼텐셜 에너지'이다(에너지의 질을 결정).

③ 이론적으로는 물질계가 흡수하는 열량 dQ와 절대온도 T와의 비 $dS = \dfrac{dQ}{T}$로 정의한다 (여기서, dS는 물질계가 열을 흡수하는 동안의 엔트로피 변화량이다).

④ 열과 기계적인 일 사이의 방향성(열 이동의 방향성)을 제시하여 주는 것이 열역학 제2법칙이다.

⑤ 열을 저온에서 고온으로 이동시키려면 별도의 일에너지를 필요로 한다.

⑥ 물을 낮은 곳에서 높은 곳으로 이동시키려면 별도의 펌프의 힘이 필요하다.

⑦ Kelvin-Planck의 표현 : 자연계에 어떠한 변화를 남기지 않고 일정온도의 어느 열원

의 열을 계속하여 일로 변환시키는 기계를 만드는 것은 불가능하다 (열효율 100%인 기관을 만들 수 없다).

⑧ Clausius의 표현 : 자연계에 어떠한 변화를 남기지 않고서 열을 저온의 물체로부터 고온의 물체로 이동하는 기계(열펌프)를 만드는 것이 불가능하다.

(4) 열역학 3법칙

① 절대 0도에 대한 개념이다.

② 어떠한 이상적인 방법으로도 어떤 계를 절대 0도에 이르게 할 수는 없다는 법칙이 Nernst에 의하여 수립되었다 (열역학 제 3 법칙).

③ 절대 0도에 가까워질수록 엔트로피는 0에 가까워진다.

④ 절대 0도란 분자의 운동이 정지되어 있는 완전한 질서 상태를 의미한다.

5 엔탈피 (Enthalpy)

(1) '열함량'라고도 하며 물질계의 내부에너지가 U, 압력이 P, 부피가 V라고 할 때 그 상태의 열함량 H는 다음과 같다.

$$H = U + P \cdot V \text{ (열역학 1법칙)}$$
$$= U + nRT \text{ (Joule의 법칙 ; 온도만의 함수)}$$

(2) 열함량은 상태함수이기 때문에 출발 물질과 최종 물질이 같은 경우에는 어떤 경로를 통해서 만들더라도 그 경로에 관여한 열함량 변화의 합은 같다. 이를 ' 헤스 (HESS)의 법칙'이라고 한다.

(3) 어떤 물체가 가지고 있는 열량의 총합을 엔탈피 (열함량)라 한다.

(4) 물체가 갖는 모든 에너지는 내부에너지 외에 그 때의 압력과 체적의 곱에 상당하는 에너지를 갖고 있다.

6 엔트로피 (Entropy)

(1) 자연의 방향성을 설명하는 것으로 비가역과정은 엔트로피가 증가한다.

(2) 반응은 엔트로피가 증가하는 방향으로 진행된다 (열역학 제2법칙).

(3) 이론적으로는 물질계가 흡수하는 열량 dQ와 절대온도 T와의 비 $dS = \frac{dQ}{T}$로 정의한다 (여기서, dS는 물질계가 열을 흡수하는 동안의 엔트로피 변화량이다).

(4) 열역학 제2법칙을 정량적으로 표현하기 위해서는 필요한 개념으로 열에너지를 이용하여 기계적 일을 하는 과정의 불완전도 다시 말하면 과정의 비가역성을 표현하는

것이 엔트로피이다.

(5) 엔트로피는 열에너지의 변화 과정에 관계되는 양으로서, 자연 현상에는 반드시 엔트로피의 증가를 수반한다.

(6) 엔트로피 증가의 법칙

① 온도차가 있는 어떤 2개의 물체를 접촉시켰을 때, 열 q가 고온부에서 저온부로 흐른다고 하면 고온부(온도 T_1)의 엔트로피는 $\frac{q}{T_1}$만큼 감소하고, 저온부(온도 T_2) 엔트로피는 $\frac{q}{T_2}$만큼 증가하므로, 전체의 엔트로피는 이 변화를 통하여 증가한다.

② 저온부에서 고온부로 열이 이동하는 자연현상에 역행하는 과정, 예를 들면 냉동기의 저온부에서 열을 빼앗아 고온부로 방출하는 과정에서 국부적으로 엔트로피가 감소하지만, 여기에는 냉동기를 작동시키는 모터 내에서 전류가 열로 바뀐다는 자연적 과정이 필연적으로 동반하므로 전체로서는 엔트로피가 증가한다.

(7) 응용

① 열기관의 효율을 이론적으로 계산하는 이상기관의 경우는 모든 과정이 가역과정이므로 엔트로피는 일정하게 유지된다. 일반적으로 현상이 비가역 과정인 자연적 과정을 따르는 경우에는 이 양이 증가하고, 자연적 과정에 역행하는 경우에는 감소하는 성질이 있다. 그러므로 자연현상의 변화가 자연적 방향을 따라 발생하는가를 나타내는 척도이다.

② 통계역학의 입장 : 엔트로피 증가의 원리는 분자운동이 확률이 적은 질서 있는 상태로부터 확률이 큰 무질서한 상태로 이동해 가는 자연현상으로 해석한다.

③ 모든 종류의 에너지가 분자의 불규칙적인 열운동으로 변하여 열의 종말, 즉 우주의 종말에 도달하게 될 것이라는 논쟁이 있었다. 그러나 이는 우주를 고립된 유한한 계라고 가정했을 때의 결론이다.

7 엑서지 (Exergy)

(1) 엑서지(Exergy)란 공급되는 에너지 중 활용 가능한 에너지, 즉 유용에너지를 말하며 나머지 무용에너지를 아너지(Anergy)라고 한다.

(2) 엑서지는 에너지의 질을 의미하며 엑서지가 높은 에너지는 고온상태의 열에너지와 다양한 에너지 변환이 가능한 전기에너지, 일에너지 등이다.

(3) 엑서지는 일로 바꿀 수 있는 유효에너지를 말함 : 잠재에너지 중에는 일로 바꿀 수 있는 유효에너지와 일로 바꿀 수 없는 무효에너지가 있는데 그 중에서 일로 바꿀 수 있는 유효에너지를 Exergy (엑서지)라 한다.

(4) 열역학 2법칙에 따른 열정산

카르노 사이클(Carnot Cycle)을 통하여 일로 바꿀 수 있는 에너지의 양을 말한다.

(5) 외부에서 열량 Q_1을 받고, Q_2를 방출하는 열기관에서 유효하게 일로 전환될 수 있는 최대 에너지를 유효에너지(엑서지)라 한다.

(6) 엑서지 효율 $= \frac{\text{실제의 출력}}{\text{유효 에너지}}$

(7) 엑서지의 응용

① 엑서지는 에너지의 변환과정에서 엑서지를 충분히 활용할 수 있는 장치의 개발과 시스템의 선정에 응용된다.

② 에너지(열)의 캐스케이드 이용방식인 열병합발전 시스템(Co-generation System)을 적용하는 것은 엑서지의 총량을 높이는 것으로 엑서지가 높은 고온의 연소열에 의해서는 에너지의 질이 높은 전력를 생산하고 이 과정에서 배출되는 보다 저온의 폐열을 회수하여 증기나 온수를 생산하여 냉방, 난방, 급탕 등에 사용한다.

8 카르노 사이클과 역카르노 사이클

(1) 카르노 사이클은 이상적인 열기관의 사이클을 말하며, 역카르노 사이클은 카르노사이클을 역작용시킨 것으로서, 이상적인 히트펌프 사이클(냉동 사이클)에 응용된다.

(2) 카르노 사이클(Carnot Cycle)

① 이상적인 열기관의 사이클 : 카르노 사이클은 완전가스를 작업물질로 하는 이상적인 사이클로서 2개 가역등온변화와 2개의 가역단열변화로 구성된다.

② 이론적 최대의 열기관의 효율을 나타내는 사이클(가역과정)

③ 고열원에서 흡열하고, 저열원에 방출한다.

④ 카르노 사이클에서 다음과 같은 사실을 알 수 있다.

㈎ 같은 온도의 열저장소 사이에서 작동하는 기관 중에서는 가역사이클로 작동되는 기관의 효율이 가장 좋다.

㈏ 임의의 두 개 온도의 열저장소 사이에서 가역사이클인 카르노 사이클로 작동되는 기관은 모두 같은 열효율을 갖는다.

㈐ 같은 두 열저장소 사이에서 작동되는 가역사이클인 카르노 사이클의 열효율은 동작물질에 관계없으며 두 열저장소의 온도에만 관계된다.

(3) 역카르노 사이클(Reverse Carnot Cycle)

① 역카르노 사이클은 카르노 사이클을 역작용시킨 것으로서, 2개의 가역등온 과정과 2개의 가역단열 과정으로 구성된다.

② 이상적인 히트펌프 사이클(냉동 사이클)
③ 이론저 최대의 냉·난방 효율을 나타내는 사이클 (가역과정)
④ 저열원에서 흡열하고, 고열원에 방출한다.
⑤ 등온 증발은 증발기에서, 단열압축은 압축기에서, 등온응축은 응축기에서, 단열팽창은 팽창밸브에서 이루어진다.
⑥ 성적계수는 소비에너지와 냉방열량 또는 난방열량과의 비이며 난방시가 냉방 시 보다 항상 1이 크다.
⑦ 기타 사항 : 상기'카르노 사이클'과 동일하다.

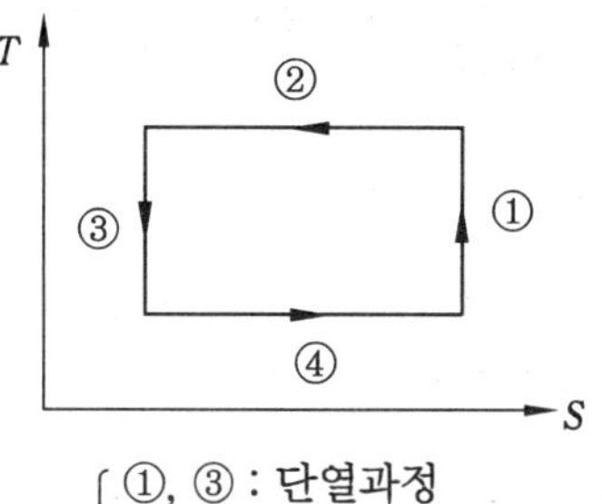

{①, ③ : 단열과정
②, ④ : 등온과정

역카르노 사이클

9 가역 과정과 비가역 과정

(1) 가역 과정

역학적, 열적 평형을 유지하면서 이루어지는 과정으로 계나 주위에 변화를 일으키지 않고 이루어지며, 역과정으로 원상태로 되돌려질 수 있는 과정이다(손실이 전혀 없는 이상적인 과정을 말한다).

(2) 비가역 과정

가역 과정과 반대인 과정(원상태로 되돌려질 수가 없고, 손실이 발생하는 과정)을 말하며, 대부분의 자연계의 과정은 비가역 과정이다.

10 내부에너지(Internal Energy)

(1) 물체가 갖는 운동에너지나 위치에너지에 무관하게 물체의 온도나 압력 등에 따라서 그 자신의 내부에 갖는 에너지를 말한다.

(2) 내부에너지(U) = 계의 총에너지(H) − 기계적 에너지(W)

여기서, 기계적 에너지(W) = $P \cdot V$ = 압력 × 부피

(3) 물체의 내부에너지는 물체를 구성하는 각 원자가 가지는 역학적 에너지(운동에너지와 위치에너지)의 총합과 같다.

11 열전반도체(열전기 발전기 : Thermoelectric Generator)

(1) 배기가스의 폐열을 이용하여 전기를 생산하는 반도체 시스템

(2) 한쪽은 배기가스(약 80 ~100℃ 이상), 다른 한쪽은 상온의 공기로 하여 전기를 생산하는 시스템

(3) 열전기쌍과 같은 원리인 제베크효과에 의한 열에너지가 전기적 에너지로 변환하는 장치

(4) 열전반도체의 원리

① 종류가 다른 두 종류의 금속(전자 전도체)의 한쪽 접점을 고온에 두고, 다른 쪽을 저온에 두면 기전력이 발생한다. 이 원리를 이용해서 고온부에 가한 열을 저온부에서 직접 전력으로 꺼내게 하는 방식이다.

② 기전부분(起電部分)에 사용되는 전도체로서는 열의 불량도체인 동시에 전기의 양도체인 것이 유리하다. 따라서 기전부분을 금속만의 조합으로 만들기는 힘들고, 적당한 반도체인 비스무트-텔루르, 납-텔루르 등을 조합해서 많이 사용한다.

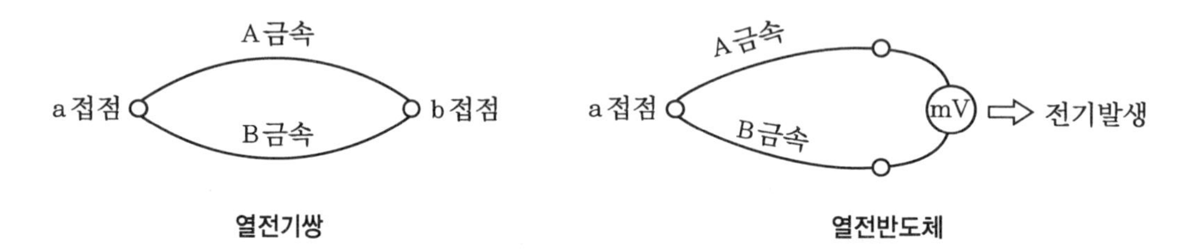

열전기쌍 열전반도체

(5) 적용 분야

① 구 소련 '우주 항공분야'가 최초(인공위성, 무인기상대(無人氣象臺) 등)

② 국내에서도 연구 및 개발이 많이 이루어지고 있다.

③ 열효율이 나쁜 것이 흠이다(약 5 ~ 10 %에 불과).

④ 점차 재료의 개발에 따른 동작온도의 향상과 더불어 용도가 매우 넓어지고 있는 상황이다.

12 비열비(단열지수)

(1) 정압비열(C_p)과 정적비열(C_v)의 비 $K(=C_p/C_v > 1)$의 값이 큰 냉매는 일반적으로 토출가스의 온도가 높다(다음 관계식 참조).

(2) 비열비(K)를 낮추면 토출가스 온도가 하락하여 냉매특성이 향상된다.

(3) 액체와 고체의 비열은 정압비열(C_p)과 정적비열(C_v)의 차이가 거의 없다.

(4) 공기의 비열비(K) = $\frac{0.24}{0.17} = 1.4$

(5) 관계식

단열과정은 $PV^K =$ 일정 과정이다.

즉, $P_1 V_1^K = P_2 V_2^K$

$$\frac{V_2}{V_1} = \left(\frac{P_1}{P_2}\right)^{\frac{1}{K}} = \left(\frac{P_2}{P_1}\right)^{-\frac{1}{K}} \text{ ——————— ⓐ}$$

보일샤를의 법칙에서,

$$\frac{P_1 V_1}{T_1} = \frac{P_2 V_2}{T_2}$$

$$\frac{T_2}{T_1} = \left(\frac{P_2}{P_1}\right)\left(\frac{V_2}{V_1}\right) \text{ ——————————— ⓑ}$$

여기에, ⓐ식을 대입하면,

$$\frac{T_2}{T_1} = \left(\frac{P_2}{P_1}\right)^{1-\frac{1}{K}} = \left(\frac{P_2}{P_1}\right)^{\frac{(K-1)}{K}} \text{ ————— ⓒ}$$

(6) 실제의 압축

① 실제의 압축은 '단열과정'이 아니라 열을 방출하는 과정이 동반된다.

② 따라서, $PV^n =$ 일정

$$\frac{T_2}{T_1} = \frac{P_2 V_2}{P_1 V_1} = \left(\frac{P_2}{P_1}\right)^{\frac{n-1}{n}}$$

㈜ n : 폴리트로프 지수(압축기 고유값으로 시험을 통해서 결정됨)

13 온도 센서(RTD, TC, NTC, PTC)

(1) 센서의 중요한 특성 중 하나가 출력 타입인데 RTD는 온도에 따라서 저항값이 변하고, TC(서모 커플)의 경우에는 전압이 변화한다.

(2) RTD

① RTD로 온도를 측정하기 위해서는 이 센서에 정전류를 흘려서 온도에 따라 변화하는 저항값에 걸리는 전압을 측정하면 된다(백금, 니켈, 동 등의 순금속 저항값의 온도 의존성 이용).

② 이때 센서와 측정계기 사이가 멀면 선로저항을 염두에 두어야 한다.

③ 보통 3선식과 4선식이 있는데, 센서에 연결되는 두 가닥의 선외에 이렇게 추가되는 선은 라인저항을 측정하기 위한 것이다.

④ RTD는 넓은 온도 범위에서 안정한 출력을 얻을 수 있는 반면 상대적으로 비용이 많이 드는 편이다.

(3) TC (서모커플 (Thermocouple))

① TC의 경우는 온도 변화에 따라서 μV 단위까지 변화하는 접압이 출력된다.

② TC로 온도를 측정하기 위해서는 온도 보상을 해주어야 하는데, 서모커플의 출력전압은 현재온도의 전압이 출력되는 것이 아니라, 측정하고자 하는 곳의 온도와 현재 측정하는 곳의 온도 차이에 해당하는 전압이 출력되기 때문에 현재 측정하는 곳의 온도에 해당하는 서모커플의 출력 전압을 더한 값이 측정하고자 하는 곳의 온도에 해당하는 출력이 된다.

③ 서모커플(TC)은 빠른 응답을 얻을 수 있고 비교적 비용이 적게 들지만 RTD 보다는 출력이 리니어하지 못한 편이다.

(4) NTC 서미스터 (Negative Temperature Coefficient Thermister)

① 금속과는 달리 온도가 높아지면 저항값이 감소하는 부저항 온도계수의 특성을 이용한 온도센서이다.

② NTC 특성을 갖는 산화물을 재료로 하는 반도체를 이용한다.

(5) PTC 서미스터 (Positive Temperature Coefficient Thermister)

① NTC 서미스터와는 반대로 온도가 올라가면 저항이 증가하는 정특성 온도계수를 가진 센서이다.

② 온도의 변화에 대하여 극히 큰 저항값의 변화를 나타내는 저항기로서 과전류 보호용, 히터용, 모터 기동용, 온도센서용 등으로 다양하게 사용된다.

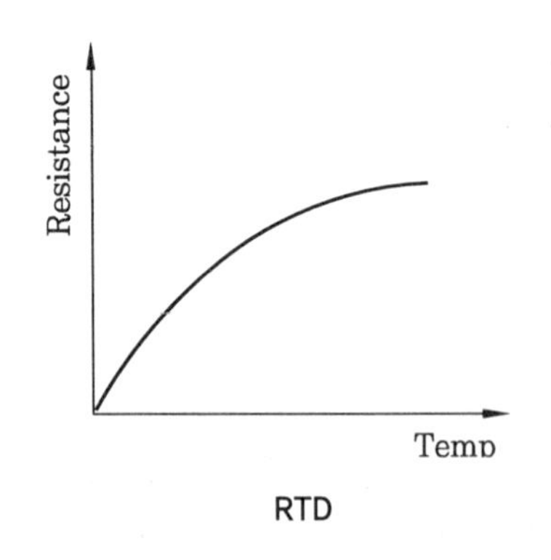

RTD

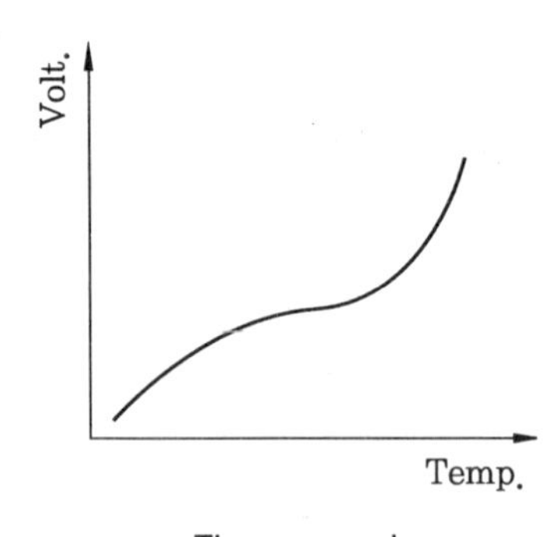

Thermocouple

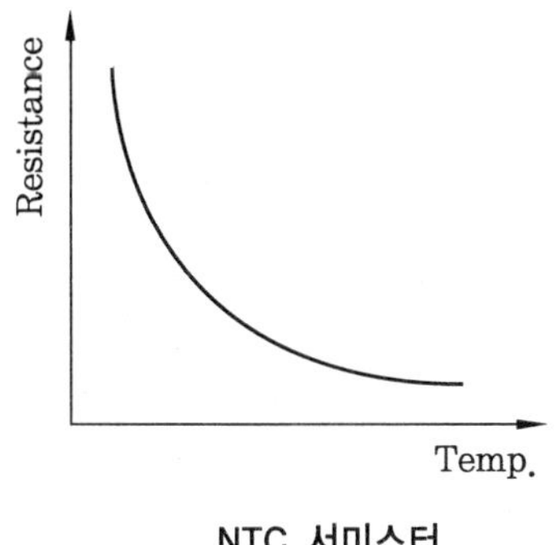

NTC 서미스터

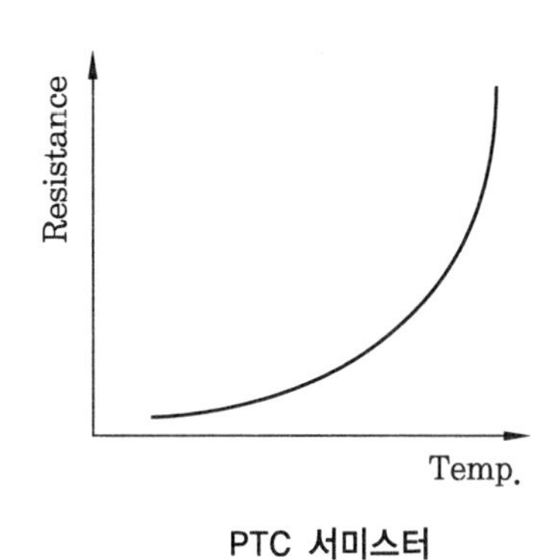

PTC 서미스터

14 온도계

온도계는 여러 산업분야에서 가장 기초적으로 사용되어지는 계측기의 하나로 열역학적인 온도를 측정하는 기기이며, 다음과 같은 여러 종류가 있다.

(1) 봉상 온도계

유리관이 봉상으로 되어 있으며 그 중심부에 감온액(感溫液)이 통과하는 온도계로 구조는 간단하지만, 정밀한 측정에는 사용하지 않는다.

(2) 바이메탈 온도계

이종금속 2개를 맞붙여 선팽창계수의 차이 값을 이용(예 구리와 니켈의 박판 2장을 밀착시킨 바이메탈 온도계 등)

(3) 열전 온도계(TC)

열기전력의 변화를 계측기상에 표시하는 방식(Seebeck 효과를 이용)

(4) 저항 온도계(RTD)

도체나 반도체의 전기저항이 온도에 의해 변화하는 것을 이용하여 전기저항을 측정함으로써 온도를 측정

(5) 노점 온도계

금속 거울면의 결로·수면 측정

(6) 복사 온도계

고온체(高溫體)로부터 방출되는 복사에너지를 측정하여, 그 물체의 온도를 아는 장치로 접근하기 어려운 곳의 온도 측정에 유리(스테판-볼츠만 법칙을 이용)

(7) 글로브 온도계

인체의 온감(溫感)에 복사열의 영향을 넣기 위하여 고안된 온도계(15 cm 정도의 흑

색 구내에 봉상 온도계를 넣어 측정)

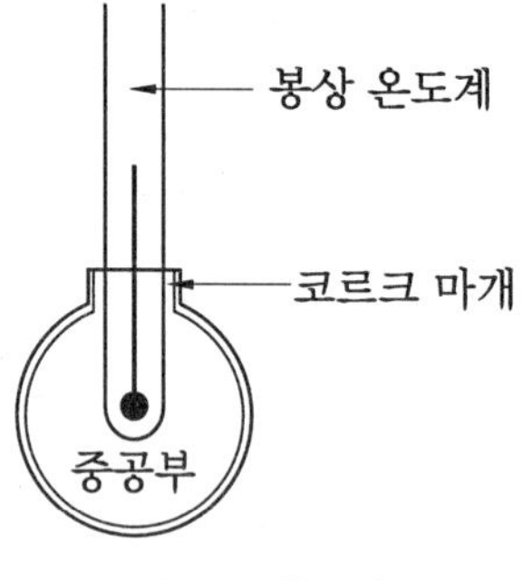

글로브 온도계

(8) 압력 온도계

온도에 따른 압력의 변화를 부르동관의 자유단 변화로 검출

(9) 광도 온도계

복사 중에서 가시광선의 휘도 이용

15 분젠식 버너

(1) 분젠식 버너(Bunsen Burner)는 1855년 독일의 분젠이 고안한 가스버너의 일종이다.

(2) 공기 구멍의 크기를 적당히 조절하여 1차 공기의 유인량을 조절함으로써 화력을 강하게 혹은 약하게 조절할 수 있는 방식이다.

(3) 현재까지도 많은 가정용 보일러에 채용되고 있다.

(4) 과잉 공기량을 많이 필요로 하고, 고온의 배기가스 방출로 인해 열손실이 증가되고, NOx, CO 등의 공해물질을 많이 배출하는 단점이 있고, 가스 소비량이 많다.

(5) 분젠식 버너의 특징

① 가스와 공기를 처음부터 적당히 혼합하여 그것을 대기 속으로 분출시켜 연소시키는 방식이다.

② 이 경우 미리 혼합한 공기를 1차공기, 연소하고 있는 불꽃 주위로부터 얻는 공기를 2차 공기라고 한다.

③ 분젠식의 경우 불꽃의 색이 청색으로 온도는 높으나 역화하는 경우가 있다.

④ 양자의 계면에서 연소를 일으키게 하는 확산연소이다.

⑤ 내염과 외염이 뚜렷이 구별된다.

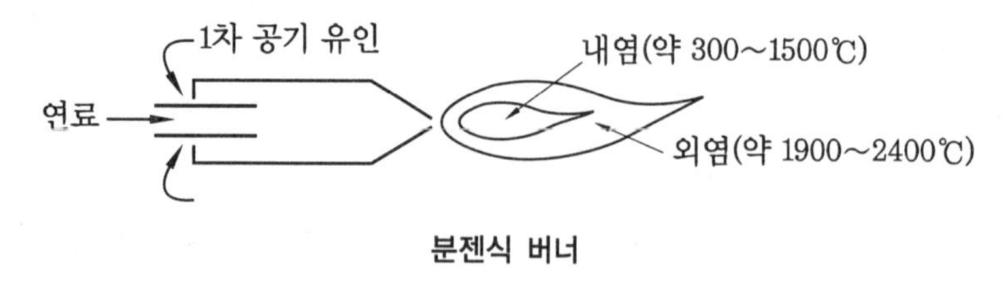

분젠식 버너

(6) 세미 분젠 버너

① 기본적인 구조는 분젠식 버너와 동일하나 분젠 버너에 비해 1차 공기량이 적은 편이다.

② 보통 1차 공기량이 전체 공기량의 40 % 이하인 경우를 세미 분젠 버너라고 하고, 40~ 80 %인 경우를 분젠식 버너라고 한다.

③ 기타의 특징 : 내염 및 외염의 구별이 확실치 않음, 불꽃 온도는 약 1000℃(청색), 역화 없음, 효율 높음 등

16 열확산계수

(1) 열확산계수 (Thermal diffusitive)는 $\alpha = \dfrac{k}{(\text{밀도} \times \text{비열})}$ 로 표현되며, 어떤 물질이 가지고 있는 열을 확산시켜 자신의 온도를 얼마나 빨리 변화시킬 수 있는가에 대한 지표이다.

(2) 주로 사용되는 단위는 m^2/s이다.

(3) 물리적 의미

① 물리적 의미는 물질내부의 온도가 시간에 따라 변화하는 동안에 물질 내부로 진행되는 열의 전파에 관련되어 있다.

② 열확산율이 클수록 물질 내의 열의 전파가 더욱 빠르게 진행된다.

(4) 관계식

$$\alpha = \frac{k}{(\rho \times c)}$$

여기서, α : 열확산계수 (혹은 열확산율)

k : 물질의 열전도율 (kcal/m·s·℃ 혹은 kJ/m·s·K)

ρ : 물질의 밀도 (kg/m^3)

c : 물질의 비열 (kcal/kg·℃ 혹은 kJ/kg·K)

(5) 응용

① 열확산계수 (α)는 은에서의 약 $170 \times 10^{-6}\ m^2/s$ 로부터 연질고무에서의 $0.077 \times 10^{-6}\ m^2/s$까지 물질별 큰 차이를 보인다.

② 따라서 주어진 크기의 온도조건하에서 은 내부에서 일어나는 열의 침투는 연질고무에 대한 열의 침투보다 매우 빠르다.

17 터보 인터쿨러 엔진

(1) 원래 항공기에 사용된 것으로, 공기가 희박해지는 높은 고도에서도 엔진 내에 일정한 공기압을 유지해 주기 위해 개발된 것을 자동차 엔진 등에 응용한 것이다.

(2) 원리

① 터보 인터쿨러는 가압 후 고온이 된 공기를 인터쿨러에서 냉각시켜 공기의 밀도를 크게 함으로써 실린더로 보급되는 흡입공기의 절대량을 늘려 엔진 출력을 향상시키는 원리이다.

② 자연흡기 엔진에 비해 출력이 약 30% 가까이 향상되어 탁월한 동력성능을 발휘한다.

③ 저속에서도 동일 출력을 내므로 엔진 수명이 오래가는 장점이 있다.

④ 진동과 소음, 배기가스 등이 감소되고, 연비 또한 좋아진다.

(3) 구성

터보 인터쿨러 방식의 엔진은 자연흡기 엔진에 비하여 터보 차저(Turbo Charger)와 인터쿨러(Intercooler)의 두 가지 대표적인 장치가 추가되어 향상된 엔진 성능을 발휘하게 된다.

① 터보 차저(Turbo Charger) : 버려지는 배기가스의 에너지(온도 · 압력)를 이용해 터빈을 고속 회전시켜, 그 회전력으로 원심식 압축기를 구동하여 압축한 공기를 엔진 내부로 보내는 구조

② 인터쿨러(Intercooler) : 압축 가열된 공기를 냉각시켜 높은 공기밀도를 얻게 하는 역할(공랭식, 수랭식, 증발식 등이 있다.)

18 린번 엔진

(1) 엔진의 실린더 측으로 들어가는 혼합기에서 공기가 차지하는 비율을 높이고, 연료가 차지하는 비율은 낮추어 연비 성능을 향상시키는 엔진

(2) 연비율을 낮추는 것이 주목적이지만, 그에 따른 부작용을 잘 극복하여야 한다.

(3) 기술 원리

① 보통 가솔린 엔진의 최적의 공기와 연료비는 약 14.7 : 1 이다.

② 린번 엔진은 이보다 훨씬 희박한 약 22 ~ 23 : 1 정도의 혼합기를 급기한다.

③ 이 기술을 더 진보시켜 연료를 연소실에 직접 분사해주는 GDI 기술(연료비 절감, 폭발력 증가)이 개발되어 있다(고급 승용차에 적용).

(4) 린번 엔진의 장점

① 공기와 연료의 질량비를 희박하게 하여 연비 절감

② 시스템이 복잡하지 않아 설치비가 적게 든다.

③ 점화플러그 주변에는 고농도 혼합기를 공급하고, 그 외의 부분에는 희박 혼합기를 공급하는 등 린번 엔진의 단점을 보완 가능하다.

(5) 린번 엔진의 단점

① 희박 혼합기 상태에서 착화율이 떨어져 연소상태가 불안정하기 쉽다.
② 연소실과 흡기부분을 개선하여 공기와 연료가 잘 섞이도록 해야 한다.
③ 이상적인 완전연소가 이루어지지 못하므로 배기가스의 정화에도 특별한 기술이 필요하다.

(6) 공연비와 연공비

① 공연비(Air to Fuel Ratio : A/F) : 혼합공기 중의 단위 질량의 연료에 대한 공급공기의 질량
② 연공비(Fuel to Air Ratio : F/A) : 혼합공기 중의 단위 질량의 공기에 대한 공급연료의 질량
③ 관계식 : 역수관계이다. 즉 공연비 = $\dfrac{1}{\text{연공비}}$

19 과잉 공기량

(1) 완전 연소를 위하여 추가로 필요한 공기량
(2) 연소과정에 참가하지는 않고 Bypass되는 공기량
(3) 이론적 공기량은 공기와 연료의 완전접촉이 이루어지는 경우에 대한 것인데, 실제의 연소를 양호하게 행하기 위해서는 과잉공기가 필요하다.

(4) 공기비(m)

$$m = \frac{A}{A_0}$$

여기서, A : 실제 공기량(= 이론 공기량 + 과잉 공기량), A_0 : 이론 공기량

(5) 공기비가 너무 클 경우의 영향

① 과잉공기량이 지나치게 많아지고 배기가스 중 NOx, SOx 함량이 많아져 부식 등이 촉진된다.
② 연소가스의 온도가 저하된다(연소실의 냉각효과).
③ 배기가스량의 증가에 의한 열손실이 커져 열효율이 감소된다.

(6) 공기비가 너무 적을 경우의 영향

① 과잉공기량이 지나치게 적어지고 불완전연소가 심해진다.
② 매연이나 검댕 발생량이 증가한다.
③ 불완전연소로 인해 연소효율이 저하된다.

20 초킹(Choking) 현상

(1) 유로의 목부분에서 아음속 → 초음속으로 바뀌는 영역에서 더 이상 풍량이 늘어나지 않으면서 강력한 진동이나 소음을 초래하는 현상

(2) 엔진의 경우

회전수가 너무 높으면 유속이 지나치게 빨라져 초킹현상이 일어나 더이상 흡기의 흡입량이 증가되지 않아 체적효율이 떨어지는 현상

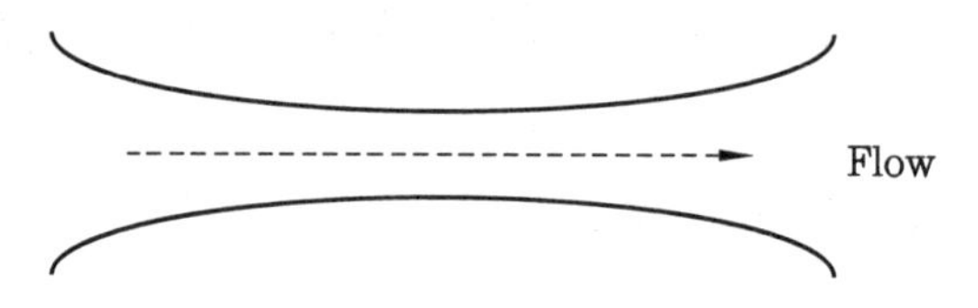

(3) 초킹 현상의 선도

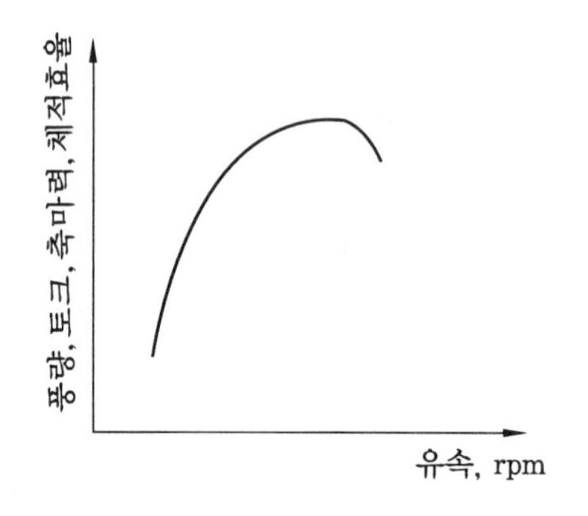

> **◎ '도장공사' 용어로서의 초킹(Chalking) 현상**
> 칠판에 분필로 글씨를 쓴 후 문지르면 손에 묻어나는 것과 같이 햇볕(자외선)에 장시간 노출된 도막을 손으로 문지르면 색상이 손에 묻어나는 현상을 말하며 '백아화 현상'이라고도 한다.

21 베르누이 방정식(Bernoulli's Equation)

(1) 물리학의 '에너지 보존의 법칙'을 유체에 적용하여 얻은 식

(2) '운동유체가 가지는 에너지의 총합은 일정하다'라는 의미를 지닌 방정식, 즉 유체가 가지고 있는 에너지보존의 법칙을 관속을 흐르는 유체에 적용한 것으로서 관경

이 축소(또는 확대)되는 관속으로 유체가 흐를 때 어느 지점에서나 에너지의 총합은 일정하다(단, 마찰손실 등은 무시).

(3) 주로 학계에서는 운동유체의 압력을 구할 때 많이 사용하고, '공조 분야'에서는 수두(H)를 구할 때 많이 사용한다.

(4) 법칙식

$$P+\frac{1}{2}\rho v^2+\gamma Z=\text{일정}$$

혹은

$$\frac{P}{\gamma}+\frac{v^2}{2g}+Z=H(\text{일정})$$

여기서, H : 전수두(m), P : 각 지점의 압력(kgf/m^2 혹은 Pa)
ρ : 유체의 밀도(kg/m^3), γ : 유체의 비중량(kgf/m^3 혹은 N/m^3)
v : 유속(m/s), g : 중력 가속도(9.8m/s^2)
Z : 기준면으로부터의 높이(m)

(5) Bernoulli's Equation의 가정(Assumption)

① 1차원 정상유동이다. ② 유선의 방향으로 흐른다.
③ 외력은 중력과 압력만이 작용한다. ④ 비점성, 비압축성 유동이다.
⑤ 마찰력에 의한 손실은 무시한다.

22 토리첼리 정리

(1) 그림의 b지점은 대기 노출지점이므로 Bernoulli's Equation에서 압력에너지가 0이며(대기압상태), 최하단부에 도달했을 때이므로 위치에너지 또한 0의 값이라고 할 수 있다.

(2) 다음 그림에서 a의 어느 지점에서나 총에너지의 합은 동일하다.

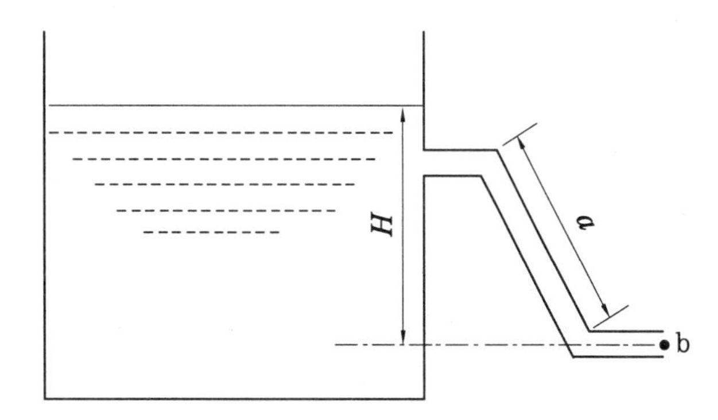

(3) 그림의 b지점에서의 속도 계산

베르누이 방정식에서

$$\frac{P}{\gamma}+\frac{v^2}{2g}+Z=H$$

$$v=\sqrt{2gH}$$

여기서, H : 전수두 (m), P : 각 지점의 압력 (kgf/m^2 혹은 Pa)
γ : 유체의 비중량 (kgf/m^3 혹은 N/m^3), v : 유속 (m/s)
g : 중력 가속도 (9.8 m/s^2), Z : 기준면으로부터 관 중심까지의 높이(m)

예제 다음 그림의 c, d지점에서의 총에너지(수두)를 계산하고, b지점에서의 속도를 구하시오 (마찰손실 무시).

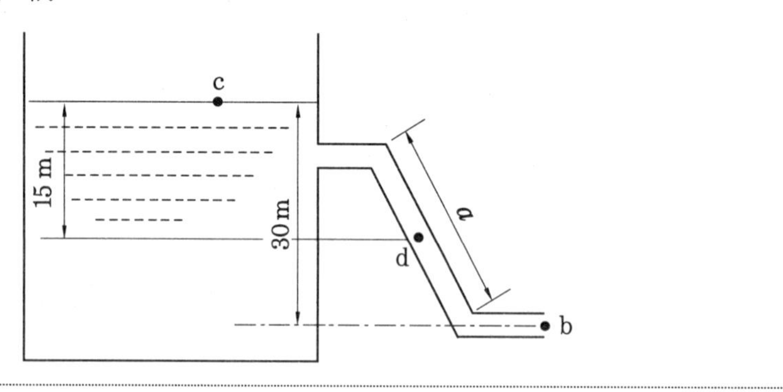

해설 ① 위 그림에서 c 에서의 총에너지(수두) 계산

베르누이 방정식에서 $\frac{P}{\gamma}+\frac{v^2}{2g}+Z=H$

여기서, $\frac{P}{\gamma}=0$, $\frac{v^2}{2g}=0$

따라서, 총수두 $H=Z=30\text{m}$

② 그림의 b지점에서의 속도 계산

베르누이 방정식에서 $\frac{P}{\gamma}+\frac{v^2}{2g}+Z=H$

여기서 $\frac{P}{\gamma}=0$

위치에너지 $Z=0$

따라서, 총수두 $H=\frac{v^2}{2g}$

$$v=\sqrt{2gH}=\sqrt{(2\times 9.8\times 30)}=24.25\text{m/s}$$

③ 위 그림 d에서의 총에너지(수두) 계산

베르누이 방정식에 의해서 어느 지점에서나 총수두는 동일하다.

즉, 총수두 측면에서 b, c, d지점 모두 동일

따라서, 총수두 $H=30\text{m}$

23 점성계수와 동점성계수

(1) 점성계수

① 유체의 흐름에서 전단력에 대해 저항하려는 정도를 나타내는 계수 (유체의 특성)

② 유체의 층류유동에 대해 살펴보면, 유체의 층과 층 사이에는 점성때문에 서로 다른 속도로 움직인다. 표면에서 거리 y, $y+dy$ 떨어진 곳의 속도를 u, $u+du$라 하면 $y+dy$의 층을 움직이는데 필요한 힘 F는 두 층의 접촉면적 A와 속도차 du에 비례하고, 거리 dy에 반비례하는 것을 알 수 있다.

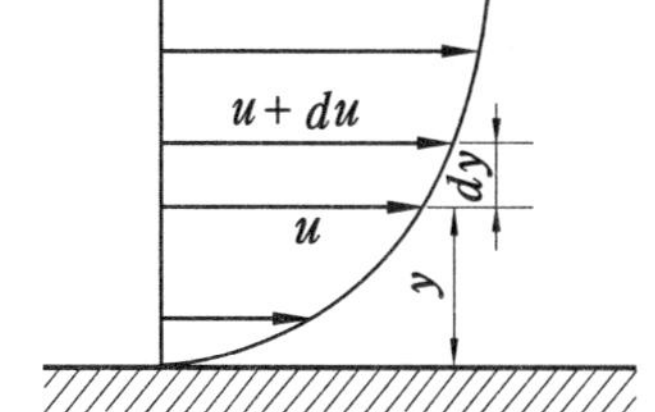

즉, $F \propto A \times \dfrac{du}{dy}$

$\tau = \dfrac{F}{A} \propto \dfrac{du}{dy} = \mu \times \dfrac{du}{dy}$ 여기서, μ : 점성계수

③ 점성계수의 단위 : dyn · s/cm^2 (= 1 poise), lb · s/in^2, lb · s/ft^2, kgf · s/m^2, kg/m · s, N · s/m^2 (=1 Pa · s) 등

(2) 동점성계수 (kinematic viscosity)

① 유체유동의 방정식에는 μ보다 이것을 밀도 ρ로 나눈 값 $\nu = \dfrac{\mu}{\rho}$가 자주 쓰이며, ν를 동점성계수 (kinematic viscosity)라 한다.

② 단위로는 m^2/s, ft^2/s, cm^2/s 등이 쓰이며 특히 cm^2/s를 stokes라고도 부른다.

24 오리피스 유량측정 장치

(1) 오리피스 장치는 오리피스 전후의 압력차를 이용하여 유량을 측정하거나, 직접적으로 유량을 조절하는 장치로 사용된다.

(2) 유량측정 원리

다음 그림과 같이 Pitot Tube 설치 후 ΔP 측정하여 유량 계산한다.

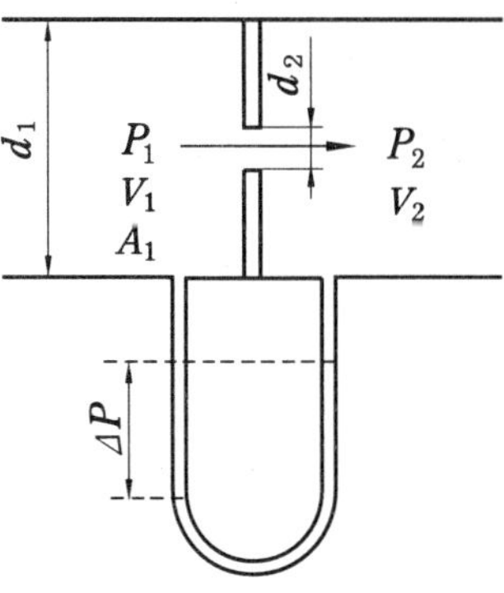

(3) 계산식

$$Q = K\sqrt{\Delta P}$$

여기서, Q : 유량 (CMS), K : 유량 상수,
A_1 : 유입부의 단면적 (m^2)
ΔP : Orifice 상류 및 하류의 압력차 ($\Delta P = P_1 - P_2$; P_a)
V_1 : 유입부의 속도 (m/s), V_2 : 유출부의 속도 (m/s)

(4) 상세식

$$Q = \frac{C \cdot A}{\sqrt{(1-(d_2/d_1)^4)}} \cdot \sqrt{(2gH)}$$

여기서, C : 유출계수 $\left(=\frac{\text{실제유량}}{\text{이론유량}}\right)$, A : 목부분의 단면적 (m^2) $=\frac{\pi d_2^2}{4}$

H : 수두차 (m), g : 중력가속도 (9.8 m/s^2)

d_1 : 유입부의 지름 (m), d_2 : 목부분의 지름 (m)

유량계산 공식 유도

Bernoulli 방정식에서,

$$P_1 + \frac{1}{2}\rho {v_1}^2 = P_2 + \frac{1}{2}\rho {v_2}^2$$

또, $A_1 V_1 = A_2 V_2$ 에서, $V_1 = \frac{A}{A_1} \cdot V_2$

따라서, $V_2 = \frac{1}{\sqrt{\left(1-\left(\frac{A_2}{A_1}\right)^2\right)}} \cdot \sqrt{\frac{2(P_1-P_2)}{\rho}} = \frac{1}{\sqrt{1-\left(\frac{d_2}{d_1}\right)^4}} \cdot \sqrt{(2gH)}$

$$\therefore\ Q = \frac{C \cdot A}{\sqrt{\left(1-\left(\frac{d_2}{d_1}\right)^4\right)}} \cdot \sqrt{(2gH)}$$

25 피토 튜브(Pitot Tube)

(1) Pitot Tube는 정압, 동압, 전압 등을 측정하거나, 동압을 이용하여 유속을 알아내는데 사용된다.

(2) 측정장치 구성

다음 그림처럼 동압(동압 = 전압 − 정압)을 측정하여 베르누이 정리에 의해 유속을 측정한다.

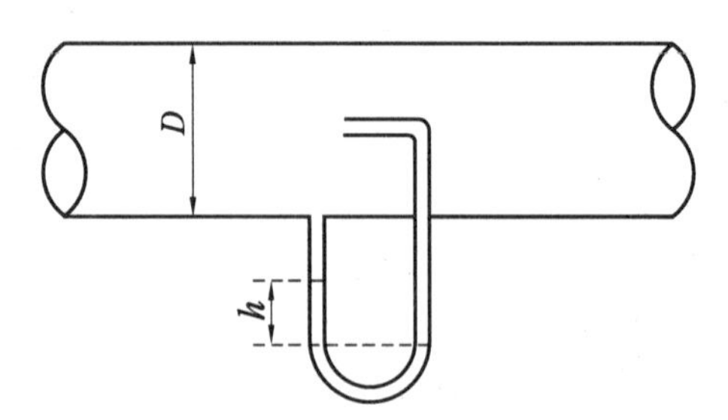

(3) 관계식

① 압력(동압) : $P=(S_0-S)\cdot g\cdot h=\dfrac{SV^2}{2}$

② 유속 : $V=C_v\sqrt{2gh\left(\dfrac{S_0}{S}-1\right)}$

여기서, P : 압력(Pa), C_v : 속도 상수, S_0 : 관내 유체의 밀도(kg/m^3)
S : 관외부 유체(공기)의 밀도(kg/m^3)

③ 유량측정

$$Q=C\cdot A\cdot V$$

여기서, C : 유출계수$\left(=\dfrac{\text{실제유량}}{\text{이론유량}}\right)$, A : 관의 단면적(m^2) $=\pi\dfrac{D^2}{4}$
D : 관의 내경(m), V : 관내 유속(m/s)

26 마하 수와 압축성

(1) 마하 수 $(M)=\dfrac{V}{a}$

여기서, V : 어떤 물체의 속도(m/s)
a : 음속(音速, sound velocity)$=331.5+0.61t$[m/s]
t : 매질(공기)의 온도(℃)

(2) 마하 수 평가

① 마하 수$(M)<0.3$일 경우 : 비압축성으로 간주

② 마하수$(M)>0.3$일 경우 : 압축성으로 간주(특히 초음속일 경우는 반드시 압축성으로 간주할 것)

③ 마하 수의 구분

㈎ 초음속 : 마하 수 M이 1을 초과할 경우(보통 마하수가 1.2~5일 경우를 말함)

㈏ 아음속 : 마하 수 M이 1에 못 미칠 경우(Bernoulli's Equation이 적용되는 영역이다. 단, $M>0.3$일 경우 약간의 편차 발생)

㈐ 천음속(Transonic Velocity)

㉮ 물체와 일정거리 이상에서는 $M<1$이고, 날개 등의 물체와 접한 곳에서는 $M>1$이 되는 경우

㉯ 보통 마하 수가 0.7~1.2일 경우 발생한다.

㈑ 극초음속

㉮ 비행물체의 주행속도와 비행물체 주변의 공기의 속도 모두 초음속보다 더욱 더 빠른 영역이다.

㉯ 보통은 마하수가 5 이상인 경우이다.

27 뉴턴 유체

(1) 뉴턴의 전단법칙을 만족하는 유체를 뉴턴 유체라고 한다.

(2) 뉴턴의 전단법칙(점성법칙)

전단응력은 속도구배 간의 관계

(3) 계산식(뉴턴의 전단법칙)

$$\tau = -\frac{\mu . dv}{dy}$$

여기서, τ : 전단응력 (N/m^2), μ : 점성계수 (N·s/m^2 = P_a·s), v : 속도 (m/s)
y : 좌표값 (m) : 위 식의 음수값은 y 좌표축 설정방향에 의한다.

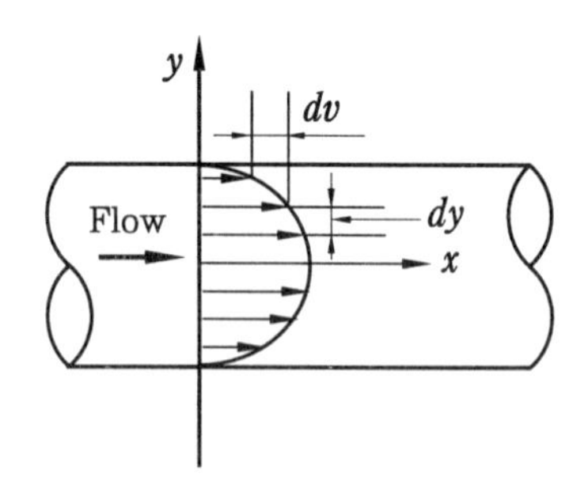

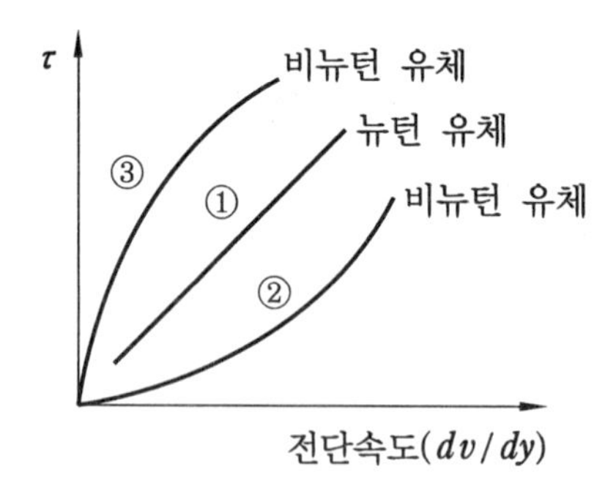

(4) 뉴턴 유체의 특징

① 뉴턴 유체의 전단응력은 속도구배와 점성계수의 곱으로 나타내어진다.
② 유체는 전단력에 저항하므로, 속도구배가 있는 곳에는 항상 전단응력이 존재한다.
③ 뉴턴 유체 : 전단속도의 증가·감소에 무관하게 점도가 일정한 유체(위 그림의 ①번 유체)
④ 비뉴턴 유체
㈎ 전단속도의 증가에 따라 점도도 증가하는 유체를 다일레이턴트(Dilatant ; 팽창성) 유체라고 한다(위 그림의 ②번 유체 ; 감자전분, 비닐, 플라스틱 등).
㈏ 전단속도의 증가에 따라 점도가 감소하는 유체는 의소성 유체(Pseudo-plastic)라고 한다(위 그림의 ③번 유체 ; 전분겔, 마요네즈, 케찹 등).

28 물의 상태도

(1) 물은 온도와 압력에 따라 그 상태가 변화하는데, 다음 그림과 같이 온도와 압력에 따른 물의 각 상태(고체, 액체, 기체증기, 3중점)를 표현한 그래프를 '물의 상태도'라고 한다.

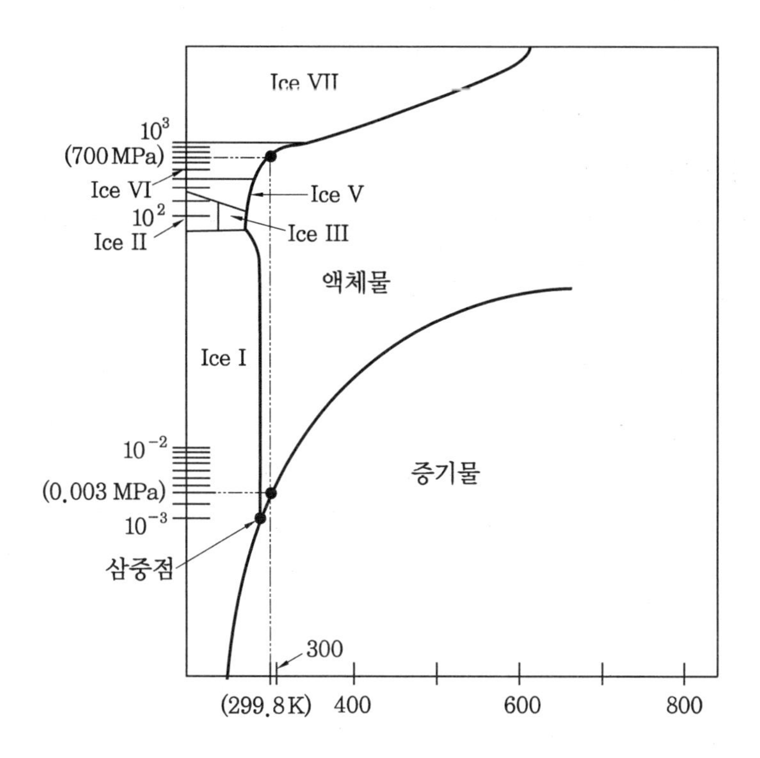

(2) 3중점 아래에서는 온도변화 시 승화 (얼음 ↔ 기체)가 일어난다.

예제 26.8℃의 물이 액체물로 존재하기 위한 압력범위는 대략 얼마인가?

해설 ① 물의 상태도에서 해당 절대온도 계산

26.8℃+273 = 299.8K

② 위 선도 상에서 수직으로 선 (2점쇄선)을 그어 세로축상에 '액체물'의 존재 영역 표시

③ 좌측의 로그 좌표(세로축)에서 수치를 읽는다 (로그자 Scale이므로 눈금 읽을 시 주의를 요한다).

액체물 존재 영역 = 0.003 MPa ~ 700 MPa

29 배관의 마찰손실(Darcy-Weisbach, Hazen-Williams)

(1) 냉매배관 혹은 물, 브라인 배관 등의 내부에 유체가 흐를 시, 항상 길이에 의한 마찰손실이 발생한다 (단위 길이당 손실수두값으로 표시 가능).

(2) 이는 보통 시스템의 유량을 줄여주는 결과를 초래하여 시스템의 성능과 효율에 악영향을 끼친다.

(3) 이를 해결하기 위해서 현장에서는 배관 사이즈를 한 단계 올리거나 배관의 길이를 줄이는 방법을 가장 많이 적용한다.

(4) 마찰손실에 의한 압력손실값 계산

① Darcy–Weisbach 마찰 공식 (물, 브라인, 냉매 등 대부분의 유체에 사용 가능)

$$\Delta P = \frac{f}{2}\rho v^2 \frac{L}{D}$$

$$\Delta P = \frac{8f}{\rho \pi^2} \times \frac{L}{D^5} \times m^2$$

여기서, ΔP : 압력손실 f : 마찰계수 ρ : 유체의 밀도
v : 유체의 속도 D : 배관의 직경(내경) L : 배관의 길이
m : 유체의 질량유량 A : 배관 내부 단면적

위 우측 식 유도

$$\Delta P = \frac{f}{2}\rho v^2 \frac{L}{D} \quad \text{——— ①}$$

연속방정식에서 질량유량 $(m) = \rho A \cdot \ v = \frac{\rho \pi D^2}{4} \times v$

여기서, v에 대해 정리하면, $v = \frac{4m}{\rho \pi D^2}$

이것을 위 ① 식에 대입하면 다음과 같다.

$$\Delta P = \frac{8f}{\rho \pi^2} \cdot \frac{L}{D^5} m^2$$

② Hazen–Williams 공식 (실험식, 경험식, 물에만 사용 가능)

(가) 부정형 '난류'의 해석에 많이 사용한다.

(나) $h_L = 10.666 \times \frac{Q^{1.85} \cdot L}{C^{1.85} \cdot D^{4.87}}$

여기서, h_L : 마찰손실(m)
Q : 유량(m^3/s)
L : 관의 길이(m)
D : 관의 내경(m)
C : 조도계수 (관 내면의 조도에 따라서 다르나, 설계의 평균치(특히 강관)에서 보통 '100'을 사용함.)

(5) 냉동 시스템의 마찰손실 (주로 Darcy–Weisbach 공식 사용)

① 냉동 시스템이 장배관 운전 시 관내 마찰손실에 의해 압력강하가 발생하고 유량이 줄어들어, 냉동능력이 많이 손실될 수 있다.

② 냉동 사이클에서 팽창밸브 측은 일부러 마찰손실에 의한 압력손실을 발생시켜 목적하는 만큼의 감압을 이루는 장치이다.

③ 압력 강하로 인한 압축기 효율 저하 : 압력 강하가 발생이 되면 더 높은 비율의 압축을 해야 하고, 그럼으로써 압축기 효율의 손실을 초래한다.

④ 일반적으로, 압력 강하는 배관이 길수록(L) 커지고, 관경(D)이 작을수록 커지고, 속도(V)가 클수록, 유량(m)이 클수록 커진다.

⑤ 압축기 토출 측 배관경이 지나치게 작거나, 체크밸브 등의 설치에 의해, 압축기 토출구 측에 교축이 생길 수 있다. 이때 압축비가 증가하여 소비전력이 상승하고 효율이 저하한다는 것이 가장 큰 문제점이 된다.

⑥ 다음은 실제의 냉동 사이클에서 마찰손실에 의한 압력강하를 표현한 냉동사이클이다(압축기 Suction 라인, 압축기 토출구 라인, 증발기 내부, 응축기 내부 등에서의 압력손실값(기울기)을 표현한 그래프이다).

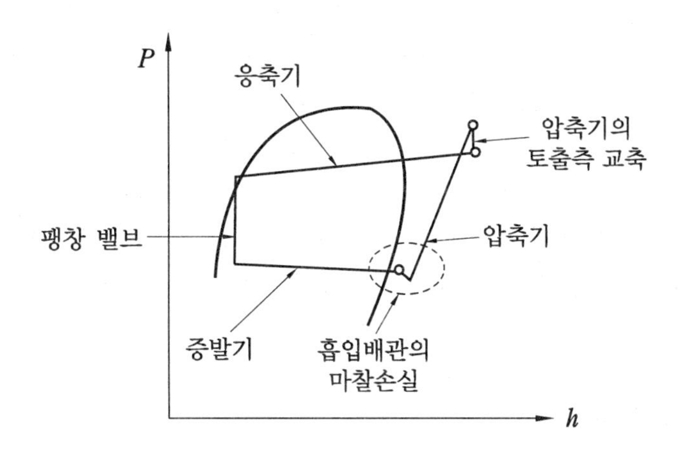

30 디젤엔진 vs 가솔린엔진

(1) 연료 측면

① 자동차 연료로 사용하는 디젤과 가솔린은 원유를 정제시킨 탄화수소화합물이다. 이 연료는 연소 과정에서 산소와 결합하여 물과 이산화탄소로 분리되며 에너지를 만든다. 즉 연료 분자가 몇 개의 탄소와 수소로 구성되어 있는지를 알아보면 상대적으로 발생하는 에너지의 비율을 예측할 수 있다.

② 먼저 아래의 화학반응식과 같이 디젤 분자는 12개의 탄소 원자에 수소 원자 26개가 결합한 형태이다. 여기에 산소 분자 18.5개(37개의 원자)와 결합해 이산화탄

소 분자 12개와 물 분자 13개를 만든다. 가솔린 분자는 8개의 탄소 원자에 수소 원자 18개가 결합되어 있다. 이 가솔린 분자는 산소 분자 12.5개(25개의 원자)와 결합해 이산화탄소 분자 8개와 물 분자 9개를 만들게 된다.

㈎ 디젤 : $C_{12}H_{26}+18.5O_2 \rightarrow 12CO_2+13H_2O$

㈏ 가솔린 : $C_8H_{18}+12.5O_2 \rightarrow 8CO_2+9H_2O$

③ 디젤과 가솔린 분자 1개가 연소 과정에서 필요한 산소 분자의 수는 각각 18.5개와 12.5개다. 즉 이론적으로 디젤이 가솔린에 비해 1.5배 에너지를 많이 가지고 있으며, 같은 양으로 더 많은 일을 할 수 있다는 이야기다. 물론, 실제로는 첨가물을 통해 휘발유의 옥탄가를 높였고, 자동차의 연비는 많은 요인들이 반영되기 때문에 이론적인 연료 에너지에 정확히 비례하지는 않는다.

(2) 압축비 측면

또 하나의 중요한 체크 포인트는 두 엔진의 압축비다. 열효율이란 일에너지에 공급된 열에너지에 대한 비율을 의미하며, 이 수치가 높을수록 연비가 좋다. 열효율을 높이는 방법 중 한 가지는 압축비를 올려 폭발압력을 증가시키는 것이다. 하지만, 구조적인 제한으로 자동차에 사용하는 엔진은 무한정 압축비를 높일 수 없다. 특히, 플러그를 이용해 폭발을 유도하는 가솔린 엔진의 압축비를 일정 수준 이상으로 높이면 압축 과정에서 온도가 과도하게 올라가게 되고, 폭발시점을 제어하지 못해 노킹현상이 일어난다. 이 노킹현상은 불규칙한 진동을 일으키며, 심하면 피스톤 면, 커넥팅로드, 엔진블록을 비롯한 부품들에 손상을 준다. 즉 엔진의 내구성 확보 측면에서도 일정 압축비를 넘기는 것은 큰 모험인 것이다. 이런 이유로 가솔린 엔진의 압축비는 9~11 : 1로 디젤엔진의 압축비(15~22 : 1)보다 낮다.

(3) 에너지 손실적 측면

① 압축 착화 방식인 디젤엔진은 스로틀 밸브(Throttle Valve)가 없어 에너지 손실이 적다.

② 점화플러그 착화방식인 가솔린엔진은 스로틀 밸브가 있어서 공기를 흡입 시 밸브의 저항을 받아 공기를 펌핑할 때 에너지의 손실이 발생한다.

31 유량계

유량계는 액체 또는 기체의 선형, 비선형, 질량 또는 체적 유량률을 측정하는 데 사용되는 장비이다.

(1) 차압식 유량계

① 비압축성 유체가 관내를 중력으로만 흐를 경우 관내의 임의 점에서 베르누이 정리가 성립하고 이때 압력차로서 유속을 측정한다. 벤투리식, 오리피스식 등이 여기에 속한다.

② 차압식 유량계는 구조가 간단하고 가동부가 거의 없으므로 견고하고 내구성이 크며, 고온, 고압, 과부하에 견디고 압력손실도 적다. 정밀도도 매우 높고 공업용으로 현재 많이 쓰이고 있다.

오리피스식 유량계

(2) 면적식 유량계(로터미터)

① 유체가 흐르는 단면적을 조정하고 수위나 Float 움직임에 따라 유속을 측정하여 면적과 유속의 곱으로 유량을 측정한다. Float 식은 수직으로 설치된 Taper관의 사이를 측정유체가 밑에서 위로 흐르면 Taper 관내에 설치된 Float는 유량의 변화에 따라 상하로 이동된다. 이 Float 움직임을 검출하여 유량을 구하게 된다. 차압식 유량계에 비해 적은 유량 및 고점도의 유량 측정이 가능하다.

② 종류로는 일반형(General Type), 유리관형(Glass Tube Type), 금속관형(Metal Tube Type) 등이 주로 사용되어진다.

(3) 전자식 유량계

① 자계 중에 측정관을 관축 방향이 자계와 직교하도록 전극 간에 전압이 발생하는 패러데이 법칙을 이용한다. 유체의 온도, 압력, 밀도, 점도의 영향을 받지 아니하고 넓은 측정범위에 걸쳐서 체적유량에 비례한 출력신호가 얻어진다.

② 검출기는 흐름을 막는 것이나 가동부가 없으므로 적절한 Lining 재질을 선정하면 Slurry나 부식성 액체의 측정이 용이하다. 압력손실은 없고 다른 유량계에 비해서 상류측 직관부도 짧아서 좋다.

(4) 초음파 유량계

① 관로의 외부에서 유체의 흐름에 초음파를 방사하고 유속에 따라 변화를 받는 투과파나 반사판 관외에서 받아들여 유량을 구하는 것이다. 전달시간차 방식은 초음파가 유체 내를 통과하는 속도는 유체의 평균유속과 일정한 관계를 가지게 되는데, 이 통과시간을 측정한 다음 유속과 관지름에 의해 유량을 구하게 된다.

② 도플러 방식은 진동원과 관측점의 상대운동에 의해 음, 광 등의 주파수가 변화한다고 하는 도플러 효과를 이용하여 초음파에 의해 유량을 측정한다. 관로의 외벽에 검출기를 부착하는 방식으로 이미 설치된 배관를 훼손하지 않고 유체의 흐름을 멈추지 않고 유량측정이 가능하며 검출기는 유체와 비접촉하므로 부식이나 부착물의 걱정이 없고 유체의 흐름을 방해하지 않기 때문에 압력손실이 적다.

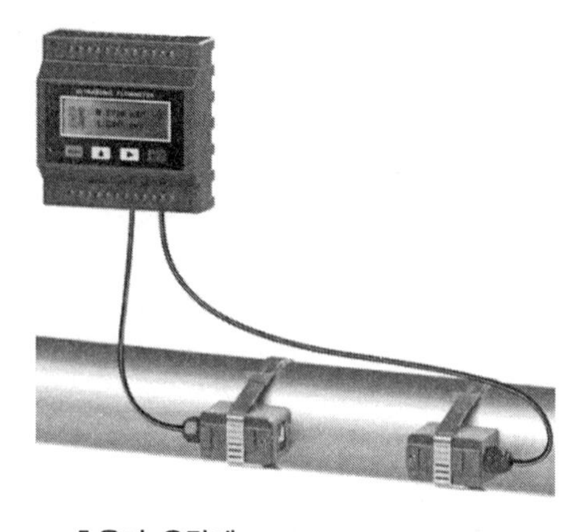

초음파 유량계

(5) 터빈 유량계

원통상의 유로 속에 로터(회전날개)를 설치하고 이것에 유체가 흐르게 되면 통과하는 유체의 속도에 비례한 회전속도로 로터가 회전하게 된다. 이 로터의 회전속도를 측정하여 흐르는 유체의 유량을 구하는 방식이다.

(6) 용적식 유량계

회전자의 피스톤 등의 가동부와 그것을 둘러싼 케이스 사이에 형성되는 일정 용적의 공간부를 통 모양으로 그 안에 유체를 가득채워 그것을 연속적으로 유출구로 보내는 구조로서 계량 회수로부터 유량을 측정한다.

(7) 소용돌이 유량계

유체의 흐름에 수직으로 주상물체를 눌러 끼우면 그 물체의 양쪽에서 서로 역회전의 소용돌이가 서로 교대로 발생하고 소용돌이의 주파수는 유속에 비례하는 특성을 가지고 있기 때문에 소용돌이 주파수를 검출하는 것으로 부터 유량을 측정할 수 있다.

(8) 볼텍스 (와류) 유량계

① 배관 내에서 유체가 흐를 때 어떠한 장애물이 있다면 와류가 발생하게 된다. 사실, 와류는 원하지 않는 흐름이지만 이 현상을 이용해서 유량을 측정할 수 있다. 와류로 인해 발생하는 압력을 압전소자를 이용하여 전하량으로 변화시키고, 이를 통해 배관을 흐르는 유체의 유속, 유량을 구할 수 있다.

② 볼텍스 유량계에서 한 단계 더 발전하여 더욱 정밀한 측정을 하기 위해서는 유량계의 설치현장과 환경변화, 유체의 온도 압력조건 변화에 대응하여 전체 측정값에 온도의 변화량과 압력의 변화량을 보정하여 측정값에 반영하여 주는 방법이 가장 최선의 방법이라고 볼 수 있다.

(9) 열식 질량 유량계

유체를 가열하여 어느 일정 온도로 높이는 데 필요한 에너지가 질량의 유량에 비례하는 것을 이용하는 방식의 유량계이다.

(10) 질량 유량계

① 유체의 체적(體積, Volume, 부피)유량이 아니라 질량유량을 측정하는 방식의 유량계. 크게 나누어 직접 질량유량에 비례하는 양을 검출하는 방식의 직접형 질량 유량계와, 체적유량계와 밀도계를 조합시켜 질량유량을 측정하는 방식의 간접형 질량유량계가 있다.

② 직접형에는 열식 질량유량계, 차압식 질량유량계, 코리올리(Coriolis) 질량유량계, 각(角)운동량식 질량유량계, 자이로식 질량유량계, 터빈 질량유량계가 있고, 간접형에는 유량, 밀도, 온도 등을 측정할 수 있는 유량계, 가동부, 영점 조정, 검교정 드리프트가 없어 유지보수 비용이 절감되는 유량계 등이 있다.

제 21 장

쾌적지수 및 단위

열적 쾌적감에 영향을 미치는 인자

(1) 인체의 열적 쾌적감에 영향을 미치는 인자는 다음과 같이 크게 2가지 (물리적, 개인적 변수)로 나눌 수 있다.

① 물리적 변수 : 공기의 온도, 평균 복사온도, 습도, 기류

② 개인적 변수 : 활동량, 의복량, 나이, 성별 등

(2) 공기의 온도

실내공기의 건구온도 (실내 환경기준 : 약 17 ~ 28℃)

(3) 평균 복사온도 (MRT : Mean Radiant Temperature, 평균 방사온도)

① 어떠한 실제 환경에서 인체와 동일량의 복사 열교환을 하는 가상 흑체의 균일한 표면온도이다.

② 실내에 있는 물체와 이것을 둘러싸고 있는 주변의 벽이나 그 외의 물체 간의 열방사에 의한 온도를 말한다.

③ 실내 여러 지점의 복사온도 평균값으로 계산한 값

④ 일반적으로 17 ~ 21℃ 정도가 추천된다.

⑤ 계산식

$$MRT = \frac{A_1 \cdot T_1 + A_2 \cdot T_2 + A_3 \cdot T_3 \cdots}{A_1 + A_2 + A_3 \cdots}$$

(4) 습도

실내온도의 상대습도 (실내 환경기준 : 약 40 ~ 70 %)

(5) 기류

실내공기의 풍속(실내 환경기준 : 약 0.5 m/s 이하)

(6) 의복의 착의상태 (clo, 의복량)

① 1 clo : 기온 21℃, 상대습도 50%, 기류속도 5 cm/s 이하의 실내에서 인체표면으

로부터 방열량이 1 met 활동량과 평형을 이루는 착의상태 (의복의 열저항값)

1 clo = 0.155 m^2·℃/W = 0.18 m^2·h·℃/kcal

② 착의량의 범위 : 0 clo ~ 4 clo

(가) 겨울 신사복, 드레스 상의 : 1.0 clo

(나) 여름 하복 : 0.6 clo

(다) 얇은 바지, 셔츠 : 0.5 clo

(라) 나체, 수영복 : 0 clo

(마) 두꺼운 신사복, 코트 : 2.0 clo

(7) 활동량 (met)

① 1 met : 열적으로 쾌적한 상태에서, 의자에 가만히 앉아 안정을 취할 때의 체표면적당 대사량 (= 50 kcal/m^2·h = 58.2 W/m^2) 여기서, m^2은 인간의 체표면적을 말한다(1인당 평균 1.7 m^2으로 봄).

② 사무실 작업의 경우 : 50 kcal/m^2·h×1.2 met×1.7m^2 = 102 kcal/h = 118.6 W

③ 격렬한 운동을 하는 경우 : 50 kcal/m^2·h×6 met×1.7 m^2= 510 kcal/h = 593 W

2 쾌적지표 (Comfort Index)

(1) 유효온도 (ET : Effective Temperature)

① 건구온도, 습도, 기류를 조합한 열쾌적지표 (주관적)

② 기류는 정지상태 (무풍), 습도는 포화상태를 기준으로 해서 이때의 기온을 유효온도라 한다 (습도 = 100 %, 기류 = 0 m/s 에서의 환산온도).

③ 단점 : 복사열 효과 미고려, 습도/기류가 일반적 조건이 아니다.

④ 쾌적 ET

(가) 겨울 : 온도 17 ~ 22℃, 습도 40 ~ 60 %, 기류 0.15 m/s

(나) 여름 : 온도 19~24℃, 습도 45 ~ 65 %, 기류 0.25 m/s

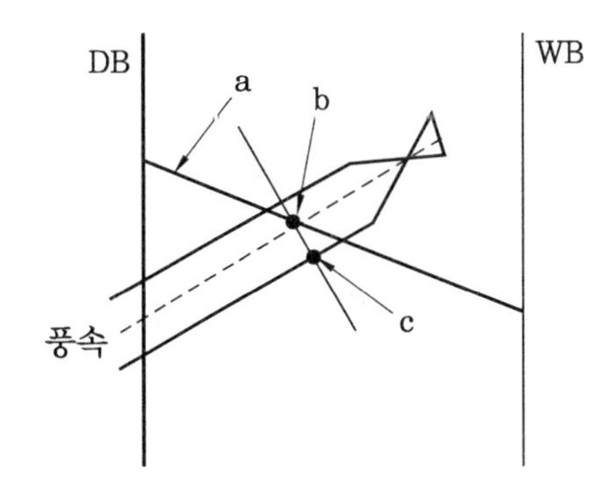

◎ 그래프상 유효온도 읽는 법

- 건구온도 (DB)와 습구온도 (WB)를 이어서 a 선을 긋는다
- a 선과 풍속선이 만나는 b 지점에서의 좌표값인 c 를 읽는다.

(2) 수정유효온도 (CET : Corrected Effective Temperature)

① ET의 건구온도 대신에 글로브온도 (흑구온도), 습구온도 대신 상당습구온도 (tg, tg') 로 대체한 온도

② ' 복사열효과'를 감안한 온도

(3) 표준신유효온도 (SET : Standard Effective Temperature)

① 하복을 입은 상태(0.6 clo, 1 met)에서 기류속도 0.125 m/s, 상대습도 50 %인 표준조건하에서 경험하는 기온과 등가인 열적자극을 주는 온열조건을 나타내는 지표 (복사개념은 생략됨)

② ET의 단점 (습도, 기류, 착의, 활동량 등이 구체적이지 못함)을 극복하기 위한 유효온도

③ CH I (Comfort Health Index) : '표준신유효온도'에 따른 쾌적건강지표

(4) 신유효온도 (NET : New Effective Temperature)

① 인체 열평형의 수리적 모델 사용, 상대습도 50 %, 기류 0.15 m/s, 실온 25℃인 공간의 작용(유효)온도를 말한다.

② 가벼운 옷을 입은 성인이 근육운동을 하지 않고서, 실내에 장시간 체재할 때의 온습도의 감각을 선으로 표시한 것이다.

3 작용온도 (OT : Operative Temperature)

(1) 건구온도, 복사온도, 기류의 영향을 종합한 지표

(2) 관계식

$$OT = \frac{hc \times Ti + hr \times Tr}{hc + hr}$$

여기서, hc : 대류 열전달계수, hr : 복사 열전달계수
Ti : 건구온도, Tr : 복사온도 (=MRT)

4 습작용온도 (HOT : Humid Operating Temperature)

(1) 어떤 상태 (t_1)의 피부 열손실량과 동일한 상대습도 100 %에서의 해당온도 (t_2)

(2) 습작용온도에서 ' 피부 열손실량과 동일하다'는 것은 '등엔탈피 과정'이라는 의미로 해석하여 다음과 같이 표현 가능하다.

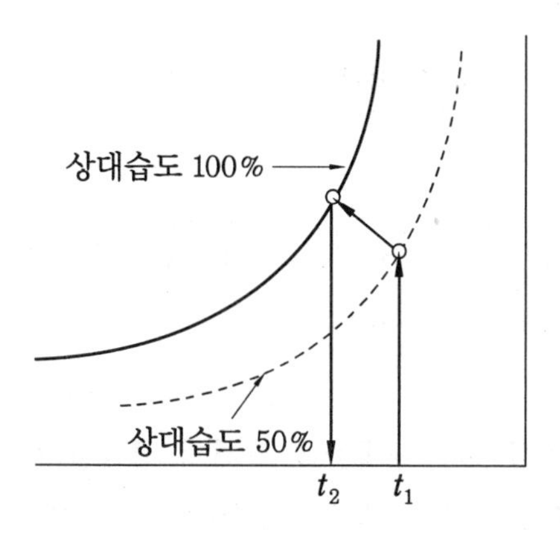

5 PMV와 PPD

(1) PMV (Predicted Mean Vote Index ; 열적쾌적, 예상 평균 쾌적지수)

① 열환경의 쾌적도를 직접 온냉감의 형태로서 정량적으로 나타내는 표시의 하나로서, 많은 사람에게 온냉감을 투표시켜 수치화하여 평균한 값

② 실내온도, 기류속도, 착의상태, 작업강도 (활동량) 등 4가지 변수에 따른 각인 (1300여 명)의 반응의 평균치

③ 쾌적한 상태가 기준으로 되어 있기 때문에 쾌적감에서 크게 떨어진 조건에 대해서는 적용할 수 없다.

④ 평가 Table

−3	−2	−1	0	1	2	3
춥다	서늘하다	조금 서늘하다	쾌적	조금 덥다	덥다	무덥다

(2) PPD (Predicted Percentage of Dissatisfied, 예측 불만족률)

① 많은 사람들 중 열적으로 불만족(불쾌적)하게 느끼는 사람들의 비율을 예측 및 표시하는 것.

② PMV = 0 에서도 5 %는 불만족

③ ASHRAE의 Comfort Zone(권장쾌적 열환경조건) : −0.5 〈 PMV 〈 0.5, PPD 〈 10% 일 것 (다음 그림 참조)

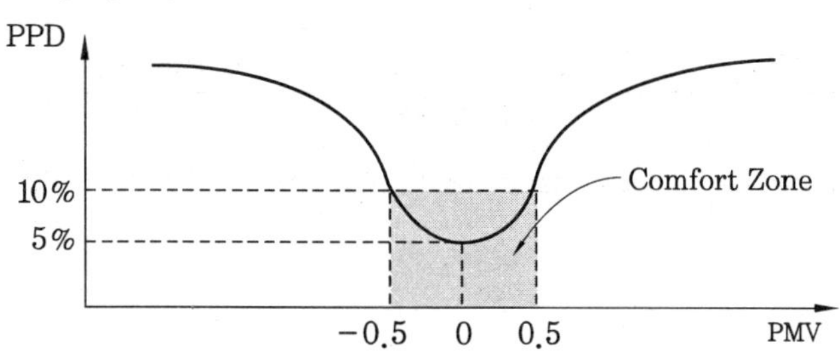

6 불쾌지수(DI : Discomfort Index)

(1) 관계식

$$DI = f(\text{실온, 습구온도}) = 0.72(t + t') + 40.6$$

여기서, t : 건구온도, t' : 습구온도

(2) 평가 기준

$DI \geq 70$: 예민한 사람들부터 불쾌감을 느끼기 시작한다.

$DI \geq 75$: 실(室)의 절반 이상이 불쾌감을 느끼기 시작한다.

$DI \geq 80$: 거의 대부분의 사람들이 불쾌감을 느끼기 시작한다.

$DI \geq 86$: 참을 수 없을 정도의 괴로움을 호소한다.

> **체감온도**
> 주로 겨울철에 인체가 느끼는 외기의 추위 정도에 대한 정량적인 평가지표를 말하며, 외기의 건구온도에 비례하며 외기풍속에 반비례한다.

7 호흡계수(RQ : Respiratory Quotient)

(1) 정의

$$RQ = \frac{CO_2 \text{ 배출량}}{O_2 \text{ 섭취량}}$$

(2) 평가 기준치

① 중작업 시 : RQ = 1.0

② 안정 시 : RQ = 0.83

8 에너지 대사율(RMR : Relative Metabolic Ratio)

$$\text{RMR} = \frac{(\text{작업시의 소비 Energy} - \text{안정시의 소비 Energy})}{\text{기초대사량}}$$

주 기초 대사량(BMR : Basic Metabolic Ratio) : 생명 유지를 위한 최소열량

9 열평형 방정식

(1) 열평형 방정식의 관계식

$$Q_t = Q_r + Q_v + Q_{dif} + Q_{sw} + Q_{re}$$

여기서, Q_t: 피부 총 열손실량, Q_r : 복사 열손실, Q_v : 대류 열손실
Q_{dif} : 피부 증기확산, Q_{sw} : 땀에 의한 열손실
Q_{re} : 호흡에 의한 열손실, M: 인체 대사량

(2) 쾌적 판단

$$DQ = M - Q_t$$

$DQ > 0$: 더움
$DQ = 0$: 쾌적
$DQ < 0$: 추움

10 콜드 드래프트 (Cold Draft)

(1) 인체 주변의 온도가 인체대사량 대비 너무 하락하여 추위를 느끼는 현상
(2) 인체 내 소비되는 열량이 많아져서 추위를 느끼게 되는 현상

(3) 콜드 드래프트의 원인

① 인체 주변 공기 온도 및 습도의 하강 (인체 주변의 국부적 냉각)
② 벽면 등의 냉기 복사 (즉, 주위 벽면의 온도가 낮을 때, 특히 창가를 따라 존재하게 되는 냉기가 취출기류에 의해 밀려 내려와 바닥면을 따라 거주역으로 흘러내려가는 현상)
③ 기류속도 증가 : 인체 주위의 기류 속도가 클 때
④ 극간풍 증가 : 동계 창문의 틈새바람 과다 시 발생

(4) Cold Draft의 방지대책

① 실내 온·습도 분포 균일화
② 기류의 풍속이 제한값 이내로 관리 (ASHRAE : 표준 풍속 0.075 ~ 0.2 m/s 권장)
③ 창 밑 바닥에 흡입구 설치
④ 창 밑 바닥 또는 창틀에 취출구나 방열기 설치
⑤ 이중 유리 등을 사용하여 창문 단열을 보강
⑥ Air Flow Window (공기식 집열창) 설치
⑦ 취출구에서의 온풍이 바닥면까지 도달되도록 하는 방법 등

11 유효 드래프트 온도(EDT)

EDT(Effective Draft Temperature ; 유효 드래프트 온도)는 어떤 실내의 쾌적성을 온도분포 및 기류분포로 나타내는 값을 말한다.

(1) 조건

바닥 위 75 cm, 기류 0.15 m/s, 기온 24℃

(2) 계산식

$$EDT = (t_x - t_m) - 8(V_x - 0.15)$$

= (실내 임의장소 온도 – 실내평균온도) – 8 (실내 임의장소 풍속 – 0.15)

(3) EDT의 쾌적기준

① EDT 온도 : –1.7 ~ 1.1℃ (혹은 –1.5 ~ 1.0℃)

② 기류 : 0.35 m/s 이하

12 공기확산 성능계수(ADPI)

(1) ADPI(Air Diffusion(Distribution) Performance Index ; 공기확산 성능계수)는 실내에서 쾌적한 EDT 위치의 백분율을 말한다.

(2) 즉, ADPI는 거주 구역의 계측점 가운데 실내기류속도 0.35 m/s 이하에서 유효 드래프트 온도차가 –1.7℃ ~ 1℃의 범위에 들어오는 비율을 나타낸 쾌적 상태의 척도이다.

(3) 공기류의 도달거리(수평 방향)를 실(室)의 대표길이로 나눈 수치가 통계적으로 ADPI에 관련지어진다.

(4) 이 수치는 특수한 VAV 디퓨저와 저온 취출구와의 사이에서는 다를 수도 있다.

(5) ADPI가 높다면 높은 만큼 예측되는 실내의 쾌적성은 높게 된다.

(6) ADPI는 실내 온도상태의 척도지만, 공기가 충분히 섞여 있는 실내에서는 오염물질 제거효과와 IAQ에도 관련지우고 있다.

THROW(도달거리)와 최대 강하거리

① THROW(도달거리) : 토출구로부터 풍속이 0.25 m/s되는 지점까지의 거리

② 최대 강하거리 : 도달거리 동안 일어나는 기류의 강하거리

13 냉방병 (냉방증후군)

(1) 실내·외 온도차가 5 ~ 8℃ 이상으로 지속적으로 냉방하는 곳에 오래 머무를 경우 '냉방병' 발병 가능

(2) 여름철 실내 · 외 온도차를 줄여주는 것이 냉방병을 막는 가장 확실한 방법이다.

(3) 냉방병의 증상

① 감기 · 몸살에 걸린 것처럼 춥고 두통 호소
② 체내에 열 보충 위해 계속 열을 생산하므로 쉽게 피로감을 느끼기도 한다.
③ 재채기, 콧물, 후두통 등을 동반할 수 있다.

(4) 예방법

① 실내 · 외 온도차를 적게 함 : 여름철 설정온도를 주로 25 ~ 28℃ 정도로 권장한다.
② 여성은 남성보다 추위에 더 민감하므로 특별히 주의한다.
③ 긴 소매의 겉옷을 준비하여 착용한다.
④ 가끔 창문을 열어 환기해준다.
⑤ Cold Draft 현상을 방지해준다.
⑥ 땀을 많이 흘린 경우는 바로 씻어준다.
⑦ 주기적으로 가볍게 몸을 움직여 준다.
⑧ 체온을 많이 뺏기지 않게 속옷을 잘 입는다.
⑨ 실내 습도가 너무 낮은 경우에는 가습기를 켜준다.
⑩ 실내 풍속이 지나치게 크지 않게 관리해준다.
⑪ 공조 취출구의 풍속의 가능한 적게 한다.
⑫ 냉방 취출온도는 가능한 높게 한다.
⑬ 환기관련 법규상 필요한 환기횟수 이상을 꼭 유지할 수 있도록 한다.

14 열스트레스 지수 (HSI)

(1) HSI(Heat Stress Index ; 열스트레스 지수) 는 열스트레스 지표라고도 하며, 열평형식을 근거로 하여 Belding과 Hatch (1955)가 제창한 지수로서, 어떤 임의의 환경조건 아래에서 기대할 수 있는 최대 증산량에 대하여 신체를 열평형 상태로 유지하기 위한 필요 증산량의 백분율로 나타낸다 (열스트레스 지표를 백분율 표시).

(2) 고온 작업환경의 평가나 내열한계의 예측에 많이 사용된다.

(3) 계산식

$$HSI = \frac{E_{req}}{E_{max}} \times 100$$
$$= \frac{\left(\left(22 + 28V^{\frac{1}{2}}\right) \times Tg - 35\right) + 4M}{40v^{0.4} \times (42 - e)} \times 100$$

여기서, E_{req} : 체온조절에 요구되는 필요증발량 (증산량)

E_{max} : 최대 가능 증발량 (증산량), v : 풍속 (m/s)

Tg: 흑구온도 (℃), e : 환경의 수증기압 (mmHg)

M : 작업강도 (kcal·m/s^2·h)

(4) 평가

HSI	고열부하	작업능력의 변화
10 ~ 39	가볍거나 중간 정도	저하 없음
40 ~ 69	높음	다소 저하
70 ~ 100	매우 높음	크게 저하(충분한 검사와 감시가 필요함)

(5) 인체의 체온조절방법

자율신경 계통에 의한 땀 배출 및 혈류량을 증가 · 감소시킨다.

15 체감온도

(1) '체감온도'란 주로 겨울철에 인체가 느끼는 외기의 추위 정도에 대한 정량적인 평가 지표를 말한다.

(2) 체감온도는 외기의 건구온도에 비례하며 외기풍속에 반비례한다.

(3) 겨울에는 같은 온도에서 바람이 불면 체감온도는 더욱 낮아진다.

(4) 체감온도의 영향요소

① 체감온도 = f(외기온도, 풍속)

$$= 13.12 + 0.6215 \times T - 11.37 \times V^{0.16} + 0.3965 \times V^{0.16} \times T$$

여기서, T : 기온(℃), V : 풍속 (km/h)

② 보통 영하의 기온에서 바람이 초속 1 m 빨라지면 체감온도는 2℃ 가량 떨어진다.

③ 습도가 낮을수록 체감온도가 더 낮아지나 겨울철의 습도의 변화가 적으므로 일반적으로 습도는 고려하지 않고 여름철에 불쾌지수에 고려한다.

④ 기상청에서는 각 지역별 체감온도를 10월 1일부터 4월 30일까지 제공한다.

16 인체의 생체기후도

(1) 인체의 쾌적조건을 자연요소(그늘, 수분, 통풍, 복사 등)와 함께 Graph화
(2) 도표의 중앙에 쾌적조건 표시(보통 가로축에 상대습도 표기)
(3) 쾌적조건에 대한 자연적 조절기법을 발견 가능

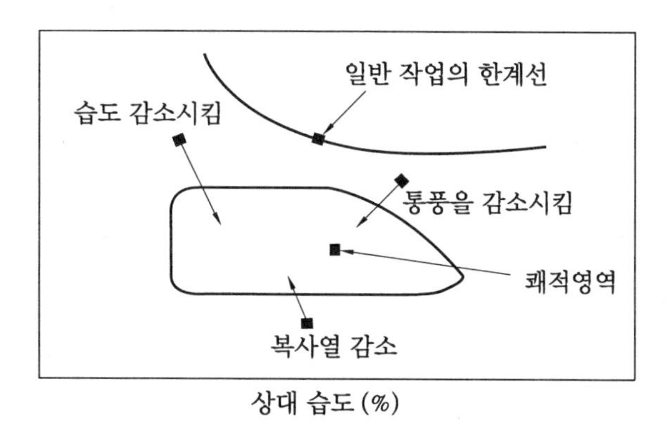

인체의 생체기후도

17 건물의 생체기후도

(1) 건물 내 쾌적조건에 대한 자연적 조절법과 설비형 조절법을 동시에 Psycrometric Chart(습공기 선도)상에 표시한다.
(2) 보통 쾌적범위를 습공기 선도의 중심부분 근처에 표시하고, 그 주변에 자연통풍 필요 영역, 증발냉각 필요영역, 감습 필요영역 등 자연형 및 설비형 조절 필요 영역을 표시한다.

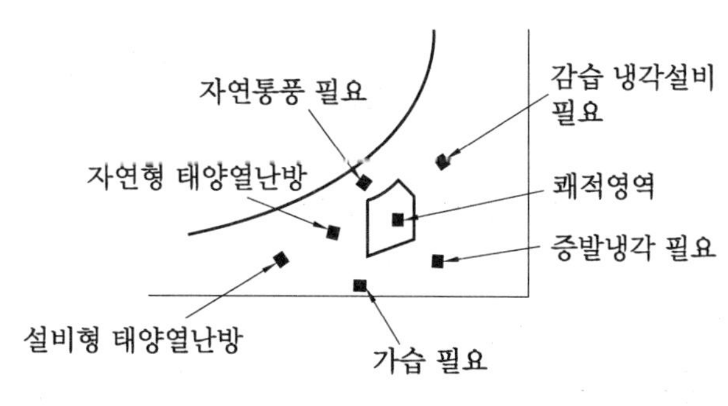

건물의 생체기후도

18 SI단위(The International System of Units)

(1) 세계 대부분의 국가에서 채택하여 국제 공동으로 사용해온 단위계인 '미터계'(또는 '미터법') 혹은 MKS (Meter-Kilogram-Second) 단위계가 현대화된 것.

(2) 1960년 제11차 국제도량형총회(CGPM : Conference General des Poids et Mesures, General Conference of Weights and Measures)에서 '국제단위계'라는 명칭과 그 약칭 'SI'를 채택 결정

(3) 현재는 이들 중 질량의 단위인 킬로그램(kg)만 인공적으로 만든 국제원기에 의하여 정의되어 있고, 나머지 6개는 모두 물리적인 실험에 의하여 정의되어 있다. 따라서, 과학기술의 발달에 따라 바뀌어 왔으며, CGPM에 의해서 결정된다.

(4) SI 7대 기본단위

길이 (m), 질량 (kg), 시간 (s), 물질량 (mol), 전류 (A), 광도 (cd ; 칸델라), 온도 (K)

① 길이 (m) : 길이의 기본단위는 m 이며, 1 m는 빛이 진공 중에서 $\frac{1}{299,792,458}$ 초 동안 진행한 거리와 같은 길이이다.

② 질량 (kg) : 질량의 기본단위는 kg (kilogram)이며, 국제 kg 원기의 질량과 같다.

③ 시간 (s) : 시간의 기본단위는 초(second)이다. 1초는 세슘 133의 기저 상태에 있는 두 초미세 준위 간의 천이에 대응하는 복사선의 9,192,631,770 주기의 지속 시간이다.

④ 전류 (A): 전류의 기본단위는 암페어(Ampere)이다. 1 암페어는 무한히 길고 무시할 수 있을 만큼 작은 원형 단면적을 가진 두 개의 평행한 직선 도체가 진공 중에서 1m 간격으로 유지될 때 두 도체 사이에 m당 2×10^{-7} N의 힘을 생기게 하는 일정한 전류이다.

⑤ 온도 (K) : 온도의 기본 단위는 캘빈(Kelvin)이다. 이것은 열역학적 온도의 단위로 물의 삼중점의 열역학적 온도의 1/273.16이다.

⑥ 물질량 (mol) : 물질량의 기본단위는 몰(mole)이다. 1몰은 탄소 12의 0.012 kg에 있는 원자의 수와 같은 수의 구성 요소를 포함한 어떤 계의 물질량이다. 몰을 사용할 때는 구성 요소를 반드시 명시해야 하며, 이 구성 요소는 원자, 분자, 이온, 전자, 기타 입자 또는 이 입자들이 특정한 집합체가 될 수 있다.

⑦ 광도 (Cd) : 광도의 기본단위는 칸델라(candela)이다. 1 칸델라는 주파수 540×10^{12} Hz인 단색광을 방출하는 광원의 복사도가 어떤 주어진 방향으로 매 스테라디안(Sr)당 1/683 W일 때 이 방향에 대한 광도이다.

(5) 유도 단위 : SI 7대 단위를 기준으로 유도되어지는 단위

① 힘(=질량×가속도) : N
② 일(=힘×거리) : J
③ 일률 (=일/시간) : Watt
④ 열전도율 : W/(m·K)
⑤ 비열 : J/(kg·K)
⑥ 열관류율 : W/(m^2·K)
⑦ 엔탈피 : J/kg
⑧ 압력 : N/m^2 혹은 Pa
⑨ 평면각 (rad ; 라디안) : 원의 반지름과 같은 길이의 원둘레에 대한 중심각
⑩ 입체각 (sr ; 스테라디안) : 구(球)의 반지름의 제곱과 같은 넓이의 표면에 대한 중심 입체각

19 압력단위 (ata, atg, atm)

(1) ata

완전진공 상태를 0으로 보고, 이를 기준으로 압력측정(절대압력)

(2) atg

국소대기압을 0으로 보고, 이를 기준으로 압력측정(게이지 압력)

(3) atm (표준기압)

① 대기압력인 수은주 760 mmHg를 1 atm으로 표기한다.
② 정확히 공기의 표준온도(15℃)에서의 해면상의 대기압력을 0이 아닌 '1표준기압 (1atm)'이라고 한다.

(4) 측정기준

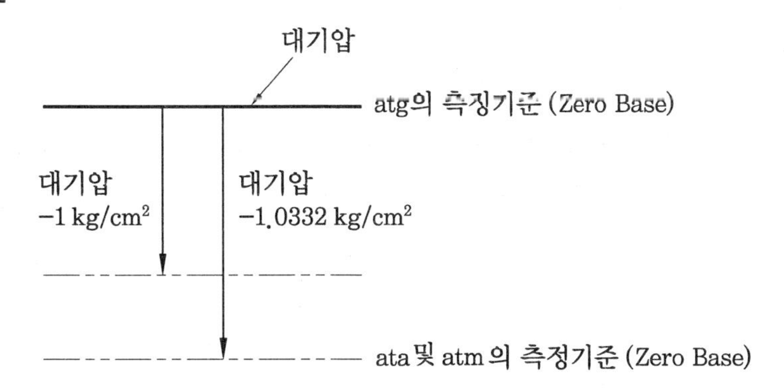

(5) 계산 예

① 1atm = 1.0332 ata

② 1ata = −0.0332 atg

예제 아래 (　　) 안을 채우시오. (기본단위 환산)

해설 (1) 대기압 = (0) atg = (1) atm = (1.0332) ata = (1.0332) kgf/cm^2
= (10.332)mAq = (1.013) bar = (1.013×10^5)N/m^2 (Pa) = (0.1013) MPa
= (760) mmHg

(2) 100mmAq = (10^{-1}) mAq = (10^{-2}) kgf/cm^2 = (100) kgf/m^2

(3) 1bar = (10) N/cm^2 = (10^5) N/m^2 (Pa)

(4) 1kcal/h = (3.968) Btu/h = (4.186) kJ/h

(5) 1W = (3.412) Btu/h

(6) 1kW = (860) kcal/h

(7) 1kgf = (9.8) N

(8) 1lb = (0.4536) kg

(9) 1ft = (0.3048) m

(10) 1mmAq = (9.8) Pa

(11) 1kgf/cm^2 = (14.22) Psi (lb/in^2)

20 압 력

진공이 아니라면 가스체는 항상 팽창되려 하고 있다. 그러므로 이 가스를 용기에 넣으면 가스가 팽창되려고 용기의 벽을 밖으로 밀어내는 힘을 압력이라 한다.

단위 : kgf/cm^2, Psi (lb/in^2), bar, N/cm^2, Pa (N/m^2) 등

21 절대 압력

(1) 절대압력은 실제로 가스가 용기의 벽면에 가하는 힘의 크기를 말한다.

(2) 게이지 압력 + 대기압으로 계산되며, 게이지 압력이 0 kgf/cm^2이라도 실제로는 1.03 kgf/cm^2·abs (0.1013 MPa)라는 압력을 가지고 있으며 완전 진공 상태를 0으로 하여 측정한 압력이다.

(3) 압력단위 : 기호 뒤에 a 또는 abs를 덧붙이는 경우가 많다.

22 진공 압력

(1) 진공 압력 (Vacuum Pressure)이란 대기압력으로 부터 절대 0인 곳으로 측정해 내려가는 압력, 즉 대기압 이하의 압력을 말한다.

(2) 용기 내의 압력이 대기압 이하로 되는 것을 말한다.

(3) 단위로는 주로 torr를 사용한다 (1torr = 1mmHg).

23 게이지 압력

(1) 대기압 하에서 0을 지시하는 압력계로 측정한 압력, 가스가 용기 내벽에 가하는 힘과 대기가 외부에서 용기 외벽에 가하는 힘의 차를 의미한다.

(2) 별도의 지시가 없을 시 보통 게이지 압력을 말하며 혼선을 방지하기 위하여 $kgf/cm^2 \cdot G$ 로도 표기한다.

(3) 압력계의 지시 압력은 가스의 압력에서 대기 압력을 뺀 것이다. 평지에 있어서의 대기압은 $1.03\ kgf/cm^2 \cdot abs$ $(14.2\ lb/in^2 \cdot abs)$이므로 절대 압력과 게이지 압력의 관계는 다음과 같다.

$$\underset{\text{(절대압력)}}{kgf/cm^2 \cdot abs} = \underset{\text{(게이지압력)}}{kgf/cm^2 \cdot G} + \underset{\text{(대기압)}}{1.03\ kgf/cm^2}$$

24 대기압 (Atmospheric Pressure)

(1) 다음 그림의 관내에서 수은면의 높이가 약 76 cm 정도에서 멈추게 되는 것은 용기의 수은면이 대기압을 받고 있다는 증거이다.

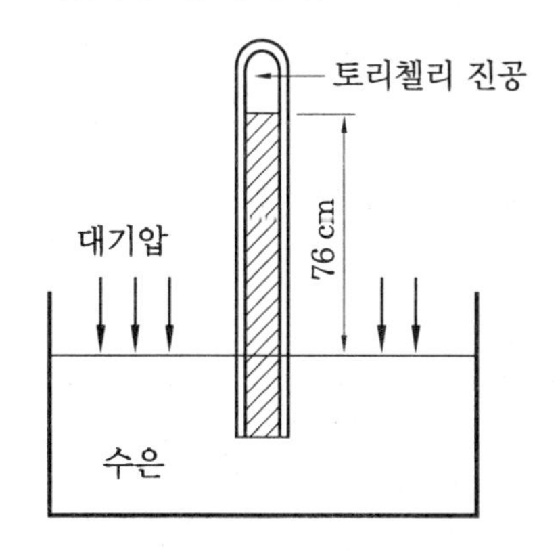

토리첼리의 수은주 실험

(2) 수은의 무게는 1 cc에 약 13.595 g이므로 76 cm의 수은의 무게는 밑면적 $1\ cm^2$마다 13.595 g × 76 = 1033.2 g

(3) 지상에 있는 모든 물건은 $1033.2\ g/cm^2$와 같은 공기의 압력을 받고 있는 것이며, 이것이 곧 대기압이다.

→ 표준 대기압 = 760 mmHg = $1033.2\ g/cm^2$ = $1.0332\ kgf/cm^2$ = 0.1013 MPa

25 마 력

(1) 보통 짐마차를 부리는 말이 단위시간 (1분)에 하는 일을 실측하여 1 마력으로 삼은 데서 유래한다.

(2) 동력의 단위로 사용하는 단위에는 마력 및 와트 (W) 또는 킬로와트 (kW)가 있는데, 이 중에서 마력은 주로 엔진·터빈·전동기 등에 의해 이루어지는 일의 비율이나, 구동 (驅動)하고 있는 작업기계에 의해 흡수되는 일의 비율을 나타내는 데 사용한다.

(3) 동력이나 일률을 측정하는 단위로 영국마력 (기호 HP)과 미터마력 (프랑스마력 : 기호 PS)이 있다.

① 1 영국마력 (HP)

(가) 전기당량(電氣當量) : 746 W = 76kgf·m/s

(나) 열당량(熱當量) : 2545 BTU/Hr

(다) 1 영국마력은 매초 550 ft·lb, 즉 매분 33000 ft·lb의 일에 해당한다.

(라) 원래는 말 한 필이 할 수 있는 힘과 같다는 것에서 유래되었으나, 현재의 개량종 1마리는 4HP 정도의 힘을 가졌다고 한다.

② 1 미터마력 (PS)

(가) 1PS = 735.5 W (한국에서 사용하는 방식) = 75 kgf·m/s

(나) 1 미터마력 = 0.9858 영국마력

(다) 1초에 75 kg을 1 m 높이로 올릴 수 있는 동력의 단위로 쓰인다 (혹은 매분 4500 kg을 1 m 높이로 올릴 수 있는 동력 단위).

(라) kW 단위로 환산하면 대략 $\frac{3}{4}$kW 정도의 양이다.

◎ 국내·외 공조냉동 업계에서 흔히 사용하는 1마력의 개념은 공랭식 냉동기의 경우 약 2,500 kcal/h (약 2,900 W), 수랭식 냉동기의 경우 약 3,024 kcal/h (약 3,516 W)를 말하는 경우가 많은데, 이는 상기에서 논술한 물리적 마력과 상당한 차이가 있는 개념이며, 공식적 용어는 아니므로 정확성을 요하는 공식 계약문서나 학계에서는 사용을 피하는 것이 좋다 (동력 혹은 에너지 개념의 단위로는 SI 단위계인 W 혹은 kW가 가장 많이 사용됨).

제 22 장

냉동기

1 냉동방법 (冷凍方法)

냉동방법은 자연적 냉동방법과 기계적 냉동방법으로 대별될 수 있다.

(1) 자연적 냉동방법

① 융해잠열 이용법 (사례) : 고체 (얼음) → 액체 (물)로 변할 시 흡수열 이용 (79.68 kcal/kg ≒ 334 kJ/kg)

② 승화잠열 이용법 (사례) : 드라이아이스 → 기체 CO_2로 변할 시 흡수열 이용 (약 137 kcal/kg ≒ 573.5 kJ/kg, 기화온도 (대기압 기준)는 − 78.5℃)

③ 기화잠열 이용법 (사례)

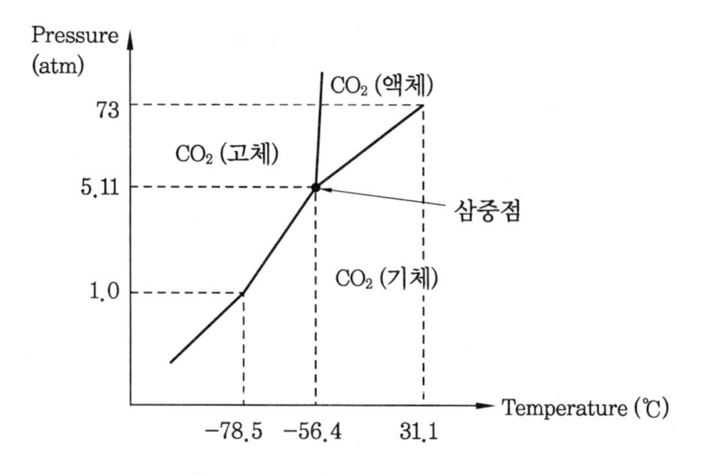

탄산가스 상태도

(가) 물의 기화열 이용 : 물 → 기체로 증발 시 흡수열 이용 (597.5 kcal/kg ≒ 2501.6 kJ/kg)

(나) 액화질소 : 액체 → 기체질소로 변할 시(대기압 기준) −196℃에서 열흡수

(다) LNG : 기화 시 (대기압 기준) −162℃에서 열흡수

(라) 액체산소 : 기화 시 (대기압 기준) −183℃에서 열흡수

(마) 액화탄산가스 : 기화 시 (대기압 기준) −78.5℃에서 열흡수

④ 기한제 (Freezing Mixture)

(가) 서로 다른 두 종류의 물질을 혼합하여 한 종류만을 사용할 때보다 더 낮은 온도를 얻을 수 있는 물질을 말한다 (예 물에 소금 (NaCl), 염화칼슘 ($CaCl_2$) 등을 타서 물의 어는점을 낮춤).

(나) 기한제의 종류

㉮ 눈 · 얼음 + 식염

㉯ 염화칼슘 수용액, 염화나트륨 수용액, 탄산칼륨 수용액 등

⑤ 실례 : 공기가 통하는 토기에 물을 담아 바람이 많이 부는 곳에 두면 물이 토기를 통해 조금씩 증발한다. 그러면서 열을 빼앗기 때문에 토기 내부의 물이 시원해진다 (→ 물의 기화열 이용).

(2) 기계적 냉동방법

① 증기압축식 냉동 : 냉매압축기를 사용하여 '증발 → 압축 → 응축 → 팽창 → 증발' 순서로 연속적으로 Cycle을 구성하여 냉동하는 방식이다.

② 흡수식 냉동 (Absorption Refrigeration)

(가) 냉매와 흡수제 상호간의 용해 및 유리작용의 반복을 이용한다.

(나) 증발 → 흡수 → 재생 → 응축 → 증발 식으로 연속적으로 Cycle을 구성하여 냉동하는 방법이다.

(다) 흡수식 냉동기의 분류

㉮ 재생기 수량에 따라 단효용 · 2중효용 · 3중효용 흡수식 냉동기라고 부른다.

㉯ 본체의 강판 케이싱 수량에 따라 단동형 또는 쌍동형으로 구분된다.

㉰ 흡수액의 흐름방식에 따라 직렬흐름 · 병렬흐름 방식으로 구분된다.

㉱ 기타의 흡수식 냉동기

- 저온수 흡수식 냉동기 : 태양열 이용, 열병합 발전소의 발전기 냉각수 이용
- 배기가스 냉온수기 : 직화식 냉온수기의 고온재생기내 연소실 대신 연관 (전열면적 크게) 설치, 배기가스에 의한 부식 주의
- 소형 냉온수기 : 냉매액과 흡수액의 순환방식으로 기내의 저진공부와 고진공부의 압력차와 더불어 가열에 의해 발생하는 기포를 이용하는 방식

③ 증기분사식 냉동 : 선박용 냉동 등에 주로 사용하는 냉동방법으로서 보일러에 의해 생산된 고압 수증기가 노즐을 통해 고속으로 분사됨으로써 증발기 내에 흡인력이 생겨, 증발기를 저압으로 유지시켜 냉동하는 방법

④ 공기 압축식 냉동 : 항공기 냉방에 주로 사용되며, 모터에 의해 공기압축기가 운전되면 냉각기에서는 고온고압의 열을 방출하고, 동시에 팽창밸브에서 단열팽창되어 냉동부하측 열교환기를 저온으로 냉동하는 방식

⑤ 흡착식 냉동 (Adsorption Refrigeration) : 다공식 흡착제 (활성탄, 실리카겔, 제올라이트 등)의 가열 시에 냉매가 토출되고, 냉각 시에 냉매가 흡입되는 원리를 이용한다.

⑥ 진공식 냉동 (Vacuum Cooling) : 밀폐된 용기 내를 진공펌프를 이용하여 고진공으로 만든 후, 수분을 증발시켜 냉각한다.

⑦ 전자식 냉동 (Electronic Refrigeration ; 열전기식 냉동법) : 펠티에(Peltier) 효과를 이용하여 전류의 흐름에 따라 고온부 및 저온부가 생기고, 고온접합부에서는 방열하고, 저온접합부에서는 흡열하여 Cycle을 이룬다.

⑧ 물 에어컨

(가) 제습 : 보통 제습장치를 바퀴 모양으로 만들어서 실외에서 열이나 따뜻한 공기를 공급해 바퀴의 반쪽을 말리는 동안 다른 반쪽은 습한 공기를 건조시키도록 한다.

(나) 냉각 : 증발기 (금속망을 이루고 있는 알루미늄 판 등)에 물을 뿌려 증발시켜 냉각한다.

⑨ 자기 냉동기 : 주로 1 K 이하의 극저온을 얻을 필요가 있을 때 사용되며, 상자성체인 상자성염 (Paramagnetic Salt)에 단열소자 (Adiabatic Demagnetization)방법을 적용하여 저온을 얻는다.

2 증기압축식 냉동

(1) '증발 → 압축 → 응축 → 팽창 → 증발' 순서로 연속적으로 Cycle을 구성하여 냉동하는 방식이다.

(2) 냉매로는 프레온계 냉매, 암모니아 (NH_3), 이산화탄소 등이 사용된다.

① 프레온계 : 가정용, 산업용 등으로 가장 많이 사용된다(독성, 인화성 등은 없으나 오존층파괴, 지구온난화 등의 환경문제로 계속 새로운 혼합냉매 개발 중).

② NH_3 : 냉동성능은 우수하나, 독성 · 가연성 · 폭발성 등으로 인하여 공장용, 산업용 등의 분야에 제한적으로 사용된다.

③ CO_2 (이산화탄소) : 기존의 프레온계 (CFC, HCFC 등) 냉매를 대신하는 자연냉매 중 하나이며, ODP가 0이며 GWP가 미미하여 가능성이 많은 차세대 자연냉매이다.

(3) 개략도 (가장 단순한 Cycle의 예)

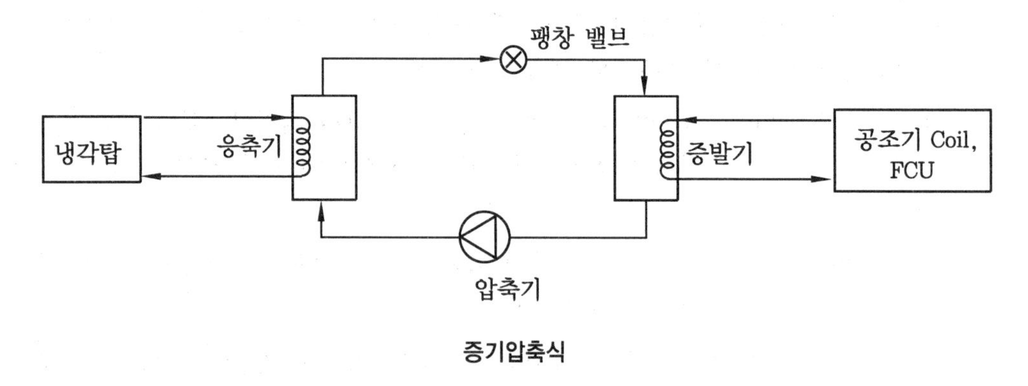

증기압축식

3 증기분사식 냉동

(1) 고압 스팀이 다량 소모된다.

(2) 일부 선박용 냉동 등에서 한정적으로 사용된다.

(3) 작동원리

① 보일러에 의해 생산된 고압의 수증기가 노즐을 통해 고속으로 분사된다.

② 이때 증발기 내에 흡인력이 생겨, 증발기를 저압으로 유지시킨다.

③ 증발기 내의 물이 증발하여 냉수(Brine)를 냉각시킨다.

④ 증발을 마친 냉매는 복수기로 다시 회수된다.

(4) 개략도

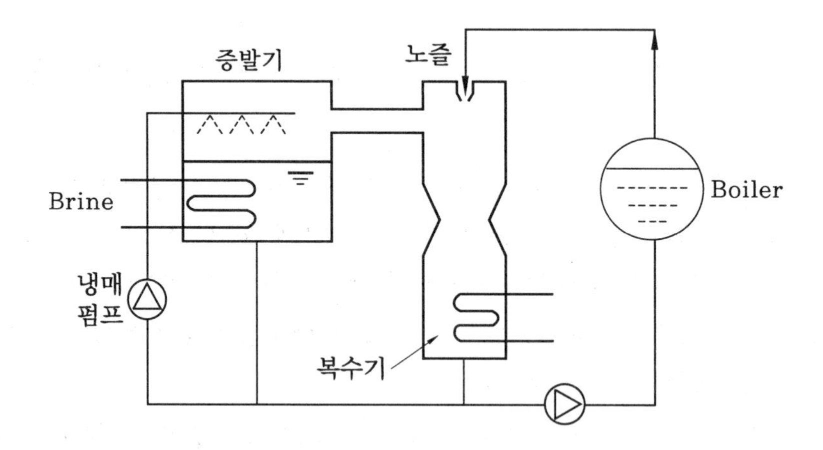

4 공기압축식 냉동

(1) 항공기 냉방에 주로 사용되며, Joule-Thomson 효과를 이용하여 단열팽창과 동시에 온도강하(냉방)가 이루어질 수 있게 고안되었다.

(2) 작동원리

① 모터에 의해 압축기가 운전(공기압축)되면 냉각기에서는 고온고압이 되어 열을 방출한다.

② 이때 반대편이 단열팽창되어 냉동부하측 열교환기를 저압으로 유지해준다.

③ 위 과정이 연속적인 Cycle을 이루어 냉방이 이루어진다.

(3) 개략도

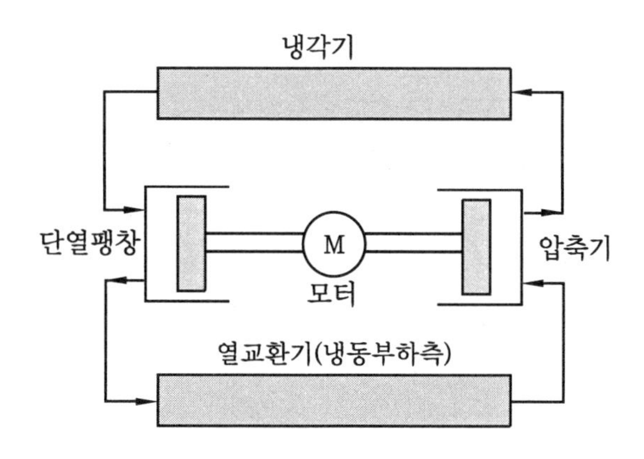

공기 압축식 냉동

5 진공식 냉동 (Vacuum Cooling)

(1) 밀폐된 용기 내를 진공펌프를 이용하여 고진공으로 만든다.

(2) 고진공 상태에서 수분을 증발시켜 냉각한다.

(3) 특징

① 대용량의 진공펌프를 사용해야 하므로 다소 비경제적이다.

② 진공상태에서 물이 쉽게 증발하고, 이때의 흡수열을 이용하는 방식이다.

(4) 개략도

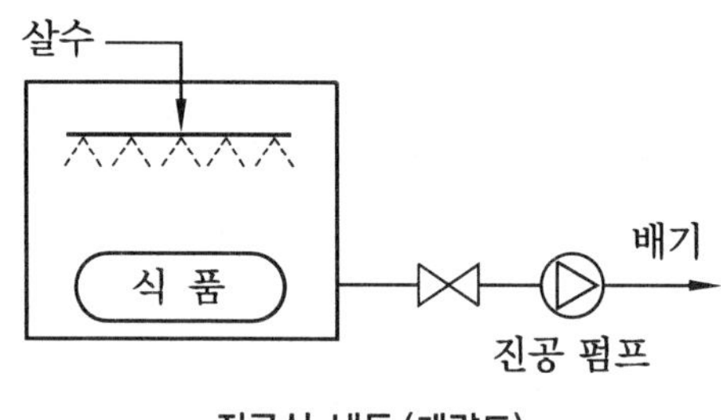

진공식 냉동(개략도)

6 전자식 냉동(Electronic Refrigeration ; 열전기식 냉동법)

(1) 펠티에(Peltier) 효과 이용

종류가 다른 이종금속 간 접합 시 전류의 흐름에 따라 흡열부 및 방열부가 생긴다.

(2) 고온접합부에서는 방열하고, 저온접합부에서는 흡열하여 Cycle을 이룬다.

(3) 전류의 방향을 반대로 바꾸어 흡열부 및 방열부를 서로 교체 가능하므로 역 Cycle 운전도 가능하다.

(4) 장점

압축기, 응축기, 증발기 및 냉매가 필요 없으며, 모터에 의해 동작되는 부품이 없어 소음이 없고, 소형이고, 수리도 간단하며, 수명은 반영구적이다.

(5) 단점

단위 용량당 가격이 높고, 효율이 높지 못하다.

(6) 응용

휴대용 냉장고와 가정용 특수 냉장고, 물 냉각기, 컴퓨터나 우주선 등의 특수 전자 장비의 특정 부분을 냉각시키는데 사용된다.

(7) 개략도

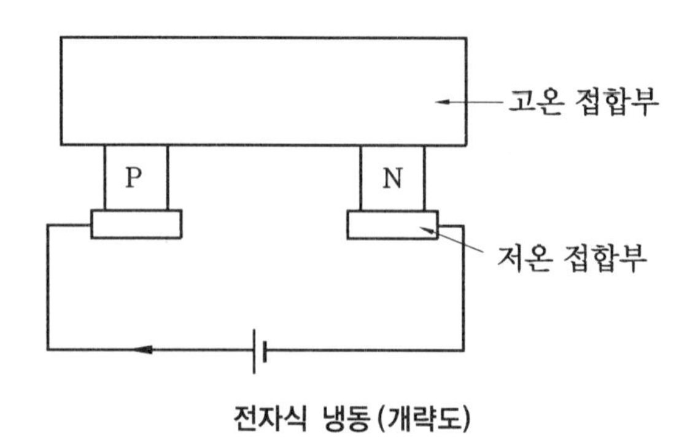

전자식 냉동(개략도)

7 물 에어컨

(1) 제습 원리

① 보통 제습(습기제거) 장치를 바퀴 모양으로 만들어서 실외에서 열이나 따뜻한 공기를 공급해 바퀴의 반쪽을 말리는 동안 다른 반쪽은 습한 공기를 건조시키도록 한 방식을 주로 사용한다.

② 습기제거장치를 말리는데 사용된 열이나 외부공기는 다시 실외로 배출되는데, 폐열을 사용하면 효율을 더 증가시킬 수 있다.

(2) 냉방 원리

① 물 에어컨의 성능을 높이기 위해 열교환기(금속망 등)의 효율을 높여야 한다.

② 금속망을 이루고 있는 알루미늄 판 등에 물을 많이 뿌릴수록 증발하면서 많은 열을 빼앗을 수 있다.

8 자기 냉동기

(1) 주로 1K 이하의 극저온을 얻을 필요가 있을 때 많이 사용된다.

(2) 상자성체인 상자성염(Paramagnetic Salt)에 단열소자(Adiabatic Demagnetization)방법을 적용하여 저온을 얻는다.

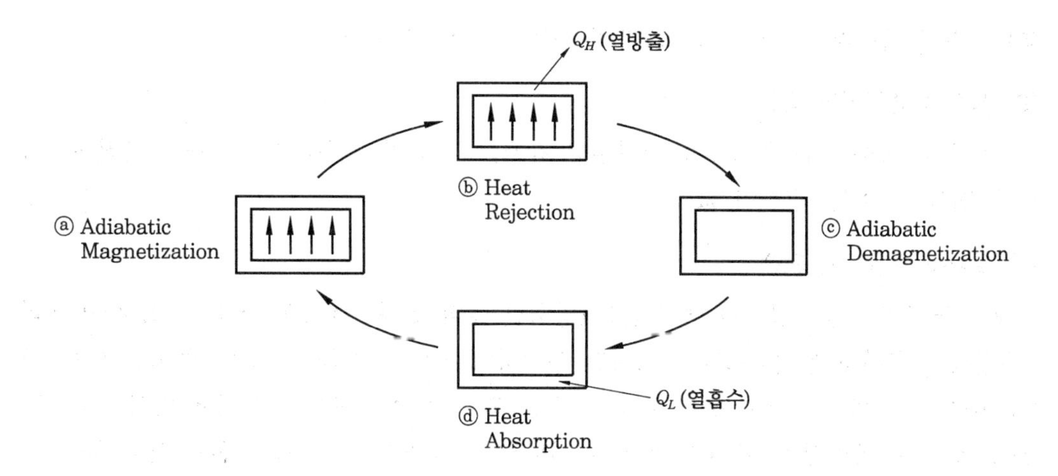

(3) 냉동기 회로

① ⓐ단계 : 상자성염에 외부에서 자장을 걸어주면 무질서하게 있던 상자성염의 원자

들이 정렬하게 되고, 자화하여 상자성염을 자석이 되고, 온도가 상승한다(타 냉동기의 압축과정과 유사).

② ⓑ단계 : 액체 헬륨 냉각시스템 등을 이용하여 열을 제거한다(타 냉동기의 응축과정과 유사).

③ ⓒ단계 : 외부 자장을 단열적으로 제거하면 상자성염이 소자되고 온도가 강하된다(다른 냉동기의 팽창과정과 유사).

④ ⓓ단계 : 차가워진 자기냉매(상자성염)는 외부로부터 열을 흡수한다(타 냉동기의 증발과정과 유사).

⑤ 한마디로, 상자성염에 자장을 걸면 방열되고, 자장을 없애면 흡열하는 성질을 이용한 것이다.

9 단효용 흡수식 냉동기(Absorption Refrigeration)

(1) 냉매와 흡수제의 용해 및 유리작용을 이용한다.

(2) 증발 → 흡수 → 재생 → 응축 → 증발 식으로 연속적으로 Cycle을 구성하여 냉동하는 방법이다.

(3) '1중효용(단효용) 흡수식 냉동기'는 재생기(발생기)가 1개뿐이다.

(4) Body의 수량에 따라 단동형, 쌍동형(증발 + 흡수, 재생 + 응축) 등으로 나누어진다.

(5) 성수계수는 약 0.6 ~ 0.7 정도의 수준으로 매우 낮은 편이다.

(6) 흡수식 냉동기의 장점

폐열회수 용이, 여름철 Peak 전력부하 감소, 냉·난방 + 급탕 동시 가능, 운전경비가 낮은 편이며, 소음·진동이 없다.

(7) 흡수식 냉동기의 단점

초기 투자비가 증기압축식 대비 높음(빙축열 대비 낮음), 열효율 낮음, 결정 사고 우려(운전정지 후에도 용액펌프를 일정시간 운전하여 용액 균일화 등 도모 필요), 냉수온도 7℃ 이상(7℃ 이하 시에는 동결 주의), 냉각탑과 냉각수 용량이 압축식에 비해 크다, 진공도 저하 시 용량감소, 수명이 짧은 편이다(가스에 의한 부식 등). 굴뚝 필요 등

(8) 개략도

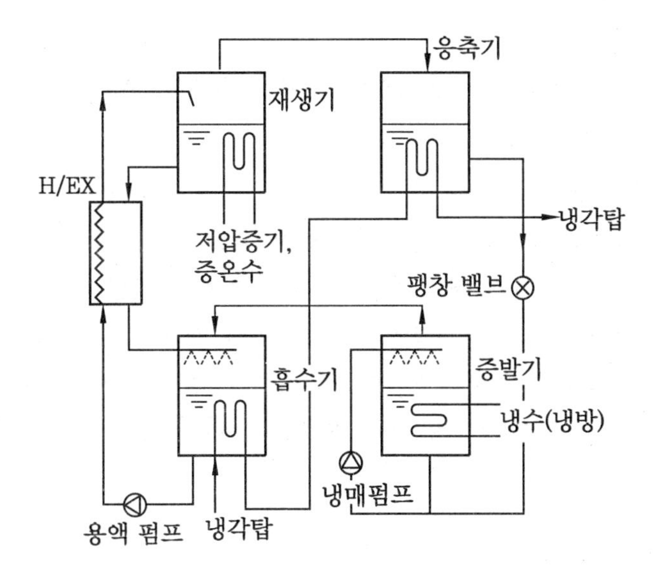

(9) 운전 온도

① 구동 열원온도 약 80~140℃의 중온수(약 80℃ 이하는 사용 불가)
② 증발기 압력/온도 : 약 6.1mmHg/4.5℃
③ 흡수기 압력/온도 : 약 6.1mmHg/70 → 40℃
④ 재생기 압력/온도 : 약 70mmHg/66 → 100℃
⑤ 응축기 압력/온도 : 약 70mmHg/45℃
⑥ 증발기 입/출구 2차 냉매(물)의 온도 : 약 12℃/7℃
⑦ 냉각탑 입/출구 냉각수의 온도 : 약 37℃/32℃

10 2중 효용 흡수식 냉동기

(1) 단효용 흡수식 냉동기 대비 재생기가 1개 더 있어 (고온재생기 + 저온재생기) 응축기에서 버려지는 열을 재활용한다 (→ 버려지는 열을 저온 재생기의 가열에 다시 한 번 사용한다).
(2) 폐열을 재활용함으로써 에너지 절약 및 냉각탑 용량 저감 가능
(3) 열원방식 : 중압증기 (7 ~ 8 atg), 고온수 (180 ~ 200℃) 등 이용

> ◎ 단효용 (1중 효용)의 경우에는 주로 1 ~ 1.5 atg의 증기, 80 ~ 140 ℃의 온수 이용

(4) 성적계수는 약 1.1 정도로 단효용 (0.6~0.7) 대비 많이 향상된다.

(5) 효율 향상 대책 : 각 열교환기의 효율 향상, 흡수액 순환량 조절, 냉수·냉각수의 용량 조절 등

(6) 2중 효용형의 경우 용액의 흐름 방식에 따라 직렬흐름, 병렬흐름, 리버스 흐름 및 직병렬 병용 흐름 방식 등으로 구분된다.

(7) 직렬식 2중 효용 냉동기

① 직렬흐름 방식은 흡수기에서 나온 희용액이 용액펌프에 의해 저온 열교환기와 고온 열교환기를 거쳐 고온재생기로 들어가고 여기서 냉매를 발생시킨 후 농도가 중간 농도 정도가 되어, 고온 열교환기에서 저온의 희용액과 열교환된 후 저온 재생기에서 다시 냉매를 발생시킨 후 농용액 상태가 되어 저온 열교환기를 거쳐 흡수기로 되돌아오는 방식이다. 이 경우 용액의 흐름이 단순하여 용액의 유량제어가 비교적 쉽다.

② 개략도

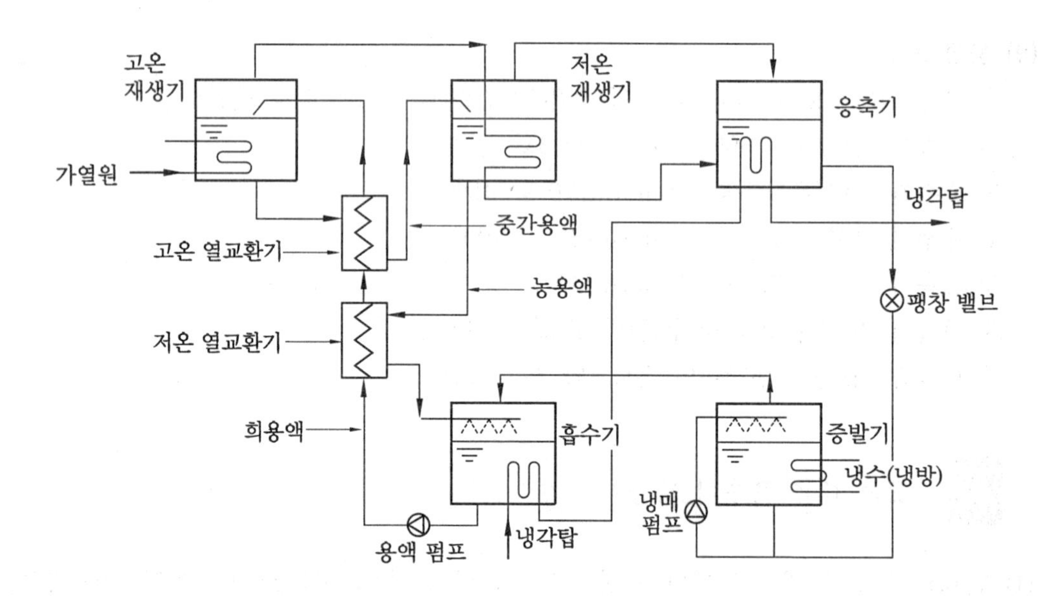

(8) 병렬식 2중 효용 냉동기

① 병렬흐름 방식은 흡수기에서 나온 희용액이 용액펌프에 의해 저온 열교환기를 거쳐 일부 용액은 고온 열교환기를 통해 고온재생기로, 또 다른 일부의 용액은 직접 저온재생기로 가서 각각 냉매를 발생시킨 후 농용액과 중간용액으로 되어, 농용액은 고온 열교환기를 통하고, 저온재생기에서의 중간용액은 직접 저온 열교환기로 와서 희용액과 열교환한 후 흡수기로 되돌아오는 방식이다(이 경우 비교적 결정 방지에 유리하다는 장점이 있음).

② 개략도

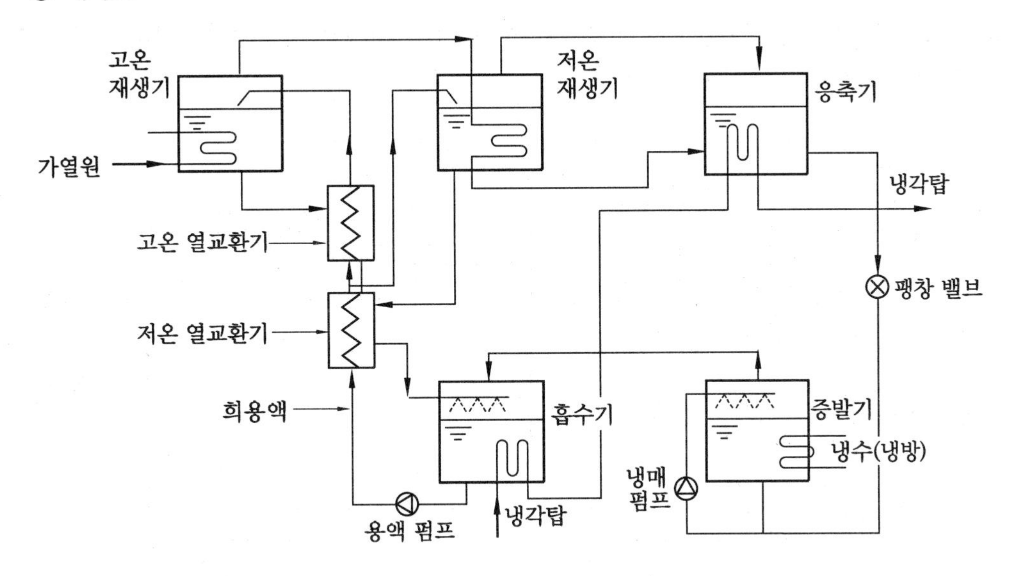

11 3중 효용 흡수식 냉동기

(1) 재생기가 '2중 효용 흡수식 냉동기' 대비 1개 더 있어 (고온재생기 + 중간재생기 + 저온재생기) 응축기에서 버려지는 열을 2회 재활용함 (중간재생기 및 저온재생기의 가열에 사용)

(2) 다중 효과가 증가될수록 (2중 < 3중 < 4중 …) 효율은 향상되겠지만, 기기의 제작비용 등을 감안할 때 현실적으로 3중 효용이 최고 좋을 것으로 평가되어진다.

(3) 성적계수는 약 1.4 ~ 1.6 정도로 장시간 냉방운전이 필요한 병원, 상가, 공장 등에서 에너지 절감이 획기적으로 이루어질 수 있다.

(4) 흡수식 냉동기 COP 비교

① 1중 효용 : 약 0.6 ~ 0.7

② 2중 효용 : 약 1.1 ~ 1.3

③ 3중 효용 : 약 1.4 ~ 1.6

(5) 응용 사례

일본의 '천중냉열공업', '일본 가스협회' 등에서 기술개발하여 실용화 보급중에 있다.

(6) 종류

열교환기에서 희용액 (흡수기 → 재생기)과 농용액 (재생기 → 흡수기) 간의 열교환방식 (회로 구성)에 따라 직렬식과 병렬식이 사용되어진다(직렬식이 더 일반적임).

(7) 직렬식 3중효용 냉동기

다음 그림처럼 희용액(흡수기 → 재생기)과 농용액(재생기 → 흡수기) 간의 열교환이 직렬로 순서대로 이루어진다.

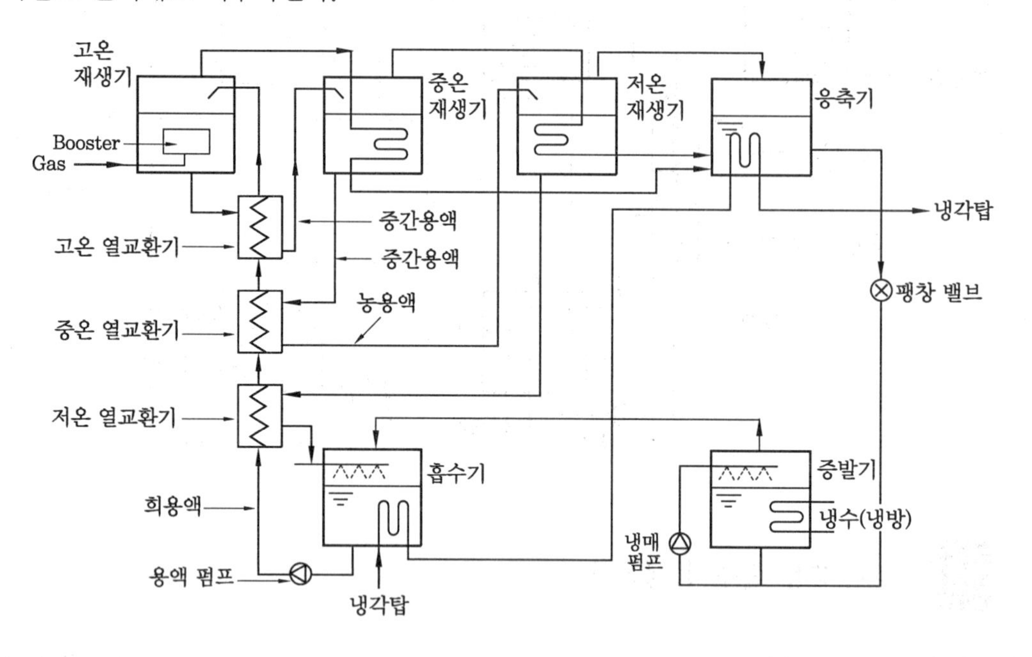

(8) 병렬식 3중 효용 냉동기

다음 그림처럼 희용액(흡수기 → 재생기)과 농용액(재생기 → 흡수기) 간의 열교환이 병렬로 3개의 재생기에서 동시에 이루어진다.

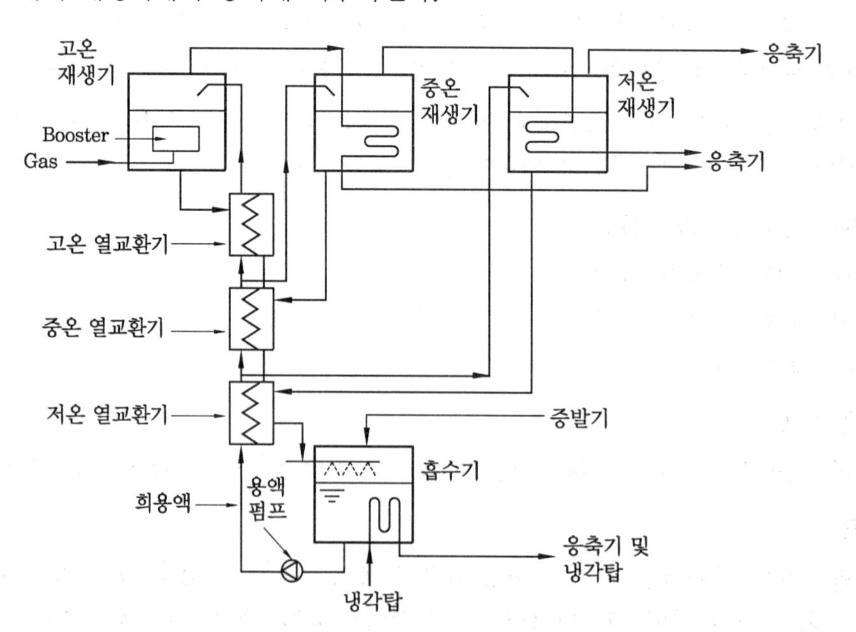

(9) 듀링 (Duing) 선도 : 직렬식 및 병렬식

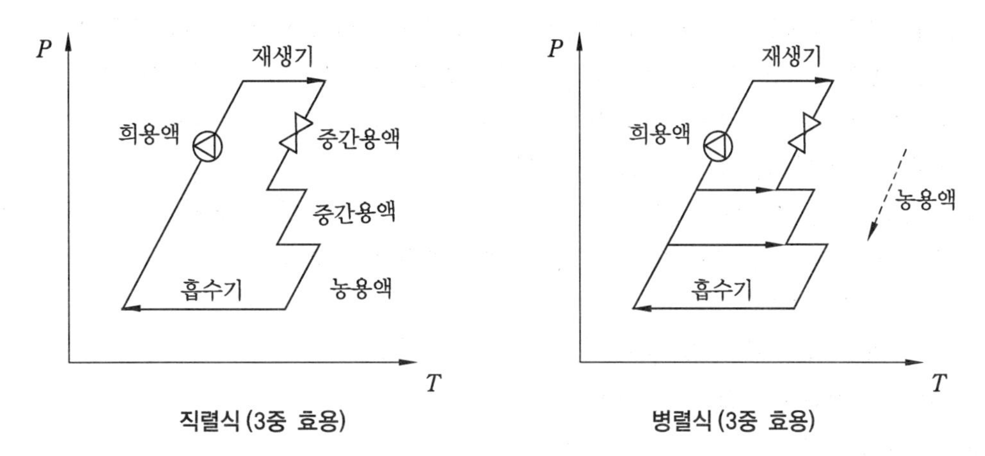

직렬식 (3중 효용) 병렬식 (3중 효용)

(10) 3중 효용 흡수식 냉동기의 문제점

① 재생기를 3개 (고온재생기, 중간재생기, 저온재생기) 배치하여야 하고, 흡수액 열교환기도 3개 (고온열교환기, 중온열교환기, 저온열교환기) 배치하여야 하는 등 설계가 지나치게 복잡하고, 난이도가 높다.

② 향후 에너지 절약을 위한 삼중효용의 개발과 아울러 원가절감 노력이 이루어져야 한다.

③ 응축온도가 많이 하락되어 흡수액 열교환기에 결정이 석출되기 쉽고 막히기 쉽다.

④ 자칫 부품수가 많고 복잡하여 고장률이 증가할 수 있다.

12 흡수식 열펌프

(1) 열펌프의 작동원리는 장치에 에너지를 투입하여 온도가 낮은 저열원으로부터 열을 흡수하여 온도가 높은 고열원에 열을 방출하는 것이다.

(2) 흡수식 열펌프 사이클은 산업용으로 응용되어 폐열회수에 의한 온수 또는 증기의 제조 등에 많이 사용되고 있다.

(3) 제1종 흡수식 열펌프

① 증기, 고온수, 가스 등 고온의 구동열원을 이용하여 응축기와 흡수기를 통하여 열을 얻거나, 증발기에서 열을 빼앗아 가는 것을 목적으로 하는 것이다.

② 그러므로 단효용, 이중효용 흡수식 냉동기 및 직화식 냉온수기 모두 작동원리상 넓은 의미의 제1종 흡수식 열펌프에 속한다.

③ 제1종 흡수식 열펌프에서는 온도가 가장 높은 고열원(증기, 고온수, 가스 등)의

열에 의해 온도가 낮은 저열원의 열에너지가 증발기에 흡수되고, 비교적 높은 온도(냉각수 온도)인 고열원에 응축기와 흡수기를 통하여 열에너지가 방출된다.

④ 1종 흡수식 히트펌프는 흡수식 냉동 사이클을 그대로 이용한 것이며, 흡수냉동기와 상이한 점은 재생기의 압력이 높고 일반적으로 응축기의 응축온도는 60℃이며 응축기 내부압력은 150 mmHg 이상이다.

⑤ 공급된 구동 열원의 열량에 비해 얻어지는 온수의 열량은 크지만, 온수의 승온폭이 작아 온수의 온도가 낮다(즉, 고효율의 운전이 가능하나, 열매의 온도 상승에 한계가 있음).

⑥ 온수 발생 : 흡수기 방열(Q_a) + 응축기의 방열(Q_c)

⑦ 외부에 폐열원이 없는 경우에 주로 사용된다.

⑧ 성적계수(COP)

$$제1종\ COP = \frac{(Q_a + Q_c)}{Q_g} = \frac{(Q_g + Q_e)}{Q_g} = 1 + \left(\frac{Q_e}{Q_g}\right) > 1$$

(4) 제2종 흡수식 히트펌프

① 제2종 흡수식 히트펌프는 저급의 열을 구동에너지로 하여 고급의 열로 변환시키는 것으로, 열변환기라고도 불리며 일반적으로 흡수식 냉방기와 반대의 작동사이클을 갖는다.

② 산업현장에서 버려지는 폐열의 온도를 제2종 히트펌프를 통하여 사용 가능한 높은 온도까지 승온시킬 수 있어 에너지를 절약할 수 있다.

③ 2종 흡수식 히트펌프는 1중 효용 흡수냉동 사이클을 역으로 이용한 방식이고 일명 Heat Transformer라고도 한다.

④ 압력이 낮은 부분에 재생기와 응축기가 있고 높은 부분에 흡수기와 증발기가 있으며 듀링 다이어그램에서는 순환계통이 시계 반대방향으로 흐른다.

⑤ 폐열회수가 가능한 시스템이다.

⑥ 흡수기 방열(Q_a)만 사용 : 흡수기에서 폐열(Q_e로 입력시킴)보다 높은 온수 및 증기 발생 가능

⑦ 다음 그림의 Q_c는 입력(Q_e ; 폐열)보다 낮은 출력 때문에 사용하지 않는다.

⑧ 외부에 폐열원이 있는 경우에 주로 사용되어진다.

⑨ 효율은 낮지만 고온의 증기 혹은 고온수 발생 가능

⑩ 성적계수(COP)

$$제2종\ COP = \frac{Q_a}{(Q_g + Q_e)} = \frac{(Q_g + Q_e - Q_c)}{(Q_g + Q_e)} = 1 - \frac{(Q_c)}{(Q_g + Q_e)} < 1$$

(5) 장치도

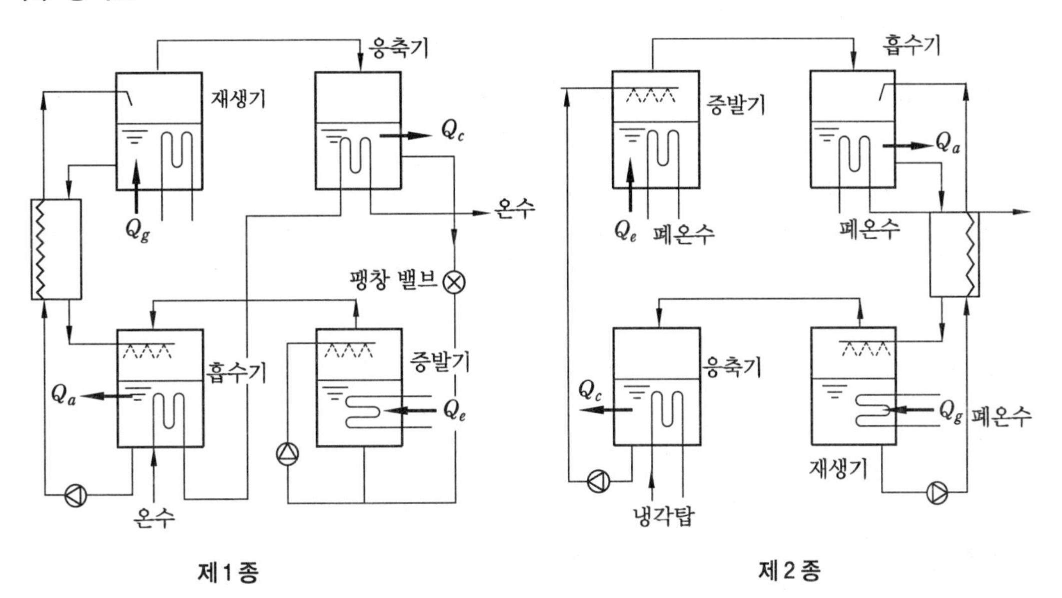

(6) 듀링 (Duhring) 선도 작도 (단효용 히트펌프)

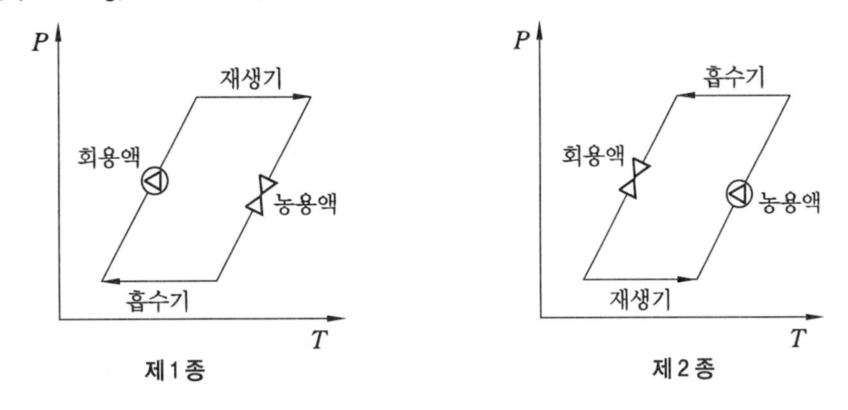

(7) 듀링 (Duhring) 선도 작도 (2중 효용 히프 펌프)

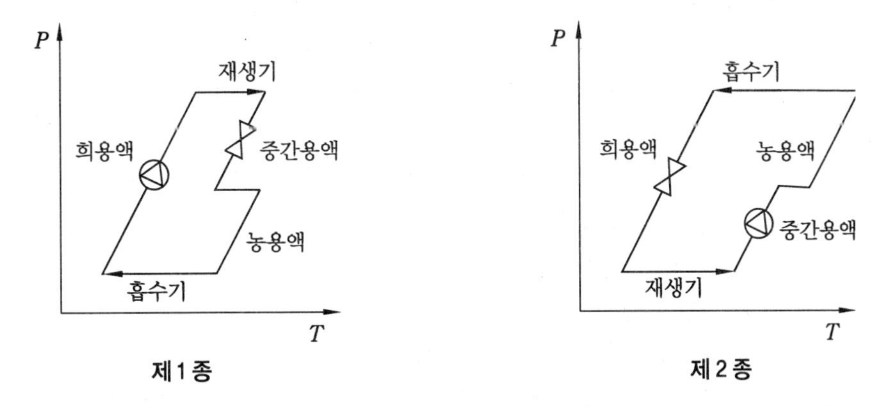

13 직화식 냉온수기

(1) 2중 효용 흡수식 냉동기의 고온재생기 내부에 버너를 설치하여 직접 가열하고, 주로 별도의 온수 열교환기를 설치하여 온수 생산을 가능하게 한다.

(2) 난방 사이클 흐름도

고온발생기 (버너에 의한 연료 가열로 물과 LiBr 농용액을 가열시키면, 분리된 냉매 수증기 발생) → 수증기는 난방전용 (온수) 열교환기 통과 → 난방용 온수가열 후 물로 응축되어 고온발생기로 돌아온다 → 순환

(3) 온수 · 냉수 동시 제조 가능 (냉방 + 난방 + 급탕 동시 해결)

(4) 따라서 냉동기 및 보일러 두 대의 기능을 한 대로 대체할 수 있어 좋다.

(5) 효율 향상 대책

고온재생기의 연소효율 향상, 배기가스의 열회수 가능

(6) 개략도

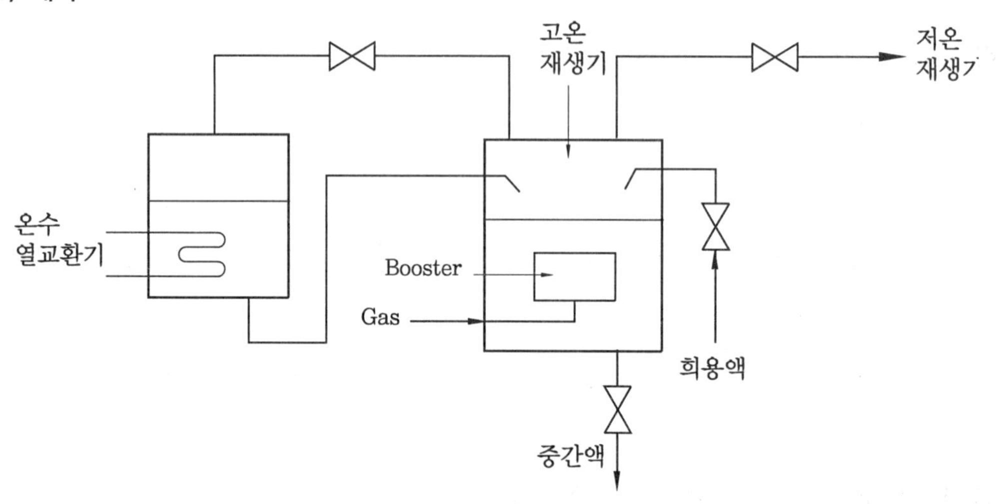

(7) 직화식 냉온수기로 난방 이용방법

① 전용 온수열교환기 사용 : 위의 개략도에서 희용액, 중간액, 저온재생기측 단속밸브를 모두 닫고, 온수열교환기를 가열하면 난방용 혹은 급탕용 온수 생산이 가능하다.

② 증발기 이용 방법

㈎ 고온재생기의 증기와 흡수액을 흡수기로 되돌려 보낸다.

㈏ 냉온수를 동일 장소에서 얻을 수 있는 장점이 있다.

㈐ 에너지 낭비가 심한 편이다.

③ 흡수기, 응축기 이용 방법

㈎ 1종 흡수식 히트펌프를 의미한다.

㈏ 이용 온도는 전용 온수열교환기 방식 대비 낮으나, 이용 열량(효율) 증가

14 흡착식 냉동기

(1) Faraday에 의해 처음 고안되었으나 그동안 프레온계 냉동장치에 밀리었다.

(2) 최근에는 프레온계 냉매의 환경문제 등으로 다시 연구개발이 활발하다.

(3) 작동 원리

① 다공석 흡착제 (활성탄, 실리카 겔, 제올라이트 등)의 가열 시 냉매 토출, 냉각 시 냉매 흡입되는 원리를 이용한다.

② 냉매로는 주로 물, NH_3, 메탄올 등의 친환경적 냉매가 사용된다.

③ 냉매 탈착 시에는 성능이 저하되므로 보통 2대 이상의 교번운전을 행한다.

④ 2개의 흡착기가 약 6 ~ 7분 간격으로 Step 운전 (흡착 ↔ 탈착의 교번운전)을 한다.

(4) 특징

① 폐열 (65~100℃)을 이용하기 때문에 에너지 사용 비율이 일반 흡수식 대비 약 10배 절약된다.

② 흡수식 대비 사용 열원온도가 다소 낮아도 되고, 유량변동에도 안정적이다.

③ 초기 투자비가 비싸고 설치공간을 크게 차지하는 편이다.

(5) 에너지 절약 대책

① 고효율 흡착제 개발

② 흡착기의 열전달 속도 개선

③ 고효율 열교환기 개발

(6) 선도 및 해설

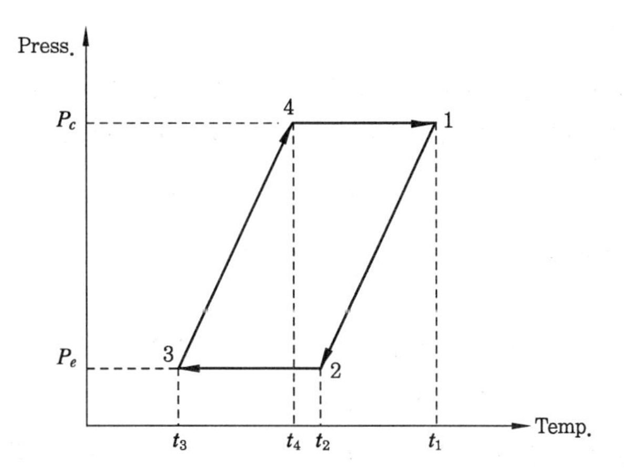

[과정]

ⓐ 1 ~ 2 과정 (감압과정) : 팽창밸브에 의해 압력이 떨어지고, 증발기의 낮은 압력에 의해 온도가 떨어지면서 증발압력 (P_e)에 도달한다.

ⓑ 2 ~ 3 과정 (증발 및 흡착과정) : 냉수에 의해 흡착기의 온도가 떨어지면서 증발기의 냉매증기를 흡착하여 증발기 내의 압력 (P_e)을 일정하게 유지한다(이때 증발기 내부에서는 열교환을 통해 냉수를 생산한다).

ⓒ 3 ~ 4 과정 (탈착과정) : 탈착기가 폐열원 등에 의해 가열되면서 온도와 압력이 상승한다.

ⓓ 4 ~ 1 과정 (응축과정) : 응축기에서는 냉각수에 의해 냉매의 상 (Phase)이 기체 → 액체로 바뀐다.

(7) 개략도 (장치도)

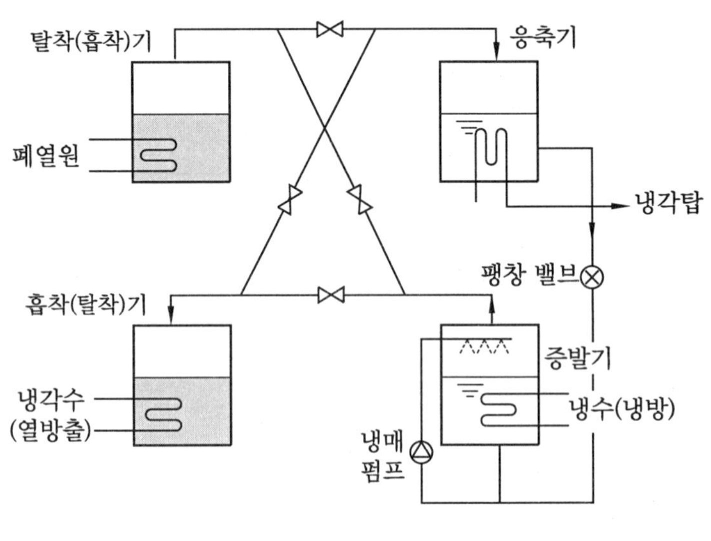

흡착식 냉동기

(8) 흡착식 히트펌프

위 그림(장치도)의 우측 상부의 응축기에서 냉각탑에 버려지는 열을 회수하여 난방 혹은 급탕에 활용가능하다 (이 경우에는 '흡착식 히트펌프' 라고 한다).

15 GAX (Generator Absober exchange)

(1) NH_3/H_2O (암모니아/물) 사이클에서 가능한 시스템으로 암모니아 증기가 물에 흡수될 때 발생하는 반응열을 이용한 사이클

(2) 흡수기의 배열의 일부분을 재생기의 가열에 사용함으로써 재생기의 가열량을 감소시키는 사이클이 Generator Absorber heat exchange Cycle이다.

(3) 단효용 흡수식과 같이 한 쌍의 재생기-흡수기 용액루프를 가지므로 적은 용적과 함께 공랭화가 가능하다.

(4) 원리

① 흡수기에서 암모니아가 물에 흡수될 때 발생하는 흡수반응열에 의해 흡수기와 발생기간에는 온도 중첩구간이 생기게 된다.

② 이때 흡수기 고온부분의 열을 발생기의 저온부분으로 공급해 내부열 회수효과를 얻는다.

(5) 특징

① 일중효용 사이클로 한 쌍의 발생기-흡수기 루프를 가지면서 성능효과 향상은 이중효용 사이클 이상이다.

② 재생기로 유입되어 재생이 시작되는 흡수용액의 온도보다 흡수기에서 유입되는 용액의 온도가 높으므로 흡수열의 이용 비율이 증가하여 성적계수가 향상된다.

(6) 다음 그림에서 재생기와 흡수기의 검게 칠한 부분이 온도중첩 구간이다.

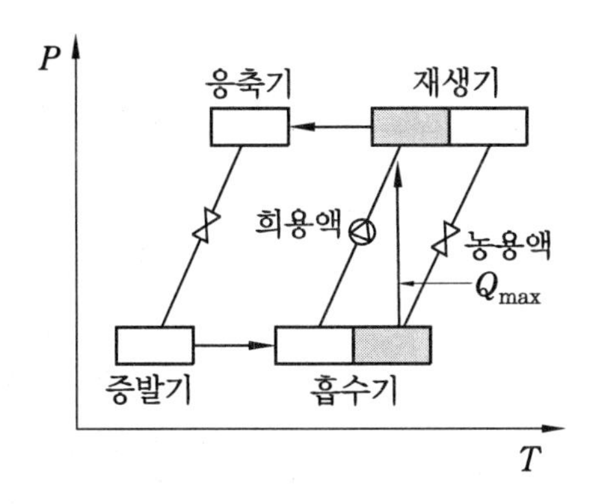

(7) 특수한 목적을 위하여 개발된 차세대 GAX 사이클

① WGAX : 폐열을 열원으로 하는 폐열구동 사이클

② LGAX : −50℃까지 증발온도를 얻을 수 있는 저온용 사이클

③ HGAX : 흡수식 사이클에 압축기를 추가하여 성능향상 및 고온 및 저온을 획득할 수 있는 사이클 등이 있다.

16 대온도차 냉동기(대온도차 냉동 시스템)

(1) 일반 냉동기는 냉수를 순환시켜 냉방운전을 할 경우 공조기에서 약 5℃ 정도의 온도차가 발생하는 것을 이용한다(약 7℃의 냉수가 공조기 코일에 들어가서 → 12℃로 상승되어 공조기 코일을 빠져나간다).

(2) 대온도차 냉동기는 이러한 일반 냉동기 시스템의 공조기 코일에서의 온도차(약 5℃)보다 온도차를 크게 하여 열 반송동력(펌프, 송풍기 등의 소비동력)을 절감하는 것을 가장 큰 목적으로 한다.

(3) 대온도차 냉동기의 특징

① 냉수를 순환시켜 냉방 시 공조기에서 약 9℃의 온도차 이용(4℃ → 13℃)

② 공조기의 냉각코일에서 9℃의 온도차를 이용함으로써 순환냉수량을 줄일 수 있다.
냉각코일에서의 열교환량 $(q) = G \times C \times \Delta T$

여기서, G : 냉수량(kg/h), C : 물의 비열(=1kcal/kg·℃)
ΔT : 냉각코일 출구수온 – 입구수온

→ 대온도차 냉동기에서는 위 식에서 ΔT가 증가하므로, 그만큼 냉수량(G)을 줄일 수 있다.

③ 그에 따라 냉수 펌프의 용량이 적어도 되므로, 펌프의 동력 절감과 냉수배관 사이즈가 줄어드는 효과가 있다.

(4) 대온도차 냉동기의 종류

① 냉수측 대온도차 냉동기

㈎ 다음 그림 상의 냉수펌프의 유량을 줄여 냉수측의 대온도차를 이용하는 방법이다.

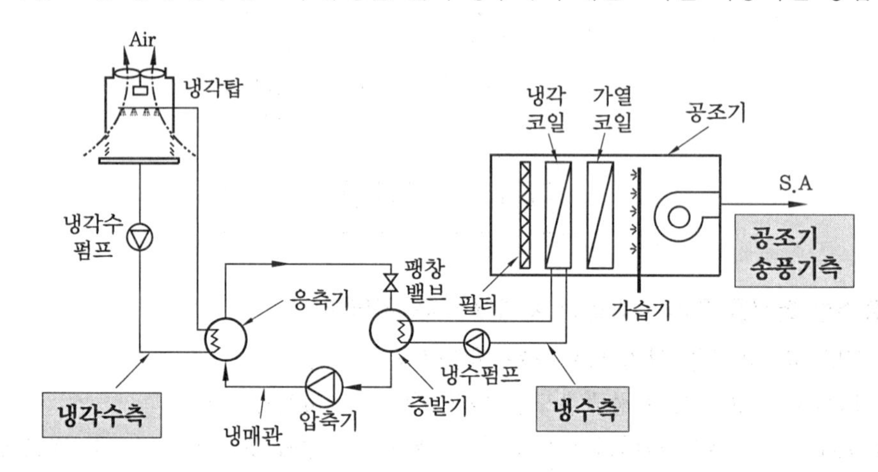

㈏ 공조기측 코일의 열교환량 $(q) = G$(냉수량)$\times C$(물의 비열)$\times \Delta T$에서 냉수유량이 줄어든 만큼 입·출구의 ΔT를 늘리는 방법이다.

㈐ 이를 위해서는 일반적으로 공조기 코일의 크기 혹은 열수가 어느 정도 증가될 수 있으며, 코일 패스설계 등을 별도로 해주어야 한다.

② 공조기 송풍기측 대온도차 냉동기

㈎ 저온급기방식의 일종이다.

㈏ 공조기용 송풍기의 풍량을 줄이고(송풍동력 감소), 온도차$(t_i - t)$를 늘리는 방식이다.

㈐ 공조기측 코일의 열교환량 $(q) = 1.2QC_p(t_i - t)$

여기서, q : 열량(kcal/h = 1/860 kW = 1/860 kJ/s)

Q : 공조기용 송풍기의 공급 공기량 (m³/h = 1/3600 m³/s)

t_i : 실내 공기온도 (℃, K), t : 송풍 급기온도 (℃, K)

C_p : 공기의 정압비열 (0.24 kcal/kg·℃ ≒ 1.005 kJ/kg·K)

1.2 : 공기의 밀도 (kg/m³)

㈑ 위 식에서 풍량 (Q)을 줄이고, 온도차 ($t_i - t$)를 늘리면 동등한 열교환량 (냉동능력)을 확보할 수 있다. 단, 이 경우 공조기 코일의 열수나 크기를 다소 증가시켜주어야 한다. 코일 패스설계도 변경이 필요할 수 있다.

③ 냉각수측 대온도차 냉동기

㈎ 냉각수측 (Condensing Water Side)이란 냉동기의 응축기라는 부품과 냉각탑과 연결되는 냉각수 배관라인을 의미한다.

㈏ 이 경우에도 상기 '냉수측 대온도차 냉동기'와 거의 동일하게 적용 가능하다. 즉, 냉각수 펌프의 유량을 감소시키고 대신 ΔT를 늘리는 방식이다.

(5) 설계 시 고려사항

① 그러나 공조기의 냉각코일의 Size가 증가한다 (동일한 냉동능력을 확보하기 위해서는 열교환 효율을 증대시켜야 하기 때문이다).

② 냉수량이 적어지므로 코일의 패스를 재설계할 필요가 있다(냉수량 감소에 따른 유속 감소를 보완할 수 있게 패스 수를 줄인다).

③ 공조기용 송풍기 동력을 줄여 저온급기방식으로 적용 가능하다.→ 이 경우 실내 환기량이 부족해질 수 있으므로 주의를 요한다.

④ 대온도차 냉동기 이론은 지금까지 기술한 냉수 부분 (공조기측)과 공조기 송품기측 외에도, 냉각수 부분 (냉각탑측)에도 동일하게 적용 가능하다.

⑤ 공조기 코일로 공급되는 물의 온도가 다소 낮아질 수 있으므로, 결로를 방지하기 위해 단열을 강화하여야 한다.

⑥ 보통 취출공기의 온도가 낮아질 수 있으므로, 유인비가 큰 디퓨저가 유리하다.

(6) 기대 효과

① 에너지 소비량의 감소 (펌프 및 송풍기 동력 감소)

② 유량 (냉수량 혹은 공기량) 감소로 인한 덕트, 배관 사이즈의 축소 가능

③ 실내공기의 질과 쾌적성의 향상

④ 습도제어가 용이 (저온 급기 가능)

⑤ 송풍기, 펌프의 용량 및 사이즈 축소 가능

⑥ 전기 수전설비 용량 축소 가능

⑦ 초기 투자비용 절감에 유리

⑧ 건물 층고의 감소 가능

⑨ 기존 건물의 개보수에 적용하면, 낮은 비용으로 냉방능력의 증감이 용이하다.

제 23 장

냉동 Cycle 및 냉동 시스템

1 이산화탄소 Cycle

(1) CO_2(R744)는 기존의 CFC 및 HCFC계를 대신하는 자연냉매 중 하나이며, ODP가 0이며 GWP가 미미하여 가능성이 많은 자연냉매이다.

(2) CO_2는 체적 용량이 크고, 작동압력이 높다(임계영역을 초월함).

(3) 냉동기유 및 기기재료와 호환성이 좋다.

(4) 이산화탄소 Cycle 개략도(냉온수기의 경우)

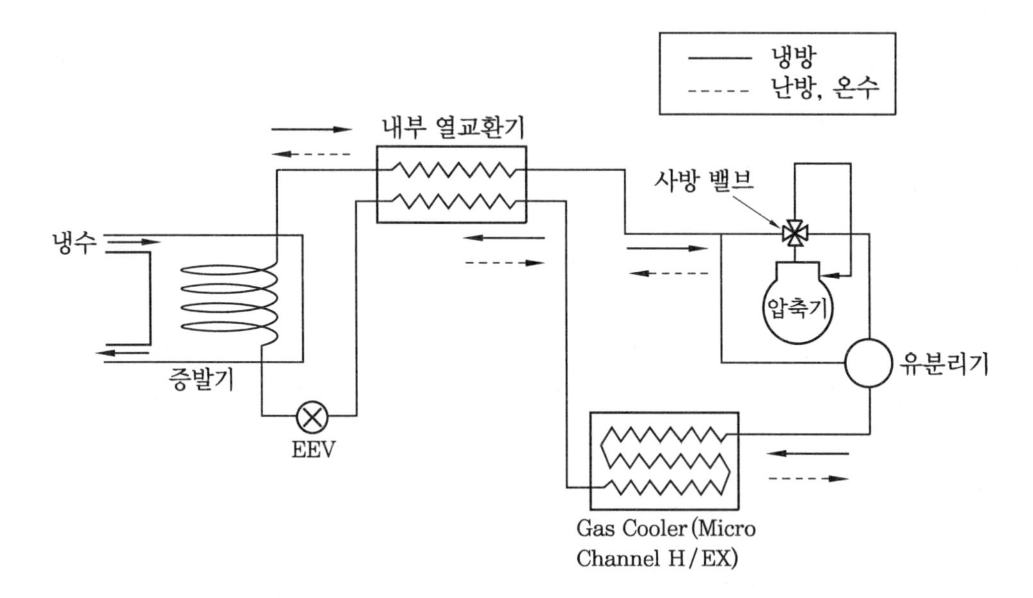

(5) Cycle 선도

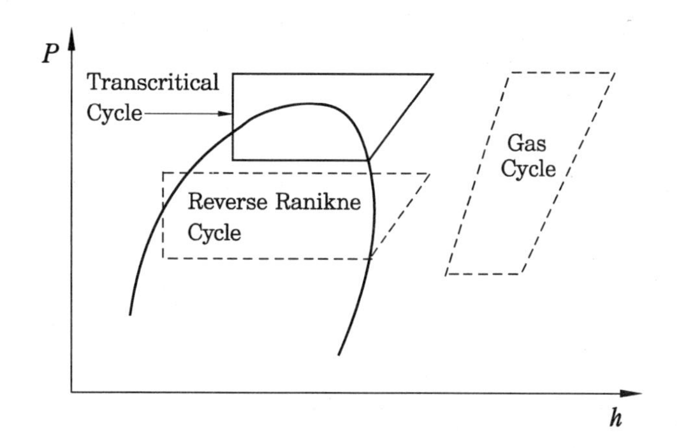

(6) 특징

① C.P (임계점 ; Critical Point)가 약 31℃(7.4MPa)로서 냉방설계 외기온도 조건인 35℃보다 낮다 (즉, 초월임계 Cycle을 이룸).

② 증발압력 = 약 3.5 ~ 5.0 MPa, 응축압력 = 약 12~15 MPa

③ 안전도 (설계압 기준) : 저압은 약 22 MPa, 고압은 약 32 MPa에 견딜 수 있게 할 것

④ 압축비 : 일반 냉동기 대비 낮은 편임(압축비 = 약 2.5 ~ 3.5)

⑤ 압력 손실 : 고압 및 저압이 상당히 높아 (HCFC22 대비 약 7 ~ 10배 상승) 밀도가 커지고 압력손실이 줄어들어 압력손실에 의한 능력하락은 적다.

⑥ 용량제어법

㈎ 인버터, 인버터 드라이버를 이용한 전자제어

㈏ 전자팽창밸브의 개도 조절을 통한 유량 조절

2 이산화탄소 Cycle 성능 향상법

(1) 흡입관 열교환기 (Suction Line H/EX, Internal H/EX)를 설치하여 과랭각 강화 (단, 압축기 흡입가스 과열 주의) → 약 15 ~ 20 % 성적계수 향상이 가능하다고 보고 되었다.

(2) 2단 Cycle 구성 : 15 ~ 30 % 성적계수 향상이 가능하다고 보고되었다.

(3) Oil Seperator를 설치하여 오일의 열교환기 내에서의 열교환 방해를 방지한다.

(4) Micro Channel 열교환기 (Gas Cooler) 효율 증대로 열교환 개선

(5) 높은 압력차로 인한 비가역성을 줄여줄 수 있게 팽창기 (Expansion Device)를 사용하면, 부수적으로 기계적 에너지도 회수할 수 있다.

(6) 팽창기에서 회수된 기계적 에너지를 압축기에 재공급하여 사용 혹은 전기에너지로 변환하여 사용 가능(단, 팽창기의 경제성, 시스템의 크기 증대 등 고려 필요)
→ 약 15 ~ 28 % 성적계수 향상이 가능하다고 보고되었다.

3 이산화탄소 단단 및 다단 Cycle

(1) 단단 CO_2 Cycle

① 장치 개략도

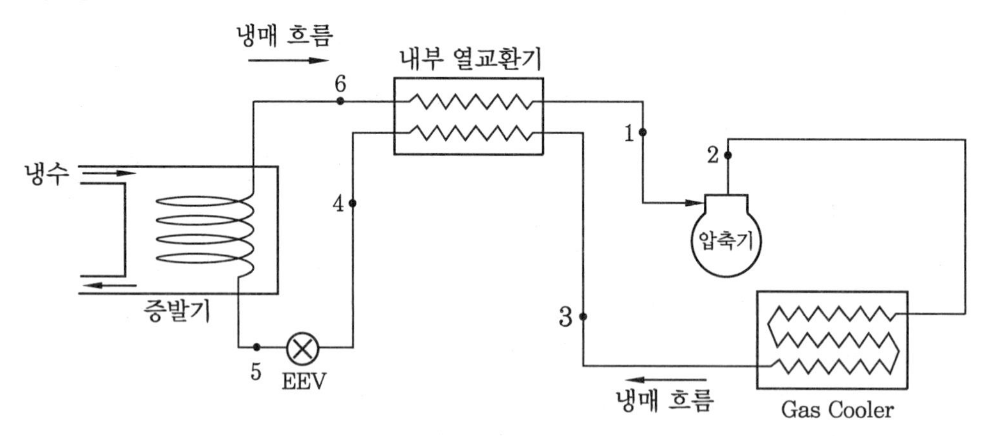

② 단단 Cycle의 $P-h$ 선도 및 $T-S$ 선도

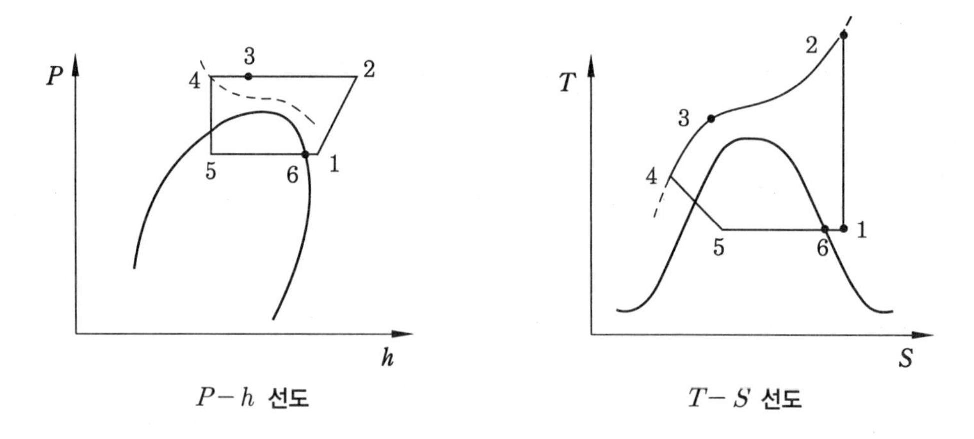

$P-h$ 선도 $T-S$ 선도

③ 동작원리

㈎ 1단계(1 ~ 2 point) : 압축기에 의해 저온저압의 냉매가 고온고압의 가스냉매 상태로 토출된다.

㈏ 2단계(2 ~ 3 point) : 압축기에 의해 토출된 고온고압의 가스냉매는 Gas Cooler로 들어가서 비교적 낮은 온도의 가스냉매로 나온다.

(다) 3단계(3~4point) : Gas Cooler에서 식혀진 냉매는 아직도 많은 열을 가지고 있으므로 내부열교환기에 의해 한 번 더 식혀진다(보완 작용).

(라) 4단계(4~5point) : 팽창장치(EEV)에 의해 감압되어 일정한 건도를 가진 혼합냉매 상태로 증발기로 들어간다.

(마) 5단계(5~1point) : 저온저압의 냉매는 증발기에서 증발하여 냉수를 식혀준다(냉매의 잠열에 의해 증발능력 발휘). → 계속적으로 Cycle이 형성된다.

(2) 다단 CO_2 Cycle

① 장치 개략도

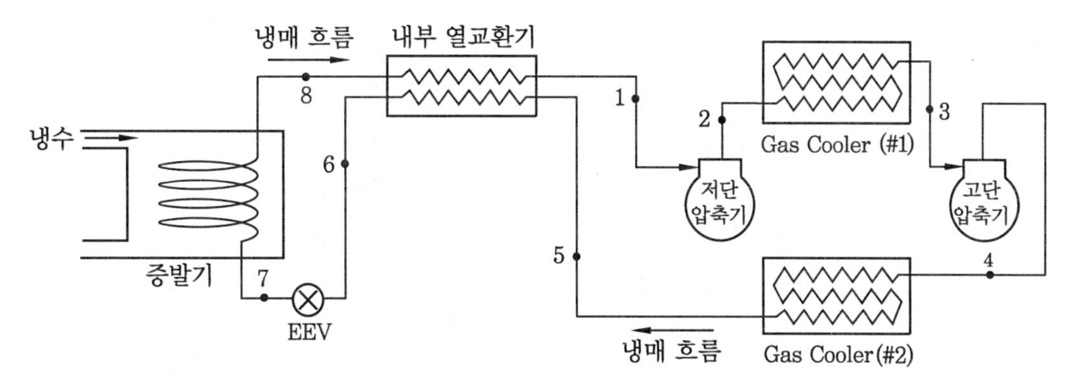

② 다단 Cycle의 $P-h$ 선도 및 $T-S$ 선도

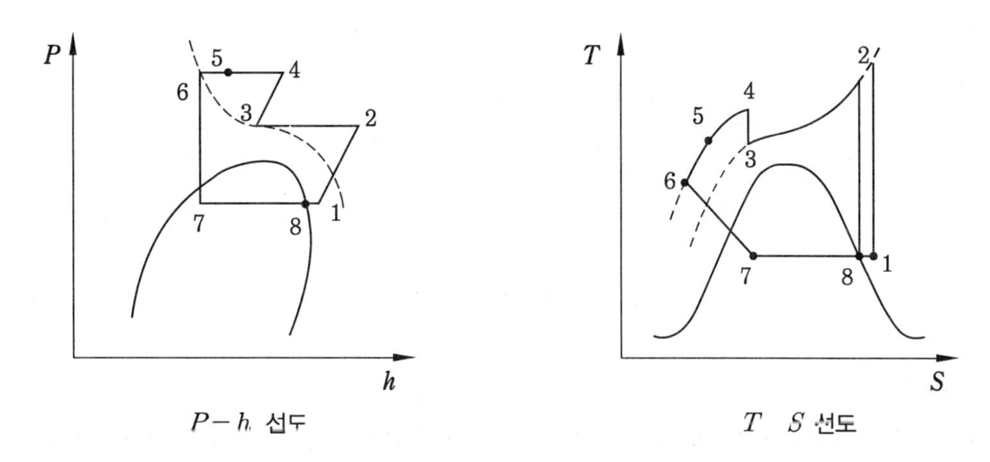

$P-h$ 선도　　　　$T-S$ 선도

③ 동작원리

(가) 기본 원리는 위 단단 Cycle의 원리와 동일하다(단, 2단 압축을 통하여 약 15~30% 정도의 성적계수 향상을 도모하고 있다).

(나) 상기 장치 개략도에서 알 수 있듯이 압축부와 Gas Cooler가 직렬로 2중으로 구성되어 있어 과냉각을 보다 효율적으로 시키는데 초점을 맞출 수 있다.

㈐ 이는 저단 압축기의 토출가스의 온도와 증발온도와의 차이가 대단히 크므로 효율 향상에 상당한 효과가 있다.

4 랭킨 사이클 (Rankine Cycle)

(1) 화력발전소에서 증기 터빈을 구동시키는 증기 원동소 사이클이다.

(2) 장치도

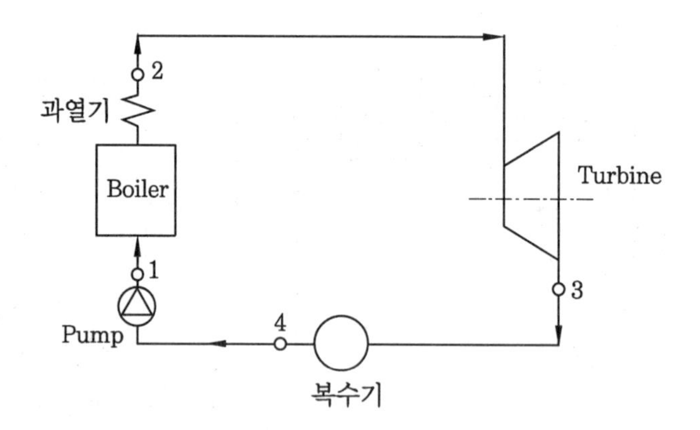

(3) $T-S$ 선도와 $h-s$ 선도

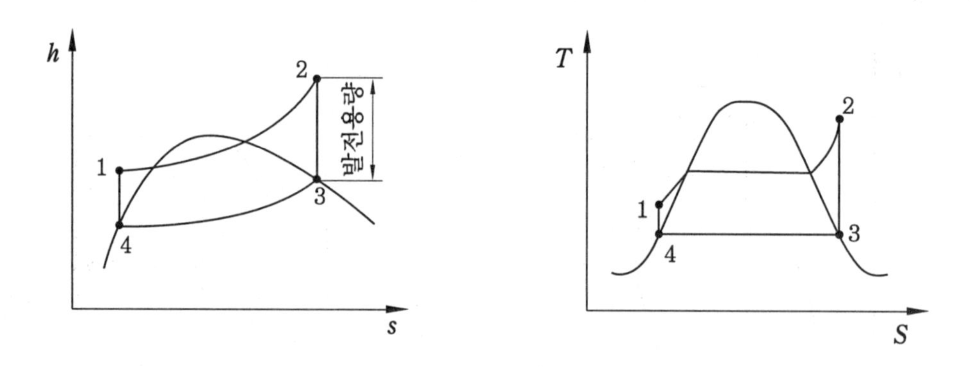

(4) 동작원리

① 1단계 (1 ~ 2 point) : 보일러와 과열기에서 연속적으로 증기를 가열시키는 단계이다.

② 2단계 (2 ~ 3 point) : 증기의 팽창력에 의해 터빈의 날개를 돌려 동력을 발생(전기 생산)시키는 과정이다.

③ 3단계 (3 ~ 4 point) : 복수기에 의해 증기가 식혀져 포화액이 된다.

④ 4단계 (4 ~ 1 point) : 펌프에 의해 가압 및 순환 (회수)되는 과정이다.

(5) 열효율 증대 방안

① 터빈 입구의 압력을 높여주고, 출구의 배압은 낮추어준다 (진공도 증가).

② 재열 Cycle 을 구성한다.

㈎ 재열 Cycle 의 장치 구성도

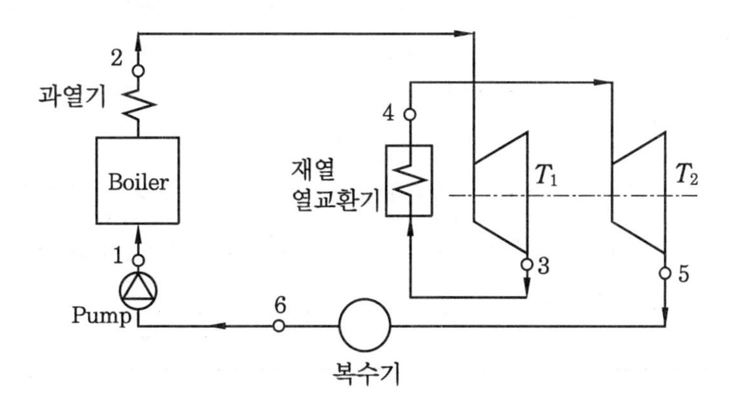

㈏ 재열 Cycle 의 $h-s$ 선도

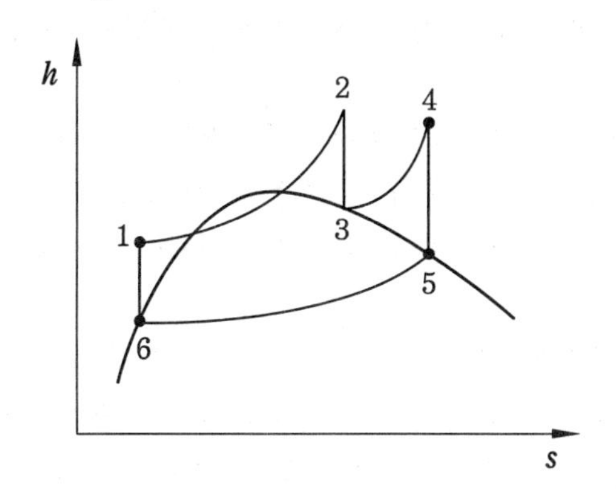

> **재열 Cycle의 원리**
> 기본 원리는 위 기본 '증기원동소 사이클'과 동일하나, 재열기를 하나 더 구성하여 증기 터빈을 2중 (그림의 T_1, T_2)으로 가동할 수 있다.

5 로렌츠 Cycle과 역카르노 Cycle

(1) 로렌츠 Cycle 은 역카르노 Cycle 대비 응축기에서는 온도가 하락하고 증발기에서는 온도가 상승하는 냉매 온도구배 (Gradient)가 있는 것이 특징이다 (시스템 효율상 좋지 못한 특징).

(2) 비교 Table

구 분	역카르노 Cycle	로렌츠 Cycle
$T-S$ 선도		
적 용	순수냉매 혹은 공비 혼합냉매	비공비 혼합냉매(R407C 등)
특 징	응축기, 증발기 모두 등온·등압 과정	응축기에서는 온도 하락, 증발기에서는 온도 상승
개선책	–	대향류로 하여 일부 개선

6 에릭슨 사이클(Ericsson Cycle)과 브레이튼 사이클(Brayton Cycle)

(1) Ericsson Cycle은 두 개의 등온과정과 두 개의 정압과정으로 이루어진 열기관 사이클로서 효율이 좋은 외연기관을 실현할 수 있으므로 내연기관의 연료인 휘발유, 경유보다 연료의 질이 좋지않은 중유나 화석연료, 천연가스, 공장폐열과 태양열 등 연료의 선택폭이 크다.

(2) Brayton Cycle (제트엔진의 내연기관)의 단열과정 대신 등온과정으로, Stirling Cycle의 정적과정 대신 정압과정으로 이루어진 사이클이 Ericsson Cycle 이다.

(3) Ericsson Cycle은 폭발행정이 없어 소음과 진동이 적다.

(4) Brayton Cycle은 항공기 엔진의 대표적인 사이클로 사용되며, 2개의 단열과정과 2개의 정압과정으로 이루어진다.

(5) Ericsson Cycle과 Brayton Cycle 비교표 및 그래프

비교 항목	Ericsson Cycle	Brayton Cycle
특 징	• 등온압축 + 등온팽창 • 폭발 행정이 없는 외연기관	• 단열압축 + 단열팽창
응 용	• 현실성이 없는 Cycle (등온과정의 실현이 어려움)	• Brayton : 항공기 엔진 등 • 역Brayton : 공기냉동, LNG냉동 등에 응용
Cycle도	• 그림 (a) 참조	• 그림 (b) 참조

평 가	• 그림 (a)에서 정압 냉각된 열이 완전히 회수되어 그대로 정압가열과정에서의 열공급에 이용된다면 카르노 사이클의 열효율과 같음 • 큰 온도구간을 실현하기 위한 자기 냉동 등에 사용된다.	• 항공기 엔진의 대표 Cycle
과 정	정압냉각 → 등온압축 → 정압가열 → 등온팽창	단열압축 → 연소 → 터빈(동력) → 배기

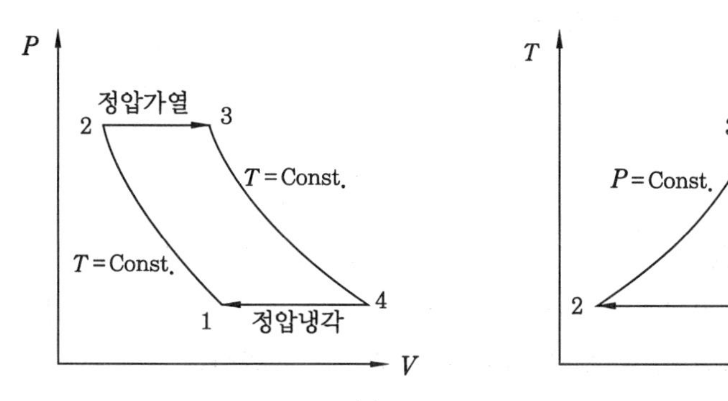

(a) Ericsson Cycle

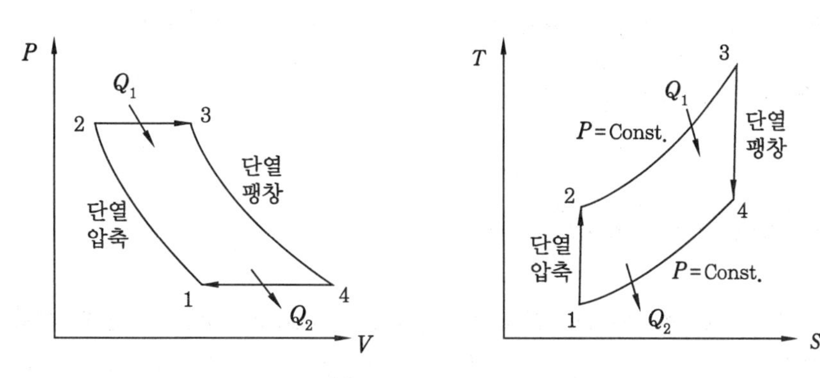

(b) Brayton Cycle

(6) Brayton Cycle의 효율

$$\eta = \frac{(Q_1 - Q_2)}{Q_1} = 1 - \frac{Q_2}{Q_1} = 1 - \frac{Cp(T_4 - T_1)}{Cp(T_3 - T_2)} = 1 - \frac{T_1\left(\frac{T_4}{T_1} - 1\right)}{T_2\left(\frac{T_3}{T_2} - 1\right)} = 1 - \frac{T_1}{T_2}$$

여기서, $\frac{T_2}{T_1} = \frac{P_2 V_2}{P_1 V_1} = \left(\frac{P_2}{P_1}\right)^{\frac{K-1}{K}}$ 이므로,

$$\eta = 1 - \left(\frac{P_1}{P_2}\right)^{\frac{K-1}{K}}$$

압축비 $\frac{P_2}{P_1}$를 Rp라 하면 다음과 같이 표기할 수 있다.

$$\eta = 1-(Rp)^{\frac{1-K}{K}}$$

(7) Counter Brayton Cycle의 효율

① Counter Brayton Cycle은 위 그림 (b) Brayton Cycle 대비 화살표 방향이 반대로 작동된다.

② 단열압축과 단열팽창의 위치도 서로 바뀌게 된다.

$$\eta = \frac{Q_2}{Q_1-Q_2} = \frac{Cp(T_4-T_1)}{Cp[T_3-T_2-(T_4-T_1)]} = \frac{(T_4-T_1)}{(T_3-T_2)-(T_4-T_1)}$$

$$= \frac{1}{\left(\frac{T_2}{T_1}\right)-1}$$

(8) Ericsson Cycle의 효율

① 카르노 사이클과 마찬가지로 에릭슨 사이클은 가역기관으로서, 열기관의 효율은 오직 열흡수시의 온도 (T_a)와 방출시의 온도 (T_b)에 의존한다.

② 따라서, 이들 기관의 효율은 다음과 같이 서로 같다. 또 스터링 사이클(2개의 등온과정과 2개의 정적과정으로 이루어짐)의 효율 역시 동일하다.

즉, $\eta_{carnot} = 1-\frac{T_b}{T_a} = \eta_{ericsson} = \eta_{stirling}$

7 공기압축 Cycle

(1) Linde Cycle(Linde air liquefaction system) : Joule-Tohmson 효과 이용

① 공기로부터 분리해낸 질소, 산소, 아르곤 등을 상업용으로 액화시켜 사용할 때 많이 사용한다.

② 조름팽창(Tottling valve)에만 의존하는 Linde process에서 압축 후의 gas는 상온으로 미리 냉각 또는 냉동에 의하여 더 냉각할 수도 있다.

③ 조름 밸브로 들어가는 기체의 온도가 낮을수록 액화되는 기체의 분율이 많아진다.

④ Tottling valve를 통해서 Temp.가 drop → Joule-Thomson effect이라고 한다.

(2) Claude Cycle(Claude air liquefaction system) : 산업용의 대부분(팽창엔진 사용)

① Claude 공정은 Linde 공정에서의 Tottling valve 대신 expansion engine(팽창기관)이나 turbine을 사용하는 점이 특징적이다. 이렇게 하여 보다 더 시스템 효율을 높일 수 있는 것이다.

② 이러한 점을 제외하면 Linde 공정과 거의 동일하다.

(3) Cascade Cycle

① 장치는 복잡하나, 효율이 좋다.

② 2원 냉동 개념으로 저온사이클의 응축기를, 고온사이클의 증발기를 가열하는데 사용하여 초저온 냉동이 가능하게 한다.

(4) Stirling 냉동기

① 냉각원리 : 스터링(극저온) 냉동기는 피스톤을 구동하는 압축기와 냉동을 발생하는 팽창기 등으로 구성되어 있고, 압축기는 구동방식에 따라 크랭크 구동 방식, 선형 모터(Linear motor) 구동 방식으로 나누어지며, 팽창기는 축랭 역할을 하는 재생기를 포함한 왕복기(displacer)와 실린더로 구성되고 있다.

② 스터링 냉동기는 스터링 열기관을 역으로 작동시킨 것으로 헬륨 가스로 작동되며 가장 기본적인 극저운 냉동기 중의 하나이다. 열역학적 효율이 높고 제작이 비교적 용이하여 소용량에서 대용량에 걸쳐 널리 사용되고 있다.

③ 작동 원리 : 두 개의 등온과정과 두 개의 정적과정으로 구성되는 사이클로 설명되며, 기본적으로 외부에서 일을 투입하여 온도가 높은 상태에서 등온 압축하고, 온도가 낮은 상태에서 외부에 일을 하면서 등온 팽창하여 냉매 가스가 저온부로부터 열을 흡수하도록 되어 있다.

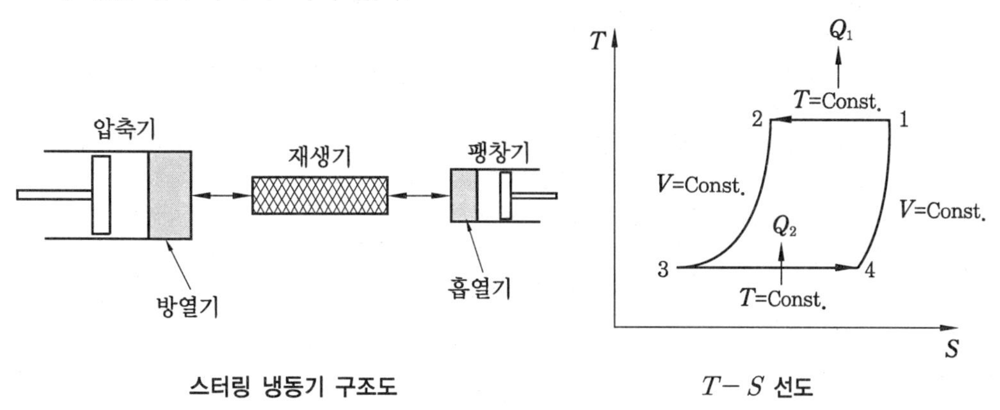

스터링 냉동기 구조도　　　$T-S$ 선도

(가) 1-2 과정(등온압축 및 방열) : 고온 가스가 등온 압축을 하면서 외부로 열을 방출한다. 이 과정 동안 외부로 열을 방출하여 압축에 따른 냉매가스의 온도상승은 없다.

(나) 2-3 과정 : 가스가 재생기를 지나면서 냉각되어 팽창기 쪽으로 등적이동하며, 이 과정 동안 가스는 냉각되면서 재생기에 축열을 하게 된다.

(다) 3-4 과정(등온팽창 및 흡열) : 저온가스는 등온팽창하면서 저온부로부터 열을 흡수한다. 이 과정 동안 저온부로부터 열을 흡수하여 팽창에 따른 가스의 온도강하는 없다.

㈑ 4-1 과정 : 팽창기에 있는 저온 가스가 재생기를 통과하면서 가열되어 압축기 쪽으로 등적 이동한다. 이 과정에서 재생기에 저장된 열이 가스 쪽으로 방열되는데 방열되는 양은 2-3에서 축열되는 양과 같다.

㈒ 위 ㈎의 과정으로 되돌아간다.

④ 사이클이 반복됨에 따라 후속 사이클은 선행 사이클에 비하여 냉각부의 온도가 더 낮아지고 냉동기의 최저 온도는 냉동 부하와 냉동 용량이 균형을 이루는 상태에서의 온도가 된다.

⑤ 용도 : 적외선 센서, 초전도 필터, 저온 센서 냉각용, 기타 초저온 취득

Stirling 엔진

① 스터링 엔진은 : 초소형 모터(엔진)에 많이 사용하고 있는 방법으로 실린더 안에 봉입한 가스를 가열하고 냉각시켜서 그 가스가 팽창하고 수축하는 힘으로 기계적 에너지를 얻는 기술이다.

② 이것은 엔진으로서 열역학적 이론상 가장 높은 효율을 가지며 또 연소할 때 폭발행정이 없기 때문에 엔진이 진동, 소음이 낮고 또 폐가스의 정화도 유용하다.

③ 외연기관이기 때문에 석유, 천연가스를 비롯하여 목질계 연료, 공장폐열, 태양열 등 여러 가지 열원을 이용할 수 있는 특징이 있는데 앞으로 냉난방용 구동원, 소형동력원으로서 실용화 가능성이 기대되고 있다.

④ stiring 엔진 작동방식

- phase 1 : 작동가스가 displacer piston과 power piston 사이의 저온부에 위치(displacer piston은 최상부에, power piston은 최하부에 위치)
- phase 2 : displacer piston은 최상부에 고정, power piston이 상향 이동하여 저온부의 작동가스를 압축한다.
- phase 3 : power piston이 최상부에 고정되고 displacer piston이 하향 이동하면서 저온부의 압축가스가 regenerator를 통하여 고온부로 이동한다.
- phase 4 : 고온부의 고온 작동가스는 주위 벽면의 추가적인 열에 의해 더욱 가열되어 급속히 팽창한다. → plase 1로 이동하여 냉각된다 (피스톤을 끌어당김).
- 1～4 과정이 연속적으로 행해져 동력을 발생시킨다.
- 고온부의 작동가스 가열은 경유, 태양열, 레이저 빔 등을 사용할 수 있다.

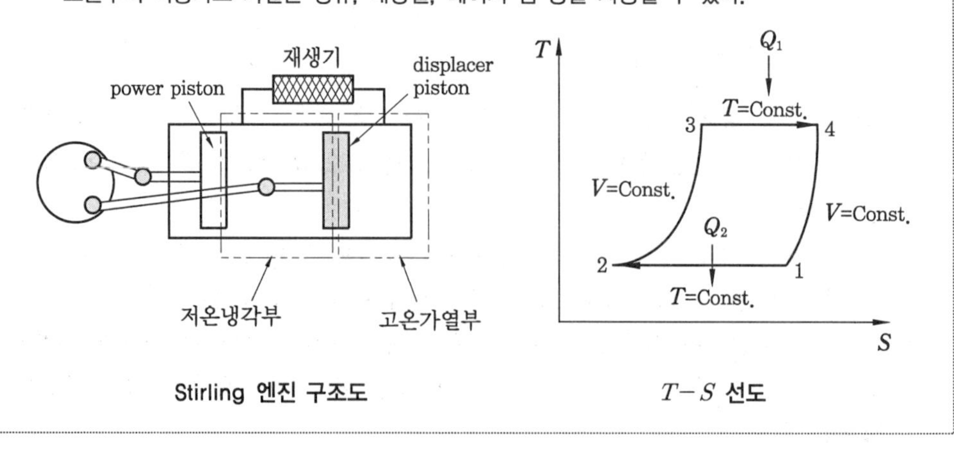

Stirling 엔진 구조도　　　$T-S$ 선도

8 냉매 흡입배관 설계

(1) 증발기가 상하로 겹쳐 있고, 압축기가 밑에 있을 때 (그림 (a) 참조)

증발기가 상·하부에 겹쳐 있으므로 두 개의 증발기 출구 배관을 운전 시 압축기로 액냉매 유입을 막아주거나 완화시켜 준다(정지 시 펌프다운하는 장치에서는 상부 루프의 생략이 가능).

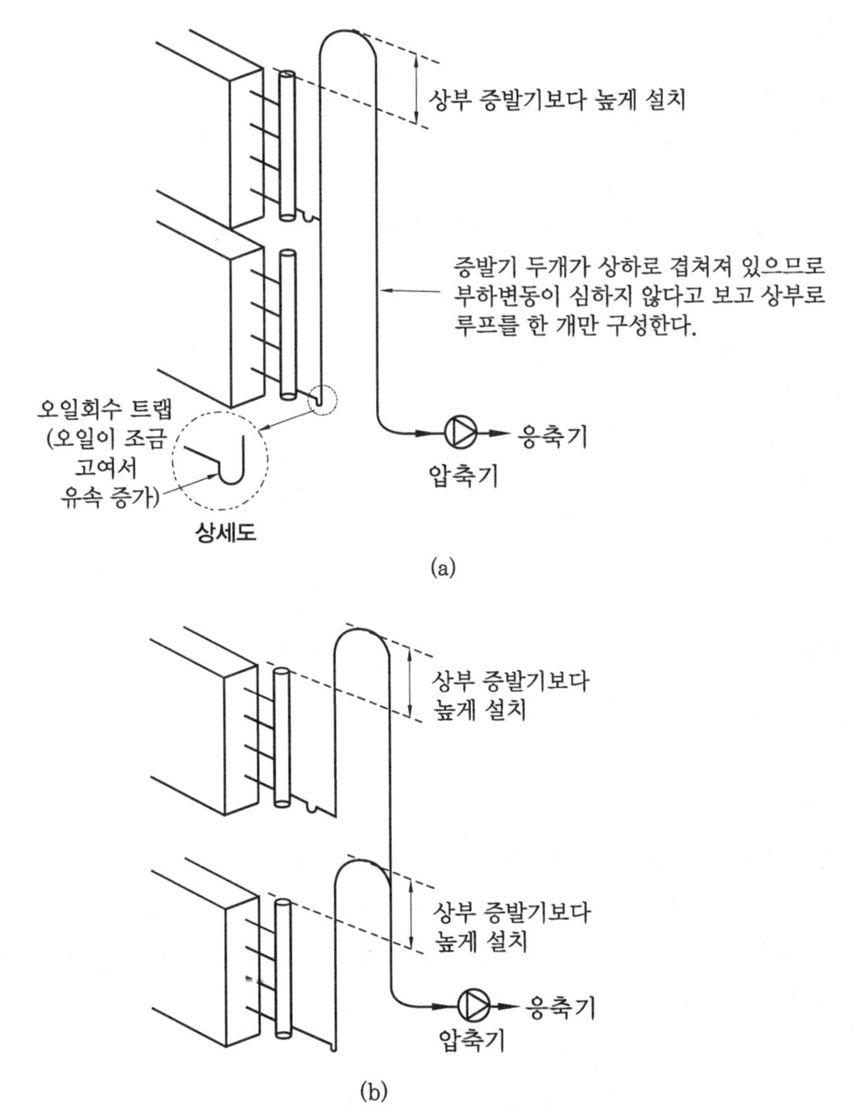

(a)

(b)

(2) 증발기가 상하로 떨어져 있고, 압축기가 밑에 있을 때 (그림 (b) 참조)

증발기가 상·하부로 떨어져 있으므로 두 개의 증발기 출구 배관을 트랩과 상부 루프를 통하여 별도로 메인 배관에 연결한 후 압축기 측으로 연결한다. 단, 이때에는 증발기 각각을 상부로 루프를 형성하여 냉동기 정지 및 운전 시 압축기로 액냉매 유입을 막아주거나 완화시켜 준다.

(3) 증발기가 상하로 겹쳐 있고, 압축기가 위에 있을 때 (그림 (c) 참조)

증발기가 상·하부에 겹쳐 있으므로 두 개의 증발기 출구 배관을 메인 배관에 T자 형태로 바로 연결한다. 이때 압축기가 증발기보다 위에 있으므로 상부로 루프 없이 바로 연결하여도 압축기로의 액냉매 유입이 방지된다(부하변동이 적다고 보고, 한 개의 루프로 구성).

(4) 증발기가 상하로 떨어져 있고, 압축기가 위에 있을 때 (그림 (d) 참조)

증발기가 상·하부로 떨어져 있으므로 두개의 증발기 출구 배관을 별도로 메인배관에 위쪽으로부터 연결한 후 압축기 측으로 연결한다. 이때 역시 압축기가 증발기보다 위에 있으므로 별도의 트랩이 없어도 압축기로의 액냉매 유입이 방지된다.

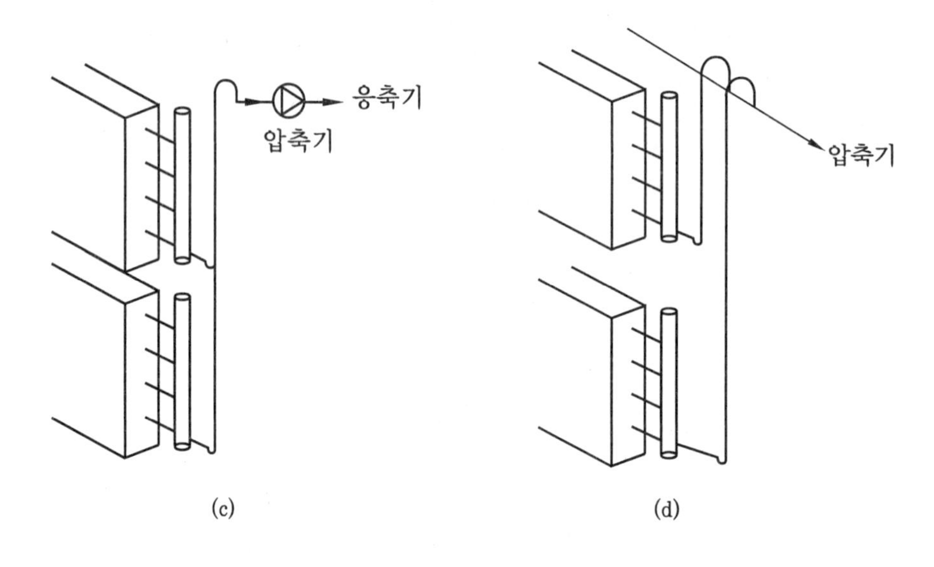

(c) (d)

(5) 증발기가 병렬이고, 압축기가 밑에 있을 때 (그림 (e) 참조)

증발기가 병렬로 연결되어 있으므로 여러 개의 증발기 출구 배관을 메인 배관에 T자 형태로 바로 연결하고, 상부로 루프를 형성하여 냉동기 정지 및 운전 시 압축기로 액냉매 유입을 막아주거나 완화시켜준다 (정지 시 펌프다운 하는 장치에서는 상부 루프의 생략이 가능).

(6) 증발기가 병렬이고, 압축기가 위에 있을 때 (그림 (f) 참조)

증발기가 병렬로 연결되어 있으므로 여러 개의 증발기 출구 배관을 메인 배관에 T자 형태로 바로 연결한다. 이때 압축기가 증발기보다 위에 있으므로 상부로 별도의 루프 형성 없이도 압축기로의 액냉매 유입이 방지된다.

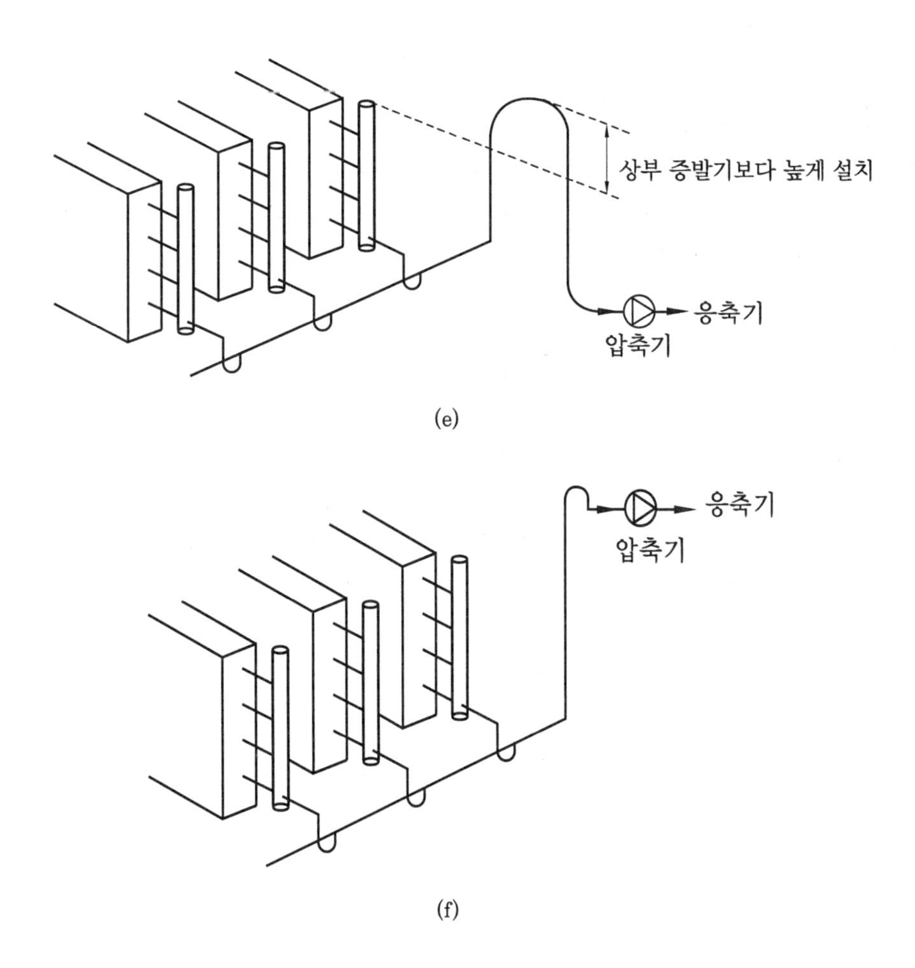

(e)

(f)

(7) 증발기 출구 측의 상부 루프를 생략 가능한 경우

① 압축기가 가장 높이 배치된 증발기보다 상부에 위치한 경우

② 시스템에 냉매용 어큐뮬레이터, CCH (크랭크케이스 히터) 등을 적용하여 액압축의 문제가 없는 경우

③ 시스템 상 냉매량이 아주 적이 액압축의 우려가 거의 없는 경우

④ 압축기 자체가 저압식으로 설계되어 있고 액압축을 방지할 수 있는 구조인 것 등

9 과냉각 (Sub-cooling)

(1) 냉동기의 응축기로 응축, 액화한 냉매를 다시 냉각해서 그 압력에 대한 포화온도보다 낮은 온도가 되도록 하는 것

(2) 과냉각도 (Degree of sub-cooling)는 냉동사이클의 응축기 내에서 응축된 냉매액이 응축압력에 상당하는 포화온도 이하로 냉각되어 있을 때 이 포화온도와의 차이

를 말한다.

(3) 과냉각(Sub-cooling)의 목적

① 응축온도 및 증발온도가 일정할 때 과냉각도가 크면 클수록 팽창밸브 통과 시 Flash gas 발생량이 감소하므로 유량이 늘어나고, 증발기에서 엔탈피 차이를 증가시켜 냉동능력과 성적계수가 증가한다.

② 과냉각도가 크면 냉매가 팽창밸브 통과 시 Flash gas 발생량이 감소하여 냉매유음(냉매의 흐름에 의한 소음)도 줄일 수 있다.

(4) $P-h$ 선도

① 다음 $P-h$ 선도는 과냉각도가 성능(냉동능력)에 미치는 영향을 설명하는 그래프이다.

② $P-h$ 선도상 과냉각도가 a→b로 증가함에 따라 냉동능력도 $(h_1-h_4) \rightarrow (h_1-h_6)$로 현격히 증가한다.

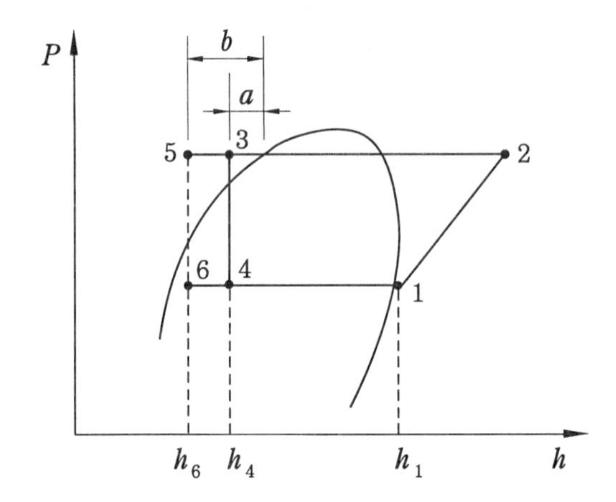

10 압축기

(1) 증발기에서 증발한 저온·저압의 기체냉매를 흡입하여 다음의 응축기에서 응축액화하기 쉽도록 응축 온도에 상당하는 포화압력까지 압력과 온도를 증대시켜 주는 기기

(2) 냉매에 압을 형성하여 순환력을 주어 밀폐회로를 냉매가 순환할 수 있게 해주는 기기

(3) 압축기의 분류

① 구조에 의한 분류

㈎ 개방형 압축기 : 압축기와 전동기(Motor)가 분리되어 있는 구조

㉮ 직결 구동식 : 압축기의 축과 전동기의 축이 직접 연결되어 동력을 전달

㉯ 벨트 구동식 : 압축기의 플라이 휠과 전동기의 풀리 사이를 V 벨트로 연결하여 동력을 전달

(나) 밀폐형 압축기 : 압축기와 전동기가 하나의 용기 내에 내장되어 있는 구조

㉮ 완전밀폐형 : 밀폐된 용기 내에 압축기와 전동기가 동일한 축에 연결

㉯ 반밀폐형 : 볼트로 조립되어 분해조립이 가능하며 서비스 밸브가 흡입 및 토출측에 부착되어 분해·조립이 용이하게 되어 있다.

② 압축방식에 의한 분류

(가) 왕복동식(Reciprocating type) : 소용량, 일반형 (용적식)

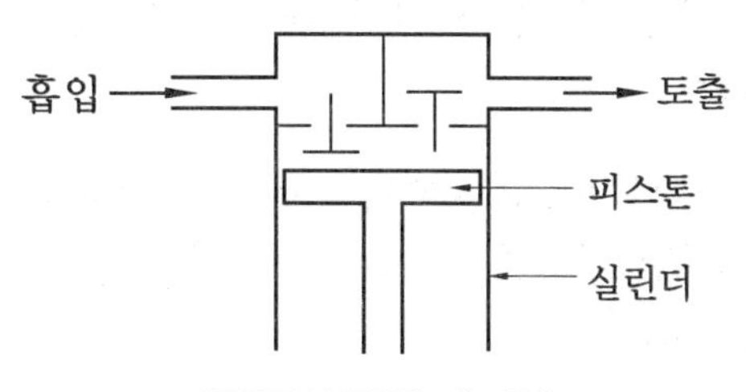

왕복동식 (입형, 수직형)

㉮ 실린더 내에서 피스톤의 상하 또는 좌우의 왕복운동으로 가스를 압축하는 방식

㉯ 왕복동 압축기의 종류 : 입형(수직형), 횡형(수평형), 고속다기통형

㉰ 가장 안정된 기술을 바탕으로 하지만, 피스톤의 왕복운동으로 인해 압축기 자체의 진동과 소음이 큰 편이다.

(나) 회전식 압축기 : 소용량, 고효율, 저소음형(용적식)으로 주로 사용되며, 왕복운동 대신에 실린더 내에서 회전자 (로터)가 회전하면서 가스를 압축하는 방식

(다) 스크롤 압축기 (Scroll Compressor) : 2개의 소용돌이 모양의 부품 (스크롤)을 조합시켜 고정 스크롤과 가동 (선회) 스크롤이 상대적인 운동에 의해 내부의 기체냉매를 압축하는 압축기

(라) 터보식 압축기 (Turbo type Compresser)

㉮ 대용량, 저압축비형 (비용적식)으로 사용된다.

㉯ 원심식 압축기 (Centrifugal Compressor)라고도 하며 고속회전 (4000 ~ 10000 rpm 정도) 하는 임펠러의 원심력에 의해 속도에너지를 압력에너지로 변환시켜 압축시킨다.

(마) 스크루식 압축기 (Screw type Compressor)

㉮ 중·대용량, 고압축비형 (용적식)으로 사용된다.

㉯ 암기어(Female)와 숫기어(Male)의 치형을 갖는 두 개의 로터에 의해 서로 맞물려 고속으로 역회전하면서 축방향으로 가스를 흡입 → 압축 → 토출시키며, 나사 압축기라고도 한다 (Twin Rotor Type과 Single Rotor Type 등이 있다).

11 회전식 압축기

회전식 압축기는 소용량, 고효율, 저소음형(용적식)으로 주로 사용되며, 왕복운동 대신에 실린더 내에서 회전자(로터)가 회전하면서 가스를 압축하는 방식(소형에어컨, 쇼케이스용 등에 많이 사용)

(1) 회전익형 (Rotary Blade Type Compressor)

회전 피스톤과 함께 블레이드가 실린더 내면에 접촉하면서 회전하여 냉매를 압축시킨다.

(2) 고정익형 (Stationary Blade Type Compressor)

회전 피스톤과 1개의 고정된 블레이드 및 실린더 내면과의 접촉에 의하여 압축작용을 한다.

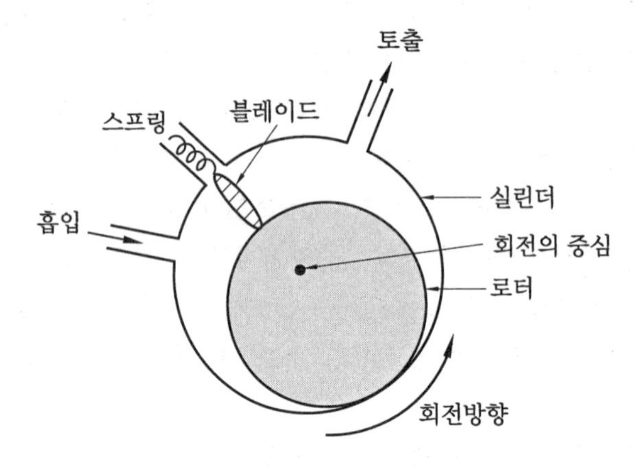

회전식 (Stationary Blade Type)

(3) 특징

① 왕복동 압축기에 비하여 부품수가 적고 구조가 간단하다.
② 운동부분의 동작이 단순하므로 대용량의 것도 제작하기 쉽고, 진동도 적은 편이다.
③ 마찰부의 가공에 정밀도와 내마모성이 요구되나 신뢰도만 확보되면 고압축비를 얻을 수 있다.
④ 흡입밸브가 없고, 토출밸브는 역지밸브 형식이며, 크랭크케이스 내는 고압이다.
⑤ 압축이 연속적이고 고진공을 얻을 수 있어 진공펌프로 널리 사용된다.
⑥ 기동 시 무부하기동이 가능하며 전력소비가 적다.

12 스크롤 압축기(Scroll Compressor)

(1) 2개의 소용돌이 모양의 부품(스크롤)을 조합시켜 고정 스크롤과 가동(선회) 스크롤이 상대적인 운동에 의해 내부의 기체냉매를 압축하는 압축기

(2) 기하학적으로 180°의 위상차를 갖는 선회 스크롤과 고정 스크롤이 쌍으로 이루어져 있다. 각각의 스크롤 부품은 평판상에 스크롤 형상의 날개(wrap)를 갖고 있으며 이 양쪽 랩은 기본적으로 같은 모양의 인벌류트(involute) 곡선으로 되어 있다.

(3) 선회 스크롤과 고정 스크롤의 맞물림에 의해 초생달 모양의 밀폐 공간이 동시에 4개가 형성되어 압축 사이클을 이루게 된다.

(4) 이 밀폐 공간은 바깥쪽일수록 크고 중심에 가까울수록 작게 되어 외주에는 흡입실이, 중심부에는 토출구를 갖게 된다.

(5) 스크롤의 옆면은 접촉한 상태로 접촉된 부분이 안쪽으로 따라 움직이게 되고 스크롤 사이의 상대적인 회전은 선회 스크롤의 하부에 연결된 커플링에 의해 회전하지 않고 선회하게 된다.

(6) 소형 냉매압축기 분야에서 왕복동식이나, 회전식 대비 진동 및 소음이 적고 효율이 좋아서 주로 고급압축기로 취급된다(선회 스크롤의 회전에 따른 무게 편심이 적기 때문임).

(7) 외형도

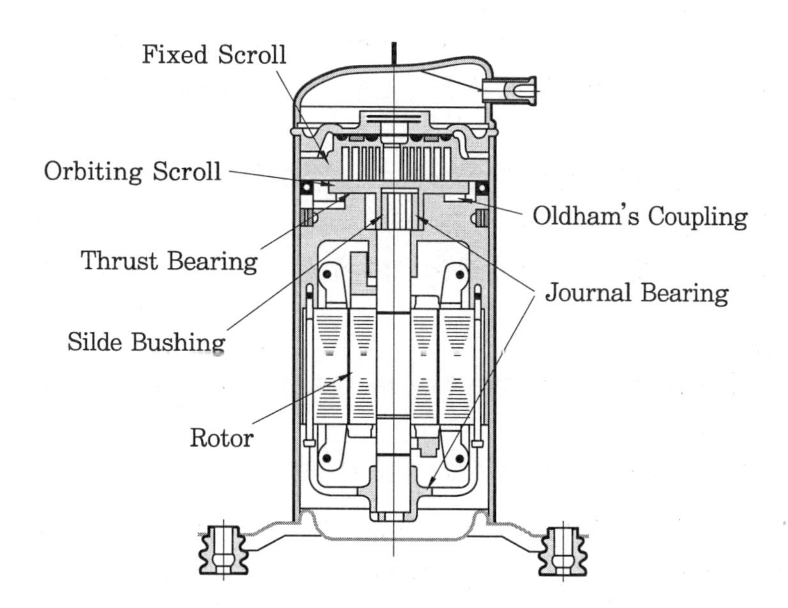

13 터보식 압축기(Turbo type Comp.)

(1) 원심식 압축기(Centrifugal Type Compressor)라고도 한다.

(2) 대용량, 저압축비형(비용적식)으로 많이 사용된다.

(3) 고속회전(4000 ~ 10000 rpm 정도) 하는 임펠러의 원심력에 의해 속도에너지를 압력에너지로 변환시켜 압축시킨다.

(4) 냉동용량에 의한 분류

① 소형 : 약 30 ~ 100 RT

② 중형 : 약 100 ~ 1000 RT

③ 대형 : 약 1000 ~ 3500 RT

(5) 특징

① 왕복운동 부분이 없는 회전운동뿐이므로 동적 밸런스가 용이하고 진동이 적다.

② 흡입밸브, 토출밸브, 피스톤, 실린더, 크랭크축 등의 마찰부분이 없으므로 고장이 적고 마모에 의한 손상이나 성능의 저하가 없다. 따라서 보수가 용이하며 기계적 수명이 길다.

③ 중용량 이상에 있어서는 단위 냉동톤당의 중량과 설치면적이 적어도 된다. 또한 대형화될수록 단위 냉동톤 당의 가격이 저렴하다.

④ 저압 냉매가 사용되므로 취급이 간편하고 고압가스 안전관리법 적용에서 제외되므로 법규상 정하여진 냉동기계 기능사가 없어도 운전할 수 있다.

⑤ 냉동 용량제어가 용이(부분부하 특성이 매우 우수)하고 그 제어범위도 넓으며 비례제어가 가능하다. 따라서 왕복동 압축기의 언로드장치에 비해 미소한 제어가 가능하다.

⑥ 소용량의 냉동기에는 한계가 있으며 코스트(제작비)가 높아진다.

⑦ 저온장치에 있어서 압축단수가 증가된다.

⑧ 냉매의 밀도가 작아 원거리(장배관) 이송에 불리하다.

14 스크루식 압축기(Screw type Compressor)

(1) 중 · 대용량, 고압축비형(용적식)으로 주로 사용된다.

(2) 암기어(Female)와 숫기어(Male)의 치형을 갖는 두 개의 로터에 의해 서로 맞물려 고속으로 역회전하면서 축방향으로 가스를 흡입 → 압축 → 토출시키며, 나사 압축기라고도 한다(Twin Rotor Type과 Single Rotor Type이 있다).

(3) 치형 : 4 + 6 치형(다음 그림 참조), 5 + 7 치형 등이 있다

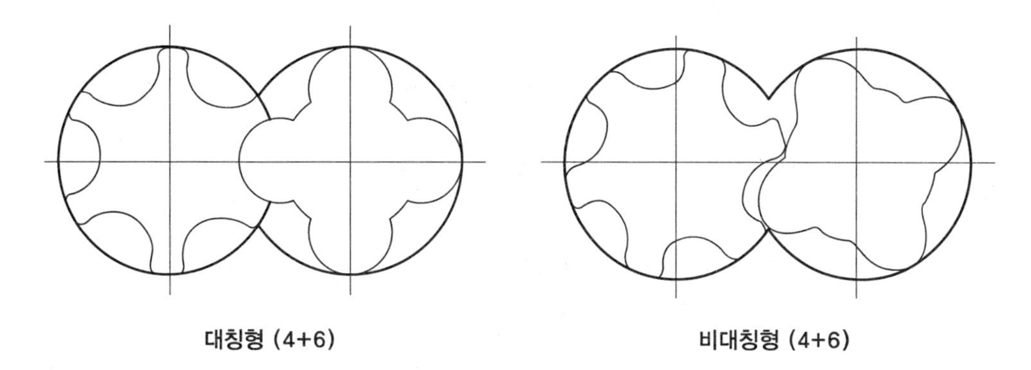

대칭형 (4+6)　　　비대칭형 (4+6)

(4) 특징

① 용적형으로 무급유식(회전수 약 5000 rpm)으로 개발되었으나 현재는 급유식(회전수 3500 rpm)이 많이 사용되고 있다.

② 두 로터의 회전운동에 의해 압축되므로 진동이나 맥동이 없고 연속 송출된다.

③ 왕복동식에 비해 가볍고 설치면적이 적으며, 고속으로 중용량 및 대용량에 적합하다.

④ 흡입 및 토출밸브, 피스톤, 크랭크축, 커넥팅로드 등의 마모부분이 없어 고장률이 적다.

⑤ 오일과 같이 토출시키므로 압축 및 체적효율이 증대된다.

⑥ 무단계 용량제어가 용이하다.

⑦ 토출온도가 낮아 냉동유의 탄화, 열화가 적다.

(5) 단점

① 소음이 다소 높고, 저부하 시 소요동력이 높은 편이다.

② 오일펌프, 유분리기, 오일냉각기 등이 필요하다.

③ 운전 및 정지 중에 고압가스가 저압측으로 역류되는 것을 방지하기 위해 흡입 및 토출측에 역지밸브를 설치해야 한다.

(6) Screw 압축기의 작동원리

① 흡입행정 : 축 방향으로 열려 있는 흡입구로부터 냉매가 흡입된다. 로터가 회전함에 따라 로터의 위쪽에서는 치형이 벌어지면서 치형공간이 넓어져 완전히 흡입된다.

② 압축행정

㈎ 흡입측으로부터 치형이 서로 맞물리기 시작하면서 밀폐된 치형공간(Seal line)은 토출측으로 이동해 간다. 치형공간이 작아지면서 압축이 진행된다.

㈏ 압축행정이 지속되는 동안 치형공간에는 연속적으로 윤활유가 주입된다. 윤활유는 로터 간의 간격을 밀폐시키면서 윤활작용도 함께 한다. 압축은 숫로터와 암로터가 회전하면서 냉매를 토출구측으로 밀어줌에 따라 압력이 상승한다.

③ 토출행정 : 치형공간이 토출구와 연결되면 토출행정이 시작된다. 이 행정은 밀폐된 치형공간(Seal line)이 토출부에 도달하여 치형공간의 냉매가 완전히 배출될 때까지 계속된다.

15 왕복동 압축기의 피스톤 압출량

왕복동 압축기의 피스톤 압출량을 V라고 하고 다음과 같이 계산한다.

$$V = \frac{60\pi D^2}{4} SNa[\mathrm{m^3/h}]$$

여기서, S : 행정길이, N : rpm, a : 기통수, D : 실린더 내경

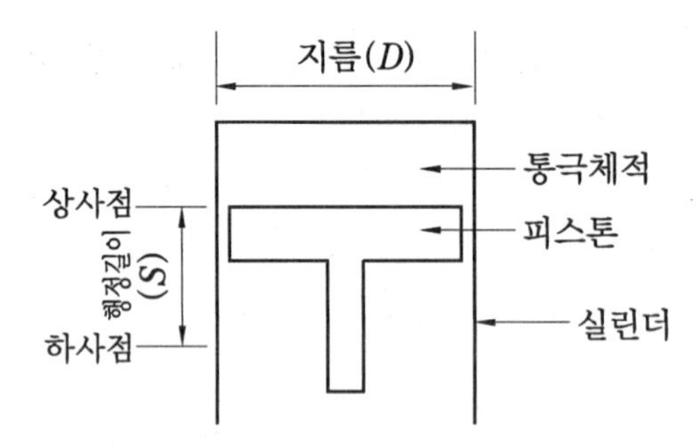

㈜ 피스톤 압출량의 개념은 통극체적, 행정체적$\left(= \pi D^2 \times \frac{S}{4}\right)$과 혼돈이 없도록 해야 한다.

16 고속 압축기 설계기술

(1) 고속 압축기 설계 시 기술적 고려사항

① 압축방식 : 고속 회전용이므로 주로 터보압축기, 회전식 압축기 방식을 채용
② 구조적 강도 : 임펠러(Vane), 케이싱 등 각 구조 부품의 강도
③ 용량제어 : 용량제어의 안정성 및 신뢰성 고려
④ 흡입밸브의 교축, IGV(Inlet Guide Vane)의 설계 최적화
⑤ 내압성 : 고압에 의한 파손, 내구성 고려
⑥ tip : 회전날개 말단의 간격 확인
⑦ 응력 및 진동 : 고속회전에 의한 응력 및 진동 확인
⑧ 베어링 : 마모성, 윤활 등 확인
⑨ 소음 : 소음 저감, 이상음 방지 등
⑩ 누설 방지 : 밀봉효과 등 확인

⑪ 윤활 : 기계적 구동부 및 마찰부의 윤활
⑫ 냉각 : 마찰부의 마찰열 제거
⑬ 방청 : 산화, 부식 등 방지

(2) 기타의 필요사항

① 피로파괴가 일어나지 않도록 반복하중에 주의한다.
② 냉매회로의 배관상 압력손실이 발생하여도 효율저하가 적어야 한다(터보압축기는 액체상 밀도가 적은 편이므로 배관상 압력 Drop에 의한 성능손실에 각별히 주의가 필요).
③ 용량 제어 시 소비전력이 확실히 감소될 수 있도록 효율적 설계 필요
④ 안전장치를 2중, 3중으로 설계하여 만일의 안전사고에 대비하여야 한다.
⑤ 다른 형식의 압축기와의 호환성, 부품의 표준화 및 공용화 필요
⑥ 보급을 위한 정제성을 고려하여 가격적인 측면에서도 경쟁력이 있어야 한다.
⑦ 고온에서의 오일의 탄화, 금속의 열화 등이 없어야 한다.

17 냉난방기 운전소음

(1) 압축기가 없는 흡수식 냉난방기를 제외한 대부분의 냉난방기에는 압축기(Compressor)가 있는데, 이 압축기가 열을 낮은 곳에서 높은 곳으로 퍼올리는 펌프 역할을 하면서 소음을 낸다.

(2) 대부분의 냉난방기에 필수적으로 장착되어 있는 송풍기(Fan)도 압축기에 버금가는 소음을 발생시킬 수 있다.

(3) 분류(운전 소음의 발원지별)

① 압축기 자체의 운전 소음
㈎ 일반적으로 압축기가 클수록 소음이 많다. 조그만 냉장고(1마력 이하)의 소음은 귀뚜라미 울음 정도로 작아 전혀 귀에 거슬리지 않을 수도 있지만, 1000마력의 스크루 냉동기 소음은 엄청나게 크게 들린다.
㈏ 같은 크기의 압축기라도 압축기 구조에 따라 소음지가 달라진다.
㉮ 일반적으로는 왕복동식 압축기보다 스크롤식 압축기가 소음이 적은 편이다.
㉯ 압축기 메이커는 소음을 줄이려고 꾸준히 노력하고 있으므로, 언젠가는 저소음 압축기가 많이 개발되겠지만 근본적으로 소음 없는 압축기 제작은 어렵다.
② 압축기의 연결 소음과 둘러싼 캐비닛의 공명 소음
㈎ 압축기는 토출관과 흡입관으로 연결되어 있다. 냉매가스가 파이프 속에서 빠른 속도로 흐르기 때문에 연결 배관의 구조가 잘못되어 있을 때는 꽤나 요란스러운

소음이 발생된다.

(나) 압축기를 둘러싼 캐비닛의 설계나 제작이 잘못되어 있을 때는, 이 캐비닛이 공명을 하여 소음을 증폭시킨다.

(다) 가냘픈 바이올린은 절묘한 공명통 때문에 크고 아름다운 소리가 나나, 냉·난방기의 공명통은 귀에 거슬리는 큰 소음을 낸다.

(라) 소음의 발원을 차단시키기 위하여 압축기를 두꺼운 스펀지로 둘러싸기도 한다.

③ 냉난방기가 설치된 건축물의 공명 소음

(가) 아파트의 경우, 붙박이 냉·난방기를 앉힐 자리는 골방 끝부분에 밖이 트이고, 공명이 안될 자리를 만들어 앉히는 것이 좋다.

(나) 단독 주택의 경우는 실외기를 마당에 좀 떨어뜨려 설치하면 소음 때문에 고생하는 일은 적을 것이다.

(다) 냉난방기의 설치 잘못으로 설계치보다 소음이 가중될 수 있으므로 주의해야 한다.

(라) 아파트에 에어컨을 설치할 경우, 가능한 적은 용량을 선택하고 과대 용량으로 선택되어지지 않게 하는 것이 좋다. → 가능한 2톤 이상은 놓지 않는 것이 좋다(2톤만 되어도 너무 시끄러울 수 있다).

18 압축기 토출관경 설계법

(1) 압축기 토출 냉매배관 결정 시 압축기의 압력손실이 지나치지 않도록 특히 주의를 기울여야 한다.

(2) 압력강하를 줄이려면 일반적으로 배관경을 크게 하여야 하지만, 지나치게 크게 하면, 시공 상 비용이 증가한다. 따라서 적정 배관경 선정이 중요하다.

(3) 압축기 토출측 배관경 결정 시 유의사항

① 배관경이 너무 작을 때 : 공사비가 경제적임, 냉동부하가 부족할 수 있고, 소비전력이 증가한다.

② 배관경이 너무 클 때 : 공사비가 증가하고, 냉동능력은 설계치만큼 충분히 나올 수 있으나 냉매의 유속이 느려져 오일의 회수가 잘 안 되는 등의 부작용이 따를 수 있다.

③ 설계 압력강하 : 배관에서 냉매가 흐를 때 배관 표면의 마찰 및 접속 이음새 등에 의해 압력강하가 발생하는데 그 양은 다음과 같다.

$$\Delta P = \frac{f}{2}\rho v^2 \frac{L}{D}$$

$$\triangle P = \frac{8f}{\rho\pi^2} \times \frac{L}{D^5} m^2$$

여기서, $\triangle P$: 배관을 통한 압력손실, f : 마찰계수, ρ : 유체의 밀도
v : 유체의 속도, D : 배관의 단면적, L : 배관의 길이, m : 유체의 질량유량

④ 일반적으로, 압력 강하는 배관이 길수록 (L) 커지고, 관경 (D)이 작을수록 커지고, 속도 (V)가 클수록, 유량 (m)이 클수록 커진다.

⑤ 압축기 토출 측 배관경이 작아지면 압축기 토출구 측에 교축이 생길 수 있다. 이 때 압축비가 증가하여 소비전력이 상승하고 효율이 저하한다는 것이 가장 큰 문제점이 된다.

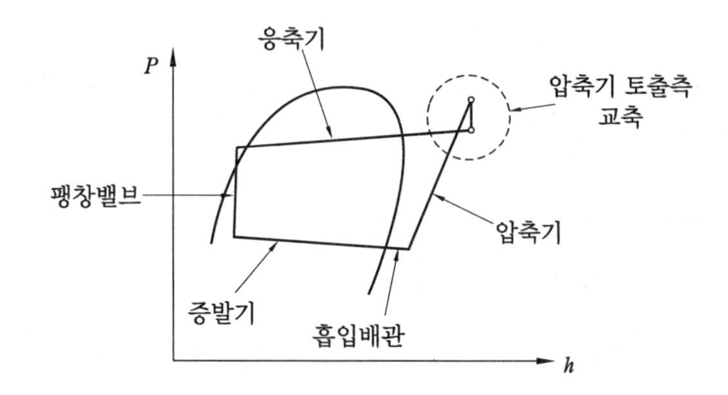

⑥ 압력 강하로 인한 압축기 능력 손실 : 압력 강하가 발생이 되면 더 높은 비율의 압축을 해야 하고, 그럼으로써 압축기 용량의 손실을 초래한다. 자료에 의하면, R-22인 경우 공조 적용에서 압축기 능력 손실은 다음과 같다.

배관 종류	압력강하 1℃	압력강하 2℃
흡입관	4.3%	7.8%
토출관	1.6%	3.2%
액관	지나치게 작지만 않으면, 냉동 능력에는 별로 관계없음	

⑦ 압축기 토출측 설계 압력강하 선정 : 토출관 및 액관은 배관경이 상대적으로 작으므로 압력 강하 1℃ 이하로 하는 것이 경제적인 선정으로 사료된다 (추천 설계 압력강하는 흡입관 : 2℃ 이하, 토출관 · 액관 : 1℃ 이하).

⑧ 위 추천치는 설계자의 의도에 의해 결정될 수 있는 사항이므로 변경이 충분히 가능하다.

⑨ 상당 거리 계산 : 배관에서의 압력 강하도 중요하지만, 또한 고려할 사항은 배관을 접속하고 있는 이음 재료 및 밸브 등에 의해 냉매의 흐름을 방해함으로써 압력 강하가 발생이 되는데 이러한 부품들을 직배관인 경우의 길이로 표현한다. 이것을

관이음새의 상당거리라고 한다. 또 상세한 시험자료는 참고 자료로 활용할 수 있게 각종 책자에서 TablE로 제시하고 있다.

⑩ 보통 압축기 토출측에 역류를 방지하기 위해 Check Valve가 장착이 되는 경우가 많은데, 이 경우에는 토출측 교축을 최소화하기 위하여 너무 작은 치수가 선정되지 않도록 하는 것이 중요하다.

19 메커니컬 실(Mechanical Seal)

(1) 유체 기계에서는 그 회전축이나 왕복동축 등이 Casing을 관통하는 부분이 있어서 축의 주위에 Stuffing Box 혹은, Seal Box라고 부르는 원통형의 부분을 설치하고, 원통형의 부분에 Seal의 요소를 넣어서 Casing 내의 유체가 외부로 새거나 혹은 Casing 내에 들어가는 것을 방지해 준다.

(2) 이러한 장치, 즉 기계의 Casing과 상대운동을 하는 축의 주위에 있어서 유체의 유동량을 제한하는 장치를 축봉장치라 한다.

(3) 축봉에서 새는 양을 적게 하는 방법과 새는 양을 0으로 하는 방법이 있다.

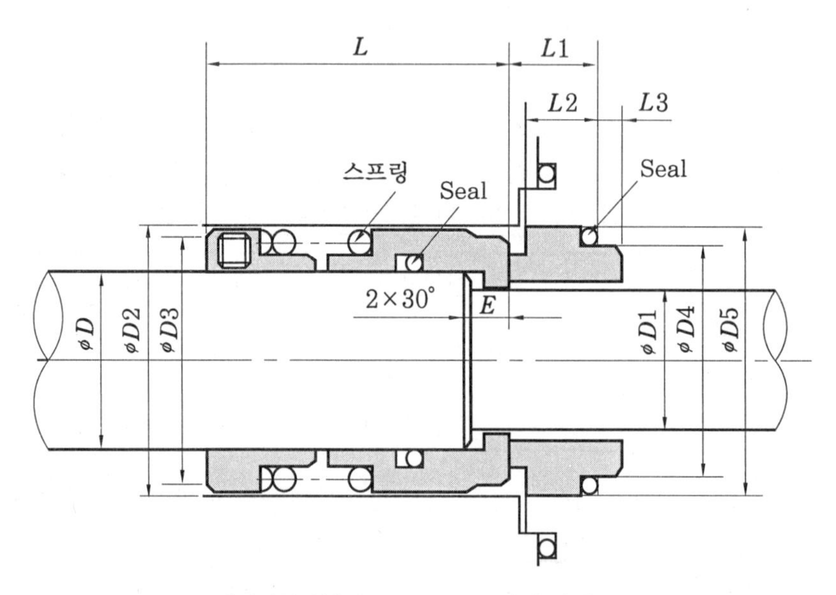

메커니컬 실(Mechanical Seal)의 사례

(4) 축봉장치의 선정방법(종류)

① 유체의 새는 양의 제한에는 Gland Packing, Segmental Seal, Oil Seal, O-Ring Seal, Mechanical Seal, 동결 Seal, 유체의 원심력이나 점성을 이용하는 장치 등이 있다(보통 그랜드 패킹(Gland Packing)을 많이 사용하나 배압이 높을 경우에는 메커

니컬 실(Mechanical Seal)을 사용함).

② 전혀 새지 않는 방식으로는 액체 봉함, 가스 봉함 외에 자성 유체를 쓰는 것 등이 있으며, 기타 여러 가지 Sealless 방식이 있다.

③ 특히 이런 축봉 장치들은 단독으로 사용하는 외에 조립하여 사용하는 경우도 많다.

④ Mechanical Seal에서는 사용온도, 유체의 성질 그리고 압력에 의한 선정을 필요로 한다.

⑤ Mechanical Seal은 Seal (고정측, 회전측), 스프링 등으로 구성되어 있다 (Seal의 밀봉력과 스프링의 누르는 힘에 의해 누설이 방지됨).

20 수액기 (Receiver)

(1) 수액기(리시버)는 Receiver Tank 혹은 Liquied receiver라고도 불리운다.

(2) 응축기 출구에 위치하여 응축기에서 빠져나온 냉매를 기체와 액체로 분리해내고 보통 순수한 액체냉매만 팽창밸브를 통하여 실내기로 공급한다.

(3) 일반적으로 냉매 저장용 고압용기로 분류되어 고압가스안전관리법의 규제를 받는 부품이다.

(4) Cycle 내에 봉입된 냉매를 수용하기에 충분한 용량이어야 한다.

(5) 대부분의 수액기 내부에는 가느다란 그물눈(여과망)이 있어서 이물질이 냉매 조절 밸브에 들어가는 것을 막아 준다.

(6) 시스템상 수액기에는 액체 냉매가 들어 있으므로 직사광선을 쪼인다거나 화기에 가까이 있으면 좋지 않다.

(7) 안전밸브를 설치하는 것은 말 그대로 안전사고의 예방을 위한 것이다. 중대형 용량에서는 안전밸브 대신 가용전을 사용하기도 하는데 가용전은 주석 + 카드뮴 + 비스무트의 성분 (또는 창연 + 납 + 안티몬)으로, 약 72~80℃ 이하에서 용융되도록 설계하여 압축기 토출가스의 영향을 받지 않는 곳에 설치한다. 법규상 일정 용량 이상의 냉동기는 가용전의 부착이 의무화되어 있다.

(8) 종류

① 외형에 따른 용도

㈎ 옆으로 눕혀진 형상의 횡형수액기와 세로로 세워진 형상의 입형수액기가 있다.

㈏ 대체적으로 소용량 쪽은 입형 (수직형)이, 대용량 쪽은 횡형 (수평형)이 쓰이고, 대용량 쪽으로 갈수록 각종 안전장치가 부착된다.

② 기능에 따른 분류

㈎ 냉방전용 수액기

㉮ 수액기의 입·출구가 한 방향으로 정해져 있고, 운전도중 더 이상의 변경이

없는 형태

㉯ 입구 Pipe는 수액기의 상부로 배치하고, 출구 Pipe는 수액기의 하부에 배치하여 항상 액냉매만 팽창밸브와 실내기 측으로 공급할 수 있게 한다.

(나) 냉·난방 겸용 수액기 (히트펌프용)

㉮ 수액기의 입·출구가 한 방향으로 정해져 있지 않고, 운전도중 냉·난방 절환 시 입·출구가 서로 바뀌는 시스템에 적용된다.

㉯ 시스템의 냉·난방 절환 시 입·출구가 서로 바뀌는 경우에도 항상 액냉매를 팽창밸브 측으로 공급할 수 있게 입구 Pipe와 출구 Pipe 모두를 수액기의 하부까지 깊숙이 배치한다.

(9) 용도

① Pump Down : 냉동장치에 있어서는 충전량 전부를 회수할 수 있는 정도의 충분한 크기로 제작하여 냉동 시스템의 펌프다운(Pump Down) 시 냉매를 전부 회수하기 원활하게 한다.

② 냉동능력 및 효율 향상 : 날씨 등 주위의 부하변동에 따른 냉동능력 급변 방지

③ 냉매음 방지 : 플래시가스가 증발기로 넘어가는 것을 방지하여 증발기측의 냉매음 방지 가능

④ 시스템의 안정성 : 냉매량의 과부족에 따른 냉매압의 급변을 완화

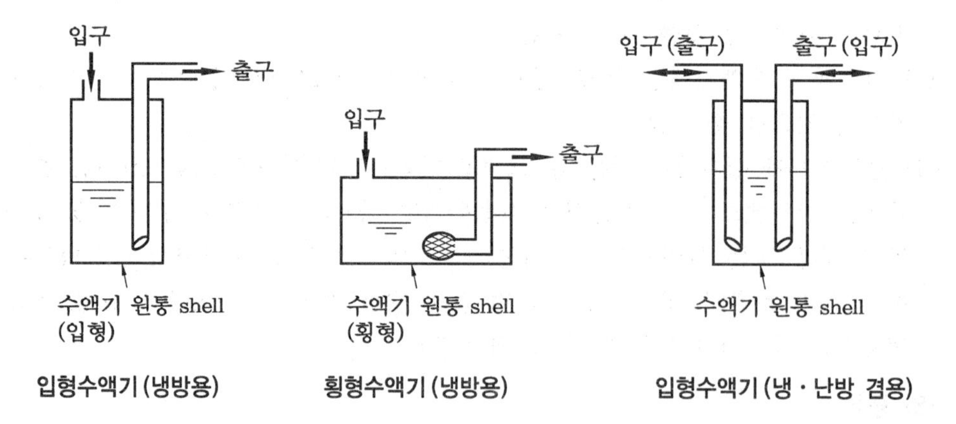

입형수액기(냉방용)　　횡형수액기(냉방용)　　입형수액기(냉·난방 겸용)

21 판형 열교환기

(1) 판형 열교환기는 타 형식에 비하여 열전달계수가 높아 전열면적이 적고 고온, 고압, 유지 관리성에 뛰어나며 부식 및 오염도가 낮아 고효율운전이 가능하여 공조용 이외 다른 산업 분야까지 널리 적용되고 있다.

(2) 판형 열교환기는 Herringbone Pattern 개념 도입으로 Herringbone 무늬의 방향을 위, 아래로 엇갈리게 교대, 배치하여 열전달 효율이 크게 향상되고 컴팩트한 설계가 가능하다는 점이 가장 큰 특징이다.

(3) 특징

① 소형, 경량, 유지보수 간편
② 판형 열교환기의 내용적이 적어 시스템의 냉매 충진량이 절감된다.
③ 제조과정의 자동화가 가능하여 가격이 저렴하다.

(4) 판형 열교환기의 구조도

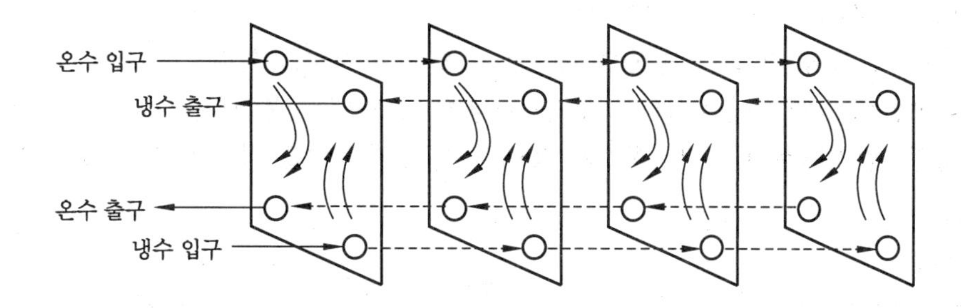

(5) 설계 고려사항

Plate 재질(스텐, 니켈 이외), 개스킷 재질, 유량, 압력과 온도의 사용한계, 압력 손실, 부식, 오염에 대한 고려, 유지관리 및 용량 증설 등

(6) Shell & Tube형과의 비교

구분	판형 열교환기	Shell&Tube 열교환기
열교환 성능	우수	보통
설치 공간	유리	불리
오염도	동등	동등
동결 및 누수	불리	적음
사용압력	불리	유리
용량	소용량 ~ 대용량	대용량
강도	다소 불리	유리
경제성	유리	불리

22 응축기(凝縮器)

(1) 냉각매체로 물, 공기 등을 사용하여 냉매를 냉각(응축)하는 역할을 한다.

(2) 크게 수랭식(물의 현열 이용), 공랭식(공기의 현열 이용), 증발식(물의 잠열과 공기의 현열 이용)의 3가지로 대별할 수 있다.

(3) Shell & Tube형(횡형 및 입형)

① 가장 널리 사용하는 방식이다.

② 관내유속 1.2m 이하, 관경 25A 이하, 열통과율 K = 약 500~900 kcal/m^2·h·℃

③ 대유량 시 Pass수를 늘려야 한다.

④ 응축기, 급탕 가열, 난방온수 가열용 등으로 많이 사용한다.

⑤ 대향류로 흘러 과냉각도(SC)가 큰 횡형이 더 많이 사용된다.

⑥ 입형 : 설치면적이 작고, 청소가 용이하나, 냉각수량을 비교적 많이 필요로 한다.

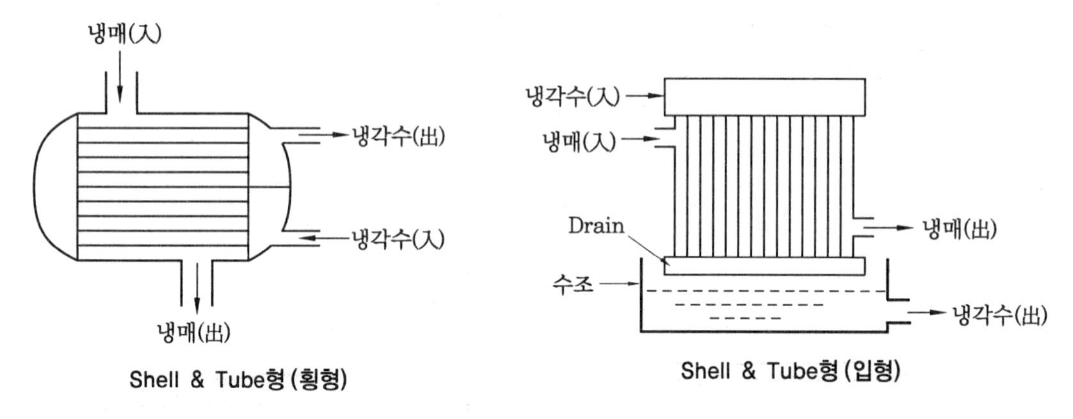

Shell & Tube형(횡형)　　Shell & Tube형(입형)

(4) 7통로식 응축기

일종의 횡형 Shell & Tube Type으로 내부에 7개의 냉각수 통로가 있는 형태이다.

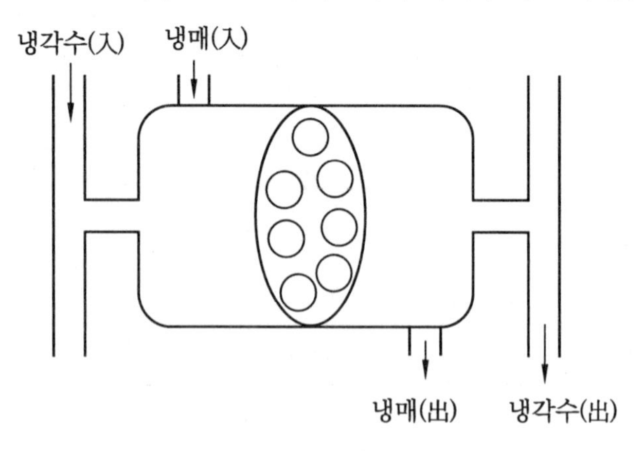

7통로식 응축기

(5) 판형 열교환기 (Plate Type)

① 동일 용량의 타 열교환기와 비교할 때 크기가 작고, 대량생산에 의한 가격 경쟁력이 있어 근래에는 가장 널리 사용된다 (효율도 우수).

② K = 약 2000 ~ 3000 kcal/m^2·h·℃

③ 내온 : 약 140℃

④ 추가 증설이 용이하다.

⑤ 응축기, 태양열 이용 열교환장치, 초고층 건물 물대물 열교환기, 각종 산업용 열교환장치 등으로 사용된다.

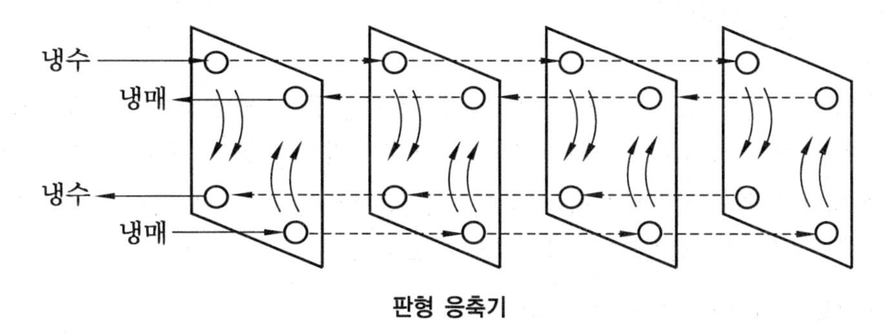

판형 응축기

(6) Spiral형 응축기

① 이중 나선형, 소형, 관리 · 청소 어려움, 무겁다.

② K = 1000 ~ 2,000 kcal/m^2·℃

③ 내온 : 약 400℃

④ 응축기, 공조용 열교환기, 화학공업용, 고층건물용 등으로 많이 사용된다.

(7) 증발식 응축기

① 냉각매체로 물 (잠열)과 공기(현열)를 이용한다 (따라서 외기의 습구온도의 영향이 크다).

② 관리가 어렵다 (주기적으로 Scale 제거 필요).

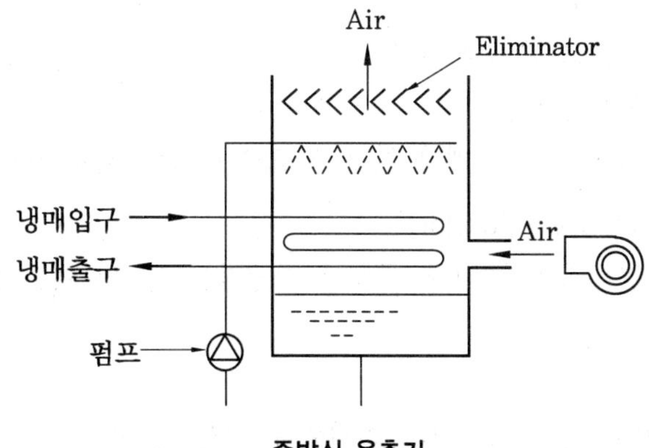

증발식 응축기

(8) 2중관식 응축기

① 내경이 비교적 큰 관의 내부에 지름이 작은 관을 삽입한 형태이다.

② 열교환 형태 : 대부분 대향류 형태로 열교환시킨다.

(9) 공랭식 응축기

① 냉각매체인 공기의 현열을 이용한다.

② 소형~중형의 공랭식 냉동기에 주로 사용한다.

23 증발기(蒸發器)

(1) 직접적으로 냉동 혹은 냉방을 실현(냉수 혹은 냉풍을 생산)하는 냉동부품으로, 팽창밸브에 의해 저압으로 유지되게 하여 냉매가 증발하기 좋은 환경으로 만든다.

(2) 액체 냉각용 증발기가 주류를 이루며, 이것은 액공급 방식에 따라 건식, 습식, 만액식, 액펌프식(액순환식) 등으로 나눌 수 있다.

(3) 건식 증발기(Dry Expansion Evaporator)

① 관 내측이 냉매이고 외측은 피냉각물이며, 팽창밸브에서 나온 냉매를 증발기로 보내 출구까지 액과 증기를 분리함이 없이 증발기 끝단에서 증발이 종료되는 방식이다.

② 냉장식에 주로 사용된다.

③ 암모니아용은 아래로부터 공급되지만 프레온에서는 오일의 정체를 피하기 위해 위에서 아래 방향으로 공급된다.

④ 증발기 내 가스비율이 높아 전열불량 가능성이 있다.

⑤ 유분리기 및 액분리기 불필요

⑥ 증발기 내 액냉매가 약 25% 정도 채워진다.

(4) 습식 증발기(반만액식 ; Semi-Flooded Evaporator)

① 증발기의 아래에서 위로 액 공급

② 건식대비 냉매량 많고 전열양호

③ 오일 체류 가능성이 있다.

④ 증발기 내 액냉매 및 기체냉매가 절반 정도의 비율로 채워진다.

(5) 만액식 증발기(Flooded Evaporator)

① 액냉매에 냉각관이 잠겨있다(관 내측이 피냉각물 관 외측이 냉매(Shell & Tube형)인 구조이다).

② 전열이 우수하다.

③ 증발기 출구까지도 실제 액냉매가 존재한다(효율 우수).

④ 유분리기 및 액분리기가 반드시 필요하다.

⑤ 증발기 내 액냉매가 약 75% 정도 채워진다.

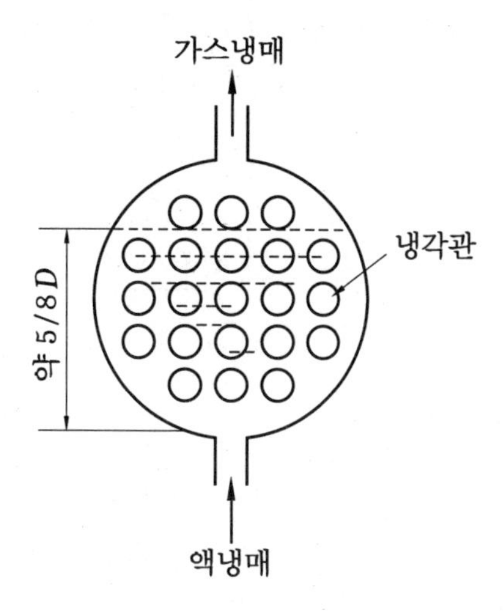

⑥ 장치도

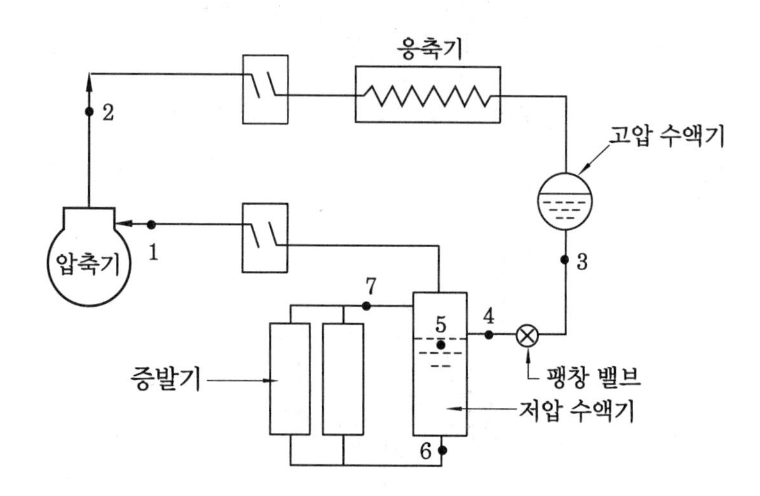

⑦ $P-h$ 선도

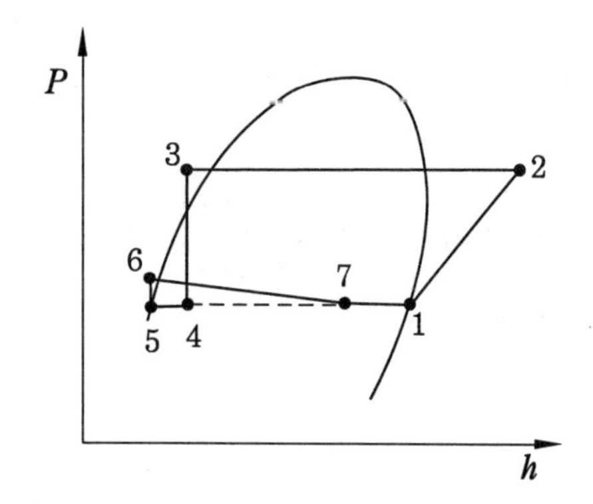

(6) 액펌프식 (냉매 강제 순환식)

① 관 내측이 냉매, 관 외측이 피냉각물이다.

② 상기 만액식과 유사하나, 냉매액 펌프, 2차 감압밸브, EPR 등이 추가 구성된다.

③ 증발기 내 액냉매가 약 80% 이상 채워진다.

④ 장치도

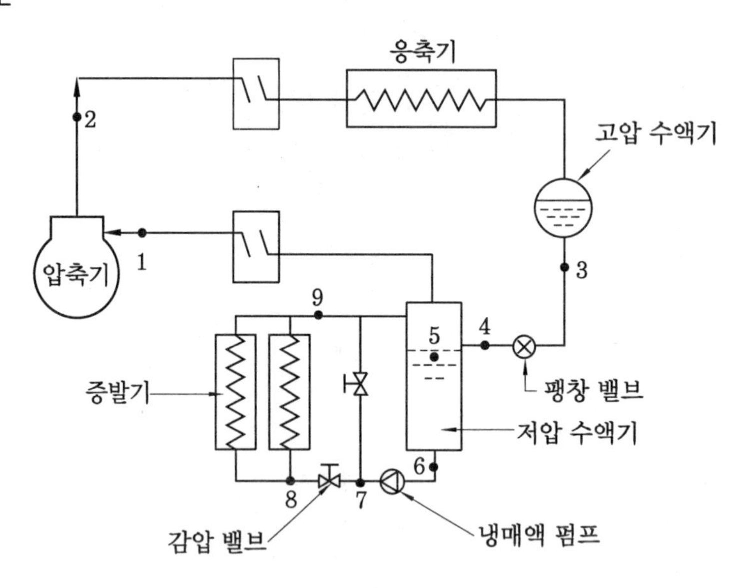

⑤ $P-h$ 선도

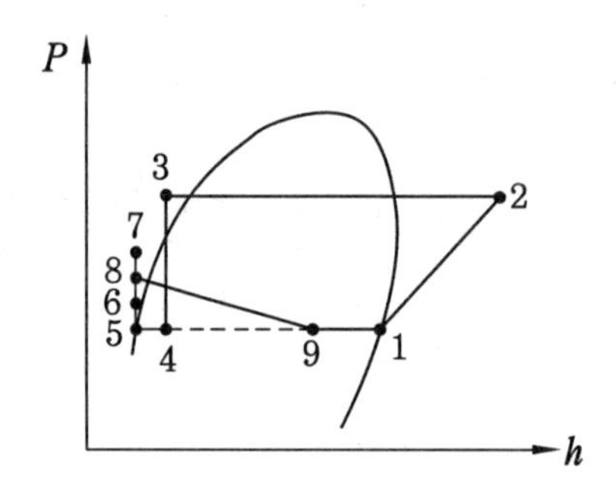

⑥ 계산식

㈎ 건도 $X_9 = \dfrac{h_9 - h_5}{h_1 - h_5}$

㈏ 냉동능력 $Q_e = G(h_1 - h_5) \times \left(1 - \dfrac{h_4 - h_5}{h_1 - h_5}\right) = G(h_1 - h_4)$

여기서, G : 전체 질량유량

(7) 공기 냉각용 증발기(주로 건식임)

① 관코일식(Pipe Coil Evaperator)

㈎ 관속으로 냉매가 흘러 외부의 공기와 열교환하는 형식이다.

㈏ 냉장고 등에서 많이 사용하는 방식이다.

② 핀코일식(Fin Coil Evaperator)

㈎ 관코일 외부에 핀(주로 알미늄 핀 사용)을 부착하여 열교환한다.

㈏ 에어컨, 직팽식 공조기용 열교환기 등에서 많이 사용한다.

(8) 기타의 증발방식 혹은 형태별 분류

① 직접 팽창식 : 냉매의 기화에 의한 흡열로 직접 냉각하는 방식

② 간접 팽창식 : 브라인이나 물과 같은 2차 냉매를 이용하여 냉각하는 방식

③ 판상형(Plate Evaperator) : 판을 양쪽으로 붙여 중간에 틈새를 형성한 형태의 증발기이다.

④ 헤링본 증발기(Herringbone Evaperator) : 암모니아를 냉매로 하는 만액식 증발기, 제빙용으로 상·하에 헤더를 설치하여 브라인 냉각한다.

⑤ 멀티피드 멀티섹션형(Multi-feed Multi-sectional Evaperator)

㈎ 냉장실 혹은 냉동실의 냉각선반으로 사용

㈏ 헤더 상부에서 액유입(암모니아) → 하류관을 통해 증발관을 거쳐서 다시 헤더로 복귀 → 압축기 흡입

⑥ 캐스케이드형(Cascade Evaperator)

㈎ 냉동선반, 공기냉각기, 제빙코일 등에 사용

㈏ 멀티피드 멀티섹션형과 증발기 부분은 유사하나 헤더부분의 구조만 다소 다르다.

⑦ 보들로 증발기(Baudelot Evaperator)

㈎ 냉매가 흐르는 다수의 냉각관이 수직으로 배열되어 있고, 상부의 통에서 물, 오일, 우유 등의 피냉각물이 흘러내리면서 냉각되는 방식이다.

㈏ 피냉각물이 동결온도에 도달하더라도 위험도가 적어 특별한 고장 등을 야기하지 않는다.

㈐ 냉각장치가 동결, 파손 등의 고장이 있더라도, 노출되어 있으므로 점검 및 수리가 용이하다.

㈑ 일반적으로 만액식으로 제작되며, 상부에서 하부로 흐르는 '중력순환방식'이다.

⑧ 원통형(Shell & Tube Evaperator) : 원통형의 통 안에 냉매가 위에서 아래로 흐르고, 피냉각물이 내부의 파이프 속으로 흐른다.

⑨ 2중관식(Double pipe Evaperator) : 2중관의 형식으로 냉매와 피냉각물이 대향류 방향으로 열교환을 이룬다.

24 액-가스 열교환기

(1) 압축기로 흡입되는 기체 냉매와 응축기에서 나오는 액체 냉매 간의 열교환을 통하여 과열도와 과냉각도를 동시에 적절히 유지되게 해준다(냉동능력 향상).
(2) 과열도를 적절히 높여주어 압축기 보호역할(액압축 방지)을 해준다.
(3) 과냉각도를 높여주어 Flash Gas 발생 방지를 해준다.

(4) 구조

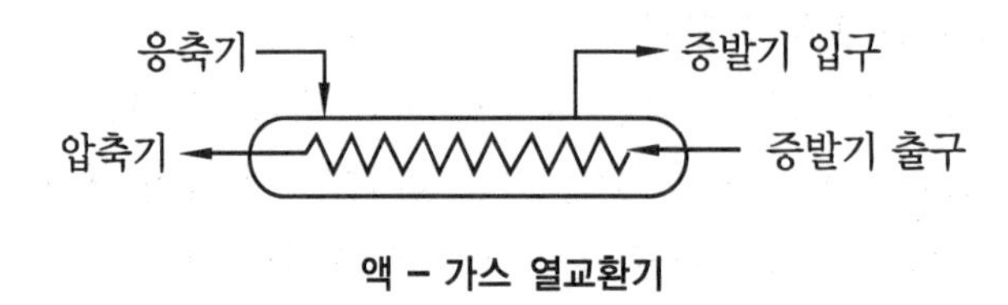

액 – 가스 열교환기

25 중간냉각기

(1) 2단 압축에서는 저단압축기(Booster)의 토출가스가 과열되지 않게 냉각시켜 주는 역할을 한다.
(2) 증발온도가 과도하게 낮아서 2단압축 시스템 사용 시 적극 고려되어야 한다.

(3) 용도

① 압축기 토출가스 과열 방지 역할
② 고압 액냉매를 과냉각시켜 냉동효과를 증대시킨다.
③ 고압측 압축기를 위해 기액 분리 역할

(4) 구조

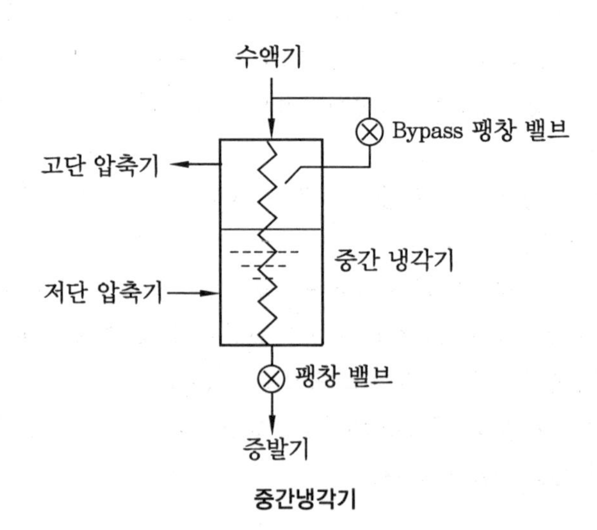

중간냉각기

26 팽창기(Expander)

(1) 등엔트로피 과정으로 진행되는 단열 팽창 과정은 열역학적 원리상 가장 이상적인 저온 생성 방법이다.

(2) 열역학적으로 볼 때 등엔트로피 과정은 가역과정이지만 등엔탈피 과정은 비가역 과정으로 비가역성에 의한 손실이 많다.

(3) 고압의 압축성 기체를 팽창기를 통하여 외부에 일을 추출하면서 단열 팽창시킬 때 기체의 온도는 급격히 낮아지게 된다.

(4) 주로 공기사이클 냉동기 또는 증기나 기체(CO_2 등) 냉동기에 적용된다.

(5) 실제의 팽창 과정은 완전한 등엔트로피 과정이 되지 못하고 어느 정도 비가역적으로 진행된다.

(6) 단열 팽창에 의한 효과는 일반적인 J-T(Joule-Thomson) 효과에 의한 온도 강하보다 크며 단열 팽창이 일어나는 경우에는 다음과 같다.

$$\text{Joule - Thomson 계수 } \mu = \frac{\Delta T}{\Delta P} > 0$$

여기서, $\mu > 0$: 교축과정(압력 하강) 중 온도가 내려감
$\mu = 0$: 역전온도 혹은 이상기체
$\mu < 0$: 교축과정(압력 하강) 중 온도가 올라감

(7) 팽창기(Expander)를 이용한 냉동기의 동작원리

① 다음 그림과 같이 구성된 팽창기, 고온냉각기, 압축기 및 저온 가열기가 사이클 선도를 이루어 작동된다.

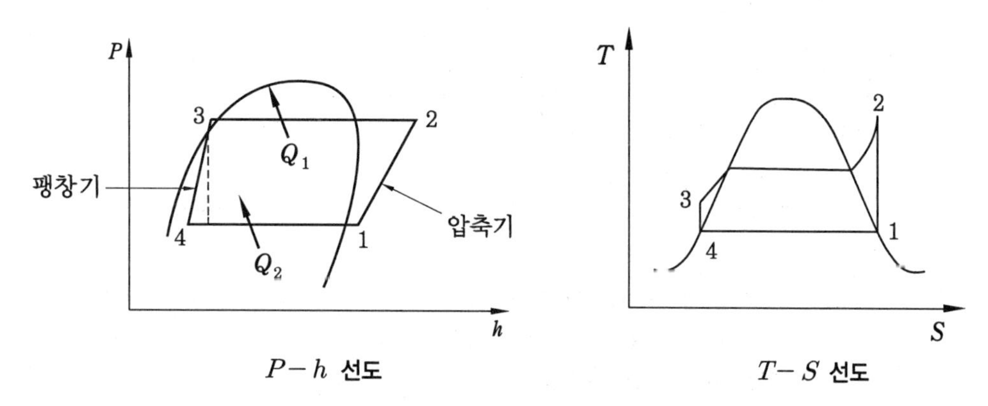

$P-h$ 선도　　$T-S$ 선도

② 대기온도보다 약간 낮은 상태 1의 냉매가 압축기에서 상태 2까지 단열압축되고, 응축기를 통과하며 대기로 열을 방출하고 상태 3으로 된다. 이 냉매가 팽창기에서 상태 4의 저온까지 팽창한 다음 주위에서 열을 흡수하며 상태 1로 가열된다.

③ 일반 증기압축식 냉동 사이클과 비교할 때 팽창 시 교축작용이 단열팽창 작용으로 바뀐 것이 특징이다.

(8) 응용

① 이산화탄소의 경우 높은 압력 차이로 인해, 팽창과정 중에서의 비가역성이 매우 높다. 따라서 팽창과정 중의 비가역성을 줄여주기 위해 팽창기의 사용이 제한되었고 이는 기존의 등엔탈피 팽창과정을 등엔트로피 팽창과정으로 변화시킨다. 따라서 증발기에 공급되는 냉매의 엔탈피를 낮출 수 있어 성능 향상이 가능하고 또한 팽창기에서 회수된 에너지는 기계적 에너지로 압축기에 직접 공급되거나 전기적 에너지로 변환되어 사용될 수도 있다.

② 이렇게 이산화탄소 냉동사이클은 팽창기의 사용으로 약 15~30% 정도의 성능 향상이 가능하다고 보고되고 있다.

27 콘덴싱 유닛(Condensing Unit)

(1) Chiller 대비 증발기가 없고 직팽식 코일에 냉매를 바로 보낼 수 있게 설계된 열원기기를 말한다.

(2) 패키지형 공조기(유닛 쿨러)에서도 실외기로 콘덴싱 유닛을 사용하기도 한다.

칠러, 콘덴싱 유닛, AHU의 차이점

① 칠링 유닛(칠러)은 압축기, 응축기, 팽창장치, 증발기가 일체로 조립된 제품으로써 액체(물, 브라인 등)를 냉각하기 위한 장치를 말한다.

② 콘덴싱 유닛은 압축기, 응축기, 안전장치, 제어장치, 기타 부속품 일체를 하나로 조립한 것으로 팽창밸브나 쿨러 등과 연결하면 바로 냉동장치로 이용할 수 있으며, 응축형태에 따라 수랭식과 공랭식이 있으며 실외 혹은 기계실에 주로 설치한다.

③ Air Handling Unit(AHU)

- 공기냉각기, 공기가열기, 공기여과기, 가습기, 송풍기 등 공기조화기의 구성기기 모두를 일체의 케이싱에 조립한 것이다.
- 공기냉각기는 냉수코일, 공기가열기는 증기 또는 온수코일이 주로 사용된다(냉수와 온수를 겸한 냉온수코일, 냉매 직팽식 등도 있음).
- 공장 제작형과 현장 조립형 등이 있다.

28 Condensing unit(실외기) 옥상 설치방법

(1) 압축기가 옥상에 설치 시 냉동기 오일 회수문제가 대두되는데, 이때는 입상속도에 의해 오일이 관벽을 타고 올라갈 수 있도록 일정 높이(주로 10 m)마다 U-Trap을 설치하여 오일 회수를 한다.

(2) 특히 실외가 저온 시에는 프레온계 냉매의 윤활유에 대한 용해성이 감소하여 저온에서 분리되어 압축기 토유량이 증가하는 경우가 많으므로 보다 더 주의를 요한다.

(3) Condensing unit 혹은 에어컨 실외기가 옥상에 설치 시 냉방 Cycle은 비교적 원활하나, 난방 Cycle로 운전시에는(히트펌프의 경우) Condensing unit(실외기)으로 회귀되는 액냉매의 압력손실(액주압) 및 실내측으로 공급되는 과열냉매의 분배 불균일로 인하여 시스템의 성능 하락이 있을 수 있으니 냉매 Balancing에 각별히 주의를 기울여야 한다.

29 압축기의 압력제어방법

(1) LPC(저압 차단 스위치)

저압이 낮을 경우에 압축기를 보호(운전 정지)하기 위한 장치

(2) HPC(고압 차단 스위치)

고압이 지나치게 상승할 경우, 자동으로 시스템을 정지시켜 압축기를 보호해 주는 장치(주로 수동 복귀형)

(3) DPC(저압 및 고압 차단 스위치)

압축기를 낮은 저압과 높은 고압으로부터 보호(운전 정지)하기 위한 장치

(4) OPC(오일 압력 차단 스위치)

저압과 오일 압력의 차압이 일정 이하가 되면 압축기가 정지한다(주로 수동 복귀형).

(5) LPS(저압 스위치)

부하 증감에 따라 압축기의 Unloader장치나 운전대수를 조정해주는 장치

(6) Low pressure sensor(저압 센서)

DDC 제어에 있어서, 저압을 검지하여 Micom으로 신호를 전달하여 자동제어(PID 제어)를 하기 위한 센서(냉방 제어용으로 많이 사용)

(7) High pressure sensor (고압 센서)

DDC 제어에 있어서, 고압을 검지하여 Micom으로 신호를 전달하여 자동제어 (PID 제어)를 하기 위한 센서 (난방 제어용으로 많이 사용)

◎ 기타의 압축기 보호장치

① OLP (Over Load Protector) : 압축기 자체의 과전류 및 과열을 감지하여 압축기 정지 (압축기 정지 후 일정 온도 이하로 냉각되면 다시 기동 가능)

② 가용전 (Fusible Plug) : 응축온도 혹은 과냉각 후의 온도가 일정 온도 (72 ℃, 80℃ 등) 이상이 되면 자동으로 냉매 밀폐사이클 계통을 파열시킨다.

③ 온도센서 이용한 자동제어 : 압축기 토출온도, 흡입온도 등을 감지하여 일정 기준치의 온도 이상이나 이하가 되면 압축기를 정지시킨다.

30 냉매회로 압력조정장치 (EPR, SPR, CPR)

(1) EPR

① 증발기 출구에 부착되어 증발기의 동결방지를 목적으로 한다.

② 증발기에 동결(결빙)이 발생되면 냉동능력 및 효율이 급격히 하락되므로 이를 방지해주기 위해 증발기 출구에 설치하여 증발압력을 일정하게 조절해준다.

(2) SPR

① 저압의 과상승을 방지하여 과부하 방지한다.

② 압축기에서 저압이 과하게 상승된다는 것은 압축기 측으로 인입되는 흡입유량이 증가한다는 것을 의미하므로 압축기에 부하를 증가시킨다. 이 경우 압력을 적정 압력으로 조절해주는 장치이다.

(3) CPR

① 제1의미 (Condenser Pressure Regulator)

㈎ 응축기측의 일부 냉매를 Bypass하는 Regulator

㈏ 응축기측의 응축량을 조절하여 냉동 Cycle이 저부하 시에 일부 냉매가 응축기를 우회하게 하는 시스템에 적용한다.

② 제2의미 (Crankcase Pressure Regulator)

㈎ 압축기의 과열을 방지하기 위한 압축기 입구 측에 부착된 Regulator(저압 Drop 방지)

㈏ 압축기의 흡입압력(低壓)이 너무 낮아지면 압축기 측의 흡입유량이 감소하여 압축기가 과열되어질 수 있으므로 저압이 일정 수치 이상으로 유지되어야 한다.

31 냉동창고 단열방식 및 성능평가 방법

(1) 냉동창고의 단열방식(방열방식)

① 고내 온도가 상당히 저온이기 때문에 열취득 및 투습량을 증가하여 냉동부하를 증가시킨다.

② 방습층을 외기측에 설치하는 것이 유리 → 내부결로 방지

③ 벽·천정은 경량 구조

④ 바닥은 중량 구조(적재된 피냉동물의 강도를 견디어야 함)

⑤ 내단열보다는 외단열이 유리하다(불연속 부위 없음).

⑥ 경제성 고려 : 단열재는 두껍고 물성이 우수한 자재 선택 필요(초기 투자비는 증가하나 향후 유지비 절감으로, 초기 투자비 증가분을 충분히 회수 가능함)

⑦ 동상(凍上)현상 방지 위해 바닥배수 및 바닥단열 등 철저히 시공

(2) 냉동창고의 성능 평가방법

① 단열 성능

㈎ K(열관류율)값을 직접 측정함

㈏ 냉동기를 운전하여 열적 평형상태를 이루고, 냉동기 정지 후 실온 상승속도를 측정함

㈐ 열전대, 열유계로 온도분포 열유량을 측정함

② 방습 성능 : 고내온도 평형 후(설정 온도별) 방열층 표면결로 여부 체크함

③ 배관 계통 : "냉매 누설 측정기"를 이용하여 각 냉동설비 배관 계통 및 연결부위의 누설 여부를 체크함

④ 열교환기 계통 : 기밀시험(압력시험)

고압가스 안전관리법에 의거 냉매배관 계통에 관한 누설검사와 진공시험(질소로 소정압력 시험)을 함

⑤ 기밀성능 : 냉동창고 외부에 송풍기를 설치하여 고내에 압력을 가하면서 틈새의 누설량을 측정함

32 예랭장치

(1) 과일, 야채 등 수확 후 단시간에 온도를 낮추어(호흡량을 감소시킴) 선도를 유지하는 설비로서 저온수송, 혹은 냉장보관에 좋은 영향을 준다.

(2) 통풍 예랭법(통풍 냉각법)

① 실내 냉각법(Room Cooling)

㈎ 주변(실내)공기 전체를 낮춤으로써 냉각하는 방법

㈏ 소규모 생산 농가형으로 사용된다.

㈐ 예랭시간이 길다.

㈑ 냉각이 불균일하기 쉽다.

② 급속 냉각법(Fast Method of Air Cooling)

㈎ 강제 통풍식

㉮ 하물 사이에 강제적으로 냉풍을 통과시키는 방법

㉯ 냉풍의 불균일이 심하다.

㉰ Bypass되는 풍량이 증가된다.

㈏ 차압 통풍식

㉮ 강제 통풍식의 결점을 보완하기 위한 방법

㉯ 다음 그림처럼 냉각기 입출구의 풍압차에 의한 통풍법

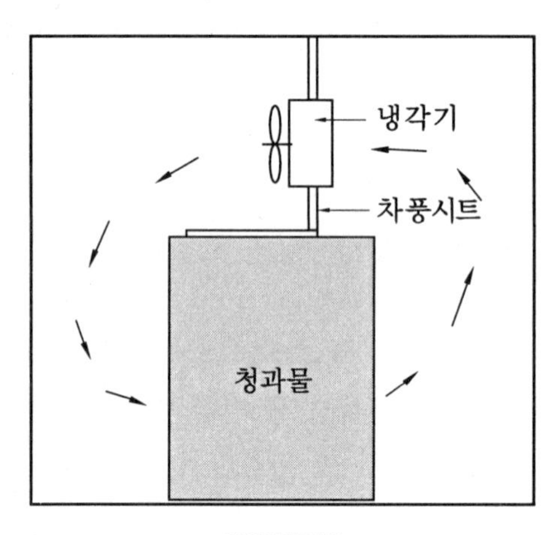

차압통풍식

㈐ 컨테이너 냉각법

㉮ 미국에서 많이 사용하는 방법

㉯ 다음 그림과 같이 청과물 박스 측면에 통풍구멍을 만들고, 연돌식으로 청과물 박스를 쌓아 만들어진 풍도에 통풍시켜 냉각을 한다.

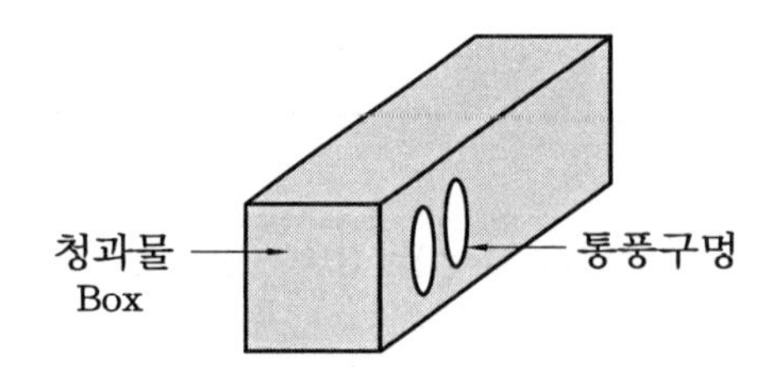

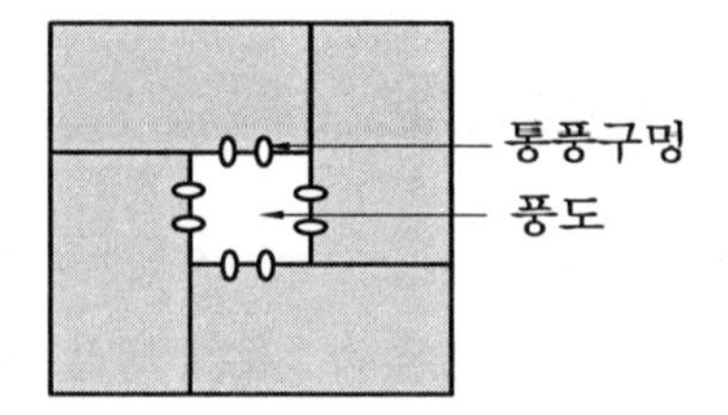

㈑ 터널식(Tunnel Cooling) : 고속으로 냉풍이 순환하는 터널 속에 컨베이어로 컨테이너를 넣어 냉각하는 방식이다.

(3) 수랭각법 (Hydro Cooling)

① 수랭각기 (Hydro Cooler)를 이용한 방법

② 통풍 예랭법 대비 냉각 속도가 빠르다.

③ 종류

(가) 살수식 예랭 : 상부팬에서 살수하여 냉각시킨다.

(나) 분무식 예랭 (스프레이식) : 가압 분무식 방식

(다) 침지식 예랭 : 냉수탱크 속에 담근다.

(라) 벌크식 예랭 (침지 + 살수) : 전반부에는 침지, 후반부에는 살수 실시

④ 열교환량

$$q = \alpha A (t_s - t_w)$$

여기서, α : 농산물과 물의 열전달률 (kcal/m^2·h·℃, W/m^2·K)

A : 농산물의 전체 표면적 (m^2), t_s : 농산물의 온도, t_w : 물의 온도

⑤ 병균 오염 방지대책 : 염소 등의 약한 살균제 첨가

(4) 진공 예랭법 (Vacuum Precooling)

① 진공 냉각장치 (Vacuum Precooling Equipment)를 이용한 방법

② 냉각속도가 아주 빠르다.

③ 진공상태로 만들어 수분을 급격히 증발시켜 그 증발열을 빼앗아 냉각시킨다.

④ 엽채와 같이 표면적이 크고, 자유수분이 많아서 증발하기 쉬운 것에 사용한다.

(5) 수랭 진공 예랭법

① 과일, 근채류 등 표면적이 적어 진공냉각이 어려운 경우

② 물을 노즐로 분무시켜 증발수분을 보충시킨다.

③ 분무시간은 약 4 ~ 6분 정도 소요된다.

33 동결장치

동결의 대상품은 대부분 식품원료이거나 가공식품 종류이다. 동결장치는 크게 Batch식 동결장치와 연속식 동결장치로 나눌 수 있다.

(1) Batch식 동결장치

① 정지공기 동결장치 (Sharp Freezer) : 선반 위나 천장에 냉각코일을 설치하여 자연대류를 이용한 동결장치, 구조 및 취급이 간단하나 완만동결로 품질 저하가 우려된다.

② Semi Air Blast 동결장치 : 위 정지공기 동결장치에 송풍장치를 추가한 형태이나 실내풍속 불균일 우려가 있다.

③ Pallet식 Air Blast 동결장치 : Pallet을 다단으로 쌓고, 지게차로 동결고 내로 운반하여 냉풍을 접촉시킨다.

④ Flat Tank식 동결장치 혹은 접촉식 동결장치(Contact Freezer) : 알루미늄 냉동판 사이에 식품을 두고 냉동판을 밀어붙여 동결한다.

⑤ 브라인 살포식 동결장치 : 브라인을 노즐로 분사하는 방법, 동결품이 굳어져 Block 되는 경우가 없어 완성품도 산뜻한 편이고, 브라인 침투 방지책(피복 처리 등)이 필요하다.

⑥ 브라인 침적 동결장치 : 브라인 탱크 내에 침지 동결하는 방식, 동결시간이 단축되나 브라인 침투 방지책(피복처리 등)이 필요하다.

(2) 연속식 동결장치

① Tunnel식 Air Blast 동결장치

㈎ Conveyer를 설치하여 이송하면서 Air Blast의 빠른 풍속을 이용하여 동결(급속동결)시킨다.

㈏ 빠른 풍속에 의한 표면 퇴색, 건조에 의한 중량 감소 등의 주의가 필요하다.

㈐ 제품의 이송 형태에 따라 다단형 및 스파이럴형이 있다.

② 브라인 침지 동결장치 : Conveyor로 식품을 매달아서 탱크 속에서 침지하면서 이동한다.

③ 액화가스 동결장치

㈎ Conveyor상의 식품에 액화질소가스(대기압 기준 -196℃) 혹은 액화탄산가스(대기압 기준 -78.5℃)를 통과시킨다.

㈏ 처리비용이 고가(액화가스는 사용 후 버려짐)이므로 주로 고가제품에 적용한다.

④ Steel Belt식 동결장치(Air Blast) : 스테인리스강제 Conveyor Belt 밑면에 Air Blast 통과, 브라인 살포 혹은 냉동판 접촉(얇은 식품) 등을 통하여 동결시킨다.

⑤ 유동층 동결장치(Air Blast) : 가늘고 긴 박스 모양의 Tray 밑면에 다수의 구멍을 만들고, 고속 냉풍(Air Blast)으로 불어서 유동층을 만들어 동결시킨다.

◎ 관련 용어

① 급속 동결 : 식품의 최대 얼음 결정 생성대를 급속히 통과하고, 평균온도 -18℃에 도달·완료하는 동결

② 공칭동결 시간 : 균일온도 0℃인 식품이 동결점보다 10℃ 정도 낮은 온도에 도달할 때까지 걸린 시간

③ 동결속도 = (표면에서 온도 중심점까지의 최단거리) ÷ (표면온도 0℃로부터 온도 중심점 온도가 동결점보다 10℃ 정도 낮은 온도에 도달할 때까지 걸린 시간)

34 제빙장치

(1) 각빙은 주로 135 kg의 괴빙으로 생산되어 수산용, 어선용, 일반음식용 등으로 사용되어 오고 있으며, 최근에는 주수부터 탈빙까지 전공정을 자동화하고 있는 추세이다.

(2) 사용 냉매

기존에 주로 NH_3를 많이 사용했으나 R22 사용량이 점점 증가하고 있다.

(3) 제빙 방법

① 제빙조내에 염화칼슘 수용액(브라인)을 −9 ~ −10℃까지 냉각한다.
② 주수하여 결빙관을 결빙시킨다.
③ 완전히 결빙되면 결빙관이 떠오른다.
④ 탈빙시킨다.

(4) Plate ice 제빙장치

① 결빙판을 몇 개 수직으로 설치하고, 상부에서 물을 흘러내리고 다시 퍼올리는 순환식 방식이다.
② 소정의 두께로 결빙되면 Hot gas 혹은 온수로 결빙판을 가열한다.
③ 탈빙된 얼음은 자체 중량에 의해 낙하된다.
④ 쇄빙기(결빙된 얼음을 잘게 부수는 기계)에서 20 ~ 50 mm 정도의 부정형 얼음으로 배출된다.

(5) Flake ice 제빙장치

① 두께가 1 ~ 3 mm 정도이고, 길이가 40 mm 정도의 부정형 비늘조각 형태의 반투명 얼음으로 제조한다.
② 입형의 드럼형 결빙판 표면에 살수하여 결빙시킨다.
③ 탈빙 위해 제상기구 대신 얼음채취기로 긁어내는 방식을 채택한다.

(6) Tube ice 제빙장치

① 직경 50 mm, 두께 10 ~ 15 mm, 길이 50 ~ 80 mm 정도의 속이 빈 원통 모양의 얼음을 제조하는 장치
② 수직원통 내 내경 50 mm 정도의 결빙용 냉각관 설치
③ 관 외부의 냉매의 증발에 의해 관 내부가 결빙된다.
④ 소정의 두께가 되면 Hot gas를 보내어 결빙판을 가열·용해한다.
⑤ 자체의 무게에 의해 낙하한다.
⑥ 회전절단기에 의해 소정의 길이로 절단되어 외부로 배출된다.

(7) Shell ice 제빙장치

① 위 Tube ice 제빙장치와 반대로 관 외부를 결빙시킨다.

② 결빙관은 외경 101.6 mm 정도의 스테인리스 강관으로 만든다.

③ 결빙관 내부에 Hot gas를 통과시켜 탈빙시킨다.

④ 중력으로 아래로 내려가서 쇄빙기에서 쇄빙한다.

⑤ 조개껍질 모양의 빙(氷) 제조

(9) Rapid ice 제빙장치 (Block ice)

① 스위스의 Rapid Ice Freezing (사) 제작

② 각빙 25 ~ 150 kg 정도의 관형으로 제작

③ 제빙관이 이중구조 (관 내의 물을 내 · 외에서 결빙시킴)로 되어 있어 속도가 매우 빠르다.

④ Hot gas를 보내어 탈빙시킨다. 쇄빙기가 없다.

35 쇼케이스 (Show Case)

(1) 식품의 유통과정에서 물품을 소비자가 쉽게 확인하고 고를 수 있게 하기 위한 보통 다수의 선반이 달린 형태의 냉장케이스를 말한다.

(2) 분류 및 특징

① 평형 Open type

㈎ 완전히 개방된 형태이므로 복사열, 침입공기 등에 주의해야 한다.

㈏ 타 공조장치의 급·배기의 영향을 쉽게 받을 수 있으므로 주의가 필요하다.

② 다단형 Open type

㈎ 대량 판매 가능형으로 제작된다.

㈏ 평형 Open type 대비 냉동기가 커지며 보통은 에어커튼을 보유한다.

③ 평형 Closed type

㈎ 쇼케이스 상부에 다중 유리제 뚜껑을 부착한 형태이다.

㈏ 유리제 뚜껑으로 인하여 복사열, 침입공기 등의 영향을 적게 받는다.

④ 다단형 Closed type : 보랭 성능이 우수하여 전기세가 절감이 되고, 식품 저장량이 많아 (대량 판매 가능형) 점차 증가 추세에 있다.

(3) 쇼케이스의 전력 절감 대책

① 열회수 (Heat Reclaim) 시스템 : 주변으로 새어나가는 냉기를 덕트 등으로 회수하여 냉동기의 응축기 냉각 등에 재사용이 가능하다.

② Duty Control

㈎ 일정하게 정해진 시간별 강제적으로 정지 및 재운전 반복 실시

㈏ 단, 일정 온도 이상 시에는 식품의 안전한 보존을 위해 기능 해제가 필요하다.

③ Demand Control(수요제어) : 계약 전력에 따른 설정치를 미리 설정하여 필요시 정해진 우선 순위별로 쇼케이스를 OFF한다.

④ 야간 전용치 설정 : Duty Control Time 등을 야간에는 별도로 설정하여 에너지 절감

(4) 기타

① 야간 덮개(Night Cover) : 결로 방지가 처리된 것을 사용하는 것이 필요하다.

② 쇼케이스의 제상방식 : 주로 전기 제상 방식을 많이 사용한다.

36 열 파이프(Heat Pipe)

(1) 에너지 절약의 관점에서 종래의 열회수 장치의 결점을 보완하는 목적으로 미국에서 처음으로 개발되었다.

(2) 밀폐된 관내에 작동유체라 불리는 기상과 액상으로 상호 변화하기 쉬운 매체를 봉입하여 그 매체의 상변화시의 잠열을 이용하고 유동에 의해 열을 수송하는 장치이다.

(3) 관의 내부에 물이나 암모니아, 냉매(프레온) 등의 증발성 액체를 밀봉하고 관의 양단에 온도차가 있으면 그 액이 고온부에서 증발하고 저온부로 흘러 여기에서 방열해서 액화되고, 모세관 현상으로 다시 고온부로 순환하는 장치로서 적은 온도차라도 대량의 열을 이송할 수 있다.

(4) 구조

밀봉용기와 Wick 구조체 및 작동유체의 증기공간으로 구성, 길이방향으로 증발, 단열, 응축부로 구분

① 증발부 : 열에너지를 용기 안 작동유체에 전달, 작동유체의 증발 부분

② 단열부 : 작동유체의 통로로 열교환 없는 부분

③ 응축부 : 열에너지를 용기 밖 외부로 방출, 작동유체의 증기응축 부분

(5) 구조 개요도

① 밀봉 용기의 기능 구분 : 증발, 단열, 응축

② Wick : 액체 환류부

③ 내부 코어 : 작동유체(증기)

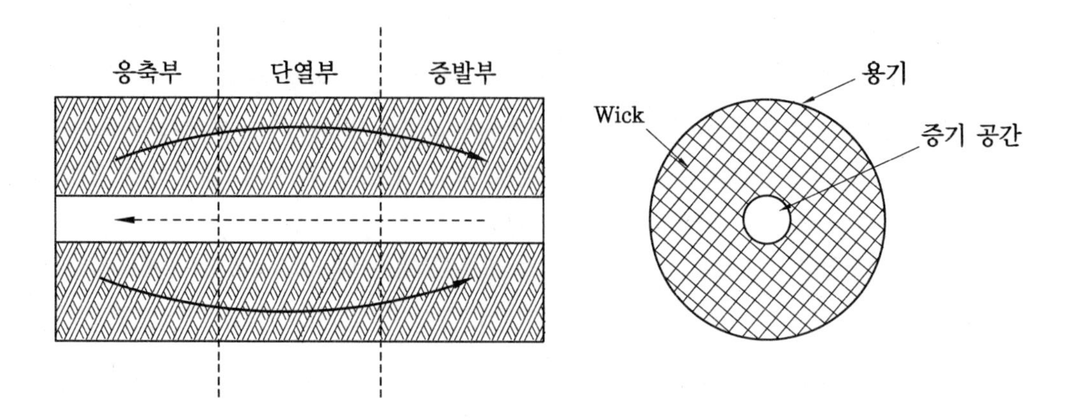

(6) 작용 원리

외부 열원으로 증발부가 가열되면 용기 내 위크 속 액온도 상승

① 액온도가 상승하면 작동유체 (극저온, 상온, 고온)는 포화압까지 증발 촉진

② 증발부에서 증발한 냉매는 증기공간 (코어부)을 타고 낮은 온도인 응축부로 이동한다 (고압 → 저압).

③ 증기는 응축부에서 응축되고 잠열 발생

④ 관표면 용기를 통해 흡열원에 방출

⑤ 응축부에서 응축한 냉매는 다공성 Wick의 모세관 현상에 의해 다시 증발부로 이동하여 Cycle을 이룬다 (구동력 ; 액체의 모세관력).

(7) 장점

① 무동력, 무공해, 경량, 반영구적

② 소용량 ~ 대용량으로 다양하게 응용 가능하다.

(8) 단점

① 길이 규제 : 길이가 길면 열교환 성능이 많이 하락된다.

② 2차 유체가 현열교환만 가능하므로 열용량이 작다.

37 히트 사이펀 (Heat Syphon)

(1) 구동력 : 중력을 이용 (주의 : Heat Pipe의 구동력은 모세관력이다.)

(2) 보통 열매체로서는 물 혹은 PCM (Phase Change Materials)을 사용하며, 펌프류는 사용하지 않는다.

(3) 자연력(중력)을 이용하므로 소용량은 효율측면에서 곤란하다.

(4) 히트 사이펀의 개략도

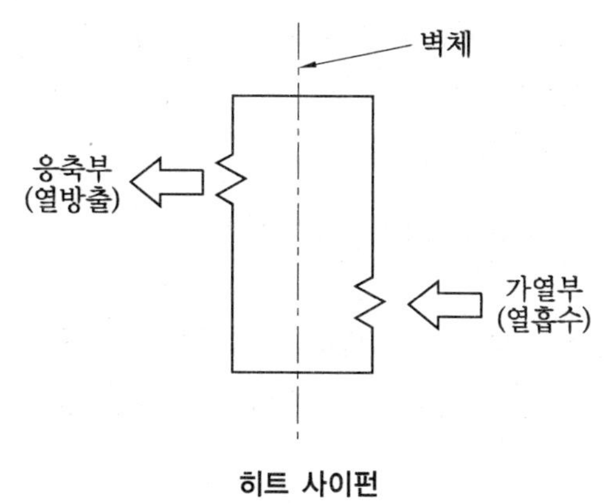

히트 사이펀

38 와류 튜브(Vortex Tube)

(1) 공기압축기로 부터의 압축공기를 이용한 히트펌프의 일종이다.

(2) Vortex(와류)에 의해 Tube의 외측 공기가 압축 및 가열되고, 내측은 저압으로 단열팽창(냉각)된다.

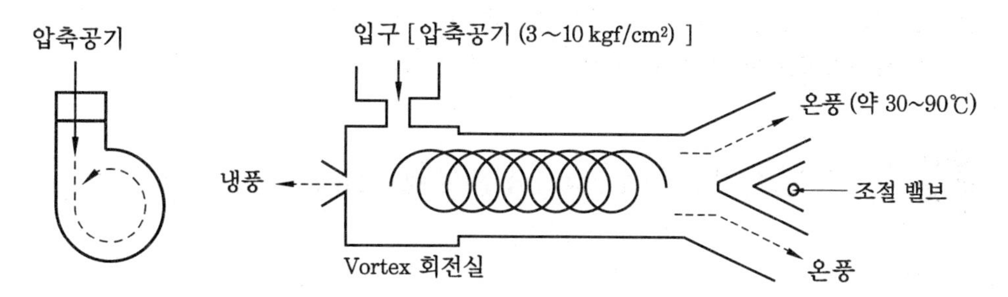

(3) 응용

① 공작기계 절삭면 : 공작기계류의 절삭면을 냉각시키기 위해 사용

② 고온작업자 : 고온작업자 주변을 국소냉방으로 온도를 낮추기 위해 사용

③ 전자부품의 급속냉각, 납땜부의 냉각

④ 각종 전기패널, 제어반 등의 냉각

⑤ 유리, 주물, 제철공장에서의 급속냉각

⑥ 보석, 귀금속, 치과기공 등에서의 냉각

(4) 특징

① 냉매, 전기, 화학약품 등을 사용하지 않아 근본적으로 안전하다고 할 수 있다.

② 압축공기의 투입 즉시 초저온(-65℃) 발생 가능함(보통 냉각용량은 약 2,500kcal/h 내외)

③ 작고 가벼우며 동작부위가 없고 고장이 거의 없다(반영구적 수명).
④ 초저온 용기의 사용량, 희망온도에 따라 조절 가능하다.
⑤ 설치비와 운영비가 저렴하다.

39 부스터 사이클(Booster Cycle)

(1) 2단 압축 Cycle에서 저단압력 ~ 중간압력까지 압축하는 것을 의미한다.

(2) 동일 Crank Shaft 및 Oil Sump를 채용하는 Compound Comp 시스템을 적용할 수도 있다.

(3) 부스터 사이클의 중간압력 구하는 공식

$$P_m = \sqrt{P_L \times P_H}$$

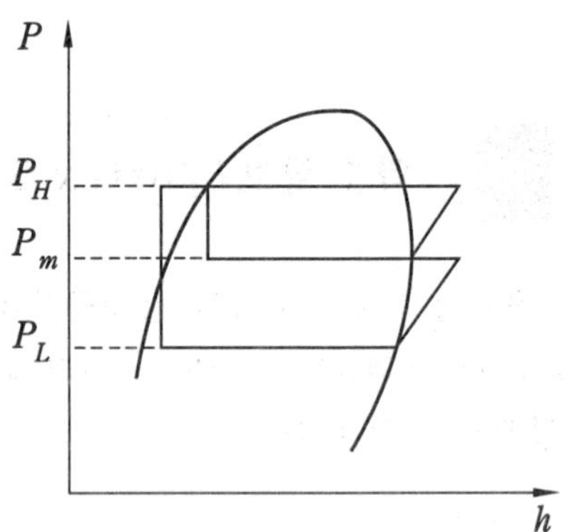

(4) 응용

① 2단압축 1단팽창 : 그림에서 저단압력(P_L)을 중간압력(P_m)까지 압축시켜 주는 냉동 Process를 말한다.
② 2단압축 2단팽창 : 2단압축 1단팽창과 동일하게 중간압축까지 압축 가능

40 진공 동결 건조기(Vacuum Freeze Dryer)

(1) 1단계

습한 상태의 재료를 약 0 ~ −40℃ 상태로 예비동결(재료를 용기에 넣어 선반 위에 얹고 선반 판에 −40 ~ −50℃ 정도의 냉매를 흘려서 전도 전열을 시킴)

(2) 2단계

진공펌프를 이용하여 물의 3중점 이하의 압력으로 급격히 떨어뜨리고, 선반 판의 냉매의 온도를 20 ~ 30℃ 정도로 가열하여 주면 승화가 일어난다.

(3) 3단계

① 승화한 수증기는 저온트랩(Cold trap, Cold chamber : 수증기를 빠르게 제거하여 건조의 추진력 제공, 수증기로부터 진공펌프의 보호)에서 응고된다.
② 건조의 추진력은 건조 시의 승화온도와 저온트랩의 표면온도와의 온도차이지만, 건조속도, 즉 승화면의 하강속도는 매우 느려 보통 약 1.5 ~ 4 mm/hr 정도의 속도이다.

③ 또한 저온트랩은 표면에 얼음이 두텁게 붙으면 얼음의 열전도율(2.2 W/m·K)이 낮으므로 표면온도가 상승하기 때문에, 저온트랩 2기를 설치하여 교번운전을 하거나, 제상을 수시로 행해주어야 한다.

(4) 4단계

동결 건조실 내의 용기(바이얼)의 마개를 유압 등의 설비를 이용하여 막는다.

(5) 5단계

밀봉 및 포장

(6) 특·장점

① 장점

㈎ 열풍 건조방식 등에서 볼 수 있는 물리적·화학적 변성을 최대한 억제하며, 다시 물을 가했을 때 건조 전의 상태로 복원이 가능하다.

㈏ 고급 식품의 동결·건조 가능(품질 우수, 변질 없음)

㈐ 조작이 저온에서 이루어지므로 열에 약한 물질의 건조법으로 유용하다.

㈑ 밀폐 진공 하에서 처리됨으로 산화나 균의 오염이 없으며 잔존 수분이 적음으로 보존성이 뛰어나다.

② 단점

㈎ 피냉각물이 깨지기 쉽다.

㈏ 열풍건조방식 등 다른 장치에 비하여 고비용 시스템이다.

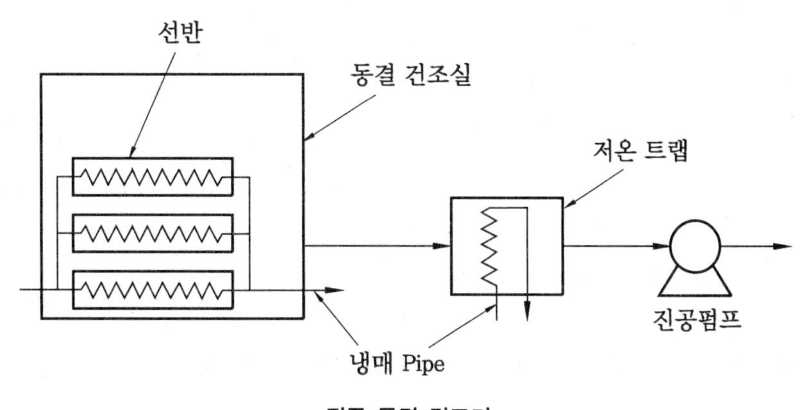

진공 동결 건조기

(7) 진공 동결 건조기의 용도

① 인스턴트 커피, 라면의 스프

② 채소류, 어패류, 천연 조미료

③ 각종 건강식품

④ 기타 의약품, 군용 비상식량 등

◎ 물의 3중점과 승화

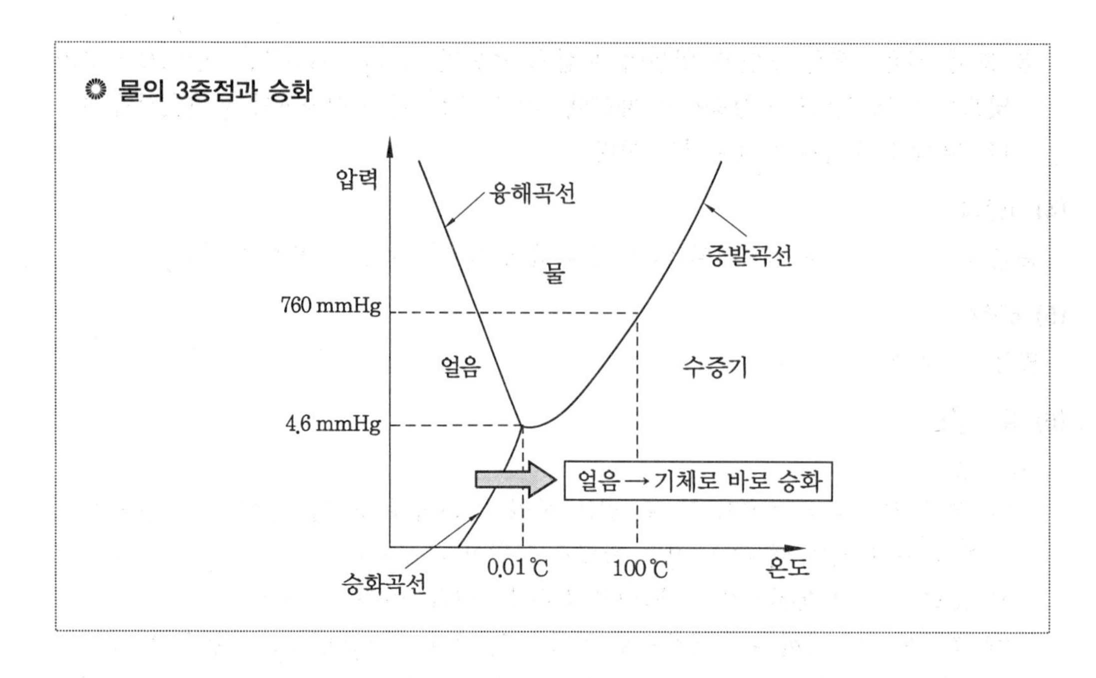

41 윌슨 플롯(Wilson Plot)

(1) 열교환기의 비등 열전달 시험 등에 사용되는 2차 유체 가열방법에 의한 시험법이다.

(2) 2중관 방법 사용

열전달 Tube 주변에 지름이 더 큰 관(Tube)을 설치하여 대향류 형태로 열교환시켜 열전달 계수를 측정한다.

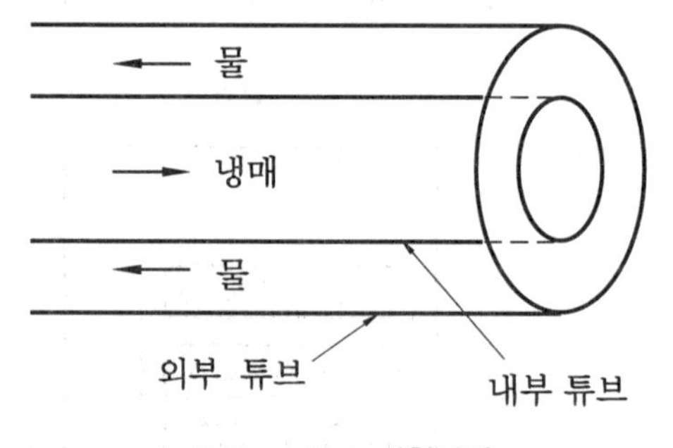

Wilson Plot 시험장치

(3) 장점

① 전기 가열법(열전달 튜브에 열선을 균일하게 감고 전기를 흘려 가열하는 방법) 대비 실제 열전달 상황에 더 가깝다.

② 시험장치가 간단하고, 쉽게 열전달계수를 계산해 낼 수 있다.

(4) 단점

① 열유속이 일정치 않아 평균 열전달 계수를 구하여 간접적으로 평가한다.

② 건도의 변화를 적게 하여 정밀도를 향상 가능하다(오차 발생 쉬움).

(5) 측정 방법

① 물 측 환상공간의 열전달계수를 먼저 예측한 후, 이를 이용하여 총괄 열전달 저항식으로 부터 간접적으로 냉매측 열전달계수를 구한다(오차발생에 주의 필요).

② 계량법 : Wilson Plot 방법을 기본으로 하되, 벽면에 직접 열전대를 설치하여 직접 전달계수를 측정하는 방법

42 로 핀(Low fin tube)과 이너 핀(Inner fin tube)

(1) 열교환 튜브의 열교환 효율을 높이기 위한 핀을 외부에 장착한 경우를 Low fin tube, 내부에 장착한 경우를 Inner fin tube라고 칭한다.

(2) Low fin tube 및 Inner fin tube 선정방법

① 열교환이 불량한 측에 fin을 설치하는 것이 원칙이다.

② 열교환 효율 : NH_3 > H_2O > 프레온 > 공기

③ 구분

(가) Low fin tube : fin이 관의 외부에 부착되는 형태

(나) Inner fin tube : fin이 관의 내부에 부착되는 형태

(3) 형상

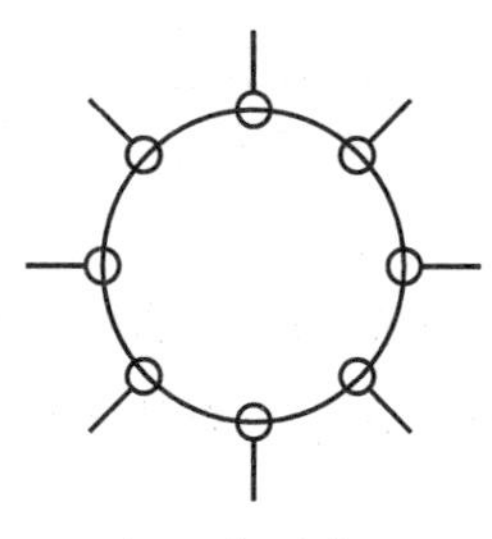

Low fin tube

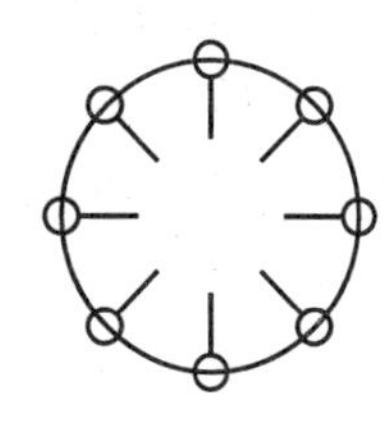

Inner fin tube

(4) 응용 사례

① 공랭식 콘덴싱 유닛의 Fin & Tube형 열교환기에서 열교환기 핀이 공기 측(열교환이 불량한 쪽)에 형성되어 있다.

② 공조기 코일의 외측(공기 측)에 열교환기 핀이 형성되어 있다.

③ 건식 셸 앤 튜브 증발기(Dry Shell & Tube Type Evaporator)에서는 관 내부를 흐르는 냉매의 유량이 적어 열통과율이 나쁘므로 전열을 양호하게 하기 위해 주로 Inner Fin Tube를 사용한다.

43 해수 열교환기용 클래드 강판

(1) 클래드 강판(Clad steel sheet)의 정의

① 클래드 강판이란 모재 금속에 새로운 기능을 부여하기 위하여 모재 금속판재의 표면에 다른 금속판재를 금속학적으로 붙인 강판을 말한다.

② 클래드 강판은 주로 연강후판을 모재로 하여 그 단면 또는 양면에 니켈, 니켈합금, 스테인리스강, 황동강, 고탄소강, 알루미늄, 아연합금 등 다른 종류의 강 또는 금속을 압착한 것으로 '접합 강판'이라고도 한다.

(2) 클래드 강판의 특성

① 클래드는 성질이 서로 다른 금속을 압착함으로써 각각의 재료가 가진 장점만을 극대화하는 기술로, 도금과는 달리 다른 금속의 얇은 판을 포개서 함께 압연하여 강판의 강도, 특성 등을 극대화할 수 있는 기술이다.

② 클래드 강판 중에서는 스테인리스 또는 고탄소를 압착한 것이 가장 일반적으로 많이 사용되며, 모재에 대한 클래드 소재의 조합비율은 보통 10~20 % (실치수로 약 1~5 mm), 완성품의 두께는 1~2 mm부터 100 mm 이상까지 다양하다.

③ 기타 클래드 소재로 사용되는 금속에는 니켈, 동, 알루미늄, 티타늄 등이 있는데 각 소재의 특성에 따라 적용되는 분야도 다르다.

(3) 해수용 열교환기 재료에 적용

① 열교환기나 공조 기기의 경우에는 내식성 소재인 스테인리스와 발열 성능을 갖춘 알루미늄, 동 등을 결합한 클래드 강판 제품을 주로 사용한다.

② 동과 스테인리스를 2중 또는 3중 구조로 결합해 적정한 강도와 내구성, 열전달성 등을 동시에 실현하는 경우도 있다.

③ 일반 동에 비해 약 30~40 % 원가 절감이 가능하면서도 동이나 알루미늄이 가진 우수한 열전달 특성, 스테인리스가 가진 내식성 등을 발휘함으로써 해수용 열교환기로서의 쓰임새도 앞으로 커질 것으로 예상된다.

④ 또한 최근 티타늄을 적용한 클래드 강판이 개발되었다. 티타늄은 내식성 및 강도가 우수하고 내변형성을 갖추었기 때문에, 해수용 열교환기나 건축자재 현장에 많이 적용될 전망이다.

⑤ 티타늄과 알루미늄 혹은 티타늄과 스테인리스를 결합한 형태 등의 클래드 강판이 신소재로 개발되면서 티타늄 자재의 대중화도 실현되고 있다.

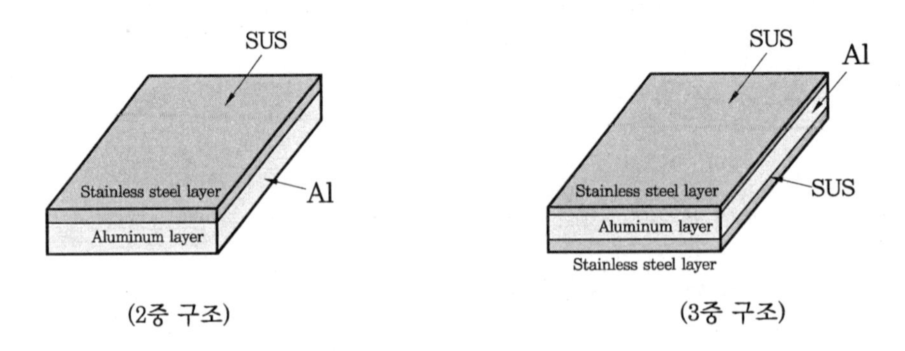

클래드 강판(Clad steel sheet) 사례

제 24 장

응용 냉동 시스템 및 식품냉동

1 2단 압축 Cycle

(1) 일반적인 1단압축기로 약 -35℃ 이하의 저온을 얻으려면 증발압력이 낮아져 압축비가 상승하고 압축기의 토출온도 상승, 윤활유의 열화, 냉매의 열분해, 체적효율 및 성적계수 하락 등 여러 부작용을 야기할 수 있다.

(2) 따라서 이렇게 증발온도가 과도하게 낮을 경우 2단압축 시스템이 적극 고려되어져야 한다.

(3) 이때 저단측의 압축 Cycle을 부스터 Cycle이라 한다.

(4) 단단(1단) 압축 대비 장점

저단압축기 및 고단압축기가 각각 최적의 압축비 설계영역에서 운전 가능(고효율화), 압축기의 열화방지(수명연장 가능), 압축기 토출온도 과열방지, 압축기의 굉음 발생 방지, 기타 안정적 저온 냉매 사이클 구현 가능

(5) 단단(1단) 압축 대비 단점

장치의 복잡성, 냉동장치의 제작비 상승, 팽창장치의 최적유량제어의 어려움 등

(6) 용도

① 압축비가 7 이상인 경우
② 증발온도가 약 -35℃ 이하(암모니아 냉매), 약 -50℃ 이하(프레온 냉매)

(7) 장치도 (2단압축 1단팽창)

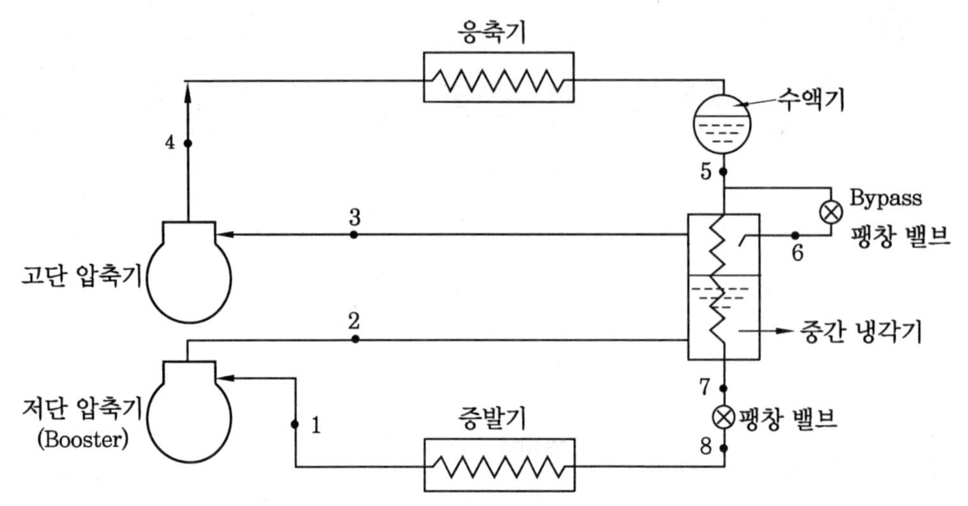

장치도 (2단 압축 1단 팽창)

(8) $P-h$ 선도

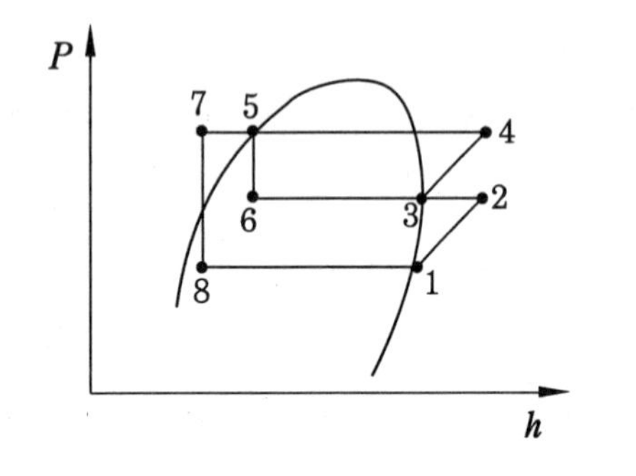

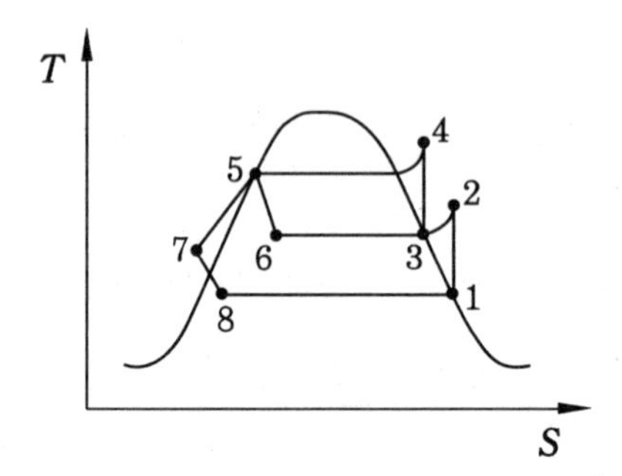

(9) 계산식

① 저단측 소비전력 $(A W_L) = G_L(h_2 - h_1)$

② 고단측 소비전력 $(A W_H) = G_H(h_4 - h_3)$

여기서, G_L : 저단측 냉매유량, G_H : 고단측 냉매유량

③ 에너지효율 계산

$$COP = \frac{G_L(h_1 - h_7)}{A W_L + A W_H} = \frac{G_L(h_1 - h_7)}{G_L(h_2 - h_1) + G_H(h_4 - h_3)}$$

$$G_H = G_L + G_M + G'' \text{———} ①$$

여기서, $G_M = G_H \cdot \dfrac{(h_6 - h_7)}{(h_3 - h_7)}$: 액측 Flash gas 발생량

$G'' = G_L \cdot \dfrac{(h_2 - h_3)}{(h_3 - h_7)}$: 압축기 토출측 재증발량

G_M 및 G''를 ① 식에 대입하여 정리하면,

$$G_H = G_L \frac{(h_2 - h_7)}{(h_3 - h_6)}$$

$$COP = \frac{G_L(h_1 - h_7)}{G_L(h_2 - h_1) + G_H(h_4 - h_3)} = \frac{(h_1 - h_7)}{(h_2 - h_1) + (h_4 - h_3)\ \dfrac{(h_2 - h_7)}{(h_3 - h_6)}}$$

2 2단 압축 2단 팽창 Cycle

2단 압축 2단 팽창 Cycle 역시 2단 압축 1단 팽창 Cycle처럼 압축기로 약 -35℃ 이하(암모니아 냉매) 혹은 -50℃ 이하(프레온 냉매)의 저온냉동을 효율적으로 이루기 위해 사용되며 다음과 같은 주요 기술원리가 적용된다.

(1) 장치도(裝置圖)

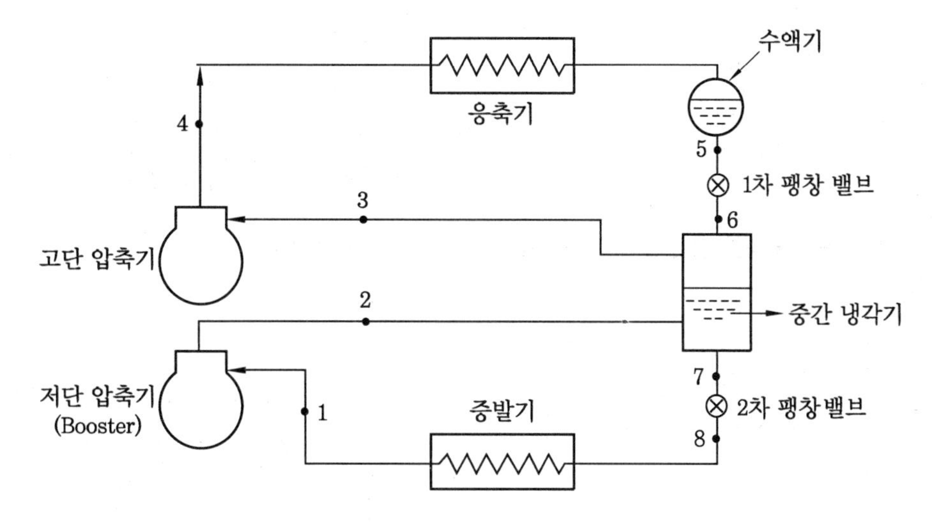

(2) $P-h$ 선도(완전 중간냉각의 경우)

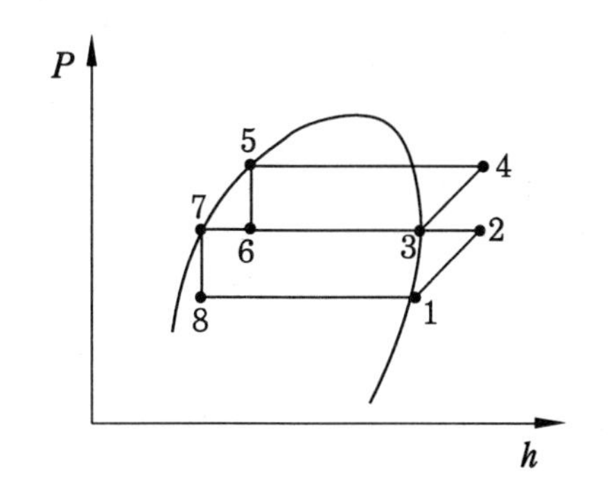

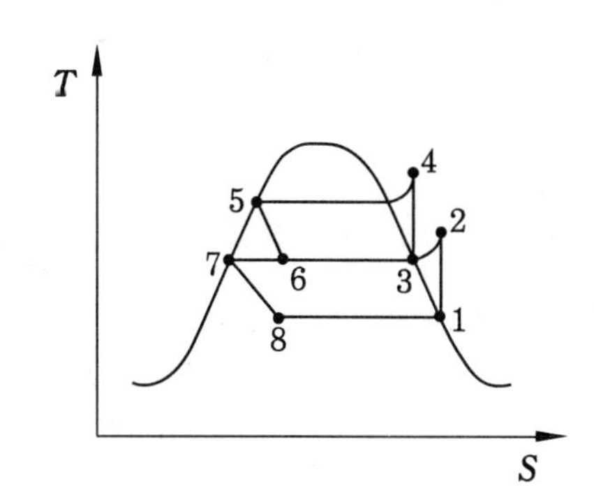

(3) 계산식

① 저단측 소비전력 $(AW_L) = G_L(h_2 - h_1)$

② 고단측 소비전력 $(AW_H) = G_H(h_4 - h_3)$

여기서, G_L : 저단측 냉매유량, G_H : 고단측 냉매유량

$AW_L = G_L(h_2 - h_1) \qquad AW_H = G_H(h_4 - h_3)$

$$COP = \frac{G_L(h_1 - h_7)}{AW_L + AW_H} = \frac{G_L(h_1 - h_7)}{G_L(h_2 - h_1) + G_H(h_4 - h_3)}$$

$G_H = G_L + G_M + G_D$ ———————— ①

여기서, $G_M = G_H \dfrac{(h_6 - h_7)}{(h_3 - h_7)}$: 액측 Flash gas 발생량

$G_D = G_L \cdot \dfrac{(h_2 - h_3)}{(h_3 - h_7)}$: 압축기 토출측 재증발량

G_M 및 G_D를 ① 식에 대입하여 정리하면,

$$G_H = G_L \frac{(h_2 - h_7)}{(h_3 - h_6)}$$

$$COP = \frac{G_L(h_1 - h_7)}{G_L(h_2 - h_1) + G_H(h_4 - h_3)} = \frac{(h_1 - h_7)}{(h_2 - h_1) + (h_4 - h_3)\,\dfrac{(h_2 - h_7)}{(h_3 - h_6)}}$$

(4) $P-h$ 선도 (불완전 중간냉각 혹은 이코노마이저 부착의 경우)

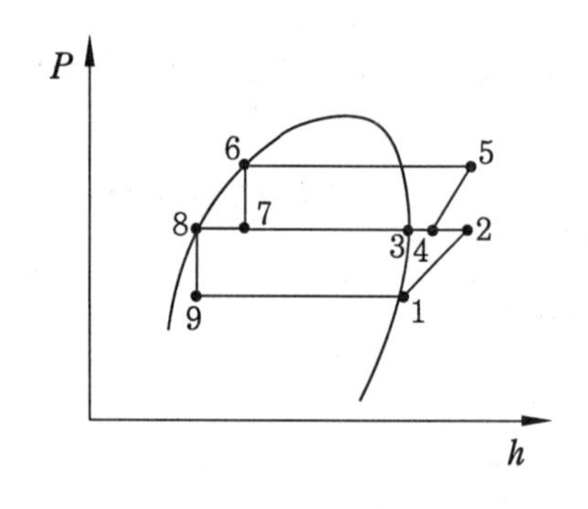

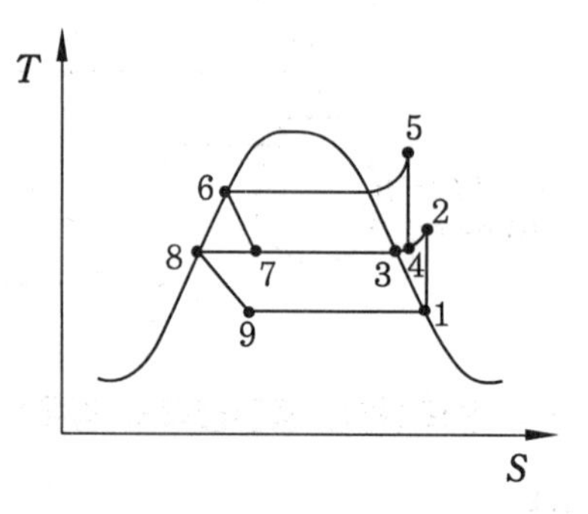

성능 계산식

$$COP = \frac{G_L(h_1 - h_8)}{AW_L + AW_H} = \frac{G_L(h_1 - h_8)}{G_L(h_2 - h_1) + G_H(h_5 - h_4)}$$

여기서, $G_H = G_L + G'$

$G' = G_H \times \dfrac{(h_7 - h_8)}{(h_3 - h_8)}$

그러므로 $C_H = G_L + G' - G_L + G_H \times \dfrac{(h_7 - h_8)}{(h_3 - h_8)}$

G_H 에 대해 정리하면,

$$G_H = G_L \times \frac{(h_3 - h_8)}{(h_3 - h_7)}$$

$$\text{최종 } COP = \frac{G_L(h_1 - h_8)}{G_L(h_2 - h_1) + G_H(h_5 - h_4)} = \frac{(h_1 - h_8)}{(h_2 - h_1) + (h_5 - h_4)\ \dfrac{(h_3 - h_8)}{(h_3 - h_7)}}$$

3 2원 냉동 시스템(Two Stage Cascade Refrigeration)

(1) 냉동시스템에서 초저온을 얻기 위해서는 기존 R-22를 사용한 방법으로는 2단압축 방식은 -65℃까지 사용할 수 있으나 압축비가 지나치게 증가하여 불합리하다.

(2) 초저온도대(-50℃ 이하)에서는 R-22의 압력이 급격히 고진공으로 되고 이에 따른 냉매증기의 비체적이 매우 커지게 됨에 따라 압축기가 대형으로 되고, 설비비의 증가와 부가적 설비금액이 발생하게 된다.

(3) 작동압력이 고진공으로 됨에 따라 저압부에는 수분의 침입에 의한 악영향이 발생하게 된다.

(4) 특징

① 저원측의 증발기와 고원측의 응축기가 서로 조합된 상태이므로 이를 두고 복합응축기(Cascade Condenser)라고 부른다.

② 저원측 냉매가 고압냉매이므로 운전 휴지 시 시스템 내 압력을 적정압력으로 유지하기 위한 팽창탱크를 설치해야 한다.

③ 저원측 냉매로는 R-13이나 R-23, 에틸렌, 메탄, 프로판 등이 사용되고 특수용도를 위한 초저온 냉매를 사용하기도 한다.

④ 저원측 냉매가 고압 냉매이므로 초저온에서도 압축비 증가가 적어 고효율 운전이 가능하다.

(5) 2원냉동 적용 분야

① 냉장고 내 온도가 -70℃ 이하인 경우

② Tunnel Freezer에서 식품의 동결시간을 단축해야 하는 경우

③ Box 포장 동결시 중심온도가 -30℃ 이하로 요구되는 식품동결인 경우

④ 진공 동결 건조장치의 냉동 시스템

⑤ 동결 처리량이 증대되는 경우

⑥ 육제품의 I.Q.F (개체동결)의 신설, 변경하는 경우

⑦ 폐타이어 재활용을 위해 폐타이어 파쇄를 위한 급속 냉각장치의 경우(-120℃)

⑧ 초저온 시스템에서 성에너지화 실현 필요시 (초저온영역 (-60℃ 이하)에서는 2단 압축이라 하더라도 매우 큰 압축비를 가짐에 따라 압축기의 압축효율의 감소가 매우 커지므로 2원냉동 시스템을 채택하는 것이 유리)

4 2원 냉동 사이클

(1) 다원냉동 (多元冷凍)을 일반적으로 2원 냉동, 3원 냉동, 4원 냉동 등으로 나눌 수 있다.

① 2원 냉동 : -70 ~ -100℃ 정도의 저온을 얻을 때 사용

② 3원 냉동 : -100 ~ -120℃ 정도의 저온을 얻을 때 사용

③ 4원 냉동 : -120 이하 정도의 극저온을 얻을 때 사용

(2) 2원 냉동이나 3원 냉동, 4원 냉동 등은 증발압력이 극도로 낮아져 압축비가 상승하고, 압축기의 토출온도 상승, 윤활유의 열화, 냉매의 열분해, 체적효율 및 성적계수 하락 등 여러 가지의 부작용을 방지하기 위해 사용한다.

(3) 2단 압축 시스템보다 증발온도가 과도하게 낮을 경우 이러한 다원냉동 시스템이 적극 고려되어져야 한다.

(4) 적용 방법

① 1원측 (저온측) 냉매는 비등점이 낮은 냉매 (R13, R14, 에틸렌, 메탄, 프로판 등)를 사용한다. 예를 들어, R13은 -100℃에서 증발포화압력이 약 0.339 kgf/cm^{2}abs이다. 따라서, 극도의 진공은 피할 수 있다.

② 2원측 (고온측) 냉매로는 비등점이 상대적으로 높은 R22, NH_3 등을 사용하는 것이 좋다.

③ 1원측의 응축기와 2원측의 증발기를 열교환시켜 2원측의 증발기를 승온시켜 주는 Cycle을 구성해 준다.

(5) Cycle 구성도

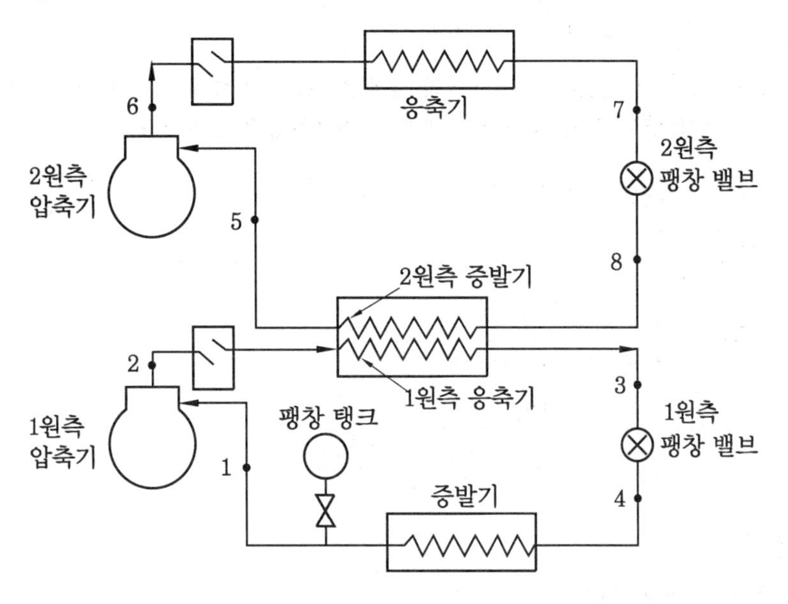

> **팽창탱크**
> 저온측 냉동기가 정지 시 초저온 냉매가 전체적으로 증발이 일어나고 증발기 내의 압력이 과상승하게 된다. 이때 증발기나 주변 배관이 파괴되지 않게 일정량의 가스를 저장해주는 역할을 하는 장치이다.

(6) $P-h$ 선도

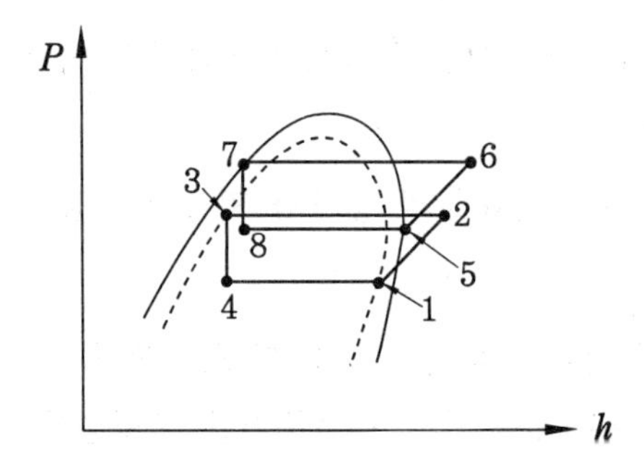

(7) 에너지효율 (COP) 계산

$$\text{저온측 } COP = \frac{q_L}{AW_L} = \frac{h_1 - h_3}{h_2 - h_1}$$

$$\text{고온측 } COP = \frac{q_H}{AW_H} = \frac{h_5 - h_7}{h_6 - h_5}$$

$$COP = \frac{G_L(h_1-h_3)}{G_L(h_2-h_1)+G_H(h_6-h_5)}$$

여기서, Cascade Condenser에서의 열평형식을 고려한다. 즉, 저단 측 응축기에서의 방열량은 고단 측 증발기에서의 취득열량과 동일하다.

$$G_L(h_2-h_3)=G_H(h_5-h_8)$$

$$G_H=\frac{G_L(h_2-h_3)}{(h_5-h_8)}$$

$$\text{최종 } COP = \frac{G_L(h_1-h_3)}{G_L(h_2-h_1)+G_H(h_6-h_5)} = \frac{(h_1-h_3)}{(h_2-h_1)+\frac{(h_6-h_5)\cdot(h_2-h_3)}{(h_5-h_8)}}$$

(8) 적용(응용)

① LPG 등의 재액화 장치

② −70℃ 이하의 초저온 설비 구성 필요시

③ 진공 동결 건조기 등

5 다효압축(Multi Effect Refrigeration)

(1) Voorhees Cycle이라고도 한다.

(2) 증발온도가 서로 다른 2대 이상의 증발기를 1대의 압축기로 압축하여 효과(증발효과)를 다각화할 수 있다.

(3) 보통의 단단압축 대비 냉동효율의 증가가 가능하다(동력 절감).

(4) 적용 방법

① 원하는 증발압력이 서로 다른 증발기의 압력(저압)을 압축기의 두 곳으로 흡입한다.

② 피스톤의 상부는 저온 증발기의 저압증기를 흡입한다.

③ 피스톤의 하부는 고온 증발기의 저압증기를 흡입한다.

(5) 다효압축의 종류

① 1단팽창 다효압축 : [그림 (a) 참조]

② 2단팽창 다효압축 : 2단 팽창을 실시 [그림 (b) 참조]

(6) Cycle 구성도

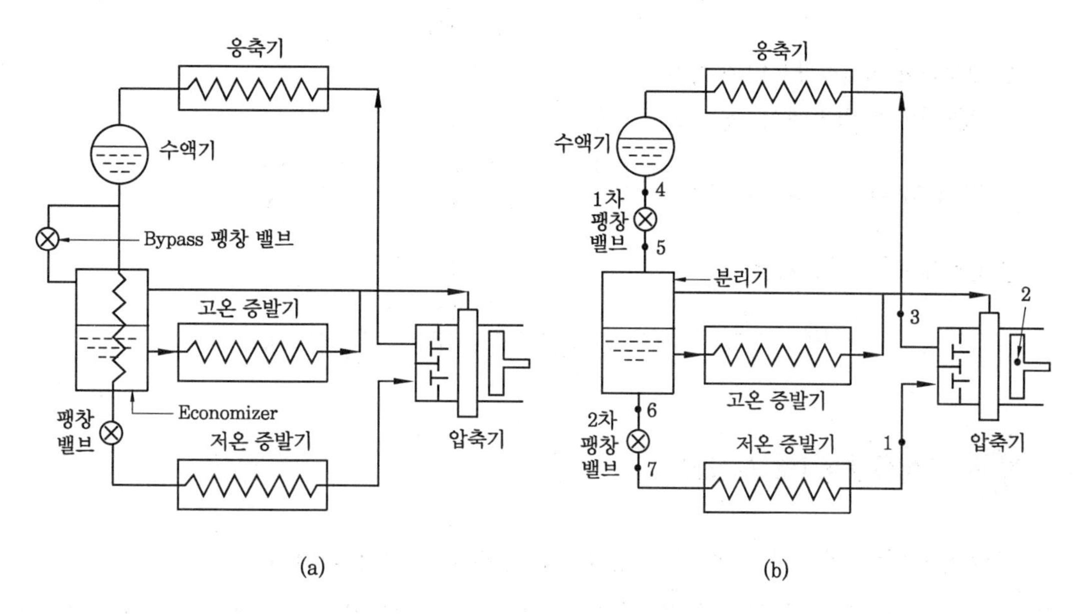

(7) $P-h$ 선도 (2단팽창 다효압축)

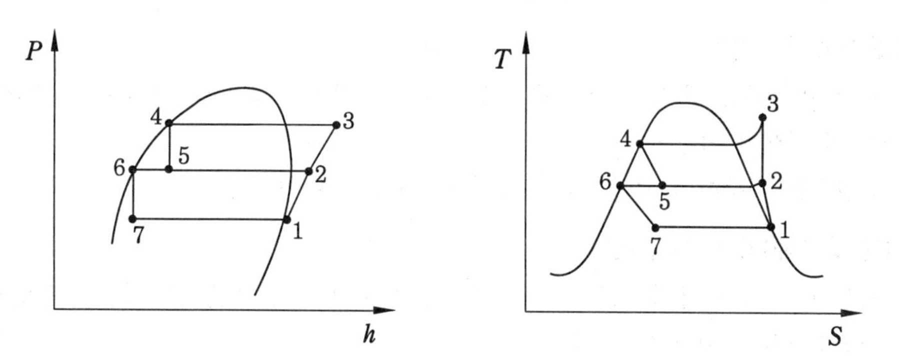

(8) 에너지효율 (COP) 계산

① 응축기 발열량 (q_c) 계산

$$q_c = h_3 - h_4$$

② 증발기 흡열량 (q_e) 계산

$$x_5 = \frac{h_4 - h_6}{h_8 - h_6}$$

여기서, x_5는 위 $P-h$ 선도 상의 5지점의 건도이다.

$$1 - x_5 = \frac{h_8 - h_4}{h_8 - h_6}$$ 이므로,

$$q_e = (1 - x_5)(h_1 - h_6) = \frac{(h_8 - h_4)(h_1 - h_6)}{(h_8 - h_6)}$$

③ 압축기의 압축일량 (AW) 계산

열역학 제1법칙에서, $q_e + AW = q_c$

따라서, $AW = q_c - q_e = \dfrac{(h_8 - h_6)(h_3 - h_4) - (h_8 - h_4)(h_1 - h_6)}{h_8 - h_6}$

④ 성적계수 (COP) 계산

$$COP = \frac{q_e}{AW} = \frac{(h_8 - h_4)(h_1 - h_6)}{(h_8 - h_6)(h_3 - h_4) - (h_8 - h_4)(h_1 - h_6)}$$

6 식품냉동 (食品冷凍)

(1) 식품냉동이란 식품에 대한 예랭(냉각) 및 동결의 총체적 의미이다.

(2) 수산, 축산, 농산 등의 생물을 저온상태에서 보존하여 변질을 늦추고, 품질 유지기간을 연장시키기 위하여 시행한다.

(3) 이용가능 온도범위

① 동결 이용가능 온도범위는 약 −60 ~ 15℃까지이다 (식품의 종류와 목적에 따라 상당히 차이가 남).

② 동결점을 기준하여 냉각식품과 동결식품으로 나누어진다.

(4) 저온 축열재(PCM) 사용 분야

① 저온 PCM을 이용한 냉동·냉장 시스템이 적용될 수 있는 대표적인 산업으로는 Cold-Chain system이 있다.

② Cold-Chain의 범위는 생산과정부터 제품이 최종 소비자에 이르기까지의 저장, 유통의 전범위를 포함한다.

③ 인스턴트식품 (Fast Food) 류, 육류, 냉동생선류 및 채소류 등의 저온유통이 날로 증가되고 있으며, 이에 따라 식품의 장·단거리 운반수단으로 사용되는 냉동차량 및 저온저장창고, 쇼케이스, 소포장용 냉동 Box 등에 관련된 산업에 PCM이 접목되고 있다.

④ 사용하고자 하는 저온 PCM의 선정은 적용온도에 가장 큰 관계가 있으며, 특히 냉동냉장을 위한 PCM의 적정 상변화 온도는 축열 시스템의 방법에 따라 사용온도 (고내온도)보다 5 ~ 10℃ 정도 낮게 선정되어야 한다 (다음 표 참조).

냉장실 등급 구분	보관 온도	PCM 상변화 온도
C3급	10 ~ −2℃	0 ~ −5℃
C2급	−2 ~ −10℃	−10 ~ −15℃
C1급	−10 ~ −20℃	−15 ~ −25℃
F급	−20 ~ −40℃	−25 ~ −45℃
SF급	−40 이하	−45℃ 이하

(5) 수용톤 (수용톤 수)

① 냉동·냉장고의 규모는 보통 수용되는 톤수 (수용톤)로 나타낸다.

② 수용톤은 고(庫) 내의 체적에 비중을 곱한 중량으로 표시되며, 통로 및 상부 클리어런스를 제외하는 것이 보통이다.

(6) 전처리

① 식품을 냉동하기 전에 신선한 원료를 선별하고 깨끗이 세척하여 먹지 못하는 부위를 제거한 후 소비자가 먹기 좋게 조리 가공하는 단계를 전처리라고 한다.

② 냉동식품의 전처리는 소비자의 조리 시 시간·노력의 절감, 급식 등에서 질·형태·크기의 균일화, 소비자의 불가식 부위 폐기물처리 대행 등을 위해 이루어지는 것이다.

(7) 식품 동결부하

식품을 냉동하기 위해 소요되는 전체 에너지를 말하는 것으로서, 아래와 같이 계산되어진다.

$$Q = q_1 + q_2 + q_3 \text{[W]}$$

여기서, Q : 식품 동결부하 (W)

q_1(동결점 이상의 부하) $= W \times \dfrac{C(t_1 - t_f)}{h}$ [W]

q_2(동결점 이하의 부하) $= W \times \dfrac{C_1(t_f - t_3)}{h}$ [W]

q_3(동결 잠열) $= W \times \dfrac{h_f}{h}$ [W]

W : 입고품의 질량 (kg)

C : 동결점 이상의 비열 (J/kg·K)

C_1 : 동결점 이하의 비열 (J/kg·K)

t_1 : 입고품의 초온 (℃ 혹은 K)

t_f : 입고품의 동결점 (℃ 혹은 K)

t_3 : 입고품의 최종온도 (℃ 혹은 K)

h_f : 입고품의 동결잠열 (J/kg)

h : 소요 냉각시간 (s)

7 복합 냉장

(1) 복합 냉장은 저온저장을 기본으로 해서 식품의 호흡작용을 억제하는 방법을 추가하여 변질을 막는 방법이다.

(2) 종류별 특징

① CA 저장 (Controlled Atmosphere Storage)

(가) 인공적으로 저장고 내의 CO_2량을 증가시키고, O_2량을 줄여서 식품을 질식 상태로 만든다.

(나) 그러나 CO_2의 농도가 한계를 넘으면 오히려 열화

(다) 습도는 약 85~95% 유지한다.

(라) 호흡이 왕성한 채소류나 과일류 등의 저장법

(마) 보통 일반 냉장법과 병용함이 좋다.

② 옥시토롤 저장 (Oxytorol Storage)

(가) CO_2의 농도를 조절대상으로 하지 않는다.

(나) 냉장고 내 질소가스를 보내어 산소량 감소 (즉, N_2, O_2의 비율 조절)

(다) 표고버섯 등의 단기 출하용으로 많이 사용

③ 필름 포장 저장

(가) 저밀도 PE, PVC (폴리염화비닐) 등의 필름을 이용하여 포장하여 저장한다.

(나) 포장 내 저O_2, 고CO_2가 형성되어 CA 효과가 있다.

(다) 더불어 필름 포장으로 인하여 증발을 억제하여 증산방지 효과가 있다.

④ 감압저장 (Hypobaric Storage)

(가) 밀봉 용기 내 야채를 넣고 진공펌프로 감압(약 0.1기압)시킨다.

(나) 진공으로 인한 저온 상태 + 저산소 상태에서 가습공기를 서서히 넣는다.

⑤ 방사선 조사 (Radiation)

(가) 방사선의 조사에 의하여 살균, 살충, 발아억제 등의 효과를 기대한다.

(나) 일본에서는 감자의 발아 억제용으로 이 방법이 허가되어 있다.

8 저온 유통체계 (Cold Chain System)

(1) 처음 단계인 생산자로부터 마지막 단계인 소비자까지의 저온 취급 연결고리를 '저온 유통체계'라고 한다.

(2) 보관창고, 냉장차, 수송, 판매 등 전 단계에 걸쳐 저온유지가 되게 관리하는 기법 (TTT 선도 등을 고려하여 과학적으로 관리되어야 함)이 필요하다.

(3) 미국, 일본 등에서 가장 많이 연구되어 왔다.

(4) 시간 – 온도 – 품질내성 간의 관계를 고려한 과학적 방법의 식품보존법이다.

(5) 경과시간(유효기간)과 식품온도는 반비례 관계이다. 즉, 다음 그림과 같이 식품의 TTT (Time, Temperature, Tolerance) 관계가 성립된다.

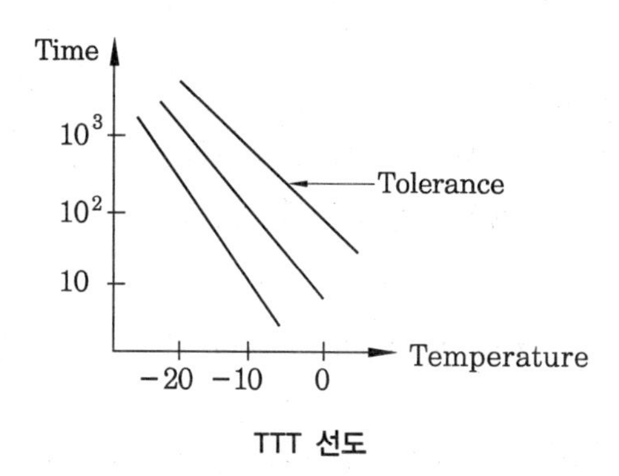

TTT 선도

9 식품 냉장·냉동의 종류

(1) 냉장

① 보통 0 ~ 10℃ 정도에서 단기간 보존 방법이다.

② 얼리지 않은 상태로 식품을 저온 저장하는 방법이다.

(2) 칠드

① 보통 −5 ~ 5℃ 정도에서의 보존 방법이다.

② 냉장과 어는점 부근의 온도대에서 식품을 저장하는 방법이다.

(3) 빙온냉장(Super Chilled Storage)

① 0℃ 근처 ~ 그 식품의 동결점까지의 냉장

② 일종의 잠시 동안의 임시저장 방법이다.

(4) 반동결 저장(부분동결 저장 ; Partial Freezing Storage)

① 보통 최대 빙결정 생성대인 영하 3도 부근의 냉장(중기 저장법)

② 조직 중 일부가 빙결정인 상태

③ 저장기간의 연장

④ 해동의 번잡성을 피한다.

(5) 냉동(동결 저장)

① 보통 −18℃ 이하에서 완전히 얼려서 저장하는 방법이다.

② 냉각(동결점 이상에서 저장) 대비 장기 저장이 주목적이다.

10 식품의 보장성 장해 및 드립

(1) 식품의 보장 장해 (Storing Injury of Foods)

① 정의 : 식품의 보장을 잘못해서 생기는 각종 손상

② 증상

㈎ 외표면 : 건조, 변색 등

㈏ 내부 : 내부 빙결정으로 체적 약 10 % 증가하여 조직파괴 초래

㈐ 생물의 사후 변화 : 미생물, 세균 등에 의한 것

(2) 드립 (Drip)

① 해동식품의 해동 시 나오는 체액으로 품질의 척도이다(드립이 적을 것).

② 종류

㈎ 유출 드립 (Free Drip) : 해동 시 조직 내 빙결정이 녹아 자연적으로 분리되는 유즙

㈏ 압출 드립 (Expressive Drip) : 1 ~ 2 kgf/cm^2의 압력을 가할 시 분리되는 유즙

11 해동장치

해동장치란 식품을 신속히 동결 이전의 상태로 복원시키는 장치이다.

(1) 해동 원칙

① 저온 상태에서 실시 : 10℃ 이하에서 실시한다.

② 급속히 실시 : 1~2시간 내 완료한다.

(2) 해동방법

① 공기 해동장치 : Air Blast형, 가압형, 공기정지형 (하룻밤 정도 방치해 둠) 등

② 물 해동장치 : 20℃ 정도의 물을 사용하는 방법이다.

③ 전기 해동장치 (가장 신속) : 전기 저항형, 유전 가열형 등이 있다.

④ 접촉 해동장치

㈎ 온수를 흘린 해동판 사이에 원료를 끼워 넣어 균일하고 빠른 해동이 가능하다.

㈏ 단점 : 접촉판 (압착판, 해동판)장치, 온수시설 등 특별한 장치가 필요하다.

⑤ 수증기 해동장치

㈎ 일정한 감압 (약 10 ~ 15 mmAq) 하에 수증기를 사용한다.

㈏ 접촉 해동처럼 해동 속도가 빠르고, 균일한 해동이 가능하다.

㈐ 해동 품질은 우수하지만, 장치가 고가라는 단점이 있다.

⑥ 진공 해동장치

㈎ 진공용기 내의 온도와 진공압력이 상관관계가 있다는 점을 이용하는 방식이다.

㈏ 장치의 주요 구성 요소로는 진공용기, 진공추기장치, 보일러 혹은 전기가열기, 순환펌프 등이 있다.

㈐ 진공상태에서 발생한 수증기의 응축잠열을 동결식품에 주면서 해동하는 방식이다.

㈑ 진공상태에서 운전하므로 비교적 낮은 해동온도를 얻는 것이 가능하고, 열에 민감한 식품의 해동에 적합하고 품질이 우수한 편이다.

⑦ 라디오파 해동장치

㈎ 라디오파 해동장치는 전자파의 일종인 라디오파를 이용해 얼리는 과정과 녹는 과정에서 조직 파괴를 최소화하는 방식이다.

㈏ 장파장의 RF(라디오파)를 이용해 모양에 상관없이 균일하게 해동되고, 내부 깊숙이 열이 전달되어 겉과 속이 고르게 녹는다.

12 급속 동결

(1) 최대 빙결정 생성대 (약 −1∼−5℃)를 가능한 한 빨리 통과시키는 것이 동결에 따른 품질 저하를 최소로 할 수 있는데, 일반적으로 이것이 약 30분 이내인 경우를 급속 동결이라고 하고, 그 이상인 경우를 완만 동결이라고 한다.

(2) 과실의 경우에는 동결층이 과육의 표면부에서 중심부로 진행하는 속도가 3 cm/h 이상이면 급속 동결, 그 이하이면 완만 동결이라고 한다.

(3) 일반의 식품인 경우에 생성되는 빙결정의 크기가 70 μm 이상이면 완만 동결, 그 이하가 급속 동결이라고도 한다.

(4) 심온 동결 (deep freezing) : 식품의 평균 품온이 −18℃ 이하로 유지하는 방식이다.

13 동결시간

(1) 동결시간(freezing time)은 동결점의 초온부터 동결 종온에 도달하기까지 경과하는 시간을 말한다.

(2) 공칭 동결 시간 (nominal freezing time) : 초온이 0℃로 균일한 식품이 온도 중심점의 최종온도가 동결점보다 10℃ 낮아질 때까지의 걸리는 시간을 말한다.

(3) 유효 동결시간 (effective freezing time)
① 초온 (품온)이 α[℃]로 균일한 식품이 β[℃]까지 내려가는데 걸리는 시간을 말한다.
② 일반적으로 동결 시간이란 '유효 동결 시간'을 말한다.

(4) 동결하기 위하여 걸리는 시간은 여러 가지 인자에 의하여 좌우되는데, 그중의 어떤 것은 동결되는 식품 자체에 관계하는 것이지만, 그 외는 이용하는 동결 장치에 관계하는 것으로, 가장 중요한 것은 다음과 같다.
① 식품의 대소와 형상, 특히 두께
② 식품의 초온 (동결 전)과 종온(동결 후)
③ 동결 매체의 온도
④ 식품의 표면 열전달률
⑤ 식품의 열전도율
⑥ 엔탈피 (enthalpy)의 변화 등이다.

(5) 식품의 동결 시간은 식품의 품온을 측정함으로써 실제적으로 측정 가능하나, 동결 시간을 계산하여 구하는 것은 다수의 파라미터 (parameter)가 관련하여 있으므로 대단히 힘들다.

14 동결속도

(1) 단위 시간당의 빙결 전선 (ice front)의 진행 (cm/h)을 동결 속도 (freezing rate)라고 한다.

(2) 공칭 동결속도 (nominal freezing rate) : 식품의 온도 중심점을 통과하는 절단면에서 그것을 2등분한 때의 최소두께 (원에서의 반경, 최단 거리)를 공칭 동결 시간으로 나눈 값을 말한다.

(3) 유효 동결속도 (effective freezing rate) : 식품의 온도 중심점을 통과하는 절단면에서 그것을 2등분한 때의 두께를 유효 동결 시간으로 나눈 값이다.

15 동결률 (freezing ratio ; 凍結率)

(1) 식품을 동결점 이하로 냉각하면 식품 중에는 고체의 얼음과 액상의 물이 공존한다.

(2) 이때 식품의 처음의 함유 수분량에 대하여 빙결정으로 변한 비율을 동결률이라고 한다.

(3) 응용

① 동결점과 공정점(共晶點) 사이의 온도에서 식품 속의 수분이 얼어 있는 비율을 말하므로 동결 수분율이라고도 한다.

② 식품 중의 수분은 동결점에서 0%, 공정점에서 100% 동결한다.

③ 동결점과 공정점 사이의 온도에서 동결되어 있는 비율은 근사적으로 다음 식으로 구한다(백분율 표현).

$$동결률 = \left(1 - \frac{식품의\ 동결점(℃)}{식품의\ 온도(℃)}\right) \times 100\,\%$$

④ 동결률을 1에서 빼어 100배 한 것을 미동결률(미동결 수분율)이라고 한다.

(4) 동결점과 공정점

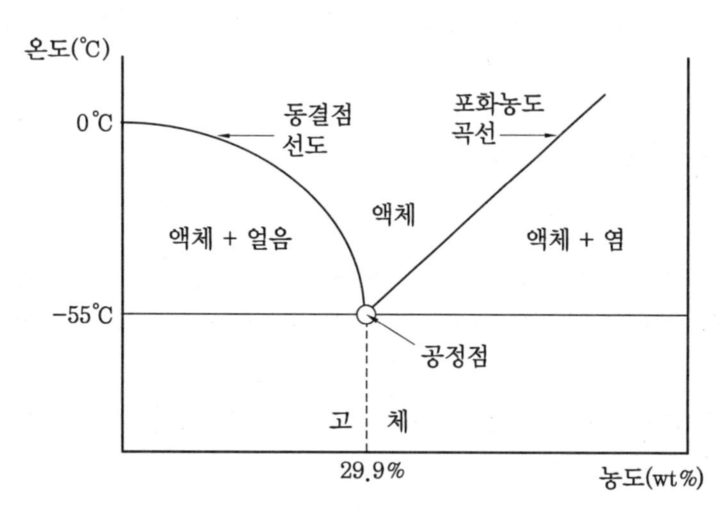

염화칼슘 수용액의 특성선도

16 냉동창고의 Air relief valve

(1) 냉동창고(보통 -18℃ 이하 물품 보관 창고)에서 냉동기 가동을 멈추면 고내 체적이 팽창하므로 창고를 구성하는 단열벽체가 찌그러지는 현상이 발생할 수 있으므로 벽체에 밸브를 설치하여 상승한 내압을 방출할 수 있도록 설치한다.

(2) 보통 설치 온도 기준은 영하 10℃ 이하면 설치 권장한다.

(3) 일명 기압조정변이라고도 한다.

17 냉동창고의 잠금방지장치

(1) 냉동창고(축산물, 수산물 등의 냉동물품 보관)에서 내부에 작업원이 작업을 할 때 등 실수로 외부에서 방열도어를 닫고 잠그거나 혹은 방열도어가 고장 시 내부에서 인원이 동사할 우려가 있다.

(2) 따라서, 그러한 안전사고를 방지하기 위하여 냉동창고 내부에서 열고 나올 수 있도록 냉동방열도어의 안쪽에 잠금방지 장치를 설치한다.

(3) 잠금방지장치는 보통 감금경보설비 (고(庫) 내 감금을 외부에 알리기 위한 설비로서 고(庫) 내 및 사람이 상주하는 곳에 부저 및 적색램프를 설치함) 와 함께 설치하는 것이 좋다.

(4) 그 밖에 손잡이(압봉)에 야광 불빛을 설치하여 어떠한 비상시에도 쉽게 출입구의 위치를 찾을 수 있게 설계가 필요하다.

18 함수율

(1) 함수율 (含水率 ; Percentage of Moisture)이란 재료 중에 포함된 수분의 비율을 말하는 것으로, 재료에 포함된 고형질이 적을수록 또는 유기질이 많을수록 함수율이 크게 된다.

(2) 함수율을 계산하기 위해 수분의 질량을 식품 전체의 질량(수분을 제외한 질량 + 수분의 질량)으로 나누어 계산한다.

예제 함수율 80 %인 농산물 1000 kg을 함수율 20 %의 농산물로 건조시키고자 한다. 제거하여야 할 수분량을 계산하시오.

해설 ① 건조 전 수분량 = 1000 kg × 0.8 = 800 kg

② 건조 전 수분 제외한 질량 = 200 kg

③ 함수율 20%일 때의 수분량을 x[kg]이라면

$$\frac{x}{(200+x)} = 0.2$$

$$x = 50\,\text{kg}$$

∴ 제거하여야 할 수분량 = 800 kg − 50 kg = 750 kg

19 저온잠열재

(1) 콜드 체인 시스템은 상온보다 낮은 온도로 유지되어야 할 대상물을 생산 단계에서부터 소비자에게 이르기까지 지속적으로 적절한 온도로 유지시켜 생산 당시의 품질 상태로 소비자에게 공급하는 유통체계 시스템을 의미하며 여기에 저온잠열재가 많이 응용된다.

(2) 저온잠열재(PCM : Phase Change Materials)는 저온에서의 상변화에 의해 냉동이 가능한 물질(물, 얼음, 공융용액 등)을 말한다.

(3) 저온잠열재의 종류

① 물과 얼음

(가) 가장 대표적인 잠열재이다.

(나) 일정한 상변화 온도와 잠열량을 갖고 있다.

② 공융용액(두 가지 이상의 혼합물질 또는 화합물질)

(가) 고유의 공융점(공정점)을 갖는 상변화 상태도를 갖게 된다.

(나) 공융용액 실용화 조건

㉮ 과냉각이 작고 사용온도에 적합한 공융점을 가진 용액

㉯ 잠열량 및 기타 열물성치가 우수한 용액

㉰ 장기간의 주기적인 동결해빙 과정에서 변형이 없는 물질

㉱ 가격이 저렴한 물질

㉲ 독성이 적은 물질

㉳ 부식성이 적고 화학적으로 안정된 물질

20 표면 동결(表面凍結)

(1) 표면 동결은 급속 동결(-1 ~ -5℃의 빙 생성대를 30분 내로 급속히 통과)로 진행된다. → 생신, 식품 내 얼음입자가 미세하게 되어 품질이 좋아진다.

(2) 열저항이 중심점으로 갈수록 급속히 증가하여 동결속도(凍結速度)가 느려진다.

(3) 식품 동결선도

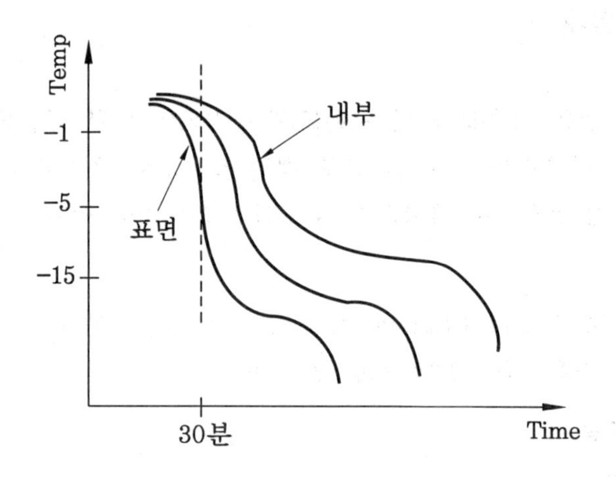

21 개별 급속 냉동방식 (IQF : Individual Quick Freezing)

개체 한 개씩 동결한 식품을 말하며 설치비, 운영비가 다소 비싸지만 냉동품의 품질이 우수하여 고급 냉동방식으로 많이 사용된다.

(1) 방식

각 개체에 액화가스 등을 살포시켜 순간적으로 동결(약 -80℃ 이하)하는 방식을 주로 사용한다.

(2) 장점

① 초급속으로 동결이 가능하다.
② 연속 작업이 가능하다.
③ 동결장치에 맞는 블록으로 하지 않아도 된다.

(3) 단점

① 설치비와 운영비가 비싸다.
② 제품에 균열이 생길 수 있다.

(4) 용도

① 새우, 반탈각굴, 기타 고급 어종 등에 주로 사용
② 기타 소포장 단위로 판매해야 할 식품 등

22 압축기 필요 회전수

(1) 압축기의 필요 회전수란 필요 체적유량을 압축하기 위한 압축기의 회전수를 말한다.
(2) 압축기 필요 회전수는 다음과 같이 비교 회전수를 구하는 일반식에서 유도될 수 있다.

비교 회전수 $Ns = N \times \dfrac{\sqrt{Q}}{H^{\frac{3}{4}}}$ 에서, $N = Ns \times \dfrac{H^{\frac{3}{4}}}{\sqrt{Q}}$

따라서 압축기 필요 회전수는 체적유량의 근의 역수에 비례한다.

예제 증발온도가 5℃, 응축온도가 40℃, 포화액에서 팽창하고 건포화증기에서 압축되며 압축효율이 80%, 비교속도가 35 rpm 의 조건으로 500USRT (미국냉동톤)의 원심식 압축기에서 프레온 12 (R-12) 냉매로서 압축기에 대한 소형화를 계획할 때, 프레온 11(R-11) 냉매를 사용하는 경우에 비해 압축기 회전수는 몇 배 정도인지 계산하여 답하시오 (단, 체적효율은 93%이고 다음 냉매에 대한 성능치를 참조하며, 답은 소수 셋째자리에서 반올림 할 것).

내 용	R - 11	R - 12
① 응축기 엔탈피 (kcal/kg)	108.1	109.2
② 압축기 입구측 엔탈피 (kcal/kg)	146.2	137.3
③ 압축기 출구측 엔탈피 (kcal/kg)	151.3	141.7
④ 압축기 입구측 가스 비체적 (m^3/kg)	0.34	0.05

해설 (1) $P-h$ 선도

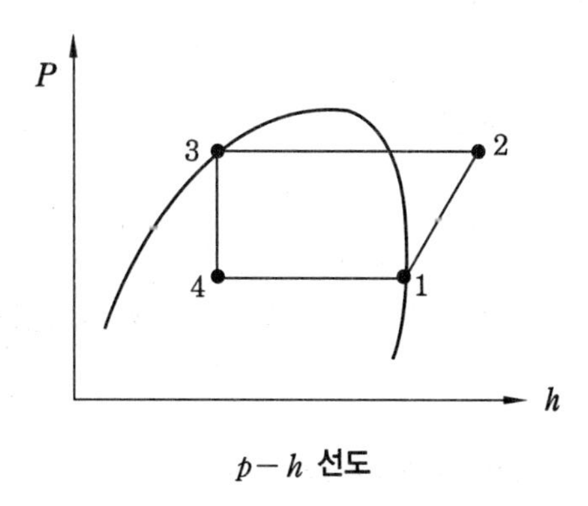

$p-h$ 선도

(2) R-11 냉매에 대한 계산
① 냉동능력 $q = G(h_1 - h_4)$

여기서, G : 냉매의 질량유량 (kg/h)

따라서 $G=\dfrac{q}{(h_1-h_4)}=\dfrac{(500\,\text{USRT}\times 302\,\text{kcal/h})}{(146.2-108.1)}=39685.04\,\text{kg/h}$

② 압축기 입구측의 비체적 $V=\dfrac{Q}{G}$ 에서,

체적유량 $Q=V\times G=0.34\times 39685.04=13492.91\,\text{m}^3/\text{h}$

여기서 체적효율 93 %를 고려하면, $Q=\dfrac{13492.91}{0.93}=14508.51\,\text{m}^3/\text{h}$

(3) R-12 냉매에 대한 계산

① 냉동능력 $q=G(h_1-h_4)$

여기서, G : 냉매의 질량유량 (kg/h)

따라서 $G=\dfrac{q}{(h_1-h_4)}=\dfrac{(500\,\text{USRT}\times 3024\,\text{kcal/h})}{(137.3-109.2)}=53807.83\,\text{kg/h}$

② 압축기 입구측의 비체적 $V=\dfrac{Q}{G}$에서,

체적유량 $Q=V\times G=0.05\times 53807.83=2690.39\ \text{m}^3/\text{h}$

여기서, 제척효율 93 %를 고려하면 $Q=\dfrac{2690.39}{0.93}=2892.89\ \text{m}^3/\text{h}$

(4) 필요 회전수 계산

비교 회전수 $Ns=N\times\dfrac{\sqrt{Q}}{H^{\frac{3}{4}}}$ 에서,

$$N=Ns\times\frac{H^{\frac{3}{4}}}{\sqrt{Q}}$$

① 따라서, $R-11$ 사용 시의 회전수 (N_1)

$$N_1=\frac{Ns\times H^{\frac{3}{4}}}{\sqrt{Q_1}}\propto\frac{1}{\sqrt{14508.51}}\propto\frac{1}{120.45}$$

② $R-12$ 사용 시의 회전수 (N_2)

$$N_2=\frac{N_s\times H^{\frac{3}{4}}}{\sqrt{Q_2}}\propto\frac{1}{\sqrt{2892.89}}\propto\frac{1}{53.79}$$

③ 결론

따라서, $N_1 : N_2=\dfrac{1}{120.45}:\dfrac{1}{53.79}=1:2.24$

즉, $R-12$ 적용 시스템의 회전수는 $R-11$ 적용 시스템의 회전수보다 2.24배 크게 설계되어야 한다.

체적효율 (Volumetric Efficiency ; η_v)

$$\eta_v=\frac{\text{유체의 실제배출량}}{\text{이론상의배출량}}\times 100(\%)$$

제 25 장

냉매, 선도 및 효율

1 냉매의 구비조건

(1) 물리적 조건

① 임계온도가 높고 상온에서 반드시 액화할 것 : 임계온도가 낮은 증기는 임계온도 이상에서 압력을 아무리 높여도 응축되지 않으므로 다시 냉매로 사용할 수가 없다.

② 응고온도가 낮을 것

③ 응축압력이 비교적 낮을 것(안전성 및 효율적 운전 고려) : 자연계의 공기나 물로서 냉각할 때 대기압 이상의 적당한 압력에서 응축되는 것이 좋다. 압력이 너무 낮으면 장치 내로의 불응축 가스 유입, 너무 높으면 장치의 파열 및 압축기 축동력 증가 등이 일어날 수 있다.

④ 증발잠열이 클 것 : 증발잠열이 크게 되면 적은 양의 냉매를 증발시켜도 냉동작용이 크게 된다. 예를 들어 암모니아는 비교적 증발잠열이 크므로, 냉매유량이 적어도 냉동능력은 크게 되어 대형 냉장고나 제빙장치에 적합하다.

⑤ 비점이 적당히 낮을 것 : 일반적으로 비점이 너무 높은 냉매를 저온용으로 사용하면 압축기의 흡입압력이 극도의 진공이 되어 효율이 나쁘게 된다. 그리고 주위와의 압력차가 너무 크게 되어 불응축 가스가 혼입하거나 냉매가 누설되기 쉽다.

⑥ 증기의 비체적이 적을 것 : 압축기 흡입증기의 비체적이 적을수록 피스톤 토출량은 적어도 되므로 장치를 소형화할 수 있다.

⑦ 압축기 토출가스의 온도가 낮을 것 : 압축기 토출가스 온도가 높으면 체적효율이 저하될 뿐만 아니라, 기통 내에서 윤활유의 탄화나 열화 혹은 분해가 일어나기 쉽고, 윤활작용의 저해도 일어날 수 있기 때문에 낮은 것이 유리하다.

⑧ 저온에서도 증발 포화압력이 대기압 이상일 것

⑨ 액체비열이 비교적 작을 것(플래시 가스 방지)

⑩ 상온에서도 응축액화가 용이할 것
⑪ Oil과 반응하여 악영향이 없을 것
⑫ 비열비가 낮을 것(압축기 과열 방지)
⑬ 전기적 절연내력이 클 것(절연 전기저항이 클 것)
⑭ 점도, 표면장력 등이 낮을 것(일반적으로 점도가 높으면 비점이 높아진다.)
⑮ 패킹재 침식 방지

(2) 화학적 조건

① 금속을 부식시키지 않을 것(불활성일 것)
㈎ 비록 냉매에 기름, 공기, 수분 등이 혼입되었을 때라도 냉동장치에 사용되는 재료를 부식시키지 않아야 한다.
㈏ 암모니아는 동, 동합금을 침식(부식)시키기 때문에 동관을 사용하는 전동기를 내장한 밀폐형 압축기의 냉매로서는 사용할 수가 없다.
② 화학적 결합이 안정되어 있을 것(변질되지 않을 것) : 냉동장치의 각 온도에서 그 자신이 분해되어 불응축 가스를 생성한다거나, 그 자신의 성질이 변하지 않아야 한다.
③ 가급적 인화성 및 폭발성이 없을 것
④ 윤활에 해가 없을 것

(3) 생물학적 조건

① 인체에 무해할 것
② 악취가 나지 않을 것
③ 식품을 변질시키지 않을 것

(4) 경제적 조건

① 가격이 저렴하고, 구입이 용이할 것
② 동일 냉동능력당 소요동력이 적게 들 것(고효율)

(5) 기타

① 누설검지가 쉬울 것 : 물리적 방법이나 화학적 방법으로 쉽고 확실하게 검지할 수 있어야 한다.
② 누설되어도 냉동, 냉장품 및 자연환경에 손상을 주지 않을 것
③ 독성 및 자극이 없을 것
④ 가급적 누설되지 말 것 등

2 냉매의 명명법

(1) 할로겐화 탄화수소 냉매

① R□□□로 'R + 100단위 숫자' 형식으로 표기하며,

㈎ 백의 자리 : (탄소 − 1)

㈏ 십의 자리 : (수소 + 1)

㈐ 일단위 : (불소)로 표기한다.

② 염소 (Cl) 원자의 수는 표기에서 생략한다.

③ 냉매의 명명법 사례

$CHClF_2$ → R22

CCl_3F → R11

CCl_2F_2 → R12

$C_2H_2F_4$ → R134

CH_2FCF_3 → R134A (위 R134보다 극성이 크며 원잡열이 다른 이성질체임)

```
   F   F            H   F
   |   |            |   |
H - C - C - H    H - C - C - F
   |   |            |   |
   F   F            F   F

    R134              R134A
```

④ 분자식 산출방법

㈎ 위의 냉매의 명명법 사례를 반대로 생각하면 분자식이 산출된다.

즉, R□□□에서

백의 자리 + 1 = C의 수

십이 자리 − 1 = H의 수

일의 자리 = F의 수

㈏ 단, 여기에서 Cl의 수는 다음과 같이 산출한다.

㉮ 메탄계 (CH_4에서 H 대신 Cl이나 F로 치환한 것)일 경우

Cl의 수 = 4 − (H의 수 + F의 수)

㉯ 에탄계 (C_2H_6에서 H 대신 Cl이나 F로 치환한 것)일 경우

Cl의 수 = 6 − (H의 수 + F의 수)

(2) 혼합냉매, 유기화합물 및 무기화합물

① 비공비혼합냉매 (非共沸混合冷媒) : R400 계열로 명명 : 조성비에 따라 오른쪽에 A, B, C 등을 붙인다 (R407C, R410A).

② 공비혼합냉매(共沸混合冷媒) : R500부터 개발된 순서대로 일련번호를 붙인다(R500, R501, R502).

③ 유기화합물(有機化合物)

㈎ R600 계열로 개발된 순서대로 명명

㈏ 부탄계(R60X), 산소화합물(R61X), 유황화합물(R62X), 질소화합물(R63X)

④ 무기화합물(無機化合物)

㈎ R700 계열로 명명

㈏ 뒤 두 자리는 분자량(NH_4 = R717, 물 = R718, 공기 = R729, CO_2 = R744)

(3) 기타 명명법

① 불포화 탄화수소 냉매 : R1(C−1)(H+1)(F)

할로겐화 탄화수소 명명법에 1000을 더해서 나타낸다(R1270, R1120).

② 환식 유기화합물 냉매 : RC(C−1)(H+1)(F)

할로겐화 탄화수소 명명법에 'C'(Cycle)를 붙인다. (RC317) 유기물

③ 할론 냉매 : halon(C)(F)(Cl)(Br)(I)

R12 = halon1220, R13B1 = halon1301, R114B2 = halon2402

3 암모니아 냉매

(1) CFC계 냉매의 대체 냉매로 HCFC, HFC계 냉매가 대별되나, 종래의 냉매 대비 증발잠열, 응축압력, 냉동 oil 등에 다소 문제가 있어 극복 과제가 되고 있다. 또 대체 프레온 역시 지구온난화 효과가 크기 때문에, 앞으로는 사용 규제가 강화될 전망이다.

(2) 반면에 암모니아는 순수한 자연냉매의 일종이므로 오존층 파괴나, 지구온난화 등의 폐해가 없을 뿐 아니라 증발잠열이 상당히 큰 편이기 때문에 잘만 사용하면 앞으로 보급의 가능성도 충분히 있다고 하겠다.

(3) 암모니아 냉매의 사용이 활성화되기 위해서는 독성, 인화성 등의 문제점이 효과적으로 극복되어야 하는 것이 앞으로의 숙제이다.

(4) 암모니아가 압축식 냉동기의 냉매로 사용되는 경우

① 특성 및 장점

㈎ 증발잠열이 커서(약 300 ~ 330 kcal/kg) 냉동능력이 큰 편이다. → R22가 약 52 kcal/kg인 것에 비하면 상당히 큰 편이다.

㈏ 가격이 저렴하다(대용량일수록 유리).

㈐ 친환경적 자연냉매이다(일부 범위에서는 프레온 냉매를 대체 가능).

㈑ 냉매 유량이 적어도 냉동능력은 크므로 대형장치에 상당히 유용하게 적용 가

능하다.

(마) 프레온 냉매 대비 증발, 응축압력이 다소 낮은 편이다.

(바) 사용 경험이 많다.

(사) 누설 판단이 용이하다.

(아) 전열 성능은 냉매 중에서 가장 우수한 편이다.

NH_3 > H_2O > 프레온 > 공기

② 단점

(가) 유독성, 인화성 물질이다.

(나) 부식의 위험성이 높다.

(다) 폭발성 등이 우려된다.

(라) 비열비가 커서(1.3) 토출가스 온도가 높아지므로 보통 압축기 실린더 상부에 Water Jacker를 설치하는 경우가 많다.

(마) 암모니아는 동, 동합금을 침식(부식)시키기 때문에 동관을 사용하는 전동기를 내장한 밀폐형 압축기의 냉매로서는 사용할 수가 없다.

(바) 절연내력이 작고, 절연물질을 약화시키는 경향이 있다.

(사) 자적성의 냄새가 난다.

(5) 암모니아가 흡수식 냉동기의 냉매로 사용되는 경우 (NH_3/H_2O 방식)

① 특성 및 장점

(가) 흡수식 냉동기의 냉매로는 물(H_2O) 혹은 암모니아(NH_3)가 주로 사용되는데, 물(H_2O)을 사용할 경우에는 0℃ 이하이 냉동은 불가능하다. 그러나 암모니아(NH_3) 냉매를 사용할 경우에는 약 −70℃까지 증발온도를 얻을 수 있다.

(나) 결정화 문제가 없고 공랭화가 가능해 소형으로 만들 수 있다.

(다) 암모니아는 비교적 증발잠열이 크므로, 냉매유량이 적어도 냉동능력은 크게 되어 대형 냉장고나 제빙장치에 적합하다.

(라) GAX(Generator Absober exchange) 사이클로 만들어 냉동 시스템의 효율을 상승시킬 수 있다(흡수기의 배열의 일부분을 재생기의 가열에 사용함으로써 재생기의 가열량을 감소시키고, COP를 증가시키는 사이클이 GAX Cycle이다).

(마) 기타의 장점은 위 (4)번의 '암모니아가 압축식 냉동기의 냉매로 사용되는 경우'의 장점과 동일하다.

② 단점

(가) 흡수식 냉동기의 발생기에서 발생된 암모니아 증기와 수증기를 분류해 주기 위해 정류기가 필요하다(정류기에서 수증기가 제거되어 농도가 더욱 진하게 된 암모니아 증기만 응축기로 유입되게 함).

(나) 기타의 암모니아가 흡수식 냉동기의 냉매로 사용되는 경우의 단점은 유독성, 인화성, 부식 우려, 폭발성 등 상기 (4)번의 '암모니아가 압축식 냉동기의 냉매로 사용되는 경우'의 단점과 거의 동일하다.

(6) 기술 평가와 전망

① 암모니아 냉매 사용 설비는 가스누출방지기 및 경보기 설치의 필요 등 제약이 많아 실제 현장 보급건수(입찰 수주건)가 적은 편이다.

② 최근 암모니아의 독성, 가연성 등의 위험을 최대한 줄이기 위해 암모니아 냉매 사용량을 1/50 이하로 대폭 줄인 시스템을 보급하기도 한다.

③ 그 외 암모니아 냉매를 사용하는 공조설비가 세계적으로 수요가 계속 증대되기 위해서는 프레온 설비 사양에 비해 가격이 약 20% 이상 비싼 것을 극복할 필요가 있다.

④ 암모니아 냉매가 적용된 냉동 시스템은 지구온난화 방지를 위한 친환경 자연냉매의 보급을 위해 앞으로 더 많은 연구가 이루어질 것으로 기대되고 있다.

4 대체냉매 관련 국제협약

(1) 몬트리올 의정서

1987년 몬트리올에서 개최된 오존층 파괴를 막기 위한 CFC계 및 HCFC계의 냉매 사용 금지 관련 협의

① CFC계 냉매 금지 : 1996년

② HCFC계 냉매 금지 : 2030년(개도국은 2040년)

③ HCFC계 냉매 금지 관련 EU의 실제 움직임 : 2010년 Phase out → 실제로는(Action Plan) 2000년대 초부터 금지하기 시작했다.

(2) 교토 기후변화협약(The Kyoto Protocol)

① 1995년 3월 독일 베를린에서 개최된 기후변화협약 제1차 당사국총회에서 협약의 구체적 이행을 위한 방안으로 2000년 이후의 온실가스 감축목표에 관한 의정서 논의의 시작(온실가스 감축 관련 처음으로 논의되던 1992~1995년 당시 한국은 개도국으로 분류되어 1차 감축대상국에서 제외됨)

② 1997년 12월 일본 교토에서 개최된 지구온난화 물질 감축관련 3차 총회(지구 온난화를 인류의 생존을 위협하는 중요한 문제로 인식) → 2005년 2월 16일 부터 발효되었다.

③ 대상가스는 이산화탄소(CO_2), 메탄(CH_4), 아산화질소(N_2O), 불화탄소(PFC), 수소화불화탄소(HFC), 불화유황(SF_6) 등이다.

④ 선진국가들에게 구속력 있는 온실가스 배출의 감축 목표 및 대상 (Quantified Emission Limitation & Reduction Objects : QELROs)을 설정하고, 5년 단위의 공약기간을 정해 2008 ~ 2012년까지 38개국 선진국 전체의 배출량을 1990년 대비 5.2 %까지 감축할 것을 규정하고 있다(1차 의무 감축 대상국).

⑤ 그 밖의 국가들 중 2차 의무 감축 대상국은 2013 ~ 2017년까지 온실가스의 배출을 감축하도록 되어 있다.

5 대체냉매 (프레온계 및 비프레온계)

(1) 낮은 증기압의 냉매 (HCFC123, HFC134A)

① 원심식 칠러 등 : CFC11 → HCFC123 (듀퐁사 등)

② 왕복동식 칠러, 냉장고, 자동차 등 : CFC12 → HFC134A (듀퐁사 등)

③ 특징 : 순수 냉매라서 기존 냉매와 Cycle 온도 및 압력이 유사하여 비교적 간편하게 대체 가능하다.

(2) 높은 증기압의 냉매

① 가정용, 일반 냉동용 (R404A, R407C, R410A, R410B)

(가) HCFC22 → R404A, R407C, R410A, R410B로 대체

(나) 비공비 혼합냉매 (비등점이 다른 냉매끼리의 혼합)

㉮ R404A : HFC-125/134A/143A가 44/4/52 wt%로 혼합

㉯ R407C : HFC-32/125/134A가 23/25/52 wt%로 혼합

㉰ R410A : HFC-32/125가 50/50 wt% 혼합 (유사 공비 혼합냉매)

㉱ R410B : HFC-32/125가 45/55 wt% 혼합 (유사 공비 혼합냉매)

(다) 기존 냉매 대비 성적계수 (COP), GWP 등이 다소 문제

(라) 압력이 다소 높다 (압력 ; R407C/404A는 HCFC 22 대비 약 7 ~ 10 % 상승되며, R410A는 HCFC 22 대비 약 60 % 상승됨).

(마) 서비스성이 다소 나쁨 (누설 시에는 주로 끓는점이 높은 HFC-32가 빠져 혼합비가 변해버리기 때문에 냉매 계통을 재진공 후 새자싱을 해야 하는 경우가 많음)

② 일반 냉동용 (R507A)

(가) CFC502 (R115/R22 가 51.2/48.8 wt % 로 혼합 됨) → R507A로 대체

(나) R507A는 유사공비 혼합냉매 (엄격히는 비공비 혼합냉매)로 HFC-125와 HFC-143A가 50/50 wt %로 혼합됨

(다) 저온, 중온, 상업용 냉장·냉동 시스템 등에 사용

(라) R22의 특성 개선 (토출온도 감소, 능력 개선 등)

(3) 천연 자연냉매

인공 화합물이 아니고 자연 상태로 존재하여 추가적인 악영향이 없다.

① CO_2 : 체적용량이 크고, 열교환기용 튜브로는 2 mm 이하의 세관을 많이 사용, NO-Drop in(대체가 용이하지 않음)

② 부탄 (LPG), 이소부탄, C_3H_8 (R290 ; 프로판) : 냉장고 등에서 이미 상용화되고 있다.

예 이탈리아에서는 1995년부터 De'Loughi 사가 프로판을 사용한 휴대용 에어컨 (Pinguino ECO)을 개발 및 제작 라인을 가동 중이다.

③ 하이드로 카본 (HCs) : Discharge Temperature 약 20 하락, Drop-in 가능, 일부 특정 조건에서만 가연성을 가진다 (안전장치를 구비하면 큰 문제가 되지 않을 것으로 예상됨).

예 영국의 Calor Gas 사는 CFC 또는 HCFC를 Drop-in로 대체할 수 있는 Hydrocarbon 대체냉매를 판매하고 있다.

④ 기타의 천연 자연냉매 H_2O, NH_3, AIR 등

(4) Low-GWP 냉매

① EU는 프레온 가스 규정(F-gas Regulation)을 통하여 GWP 2500 이상의 HFC 냉매 및 적용 시스템을 2020년부터 판매 금지하였고, 2022년 이후에는 GWP 150 이상의 HFC 사용 시스템도 판매를 금지하고 있다.

② 현재 세계적으로 온실가스 발생이 아주 적은 Low-GWP 냉매의 개발 및 적용이 한창 진행 중이며, 그 대표적인 냉매는 아래와 같은 HFO(hydrofluoro-olefin) 계열의 냉매(수소, 불소, 탄소 원자로 구성되어 있지만 탄소 원자들 사이에 최소 1개의 이중결합이 있음)이다.

비교 항목	R1234yf	R1234ze	R1233zd	R1336mzz
ODP	0	0	0.00034	0
GWP	3	6	7	9
안전등급 (ASHRAE)	A2L	A2L	A1	A1
가연성 여부	비가연성 (Non Flammable)	비가연성 (Non Flammable)	비가연성 (Non Flammable)	비가연성 (Non Flammable)

6 냉매 유량 조절기구

(1) 냉매 유량 조절기구(팽창밸브)는 냉동 Cycle (압축 → 응축 → 팽창 → 증발) 시스템에서 냉매가 단열팽창을 이루게 하여 증발이 용이한 상태로 만들어주는 기구이다.

(2) 냉매유량을 조절해 준다.

(3) Super Heat (과열도)를 조절해 준다.

(4) 장치 측 냉매를 단속(ON/OFF)하여 준다.

(5) 종류별

① 수동식 (MEV)

(가) 프레온용과 NH_3용이 있다.

(나) 전문가 등 유량조절에 숙달된 사람만 수동으로 조절 가능하다.

② 정압식 (AEV)

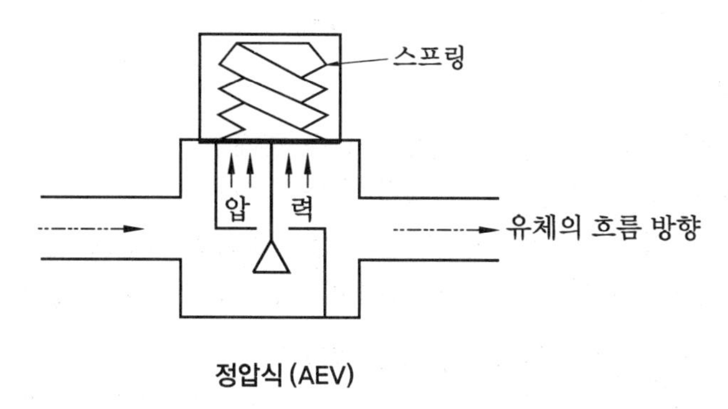

정압식 (AEV)

(가) 스프링의 탄성을 이용하여 증발압력을 일정하게 유지한다.

(나) 압력이 낮으면 열어주고, 높으면 닫아준다.

③ 온도식 (TEV)

(가) 방식 : 감온통을 이용하여 냉매유량을 증감하고 과열도를 유지해준다.

(나) 균압방식 : 내부 균압형과 외부 균압형이 있다.

㉮ 내부 균압형 : 증발기 내부의 압력강하가 적은 경우

㉯ 외부 균압형 : 증발기 내부의 압력강하가 큰 경우

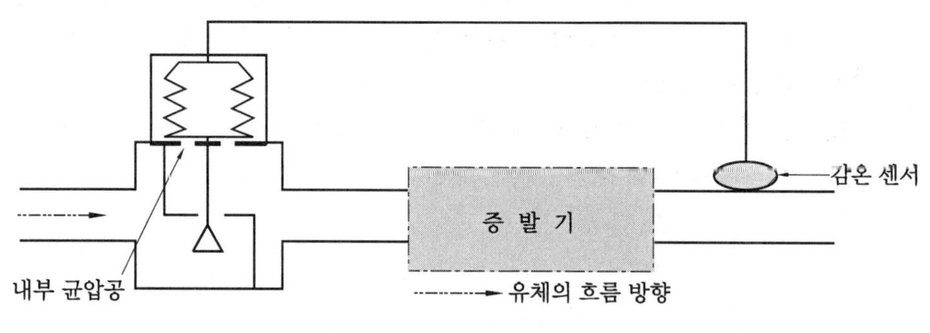

내부 균압형

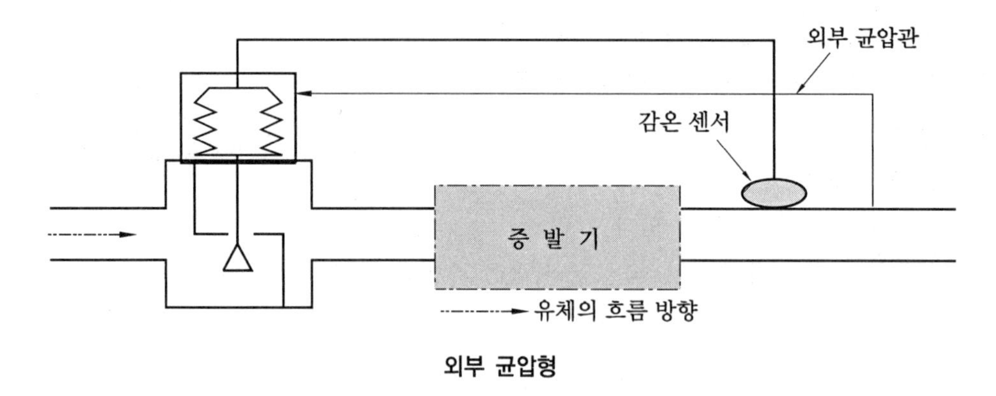

외부 균압형

㈐ 감온통 방식

㉮ 액체봉입 방식 : 감온통의 내용적이 큰 형태

㉯ 기체봉입 방식 : 감온통의 내용적이 작은 형태

㉰ 크로그 봉입방식 : 저온시의 과열도 상승(압축기 과열)을 방지하기 위해 Cross Charge형 (시스템 작동냉매와 특성이 다른 냉매를 봉입)을 쓰기도 한다.

④ 캐필러리 방식 (Capillary Tube ; 모세관 방식)

㈎ 주로 약 0.8 ~ 2.0 정도의 내경을 가진 동 Pipe를 이용하여 제작

㈏ 유량조절이 안 되므로 소용량에 적합하다.

㈐ 장점 : 가격이 저렴하고, 고장이 적다는 장점이 있다.

㈑ 단점 : Liquid Back이 우려되고, 수분 및 이물질에 취약하다 (폐색 우려).

㈒ PAC 에어컨, 룸 에어컨 등은 모세관을 많이 사용한다. 이는 모세관이 교축의 정도(밸브 개도에 상당)가 일정하므로, 냉동장치의 고압과 저압의 압력차가 별로 변화하지 않는 경우에, 냉동장비의 원가 절감을 위해 많이 사용하기 때문이다.

㈓ 자동차용 에어컨, 시스템 멀티에어컨 등에는 Capillary Tube를 사용하기 어렵다 (이는 부하조건이 외기에 많이 좌우되고, 밤·낮 및 계절에 따른 운전상태의 변화 등으로 인하여 고저압의 변동이 심하므로 모세관을 이용하여 부하 추종(고·저압 유지)이 곤란하기 때문임).

㈔ Capillary Tube 관계식 (압력 손실량)

Darcy-Weisbach의 마찰손실 공식에서,

$$\Delta P = \frac{f}{2}\rho v^2 \frac{L}{D}$$

$$\Delta P = \frac{8f}{\rho \pi^2} \times \frac{L}{D^5} m^2$$

여기서, ΔP : 캐필러리를 통한 압력손실, f : 마찰계수, ρ : 유체의 밀도
v : 유체의 속도, D : 캐필러리 배관의 내경, L : 캐필러리 배관의 길이
m : 유체의 질량유량

⑤ 저압식 Float Valve

㈎ 증발기 밸브 전에 전자밸브를 설치하며, 냉동기 정지 시 차단한다.

㈏ 증발기 액면을 일정하게 유지하는 만액식 증발기용이다.

㈐ 대용량의 만액식 증발기용으로는 Pilot Float Valve (형식은 저압식과 유사하나 별도의 Pilot Valve가 있음)를 사용한다.

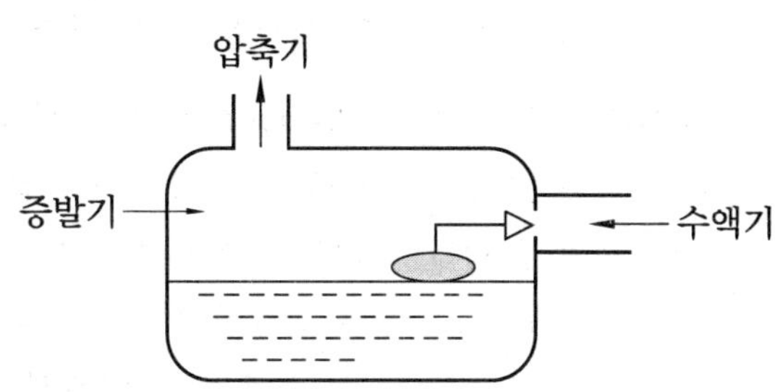

⑥ 고압식 Float Valve

㈎ 보통 수액기 밸브 전에 전자밸브를 설치하는 방식이다.

㈏ 고압측의 액면을 일정하게 유지해 준다.

㈐ 터보식 냉동기 등에 적용된다.

⑦ 전기식 팽창밸브 : Float Valve 대신 Float Switch (검지부)와 전자밸브 등을 사용하여 전기적으로 작동하는 방식이다.

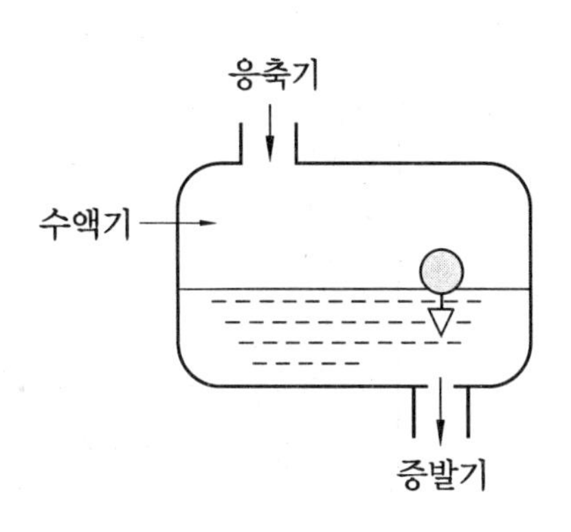

⑧ 전자식 팽창밸브 (전자팽창밸브)

㈎ Micom의 프로그램에 의해 미리 입력된 과열도를 자동으로 맞추어 주는 역할을 한다.

㈏ 종류 : 직동식 (주로 480 pulse)과 기어식 (주로 2000 pulse) 등이 있다.

7 막상응축과 적상응축

(1) 막상응축 (Film Condensation)

① 막상응축이란 응축성 증기와 접하고 있는 수직 평판의 온도가 증기의 포화 온도보다 낮으면 표면에서 증기의 응축이 일어나고, 응축된 액체는 중력 작용에 의해 평판상을 흘러 떨어지게 된다.

② 이때 액체가 평판 표면을 적시게 되는 경우, 응축된 액체는 매끈한 액막을 형성하며 평판을 따라 흘러내리게 된다. 이것을 막상응축이라 한다.

③ 액막 두께가 평판 밑으로 내려갈수록 증가하는데, 이 액막 내에는 온도 구배가 존재하고, 따라서 그 액막은 전열 저항이 된다.

(2) 적상응축 (Drop-wise Condensation ; 액적응축)

① 적상응축이란 만일 액체가 평판 표면을 적시기 어려운 경우에 응축된 액체는 평판 표면에 액적 형태로 부착되며, 각각의 액적은 불규칙하게 떨어진다(액적이 굴러 떨어지면 또 다른 냉각면이 생김). 이것을 적상 응축이라고 한다.

② 적상응축의 경우에는 평판상이 대부분 증기와 접하고 있으며, 증기에서 평판으로의 전열에 대한 액막의 열저항은 존재하지 않으므로 높은 전열량을 얻을 수 있는데, 실제의 경우에는 전열량이 막상 응축에 비해 약 7배 정도이다.

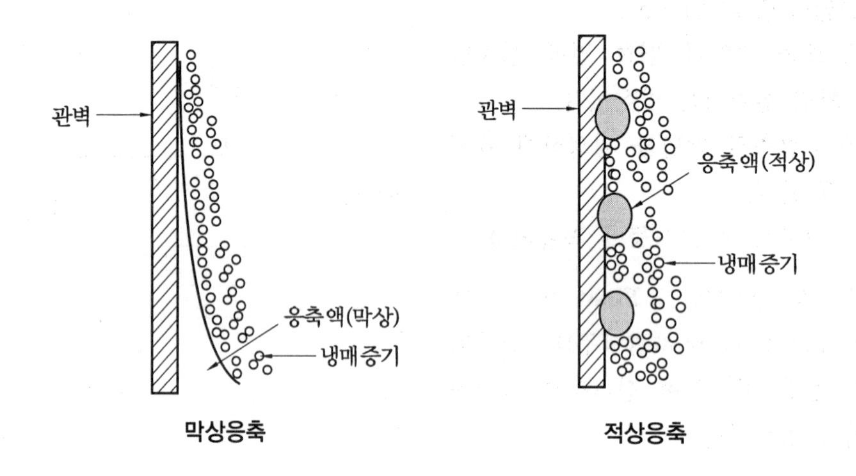

(3) 응축 열전달의 개선방법

① 적상응축을 장시간 유지하기 위하여 고체 표면에 코팅 처리를 하거나 증기에 대한 첨가제 (添加劑)를 사용하는 방법이 있다 (실제 현업에서는 적절한 효과가 발휘되지 않는 경우가 많으니 주의 필요).

② 응축 (열전달)이 불량한 쪽에 Fin 부착한다.

③ 핀을 가늘고 뾰족하게 만들어 열전달을 촉진시킨다.

(4) 설계방법

① 열전달 관점에서는 이러한 적상응축이 바람직하나, 대부분의 고체 표면은 응축성 증기에 노출되면 젖기 쉬우며 액상응축을 장시간 유지하는 것도 곤란하다.

② 적상응축 대비 응축 효율이 떨어지지만, 실제의 응축은 막상응축에 가까우므로 막상응축을 기준으로 설계하는 것이 바람직하다.

8 대수평균 온도차 (LMTD : Logarithmic Mean Temperature Difference)

(1) 냉매-물 혹은 냉매-공기의 열전달은 산술평균 온도차 이용 : 열교환 온도 (증발온도)가 거의 일정하기 때문이다.

(2) 냉수-공기 혹은 브라인-공기의 열전달은 대수평균 온도차 (LMTD) 이용 : 열교환 온도가 일정하지 않기 때문이다.

(3) 코일이나 열교환기 등에서 공기와 냉온수가 열교환하는 형식은 평행류 (병류)와 역류 (대향류) 방식으로 대별된다.

(4) LMTD의 특징

① 동일한 공기와 수온의 조건에서는 평행류 대비 대향류의 LMTD 값이 크다.

② LMTD 값이 큰 경우 코일의 전열면적 및 열수를 줄일 수 있어 경제적이다.

③ 실제 열교환기에서는 Tube Pass와 Shell Type에 의한 보정, Baffle 유무 등을 고려하고 직교류 열교환 형태 등을 감안하여야 한다.

④ 일반적으로 공조기 등의 코일에서는 대수평균온도차 (LMTD)를 크게 하여 열교환력을 증가시키기 위해 유속은 늦고 풍속은 빠르게 해준다.

(5) 대향류 (Counter Flow)

평행류 대비 열교환에 유리 (비교적 가역적 열교환)

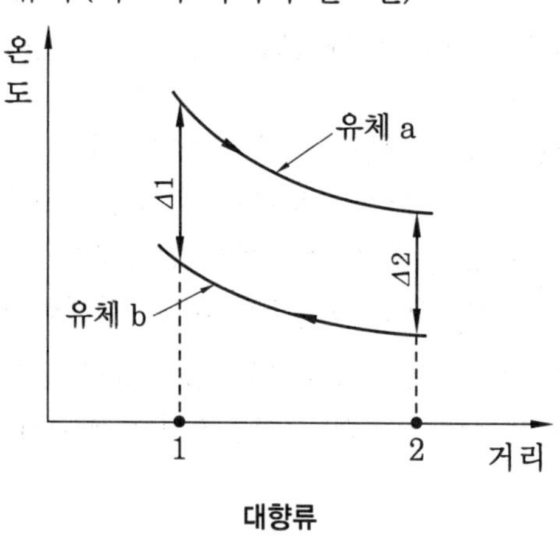

대향류

(6) 평행류 (Parallel Flow)

비가역적 열교환 증대

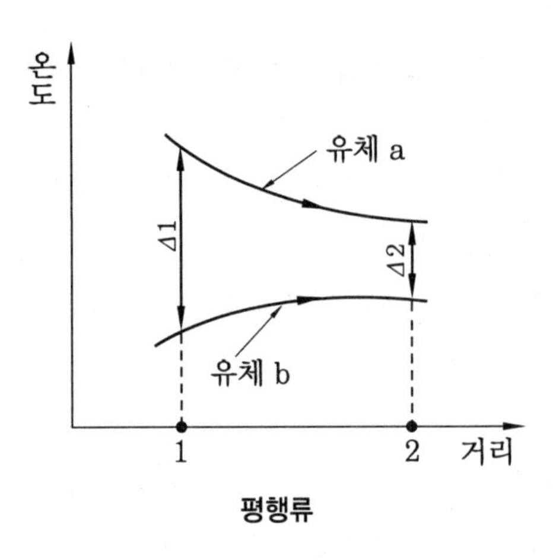

평행류

(7) 상관 관계식

$$LMTD = \frac{\Delta 1 - \Delta 2}{\ln\left(\frac{\Delta 1}{\Delta 2}\right)}$$

[가정] ① 유체의 비열이 온도에 따라 불변하다.
② 열전달계수가 열교환기 전체적으로 일정하다.

9 공조기 냉 · 온수 코일 설계방법

(1) 공조기 냉 · 온수 코일 설계 시에는 공기의 풍속은 약 2 ~ 3.5 m/s, 코일관 내의 수속은 약 1 m/s, 코일 입 · 출구 물의 온도차는 약 5℃ 정도로 하는 것이 펌프의 동력이나 마찰저항, 배관의 시공비 등의 측면에서 일반적인 방법이나, 현장여건에 따라 조금씩 달라지며 다음과 같이 코일 Size 및 열수를 설계한다.

(2) 단, 대온도차 냉동기 방식에서는 코일 입 · 출구 물의 온도차를 약 10℃ 정도로 하는 경우도 있다. 이 경우에는 코일의 정면면적이나 열수가 증가하여야 하므로 주의를 요한다.

(3) 냉 · 온수 코일 설계방법

① 코일 정면면적 계산

$$A = \frac{Q}{3600 \times V_a}$$

여기서, A : 코일 정면면적 (m^2)
Q : 소요풍량, 즉 실내부하에 따른 소요풍량 (m^3/h)
V_a: 코일 정면풍속 (m/s)

② 필요수량

$$L = \frac{q}{60 \times (t_2 - t_1)}$$

여기서, L : 필요 수량 (L/min)

q : 전열량, 즉 현열 + 잠열 (kcal/h)

$t_2 - t_1$: 물의 출구온도 – 입구온도 (℃)

③ 수속 (물의 유속)

$$V_w = \frac{L}{60 \cdot d \cdot n \times 10^3}$$

여기서, V_w : 수속 (m/s), L : 필요 수량 (L/min)

d : 코일 내부 배관 내 단면적 (m^2)

n : 코일 튜브의 수 (서킷 수 × 단수)

④ 코일의 필요열수

$$N = \frac{q}{K \cdot A \cdot C_w \cdot LMTD}$$

여기서, N : 코일의 필요 열수, q : 저열량 즉, 현열 + 잠열 (kcal/h, W)

K : 열관류율 ($kcal/m^2 \cdot h \cdot ℃$, $W/m^2 \cdot K$), A : 코일 정면면적 (m^2)

C_w : 습표면 보정계수, $LMTD$: 대수평균 온도차 (℃)

◎ 습표면 보정계수 (C_w ; 윤활면 계수)

① 코일의 열관류율 ($kcal/m^2 \cdot h \cdot ℃$, $W/m^2 \cdot K$)을 보정하는 계수이다.

② 입구수온의 온도와 입구공기의 노점온도 간의 온도차가 클수록, 또 입구수온의 온도와 입구공기의 건구온도 간의 온도차가 작을수록 습표면 보정계수는 커진다 (일반적으로 현열비가 적어질수록 습표면 보정계수가 커진다).

10 열전달 단위수 (NTU : Number of transfer unit)

(1) 열전달 단위수 혹은 교환계수라고도 하며, 열교환기에서 Size 및 형식을 결정하는 척도인자

(2) 계산식

$$NTU = \frac{KA}{C_{min}} = \frac{\text{열교환기의 열전달능력}}{\text{유체의 열용량 중 적은 쪽}}$$

여기서, K : 열관류율 ($kcal/m^2 \cdot h \cdot ℃$)

A : 전열면적(m^2)

C_{min} : 열용량 (두 매체의 열용량 중 최소 열용량 ; kcal/℃)

(3) LMTD 및 유용도(ε)와의 관계

① 열교환기에서 유체들의 모든 입출구 온도들을 알고 있으면 LMTD로 쉽게 해석되나, 유체의 입구온도 또는 출구온도만 알고 있으면 LMTD 방법으로는 반복계산이 요구되므로, 이 경우 유용도 - NTU (Effectiveness-NTU)를 사용한다.

② $유용도 = \frac{실제\ 열전달률}{최대\ 가능\ 열전달률}$

(단위 : 무차원, ε는 0과 1 사이의 값)

③ NTU가 대략 5 정도일 때 유용도가 가장 높아진다.

④ 용량 유량비 $R_c = \frac{C_{min}}{C_{max}}$

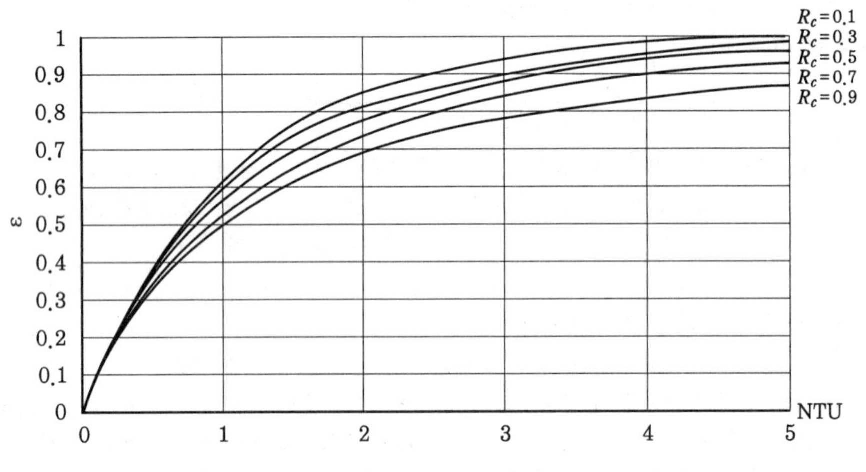

대향류의 ε -NTU 커브

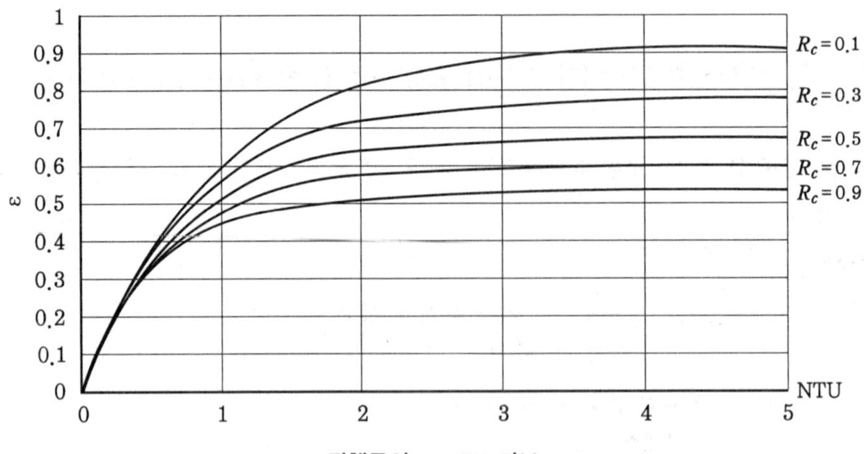

평행류의 ε-NTU 커브

11 핀 유용도(Fin Effectiveness)

(1) 실제 열전달률과 최대 가능 열전달률의 비를 말한다(열교환기의 성능을 나타내는 지표).
(2) 단위는 무차원이며, 이 값(ε)은 0과 1 사이의 값이 된다.
(3) 유용도는 대략 NTU(열전달 단위수) 5 정도에서 최대 열교환량에 수렴하게 된다.

(4) 계산식

$$\text{핀 유용도} = \frac{Q_r}{Q_i}$$

여기서, Q_r : 실제의 전열량
Q_i : 최대 가능 열전달량(이상적인 전열량)

(5) 핀의 사용을 정당화하기 위한 fin effectiveness의 범위

일반적으로 유용도는 0.5 ~ 1.0의 범위 내에 있어야 하며, 이 값이 클수록 열교환 효율에 유리하다.

(6) 핀 유용도의 사용방법

① 열교환기 입출구 온도를 알기 어려운 경우에 열교환기 설계(정면면적, 필요 열수 등)를 위해 사용되어질 수 있는 방법이다.

② 열교환기 해석 혹은 설계 시 NTU $\left(=\dfrac{\text{열교환기의 열전달능력}}{\text{유체의 열용량 중 적은 쪽의 수치}}\right)$와 더불어 고려한다.

12 핀 효율(Fin Efficiency)

(1) 열교환기 튜브 표면에 열전달 효율을 증가시키기 위해 다수의 핀을 부착하여 표면적을 증가시킨다.
(2) 그러나, 핀의 열저항으로 인하여 증가된 표면적만큼 전열량이 증가되지는 않는다.
(3) 이 전열량의 증가분의 지감률을 나타내는 것이 핀효율이다.

(4) 계산식

$$\text{핀 효율} = \frac{\int (t-T)dA}{(t_o - T)A} = \frac{\text{핀 표면의 평균온도} - \text{외부 유체의 온도}}{\text{핀 부착점 온도} - \text{외부 유체의 온도}}$$

$$\fallingdotseq \frac{\text{핀 표면의 평균온도}}{\text{핀 부착점 온도}}$$

여기서, A : 핀의 전체 표면적

13 부하에 따른 $P-h$ 선도의 변화

냉동 Cycle 시스템에서 흡입가스의 과열도 변화, 증발기 및 응축기의 온도변화에 따라서 다음과 같이 $P-h$ 선도가 변화하며, 이러한 변화는 압축기의 축동력, 성적계수, 냉동능력 등에도 많은 영향을 준다.

(1) 흡입가스 과열도 변화에 따라

① a－b (과열도＝0) : 표준 냉동 Cycle

② a'－b' (과열도 < 0) : 습압축 (습한 상태인 압축과정)
　－토출가스 온도 하락, 액압축 우려

③ a"－b" (과열도 > 0) : 건압축(과열압축) － 지나친 과열압축은 토출가스 온도의 과열 및 성능 급속 하락 초래

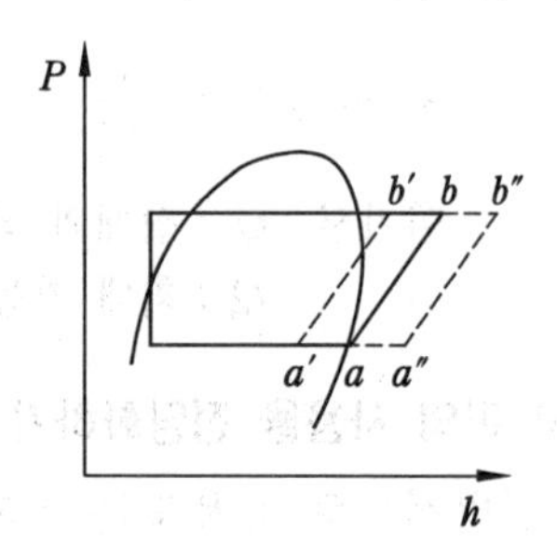

(2) 응축온도 상승 시

① $P-h$ 선도 (과열도 동일 가정)

② 결과

㈎ 플래시 가스 증가, 축동력 증가, 성적계수 감소, 냉동능력 감소 등

㈏ 냉매 과충전 시 응축기 내 액냉매 증가로 인한 기체 냉매의 응축 유효면적 감소로 인하여 응축온도가 상승되고, 냉동능력은 감소된다.

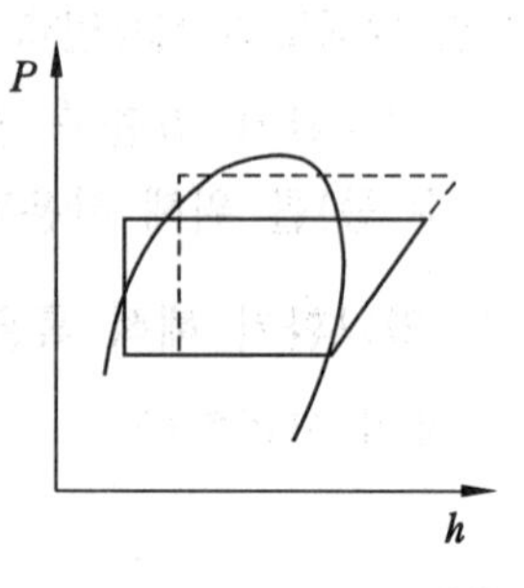

(3) 증발온도 저하 시

① $P-h$ 선도 (과열도 동일 가정)

② 결과 : 플래시 가스 증가, 축동력 증가, 성적계수 감소, 냉동능력 감소, 압축기 과열 등 초래

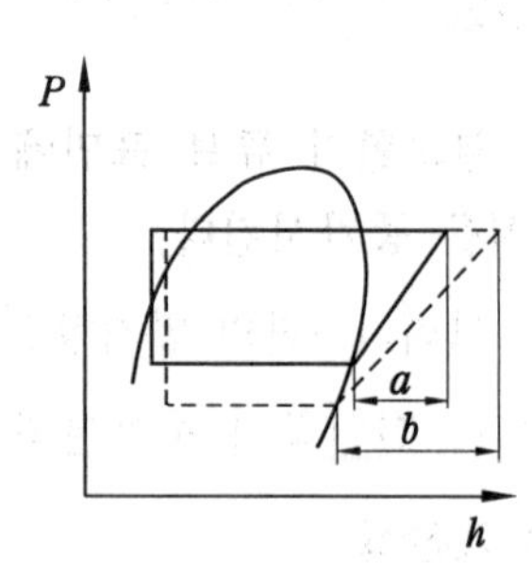

14 압축기의 흡입압력과 토출압력

냉동 Cycle 시스템에서 압축기의 흡입압력이나 토출압력이 너무 높거나 낮아지는 이유에 대해서는 다음과 같이 정리되며, 이는 냉동 시스템을 진단 및 점검하는데 중요한 관점이 될 수 있다.

(1) 압축기의 흡입압력 관련

① 흡입압력이 너무 높은 이유

(가) 냉동부하가 지나치게 증대되는 경우

(나) 팽창밸브를 너무 열었다(제어부 고장이나 Setting 불량).

(다) 흡입밸브, 밸브 시트, 피스톤 링 등의 파손이나 언로더 기구의 고장

(라) 유분리기의 반유장치의 고장

(마) 언로더 제어 장치의 설정치가 너무 높다.

(바) Bypass Valve가 열려서 압축기 토출가스의 일부가 바이패스된다.

(사) 증발기 측의 온도나 습도가 지나치게 높은 경우

(아) 증발기 측의 풍량이 냉동능력 대비 지나치게 높다.

② 흡입압력이 너무 낮은 이유

(가) 냉동부하의 지나친 감소

(나) 흡입 스트레이너나 서비스용 밸브의 막힘

(다) 냉매액 통과량이 제한되어 있다.

(라) 냉매 충전량이 부족하거나 냉매 누설 발생

(마) 언로더, 제어장치의 설정치가 너무 낮다.

(바) 팽창밸브를 너무 잠금, 팽창밸브에 수분이 동결

(사) 증발기 측의 온도나 습도가 지나치게 낮은 경우

(아) 증발기 측의 풍량이 냉동능력 대비 지나치게 낮다.

(자) 콘덴싱 유닛의 경우 유닛 쿨러와의 거리가 지나치게 멀어지거나 고낙차 설치로 인하여 냉매의 압력 저하가 심하게 발생하여 유량 저하 시

(2) 압축기의 토출압력 관련

① 토출압력이 너무 높은 이유

(가) 공기, 염소가스 등 불응축성 가스가 냉매 계통에 혼입될 경우

(나) 냉각수 온도가 높거나, 유량이 부족할 경우

(다) 응축기 내부에 물때가 많이 끼었거나, 부식 및 스케일 발생의 경우

(라) 냉매의 과충전으로 응축기의 냉각관이 냉매액에 담기게 되어 유효 전열면적이 감소될 경우

(마) 토출배관 중의 밸브가 약간 잠겨 있어 저항 증가할 경우
(바) 공랭식 응축기의 경우 실외 열교환기가 심하게 오염되거나, 풍량이 어떤 방해물에 의해 차단될 경우
(사) 냉동장치로 인입되는 전압이 지나치게 과전압이 혹은 저전압이 되어 압축비가 과상승하거나, Cycle의 균형이 깨어질 경우
(아) 냉각탑 주변의 온도나 습도가 지나치게 상승될 경우

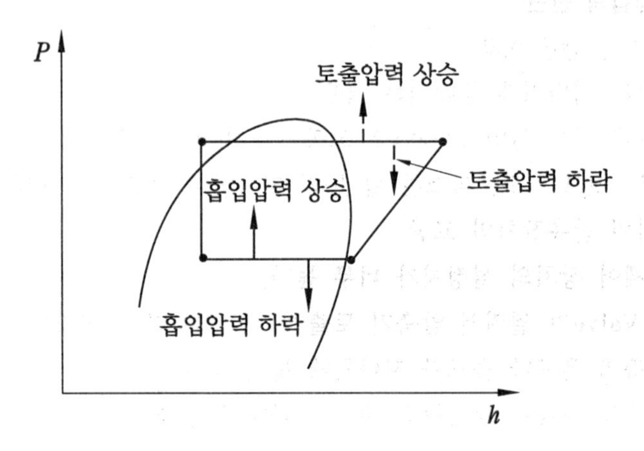

② 토출압력이 너무 낮은 이유
(가) 냉각 수량이 너무 많든가, 수온이 너무 낮다.
(나) Liquid Back으로 인해 냉매액이 넘어오고 있어 압축기 출구 측이 과열이 되지 않을 경우
(다) 냉매 충전량이 지나치게 부족할 경우
(라) 토출밸브에서의 누설이 발생할 경우
(마) 냉각탑 주변의 온도나 습도가 지나치게 낮을 경우
(바) 공랭식 응축기의 경우 실외 열교환기 주변에 자연풍량이 증가하여 응축이 과다하게 될 경우
(사) 유분리기 측으로 Bypass되는 냉매량 증가 시
(아) 콘덴싱 유닛의 경우 유닛 쿨러와의 거리가 지나치게 멀어지거나 고낙차 설치로 인하여 냉매의 압력 저하가 심하게 발생하여 유량 저하 시
(자) 팽창밸브를 너무 잠그어 유량 감소 시
(차) 냉매 Cycle상 막힘현상 발생으로 유량 저하 시

15 실제의 $P-h$ 선도

(1) $P-h$ 선도

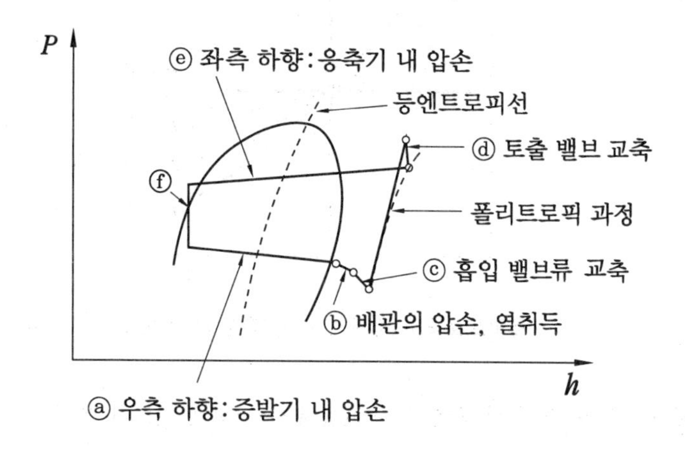

(2) $P-h$ 선도에 대한 해석

① ⓐ : 증발기 내부에서 직관부, 곡관부에서의 유체의 흐름에 의한 압력손실 (증발기 내부 관의 내경, Path 수 등과 관련됨)

② ⓑ : 증발기와 압축기 사이의 저압배관에서의 압력손실 (유속, 밀도, 마찰계수 등)과 열취득에 기인한다.

③ ⓒ, ⓓ : 압축기 내부의 흡입밸브 및 토출밸브의 교축에 의한 압력손실

④ ⓔ : 응축기 내부에서 직관부, 곡관부에서의 유체의 흐름에 의한 압력손실을 말한다 (응축기 내부 관의 내경, Path 수 등과 관련됨).

(3) 기타의 손실

① 압축과정에서는 압축이 등엔트로피 과정이 아니며 마찰과 열손실로 인해 비효율적(폴리트로픽 과정)이다.

② 팽창과정에서는 비가역 등엔탈피 과정이다 (위 그림의 ⓕ 과정).

③ 응축기와 증발기에서 압력강하 외에도, 증발기 출구에서의 과열과 응축기 출구에서의 과랭이 발생한다.

(4) 폴리트로픽지수 (n) 선도

① 아래 공식을 기준으로 하여 $P-v$(압력-비체적), $T-s$(절대온도-비엔트로피) 등의 선도 작성이 가능하다.

$$P \cdot v^n = C$$

② 폴리트로픽지수(n)의 값에 따른 $P-v$(압력-비체적) 선도

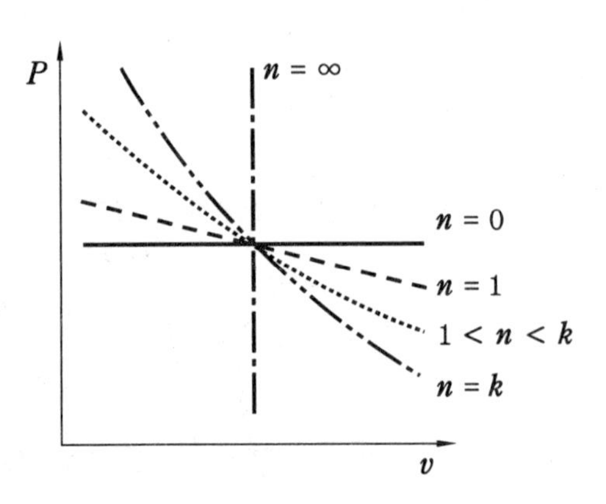

폴리트로픽지수(n)의 값에 따른 $P-v$ 선도

③ 폴리트로픽지수(n)의 값에 따른 $T-s$(절대온도-비엔트로피) 선도

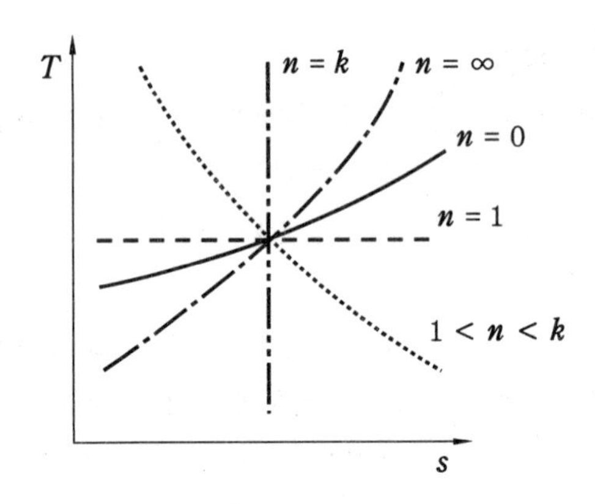

폴리트로픽지수(n)의 값에 따른 $T-s$ 선도

16 액봉 현상

(1) 냉동 Cycle 시스템에서 밀폐된 액체냉매의 주위온도가 상승함에 따라, 냉매액이 체적 팽창하여 이상 고압의 발생 혹은 파열되는 현상

(2) 발생 원인

① 운전 휴지 중 냉동 Cycle 상의 스톱밸브를 모두 닫아 놓은 경우

② 기타 밸브 조작의 잘못으로 냉매액을 충만하고 있는 부분이 밀봉되어 냉매액이 빠져나갈 부분이 없는 경우

(3) 현상

액봉쇄 발생 부분이 상당한 고압이 되므로 밸브나 배관 등의 부품이 파손 혹은 파괴 발생 가능

(4) 발생 방지 방법

① 냉동장치의 운전을 정지할 때는 수액기와 가까운 부분의 스톱밸브를 닫고 난 다음, 압축기를 일정시간 운전 후 액헤더 이후의 스톱밸브를 닫아서, 액헤더에 액이 충만하지 않는 공간을 만들어 준다.

② 액봉쇄 발생이 예상되는 부분에 안전밸브 등 이상고압 발생 시 압력을 도피시킬 수 있는 방지장치를 설치한다(예 액봉 우려 부위에 전자밸브를 설치하여 주기적으로 개방함).

③ 직렬로 연이어 설치된 2개 이상의 밸브를 동시에 닫지 않게 할 것(Pump down Cycle 등에서)

④ 주위 온도가 과열되지 않게 할 것 등

17 착상이 냉동장치에 미치는 영향

냉동 Cycle 시스템에서 열교환기(증발기)에 착상이 발생하면 아래와 같은 현상들이 나타날 수 있다.

(1) 적상에 의한 냉각능력 저하에 따른 고내(냉장실 내) 온도 상승

(2) 증발온도 및 증발압력의 저하

(3) 증발량의 감소로 증발기 출구 과열도가 감소하여 압축기 내 액압축(Liquid back)이 우려된다.

(4) 고·저압 저하로 냉매순환량이 감소되어 냉매의 순환이 잘 이루어지지 않는다.

(5) 압축비의 증가(압축일량의 증가)로 성적계수의 저하

(6) 체적효율의 감소 및 냉동능력의 감소

(7) 토출가스의 온도 하락 및 토출압력 하락

18 제상법(Defrost)

냉동 Cycle 시스템에서 열교환기(증발기)에 착상이 발생하면 다음과 같은 방법 중 몇 가지를 행하여 착상된 얼음을 녹여야 정상적이고 연속적인 냉동을 계속 진행할 수 있다.

(1) 고온 Hot Gas에 의한 제상방법(Hot Gas Defrosting)

① 고압측의 냉매가스를 열매체로 하는 것이 특징이다.

② 압축기로부터 나오는 고온고압의 가스 일부를 직접 증발기에 넣어서 증발기의 코일을 가열하는 방법

③ 고온고압 가스를 증발기에 보내어 현열 또는 응축잠열을 이용하여 제상하는 방법으로서 건식 증발기에 주로 사용하며, 제상 중 응축된 냉매액이 압축기에 흘러들어가서 액압축이 되지 않도록 처리하여야 한다.

(2) 역Cycle 운전법

① 냉난방 절환밸브(4Way Valve)를 가동하여 냉매의 흐름을 반대로 바꾸어 증발기의 성에(ice)를 제거하는 방법

② 중·소형 시스템에서 가장 일반적으로 사용되는 방법이다.

(3) 물에 의한 제상(살수식 ; Water Spray Defroting)

① 미지근한 물을 증발기 위에 뿌려 제상하는 방법

② 제상 시 냉동기를 정지하고 증발기 표면에 온수(10~25℃)를 살포하여 제상하며 보통 고압가스 제상방법과 병행을 많이 하고 있다.

(4) 전열에 의한 제상방법(Electric Defrosting)

① 유닛형 냉각기나 가정용 냉동장치 등에 주로 사용된다.

② 제상 시 압축기 및 증발기 팬을 정지하고 증발관에 설치한 전열 Heater로 제상하며, 간단하게 제어가 되나 히터의 고장, 국부 가열로 인한 제상의 불균형의 우려가 있다.

③ 용량이 큰 냉각기에는 대용량의 가열기가 필요할 뿐만 아니라 가열기 제작상의 문제나 가열기가 고장 났을 때의 수리 등이 문제가 되기 때문에 별로 사용되지 않고, 자동제상을 하는 소형장치에 많이 사용된다.

④ 제상의 열원에 따라, 전기히터 가열방법 혹은 가스에 의한 가열방법 등이 있다.

(5) 부동액 분무에 의한 제상방법(Brine Spray Defrosting)

① 냉각관에 끊임없이 부동액을 분무하여 서리가 생기지 않도록 하는 방식이다.

② 착상에 의한 냉각관의 전열저항이 없으므로 열통과율이 좋다.

③ 종류

㈎ 브라인 분무법 : 상온의 브라인을 살포하여 성에(ice)를 녹이는 방법

㈏ 온브라인 이용법 : 따스한 브라인을 뿌려 성에(ice)를 녹이는 방법

(6) 압축기의 운전정지에 의한 제상방법

압축기를 정지한 후, 증발기의 송풍기를 가동시킨 상태에서 주변 공기온도의 상승만으로 제상을 하는 방식이다.

(7) 온공기 이용법

① 따스한 공기를 도입하여 열교환기에 통과시키는 방법

② 냉장품이 아주 적을 때와 같이 특별한 경우에는 냉장실의 문을 열어서 자연 환기에 의한 외기의 온도로 제상하면 에너지를 절약할 수 있다.

(8) 서모뱅크(Thermo-bank)

일반 운전 시 미리 데워놓은 Thermo-bank의 더운 물을 제상 시의 증발기 응축액을 재증발시켜 제상운전을 하는 데 사용하는 방법(재증발 코일을 이용한 제상)

① 정상 운전 시

㈎ 배압조정밸브 1의 선택에 의해 흡입 증기가 서모뱅크(재증발 코일)를 통하지 않게 하여 불필요한 압력손실과 서모뱅크의 고온에 의한 흡입증기의 과열을 방지한다.

㈏ 서모뱅크의 일정한 온도를 유지하기 위해 서모뱅크의 수온이 상승 시 바이패스하여 직접 응축기로 토출가스가 흐르도록 한다.

㈐ 냉매의 흐름

압축기 → 서모뱅크(축열조 재증발 코일 : 일부 냉매는 바이패스) → 응축기 → 수액기 → 온도 자동 팽창밸브 → 증발기 → 압축기

② 제상 운전 시

㈎ 토출가스관의 제상용 Hot gas 밸브를 열어 고압가스에 의해 제상을 행하며, 이때 응축 액화된 액은 배압조정밸브 2의 선택에 의해 서모뱅크로 유입되고 재증발하여 압축기로 흡입된다.

㈏ 냉매의 흐름(제상 사이클)

압축기 → (드레인 가열코일) → 증발기(Hot gas의 응축발생)에서 성에 제거 → 배압조정밸브 2 → 서모뱅크(축열조 재증발 코일) → 압축기

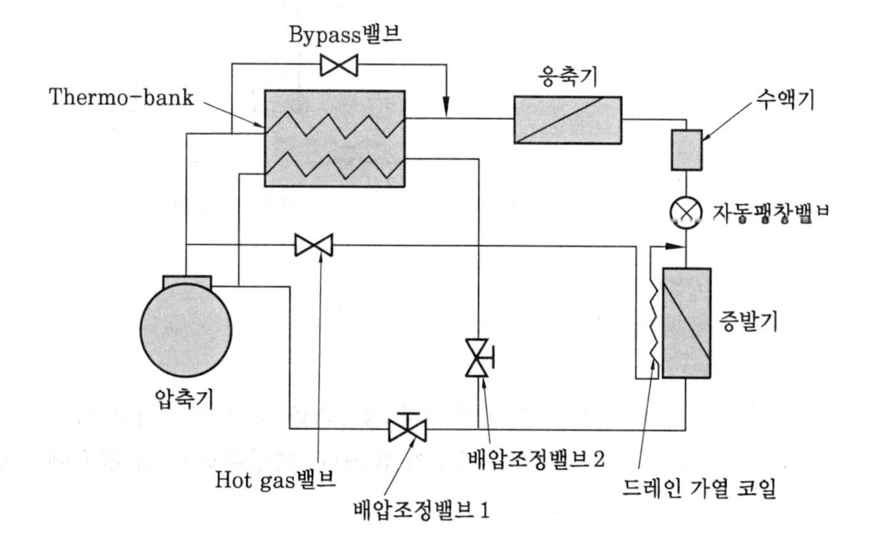

(9) 고압가스 제상방식(증발기가 1대인 경우)

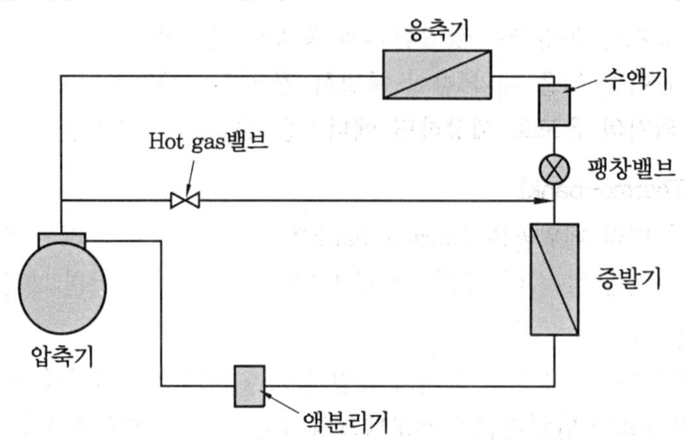

① 제상 운전 시 위 그림에서 팽창밸브를 먼저 닫는다.

② 압축기 토출측에 있는 Hot gas밸브를 연다.

③ 압축기를 운전하여 제상운전을 이행한다.

④ 이때 냉매의 흐름은
압축기 → Hot gas밸브 → 증발기 → 액분리기 → 압축기 → (연속 순환)

(10) 고압가스 제상방식(증발기가 2대인 경우)

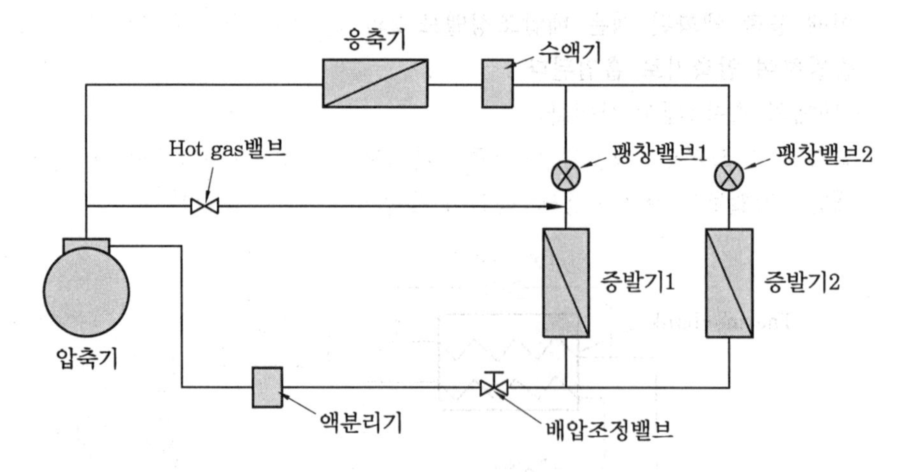

① 먼저 Pump down 실시

㈎ 팽창밸브1과 팽창밸브2를 닫은 후 압축기를 운전하면 액냉매가 응축기 및 수액기로 모이게 된다.

㈏ Pump down은 제상과정 중 압축기의 액압축을 방지하기 위한 사전 조치로서 필수 과정이라기보다는 증발기의 개수가 많거나, 제상부하가 클 경우에는 반드시 실시해주는 것이 바람직하다.

② 팽창밸브1과 배압조정밸브를 닫는다.
③ 팽창밸브2는 열린 상태를 유지한다.
④ 압축기 토출측에 있는 Hot gas밸브를 연다.
⑤ 압축기를 운전하여 제상운전을 이행한다.
⑥ 이때 냉매의 흐름은
압축기 → Hot gas밸브 → 증발기1 → 증발기2 → 팽창밸브2 → 수액기(양방향형) → 응축기 → 압축기 → (연속 순환)

19 증발기 코일 서리 부착량에 영향을 미치는 인자

냉동 Cycle 시스템에서 열교환기(증발기)에 서리가 부착(착상 현상)되는 양에 영향을 주는 인자로는 다음과 같은 것들이 있다.

① 증발기 외부 유체(공기, 물, 브라인 등)의 온도 : 유체의 온도가 낮을수록 착상 증가
② 증발기 외부 공기의 습도 : 습도가 높을수록 착상 증가
③ 냉매의 저압 : 저압이 낮을수록 착상 증가
④ 압축비 : 압축비가 클수록 착상 증가
⑤ 증발기 외부 공기의 풍속 : 풍속이 적을수록 착상 증가

◎ 관 내의 브라인이나 냉매 등과 외부 공간(유체)과의 열교환량에 영향을 주는 인자
① 증발온도, 응축온도 혹은 LMTD : 온도차가 클수록 열교환량 증가
② 열전달계수 : 클수록 열교환량 증가
③ 전열면적 : 클수록 열교환량 증가
④ 풍속 : 클수록 열교환량 증가
⑤ 습도 : 외부 공기의 습도가 높을수록 열교환량 증가

20 냉매 누설검지법

(1) 암모니아 누설검지

① 냄새로서 판별 : 암모니아는 심한 자극성의 냄새가 있기 때문에, 냄새로서 누설 여부를 판단할 수 있다.
② 유황으로 판별 : 유황을 묻힌 심지에 불을 붙여 누설 부위에 가까이 가면, 백색 연기가 발생한다.
③ 적색 리트머스 시험지로 판별 : 리트머스 시험지에 물을 적셔 누설 부위에 가까이 하면, 청색으로 변한다.

④ 백색 페놀프탈레인 시험지로 판별 : 페놀프탈레인 용지에 물을 적셔 누설 부위에 가까이 하면, 적색으로 변한다.

⑤ 네슬러 용액으로 판별 : 주로 브라인 등에 잠겨 있는 배관에서의 누설을 검사할 때 사용하는 방법으로, 약간의 브라인을 떠서 그 속에 적당량의 네슬러 용액을 떨어뜨리면, 소량 누출 시에는 황색으로, 다량 누설 시에는 자색(갈색)으로 변한다.

(2) CFC계 냉매 누설검지

① 비눗물로 판별 : 가스 누설의 의심이 있는 배관의 접합부 등에 비눗물을 바르면, 누설 부위에서는 거품이 발생한다.

② 헬라이드 토치(Halide Torch)로 판별 : 폭발의 위험이 없을 때 사용, 헬라이드 토치는 시료로서 아세틸렌이나 알코올, 프로판 등을 사용하는 램프로서, 그 심지에 불을 붙이면 정상 시에는 청색인 불꽃이, 냉매가 소량 누설 시에는 녹색 불꽃으로, 다량 누설 시에는 자색불꽃으로 변하다가, 더욱 다량 누설 시에는 꺼지게 된다.

③ 할로겐 누설탐지기로 판별 : 미량의 누설 검지에 사용한다, 누설 부위에 대면 점등과 경보음이 울린다.

21 압축효율(壓縮效率, Compression Efficiency)

(1) 압축효율이란 압축기를 구동하는데 필요한 실제동력과 이론적인 소요동력의 비를 말하며, 등엔트로피 효율(Isoentropic Efficiency)이라고도 한다.

$$\eta_c = \frac{\text{이론적으로 가스를 압축하는데 소요되는 동력(이론동력)}}{\text{실제로 가스를 압축하는데 소요되는동력(실제 지시동력)}} \times 100(\%)$$

(2) 개념

① 압축기의 실린더로 흡입된 냉매는 가열단열압축되는 것이 아니며, 실린더벽과의 열교환으로 인하여 엔트로피가 변화한다. 그리고 또 밸브나 배관에서의 저항으로 인해 흡입압력은 증발압력보다 낮아지고 배출압력은 응축압력보다 높아져 압축기의 실제 소요동력은 이론적인 소요동력보다 커진다.

② 압축효율은 압축기의 종류, 회전속도, 냉매의 종류 및 온도 등의 영향을 받으며, 그 대략치는 약 0.6 ~ 0.85 정도이다.

22 체적효율(Volumetric Efficiency)

주로 왕복펌프나 왕복압축기 등의 성능을 나타내는 것으로서, 유체의 실제 배출량과 이론상 배출량의 비율을 말하며, 온도의 변화나 밸브, 피스톤에서의 누설, 극간체적 등의 크기에 영향을 받는다. 일반적으로 용적이 작고 고속이며 압축비가 높을수록 나빠진다.

(1) 체적효율의 결정 요소

① 극간 체적효율 : Clearance에 의한 잔류가스의 재팽창에 의한 효율
② 열체적 효율 : 고온의 실린더벽에 의한 흡입가스의 체적팽창과 실린더 흡입 시 흡입밸브를 통과할 때의 교축작용에 의한 효율
③ 누설 체적효율 : 흡입밸브, 토출밸브, 피스톤링 등의 누설에 의한 효율

(2) 체적효율 감소 원인

① Clearance가 클 때
② 압축비가 클 때
③ 실린더 체적이 작을 때
④ 회전수가 클 때

(3) 계산식

$$\eta_v = \frac{\text{유체의 실제배출량}}{\text{이론상의 배출량}} \times 100(\%)$$

23 비등 열전달(沸騰 熱傳達)

(1) 핵비등(Nucleate Boiling)

포화온도보다 약간 높은 온도에서 기포가 독립적으로 발생한다.

핵비등
전열면

(2) 막비등(Film Boiling)

① 면모양의 증기거품으로 발생
② 전열면의 과열도가 클 때 발생

막 형상의 비등
전열면

(3) 천이비등

① 핵비등과 막비등 사이에 존재
② 불안정 상태의 비등이다.

(4) 비등 열전달의 개선방법

① 비등 열전달에서는 기포 발생점이 액체에 완전히 묻히면 증발이 잘 이루어지지 않을 수 있으므로 주의를 요한다.

② Grooved Tube 등을 적용하여 액을 교란시켜 증발능력을 개선시킬 수 있다.

24 DNB (Departure from Nucleate Boiling)

풀비등 (pool boiling ; 총체적인 유체유동이 없을 때 발생하는 유동)에서, 최대의 열유속을 나타내는 지점을 DNB (Departure from Nucleate Boiling)라고 부르며, 그 전체적인 유동의 발달 과정은 아래와 같다.

(1) a~b (초기 가열 시의 전열표면 과열도가 작은 구간) : 보통의 자연대류 상태의 열전달이 이루어진다. 기포의 발생과 소멸이 반복된다 (Subcool Boiling).

(2) b~c (핵비등) : 기체의 대부분이 포화온도에 도달하여, 기포가 더 이상 소멸되어지지 않고, 열유속이 급격히 증가하는 구간 (냉동분야에서 주로 사용하는 구간)

(3) c~d (핵비등) : 다소 액면이 불안정한 구간

(4) d (최대의 열유속 지점) : DNB (Departure from Nucleate Boiling) 혹은 Burn out이라고 부른다.

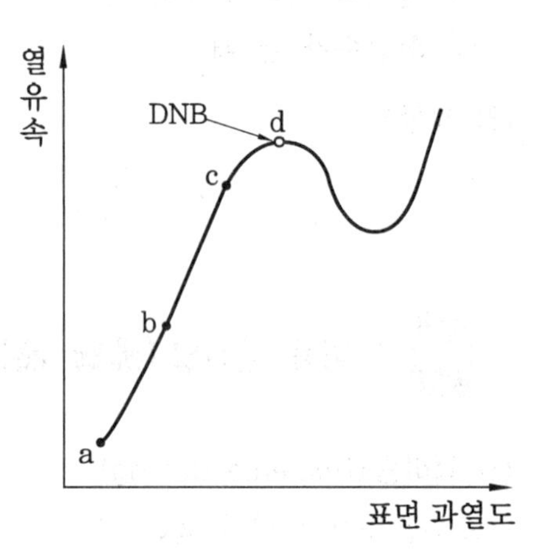

(5) d를 지난 구간

① 전열면상의 기상부가 많아지고 전열면이 심하게 과열된다.

② 기포가 일정량 이상 발생 시 → 표면 열전달 방해 → 오히려 열유속 감소 → 이후 막비등 상태로 이어진다.

◎ 풀비등에서 열전달의 증진방법

① 핵비등 구역에서 열전달률은 표면에서 활동 중인 핵 형성 자리 수와 각 자리의 기포 형성률에 따라 아주 달라지므로, 가열 표면의 핵형성을 증진시키도록 표면을 변형한다면 핵비등에서 열전달률을 증진시킬 수 있다.

② 가열 표면에서의 오염이나 표면의 거칠기 등을 포함한 불규칙성도 비등하는 동안 핵 형성자리를 더하는 데 영향을 준다.

25 통극체적(Clearance Volume)의 비율

(1) 왕복동식 압축기 혹은 엔진기관에서 피스톤의 행정이 끝나는 지점부터 상부 헤더까지의 공간은 압축이 이루어지지 못하므로 손실을 발생하는 공간이다.

(2) 이를 통극체적(Clearance Volume), 극간체적 혹은 연소실체적이라고 한다.

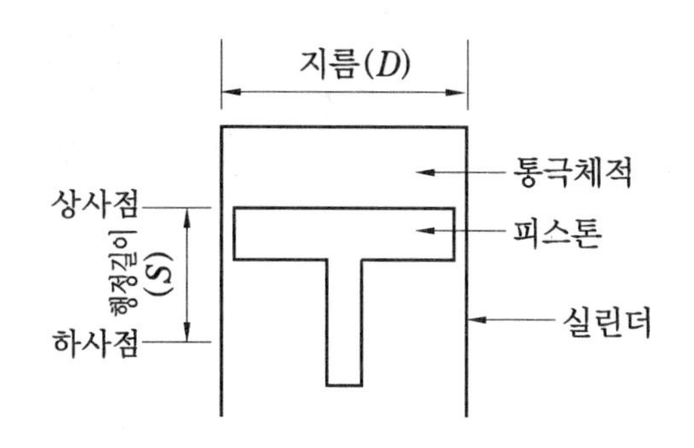

(3) 계산식

$$통극체적\ 비율 = \frac{통극체적}{행정체적} = \frac{V_C}{V_D}$$

$$V_D(행정체적) = \pi D^2 \times \frac{S}{4}$$

여기서, S : 행정길이, D : 실린더 내경

(4) 응용

① 실제 이 통극체적 때문에 왕복동식 압축기의 경우 히트펌프의 저온 난방 시 성능이 많이 하락한다.

② 그 이유는 저온난방 시 실외온도가 낮고, 냉매가 완전한 과열이 이루어지지 않아서 극간체적에 남는 냉매의 양(무게)이 많아지기 때문이다.

26 2차 냉매

(1) 물, 브라인 등이 대표적이며, 특히 브라인(Brine)은 염분 등 혼합물의 농도에 따라 어는점을 낮출 수 있는 장점이 있다.

(2) 1차 냉매는 냉동 Cycle 내를 순환하며, 주로 잠열의 형태로 열을 운반하는데 반해, 2차 냉매는 냉동 Cycle 외부를 순환하며, 주로 현열의 형태로 열을 운반하는 작동유체이다.

(3) 1차 냉매로서는 주로 프레온계 냉매, 암모니아 등을 사용한다(물은 얼기 쉽고 금속 재질의 냉동부품들을 부식시키기 쉬우므로 1차 냉매로 사용되는 것이 제한적이다).

(4) 1차 냉매로 직접 피냉각물을 냉각시키지 않고, 일단 브라인 등의 2차 냉매를 냉각하여 이것으로 하여금 목적물을 냉각하는 경우가 많다.

(5) 일반적으로 브라인에는 무기질 브라인과 유기질 브라인이 있다.

(6) 2차 냉매로는 물, 브라인 외에 프레온계 1차 냉매도 사용할 수 있다.

(7) 1차 냉매 및 2차 냉매의 흐름도

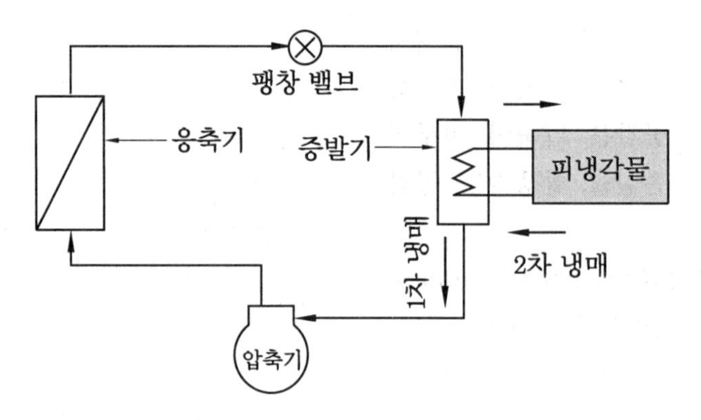

(8) 특성선도 (염화칼슘 수용액)

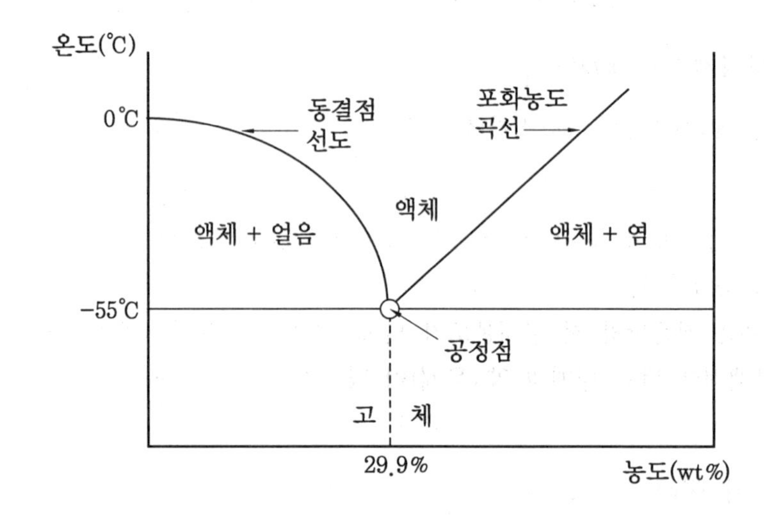

(9) 브라인의 종류

① 무기질 브라인 : 부식성이 크다 (방식제 첨가 필요).

(가) 염화칼슘 ($CaCl_2$) 수용액 : 대표적 무기질 브라인

㉮ 부식성이 크다 (방식제 첨가), 공점점은 −55℃, 29.9%이다.

㉯ 주위에 있는 물을 흡수해 버리는 '조해성(潮解性)'이라는 성질이 있어 눈이나 얼음 위에 뿌려두면 대기 중의 수증기나 약간의 물이라도 있으면 흡수하면서 분해되는데, 이러한 과정을 거치면서 열이 발행하게 되고 다시 눈이나 얼음이 녹으면서 또 이러한 과정을 반복하면서 눈을 녹일 수 있어 제설제로도 많이 사용한다.

㉰ 제설제로 지나치게 사용 시 환경오염 등이 우려된다.

㈏ 염화나트륨 (NaCl) 수용액

㉮ 용해 : 약 0.9% 농도의 소금물이라고 보면 된다 (참조 : 소금의 녹는점은 800.4 ℃, 철의 녹는점은 약 1535℃).

㉯ 증류수에 소금을 녹여서 만든 것으로 물보다 어는점이 낮아서 브라인으로 사용한다.

㉰ 식품에 무해 (침지 동결방식에 많이 사용), 동결온도가 염화칼슘 대비 높다.

㈐ 염화마그네슘 ($MgCl_2$) 수용액

㉮ 두부 만들 때 간수로도 사용하는데, 포카리의 삼투압 조정을 목적으로 사용한다.

㉯ 바닷물 성분의 하나이기도 하며 쓴맛을 낸다.

② 유기질 브라인

㈎ 에틸렌글리콜, 프로필렌글리콜, 에틸알코올 등을 물과 적정 비율로 혼합하여 사용

㈏ 방식제 (부식 방지제)를 약간만 첨가하여 모든 금속에 사용 가능

㈐ 식품에 독성도 아주 적다.

㈑ 빙축열 (저온공조 포함)에서는 부식문제 때문에 주로 유기질 브라인을 2차 냉매로 많이 사용한다.

③ 기타 : 물, 프레온 냉매 등도 2차 냉매로 사용 가능

(10) 2차 냉매 (브라인)의 안전상 주의사항

① 직접 식품에 닿아야 할 때는 식염수나 프로필렌글리콜 용액을 많이 사용한다.

② 에틸렌글리콜은 맹독성이 있는데 특히 단맛이 나기 때문에 아이들이 모르고 먹을 수도 있다. 또한 개나 고양이 같은 애완동물이 먹을 수도 있다 (신장결석 등 발병 가능).

③ 부동액 중독에 의해 나타나는 초기의 증상은 심한 의기소침과 무기력증이다(마치 비틀거리며 술에 취한 것과 같이 보이기도 한다).

(11) 2차 냉매 (브라인)의 구비조건

① 동결온도가 낮을 것

② 부식이 적을 것

③ 안전성 : 불연성, 무독성, 누설 시 해가 적을 것

④ 악취가 없을 것

⑤ 열전도성이 우수할 것

⑥ 냉매의 비열이 클 것

⑦ 배관 상 멀리 보내어도 압력손실이 적을 것

27 공정점 (共晶點)

(1) 어떤 일정한 용액 조성비하에서 용액이 냉각될 경우, 부분적인 결정석출(동결)과정을 거치지 않고 단일물질처럼 한 점에서 액체-고체의 상변화 과정을 거친다면, 즉 동결 개시부터 완료까지 농도변화 없이 순수물질과 마찬가지로 일정한 온도에서 상변화한다면 이 용액을 공융용액(Eutectic Solution)이라 한다.

(2) 이때의 상변화점을 공융점(Eutectic Point) 또는 공정점 (Cryohydric Point)이라 한다.

(3) 2가지 이상의 혼합 또는 화합물로 이루어진 공융염의 경우, 공융점의 농도를 갖추고 있어야만 단일물질에서와 같이 일정한 상변화온도와 그 온도에서의 잠열량이 보장될 수 있다.

(4) 사례

공정점, 공융용액에 대한 정의를 올바르게 인지하지 못하고 목표온도에서 부분적으로 상변화하는 물질을 공융용액이라고 인지하는 잘못으로 인해 실제 적용 시 잠열량 미달 또는 적정온도 유지의 실패 요인이 될 수 있다.

28 동결점 (凍結點)

(1) 동결이 시작되는 지점을 말한다.

(2) 식품, 생선 등에서는 빙결정이 생성되기 시작되는 지점 (어는점) : 보통 -1~-5℃의 경우가 많다.

(3) 표면 동결은 급속 동결 (-1~-5℃의 빙생성대를 30분 내로 급속히 통과)로 진행되나, 열저항이 중심점으로 갈수록 급속히 증가하여 내부로 갈수록 점점 동결속도가 느려진다.

(4) 동결점 이하의 온도에서는 잠열을 흡수하므로 동결속도가 느려지기 시작한다.

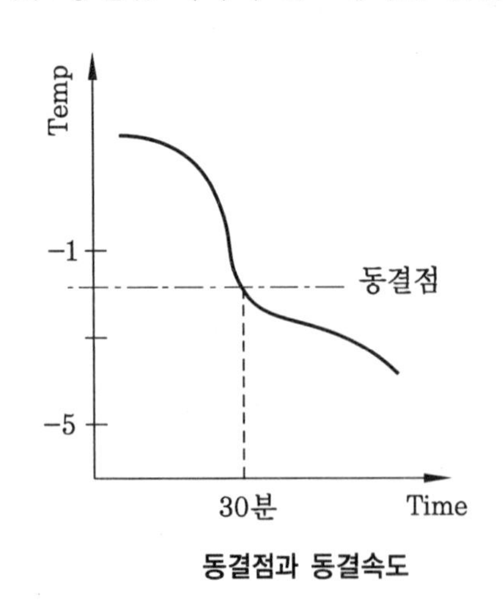

동결점과 동결속도

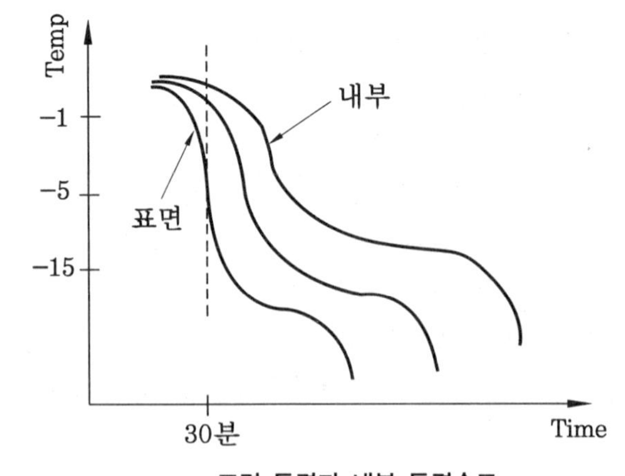

표면 동결과 내부 동결속도

29 열기관과 히트펌프의 열효율

(1) 열기관의 열효율

① 고열원에서 저열원으로 열을 전달할 때 그 차이만큼 일을 한다.

② $P-V$ 선도 , $T-S$ 선도

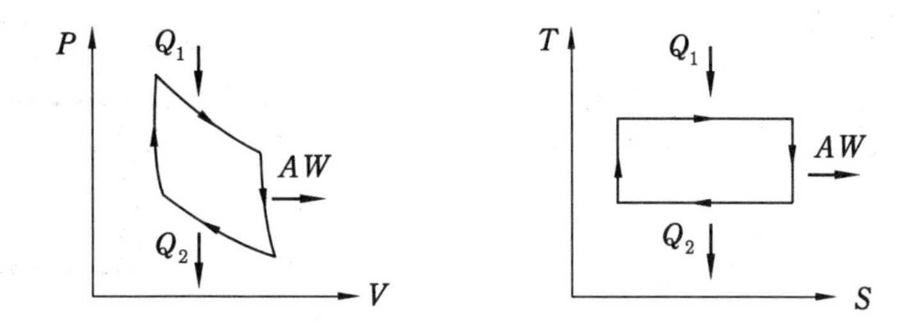

③ 열기관의 열효율 계산식-이상적인 카르노 사이클 기준

$$\text{효율}(\eta_H) = \frac{AW}{Q_1} = \frac{Q_1 - Q_2}{Q_1} = 1 - \frac{Q_2}{Q_1} = 1 - \frac{T_2}{T_1}$$

여기서, Q_1 : 고열원에서 얻은 열

Q_2 : 저열원에 버린 열

AW : 외부로 한 일

(2) 히트펌프의 열효율

① 저열원에서 고열원으로 열을 전달할 때 그 차이만큼 일을 가해 주어야 한다.

② $P-V$ 선도 , $T-S$ 선도

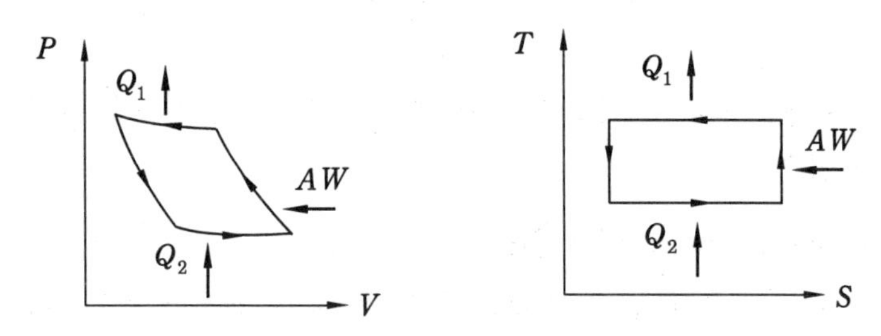

③ 히트펌프의 열효율(성적계수) – 이상적인 카르노 사이클 기준

$$\text{냉방효율}(COP_c) = \frac{Q_2}{AW} = \frac{Q_2}{Q_1 - Q_2} = \frac{T_2}{T_1 - T_2}$$

$$\text{냉방효율}(COP_h) = \frac{Q_1}{AW} = \frac{Q_1}{Q_1 - Q_2} = \frac{T_1}{T_1 - T_2} = 1 + COP_c$$

여기서, Q_1 : 고열원에 버린 열, Q_2 : 저열원에서 얻은 열, AW: 계에 한 일

30 냉동효율

(1) 실제의 사이클이나 시스템이 이상적인 가역 냉동 사이클에 얼마나 접근하는지를 표현하는 지표이다.

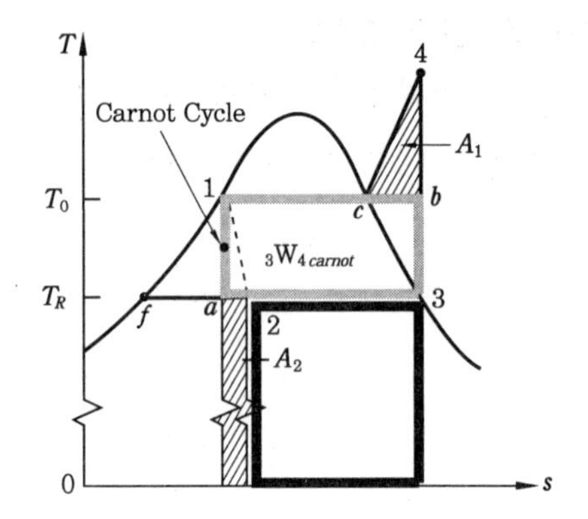

(2) 냉동효율 계산방법

$$C.O.P = \frac{_2q_3}{_3W_4} = \frac{_aq_{3_{carnot}} - A_2}{_3W_{4_{carnot}} + A_1 + A_2}$$

$$(C.O.P)_{rev} = \frac{_aq_{3_{carnot}}}{_3W_{4_{carnot}}}$$

$$\eta_R = \frac{C.O.P}{(C.O.P)_{rev}} = \frac{(_aq_{3_{carnot}} - A_2)/(_3W_{4_{carnot}} + A_1 + A_2)}{_aq_{3_{carnot}} / _3W_{4_{carnot}}}$$

$$= \frac{(_aq_{3_{carnot}} - A_2)\,_3W_{4_{carnot}}}{_aq_{3_{carnot}}(_3W_{4_{carnot}} + A_1 + A_2)}$$

$$= \left(1 - \frac{A_2}{_aq_{3_{carnot}}}\right) \cdot \frac{1}{\left(1 + \frac{A_1 + A_2}{_3W_{4_{carnot}}}\right)} = \frac{1 - (A_2 / _aq_{3_{carnot}})}{1 + \frac{A_1 + A_2}{_3W_{4_{carnot}}}}$$

31 플래시 가스(Flash Gas, Flash Vapor)

(1) 플래시 가스는 냉동 Cycle 시스템 계통 중 증발기가 아닌 곳에서 불필요하게 증발한 냉매가스를 말한다.

(2) Flash Gas(Flash Vapor)의 발생 원인

① 압력손실이 있는 경우와 주위 온도에 의해 가열되는 경우가 원인이다.

② 압력손실의 원인

㈎ 액관의 수직 상승이 커서 위치수두로 인한 압력강하 시

㈏ 액관의 구경이 작고, 길이가 길어 마찰손실에 의한 압력강하 시

㈐ 각종 밸브 등의 구경이 과소한 경우

㈑ 스트레이너 등 여과기가 막히거나 장치중의 수분이 팽창기구에서 동결되어 팽창밸브를 부분적으로 폐쇄하면 다량 발생한다.

③ 주위온도에 의해 가열된 경우의 원인
㈎ 액관이 단열되지 않았을 경우
㈏ 수액기에 일사광이 들어올 경우
㈐ 너무 저온으로 응축되었을 경우 등

(3) Flash Gas (Flash Vapor)의 영향

① 팽창밸브에서 Flash Vapor량이 많아지면 다음의 선도 상 (3 → 4 과정) → (5 → 6 과정)으로 변하게 되어 결과적으로 냉동능력이 $(h_1 - h_4) \rightarrow (h_1 - h_6)$으로 줄어들게 된다.

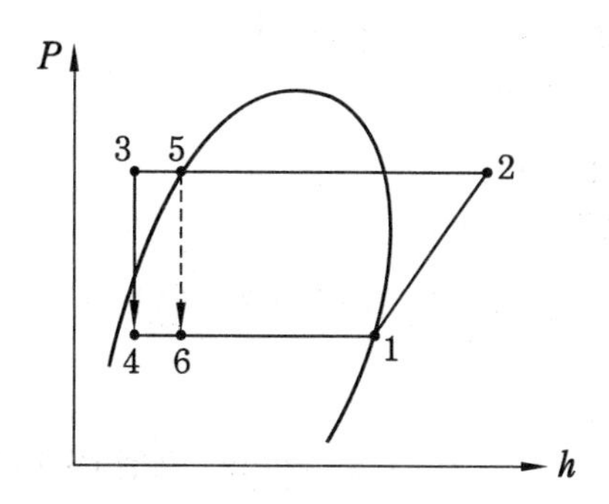

② 증발기로부터 공급되는 냉매 유량이 적어서 냉동능력의 손실이 많다.
③ 잠열의 흡수로 불필요한 온도상승 및 유량저하가 발생하여 손실 초래
④ 기타 기체의 비율이 높아져(건도가 높아져) 냉매음 등의 이상소음이 발생할 수도 있다.

(4) Flash Gas(Flash Vapor) 방지대책

① 추가로 열교환기 등을 설치하여 액냉매를 과냉각시킨다.
② 액관의 압력손실을 적게 유지한다.
③ 액관의 단열을 철저히 하고, 수액기 및 액관의 일사광 차단 등

32 냉동유 (냉동오일)

(1) 냉동기유는 항상 냉매와 접촉하여 혼합되고, 압축되고, 밀폐 Cycle 내부를 순환한다.

(2) 압축기 및 응축기 부위에서는 고온으로, 증발기 부위에서는 저온으로 되는 등 사용되는 온도조건이 아주 가혹한 상태로 장시간 사용된다.

(3) 냉동기유로서 요구되는 특성은 냉매와 희석하여서도 화학적인 반응을 일으키지 않고 온도 및 압력상의 악조건에서도 안정적으로 사용할 수 있어야 한다.

(4) 사용 목적

① 윤활 : 기계적 구동부 및 마찰부의 윤활
② 냉각 : 마찰부의 마찰열 제거
③ 밀봉 : 압축기 등에서 축봉 부분의 밀봉
④ 방청 : 산화, 부식 등 방지
⑤ 기타 : 방음, 방진 등

(5) 구비조건

① 응고점은 낮고, 인화점은 높아야 한다.
② 화학적 결합이 안정적이어야 한다.
③ 점도가 적당하여야 한다.
④ 점도의 변화가 적어야 한다.
⑤ 냉매 Cycle상 오일의 회수가 잘 되어야 한다.

(6) 냉동기유의 종류

① R22용 오일 : Mineral Alkylbenzene 계열(SONTEX-200LT, SUNISO-3GS, SUNISO-4GS, BLENDED WHITE, Lunaria KVG, Zerol 등)
② 대체냉매(R410A, R407C 등)용 오일 : Polyol Ester계열(POE FREOL, MMMAPOE 등)

33 불응축성 Gas

냉동 Cycle 계통 내부에 불필요하게 혼입된 공기, 염소, 오일의 증기 등으로서 응축기나 수액기의 상부에 모여 액화되지 않고 남아 있는 Gas를 말한다.

(1) 발생 원인

냉매 충전 시 공기 혼입, 윤활유 충전 시 공기 혼입, 불완전한 진공 시, 오일 탄화 시 등

(2) 영향

냉매 과차징의 경우와 유사하게 응축온도(압력)를 상승시켜 성능 및 성적계수가 하락된다.

(3) 조치방법

① 응축기 혹은 수액기 상부의 Relief Valve를 통해 방출시킨다.
② 소형 장치의 경우 밀폐 Cycle 내의 냉매를 모두 방출 후, 재진공 및 Recharging을 실시한다.
③ 기타 불응축 가스 자동배출장치(불응축 가스 퍼저)를 설치한다.

(4) 냉동장치의 불응축 가스 퍼저

① 요크형(York type) 가스 퍼저

㈎ 이 방식은 암스트롱형(Amstrong type) 가스 퍼저 대비 비교적 간단한 방법으로서, 압축기의 운전에 의해 응축기를 통과한 냉매 중 응축이 안 된 냉매 및 불응축 가스가 부력에 의해 수액기 상부에 모이는 점을 이용하여 요크형(York type) 가스 퍼저에 모아 냉각시켜 응축된 냉매는 수액기로 되돌리고, 응축되지 못하는 불응축 가스는 수조를 통해 배출하는 방식이다.

㈏ 암모니아를 냉동 시스템의 냉매로 쓰는 경우에는 암모니아가 강한 독성을 가지고 있고, 반면에 물에 잘 녹는다는 점을 이용하여 수조를 통해 배출하지만, 기타 비독성 냉매를 사용하는 경우에는 수조를 생략할 수도 있다.

㈐ 장치흐름도 : 압축기의 운전에 의해 응축기를 통과한 냉매 중 응축이 안 된 냉매 및 불응축 가스는 기체 상태이므로 수액기 상부에 모임 → 요크형(York type) 가스 퍼저(냉각) → 응축된 냉매는 수액기로 복귀 → 불응축 가스는 자동온도밸브에 의해 수조를 통과(암모니아 냉매의 경우임) → 방출

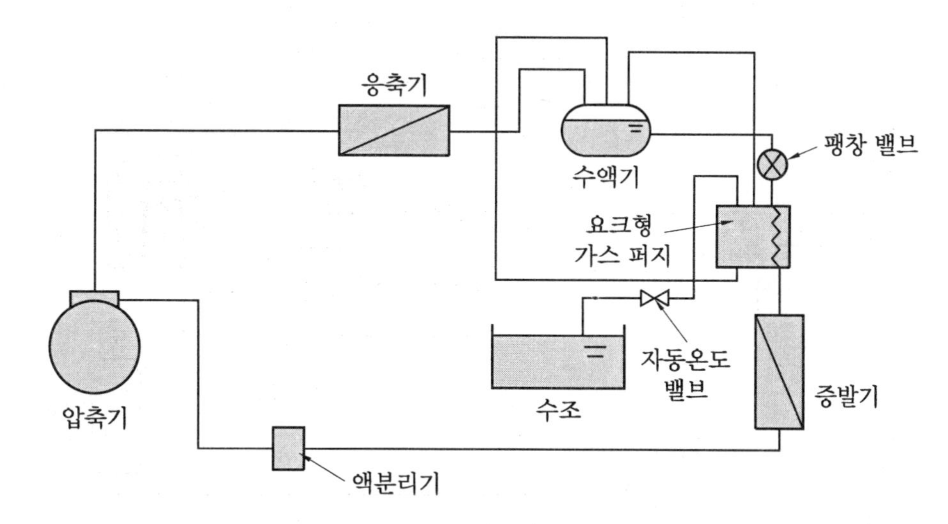

② 암스트롱형(Amstrong type) 가스 퍼저

㈎ 이 방식은 요크형(York type) 가스 퍼저 대비 다소 복잡한 형태로, 가스 퍼저 내부에 버킷트랩 등의 부침 소재를 설치하여 버킷의 부침을 통하여 액냉매의 생성과 흐름을 제어하는 방식이다. 즉, 압축기의 운전에 의해 응축기를 통과한 냉매 중 응축이 안 된 냉매 및 불응축 가스가 부력에 의해 수액기 상부에 모여 암스트롱형(Amstrong type) 가스 퍼저의 버킷 내부로 들어가며 여기서 부력에 의해 버킷은 떠서 출구밸브를 막아서 내부 압력이 상승하고, 내부 코일의 냉각작용 등에 의해 빠르게 액화가 이루어지게 되고, 불응축 가스는 벤트를 통해 버

킷을 빠져나가 수조로 배출하는 방식의 가스 퍼저이다.

(나) 암모니아를 냉동 시스템의 냉매로 쓰는 경우에는 암모니아가 강한 독성을 가지고 있고, 반면에 물에 잘 녹는다는 점을 이용하여 수조를 통해 배출하지만, 기타 비독성 냉매를 사용하는 경우에는 수조를 생략할 수도 있다.

(다) 불응축 가스는 수조측으로 배출하는 방식은 그림에서처럼 방출밸브를 열어서 방출할 수도 있지만, 암스트롱형 가스 퍼저 내부에 간단한 플로트밸브 등을 설치하는 경우도 있다.

(라) 장치흐름도 : 압축기의 운전에 의해 응축기를 통과한 냉매 중 응축이 안 된 냉매 및 불응축 가스가 수액기 상부에 모여 암스트롱형(Amstrong type) 가스 퍼저의 버킷 내부로 들어감 → 부력에 의해 버킷은 뜨게 됨 → 버킷은 출구밸브를 막아 버킷 내부는 압력이 상승함 → 내부 코일에 의해 버킷 내부는 차가워지고 빠르게 버킷 내부의 냉매는 액화가 이루어짐 → 불응축 가스는 벤트를 통해 버킷을 빠져나가고 수조로 들어감(암모니아 냉매의 경우) → 방출 → (연속 동작)

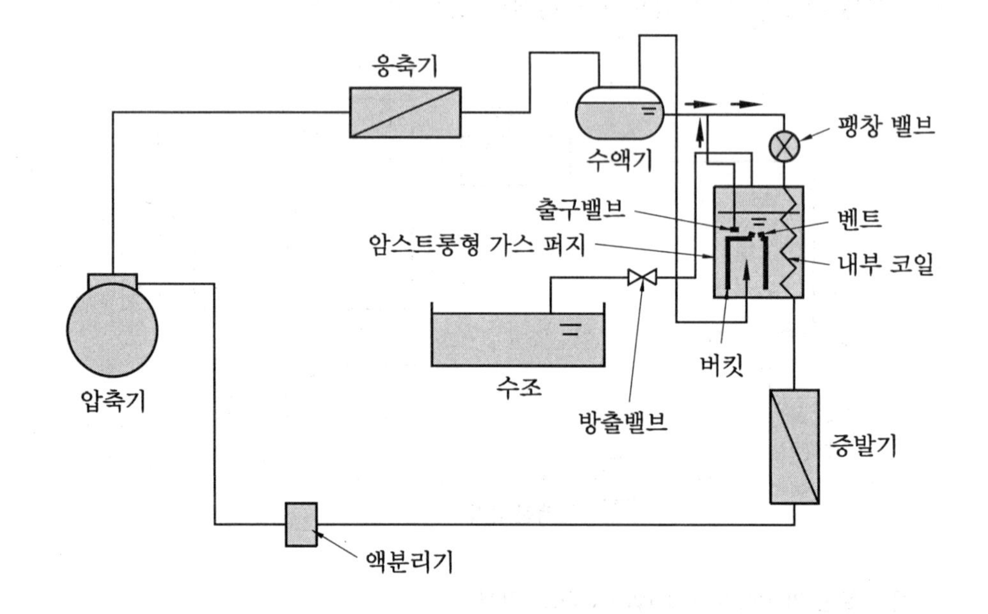

제 ㉖ 장

위생설비

1 오수정화 원리

오수정화의 원리는 호기성 처리와 혐기성 처리로 나누어 볼 수 있다.

(1) 호기성(好氣性) 처리

① 호기성 균을 이용하여 짧은 시간에 양호한 처리수를 얻을 수 있다(산소 공급 필요).

② 운전상 기술을 요하고 운전 유지비가 많이 소요되며, 적은 공간을 차지하는 고급 설비이다.

(2) 혐기성(嫌氣性) 처리

① 산소 공급이 불필요하며 유지비가 적게 든다.

② 처리기간이 길게 소요되어 처리공간이 많이 필요하고 악취 발생의 문제가 있으며 공간을 많이 차지한다.

2 오수처리 방법

(1) 개인 하수처리시설의 설치기준

① 하수처리구역 밖

㈎ 1일 오수 발생량이 $2m^3$를 초과하는 건물·시설 등을 설치하려는 자는 오수처리시설(개인 하수처리시설로서 건물 등에서 발생하는 오수를 처리하기 위한 시설을 말한다)을 설치할 것

㈏ 1일 오수 발생량 $2m^3$ 이하인 건물 등을 설치하려는 자는 정화조(개인 하수처리시설로서 건물 등에 설치한 수세식 변기에서 발생하는 오수를 처리하기 위한 시설을 말한다)를 설치할 것

㈐ 그럼에도 불구하고 「환경정책기본법」에 따른 특별대책지역 또는 「한강 수계 상수원 수질개선 및 주민지원 등에 관한 법률」, 「낙동강 수계 물 관리 및 주민지원

등에 관한 법률」, 「금강 수계 물 관리 및 주민지원 등에 관한 법률」 및 「영산강·섬진강 수계 물 관리 및 주민지원 등에 관한 법률」에 따른 수변 구역에서 수세식 변기를 설치하거나 1일 오수 발생량이 $1m^3$를 초과하는 건물 등을 설치하려는 자는 오수처리시설을 설치하여야 한다.

② 하수처리구역 안(합류식 하수관거 설치지역만 해당한다.) : 수세식 변기를 설치하려는 자는 정화조를 설치할 것

> ① 하수 : 사람의 생활이나 경제활동으로 인하여 액체성 또는 고체성의 물질이 섞여 오염된 물(오수)과 건물·도로 그 밖의 시설물의 부지로부터 하수도로 유입되는 빗물·지하수를 말한다. 다만, 농작물의 경작으로 인한 것은 제외한다.
> ② 합류식 하수관거 : 오수와 하수도로 유입되는 빗물·지하수가 함께 흐르도록 하기 위한 하수관거를 말한다.
> ③ 분류식 하수관거 : 오수와 하수도로 유입되는 빗물·지하수가 각각 구분되어 흐르도록 하기 위한 하수관거를 말한다.

(2) 오수(폐수) 처리 절차

① 오수(폐수) 처리 절차는 주로 1차 침전공정(전처리 공정)→2차 생물학적 처리공정(생물막법, 활성오니법 등)→3차 물리학적 처리공정(미세한 부유물 등 처리) 등의 순으로 진행된다.

② 1차 처리(부유물 침전공정) : 본 처리에 앞선 전처리를 위한 침전 공정

③ 2차 처리(생물학적 산화 처리공정) : 호기성 생물에 의한 처리방법

④ 3차 처리(물리학적 처리공정, 질향상 및 유출수 처리)

㈎ 미세한 부유물, 용해성 유기물, 미생물, 질소, 인, 착색물질 등을 고도로 처리 및 소독을 위한 공정이다.

㈏ 오탁물질 제거율이 생물학적 처리 방법보다 떨어지지만 설비비가 적고 부유물 제거 가능하고 다른 처리법과 병용이 가능하다.

㈐ 산·알칼리 이용 중화법, 오존산화법, 부유물 침전법(응집침전), 활성탄 흡착법, 급속 여과법, 정석탈인 등이 있다.

3 오수의 생물학적 처리방법(Biologic Treatment)

(1) 생물막법

쇄석 등에 오수에 함유된 생물에 의한 막(생물막)이 형성되고, 오수중의 유기물이 생물막에 흡착·분해되어 오수가 정화된다(생물막의 내부는 산소의 공급이 원활하지 않으므로 혐기성 생물이 번식하고, 생물막의 외부는 산소의 공급이 원활하므로 호기성 생물

이 번식한다). →생물이 부착된 상태에서 오수를 정화

① 살수여상법 : 쇄석을 쌓아올린 처리조의 상부에 오수를 살수하여 공기중의 산소를 흡수하고, 생물 사이를 유하하면서 쇄석 표면에 형성된 생물막에 접촉하여 오수중에 포함된 유기물이 분해된다.

② 회전원판 접촉법 : 회전축에 부착된 다수의 원판의 하부는 오수가 유하하는 조에 잠기고, 상부는 공기중에 노출되어 회전하면서 산소를 공급받아 오수중의 유기물이 흡착 분해된다.

③ 접촉산화법 (접촉 폭기법) : 접촉재를 조 내에 고정시키고 Blower 등으로 공기를 공급하면서 오수를 순환시켜 생물막에 접촉 분해한다.

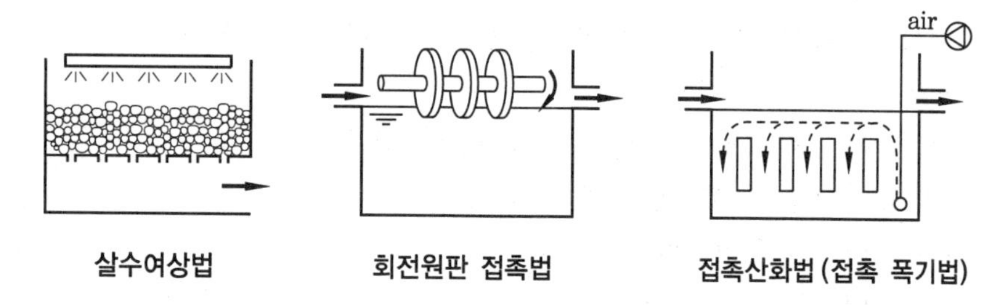

살수여상법 회전원판 접촉법 접촉산화법 (접촉 폭기법)

(2) 활성오니법 (활성 슬러지법)

오수를 조 내에 넣어 Blower로 공기를 공급하여 교반하면 박테리아가 유기물의 먹이로 인해 증식하여 뭉쳐지고, 주변의 원생동물과 후생동물이 박테리아를 먹으면서 증식하여 생물덩어리(Floc)가 형성되는데, 이 Floc이 활성오니가 되어 유기물을 흡착·산화시킨다. → 즉, 생물을 부유시켜 놓은 상태에서 오수를 정화

① 표준활성오니법 : 폭기조에 오수를 유입하여 혼합 및 유기물의 흡착·산화가 이루어지고 침전지에서는 활성오니를 침전시키고, 상부의 깨끗한 상징수를 분리하여 방류한다. 이때 침전조에 침전한 활성오니의 일부는 오니농축탱크로 보내고 일부는 반송오니로 폭기조에 재차 공급하여 폭기조 내의 활성오니의 농도를 조절한다.

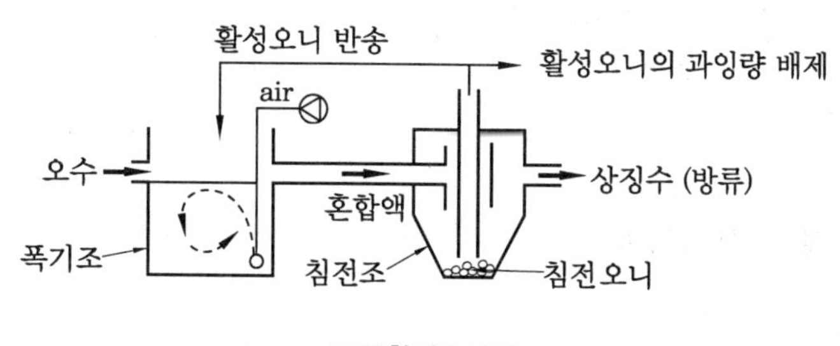

표준활성오니법

② 장기폭기법 (extend aeration) : 표준활성오니법과 원리가 같으며 다만 폭기조 내의 폭기시간을 증가시키는 방식이다.

㈎ 장기폭기법은 표준활성오니법의 변법의 일종으로 표준적인 방법보다 폭기시간이 길고(18~36시간) BOD 용적부하가 적으며, 폭기조 내의 MLSS가 높게 유지되는 것이 특징이다.

㈏ 장기폭기법은 SRT (Solids Retention Time ; 폭기 반응조, 2차 침전지, 반송슬러지 등의 처리장 내에 존재하는 활성슬러지가 전체 시스템 내에 체재하는 시간)를 충분히 길게 유지해서 잉여슬러지를 최소화하는 공법이다.

㈐ 활성슬러지량의 높은 내생분해로 인하여 폐활성슬러지의 생산량을 최소화하기 위해 개발되었다.

㈑ 하루에 합성되는 미생물량과 하루에 내생호흡으로 인해 분해되는 미생물량이 같도록 설계 → 이론적 미생물 순생산량 = 0이 될 수 있다.

㈒ 장점

㉮ 장기간 폭기로 잉여슬러지 발생량이 적다.

㉯ 유입수량 및 부하변동에 강하다.

㉰ 처리수를 안정화할 수 있다.

㉱ 처리효율이 좋은 편이다.

㈓ 단점

㉮ 폭기조 내의 활성슬러지량에 의해 정화율이 좌우된다.

㉯ 슬러지 반송기능이 필수적이며, 동력비의 소모가 많다.

㉰ 단위공정이 많아 유지관리가 어렵다.

㉱ 운전관리기술의 전문성이 요구된다.

㉲ 장시간 폭기로 조규모가 증가된다.

㉳ 소규모 하수처리시설에 주로 이용된다.

㉴ BOD 부하가 적고 MLSS 농도가 높게 유지된다.

BOD 부하 (BOD량) 계산

$$\text{BOD부하} = \frac{\text{유입수BOD}(\text{kg/day})}{\text{폭기조의 용량}(\text{m}^3)}$$

4 오수정화 처리장치

(1) 폭기장치

① 호기성 미생물을 주체로 하는 활성슬러지를 활성화하거나 그 활성도를 유지하기 위해서는 항상 충분한 용존 산소가 공급되어야 하는데, 이를 위해 이용되는 장치가 폭

기장치이다.

② 폭기장치에는 산기식(기포식) 폭기장치와 표면 폭기식 폭기장치 등이 있는데, 산기식 폭기장치는 공기를 물속에 공급시키는 동시에 폭기조를 혼합시키는 방식이며, 표면 폭기식 폭기장치는 기계식 폭기장치라고도 하며, 폭기조의 수면을 기계적으로 교반하여 폭기조 내의 혼합액과 대기 중의 공기를 접촉시켜 폭기조 내의 액체에 산소를 공급하는 방식이다.

③ 표면 폭기식 폭기장치는 선회류를 일으켜 폭기조를 혼합시키는 것으로, 종축 회전식과 횡축 회전식이 있다. 또한 기계식 폭기조에는 송풍기 설비 등이 필요하지 않으며 시설이 간단하고 유지관리가 비교적 쉬우나 혼합액의 비산과 악취발생의 우려가 큰 편이다.

④ 이때 폭기조 내로 송입된 공기는 혼합액의 교반과 소비되는 산소의 보급 등 두 가지 목적에 사용되어진다.

⑤ 폭기 시간의 길고 짧음에 따라서 폭기조의 효율이 결정된다. 폭기시간은 처리장에서 활성슬러지에 공기를 공급하는 시간이다. 활성슬러지라는 박테리아는 산소를 소비하면서 유기물을 분해한다. 하수처리장에서는 보통 5~6시간 안에 처리할 수 있는 BOD 20ppm 정도를 정화하는데, 폭기시간을 연장하면 처리율을 높일 수 있다.

(2) 산기장치

① 산기장치는 공기와의 접촉에 의해 필요로 하는 공기(산소)를 공급하는 장치를 말하며 주로 산기판을 이용한다.

② 산기장치 내부에 미세기포가 균일하게 발생시킬 수 있는 기공을 가진 산기판을 설치하여 공기와의 접촉을 시킨다.

③ 산기장치는 미세기포가 균일하게 발생시킬 수 있도록 반응조에 공급배관을 설치하고, 다공질 세라믹제의 산기통 및 다기공 산기판을 반응조의 바닥에 설치하여 기포를 수중에 산기한다.

④ 기포경이 작을수록 용해효율이 좋으나 기포경은 산기통(산기판)의 기공경에 의해 결정되며 일반적으로 기공경은 100 m 정도가 많이 채택되고 있다.

⑤ 접촉조(반응조)는 내식성 및 안전성을 고려하여 콘크리트제의 수조 또는 스테인리스제의 밀폐구조로 설치한다.

(3) 교반장치

① 교반창치는 혼합과 플록 형성 등을 목적으로 설치된 교반기(mixer)와 모터(motor)를 비롯하여 교반조(mixing tank), 플록 형성지 등을 구조물과 부속 설비를 포함한 제반 장치를 말한다.

② 처리수 중에는 침전이 어려운 미세입자, 부유고형물 등이 존재하는데 이는 전하를 지니고 서로 안정되게 수중에 존재하며 탁도를 유발하고 생물학적 처리시설로는 제

거가 어려운 경우가 많다. 따라서 응집제를 사용하여 미세입자들을 응집시켜 플록으로 형성하고, 교반장치로 플록 입자를 크게 성장시켜 침전성을 양호하게 하여 미세 부유물질 등을 제거하는 장치이다.

③ 이때 응집보조제를 병행하면 효율이 증진된다. 또한 조대화된 플록들이 안전하게 침강할 수 있는 침전시설을 갖추면 응집공정이 완료되는데 이때에는 조대화된 플록들이 다시 깨어지지 않도록 수중의 조건을 적절히 조정할 필요가 있다.

④ 교반기의 종류로는 터빈형과 프로펠러형 등이 있으며 속도경사를 크게 할 필요가 있을 경우에는 터빈형을 주로 사용한다.

(4) 수중 폭기장치

① 정화조, 각종 폐수 및 하수처리장 등의 폭기 및 예비 폭기에 사용하거나 양어장, 양식장의 산소공급 등에도 사용되어지는 수질개선장치의 일종이다.

② 주로 수중펌프와 분출용 이젝터(Ejector)를 결합한 일체형 구조로 제작되어지며, 공기와 액체의 혼합류를 한 방향으로 강력하게 분출하여 폭기조 내에서 교반과 폭기가 동시에 일어나게 한다.

③ 이 방식은 미세기포의 발생에 의하여 위 방향으로 교반하므로 폭기조 내의 MLSS 농도가 비교적 균일한 편이다.

④ 대부분의 구동부가 물속에 감겨 있으므로 소음이 적고, 설치가 비교적 간단한 편이다.

5 쓰레기 관로수송 시스템

(1) 1960년 스웨덴에서 개발 및 적용된 이후 현재 전세계적으로 많은 시스템이 가동중에 있다.

(2) 스웨덴, 스페인, 일본 등의 나라가 선두적으로 적용하기 시작하였으며, 미국, 포르투갈, 네덜란드, 홍콩, 싱가포르 등도 많이 적용하고 있다.

(3) 최근 들어 국내에서도 수도권을 중심으로 신도시의 개발이 활발하게 진행되면서 고부가가치의 생활문화 창조를 위해 쓰레기 관로수송 시스템(또는 쓰레기 자동집하시설)의 도입이 이루어지고 있다.

(4) 특히 쓰레기 관로수송 시스템은 2000년 용인수지 2지구에 도입된 후 약 5년간의 실운전을 통해 안정성이 입증되면서 송도신도시, 광명소하지구, 판교지구, 김포장기지구, 파주 신도시, 서울 은평 뉴타운 등으로 전파되었다.

(5) 쓰레기 관로수송 시스템의 방법

① 관로에 의한 쓰레기의 수집과 수송은 동력원(Blower)에 의해 관로 내에 공기흐름을 만들어 이를 이용해 쓰레기를 1개소로 모으는 시설로 진공청소기의 원리와 유사

하다.

② 시스템의 구성은 투입된 쓰레기를 일시 저장하는 투입설비, 관로설비 그리고 송풍기 및 관련 기기 등이 있는 수집센터 (집하장)로 구성되어 있다.

(6) 장 · 단점

① 쓰레기 관로수송 시스템의 장점

㈎ 관로에 의한 계 전체가 부압이기 때문에 대상 쓰레기가 외계와 차단되어 있어 무공해형 수송수단인 동시에 투입 시에도 특별한 공급장치가 필요하지 않고 외계의 영향도 거의 받지 않기 때문에 전천후형 방식이다.

㈏ 관로를 수송경로로 할 경우에 운전의 자동화가 가능하고 효율적이다.

㈐ 다점의 배출점에서 1점으로의 집중수송에 적합하기 때문에 쓰레기 수집, 수송에 적합하다.

㈑ 배출원이 증가할 경우에도 송풍기 등 수집센터 측의 설비는 그대로 두고 수송관로와 밸브의 증설만으로 가능하다 (단, 송풍기의 동력상 한계를 초과할 수는 없음).

㈒ 기타 남새에 대한 해방, 편리성, 도시미관 등이 쓰레기 관로수송 시스템의 장점이라고 할 수 있다.

② 쓰레기 관로수송 시스템의 단점

㈎ 관로부설을 위한 초기 설비투자가 크고, 특히 기존 시가지에 도입할 경우에 약 30% 이상의 비용이 추가되어 경제적 부담이 된다.

㈏ 일단 건설된 관로의 경로변경과 연장에 어려움이 있어 종래의 차량수송방식에 비해 유연성이 작으며, 수송량도 설계치에 적합한 양을 주지 않으면 효율이 저하된다.

㈐ 본질적으로 연속 수송장치이고 대용량 수송에 유리하나 진공식 관로수송에 이용되고 있는 부압에는 한계가 있기 때문에 지나친 장거리 수송에는 부적합하다.

(7) 수거 공정

① 공기배출 송풍기 작동

② 처리대상 공기흡입밸브 open, 약 7초 후 close (공기속도 약 15~22 m/s, 진공압 : 약 1500 ~ 2000 mmAq)

③ 집하장까지 운반

④ 쓰레기 분리기에서 공기와 쓰레기 분리

⑤ 쓰레기 압축기

⑥ 컨테이너

⑦ 소각장으로 쓰레기 이송

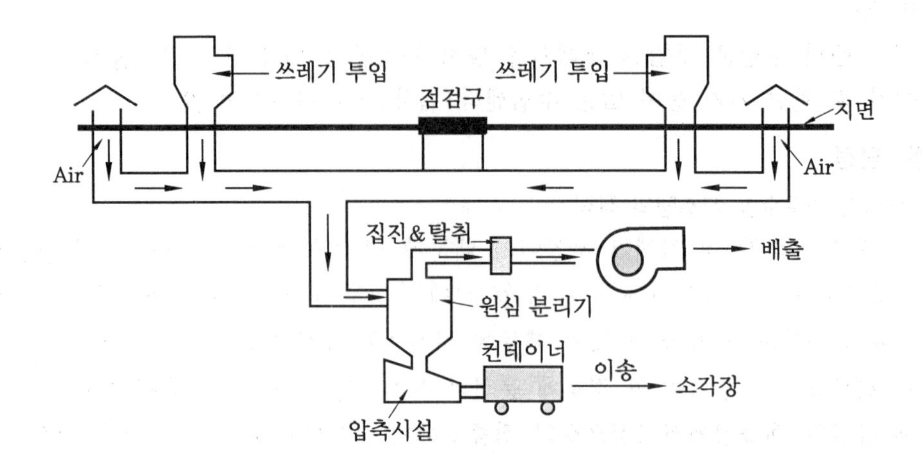

6 위생기구

(1) 위생기구 (Sanitary Fixtures)라 함은 건축물에 있어서 급수, 급탕 및 배수를 필요로 하는 장소에 설치하는 기구의 총칭이다.

(2) 위생기구의 구비조건

① 내흡수성, 내식성, 내구성이 클 것
② 오염 방지를 위한 구조일 것
③ 제작이 용이하고 설치가 간단하며 확실할 것
④ 외관이 깨끗하고 청소가 용이하고 위생적일 것

(3) 위생기구의 재료

재 료	제조공정 · 제품의 특징	용 도
도기제	• 점토를 주 원료로 해서 유리질의 유약을 발라 소성한다. • 내식, 내구, 내약품성이 우수하다. • 복잡한 형상도 제작할 수 있다. • 탄성, 열팽창계수, 열전도율이 매우 작다. • 깨지기 쉽고 충격에 약하다.	대변기, 소변기 세면·수세기, 세정용 탱크, 각종 싱크류
법 랑 철기제	• 강판이나 주철의 표면에 특수한 유리질의 약을 칠하고 구워서 만든다. • 경량이며 견고하고 마감면이 평활하고 위생적이다. • 법랑이 떨어져 나갈 우려가 있다.	세면기, 욕조, 싱크류

스테인리스제	• 스테인리스 강판을 압형이나 용접에 의해 가공한다. • 경량이며 탄력 있고, 충격에 강하고, 가공성이 좋고 녹슬지 않는다. • 내구성이 우수하다. • 다른 재질의 제품에 비해서 가격이 비싸다.	싱크, 욕조
강화 플라스틱 (FRP)제	• 플라스틱을 유리섬유로서 강화한 '유리섬유 강화폴리에스텔수지(FRP)'를 성형해서 제작한다. • 경량이고 내구성이 강하고 감촉이 좋으며 보온성이 풍부하다. • 알칼리에는 강하나 열에는 약하다. • 상처를 입기 쉽고, 퇴색하거나 광택을 잃기 쉽다.	욕조, 세정용 탱크, 오물정화조

* 법랑 : 금속 표면에 유리질 유약을 피복시킨 것으로 금속의 강인성과 유리가 가진 내식성과 청결성을 겸비하도록 만든 것

7 도기

(1) 위생기구의 재료 중 위생적이고 청소가 용이하며, 그 내구·내식성·내약품성이 뛰어나기 때문에 가장 널리 사용된다.

(2) 도기의 특장점

① 백색이어서 위생적이다.
② 오수나 악취 등이 흡수되지 않으며 변질되지 않는다.
③ 경질이고 산·알칼리에 침식되지 않으며 내구적이다.
④ 복잡한 형태도 제작이 가능하다.

(3) 도기의 단점

① 충격에 약하다.
② 파손되면 수리하지 못한다.
③ 팽창계수가 작아 금속(급·배수관)이나 콘크리트의 접속 시 주의를 요한다.
④ 정밀성을 요구하지는 않는다.

(4) 도기의 종류

① 용화 소지질 : 특별히 잘 소성한 것으로 흡수성이 거의 없어 위생도기로서는 현재 가장 우수(대·소변기, 세면기, 수세기, 세정탱크, 싱크 등 제작)
② 화장 소지질 (치장 소지질) : 소지표면에 용화 소지질의 피막을 입힌 것으로 대형기구의 제작에 적합(욕조, 스톨 소변기, 요리·청소 싱크 등 제작)
③ 경질 소지질 : 잘 구운 것이지만 다공질이므로 흡수성이 다소 높고 오명되기 쉬우며 질이 낮다(대·소변기, 세면기, 수세기, 세정탱크, 싱크 등 제작).

8 대변기

(1) 설치 방식(모양)에 따른 분류

① 화변기(동양식)

㈎ 바닥에 매설하여 설치(주로 플러시 밸브 방식 사용)

㈏ 변기와 피부의 접촉이 없어 위생적

㈐ 취기 및 오물부착 우려가 있다.

② 양변기(서양식)

㈎ 탱크를 포함하여 바닥설치로 보수 및 수리가 용이하다.

㈏ 취기 및 오물부착 우려가 거의 없다.

㈐ 바닥 공간을 많이 차지하는 단점이 있다.

(2) 세정방식에 따른 분류

① 세출식(Wash out type)

㈎ 오물을 변기의 얕은 수면에 받아 세정수로 씻어 내린다.

㈏ 다량의 물을 사용하지 않으면 오물이 떠 있을 우려가 있다.

② 세락식(Wash down type)

㈎ 오물이 수면 위에 떨어진 후 일부는 세정수로 씻어 내리고, 일부는 트랩 바닥면에 일시에 떨어져 세정한다.

㈏ 유수면적에 제한을 받아 건조면적이 비교적 넓다.

③ 사이펀식(Syphon type)

㈎ 트랩 배수로가 좁고 굴곡이 많이 져 있어 유속이 많이 둔화된다.

㈏ 배수로가 만수상태에서 사이펀 작용을 이용한다.

㈐ 악취의 발산이 적고 오물을 확실히 내보낸다.

④ 사이펀 제트식(Syphon jet type)

㈎ 트랩 배수로 입구에 분수구를 만들어 강력한 사이펀 작용을 이용한다.

㈏ 수세식 대변기로는 가장 우수하다고 평가되며, 트랩의 봉수가 깊어 위생적이다(근래 가장 많이 사용).

㈐ 동양식과 서양식이 있으며, 원리는 거의 동일하고 봉수의 깊이는 다소 차이가 난다(다음 그림 참조).

⑤ 블로아웃식(취출식 ; Blow out type)

㈎ 사이펀 작용보다 제트 작용에 주안점을 둔 방식이다.

㈏ 배수구가 넓어 잘 막히지 않아 공공장소 등에 많이 사용한다.

㈐ 소음이 다소 크며, 학교, 공공건물 등에 많이 사용한다(세정수압 약 $1kg/cm^2$

이상).

㈑ 배수구는 벽측에서 다른 변기보다도 높기 때문에 사무소건물 등에서 연립하여 유닛용으로 설치하는 경우에도 적합하다.

⑥ 사이펀 보텍스식(Syphon vortex type)

㈎ 사이펀작용에 와류작용을 추가시킨 것이다(사이펀작용 + 와류작용).

㈏ 세척 시에 공기가 혼입되지 않아 소음발생이 적다(호텔 등에 적합).

㈐ 다른 형식의 대변기에 비해 탱크의 위치를 낮게 할 수 있어 원피스 변기(one piece type)로 많이 이용되나 제조공정이 복잡하여 가격이 비싼 편이다.

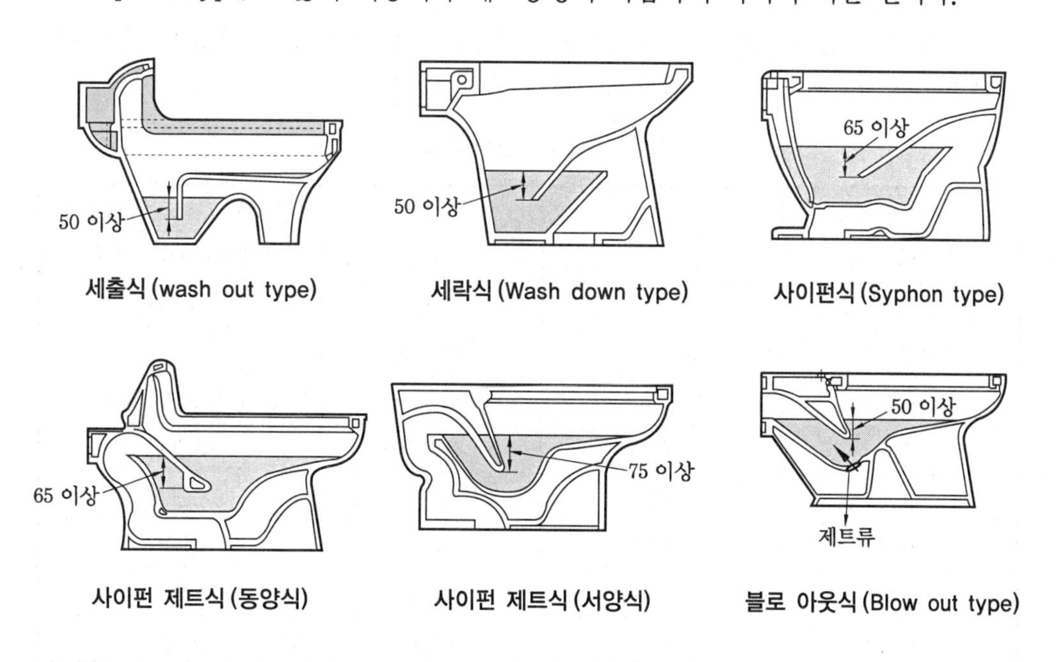

9 대변기 세정급수방식

(1) 세정탱크식

① 하이탱크식 : 탱크높이 약 1.9 m, 탱크용량 15 L, 급수관 10 ~ 15 mm, 수압 0.3 kgf/cm^2, 세정관 32 mm

② 로탱크식 : 주택·호텔에 많이 이용, 탱크용량 18 L, 급수관 15mm, 수압 0.3 kgf/cm^2, 세정관 50 mm (가장 많이 사용)

(2) 세정밸브식(플러시 밸브식 ; Flush Valve Type)

① 수압이 0.7 kgf/cm^2 이상이어야 하고, 급수관의 최소 관경은 25 mm (25A)이다.

② 레버식, 버튼식, 전자식 등이 있으며, 한 번 밸브를 작동시키면 일정량의 물이 나오고 잠긴다.

③ 진공방지기와 함께 사용해야 하며 학교, 호텔, 사무소, 기타의 공공장소 등의 건물에 많이 사용된다.

④ 특히 공공장소는 연속 사용 문제로 'Flush Valve Type'의 급수방식이 많이 사용된다.

(3) 기압탱크식 (Pressure Tank System)

① 기압탱크식은 세정탱크식과 같은 모양으로 급수관은 15A 정도가 알맞다.

② 일반 가정용으로도 많이 이용된다.

③ 탱크가 밀폐되어 있어 안의 공기는 항상 급수관의 최고 압력으로 압축되어 있다.

④ 급수관의 수압이 언제나 0.75 kgf/cm^2 이상 정도로 유지될 수 있도록 해야 하며 구경 15~20A 범위에서 플러시 밸브를 사용할 수 있다.

대변기 주요 세정방식 비교표

비교 항목	하이탱크	로탱크	플러시 밸브 (세정밸브)
수압의 제한	0.3 kgf/cm^2 이상	0.3 kgf/cm^2 이상	0.7 kgf/cm^2 이상
급수관경의 제한	10 ~ 15 mm	15 mm	25 mm
세정관 관경	32 mm	50 mm	–
장소	차지하지 않음	크게 차지함	별로 크지 않음
구조	간단함	간단함	복잡함
수리	곤란함	용이	곤란함
공사	곤란함	용이	용이
소음	상당히 큼	적음	약간 큼
연속사용	불가능	불가능	가능

10 진공 화장실

(1) 비행기의 화장실에서 세척하는 물의 양이 일반 화장실에 비해 무척 적은 것은 비행기라는 제한된 공간에 많은 양의 물을 탑재할 수가 없기 때문에 최소한의 물로서 최대한 청결한 세척 효과를 달성하기 위해 변기의 오물이 접촉되는 부분을 일종의 테프론으로 코팅하여 약간의 물로도 오물이 잘 씻어질 수 있도록 하는 진공 화장실을 채용하고 있기 때문이다.

(2) flushing (물로 씻어 내림)하는 소리가 일반 화장실과는 다르게 펑 하는 소리가 들리게 되는 것은 flushing 효과를 높이기 위해 약간의 진공을 만들어서 오물을 탱크로 빨아들이는 소리이다.

(3) 수거된 오물과 세척된 물은 비행기 하단부의 탱크에 저장이 되어 착륙 후 오물 처리 차량으로 옮겨지고 이후 일반 오물과 동일하게 오수처리시설 혹은 정화조로 간다.

(4) 장치의 구성

① 변기

㈎ 변기 : 스테인리스강의 프레스 제품

㈏ 변기 내에 수위 감지기 설치

㈐ 디스크 형식의 차단 밸브 : 냄새 차단 및 진공 형성용 밸브

② 공압 패널 외 : 진공발생기, 냄새제거 필터, 감압밸브 및 자동배수기, 진공 및 공압 스위치, 각종 전자밸브, 현시등, 제어용 패널

③ 오물저장 탱크 : 오물 배출 장치, 수위 센서, 히터 및 온도 감지기 등 설치

(5) 특징 · 장점

① 제약 없는 설치 조건 : 변기와 오물 저장탱크의 위치 선정이 자유롭다.

② 위생적 : 환경오염이 없으며, 악취가 거의 없다.

③ 경제적

㈎ 손쉬운 설치 및 용이한 보수유지로 경비 절감

㈏ 소량의 세척수와 압축공기 사용

④ 효율적 : 깨끗한 세척력과 높은 흡입력

⑤ 안전성 : 각종 시스템 보호장치 내장

11 위생 설비의 유닛화

(1) 공사기간 단축, 공정의 단순화, 시공 정도 향상, 인건비 및 재료비 절감 등을 위하여 공장에서 여러 개의 개별 위생기구를 묶어서 하나의 유닛으로 만들어 건축현장에 공급하는 방식을'위생설비의 유닛화'라고 한다.

(2) 설비 유닛화의 조건

① 가볍고 운반이 용이할 것

② 현장조립이 용이하고 가격이 저렴할 것

③ 유닛 내의 배관이 단순할 것

④ 배관이 방수층을 통과하지 않고 바닥 위에서 처리가 가능할 것

⑤ 제작공정이 단순하고, 대량생산성이 높을 것

⑥ 본관과의 배관접속이 용이할 것

⑦ 방수마감이 필요한 경우 완전할 것

(3) 시공 형태에 따른 분류

① Panel Type : 공장에서 몇 개로 분할된 형태로 제작, 현장 반입 및 조립

② Cubicle Type : 공장에서 완전한 일체형으로 제작

③ Panel-Cubicle Type : 절충식 (Panel Type + Cubicle Type)

(4) 사례

① Sanitary Unit : 욕조, 세면기 및 대변기를 일체화 시공 (주로 Panel Type)

② Toilet Unit : 대변기 유닛, 소변기 유닛, 싱크대 유닛, 장애자용 유닛 등 (업무용 건물에 많이 적용)

③ 세면화장대 : 세면기, 거울 및 수납장을 일체화

12 수영장의 여과 및 살균

(1) 수영장 (Pool)의 오염물질은 섬유, 땀, 침, 가래, 피부, 비듬, 때, 지방, 머리카락, 털 등이다.

(2) 수영장 물의 소독 부문에서는 과거에 염소 소독법이 대종을 이루었으나 최근에는 오존살균법을 많이 사용(병용)하여 염소소독법의 문제점을 보완하고 있다.

(3) 수영장의 여과

① 규조토 여과기 (20 μm)

㈎ 응집기가 필요 없다.

㈏ 규조토를 교반하여 바른다.

㈐ 1일 2회 30분 이상 역세 필요

㈑ 유지관리 곤란

㈒ 상수도 보호구역 설치 금지

㈓ 규조토 피막을 여과포에 입히는 등의 형태로 개량된다.

② 모래 여과기 (70 μm)

㈎ 응집기 필요

㈏ 시설비 고가

㈐ 1일 1회 5분 이상 역세 필요

③ 활성탄 여과장치

㈎ 활성탄의 흡착력을 이용하여 수중의 유기물 제거, 탈취, 탈기를 행할 수 있다.

㈏ 페놀, ABS, 벤젠, 계면활성제 등을 흡착·제거 가능하다.

㈐ 활성탄 표면이나 충전층이 막히지 않도록 전처리를 잘 해주어야 한다.

(4) 염소 살균법

① 일반세균은 염소에 의해 살균이 잘 되나, 바이러스 등은 살균이 잘 안 된다.

② 염소는 유기물(땀, 때, 오줌 등)과 화합하여 염소화합물을 생성한다.

③ 이러한 염소화합물은 발암물질의 일종이고, 안구 충혈, 피부 염증, 피부 탈색 등도 일으킨다고 보고되어 있다.

염소 + 유기질 → 트리할로메탄(THM : Trihalomethane)

④ 소독시간 : 약 2시간

⑤ 잔류염소 : 0.4~0.6ppm

⑥ 휴식시간 이용 또는 정량 펌프 사용 방법

(5) 오존 살균법

① 반응조에서 약 1~2분 이상 반응 후 활성탄 여과기를 거쳐 투입된다(소독시간이 아주 빠르다).

② 살균 Process

헤어트랩 → 펌프 → 응집기 → 오존믹서기 → 반응조 → 샌드 → 염소주입기 → 수영장

③ 잔류염소 0.1 ~ 0.2 ppm

④ 장점

(가) 바이러스도 거의 100 % 제거(99.9% 이상 제거)

(나) 유기질, NH_3 제거

(다) Fe, Mn 산화

⑤ 단점

(가) 설치면적이 크다.

(나) 지하공간 설치 금지(오존량 증가에 따라 지하공간에서 치명적일 수도 있다).

(7) 수영장 설치 사례(독일 표준)

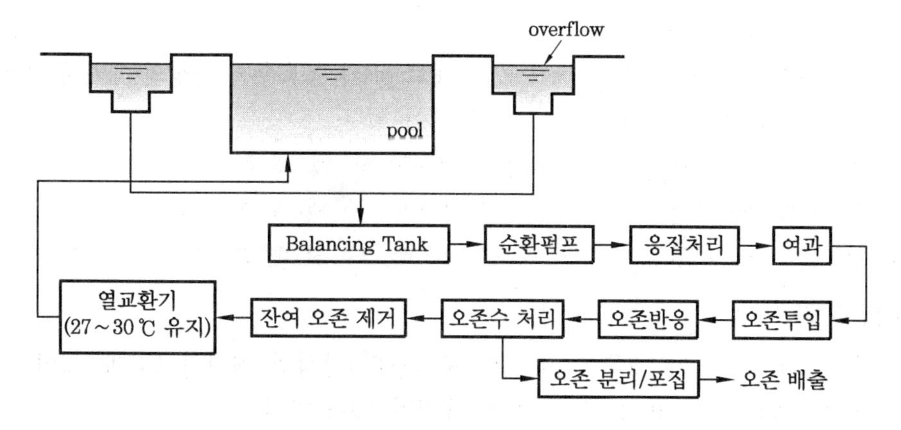

Balancing Tank (수위조절탱크)
수영장에서 지속적으로 오버플로되는 물과 수영객이 입욕 시 넘치는 물을 모아서 여과처리 및 살균처리를 할 수 있도록 하는 물탱크로서 버리는 물을 억제하므로 에너지 절약적 설비라고 할 수 있다.

(6) 설치 사례

① 염소살균 + 규조토 여과기 (여과포) : 설치비 저렴, 유지관리 곤란, 미세입자 여과 가능
② 염소살균 + 모래여과기 : 시설비 고가 (약 20%), 실내 수영장에 많이 적용
③ 오존살균 + 모래여과기 : 시설비 고가 (약 30%), 옥외 수영장에 많이 적용

13 pH (수소이온 농도지수)

(1) 1909년 덴마크의 쇠렌센 (P. L. Sorensen)은 수소이온 농도를 보다 다루기 쉬운 숫자의 범위로 표시하기 위해 pH를 제안하였다.
(2) '수소 이온 농도'를 보기 편하게 표기할 수 있도록 한 숫자가 pH (수소이온 농도지수)이다.
(3) pH는 용액 속에 수소 이온이 얼마나 있는지를 알 수 있게 하는 척도이다.
(4) pH의 정의 : 물 (H_2O) 속에는 H^+ 이온과 OH^- 이온이 미량 존재하는데, H^+와 H_2O는 다시 결합하여 H_3O^+로 된다. 이러한 H_3O^+의 양을 −대수 (−log)로 나타내는 값을 pH라고 한다 (10^{-7}mol/L 이상이면 산성, 이하이면 알칼리성이라고 함).

(5) pH의 특성

① 같은 용액 속에 수소이온이 많을수록, 즉 수소이온 농도가 높을수록 산성이 강해진다.
② 수소이온 농도를 나타내는 척도가 되는 수소이온지수(pH)로, 그 함수식은 로그함수로 표기된다.
③ pH가 낮을수록 산성의 세기가 세고, 반대로 pH가 높을수록 산성의 세기가 약해진다.
④ pH는 로그함수이므로 다음과 같은 특성이 있다.
㈎ pH가 1 작아지면 수소이온 농도는 10^1배, 즉 열 배 커진다.
㈏ pH가 2 작아지면 수소이온 농도는 10^2배, 즉 백 배 커진다.
㈐ pH가 3 작아지면 수소이온 농도는 10^3배, 즉 천 배 커진다.

(6) pH의 응용

① 예를 들면, pH 4인 용액은 pH 6인 용액보다 산성의 세기가 100배 세며, pH 11인 용액은 pH 10인 용액보다 산성의 세기가 10배 약하다.

② 순수한 물에서의 pH는 7이며 이때를 중성이라고 하고, pH가 7보다 작으면 산성, 7보다 크면 알칼리성(염기성)이 된다. pH의 범위는 보통 0~14까지로 나타낸다.

14 신체장애자용 위생기구

(1) 신체장애자는 장애의 부위 및 정도에 따라 다양하다.

(2) 완전한 장애자용 위생기구를 만들려면, 수많은 각 장애자마다 위생기구를 특별 제작하여야 하고, 이는 거의 불가능에 가까우며, 현재로서는 장애자들의 최대공약수를 찾아 위생기구를 제작 및 설치하는 것이 좋다.

(3) 대변기

① 대변기의 칸막이는 유효바닥면적이 폭 1.4m 이상, 길이 1.8m 이상이 되도록 설치하여야 한다(신축이 아닌 기존시설에 설치하는 경우로서 시설의 구조 등의 이유로 이 기준에 따라 설치하기가 어려운 경우에 한하여 유효바닥면적이 폭 1.0m 이상, 깊이 1.8m 이상이 되도록 설치할 수 있다).

② 대변기의 좌측 또는 우측에는 휠체어의 측면 접근을 위하여 유효폭 0.75m 이상의 활동공간을 확보하고, 대변기의 전면에는 휠체어가 회전할 수 있도록 1.4×1.4m 이상의 활동공간을 확보할 수 있도록 한다.

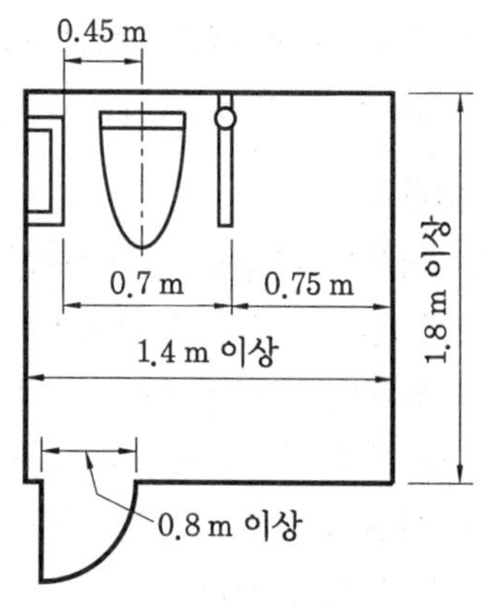

장애자용 대변기

③ 출입문의 통과 유효폭은 0.8m 이상으로 한다.

④ 출입문의 형태는 미닫이문 또는 접이문으로 하며, 여닫이문을 설치하는 경우에는 바깥쪽으로 개폐하도록 하여야 한다. 다만, 휠체어 사용자를 위하여 충분한 활동공간을 확보한 경우에는 안쪽으로 개폐되도록 할 수 있다.

⑤ 장애자에게는 일반적으로 동양식 변기보다는 서양식 변기를 사용하는 것이 좋다.

⑥ 휠체어의 안장높이와 양변기 시트의 높이는 같게 하는 것이 좋다(바닥면에서 0.4 이상, 0.45m 이하).

⑦ 대변기의 양 옆에는 수평 및 수직 손잡이를 설치하되, 수평 손잡이는 양쪽에 모두 설치하여야 한다.

⑧ 수평 손잡이는 바닥면으로부터 0.6m 이상, 0.7m 이하의 높이로 설치하되, 한쪽 손잡이는 변기 중심에서 0.45m 이내의 지점에 고정하여 설치하며, 다른 쪽 손잡이는 회전식으로 할 수 있다. 이 경우 손잡이 간의 간격은 0.7m 내외로 한다.

⑨ 수직 손잡이의 길이는 0.9m 이상으로 하되, 손잡이의 제일 아랫부분이 바닥면으

로부터 0.6m 내외의 높이에 오도록 벽에 고정한다.

⑩ 화장실의 크기가 2m×2m 이상일 경우에는 천장에 부착된 사다리 형태의 손잡이를 설치할 수 있다.

(4) 소변기

① 경증의 장애자를 포함한 다양한 장애자가 사용하는 장소에는 바닥부착형(스톨 소변기)이 유리하다.

② 중증의 장애는 남녀 모두 소변을 볼 때에도 양변기가 편리하다.

③ 소변기의 양 옆에는 수평 및 수직 손잡이를 설치한다.

④ 수평 손잡이의 높이는 바닥면으로부터 0.8m 이상, 0.9m 이하, 길이는 벽면으로부터 0.55m 내외, 좌우 손잡이의 간격은 0.6m 내외로 한다.

⑤ 수직 손잡이의 높이는 바닥면으로부터 1.1m 이상, 1.2m 이하, 돌출폭은 벽면으로부터 0.25m 내외로 하며, 하단부가 휠체어의 이동에 방해가 되지 않도록 한다.

(5) 세면기

① 휠체어 사용자용 세면대의 상단 높이는 바닥면으로부터 0.85m 이하, 하단 높이는 0.65m 이상으로 한다.

② 휠체어로 세면기에 충분히 접근하기위해서는, 세면기의 전방 돌출부의 치수를 0.55~0.6m 정도로 한다.

③ 세면기의 하부는 무릎 및 휠체어의 발판이 들어갈 수 있도록 한다.

④ 목발사용자 등 보행 곤란자를 위하여 세면대의 양 옆에는 수평 손잡이를 설치할 수 있다.

⑤ 수도꼭지는 핸들식보다 다소 긴 레버식이 편리하다.

⑥ 냉수와 온수의 혼합꼭지일 경우, 싱글 레버로 원터치 조작의 것이 편리하며, 냉·온수의 구분을 점자로도 표현해 주는 것이 좋다.

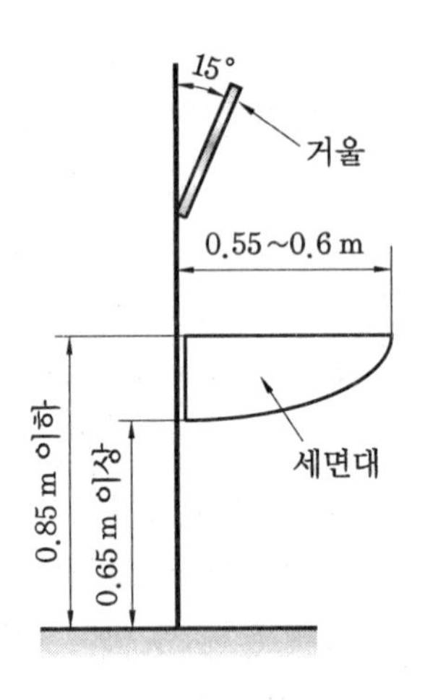

장애자용 세면기

⑦ 휠체어 사용자용 세면대의 거울은 세로 길이 0.65m 이상, 하단 높이는 바닥면으로부터 0.9m 내외로 설치할 수 있으며, 거울 상단부는 약 15도 정도 앞으로 경사지게 할 수 있다.

(6) 욕실

① 욕실은 장애인 등의 접근이 가능한 통로에 연결하여 설치한다.

② 출입문의 형태는 미닫이문 또는 접이문의 형태가 좋다.

③ 욕조의 전면에는 휠체어를 탄 채 접근이 가능한 활동공간을 확보한다.

④ 욕조의 높이는 바닥면으로부터 0.4m 이상, 0.45m 이하로 한다.

⑤ 욕실의 바닥면 높이는 탈의실의 바닥면과 동일하게 할 수 있다.
⑥ 바닥면의 기울기는 1/30 이하로 한다.
⑦ 욕실 및 욕조의 바닥 표면은 물에 젖어도 미끄러지지 않는 재질로 마감한다.
⑧ 욕조의 주위에는 수평 및 수직 손잡이를 설치할 수 있다.
⑨ 수도꼭지는 광감지식, 누름버튼식, 레버식 등 사용하기 쉬운 형태로 설치하며, 냉·온수의 구분은 점자로 표시하는 것이 좋다.
⑩ 샤워기와 비상용 벨은 앉은 채 손이 도달할 수 있는 위치에 설치하는 것이 좋다.

15 B.O.D (생물화학적 산소요구량, Biochemical Oxygen Demand)

(1) 수질오염도 측정 지표(단위 : ppm)

(2) 수중의 유기물질을 간접적으로 측정하는 방법

(3) 호기성 박테리아가 유기질을 분해할 때 감소하는 산소량(DO)을 말한다.

(4) '수질오염의 지표'라고 할 수 있다.

(5) 오수 중의 오염 물질(유기물)이 미생물(호기성 균)에 의해 분해되고 안정된 물질(무기물, 물, 가스)로 변할 때 얼마만큼 오수중의 산소량이 소비되는지를 나타내는 값

(6) 20℃에서 5일간 방치한 다음을 측정하여 mg/L (ppm)로 나타내는 수치를 말한다.

유기물 → (산소, 호기성균 작용) → 무기물 + 가스

(7) 이것은 호기성 미생물에 의한 산화분해 초기의 산소 소비량을 나타내는 것으로 오수의 오염도(유기화합물의 양)가 높으면 높은 만큼 용존산소를 많이 소비하기 때문에 수치가 크다.

16 BOD량 (BOD 부하)

(1) BOD량은 BOD 부하라고 말하며, 하루에 오수정화조로 유입되는 오염물질의 양이나 유출하는 오수가 하천의 수질오탁에 미치는 영향 등을 알기 위하여 필요한 수치로 다음 식과 같이 나타낸다.

(2) $\text{BOD량(BOD부하)} = \dfrac{\text{유입수BOD(kg/day)}}{\text{폭기조의 용량}(m^3)}$

17 BOD 제거율

(1) 분뇨정화조, 오수처리시설 등에서 유입수를 정화한 BOD를 유입수의 BOD로 나눈 것

(2) $\text{BOD 제거율} = \dfrac{\text{유입수 BOD} - \text{유출수 BOD}}{\text{유입수 BOD}} \times 100$

18 COD (화학적 산소요구량, Chemical Oxygen Demand)

(1) 용존 유기물을 화학적으로 산화(산화제 이용)시키는데 필요한 산소량
(2) 공장폐수는 무기물을 많이 함유하고 있어 BOD 측정이 불가능하여 COD로 측정한다.
(3) BOD에 비하여 수질오염 분석(즉시 측정)이 쉬우므로 효과적인 측정을 할 수 있다.
(4) 물속의 오탁물질을 호기성균 대신 산화제를 사용하여 화학적으로 산화할 때에 소비된 산소량(mg/L)으로 나타낸다.
(5) 산화제 : 중크롬산칼륨, 과망간산칼륨 등

【시험방법】 물속에 과망간산칼륨 등의 산화제를 넣어 30분간 100℃로 끓여 소비된 산소량을 측정

19 D.O (용존 산소, Dissolved Oxygen)

(1) 물속에 용해되어 있는 산소를 ppm으로 나타낸 것
(2) 깨끗한 물은 7~14ppm의 산소가 용존되어 있다.
(3) 수질 오탁의 지표가 되지는 않지만, 물속의 일반생물이나 유기 오탁물을 정화하는 미생물의 생활에 필요한 것이다.
(4) 그러므로 DO량이 큰 물만 정화 능력이 있으며, 오염이 적은 물이라고 말할 수 있다.

20 S.S (부유물질)와 S.V (활성 오니용량)

(1) S.S (부유물질, Suspended Solids)

① 탁도의 정도로 입경 2mm 이하의 불용성의 뜨는 물질을 mg/L으로 표시한 것
② 또 SS는 전증발 잔류물에서 용해성 잔류물을 제외한 것을 말하기도 한다.

(2) S.V (활성 오니용량, Sludge Volume)

① 정화조의 활성 오니 1L를 30분간 가라앉힌 상태의 침전 오니량을 말하는 것으로, 적정범위는 약 40~70% 정도이다.

② 용량 1L의 메스실린더에서 활성슬러지를 30분간 정치한 다음 침전한 슬러지량을 검체에 대한 백분율(%)로 나타낸 것이다.

21 잔류염소(Residual Chlorine)

(1) 유리잔류염소라고도 하며 물을 염소로 소독했을 때, 하이포아염소산과 하이포아염소산 이온의 형태로 존재하는 염소를 말한다(클로라민(Chloramine)과 같은 결합잔류염소를 포함해서 말하는 경우도 있다).

(2) 염소를 투입하여 30분 후에 잔류하는 염소의 양을 ppm으로 표시한다.

(3) 잔류염소는 살균력이 강하지만 대부분 배수관에서 빠르게 소멸한다(그 살균효과에 영향을 미치는 인자로는 반응시간, 온도, pH, 염소를 소비하는 물질의 양 등을 들 수 있다).

(4) 수인성 전염병을 예방할 수 있는 것이 가장 큰 장점이 있으나, 잔류염소가 과량으로 존재할 때에는 염소 냄새가 강하고, 금속 등을 부식시키며, 발암물질이 생성되는 것으로 알려져 있다. 그러나 방류수에 염소가 0.2ppm 이상 검출되어야 3000개/mg 이하의 대장균 수를 유지할 수 있는 것으로 알려져 있다.

22 MLSS와 MLVSS

(1) MLSS (Mixed Liquor Suspended Solid)

① 활성오니법에서 폭기조 내의 혼합액 중의 부유물 농도를 말하며 mg/L로 나타낸다.

② 혼합액 부유물질이라고도 하며, 생물량을 나타낸다.

③ 유기물질과 무기물질로 구성되어 있다.

(2) MLVSS (Mixed Liquor Volatile Suspended Solid)

① MLSS 내의 유기물질의 함량이다.

② 활성오니법에서 '폭기조 혼합액 휘발성 부유물질'이라고 일컫는다.

③ MLVSS = MLSS − SS

23 ABS와 VSS

(1) ABS (Alkyl Benzene Suspended)

① 중성세제를 뜻하며, 하드인 것은 활성오니법 등으로 분해되기 어렵다.

② 활성탄 여과장치 등에 의해서는 흡착·제거 가능하다.

(2) VSS (Volatile Suspended Solid)

① 유리섬유 여과지에 걸리는 부유고형물(suspended solid) 중 유기물 부분을 말하며, 여과지에 걸린 부유물질의 무게를 105℃에서 건조시킨 후 측정한 무게와 이것을 다시 550±50℃에서 태운 후 측정한 무게와의 차이로서 측정한다.

② 유리섬유 여과지를 통과하지 않고 잔류하는 총부유고형물(TSS) 중에서 550±50℃를 기준으로 가열하였을 때 기체로 되어 날아가는 성분을 말한다.

③ 가열하면 유기물은 산화되어 기체로 날아가고, 무기물은 재가 되어 남는다. 즉, VSS는 부유하는 고형물 중에서 유기물질에 해당하는 부분을 말한다.

24 NSF (미국위생협회)

(1) NSF (미국위생협회)

① NSF는 National Sanitation Foundation (국가위생국, 미국위생협회)의 약자이다.

② 1994년 설립된 비영리 단체이다 (미국 미시건주 소재).

(2) 협회의 영향력 행사

① 1990년부터 ANSI (American National Standards Institute, 미국규격협회)의 기준이 된다.

② 1998년부터 WHO (Word Health Organization, 세계보건기구)의 음료수의 안전과 처리를 위한 협력 연구기관이 된다.

③ 공중위생과 환경에 관여한 제품과 시스템 규격을 정하는 시험을 실시하여 적합한 제품의 리스트를 정기적으로 공개하고 있다.

25 ISO14000 (EMS : Environmental Management System ; 국제환경규격)

(1) ISO 14000 (환경경영시스템) 규격은 국제표준화기구에서 제정한 환경경영에 관한 국제규격으로서 조직이 생산하는 제품의 투입자재, 가공생산, 유통 판매에 이르기까지 전 과정에 걸쳐 그들이 활동, 제품 또는 서비스가 환경에 미치는 영향 (자원소비, 대기 및 수질오염, 소음진동, 폐기물 등)을 최소화하는 환경 경영 시스템에 관한 규격이다.

(2) ISO 9000 인증제도와 함께 제 3자 인증기관에 의하여 기업이 ISO 14000 규격의 기본요구사항을 갖추고 규정된 절차에 따라 환경보호 활동, 자원절감, 환경개선 등을 하고 있음을 보장하는 제도이다.

(3) 구성 및 의미

① ISO 14000은 ISO의 환경경영 위원회(TC 207)에서 개발한 ISO 14000 시리즈 규격 중 하나로서 조직의 환경경영 시스템을 실행, 유지, 개선 및 보증하고자 할 때 적용 가능한 규격이며 최근 보다 효율적인 시스템 체계를 위하여 개정에 박차를 가하고 있다.

② 국제적으로 환경 경영 시스템(ISO 14001)은 일부 선진국에서 의무사항으로 시행되고 있으며 무역 및 각종 기술 규제수단으로 이용되고 있다.

③ 소비자 중심주의에서 자연 생태계의 보전을 중요시하는 방향으로 사회적 가치가 변화하고 있으며, 일반 대중의 환경에 대한 가치평가 기준도 달라지고 있다.

(4) 인증 취득의 기대 효과

① ISO 14001인증 획득 시 대내외적으로 기업이미지 및 신뢰도 향상

② 마케팅 능력 강화(무역 장벽 제거 및 공공공사 수주 시 혜택)

③ 환경 친화적 기업경영으로 기업의 이미지 향상 및 환경 안전성 개선으로 조직원의 근무 의욕과 생산성 향상에 기여

④ 비상사태 시 조직의 대처 능력 평가(재산과 인명을 보호) 가능

⑤ 법규 및 규정의 준수에 따른 기업 및 경영자 면책

⑥ ISO 9000 시스템과 ISO 14000 시스템의 통합 운영으로 시스템의 효율성 제고가 가능

⑦ 환경 영향 요소를 줄임으로써 지역 및 범지구적 환경 문제에 동참

⑧ LCA 인증 및 보건안전 시스템의 구축을 위한 기본틀 구성

⑨ 대외 무역장벽 극복 : Green 상품에 대한 구매 촉진, 고객 요구 사항 충족, 환경 관련 규제 회피 가능

26 음압 격리병실

(1) 위생기구

① 음압 격리병실의 화장실 및 샤워시설 : 음압병상이 있는 공간(병실 내부)에 설치할 것(중환자실의 경우 제외 가능)

② 화상실 배기팬 작동 금지(배기는 헤파 필터를 통해서 나가도록 고려할 것)

③ 위생기기의 수전은 손을 대지 않고 사용할 수 있는 구조(센서 감응식 등)로 설치한다.

④ 세면대 설치 시 벽 배관 형식을 권장한다.

⑤ 손씻기 설비의 주변에는 종이수건, 세제, 소독약 등을 보관할 수 있는 가구를 벽걸이 형태로 설치할 수 있다.

⑥ 음압 격리병실의 화장실은 플래시 밸브 타입의 변기를 권장한다.

(2) 급수 및 급탕설비

① 급수는 말단 위생기구 이전에 역류로 인한 오염을 방지하기 위하여 역류방지 밸브를 설치한다.

② 급수관과 대변기의 접속은 급수관으로 역류가 일어나지 않도록 한다.

③ 급탕은 교차오염을 방지할 수 있는 개별 급탕시설 등으로 한다. 다만, 각 실마다 유효한 역류방지 밸브를 설치한 경우에는 급탕 재순환이 가능하다.

(3) 배수설비

① 손씻기 용기나 변기 등에 접속시킨 배수관, 통기관은 배수가 역류하지 않도록 설치한다.

② 음압 격리구역의 배수관은 전용 폐수 저장탱크까지 단독 설치한다.

③ 음압 격리구역 내 전용 멸균기를 설치한 경우 멸균기 작동에 따른 응축수는 전용 폐수 저장탱크로 배출한다.

(4) 폐수(배수)처리 설비

① 전용 폐수 저장탱크(계류조)를 갖추고, 소독 또는 멸균을 한 다음 폐수처리 설비로 합류시키도록 한다.

② 폐수처리 시스템 설비 재질은 화학적 또는 열적 처리에 적합하도록 설치한다.

③ 폐수 저장탱크에는 폐수의 역류방지를 위해 통기관을 설치하고 통기관 말단에는 제균 필터를 설치한다.

④ 폐수 저장탱크에는 미생물의 생물학적 비활성화를 위한 설비(약액탱크 또는 오존설비 등) 및 검증 포트를 설치한다.

(5) 참조 (관련 법규사항)

① 음압 격리병실 설치 및 운영 세부기준 – 보건복지부

② 음압시설(격리병상) 기술 기준 – (사)한국생물안전협회

☞. 내용 중 법규 관련 사항은 국가 정책상, 언제라도 변경 가능성이 있으므로 필요시 항상 재확인 바랍니다.

www.law.go.kr

■ 주요 참고 문헌 (Reference)

박병우. 『배관설비공학』. 일진사.
박이동. 『유체역학』. 보성문화사.
지본홍 외. 『덕트의 설계』. 한미.
김교두. 『표준공기조화』. 금탑.
A.D.ALTHOUSE 외. 『냉동공학』. 원화.
이영춘. 『식품냉동공학』. 신광출판사.
박한영 외. 『펌프핸드북』. 동명사.
신치웅. 『공기조화설비』. 기문당.
정광섭 외. 『건축공기조화설비』. 성안당.
이용화 외. 『급배수.위생설비』. 세진사.
김동춘. 『공기조화설비』. 명원.
위용수 譯. 『공기조화 HAND BOOK』.
한국냉공공조기술협회. 『냉동공조기술』.
이한백. 『열역학』. 형설출판사.
김동진 외. 『공업열역학』. 문운당.
이종수 외. 『실무중심의 냉동공학』. 포인트.
위용호 역. 『공기조화 핸드북』. 세진사.
Addison wesley. 『Thermodynamics』. 교보문고.
Gordon J. Van Wylen. 『Fundamentals of Classical Thermodynamics』.
John Haberman. 『Fluid Thermodynamics』.
Charles E. Mortimer. 『일반화학』. 청문각.
「CTI TECHNICAL PAPER TP 85-18」
「CTI BULLETIN RFM-116 RECIRCULATION」
「COOLING TOWER PRACTICE, BRITISH」
「COOLING TOWER FUNDAMENTALS, MARLEY」
「국가화재안전기준 (National Fire Safety Code)」
「미국화재방지협회 (National Fire Protection Association)」
신정수. 『신재생에너지 시스템공학』. 일진사.
신정수. 『공조냉동·건축기계설비 기술사 핵심 800제』. 일진사.
신정수. 『미세먼지 저감과 미래 에너지시스템』. 일진사.
신정수. 『친환경 저탄소 에너지 시스템』. 일진사.

찾아보기

한글 색인

ㄱ

ㄴ

ㄷ

ㄹ

ㅁ

ㅇ

ㅊ

ㅍ

영문 색인

A

B

C

D

E

F

G

H

I

J

K

L

M

N

O

P

R

S

T

U

V

W

X

Y

Z

숫자

신정수

- 홍인기술사사무소 대표
- 공학박사
- 건축기계설비기술사
- 공조냉동기계기술사
- 건축물에너지평가사
- 한국기술사회 정회원
- 용인시 품질검수 자문위원
- 충남 공동주택 품질점검위원
- SH서울주택도시공사 품질점검위원
- 한국에너지기술평가원 평가위원
- 한국산업기술평가관리원 평가위원
- 중소기업 과제평가 위원
- 저서 : 『공조냉동기계/건축기계설비기술사 핵심 800제』
  『공조냉동기계기술사/건축기계설비기술사 용어해설 총정리』
  『신재생에너지 시스템공학』
  『친환경저탄소에너지시스템』
  『미세먼지 저감과 미래 에너지시스템』

공조냉동기계기술사
건축기계설비기술사
용어해설 총정리

2016년 1월 10일 1판1쇄
2023년 1월 10일 2판1쇄

저　자 : 신정수
펴낸이 : 이정일

펴낸곳 : 도서출판 **일진사**
www.iljinsa.com
(우) 04317 서울시 용산구 효창원로 64길 6
전화 : 704-1616 / 팩스 : 715-3536
등록 : 제1979-000009호 (1979.4.2)

값 50,000 원

ISBN : 978-89-429-1755-6